2024 中国高等学校城乡规划教育年会
2024 Annual Conference on Education of Urban and Rural Planning in China

联动专业学科·焕新规划教育
——2024中国高等学校城乡规划教育年会论文集

Integrating Major and Discipline · Re-Innovating Planning Education
—— 2024 Proceedings of Annual Conference on Education of Urban and Rural Planning in China

国务院学位委员会城乡规划学科评议组
教育部高等学校城乡规划专业教学指导分委员会　编
北京建筑大学建筑与城市规划学院

中国建筑工业出版社

图书在版编目（CIP）数据

联动专业学科·焕新规划教育：2024中国高等学校城乡规划教育年会论文集 = Integrating Major and Discipline · Re-Innovating Planning Education——2024 Proceedings of Annual Conference on Education of Urban and Rural Planning in China / 国务院学位委员会城乡规划学科评议组，教育部高等学校城乡规划专业教学指导分委员会，北京建筑大学建筑与城市规划学院编. —北京：中国建筑工业出版社，2024. 9. — ISBN 978-7-112-30466-0

Ⅰ. TU98-53

中国国家版本馆CIP数据核字第20246GH447号

责任编辑：杨　虹　尤凯曦
文字编辑：袁晨曦
责任校对：赵　力

联动专业学科·焕新规划教育
——2024中国高等学校城乡规划教育年会论文集
Integrating Major and Discipline · Re-Innovating Planning Education
—— 2024 Proceedings of Annual Conference on Education of Urban and Rural Planning in China

国务院学位委员会城乡规划学科评议组
教育部高等学校城乡规划专业教学指导分委员会　编
北京建筑大学建筑与城市规划学院

*

中国建筑工业出版社出版、发行（北京海淀三里河路9号）
各地新华书店、建筑书店经销
北京雅盈中佳图文设计公司制版
北京中科印刷有限公司印刷

*

开本：880毫米×1230毫米　1/16　印张：$48\frac{1}{2}$　字数：1490千字
2024年10月第一版　2024年10月第一次印刷
定价：158.00元
ISBN 978-7-112-30466-0
（43850）

《联动专业学科·焕新规划教育
——2024中国高等学校城乡规划教育年会论文集》组织机构

序　言

在这个充满挑战的时代，城市规划教育正经历着前所未有的考验。我们面临着诸多困难，从资源的紧张到环境的变迁，从技术的革新到社会的期待，城市规划教育正处于一个关键的转型期。然而，正是这些挑战，为我们提供了成长和创新的机遇。我们坚信，通过不懈的努力和智慧的碰撞，我们能够克服困难，迎接规划教育的新春天。

本次年会的主题"联动专业学科·焕新规划教育"，不仅是一次学术盛会，更是一次教育创新的里程碑。这是国务院学位委员会城乡规划学科评议组和教育部高等学校城乡规划专业教学指导分委员会首次联合举办的重要会议，它标志着本科专业教育与研究生阶段学科教育的深度融合，为我们提供了一个全新的视角和平台，以审视和推进城市规划教育的发展。

在这次年会中，我们将看到来自全国各地的城市规划教育工作者、学者、研究人员、行业专家、政府管理者，以及博士后和博士生的积极参与。他们将共同探讨城市规划教育的现状与未来，分享最新的研究成果，交流教学经验，共同为中国城乡规划教育的发展绘制蓝图。

本论文集汇集了来自全国各高校规划教育的研究成果，涵盖了专业与学科建设、基础教学、理论教学、实践教学以及城市更新多个板块。这些论文不仅展示了城乡规划教育的最新动态和学术探索，也反映了教育者们对于教学方法和课程内容创新的深刻思考。从课程体系的重构到教学模式的创新，从理论课程的深入研讨到实践教学的案例分析，每一篇论文都是对该领域知识体系和教育实践的宝贵贡献。这些研究成果的集结，不仅为城市规划教育提供了丰富的教学资源和参考模式，也为推动城乡规划学科的发展和教育质量的提升奠定了坚实的基础。

在此，我要感谢所有参与本次年会和论文集工作的同仁们。正是你们的努力和贡献，使得本次会议和论文集得以顺利进行和出版。同时，我也要感谢所有支持和关心中国城市规划教育发展的各界人士，你们的关注和支持是我们不断前进的动力。

最后，我希望本次年会和论文集能够为城市规划教育的发展提供新的思路和方向，为中国乃至世界的城市规划事业培养出更多优秀的人才。让我们携手共进，为创造更加美好的城市生活而努力。

国务院学位委员会城乡规划学科评议组第一召集人
教育部高等学校城乡规划专业教学指导分委员会主任委员
2024 年 9 月于同济园

目　录

专业和学科建设

基础教学

理论教学

实践教学

城市更新

2024 Annual Conference on Education of Urban and Rural Planning in China

联动专业学科·焕新规划教育

专业和学科建设

2024 Annual Conference on Education of Urban and Rural Planning in China

基于城乡规划学科知识“三支点”的规划设计教育创新——以同济大学硕士研究生“城市规划设计”课程改革为例*

程　遥　肖　扬　沈　尧

摘　要：随着城乡规划学科的不断发展和变革，规划教育面临着新的挑战和机遇。本文旨在探讨规划学科变革和城市研究发展对设计教育的影响，分析当前规划设计教育面临的主要问题，构建城市研究与规划设计教育之间的关系，并依托同济大学硕士研究生规划设计课改革，探索硕士研究生设计教育模式的创新路径，以适应学科发展的需求。

关键词：城乡规划学；知识体系；规划设计教育；设计课程改革

开展“新工科”建设是深入学习贯彻习近平新时代中国特色社会主义思想和党的十九大精神，写好高等教育“奋进之笔”，打好提升质量、推进公平、创新人才培养机制攻坚战的重要举措❶。对于城乡规划专业而言，学科本身就具有“交叉”属性特点，当前又恰逢我国城乡关系转型和国土空间治理体系改革等重大战略节点，规划学科的范畴和边界也在不断变化，对于人才培养的需求也相应调整。加之近年来，随着新数据、新技术、新方法的普及，城市研究为规划设计提供了强有力的支撑，但也对传统以规划原理为本、空间美学为形的规划设计教育提出了挑战。

本文基于这一认识，首先回顾城乡规划学科的发展历程、认识当前规划教育面临的挑战，提出规划学科知识体系的“三支点”；在此基础上，围绕同济大学《城市规划设计》课程改革，认知规划设计教育的重要性，并探讨如何应对挑战实现创新。

*　项目资助：2023 年上海高校本科重点教改项目“建筑类专业企业导师协同育人的深化探索”（编号：98）；2023 年上海市研究生教学改革项目“建筑规划景观研究生一流人才培养的产教融合创新探索”（编号：7）；2023 年同济大学研究生教育研究与改革重点项目“‘三新’背景下为职业能力成长赋能的建筑类专业学位人才培养与学位标准探索”（项目编号：2023ZD01）。

❶　引自《教育部办公厅关于公布首批“新工科”研究与实践项目的通知》（教高厅函〔2018〕17 号）。

1　城乡规划学科的发展趋势及其人才培养所面临的挑战

1.1　城乡规划学科发展历程

百余年前，我国的规划学科教育发轫于土木建筑专业之下（吴志强，等，2022）；1952 年全国高等教育资源重组，在建筑系成立之初即开设建筑学和城市建设与经营两个专业；1982 年城市规划被认定为建筑学学科下的二级学科；2011 年《学位授予和人才培养学科目录》增加城乡规划学一级学科，与建筑学、风景园林学共同组成人居环境科学体系（耿虹，等，2022）。2019 年 5 月，随着《中共中央 国务院关于建立国土空间规划体系并监督实施的若干意见》的发布，“教育部门要研究加强国土空间规划相关学科建设”，又引发了国土空间规划学科和教育建设的讨论。

可以看出，城乡规划学科起源于对城市空间和社会发展的系统性思考（吴志强，2000）。随着我国经济社会的发展和人民生活需求的变化，城乡规划也从最初的依附于土木建筑学科，逐渐成为一门独立的学科；并且其学科范畴从最初面向现代城市建设需求，到促进城乡

程　遥：同济大学建筑与城市规划学院副教授
肖　扬：同济大学建筑与城市规划学院长聘教授（通讯作者）
沈　尧：同济大学建筑与城市规划学院副教授

空间的协调可持续发展，再到支撑国土空间治理体系建设，规划的空间边界在不断地拓展。

1.2 “规划的理论—规划中的理论—规划设计实践”规划学科知识体系的“三支点”

在规划学科边界拓展的背景下，需要搞清楚哪些是增量，哪些是相对稳定的基座。这就需要从学科本身的特点来看，城乡规划学科在诞生初期就具有多学科交叉的特征，不仅具有自身相对明确的研究领域、概念框架和方法论体系，还汇聚了自然科学、社会科学、人文学科、艺术学科和管理学科等相关的知识内容，具有以应用为导向的交叉学科和跨学科的特征（孙施文，2021）。其中，关于规划自身的理论方法被称为“规划的理论”（Theory of Planning），即规划自身及其过程规律的总结；而运用和借鉴其他成熟学科知识，并与规划本体理论相融合形成的理论则被称为“规划中的理论”（Theory in Planning）（吴志强，2000）。

不同于“规划的理论”“规划中的理论”，规划设计是将前者付诸应用的实践行为。之所以与前两者共同构成规划学科知识体系的“三支点”，其重要性在于，正是规划设计实践实现了两类理论的融合：通过规划设计，可以借鉴相关学科知识，将抽象的“规划中的理论”与具体的规划问题相结合，创造出既符合理论指导又具有创新性的规划方案；而通过规划设计实践，将“规划中的理论”运用后进行完善，推动“规划的理论”发展和创新——从一定程度上规划设计实践成为“规划中的理论”与“规划的理论”相融合的媒介，也是二者持续互动，形成城乡规划学科知识体系的关键。

1.3 城乡规划人才培养所面临的挑战

与学科知识体系“三支点”相对应的是，城乡规划人才培养的三个板块——规划原理和方法、规划相关理论、规划设计实践。但与学科发展环境及学科本身变革相关，目前城乡规划的人才培养也面临诸多挑战。

学科范畴的不断拓展。随着规划对象从城市拓展到城乡，再到国土空间，“规划中的理论”外延一直在拓展。与空间规划相关的土地资源学、林学、农学、生态学、法学、经济学、政治学、管理学、历史学、海洋科学等几十个知识领域正在迅速和持续扩大“规划中的理论”范畴（石楠，2021）。相应地，人才培养所需要了解和掌握的知识领域越来越多，难以在本硕阶段完成全面系统性的知识传授。

核心理论和方法的空心化。与“规划中的理论”迅速拓展形成鲜明对比的是，“规划的理论”并没有因为规划对象的变化而发生根本变化，规划本源的理论和方法研究进展缓慢，无法适应不断拓展的学科范畴。相应地，人才培养中核心理论和方法的比重相对于相关知识领域越来越小，培养出口可能是一个好的城市“研究者”，但却未必能胜任好的城市“规划者”。

新兴技术手段的迅速涌现。与核心理论和方法的空心化所不同，规划技术领域在近年迅速发展，涌现出数字设计、AI 辅助设计等一系列新的设计技术手段。这些技术手段对于传统源于空间美学的规划设计形成了一定程度的挑战，并重构了新一代规划专业学生（尤其是研究生）对于空间规划的理解。

规划设计实践的兴趣减弱。学科范畴的拓展、核心知识的空心化以及新兴技术手段的涌现，最终体现在规划设计实践上，使相当比例同学对规划设计实践兴趣的降低。根据同济大学城市规划系硕士研究生的一项调研，学生认为规划设计课程的重要性不显著，与其未来将从事的职业相关性较弱，这为规划设计教学提出了较大挑战。

2 同济大学硕士研究生规划设计教育的创新探索

2.1 课程体系搭建以及规划设计课程所发挥的作用

以同济大学城乡规划学硕士研究生的课程体系为例，遵循“1+1+1+X”的模块逻辑。在知识体系的三个支点中，“规划的理论”即规划本体的理论和规划方法分别设置 1 门硕士研究生必修课，与规划设计课共同构成必修“1+1+1”主干课程；X 为方向模块，对应城乡规划学 6 个二级学科以及可持续发展与智能规划、交通及基础设施规划 2 个同济大学的特色方向，重点教授“规划中的理论”知识；同时，设置必修的实践环节，鼓励学生参与规划设计实践，使得知识综合运用场景贯穿人才培养全过程。

其中，“城市规划设计”作为规划设计教学的环节，是唯一一门设置在硕士研究生二年级的课程。其目的在于，一方面，凸显课程的重要性，保障学生在参与设计

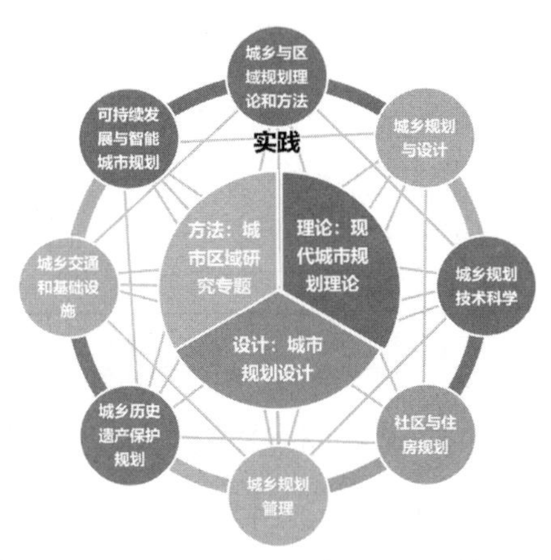

图 1　同济大学城乡规划学硕士课程体系逻辑
资料来源：作者自绘

图 2　“城市规划设计”任课教师代表参加作业展
资料来源：作者摄于 2023 年 11 月

课程时投入的精力；另一方面，更重要的是确保学生已经掌握其所在方向规划理论和方法以及相关领域知识，从而更好地将理论和方法综合运用至规划设计实践中。

2.2　创新思路

2023 年至今，从促进多学科交叉融合，推动产学合作协同育人，实现传统工科向交叉复合创新型新工科转型的角度出发，同济大学城市规划系围绕硕士研究生课程体系中的规划设计课程做出了若干尝试，对于探讨学科变革背景下，新工科人才培养模式具有积极意义。

（1）现实场景，挖掘真实的“规划的理论”

本次教学基地选择长三角协同示范区水乡客厅片区。为了更深入地理解基地的真实问题，师生共赴示范区管委会进行访谈和基地踏勘，并邀请管委会领导对本次设计进行全程指导。

（2）方向多元，鼓励“规划中的理论”与设计交叉

教学团队包含了总体规划、城市设计、规划技术、历史遗产保护、城乡规划管理、交通和基础设施、健康城市等多领域教师。采用相同设计基地、差异化设计主题，鼓励规划设计与生态、韧性、历史、交通、健康等多相关知识领域的交叉，并与硕士研究生培养方向相对应，以便不同方向的同学选择相应的设计小组。

（3）产教融合，扎根“规划设计实践”本身

教学团队除了同济大学的专职教师以外，为了强调规划设计实践特点，邀请上海同济城市规划设计研究院有限公司的教授级高工参与教学。企业教师和高校教师达到 1 ∶ 1。在高校教师强调相关知识领域与规划设计的交叉的同时，企业教师全部参与过长三角协同示范区实际规划项目，保证设计教学聚焦空间规划本身，并兼顾规划设计的可实施性。

2.3　教学设计

为贯彻落实 2019 年发布的《长江三角洲区域一体化发展规划纲要》，国务院批准了《长三角生态绿色一体化发展示范区总体方案》，提出要高起点规划、高水平建设一体化示范区。其中，青浦、吴江、嘉善三地选择三区（县）交会处 5 个镇作为先行启动区；并在中间两省一市交界地区开辟了一片“核心中的核心”“示范中的示范”——35.8 平方公里的“水乡客厅”，由两省一市共建，体现示范区生态绿色理念的样板间、探索区域一体化发展的试验田。

以此为背景，本次规划设计课程立足于区域资源禀赋和传统江南水乡的空间特色，以长三角生态绿色一体化启动区规划为引领，开展针对性空间布局与功能策划，进而对核心区开展局部空间设计指引，再现江南空间传统营建智慧。根据水乡客厅片区空间规划需求、结合高校教师研究方向，规划院企业教师根据主题选择指导小组，在主题的基础上共同设置若干选题方向（表 1），为学生提供引导。学生根据培养方向和兴趣，选择设计主题，完成分组工作。

教学组主题设置和选题方向引导 **表1**

主题	小组选题（导向）
基于江南传统营建智慧的空间规划设计研究	1）文化传承导向下的空间模式与城市更新； 2）韧性治理导向下的空间单元与城市更新； 3）文化景观导向下的镇村形态与空间格局； 4）文化景观导向下的镇村布局及慢行空间体系； 5）景观风貌导向下镇村格局与公共空间更新
亲自然导向的健康城区规划设计研究	1）亲自然导向的水网地区健康设计（强化蓝绿空间系统对身心健康的多路径影响）； 2）亲自然导向的古镇历史保护核心区健康设计（针对历史保护街区创新多类型绿地和开放空间植入，与文化元素和功能融合设计，促进交往舒缓心情）； 3）亲自然导向的交通枢纽区健康设计（针对高流动性高强度开发区域的绿色空间设计，减缓噪声、拥堵等心理压力）； 4）亲自然导向的创新研发区健康设计（强化针对研发和创意人群的亲自然设计，促进实现工作环境的身心健康）
基于自然解决方案的江南水乡社区更新与营造	1）三生空间视角下的江南水乡自然要素空间方案； 2）具有江南水乡蓝绿空间网络的空间特征的绿色交通体系方案； 3）水乡邻里便民生活圈角度下的自然空间和建成环境相互融合的水乡社区总体空间布局结构与布局方式； 4）富有活力、具备安全韧性和生态功能的公共空间网络； 5）人与自然和谐的新江南水乡风貌营造； 6）数字技术在融合自然生态规律和社会活动规律上的创新作用
面向“双碳”目标的新江南城乡空间规划设计研究	1）面向“双碳”目标的城乡功能结构优化与减碳单元构建； 2）面向“双碳”目标的产业优化与园区营造； 3）面向“双碳”目标的古镇保护与城市更新； 4）面向“双碳”目标的乡村振兴与村庄更新； 5）面向“双碳”目标的城乡生态与建成空间的共生关系
面向江南水乡韧性提升的空间规划设计研究	1）面向自然灾害下空间韧性提升的江南水乡古镇空间更新策略； 2）面向公共卫生事件下城市韧性提升的江南水乡空间更新策略； 3）面向空间结构韧性提升的江南水乡古镇空间更新策略； 4）面向社会经济韧性提升的江南水乡古镇空间更新策略； 5）面向空间文化韧性保持的江南水乡古镇空间类型挖掘与更新引导

资料来源：作者自绘

2.4 教学目标

规划设计教学关注以下知识体系的训练：

（1）城乡研究支撑规划设计：构建“问题研判—价值潜力—目标拟定—策略生成—空间形态”的规划研究型设计链条。

（2）绿色城市设计理论在地性探索：在区域和城乡可持续性发展和韧性发展的前提下，探讨人与自然和谐共生的规划在地性演绎。

（3）空间设计导向研究方法：综合运用 GIS 可视化和空间分析、问卷访谈、田野调查、统计分析等信息技术手段，进行存在问题和价值潜力的识别和综合评价。

（4）城市设计管控：了解城市设计导则的构成要素，构建特色空间营建的规则，针对规划设计目标就规划设计方案确定关键导控要素，实现有效传导。

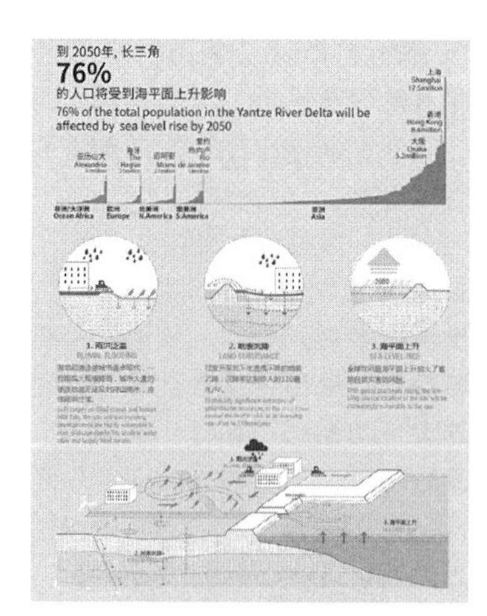

图3 设计基地概况

资料来源：作者自绘

3 代表性教学成果展示

3.1 文化传承导向下的金泽古镇更新设计

（1）设计说明

本研究以"空间基因"理论为研究框架，从文化传承的空间设计角度，形成规划设计工作框架。

首先，完成金泽镇空间基因识别与现状基因评估两部分研究成果：①结合"金泽乔乡"的历史空间特征，依靠现场感知、历史卫星图片对比等方式从街巷、建筑、水岸、桥庙多个方面识别出金泽镇的特色基因，作为保护与传承的空间基础形态；②结合金泽镇基因保存现状与规划空间目标完成了覆盖整体研究区域的基因评估，并针对性地提出"保留、修复、修补、转译"四种基因对策。（其中基因保留指修缮与维护现状质量较好的传统基因，基因修复指恢复现状质量受损的传统基因，基因修补指补救被现代肌理侵入破坏的空间，转译指在需重建的空间完成传统基因的现代延续。）

其次，在空间设计过程中，核心目标是使传统空间基因适应现代功能，并由此细化为两个分目标：①现代功能在传统空间基因中的植入；②现代区域对于传统空间营造基因的体现。因此，在人居环境优化、文化价值凸显、产业（科研承接、创意文旅）更新发展的功能目标下，结合整体结构落实了"保留、修复、修补、转译"四种基因对策的具体空间形态。

在古镇地区的更新设计中，通过保留、修复传统基因和修补破坏性的现代肌理维持强化历史空间：因地制宜、见缝插针式织补古镇内部传统基因形成的肌理与尺度，同时整合开放空间、疏通街巷空间，增强古镇区域空间系统性与连通性；以节点和轴线塑造的方式在传统肌理中植入商业、文旅、居住游憩等现代功能，在历史空间中新建新的城市功能系统。相应地，新建区域通过对提取的传统基因适应性转译的方式延续历史空间：在商业、科研功能主导的新建滨水区域，保留传统滨水基因的空间拓扑关系、形态布局与尺度，将北部古镇的文化意向延伸至南部；居住功能新建区域维持传统建筑基因的合院特征，扩大尺度以适应现代居住需求；在以科研承接功能主导的区域以变异院落基因为引导，构建不规整合院式的半私密空间并扩大空间尺度。

（2）成果展示（部分）

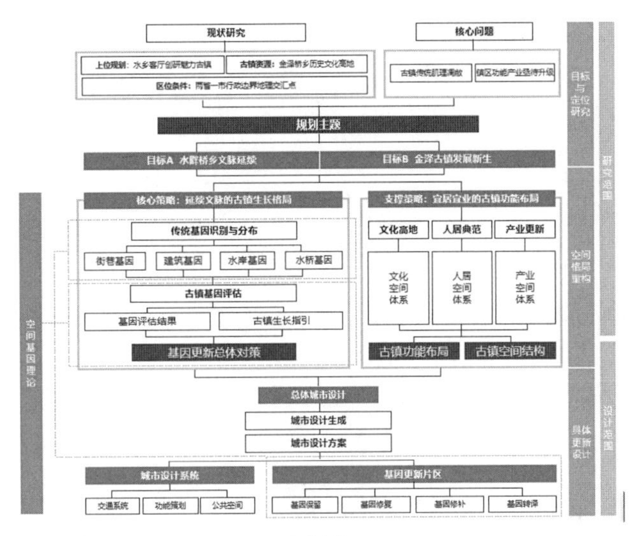

研究框架

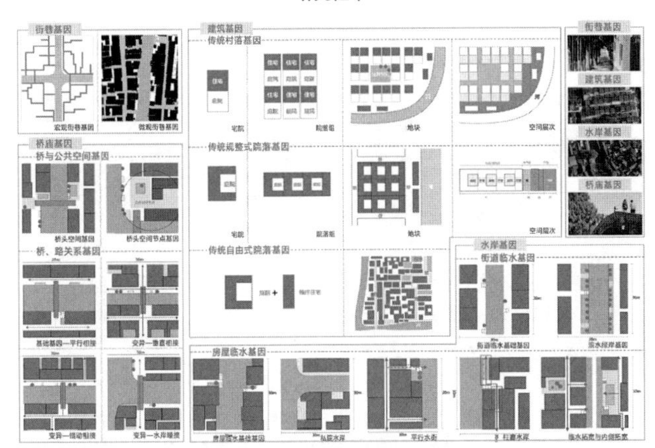

识别的空间基因图谱

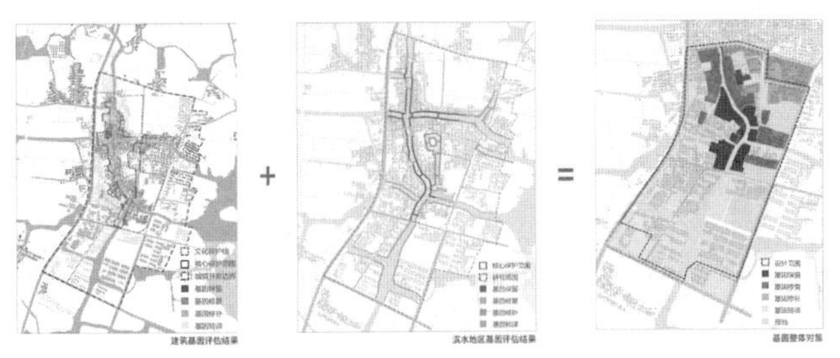

基因评估结果与对策

图4 文化传承导向下的小组设计成果节选

资料来源：作者指导下完成的课程作业成果（节选）

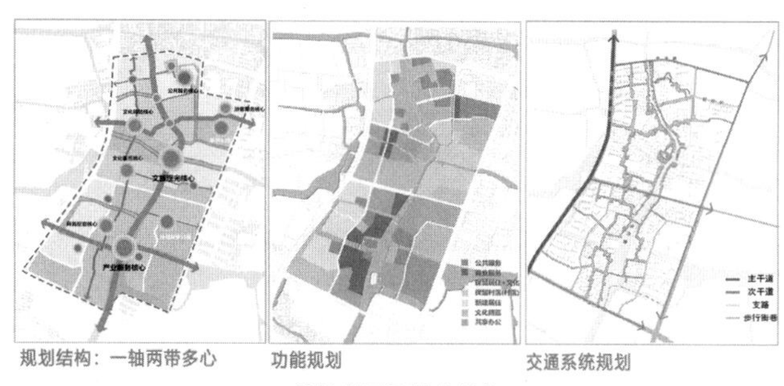

设计范围及整体结构

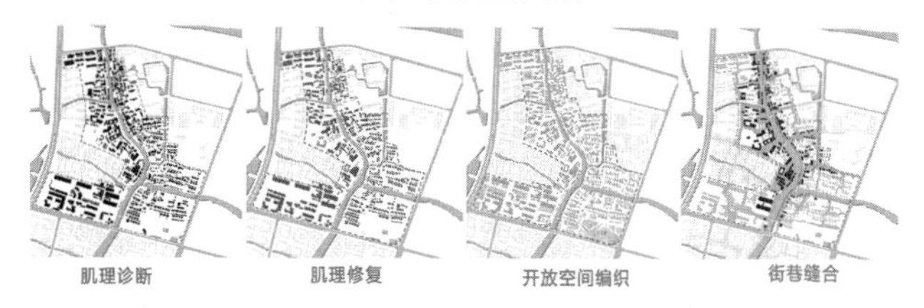

金泽镇古镇区域的基因保留、修复、修补

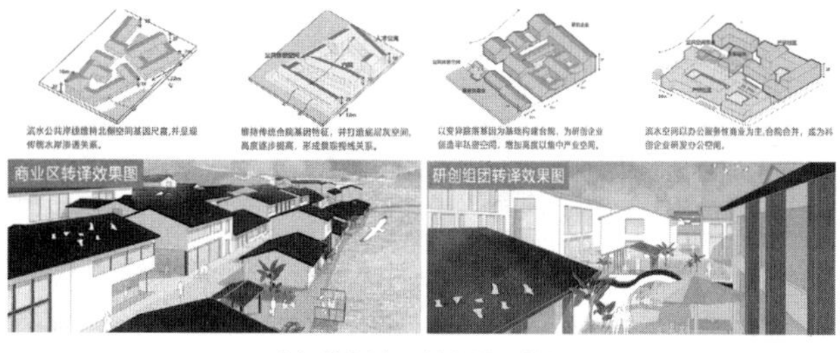

金泽镇新建区域的基因转译

图 4　文化传承导向下的小组设计成果节选（续）

资料来源：作者指导下完成的课程作业成果（节选）

3.2　“双碳”目标下城乡与生态共生的金泽镇古镇更新设计

（1）设计说明

本设计以城乡生态与建成空间共生下的新江南水乡“双碳”路径规划为主题，旨在探索低碳导向下的水乡客厅高质量发展方式。“共生”关系视角下的水乡客厅，拥有历史延续下来的水乡建成肌理和环湖蓝绿相生的生态基底，圩田错落交织，丰富的底板需要整合形成共生关系下的优化路径。设计通过“双碳”目标推导出建成环境与城乡生态的共生关系，从宏观、中观、微观分别开展现状分析和规划指引。其中，宏观层面识别了水乡客厅全域冷热岛以及分区结构类型；中观层面从分区功能布局角度提出不同类型区域的共生空间结构优化导则；微观层面则从建筑组团排布形态切入，分析微气候的形成并提出优化策略。

具体来说，宏观尺度，根据热岛模拟分析，将水乡客厅共生空间分为三种类型：密集型热岛、交互型热岛、零散型热岛。并基于此，考虑到热力属性、共生类型和宏观热环境类型，对水乡客厅既有控规方案中的空间格局、蓝绿网布局等提出引导策略。

中观尺度，对三个典型类型提出优化策略。例如，建议水乡肌理片区需要增加建成环境和水绿冷源的接触面，将公共空间植入在降温高影响地区，整合碎片化绿地；产业优化转型片区，需要通过植入隔热绿带，构建通风廊道，充分利用低碳技术和设施；产业 – 古镇交织片区则应该规划绿楔、绿廊，避免局部过强热岛效应，预留通风廊道。

进一步地，选择了九类典型建筑组团，划分出乡村、古镇、园区等空间，讨论南北东西沿河带状乡村、簇状村庄、带状古镇、民居、生产、厂房的热环境。根据模拟结果提出六大类的微观更新指引，即在形态上要求乡村增大沿河界面开敞度，贯通沿河绿色空间，控制绿地率和密度；古镇同样需要有序处理街道；生产空间则以生态植入为主。

基于以上多尺度规划指引，以古镇为例，构建绿心公园以及与夏季风方向相适应的绿廊，并在蓝网周边的主要河道滨水控制区进行蓝绿界面梳理；为了避免高温片区连绵，基于现有的主要绿地和节点，构建缝合绿带和高速公路高温冬季挡风带，并在滨水控制区有意识地进行微环境组团优化；为了避免高温片区连绵，基于现有的主要绿地和节点，构建缝合绿带和高速公路高温隔离、冬季挡风带，并在滨水控制区有意识地进行微环境组团优化。在肌理和结构缝合的基础上，置换古镇边缘低效产业为低碳产业，实现古镇功能的“低碳”导向。

（2）成果展示（部分）

3.3　面向基因韧性提升的金泽古镇更新设计

（1）设计说明

本设计的主题为“智慧韧性，枕水江南”，旨在为了应对极端天气可能带来的水乡环境变迁和潜在灾害、

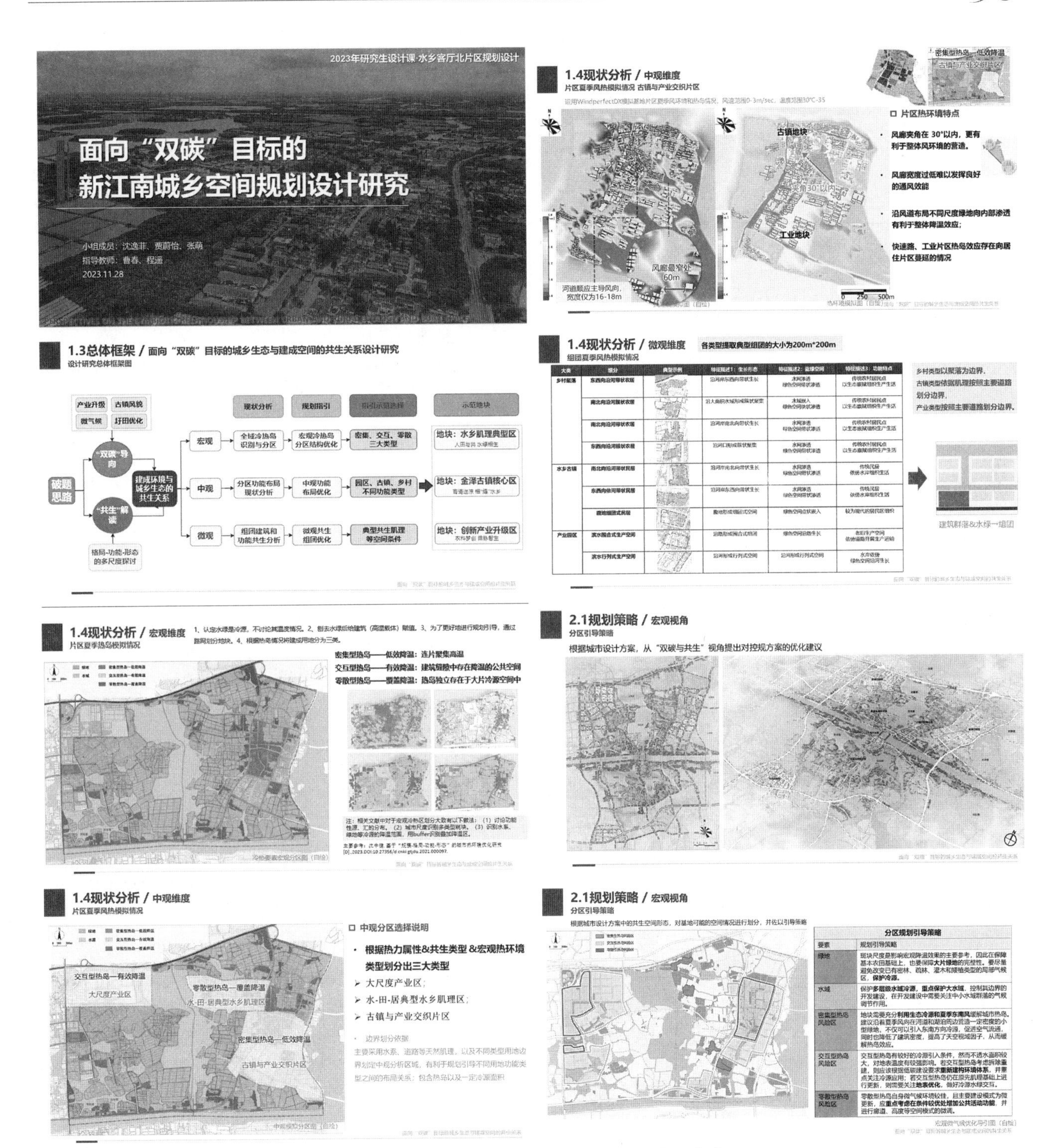

图5 “双碳”目标导向下的小组设计成果节选

资料来源：作者指导下完成的课程作业成果（节选）

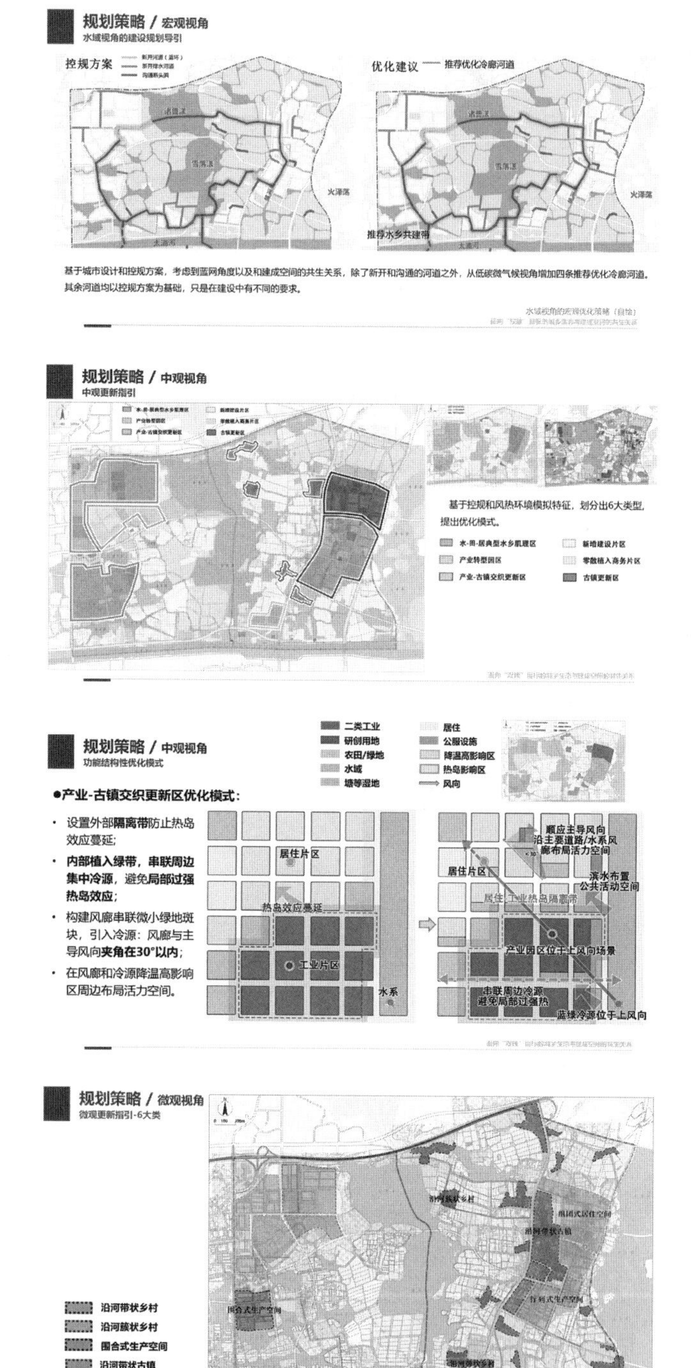

图 5 "双碳"目标导向下的小组设计成果节选（续一）

资料来源：作者指导下完成的课程作业成果（节选）

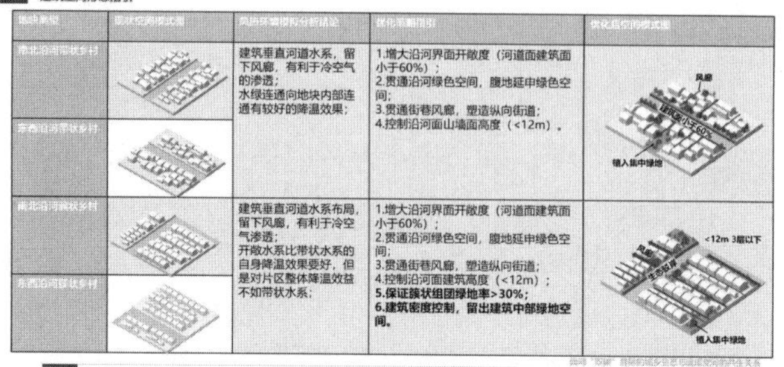

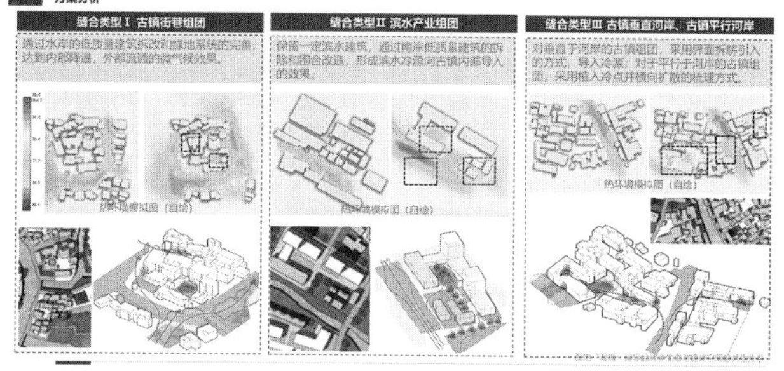

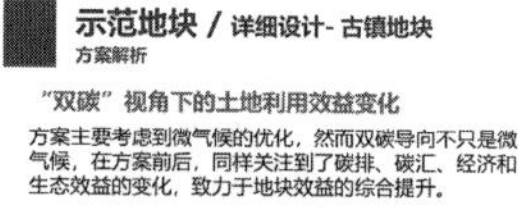

图 5 "双碳"目标导向下的小组设计成果节选（续二）

资料来源：作者指导下完成的课程作业成果（节选）

公共卫生事件发生、建设性破坏加剧造成古镇历史空间冲击等潜在的不确定性挑战，利用不断涌现的数据和计算方法，形成水乡城市规划智能化路径，使得可以显影"不易察觉"的建成环境质量，并提高对其规划干预的精准性和科学性，为理解和设计韧性城市提供了新可能。

21 世纪以来，金泽古镇周边不断涌现新开发项目，面临着快速城市化、商业化带来的空间入侵风险。

设计希望提高金泽古镇的空间韧性，保护空间基因不被解构，形成开发和保护的活态平衡。据此，提出 GENErator 旨在提升金泽古镇空间基因韧性，通过诊断、模拟、推演实现设计。选择历史风貌区建设控制地带范围，验证与优化现有规划。关注古镇风貌及其抵抗无序开发的能力，提供可复现的规划分析设计工具。相较传统规划，考虑多空间尺度，实现多平台数据联动和量化分析。关注古镇历史发展，解决开发与保护平衡。GENErator 分为诊断、模拟、推演三章节，涵盖导则和方案设计。关注公共空间、簇团、建筑三个尺度的空间基因，强调它们的相互依存。通过多平台协作，GENErator 在多个设计阶段对三个尺度进行分析。

在设计过程中，构建了三大规划知识训练体系：逻辑闭环（构建从“问题诊断—方法构建—规划响应—迭代反馈—空间干预”的空间设计步骤）——设计思维（强调定量发现与规划应对一体化，具体包含鼓励综合应用多种关键技术，训练规律发掘与规划应对，建立方法与解释高度一体化的规划设计路径，形成可验证、可解释的科学性规划方法。）——动态优化（实现方案测度和反馈互动，具体展示为对方案前后产生的可能规划后果进行测度评估，比较不同空间引导策略下的绩效差异，建立规划反馈机制。）

在空间基因韧性方面，新设计延迟系统崩溃，提高历史建筑韧性。在簇团维度，方案显著提高抗性，尤其在按潜力顺序开发模拟中。宏观尺度上，公共空间设计显著提升了滨水主街的活力，步行和骑行尺度表现优异。历史节点可动性提升，方案评分高于现状。方案优化公共空间的同时，特别提高了滨水空间活动潜力，支撑了滨水主街骨架。可理解性指标提升，方案延续了古镇传统空间格局，支撑核心空间振兴。方案深入设计两个节点，创建社区邻里服务中心和金泽文化展览馆，为本地居民和历史文化提供功能。GENErator 方法展现了广泛应用的启发性。

（2）成果展示（部分）

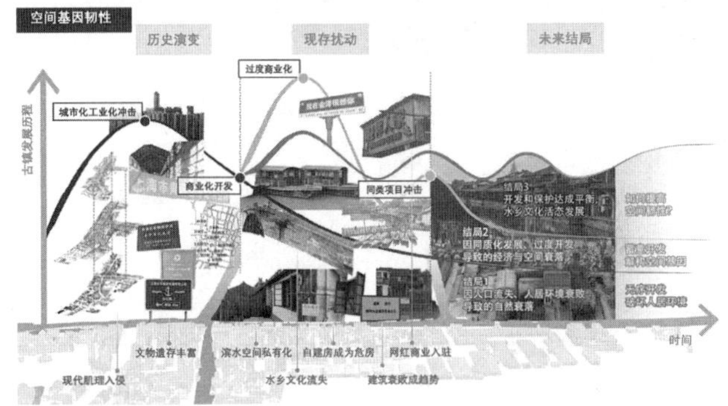

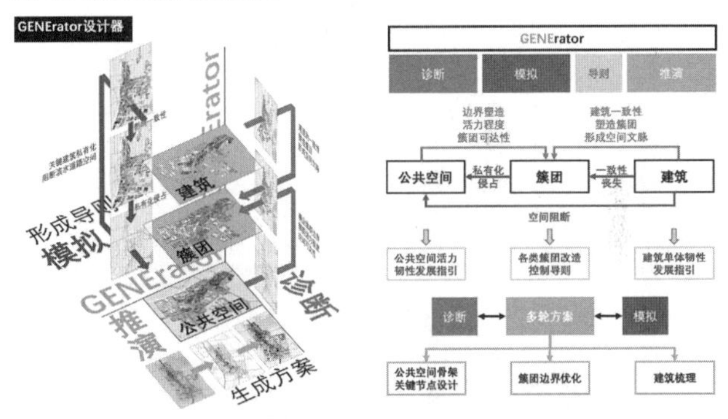

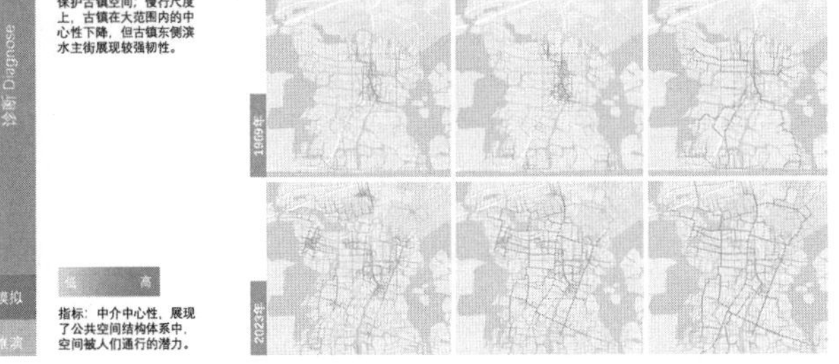

图 6　韧性提升导向下的小组设计成果节选

资料来源：作者指导下完成的课程作业成果（节选）

4　规划设计教学创新的若干思考

综上，虽然面对新技术的涌现、行业环境变化、相关

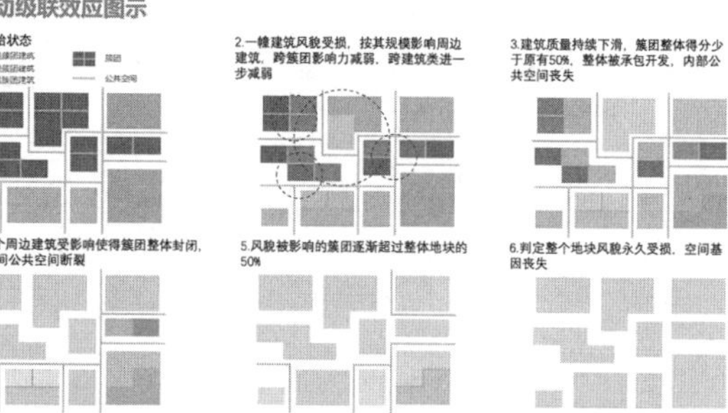

图6　韧性提升导向下的小组设计成果节选（续一）
资料来源：作者指导下完成的课程作业成果（节选）

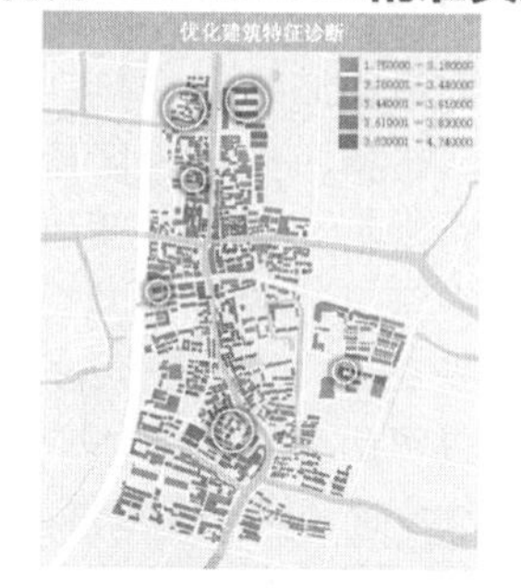
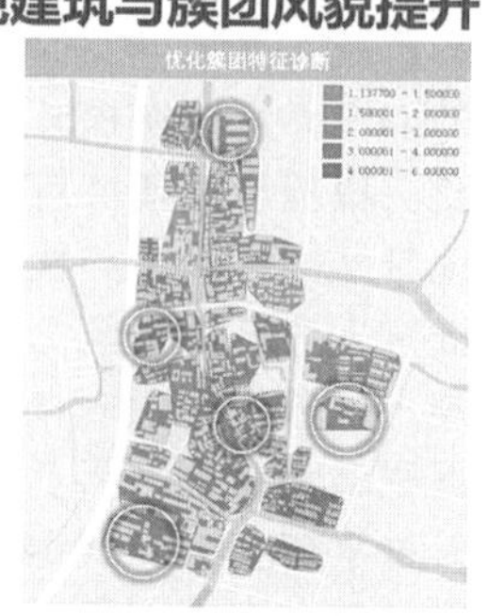

图6　韧性提升导向下的小组设计成果节选（续二）
资料来源：作者指导下完成的课程作业成果（节选）

知识领域不断外延、学科内核空心化等种种挑战，但城乡规划学科的知识体系三个支点结构并没有出现本质变化。学科人才能力培养的根本仍在于对空间的理解、对空间问题的认知以及对空间问题的规划设计解决能力。而要实现这一培养目标，规划设计实践教学网络应该贯穿整个规划教育过程，发挥融合“规划的理论”与“规划中的理论”的作用。但应对学科、教育和行业环境的变革，规划设计教学也不应一成不变。在本科教育打好规划设计基本空间观的基础之上，硕士研究生的规划设计实践教学必须探索一条适应新环境的创新路径。体现在：首先，“规划中的理论”要为规划设计教学提供支撑，且比重要提升。鼓励相关领域知识和方法与规划设计教学的融合，并结合培养方向模块化、特色化、多元化；其次，强调“规划中的理论”的挖掘和实践，结合真题规划设计，通过引入企业和管理部门兼职师资，将规划的统筹、协调、实施和管理等环节知识深入规划设计教学；最后，构建空间规划设计实践网络。即设计课不应是孤立的环节，而应建立其与所有理论、方法课程的衔接；其形式不应拘泥于学生画图、老师评图的传统设计课形式，而更应“润物细无声”地融入人才培养的各个环节中。

本文涉及课程改革在同济大学建筑与城市规划学院周俭教授指导下完成。课程教学组为同济大学周俭教授（教学组长）、王兰教授、耿慧志教授、卓健教授、肖扬副教授（教学副组长）、程遥副教授、沈尧副教授，上海

同济城市规划设计研究院有限公司肖达、梁洁、曹春、张恺、卢仲良、张知秋（教学秘书），本次教学改革和教学成果由教学组全体教师共同完成。限于会议论文署名人数限制，仅只能标注亲自撰稿的三位教师，在此特别说明！

参考文献

[1] 孙施文．我国城乡规划学科未来发展方向研究 [J]. 城市规划，2021，45（2）：23-35.

[2] 吴志强．《百年西方城市规划理论史纲》导论 [J]. 城市规划汇刊，2000（2）：9-18，53-79.

[3] 吴志强，周俭，彭震伟，等．同济百年规划教育的探索与创新 [J]. 城市规划学刊，2022（4）：21-27.

[4] 耿虹，徐家明，乔晶，等．城乡规划学科演进逻辑、面临挑战及重构策略 [J]. 规划师，2022，38（7）：23-30.

[5] 石楠．城乡规划学学科研究与规划知识体系 [J]. 城市规划，2021，45（2）：9-22.

Innovation in Planning and Design Education Based on the Urban and Rural Planning Discipline Knowledge
——Taking the Curriculum Reform of Urban Planning and Design for Master’s Students at Tongji University as an Example

Cheng Yao　Xiao Yang　Shen Yao

Abstract: With the continuous development and transformation of the discipline of urban and rural planning, planning education is facing new challenges and opportunities. This article aims to explore the impact of the transformation of the planning discipline and the development of urban research on design education, analyze the main problems faced by current planning and design education, construct the relationship between urban research and planning and design education, and rely on the reform of master’s degree planning and design courses at Tongji University to explore innovative paths for master’s degree design education models to meet the needs of disciplinary development.

Keywords: Urban and Rural Planning, Knowledge System, Planning and Design Education, Reform of Design Curriculum

城乡规划专业人才培养体系比较与学制变革探讨*

贾梦圆　李　勤

摘　要：城乡规划是一门不断探索解决新的实际问题的启迪式学科，随着社会经济发展而持续变化，城乡规划专业人才的培养方式也在不断面临新的需求与挑战。是否进行学制调整是当前国内城乡规划学本科教育正在探讨的一个热点问题。本文通过调研对比国内14所高校和美国3所高校的城乡规划专业本科培养方案和课程体系设置情况，总结我国城乡规划专业人才培养体系的特点和当前面临的挑战问题，以期为我国城乡规划学专业发展和教学改革提供参考。

关键词：城乡规划学；本科培养方案；课程体系；比较分析

1　引言

城乡规划学是一门综合知识应用的实践性学科，在我国20世纪90年代末，随着城市建设的人才需求持续加大，城乡规划专业逐步形成和发展[1]。1997年10月全国高等院校规划专业评估委成立，1998年首次开展全国高校的规划专业评估。2024年5月发布的最新一轮评估通过学校名单显示，全国已有61所高校的城乡规划专业通过评估。自规划专业设立以来，国内各院校逐渐形成四年制与五年制两种学制的培养方式，其中四年制院校的规划专业多源起于地理学、林学背景，五年制院校多由建筑学发展演化而来。近两年，城乡规划专业是否进行“五改四”的学制改革，是各高校都在关注和广泛探讨的热点之一。

随着学科发展和行业需求的变化，本科人才培养方式是各校均在持续探索和调整优化的重要内容，众多学者从中外规划教育特点的比较[2, 3]、培养方案修订思路[4-7]等方面展开研讨，但少有对国内外院校的培养方案的横向对比分析。本文选取美国麻省理工学院、加州大学伯克利分校等3所国外院校和清华大学、南京大学2所高校的四年制培养方案与同济大学、天津大学等12所院校的五年制培养方案进行比较分析，探讨城乡规划学专业本科培养的核心目标和课程群组织方式，以期为我国城乡规划学专业发展和教学改革提供参考。

2　研究对象概述

在综合考虑是否通过专业评估、学科发展背景、高校所在地域等因素的条件下，本文选取国内14所高校和美国3所高校的本科人才培养方案进行横向比较分析（表1）。其中，美国3所高校和清华大学、南京大学为四年制学制的培养方案，其余12所国内高校为五年制培养方案。院校既有建筑学办学背景的，也有地理学、林学、管理学等办学背景，可代表我国当前城乡规划人才培养模式的基本特征。

因考虑英联邦国家本科学制普遍为三年制，与我国的培养方式存在一定差异，我国的规划专业教育受美国影响较多，且美国大学教育为四年制模式。因此选择麻省理工学院、加州大学伯克利分校、密歇根州立大学三所美国高校的城乡规划相关专业进行对比分析。其中，麻省理工学院设有规划学士（Bachelor of Science in Planning）和城市科学与计算科学学士（Bachelor of Science in Urban Science and Planning with Computer

*　项目资助：中国建设教育协会教育教学科研课题（2021023），“新工科”建设视角下城乡规划学与地理学深度融合教学改革探索。

贾梦圆：北京建筑大学建筑与城市规划学院讲师（通讯作者）
李　勤：北京建筑大学建筑与城市规划学院教授

Science）两个本科学位，加州大学伯克利分校设有城市研究（Urban Study）专业，授予文科学士学位，密歇根州立大学设有区域与城市规划学士学位（Bachelor of Science in Urban and Regional Planning）。

进行对比分析的17所案例高校列表　　表1

序号	学校	学制
1	清华大学	四年制
2	同济大学	五年制
3	重庆大学	五年制
4	哈尔滨工业大学	五年制
5	天津大学	五年制
6	西安建筑科技大学	五年制
7	华中科技大学	五年制
8	南京大学	四年制
9	华南理工大学	五年制
10	山东建筑大学	五年制
11	武汉大学	五年制
12	中山大学	五年制
13	深圳大学	五年制
14	北京建筑大学	五年制
15	加州大学伯克利分校	四年制
16	密歇根州立大学	四年制
17	麻省理工学院	四年制

资料来源：作者自绘

3　培养目标与课程设置的比较

3.1　人才培养目标

国内高校无论四年制或五年制培养方案，在城乡规划学专业人才培养目标上较为一致。在专业素养方面，均注重培养学生广博的基础知识和实践应用能力，同时关注培养学生的社会责任感、团队精神和创新意识、国际视野；在人才发展方面，均以培养从事规划编制、管理、科研方面工作的专业人才和领导者为目标。多元发展培养路径也是很多高校人才培养目标设置方面的特色，例如南京大学设置要求修满30学分的多元发展课程，并针对专业学术发展路径、交叉复合发展路径、就业创业发展路径三种不同路径提供相应的课程修读建议。

在国外四年制培养院校中，同样以培养实践型、管理型和研究型人才为目标。例如，麻省理工学院以培养能够利用经济学、政治学、政策分析和城市设计工具来解决社会和环境问题为教学目标，学生可继续攻读法律、公共政策、经济发展、城市设计、城市规划和管理领域的研究生。加州大学伯克利分校以培养从事城市规划、法律、公共管理和公共政策等实践导向型领域和地理学、社会学和人类学等研究导向型领域的人才为目标。

由此可见，虽然学制上有所差异，但各校的培养目标较为一致，均体现了城乡规划学是一门综合性和实践性学科的特征。

美国四年制高校　　国内四年制高校　　国内五年制高校

图1　国内外四年制、五年制城乡规划学专业人才的培养目标关键词

资料来源：作者自绘

3.2　课程设置

在毕业总学分要求方面，五年制培养高校的总学分要求存在明显差异（图2），最高为西安建筑科技大学239.5分，其次山东建筑大学、华中科技大学、北京建筑大学均在220学分以上，学分要求较少在200分以下的高校为深圳大学、武汉大学。国内学制为四年制的清华大学毕业要求总学分151分，南京大学为150分；美国麻省理工学院要求为至少180分，加州大学伯克利分校和密歇根州立大学均为170分。

在课程类型比例方面，本文研究分析的高校平均公共基础课、大类基础课、专业课三种课程的比例为3：2：5（图3）。其中，西安建筑科技大学、南京大学的公共基础课占比在40%以上，华中科技大学、重庆大学、同济大学占比较少在25%以下。

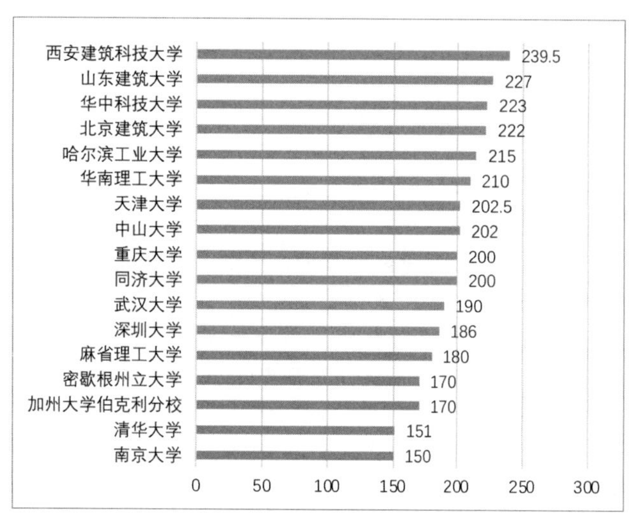

图 2　部分国内外高校培养方案要求的毕业总学分
资料来源：作者自绘

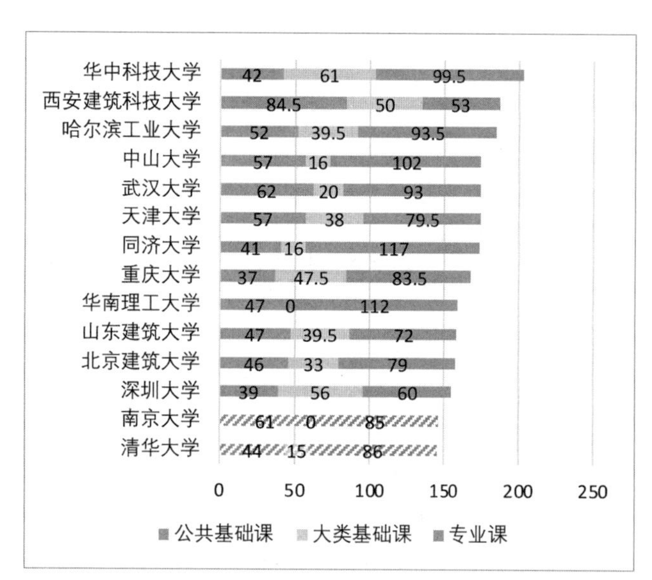

图 3　公共基础课、大类基础课与专业课的比例关系对比
资料来源：作者自绘

在公共基础课中，南京大学、华南理工大学、武汉大学等高校设有 Python 程序设计、多媒体技术与虚拟现实、机器学习及应用等信息技术类课程，开课学期均在低年级阶段。与建筑学、风景园林等学科贯通的大类基础课设置内容普遍包含建、规、景三个专业的导论类课程、美术基础类课程、设计基础、建筑设计等课程，其中深圳大学、华中科技大学两校该类课程比例较高，达 30% 以上。四年制高校中南京大学未单独设置大类基础课，清华大学设有 15 学分大类基础课，主要为数学类（5 学分）、美术基础类（4 学分）和导论类基础理论课（6 学分）。在专业课的课程比例方面，四年制培养方案的专业课比例较高，南京大学、清华大学分别占比为 58% 和 59%；五年制学校中同济大学占比较高，达到 67%。专业课中必修课与选修课的比例平均为 4.4 ：1（图 4），其中山东建筑大学、武汉大学、南京大学、西安建筑科技大学的选修课占比较高，达到 30% 以上。

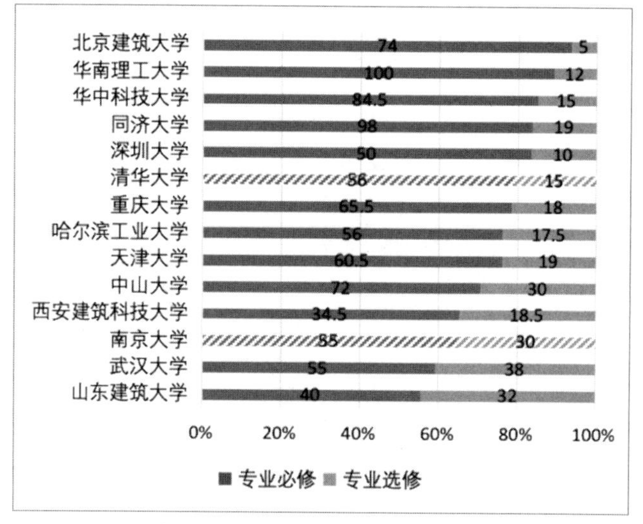

图 4　专业课中必修课与选修课比例关系对比
资料来源：作者自绘

美国大学教育更侧重于通识教育，在加州大学伯克利分校、密歇根州立大学、麻省理工学院的学生均是在低年级阶段完成 120 学分的通识课程后，才会进入规划专业课程的学习阶段，其基础类课程与专业课程的比例约为 2 ：1 的关系，远高于我国现行各校培养方案中的基础类课程比例。此外，美国院校提供的选修课程数量和类型也远高于我国，例如加州大学伯克利分校提供了涉及政治学、公共管理、地理学、经济学、历史、社会、国际关系等领域 103 门选修课程。

4 课程体系的比较

4.1 专业核心设计课程

城乡规划学教育中，贯穿四年制或五年制培养过程的系列专业设计课程是培养学生工程应用能力的重要载体，也是区别于地理学等学科课程体系的主要标志之一。其课程设置遵循从设计基础、建筑设计到城乡规划的层次递进逻辑，但不同学校在阶段划分、课题设置等方面有所差异。

如图 5 所示总体上，由建筑学背景发展而来的城乡规划专业其设计课程的教学比重相对较高，老八校以及华中科技大学、山东建筑大学、北京建筑大学的城乡规划阶段设计课程学分普遍在 6 分以上；相对而言武汉大学、南京大学的设计课程的学分多为 2~4 分。从各学校的设计课程设置中，可以看出设计课程的精练减负和小课题化是未来的发展趋势，例如清华大学每学期分别设置 2 个 3 学分的设计课程。

在设计课程的教学内容方面，南京大学、天津大学、哈尔滨工业大学、武汉大学均遵循从详细规划到总体规划，从小尺度到大尺度层次递进拓展的逻辑，安排三、四年级阶段设计课程；而同济大学、华南理工大学、华中科技大学、山东建筑大学、北京建筑大学等在四年级教学阶段，按照先总体规划、后详细规划和城市设计的方式设置课程，旨在让学生了解从总体规划至城市设计和控制性详细规划的规划传导衔接关系，但其难点在于从三年级的局部地段规划尺度向城市总体规划尺度的过渡环节。

4.2 专业相关理论课程

城乡规划学具有基于建筑学和工程学的知识基础，与地理学、生态学、经济学、社会学、历史学、政治学、公共管理学和系统科学等多学科交叉的特点。因此跨学科知识的引入也是城乡规划专业培养中的一个重要方面。在课程开设方面，多数高校均开设有建筑学、风景园林学方面的史论、原理类课程以及地理科学、土地资源管理等领域的引论课。相比较，国外高校的跨学科课程领域更为广泛，例如密歇根州立大学要求在考古学、自然人类学、农学、土壤科学、公共健康等交叉学

	一年级		二年级		三年级		四年级		五年级	
	上	下	上	下	上	下	上	下	上	下
南京大学	/	设计基础[4]	建筑设计[2]	居住区规划设计[2]	城市设计与详细规划[4]	国土空间总体规划[4]	区域发展与规划[2]	毕业设计[4]	/	/
清华大学	设计基础1[2] 设计基础2[2]	设计基础3[2] 设计基础4[2]	城乡规划设计1[3] 城乡规划设计2[3]	城乡规划设计3[3] 城乡规划设计4[3]	城乡规划设计5[3] 城乡规划设计6[3]	城乡规划设计7[3] 城乡规划设计8[3]	/	综合论文训练[15]	/	/
同济大学	设计基础1[4]	设计基础2[4]	设计基础3[4]	建筑设计1[4]	详细规划设计1[6]	详细规划设计2[6]	乡村规划设计[2] 城市总体规划[4]	城市设计[6]	控制性详细规划[3] 城乡创新规划设计[3]	毕业设计[8]
天津大学	建筑设计基础1[6]	建筑设计基础2[6]	建筑设计1[6]	建筑设计2[6]	城市规划设计1[6]	城市规划设计2[6]	城市规划设计3[6]	城市规划设计4[6]	城市规划设计5[6]	毕业设计（论文）[14]
华南理工大学	建筑设计基础一[6]	建筑设计基础二[6]	建筑设计一[6]	建筑设计二[6]	建筑设计三[6]	详细规划与城市更新[6]	城市空间发展规划[6]	城市设计与控制性详细规划[6]	/	毕业设计[12]
哈尔滨工业大学	设计基础[9.5]	建筑设计基础[9.5]	建筑设计1[6.5]	小型公共建筑设计[3] 住宅设计[3]	住区规划设计[3] 修建性详细规划[3]	场地设计[2] 城市综合调研[4.5]	控制性详细规划[3] 景观规划设计[3]	城市设计[4.5] 开放式研究型规划设计[4]	/	毕业设计（论文）[14]
华中科技大学	建筑初步(一)[6]	建筑初步(二)[8]	建筑设计一[6]	建筑设计二[6]	建筑设计三[3.5] 城市居住区规划设计[6]	建筑设计四[3.5] 城市公园设计[6]	城市总规设计[6]	城市设计[4] 城市控规设计[4]	乡村规划设计[4]	毕业设计（论文）[6]
武汉大学	设计初步1[4]	设计初步2[4]	建筑与详细规划设计1[2] 建筑与详细规划设计2[2]	住区建筑设计[2] 住区规划设计[4]	公共建筑设计1[2] 乡村规划[2]	城市设计[3] 控制性详细规划[2]	国土空间总体规划1[1] 国土空间总体规划2[2]	国土空间总体规划3[2]	/	毕业设计[8]
深圳大学	设计基础1[6]	设计基础2[6]	建筑设计与构造1[6]	建筑设计与构造2[6]	城市规划与设计1[6]	城市规划与设计2[6]	城市规划与设计3[6]	城市规划与设计4[6]	/	毕业设计[10]
山东建筑大学	建筑设计基础1[6.5]	建筑设计基础2[6.5]	建筑设计原理与设计1[6.5]	建筑设计原理与设计2[6.5]	场地与公共建筑群设计[6]	城乡住区规划设计[7]	总体规划实习与设计[13]	城市设计[6] 控制性详细规划实习与设计[8]	/	毕业设计[15]
北京建筑大学	设计初步1[5.5]	设计初步2[7]	建筑设计1[7]	建筑设计2[7]	城乡规划设计1[7]	城乡规划设计2[7]	城乡规划设计3[6]	城乡规划设计4[7]	/	毕业设计[8]

图例	<4学分	4-6学分	6-8学分	8-10学分	>=10学分

图 5 专业核心设计课程设置情况比较（表格内为课程名称 [学分]，灰度深浅代表学分大小）

资料来源：作者自绘

科领域的引论课中选修12学分；加州大学伯克利分校要求学生在百余门跨学科课程中选修至少2门。

在相关理论课程中，数智技术类课程占有很大比例。大数据和信息化技术对城乡规划学科的发展带来了巨大影响，在专业培养体系中各高校也日益重视对数智技术的教学。以往的城乡规划教学中，基本开设关于计算机辅助设计、地理信息系统等软件使用的课程；但除此之外，越来越多学校开设有关于编程、仿真模拟等方面的课程。其中，武汉大学、同济大学、深圳大学、华南理工大学、哈尔滨工业大学等高校的数智技术系列的课程种类和数量较多（图6）。美国三所高校也均开设有城市数据分析概论（Introduction to Urban Data Analytics）、地球遥感技术（Earth System Remote Sensing）、规划领域地理信息系统与设计工具（Geographic Information Systems and Design Tools for Planning）等课程。

5 我国城乡规划专业人才培养体系的特征总结与挑战问题

5.1 我国城乡规划专业人才培养体系的特征

通过对国内外17所高校培养方案的对比分析，可以看出我国城乡规划专业人才培养体系具有重视设计基础、知识体系多元的特征。

我国大部分院校城乡规划学人才培养具有鲜明的建筑学背景，重视设计基础的教学和训练。国内院校普遍从设计学的平面、立体、色彩构成的基础出发，开展低年级教学。设计课程安排多从小尺度建筑单体设计向城市居住区、城市片区、区域的宏观尺度逐层过渡，史论类理论课程多从中外建筑史、设计史起步，延展至中国、外国城市建设史等，这样的课程安排为学生奠定了扎实的形态设计基础。

在奠定扎实基础的同时，交叉拓展的多元化知识

南京大学	清华大学	同济大学	天津大学	华南理工大学	哈尔滨工业大学	华中科技大学	武汉大学	深圳大学	中山大学	山东建筑大学	北京建筑大学
Python程序设计[3] 1-1	空间信息技术导论[1] 3-1	Python 编程基础[2] 1-1	大学计算机基础[0] 1-1	大学计算机基础[0] 1-1	程序设计基础[2.5] 1-2	测量与地图学[2] 2-1	概率论与数理统计A/B[3/2] 2-1	大学计算机[3] 1-1	大学计算机基础[2] 1-2	计算机应用技术[3.5] 1-1	计算思维导论[1.5] 1-2
概率论与数理统计[3] 2-1	地理信息系统应用[1] 3-2	开源硬件与编程[3] 1-1	数字绘图与表达[3] 2-1	Python语言程序设计[2] 1-2	地理信息系统[1.5] 4-1	计算机辅助设计[2] 3-1	程序设计(B)[3] 1-2	计算机辅助设计CAAD[3] 1-2	测量与地图学[3] 1-1	测量学D[2] 2-2	数字化设计（制图与建模基础）[1]
数字城市规划与设计[3] 2-2	概率论与数理统计[3] 2-2	大学计算机[3] 1-2	基础统计学[1] 2-1	地理信息系统原理与应用[3] 3-2	R语言程序基础[1.5] 2-1	3S技术与应用[2.5] 3-1	数字人文[2] 2-2	地理信息系统[2] 3-2	遥感与地理信息系统概论[3] 1-2	GIS原理与应用[2] 4-1	数字化设计（地理信息系统）[1]
遥感与GIS基础[2] 2-1	城市人因工程学方法[2] 3-1	概率论与数理统计[3] 2-1	数字化分析与计算[2] 3-2	城市模拟与规划[1] 4-2	概率论与数理统计D[2] 2-1	城乡信息及其分析[1.5] 4-1	多媒体技术与虚拟现实[2] 3-1	数字建构[2] 2-2	统计分析技术与方法[2] 4-2	计算机辅助技术[2] 1-2	地理信息系统实习[1] 4-1
城市大数据与智慧规划[2] 3-1		地理信息系统[2] 4-1	城乡遥感与智能技术应用[1] 4-1	计算机辅助设计[2.5] 2-1	城市物理环境及其模拟分析技术[3]	计算机图形与表达[1.5] 2-2	机器学习及应用[2] 4-2	地理空间信息工程概论[1] 3-1			数字化设计（概论）[1] 1-2
城市环境建模与分析[2] 4-1		数字化设计前沿[2] 2-2	地理信息系统与智慧规划[1.5] 4-1	人居环境仿真与设计[2] 4-1	规划统计分析[2] 3-2		地理信息系统原理[3] 3-1	城市规划数理统计基础[2] 3-2			
规划数据管理与应用[2] 4-1		虚拟现实系统及应用[2] 3-1		人工智能建筑学理论与实践[2] 4-1	遥感及空间分析技术应用[1.5] 4-2		国土空间规划GIS实践[1]	城市数据分析[2] 4-1			
		计算机辅助设计[1] 3-1		数字化建筑设计技术[2] 4-1	大数据与城市规划[1.5] 4-2		数字与智慧城市导论[2] 2-1	城市空间建模[2] 4-1			
		城市数据可视化与计算[1] 3-1		概率论与数理统计[3] 3-2			地理信息系统实践[2] 3-1	城市信息技术前沿[1] 4-2			
		城市开发空间量化模型[1] 3-2					空间分析与大数据挖掘[1] 4-2				
		城市模拟与规划(1)[1] 4-1					城市遥感技术[3] 2-1				
		城市模拟与规划(2)[1] 4-2					城乡规划统计和计量分析[3] 4-2				
							地理分析模型开发[1] 4-2				

图例 必修课程 选修课程

图6 数智技术系列课程设置情况比较

资料来源：作者自绘

体系也是我国城乡规划学人才培养的明显特征。根据城乡规划专业评估文件的规定，城乡规划学的培养体系在涵盖规划原理、规划编制与设计、规划管理等知识的基础上，还应涉及城乡生态与环境、城市地理学、城市经济学、城市社会学、城乡工程系统方面的知识。除此之外，当前我国大部分高校的培养体系中为响应空间规划体系的变革，还开设有自然资源管理、国土空间治理、遥感技术等方面的课程，知识体系呈现多学科交叉融合的趋势。

5.2 当前城乡规划专业人才培养面临的挑战问题

在对比总结我国城乡规划专业人才培养体系特征的基础上，本文结合新时期国土空间规划的发展与变革趋势，探讨当前城乡规划专业培养面临的挑战问题。

（1）知识体系的扩充需求与教学环节课程容量的限制

国土空间规划改革背景下，城乡规划学科的知识体系内容更加拓展。在对象领域上，从单项建设管控扩展至区域和国土范围的规划，所包含的知识内容从以工程学和建筑学为主要知识内容，发展至融贯公共管理学、环境工程学、生态学、社会学等学科内容，形成以空间变化管理为核心的知识体系，并且规划实务工作环境也受到国家治理架构、发展战略导向、社会观念和需求等变化的影响。但与此同时，还受到教学课时量的限制，如何合理安排课程，实现知识体系的扩充而又避免造成学生学业压力过大是当前培养方式调整优化中面临的一项难点。

（2）适应未来学生就业和升学方向的广口径培养方式

近年来，随着就业压力增大，学生的升学意愿明显增强，本科直接就业的学生数量在减少。学生的就业领域也不仅限于设计院等相关行业，就业方向不断扩展。规划学科具有极强的社会实践导向，因此如何适应未来学生就业和升学方向，从社会实践导向的角度出发，培养具有广口径适应能力的城乡规划学专业人才，是当前培养方式优化的核心议题。

（3）固定的大学学制局限了人才多层次培养模式

传统五年制培养方式中在高年级阶段设置大容量的实践实习环节，甚至于五年级上一整个学期没有专业理论课和设计课，其源自于城乡规划专业是一门实践性学科的属性。但随着人才培养层次日趋多样化，并非所有的本科毕业生都将直接进入工作岗位，学生升学的比例正在不断提高。虽然部分领军院校已提供“4+2”“本博贯通”等升学渠道，但对于大部分普通高校而言，学生保研比例低，仍有很大的考研、出国准备需求，此类院校如何协调好实践实习与多层次人才培养需求的关系是未来培养学制调整时的难点问题。

6 讨论与展望

“规划”是对未来事项进行预先安排并不断付诸实施以实现目标的行为，在学科和行业发展变革中，国家治理架构、发展战略导向、社会观念和需求等变化都将映射至规划教育。基于对国内外 17 所高校培养方案的比较分析，展望未来应对行业需求的培养方式变革应关注：

第一，以特色化发展路径秉承专业培养核心内涵。五年制培养模式是建筑学类专业的传统和特色，其培养的学生具有扎实的设计基础和实践应用能力，在过去快速城镇化进程中为我国培养了大量的具有规划设计实务工作能力的专业人才。虽然近年来建筑类专业开始转冷，报考人数开始下降，但学制的调整也不应随波逐流。本博贯通、双学位、四年制等调整方式并不是普适性解决途径，大量普通规划人才培养院校未来可从特色化发展路径的角度，结合生源特征、在地需求、院校特点等方面，探寻适宜人才培养方式。

第二，以多元发展引导替代“添砖加瓦”式的课程调整。我们应避免为了应对知识体系扩展，只是单纯增设专业课程或增加课程内容，而不进行相应的培养机制调整。这样将造成学生负担过重，学生在面临广博的相关专业选修课程时，不知所措，造成课程的学习缺乏系统性和目标导向。未来培养方案设定中建议针对不同培养层次、培养目标，以课程组的形式引导学生多元发展。

第三，城乡规划是一门不断探索解决新的实际问题的启迪式学科，我们面临的实际问题、社会的人才需求都随着社会经济发展而不断变化，在应对变化的同时，我们也应明确城乡规划学的专业核心——城乡规划学人才培养应以城市和区域发展研究、土地和空间使用安排和决策、规划实施管理为核心的知识体系始终未变。未来无论培养方式如何变革调整，人才培养目标和专业核心应持续坚守和延续。

各校的人才培养方案均在不断修订优化变化中。本文对比分析的培养方案数据可能并非各校现行最新版培养方案或存在不准确之处，但仍希望通过横向比较，展现当前我国城乡规划专业教育特征，以期为未来城乡规划学专业发展和教学改革提供参考。

致谢：感谢为本文撰写提供培养方案资料、素材的兄弟院校老师。

参考文献

[1] 孙施文，吴唯佳，彭震伟，等．新时代规划教育趋势与未来 [J]. 城市规划，2022，46（1）：38-43.

[2] 于洋，谭新，赵博．规划师角色分异视阈下规划专业价值观教育策略 [J]. 规划师，2020，36（10）：90-97.

[3] 蒋天洁，陈冰．中英规划教育专业认证的演化和比较探析 [J]. 城市规划，2023，47（2）：101-110.

[4] 吕飞，戴锏．工程教育认证视角下城乡规划专业人才培养的思考——以哈尔滨工业大学城乡规划专业本科培养方案为例 [J]. 高等建筑教育，2019，28（3）：70-75.

[5] 张赫，卜雪旸，贾梦圆．新形势下城乡规划专业本科教育的改革与探索——解析天津大学城乡规划专业新版本科培养方案 [J]. 高等建筑教育，2016，25（3）：5-10.

[6] 黄贤金，张晓玲，于涛方，等．面向国土空间规划的高校人才培养体系改革笔谈 [J]. 中国土地科学，2020，34（8）：107-114.

[7] 杨恢武，陶贵鑫，周凤林．国土空间规划背景下城乡规划专业培养方案适应性研究 [J]. 规划师，2023，39（8）：140-146.

Comparison of Urban and Rural Planning Programmes and Discussion on the Changes

Jia Mengyuan　Li Qin

Abstract: Urban and rural planning is an enlightening discipline that constantly explores solutions to new practical problems, and as it continues to change with socio-economic development, the way of university education in this discipline is constantly facing new demands and challenges. Whether to change the length of educational system is a hot topic being explored at the current stage of undergraduate education. This paper compares the undergraduate training programmes and curricula of 14 universities in China and 3 universities in the United States, and discuss the current needs and challenges of change in urban and rural planning education, with a view to providing reference for the development of the urban and rural planning profession and teaching reform in China.

Keywords: Urban and Rural Planning, Undergraduate Training Programme, Courses, Comparison Analysis

南京大学城乡规划专业本科“五改四”学制改革探索

于　涛　张京祥　罗小龙

摘　要：中国已经进入城镇化发展的后期阶段，在规划行业大变革的背景下，城乡规划专业本科人才培养模式亟待转型。为了更好地应对新时代、新需求，接轨国际、凸显特色、吸引生源，近年来不少高校纷纷开展了城乡规划专业本科“五改四”学制改革。特别是南京大学城乡规划专业在2016年9月就开始启动本科“五改四”学制改革，2019年学制改革方案获得教育部批准，并于当年开始首次招收四年制城乡规划专业本科生，至2023年已有本科“五改四”学制改革后的首届四年制城乡规划专业毕业生，积累了一定的学制改革经验。因此，本文基于南京大学城乡规划专业本科“五改四”学制改革实践，围绕现行的南京大学21版四年制城乡规划专业本科人才培养方案，系统总结了南京大学城乡规划专业本科“五改四”学制改革的动因、特点及成效，力求探索出一条城乡规划专业本科四年制人才培养的新路径，进而为我国高校推动城乡规划专业本科学制改革和人才培养模式转型提供参考借鉴。

关键词：学制改革；五改四；城乡规划；人才培养；南京大学

1　引言

当前，我国已走过高速城镇化阶段，进入强调城乡建设内涵提升的高质量和精细化发展时代，大数据革命、人口结构变化等新发展背景推动城乡规划行业发生巨大变革[1，2]。“AI赋能”“体系架构与知识拓展”“空间规划细化、优化、科学化”等词汇成为近年来城乡规划学科发展的关键词[3][4]。同时，国土空间规划发展也为规划人才培养带来了新的机遇与挑战，作为原城乡规划、国土规划和区域规划等相关规划深度融合下的全方位综合性规划，国土空间规划的人才培养体系更强调对规划原理的深入理解以及多学科专业知识的融会贯通[5]，规划行业对于人才的需求也逐渐由注重设计能力转向更加综合、更加高阶的多元能力。此外，在近年来规划行业市场竞争力减弱以及我国高等教育硕士生规模扩张的影响下，规划专业现有的本科教育五年学制对于优秀生源的吸引力也有所降低，对于规划行业未来的人才储备产生了不利影响。因此，在机遇与挑战并存的行业转型期，亟须对现有的城乡规划专业本科教育学制进行改革探索，以适应未来行业的发展变革所需。

在此背景下，南京大学、东南大学、大连理工大学已经相继完成了城乡规划专业本科“五改四”学制改革，同时还有不少兄弟高校正在酝酿之中，而南京大学在2019年就完成了城乡规划专业本科“五改四”学制改革，去年已经有一届四年制本科毕业生。因此，本文以南京大学城乡规划专业本科“五改四”学制改革为基础，围绕为什么改、怎么改、改得如何等学制改革的核心问题进行研究，力求探索出一条城乡规划专业本科四年制人才培养的新路径，进而为兄弟高校推动城乡规划专业本科学制改革和人才培养模式转型提供参考。

2　南京大学城乡规划专业本科“五改四”学制改革的动因

随着国家经济社会发展形势、城镇化阶段的巨大转变，国家大部制改革及城乡规划职能调整等重大变化，以及南京大学（以下简称南大）本科教育的一系列重大改革，2016年9月，南京大学开始在新的高度、

于　涛：南京大学建筑与城市规划学院教授（通讯作者）
张京祥：南京大学建筑与城市规划学院教授
罗小龙：南京大学建筑与城市规划学院教授

新的角度重新思考城乡规划专业本科人才培养方案，希望以本科“五改四”学制改革激发学科转型发展潜力，培养一流的规划人才。

2.1 新时代、新需求，城乡规划专业依托的外部环境发生了根本性变化

1997 年南京大学敏锐地抓住了中国城镇化快速发展、城市快速建设的历史机遇，率先在国内理科高校中完成本科“四改五”学制改革，设置五年制工科城市规划专业，大幅增加了设计类课程的教学与实践教学环节，以适应中国城市建设对工科城市规划人才的旺盛需求。经过二十多年的发展，中国已经完成了高速城镇化，2016 年年底中央经济工作会议首次提出，“房子是用来住的，不是用来炒的”，标志着大规模的城市空间扩张已经结束，进入了强调内涵提升的高质量发展时代。特别是 2018 年初住房和城乡建设部城乡规划职能归入新成立的自然资源部，对我国城乡规划人才培养的方向产生了重要影响，城乡规划学科和教育教学面临着重大转型。总体而言，有关设计类的技能培养需求将逐渐淡化，而更加强调资源环境、空间统筹、经济社会、公共政策等方面的内容。当初主要为了增加设计课程训练、生产实习时间而设置的五年学制有了可以压缩的空间，城乡规划专业完全可以在更紧凑的学制下更好地应对新时代、新需求。

2.2 接轨国际，顺应三三制改革，建立以研究生为主要出口的本硕贯通培养体系

国际城乡规划学科强调政治、社会、经济和文化的综合性，均为四年制教育，我国城乡规划专业多发端于工科的建筑学，尤其关注物质形态规划。随着我国城乡规划学的文理工艺多学科融合发展，越来越趋近国际城乡规划学科的发展态势，四年学制更加符合国际城乡规划学科的发展规律以及人才培养需求。当前国家推动创新驱动发展，迫切需要加快推进新工科的建设与发展，进一步创新人才培养路径、完善培养体系，加快工程教育综合改革，培养具备更高创新创业能力和跨界整合能力的新型工程技术人才。自 2017 年起南京大学开始实施本科大类招生培养联动改革，按照改革的总体目标要求，四年制本科规划教育将更能尊重学生个性化的选择，更有利于实现在本科阶段宽口径的培养，更好地落实南京大学“三三制”本科人才培养目标。因此，四年制城乡规划专业将培养人才的出口定位于硕士研究生，完全符合南大规划专业的定位与实际情况，更有利于本科生和硕士研究生的贯通培养。

2.3 重构人才培养方案，更有利于凸显南京大学城乡规划学科特色，吸引大类分流生源

南京大学城乡规划学科发源于地理学，以自然地理、资源利用和区域规划见长，具备综合性高校文理工学科交叉的特点。随着国土空间规划改革的不断深入，对自然资源、生态环境、土地管理等方向交叉的需求愈发强烈，南京大学城乡规划的综合性优势得以体现。因此，南京大学本科规划专业可以跳出五年制的框架约束，按照新形势、新要求重构人才培养方案，凸显南京大学城乡规划学科的优势和特色。另外，南京大学城乡规划本科毕业生的去向是大比例读研、出国，其次选择政府事业单位、房地产企业、咨询机构或其他行业，只有少部分本科生直接进入规划设计行业就业（图 1）。因此，从南京大学城乡规划本科的实际出发，五年学制改为四年制有助于城乡规划专业在日趋激烈的本科生源大类分流中增加吸引力。

3 南京大学城乡规划专业本科“五改四”学制改革的特点

南京大学城乡规划本科专业“五改四”学制改革工作启动于 2016 年 9 月，广泛征求和听取了各方面的意见和建议，2017 年 6 月，南京大学召开了城乡规划专业本科学制改革方案专家论证会，并根据校教学委员会的意见优化完善了本科四年制人才培养方案，2019 年 3 月，

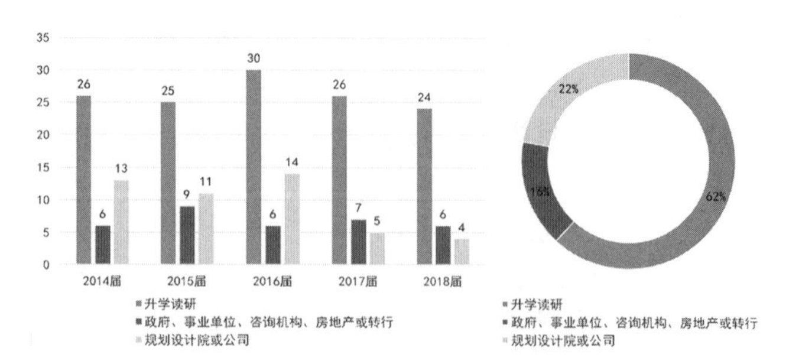

图 1　南京大学 2014—2018 届规划专业本科生毕业去向

资料来源：作者自绘

教育部正式批准了南京大学城乡规划专业本科“五改四”学制改革申请，南京大学在17版五年制城乡规划专业本科人才培养方案的基础上重新制定了19版四年制人才培养方案。2021年，南京大学在19版四年制城乡规划专业本科人才培养方案的基础上又进行了优化调整，从而形成了现行的21版四年制城乡规划本科人才培养方案。总的来说，2019年南京大学城乡规划专业本科“五改四”学制改革正式实施以来，具有以下三个特点：

3.1 参照国家专业规范，梳理优化课程体系，学分减少但教学质量不低

按照《高等学校城乡规划本科指导性专业规范》，参照《高等学校建筑学和城乡规划本科指导性专业规范》《建筑类教学质量国家标准》等要求。南京大学在新的人才培养目标导向下，制定了城乡规划四年制本科教学计划。其中本科专业课程体系由理论、设计、技术与实习四大模块构成，以规划设计（实践）课程为平台，链接规划理论和规划技术课程，互为犄角，一方面增加课程协同，减少相互重复内容，另一方面增加相互支持内容，同时便于教研室开展工作。在教学内容设置上，结合社会经济发展新趋势和南大特色，在五年制基础上精简、归并有关课程，缩减设计类课程、实习学分，优化教学方案，按照城乡规划专业的知识体系设置核心课程，完善学生知识结构。在“五改四”学制改革总学分从175降至150的情况下，通过梳理优化课程体系，实现更高效、更符合实际需求、更凸显南大特色的城乡规划专业本科人才培养目标（图2）。

3.2 适应国土空间规划改革方向，突出综合性优势，强化新领域课程建设

四年制人才培养方案依托南京大学“三三制”本科培养体系，贯彻“三元四维”人才培养新理念（图3），致力于培养适应新时代的城乡建设、自然资源和国土空间规划等事业发展需求，具备坚实的城乡规划设计基础知识与应用实践能力、扎实的城乡规划专业技能与国际视野，富有社会责任感、团队精神和创新思维，具有可

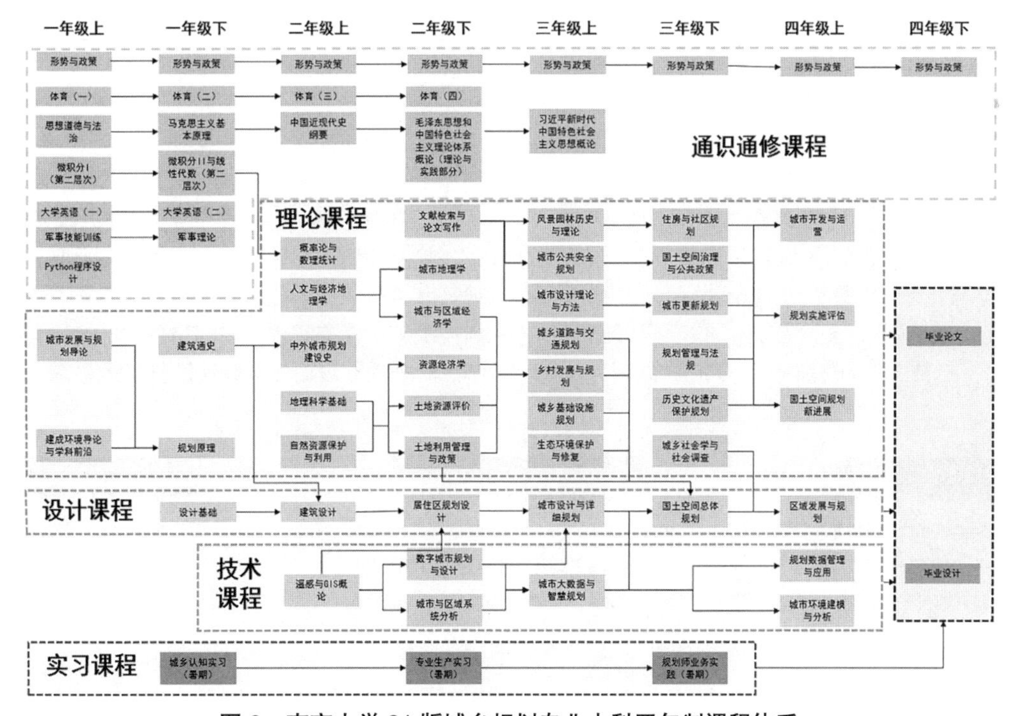

图2 南京大学21版城乡规划专业本科四年制课程体系

资料来源：作者自绘

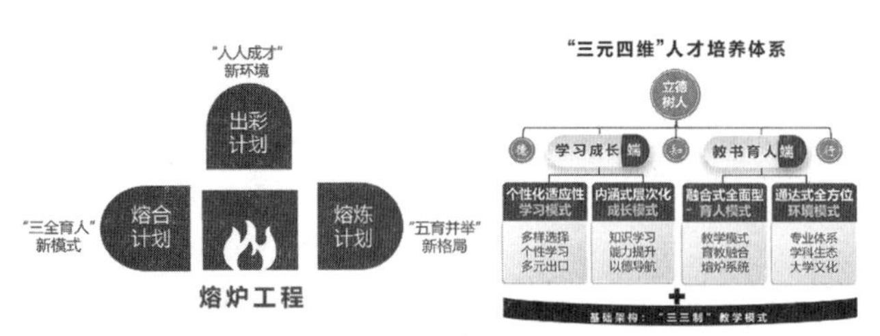

图 3　南京大学“三元四维”本科人才培养新理念
资料来源：南京大学 21 版人才培养方案修订说明

持续发展和文化传承理念，主要在规划编制单位、行政管理部门、大专院校和科研机构，从事城乡规划（国土空间规划）与设计、建设项目开发与管理、教学与研究等工作的一流规划人才。在方案中坚持文理工艺学科兼容、实践研究二合一的人才培养思路，继续构建和强化综合型、研究性和国际化的规划人才培养体系，形成既具有南京大学综合性大学特色，适应并满足新时期国土空间规划行业高水平专业人才需求，又能够对接国际一流大学规划学科发展的人才培养模式，进一步提升南京大学国土空间规划人才的培养质量。

在国土空间规划领域课程建设方面，四年制本科人才培养方案新增的国土空间规划课程有“自然资源保护与利用”“土地利用管理与政策”“生态环境保护与修复”“城市更新规划”“国土空间治理与公共政策”“国土空间规划新进展”“规划数据管理与应用”“规划实施评估”“地理科学基础”；调整的国土空间规划课程则包括“国土空间总体规划”“区域发展与规划”“规划原理”“规划管理与法规”“遥感与 GIS 基础”“乡村发展与规划”。同时，方案依托多个校外“教学实践基地”，坚持“产学研”一体、“实战训练”的教学机制，主动适应国土空间规划改革，突出综合性大学多学科交叉融合优势，强化国土空间规划及分析技术、区域规划、乡村规划以及城乡治理等优势特色。

3.3　以学生为中心，符合专业认知规律，推动新旧人才培养方案平稳转换

“五改四”学制改革充分体现了以学生为本的理念，课程体系确保刚性、增强弹性，尊重和满足学生多样选择、个性学习和多元出口的需求，在学业导师指导下实行“每生一菜单”。重点从三个方面培养城乡规划专业本科人才：①充分利用综合性大学优势，整合相关学科资源，组织基础课程教学，培养具有深厚基础知识和宽广知识面的专业交叉人才；②培养在规划设计、科学研究、新技术应用等多领域的专业技术人才；③培养具有较强研究基础和沟通能力的专业管理人才。

课程设置遵循从简单到复杂，从基础理论、方法、技术到实践应用，从微观设计到宏观规划，从第一课堂到第二课堂，循序渐进、梯度提高，充分体现了专业认知规律，并满足学生个性化发展需求（图 4）。新版人才培养方案利用上一版教学计划基础，注重课程前后衔接、平稳转换，便于教学计划的延续和学生重修等。同时，努力拓宽四年制学生出口，将人才培养出口主要定位于硕士研究生，推进本硕贯通培养。另外，除了大部分四年制城乡规划专业本科生硕士研究生出口外，对于其他的政府事业单位、咨询机构、房地产企业或转行的本科生就业出口来说，其设计能力在城市设计、总体规划和区域规划等中宏观尺度并未明显弱化，而且强化了多规合一、大数据与规划技术等综合空间规划与研究能力，完全能够满足这部分学生对于规划理论知识和实践技能的需求。

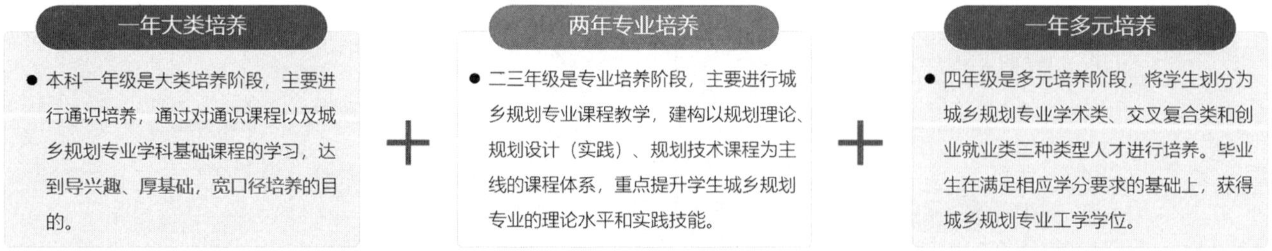

一年大类培养

- 本科一年级是大类培养阶段，主要进行通识培养，通过对通识课程以及城乡规划专业学科基础课程的学习，达到导兴趣、厚基础，宽口径培养的目的。

＋

两年专业培养

- 二三年级是专业培养阶段，主要进行城乡规划专业课程教学，建构以规划理论、规划设计（实践）、规划技术课程为主线的课程体系，重点提升学生城乡规划专业的理论水平和实践技能。

＋

一年多元培养

- 四年级是多元培养阶段，将学生划分为城乡规划专业学术类、交叉复合类和创业就业类三种类型人才进行培养。毕业生在满足相应学分要求的基础上，获得城乡规划专业工学学位。

图 4　南京大学城乡规划专业本科四年制人才培养阶段
资料来源：作者自绘

4 南京大学城乡规划专业本科“五改四”学制改革的成效

2019年南京大学实施城乡规划专业本科“五改四”学制改革以来，城乡规划专业先后入选国家级一流本科专业建设点、江苏高校品牌专业建设工程，城乡规划学科进入QS世界大学学科排名TOP100，连年被泰晤士高等教育中国学科评级为A+、软科排名A+。2020年，南京大学城乡规划专业联合地理学院、环境学院获批教育部地理科学拔尖学生培养基地，2021年联合地理学院申报的《面向国土空间治理现代化的政产学研协同育人机制创新与实践》获得教育部新文科研究与改革实践项目。经过近五年的学制改革探索，南京大学已初步形成了鲜明的城乡规划专业本科人才培养特色：扎根综合型大学土壤，高度重视研究，立足国际视野，大力推进国际化教学，培养领军型人才，毕业生可以胜任多领域工作，实现高质量宽口径就业。

2021年，在本科四年制建筑学和城乡规划专业基础上，南京大学设立“建筑与规划实验班”，采用文理兼招的方式独立招生和培养，在“建筑设计”“城市设计”“城市更新”和“国土空间规划”四个方向培养建筑学与城乡规划专业复合型领军人才。同年，《面向建筑－规划融合的国土空间规划人才培养综合教学改革》获得江苏省教改课题立项。通过“五改四”学制改革和本科人才培养方案的不断创新，南京大学城乡规划专业能够提供本硕贯通等多元培养模式，学生既可以选择沉浸在学术研究中，也可以充分发挥空间规划设计的天赋，更可以不受限制地拓展自身在经济、社会等相关领域的知识体系（图5）。

从2023年首届19级本科四年制城乡规划专业共计27位毕业生的去向来看，有15位在国内外知名高校继续读研深造，有9位在规划设计企业工作，另有3位在政府、事业单位、咨询机构等工作。与同年毕业的南京大学最后一届18级本科五年制城乡规划专业共计30位毕业生的去向比较来看，总的就业结构变化不大，但去规划设计企业工作的比例增加，而升学读研的比例有所降低，这也为城乡规划专业本科学制改革提出了新的命题（图6、图7）。

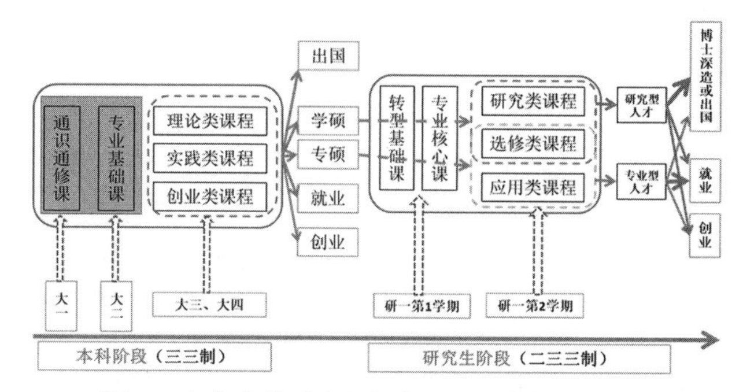

图5 南京大学城乡规划专业本硕贯通培养体系

资料来源：南京大学城乡规划专业本硕贯通方案

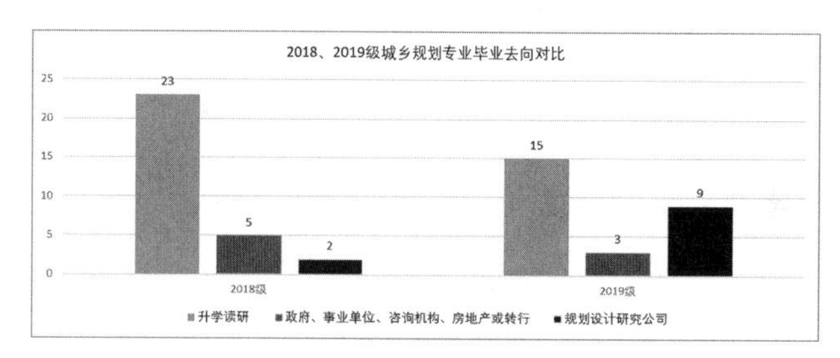

图6 2023届南京大学不同学制城乡规划专业毕业去向类型比较

资料来源：作者自绘

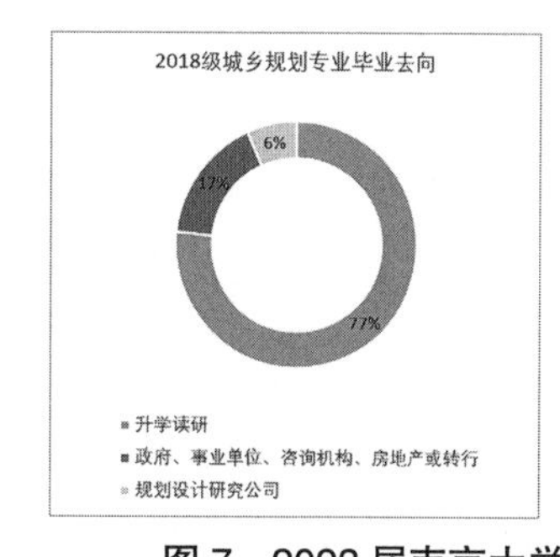

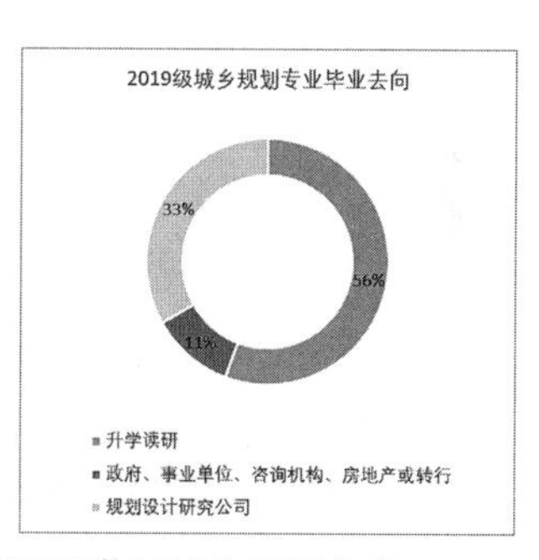

图7 2023届南京大学不同学制城乡规划专业毕业去向分布比较

资料来源：作者自绘

5 结语

2023年末我国常住人口城镇化率已达66.2%，中国已进入城镇化发展的后期阶段，告别了传统的大拆大建、粗放发展的城镇空间高速增长模式，而更强调城乡建设的内涵提升和高质量、精细化发展。在行业领域不断涌现出国土空间规划、智慧社区、低碳城市、老旧小区改造、城市微更新、美丽乡村建设等新的方向，规划行业大变革的发展环境对城乡规划专业本科人才培养提出了区别以往、转型发展的迫切需求。在此背景下，本文基于南京大学城乡规划专业本科"五改四"学制改革实践，围绕现行的南京大学21版四年制城乡规划专业本科人才培养方案，梳理总结了南京大学城乡规划专业本科"五改四"学制改革的动因、特点和成效，同时也发现了诸如升学读研比例降低、实践经历不足等亟待解决的问题。总而言之，同1997年南京大学在理科城乡规划本科专业推进"四改五"学制改革一样，当前的"五改四"学制改革，同样是着眼于未来的顺势而为、未雨绸缪之举。通过2019年以来的实践，南京大学力求探索出一条适应新时代规划人才需求的城乡规划本科专业"五改四"学制改革的可行路径，并为我国高校城乡规划专业的教育教学改革与创新提供借鉴。

参考文献

[1] 孙施文．我国城乡规划学科未来发展方向研究[J]. 城市规划，2021，45（2）：23-35.

[2] 吴志强，张悦，陈天，等．"面向未来：规划学科与规划教育创新"学术笔谈[J]. 城市规划学刊，2022（5）：1-16.

[3] 吴志强．城乡规划学科发展年度十大关键词（2023—2024）[J]. 城市规划学刊，2023，（6）：1-4.

[4] 孙施文，吴唯佳，彭震伟，等．新时代规划教育趋势与未来[J]. 城市规划，2022，46（1）：38-43.

[5] 石楠. 城乡规划学学科研究与规划知识体系[J]. 城市规划，2021，45（2）：9-22.

Exploration on the "Five years to four years" Reform of Nanjing University Urban and Rural Planning Major Undergraduate Education System

Yu Tao　Zhang Jingxiang　Luo Xiaolong

Abstract: China has reached the advanced stage of urbanization development. Against the backdrop of significant changes in the planning industry, there is an urgent need to transform the training mode for undergraduate talents in urban and rural planning. In order to better align with new era requirements, international standards, highlight distinctive features, and attract students, many colleges and universities have implemented the "five years to four years" reforms of urban and rural planning major undergraduate education systems in recent years. Specifically, Nanjing University initiated the "five years to four years" reform of urban and rural planning major undergraduate education system in September 2016. The Ministry of Education approved this education system reform plan in 2019, leading to the enrollment of four-year urban and rural planning undergraduates for the first time that year. Nanjing University has produced the first batch of graduates under this reformed system in 2023. Drawing from the experience based on "five years to four years" reform of Nanjing University urban and rural planning major undergraduate education system, this paper systematically summarizes motivations, characteristics, and effects of this reform while focusing on current 2021 edition four-year undergraduate talent training program for Nanjing University urban and rural planning major. This paper aims to explore a new path for four-year undergraduate talent training programs specifically tailored towards urban and rural planning majors as a reference point for Chinese universities seeking to promote reforms within their own undergraduate systems.

Keywords: Education System Reform, "Five years to four years" Reform, Urban and Rural Planning, Talent Training, Nanjing University

近十年城乡规划专业应届毕业生的职业选择演变及其对教学改革的启示 —— 基于 T 校样本的研究

陈　晨　陈诗芸

摘　要：推动毕业生的高质量就业关乎高等教育人才培养的重要工作，更关乎国家人才强国战略目标的实现。本文以某高校城乡规划专业方向近十年应届毕业生的就业数据为样本，通过分析就业行业、升学深造等方面的变化与规律，剖析城乡规划专业应届毕业生职业选择演变的特征和成因，以及对教学改革的启示。初步发现，近十年来城乡规划专业应届毕业生的职业选择呈现就业方向更加多元，个性化需求也日趋凸显。面向为学生提供更广阔的职业发展空间，培养出更符合新兴就业市场需求，综合素养更高水平的人才等多元目标，提出本科教学计划改革、硕士专门化培养和产教融合等方面若干思考。

关键词：城乡规划；应届毕业生；职业选择；结构变化；教学改革

1　引言

推动高校毕业生高质量充分就业，是“国之大计、党之大计”，也是推动高校高质量发展的有效动力 [1]。随着社会的发展和科技的进步，高等教育的普及程度越来越高，每年的高校毕业生数量也在逐年攀升。2022 届高校毕业生首破千万，2023 年高校毕业生规模达 1158 万人 [1]。在当前经济发展新常态下，受经济结构优化调整、产业结构转型发展的影响，高校毕业生的就业出现了新挑战。与此同时，从外部环境来看，世界经济复苏动力较弱，不确定不稳定因素增多；从国内发展来看，城镇化发展进入后半场，从高速度的城镇建设时代转向高质量的城镇更新时代；从就业人群来看，新时期青年的求职择业观念发生变化，就业选择趋势明显区别于过去传统局面。因此，如何在适应经济新常态的背景下，为城乡规划专业的学生提供更广阔的职业发展空间，是高校教育工作者应该思考的重要问题。通过顺应时势变化思考下的教学改革优化，有必要系统性思考如何促使城乡规划教育更好地满足社会对高素质人才的需求，从而促进毕业生更高质量就业。本文以 T 校城乡规划专业方向近十年来应届毕业生的职业选择演变为样本，通过分析就业行业、升学深造等方面的变化与规律，剖析职业选择演变的成因，从而讨论面向教学改革的若干思考。

2　城乡规划专业学生的职业选择演变

本文以 T 校城乡规划专业方向近十年本硕博毕业生的初次就业数据为分析样本，样本涉及的专业方向年均应届毕业就业人数约 160 人，其中十年总人数约 1600 人。其中本科生占 43%，硕士生占 47%，博士生占 10%。该专业方向学科优势明显，毕业生基本能落实就业去向，但从近十年就业数据的层面来看，就业行业、升学深造等方面也发生着变化，并呈现出一定的规律性，具体分析如下。

2.1　毕业去向演变

在毕业去向方面，城乡规划专业本科生、研究生表现出各自鲜明的特点。数据表明，城乡规划专业方向近十年本科毕业生升学深造率稳步提升，自 2015 年之后基本稳定在 70%~80% 的较高水平（图 1）。2023 年，本科生升学深造人数仍持续占较高比重，较 2022 年略有上

陈　晨：同济大学建筑与城市规划学院副教授（通讯作者）
陈诗芸：同济大学建筑与城市规划学院博士研究生

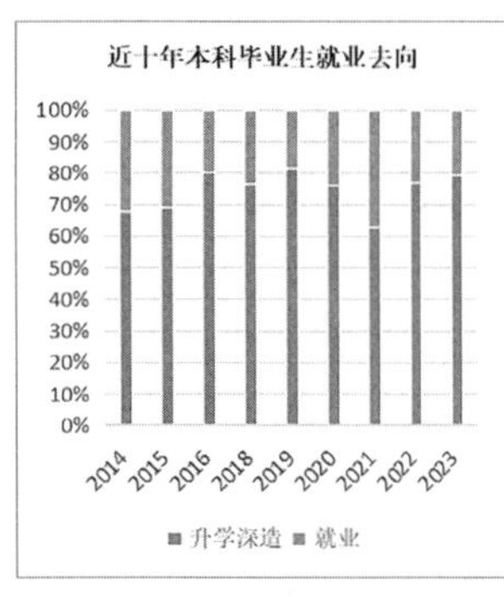

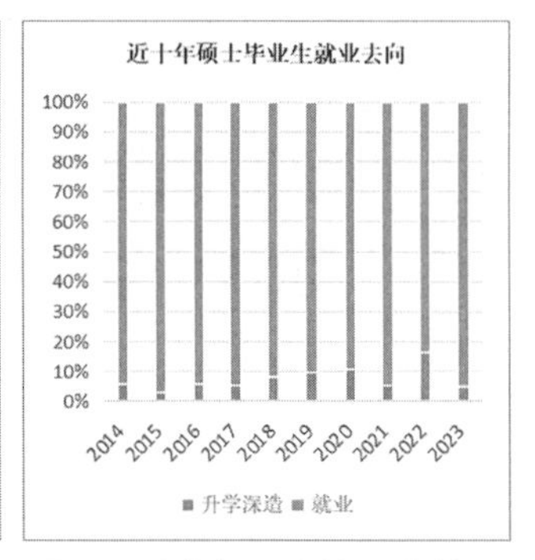

图 1 近十年本科毕业生就业去向情况

资料来源：笔者自绘

图 2 近十年硕士毕业生就业去向情况

资料来源：笔者自绘

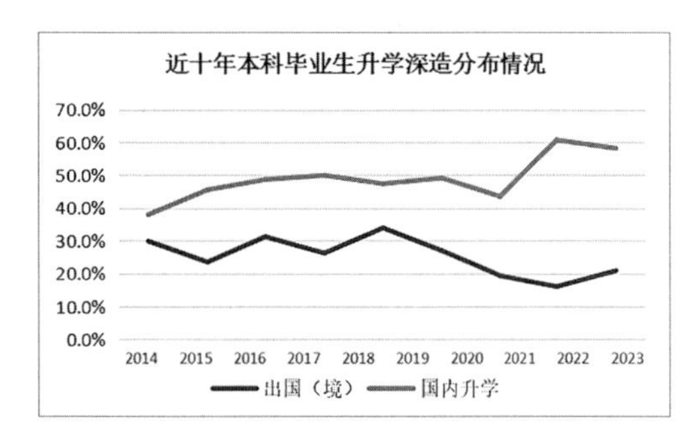

图 3 近十年本科毕业生升学深造分布情况

资料来源：笔者自绘

升。可见，本科生的就业去向中，升学深造成为越来越热门的选择。在当前就业形势下，高校毕业生就业市场竞争激烈，雇主对求职者的基本要求越来越高，尤其是对学历水平有更高的期望。近十年本科生的升学深造意愿的持续走高也反映了更多的学生希望通过进一步学习和研究，增强专业知识和研究能力，能提升自身的竞争力，为将来的就业打下更坚实的基础。此外，境内高校和境外高校占比呈交替变化趋势，由于国际环境和新型冠状病毒的共同影响，自 2019 年起，境外高校升学深造占比逐年降低，境内高校升学深造占比显著增加（图 3）。

与此同时，T 校城乡规划专业近十年硕士毕业去向以参加就业为主，占比基本在 90% 以上，硕士研究生是就业的主力军。近年来升学深造的人数也有所提升（图 2），博士研究生作为领域的深耕者，多数前往高校任职，呈现出专业度持续增高、技术性持续增强的态势。

2.2 就业行业分布

参照中华人民共和国国家标准《国民经济行业分类》GB/T4754—2017，根据该专业学生就业特点，对该专业毕业生的就业行业进行细分，将细分后的就业行业归并为高等教育、设计研究、建筑施工、建设投资、部队及党政机关、房地产、咨询、互联网、金融、其他 10 个类别，该专业近十年毕业生就业行业分布如图 4 所示。

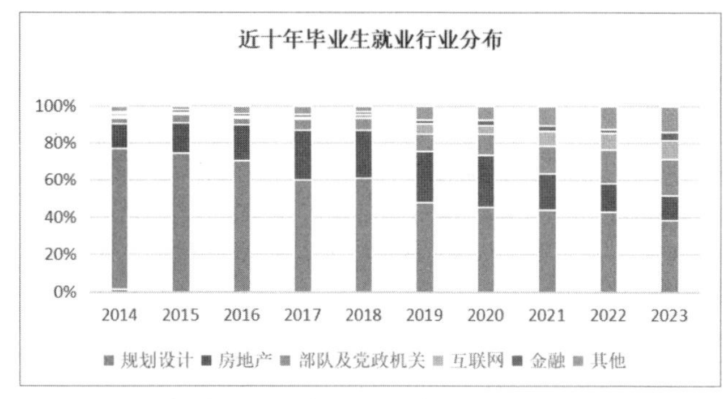

图 4 近十年城乡规划专业应届毕业生就业行业分布情况

资料来源：笔者自绘

从近十年城乡规划专业方向学生就业情况来看，由于该学科排名位居全国前列，学生培养质量较高，该专业的相关产业在国内发展态势和市场人才需求方面基本稳定，专业和市场需求所结合的就业行业分布广阔。分析数据可得，近十年该专业毕业生的职业选择演变发生了一定的变化，总体特征可以概括为“传统设计行业占比有所下降，行业选择日趋多元，就业面持续拓宽”。具体来说：

一是规划设计和房地产业作为传统的专业领域仍然是就业的主要方向，但其占比有所下降。T 校在该专业的学科优势明显，相当部分的毕业生专注于设计主业，选择在国内大中型规划、建筑、园林设计院或房地产企业工作，从自身的核心技术优势出发走向技术精英，以匠心筑精品，向社会提供高品质的设计服务。

二是党政机关就业的比例不断提升。部队及党政机关大类近年来日益成为热门的就业选择，占比持续增长。在 T 校扎实的青马工程培育、中西部就业、基层就业动员工作推进下，近年来的应届毕业生中部分毕业生选择省市自然资源与规划局、建设局、发改委等党政机关就业，运用专业知识服务城乡建设发展，选择进入政府等管理部门。

三是就业方向呈多元化发展趋势。相当部分毕业生在多元领域中展现设计思维的独特价值，新兴行业、交叉学科领域成为就业的重要方向，占比有所提升。其中，互联网、金融、商业服务和先进制造业等行业受到了一些毕业生的关注和青睐，其中代表性的企业包括淘宝（中国）软件有限公司，网易（杭州）网络有限公司，上海米哈游天命科技有限公司，比亚迪汽车工业有限公司等。

3　城乡规划专业学生职业选择的成因分析

总体来看，近十年来城乡规划专业应届毕业生的职业选择愈发优化。就业结构更加多元，具备可持续发展韧性，整体就业有从与专业相关度大的领域向专业背景综合素养要求高的领域拓展的趋向，企业性质的分布更趋于扁平化，就业面持续拓宽（图 5）。

结合城乡规划毕业生的访谈调研，本文认为造成上述城乡规划专业学生职业选择的成因主要有外部环境、城乡规划学科发展和个体偏好三个方面。

一是从外部环境来看，首先我国房地产市场经历了从兴盛到发展逐步放缓的过程。2003 年《关于促进房地产市场持续健康发展的通知》正式明确房地产业是国民经济的支柱产业[2]。在这一文件影响下，2003 年全国累计完成房地产开发投资突破 1 万亿元，同比增长 29.7%[3]。

图 5　近年城乡规划毕业生就业选择中的传统方向与新兴方向

资料来源：笔者自绘

房地产业迅猛发展，应届生的薪资待遇和职业前景得到了很大提升，就业占比持续走高，成为大部分毕业生的首选。但到了 2010 年代中期，随着房地产市场的饱和，规划设计行业开始面临更深刻的挑战。项目数量减少，设计费用下降，许多设计师和设计公司不得不寻求转型或缩减规模以适应行业的新常态[4]。城市建设从增量转为存量，建筑行业已不处于明显的红利期；其次大环境来看世界经济复苏动力较弱，不确定不稳定因素增多，在普遍存在的“求稳”心态推动下，毕业生职业选择中党政机关或事业单位的大类比重逐渐增加；最后随着数字化和信息化浪潮的席卷，中国城市正逐步迈入数智时代，新兴行业如互联网、科技金融等领域也为毕业生带来了许多就业机会。

二是从城乡规划学科发展来看，在世界范围内新一轮的科技革命和产业变革，新旧动能转换，新技术、新产业、新业态和新模式蓬勃发展的环境下，对学科发展提出了新的挑战。在“全新技术革命”等时代背景下，城乡规划学科产生不同以往的内涵与外延，新技术提出了与时俱进的人才发展要求，智能城市、生态绿色发展等社会需求不断推动专业人才的新型、复合型能力培养，这也客观上促使职业选择多元化成为可能。

三是个体偏好方面。中国经济近年来迅猛发展，打开了毕业生对工作高要求的期待。网络时代给人们生活带来各种便捷的同时，也给教育的变革带来冲击，知识获取的途径更加多元，学生们的视野更为开阔，对工作的个体想法和需求更加多样，传统的职位就业虽然仍是就业的主要形式，但是新兴行业、自由职业、创新创业等形式也纳入了学生求职视野。

4　对教学改革的思考启示

面向未来就业趋势对城乡规划专业人才的培养提出多元化、复合型的要求，毕业生在城乡研究、规划管理以及沟通和解决问题的能力方面有所提升。结合成因分析对教学改革形成若干思考。

4.1　对本科学制改革的优化思考

与大多数专业不同，我国城乡规划学本科的学制通常是五年制。五年制的修业年限最早可追溯至新中国成立后。1952 年，由同济大学金经昌教授主持在国内首先创办了城市规划专业（四年制）。1956 年该专业分为城市规划专业和城市建设工程专业（五年制）。由于现行城乡规划专业教育评估要求是在五年制教育培养方案的基础上制定的，只有五年制的城市规划本科专业才能参加评估。因此近年来，多数刚过评估的院校以五年制的培养方案作为自己学科建设通过认证的重要指标。而在近年就业市场竞争激烈、招生形势倒逼下，一些学校已经率先启动了全面转向四年制的步伐。T 校城乡规划专业从 2022 级开始探索推行四五年制双轨并行、本硕贯通的培养方式，即学制从“5 年（本）+2.5 年（硕）”转向“2 年（大类 + 基础教学）+2 年（规划专业核心课程体系）+1 年（本科专门化）+2.5 年（硕士专门化强化）”的培养方式。

在本科培养阶段，四五年制双轨并行的目标为：①根据学生成绩排名分流选拔进入四年制的学生，同时优化五年制专门化培养计划，推动形成良性竞争、积极上进的学习氛围；②优化四年制本科课程体系：探索核心课程体系中的设计课优化，探索专业课向低年级前置的可能性，并对相关技术课进行强化。专业核心课程包可划分为原理、设计、技术三条线，夯实学生的专业设计基础，从理论层面和技术方法维度提升学生的专业综合素养；③以课程模块化设计的方式，做实做优本科阶段的方向专门化，如国土空间规划、城乡规划设计、数智空间设计、城市政策研究等专门化方向（图 6）。

在此基础上，通过“本硕贯通”的培养方案设计，推动硕士阶段进一步强化培养方向专门化。由于硕士研究生是就业的主力军，对行业发展的反馈更为紧密[5]，

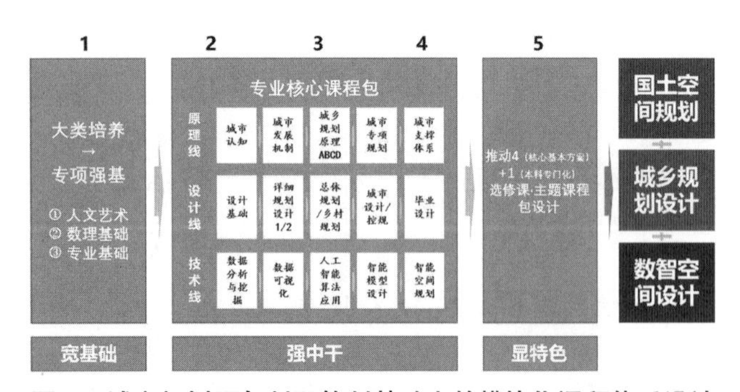

图 6　城乡规划四年制双轨制基础上的模块化课程体系设计
资料来源：笔者自绘

对就业市场的需求更为敏感。不同学科方向梯队可以面向所属的专业领域和技术特点，制定差异化的培养方案，强化课程设置与专业技术能力考核的衔接，有目标地培养更加专门化的人才。倡导采用案例教学、专业实习、真实情境实践等多种形式，提升硕士生解决实际问题的能力。由此，旨在培养多元化、专业化、综合素养更高，更加符合就业市场需求的专业人才。

4.2　对加强产教融合培养的思考

学生职业选择的变化是对产业界变化的反馈，当前规划教育和规划实践、产业界发展在一定程度上的脱节，也是规划教育面临的困境。应重视通过产教融合的模式来推动“真实情境”和“就业导向”的教学变革：一是教学要注意与实践结合，应特别关注“追求真实情境”，对现实的就业需求作出更敏感的反馈。加强与产业界的合作，为学生提供多元化的实习实训机会；二是针对城乡规划学科专业特点，制定特色化、体系化的实践教学体系，以满足各个专业细分领域的特定需求；三是通过产学协同育人，与企业导师、行业专家合作，为学生日后进入职场提供宝贵的行业经验和社会网络。同时提升他们的领导能力、批判性思维以及解决复杂问题的能力，为成为未来城乡规划领域领先者做好准备；四是建立校企共赢的协同育人机制，通过共享资源和信息，提高教育质量和效率。实现多元化赛道指导校企紧密联动，进一步优化供需对接依托优质企业资源，打造精准生涯教育活动。由此，提升学生的专业实践能力和创新实践能力，培养符合时代需求、产业发展、具备竞争力的城乡规划专业人才。

5　结语

做好高校毕业生这一重点群体的就业工作是当今和今后一个时期面对的重大任务。本文以 T 校城乡规划专业方向近十年应届毕业生的就业数据为样本，通过分析就业行业、升学深造等方面的变化与规律，剖析城乡规划专业应届毕业生职业选择演变的特征和成因，以及对教学改革的启示。近十年来城乡规划专业应届毕业生的职业选择呈现就业方向更加多元，个性化需求也日趋凸显。面向为学生提供更广阔的职业发展空间，培养出更符合新兴就业市场需求，综合素养更高水平的人才等多

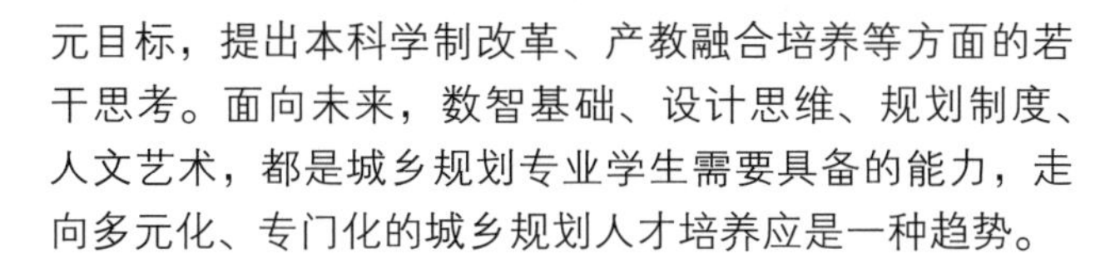

元目标，提出本科学制改革、产教融合培养等方面的若干思考。面向未来，数智基础、设计思维、规划制度、人文艺术，都是城乡规划专业学生需要具备的能力，走向多元化、专门化的城乡规划人才培养应是一种趋势。

参考文献

[1] 李心萍，姜洁，黄福特，等．就业优先夯实民生之本[N]. 人民日报，2023-03-07（7）.

[2] 伍旭川，汪守宏．中国房地产市场发展的历史路径[J]. 银行家，2005（7）：94-95.

[3] 陈龙乾，许鹏，张志杰，等．中国房地产业发展的历史、现状及其前景[J]. 中国矿业大学学报（社会科学版），2003（4）：97-104.

[4] 南方周末．三十年从大热到遇冷，建筑设计业入冬？[EB/OL].（2023-08-28）. http：//weibo.com/ttarticle/p/show? id=2309404939803631157522.

[5] 孙久舒．大数据背景下研究生就业教育管理的创新实践与探索[J]. 就业与保障，2023（12）：61-63.

The Changing Career Choices of Fresh Graduates in Urban and Rural Planning Major During the Past Decade and Its Implications for Education Reform：The Case of a 10-year Employment Data Sample in T University

Chen Chen　Chen Shiyun

Abstract：Promoting high-quality employment for graduates is not only related to the effectiveness of higher education talent cultivation，but also to the achievement of the national strategy of building a strong talent country. This article takes the employment data of recent graduates in the urban and rural planning major of a certain university as a sample，analyzes the changes and laws in the employment industry，further education，and other aspects，analyzes the causes of career choice evolution，and proposes countermeasures for teaching reform to inspire work. Analysis has found that the career choices of graduates are showing a trend of more diverse employment directions and increasing personalized needs. Under the goal of providing students with broader career development space，cultivating talents who better meet the needs of the emerging job market and have higher comprehensive literacy，teaching reform has put forward countermeasures and suggestions in the areas of dual track system of education，specialized master's degree training，and integration of industry and education.

Keywords：Urban and Rural Planning，Fresh Graduate，Career Choice，Structural Change，Education Reform

规划教育与行业及社会的互动促进学科演进

李 翔 甘 惟

摘 要：规划教育和规划、社会有着密切的关系，以往的对于三者关系的描述均为定性描述，从经验角度进行评价，无定量数据作为支撑。本研究借助多来源的大量数据进行定量研究，通过侧面替代，可以验证规划教育、规划和社会的三者之间的互动关系。在历史的演变过程中，规划教育和规划、社会相互作用，互为依托，协同演进。研究规划教育和规划、社会的互动关系，能够发现并更好地理解三者之间的互动规律，从而有针对地改进规划教育，为未来规划教育的转型和发展提供规律性的建议。

关键词：规划教育；规划行业；社会；互动；学科发展

1 规划教育与社会的互动

大量历史和社会经验表明，规划教育与社会有着密切的联系，两者保持互动，规划教育受到社会变革的影响。由于规划教育在世界范围内定义略有不同，作者提出的“规划教育”是指广义上的城乡规划教育体系，包括国土空间、城市规划、城乡规划、城市设计、城市研究、城市学等的教育体系。许多学者、规划教育者和规划行业从业者认为，规划教育的内容应该及时跟上规划实践的变化（例如，Guzzetta and Bollens，2003；Ozawa and Seltzer，1999；Scholl，2012）。学界已有一定的研究证明规划教育与社会的互动关系，但大多基于定性的经验判断（例如，Frank et al.，2014；Gurran et al.，2008；Keller et al.，1996）。

规划教育的内容，如课程，会随着社会和规划实践中出现的新需求不断调整，以适应社会。两者之间互动的经典案例，比如，在 1970 年代，世界掀起了日益高涨的关注环境问题的热潮，这直接反映在同时期的规划教育课程里新增了“环境规划”的课程内容。规划教育的课程中大量纳入有关环境保护、生态、环境规划等的主题（例如，Dalton，2001）。

例如最近的经济全球化和跨国际机构的兴起，表明了基于国家和本地的社会需求和重要性正在减弱，社会、经济和生态的问题逐渐成为世界共同关注的问题。关于全球化、国际发展、可持续发展的内容在规划教育中增多。在欧洲，全球化对于规划的影响体现为 1999 年的“欧洲空间发展战略（European Spatial Development Perspective，ESDP）”的提出。全球化促使了欧洲的城市不再单打独斗，而是融入欧洲城市的群落，协同发展。泛欧洲立法，对于欧洲各国的规划有着同化作用。为了使未来的规划师能够应对这些变化的社会思想，欧洲的规划教育及时地更新课程内容，增加了包括“欧洲战略规划”“国际空间和经济重组”和“跨国规划”等的应景的内容（Frank，2013）。为了适应跨学科、跨国的内容多元性，其中一些课程采用由不同国家的多个院校合作授课的形式，提供多语言教学，以突出其课程的国际性。

当今，新技术对社会的各方面产生了重大的影响，规划教育也及时地开设课程应对，如麻省理工学院（MIT）开设了新的本科专业，新城市科学的专业方向（The Bachelor of Science in Urban Science and Planning with Computer Science），将城市科学和计算机科学融合在一起，以适应社会的发展动态。

此外，规划教育的内容也对气候变化、资源短缺和城市发展中的非正式性（Informality）等问题进行着持

李 翔：浙江工业大学设计与建筑学院讲师
甘 惟：同济大学建筑与城市规划学院助理教授（通讯作者）

续的关注，并及时做出应对。

对于中国的规划教育，许多学者也赞同社会发展需求决定了规划教育的知识体系、价值体系以及发展路径。规划教育的发展与国家的城镇化进程、社会经济情况高度互动，规划教育的课程设置、培养方案、院校专业背景等取决于当时当地的社会需求（王富海，石楠，2018）。

2　规划教育与行业的互动

关于规划教育与规划的互动关系，学界有过许多讨论。

规划教育对规划的影响，有学者认为，规划教育和规划存在互动，即规划理论转化为实践的过程。Friedmann 的主要思想就是将规划的思想转化为实践，以解决城市问题，推动城市发展（Friedmann，1987）。

规划对规划教育的影响，有学者认为，城市规划教育、学科的形成和发展，与城市规划教育作为一门实践型学科的特点密不可分。在相当程度上，大量的城市规划实践推动了规划教育和学科的前进（孙施文，2016）。规划教育的知识体系，受到规划实践、外部环境变化的较大影响，知识领域呈现不断扩展的趋势，以物质空间设计为核心，不断加入社会科学、自然科学等相关知识，知识体系越来越综合（图 1）。

中国城市规划学会秘书长石楠，通过比喻的手法理解规划学科（规划教育）与规划行业的关系，规划学科好比钢筋，规划行业好比混凝土。钢筋承担了结构性的作用，支撑起了整体的结构，学科是整个规划行业的精髓，架构了行业的灵魂，没有学科，行业将不复存在。像混凝土占据构筑物的大量体积那样，规划行业构成了国民经济，吸收了学科培养的就业人口，保证了经济的发展和社会的稳定。规划学科和规划行业需要有机结合，相辅相成，才能构成足够的强度，担起社会的重托，以专业的力量推动社会进步（石楠，2018）。

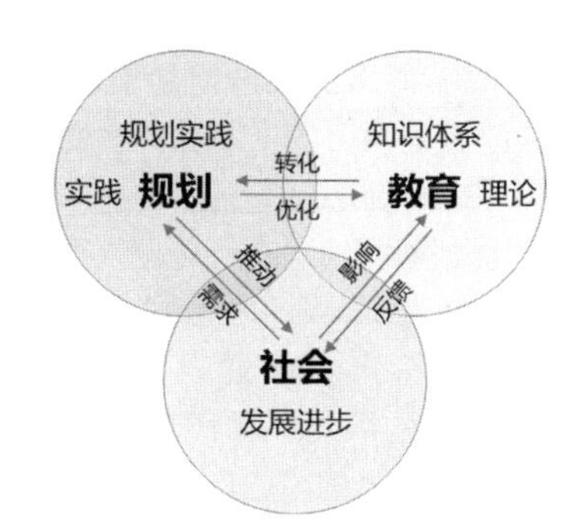

图 1　规划教育、规划与社会的三者互动
资料来源：作者自制

城市规划是一门应用型学科的基本属性，决定了不管知识体系如何变化，都必须围绕应用于城市规划实践这一核心，针对城市的问题，将理论知识转化为实践，规划教育的知识体系培育规划实践者，影响规划的实践，从而解决城市社会实际的问题。同时，规划实践也反过来影响规划教育，充实其内容体系，完善其理论结构（吴志强，2005）。

3　我国规划教育与社会、规划行业的互动

关于规划教育的演变，已有大量的学术研究成果。总结来说，规划教育是一门综合型的应用学科，学科从最初主要关注物质空间形态的规划设计，逐渐加入了社会学等诸多内容，直至当今的以可持续发展为目标的综合复杂规划体系。规划不仅是物质空间的形态规划与设计，更需要对社会生活、历史文化、城市管理、经济发展等多方面因素进行综合的考虑，吸收整合多学科的复杂知识，熟练应用多学科的综合工具，达到优化人居环境的目的。

全国城乡规划专业指导委员会的调查显示，中国的规划教育的课程体系内容中，65% 基于建筑学及其相关学科的背景，源于工程类和理学类的内容各占了 15%，剩下的 5% 的内容基于管理及林学类。这次统计表明，中国的规划教育大量的（95%）内容基于建筑学和理工科的背景，只有极少量的内容来自于管理学和林学。这与中国是世界城镇化的最大实践地，拥有世界最多的实践项目的事实不无关系。但是，中国的城镇化进程已经进入了由追求量变为追求质的阶段，大建设时代已经过去，目前的城镇化进程，急需大量的社会学、管理学、经济地理等与社会发展现状契合的知识和技能，甚至提前于社会发展的超前的知识和技能。目前规划教育仍然基于建筑学和理工科的背景，以及注重设计的发展方向，显然无法适应社会的发展。

吕飞等学者（2016）以哈尔滨工业大学的城乡规划系的课程体系为例，其规划教育的课程体系基于建筑学

学科背景，重视设计类课程，相对不重视社会学、经济学、管理学等其他学科。其设计类课程为经典的建筑学模式，侧重于物质空间的形态规划与设计，开设的课程如住区规划设计、景观设计、城市设计、建筑设计、详细规划、总体规划等，偏重于培养方案设计能力。此教学课程的设置，源于物质空间规划兴盛的年代，现在来看，这是一种适用于物质规划时期的教育，滞后于新时期对规划专业人才的培养目标。

4 测度规划教育与规划行业及社会的互动

规划教育和规划、社会有着密切的关系，学界有着相关的学术研究，认为规划教育需要紧跟规划的实践，不能产生脱节，规划教育随社会的发展方向而发展，这是规划的实用性本质所决定的。规划实践也会反过来充实更新规划教育的内容体系。但是，以往的对于三者关系的描述均为定性描述，从经验角度进行评价，无定量数据作为支撑。

本研究借助多来源的大量数据进行定量研究，通过侧面替代，可以验证规划教育、规划和社会三者之间的互动关系。在历史的演变过程中，规划教育和规划、社会相互作用，互为依托，协同演进。研究规划教育和规划、社会的互动关系，能够发现并更好地理解三者之间的互动规律，从而有针对地改进规划教育，为未来规划教育的转型和发展提供规律性的建议（图 2）。

本研究的“规划”指规划研究、城市研究、规划实践等方面。本研究使用 WOS 数据库所检索得到的

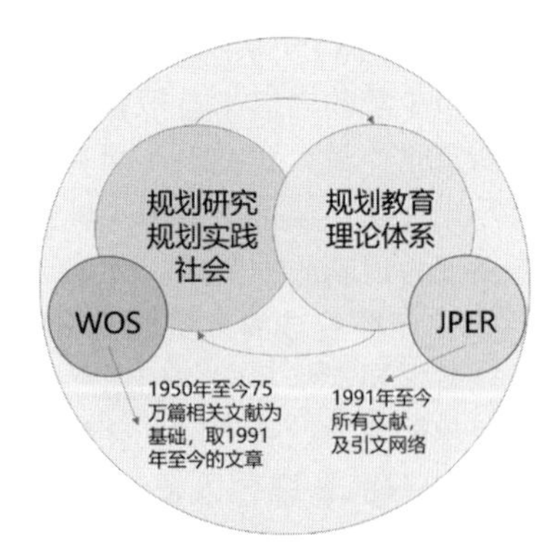

图 2 借助多来源的数据的定量研究，验证规划教育、规划和社会三者之间的互动关系

资料来源：作者自制

1950—2020 年的 75 万篇有关城市规划的文献，包括了学术文献、专利等。由于城市规划的文献多为与城市、城市规划实践相关的学术研究，以及专利多为规划实践的专利，因此，WOS 的数据可以代表规划的演变情况，即规划研究、城市研究、规划实践等方面的演变情况。

使用定量数据替代测度三者之间的联系，以验证定性研究的论点。检索 Web of Science 的以“城市规划”为主题的，1950—2020 年的所有学术文章、少量专利，共计 75 万篇左右。WOS 是世界上最全的学术文章库，1950 年是关于城市规划的文献能够找到的最早收录时间。WOS 包含多个数据库，多种语言。以“城市规划”为主题搜索的所有文献，内容包括了规划研究、规划实践，由于规划的研究和实践话题与社会息息相关，所以文献也代表了社会发展方向的变化。1950—2020 年的 75 万篇文章，可以视为全样本的概况，城市规划学术研究领域、规划实践领域，以及社会发展方向的历史演变情况。以此分析得出的情况，可作为城市规划领域和社会变化的演变情况。以 1950—2020 年的文章为研究基础，取其 1991—2020 年的文章进行研究。

同时，选取规划教育领域最具代表意义的期刊“Journal of Planning Education Research-JPER”，使用 Web of Science 的数据为主，辅以相关的数据库，搜索 JPER 期刊 1991—2020 年所有发表的文章，计算所有文章的引文网络。分析 1991—2020 年间的引文网络，得到 JPER 期刊 1991—2020 年的研究方向、参与国家或地区的演变情况，最终经过数据整理、分析，和人工经验判断，推导出以 JPER 期刊替代测度的 1991—2020 年的规划教育演变情况。

将 WOS 的数据得出的城市规划领域和社会变化的情况、以 JPER 的数据得出的规划教育演变情况，两者在相同的时间段（1990—2020 年）进行细节的详细的比对，将两者的大量对比的数据情况进行整理，整理两者的互动关系，可代表规划教育、规划和社会的三者互动情况。

研究方法为，将代表规划教育发展演变情况的“JPER1991-2020”的数据，和代表规划研究、规划行业和社会发展演变情况的“WOS1991-2019”的数据进行整理，按照研究方向从 1991 年的起始点到 2020 年的变化情况，以变化的百分比为类型标准，归纳为各

种类型进行比较。①快速上升型（≥ +1.5%）；②缓慢上升型（+0.3% 至 +1.5%）；③相对平稳型（-0.3 至 +0.3）；④缓慢下降型（-0.3% 至 -1.5%）；⑤快速下降型（≥ -1.5%）；⑥波动型。

具体的类型情况如下：

1. 快速上升型（≥ +1.5%）（表 1）。
2. 缓慢上升型（+0.3% 至 +1.5%）（表 2）。
3. 相对平稳型（-0.3 至 +0.3）（表 3）。
4. 缓慢下降型（-0.3% 至 -1.5%）（表 4）。
5. 快速下降型（≥ -1.5%）（表 5）。

1991—2020年规划研究、规划业界的研究方向与规划教育的研究方向变化的情况：快速上升型　　表1

排行	规划研究、规划业界的研究方向	1991—2020 年变化的百分比	排行	规划教育的研究方向	1991—2020 年变化的百分比
1	**ENGINEERING**	6.559114254	1	**TRANSPORTATION**	4.114367369
2	**COMPUTER SCIENCE**	4.25068897	2	**ENGINEERING**	3.083637262
3	**SCIENCE TECHNOLOGY OTHER TOPICS**	3.721939481	3	**SCIENCE TECHNOLOGY OTHER TOPICS**	2.627819648
4	CONSTRUCTION BUILDING TECHNOLOGY	2.256527777	4	**COMPUTER SCIENCE**	2.233687738
5	ENERGY FUELS	1.972072286	5	BUSINESS ECONOMICS	1.969234039
6	**TRANSPORTATION**	1.95712518	6	PUBLIC ENVIRONMENTAL OCCUPATIONAL HEALTH	1.551386827

注：加粗部分为重复项。

资料来源：作者根据 JPER 和 WOS 的 1991—2020 年的数据综合整理自制

1991—2020年规划研究、规划业界的研究方向与规划教育的研究方向变化的情况：缓慢上升型　　表2

排行	规划研究、规划业界的研究方向	1991—2020 年变化百分比	排行	规划教育的研究方向	1991—2020 年变化百分比
7	WATER RESOURCES	1.467624934	7	HEALTH CARE SCIENCES SERVICES	1.304341628
8	BIODIVERSITY CONSERVATION	1.457730769	8	**MATHEMATICS**	1.151401687
9	**METEOROLOGY ATMOSPHERIC SCIENCES**	1.447500513	9	**METEOROLOGY ATMOSPHERIC SCIENCES**	1.111703394
10	MATHEMATICS	1.318324515	10	ENERGY FUELS	1.013170416
11	INSTRUMENTS INSTRUMENTATION	1.051064648	11	**GOVERNMENT LAW**	0.906084379
12	**GEOCHEMISTRY GEOPHYSICS**	1.046889246	12	PHYSICAL SCIENCES OTHER TOPICS	0.889647817
13	TELECOMMUNICATIONS	1.034823502	13	SOCIAL WORK	0.716145974
14	GEOLOGY	0.997538746	14	CONSTRUCTION BUILDING TECHNOLOGY	0.647030339
15	PHYSICAL SCIENCES OTHER TOPICS	0.90426438	15	**AUTOMATION CONTROL SYSTEMS**	0.558778312
16	REMOTE SENSING	0.72961595	16	EDUCATION EDUCATIONAL RESEARCH	0.477956216
17	**AUTOMATION CONTROL SYSTEMS**	0.659765024	17	SOCIAL ISSUES	0.473528496
18	MATHEMATICAL COMPUTATIONAL BIOLOGY	0.620226546	18	**GEOCHEMISTRY GEOPHYSICS**	0.341150456
19	PHYSICAL GEOGRAPHY	0.598640908	19	SPORT SCIENCES	0.330869505

续表

排行	规划研究、规划业界的研究方向	1991—2020 年变化百分比	排行	规划教育的研究方向	1991—2020 年变化百分比
20	HISTORY	0.59763784			
21	AGRICULTURE	0.590544053			
22	PLANT SCIENCES	0.584027001			
23	ARTS HUMANITIES OTHER TOPICS	0.564987792			
24	FORESTRY	0.549498658			
25	PATHOLOGY	0.480022581			
26	INFECTIOUS DISEASES	0.474344311			
27	FOOD SCIENCE TECHNOLOGY	0.445952965			
28	ARCHITECTURE	0.421322257			
29	ZOOLOGY	0.358440747			
30	SOCIAL SCIENCES OTHER TOPICS	0.326381318			

注：加粗部分为重复项。

资料来源：作者根据 JPER 和 WOS 的 1991—2020 年的数据综合整理自制

1991—2020年规划研究、规划业界的研究方向与规划教育的研究方向变化的情况：相对平稳型　　表3

排行	规划研究、规划业界的研究方向	1991—2020 年变化的百分比	排行	规划教育的研究方向	1991—2020 年变化百分比
31	COMMUNICATION	0.210182155	20	GEOLOGY	0.291171212
32	NURSING	0.169387816	21	ROBOTICS	0.286743492
33	NEUROSCIENCES NEUROLOGY	0.141664604	22	TOXICOLOGY	0.27203482
34	PARASITOLOGY	0.118533871	23	MATHEMATICAL COMPUTATIONAL BIOLOGY	0.26175387
			24	REMOTE SENSING	0.247045199
			25	GENERAL INTERNAL MEDICINE	0.236764248
			26	BEHAVIORAL SCIENCES	0.191212725
			27	CRIMINOLOGY PENOLOGY	0.177929563
			28	HISTORY	0.177929563
			29	PHYSIOLOGY	0.177929563
			30	DEMOGRAPHY	0.166223103
			31	CULTURAL STUDIES	0.163220892
			32	PHYSICAL GEOGRAPHY	0.141233481
			33	OCEANOGRAPHY	0.113241649
			34	GERIATRICS GERONTOLOGY	0.108813928
			35	NUTRITION DIETETICS	0.098532977
			36	INTERNATIONAL RELATIONS	0.083824306
			37	PEDIATRICS	0.073543356

续表

排行	规划研究、规划业界的研究方向	1991—2020 年变化的百分比	排行	规划教育的研究方向	1991—2020 年变化百分比
			38	INFORMATION SCIENCE LIBRARY SCIENCE	0.058834684
			39	FOOD SCIENCE TECHNOLOGY	0.054406964
			40	SOCIAL SCIENCES OTHER TOPICS	0.032570743
			41	ETHNIC STUDIES	0.029417342
			42	MARINE FRESHWATER BIOLOGY	0.00442772
			43	HISTORY PHILOSOPHY OF SCIENCE	0
			44	AGRICULTURE	−0.016134181
			45	SOCIOLOGY	−0.024838431
			46	RESEARCH EXPERIMENTAL MEDICINE	−0.039698293
			47	OPERATIONS RESEARCH MANAGE-MENT SCIENCE	−0.074968866
			48	ARTS HUMANITIES OTHER TOPICS	−0.089677537
			49	FISHERIES	−0.104386208
			50	PATHOLOGY	−0.104386208
			51	PLANT SCIENCES	−0.114667159
			52	COMMUNICATION	−0.119094879
			53	DEVELOPMENT STUDIES	−0.129224639
			54	ART	−0.12937583
			55	BIODIVERSITY CONSERVATION	−0.148361031
			56	WATER RESOURCES	−0.155790961
			57	IMMUNOLOGY	−0.158793172
			58	OBSTETRICS GYNECOLOGY	−0.158793172
			59	PSYCHIATRY	−0.158793172
			60	REPRODUCTIVE BIOLOGY	−0.158793172
			61	ANTHROPOLOGY	−0.179355073
			62	FORESTRY	−0.219053366
			63	ARCHITECTURE	−0.244042988

资料来源：作者根据 JPER 和 WOS 的 1991—2020 年的数据综合整理自制

1991—2020年规划研究、规划业界的研究方向与规划教育的研究方向变化的情况：缓慢下降型　　表4

排行	规划研究、规划业界的研究方向	1991—2020 年变化的百分比	排行	规划教育的研究方向	1991—2020 年变化的百分比
35	GOVERNMENT LAW	−0.736496861	64	PSYCHOLOGY	−0.426249082
36	GENERAL INTERNAL MEDICINE	−0.844762875			
37	BUSINESS ECONOMICS	−0.916850169			

资料来源：作者根据 JPER 和 WOS 的 1991—2020 年的数据综合整理自制

1991—2020年规划研究、规划业界的研究方向与规划教育的研究方向变化的情况：快速下降型　　表5

排行	规划研究、规划业界的研究方向	1991—2020 年变化的百分比	排行	规划教育的研究方向	1991—2020 年变化的百分比
38	EDUCATION EDUCATIONAL RESEARCH	−2.206414274	65	ENVIRONMENTAL SCIENCES ECOLOGY	−5.548970371
39	PSYCHOLOGY	−3.599628774	66	URBAN STUDIES	−6.0362356
40	PUBLIC ENVIRONMENTAL OCCUPATIONAL HEALTH	−3.701959679	67	PUBLIC ADMINISTRATION	−6.890310463
41	PEDIATRICS	−4.064747634	68	GEOGRAPHY	−7.203317896
42	BEHAVIORAL SCIENCES	−4.991261736			
43	SOCIAL ISSUES	−5.1519615			
44	SOCIOLOGY	−5.894894426			
45	DEMOGRAPHY	−6.644509847			
46	HEALTH CARE SCIENCES SERVICES	−8.167612443			

资料来源：作者根据 JPER 和 WOS 的 1991—2020 年的数据综合整理自制

按照两者研究方向的总体排名情况比较。规划和规划教育的 1991—2020 年的研究方向变化情况，取两者增长速度的降序排行的前 10，发现有 6 个研究方向重合，重合率 60%。取两者增长速度的降序排行的前 20，发现有 13 个研究方向重合，重合率 65%。见表 6，重合部分标出。说明规划教育界的讨论的内容，与规划的讨论热点和研究方向大多数重合。用定量的方法验证了学界基于经验的定性的论点。Friedmann 的主要思想就是将规划的思想转化为实践，解决城市问题，推动城市发展。规划教育和规划的互动，即理论转化为实践的过程（Friedmann，1987）。城市规划是一门应用型学科的基本属性，决定了不管知识体系如何变化，都必须围绕应用城市规划实践这一核心，针对城市的问题，将理论知识转化为实践，让规划教育的知识体系教育规划者，从而影响规划的实践，解决城市实际的问题。

5　总结

本研究借助多来源的数据，通过大数据为底板数据，进行定量研究，全景式客观地回顾了规划教育、城市规划、社会的发展演变的规律。可以验证规划教育、规划和社会三者之间的互动关系。发现规划教育、规划和社会三者之间的隐性联系，总结出互动规律，从而构建新型的规划和规划教育的互动模式，使三者之间可以优势互补，相互促进，协同发展。

（1）规划教育与规划和社会的互动规律

规划教育与规划和社会发展，在热点研究方向上大多相同，且在时间上呈现同步的规律。即规划教育会随着规划、社会的发展转型而变化，规划教育、规划、社会的关注内容和时间是基本同步的。

但是，规划教育与规划和社会发展，在冷门研究方向上大多不相同。说明了规划教育的讨论视角与规划并不全相同，规划教育有其自身的研究特质。也说明了规划教育作为教育具有教育的稳定性，有相对独立的研究空间，不会因为社会不关注的热点而放弃对其的研究。这也符合了教育的特性，在满足教学，储备知识、研究的基础上，与社会互动。

（2）规划教育与规划和社会的演变互动中的变与不变

经过半个世纪的演变，热点起起伏伏，各热点在历史的舞台上交替登场。但是，规划的本质是始终不变的。人类始终追求优质人居环境，美好的生活的目标始终不变。

按照两者研究方向的总体排名情况比较。规划和规划教育的 1991—2020 年的研究方向变化情况，取两者

1991—2020年规划研究、规划业界的研究方向与规划教育的研究方向变化的幅度降序排名前20　　表6

排行	规划研究、规划业界的研究方向	1991—2020年变化的百分比	排行	规划教育的研究方向	1991—2020年变化的百分比
1	**ENGINEERING**	6.559114254	1	**TRANSPORTATION**	4.114367369
2	**COMPUTER SCIENCE**	4.25068897	2	**ENGINEERING**	3.083637262
3	**SCIENCE TECHNOLOGY OTHER TOPICS**	3.721939481	3	**SCIENCE TECHNOLOGY OTHER TOPICS**	2.627819648
4	**CONSTRUCTION BUILDING TECHNOLOGY**	2.256527777	4	**COMPUTER SCIENCE**	2.233687738
5	**ENERGY FUELS**	1.972072286	5	BUSINESS ECONOMICS	1.969234039
6	**TRANSPORTATION**	1.95712518	6	PUBLIC ENVIRONMENTAL OCCUPATIONAL HEALTH	1.551386827
7	WATER RESOURCES	1.467624934	7	HEALTH CARE SCIENCES SERVICES	1.304341628
8	BIODIVERSITY CONSERVATION	1.457730769	8	**MATHEMATICS**	1.151401687
9	**METEOROLOGY ATMOSPHERIC SCIENCES**	1.447500513	9	**METEOROLOGY ATMOSPHERIC SCIENCES**	1.111703394
10	**MATHEMATICS**	1.318324515	10	**ENERGY FUELS**	1.013170416
11	INSTRUMENTS INSTRUMENTATION	1.051064648	11	GOVERNMENT LAW	0.906084379
12	**GEOCHEMISTRY GEOPHYSICS**	1.046889246	12	**PHYSICAL SCIENCES OTHER TOPICS**	0.889647817
13	TELECOMMUNICATIONS	1.034823502	13	SOCIAL WORK	0.716145974
14	**GEOLOGY**	0.997538746	14	**CONSTRUCTION BUILDING TECHNOLOGY**	0.647030339
15	**PHYSICAL SCIENCES OTHER TOPICS**	0.90426438	15	**AUTOMATION CONTROL SYSTEMS**	0.558778312
16	REMOTE SENSING	0.72961595	16	EDUCATION EDUCATIONAL RESEARCH	0.477956216
17	**AUTOMATION CONTROL SYSTEMS**	0.659765024	17	SOCIAL ISSUES	0.473528496
18	MATHEMATICAL COMPUTATIONAL BIOLOGY	0.620226546	18	**GEOCHEMISTRY GEOPHYSICS**	0.341150456
19	PHYSICAL GEOGRAPHY	0.598640908	19	SPORT SCIENCES	0.330869505
20	HISTORY	0.59763784	20	**GEOLOGY**	0.291171212

注：加粗部分为重复项。

资料来源：作者根据 JPER 和 WOS 的 1991—2020 年的数据综合整理自制

增长速度的降序排行的前 10，发现有 7 个研究方向重合。取两者增长速度的降序排行的前 20，发现有 12 个研究方向重合。这说明，规划教育界的讨论内容，与规划和社会思潮的讨论热点和研究方向大多数重合，且这些研究方向经久不变。用定量的方法验证了学界基于经验的定性的论点。

通过规律研究的启示，设计出相应的对策，规划教育应及时跟上社会的发展和规划业界的动态。规划教育的课程需要及时更新，尤其是许多发展中国家和规划教育资源缺乏的国家，这些国家的课程通常没有及时跟上社会和业界的发展、挑战和问题。规划教育应该采纳创新的规划理念，包括参与式规划，规划谈判和交流，理解快速城市化的含义，及时训练可以应对最新社会问题的各类能力。更重要的是，城市规划教育应该及时更新包括道德教育、促进社会公平、促进可持续发展等的内容。

通过规律研究，发现规划和规划教育是相互作用的关系，规划和社会的演变影响规划教育，规划教育也影响规划和社会的发展，三者良性互动。在互动的过程中，有些研究方向经久不变，是共同关注的方向，也是规划教育的重点方向。规划教育和规划、社会三者在历

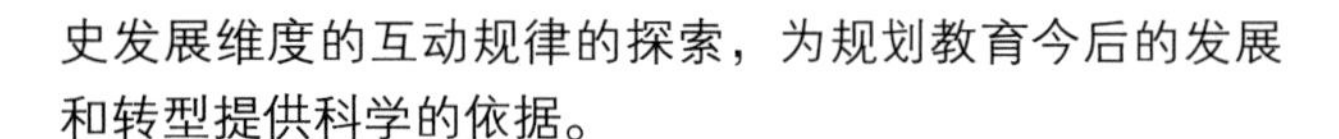

史发展维度的互动规律的探索，为规划教育今后的发展和转型提供科学的依据。

参考文献

[1] GUZZETTA J D，BOLLENS S A. Urban planners' skills and competencies：are we different from other professions? does context matter? do we evolve?[J] Plan Educ Res，2003，23（1）：96–106.

[2] OZAWA C P，SELTZER E P. Taking our bearings. Mapping a relationship among planning practice，theory and education[J]. Journal of Planning Education and Research，1999，18：257–266.

[3] SCHOLL B. HESP—Higher education in spatial planning—positions and reflections[M]. Zürich，Switzerland：Vdf Hochschulverlag AG，ETH Zürich，2012.

[4] FRANK A，MIRONOWICZ I，LOURENÇO J，et al. Educating planners in Europe：a review of 21st century study programmes[J]. Progr Plann，2014，91：30–94.

[5] GURRAN N，NORMAN B，GLEESON B. Planning education discussion paper. planning institute of Australia[EB/OL].[2016–10–01]. http：//www.planning.org.au/documents/item/67.

[6] KELLER D A，KOCH M，Selle K. 'Either/or' and 'and'：First impressions of a journey into the planning cultures of four countries[J]. Planning Perspectives，1996，11（1）：41–54.

[7] DALTON，LINDA C. Weaving the Fabric of Planning as Education[J]. Journal of Planning Education and Research，2001，20（4）：423–36.

[8] FRANK A. Europeanisation of planning education：An exploration of the concept，potential merit and issues[J]. Revista Brasilera de Estudos Uranos e Regionais，2013，15（1）：141–153.

[9] 彭震伟，刘奇志，王富海，等. 面向未来的城乡规划学科建设与人才培养 [J]. 城市规划，2018（3）：80–86，94.

[10] 孙施文. 中国城乡规划学科发展的历史与展望 [J]. 城市规划，2016（12）：106–112.

[11] JOHN F. Planning in the Public Domain：From Knowledge Action[M]. Princeton：Princeton University Press，1987.

[12] 吴志强，于泓. 城市规划学科的发展方向 [J]. 城市规划学刊，2005（6）：2–10.

[13] 吕飞，许大明，孙平军. 基于城乡规划专业数字化课程体系建设初探 [J]. 高等建筑教育，2016，25（2）：167–170.

The Interaction of Planning Education with Industry and Society Promotes the Evolution of the Discipline

Li Xiang　Gan Wei

Abstract: Planning education has a close relationship with planning and society. The previous descriptions of the three relationships were qualitative and evaluated from the perspective of experience，without quantitative data as support. This study uses data from multiple sources to conduct quantitative research，which can verify the interactive relationship between planning education，planning，and society. Throughout historical evolution，planning education，and planning and society interact and evolve together. By studying the interaction relationship，we can better understand the interaction law，improve planning education in a targeted way，and provide suggestions for the transformation and development of planning education in the future.

Keywords: Planning Education，Industry，Society，Interaction，Discipline Development

数智化背景下人工智能融入城乡规划专业本科教学的若干思考

陈　晨　魏　巍

摘　要：论文探讨了人工智能（AI）技术与城乡规划教育的融合，阐述了AI在城乡规划中的应用优势和挑战，并提出了更新城乡规划教育体系的必要性。通过建立宽基础、强中干、显特色的融合培养体系，学生将从基础理论到专业应用逐步掌握AI技术，并结合实践案例加深理解。针对产教融合模式，文章提出了深化校企合作、建设产教融合平台和实践训练三个关键方面，以适应城乡规划领域的快速发展需求。

关键词：数智化；城乡规划；人工智能；本科培养

1　引言

城乡规划和人工智能（AI）的融合是一个跨学科的交叉领域，可以推动城乡规划、建设和管理等多维度的创新发展。通过集成AI技术，城乡规划师可以更有效地处理大量数据，预测未来趋势，制定更加科学、精确的规划策略（邢程，2023），从而为城乡规划学科和城乡规划教育赋能。随着人工智能技术的迅速发展，AI如何融入城乡规划教育，成为一个备受关注的命题。传统的城乡规划专业注重空间设计、土地利用、环境保护等方面的知识和技能，而AI的引入为这一领域带来了全新的思考和可能性（吴志强，2020）。通过将人工智能技术与城乡规划实践相结合，学生不仅能够掌握传统的规划理论和方法，还能够运用数据分析、模拟仿真、智能决策等技术，更有效地解决城乡发展中的问题。由此，数智化背景下人工智能（AI）如何融入城乡规划专业的本科教学，使他们成为具备数智城市技术和跨学科创新能力的城乡规划人才，还需要系统性的探索，本文仅是阶段性的若干思考。

2　人工智能与城乡规划融合的趋势与问题

随着数智科技的快速发展，人工智能（AI）已成为推动城乡发展现代化的重要力量。AI技术，尤其是机器学习和大数据分析，在处理和分析庞大数据集中发挥着重要作用，可从人口流动、交通流量到土地使用变更等多维数据中提取有价值的洞见（胡郁，2020），并通过提供数据驱动的决策支持、增强设计优化能力和提高资源配置效率重塑城乡发展的未来。首先，在决策支持方面，AI城市技术应用通过建立预测模型，可以帮助规划师模拟城市扩张、交通需求等未来发展趋势，从而为长远规划的制定提供技术支持，可以评估不同规划方案的多方面影响，并推荐最优方案，还能实时监控城市运行状态如交通和空气质量从而及时调整应对策略。其次，在设计优化方面，AI技术通过高级模拟工具提高规划的效率，如使用3D模型展示规划项目潜在影响及模拟城市运动元素，为规划者提供全面视角（吴志强，2020）。最后，在资源配置效率方面，AI通过算法分析高效合理地配置城市资源，确定建设公共设施的最佳地点，并考虑居民便利性、成本效益和环境影响。智能算法还能在灾害应急管理中优化救援路径和资源分配，有效减轻灾害影响。

尽管AI技术在城乡规划领域展现出巨大的潜力和应用价值，但目前国内城乡规划专业教育中对AI技术的融入仍面临诸多挑战。一方面，在课程设计上，许多高校还未能更新和优化课程内容，以融入充分的AI技术知识和实践应用课程。大部分课程依然侧重于传统规划理

陈　晨：同济大学建筑与城市规划学院副教授（通讯作者）
魏　巍：同济大学建筑与城市规划学院博士研究生

论和方法，缺乏对 AI 工具和技术的深入教学。另一方面，与 AI 相关的实践融合不足也是显著问题。虽然一些高校尝试引入项目式学习和实习机会，以增强学生的实践技能，但大多数城乡规划专业的学生仍缺少足够的机会去实际操作 AI 工具，进行数据分析或参与到 AI 辅助的规划项目中。因此，人工智能（AI）融入城乡规划专业教学还需要系统性的变革，从而培养能够适应未来数智时代城市发展需求的专业人才。这包括课程内容的改造、教学方法的创新以及与行业的深入合作。

3 AI 融入城乡规划本科课程教学的思考

在数智时代背景下，城乡规划相关的设计、建设、管理等工作内容和工作方式都出现了根本性变化，规划教育也亟待进行系统性思考。为了有效推动 AI 技术融入城乡规划本科教学，本文提出从基础理论教育、到中干技术知识、再到专业特色应用的 AI 技术融入城乡规划本科教学的课程体系框架，从宽基础、强中干、显特色三点阐述了 AI 与城乡规划专业的融合（图 1）。目标是不仅能增强学生的理论知识和实践技能，还能激发他们的创新意识，为未来的职业生涯奠定坚实的基础。

3.1 宽基础——AI 融入低年级基础教学

在低年级的“宽基础”阶段，重点是为学生构建跨学科的知识结构，包括人文艺术、数理基础和专业基础。此阶段的课程设置不仅仅局限于传统的建筑和城乡规划理论，更应加入编程、数据库管理及人工智能等前沿技术的基础课程。例如，引入 Python 和 SQL 这类实用的编程语言和数据库知识，不仅可以帮助学生在处理复杂数据时更加得心应手，也让他们能够更早地接触到数据驱动的规划设计方法。在此基础上，基础 AI 课程如能涵盖数据分析、机器学习基础等，则可以使学生理解并运用这些工具在城乡规划中进行问题分析和解决方案设计。这一阶段的教育旨在拓宽学生的视野和打下认知基础，为数智化基础与城乡规划基础知识进行融合打下坚实基础。

3.2 强中干——AI 赋能技术课和设计课教学

进入到城乡规划专业核心知识学习的“强中干”阶段，城乡规划专业教育的重点转向深化专业核心课程和技术应用。这一阶段，学生可以通过三条主线——原理线、设计线和技术线，深入学习城乡规划的核心内容并

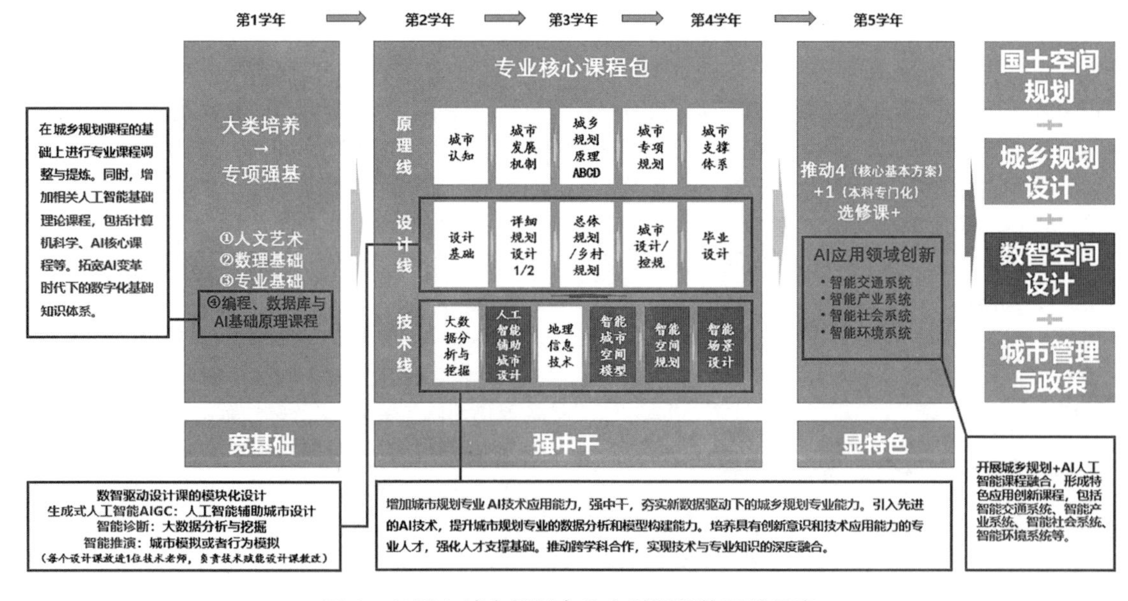

图 1　AI 融入城乡规划专业本科课程体系的示意

资料来源：作者自绘

探索其与 AI 技术结合的可能性。具体来说，在城市发展机制、城乡规划原理、城市支撑体系、城市专项规划等构成的城乡规划原理课程基本不变的背景下，重点建设包含“大数据分析与挖掘—人工智能辅助城市设计—地理信息技术—智能城市空间模型—智能空间规划—智能场景设计”的技术课程体系，并在此基础上推动数智技术方向的导师介入“设计基础—详细规划设计—总体规划—乡村规划—毕业设计”等课程的数智化改革。由此，确保学生在掌握深厚的理论知识的同时，也能够熟练应用最新 AI 技术进行城乡规划设计与分析。

3.3 显特色——AI 推动跨学科的交叉融合

进入高年级的“显特色”阶段，应聚焦推动跨学科的融合教学，将 AI 技术与城乡规划领域的智能交通系统、智能产业系统、智能社会系统、智能环境系统设计等专项系统创新结合。这一阶段的教育目标是让学生能够在实际工作中不仅运用所学的专业知识，还能利用 AI 技术进行城乡领域的创新设计和提供解决方案，且可以从空间规划领域拓展到数字城市领域。例如，通过城乡规划和软件工程的交叉课程，提供智慧城市（CIM）构建的课程，探讨如何通过数智城市规划和智能场景设计，提高城乡发展的可持续性和居民的生活质量。通过这些课程，使学生能够感受 AI 赋能城乡规划带来的应用领域创新的魅力和学科交叉融合创新的潜力。

总之，AI 赋能的城乡规划师不仅需要深厚的专业知识和技术能力，更需要创新思维和跨学科的协作能力。希望通过这种教育模式，通过结合理论学习、实践训练和交叉融合，学生在未来的职业生涯中，不仅能应对挑战，还能引领变革，为创造更宜居、更智慧、更可持续的城市环境贡献自己的力量。

4 推动 AI 企业与规划院校的产教融合

除了需要通过课程体系的改革来适应数智化时代外，另一个关键的改革方向是创新产教融合的模式。城乡规划专业一般依靠与规划院、设计院和咨询机构等行业实体的紧密合作来加强实践教学，这种合作通常包括项目合作、毕业设计合作及产业导师制等，有效地加深了学生的实践能力和市场适应性。然而，随着 AI 产业的快速发展，仅依赖传统规划设计领域的产教融合已不能完全满足当下的教育与行业需求（郭巧玲，2020）。因此，当前的城乡规划教育应更积极地与数智化企业、互联网公司及 AI 企业进行合作，确保教学内容与 AI 赋能时代的需求保持一致。例如麻省理工学院城市规划系与谷歌的合作项目，他们在城市交通和基础设施规划中应用 AI 技术，不仅为学生提供了直接接触并实践最新科技的机会，还使教学内容与科技及市场的最新发展保持同步。这种新型的产教融合方式不仅极大地丰富了教育内容，也显著提升了学生解决实际问题的能力，更有效地为他们应对未来城乡规划中的复杂挑战做好准备。这表明，城乡规划教育的未来必须结合创新的教学方法和跨界合作，以适应快速变化的技术和社会环境（党安荣等，2018）。

实际上，将 AI 技术融入城乡规划教学的实践活动和产教融合项目中，可以极大提升学生的学习体验，并显著增强他们的实际应用能力。在传统课程建设的基础上，通过与高科技企业的紧密合作，教育机构可以引入先进的数据分析软件、AI 模型构建平台等工具，使学生能够在真实的项目中，如智慧城市构建和交通系统优化中直接应用这些技术。此外，结合产教融合的经验，设计具有针对性的实习和实践活动，如在特定的实验室和工作坊中使用 AI 技术解决城乡规划的具体问题，可以加深学生对 AI 在城乡规划中应用的理解，也为他们的职业生涯提供了宝贵的实战经验，增强了解决复杂城市问题的能力。本文认为，数智化背景下的城乡规划产教融合工作，可以从以下三个方面展开。

4.1 共同研发——深化校企合作

应深化校企合作，开展融合领域的共同研发工作。通过校企合作，高校与 AI 企业可以共同开发适应未来城市发展的课程和研发项目。这种合作可以包括共同开发新的教学模块，集成最新 AI 技术，如将自动化数据分析、机器学习应用于城乡规划的实例等。企业可以提供实际案例，让学生参与到解决实际问题的研发过程中，例如通过实际城市数据分析，提高交通效率或优化城市能源使用。此外，双方可以探索共同申请政府或科研基金，推动学术研究与技术开发的深度融合。目前，AI 与城乡规划的融合已经催生了若干前沿研究方向（表 1），如智能交通管理通过利用 AI 技术优化交通流量和减少拥堵，智能环境监测使用传感器和数据分析技术监测城市环境状况，智慧能源管理通过数据分析和AI技术优化能源利用，增强了能源系统的效率和可持续性。这些创新实例揭示了AI赋能城乡规划校企合作的新机遇和新方向。

4.2 基地建设——产教融合平台建设

应注重实践实验基地的建设，建设产教融合平台。城乡规划领域高校与AI企业的产教融合平台建设可能包括多个方向（表2）。例如：①在数据共享与合作方面，高校与企业如能实现城市数据资源的共享和合作，包括建立合作数据平台和共同开展城市数据分析与挖掘，就可以深度探索数据驱动的城乡规划方法；②在技术研发与创新方面，高校与企业可以共同开发智能场景算法并开发智慧城市解决方案，如智能交通管理系统和环境监测设备；③在教育培训与人才培养方面，双方可以开设相关课程和实践项目，培养学生的跨学科能力，并共同举办培训班和研讨会，提升从业人员的专业知识和技能；④在项目合作与实践方面，可以推动双方共同开展智慧城乡规划与设计项目和建立实验室或创新中心，将应用AI技术解决城乡发展中的实际问题，并推动智慧城市领域的深入研究和实践。

4.3 实践训练——面向就业市场的变革

结合数智化时代的新环境，通过产教融合实践教育，提供面向未来数智城市就业市场的实践教学。随着AI技术的快速发展和智慧城市概念的广泛推广，城乡规划领域的就业方向可能发生深刻的变革。城乡规划专业

城乡规划领域高校与AI企业的合作方向实例　表1

研究方向	描述
智能交通管理	利用AI技术优化城市交通流量、减少拥堵，包括交通信号灯优化、智能交通监控等
智能安全监控	利用人工智能技术提高城市安全监控水平，包括视频监控、智能识别技术等
智慧能源管理	利用数据分析和AI技术优化能源利用，包括智能电网、能源监测与控制等
智能环境监测	利用传感器和数据分析技术监测城市环境状况，包括空气质量、噪声、水质等
智能城市规划与建设	利用数据分析和模拟技术进行城市规划与设计，包括交通规划、土地利用规划等
智慧社区与公共服务	利用智能技术提高社区管理效率，包括智能家居、智能社区服务等
数据治理与隐私保护	研究城市数据的收集、存储、处理及隐私保护问题，确保数据安全和隐私保护

资料来源：作者根据相关资料梳理

产教融合平台建设方向与具体措施　表2

方向	具体措施
数据共享与合作	高校与企业共享城市数据资源，建立合作数据平台
	高校与企业共同开展城市数据分析和挖掘研究，探索城乡规划中的数据驱动方法
技术研发与创新	高校与企业合作开展智能算法研究，探索AI技术在城乡规划中的应用
	高校与企业共同研发智慧城市解决方案，如智能交通管理系统、智能环境监测设备等
教育培训与人才培养	高校与企业合作开设智慧城市相关的课程和实践项目，培养学生的跨学科能力
	高校与企业共同举办培训班和研讨会，提升从业人员的智慧城市专业知识和技能
项目合作与实践	高校与企业合作开展智慧城乡规划与设计项目，应用AI技术解决实际城市问题
	高校与企业共同建立城乡规划实验室或创新中心，推动智慧城市领域的研究和实践

资料来源：作者根据相关资料梳理

的传统就业机会主要集中在规划院、政府部门、公共机构、咨询公司、房地产开发等领域，涉及的职位包括城乡规划师、建筑设计师和环境规划师等（表3）。然而，在当前AI时代，新的就业方向更加注重技术应用和数据驱动，涵盖数据分析与预测、智慧交通管理、智慧能源管理、智慧环境监测等领域（表4）。这些新兴领域要求从业者不仅要具备传统的城乡规划知识，还要掌握数据处理、机器学习和人工智能等技术技能。

为了应对这些变化，产教融合教育模式必须与时俱进，密切关注市场需求，开展针对性的实践培训。高校与企业应联手，通过实际项目合作、共建实验室和研发中心，提供实战平台，让学生在真实的工作环境中学习和应用AI技术解决城乡规划中的实际问题，适应未来就业市场对城乡规划专业人才的需求。

5 结语

在数智化时代，城乡规划教育迎来了前所未有的挑战与机遇。通过将人工智能技术融入城乡规划本科教学，深化产教融合，将促进学校与行业的紧密合作，引入最新的科技成果和项目案例，可以为学生搭建起与实际工作紧密联系的平台。同时，强化实践训练将培养学生解决问题的能力和创新思维，使其在面对复杂的城市挑战时能够游刃有余。数智化背景下人工智能融入城乡规划专业本科教学应是大势所趋，期待这种融合能够为城乡规划与人工智能技术的深度融合，以及城市建设的持续发展注入新的动能。

传统城乡规划专业就业方向 **表3**

就业方向	具体职位
政府部门与公共机构	城乡规划师、城市设计师、城市管理者、规划行政人员等
咨询公司与设计院	城乡规划顾问、建筑设计师、规划设计师、环境规划师等
房地产开发与房地产咨询	房地产规划经理、土地开发经理、房地产投资顾问等
非营利组织与国际组织	城乡规划研究员、城市发展顾问、社区发展专员等
学术研究与教育	城乡规划教授、城市研究员、城乡规划院校教师等
私营企业与创业	城乡规划创业者、城市科技企业管理者、城市发展项目经理等

资料来源：作者梳理

未来AI+城乡规划就业新方向 **表4**

就业方向	描述
数据分析与预测	利用大数据和机器学习技术分析城市数据，预测城市发展趋势和需求
智慧交通管理	利用AI技术优化城市交通流量，提高交通效率，包括交通信号灯优化、交通拥堵预测等
智慧能源管理	研究利用AI技术优化能源利用，包括智能电网管理、能源消耗预测等
智慧环境监测	开发智能传感器和数据分析技术监测城市环境状况，如空气质量、水质等
智慧城乡规划与设计	运用数据分析和模拟技术进行城乡规划与设计，包括土地利用规划、城市建筑设计等
智慧社区与公共服务	研究智能技术提高社区管理效率，包括智能家居、社区服务等方面的研发
数据安全与隐私保护	研究城市数据的安全保护和隐私保护技术，确保数据安全和隐私合规
智慧城市政策与管理	研究智慧城市政策和管理模式，推动智慧城市发展与规范化管理
AI技术研发与创新	进行AI技术的研发和创新，如智能算法、人工智能应用等方面的研究

资料来源：作者梳理

参考文献

[1] 邢程．人工智能内容生成（AIGC）在城市规划和设计决策中的应用 [C]// 中国城市规划学会．人民城市，规划赋能——2023 中国城市规划年会论文集．北京：中国建筑工业出版社，2023：7.

[2]《城市规划学刊》编辑部．新一代人工智能赋能城市规划：机遇与挑战 [J]. 城市规划学刊，2023（4）：1–11.

[3] 胡郁．基于人工智能与物联网的未来城市规划原则 [J]. 中国治理评论，2020（2）：54–71.

[4] 郭巧玲．城市规划与设计中的人工智能 [J]. 农家参谋，2020（12）：234.

[5] 吴志强．人工智能推演未来城市规划 [J]. 经济导刊，2020（1）：58–62.

[6] 王哲，郑子亨，周斌，等．智慧城市发展的经验分析与趋势展望 [J]. 人工智能，2019（6）：16–30.

[7] 单珊．人工智能与现代城市规划互补的新思考 [C]// 中国城市规划学会，重庆市人民政府．活力城乡 美好人居——2019 中国城市规划年会论文集（05 城市规划新技术应用）．北京：中国建筑工业出版社，2019：13.

[8] 袁维婧．谈现代城市规划对城市自组织系统的意义 [J]. 城市建筑，2019，16（17）：59–60.

[9] 屠李，赵鹏军，张超荣，等．面向新一代人工智能的城市规划决策系统优化 [J]. 城市发展研究，2019，26（1）：54–59.

[10] 党安荣，甄茂成，王丹，等．中国新型智慧城市发展进程与趋势 [J]. 科技导报，2018，36（18）：16–29.

Reflection on Integrating Artificial Intelligence into Undergraduate Teaching of Urban and Rural Planning in the Context of Digitalization

Chen Chen　Wei Wei

Abstract: This paper explores the integration of artificial intelligence (AI) technology with urban and rural planning education, elucidating the advantages and challenges of AI in urban planning, and proposing the necessity of updating the education system for urban and rural planning. By establishing a comprehensive training system encompassing broad foundations, strong technical knowledge, and distinctive applications, students will gradually master AI technology from basic theory to practical applications, augmented by real-world case studies. Regarding the model of industry-education integration, the article suggests three key aspects: deepening collaboration between universities and enterprises, constructing platforms for industry-education integration, and practical training. These measures aim to adapt to the rapid development needs of the urban and rural planning field.

Keywords: Digitalization, Urban Planning, Artificial Intelligence, Undergraduate Education

协同引领创新
—— 艺术学院工作室制在城乡规划专业和学科建设中的应用探索*

刘　勇　郝晋伟　李开明

摘　要：作为全国唯一在美术学院设立的城乡规划本科专业，在专业和学科发展过程中充分依托美术学院优势资源，发挥城乡规划专业本身独特的“协同”和“统筹”能力，借助“工作室”制的实施路径，在人才培养、教学、科研和社会服务等领域做出了一系列的尝试，取得了较为丰富的专业和学科建设成果，并逐步形成了自身的特色。

关键词：工作室制；人才培养；艺术学院；协同

1　背景

1.1　在上海美术学院开设城乡规划专业的特殊性

上海大学建筑系成立于 1994 年，成立之初设在建筑工程学院，并开办建筑学专业，2000 年在学校院系调整过程中并入美术学院，成为中国美院体系第一个建筑系。于 2007 年开办城市规划专业（四年制），到目前为止，是全国设置在美院体系唯一的城乡规划专业（2014 年改为五年并修改了专业名称）。

本专业每年招收本科生 30 人左右，同时在建筑学一级学科硕士点（2018 年获批）设有城乡规划二级方向，每年招收城乡规划方向的研究生 10 人左右，近期计划单独申请一级学科硕士点。

专业诞生于中国城市建设高速发展时期，但等到办学条件成熟后却面临行业下行的压力。

1.2　上海美术学院学科和专业布局

在上海市委市政府的关心下，上海美术学院上升势头强劲。时任上海市委书记多次视察美院，确立了“为人民、为艺术、为生活、为城市”的办学理念，明确了与建设“具有世界影响力的社会主义现代化国际大都市”相匹配的“世界一流美术学院”的建设目标，并于 2023 年开工建设高标准的上海美术学院吴淞院区，计划 2026 年建成投入使用。

在“十四五”规划中，美院的专业学科建设将覆盖全部美术学科，迎来大发展时期，近年来在长三角区域的影响力急剧提升。对比而言，艺术学科迎来上行机遇期的同时，建筑类学科却面临下行和收缩的趋势。

1.3　城乡规划专业在发展过程中处理的主要矛盾和扮演的关键角色

如上所述，建筑系城乡规划专业的建设，包括建筑学专业和学科建设，始终面临着两个矛盾：其一是强与弱的矛盾，需要思考如何主动去协同强势的艺术学科和相对弱势的工学学科？其二是艺术学的体系和工学体系不同话语体系的矛盾，需要思考如何主动顺应美院学科建设的方式和路径特色，如何顺势而为？

在多年的建筑系专业和学科发展实践中，总结出需要扮演的两个关键角色：其一是扮演好服务性角色。仔细研究艺术类专业的发展需求，特别是在城乡建成环境中对工科专业的需求，主动为艺术类专业在城乡建成环

* 项目资助：本文为“2023 年上海市研究生教育改革项目：艺术学院工作室制在建筑学研究生培养过程中的机制和路径研究”成果。

刘　勇：上海大学上海美术学院教授
郝晋伟：上海大学上海美术学院副教授（通讯作者）
李开明：上海大学上海美术学院讲师

境中的实践中扮演桥梁和平台角色。其二是发挥好引领性角色。特别是要充分发挥城乡规划专业在专业和学科建设中的内涵和特征优势，发挥好“统筹”“协同”等关键作用，创新性推动美院学科发展话语体系改革，积极促进城乡规划专业从“跟跑”变为“领跑”，从系统性视角推动本专业和学科发展。

1.4　本文的目的

城乡规划专业在建筑系和美院的专业和学科建设中发挥了重要作用，通过系统梳理近年来的工作历程，总结特色和经验，为其他学校城乡规划专业和学科建设提供借鉴。

2　上海美术学院工作室制简介

2.1　上海美术学院工作室制简介

工作室制是美术学院在人才培养环节经常采用的一种方式。为应对新时期学科交叉发展趋势和人才培养的变化，上海美术学院从 2017 开始陆续成立了若干体现学科交叉特点的工作室（参见官网）。新成立的上海美术学院工作室特点是紧密围绕国家重大需求，贯通本硕博培养，形成从高年级本科到硕士、博士完整的培养体系。工作室分为学术研究型、实践研究型、大师领衔型三类。

2.2　地方重塑工作室简介

地方重塑工作室隶属建筑系，是第一批成立的工作室，是上海大学上海美术学院上海市Ⅲ类高峰学科“美术学”的下设核心工作室，也是建筑系唯一的工作室。现有教师 14 人，在读研究生 33 人，是以学术研究型工作室为主、兼顾实践研究性特征的综合性工作室，在多年的运行中已经初步形成了“城市更新、社区营造、乡村振兴”三个领域，在科学研究、项目实践领域已经有一定的区域影响力，多次得到地方政府的充分肯定。

2.3　城乡规划专业在工作室的角色及作用

地方重塑工作室在建设伊始就承担着探索美术学院工作室制度培养工科人才先行试验者的角色。同时在集中美院优势艺术学和工学资源服务国际化大都市建设方面，以及在运行机制的探索和制定上面，工作室扮演了重要角色，在这其中城乡规划专业教师发挥了核心作用。

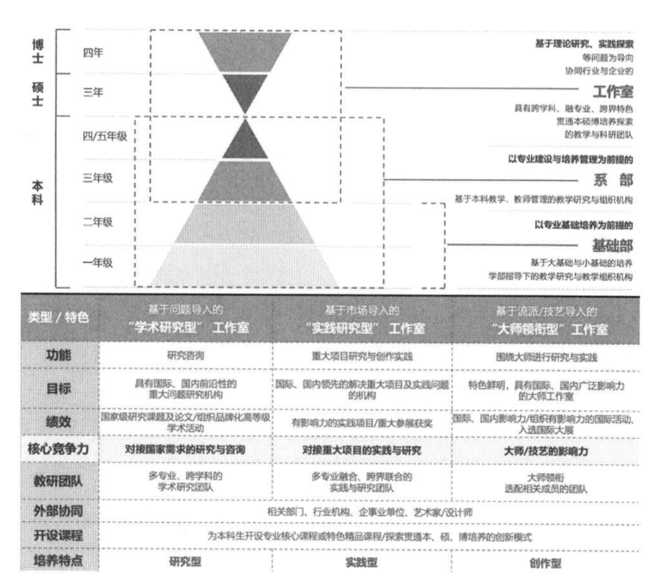

类型 / 特色	基于问题导入的“学术研究型”工作室	基于市场导入的“实践研究型”工作室	基于流派/技艺导入的“大师领衔型”工作室
功能	研究咨询	重大项目研究与创作实践	围绕大师进行研究与实践
目标	具有国际、国内前沿性的重大问题研究机构	国际、国内领先的解决重大项目及实践问题的机构	特色鲜明，具有国际、国内广泛影响力的大师工作室
绩效	国家级研究课题及论文/组织品牌化高等级学术活动	有影响力的实践项目/重大参展获奖	国际、国内影响力/组织有影响力的国际活动、入选国际大展
核心竞争力	对接国家需求的研究与咨询	对接重大项目的实践与研究	大师/技艺的影响力
教研团队	多专业、跨学科的学术研究团队	多专业融合、跨界联合的实践与研究团队	大师领衔选配相关成员的团队
外部协同	相关部门、行业机构、企事业单位、艺术家/设计师		
开设课程	为本科生开设专业核心课程或特色精品课程/探索贯通本、硕、博培养的创新模式		
培养特点	研究型	实践型	创作型

图 1　上海美术学院工作室贯通本硕博培养过程及其类型

资料来源：上海美术学院对外介绍演示文件中关于工作室介绍的内容

在工作室教师团队中，城乡规划专业教师扮演领衔角色，建筑学专业老师是主要参与者，并紧密联合美术学院其他艺术类专业以及上海大学其他优势学科如社会学、历史学、经济学、管理学等，立足服务长三角区域，共同服务新时期高质量城乡建成环境营造，致力于建设特色鲜明、高水平的“协同创新”共同体。

3　工作室制在专业和学科建设中解决的核心问题

3.1　地方重塑工作室的建设目标

工作室的建设以“人才培养”为中心，通过“教育教学、科研创新、社会服务、活动组织”四个抓手，以学科发展引领高水平专业建设。

通过建立和明晰工作室制，以工作室承担国家和地方重大需求项目为基础，将解决重大项目/问题的过程分解细化为“课程教学、参与项目、孕育科研为一体”的系统化工作室运作流程，在过程中建立人才培养的闭环运作机制。同时进一步明晰工作室的研究领域和教师团队，深度联合学术机构，力求在人才培养过程中“深刻领会国家发展理念，深度学习重大需求实质，全程参与实际项目解决，高质量产出有针对性的科研成果”，全方位实现立德树人综合目标。并在过程中创新提升教学活力的各种举措，满足拔尖人才培养的各项要求，形成具有示范性和引领性的“工作室制”人才培养机制。

通过工作室的运行，美院城乡规划专业也进一步聚焦“城市中微观空间尺度下品质空间营建和实施运营”的学科发展定位。

3.2 工作室制在专业和学科建设中解决的核心问题

包括以下几点：

（1）汇力基地建设，保障多类型实践基地提供和资源支持。

（2）承接重大项目，探索如何把社会需求转化为教学内容。

（3）创造实践机会，探索如何让学生有效参与到实践中。

（4）总结实践经验，探索如何凝练特色研究领域和成果。

（5）重视运行过程，探索如何提升教学活力和学生能力。

4 工作室制运行的实施运行

4.1 实施运行框架

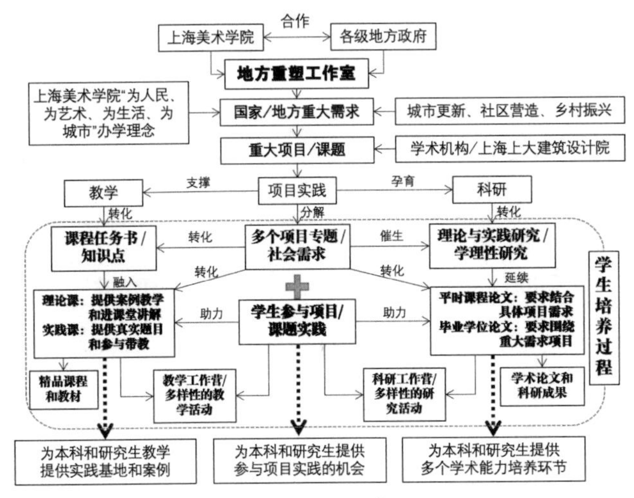

图2 总体思路框图

资料来源：作者自绘

4.2 具体实施方法

工作室的具体实施运行分为三个部分，八项内容：

第一部分：明确工作室参与国家/地方重大需求的方式，夯实基地建设、科研团队建设和外部支持建设。

（1）建立完善的、多个长期合作的综合实践基地。重点拓展与上海市以及长三角地方政府（市区或县一级政府）签署产学研全面合作协议，形成上海市中心城区、城乡接合部、乡村地区以及长三角区域多个维度的综合实践基地，围绕城市更新、社区营造、乡村振兴三个领域开展“产学研”全面合作。

（2）优化三个核心领域的教师团队，并紧密联合外部学术机构。通过新进老师的补充，进一步优化工作室人员梯队；并充分利用团队内多位教师担任学术委员的便利条件，与中国城市规划学会乡村规划与建设分会、上海市城市规划学会社区（乡村）规划师工作委员会等机构建立紧密的合作，聘请多位学术机构专家成为工作室的特聘专家，参与本科生和研究生的培养，定期举办各类教学和学术活动。

第二部分：探索工作室制落实到本科生、研究生培养各个环节的具体做法，明确工作室在教学（理论/设计实践）、科研（平时论文/学位论文）、项目实践（参与重大项目）、学生社团（学生组织）的具体任务和实施方式。

（3）将承接的重大需求项目与本科生、研究生教学充分结合起来。把承接的项目分解成若干个项目专题，结合课程的要求并逐步转化成知识点嵌入到相关课程中（理论课，提供案例教学和进课堂进行专题讲座；实践课，提供真实的实践题目并由工作室教师参与带教），将理论讲解与实践充分结合，增加案例教学的比重。

（4）将承接的重大需求项目与研究生科研培养充分结合起来。将多个项目专题与研究生平时的小论文作业和毕业的学位论文充分结合起来，为科研能力的培养提供学术培养和训练土壤，并可进一步凝练三个核心领域。

（5）将高年级本科生和研究生直接放入项目/课题实践。让学生直接、全过程地参与项目实践，有助于培养其解决实际问题的能力。

（6）举办多样性的工作营，并在过程中培育研究生社团。充分利用美院在举办工作营方面的经验和优势，在教学和科研过程中举办多样性的工作营活动，持续开展多学科交叉的工作营形式，提升培养过程活动性和趣味性，锻炼和培养学生社团能力。学生社团组织的培育和功能发挥是激发教学活力的重要一环。

第三部分：明确工作室在学生培养过程的分阶段角色和任务。

（7）明确和规范工作室在高年级本科生和研究生培养期的具体任务。对于本科生培养：从三年级开始，工作室为设计课程以及实践课程提供可选的设计题目和实践基地。对于研究生培养：为一年级的理论课和实践课提供更多形式的支持，如提供案例教学和实证调研基地；为二年级的学生提供实习和实践机会，让学生全程参与到实际的项目中，并提供各种条件助力学生围绕重大项目进行毕业论文选题；针对三年级，组织教师团队对学生论文进行指导和定期研讨。

（8）提供各项支持措施。除了提供教学和科研上的帮助，工作室还在承担的项目和课题中拿出一定比例的项目经费，支付工作营费用，支持开展围绕教学和科研活动的各种论坛等，做好各项保障工作。

5 工作室制运行下的专业和学科发展成效

5.1 基地建设

截至2024年4月，美院（以地方重塑工作室为主体）已经与上海市21个街镇签署了产学研合作合同，并适当拓展了长三角的基地。城乡规划本科设计课程的选题已经基本实现了围绕签约基地真实需求开展课程教学，这些基地为教学开展提供了强有力支持。

从2018年开始，建筑系城乡规划和建筑学专业已经连续开展长三角高校联合毕业设计活动，通过承担浙江永康、三门、天台等地乡村振兴实施项目，实现了项目落地、科研助力、教学开展、展览和活动举办等多位一体的成熟的运作模式，得到当地的高度评价。

5.2 人才培养

依托实践基地提供的设计课程任务书，近5年，城乡规划专业学生获国际级和国家级专业核心竞赛奖19项，国家级大创项目8项，省部级奖30余项，国际级和国家级奖项覆盖学生50余名，占2014~2020级所

城乡规划专业学生近年来获得的代表性竞赛奖项 表1

竞赛名称	年份	奖励级别	作品名称	获奖学生	指导老师
WUPEN城市设计学生作业国际竞赛	2023	二等	边界“翻转”·交融共生	申诗弋等	章国琴
	2023	三等	灵动智岛——基于场域叠加的淞南镇生长型城市设计	兰芷箬等	刘勇等
	2022	二等	未来智核、造梦之地	沈滢等	刘勇
	2020	提名	煤气包2035，传统街区空间的城市复兴设计	李良伟等	刘勇等
WUPEN城市可持续调研报告国际竞赛	2023	一等	桥下方寸间，城市有温度——人民城市理念下上海中心策划功能区桥下空间利用调研与优化策略	谢金雨等	李峰清等
	2023	三等	“车庭若市”——上海市汽车后备厢集市的空间特征、模式调查及规划优化	张治宇等	李峰清
	2021	提名	多方参与下的实体生鲜零售终端生存处境调查	徐心怡等	郝晋伟等
	2021	提名	“摊”小“市”大——上海市网红地摊空间调查	周子凡等	郝晋伟等
全国高等院校城乡规划专业大学生乡村规划方案竞赛	2022	优胜	从“情怀馈赠”到“共享共赢”	朱灿卿等	刘勇等
	2022	佳作	腾笼换鸟，厂梦新生	张林燕等	郝晋伟等
	2022	佳作	雁集圩、乘遗上——以村集体为纽带的遗产共生型村庄的内源外生式规划	郭博航等	郝晋伟等
	2021	二等	要素流入，精准振兴	李瑜等	刘勇等
	2021	优胜	清渠复绿水、归港还激乡	邓泽赢等	吴煜等
	2021	佳作	牧歌野奢、扶激直上	沈滢等	郝晋伟等

有学生数的 1/3 以上，省部级以上奖项覆盖所有学生的 60% 以上。

5.3 教学成果

依托实践基地，结合专业课程，近五年促成了多层次的教学成果。

工作室重视在教学过程中借鉴美术学院举办工作营和艺术活动的做法，通过举办多专业丰富多彩的工作营推进教学活动的开展。联合建筑学、设计学、社会学等专业，连续举办了芝英国际工作营（2018，2019），三门未来乡村国际工作营（2020），南安大庭未来乡村工作营（2021），塘桥街道峨山路菜场工作营（2022），川沙新镇未来乡村工作营（2022）、徐汇滨江最美公交线工作营（2023）、桃浦镇李子园路城市设计工作营（2023）等，提升了教学活力，也把学生带到以“创造美好人居环境”为目标的实际需求当中，让学生更真切地体验本专业的魅力，提升专业的吸引力。

5.4 科研成果与合作

因为有越来越成熟和多样化的产学研基地，且工作室与基地形成了较为强烈的互动和依赖关系，其他的专业和学科也逐步加入到合作中来。

上海大学社会学专业从 2018 年开始参加建筑系主办的多校联合毕业设计，促成了 2019 年“费孝通学术思想论坛”在永康芝英基地的举办，之后逐步形成长效机制，以乡村振兴为主题的费孝通学术思想论坛基本都是依托建筑系的乡村振兴实践基地举办。在教学和学术论坛举办过程中，城乡规划专业和社会学专业学生广泛参与，也直接促成了 2023 年和 2024 年连续有城乡规划研究生获得“费孝通田野调查项目（社会学）”立项，

城乡规划专业近年来获得的代表性教学成果　　表2

类别	项目 / 成果名称	立项、发表或获奖情况	时间
本科课程	城乡规划专业毕业设计（论文）	2022 年度上海高等学校一流本科课程	2023
		2021 年度上海高校市级重点课程	2021
	规划设计（2）总体规划	2023 年度上海高校市级重点课程	2023
	城市设计及理论	2020 年度上海大学重点课程	2020
	城市社会学	2019 年度上海高校课程思政领航计划精品改革领航课程	2019
	传统民居与乡土建筑		2019
研究生课程	城乡规划理论	上海大学一流研究生教育项目学位点核心课程	2023
	建筑设计理论		2023
	艺术与设计前沿		2021
教材	社区更新规划设计	2021 年上海大学本科优秀教材类	2021
	设计专业英语：城市与设计	2022 年上海大学一流研究生教育项目优秀教材类	2022
教学成果奖	乡村振兴背景下建筑系研学产一体、跨专业联合教学探索	上海大学学校教学成果二等奖	2021
	以“跨界设计”为导向的建筑学复合型人才培养模式	上海大学学校教学成果一等奖	2017
省部级教改项目	艺术学院工作室制在建筑学研究生培养过程中的机制和路径研究	上海市研究生教育改革项目	2023
	乡村振兴背景下建筑系“研学产一体、跨专业联合”毕业设计探索	上海高校本科重点教改项目	2019
	建筑教学中哲学思维能力培养研究	2019 年度上海市教育科学研究项目	2019
教研论文	乡村振兴背景下建筑系研学产一体、跨专业联合教学探索	中国高等学校城乡规划 2019 年教师教学研究论文评优优秀教研论文奖	2019

学生收获颇多。

在城市更新和社区营造领域，工作室也广泛联合社会学、艺术学等学科，借助承接的城市更新项目，举办多专业联合设计工作营和论坛，促进了教学和学科发展之间的深度交叉与融合。如 2023 年上海市与虹口区四川北路街道建立了深度合作关系，工作室承接了“山阴路五感花园改造”和“爱思儿童公园更新改造”等项目，广泛开展设计课程和联合毕业设计等活动，将课堂植入社区。工作室已经形成了围绕基地建设的“教学活动、科学研究、实践项目”三位一体的成熟模式。

近五年，围绕工作室的三个方向，研究生发表中文核心及 SSCI 期刊论文 12 篇，绝大部分工作室研究生完成学位论文依托工作室承担的重大需求项目和课题。

5.5　社会服务和规划设计项目

工作室的成立主要围绕人才培养服务，另外，教学活动、学术论坛等研教活动的开展也对工作室承接的规划设计项目提供了很大的支持。在“城市更新、社区营造、乡村振兴”三个领域，都有代表性的作品落地。

在乡村振兴领域，工作室主持的上海市第五批乡村振兴示范村“川沙新镇七灶村”（2023 年底验收），获得了年度评比上海市第一名的成绩；工作室主持的浦东新区塘桥街道蓝村路改造，获得了浦东新区领导的好评；工作室也承担了较多上海中心城区旧住区“美丽家园改造”，其中浦东新区东明路街道金光小区的改造，联合社会学院的师生一起，深度尝试了带领居民参与旧住区环境改造的整个过程，取得了很好的社会反响。

5.6　学生组织

在工作室制运作过程中对学生组织给予充分的重视和支持。通过创造活动机会，以及在项目经费中提供充分的经费支持，建筑系的学生组织“上海大学建筑协会”焕发了活力，越来越多的本科生和研究生加入进去，成为上海大学最有活力的学生组织之一。成功组织了 2022 年上海大学天桥设计创意大赛（上海大学纪念建校百年活动之一）等活动，并且在建筑系专业招生、宣传、学术活动组织、展览等方面发挥着不可或缺的作用。以上既展示了建筑系学生的活力和能力，也为专业建设提供了内生动力和活力。

6　总结与反思

6.1　工作室制的创新点

（1）关于培养模式。探索了将工作室的运营与学生培养做合理充分的匹配，将人才培养和教学、科研、项目制作充分结合起来，是一种既兼顾美院特色、又体现协同创新思维和跨学科特色、还能够助力本专业建设和发展的模式。

（2）关于培养机制。打通了教学、科研、项目制作等各个环节的关联，建立了相互促进的内生机制，产学研一体化且形成闭环，适合对接国家重大需求。

图 3　与社会学专业联合举办的费孝通学术思想论坛

资料来源：作者自摄

图 4　在四川北路街道内山书店举办的多专业联合毕业设计开幕仪式

资料来源：作者自摄

（3）关于教学活力。强调在人才培养过程中加入艺术学院经常使用的工作营形式，并培育学生社团，提升了教学过程的活力，可以更好地凸显教学的内涵。

6.2 在人才培养方面的实践意义

（1）通过充分参与，有利于增强学生对国家/地方重大需求的理解，更好地践行立德树人的要求。

（2）通过全过程参与，有利于增强运用知识解决实际问题的能力。

（3）通过工作营等教学活动的组织，有利于培养学生的组织能力和主观能动性，更好地培养全方位的能力。

参考文献

［1］刘勇，魏秦，许晶．乡村振兴背景下建筑系研学产一体、跨专业联合教学探索[M]//教育部高等学校城乡规划专业教学指导分委员，湖南大学建筑学院．协同规划·创新教育——2019中国高等学校城乡规划教育年会论文集．北京：中国建筑工业出版社，2019.

［2］魏秦，刘勇，张维．美术院校建筑学本科跨学科融贯培养模式探索[M]//2019中国高等学校建筑教育学术研讨会论文集编委会．2019中国高等学校建筑教育学术研讨会论文集．北京：中国建筑工业出版社，2019.

Collaboration Leading Innovation —— The Application of Studio System in Urban and Rural Planning Undergraduate Major and Discipline Construction of Art College

Liu Yong　Hao Jinwei　Li Kaiming

Abstract: As the only undergraduate major of urban and rural planning established in the Academy of Fine Arts in China, it fully relies on the superior resources of the Academy of Fine Arts in the process of professional and disciplinary development, gives full play to the unique "coordination" ability of the major of urban and rural planning, and makes a series of attempts in the fields of personnel training, teaching, scientific research and social services with the help of the implementation path of the "studio" system. It has made rich achievements in the construction of specialties and disciplines, and gradually formed its own characteristics.

Keywords: Studio System, Personnel Training, School of Art, Collaboration

基于 CiteSpace 的近十年我国城乡规划学科建设研究进展

魏寒宾　刘晓芳　桑晓磊

摘　要：中国已经发展成为全球城乡规划教育规模最大的国家之一。为更好地掌握中国城乡规划学科的发展脉络，推动该学科的发展，需全面、系统地回顾其研究进展，并展望未来发展趋势。研究运用 CiteSpace 对 2014 年至 2023 年期间国内相关文献进行了可视化图谱分析，发现近十年来我国城乡规划学科建设中的教学内容、教学体系以及教学目标呈现出明显的阶段性发展特征。主要表现在：初期转型阶段重点关注地方院校城市规划课程体系的创新与转型；拓展阶段注重校企合作，乡村振兴和信息化应用成为教学的重点；深化阶段则着重于课程思政，推动城乡规划教育与国土空间规划体系构建相结合。未来，城乡规划教育需要适应城乡规划与建设行业的发展需求，创新教学模式、加强数字化智能化应用，进一步注重学生的价值观教育，助力城乡可持续发展和国家治理现代化。

关键词：城乡规划；学科发展；CiteSpace；量化研究

1　引言

城乡规划学是一门专注于解决人类面临的复杂关联问题，并为未来提供有序解决方案的学科[1]，其核心在于规划设计，旨在实现理想的空间形态，满足人们对功能空间、视觉空间和体验空间的美好追求[2]。该学科涵盖了自然科学、社会科学、人文学科、艺术学科和管理学科等多个领域的知识内容，形成了以城市和区域发展研究、土地和空间使用安排与决策、规划实施管理为核心的知识体系，具有应用导向的跨学科特征[2, 3]。在中国，2011 年城乡规划学成为独立的一级学科，2012 年本科专业名称由“城市规划”调整为“城乡规划”[4]。尤其，自 2014 年《国家新型城镇化规划（2014—2020 年）》的颁布实施，到 2015 年中央城市工作会议提出城市工作“五个统筹”要求，再到 2016 年中共中央、国务院印发《关于进一步加强城市规划建设管理工作的若干意见》，城乡规划管理被纳入国家治理体系及治理能力现代化的重要环节，进一步推动了城乡规划教育的发展[4]。经过十余年的发展，中国城乡规划学科已建立起全球最大规模的教育体系，其发展历程和历史经验备受国内外规划教育界广泛关注[5]。本研究利用 CiteSpace 软件分析相关文献，深入解析中国城乡规划学科建设研究进展。

2　数据来源与研究方法

2.1　数据来源

中国知网（CNKI），全称China National Knowledge Infrastructure，是中国大型的学术文献综合服务平台。为了确保数据的全面性和权威性，本研究使用中文文献数据库——中国知网（CNKI）进行综合检索。检索关键词包括“城乡规划学科”“城乡规划专业”“城乡规划教学”“城乡规划教育”，限定来源为学术期刊，该研究时间范围为 2014 年 1 月 1 日至 2023 年 12 月 31 日。通过检索文献的主题和标题，确保数据集包含最新且具有代表性的研究成果。在检索完成后，进行了人工筛选和数据清洗，删除了重复项、无关信息或错误数据，最终筛选出了 1786 篇与城乡规划教育相关的中文文献，这些文献包含了作者、题目、摘要等详细信息，为后续分析提供了可靠的数据基础。

魏寒宾：华侨大学建筑学院讲师（通讯作者）
刘晓芳：华侨大学建筑学院讲师
桑晓磊：华侨大学建筑学院讲师

2.2　研究方法

CiteSpace 信息可视化软件是基于共引分析理论和寻径网络算法的工具，用于对特定领域的学术文献进行计量分析，以可视化的方式展示引文、关键词共现网络、知识拐点、作者共被引和作者合作网络等内容[6, 7]，可以量化地揭示相关研究领域的热点和发展趋势[8]。本研究采用 CiteSpace6.3.R1 软件对收集的中文文献进行分析：首先，通过高频关键词[9]解析近十年城乡规划学科建设研究领域的热点，该研究将共现频次超过 10 次且中介中心性值大于 0.1 的关键词设定为高频关键词；其次，利用聚类分析[10-12]研究热点领域的主要特征；最后，通过综合分析关键词时间突现与关键词共现时区图谱，结合中国城乡规划教育的发展背景和相关政策实施时间节点，解读近十年我国城乡规划学科建设的研究热点、特征以及演变趋势。

3　近十年我国城乡规划学科建设研究热点

3.1　研究热点

图 1 中显示该领域首要的关键词节点是“城乡规划”，该关键词具有最高的关注度和被引频次，外圈中心性达到了 0.57，表明城乡规划是近年来中国城乡规划学科建设的核心研究主题，显示出其作为研究核心热点的重要性。除了基础研究热点关键词“城乡规划”，频次超过 30 次的高频关键词包括“人才培养”“实践教学”和“城市设计”，而出现 20 次以上的关键词则包括“改革”“教学”“应用型”等，说明学术界对于适应社会发展的学科教育建设开始重视。“人文地理”“专业定位”“教育体系”和“转型”等中心性也超过了 0.3，属于二级重要节点，在研究网络中扮演着重要的角色，说明跨学科研究的重要性，也反映了城乡规划学科建设研究的多样性和复杂性。

3.2　研究热点的特征

聚类结果具有较高模块值（0.8589）和平均轮廓值（0.9706）的聚类单元，证实了结果的可信度较高（图 2）。具体来说，可以将关键词的含义与聚类结果归纳为以下三个主要特征：

（1）教学内容类群

教学内容类群涵盖了城市规划、城市设计、人文地理、大数据、乡村规划、公众参与和建筑设计等多个学

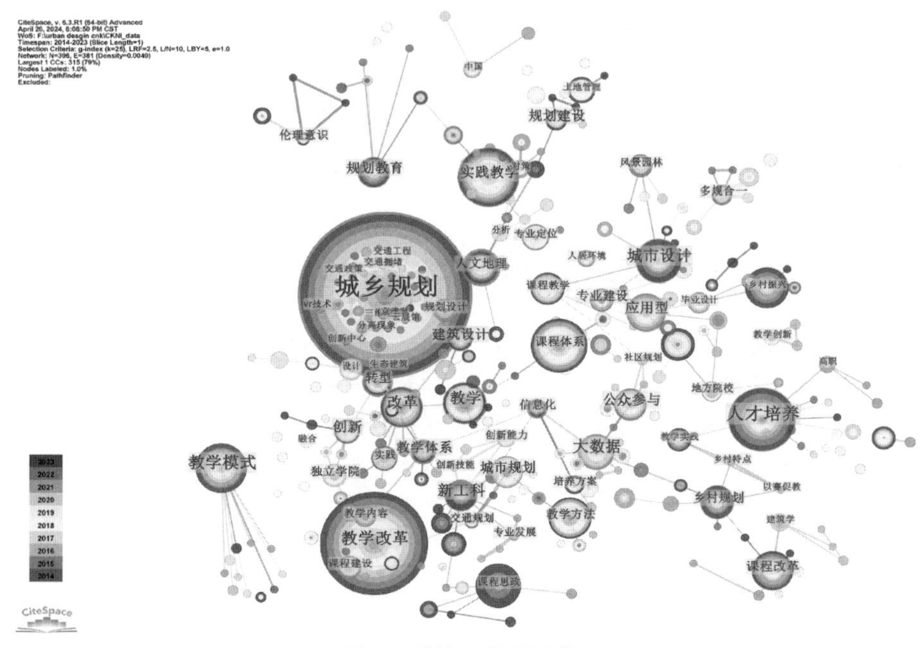

图 1　关键词共现图谱

资料来源：作者自绘

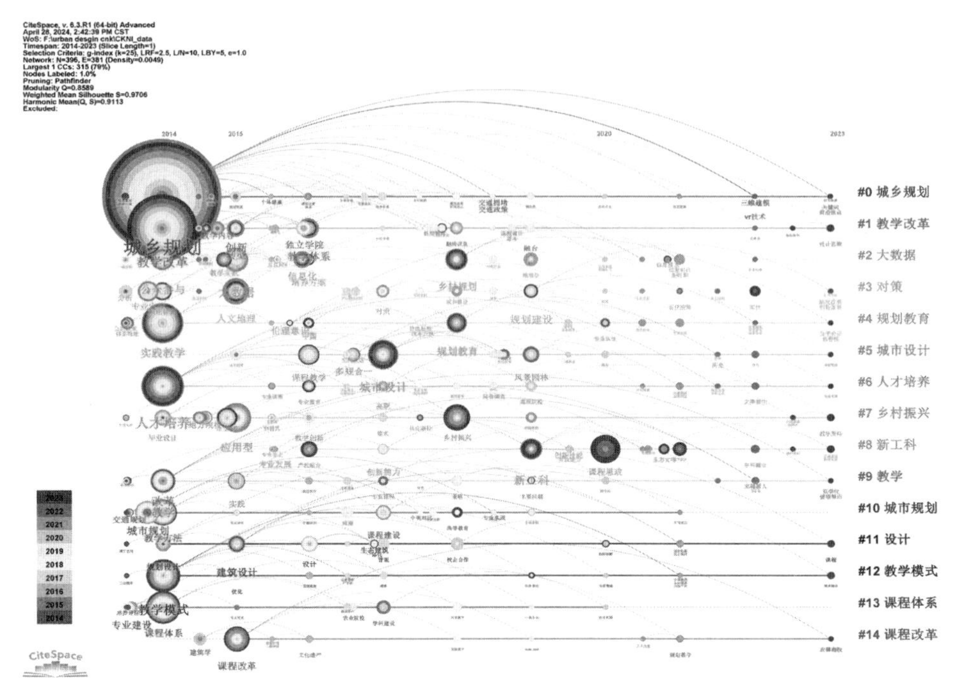

图 2　关键词聚类时间线图谱

资料来源：作者自绘

科领域关键词，关键词聚类主要集中在城乡规划（#0）、大数据（#2）、乡村振兴（#7）、城市规划（#10）和设计（#11）等方面，主要时间集中在 2016 年至 2017 年。城乡规划（#0）聚类单元涵盖了 48 篇论文，主要围绕着城乡规划专业与人文地理学科的融合、教学改革以及培养体系进行了不同维度的研究。

大数据（#2）由 26 篇文章构成，研究内容指向大数据在公众参与、智慧城市以及乡村规划等教学实践中应用的研究，城乡规划教育领域在面对新技术和新挑战时主要研究方向和关注重点是大数据和乡村振兴，反映了城乡规划教育领域内教学内容的多样性和复杂性，强调了教学要主张理论和实践紧密联系。

（2）教学体系类群

教学体系类群关注教育体系建设和改革方面，包括实践教学、改革、教学、新工科、转型、专业定位、规划教育和教学体系等关键词，关键词聚类主要包括教学改革（#1）、对策（#3）、规划教育（#4）、新工科（#8）、教学（#9）、教学模式（#12）、课程体系（#13）和课程改革（#14）等，平均时间主要集中在 2018 年至 2019 年间。

教学改革（#1）由 32 篇文章构成，主要研究范畴包括城乡规划的教学创新、学科转型以及独立学院的学科建设。此聚类中的研究强化了新工科背景下的教学体系构建与教学改革，同时开始关注独立院校的学科整合。对策（#3）中，共发表了 23 篇文章，研究主要围绕规划建设、问题、高校以及关系的研究。由此可见，城乡规划教育从 2014 年强调教学模式、课程体系、规划教育开始改革，到 2017 转向新工科建设，并愈加重视产教融合、跨学科教学。凸显了城乡规划领域教育对教学体系和教学方法的不断探索与改进，旨在提升教育质量和培养学生的实践能力。

（3）教学目标类群

教学目标类群主要体现在人才培养方面，涉及应用型、人才培养以及创新等关键词，关键词聚类集中在人才培养（#6）上，关键词的平均时间主要集中在 2019 年。表明教学体系的改革越来越以人才培养的目标为基准，如何培养适应社会需要的创新人才已成为近年来城乡规划学科发展的重要方向和挑战，对人才培养的关注反映了教育目标和社会需求之间的紧密关系，也是规划学科未来发展和实践应用并重的关键。人才培养是高等教育的重要目标，城乡规划专业旨在培养具备综合能力和创新意识的高素质城乡规划专业人才，以适应快速变化的社会需求和行业发展趋势。

关键词	出现时间	突变强度	突变开始	突变结束	2014–2023年
教学	2014	3.69	**2014**	2016	
城市规划	2014	2.84	**2014**	2015	
教学方法	2014	3.49	**2015**	2016	
培养模式	2015	3.26	**2015**	2016	
地方院校	2015	2.42	**2015**	2016	
设计	2016	2.5	**2016**	2018	
土地管理	2014	3.41	**2018**	2019	
大数据	2015	2.84	**2019**	2020	
地理学	2019	2.59	**2019**	2021	
课程思政	2020	12.03	**2021**	2023	
乡村振兴	2018	4.11	**2021**	2023	
教学设计	2021	3.03	**2021**	2023	

图3　关键词时间突现图谱

资料来源：作者自绘

4　近十年我国城乡规划学科建设研究进展

经过对中国城乡规划教育的相关发展背景、相关政策实施节点的解读，进一步对关键词的时间突现（图3）和关键词时区图谱（图4）的综合分析，发现近十年来中国城乡规划学科建设研究的关注领域呈现出随时间不断演化的趋势，可划分为三个阶段。

4.1　转型阶段（2014—2016年）

为了适应社会发展的新要求和挑战，中国城乡规划学科教育经历了显著的结构转型。自城乡规划学科成为一级学科以来，其与环境资源、生态、管理、经济等相关学科的交叉融合日益加强，这为学科教育的融合创新提供了契机[2, 13]。因此，“城市规划”“设计”“教学”“教学方法”“培养模式”和“地方院校”等关键词随之凸显，并成为研究的热点，该阶段学科建设研究的主要特征如下：

（1）教学内容的转型与创新

为应对教学体系中学科之间的交叉融合和提升教学

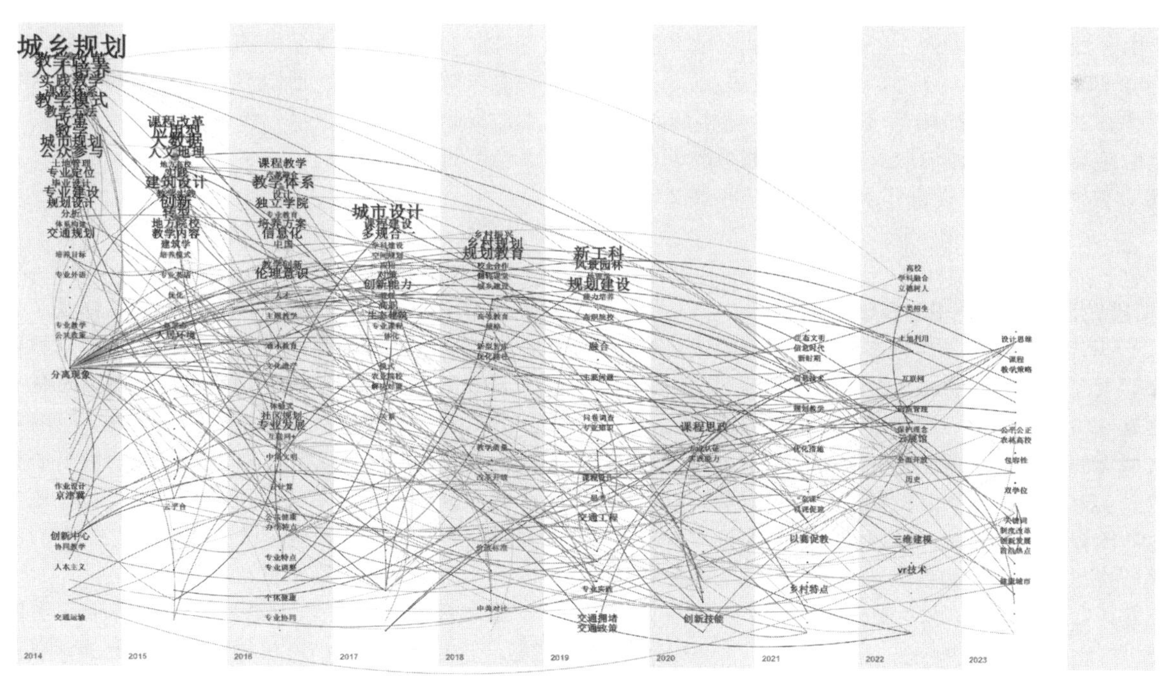

图4　关键词时区图谱

资料来源：作者自绘

质量，这阶段研究重点转向教学内容的改革与创新，课程体系设置不再局限于传统的城市规划、交通规划等内容，而是结合城市设计、人文地理、建筑设计和人居环境等特色课程进行改革与探索。例如，在绝大多数本科专业院校，“城市规划原理”“城市规划分析方法”“风景园林规划设计”等课程的改革和建设成为研究的重要方向。

（2）城市规划与设计的整合

在教学内容转型的过程中，城市规划与设计的整合成为重要的发展趋势。这期间，部分院校把城市设计单独作为一门新的专业课程进行设置，学科教育开始注重培养学生的实践能力和创新意识，强调规划与设计的有机结合。公众参与、社会经济因素等也被纳入教学内容的讨论范围，以促进学生对城市发展和乡村振兴的全面理解和应用能力培养。

（3）跨学科融合与人才培养

该阶段主要致力于城乡规划与人文地理、交通规划等多学科融合模式的构建研究，这种跨学科合作不仅丰富了教学内容，也拓展了学科的应用领域。尤其是，在新工科教育改革理论的指导下，地方本科院校在城乡规划教育中开始关注应用型人才培养，探讨适合地方院校的教育培养模式和途径，引起了学界的高度关注。

综上，2014 年至 2016 年是城市规划学科建设改革关键的转型期，该阶段的城乡规划学科教育改革，不仅丰富了教学内容，也促进了教学方法和培养模式的创新。

4.2 拓展阶段（2017—2018 年）

2017 年党的十九大报告提出了乡村振兴战略，2018 年国家印发了《乡村振兴战略规划（2018—2022 年）》，乡村振兴成为国家战略。在城乡规划学科教育领域，乡村振兴战略的提出为相关学科发展带来了重大机遇和新的课题 [16]。从关键词乡村规划的凸显就可以看到乡村振兴成为本阶段的研究重点，学界开始聚焦于应对乡村振兴战略所提出的新需求和挑战，调整教育模式和专业课程以培养符合发展需要的城乡规划人才 [14, 15]。突现词为“土地管理”，主要特征如下：

（1）教学内容反映时代需求

乡村振兴战略的实施催生了城乡规划教育课程内容的转向调整和融合创新。除了传统的社区规划、城市设计等课程外，逐渐增设了乡村规划、城乡建设等相关内容，以响应学科对新时代发展需求的迅速变化，课程内容逐渐涵盖信息化在城乡规划中的应用，如学科竞赛、乡土文化资源利用等方面的教学探索。

（2）教学方式改革注重校企合作

教学改革重点关注学生能力培养和专业实践，通过校企合作实现教学与实践的紧密结合。学校与企业合作开展项目，可以为学生提供真实的工程实践机会，培养其实际操作能力和创新意识，这期间，教学方法也相应地逐渐调整，结合互联网 + 背景下的城乡规划村镇设计类课程教学，促进学生在科技和信息化领域的应用能力。

（3）教学目标体现新工科建设需求

这期间，城乡规划教育领域积极响应新工科发展趋势，特别关注面向新工科的城乡规划专业建设，研究重点围绕新型城镇化背景下的城乡规划教育模式进行探讨，旨在培养具备实践能力和社会责任感的学生，重点培养跨学科复合型人才，提升学生在城镇化和乡村振兴背景下的具体应用能力。

综上所述，2017 年至 2018 年是城市规划学科建设改革关键的扩容期，本阶段的城乡规划教育致力于应对乡村振兴战略的需求，通过教学创新和跨学科合作，为培养适应新时代城乡发展需要的高水平城乡规划人才奠定了坚实的基础。

4.3 深化阶段（2019—2023 年）

这期间的突现关键词为“大数据”“地理学”“课程思政”“乡村振兴”“教学设计”等。这体现了，一方面，大数据、地理学等新技术和学科的应用对教育产生了深远的影响，中国城乡规划教育面临着信息化和乡村振兴战略带来的新挑战和机遇；另一方面，“课程思政”的突变强度最高（12.03），课程思政成为教育研究的热点。大数据的普及应用与课程思政共同推动了城乡规划教育的创新和发展。学科建设表现出以下主要特征：

（1）大数据和地理学普及应用

信息技术和地理学为城乡规划教育带来了新的可能性。在大数据时代，高校城乡规划专业的课程体系需要改革和创新，以适应学科发展和社会需求的变化。引入地理信息系统和大数据分析技术，可以帮助学生更好

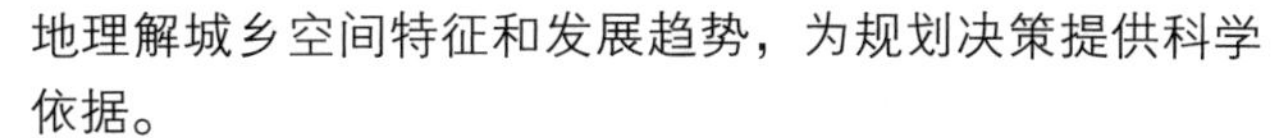

地理解城乡空间特征和发展趋势，为规划决策提供科学依据。

（2）国土空间规划的影响和教学改革

国土空间规划的提出促使城乡规划教育关注国土空间背景下的教学和专业发展。围绕土地空间背景，城乡规划教学体系构建、教学改革和人才培养等方面的研究得到加强，加强相关学科知识的融合和集成，为学生提供更全面、实用的教育内容和教学体验[17，18]，以应对科技发展带来的全新挑战。

（3）加强课程思政的建设

随着教育部发布《高等学校课程思政建设指导纲要》，课程思政成为城乡规划教育研究的重要关注点，特别是在 2021 年至 2023 年期间表现出突出的发展趋势。课程思政要求将思政元素有机融入课程教学，培养学生的思想品德和价值观。因此，在当前的城乡规划教育中，深入挖掘课程思政元素有助于实现潜移默化的育人效果，使学生不仅具备专业技能，更具有社会责任感和全面发展的素养[19，20]。

综上所述，2019 年至 2023 年间，信息化和乡村振兴背景下的城乡规划教育面临前所未有的机遇和挑战。通过引入课程思政、应用大数据和地理学，推动教学改革，城乡规划教育将更好地适应新时代的发展要求，为培养具有创新精神和社会责任感的城乡规划人才做出积极贡献。

5 结论

城乡规划教育作为一门实践性强、综合性的社会学科，其发展与我国的城镇化进程密切相关，直接影响着新型城镇化的质量和效果[21，22]。随着城市化进程的加速和国家治理现代化的需求，中国城乡规划学科的发展面临着新的挑战和重要的发展方向。为推动城乡发展迈向更高水平和更可持续的未来，为城乡规划领域输送更加全面和实践能力强的人才，促进城乡发展的高质量和可持续性，城乡规划教育应紧密关注城市发展的新趋势和需求，积极探索信息技术、虚拟现实等新技术在城乡规划中的应用。同时，教学内容和方法也需要随之不断调整和更新，以培养能够满足市场和社会发展需求的高素质人才。此外，强调学生综合素质培养，重视课程思政建设的深化和落实，培养具有社会责任感和创新能力的城乡规划专业人才，使其具备解决实际问题的能力和担当。

参考文献

［1］ HERZOGO，潘海啸，邓智团，等．新一代人工智能赋能城市规划：机遇与挑战 [J]. 城市规划学刊，2023（4）：1-11.

［2］ 王世福，麻春晓，赵渺希，等．国土空间规划变革下城乡规划学科内涵再认识 [J]. 规划师，2022，38（7）：16-22.

［3］ 孙施文．我国城乡规划学科未来发展方向研究 [J]. 城市规划，2021，45（2）：23-35.

［4］ 张尚武，袁昕，王世福，等．产教融合：新时代高校规划院的使命与挑战 [J]. 城乡规划，2024（1）：105-116.

［5］ 黄亚平，林小如．改革开放 40 年中国城乡规划教育发展 [J]. 规划师，2018，34（10）：19-25.

［6］ 刘则渊，陈悦，侯海燕．科学知识图谱：方法与应用 [M]. 北京：人民出版社，2008.

［7］ 李杰，陈超美．Citespace 科技文本挖掘及可视化 [M]. 北京：首都经济贸易大学出版社，2016.

［8］ 周梦茹，魏寒宾，宁昱西．基于知识图谱的国内外街道空间研究进展计量化解析 [J]. 城市问题，2020（11）：50-57.

［9］ 同 [7]

［10］汪坚强，高学成，李海龙，等．基于科学知识图谱的城市住区低碳研究热点、演进脉络分析与展望 [J]. 城市发展研究，2022，29（5）：95-104.

［11］吴琼，李志刚，吴闽．城市口袋公园研究现状与发展趋势 [J]. 地球信息科学学报，2023，25（12）：2439-2455.

［12］陈悦，陈超美，胡志刚，等．引文空间分析原理与应用—Citespace 实用指南 [M]. 北京：科技出版社，2014.

［13］耿虹，徐家明，乔晶，等．城乡规划学科演进逻辑、面临挑战及重构策略 [J]. 规划师，2022，38（7）：23-30.

［14］姜雪，赵宏宇，王春青．面向新工科“五维形态”的城乡规划课程结构反向设计 [J]. 高等建筑教育，2024，33（2）：89-96.

［15］黄贤金，张晓玲，于涛方，等．面向国土空间规划的高校人才培养体系改革笔谈 [J]. 中国土地科学，2020，34

(8): 107–114.

[16] 朱力，陈轶．双向视角，实践导向：国土空间规划背景下面向乡村振兴的规划学科建设思考 [J]. 小城镇建设，2023，41 (12): 38–44.

[17] 史北祥，杨俊宴．以“空间 +”为原点的城乡规划学科发展研究 [J]. 规划师，2022，38 (7): 31–36.

[18] 罗小龙，黄贤金. 基于知识需求的高校国土空间规划人才培养体系改革 [J]. 规划师，2020 (13): 93–98.

[19] 胡俊辉，刘丹凤．“大思政”格局视域下“城乡规划原理”课程思政建设路径探索 [J]. 重庆建筑，2024，23 (2): 75–77.

[20] 石莹怡，马靓，胡小稳，等．“三全育人”理念下规划设计类课程思政教学探索——以修建性详细规划课程为例 [J]. 教育观察，2023，12 (4): 115–120.

[21] 钟声．城乡规划教育：研究型教学的理论与实践 [J]. 城市规划学刊，2018，(1): 107–113.

[22] 孙施文，冷红，刘博敏，等．规划专业能力培养的关键 [J]. 城市规划，2024，48 (1): 25–30.

Research Progress in the Construction of Urban and Rural Planning Discipline in China Over the Past Decade Based on CiteSpace

Wei Hanbin　Liu Xiaofang　Sang Xiaolei

Abstract: China has emerged as one of the largest countries in terms of the scale of urban and rural planning education globally. To gain a comprehensive understanding of the developmental trajectory of the urban and rural planning discipline in China and to facilitate its progression, it is essential to systematically review its research progress and anticipate future trends. This study utilized CiteSpace analysis software to visually and analytically examine relevant domestic literature from 2014 to 2023. The research reveals distinct stages of development in China's urban and rural planning education over the past decade, characterized by changes in teaching content, teaching systems, and teaching objectives. The initial transformation phase focused on innovating and transforming the urban planning curriculum systems at local universities. In the expansion phase, there was an emphasis on university–enterprise collaboration, with rural revitalization and information technology applications becoming focal points of instruction. The deepening phase shifted towards integrating ideological and political education into the curriculum to promote the convergence of urban and rural planning education with national territorial spatial planning systems. Looking ahead, urban and rural planning education must adapt to the developmental needs of the urban and rural planning and construction industry, innovate teaching models, enhance digital and intelligent applications, and prioritize student value education to support sustainable urban–rural development and the modernization of national governance.

Keywords: Urban and Rural Planning, Discipline Development, CiteSpace, Quantitative Research

顺时应变，多元交融：面向国土空间规划领域人才培养需求的城乡规划专业教学资源建设*

夏　雷　衣霄翔　董　慰

摘　要：国土空间规划体系的建立对城乡规划学科提出了更多元化、综合化、系统化的发展要求，城乡规划专业教育与人才培养方面面临着巨大的挑战。本文通过解析国土空间规划领域人才培养对接行业变革与国家战略、适应技术与理念进步的需求，提出四位一体与本研一体的培养模式。以哈尔滨工业大学城乡规划专业教育为例，通过课程优化组织、产教科教平台建设、新型教学资源建设等方式，提出新时期城乡规划专业教学资源建设路径，以期为国土空间规划领域人才培养进行有益探索。

关键词：国土空间规划；城乡规划专业；人才培养模式；教学资源建设

1　引言

2019 年 5 月，《中共中央 国务院关于建立国土空间规划体系并监督实施的若干意见》提出“教育部门要研究加强国土空间规划相关学科建设”的要求。2022 年 2 月，《教育部高等教育司 2022 年工作要点》中将国土空间规划列于紧缺人才培养之列，并提出加快国土空间规划等紧缺领域新形态教学资源建设。与传统的城乡规划编制关注城乡建设活动不同，国土空间规划关注自然、人工与人工自然混合空间，是对国土空间全要素进行全局安排，强调国土空间的完整性[1]。作为国土空间规划教育的主干学科，城乡规划专业由国外引入国内开始在不断地与国家政策、地方要求、人民需求相融合，城乡规划教育也在不断地自我批判与调整，以适应不同时期的国家发展战略部署与城镇化水平。我国城乡规划教育仍存在学科快速交叉融合下教学资源拓展不充分、传统课程体系与新规划体系不适配、现有教学模式与教学方法转变不及时等问题。因此，城乡规划专业教育亟须转变培养模式、优化课程体系、拓展教学资源，以适应当前国土空间规划的发展形势。

2　顺时应变：国土空间规划体系下城乡规划人才培养需求

城乡规划人才培养需顺应国土空间规划的系统性、整体性、复杂性发展趋势，加强学科间、校企间的联系，培养基础知识扎实、逻辑思维创新、国际化视野的复合型人才[2]。

2.1　人才培养的新思维

（1）对接行业变革新的社会需求

城乡规划学作为国土空间规划的主干学科，承担着培养专业人才的重要使命，需要积极回应多规合一、行业重组、学科融合、专业协同和知识升级等方面的要求，以对接行业变革新的社会需求，适应城乡发展

* 项目资助：哈尔滨工业大学研究生教育教学改革研究项目“高校服务乡村振兴的校地企深度融合机制与成效”（22H1X0401）。

夏　雷：哈尔滨工业大学建筑与设计学院讲师
衣霄翔：哈尔滨工业大学建筑与设计学院副教授（通讯作者）
董　慰：哈尔滨工业大学建筑与设计学院教授

的挑战。城乡规划专业人才应具备跨学科、跨领域的能力，了解国土空间规划“五级三类”全域全要素内容，掌握空间规划设计、评价分析、空间治理等方面的技能，以满足城乡规划与资源环境规划、交通规划等其他专业的协同工作，通过培养城乡规划专业人才，加强不同领域之间的沟通和协作。随着城镇化进程的深入发展，城乡规划需要不断更新知识和技能。通过培养具有创新意识和学习能力的专业人才，不断推动城乡规划理论和实践的升级，适应时代社会发展变革与需求。

（2）对接国家战略新的专业使命

党的二十大提出坚持以人民为中心的发展思想，“坚持人民城市人民建、人民城市为人民”。城乡规划专业在新型城镇化中发挥着核心作用，规划师则肩负着重要的专业使命，需综合考虑经济、社会、环境等因素，整合和优化城乡资源，创造以人为本、绿色低碳、健康智能的城乡环境，提高城市治理水平，推进城乡高质量发展。在新的专业使命下，城乡规划人才具备综合知识特征，深刻理解广义人居内涵，在新型城镇化、区域协调发展、乡村振兴、“双碳”目标和文化传承等多方有所作为。

（3）适应技术进步新的专业技能

随着人工智能、大数据、CIM（城市信息模型）、物联网等新技术的不断进步，城乡规划人才需革新规划研究方法、扩展规划设计工具、丰富规划治理手段，新的专业技能不仅可以提高国土空间规划编制效率，又可以提高规划编制技术水平与治理能力，为城乡发展带来更多的可能。利用 CIM 与数字化平台对城乡规划编制方案进行模拟优化，通过人工智能与大数据技术对城乡规划的全过程进行管理并对城乡规划实施成效进行动态监测与评估，结合物联网技术推动智慧城市、绿色城市等新型城市建设。

（4）适应理念进步新的专业内涵

新时期城乡规划人才除了需要具备多学科知识技能外，还要具备广阔的视野与先进的城乡发展理念。城乡规划人才培养不仅要专一而精，又要广学而博，充分理解健康城市、韧性城市、低碳城市、海绵城市、智慧城市、美丽乡村等新理念下的专业内涵，在自然生态保护、城乡社会发展和个体价值实现中寻求发展平衡[3]。

2.2 人才培养的新要求

（1）四位一体的培养要求

城乡规划专业人才培养中，原理知识、空间感知、分析方法和规划设计是相辅相成的核心内容，四位一体的培养要求确保了人才的专业素养和实践能力。原理知识是城乡规划专业的基础，为城乡规划编制提供指导，确保规划的科学性和合理性。空间感知是城乡规划专业的重要能力，包括城市环境认知、城市认识、乡村规划实践等，涉及对地理空间、城市形态、建筑景观等方面的敏锐洞察和感知，城乡规划专业的人才需要具备对空间环境的敏锐感知能力，能够判断空间的优劣，理解空间使用需求和变化趋势。分析方法是城乡规划专业实践中的关键技能，包括 GIS 与空间分析技术、城市规划数据科学方法、大数据与城市规划、规划统计分析等，科学的分析方法为规划方案编制提供依据。规划设计是城乡规划专业的核心实践环节，要求在原理知识、空间感知和分析方法的基础上，进行城乡发展的战略规划、功能分区、交通组织、景观设计等。在城乡规划专业人才培养过程中，原理知识、空间感知、分析方法和规划设计是相互关联、相互依存的。原理知识提供理论支撑，空间感知指导实践方向，分析方法提供决策依据，而规划设计则是实践成果的体现。因此，城乡规划专业的人才培养需要围绕这四个方面进行全面系统的教育和训练，以确保人才的专业素养和实践能力（图 1）。

（2）本研一体的培养要求

城乡规划专业人才培养中，本科阶段夯实专业基础，培养方案主干课中广泛渗透国土空间规划相关知识

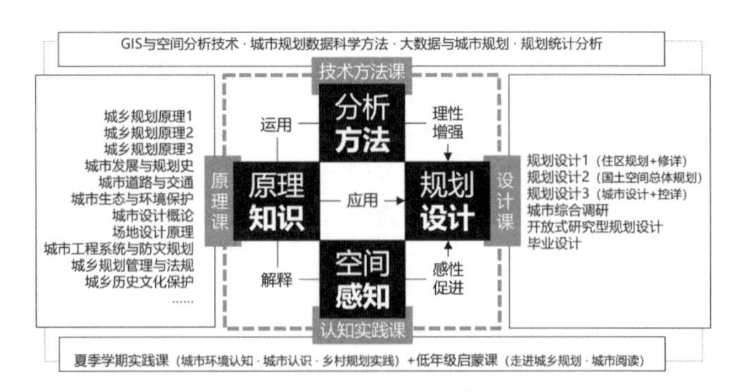

图 1　四位一体的培养模式

资料来源：作者自绘

与内涵；研究生对接国土空间规划行业需要，系统建构国土空间规划核心知识与能力。本科阶段掌握城乡规划的基本理论、原理和方法，通过实地调研、案例分析、课程设计等方式培养学生掌握城乡规划编制基本技能，引入经济学、地理学、社会学、生态学等学科知识拓宽学生的知识视野。研究生阶段深入研究城乡规划的理论前沿和最新发展动态，掌握国内外城乡规划领域的最新研究成果，聚焦国土空间规划行业的实际需求以研究解决实践中的关键问题和技术难题。综上所述，城乡规划专业人才培养中的本科和研究生一体化培养要求注重理论与实践相结合，既要夯实专业基础，又要关注行业发展趋势和需求，还要注重培养学生的沟通能力和团队协作能力。通过这一培养体系，学生将具备扎实的专业知识、良好的综合素质和适应行业发展的能力。

3 多元交融：新时期城乡规划专业教学资源建设路径

为了更好地适应新时代国土空间规划领域人才培养的需要，城乡规划专业教学资源建设上应借助外部资源，对现有课程进行针灸式更新，有效解决培养方案中课程体系容量的限制与教师知识领域的局限，与国土空间规划相关理论与技术对接，建立多元交融、更加完善的城乡规划专业教学资源，以对接新需求、适应新思维（图 2）。

此外，通过系统化设计来稳步拓展教学资源，建立完善的教学资源库，以更好地解决知识方法与设计联系不够紧密，空间尺度跨度大、概念抽象、规划思维难建立，1 对 1 教学、手把手改图等传统布扎体系中教学成效不稳定等共性问题。以哈尔滨工业大学为例，城乡规划专业教学资源建设的路径主要包括以下三个方面：

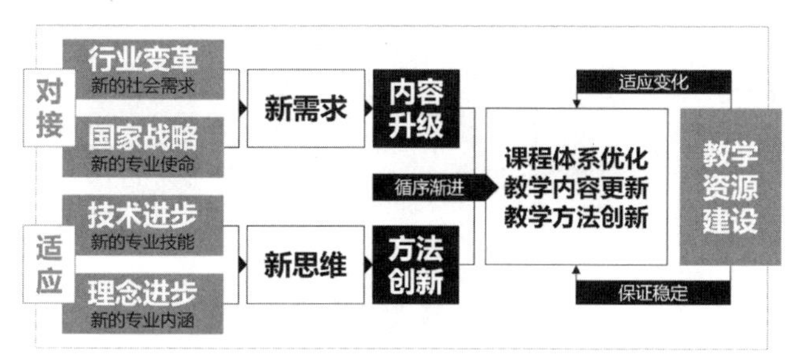

图 2 城乡规划专业教学资源建设思路

资料来源：作者自绘

3.1 课程优化组织

城乡规划专业教学资源与课程优化组织以城乡规划学主体课程为依托，结合课程的教学特点与国土空间规划领域相关学科与知识点相融合，形成服务国土空间规划编制的多元交融学科集群，促进各个学科的相互支持、衔接、传导与融合[4]。

原理类课程主要采取更新原理知识内容的方式，引入企业与外校专家、相关学科学者，开设团队讲授的专题课，对原理课进行灵活补充与拓展，树立生态优先、绿色发展为导向的国土空间高质量发展理念，建立山、水、林、田、湖、草、沙、市、镇、村全域全要素统筹的学科思维体系[5]。例如本科生课程中的社会研究专题、城乡规划前沿，研究生课程中的国土空间规划理论与方法、规划研究前沿、规划建设实务专题等课程的教学资源中引入了国土空间规划、生态保护修复、规划管理数字化、社会治理现代化、低碳城市规划、健康城市、历史文化遗产保护等专题。

设计类课程主要采取强化规划设计应用的方式，整合学分较高的设计课，由课程组统一安排，植入理论与方法模块，以覆盖国土空间“五级三类”规划体系所涉及的知识点，强化规划实施评估、监测管理、实施保障等方面的技术方法在设计类课程中的应用。例如在规划设计 -1（住区规划设计 + 修建性详细规划）课程中植入规划结构理论模块与日照分析方法模块，规划设计 -2（国土空间总体规划）课程中植入国土空间规划体系理论模块、双评价方法模块与三区三线划定方法模块，规划设计 -3（城市设计 + 控制性详细规划）课程中植入城市设计五要素理论模块、公共空间理论模块与规划控制体系理论模块。

3.2 产教科教平台建设

产学研融合是新时代要求下国土空间规划领域人才培养的重要途径，通过与科研平台和企业平台的合作，将国土空间规划的新理念、新趋势、新技术、新实践引入课堂，共同建设教学资源，使教学与实践相结合。

（1）校企“双主体”协同育人

借助实践教学基地与产学研一体化平台，探索校企“双主体”协同育人模式，以拓宽设计类课程与认知实践类课程的教学路径。在规划设计-2、开放设计、乡村规划实践等课程中采取企业出题、联合指导的模式，提高设计题目的实用性和灵活性，通过邀请设计院规划师进入课堂可以帮助学生了解规划设计项目全周期编制流程，以及在方案编制、实施与管理等环节中政府管理部门、开发商、居民等不同参与群体的诉求。在规划设计-1、规划设计-2、规划设计-3、开放设计、规划设计研究等设计课中采取企业专家联合评图的方式，模拟项目汇报实战，让学生了解市场需求与现实约束，使规划设计方案更加合理可行。为优化实践教学环节，完善“产学双主体”协同育人机制，哈工大建筑与设计学院与中国城市规划设计研究院、北京清华同衡规划设计研究院有限公司、深圳市城市规划设计研究院股份有限公司等企业建立了高校与企业全周期融合的实践教学平台，在城市环境认识、城市认识等认知课中采取到企业参观与讲座座谈的方式，在规划师业务实践、专硕专业实践等规划实践课中聘请企业导师进行指导。

（2）本研一体化科研育人

依托科研平台，结合课题项目，探索本研一体化科研育人。结合自然资源部寒地国土空间规划与生态保护修复重点实验室、寒地城乡人居环境科学与技术工业和信息化部重点实验室、黑龙江省寒地城乡人居环境科学重点实验室等科研平台的研究方向，充分利用现有科研资源，为学生提供参与课题研究的机会，鼓励学生在实践中学习。通过参与重点实验室的科研项目，本科生可结合课程确定大学生创新创业训练项目的方向，本科生在科研训练、论文写作等方面得到提升；研究生可结合科研平台将课程知识点延伸并形成学位论文，并且可在研究生中选拔优秀学生来指导本科生科参与科研项目，促进研究生与本科生之间的交流与合作。另外，本研一体化的育人模式为本科生和研究生通过合作的方式参加学科竞赛与科研项目提供平台，实现知识的有效衔接和传承，从而最大程度发挥本研贯通一体化培养的积极效应（图3）。

3.3 新型教学资源建设

随着信息技术的快速发展，数字化教学资源在城乡规划专业教学中扮演着越来越重要的角色。通过建设虚拟仿真平台、MOOC（大型开放网络课程）与微课、知识图谱等新型教学资源，使学生通过互动体验学习，同时，收集与国土空间规划相关的知识点、数据、案例等，构建数字化教学资源库，为学生提供丰富的学习材料（图4）。

（1）虚拟仿真实验平台

虚拟仿真实验平台通过网络模拟与线上操作、互动环节的设置，将国土空间规划与设计的“要素、界面、设计、评价”全过程虚拟再现，将理论课程及设计课创作过程中的操作要点逐一分解，以虚拟仿真、增强现实、沉浸式体验等多种形式展现，学生们可以从多个视

图3 本研一体化科研育人模式

资料来源：作者自绘

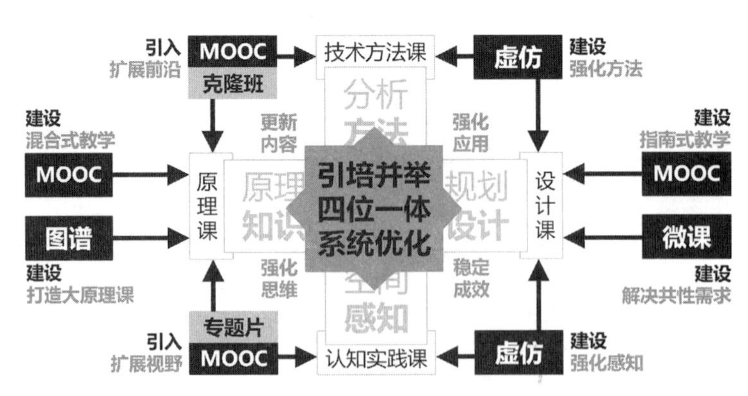

图4 新型教学资源建设思路

资料来源：作者自绘

角，全方面体验空间视域效果，更为深入地理解空间内涵，使学生们可以更为直观、形象地通过经典案例学习掌握规划设计的规律及秩序。

（2）MOOC 与微课

MOOC 作为开放教学资源，具有授课形式灵活、授课内容丰富、授课安排弹性等优势，是国土空间规划教育的有效补充，在城乡规划人才培养中扮演着越来越重要的角色。城乡规划专业资源建设通过 MOOC 拓展课程体系外的国土空间规划相关理论知识与专业技术方法，利用虚拟教研室等平台资源对传统课堂教学内容进行拓展。此外，可根据培养方案将 MOOC 与现有课程进行关联，确定 MOOC 的学时与学分，增加 MOOC 对学生的吸引力。

微课通常聚焦于某个具体的主题或知识点，使得内容更为精细化和深入，是传统课堂中有效的辅助教学工具，增强课堂的教学效果，帮助学生更好地理解和掌握国土空间规划的相关内容。微课同样具有可移动学习的特点，由于微课的时长较短且内容精炼，学生可在移动设备上随时随地学习，满足碎片化学习的需求。

MOOC 提供大规模的课程资源和完整的学习体系，而微课则提供更为细致和深入的内容，两者的结合可以为提供更为丰富和全面的城乡规划教育资源。结合 MOOC 和微课在城乡规划教育中的优势，实现一流课程资源共享、微课资源全面渗透。

（3）知识图谱

以知识图谱作为工具，可以系统化地描述课程下知识之间的关系，将知识组织成一种结构化、可视化、资源嵌入式语义关系网络。通过知识图谱动态、交互式的图形和可视化的界面，使教学内容更加生动、直观，激发学生的学习兴趣和积极性。同时，通过与 AI 技术有机结合，充分整合课程已有 MOOC 和微课等视频、教材、虚拟仿真实验、测试题目等各类教学资源，构建完整、全面的知识路径，有效促进学生个性化学习。学生可以根据自己的学习进度、理解程度和兴趣点，自由选择知识点进行学习。通过大数据分析和机器学习算法，预测学生的学习需求和潜在问题，提前为学生提供相关的学习资源和指导，对学习的成效实时反馈与评估，以

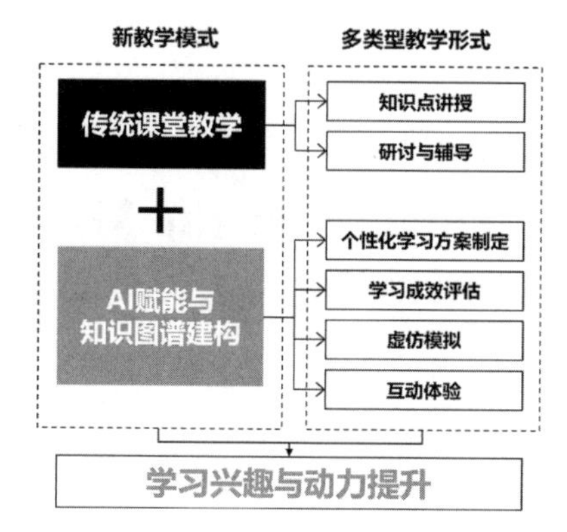

图 5　互动式教学模式

资料来源：作者自绘

提高课堂效率。通过上述互动环节，可提高学生的学习兴趣，有效提升学生学习能动性与自主性（图 5）。

4　结语

国土空间高质量发展与国土空间规划的优化推动了城乡规划学科与专业教育的发展，对教学资源建设的探索为国土空间规划领域人才培养提供了支撑。此外，受篇幅限制，培养方案调整、课程体系优化、师资队伍建设等方面仍有待探讨。

参考文献

［1］ 孙施文 . 国土空间规划的知识基础及其结构 [J]. 城市规划学刊，2020（6）：11-18.

［2］ 王世福，麻春晓，赵渺希，等 . 国土空间规划变革下城乡规划学科内涵再认识 [J]. 规划师，2022，38（7）：16-22.

［3］ 周庆华，杨晓丹 . 面向国土空间规划的城乡规划教育思考 [J]. 规划师，2020，36（7）：27-32.

［4］ 陈宏胜，陈浩，肖扬，等 . 国土空间规划时代城乡规划学科建设的思考 [J]. 规划师，2020，36（7）：22-26.

［5］ 周小新，吴松涛，衣霄翔 . 地方应用型本科院校城乡规划专业人才培养体系转型的思考 [J]. 中国建筑教育，2022（2）：18-22.

Timely Adaptation and Diversified Integration: Teaching Resources Construction for the Major of Urban and Rural Planning Aimed at Cultivating Talents in the Field of National Spatial Planning

Xia Lei　Yi Xiaoxiang　Dong Wei

Abstract: The establishment of territorial space planning system has put forward more diversified, integrated and systematic requirements for the development of urban and rural planning disciplines. Urban and rural planning professional education and personnel training are facing huge challenges. In this paper, by analyzing the needs of personnel training in the field of territorial space planning to connect with industry changes and national strategies, and adapt to the progress of technologies and ideas, a four-in-one training model is proposed. Taking the urban and rural planning education of Harbin Institute of Technology as an example, this paper puts forward the construction paths of urban and rural planning teaching resources in the new era by means of curriculum optimization organization, production-teaching-science-education platform construction, and new-type teaching resources construction, in order to conduct beneficial exploration for the cultivation of talents in the field of territorial space planning.

Keywords: Territorial Space Planning, Urban and Rural Planning, Personnel Training Model, Teaching Resources Construction

数智时代背景下城乡规划人才培养与教学实践探索

刘 佳 陈 天 侯 鑫

摘　要：数智技术的发展为城乡规划师提供了强大的科学技术支撑和创新赋能，城乡规划教育也必须随之与时俱进。首先，本文从城市建设和城市运营两方面系统梳理了数智技术在城乡规划领域的具体应用；其次，阐述了数智技术下城乡规划人才培养的新要求，包括算法思维训练、技术工具使用和人文素养提升；进而基于课程设置与理论教学、教学方式与模式、教学考核三方面探讨了城乡规划本科生教学新趋势。旨在培养具备数智能力的高素质复合型规划人才。

关键词：人才培养；教学改革；数字智能技术

当前，多源大数据和人工智能技术的结合发展深刻影响和改变着城乡规划的理论和实践，使得规划行业面临着前所未有的机遇和挑战。相较于传统城乡规划多依据规划师的专业知识及经验，借助有限的静态数据进行城市分析和物质空间规划设计。数字智能技术（以下简称数智技术）的发展为城乡规划师提供了强大的科学技术支撑和创新赋能，在大幅减轻规划师工作负担的同时，也为城市管理提供更加科学的决策支持。

人工智能与信息化技术为城乡规划专业发展提供了新方法，但也对城乡规划专业既定教学体系及人才培养产生了新要求[1]。对新技术的快速应用是城乡规划专业保持发展活力和规划效能的重要方式[2]。规划教育必须与时俱进，培养掌握数智技术能力的复合型人才。一方面，作为规划专业的必修技能，学生需要掌握利用各类数字工具解决实际问题的能力；另一方面，数智时代呼唤复合型创新人才，未来规划师要具备利用新技术拓展认知边界、开启创新思维的能力。以上对规划人才的新要求只有从本科阶段开始培养，才能适应行业发展新需求，培养出真正的时代规划新人。因此，有必要系统梳理数智技术在城乡规划领域的具体应用，并探讨如何将其融入本科生教学环节。

1　数智技术在城乡规划中的应用

数智技术自 20 世纪中叶兴起以来，经历了漫长的探索时期，在 21 世纪逐步走向成熟并全面渗透到人类生产生活的各个领域。从最初的计算机辅助设计（CAD）、建筑信息模型（BIM）等工具软件，到后来的大数据分析、人工智能算法、虚拟现实等前沿技术，数字智能技术正不断拓展其在城乡规划领域的应用。

1.1　空间研究

大数据技术能够汇聚多源异构数据，包括人口统计数据、交通流量数据、地理信息数据等，通过数据融合和深度挖掘，揭示城市发展的潜在规律和趋势。人工智能技术如机器学习、深度学习等，能够对这些数据进行智能分析和建模，从而更加准确地刻画城市形态、活动格局和运行状态，使规划师能对城市这一复杂巨系统的内部运行规律有全新的认知，为科学化决策提供有力支撑。同时，结合虚拟现实技术与 GIS 技术构建城市三维数字孪生体，利用数据对城市实体进行虚拟再现，可以使城市研究不再囿于抽象理论，利于深入探究城市系统的复杂性。

1.2　方案生成与比选

数智技术能够快速地生成大量方案从而显著提升规

刘　佳：宁夏大学建筑学院讲师
陈　天：天津大学建筑学院教授（通讯作者）
侯　鑫：天津大学建筑学院副教授

划师的工作效率。在传统规划方案绘制模式下，规划师需要通过数据收集与处理、实地调研走访、总结场地现状问题后，依据已有经验完成方案设计。而现如今，基于进化算法、适应性算法、监督学习等人工智能算法，人们能够通过案例学习迅速完成“数据现状—问题解析—方案提出”流程[3]，从而协助规划师快速生成多种空间规划方案，拓宽和提升了规划师在分析问题、方案设计方面的视野和能力[4]。

在不同的尺度下，数智技术生成的方案内容与应用方式具有一定差异：在区域尺度，主要通过收集处理多源空间大数据，如经济数据、物流网络、人口流动数据等，分析城市之间的联系、作用力及职能差异等，从而确定城镇等级、分工落位以及城镇建设用地功能配置[5]；在城市尺度，可通过随机森林算法、卷积神经网络等深度学习算法对城市的土地利用进行分类分析，并结合多主体建模（MABM）等模拟方法对城市土地利用布局进行快速地预测与决策[6，7]；在城区与街区尺度，人工智能首先通过图像识别分析遥感地图和街景图像认知场地内容，再结合多源大数据提取场地问题，在此基础上通过“匹配—生成—反馈”的流程根据案例库内容进行智能分析、调取与组合，生成多样的道路、功能、形态的初步方案[3-8]。

除此之外，规划师在城市设计和规划中主要通过观察第五立面以及计算机和实体建模观察鸟瞰的方式感受方案，虚拟仿真技术能够给予规划师沉浸体验方案设计、动态感知空间的机会[9]，从多方视角来实时预览和评估方案的优缺点，并进一步调整和优化设计方案。

人工智能技术另一个重要的用途是对规划方案进行模拟评估。在实际应用中可通过物联网、GIS、遥感等技术收集城市各领域的大量数据，经过清洗、分析与整合后，搭建城市模拟系统与城市数字孪生模型，并集成利用机器学习等智能算法，对候选方案的交通、环境、能耗等进行评估，量化比较各方案的绩效表现[10]。

此外，虚拟现实技术可以更好地协助没有经过专业训练的决策者身临其境地体验不同方案和把握规划设计的合理性，有助于最终方案的优选，也为公众参与提供了重要途径[11]。

数智技术能够参与城乡规划的全流程，可以将多种技术手段集成为一个便捷的城市设计辅助工具箱。在系统前端收集多源城乡规划数据，并利用大数据与人工智能技术分析城市问题；中端利用人工智能生成内容技术（AIGC），根据训练案例库生成备选方案，并通过数字化模拟进行方案评估比选；后端输出满意方案集合，将传统图册与虚拟现实技术相结合，辅助公众与决策者进行方案比选，从而大大提高规划工作的质量和效率。

1.3 数智技术在城市治理阶段的应用

（1）城市动态监测

城市动态监测通过数据平台、遥感卫星、物联网以及实地调研走访等方式，获取反映城市建设情况、人口分布、生态环境、生活满意度等城市状态的多源数据，构建城市数据监测平台[12，13]。在此基础上应用深度学习算法进行智能分析和建模，从而识别数据集异常和城市经济危机、交通拥堵、犯罪集中、自然灾害应对缺失等城市问题之间的关联关系，从而全面感知和科学评估城市的运行状况并实现风险预警，为主动防控和科学决策奠定基础，有效提高城市韧性水平[14]。

（2）资源精准配置

在城市监测的基础上，可以采用人口分布、物联网、手机信令以及道路车行情况等综合数据，识别公共服务设施的供需矛盾。之后，利用设施的供需数据和城市其他维度数据，结合优化算法和约束规则自动生成相应的调配方案[15]，实现有限资源的精准匹配和高效利用。而针对生成的多种设施布局方案，则可以利用虚拟仿真技术在数字孪生环境中构建MABM，对方案落实后的供需情况进行模拟评估，辅助规划者进行最优决策。

（3）多元治理决策

城市治理决策是经济调整、社会运营、活动策划、治安管理等手段的综合。传统模式下规划者针对治理问题，结合过往经验，通过案例学习，进行在地化调整后制定城市治理方案。经过城市决策案例集专业化训练后的AIGC自然语言模型，能够根据实时情况生成策略库，使决策过程由经验主导转向数据驱动，在扩展规划者的决策想法的同时，提高决策的科学性和前瞻性。在此基础上，通过构建城市MABM，模拟城市系统中多主体的相互联系，预测决策落实后的城市发展趋势，从而为治理决策提供参考。

（4）公众参与与社会共治

大数据和人工智能技术能够提高城市运营的公开透明度和公众参与度。规划者可以针对某一城市问题或决策实时爬取相关舆论数据，利用人工智能语言模型进行语义理解及深入分析，提炼公众的具体诉求。在此基础上结合前文中各类数智化技术手段，提出多条备选决策方案并模拟其落实情况用于比选最优决策，从而提高公众意见分析采纳的效率，实现社会共治。

2 数智技术下城乡规划人才培养的新要求

2.1 计算思维训练

计算思维（Computational Thinking，简称 CT）是指在构建程序和算法时所采用的解决问题的策略，是学生使用数字智能工具应对复杂挑战的基础和核心能力。近年，愈发多源、多维、庞大的城市数据和加速发展成熟的数智模型计算算法为规划设计教育提供了革新的动力和机遇[16]。在本科教学中，可从理论学习和训练实践两方面进行学生的计算思维的培养。

在理论学习方面，可以开设创新思维、设计思维等相关课程，启发学生拓展创新思路，从新的视角审视城市问题。以帮助学生构建完整的算法知识框架为目标，首先是经典算法的讲授，帮助学生了解排序算法、搜索算法、图算法等的理论基础、特点和典型应用场景；其次，在课程教学中可展示一系列的算法实践案例辅助学生理解在规划中的操作应用，拓宽学生的视野和思维维度，并引导学生自行编写代码实现城市分析，如城市热点爬取、设施选址、交通路网优化等。

在训练实践方面，可以组织城市计算训练工作坊、创新竞赛、科研课题等实践项目，吸引各学科领域学生组队合作，鼓励学生独立完成从问题发现、模型架构、算法构思到编程实现的完整操作过程，增强学生创新能力和动手能力。理论学习和训练实践相结合的多元化教学方法，可有效促进学生对计算思维的深入理解，提升学生抽象建模、逻辑推导和系统分析的能力，为今后利用数智技术解决规划策略问题打下了坚实的基础。

2.2 技术工具使用

（1）数据收集、分析与处理

数据是数智技术的“燃料”和“学习源泉”，因此培养学生的数据获取、整合、清洗和分析能力等是教学的重中之重。在课程教学中，需系统讲解数据获取和清洗的方法，如网页爬虫技术、模式识别算法、异常值检测与修复等；以及数据处理和分析工具，如 Python、R、SQL 等，使学生熟悉相关基础理论，并掌握处理大规模、多样化数据的能力。同时还需开设实践课程，利用真实的城市数据资源如地理信息、交通出行、人口分布等，训练学生的数据整合、融合与分析技能，从数据中提取有价值的信息，为城乡规划提供科学依据。

此外，精细化建模和可视化是数字城市建设的重要环节，点云数据、街景数据、航拍数据等多源数据的获取和处理是建模的基础[17]，也是规划师阐释分析结果、呈现决策依据的重要手段。教学过程中可搭建数据可视化操作平台，培养学生将多源数据转化为规划信息图像的技能，提高城市空间数据分析和交互表达能力。

（2）技术与工具使用

从专业技能培养来看，需要训练学生对多样化规划分析技术与工具的使用能力，切合未来对数智型综合人才的需求。未来，智慧化技术与工具的使用将是每个城乡规划学生必备专业技能，机器学习、“人工智能＋遥感”技术、BIM、CIM、VR、AR、MR、智慧城市等技术与工具的实训应成为教学重要环节。

其中，随着仿真模拟技术在城乡规划中发挥着越来越重要的作用[18]，教师需要通过项目化的形式，全面锻炼学生掌握仿真模拟流程的能力。在教学中可基于真实的规划案例，如城市综合体设计、城市更新、滨水区开发等构建虚拟仿真场景，指导学生搭建模型，包括明确模型边界、识别关键模型对象及其相互关系等，让学生掌握模型的本质是对复杂系统的简化抽象。同时，引导学生设置不同的方案假设，利用仿真工具或自主编程对各种备选方案在交通、环境、能耗等领域进行模拟分析，并进行多目标评估和优化。最后，要求学生总结模拟结果，形成决策建议报告，提出科学可行的优化措施，以培养其系统分析和解决复杂规划问题的综合能力。

2.3 人文素养提升

对于任何学科，正确伦理观和人文素养的培养都是教学的核心与基础。在城乡规划教学中，需重视社会实践环节，组织学生深入社区、体验公众生活，听取市民心声，了解不同群体的需求诉求，增强学生对城市问题的人文关怀和责任意识，树立正确的规划价值观[19]。此外，还应开设人工智能伦理、社会影响等相关课程，引导学生思考科技发展过程中可能产生的风险，如技术失控、就业失衡、隐私泄露等，树立正确的技术伦理观和使命意识，努力让数智技术真正服务于城市的可持续发展。

通过计算思维培育、软件训练、项目实践和人文素养教育，有助于在培养学生数智技术应用技能的同时，注重其创新能力、社会责任感和人文关怀的全面发展，使其成长为德智体美劳全面发展的复合型时代新人。

3 数智技术下的城乡规划教学新趋势

3.1 课程设置与理论教学

城乡规划数智技术的革新催生了新的工作内容与职业需求，如仿真模拟模型构建、大数据分析与可视化处理、城市全生命周期智能化决策等[20]。城乡规划本科教学应当主动适应新发展需求，在已有课程体系的基础上，融入数智技术相关的教学内容。如增设人工智能导论、空间大数据分析、城市计算等课程，系统讲授人工智能的基础理论和发展现状，大数据理论和方法（包括数据爬取、清洗、分析和可视化等），时空数据建模、空间数据挖掘等理论方法，并结合实际案例进行实践训练，提高学生运用数智技术分析和解决复杂城市问题的能力。同时，在城市设计等课程中，融入机器学习、深度学习等算法在城市规划中的应用实例，并安排相应的实验环节，使学生掌握利用这些算法进行城市形态识别、活动模拟等方法。

3.2 教学方式与模式

（1）灵活运用多种教学理念开展课堂教学

在教学中灵活运用启发式、探究式、案例式、项目式教学理念开展课堂教学，鼓励学生主动探索技术前沿，培养其科研意识和自主学习能力。教师可根据学校所在地区的发展现状，选取一些富有挑战性的空间研究课题开展项目式教学，在课堂中通过启发式、探究式、案例式等教学方法引导学生通过规划问题识别、数据采集、模型构建、编程分析计算、结果解释等工作，最终形成规划设计方案和决策报告。

天津大学于 2020 年开始以“城镇环境保护与空间规划”课程为试点，将项目式、启发式、案例式（图 1）

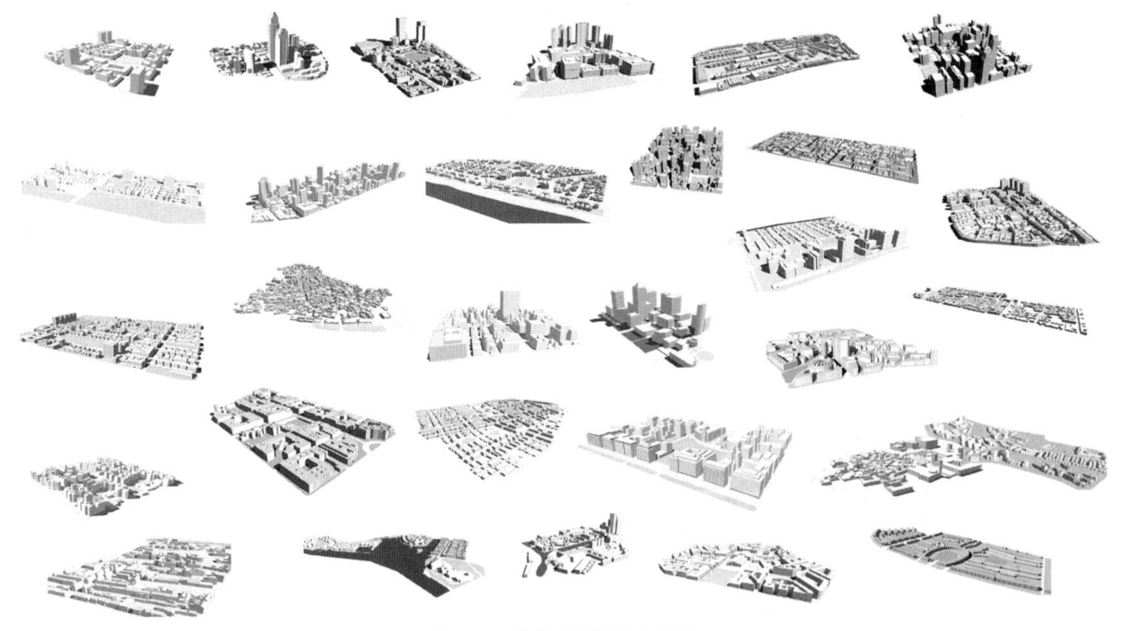

图 1　三维街区模型案例库
资料来源：作者自绘

教学理念融入课堂，面向城乡规划学及环境科学专业的四年级本科生开课，采用“4+2”的分组方式完成基于真实项目的专题式研究，由两个专业的教师联合授课，有效培养了学生运用多学科专业知识与技能解决城市生态环境问题的能力（图 2）。

（2）借助虚拟现实技术开展课堂教学

虚拟现实技术能为学生创造身临其境的沉浸式学习体验，培养空间感知和创新思维。XR（Extended Reality）是泛指虚拟现实（VR）、增强现实（AR）、混合现实（MR）等一系列新兴交互技术的总称。VR 技术可以为学生营造沉浸式的虚拟环境，如将学生带入复杂的城市交通系统、建筑内部空间等，直观感受空间形态。AR 技术将虚拟信息与现实场景实时叠加，拓展了现实世界的呈现。如学生可通过 AR 可视化技术，在实景建筑图纸或场地上叠加 BIM 模型、辅助标注等信息，获得身临其境式的学习体验。MR 技术集虚实场景于一体，通过全息影像在现实环境中投射虚实融合对象，如学生在校园内可查看全景投影的三维校园场景模型，基于 MR 设备与虚拟模型进行互动式操作学习。

天津大学建筑学院生态城市设计与低碳城镇规划研究团队于 2019 年开发城市拼贴与城市设计虚拟仿真实验平台（图 3），并应用于“城市设计概论”“城市设计”课堂教学。学生利用 VR、MR 技术在虚拟场景中完成城市形态解构、空间拼贴、方案互评等教学环节（图 4），该平台极大地增强了学习的直观性与趣味性，助力学生理解城市形态的生成机理，提升对城市空间的把控能力。同时，天津大学建成环境虚拟现实实验室，VRLab 团队开发明清建筑数字孪生模型，通过 VR 展示技术，可以让学生在虚拟世界中无障碍游览观察古建筑细节，领悟其空间构造之美（图 5）。

3.3 教学考核

与传统单一考试方式不同，数智技术相关课程的考核评价应更侧重于过程管理和综合运用能力的考核。可

图 2　项目式教学成果及多学科教师联合授课

资料来源：作者自绘

图 3　城市拼贴与城市设计虚拟仿真平台截图

资料来源：作者自绘

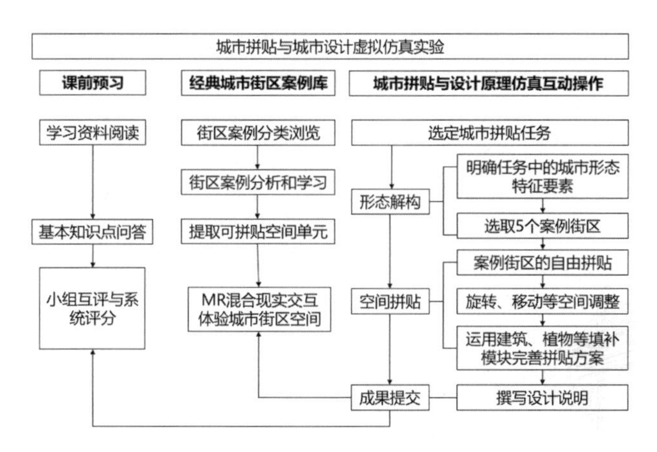

图 4　城市拼贴与城市设计虚拟仿真实验平台教学流程图

资料来源：作者自绘

图 5　天津大学建筑学院 XR 技术互动展示图
资料来源：作者自绘

采用过程性评价与终结性评价相结合的方式，降低期末考核的比例权重，将学生的课堂表现、作业完成情况、项目实训表现等纳入考核范畴，对知识、能力、素养展开全面评价。

4　总结与展望

在数智技术快速发展的新时代背景下，城乡规划本科教育应当与时俱进，将人工智能、大数据、虚拟现实等技术融入教学实践。本文从城市建设和城市运营两方面系统梳理了数智技术在城乡规划领域的具体应用，阐述了数智技术下城乡规划人才培养的新要求，包括算法思维训练、技术工具使用和人文素养提升，进而基于课程设置与理论教学、教学方式与模式、教学考核三方面探讨了城乡规划本科生教学新趋势，旨在培养具备数智能力的高素质复合型规划人才。

参考文献

［1］陈宏胜，蔡一丹，李云 . 基于学生视角的人工智能对城乡规划专业教学影响研究 [J]. 高教学刊，2023，9（36）：1-6.

［2］陈宏胜，蔡一丹，李云 . 基于学生视角的人工智能对城乡规划专业教学影响研究 [J]. 高教学刊，2023，9（36）：1-6.

［3］杨俊宴，朱骁 . 人工智能城市设计在街区尺度的逐级交互式设计模式探索 [J]. 国际城市规划，2021，36（2）：7-15.

［4］甘惟，吴志强，王元楷，等 .AIGC 辅助城市设计的理论模型建构 [J]. 城市规划学刊，2023（2）：12-18.

［5］秦萧，甄峰 . 基于要素流动的城镇建设用地配置方法框架探讨 [J]. 自然资源学报，2022，37（11）：2774-2788.

［6］JIALV H，XIA L，YAO Y，et al. Mining transition rules of cellular automata for simulating urban expansion by using the deep learning techniques[J]. International Journal of Geographical Information Science，2018：1-22.

［7］VRIES W T D. Machine learning algorithms for urban land use planning：a review[J]. Urban Science，2021，5.

［8］王岳颐，高栩，李煜，等 . 人工智能在多尺度城市空间设计中的应用与展望 [J]. 城市发展研究，2023，30（7）：27-34.

［9］曾祥珂，蒋伟明 .VR 在城市设计中的应用初探 [J]. 智能城市，2018，4（23）：13-14.

［10］Masoumi H，Shirowzhan S，Eskandarpour P. et al. City digital twins：Their maturity level and differentiation from 3D city models[J]. Big Earth Data，2023，7：1-36.

［11］沈振江，雷振汉，林心怡 . 城市规划公众参与环节中 VR could 技术应用可行性分析——以日本东京涩谷区涩谷站人行天桥建设项目为例 [J]. 现代城市研究，2016（11）：10-19.

［12］林文棋，蔡玉蘅，李栋，等 . 从城市体检到动态监测——以上海城市体征监测为例 [J]. 上海城市规划，2019（3）：23-29.

［13］季珏，汪科，王梓豪，等 . 赋能智慧城市建设的城市信息模型（CIM）的内涵及关键技术探究 [J]. 城市发展研究，2021，28（3）：65-69.

［14］李德仁，姚远，邵振峰 . 智慧城市的概念、支撑技术及应用 [J]. 工程研究—跨学科视野中的工程，2012，4（4）：313-323.

［15］Jindal A，Aujla G，Kumar N，et al. DRUMS：Demand

Response Management in a Smart City Using Deep Learning and SVR[J]. 2018 IEEE Global Communications Conference（GLOBECOM），2018：1-6.
[16] 刘吉祥．城市规划设计教育拥抱城市计算——以麻省理工学院和香港大学教育创新为例 [C]// 全国高等学校建筑类专业教学指导委员会，建筑学专业教学指导分委员会，建筑数字技术教学工作委员会．数智赋能：2022 全国建筑院系建筑数字技术教学与研究学术研讨会论文集．武汉：华中科技大学出版社，2022：4.
[17] 李美妮．多源数据融合的三维建模在数字城市建设中的应用 [J]. 智慧中国，2023（1）：74-75.
[18] 郑丽萍，李光耀，沙静．城市仿真技术概述 [J]. 系统仿真学报，2007（12）：2860-2863.
[19] 李翔，吴志强．国际主流规划教育价值体系的核心目标认同及其启示 [J]. 规划师，2024，40（1）：156-160.
[20] 单卓然，李鸿飞．人工智能影响下城乡规划机构、技术与职业新态势及应对策略 [J]. 规划师，2018，34（11）：20-25.

Cultivation and Teaching Practice of Urban and Rural Planning Talents in the Age of Digital Intelligence

Liu Jia　Chen Tian　Hou Xin

Abstract: The development of digital intelligence technology provides urban and rural planners with powerful scientific and technological support and innovative power, and urban and rural planning education must also keep up with the times. Firstly, the specific application of digital intelligence technology in the field of urban and rural planning is systematically sorted out from the two aspects of urban construction and urban management, secondly, the new requirements of training urban and rural planning talents under digital intelligence technology are elaborated, including training algorithmic thinking, using technological tools and improving humanistic literacy, and then the new trend of urban and rural planning undergraduate teaching is explored on the basis of curriculum and theoretical teaching, teaching methods and modes, and teaching evaluation. It aims to cultivate high-quality complex planning talents with mathematical and intellectual abilities.

Keywords: Talent Training, Teaching Reform, Digital Intelligence Technology

“数智为基、交叉为本、弹性为要”的“五改四”城乡规划专业培养方案改革

刘代云　胡星宇　蔡　军

摘　要：随着大数据、云计算、互联网及人工智能技术的飞速发展，人类社会迈入数智化时代。ChatGPT、Sora 等人工智能语言大模型与文本生成视频大模型的推出与迭代，会深层次影响未来教育；与之相应，数智时代的工程技术与产业快速变革，赋予工程教育新内涵，教育部由此提出“新工科”计划，以新技术、新产业、新业态和新模式为引导，更新升级传统工科专业；此外，伴随城镇化加速放缓及生态文明建设不断深入，我国城市建设由增量拓展逐步转向存量优化，聚焦国土空间全要素的理性评价与科学导控及渐进、小尺度、注重生态、强调整体协调的城市微更新；在上述背景下，城乡规划专业人才培养目标、培养模式、培养方案亟须进行调整与优化。由此，课题以“五改四”城乡规划专业的培养方案为研究对象，首先，从数智化时代的深远影响、新工科教育的发展诉求及由增转存的建设新形势三方面阐述教学改革的动因，然后，将注重数理基础、强调多元交叉、倡导弹性定制三原则作为教学改革的逻辑支撑，在此基础上，以培养目标、课程体系及教学机制三要素优化作为教学改革的核心内容，以期通过教学改革为城乡规划专业的可持续发展提供有益探求。

关键词：数智化；新工科；存量优化；培养方案；课程体系；教学机制

近年来，受内外多元因素的综合影响，城市房地产市场萎靡，高等教育的供需双方对城乡规划专业的认知发生转变，一方面用人单位项目缩减、人才需求减少，甚至尚需裁撤既有员工，方能维持运营；另一方面学生及家长面对处于下沉时期的城市建设市场，不愿承担过高的机会成本，在高考志愿填报时不再将城乡规划专业作为热门选择。“进出两端”的双向紧缩，造成高校城乡规划专业招生与就业经历了“过山车”式的变化，引发城乡规划教育“危机”。在此态势下，城乡规划专业亟须“于危”之中寻求“机遇”，由此，课题以“五改四”城乡规划专业的培养方案为研究对象。首先，从数智化时代的深远影响、新工科教育的发展诉求及由增转存的建设新形势三方面阐述教学改革的动因。然后，将注重数理基础、强调多元交叉、倡导弹性定制三原则作为教学改革的逻辑支撑，在此基础上，以培养目标、课程体系及教学机制三要素优化作为教学改革的核心内容，以期通过教学改革（教改）为城乡规划专业的可持续发展提供有益探求。

1　教学改革的动因

1.1　数智化时代的深度影响

随着大数据、云计算、互联网及人工智能技术的飞速发展，人类社会迈入数智化时代。ChatGPT、Sora 等人工智能语言大模型与文本生成视频大模型的推出与迭代，会深层次影响未来教育。数智化时代的高等教育呈现出：学习内容跨科综合、教育手段方便智能、学习资源丰富多样、人机交互高效便捷等特征。数智化时代的高校教学体现出“以学生为中心”的思想，无论是教育理念，还是教学方法，都以促进学生发展为目标[1]。在此背景下，一则创新人才培养是高等教育的核心目标，培养学生独立思考、深度理解知识、能够运用知

刘代云：大连理工大学建筑与艺术学院副教授（通讯作者）
胡星宇：大连理工大学建筑与艺术学院在读硕士研究生
蔡　军：大连理工大学建筑与艺术学院教授

识解决复杂问题的创新能力；二则注重个性化学习，通过多元智能技术，使每一个学生获得适合自身发展的学习服务；三则注重深层思维培养，通过多元方式培养创造性思维、系统性思维、批判与认知思维、人本主义思维等。综上，为适应数智化时代高等教育的多元发展诉求，本课题拟对数智化时代城乡规划专业教育的培养目标、课程体系及教学机制进行改革与重塑，以促进城乡规划专业健康可持续发展。

1.2 新工科教育的发展诉求

自 18 世纪以来，世界先后经历了蒸汽技术、电力技术、信息技术三次工业革命。进入 21 世纪后，以工业一体化、智能化及互联网产业化为代表的第四次工业革命拉开序幕。新技术的发展与需求使工程教育面临着新的机遇与挑战，技术与产业变革趋势下的工程新业态，给工程人才培养带来新要求。由此，教育部提出“新工科”计划，以新技术、新产业、新业态和新模式为引导，统筹考虑新工科多元诉求，更新升级传统工科专业，培养新兴领域工程科技人才[2]。教育部组织相关高校积极推进“新工科”建设，逐步形成了“复旦共识”“天大行动”“北京指南”等纲领性文件，促进工程教育改革创新，主张回归高校工程教育的主体——实践[3]。

CDIO 工程教育理念是由美国麻省理工学院、瑞典查尔姆斯技术学院、瑞典皇家技术学院、瑞典林克平大学四所大学首创，旨在通过建立一体化的相互支撑和有机联系的课程体系，注重学生在构思（Conceive）、设计（Design）、实现（Implement）、运行（Operate）现实世界的系统和产品过程中来学习工程理论和加强工程实践，让学生以动态的、实践的方式学习工程，培养学生的专业技术知识、个人能力、职业能力、团队工作和交流能力等，强调从科学认知导向的课程向工程实践导向的课程转变，从工程的设计、建造环节向产品完整生命周期的双向延展[4]。

综上，无论是新工科还是 CDIO 模式，都注重工程实践教育，强调学生工程思维与实践能力的培养。聚焦工程实践是新工科教育的核心理念，通过以问题为中心、能融合理论教学和研究型教学的新型实践性课程，培养学生的多元实践能力。在此理念指导下，课题以实践性强的规划专业设计课程为研究对象，探求利于新态势下规划专业学生实践思维与能力培养的课程体系与教学机制。

1.3 由增转存的建设新形势

2023 年末，我国城镇化率达 66.16%，相比上年末提高了 0.94 个百分点[5]。除去受疫情影响的 2000—2022 年三年，是自 2000 年城市化快速发展至今，城镇化年度增速首次小于 1 个百分点，城镇化增速减缓。加之受内外多元因素的综合影响，过往依托土地财政形成的“高杠杆、高地价、高房价、高速度”模式受到冲击，城市房地产市场拓展缓慢。在此背景下，高等教育的供需双方对城乡规划专业的认知发生转变，在供需两端由高峰时期的“热门”迅即转变为“冷门”，尤其是对招生排名要求较高的双一流高校，城乡规划专业的“冷度”更为显著。由此，城乡规划专业宜顺应时代发展，降低学生选择攻读本专业的机会成本，将五年制获工学学士学位的既有城乡规划专业调整为四年制亦获工学学士学位的新的城乡规划专业。

经过四十多年的高速发展，我国已处于城市化中期快速发展阶段的末端，城市建设正由高速的增量拓展转向渐进的存量优化，更为关注既有环境修复与更新。其实践的转变体现为：由注重空间增长到注重空间发展、由注重秩序建构到注重绩效引导、由注重大尺度空间生产到注重小尺度空间织补、由注重理想蓝图到注重产权制约、由注重宏大叙事到注重日常生活、由注重“自上而下”的规划管控到注重“自下而上”的弹性引导。强调建成环境的整体效用，注重以社区为单元细胞的空间品质提升和场所活力营造。此外，自 2017 年至今，国土空间规划体系得以不断完善，注重生态本底基础上全域全要素的导控，亦需既有的城乡规划专业进行持续的变革。综上，在此新形势下，课题以“五改四”城乡规划专业的培养方案为研究对象，在阐明教改逻辑的基础上，调整与优化城乡规划专业的培养目标、课程体系及教学机制。

2 教学改革的逻辑

2.1 注重数理基础

对于学科生态而言：数理逻辑是诸多学科的理性基础，化学、物理学、工程学及计算机科学都无法脱离数学逻辑而独立存在。数理基础是技术创新的推动力，许多领域的进步都依赖于对数学原理的深入理解和应用。对于教学科研而言：数理基础是培养逻辑思维和分析能力的重要工具，数理基础扎实的学生通常具有较好的问题解决能力，能够高效解决未知或复杂的问题。数理基础也是科学研究的基石，无论是理论模型建构还是实验数据分析，其都是不可或缺的核心构成。对于规划自身而言：城市是复杂的巨系统，人与人、人与空间、空间与空间之间的关系多元而复杂。城市规划是基于有效认知城市的基础上，对城市空间的预先配置。如何认知、如何配置，需要融入日常生活的经验感知，亦需要抽离繁杂俗世的理性分析，尤其是对于利益群体多元、空间尺度宏大的总体规划而言，数理统计与分析是科学解析区域现状、准确把握核心问题、有效厘清要素关系、合理编制规划方案的理性基础。由此，此次培养计划调整应在大学一年级设置数理相关基础课程，学习前沿的大数据、人工智能等技术。设置基于气候适应、城市防噪减噪等物理环境模拟与分析课程。开设基于特定人群需求与行为特征的空间量化与分析课程，培养数据处理与分析能力，提升新技术的应用及创新技能。

2.2 强调多元交叉

交叉、融合、创新是高校教育教学与科学研究的重要路径，对于国土空间规划体系下的城乡规划教育而言，其培养方案应体现如下四方面的交叉。城乡规划与其他学科交叉：对于复杂城乡环境而言，任一学科都不可能厘清与把控其丰富内涵，城乡规划亦不例外，为有效配置城乡空间资源，需经济学、社会学、生态学、管理学、行为学、心理学等多学科的交叉与融合。由此，培养方案应激励学生通过线上线下多元方式主动学习交叉学科的相关知识，建构宽广的研究视域。理论研究与实践运作交叉：城乡规划是对城乡空间进行合理配置的实践应用型学科，一方面应熟练掌握城乡规划实践的技术工具、方法手段、运行机制等关键内容，另一方面宜深刻认知城乡规划实践背后的经济学、社会学、哲学、地理学及城乡规划学的理性逻辑、知识图谱等内容，以理论指导引领实践，从实践中整合凝练理论。理性认知与设计创作交叉：城乡规划既是理性认知与建构，亦需感性创作与设计，当然，两者之间并非绝对的均等关系，伴随空间尺度的增大、利益群体的增多，规划中的理性成分会提升，如总体规划更注重空间资源的配置效率与公平，而较少关注具象的空间形态设计。但对存量背景下的城市更新而言，更适合小尺度、基于城市设计导控的微更新，设计创作是其核心的职能构成。理性与感性思维的培养需要不同路径，虽然设计创作能力的提升需要一定天赋，但未来的设计创作应是建构在理性认知基础上的高阶设计，由此，培养方案拟在一年级设置相关数理基础课程，以提升设计的科学性与实效性。计划管理与市场经营交叉：城乡规划主体是“自上而下”的计划管控，但亦需考量“自下而上”的市场经营，一则由于城乡空间具有外部性，为保障一定范畴内的空间公平与效率，需要作为第三方的城乡规划的计划管控，尤其是涉及生态本底、公共利益的关键要素及重点区域的城市设计，严格的计划管控与传导是其核心内容。二则城乡规划的实施需要市场介入与运营，成本约束、利益获取是其关键价值。由此，城乡规划的人才培养既需要行政管理的相关知识，亦需要市场运营的相关技能。

2.3 倡导弹性定制

数智化时代的高校教学体现出“以学生为中心”的思想，注重个性化学习，目标在于使每一个学生获得适合自身发展的学习服务。以此为指导，本教改拟对学生试行培养方案在一定框架基础上的弹性定制。依据知识体系的不同，城乡规划培养方案内含认知城市的数理分析模块、规划城市的规划编制模块、设计城市的设计创作模块。管理城市的行政审批模块、经营城市的市场运营模块，其中认知城市的数理分析模块为基础，拟在一年级设置大数据、人工智能、数理统计的相关课程，让学生打下坚实的逻辑分析基础；规划城市的规划编制模块为主体模块，贯穿二到四年级的全过程，上述两个模块为基础框架，即所有规划学生必修两个模块的全部课程内容。在此基础上，根据自己的兴趣、理想与职业规划可选修设计城市、管理城市与经营城市模块的相关课程与内容，建构适合自身的个性化培养方案。当然，即使以某一模块为主体，其他两个模块的内容并不是完全不修，培养方案会拟定少量的核心课程作为必修的“框架课程”，让学生在一定的共同基础之上，追逐自身的个性发展。

3　教学改革的内容

3.1　培养目标修订

现行培养方案的核心目标为培养具备城乡规划学科宽厚知识基础与扎实专业技能，具有在城乡规划、城市设计、景观规划、房地产开发等行业和领域从事规划设计与研究的复合人才。受数智化时代的深度影响，在由增转存的建设新形势下，响应新工科教育的发展诉求，以注重数理基础、强调多元交叉、倡导弹性定制为逻辑基础，将培养方案的人才培养目标由规划设计人才拓展为五类人才培养：认知城市层面的数据分析师，属科学家范畴，卓越培养目标为学术大师；规划城市层面的国空规划师，属工程师范畴，卓越培养目标为工程巨匠；设计城市层面的城市设计师，属工程师范畴，卓越培养目标为工程巨匠；管理城市层面的城市管理者，属政治家范畴，卓越培养目标为治国栋梁；经营城市层面的城市建造者，属企业家范畴，卓越培养目标为业界领袖（图1）。

3.2　课程体系调整

课程体系调整主要体现在学分、时间、内容三个方面。学分方面：由5年200学分调整为4年160学分，减少40学分，包括三部分，一为取消144学时6学分的设计院实习，调整为利用假期进行实习。二为调整二年级的建筑设计课程，减少2个建筑设计课程。三为调整理论课程，精减课程数量与学时数，重新确定必修核心课程，将其他课程设定为选修课程，或将部分理论课程融入规划设计课程，以讲座或专题形式开展。时间层面：设计课，一年级为学域培养，教学计划由教务处统

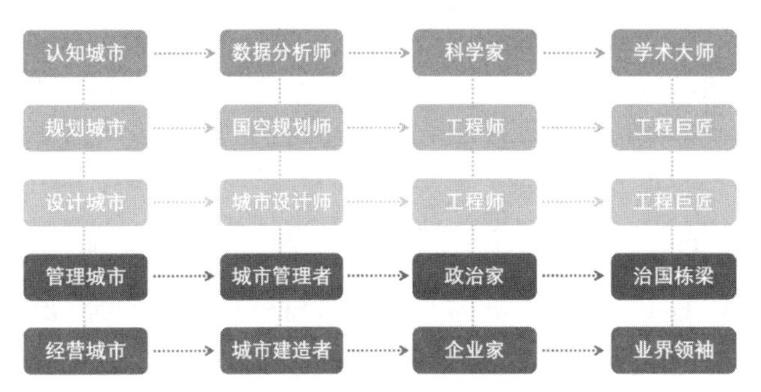

图1　规划人才培养目标示意图

资料来源：作者自绘

一提供，借鉴哈尔滨工业大学的相关经验，争取在一年级春季学期开设规划设计基础课，以培养学生基本的规划素养。二年级秋季学期设计课调整为社区公服设施规划与设计，以空间量化分析为基础，认知5、10、15分钟生活圈下公服设施的配置现状与问题，在综合调研的基础上，选取社区养老中心、幼儿园、公共活动中心等设施进行深入的建筑设计。二年级春季学期设计课调整为城市公服设施规划与设计，以空间量化分析为基础，认知城市、分区级公服设施的配置现状与问题，在综合调研的基础上，选取文化中心、商务中心、大学校园、商业中心等群体建筑进行详细规划设计。三年级秋季学期设计课调整为住区规划与设计，三年级春季学习调整为控详规划与城市设计。四年级秋季学期调整为乡村规划与总体规划，四年级春季学期调整为毕业设计。理论课，将规划理论课程进一步前置，根据与设计课程相协调的原则，主要专业课程安排在二、三年级，四年级上学期设置部分理论课。内容层面：增设人工智能、机器学习、统计学、MBA、MPA等方面的课程，以选修为主。激励教师结合数智化、新工科诉求及存量优化背景对既有课程进行改革与优化。聚焦规划新领域，如国土空间规划、乡村振兴规划等。聚焦规划新理念，如“双碳”目标、健康城市等。聚焦规划新技术，如智能规划、大数据分析等。进而建构强数理、重交叉、多模块、可定制的四年制城乡规划专业课程体系。

3.3　教学机制优化

教学机制优化主要体现在宏观与微观两层面。宏观层面：对外整合校、企、政多方面资源，与规划院所、政府等机构建立长效合作机制，“引进来、走出去”。一方面邀请他们的总师、总工、所长、职能部门领导，以讲座、联合指导设计等形式参与课堂教学，让他们带着丰富的实践经验走进课堂，以提升学生的实践素养。另一方面让学生以实习的方式参与他们工程实践，真题真做，以提升学生解决实际问题的能力。此外，依托国家乡村振兴的相关政策、住房和城乡建设部推广的社区规划师制度，规划师生与地方政府建立直接联系，签订教学实践基地，建构多方共赢的有效运作机制。对内邀请人工智能学院、公共管理学院、人文社会学院等部门的相关教师以授课或讲座形式参与教学，实现校内真正的学科交叉。微观层面：在教学

方式方面，实施基地现场教学、讲座及网上授课方式，一方面可增强学生的参与体验性，提升学生的学习积极性，另一方面可利用网络通信的便利条件，开拓学生的视野，了解学校之间及国内外的相关研究趋势及先进成果。在教学过程中设置更多的交流讨论环节，增加集体评图数量，针对课程进行过程中出现的共性问题开展针对性讲座，切实为学生答疑解惑。

参考文献

[1] 陈明选，周亮．数智化时代的深度学习：从浅层记忆走向深度理解 [J]. 华东师范大学学报（教育科学版），2023（8）：53–61.

[2] 周珂，赵志毅，李 虹．“学科交叉、产教融合”工程能力培养模式探索 [J]. 高等工程教育研究，2019（3）：33–38.

[3] 仝月荣，陈江平，李翠超．面向新工科的实践教育体系构建——以上海交通大学学生创新中心为例 [J]，2020（1）：56–61.

[4] 胡天助 .STEAM 及其对新工科建设的启示 [J]. 高等工程教育研究，2018（1）：118–124.

[5] https：//www.stats.gov.cn/sj/zxfb/202402/t20240228_1947915.html.

Reform of the “Five to Four” Training Program for Urban and Rural Planning with “Digital Intelligence is the Foundation，Cross-based， and Flexibility is Essential”

Liu Daiyun　Hu Xingyu　Cai Jun

Abstract：With the rapid development of big data，cloud computing，the Internet，and artificial intelligence technologies，human society has entered the era of digital intelligence.The launch and iteration of artificial intelligence language models such as Chatgpt and Sora and text generation video models will have a profound impact on the future of education. Correspondingly，the rapid changes in engineering technology and industry in the era of digital intelligence have given new connotations to engineering education，and the Ministry of Education has proposed the “New Engineering” plan to update and upgrade traditional engineering majors under the guidance of new technologies，new industries，new formats and new models.In addition，with the acceleration of urbanization and the deepening of ecological civilization construction，China’s urban construction has gradually shifted from incremental expansion to stock optimization，focusing on the rational evaluation and scientific guidance and control of all elements of land space，and gradual，small-scale，ecological，and overall coordinated urban micro-renewal. In the above context，the training objectives，training modes and training programs of urban and rural planning professionals need to be adjusted and optimized urgently.Therefore，the research object of the project is the training plan for the “Five Improvements and Four” urban and rural planning major. Firstly，the reasons for teaching reform are elaborated from three aspects：the profound impact of the digital era，the development demands of new engineering education，and the new situation of building from growth to savings. Then，the three principles of emphasizing mathematical foundations，emphasizing diversity and cross cutting，and advocating flexible customization are used as the logical support for teaching reform. Based on this，the core content of teaching reform is to optimize the training objectives，curriculum system，and teaching mechanism，in order to provide useful exploration for the sustainable development of urban and rural planning majors through educational reform.

Keywords：Digitalization，New Engineering，Stock Optimization，Training Plan，Curriculum System，Teaching Mechanism

国土空间规划产学研协同育人模式研究

韩　青　杨瀚霆　孙宝娣

摘　要： 基于现阶段国土空间规划体系改革趋势及对业界人才需求、高校学科体系的影响，文章深入研判国土空间规划人才需求趋势及产学研协同育人发展方向，分析目前国土空间规划产学研协同育人存在：①专兼职教师考核和评价机制有待创新；②企业、科研机构与高校缺乏人才培养契合利益点；③国土空间治理复合型人才培养有待加强等问题。结合青岛理工大学城乡规划专业教学实践，本研究提出国土空间规划产学研协同育人模式，该模式以培养应用型国土空间规划人才为出发点，全过程把控学生质量，以学生培养为桥梁，畅通校企联系，升级规划理论教育和科研培养体系，重构规划实践教育体系，实现项目、教学和科研互促共进，共育新时期国土空间规划人才。

关键词： 产学研协同；国土空间规划；人才培养

为解决规划类型过多和内容重叠冲突等问题，中共中央、国务院于 2019 年 5 月对国土空间规划做出重大部署，要求建立国土空间规划体系 [1]。此后，2020 年 1 月，教育部发布《教育部产学合作协同育人项目管理办法》，从平台构建、社会支持和项目制管理方法等方面对产学合作协同育人提出新要求 [2]。国土空间规划具备极强的社会实践导向，最主要的思维方式建立在“实践思维”基础上，是以在现实场景中解决问题为导向的综合性思维 [3]。面向国土空间规划转型与国家治理体系现代化，城乡规划人才培养呈现新趋势，国土空间规划人才不仅要掌握传统规划设计的基本方法，还需通过实践及时吸纳新知识，而产学研协同教学模式对于培育学生实践能力和创新精神作用显著。

产学研协同是企业、高校和科研机构有机结合，以人才就业为导向发挥各方优势、整合优势资源，培养出适合行业和企业需要的应用型人才的教育模式。随着国土空间规划改革逐步推进，我国学者对于产学研协同培育国土空间规划人才模式开展了广泛的讨论 [4，5]。杨贵庆提出面向空间规划转型应塑造以能力结构为重点、突出协同创新能力培育、提升实践能力的教育体系的观点，强调参与式、互动式和渐进式三类规划实践教育对人才培养的作用 [6]。范晨璟等从农林类院校规划专业培养的视角讨论以“规划—地信—生态”课程群为核心的跨学科、综合性规划人才培养模式 [7]。贝裕文等以产学研结合与协同创新的基本内涵分析为起点，从职能作用、理论依据、组织主体、参与方和聚焦问题等方面剖析两者的共同点 [8]。郑皓等结合苏州科技大学城乡规划专业教学实践，从校内、校外协同等方面进行“政产学研”协同育人平台建设模式和运行机制的研究 [9]。王勇从功能定位、服务环境和参与主体三个方面，探讨基于需求转向的“产学研”联合培养基地内涵建构 [10]。本文深入研判国土空间规划产学研协同育人发展趋势及现存问题，结合青岛理工大学城乡规划专业教学实践，提出建构以全过程质量把控为核心的产学研协同培育国土空间规划人才模式。

1　国土空间规划产学研协同育人新趋势

城乡规划作为复合型学科在国家国土空间规划转型过程中发挥重大作用，在国土空间规划产学研协同育人上呈现两大新趋势：一是规划学科教育面扩大，规划教育体系既坚守传统城乡规划学科基础和优势，也在寻求面向空间治理现代化的新学科支撑，实现从城乡规划人

韩　青：青岛理工大学建筑与城乡规划学院教授（通讯作者）
杨瀚霆：青岛理工大学建筑与城乡规划学院硕士研究生
孙宝娣：青岛理工大学建筑与城乡规划学院副教授

才培养向国土空间规划人才培养转变；二是随着数字强国和人才强国战略的持续推进，各类新技术在教育领域得到了广泛应用，产学研三方的合作持续加深。

1.1 国土空间规划学科扩大教育面

国土空间规划体系作为一个国家政治、经济、社会、文化和法律特征的特殊体现，是规范国土和区域开发、落实城市管理的重要手段和空间机制，也是指导国土空间布局、保障空间治理机制有效运行的必然要求[11]。从城乡规划到国土空间规划，在保留规划学科专业性的基础上，国土空间规划愈加强调知识的广度，业界愈加需要具备“综合＋专业”双重能力的从业者。因此亟须构建适合目前学科特征的“专才＋通才”的新型知识体系，培育新型国土空间规划人才，适应当前国土空间规划新形势和满足未来国土空间规划行业发展的人才需要。

1.2 产学研协同育人深度融合

随着科学技术发展，产学研协同育人发展呈现深度融合的趋势。互联网、大数据等新技术在教育领域的应用日益广泛，目前各高校已普及如智慧树、中国大学MOOC和学堂在线等线上教育平台和教学模式，教学不再局限于线下的教室空间，学生获取学习资源的门槛大大降低。此外，在过去的产学研合作往往空有“联合培养基地”之名，随着企业、高校及科研机构的产学研合作融合持续加深，合作项目增多，企业和科研院所将深度参与高校人才培养方案制定和学科建设。

2 国土空间规划产学研协同存在的问题分析

目前国土空间规划产学研协同存在缺乏专兼职教师合适的考核和评价机制、校企之间缺乏人才培养的利益契合点以及国土空间规划专业理论教学与业界需求脱节，复合型人才培养成效不佳等问题。

2.1 专兼职教师考核和评价机制有待创新

教师评价及评聘制度在高等教育中起着至关重要的作用，不仅关系到教师的个人发展，更直接影响到教学质量和科研水平。然而，现行的评价及评聘制度过于注重科研成果的数量与质量，以及教学工作量等显性指标，而对于教师的实习指导、学生参与课题研究等隐性工作缺乏足够的重视[12]。这种制度导向使得许多教师不得不将主要精力投入到科研工作中，以追求更高的评价和晋升机会，而对于实习指导和课题研究等工作的投入则相对较少。由于高校对于兼职教师的待遇和认可程度相对较低，同时缺乏有效的激励机制，使得许多兼职教师不愿意来高校任教，影响了实习指导和课题研究等工作开展。

2.2 人才培养利益契合点有待发掘

长期以来，众多企业在人力资源的利用上，倾向于“无偿”利用人才和直接从高校招聘现成的专业人才[13]。对于企业而言，接纳本科生实习或投入资源用于实习生培养，不仅可能扰乱其正常的生产秩序，还需要额外投入人力、物力和财力资源，这无疑增加了企业的运营成本。不少企业热衷于与大学建立科技研发与应用合作关系，以求通过技术合作与创新来推动企业的技术进步和产业升级。然而，在合作培养本科人才方面，这些企业往往显得缺乏热情，空有联合培养基地之名，却无人才培养之实。

2.3 国土空间治理复合型人才培养有待加强

随着国土空间治理日益复杂化和全面化，当前分支性专业课程体系已难以适应全区域、全要素与全过程的治理需求。国土空间治理对象从局部单要素向全域全要素，涵盖自然资源、生态文化、社会经济和文化传承等多方面，这就需要形成一个跨学科的综合课程体系[14]。此外，国土空间精细化治理对于专业课程提出更高的实践性要求，学生需在校了解并初步掌握国土空间规划体检评估、监测优化等实际操作技能。

在综合性国土空间规划体系与规划实施的新要求下，如何有效整合教育资源、优化培养方案、提升师资队伍，如何以国土空间治理的理念、知识与能力为目标，培养具备多种业务处理能力的高层次人才，这两方面已成为目前国土空间规划人才培养亟待解决的问题。

3 构建产学研协同培育国土空间规划人才模式

依托本校城乡规划学科优势，打造产学研协同培育国土空间规划人才模式。以市场需求和规划转型为导向，以“在校生—实习生—毕业生”全流程的质量把控为核心，构建“专业导师 + 实践导师 + 创业导师”指导模式。在规划理论教育体系、规划学术培养体系和规划实践教学体系三个方面促进专业共建，培育符合市场需要的新时代国土空间规划人才（图 1）。

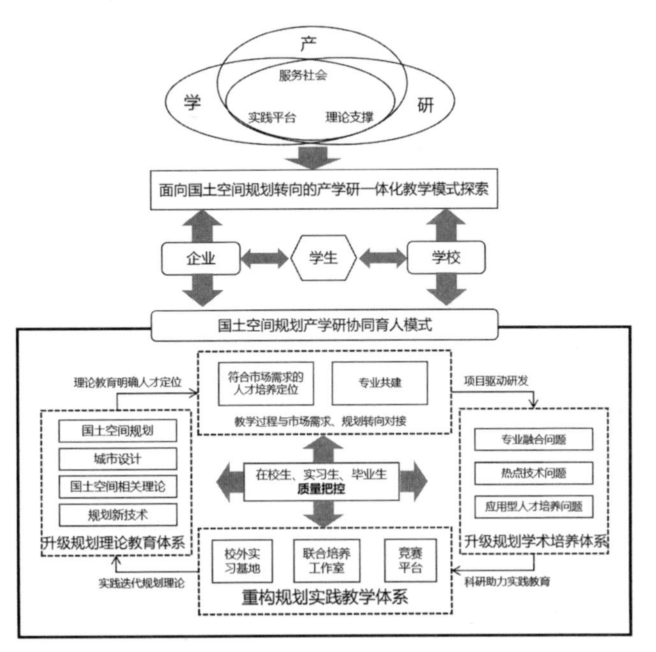

图 1　产学研一体化教学体系

资料来源：作者自绘

3.1　全过程质量把控

为确保人才培养的每个环节都达到既定目标，从教学、实习和就业等各个环节严格把关，确保学生的理论基础、实践能力和创新精神得到全面提升，针对不同主体进行信息跟踪并收集反馈意见，不断改进人才培养方案和教学方法（图 2）。教学是塑造学生能力和思维最为关键的一环。从培养计划、课程体系配置和创新训练计划等方面统筹协调，确保教学与实践相结合[15]。在课程设置和教学过程中充分考虑各类学科竞赛，如将国土空间规划技能大赛与城市总体规划教学结合（图 3），在导

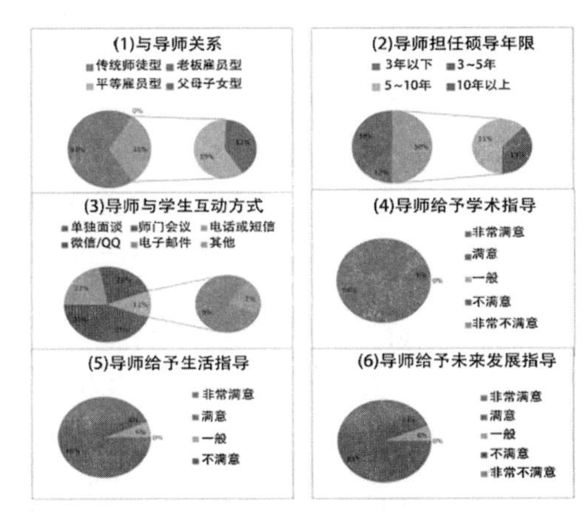

图 2　教学质量评估问卷分析

资料来源：作者自绘

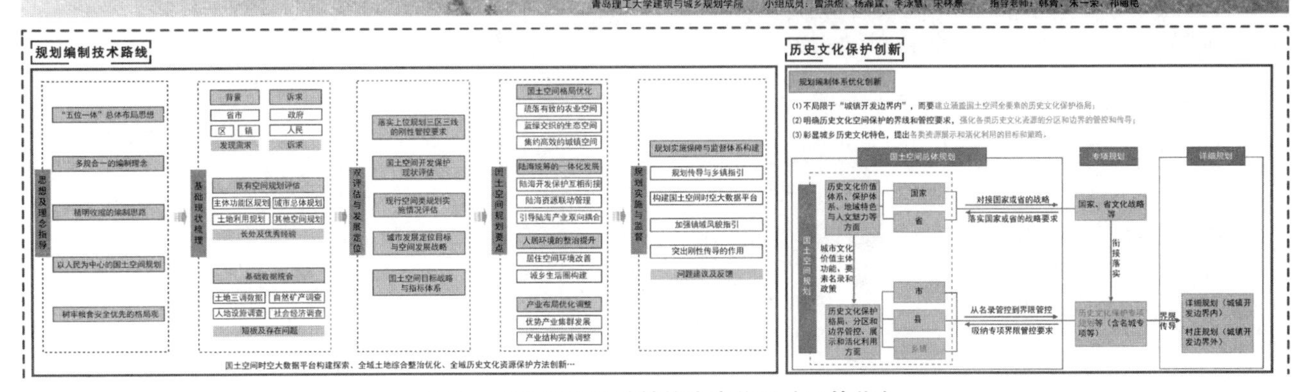

图 3　总规课程设计转换竞赛作品（二等奖）

资料来源：作者指导学生获奖作品

师的指导下将课程作业转化为竞赛作品。为确保教学质量，我校采取教学督导和作业抽检等方式定期对教学成果和学生作业进行评估，这不仅可以及时发现并解决教学中存在的问题，还有助于不断优化教学方法和策略，提高教学效果。在实习阶段，我校与设计院、设计事务所等单位建立合作关系并与校外导师定期对接，为学生安排有针对性、有益于成长的实习内容，确保实习期间学生学有所得。在毕业生参与工作后的一年里，辅导员以及就业指导老师定期了解学生情况，帮助毕业生快速适应职场环境，度过实习期。

3.2 校企互联专业共建

企业与学校之间的紧密合作是实现产学研协同发展的核心，对于国土空间规划教育而言，这种合作模式尤为重要。通过构建有效的合作机制，企业能够深度参与国土空间规划课程的制定和实施，为教学活动提供宝贵的行业经验和实际项目支持。企业以项目需求、人才需求为导向，为国土空间规划课程制定提供重要参考。企业代表参与课程规划，确保教学内容与行业发展趋势、市场需求紧密对接。这种合作模式有助于学校及时把握行业动态，调整教学内容和方向，使学生所学知识与实际应用更加契合。企业通过参与设计课调研、任务书制定等环节，通过“真题假做”的方式，为学生们提供尽可能真实的工作环境与流程。并邀请规划师和建筑师等参与设计作业点评，为学生提供行业视角和建议（图 4）。

3.3 规划理论教育体系升级

国土空间规划学科的链式知识架构包括多个层面，其中基础理论是整个知识架构的基石。基础理论包括规划学、地理学、经济学和生态学等多学科的理论知识，通过系统学习和掌握这些基础理论，规划师能够更好地理解国土空间规划的内在逻辑和规律，为制定科学合理的规划方案奠定基础。为适应国家重大战略部署及国内城乡规划学科前沿发展动态，结合我校地处我国东部沿海的历史文化名城、园林城市等地域特色，依托五级三类规划内容，建构“一主、两翼、四方向”的多维国土空间规划课程、教学体系，包括：

①一主——以城乡规划设计为主干核心课程群；

②两翼——城乡与区域规划、技术与实践；

③四方向——滨海城市规划与设计、历史街区保护与更新、乡村规划与设计、国土空间规划与设计。

此外，城乡规划原理作为核心主干课程，当前的教学材料已不适应新时期国土空间规划人才的培养，我校结合设计院最新规划类项目、科研机构前沿研究课题，形成了国土空间规划原理教学课程体系（表 1），在国土空间规划的持续推进过程中，教案将不断更新和拓展，紧跟行业发展趋势。

图 4　校企合作课堂实施

资料来源：作者自摄

规划课程教案　　表1

序号	授课内容	序号	授课内容
1	国土空间总体规划编制思路	9	城市用地结构与布局
2	国土空间总体规划调研流程及方法	10	道路交通与物流运输系统布局
3	国土空间总体规划用地、用海分类	11	城市基础设施体系与城市安全韧性
4	国土空间总体规划双评价与双评估	12	城市设计与更新
5	主体功能区管控与发展思路	13	生态修复与改善方法
6	三区三线管控与发展思路	14	土地整治与提升方法
7	城市职能、性质和规模确定方法	15	国土空间规划实施保障
8	城市空间结构、功能分区、形态研究	16	国土空间规划“一张图”建设

资料来源：作者自绘

3.4　规划科研培养体系升级

高校是国家知识创新体系的重要组成部分，发挥着知识创新、技术创新及知识传播的重要功能。高校也是创新人才培养的高地，在培养和造就拔尖高层次人才中发挥着重要作用，为产学研用合作创新提供了人才保障。为提升科研、学术氛围，我校建筑与城乡规划学院开展“筑之韵”和“X–talk”两类学术系列讲座。“筑之韵”主要邀请各高校资深学者进行学术成果、科研方法分享，“X–talk”主要邀请设计院的工程师及学院内优秀毕业生进行技术分享与经验座谈。此外，我校鼓励学生参与国内外学术交流提升科研能力水平，如“参观规划展览馆”“Future Talent 未来才俊赴日联合培养项目”等（图 5）。

依托科研创新平台（图 6），在开展课题研究过程中，课题组招募学生参与并协助导师共同完成课题。针对不同年级和能力的学生，差异化分配任务，低年级学生可参与调研和资料收集等工作，掌握 ArcGIS、SPSS 等分析工具的高年纪学生可承担一定的数据分析和文本撰写工作。学生在研究过程中了解和掌握科研方法，培养科研兴趣，提高实践能力和创新精神。

图 5　国内外学术交流活动

资料来源：青岛理工大学建筑与城乡规划学院学术活动

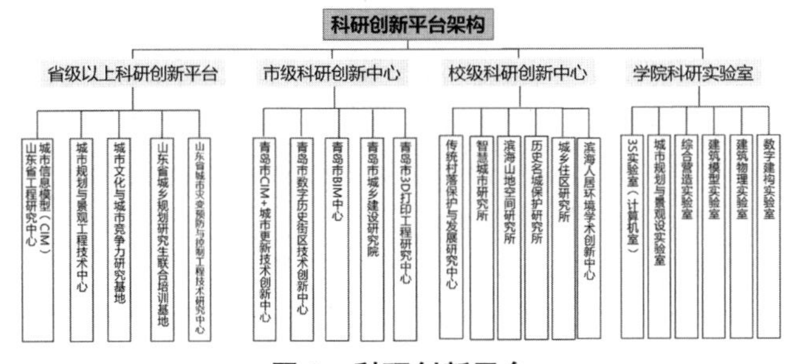

图 6　科研创新平台

资料来源：作者自绘

3.5　规划实践教育体系重构

建构“竞赛平台—联合培养工作室—校外实习”多段式实践培养体系，提升学生规划设计能力。

竞赛平台是培育学生实践能力的第一步，我校鼓励学生参与“挑战杯”、WUPEN city 城市设计竞赛、“未来规划师”全国大学生国土空间规划设计竞赛、国土空间规划技能大赛等（图 7）。竞赛相较于设计类课程有以下两方面的优势：一是为学生提供展现能力的机会；二是可与其他院校学生同台竞技，学生可将所学的理论知识解决实际问题，激发创新思维，培养团队协作能力。联合培养工作室是实践培养的重要环节，是“知识复合”和“能力复合”综合培养实践能力中间载体，学生在校内和校外导师共同指导下参与实际项目的研究和设计，可视作正式进入职场的“预实习”。联合培养工作室还为学生提供跨学科的学习机会，促进学科间的交流和融合，有助于学生认清自身发展方向。校外实习是实践培养的延伸和拓展，通过校外实习，学生可以将所学知识运用到实际工作中，深入了解企业的运作模式和市场需求。多段式实践培养与理论教学有机结合是对规划学科的社会实践本质的有力践行。在这种教育模式下，学生将经历多个阶段的实践训练，从初步了解规划原理

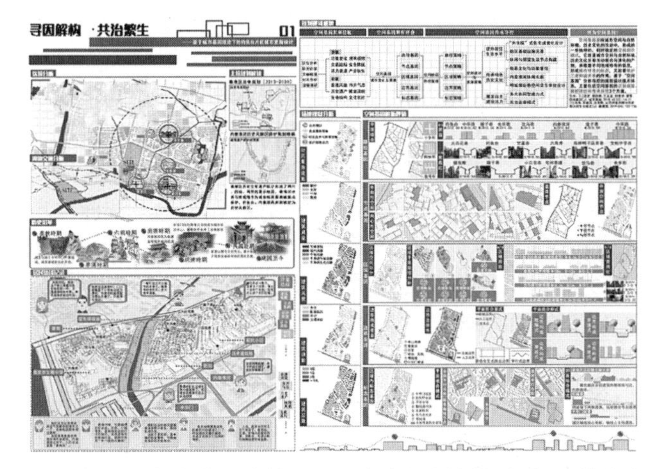

图 7　规划竞赛成果（第一届“未来规划师”竞赛 三等奖）

资料来源：作者指导学生获奖作品

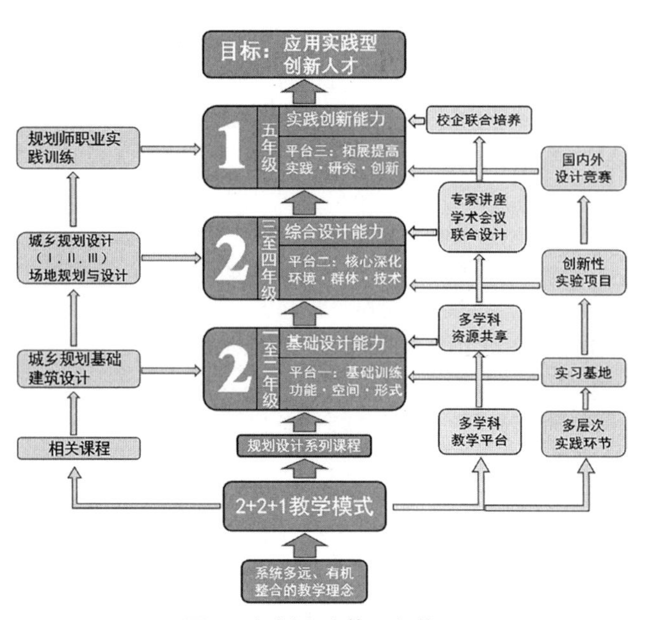

图 8　规划实践体系架构图

资料来源：青岛理工大学建筑与城乡规划学院城乡规划学科培养体系

和方法，到参与实际项目的设计和实施，再到独立承担规划任务，逐步积累实践经验。每个实践阶段都与理论教学紧密结合，使学生在实践中深化对理论知识的理解，同时能够用理论知识指导实践，提高实践效果。

4　产学研协同培育国土空间规划人才模式成效

基于产学研协同培育国土空间规划人才模式，我校建筑学院城乡规划人才培养初见成效。

在规划理论教育方面，本科课堂积极推进教学改革与建设。近三年获批国家级一流本科课程一项、省级一流本科课程三项，与企业及科研机构结合科研成果出版 15 部教材与专著；并联合研发的课程，包括“滨海城市规划实践”“青岛城市发展”“城市信息模型（CIM）理论与实践”“控制性详细规划专题”等。

在规划科研培养方面，我校鼓励学生参与联合设计工作营及学术会议等活动，我校连续 11 年与德国雷根斯堡工业大学、日本北九州市立大学等围绕城市空间营造开展联合设计工作营，累计参加学生 62 人次；组织大五学生参与北方规划联盟、乡村五校联合毕业设计联盟，形成联合毕业设计作品集并出版；组织学生参加中国城市规划年会、亚洲青年地理学家研讨会和滨海城市未来学术论坛等国内外重要学术会议二十余次。

在规划实践教育方面，我校与企业及科研机构进行广泛而深入的合作，实施科教产教融合联合培养专项计划，山东省联培项目累计惠及师生一千五百余人次。我校建立了由实践基地和联合培养基地共同组成的人才培养平台，与山东省城乡规划设计研究院和各市级规划设计研究院签署战略合作协议，每年定期向实践基地选送各年级学生七十余人次，近三年用人单位对毕业生满意度达 98% 以上。

5　结语

如何更好地服务当下的国土空间规划、响应规划行业日益变化的人才需求是值得思考的问题。国土空间规划人才教育需要紧跟甚至超前业界的人才技能需求，注重学生能力结构的建构，应以产学研协同模式为载体加强学生面向实际问题的解决能力和协同创新能力。本文从培育实践型人才目标出发，结合本校产学研协同育人成果和教师教学经验，针对目前产学研协同育人过程中存在的问题以及发展趋势，提出建构以全过程质量把控为核心的新型国土空间规划产学研协同育人模式，将其应用于青岛理工大学城乡规划学科教育中，培育出一批具备实践能力和创新能力、符合市场需求的国土空间规划人才。尽管规划行业在发生变化，但社会实践是规划学科的核心和“发现、分析并解决问题”是规划从业者的核心技能，这两点不会改变。规划师只有具备这两点能力，才能在行业变化和工作实践中体现出对于未来不确定性的规划创造力和职业成长力。

参考文献

［1］　中共中央，国务院. 关于建立国土空间规划体系并监督实施的若干意见 [EB/OL].（2019-05-23）[2024-05-08]https：//www.gov.cn/zhengce/2019-05/23/content_5394187.htm.

［2］　教育部办公厅. 关于印发《教育部产学合作协同育人项目管理办法》的通知 [EB/OL].（2020-01-14）[2024-05-08]http：//www.moe.gov.cn/srcsite/A08/s7056/202001/t20200120_416153.html.

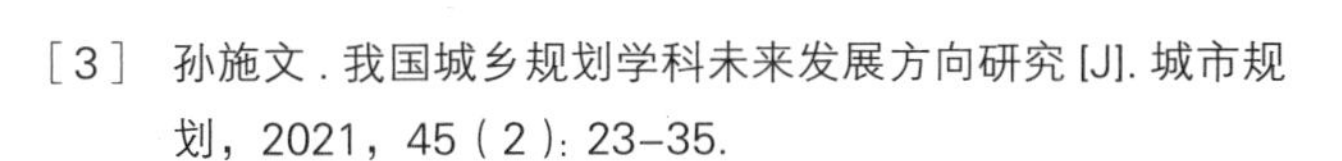

[3] 孙施文．我国城乡规划学科未来发展方向研究 [J]. 城市规划，2021，45（2）：23-35.

[4] 本刊编辑部．“空间规划体系改革背景下的学科发展”学术笔谈会 [J]. 城市规划学刊，2019（1）：1-11.

[5] 孙施文，石楠，吴唯佳，等．提升规划品质的规划教育 [J]. 城市规划，2019，43（3）：41-49.

[6] 杨贵庆．面向国土空间规划的未来规划师卓越实践能力培育 [J]. 规划师，2020，36（7）：10-15.

[7] 范晨璟，殷洁，李志明．空间治理变革背景下农林院校城乡规划专业“规划—地信—生态”课程群的教改探索 [J]. 高等农业教育，2021（4）：108-112.

[8] 贝裕文，田治威，李文彦．产学研结合与协同创新研究 [J]. 高等建筑教育，2014，23（4）：5-8.

[9] 郑皓，杨新海，王雨村，等．苏州科技大学城乡规划专业“政产学研”协同育人平台建设研究 [J]. 建筑与文化，2022（6）：88-89.

[10] 王勇．基于需求导向的研究生“产学研”联合培养基地建设研究 [J]. 高等建筑教育，2019，28（5）：55-60.

[11] 黄贤金．构建新时代国土空间规划学科体系 [J]. 中国土地科学，2020，34（12）：105-110.

[12] 邹寄燕，崔联合．美、澳、英职业院校兼职教师考核评价机制比较研究 [J]. 职业教育研究，2020（8）：81-87.

[13] 郑阳，王海龙．新时代背景下高等院校校企合作人才培养模式的探索——以工程造价专业毕业设计为例 [J]. 高等建筑教育，2020，29（3）：68-76.

[14] 刘经南，刘耀林，刘殿锋，等．服务高质量发展的国土空间治理学科体系构建探讨 [J]. 武汉大学学报（信息科学版），2023，48（10）：1566-1573.

[15] 李伟，须莹，陈树海．基于大学生学习成效的教学质量保障与评估体系研究 [J]. 当代教育理论与实践，2020，12（2）：71-77.

Research on Industry-University-Research Collaborative Educational Model of Territorial Spatial Planning

Han Qing　Yang Hanting　Sun Baodi

Abstract: Based on the current stage of territorial spatial planning system reform trends, the industry demand for talent and the impact of the university discipline system, the article in-depth study of land spatial planning talent demand trends and the direction of the development of industry-university-research collaborative education, analyze the current land spatial planning industry-university-research collaborative education exists: ① full-time and part-time teachers assessment and evaluation mechanism needs to be innovated; ② enterprises, scientific research institutions and colleges and universities lack of talent cultivation to meet the interests of the points of view; ③ The cultivation of composite talents for homeland spatial governance needs to be strengthened and other problems. Combined with the teaching practice of urban and rural planning in Qingdao University of Technology, this study puts forward the model of collaborative education of industry-academia-research in land and space planning, which takes cultivating applied land and space planning talents as the starting point, controls the quality of students in the whole process, takes students' cultivation as the bridge, facilitates the connection between schools and enterprises, realizes mutual promotion of the project, teaching and scientific research, and nurtures talents in territorial spatial planning in the new period together.

Keywords: Industry-University-Research (IUR) Synergy, Territorial Spatial Planning, Personnel Training

面向复合型人才培养的城乡规划专业理论和实践教学改革研究进展述评*

魏宗财　吴征忆　黄绍琪

摘　要： 培养复合型人才是新时期建设国家战略人才力量的有效途径，也是"双一流"大学建设的重要任务。通过梳理和总结2018年以来中国高等学校城乡规划教育年会论文集有关理论教学和实践教学的研究成果，采用Rost cm6软件探究不同时间截面、院校和教学板块间研究热点的异同，厘清面向复合型人才培养的城乡规划专业教学改革进展，为专业教育的未来发展提供参考。研究发现，国内城乡规划专业实践教学研究始终多于理论教学，院校间关注点具有明显的地域差异，教学改革的研究内容不断深化和扩展。基于此，研究提出城乡规划专业教学改革应加强与国家政策衔接，构建和优化多专业融合的课程体系，强化理论与实践的结合，重视与社会实际议题的关联并完善合作教学模式，助推城乡规划专业教育向更高层次发展。

关键词： 城乡规划；教学改革；理论教学；实践教学

1　引言

培养复合型人才是当前我国高等教育教学改革的重要目标。2021年9月，中央人才工作会议强调，要"培养高水平复合型人才"，为走好人才自主培养之路指明方向[1]。在新时期，理论和实践课程作为城乡规划专业培养复合型人才的核心内容，其教学改革面临多方面的机遇与挑战。2018年自然资源部的成立对专业教学内容和方法提出了新要求。新工科、一流学科等国家政策的出台推动高校加快体制机制创新，这也要求城乡规划专业的教学需融入创新思维和技术应用，培养具备国际视野和创新能力的专业人才，促进传统规划专业的转型发展[2]。此外，疫情期间，线上教学成为高校重要教学方式，教师持续优化教学方法和内容[3]，为学生提供了丰富的学习资源和自主学习空间。后疫情时代，混合式教学逐渐成为主导，为城乡规划专业教学改革提供新支撑。如何整合线上与线下教学资源，构建适应新时代要求的教学模式成为重要课题。近年来，建筑、工程、房地产等行业整体发展形势不容乐观，城乡规划专业学生面临较为严峻的就业挑战，亟须强化对复合型人才的培养力度。

中国高等学校城乡规划教育年会围绕国内各高校的教学改革研究开展了广泛的学术研讨，每年的论文集记录了城乡规划专业教学改革的实践轨迹。通过梳理2018年以来年会论文集关于理论及实践教学板块的研究成果，探讨不同时间截面、院校和教学板块间研究热点的异同，厘清面向复合型人才培养的城乡规划专业教学改革进展和热点问题，为国内城乡规划教学改革及其未来发展提供参考，助推城乡规划专业教育向更高层次发展。

* 项目资助：广东省本科高校在线开放课题指导委员会研究课题（2022ZXKC024）；华南理工大学研究生学位与研究生教育改革研究项目（2024JGYY01）；粤港澳大湾区高校在线开放课程联盟教育教学研究和改革项目（WGKM2023027）；华南理工大学校级教研教改项目青年专项。

魏宗财：华南理工大学建筑学院教授（通讯作者）
吴征忆：华南理工大学建筑学院硕士研究生
黄绍琪：华南理工大学建筑学院博士研究生

2 数据来源与研究方法

以中国高等学校城乡规划教育年会论文集作为资料来源，探究2018年以来城乡规划教育领域的研究热点和发展态势。鉴于2020—2022年受疫情影响未举办年会，故仅统计2018、2019、2023年的研究成果。对年会论文集的理论和实践教学板块的论文信息，特别是标题、摘要、关键词、作者单位和发表年份等，进行整理汇总。共获取论文143篇，其中理论教学板块61篇，实践教学板块82篇。

Rost cm6软件（全称ROST Content Mining 6.0）是一款社会科学研究领域的主流文本分析软件，具有文本分词、词频统计、语义网络分析等功能，能够将文本内容转化为可量化数据。利用该软件在分词自定义词表中导入论文关键词和城乡规划学相关名词，将论文摘要中连续的语句隔断为独立词汇，并进行词频和语义网络分析，梳理凝练出近年城乡规划专业教学改革的研究方向与热点。

3 面向复合型人才培养的教学改革研究进展

3.1 文献时间分布

2018至2023年间，中国高等学校城乡规划教育年会论文集关于理论教学与实践教学板块论文数量经历了先上升后下降的波动，其中实践教学论文的数量始终多于理论教学。2018年理论教学论文发表13篇，实践教学19篇；2019年，理论教学论文增加至29篇，实践教学达到35篇；2023年，理论教学论文回落至19篇，实践教学则为28篇。研究发现，论文数量的变化与国家关于教学改革政策变化和城乡规划行业发展紧密相关。2018年自然资源部成立是城乡规划领域的重大改革，2019年许多增量论文与该方面的探讨相关，映射出高校老师对新政策和新体系的及时响应。另外，实践教学论文数量始终多于理论教学的现象反映出城乡规划专业是一门实践性学科，一直对于实践技能高度重视。在新工科和一流学科建设政策的推动下，高校越来越注重培养学生的实践能力。

3.2 发文院校分布

统计论文作者所属院校信息发现，不同地区院校对城乡规划专业教学改革的研究投入和侧重点存在明显差异（图1），呈现明显的地域性特征[❶]。在论文发表数量方面，东部地区院校占据首位，西部地区次之，东北地区最少。在发文类型方面，除东北地区院校外，其余地区院校发表的实践教学论文数量多于理论教学，一定程度上反映出城乡规划专业教育具有鲜明的实践需求导向[4]。进一步分析摘要高频词发现，东部院校研究内容较为丰富，涵盖“国土空间规划”“控制性详细规划”“存量规划”“建筑设计”等11个主题，西部院校更加关注“生态文明”和“民族高校”，中部院校侧重于“理论教学”和“乡村规划”，东北地区强调“存量更新”和“城市设计”，这些差异反映出不同地区规划院校在教学改革中独特的实践导向（表1）。

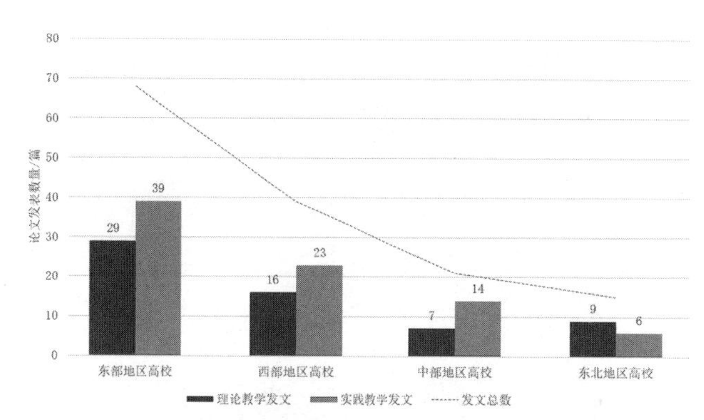

图1 不同地区规划院校教学改革论文发表数量比较

资料来源：作者自绘

不同地区规划院校教学改革研究内容比较　　表1

类型	摘要高频词（词频≥3）
东部地区	城市社会学、国土空间规划、控制性详细规划、教学方法、专业英语、乡村规划、建筑设计、存量规划、城市设计、设计课、城市设计教学
西部地区	国土空间规划、城市设计、城市更新、生态文明、民族高校
中部地区	国土空间规划、理论教学、乡村规划
东北地区	存量规划、城市设计

❶ 根据国家统计局，东部地区包括北京、天津、河北、上海、江苏、浙江、福建、山东、广东和海南。中部地区包括山西、安徽、江西、河南、湖北和湖南。西部地区包括内蒙古、广西、重庆、四川、贵州、云南、西藏、陕西、甘肃、青海、宁夏和新疆。东北包括辽宁、吉林和黑龙江。

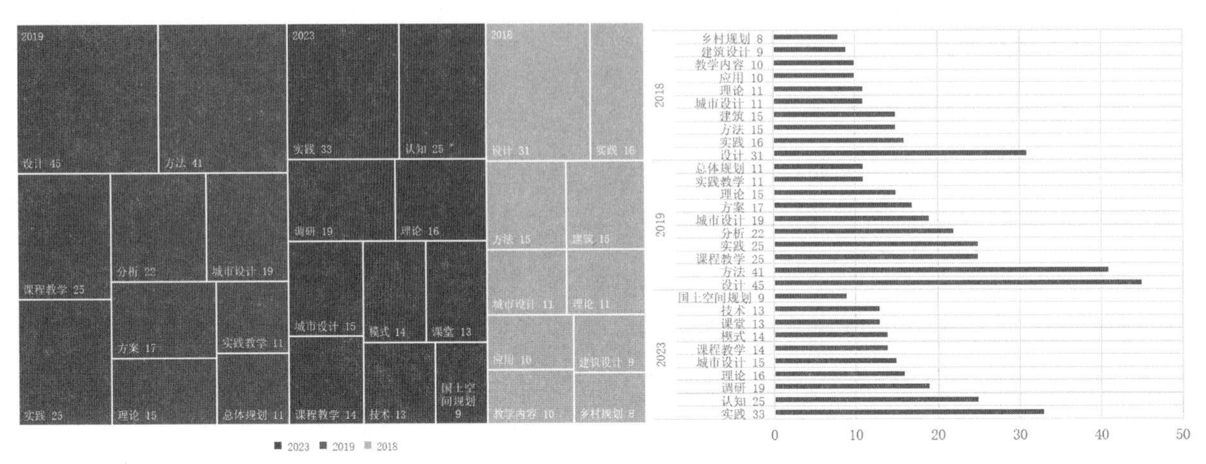

图 2 教学改革论文年度高频词分布

资料来源：作者自绘

3.3 年度研究内容

对教学改革论文摘要高频词进行年度分析比较，删除“教学”“学生”“改革”“城乡规划”等检索性质词语，以凸显年度城乡规划专业教改的主要研究内容。“城市设计”连续三年成为高频词，展现了教学改革领域对城市设计教学的持续关注。另外，2018 年聚焦于“建筑”“建筑设计”等内容,2019 年关注点扩展到“方案”“分析”“总体规划”，2023 年“调研”“技术”“国土空间规划”等词汇出现，反映出城乡规划专业教育正逐步从传统的建筑学教育和设计思维，转向更加注重实证研究、宏观分析、技术应用和政策响应等方向[5]（图 2）。

3.4 理论和实践教学研究内容

对比教学改革论文中理论教学和实践教学板块的摘要高频词，利用共现矩阵形成网络结构图，发现两大板块均强调城乡规划理论的重要性，但在具体研究内容上存在差异（表 2）。理论教学方面以“国土空间规划”为核心议题，探讨在“总体规划”和“城市设计”等教学内容方面的创新，注重培养学生“研究”“调查”“编制”能力，表明国土空间规划改革背景下教学与科研联系紧密且相互促进。相比之下，实践教学板块则以提升学生“设计”技能为核心目标，将“城市设计”作为教学改革探讨的重点，涵盖“建筑设计”和“乡村规划”等内容，重在强化学生解决实际问题的综合能力，培养复合型专业人才（图 3）。

理论与实践教学板块摘要高频词　　表2

理论教学		实践教学	
摘要高频词	词频	摘要高频词	词频
编制	30	城市设计	48
问题	28	设计	44
国土空间规划	24	方法	40
交通	22	体系	33
研究	20	理论	29
理论	20	调研	29
专业英语	13	规划设计	18
总体规划	12	建筑设计	18
调查	11	乡村规划	17
技术	11	认知	16

4 面向复合型人才培养的教学改革研究内容

在厘清教学改革论文研究进展的基础上，进一步将城乡规划专业教学改革内容的高频词梳理和归纳为国家政策响应、教学模式改革和课程内容创新三个方面（表 3），并探讨对未来教学改革的启示（图 4）。

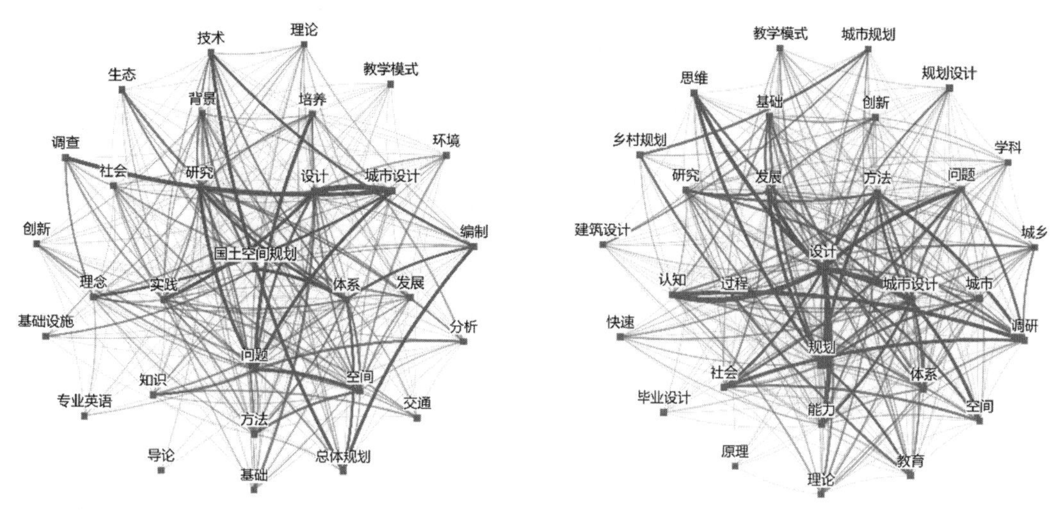

图 3　理论与实践教学摘要高频词网络结构图

资料来源：作者自绘

理论与实践教学改革研究内容　　**表3**

研究内容分类	摘要高频词（词频）	
	理论教学	实践教学
国家政策响应	国土空间规划（18）、生态文明（10）、新时代（6）、城市更新（4）、公共健康（3）、以人为本（3）	城市更新（15）、国土空间规划（7）、乡村振兴（6）、生态文明（5）、新工科（2）
教学模式改革	互动式（8）、混合教学（5）、实训式（4）、研究型（4）、竞赛（3）、开发导向（2）、协同式（2）	混合教学（7）、线上教学（4）、翻转课堂（4）、校企合作（4）、联合毕业设计（3）、国际合作教学（2）
课程内容创新	专业英语（8）、社会调查（7）、GIS（7）、理性视角（6）、学科交叉（5）、大数据（4）、批判性空间思维（4）、共享城市（4）、系统思维（3）、建构主义（3）	模块化（9）、信息技术（6）、现象学（5）、空间认知（5）、多维协同（5）、社会调查（3）、建筑设计（3）、乡村规划（3）、快速设计（2）、建构主义（2）、系统论（2）、传统聚落（2）

4.1　国家政策响应

新发展理念的出台和主管部门的调整为城乡规划专业教学改革的方向提供了指引。面对新的国家政策要求，各高校在课程内容和教学方法等方面做出积极响应和深度探索。在 2018 和 2019 年，城乡规划教学改革研究聚焦于生态文明建设、城市更新和“多规合一”等宏观政策和以人为本、理性视角和批判思维等理念融入课程教学中。其中，理论课程重点培养学生对社会公平、资源节约和环境友好等理念的认知及在专业知识方面的具体表现，实践课程则关注政策的应用，比如在城市更新地段中控制性详细规划的编制问题[6]。2023 年，随着国土空间规划体系的逐步确立和“双碳”目标、新型城镇化和乡村振兴等国家政策的实施，城乡规划教学改革研究内容更加丰富多元。国土空间规划体系的建立促使老师们对城市安全与防灾规划、城市地理学、乡村规划实践等课程的教学理念、内容和方法进行了创新性探索[7-9]，比如将生态文明和韧性城市的理念融入防灾规划教学之中，揭示出教学改革与国家政策间的紧密联系和迅速响应。

对不同年份有关国家政策响应的论文数量的对比发现，城乡规划教育界在将政策融入专业教学方面存在一定的时间延迟。由于城乡规划领域知识体系较为庞杂，随着政策导向的明确，城乡规划理论课程教学改革开始探讨如何与国家政策相衔接。进一步证实教育理念地融

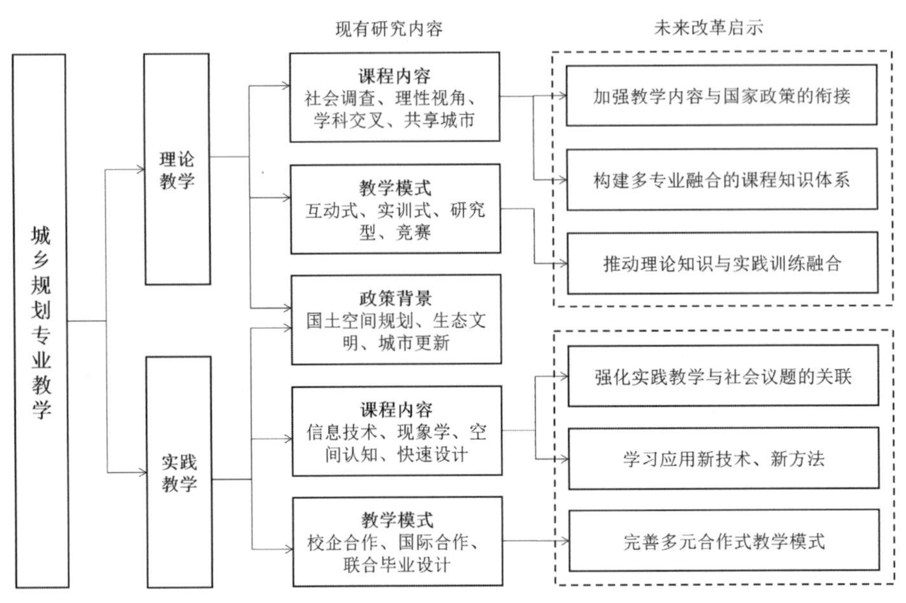

图4　理论与教学改革研究内容与未来改革启示

资料来源：作者自绘

入需要时间来消化和实践，教育者需在教学过程中不断检验政策落实效果，并对课程内容进行动态调整优化。

4.2　教学模式改革

在教学模式改革中，学者们积极推动现代信息技术融入日常教学中，混合式教学模式蓬勃发展，也推进了理论及实践教学的深度融合。一方面，既有研究强调优化传统课堂教学方式，利用"慕课"和"微课"等在线开放平台进行网络授课，充分发挥教师的引导作用，丰富了授课形式及教学方法[10, 11]；另一方面，"翻转课堂"等互动式教学模式被提出，鼓励学生课前自主学习资料，课堂上积极参与互动讨论和实践活动，课后进行知识点回顾并完成在线测验，突出学生主体地位，有利于提升学生学习的主动性[12]。

理论教学和实践教学两个板块的教学模式改革各有侧重，理论教学模式改革致力于促进理论与实践的结合，挖掘知识的深层应用价值，而实践教学强调多元主体间的互动，拓展教学模式的多样性。具体而言，在理论教学方面，"以赛促学"和"实训式"研究型课程等将理论讲授、案例分析、专题调研和报告撰写等多种教学方法融为一体，促进理论学习与实践训练紧密相连，提高了学生的社会适应和研究创新能力。在实践教学方面，"国际联合教学"和"多校联合毕业设计"等校际合作模式，提升了学生的综合专业素养和国际交流能力，而"产学一体化""校企合作""责任规划师合作"等模式，提升了政府、企业、社会对规划专业教学的参与度，发展并完善了合作式教学模式[13-16]。

4.3　课程内容创新

在课程内容创新方面，城乡规划专业教学改革通过调整课程内容、强化能力培养、完善课程建设体系等措施，培养了学生综合素质和专业能力，以适应社会发展和城乡规划实践的需求。第一，根据国土空间规划体系改革、生态文明理念落实等国家政策要求调整优化课程内容。如在GIS课程中增加三区三线划定内容；在规划原理等理论课程中融入生态学等相关知识，构建多专业融合的课程知识体系。同时，城乡规划专业课程将思政教育与专业知识教学相结合，在传授专业知识的同时引导学生形成良好的世界观、人生观和价值观。实践课程重点强化新方法和内容的引入，包括数据化设计和社会调查等方法，以及特大城市远郊地区的乡镇总体规划、乡村规划实务和存量更新型城市设计等新专题，在提高新技术应用水平的同时，强化教学内容与社会实际问题的关联[17，18]。

第二，针对新工科建设等对复合型人才培养的要求，城乡规划专业课程内容改革注重理论和实践的结合，强化对学生的规划实践能力培养。理论课程通过案例教学等方法，使学生能够将理论知识应用到实际问题中，提高分析问题和解决问题的能力，强化学生的实践操作能力和团队协作精神。实践课程通过“快速设计”训练教学、“城市设计—控规管控”一体化课程实践、“设计笔记”应用以及“渐进式”城市空间认知教学等课程内容，强化学生理论应用能力[19-21]。

第三，针对传统课程内容中理论部分枯燥难懂等问题，采取模块化、专题化等方法完善城乡规划专业理论及实践课程体系建设。模块化教学有助于学生系统掌握知识，专题化教学则能够针对特定问题进行深入探讨，提高学生学习兴趣[2，3]。此外，通过增加地方规划案例、政策热点分析等内容，使学生能够更好地了解最新的地方规划实践，提高其理论联系实践的能力[22]。

5 结论与讨论

通过梳理和总结近年来中国高等学校城乡规划教育关于理论教学和实践教学的研究成果，采用 Rost cm6 软件探究不同时间截面、院校和教学板块间研究热点的异同，厘清面向复合型人才培养的城乡规划专业教学改革进展。首先，受国家政策调整、学科建设发展、疫情防控及行业发展形势等影响，实践教学板块的论文数量始终超过理论教学板块。此外，不同地区院校间教学改革的关注点存在明显的差异。其次，随着时间变化，教学改革研究内容从传统的建筑学基础教育和设计思维转向实证研究、宏观分析、技术应用和政策响应等方向。最后，通过对比发现理论教学强调教学与科研的融合，实践教学侧重于提升学生在调研、规划和设计等方面的综合能力，两者共同推动城乡规划专业教育的高质量发展。

城乡规划教学改革的内容主要包括国家政策响应、教学模式改革和课程内容创新三个方面。其中，国家政策的调整为城乡规划教学改革方向提供了指引，重在教学目标、理念、内容和方法等的创新，以适应政策导向和学生发展需求；教学模式改革既强调了教师对学生的引导作用，也强化了学生的主体地位，提升教学互动的成效和学生学习的积极主动性；课程内容创新通过调整教学内容、强化能力培养、完善课程建设体系等措施，提高了学生的综合素养与专业技能，持续推动实现复合型人才的培养目标。

在面向复合型人才培养的教学改革背景下，城乡规划专业的教学改革应继续高度重视理论教学和实践教学两个方面。在理论教学方面，应加强教学内容与国家政策的衔接，构建多专业融合的课程教学体系，强化理论知识与规划设计实践的联动发展。在实践教学方面，应注重新技术、新方法的学习与应用，增强实践教学与社会实际问题的关联并逐步完善合作教学模式，培养出符合社会发展需求的复合型人才。

致谢：非常感谢华南理工大学建筑学院副院长王世福教授和规划系副系主任刘玉亭教授对论文提出的宝贵建议！

参考文献

[1] 习近平出席中央人才工作会议并发表重要讲话 [EB/OL].（2021-09-28）. [2021-09-28].https：//www.gov.cn/xinwen/2021-09/28/content_5639868.

[2] 魏宗财，黄绍琪，刘雨飞 . 面向新工科的城乡规划课程教学改革研究进展——基于 CiteSpace 的知识图谱研究 [C]// 教育部高等学校城乡规划专业教学指导分委员会，等 . 创新・规划・教育——2023 中国高等学校城乡规划教育年会论文集 . 北京：中国建筑工业出版社，2023：169-175.

[3] 魏宗财，黄绍琪，刘玉亭，等 . 城乡规划专业理论课混合式教学质量影响因素探究 [J]. 大学教育，2023，21：65-70.

[4] 黄亚平，林小如 . 改革开放 40 年中国城乡规划教育发展 [J]. 规划师，2018，34（10）：19-25.

[5] 李疏贝，彭震伟 . 发展观影响下的当代中国城市规划教育 [J]. 城市规划学刊，2020，（4）：106-111.

[6] 戚冬瑾，卢培骏 . 控制性详细规划教学在城市更新地段

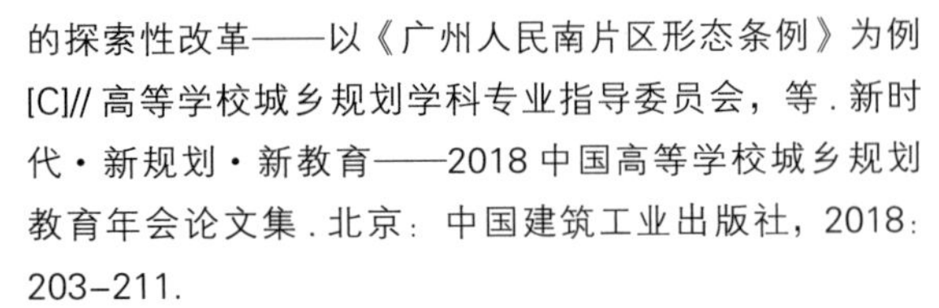

的探索性改革——以《广州人民南片区形态条例》为例[C]// 高等学校城乡规划学科专业指导委员会，等 . 新时代 · 新规划 · 新教育——2018 中国高等学校城乡规划教育年会论文集 . 北京：中国建筑工业出版社，2018：203–211.

[7] 张梦洁，乔晶，彭翀 . 国土空间规划体系下城市安全与防灾规划教学模式探索与实践 [C]// 教育部高等学校城乡规划专业教学指导分委员会，等 . 创新 · 规划 · 教育——2023 中国高等学校城乡规划教育年会论文集 . 北京：中国建筑工业出版社，2023：588–592.

[8] 黄梦石，蔡籽焓，肖少英 . 国土空间规划视角下“城市地理学概论”混合式教学模式改革研究——以河北工业大学为例 [C]// 教育部高等学校城乡规划专业教学指导分委员会，等 . 创新 · 规划 · 教育——2023 中国高等学校城乡规划教育年会论文集 . 北京：中国建筑工业出版社，2023：628–634.

[9] 杨靖，吴吉林，龚燕贵 . 国土空间规划体系中的乡村规划实践教学改革研究——以湖南吉首大学为例 [C]// 教育部高等学校城乡规划专业教学指导分委员会，等 . 创新 · 规划 · 教育——2023 中国高等学校城乡规划教育年会论文集 . 北京：中国建筑工业出版社，2023：647–651.

[10] 唐由海，毕凌岚 . 基于慕课的城市设计课程创新探索 [C]// 教育部高等学校城乡规划专业教学指导分委员会，等 . 创新 · 规划 · 教育——2023 中国高等学校城乡规划教育年会论文集 . 北京：中国建筑工业出版社，2023：549–553.

[11] 魏晓芳 . 城乡规划专业基础理论课程微课化改革初探 [C]// 高等学校城乡规划学科专业指导委员会，等 . 新时代 · 新规划 · 新教育——2018 中国高等学校城乡规划教育年会论文集 . 北京：中国建筑工业出版社，2018：124–129 .

[12] 袁巧生，贺慧，林颖 . 疫情模式下“规划设计初步”课程“双线双轨”混合式教学动态创新——基于华中科技大学翻转课堂与 SPOC 教学践行 [C]// 教育部高等学校城乡规划专业教学指导分委员会，等 . 创新·规划·教育——2023 中国高等学校城乡规划教育年会论文集 . 北京：中国建筑工业出版社，2023：515–526.

[13] 程斌，陈旭，曾献君 .“以赛促学、以赛促教”在《城乡道路与交通规划》课程教学中的实践与思考 [C]// 教育部高等学校城乡规划专业教学指导分委员会，等 . 协同规划 · 创新教育——2019 中国高等学校城乡规划教育年会论文集 . 北京：中国建筑工业出版社，2019：488–492.

[14] 曹珊 . 与责任规划师合作下的社区更新设计课教学改革探索 [C]// 教育部高等学校城乡规划专业教学指导分委员会，等 . 创新 · 规划 · 教育——2023 中国高等学校城乡规划教育年会论文集 . 北京：中国建筑工业出版社，2023：580–587 .

[15] 唐燕，刘健 . 清华 –MIT 城市设计工作坊国际联合教学新模式：多元参与支持下的深度合作与经验共享 [C]// 教育部高等学校城乡规划专业教学指导分委员会，等 . 协同规划 · 创新教育——2019 中国高等学校城乡规划教育年会论文集 . 北京：中国建筑工业出版社，2019：370–377.

[16] 武凤文 . AUGT 模式——京津冀高校“X+1”联合毕设特色研究 [C]// 高等学校城乡规划学科专业指导委员会，等 . 新时代 · 新规划 · 新教育——2018 中国高等学校城乡规划教育年会论文集 . 北京：中国建筑工业出版社，2018：252–256

[17] 刘超，栾峰，陈晨 . 实务导向性的乡村规划实践教学探索 [C]// 教育部高等学校城乡规划专业教学指导分委员会，等 . 创新 · 规划 · 教育——2023 中国高等学校城乡规划教育年会论文集 . 北京：中国建筑工业出版社，2023：527–531.

[18] 程遥，朱佩露，沈尧 . 特大城市远郊地区地铁车站的出行特征和规划应对——以上海市书院镇总体规划教学为例 [C]// 教育部高等学校城乡规划专业教学指导分委员会，等 . 协同规划 · 创新教育——2019 中国高等学校城乡规划教育年会论文集 . 北京：中国建筑工业出版社，2019：306–314.

[19] 卜雪旸 . 对快速城市设计训练教学的思考 [C]// 高等学校城乡规划学科专业指导委员会，等 . 新时代 · 新规划 · 新教育——2018 中国高等学校城乡规划教育年会论文集 . 北京：中国建筑工业出版社，2018：161–165.

[20] 刘堃，张天尧，宋聚生 . 设计 + 导控：城市设计与控制性详细规划一体化教学实验 [C]// 教育部高等学校城乡规划专业教学指导委员会，等 . 创新 · 规划 · 教育——2023 中国高等学校城乡规划教育年会论文集 . 北京：中国建筑工业出版社，2023：593–600.

[21] 张凌青．设计笔记的理论模式与应用构想 [C]// 高等学校城乡规划学科专业指导委员会，等．新时代・新规划・新教育——2018 中国高等学校城乡规划教育年会论文集．北京：中国建筑工业出版社，2018：180-185.
[22] 赫磊，高晓昱．关注身边“趣”事，理论结合实践——同济大学“城市工程系统与综合防灾”课程教研融合建设 [C]// 教育部高等学校城乡规划专业教学指导分委员会，等．创新・规划・教育——2023 中国高等学校城乡规划教育年会论文集．北京：中国建筑工业出版社，2023：559-564.

Review on Theoretical and Practical Teaching Reform of Urban and Rural Planning for Achieving the Cultivation of Composite Talents

Wei Zongcai　Wu Zhengyi　Huang Shaoqi

Abstract: Cultivating interdisciplinary talents is essential for building the national strategic talent force. By summarizing the research results of the theoretical and practical teaching segments from the proceedings of the Annual Conference on Urban and Rural Planning Education in Chinese Higher Education Institutions from 2018, this study employs Rost cm6 software for word frequency statistics and semantic network analysis on the abstracts of the papers, in order to explore the commonalities and differences in research hotspots across different periods, institutions, and teaching segments. Results indicate a consistent focus on practical over theoretical research, with significant institutional variances and an expanding depth of educational reform content. The study suggests that urban and rural planning education reform should closely align with national policies, integrate multidisciplinary theories, enhance the theory-practice nexus, strengthen ties with societal issues, and refine collaborative teaching models to advance to a higher level.

Keywords: Urban and Rural Planning, Teaching Reform, Theoretical Teaching, Practical Teaching

国土空间规划背景下农林院校城乡规划专业人才培养路径研究*

徐丽华　吴亚琪　马淇蔚

摘　要： 国家生态文明的建设、国土空间规划体系的重构、统筹区域高质量发展和协调发展战略的实施，对城乡规划专业建设提出了新的要求。本文以浙江农林大学为例，在分析当前农林院校城乡规划专业人才培养模式现状的基础上，从以“生态＋农业＋城镇”三大空间为核心，4维度构建6类+N群的课程体系；以城乡高质量发展学科群为纽带，主专业＋“微专业—工作坊—智库—虚拟教研室”多元赋能师生；以一二三课堂及虚实联动，团队化合作，促进理论联系实际；多元导师全过程润心启航，因材施教四个方面提出未来人才培养优化路径。

关键词： 国土空间规划；城乡规划专业；人才培养；农林院校

1　引言

国土空间规划是国家空间发展的指南、可持续发展的空间蓝图，是优化农业、生态、城镇空间资源配置、开展各类开发保护建设活动的基本依据，是按照国家治理现代化的要求对规划体系进行的系统性、整体性重构。以优化国土空间开发保护格局为目标，建立多层次、全域、全要素、全过程的规划运行体系，构成了本次国土空间规划改革的总体要求[1]。多规合一的国土空间规划行业变革对于高校高质量人才培养提出了新的需求，作为围绕国土空间规划体系建设的主流专业之一，城乡规划专业人才培养定位需要结合社会经济发展趋势，紧跟国土空间规划改革，为国土空间规划提供服务[2, 3]。

同时，我国城镇化进程已经进入下半场（城镇化率50%之后），存量时代城乡高质量发展是将生态文明思想贯彻到经济社会发展和城乡建设之中，以人为本，以城乡各要素融合作为关键枢纽赋能经济高质量发展、协调推进乡村振兴与新型城镇化为重要途径，最终达到共同富裕[4]。多要素协调融合发展这需要高校城乡规划、生态学、农学、林学、风景园林、建筑学、园林、经济学、艺术等相关学科专业互相融合，共同培养具有家国情怀、理论扎实、创新思维、研究分析、逻辑搭建、合作沟通、应用创新能力等系统性人才。因此，我们需要加快构建新的专业人才培养模式来适应国土空间规划改革和城乡高质量发展带来的新的挑战。农林高校是农林空间优化、城乡融合发展的主力军，是服务生态农林类人才培养的主渠道。加快建设生态文明，建设美丽中国，扎实推动生态、农林、城镇高质量融合发展，推动城乡共同富裕，是涉农高校在新时代新征程上必须担起的时代重任。浙江农林大学作为生态性育人的大学，旨在培养能够担当民族复兴大任的具有生态文明意识、创新创业能力的高素质人才和区域现代农林业未来领导者，为城乡规划专业的发展提供了很好的平台。

2　浙江农林大学城乡规划专业人才培养现状分析

2.1　课程体系设置以传统规划设计为主线，专业教育下沉滞后

浙江农林大学城乡规划专业始于2001年的资源环境与城乡规划管理专业，2018年开设5年制的工科专业，毕业最低学分为209学分。课程体系设置主要遵循2018年颁布的《普通高等学校本科专业类教学质量

* 项目资助：浙江省“十四五”教学改革项目“四新理念下城乡高质量发展专业群的人才培养路径研究”（jg20220333）。

徐丽华：浙江农林大学风景园林与建筑学院教授
吴亚琪：浙江农林大学风景园林与建筑学院讲师（通讯作者）
马淇蔚：浙江农林大学风景园林与建筑学院副教授

国家标准》，通过通识教育、专业教育、个性发展与课外教育4大平台，构建了8个学期的设计课+29门必修课+23门选修课+17门通识课的课程体系。

课程体系以传统的城乡空间规划设计为主线，以设计初步—微观尺度博物馆、中小学建筑设计—中观尺度居住区、城市中心、城市某个区域的城市详细规划与城市设计—宏观尺度小城镇、村庄的脉络进行架构。通过与一到五年级学生及毕业生的座谈访谈，学生了解到这些课程的教学多从城乡建设空间出发，让很多学生产生城乡规划学是更大尺度的建筑学的想法[5]，且思维局限于微观尺度难以拓展到宏观空间。同时专业认知及相关理论课程滞后，大一仅有新生研讨课及城乡建设与规划史两门相关专业课，导致专业知识传授的下沉迟到，不利于学生较早了解甚至打下较好的专业基础。

2.2 人居环境学科群“五位一体”的育人模式初见成效，但力度不足

城乡规划与建筑、风景园林等相关专业构建了人居环境学科群，设置了“学科—专业负责人—课程组”架构，积极推进科教联动、产教融合，结合区域产业发展，形成“校校、校地、校企、校所、国际合作”的“五位一体”人才培养模式。在“人居环境实验教学中心”省级重点平台支持下，拥有专业绘图教室，数字规划技术实验室和GIS实验室，以及园林规划设计院等实践教学基地。搭建了“理论实验—综合实习—实地实训—真题实战”不同层次和要求的实践教学支撑平台。坚持“把论文写在大地上”，“把课堂建在大地上”的实践教学模式。

但在其过程中，大多是面向社会的一个行业或者一个领域的人才需求，社会需求和变化幅度相对较小，面向的行业企业也相对稳定，各专业之间虽有交叉和融合，但力度远远不够。而国土空间规划和城乡高质量发展要求多学科、多尺度交叉融合，面向多社会行业，适应社会经济的快速变化及更高更全的实践创新要求，这对人才培养提出了现实且严峻的拓展要求，要求专业之间联合协同对接，共同培养。

2.3 学生人工智能技术信息化能力薄弱，理性+感性思维融合度不高

在新版的2020级专业培养方案中，尽管设有地理信息与技术模块课程，如计算思维与数据科学、遥感与地理信息系统应用、土地信息系统，地图学等课程，但杯水车薪，既难以支撑国土空间规划要求的GIS空间分析技术、信息化数据处理技术、社会调查和统计分析技术等，也没有与时俱进地把人工智能作为大学学习中不可或缺的重要组成部分。

城乡规划专业的学生需要同时具备理性和感性思维，并能够将它们有效地融合在一起。理性思维能够帮助学生进行科学分析和逻辑推理，确保规划的合理性和可行性；而感性思维则能够激发学生对空间、环境和人的感知和理解，有助于创造出更加人性化和富有创意的规划方案。但在实际教学中，发现学生两方面的融合度不够，导致规划方案过于刻板、缺乏人文关怀，或者过于感性、缺乏实际可行性。

3 农林特色的城乡规划专业人才培养新理念

新时代的规划设计需求主要体现在以生态文明为导向，以城乡融合为驱动，以人民需求为根本，以技术创新为支撑四个方面，以此为依据，按照“四新”建设理念，以创新为引领、以多元化为载体、以课程为根本、以融合为抓手、以学习为中心，打通“生态+农业+空间”融合路径，依托数字化教育大数据优势，构建“一群两翼三阶四驱”的4年制城乡规划人才培养模式。

一群是构建“城乡高质量发展群”交叉学科体系，两翼是指“6类+N群”课程体系和“多元共享”教学平台，三阶四驱是指“训—战—赛—创”四驱支撑“价值浸润—技艺提升—治理赋能”三进阶。通过理论训练、项目实战、竞赛比武、创新创业，进阶式锻造厚植家国情怀，具有全局谋划能力、系统空间思维、分析规划设计、治理运营思维且具有研究能力、应用能力、创新能力的分析师、规划师、运营师“三能三师”一体人才。

4 构建多维多方位的城乡高质量发展专业群的人才培养路径

4.1 以“生态+农业+城镇”三大空间为核心，4维度构建6类+N群的课程体系

以国土空间规划编制为主线，按照城乡高质量发展需求和农林学校特色，以“生态+农业+城镇”三大空间为核心，从理论认知、分析表达、设计体验、综合应

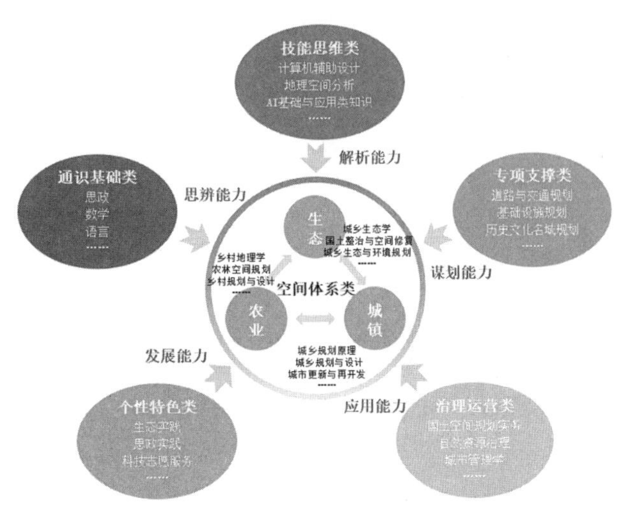

图 1　农林特色的城乡规划专业课程体系图

资料来源：作者自绘

用 4 个维度构建包括通识基础类、技能思维类、空间体系类、专项支撑类、治理运营类、个性特色类 6 大类的课程簇群体系（图 1）。

①通识基础类建立基本的思辨和事物认知分析能力，包括思政、数学、语言、军体等课程群。②技能思维类主要培养学生绘图表现、信息化数据处理、艺术表现、社会调查和统计分析、科学和运算思维能力等，设置制图与表现课程群、信息技术课程群、思维战略课程群。具体课程包括：AI 基础与应用类知识、C 语言或 Python 程序设计、计算机辅助设计（AutoCAD+PS+SU）、地理空间分析 ArcGIS、建筑制图色彩、计算思维与数据科学、城乡遥感与地理信息系统应用、土地信息系统等课程。③空间体系类培养学生生态、农林、城乡理论认知、规划设计以及综合应用能力，设置生态空间课程群、农业空间课程群、城镇空间课程群。生态空间课程包括城乡生态学、观赏植物学、城乡生态与环境规划、国土整治与空间修复等课程[6]。农业空间课程群包括乡村地理学、乡村文化与创意、数智乡村、农林空间规划、乡村规划与设计、乡村经营学等课程。城镇空间课程群包括城市建设与规划史、城市地理、城市经济学、城市社会学、城乡规划原理、城市政策分析、城乡社会综合调查研究、城乡规划与设计、国土空间设计、城市更新与再开发等课程。④专项支撑类培养学生对特定规划、特定对象的应用设计能力，设置道路与交通规划、基础设施规划、历史文化名城规划、绿地系统规划、防灾减灾规划等课程，保障国土空间的高效利用。⑤治理运营类培育学生对空间的可持续管理及领导决策能力，设置国土空间规划实务、国土空间规划政策与法规、自然资源治理、城市管理学等课程。⑥个性特色类培养学生个性发展，挖掘其潜力适应经济社会需求，从创新创业、生态实践、思政实践、科技志愿服务以及职业发展规划等构建课程。

4.2　以城乡高质量发展群为纽带，通过主专业＋“微专业—工作坊—智库—虚拟教研室”等多跨联动赋能师生

立足于新工科、新农科、新文科、新医科建设，推进多学科知识体系构建与人才综合培养，以学科交叉、工农文理相融为特色，构建以城乡规划学、农学、生态学为核心。建筑、林学、经济管理、环境工程、计算机科学、艺术等多学科相融合的农林特色的城乡高质量发展学科群，内优国土空间规划所需的知识体系和能力体系，补齐数据处理分析、生态修复、人工智能应用、美育素养等方面的短板；同时，注重社会和行业实践的现实需求，切实推进价值观和方法论的“外融”，形成服务全域全要素全过程的空间治理与规划[7]。

微专业建设就是探索如何构建高校与产业融合发展共同体，引领专业教育创新变革，能够引导学生掌握多学科融合的知识体系和思维习惯，实现学科、专业交叉融合，推进科教、产教深度融合[8]。工作坊秉承“技术与艺术并重”的教学理念，通过在特定实践场所中组织学生群体自主讨论，完成预设教学任务并获得及时反馈[9]。智库是一个多学科专家组成的研究机构，可以为生态、社会、经济、科技等方面出谋划策，提供最佳理论、策略、方法、思想等。虚拟教研室以学科交叉、融合为特点，借助数字化平台实现跨专业、跨区域和跨学校的合作，具有资源共享、跨界合作、灵活性与开放性、质量效益相统一特征[10]。城乡高质量发展学科群通过组建与搭载和美乡村、自然保护地与建设、碳中和与农林固碳等微专业；生态文明研究院、碳中和学院、乡村振兴研究院等省级智库；巾帼、名师、乡村生活与新空间、共富工作坊等研究型和应用型联合工作坊，以及

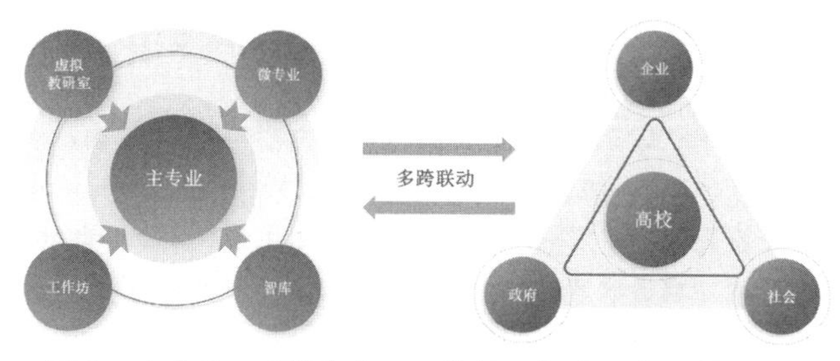

图 2　主专业 +“微专业—工作坊—智库—虚拟教研室”多跨联动赋能师生图

资料来源：作者自绘

国土空间治理专业建设虚拟教研室等形式，开展跨校跨学科跨专业多跨联动，积极开展教学研讨会、教师培训等方式提升教师现代化教学能力，从而培养具有跨学科专业背景和创新合作能力的新时代卓越人才，提升高质量人才发展的韧性，满足多变的市场需求。联动机制如图 2 所示。

4.3　一二三课堂及虚实联动，团队化合作，促进理论联系实际

围绕目标导向、思维创新、问题导向、合作学习等策略，通过线下课堂、慕课、虚拟仿真实验、虚拟教研室等平台，线上线下相结合，从城乡用地的双评价、江南古典园林设计建筑布局等虚拟仿真实验，实现场景化教学。

对接党建活动、专业相通的综合竞赛如中国互联网 +、挑战杯、大学生创新创业大赛；学科竞赛如 WUPENicity 城市可持续发展调研报告竞赛、裕农通杯乡村振兴大赛、大学生环境生态科技创新大赛等；寒暑假社会实践活动等，通过团队协作与合作将知识传授、品德教化、思维培养、技能训练四者并行推进，真正实现将论文写在祖国大地上。

4.4　多元导师全过程润心启航，因材施教

从大一开始，构建“学业导师 + 思政导师 + 社会导师 + 学长导师”，全过程一站式育人。学业导师主要从专业领域帮助学生掌握专业理论、前沿知识和基本技能，引导学生参与科研活动，培养研究技能。思政导师从大思政角度，帮助学生树立正确的价值观和人生观，关注学生的思想动态，解决职业生涯和就业指导问题等。社会导师一般由政府职能部门人员、设计院人员、科技特派员、驻镇规划师、村庄书记、乡村运营师等构成，提供专业实践指导。学长导师通过自身经验和知识，为低年级学生提供帮助，起到榜样和引领的作用。

多元导师以生为本，遵循 KOLB 学习风格理论，即根据策划家、理论家、务实者、行动者等不同风格，因材施教。旨在使学生普遍得到“长—宽—高—动”四个维度全面、健康的发展。培养有专业一技之长，满足市场宽口径的需求，高屋建瓴，把握潮流、动态的学术境界，与时俱进、与国同行的“动”态发展的人才[11]。

5　结语

高质量的复合型人才是新时代国土空间规划体系建设的要求，面对改革转型要求，城乡规划专业教育应积极应对，以促进生态文明建设和城乡高质量发展，结合农林特色，从生态、农林、技术、运营方面结合空间规划设计课程体系调整，城乡高质量发展学科群共建，多平台多导师协作，联动多课堂融合共育新时代所需人才。未来还将在学科群知识图谱的构建、人工智能与专业结合等方面积极开展研究。

参考文献

[1] 张尚武．国土空间规划编制技术体系：顶层架构与关键突破 [J]. 城市规划学刊，2022（5）：45-50.

[2] 黄贤金，张晓玲，于涛方，等．面向国土空间规划的高校人才培养体系改革笔谈 [J]. 中国土地科学，2020，34（8）：107-114.

[3] 欧阳晓，宋泽艳，李佩瑾．“面向国土空间规划，一主线二驱动三融合”的人才培养模式研究 [J]. 湖南财政经济学院学报，2023，39（5）：113-120.

[4] 苏景州，李宗明．城乡融合高质量发展：内涵、依据与完善路径 [J]. 福建技术师范学院学报，2022，40（3）：269-275.

[5] 张尚武，刘振宇，张皓．国土空间规划体系下的详细规划及其运行模式探讨 [J]. 城市规划学刊，2023（4）：12-17.

[6] 姜乖妮，董宏杰，王苗．国土空间规划背景下城乡规划专业本科课程体系优化探索—以河北建筑工程学院为例

[J]. 高等建筑教育，2024，33（2）: 79–88.
[7] 王世福，麻春晓，赵渺希，等．国土空间规划变革下城乡规划学科内涵再认识 [J]. 规划师，2022，38（7）: 16–22.
[8] 张书洋，刘长江，钱钰，等．“跨”与“融”——微专业建设的南航探索 [J]. 高教学刊，2023，9（22）: 94–97.
[9] 赵宏宇，姜雪，崔诚慧，等．知识—能力—素质协同型“工作坊”教学模式研究——以传统城乡生态智慧与实践课程改革实践为例 [J]. 高教学刊，2022，8（17）: 84–87.
[10] 贺刚．高校虚拟教研室的内涵、构建与实践 [J]. 高教论坛，2023（4）: 35–37.
[11] 李冠群．地方应用型本科院校建筑类学科专业“四创”人才培养模式的探索与实践 [J]. 中外建筑，2022（5）: 116–120.

Research on the Training Path of Urban and Rural Planning Major in Agricultural and Forestry University under the Background of Territorial and Spatial Planning

Xu Lihua　Wu Yaqi　Ma Qiwei

Abstract: The construction of national ecological civilization, the reconstruction of territorial and spatial planning system, and the implementation of the strategy of overall regional high–quality development and coordinated development put forward new requirements for the construction of urban and rural planning. Taking Zhejiang A & F University as an example, based on the analysis of the current status of the training mode of urban and rural planning major in agricultural and forestry university, this paper constructs a curriculum system of 6 categories +N groups in 4 dimensions from the three spaces of “ecology + agriculture + town” as the core. With the high–quality development of urban and rural subject groups as the link, the main major + “micro–major – workshop – think tank – virtual teaching and research room” multiple empowering teachers and students; With the one–two–three classroom and virtual and real linkage, teamwork cooperation, promote theory with practice; The whole process of multiple tutors is set sail, and the future talent training optimization path is proposed in four aspects of teaching students according to their aptitude.

Keywords: Territorial and Spatial Planning, Urban and Rural Planning Major, Talent Training, Agricultural and Forestry University

赋能乡村振兴
—— 城乡规划专业本硕一体化实践育人模式探索与创新*

张　泉　郭淑云　谢伟玲

摘　要：党的二十大报告提出，全面推进乡村振兴，要扎实推动乡村产业、人才、文化、生态、组织振兴。这为当前高校专业人才培养提出了要求。通过分析乡村振兴背景下城乡规划专业本硕一体化实践能力培养的意义，总结当前高校城乡规划人才培养的不足，提出本硕一体化实践能力培养理念与目标。并结合合肥工业大学城乡规划专业本硕生的教学实践，从优化课程体系、加强实践教学等方面，提出为乡村振兴赋能的城乡规划本硕一体化实践育人模式。以期提高城乡规划专业本硕人才培养质量、加强创新实践能力，为推进高校城乡规划专业人才培养和乡村全面振兴提供助力。

关键词：乡村振兴；本硕一体化；实践育人模式；实践能力；人才培养；城乡规划

党的二十大报告提出，要扎实推动乡村产业、人才、文化、生态、组织振兴，全面推进乡村振兴[1]。中共中央、国务院印发的《关于加快推进乡村人才振兴的意见》中也指出，人才培养、人才振兴对于推进乡村振兴战略具有关键性作用[2]。由此可见，建立健全相关专业人才培养模式，助力乡村振兴建设发展的实践技术人才培养，为推进乡村全面振兴赋能，已成为当前乡村振兴教育事业发展的重要内容。此外为了全面提高人才培养能力，2018 年教育部开始实施“六卓越一拔尖”计划 2.0[3]，其中《教育部 工业和信息化部 中国工程院关于加快建设发展新工科实施卓越工程师教育培养计划 2.0 的意见》中指出要“改造升级传统工科专业，发展新兴工科专业，主动布局未来战略必争领域人才培养”[4]。

乡村振兴，规划先行，其中基层规划人才是关键[5]。长期以来，“乡村规划”一直是高校城乡规划专业的重要核心课程。当前，乡村振兴战略稳步推进对城乡规划专业人才培养提出了新的要求，相关从业人员不仅要具备完整的知识体系，还要拥有合格的实践能力。因此，作为每年为乡村振兴输送大批专业人才的城乡规划专业，面向乡村振兴的人才培养工作至关重要。

目前，传统的高等教育实行本科、硕士分段式培养模式，在课程衔接和实践训练上缺少连贯性。当前教育界已对一体化人才培养展开了一定的研究，如清华大学建筑学院实施本硕一贯制培养模式，有效提升了人才培养效率和质量。在乡村振兴新需求对人才培养更高期待的情况下，探索本硕一体化实践能力培养不仅有助于人才培养的延续性，而且有利于基础理论知识与项目实践的有机结合；同时贯通本硕衔接，更能够激发拔尖创新人才的深造动力[6]。因此，在乡村振兴背景下对城乡规划专业本硕一体化实践育人模式进行探索与创新，具有重要的现实意义和时代价值。

* 项目资助：安徽省新时代育人项目（研究生）资助项目（2022jyjxggyj065）；合肥工业大学研究生培养质量工程项目（2021YJG101）。

张　泉：合肥工业大学建筑与艺术学院副教授（通讯作者）
郭淑云：合肥工业大学建筑与艺术学院硕士研究生
谢伟玲：合肥工业大学建筑与艺术学院硕士研究生

1 乡村振兴背景下城乡规划专业本硕一体化实践能力培养的意义

在乡村振兴背景下，创新高校城乡规划专业本硕一体化实践育人模式，对于明确城乡规划本硕人才实践能力培养与乡村建设之间的关系具有重要意义。一方面，乡村振兴战略能够为城乡规划本硕一体化培养提供重要的改革指引，强化城乡规划本硕人才实践能力的培养。另一方面，城乡规划专业本硕一体化创新实践能力的提升，将能推动乡村建设发展，助力乡村全面振兴。

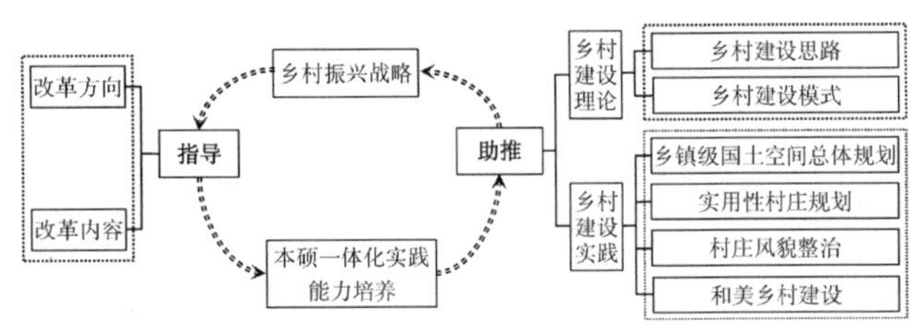

图 1 乡村振兴战略与本硕一体化实践能力的互动机制

资料来源：作者自绘

1.1 完善高校城乡规划专业培养体系

乡村振兴战略既为高校城乡规划人才培养指引了方向，也为专业培养体系的改革与创新提出了新的要求。首先，乡村振兴背景下的乡村建设更加需要高层次专业人才，这就要求城乡规划人才培养体系要具有综合性和可操作性。其次，随着乡村振兴的不断深入，过去以理论教学为主的培养体系，将会更多融入乡村实践课程，为乡村发展培养高层次人才。在乡村振兴的重要指引下，高校城乡规划专业通过本硕一体化实践能力培养，能够有效补齐人才培养短板，从而为乡村振兴战略实施提供实用型建设人才。

1.2 推动乡村建设深入发展

创新高校城乡规划专业本硕一体化实践育人模式，一贯制培养城乡规划专业本硕学生的实践能力，使其能够服务于各层级的乡村振兴项目，成为推动乡村经济社会发展的重要力量，从而有效推动乡村产业转型升级、改善乡村人居环境，助力宜居宜业和美乡村建设。从乡村建设实践来看，通过具体设计案例能直观掌握乡村建设的现状及问题，并提出具有针对性、创新性和可持续性的设计内容，再通过实践验证、改进相关理论知识，从而有效提升城乡规划本硕生的创新实践能力。具有丰富乡村振兴实践能力的城乡规划本硕专业人才，将为乡村经济、环境、文化等要素发展提供支撑，推动乡村建设发展，助力乡村全面振兴。

2 面向乡村振兴的城乡规划专业本硕人才培养现状

我国城乡规划专业人才培养最早可追溯至 20 世纪 50 年代。此后经过七十多年的实践与探索，其培养结构和规模日益壮大、教学科研体系也趋于完整。随着乡村振兴、绿色低碳发展、国土空间规划等战略的提出，传统培养体系与新时代国家对城乡规划专业的要求无法匹配，现行培养体系、培养目标和培养方法等存在一定的问题，亟须改进 [7]。

2.1 人才培养目标与乡村振兴需求脱节

一直以来，城乡规划专业同时注重理论知识教学和实践技能的提升，因此在本硕学生的培养中理论教育和实践教育均占有重要地位。但在当下以知识灌输为导向的人才培养模式影响下，城乡规划专业本硕学生的培养目标存在重理论轻实践的问题 [8]。一方面，从当前一些高校的本硕培养方案来看，理论课与设计课相脱节，缺乏理论与实践相结合的课程，且学生们课外实践的机会不多、形式不够丰富，知识转化实践的渠道与应用的场景有待拓展。另一方面，乡村振兴需要具备实践能力、创新思维和跨学科知识的复合型人才，而城乡规划本硕学生的理论教育缺乏对乡村特色、乡村文化、乡村经济等方面的知识灌输，这就导致学生对乡村振兴的理解和实践能力有限，等到参加工作时，难以适应实际需求，难以有效推动乡村发展。

2.2 城乡规划专业本硕人才一体化培养受限

城乡规划本硕人才一体化培养较目前的分段式培养具有优势和潜力，但是在实施阶段尚存在诸多壁垒。一方面，各高校在本科和硕士阶段的课程设计上缺乏足够的连贯性和互补性。本科阶段更侧重于基础理论和方法的掌握，而硕士阶段更加注重深入研究和实际应用。在实际操作中，两个阶段的课程衔接可能不够紧密，导致学生在知识结构和技能培养上存在断层。另一方面，除了课程设计方面的问题之外，师资力量不均衡也是导致一体化培养推进困难的原因之一。随着城乡发展的不断变化和新技术的不断涌现，城乡规划领域需要不断创新和更新知识体系，而作为知识直接传播者的高校教师就必须具备足够的创新性和前瞻性，师资力量的质量和数量在城乡规划本硕人才一体化培养过程中具有重要的影响地位。然而目前一些高校存在师资力量不足和不均衡问题，部分教师缺乏实践经验和深厚的理论基础，难以为学生提供高质量的教学和指导。

2.3 城乡规划专业本硕人才跨学科融合不足

乡村振兴战略的实施涉及规划、建设、生态、农业、文化、经济、管理等多个领域，因此在乡村振兴背景下城乡规划专业本硕人才需要具备跨学科的知识和能力。但是目前高校城乡规划专业的课程设置和教学内容往往局限于本专业领域，缺少与其他学科的交叉融合，这导致毕业生在实际工作中面对复杂问题时，难以从多个角度进行综合分析和解决。究其原因，一方面跨学科融合需要不同学科背景的教师共同参与教学。目前城乡规划专业教师往往以城乡规划学科为主，生态、农业等其他学科背景的教师数量少，同时教师之间的合作机制不够完善，缺乏沟通协作的平台。另一方面，实践环节的学科融合也存在不足。在城乡规划本硕教育中，实践教学往往局限于本专业领域，缺乏与其他相关学科的结合，学生难以在实践中接触到不同领域的知识和技能，也难以形成跨学科的综合应用能力。

3 面向乡村振兴的城乡规划专业本硕一体化实践育人理念与目标

3.1 培养理念

在乡村振兴背景下，城乡规划专业本硕一体化实践育人模式的理念在于构建连贯、互补的本硕教育体系，强调知识与能力的递进式培养。首先，要关注知识体系的连贯性。本科阶段侧重于基础知识的学习和基本技能的培养，包括对国土空间规划、乡村振兴、城市更新、遗产保护等知识的普及了解，奠定坚实的学科基础；硕士阶段则更加注重专业知识的深化和科研能力的提升，引入前沿理论与研究方法，实现知识的拓展与升华。其次，要重视实践能力的递进性。本科阶段通过乡村课程设计、实习实训等方式，初步培养学生的实践能力；硕士阶段则通过参与课题研究、项目实践等，深入乡村实际，参与各类乡村规划与设计，提升乡村振兴的实践能力。最后，要强化服务乡村振兴的导向性。无论是本科还是硕士阶段，都应将城乡规划专业的教学与实践紧密围绕乡村振兴等战略需求展开，培养学生的服务意识和创新能力，为乡村地区的可持续发展提供人才保障。

3.2 培养目标

面向乡村振兴的城乡规划专业本硕一体化实践育人培养目标旨在通过连贯、互补的本硕教育，培养出具备深厚理论基础和强大实践能力的城乡规划专业人才，为国家乡村振兴和城乡规划事业发展提供有力支持。首先，需要培养城乡规划领域的复合型人才。通过本硕一体化的培养，使学生既具备扎实的城乡规划专业知识，又具备跨学科的综合素养，能够适应复杂多变的城乡规划实践需求（表1）。其次，需要实现本硕教育的无缝衔接。通过本科阶段的基础知识和基本技能的构建，为之后硕士阶段的深入学习提供有力支撑；通过硕士阶段的深化学习和实践创新，进一步巩固和拓展本科阶段的学习成果，从而实现本硕教育的无缝衔接和相互促进。最后，需要提升服务乡村振兴的能力水平。通过本硕一体化的实践能力培养，使学生能够深入了解乡村地区的发

城乡规划专业本硕生实践能力标准　　表1

本科生	硕士生
（1）较强的法定城乡规划的编制能力； （2）较强的住区建设规划、城市设计、各类专项规划设计以及空间规划编制的能力； （3）一定的城乡规划编制与设计的组织与管理的能力； （4）一定的城乡规划管理与决策咨询的能力； （5）城乡规划相关的信息采集、测绘、调研、实验、统计与分析的能力； （6）空间规划、城乡规划与设计、管理等方面常用软件的应用能力	（1）具有从事城乡规划学科研究、教学和专门技术工作的能力； （2）具有系统的专业知识以及科学研究方法和技能； （3）掌握城乡规划创新能力与规划思想表达能力； （4）掌握城乡规划合作能力与跨专业协调能力； （5）较强的城乡法定规划编制的能力； （6）较强的城乡社会调查分析及政策协调制定的能力

展需求与问题，提出切实可行的解决方案，为乡村振兴提供有力的智力支持。

4 赋能乡村振兴的城乡规划专业本硕一体化实践育人模式探索

合肥工业大学城乡规划专业发展可追溯至 1986 年，设立了“城市规划与设计”研究方向，并于 2000 年成立城市规划系，是我国较早设立城乡规划专业及招收硕士研究生的院校之一。经过多年发展，学院已取得城乡规划学一级学科硕士学位授权点，城乡规划专业于 2017 年和 2021 年两次通过全国专业评估，拥有城乡规划国家级一流本科专业建设点。结合近年来的教学实践和人才培养经验，对赋能乡村振兴的城乡规划专业本硕一体化实践育人的思路与举措进行总结，以期为其他高校教学体系改革提供参考借鉴，推动国内高校在城乡规划专业人才培养方面取得更大的突破与进步，具体模式如图 2 所示。

4.1 优化课程体系，实施一体化教学

课程体系设置方面，针对乡村振兴的最新政策和实际需求，及时调整优化城乡规划专业的课程内容，打破阶段壁垒，使本科与硕士课程更好地贯通，实现本硕一体化教学。首先，构建与乡村振兴紧密结合的课程体系，在本科和硕士阶段，都应高度重视与乡村振兴紧密相关的课程，如城乡规划原理、城乡规划设计、城乡道路与交通规划、城乡基础设施规划等课程，以强化学生对乡村振兴战略的理解和实践能力（图 3）。随着乡村振兴战略的深入实施，新的政策、理念和实践不断涌现，教学内容也应及时更新，反映最新的发展趋势和研究成

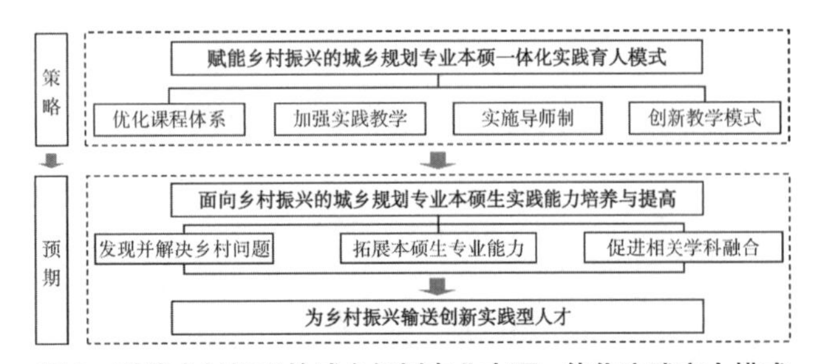

图 2 赋能乡村振兴的城乡规划专业本硕一体化实践育人模式

资料来源：作者自绘

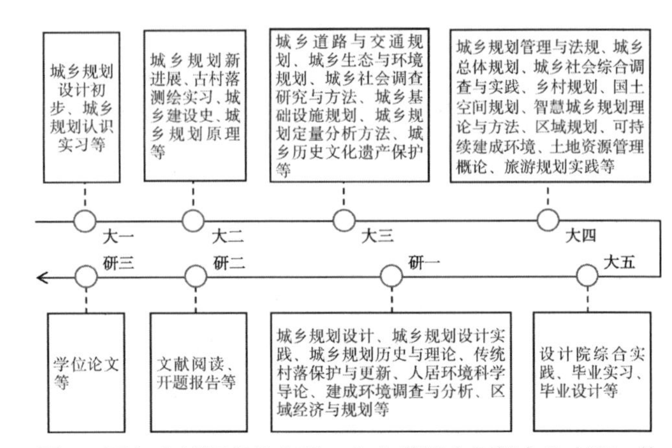

图 3 面向乡村振兴的合肥工业大学城乡规划专业本硕一体化培养体系

资料来源：作者自绘

果。其次，本硕阶段在开展乡村振兴相关课程教学的过程中融入课程思政，依托乡村规划等课程引导学生进行扶贫工作案例分析，如贫困地区的基础设施建设、产业发展规划等。通过分析这些案例，让学生深入了解国家实施脱贫攻坚战略的必要性和重要性，培养学生的社会责任感。同时，在“城乡建设史”“城乡规划历史与理论”“建筑艺术与文化”等课程中增加中华优秀传统文化的相关内容，通过学习这些课程，让学生了解中华文化的博大精深，增强文化自信。将专业知识与思政教育关联起来，能够更好地培养学生的综合素养，为培养高素质、全面发展的城乡规划人才奠定坚实基础。

4.2 加强实践教学，提升实践水平

实践教学培养方面，构建以实际案例促进专业设计、以专业设计夯实理论基础的多层次、多维度创新实践模式，有助于城乡规划专业本硕生更好地理解和应用理论知识，推动城乡规划与乡村振兴的深度融合[9]。首先，采用“课堂讲授＋实地研学”的教学方式，将“乡村规划”“古村落测绘”“传统村落保护与更新”等本科生课程开到了田间地头，在皖南乡村开展现场教学。通过专家授课与现场探勘，深入了解乡村振兴事业在产业建设、文化活动、人才引进等方面的基本情况，并依托现场勘探拍摄、测绘、访谈等方法，对乡村发展的各个方面展开初步观察与探究。同时借助学科竞赛、设计下乡等实

践平台，引导城乡规划专业学生将理论与实践相结合，不断提高自身发现并解决乡村现存问题的能力，为同学们深入地思考乡村未来发展路径奠定基础（图4）。其次，邀请具有丰富实践经验的设计院专家来校开展讲座，分享他们的工作经验，并作为校外导师指导学生课程设计；同时鼓励学生利用寒暑假前往设计院实习，进一步强化学生的实践能力，以更好适应国土空间规划背景下的市场需求。此外，鼓励校内教师积极参与实际项目，实现“科研＋项目”两手抓，提高教师的实践能力和水平，以更好地指导学生进行实践活动。最后，建立科学的实践教学评估体系，对实践教学过程和效果进行全面、客观的评估。定期收集学生和教师的反馈意见，及时调整实践教学方案，优化实践教学环境，继而实现了城乡规划专业本硕生创新实践能力的有效提升。

4.3 实施导师制，强化个性化指导

紧跟国内教育改革的现状趋势，对本科生与硕士生均实施导师制，强调一对一指导，这有助于学生得到针对性的建议，帮助学生更好地规划学习路径，引导学生学会独立思考、自主学习，进而培养出专业创新型人才。首先，本硕均实施导师制，以学生感兴趣的研究方向、需求及特长作为主要依据，实行师生互选环节，确保每位学生均能选到自己合适的导师，搭建一个良好的交流学习平台，促进教学相长。其次，建立“导师—硕士生—本科生”一体的联动培养体系，实现三者互相促进、共同进步。导师作为本硕生培养的主要力量，而硕士生在参与导师项目研究的同时辅助导师开展本科生培养。如硕士生可以利用自己本科期间已经积累的实地调研经验，辅助导师指导本科生进行乡村现场踏勘、数据

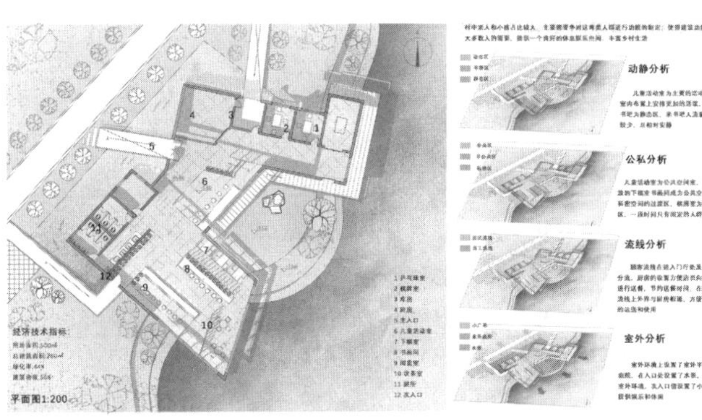

（a）巢湖市上洪村社区活动中心设计

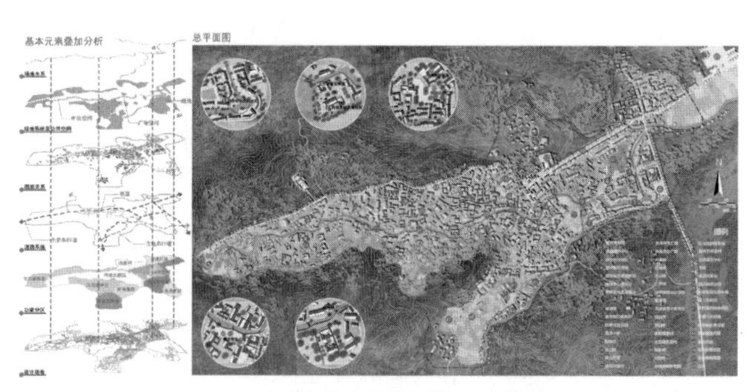

（c）泾县查济古村落保护与发展规划

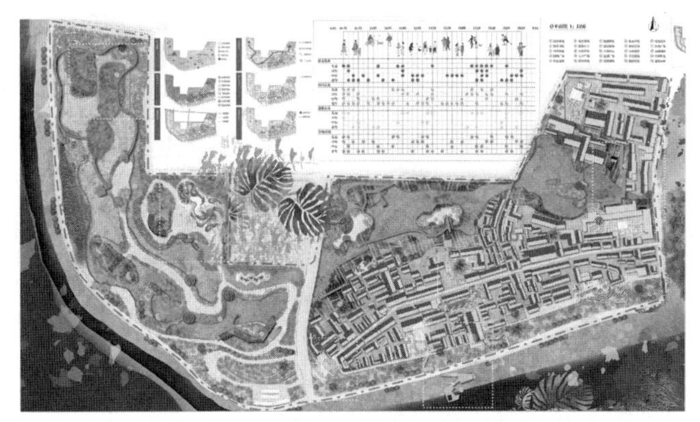

（b）合肥市丰乐镇景观更新规划

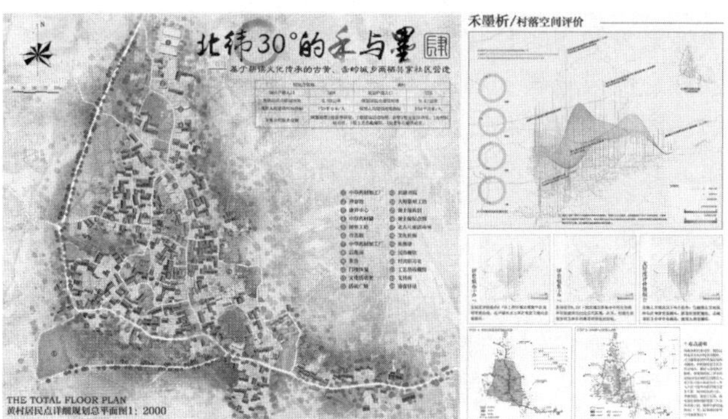

（d）黟县古黄、赤岭共享社区规划

图4　合肥工业大学城乡规划专业本硕生乡村规划设计实践成果

资料来源：合肥工业大学城乡规划专业本硕生绘制

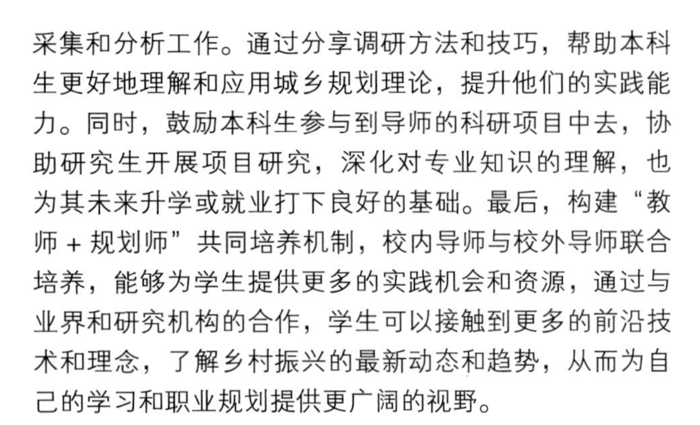

采集和分析工作。通过分享调研方法和技巧，帮助本科生更好地理解和应用城乡规划理论，提升他们的实践能力。同时，鼓励本科生参与到导师的科研项目中去，协助研究生开展项目研究，深化对专业知识的理解，也为其未来升学或就业打下良好的基础。最后，构建“教师＋规划师”共同培养机制，校内导师与校外导师联合培养，能够为学生提供更多的实践机会和资源，通过与业界和研究机构的合作，学生可以接触到更多的前沿技术和理念，了解乡村振兴的最新动态和趋势，从而为自己的学习和职业规划提供更广阔的视野。

4.4　创新教学模式，激发学习兴趣

在教学过程中始终坚持学生的主体地位，不断创新教学模式，探索多元的教学方法，激发学生的学习兴趣，培养他们的创新思维以及从不同角度思考和解决问题的能力。首先，颠覆传统的教学模式，引入翻转课堂，把课堂还给学生。学生在课前通过课件、视频等方式自主学习基础知识，并将学习过程中遇到的难点疑点记录下来，而后教师在课堂上组织学生分组对此展开讨论，鼓励同学们积极发表自己的看法，最后教师再作统一的答疑与总结。这种互动讨论式的教学模式将学习的决定权转移给学生，不仅能够活跃课堂氛围，调动学生学习的积极性，还有利于学生沟通表达能力的提升。其次，持续推进乡村联合毕设，鼓励学生跨校交流学习，在这个过程中学生们开阔了眼界、增长了见识，同时也激发了他们的创造性思维能力。最后，在新时代国土空间规划大背景下，开设各类计算机辅助设计课程，鼓励学生充分利用现代化数字技术和网络平台的便捷性、高效性，引导同学们借助 AI 和 ArcGIS 等软件进行文献总结、调研数据分析、大数据分析等规划设计的基础性工作，大大节约了时间成本，提高了学习效率。

5　结语

自党的十九大报告提出乡村振兴战略以来，党中央始终对此予以高度关注，积极推动乡村振兴战略的实施，加快建设宜居宜业和美乡村的步伐，乡村地区对于高素质、专业化的城乡规划人才的需求日益迫切。同时，积极响应国家号召实施“卓越工程师教育培养计划”，有助于推动高等教育改革，提高人才培养质量，为国家的创新发展和人才强国战略提供有力支持。未来，随着乡村振兴的不断深入，城乡规划专业本硕一体化实践育人将面临更多的机遇与挑战。当前要继续深化教育改革，创新人才培养模式，以党的二十大提出的“全面推进乡村振兴”为指引，以建设宜居宜业和美乡村为目标，加强高校城乡规划专业本科生与硕士生创新实践能力的培养，不断优化城乡规划专业本硕一体化培养的课程体系，以适应新时代社会发展对城乡规划专业人才的新要求。同时，加大对城乡规划专业本硕生实践教学的重视，鼓励学生积极参与实际项目，并邀请行业专家前来授课或开展讲座，以更好地适应市场需求，推动城乡规划学科可持续发展，为乡村振兴战略的实施提供有力的人才保障，也为其他学科人才培养体系的建立和教育教学改革提供经验借鉴。

参考文献

［1］ 新华社．习近平：高举中国特色社会主义伟大旗帜为全面建设社会主义现代化国家而团结奋斗——在中国共产党第二十次全国代表大会上的报告 [EB/OL].（2022-10-25）[2024-04-22]. http：//www.gov.cn/xinwen/2022-10/25/content_5721685.htm.

［2］ 中共中央办公厅．国务院办公厅印发《关于加快推进乡村人才振兴的意见》[J]. 中国人力资源社会保障，2021（4）：4-5.

［3］ 新华社．教育部：实施“六卓越一拔尖”计划 2.0 建设高水平本科教育 [EB/OL].（2018-10-18）[2024-04-22]. https：//www.gov.cn/xinwen/2018-10/18/content_5331923.htm.

［4］ 教育部网站．关于加快建设发展新工科实施卓越工程师教育培养计划 2.0 的意见 [EB/OL].（2018-09-17）[2024-04-22].https：//www.gov.cn/zhengce/zhengceku/2018-12/31/content_5443530.htm.

［5］ 本刊编辑部．“城乡规划教育如何适应乡村规划建设人才培养需求”学术笔谈会 [J]. 城市规划学刊，2017，（5）：1-13.

［6］ 潘孝楠，吴优．高校拔尖创新人才的培养模式与路径探索 [J]. 党政论坛，2024（1）：53-56.

［7］ 蔡云楠，梁芳婷．基于多学科交叉融合的城乡规划专业研究生教学探索 [J]. 华中建筑，2021，39（5）：101-104.

[8] 于洋，吴冰瑕，周睿，等．规划企业在专业教育中的作用机制与优化策略 [J]. 高等建筑教育，2022，31（4）: 97-107.

[9] 张泉，陈刚．“由观到悟”——城市规划专业认识实习教学改革与探索 [J]. 高等建筑教育，2011，20（1）: 146-148.

Enabling Rural Revitalization——Exploration and Innovation of Practical Education Mode of Urban and Rural Planning for Integration of Undergraduate and Postgraduate

Zhang Quan　Guo Shuyun　Xie Weiling

Abstract: The report of the 20th CPC National Congress puts forward that the comprehensive promotion of rural revitalization should solidly promote the revitalization of rural industries, talents, culture, ecology and organization. This puts forward requirements for the current professional talent cultivation in colleges and universities. By analyzing the significance of practical ability cultivation of the integration of undergraduate and postgraduate in urban and rural planning in the context of rural revitalization, summarizing the shortcomings of the current urban and rural planning talent cultivation in colleges and universities, and putting forward the concept and goal of the practical ability cultivation of integration of undergraduate and postgraduate. Combined with the teaching practice of urban and rural planning students of Hefei University of Technology, it proposes an integrated practical education mode for urban and rural planning students in Hefei University of Technology in terms of optimizing the curriculum system and strengthening the practice teaching, in order to enhance the practical ability of urban and rural planning students in Hefei University of Technology in the context of rural revitalization. For the aim to improve the quality of undergraduate and postgraduate's talent training in urban and rural planning, strengthen the innovation and practical ability, and provide assistance for promoting the talent cultivation of urban and rural planning professional in colleges and universities and the comprehensive rural revitalization.

Keywords: Rural Revitalization, Integration of Undergraduate and Postgraduate, Practical Education Mode, Practical Ability, Talent Cultivation, Urban and Rural Planning

“人工智能 +”时代规划设计线上课程建设思路*

葛天阳　高　源　周文竹

摘　要： 在“人工智能 +”时代，传统的规划设计类课程如何紧跟时代进行数字化转型亟待探索。近年来，线上课程的建设模式不断发展，经历了镜像模式阶段、混合模式阶段，逐步进入知识图谱模式阶段。规划设计类课程具有课程体量大、教学知识点杂、重视能力培养的特点。相对于传统的镜像模式与混合模式，知识图谱模式更加适合规划设计类课程的建设需要。东南大学规划专业二年级“规划设计基础”课程基于知识图谱模式，拟定了四位一体的课程建设框架。在知识图谱建设方面，凝练教学重点，系统梳理配套资源，建构知识图谱。线上课程建设方面，建设多门线上课程，建立混合教学模式，积累优质教学内容。在数字资源建设方面，建设前沿实践案例库、优秀课程作业库、数字教案资源库。在教师团队建设方面，积极探索虚拟教研教学，增进交流提高水平，建设多元成果扩大影响。东南大学二年级“规划设计基础”课程的建设构思对相关设计类课程的建设具有一定借鉴意义。

关键词： 人工智能 +；规划设计；线上课程；课程建设；知识图谱

1　引言

规划设计课一直是城乡规划专业的核心课程。在“人工智能 +”时代，“人工智能 + 教育”日益受到重视[1-4]，规划设计课如何进行转型以符合时代需求是值得研究的重要问题。近年来，线上课程蓬勃发展，课程模式不断演化，已经由简单的镜像模式，历经混合模式，逐步向知识图谱模式发展。设计课与常规理论课程相比，具有体量大、知识点杂、重能力培养的特点。设计课的线上课程建设不能套用传统理论课照搬至线上课程的套路，需要根据设计课特点探索一条新路。

以规划二年级“规划设计基础”课程为例展开研究，旨在探索在“人工智能 +”时代，如何进行线上课程及数字资源的系统性建设。

2　线上课程模式演进

线上课程可以分为“第一代：镜像模式”“第二代：混合模式”“第三代：知识图谱模式”三种模式。三种模式的模式特征各不相同，适用场景各不相同，其建设重点也有不同（表 1）。

三代线上课程建设思路比较　　表1

课程模式	第一代：镜像模式	第二代：混合模式	第三代：知识图谱模式
模式特征	线上线下一一对应 一致性 浓缩性	线上线下一一对应 互补性 互动性	一门线下课程对应多门线上课程及各类线上资源 多元化 图谱化
适用场景	替代教学 精品推广	混合教学	设计类课程 能力培养为主 知识点庞杂
建设重点	教学视频建设 教学课件建设	教学视频建设 教学案例建设 扩展阅读建设 课后习题建设	知识图谱建设 线上课程群建设 教学资源建设 教师团队建设

*　基金项目：“十四五”国家重点研发计划课题（编号 2022YFC3800302）；江苏省自然科学基金项目（编号 BK20241349）。

葛天阳：东南大学建筑学院讲师（通讯作者）
高　源：东南大学建筑学院教授
周文竹：东南大学建筑学院副教授（通讯作者）

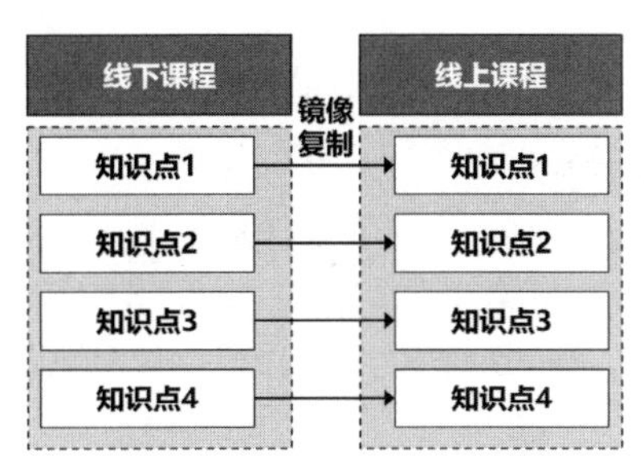

图 1　镜像模式线上课程

资料来源：作者自绘

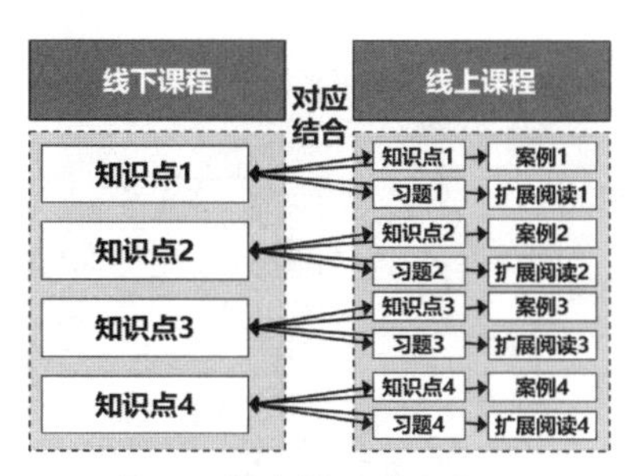

图 2　混合模式线上课程

资料来源：作者自绘

2.1　第一代：镜像模式

镜像模式是指将线下课程原样照搬至线上课程，线上课程可以直接替代线下课程的线上课程建设模式（图 1）。

（1）模式特征

镜像模式是线上课程的基本模式，以“一致性”和“浓缩性”为基本特征。一致性是指线上课程的教学内容、教学大纲与线下课程一致，线上课程的知识点与线下课程一一对应。浓缩性指线上课程的教学视频相对于线下课程更加浓缩、精练、规范。

（2）适用场景

镜像模式线上课程的适用场景主要为“教学替代”和“教学推广”。教学替代指在线下课程因各种原因无法开展时，采用线上课程替代线下教学。教学推广指将业内领先高校的高质量课程进行推广，供广大高校及社会人士学习。

（3）建设内容

镜像模式线上课程的主要建设内容为教学视频和教学课件。镜像模式的重点在于对线下课程的浓缩、提炼及数字化转译，高质量的教学视频是镜像模式线上课程的重点建设内容。

2.2　第二代：混合模式

混合模式是指将线上课程和线下课程视为一个整体，线上线下相辅相成，形成混合教学的线上课程建设模式[5, 6]（图 2）。

（1）模式特征

混合模式的线上课程以“互补性”和“互动性”为基本特征。互补性是指线上课程和线下课程内容互补，而非重叠，线上课程是线下课程的拓展与延伸，如为了配合线下课程的知识点介绍，线上课程可以包含案例、扩展阅读、习题等内容。互动性指线上线下课程的紧密结合与有机混合，产生良好的互动效果，如将线上课程案例作为线下课程知识点的补充说明，线上习题的成绩作为线下课程的成绩组成部分。

（2）适用场景

混合模式线上课程的主要应用场景为线上线下混合教学。一方面，线上课程作为线下课程的拓展阅读，线上线下形成有机整体，解决线下课时时间有限的问题，不如在线下课程简单概括的案例，可以在线上课程中详细阐述。另一方面，线上课程可以作为线下课程成绩的判断依据。线上课程的考核习题是线下课程平时成绩判定的重要依据。

（3）建设内容

混合模式线上课程的主要建设内容为教学视频、教学案例、扩展阅读、课后习题等。在混合模式线上课程中，教学视频建设仍是重要组成部分，线上课程仍需要一定的完整性与独立性。教学案例是混合模式中线上课程建设的重要内容，线下教学中难以详细阐述的案例可以在线上课程中进行完整介绍。扩展阅读建设指与课堂知识有一定相关性，但又不完全属于教学大纲的相关内容，可以是相关知识点、前沿动态等。课后习题库建设可用于检验学生课后学习效果，通过少而精的线上习题实现基于记忆曲线的及时检验，为平时成绩提供打分依据。

2.3　第三代：知识图谱模式

知识图谱模式是指围绕线下课程，建设多元化线上课程及数字资源，构成以线下课程为核心的知识图谱的线上课程建设模式（图 3）。

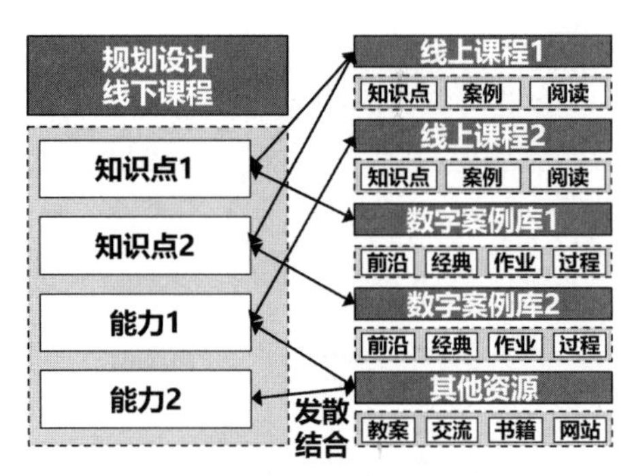

图 3 知识图谱模式线上课程

资料来源：作者自绘

（1）模式特征

知识图谱模式线上课程以“多元化”和“图谱化”为基本特征。多元化是指一门线下课程可以对应不仅一门而是多门线上课程及各类数字资源。线下课程的教学目标可能是多个知识点或多项能力培养，针对每个知识点或能力，建设相应的线上课程、数字案例库等各类数字资源。图谱化是指将各类资源组织成为知识图谱，帮助教师和学生针对特定知识点教学或特定能力培养迅速提取相应线上课程及相关数字资源。

（2）适用场景

知识图谱模式线上课程的主要应用场景为设计课这类知识点庞杂，同时对能力培养较为重视的课程。设计类课程涉及的知识点庞杂，培养能力多元，若将所有知识点放入同一门线上课程，容易使课程内容过于宽泛，缺乏重点，同时也容易导致各年级的线上课程重复，缺少区别。可以根据各年级设计课训练重点，针对性地建设相应线上课程及线上资源。

（3）建设内容

混合模式线上课程的主要建设内容为知识图谱、线上课程群、教学资源、教师团队等。线上课程群指根据课程的知识点、能力培养目标建立的一门或多门小而精的线上课程。教学资源指相应的数字案例库、数字教案、网站、书籍等教学资源。教师团队指围绕知识点、能力培养目标的差异化教师团队建设。知识图谱指围绕线下课程知识点、能力培养目标的数字资源检索知识图谱，便于教师和学生掌握知识结构全貌，检索相应资源。

3 规划专业二年级“规划设计基础”课程建设框架

3.1 课程概况

“规划设计基础”是东南大学城市规划专业本科二年级的核心专业课程，是整个二年级各门课程教学组织的核心课程。课程分两个学期授课，每个学期128课时，5学分，共计256课时，10学分，课程每次课连续4课时，每周一、周四上课，持续16周。课程采用小班授课为主，小课与大课结合的形式，多名教师共同授课，每位教师每学期教学时长均为128课时。

课程具有体量大、知识点杂、重能力培养的特点。第一，课程分两个学期共256课时，几倍于一般课程，课程体量大、内容多、综合性强。第二，课程知识点杂，相关知识点包括设计规范类、空间组织类、空间美学类、建筑结构类等，内容庞杂。第三，课程重视能力培养，包括场地分析能力、空间建构能力、方案表达能力等。

以“先进灵活的教学形态、精益求精的混合教学、优质数字化教学资源、国际视野的教学师资”为目标，展开知识图谱建设、教学课程建设、教学资源建设、教师团队建设（图4）。

3.2 知识图谱建设

建设以规划设计实践能力培养为核心的课程资源知识图谱，精准凝练设计课的知识点、能力培养等重点内容，系统梳理相应的大纲、教案、理论配套、数字资源配套等多种资源建设，总体建立指导课程资源体系建设、指导教师及学生资源检索的知识图谱。

（1）教学重点梳理

依据教学目标及二年级设计课在本科整体教学体系中的定位，合理设置二年级设计课重点训练的各项能力以及要求掌握的知识点。

（2）配套资源梳理

围绕教学重点，系统梳理应具备的各类教学资源，包括设计课教案及任务书建设、针对性线上理论课建设、多元化数字资源建设。

（3）知识图谱建构

建立二年级设计课的知识图谱，以重点知识点和重点培养能力为核心，系统梳理相应教学资源体系，指导

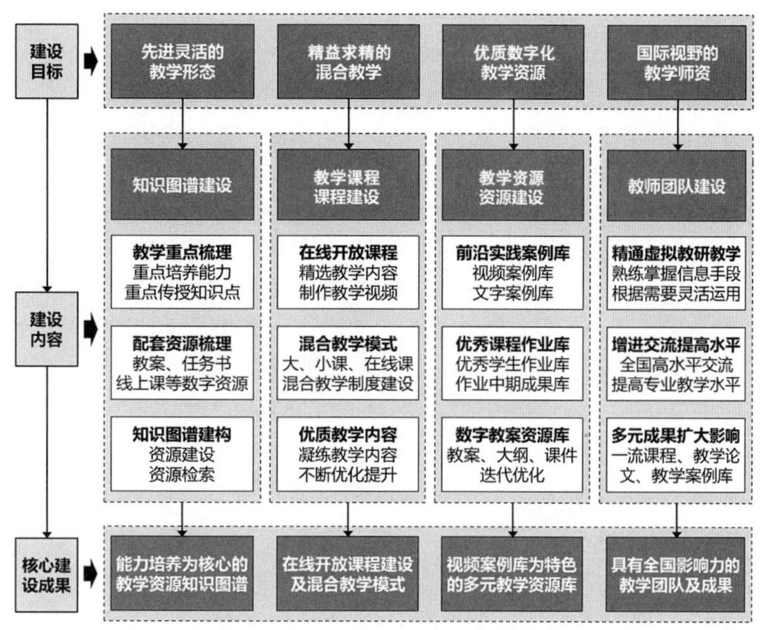

图 4　规划专业二年级"规划设计基础"课建设框架

资料来源：作者自绘

课程资源体系的全面建设，服务教师教学及学生学习的资源检索。

3.3　线上课程建设

利用在线开放课程的新教学方式，继续发挥小班一对一教学的精准互动优势，将线上线下教学结合，并建设与之配套的教学内容、教学方法、评价方法，以混合教学模式支撑精益求精的教学。

（1）在线开放课程

开展在线开放课程"规划设计基础""步行城市"等线上建设，精选教学内容制作教学视频，实现传统强势课程的信息化升华。

（2）混合教学模式

发挥线下小班教学精准互动的优势，将线上线下教学结合，建设与之配套的教学内容、教学方法、评价方法。

（3）优质教学内容

不断优化凝练教学内容，在传统优势课程的基础上与时俱进，精益求精，使教学质量不断提升。

3.4　数字资源建设

全面建设数字化教学资源，包括案例视频、教学视频、电子课件等数字载体的教学资源建设，培养方案、教学大纲、课程作业等传统资源的数字化转译，以数字化促进共享，发挥优质教学资源的作用。

（1）前沿实践案例库

精选规划设计基础前沿优秀实践案例，制作实践案例库，包括视频案例库和文字案例库。

（2）优秀课程作业库

针对规划设计基础课程注重实践的特点，完善课程作业库建设，并新增中期成果库，发挥各阶段案例示范作用。

（3）数字教案资源库

规范建设数字化教案资源库，包括培养方案、教学大纲、电子课件等，为课程迭代优化提供数字资源基础。

3.5　教师团队建设

打造熟练掌握虚拟教研、混合教学，同时专业水平高、教学水平强、具有国际视野的教学团队，利用虚拟教研锻炼教师、增进交流，建立城市规划专业二年级规

划设计基础课程在全国的影响力。

（1）精通虚拟教研教学

应对“人工智能 +”时代新型基层教学组织的要求，建设熟练掌握各类虚拟教研教学的手段的教师团队。

（2）增进交流提高水平

发挥虚拟教研教学突破时空限制的优势，增进全国乃至全球高水平交流，提高教师团队专业及教学水平。

（3）多元成果扩大影响

开展一流课程、教学案例库、教学论文、学生竞赛等多元教学成果建设，扩大教学团队的影响力。

4 建设特色

4.1 信息化：数字信息技术的广泛应用

课程迎接“人工智能 +”时代，广泛采用多种数字信息技术，包括视频会议、共享文档、社交媒体等研讨形式，在线开放课程、SPOC 等教学形式，视频案例库、文字案例库等资源形式，为虚拟教研室的建设提供充分的数字信息技术支撑。

4.2 混合化：虚拟与实体的有机结合

发扬本课程实体教研的优良传统，将虚拟与实体有机结合，进行深度整合，包括“虚拟 + 实体”的灵活教研组织，“线上 + 线下”的混合教学模式，“数字 + 实体”的优质教学资源，以及熟练掌握虚实结合技能的优秀教学团队。

4.3 前沿化：前沿专业内容的持续更新

充分利用虚拟教研室的信息化优势，保持教研教学内容的持续更新。利用虚拟技术突破时空限制，邀请行业领军专家参与教研教学；开展在线开放课程建设及更新，确保教学内容不断凝练与更新迭代；展开数字案例库建设，将前沿实践案例纳入教学。

4.4 思政化：课程思政的全面融入

以“系统设计、盐溶于水、点滴渗透、润物无声”的理念，将课程思政全面植入课程的课程教研、教学研究、课程资源、教师建设的各个环节，实现课程思政的系统性全面融入。

5 结语

在“人工智能 +”时代，规划设计课程教学需要与时俱进，积极开展数字化课程及资源建设。线上课程的发展历经三代，历经镜像模式、混合模式，现已逐步发展至知识图谱模式。设计类课程具有体量大、知识点杂、重能力培养的特点，镜像模式和混合模式不能满足设计类课程的线上课程建设需要。知识图谱模式线上课程是“人工智能 +”时代，设计类课程数字课程及资源建设的重要发展方向。

以规划专业二年级“规划设计基础”课程为例，可以从“知识图谱、线上课程、数字资源、教师团队”四个方面展开“人工智能 +”时代的课程资源建设。

同时，需要注意到，目前设计课开展配套线上课程建设仍具有一定障碍。第一，线上课程的审批建设常局限于一对一镜像模式，不能满足知识图谱模式的建设需要。第二，线上学分、线上课时的认定工作需要相应的制度配套建设。

总体上，知识图谱模式的数字课程及数字资源建设对“人工智能 +”时代设计类课程的发展具有重要作用。东南大学二年级“规划设计基础”课程的建设构思对相关设计类课程的建设具有一定借鉴意义。

参考文献

[1] 卢泽华．“AI+ 教育”，下好先手棋 [N]. 人民日报海外版，2024-04-29（8）.

[2] 赵文君，蔡子悦，袁振岳．国际人工智能教育的研究热点、演化路径、知识基础及其启示——基于 CiteSpace 的可视化分析 [J]. 中国教育技术装备，2024,（7）: 147-152.

[3] 汪时冲，方海光，张鸽，等．人工智能教育机器人支持下的新型“双师课堂”研究——兼论“人机协同”教学设计与未来展望 [J]. 远程教育杂志，2019，37（2）: 25-32.

[4] 董文娟，黄尧．人工智能背景下职业教育变革及模式建构 [J]. 中国电化教育，2019,（7）: 1-7，45.

[5] 马婧．混合教学环境下大学生学习投入影响机制研究——教学行为的视角 [J]. 中国远程教育，2020,（2）: 57-67.

[6] 李文洁，王晓芳．混合教学赋能高校课程思政研究 [J]. 中国电化教育，2021,（12）: 131-138.

Ideas for Planning and Designing Online Courses in the “Artificial Intelligence +” Era

Ge Tianyang Gao Yuan Zhou Wenzhu

Abstract: In the era of “Artificial Intelligence +”, it is urgent to explore how traditional planning and design courses can keep up with the times for digital transformation. In recent years, the construction mode of online courses has been constantly developing, experiencing the mirror mode stage, hybrid mode stage, and gradually entering the knowledge map mode stage. Planning and design courses are characterised by large course volume, miscellaneous teaching knowledge points, and emphasis on ability cultivation. Compared with the traditional mirror mode and hybrid mode, the knowledge mapping mode is more suitable for the construction of planning and design courses. Based on the knowledge mapping model, the second-year “Architectural Design” course of Southeast University's planning programme has formulated a four-pronged curriculum construction framework. In the construction of knowledge mapping, the teaching focus is condensed, supporting resources are systematically sorted out, and the knowledge mapping is constructed. In the construction of online courses, several online courses are built, a mixed teaching mode is established, and quality teaching content is accumulated. In terms of digital resource construction, build a cutting-edge practice case library, an excellent coursework library, and a digital lesson plan resource library. In terms of classroom team building, actively explore virtual teaching and research teaching, enhance communication to improve the level, and build diversified results to expand the influence. The construction conception of the second-year “Architectural Design” course of Southeast University has certain reference significance for the construction of related design courses.

Keywords: Artificial Intelligence +, Urban Planning and Design, Online Courses, Curriculum Development, Knowledge Mapping

新时代“新工科”理念下城乡规划专业人才培养模式改革思考

程昊淼　郭玉梅　张　建

摘　要：新时代城乡规划学科与科技水平、经济结构发生巨大变革，且“新工科”理念进一步明确了人才培养的目标和需求。城乡规划专业的人才培养模式亟须进行改革和转变。本文通过论述新时代城乡规划学科与行业的变革，探讨了多科型地方高校的城乡规划专业人才培养模式改革路径。研究表明应以“系统观”“时空观”“整体观”为指导原则，分别从面向学科新挑战更新城乡规划人才课程体系、面向学生志趣创新教育方式与手段、面向内外资源开放融合专业教育新生态三个方面进行改革路径探索。

关键词：人才培养模式改革；新工科；城乡规划专业；地方高校；新时代

1　研究背景

“新工科”以新经济、新产业为背景，更强调学科的实用性、交叉性与综合性。“问产业需求建专业”“问技术发展改内容”是“新工科”人才知识体系的重要导向，多学科交叉是“新工科”人才培养的创新方式[1]。城乡规划学科是“新工科”的重要技术支撑，与人工智能、碳中和、防灾减灾等学科的交叉融合已成为十分必要的发展方向[2]。城乡规划专业曾是20世纪初的“热门”专业，但是2010年后，随着城乡建设发展势头逐渐趋缓，在城市存量更新与高质量发展、科技研发与技术创新的大背景下，城乡规划专业正处于艰难的转型发展节点，面临就业难、人才培养滞后或错位于社会需求的困境。以同济大学等为代表的双一流院校纷纷更新培养目标与培养方式，以创新驱动，科技研发为主线，融入人工智能、网络大数据等新技术，改革传统城乡规划本科生的培养模式，赋予专业人才科技创新能力，应对社会发展对专业人才的新需求。作为地方高校的规划专业在未来规划人才培养模式上应该如何应对行业人才需求值得深入探讨。

北京工业大学城乡规划专业成立于2003年，已通过三次专指委的专业评估，在最新一次的专业评估中考核优秀。在专业发展过程中，立足地方高校特色，针对学科变革与行业发展进行了多轮教学改革，形成了以下四方面教学改革经验。第一，层层递进。通过专业课下沉低年级与压缩建筑学专业课程的比例，优化高年级规划专业设计主干课的开课学期与衔接关系，并新增“规划数据分析”“国土空间规划”“生态水文学”等课程，锻炼综合设计能力。第二，多点支撑。结合北京工业大学地方高校的优势，与在京规划设计院、高校紧密沟通，鼓励任课教师邀请实践一线人员和学科前沿专家讲座，实现课内课外无障碍联动的教学模式。第三，学研一体。依托北京工业大学师资队伍中较好的学研结构与科研水平，建立本科生导师制，由经验丰富的研究生导师带领本科生提早进入科学研究阶段。近年来，北京工业大学城乡规划专业同学多人获得挑战杯、互联网+、城垣杯、WUPEN等科技与专业竞赛奖励，多人发表SCIE2区和中文核心期刊论文。第四，理论实践相结合。锚定北京工业大学“立足北京，服务首都”的发展定位，将课外实践与理论教学结合起来，例如，依托校外教学实践基地开展社会调研、城市设计与乡村规划等教学工作，依托知名规划设计研究院开展规划实践工作营，令学生能够将所学知识及时应用于实践工作中。

程昊淼：北京工业大学建筑与城市规划学院副教授
郭玉梅：北京工业大学建筑与城市规划学院讲师
张　建：北京工业大学建筑与城市规划学院教授（通讯作者）

2 规划专业近年来的变化

2.1 规划行业变革带来人才需求变化

（1）规划设计职业方向的人才更替。规划设计职业方向入职标准提高，职业收益下降，从业人员开始外流。

（2）其他职业方向需求持续增加。城乡宏观政策、城市更新、微观治理、城乡运营、社区治理等多个工作方向以及擅长生态、社会、经济、文化等多个专门领域的人才需求旺盛。

（3）规划复合型人才缺口较大。随着学科发展和行业拓展，既需要具备各个空间尺度规划设计型人才，也需要具备国土空间规划专业知识和管理能力的人才，更需要兼具专业知识、沟通与执行力强的复合型人才。

2.2 规划师工作重点的转换

（1）从单方作战到多方协调

以往，规划师往往独立完成方案编制。当前项目的复杂性和综合性日益显著，应对各方博弈成为规划师的重要工作，同一项目多团队、多专业间协作现象越来越普遍，规划周期变长，不确定的因素变多，涉及各方之间的“利益平衡”成为规划师工作的重点。

（2）从问题研判到模型构建

之前规划师的专业能力体现在熟知各类标准、对问题的研判能力和方案表达能力等方面。新的空间规划体系和治理体系要求规划编制向“过程更高效、技术更智能、成果更科学、服务更精准”的方向转型。随着AI、大数据和数字化等技术的介入，规划师的专业性会更多地体现在模型构建能力上。城乡规划工作者具备海量空间数据的处理和分析能力是新时代规划的必然趋势[1]。

（3）从规划编制到提供服务

作为与城市发展战略、民生问题紧密相关的重要公共事务，城乡规划学科关系到公共利益的保障和多种要素的平衡，在国家治理体系中的作用愈来愈重要，其服务于政治、经济和社会等综合目标的规划属性越加凸显，且与政府的宏观决策、微观管理等工作愈发密切[10]。因此，新时期的规划实践工作已经向对规划成果进行动态维护、提供政策咨询、实施路径咨询，组织公众参与活动等转变，规划师的主要工作已从“编制规划”变为“提供服务”。

当前城乡规划行业中出现的转型现象必然会反馈到规划教学中来，城乡规划专业教学必须正视这种变革，在原有教学体系上的改进只依靠学时上的存量，增加教学内容显然是不可取的，而改变传统教学的人才培养模式值得深入探讨（图1）。

3 新时代“新工科”理念下城乡规划专业人才培养模式改革思路

“新工科”理念下，结合城乡规划的时代转型，城乡规划专业的教学模式改革应注重训练学生的系统观，增加并完善对城乡经济、社会和环境等内容的讲授，以系统论的思维，训练学生对城乡规划巨系统的理解；时空观，引入数字技术、人工智能等最新技术方法，从历

图1 新时代“新工科”理念下城乡规划专业人才培养模式改革路径

资料来源：作者自绘

史发展的角度，培养学生对城乡发展演变规律的分析能力，能够认识规划和实施的矛盾性；整体观，新时代规划任务繁重而复杂，应培养学生学会抓主要矛盾，解决规划设计与管理中的难题与挑战的能力，特别是对社会弱势群体利益与城乡社会发展中的挑战进行协同应对。

3.1 面向学科新挑战转方向，更新城乡规划人才课程体系

城乡规划专业具有十分鲜明的“综合性”特色，尤其伴随着我国完成了城镇化的高速发展，城乡规划进入全域规划、存量发展规划的新阶段。这一阶段更强调内涵提升的高质量和精细化发展，涌现出诸多新的发展方向和发展需求，同时城乡规划作为公共政策的属性不断得以强化。这样的发展背景对城乡规划专业的人才培养体系和课程设置也提出了新的要求。

（1）增加全域发展规划和信息技术课程内容

随着国土空间规划时代的到来和行业技术的变革，我国的城乡规划进入全域全要素统一管理的新阶段，发展要求倒逼城乡规划专业教学调整与转变。相对于全域发展规划的要求，工科背景的城乡规划专业本科教学普遍侧重于物质空间形态，课程设置多集中于形体空间和物质空间形态，而忽视自然资源保护、生态环境整治和土地资源管理等方面知识的供给[3]，重城轻乡，对于乡村规划方面课程设置普遍相对不足。

对应于国土空间规划的要求为专业知识领域覆盖面的宽广，规划教育难以全面覆盖，更须聚焦于城乡规划专业核心领域和行业发展趋势，补齐教育体系短板、重新优化、融合贯通课程体系和教学内容非常必要。为应对全域发展需求，城乡规划专业教育补齐短板，适当增设诸如自然地理、环境科学、生态修复、乡村规划等方面的课程非常必要；对应于行业技术的变革和国土空间规划技术平台的要求，规划专业教育现有的地理信息系统、规划数据分析、智能技术等方面的课程设置相对薄弱，亟须加强或增设相应课程。

（2）调整优化存量发展规划课程内容

存量规划不同于增量规划，由于土地的使用权已分散，如没有相应的机制、政策及技术的支持，存量规划可以说难以实施。当前的城乡规划教育多数仍注重物质空间形态的规划，对存量规划至关重要的投融资模式、利益再分配机制、治理模式、产权关系等关注相对不足，这更需要规划教育调整教学内容和方式，强调课程间的交叉融合，将经济、社会、管理等课程教学与规划设计教学互动融合，密切伴随来解决复杂的存量规划问题，实现城乡有机更新。

城乡规划作为资源配置公平正义和协调公共利益的重要手段，其公共政策的属性日益得到重视，而现有工科背景的城乡规划专业多数并未设置公共管理等相关课程。随着城乡规划政策属性的强化，规划教育增设城乡规划公共政策、社会治理、规划管理等类课程非常有必要。

3.2 面向学生志趣变方法，创新工程教育方式与手段

在信息化时代，知识的全面普及和获取知识的便利，使得传统教学受到冲击，如何深入挖掘知识点之间的交叉关联，将碎片化的知识点相互连接并深入浅出地讲述出来，是大学教师必须面临的挑战。课堂吸引力取决于教师和相应的教学内容和教学设计，同时也离不开教学的手段和形式。引入创新教育方式和手段，是提高课堂吸引力的重要方法。

（1）引入科技支撑，实现课上课下信息无障碍传递

将人工智能和线上教学平台引入课堂，帮助老师进行教学决策，实现与学生实时互动和教学效果的评价反馈，提高课堂效率。并可打破教学时空局限实现课上课下信息无障碍传递，从而调动课堂的积极性，取得了良好教学效果。

（2）丰富教学形式，织密全课程实践教育组织网

结合地区重点规划导向与热点规划问题，根据城乡规划专业特点适度增加实景教学比例，如城市更新课程进胡同、乡村规划进村庄，通过走入城乡规划的实际场景增加切身的感受。同时，还可通过情景教学与角色互换，加强学生对城乡规划专业知识体系的全面认知与工作内涵的深层次感悟。

3.3 面向内外资源创条件，开放融合专业教育新生态

（1）构建横向联系、方向交叉的“智慧 +”教学模块

大数据和智能技术对城乡规划专业建设产生了影响。“智慧 +”的内涵广泛而深远，知识点具有脉络繁多、前后连贯且与城乡规划学科多个方向可以交叉。因此，在构建“智慧 +”教学模块时，不仅应注意横向补

充相关课程，还应关注知识点的交叉互补。

首先，可利用北京工业大学以工为主、多学科群的优势，积极探索与计算机等专业相融合，丰富学生的知识储备，优化课程架构。譬如吸收人工智能、智慧城市、数字孪生等新技术，在一定程度上整合城乡规划与数据分析、机器学习、物联网技术等对现实有极强指导意义的领域[4]，开设城乡规划数字化设计方法、城市系统分析方法等新兴技术类课程，开阔学生视野。

其次，还应结合本校本学科的特色方向，探索一套数字化与特色方向本科教学体系的教学路径。例如，结合北京工业大学城乡规划学科的特色学科方向，加强对城市综合防灾系列课程的数字化变革。引入“智慧防灾”的概念，基于大数据环境，构建区域层面的更为完善的数字预防灾害系统[5]。此外，还应考虑在“智慧 +”教学模块中加入数据获取与分析技术的讲授，比如移动轨迹大数据、电商购物大数据、共享交通大数据等表征人类社会各种经济活动或行为的大数据，可以有效提高城乡规划专业教学的数字化建设[7]。

（2）形成目标明确、形式多元的“经济 +”教学模块

应用经济学思想分析城市各种社会经济活动，并将其应用到空间规划决策。所开设课程在注重理论教学的同时应联系区域发展，增强对国家与地区新需求应对能力，提升学生对优化空间资源配置的相关知识和能力[6]。

首先，明确“经济 +”教学模块的教学目标。该模块教学应牢牢抓住空间经济学本质，引导学生用空间思维分析经济活动现象和规律。从重要的城市经济现象出发，如集聚经济、规模经济、产业经济以及形成的经济空间结构，构建“经济 +”知识体系。围绕国家战略与热点问题，培养学生收集、整理和分析城市经济问题的能力[7]。探讨人口、土地、基础设施、住宅、环境、产业等要素在规划方案中的应用。

其次，还应改变以往城乡经济学相关理论课的讲授形式，加入实践、研讨、体验等多元教学形式。例如，选取学校所在地的典型片区，通过实地考察、访谈等方式深度了解调研对象。同时，应加强不同课程之间的联系，结合总规、村规、详规和城市设计等专业课程，帮助学生实践相关知识点的应用；选择感兴趣的要素进行重点研究和突破，使学生在学习了发展历程和理论后有机会对某一专题进行自主观察和研究。

（3）组建课程体系合理、方向分流的“公共政策 +”教学模块

公共政策视野的城乡规划是地方政府的一种公共职能，城乡规划学科已从空间设计转型侧重城乡治理，这就要求深化公共管理、政策制定和法律法规等[8]，保证公共空间和基础设施等的配置得以落实，并逐渐成为社会协商、平衡利益的平台工具，打造良好的空间关系。

首先，合理设置课程体系。学生需要掌握政策分析、制定、实施效果监测与评价等技能，具备问题诊断和决策支持能力。应注意其与社会学相关知识的衔接，包括基于社区视野的生活空间建构、作为公共政策的城乡规划、接入社会学过程的城乡规划、结合城乡规划的社会规划等。

其次，试点高年级专业分流，适应城乡规划学科的公共政策导向与就业市场转变。由于学科内涵的扩大与转变，学生就业方向也发生了转变与拓展。除规划设计院外，规划管理系统、各类社会公共治理咨询机构[9]也逐渐成为学生就业的主要选项。针对北京工业大学为市属 211 高校且以北京生源为主的特点，可强化学生对城乡治理与规划管理导向的培养，对高年级本科生进行方向分流，将“公共政策 +”教学模块进行教学体系扩展，作为专业分流的方向之一，扩大其课程体系框架与容量。

4 结语

本文基于新时代我国国土空间规划改革、经济结构变革与科技发展的特点，梳理了城乡规划专业行业内涵与工作外延的变化，探讨了多科型地方高校中的城乡规划专业人才培养模式改革路径。未来城乡规划专业还将面临学制改革、生源类型调整等诸多挑战，对本专业的人才培养模式改革的讨论将持续进行。本文的研究成果可为城乡规划专业教学改革提供有益支持。

参考文献

[1] 陆国栋，李拓宇．新工科建设与发展的路径思考 [J]. 高等工程教育研究，2017，(3): 20-26.

[2] 杨俊宴．凝核破界——城乡规划学科核心理论的自觉性反思 [J]. 城市规划，2018，42 (6): 36-46.

［3］ 杨欢，魏晓宇．国土空间规划背景下我国城乡规划专业本科课程体系“供给侧”改革思路探讨 [J]. 黑龙江教育（高教研究与评估），2021，(3)：18-19.
［4］ 刘超，吴志强．城市信息学在规划科研实践与教育中的进展研究 [J]. 国际城市规划，2024，(39)：1-10.
［5］ 董武娟．面向新经济的城乡规划专业改造升级路径教学模式分析 [J]. 安徽建筑，2021，(28)：110-111.
［6］ 沈静．经济地理学与产业规划课程实践教学方法探索 [J]. 高教学刊，2024，(10)：38-41.
［7］ 马世发．新时代城乡规划专业城市经济学教学模式改革与探索 [J]. 高教学刊，2020，(9)：120-122.
［8］ 周庆华，杨晓丹．面向国土空间规划的城乡规划教育思考 [J]. 规划师，2020，36(7)：27-32.
［9］ 周庆华，杨晓丹．城乡规划公共政策属性与专业教育改革 [J]. 规划师，2018，34(11)：149-153.

Considering Reorganizing the Education Process for Urban Planning Talents under the Concept of “Emerging Engineering Education” in the New Era

Cheng Haomiao　Guo Yumei　Zhang Jian

Abstract: In the new era, the discipline of urban planning, the level of science and technology, and the economic structure have undergone great changes, and the concept of “new engineering” has further clarified the goal and demand of talent training. The talent training mode of urban planning is in urgent need of reform and transformation. This paper discusses the reform of urban planning discipline in the new era, and probes into the reform path of talent training mode in multi-subject local universities. The research indicates that the reform paths should be explored from three aspects: updating the curriculum system of urban planning talents to meet the new challenges of disciplines, innovating education methods to meet the aspirations of students, and facing the new internal and external resources to integrated the new system of professional education.

Keywords: Talent Training Mode Reforming, New Engineering, Urban Planning, Local Universities, The New Era

面向国家需求的城乡规划专业型硕士培养体系创新与实践*

徐　嵩

摘　要： 新时代面对新变革及未来国家需求，城乡规划专业型硕士培养面临着迫切的变革。针对研究生培养体系的现实问题，本文以适应国家和地方发展的需要、提高人才培养质量为切入点，分别从人才培养模式的创新、课程结构体系的优化以及实践创新能力的提升三个方面，提出培养体系创新的实现路径，旨在为城乡规划专业学位研究生培养的改革提供有益的参考。

关键词： 国家需求；专业型硕士；培养体系；城乡规划

1　背景研究

2020年中央领导人就研究生教育工作作出重要指示，强调研究生教育应适应党和国家事业发展需要，瞄准科技前沿和关键领域，完善人才培养体系，加快培养国家急需的高层次人才。因此，新时代面对新变革及未来重大需求，探讨城乡规划专业型硕士的培养模式具有重要意义与价值。

1.1　国家发展战略与城乡规划需求的关系

新一轮科技革命和产业变革蓬勃发展，以新时代国土空间规划体系改革为契机，高层次人才的培养要进一步强化需求导向，这也是未来教学改革的方向所在。在专业学位研究生培养中，积极对接城市更新、乡村振兴、区域协同发展、“双碳”等近年国家战略，以国家重大需求为牵引，突出基础性、前沿性，不断优化课程体系，培养研究生原始创新和实践应用能力，同时需要将人才培养与用人需求紧密对接，促进教育链、人才链与产业链、创新链的有机衔接。通过产教融合、协同创新的方式，使研究生在实践创新中深度融入地方经济社会建设，如京津冀协同发展、粤港澳大湾区发展规划等，对增强专业学位研究生的核心竞争力，实现专业学位研究生教育高质量发展具有重要的现实意义。

* 项目资助：中国建设教育协会2023年度教育教学科研课题（2023241）；天津城建大学2022年校级研究生教育教学改革与研究项目（JG-YB-2208）；天津城建大学2023年校级教改项目（JG-JC-22003）。

1.2　专业型硕士培养现状问题分析

随着经济社会发展的不断深入，城乡规划所面临的问题更加复杂与多变，新的问题与挑战不断涌现。与此同时，城乡规划技术的突飞猛进、学科的交叉融合，使得研究的深度与广度在不断扩展。杨辉等认为城乡规划经历了物质形态规划—综合战略型规划—资源管理型规划的嬗变，如国土空间规划就是我国社会经济发展到一定阶段的必然选择[1]。面对培养更多富有创新素质和适应社会发展的人才需要的呼唤，硕士研究生培养中问题日显突出。当前城乡规划专业型硕士在培养过程中出现培养目标单一且与课程设置脱节、培养特色不明显、实践训练无法跟上发展需求等现实问题。

2　培养体系改革的必要性

2.1　解决城乡规划教育改革的现实需求

结合我国国情，城乡规划转型不仅要面向错综复杂的现状物质条件，还要综合考虑社会、经济发展阶段的问题和矛盾的复杂性，以及适应未来发展的多种可能

徐　嵩：天津城建大学建筑学院讲师

性，这些变革对城乡规划专业发展和培养体系带来新的机遇和挑战。例如如何积极响应国土空间规划体系变化，探索课程体系改革方向和目标，通过优化课程结构体系，尽快培养出地方发展亟须的规划专业人才。城乡规划专业课程体系改革是当前专业教学面临的重要现实问题。在此过程中，需要打破学科知识边界，根据国土空间规划体系新变化、新需求，把握学科理论核心，基于多维学科交叉融合，打造地方高校具有地域特色的研究生培养模式。

2.2 “新工科”视角下专业人才的市场需求

为主动应对新一轮科技革命与产业变革，加快培养新兴领域工程科技人才，改造升级传统工科专业，支撑服务创新驱动发展、“中国制造 2025”等一系列国家战略，教育部提出了“新工科”研究与实践项目，探索建立“新工科”建设。如今，“新工科”项目更加强调多学科交叉和跨学科人才培养，更加强调产教融合和校企合作，更加注重学生创新创业能力培养。从企业的人才需求角度，高校及学科专业需要充分结合当前企业对人才的实际需求来建立一个优质的人才培养体系，通过这种方式消除所学技能与企业岗位需求不对等的问题，将工科发展与市场需求紧密联系起来，推动产学研深度融合和科技成果转化应用。

3 培养体系创新路径

新时代城乡转型发展背景下，面对城乡规划教育在专业学位研究生培养过程中的短板，探索融合国家战略需求的教育教学改良路径。既要借鉴“他山之石”的经验与益处，还要结合各校城乡规划学科特色与优势，探索适合“本土”的改革模式，提升城乡规划专业型硕士的职业认同和专业自信。首先，以城乡规划专业型硕士培养改革为切入点，从多元化社会需求、价值伦理观念以及平台共建共享三个维度进行实证研究，创新人才培养模式；其次，在问题分析基础上，归纳国内外高校专业学位培养的成熟经验，并基于学科交叉进行城乡规划科学与技术的课程体系改革探索，建设协同创新的实践平台；最后，突出对专业型硕士实践应用能力的培养，响应市场实践需求，提出新时代专业学位研究生实践创新能力的提升路径（图 1）。

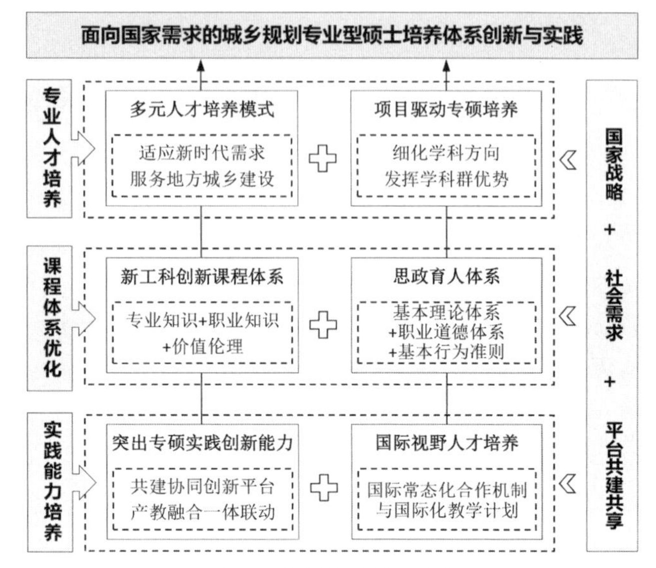

图 1 培养体系创新路径

资料来源：作者自绘

3.1 人才培养模式的创新

（1）基于多元化社会需求的人才培养模式

面对日益复杂的研究对象和工程问题，未来规划教育改革的核心是提升科学认知[2]，通过学科融合与专业方向深化，强化专业型硕士在基础理论与前沿方法研究上的创新，以更明确的目标指向整个教学与实践环节。从西方国家发展轨迹来看，在“二战”后均是以空间设计为重心，如英国、德国、美国等，并较早形成了空间规划体系，如日本的国土综合开发计划、英格兰的国家规划政策框架、法国的公共服务发展纲要和德国的联邦空间规划等，这需要在城乡规划专业人才培养过程中进行适应、融合与跨越，从关注空间设计到注重空间管治能力。德国的城乡规划教育在多学科和模块式课程体系支持下强调思辨能力与多元价值观的培养[3]。在城市建设向集约化、精细化发展的时代背景下，专业内涵和边界的拓展对人才培养的多元化提出了新的要求，包括知识结构、素质能力、人才层次等，如国土空间规划带来多学科的协作，知识和技能体系呈现多元特征，人才培养模式有以下转变：

①构建响应时代需求的多元人才培养模式。充分结合我国的实际情况，适应新时代的需求，探索适应社

会多元化的人才培养模式，更好地服务我国城乡建设和发展。例如清华大学规划专业充分整合本、硕、博三个阶段，通过设置研究提高、设计提高、交叉探索等形式，因材施教，因势利导，为每名学生多样化发展做好铺垫。

②地方院校建立特色鲜明的规划教育体系。各高校根据自身特色，细化学科方向，发挥不同背景院校的学科群优势，建立具有地域特色的人才培养模式，以培养适应多元化社会需求的城乡规划专业人才。

（2）项目驱动的专业型硕士培养模式

当前我国发展阶段与发展环境决定了城乡规划人才培养的高要求，尤其是对多种规划类型、多个管理部门的协调统筹能力，同时城乡规划作为一门应用型学科，具有很强的实践导向性，这也对专业型硕士的协同创新能力培养提出更高的标准。王建国院士指出，应注重综合人文素质的培养，专题研究能力与专业基础知识同样重要[4]；孙施文认为，城乡规划教育的培养目标应当统筹兼顾“通才”和“全才”，在培养体系中强化规划思想方法贯穿教学过程[5]；华晨、熊玲等分别以浙江大学、华南理工大学为例，探索了校企合作、产教融合等专业学位研究生教育的协同创新实践[6，7]。

立足专业型硕士培养，以国家和地方重大项目设计为驱动，建立“设计院＋高校＋研究院”多部门—多单位协同教学机制，构建实践综合创新实践平台。同时，建立以企业项目需求为导向的“学生＋导师＋项目”的“项目导向”产教融合新模式。如建立多个研究生联合培养基地，围绕实践项目，安排专业型硕士参与相关企业的定向研发项目，共同申报并承担纵向科研项目的研究工作。这样既为企业创新和人才团队建设提供支撑，满足个性化人才需求，又协助高校完成联合培养研究生的相关工作。

3.2 课程结构体系的优化

（1）基于“新工科”创新人才培养的课程设置与改革

新时代建设新工科，需要面向复杂现实思考多学科交叉与产学研融合。产业结构和布局的深度调整，需要工科专业进行相应的布局和调整。“中国制造 2025”提出的新一代信息技术产业、节能与新能源汽车、生物医药、新材料等重点领域都离不开多学科交叉、产学研融合。随着第四次科技革命的到来，“美国国家先进制造计划”“德国工业 4.0”“中国制造 2025”等发展战略相继提出，引发各国高等教育管理者与研究者的思考。以斯坦福大学为例，该校工程学院启动协作式工科加速器项目，吸引和培育专注于改革与融合传统学科知识以解决工程问题的人才。在此背景下，我国高校城乡规划专业应当主动适应新技术、新产业、新经济、新职业发展的需要，探索“新工科”发展理念、“新工科”建设范式和“新工科”人才培养模式。

以“新工科”建设实践为导向，形成课程、教材、实践、双创、科研反哺教学等全方位的改革成果及支撑体系。一是构建城乡规划专业型硕士的人才培养知识结构，优化课程体系及实践教学体系，形成指导性的人才培养方案，设置多学科相互渗透、相互融合的模块化课程群，使学科发展向课程渗透，精准培养交叉学科研究生；二是课程建设与教材建设重点突出理论与实践结合，在对规划设计、工程建设、运行管理等行业和管理部门、专家进行详细调研的基础上，明确新时代专业发展的新需求与人才培养的新方向，立足于工程应用，同时融合创新教育，强化学生综合能力与创新思维的培养。

（2）基于价值伦理观念的课程结构体系建设

基于未来“新工科”课程体系的特色，开展面向城乡规划技术的课程体系设计和改造。一方面，建立研究生全过程课程思政教育体系，融入科学伦理、工程伦理、企业伦理三个伦理，建设好传统文化、管理思想、创新能力、学科专业史四类综合素养课；另一方面，坚持维护公共利益，兼顾城乡发展的效率与公平为基本价值观，在课程体系中贯穿全域环境可持续、多方包容共识以及职业价值观，有助于培养专业型硕士服务于政治、社会和经济等综合社会需求的道德品质和职业素养。可从以下两方面进行课程体系的优化：

1）建构“三维一体”的课程结构体系。专业学位研究生教育的规模和结构正在发生深刻变化，在服务国家战略需求、实现高质量发展等方面，城乡规划学科必须充分发挥引领空间发展价值导向、维护公共利益的职责，基于价值伦理教育适时调整专业学位研究生的专业课程体系与组织模式，建立专业知识、职业知识与价值伦理“三维一体”的课程结构体系，形成服务于政治、社会和经济等综合社会需求的道德品质和职业素养。

2）面向国家战略需求的思政育人体系。以国家战略需求为核心，加强课程思政建设，将思政教育深融于专业课程教学和科研训练全过程，逐步形成“基本理论体系＋职业道德体系＋基本行为准则”的高层次专业人才的育人体系构建。

3.3 实践创新能力的提升

（1）基于平台共建共享的实践能力培养模式

专业型硕士的实际应用性是专业型人才培养目标之一，也是显著区别于学术型硕士的特征。以实践创新能力提升为核心，突出研究的应用性和可行性，同时在工程实践中凝练科学问题，将研究成果用于支撑理论研究的深入。例如，产教融合的培养模式，打通了基础研究、应用开发、成果转移和产业化链条，不但可以提升应用型人才培养质量，还可以深度融入当地与区域经济社会建设，实现教育和经济双重价值。强化专硕科研与实践的融通还应从以下两方面入手：

1）突出专业型硕士实践创新能力的培养。为避免与学术型硕士的同质化培养模式，专业型硕士的培养环节需要健全的产教融合育人模式，通过高校、企业、政府以及科研院所共建高水平的协同创新平台，充分发挥多主体的教学环境、教学资源和人才培养等方面的优势，将以课堂传授知识为主的教学体系与以实践创新为主的生产、科研实践有机结合，实现生产、学习、科研、实践的一体联动，以行业需求为导向培养创新型的高素质人才。

2）应对市场实践需求的教学载体。加强社会各行业全面参与专业学位研究生培养目标确定、培养方案制定、导师队伍建设、教学模式改革以及学位授予标准等全过程，合力提升专业学位研究生的科研能力与工作实践能力。

（2）基于国际视野提高人才培养质量

“双一流”建设总体方案要求人才培养工作全面提升学生的综合素质、国际视野、科学精神和创业意识、创造能力。其中，国际视野推动我国高等教育走向世界舞台的重要因素。近年来，我国大学的国际交流与合作网络在不断加密和深化，不仅加强了研究生与国际学术同行的交流与讨论，有效地培养了研究生的英文思维习惯，而且能够让研究生及时掌握国际学术前沿动态，提升研究生的跨文化沟通能力和国际竞争力。因此，培养拥有国际视野的人才，对提高人才培养质量具有重要意义。首先，建立与高校和国际机构的常态化合作机制。依托学校现有对外交流资源，积极拓展对外交流渠道，特别是与国外高校和区域高校的交流。加强交流与合作力度，通过建立常态化的对外交流制度，定期选派教师进行访问研究，鼓励学术带头人开展国内和国际合作，深化对外交流领域。其次，实施研究生国际化教学计划。邀请国际设计机构规划师及国外高校教授参与设计课程指导，使学生对中国与外国的思维、文化等诸多方面的差异有了直接经历，了解国际城乡发展的最新趋势，为学生解决国内城乡难题提供国际思路。

4 结语

面对新环境、新趋势、新需求，本文以国家战略实际需求为导向，充分发挥专业学位研究生的人才培养优势，通过探索城乡规划专业“提升内涵、拓展外延”的新发展思路，紧密结合人才培养价值导向与国家新发展理念，形成以“职业价值观＋可持续发展”为支撑的专业学位研究生的人才培养体系，并最终形成体现“新工科”特色、能够切实解决城乡规划教育改革现实问题的培养体系创新路径。

参考文献

［1］ 杨辉，王阳．“旧疾”与“新题”：国土空间规划背景下城乡规划教育探讨[J]. 规划师，2020，36（7）：16-21.

［2］ 魏广君，李仂，张春英．面向科学认知提升的城乡规划教育改革研究[J]. 黑龙江高教研究，2022，40（2）：150-154.

［3］ 克劳兹·昆斯曼，刘源．德国规划教育和行业实践[J]. 国际城市规划，2015，30（5）：1-9.

［4］ 王建国．个性化、多元化、研究性教学[J]．建筑与文化，2004（9）：16-17.

[5] 孙施文．关于城乡规划教育的断想 [J]. 城市建筑，2017，(30)：14-16.
[6] 朱云辰，黄杉，华晨．基于协同创新的专业学位研究生教育——以浙江大学城乡规划专业为例 [J]. 研究生教育研究，2017 (1)：73-77.
[7] 熊玲，张莉莉，许勇，等．深化产教融合 服务粤港澳大湾区——华南理工大学专业学位研究生教育的探索与实践 [J]. 学位与研究生教育，2023，(4)：52-58.

Innovation and Practice of Training System of Professional Postgraduates for Urban and Rural Planning Oriented to National Demands

Xu Song

Abstract: In the face of new changes and future national demands in the new era, the training of professional postgraduates in urban and rural planning is undergoing urgent reforms. Addressing the practical issues in graduate education system, this paper takes adapting to the needs of national and local development and enhancing the quality of talent cultivation as the starting point. It proposes innovative paths for talent cultivation system from three aspects: innovation of talent cultivation mode, optimization of curriculum structure system, and enhancement of practical innovation ability. The aim is to provide valuable reference for the reform of professional master's degree graduate education of urban and rural planning.

Keywords: National Demands, Professional Postgraduates, Training System, Urban and Rural Planning

追随时代　回归大地
——民族院校规划教育改革的实践路径

魏广君　侯兆铭　赵　兵

摘　要：办好民族院校规划教育对铸牢中华民族共同体意识，深化中华优秀传统文化认知，弘扬民族建筑文化、传承传统营造技艺、建造智慧、工匠精神，树立文化自信，构筑中华民族共有的精神家园，具有重要的历史价值和现实意义。通过对我国民族院校规划教育发展历程梳理，指出工业化、市场化、数字化冲击对当前民族院校规划教育事业发展所带来的现实挑战。认为民族院校规划教育应确立“新时代：民族规划教育的使命”“新业态：民族规划教育的要求”“新工科：民族规划教育的指向”三个改革的核心面向，并基于历史与现实的视角，提出确立铸牢中华民族共同体意识的教育主线、强化实践应用性的专业教育内核、建立匹配现代工程教育理念的一体化教育平台的民族院校规划教育改革实践路径。

关键词：民族院校；铸牢中华民族共同体意识；规划教育改革

中华优秀传统文化是中华民族的文化根脉，其蕴含的思想观念、人文精神、道德规范，不仅是我们中国人思想和精神的内核，对解决人类问题也有重要价值。要把优秀传统文化的精神标识提炼出来、展示出来，把优秀传统文化中具有当代价值、世界意义的文化精髓提炼出来、展示出来[1]。民族建筑、村寨，历史文化名城、名镇、街区等作为传承、发展、弘扬中华优秀传统文化的物质载体与精神彰显，具有重要的社会历史价值、文化艺术价值和科学工程价值。因此，办好民族规划教育对深化中华优秀传统文化认知、弘扬民族建筑文化、传承传统营造技艺、建造智慧、工匠精神，树立文化自信，铸牢中华民族共同体意识，构筑中华民族共有的精神家园，具有重要的历史价值和现实意义。

1　我国民族院校规划教育的发展历程与现实挑战

1.1　从民族建筑教育中孕育到面向民族的自觉性建构

我国的城市规划教育是伴随着国家社会经济建设进程而起源和推进的[2]。早期的创办和发展，虽得益于西方规划理论的引介，但更多还是孕育于我国传统民族建筑教育的模式之中。对规划教育发展的认识应当从我国民族建筑教育的发展历程中来理解。回顾我国民族建筑的研究以及民族建筑教育的发展历程，可追溯至 20 世纪 30 年代营造学社对中国古代建筑、传统建筑的研究和人才培养的发端之时。吴良镛先生曾将中国民族建筑研究的发展脉络划分为三个历史阶段[3]。

首先是方法论的建立阶段。20 世 30 年代，以刘敦桢、梁思成、林徽因等为代表的中国营造学社的先驱者，在开展文献、史料考证解读的同时，强调实地调查、测绘的重要性，并通过对历史文物、宗祀场所、建筑遗产、特色民居等的史料收集、田野测绘、民间寻访、注释解析等开创性探索，创立了古建筑文献考究与实物调查并重的“二重证据法”的建筑史研究方法，构建了中国古代建筑的历史体系[4, 5]。刘叙杰认为，这种方法论的建立改变了过去中国古建筑研究单纯依靠案头考证文献的片面方法[6]，明确了建筑教育的工程实践性。中国古建筑学家罗哲文先生也曾回忆，认为除了从刘敦

魏广君：大连民族大学建筑学院副教授（通讯作者）
侯兆铭：大连民族大学建筑学院教授
赵　兵：西南民族大学建筑学院教授

桢先生那里学习到大量有关古建筑的知识与技能外，还掌握了许多查阅文献、进行考证的基本知识与方法[7]，可以说，这种实践性也是我国规划教育得以发展和不断创新的方法论。与此同时，1927 年同济大学郑肇经先生通过对德国城市规划设计思想的引介，完成了我国第一本城市规划著作《城市计画学》，使得现代意义的中国城乡规划与建设相关理论研究得以奠基性发展[8]。

其次是方向性的明确阶段。20 世纪 50 年代到 20 世纪 80 年代期间，营造学社对古代、近现代不同时期的民居、园林、宗教等各类建筑进行了大量考究，绘制了众多少数民族和特色地域传统建筑图集，撰写出版了丰硕的建筑专著、参考图集等珍贵史料[7]。同济大学和清华大学作为全国城市规划教育起步最早的两所学校，在 1952 年正式开启了新中国的城市规划教育。虽然两校采取了独立专业教育与专门化教育两种不同的教学模式[2]，但都在“西学东践”的过程中，实现了与中国城市建设的有机结合，并通过实践知识的积累，形成了对本土规划知识体系的完善。一方面，在价值认知和保护思想上延续着传统的“营城智慧”，并在视域上完成了从建筑单体（文物）到城市整体的超越，如以古城整体保护思想为核心的“梁陈方案”；另一方面，在理论和方法上通过对西方现代规划思想的借鉴与结合，形成了具有中国特色的规划实践路径，如单位大院建设模式的形成。

最后是自觉性的发展阶段。吴良镛先生认为 19 世纪 90 年代之后，我国的民族建筑研究已进入了一个新的阶段，即从营造学社这样一个以少数先驱者为代表的民间学术团体发展到了一个由不同视角、专业、方向的参与者共同缔造的百家争辉的局面[3]。同样，我国的规划教育领域也不断拓展，研究深度亦不断延伸，实践探索不断丰富，国际化不断提升，总体形成了与国家现代化进程的“同频共振”[8]。相继二百余所院校创办了规划专业，其中不乏众多民族院校或坐落在民族地区的院校❶，其特有的民族、地域优势为本土规划理论体系的构建奠定了学术基础[9]。可以说，我国的规划教育已逐步进入到一个自觉性建构的发展阶段。

❶ 如西南民族大学城市规划专业 2002 年招生；湖北民族大学城市规划专业 2004 年招生；贵州民族大学城乡规划专业 2012 年招生；大连民族大学城乡规划专业 2015 年招生。

1.2　当前民族院校规划教育的现实问题与挑战

随着工业化、市场化、数字化的深入，现代主义以一种冲击性的浪潮涌入了开放的中国。一时间，追求形式主义的国际风充斥着我国的城镇化进程，而如何在学习借鉴西方发达国家规划理念、建造方式的过程中，传承民族特色，如何在应对现代主义的过程中兼顾地域特色，成为摆在民族规划教育事业发展面前的现实问题。

当前，城市发展由增量扩张转向存量优化，传统规划行业受到前所未有的冲击，市场紧缩也在一定程度上影响着行业生态，令不少规划师深感困惑。规划教育热度也不断下跌，选择研修的学生兴趣不足。民族规划教育在市场导向的影响下更是变得“冷落”。虽然，乡村振兴战略为民族建筑教育的人才培养谋划了新的领域，但当前民族地区的规划专业人才依然缺失，传统建筑技艺与民族传承备受挑战。因此，如何在转型发展的现实困境中坚定民族规划教育的信心，将中华民族的价值、品格、智慧传承与时代、行业、社会发展对民族规划教育的新要求相结合，是摆在每一位民族规划教育工作者面前的现实挑战。

2　新时代、新业态、新工科：民族院校规划教育改革的新面向

2.1　新时代：民族规划教育的使命

作为中华优秀传统文化和民族特色的传承载体和表现形式，民族村寨、传统村落以有形、有感、有效的方式构筑着中华民族共有物质与精神家园。城市规划和建设要高度重视历史文化保护，不急功近利，不大拆大建。要突出地方特色，注重人居环境改善，更多采用微改造这种“绣花”功夫，注重文明传承、文化延续，让城市留下记忆，让人们记住乡愁。因此，新时代的民族规划教育肩负着重要使命。要在续写中国式现代化进程中研究、挖掘、传承中华优秀传统文化基因，凝练、展现时代价值，推动民族规划理论、方法、技艺的创造性转化和创新性发展，助力美丽中国、美好人居建设，不断夯实铸牢中华民族共同体意识的思想和行动基础。

要处理好传统与现代、继承与发展的关系，让我们的城市建筑更好地体现地域特征、民族特色和时代风貌[10]。在续写中国式现代化的道路上，民族规划教育要自觉地以创造中华民族规划观为己任，弘扬民族文化，

避免盲目追求而失去自我。民族规划教育必须彰显时代性要求，树立培养民族规划师的伟大目标，在传承经典、博采众长、兼收并蓄中明确目标、厘清道路、辨明方向、服务国家、服务民族。

2.2　新业态：民族规划教育的要求

随着国土空间规划体系的建构与实施，以及传统工业向新型数字化、智能化工业转型，规划行业面临着总体性变革，数字化的新业态已初现端倪。韧性规划、低碳规划等形式不断涌现，也给传统规划教育转型提供了新机遇和新挑战。民族规划教育作为“传统中的传统”更是迎来了巨大冲击。一方面，既有工程背景下的民族规划教育亟须应对新业态、新特征、新趋势，如数字化空间技术、人工智能等；另一方面，这种颠覆性转变也对民族规划教育的教学体系、组织模式、培养方式提出了新要求，推进教学改革势在必行。

专业教育与产业、行业发展紧密关联、互相支撑。新业态发展需要专业教育提供人才支撑，专业教育发展助推产业、行业升级。突破人才培养瓶颈，探索数字化技术、智慧城市、乡村振兴、历史文化遗产保护与民族规划教育融合的新路径，培养符合未来民族地区发展的应用性人才成为民族规划教育改革的新要求。

2.3　新工科：民族规划教育的指向

近年来，世界科技、产业、技术发展的新趋势，国家战略发展的新需求，社会经济转型发展的新形势，专业人才能力培养的新要求，都对我国工程教育尤其是民族规划教育改革提出了新指向。当前高等院校工科教育理科化，人才专业核心能力不突出、综合实践能力不足，所学知识理论、操作技能与现实社会发展、产业（企业）需求不完全匹配等人才培养困境，对专业与学科建设、人才培养模式与职业定位，提出了前所未有的挑战。

新工科建设强调前沿技术引领性、学科间交融性、知识体系多样性、人才培养创新性的基本内涵[11]。一方面，要建立专业教育动态发展的基本认识，不仅关注新科技、新产业与专业建设的协调性问题，更应聚焦传统学科与专业转型升级和创造性发展的关联性；另一方面，要洞察人才需求端，注重学科交叉、融合、共享，加强与不同领域、不同门类人才培养的协作性，但更应当强调民族规划教育应当回归以规划建造实践、工程设计、保护更新再利用为核心的专业领域，在变革中坚守民族规划事业的主体性。这就需要我们重新构建民族规划教育的培养体系，包括对培养目标、培养模式、核心路径等的调整与优化。

3　基于历史与现实的民族规划教育改革实践路径

规划教育的本质是知行合一。知识是源，行动是流，专业教育是实现从知识到行动的必由之路[12]。作为应用型专业，民族规划教育既要坚守深化中华优秀传统文化认知、弘扬民族历史文化、传承传统营造技艺、建造智慧、工匠精神的核心价值，也要适应科技发展、业态转型、学科升级的新变化，还要满足社会、人民对建设美丽中国、美好人居、高质量生活环境的品质需求。这是价值、技术、社会的融合，是历史与现实的统一，是价值观、方法论、认识论在学科教育上的融会贯通。

3.1　确立铸牢中华民族共同体意识的教育主线

民族聚落集各民族建筑文化之大成，描绘着各民族交往、交流、交融的恢宏画卷。民族规划教育是培养建筑类大学生爱党、爱国、建设国家、服务人民价值观的重要路径，是工程实践教育与思想政治教育的结合处和落脚点，既有课程思政课的共性，又有鲜明的专业特殊性和应用性。新时代的民族规划教育要以铸牢中华民族共同体意识为主线，将其思想融入教学体系之中，贯穿于教学全过程，专业思政才能落到实处。

民族规划教育是一个集价值引领、理论讲授、政策解读、文化传承、实践拓展于一身的应用性专业教学过程。要积极探索构建以铸牢中华民族共同体意识为主线的课程及教学体系的整体优化路径，为当前专业教育教学改革铸魂。加强思想政治引领；构建大思育人格局；发挥专业优势特长，服务国家战略规划；把握学生成长规律，创新“三全育人”模式；开展专业思政，拓展专业应用；加强教师队伍建设，提高育人、育才能力。利用科学项目、课程实训、讲座、多媒体课堂等多种方式向学生传达民族政策，以及与城镇化、乡村振兴、生态保护、历史文化保护等国家政策、法律法规、重要会议精神，为师生树立正确的民族观、国家观、城乡发展观。真正把民族院校铸牢中华民族共同体意识教育抓实做细，做到有形、有感、有效[13, 14]。相关民族院校以当代视野、民族传承为宗旨，以国家一流课程与教育部课程、教育部思政示范课程为基础，在充分分析国家战略、地方需求、行业动态、专业趋势的基础上，从强化铸牢中华民族共同体意识与专业建设的核心要义出发，推进教育教学改革的实践路径或可借鉴（图1）。

3.2　强化实践应用性的专业教育内核

民族规划教育的核心是实践应用性。回顾我国民族规划教育的发展历程，不难发现，从实践中来到实践中去的方法论一直隐含于民族规划教育发展的过程之中。从强调田野调查、实地测绘、民间寻访和文献考究并重的“二重证据法”，到建立工匠技艺体系，编绘传统建筑设计图集，并将这种从实践到理论的研究、教育方式应用于对古建、村寨的活化传承和更新中去，我国的民族规划教育始终坚守着实践应用性的专业内核。如在课程体系上，强化方法、设计、实践与理论教学与职业教育的结合。虽然，强化规划理论教学有利于帮助学生提高认知、拓展视野、提升思维能力，但民族规划教育的核心是为人民生活服务。因此，要加强设计建造训练，充分利用校园空间、实践课程、拓展实习，打造校园就是建造厂、课程就是训练营、课题就是拓展域的应用性教学组织模式。如可通过开展民族建筑模型大赛、民族村寨测绘与调查实习等，对民族特色建筑、民族村寨、传统村落等进行测绘、更新规划、风貌设计，在实践过程中既能够强化专业理论知识学习，更能够加深对民族文化、民族历史与生活特色的理解，并提升应用能力（图2）。

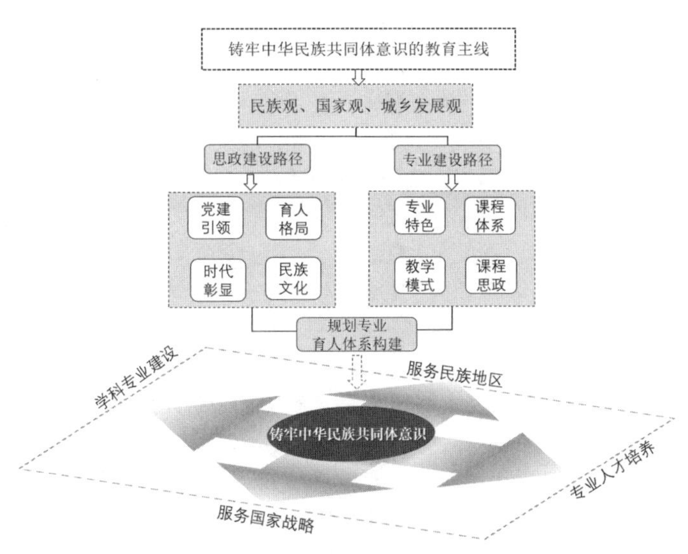

图1　教学改革的实践路径

资料来源：作者自绘

此外，要加强实地调研和实训拓展，让师生亲身参与到民族地区乡村振兴、历史遗产保护与更新的过程之中。更加直观、深入地认识、理解我国传统文化中求真务实的营造智慧、家国同构的伦理秩序、因地制宜的环境意识、天人合一的哲学思想、制器尚象的营造技艺、就地取材的地方风貌、土木共济的建造体系[5]，培养符合新时代民族规划行业发展需求和传统文化传承的应用性专业人才。

3.3　建立匹配现代工程教育理念的一体化教育平台

在数字化、人工智能不断更新迭代的今天，以行业、产业和技术成果进展来反向推动专业教学改革是当前工程类教育转型的采取主要方式。新的知识结构、课程组织、教学模式正在不断重构着原有的教育与教学体系。现有的探索主要集中于打通专业壁垒、促进学科交叉融合，但仍缺乏系统性、整体性的总体建构。当前，我国工程教育亟须转变理论知识与实践脱节的现

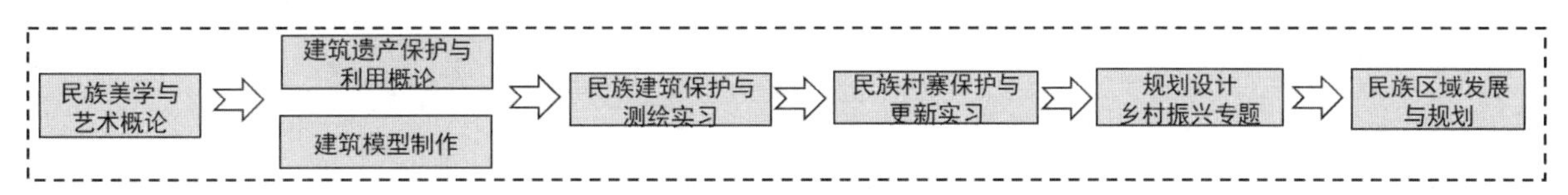

图2　民族高校城乡规划专业的特色课程

资料来源：作者自绘

实困境，积极实现从科学范式到工程范式的变革与回归[15]。民族规划教育可构建“知识—构思—设计—创建—运维”全生命周期的一体化教育平台。首先，民族规划教育在其发展过程中需要结合新技术、新业态不断更新自身的理论思想、知识内容、技术方法，从新业态的变革中汲取新信息、新技术、新成果，并进行挖掘、提升、凝练，以更新教学知识内容。虽然新知识不直接生产新规划，但新知识的运用必然会开拓创作视野，提升创作技能，深化创作认知。如可在教学体系中增加数字化设计训练、建筑设计前沿、建造技术动态等课程，并邀请匠人示范，或开展训练营、工作坊的方式，让学生领会前沿、传承技艺。其次，应加强思维逻辑训练，转变传统规划设计强调天马行空式的创造性设计思维训练，而忽视对历史、文化、社会分析能力的培养。应在人才培养中加强对逻辑思维等相关学科基础知识传授，使学生具备综合调查分析和解决问题以及追踪新知识的意识与能力，并有通过创新的思路和方法，协同多元主体共同探索解决规划、设计、建设和管理实践中复杂问题的能力。最后，民族规划教育体系完善离不开产学研的一体化架构，这既是理论结合实践的关键转换，也是传承与创新应用的有效途径。要积极开展政、企、校、研合作，建立以教学为基础、企业（社会）为导向、研究为支撑、民族地区为领域的产学研深度融合的专业协作体系，将“共同缔造”理念贯穿于教育教学过程之中。可充分结合国家乡村振兴战略、历史文化保护等方针政策，强化民族规划教育的专业核心能力，积极拓展专业教育向产业发展、社会服务的辐射，构建以民族规划观教育为核心，以拓展社会科普、文化传承、经济赋能、民生关怀等为链条，以培养富有中华民族精神、人文素养、社会责任感和职业道德的民族规划人才为目标的一体化实践性教育平台。民族高校城乡规划专业虚拟教研室（省级）的创立，为探索构建具有时代特色的跨地域教学共同体提供了新的模式。

参考文献

[1] 习近平．把中国文明历史研究引向深入推动增强历史自觉坚定文化自信 [N]. 人民日报，2022-05-29（1）.

[2] 李浩．新中国成立初期城市规划教育之管窥：以同济大学专业名称的考辨为中心 [J]. 北京规划建设，2023，(6): 171-176.

[3] 王景慧．中国民族建筑研究与保护 [J]. 中国勘察设计，2008，(3): 11-15.

[4] 陈欣涛．“文献 + 实物”：一个切入近代中国建筑史学与中国古代史研究方法比较的视角 [J]. 建筑师，2019，(5): 30-34.

[5] 张彤，闵天怡．铸牢中华民族共同体意识·中华建筑文化 [EB/OL].（2022-04-19）. 昌吉统一战线微信公众号．

[6] 刘叙杰．创业者的脚印（上）——记建筑学家刘敦桢的一生 [J]. 古建园林技术，1997（3）: 7-14.

[7] 罗哲文．启蒙学术　受益终生——纪念刘敦桢师诞辰一百周年 [J]. 古建园林技术，1997（3）: 3-6.

[8] 吴志强，周俭，彭震伟，等．同济百年规划教育的探索与创新 [J]. 城市规划学刊，2022，(4): 21-27.

[9] 王树声．中国本土城市规划学术体系构建研究 [J]. 城市规划，2023，47（2）: 4-9，37.

[10] 李林森．习近平“城市文化遗产”重要理念探析 [J]. 中国名城，2022，36（4）: 1-7.

[11] 叶民，孔寒冰，张炜．新工科：从理念到行动 [J]. 高等工程教育研究，2018，(1): 24-31.

[12] 魏广君，李仂，张春英．面向科学认知提升的城乡规划教育改革研究 [J]. 黑龙江高教研究，2022，40（2）: 150-154.

[13] 万明钢．有形有感有效推进铸牢中华民族共同体意识教育 [J]. 中国民族教育，2022，(4): 1.

[14] 田琳，王浩．民族学校铸牢中华民族共同体意识教育一体化：内涵、困境及建设路径 [J]. 民族教育研究，2023，34（1）: 21-26.

[15] 叶民，李拓宇，邓勇新等．基于历史和现实的工程教育指向 [J]. 高等工程教育研究，2019，(2): 26-32.

Follow the Times and Return to Practice
——The Practice Path of Ethnic Planning Education Reform

Wei Guangjun　Hou Zhaoming　Zhao Bing

Abstract: The development of ethnic planning education has important historical value and practical significance in deepening the understanding of excellent traditional Chinese culture, promoting ethnic architectural culture, inheriting traditional construction techniques, building wisdom, craftsmanship spirit, establishing cultural confidence, forging a sense of community for the Chinese nation, and building a shared spiritual home for the Chinese nation. The paper reviews the development process of Chinese ethnic planning education and points out the practical challenges brought by industrialization and marketization to the current ethnic planning education cause. It is believed that three core reform directions should be established: "New Era: The Mission of Ethnic Planning Education", "New Business Forms: The Requirements of Ethnic Planning Education", and "New Engineering: The Direction of Ethnic Planning Education" . Based on the perspective of history and reality, it is proposed to establish the education mainline of strengthening the awareness of the Chinese national community, strengthen the professional education core of practical application, and Establishing an integrated education platform that matches the modern engineering education concept for the reform and practice of ethnic planning education.

Keywords: Ethnic Universities, Solidifying the Community Sense of the Chinese Nation, Planning Education Reform

国土空间规划背景下城乡规划学研究生导师团队建设探索研究*

纪爱华　何鸿宏　朱一荣

摘　要：我国目前已由传统的城市物质空间规划转向更综合、更多元的国土空间规划，也逼迫城乡规划学研究生培养目标向着多元化方向转变，对研究生导师培养制度提出了新的要求。本文剖析了目前我国高校内城乡规划学研究生培养导师制存在的弊端，进而从组建模式、遴选机制、课程体系、交流机制和考核机制等五方面提出了国土空间规划背景下的城乡规划学研究生培养导师团队模式的构建途径。

关键词：国土空间规划；研究生培养；导师团队模式；构建途径

自2019年5月国务院提出建立国土空间体系以来，城乡规划学开展了丰富的探索响应学科体系变革。城乡规划学科作为隶属于国土空间规划体系的重要支撑学科，如何服务于国土空间规划体系，成为新时代规划学科和教育发展的重要命题。近年来，众多城乡规划学教育领域的学者针对研究生的培养进行了大量研究，一是梳理现有研究生培养体系，剖析当前培养模式的弊端和课程体系的不足，给出调整对策与建议；二是积极响应城市研究与规划实践工作中对分析方法与技术手段的需求，结合研究生培养进行具体课程教学方式的改革或教学内容的创新。但既有研究在培养体系改革和导师团队建设方面关注的较少，虽然形成了城乡规划学要开展跨学科、多维度的交叉融合研究的共识，但大多集中在开设地理学、公共政策、社会学、生态学、GIS、管理学等一些学科课程上；缺少对组建交叉学科、交叉背景的导师团队设立[1]。

因此，本文通过梳理剖析城乡规划学硕士研究生培养体系中导师构成方面的现状与不足，抓住“空间+”这一学科理论核心，以期提出对研究生培养中导师团队建设的一些思考。

1　城乡规划学研究生培养现状

1.1　培养的教学体系

我国高等院校的规划教育可追溯至20世纪20年代，1952年新中国首个城市规划专业在同济大学创办。早期的城市规划专业是作为建筑学一级学科下的一个专业方向。随着我国社会经济发展及行业需求变化，2011年城乡规划学升为一级学科，城乡规划学硕士专业人才培养的知识体系不断吸纳融合相关学科专业的理论和方法，从传统的设计和工程领域逐渐延展到社会经济、公共管理、生态环境、数字技术等多学科领域，成为以规划实践应用为导向，以工程技术为核心，具有明显学科交叉特点，理论性和实践性密切结合，紧密服务国家战略需求的专业学位方向（图1）。目前，我国共有城乡规划专业学位授权点30余个，年招生规模约为800~1000人。

1.2　培养的基本模式

作为研究生教育特色的导师培养制度最早开始于牛津大学，是一种对学生进行个性化学术指导和教学的制度。在国外研究生教育中，导师的组成结构共形成了学徒式、专业式、协作式和教学式四种形式。我国研究生

* 基金项目：青岛理工大学研究生教改项目（项目编号：Y032023-022）。

纪爱华：青岛理工大学建筑与城乡规划学院副教授（通讯作者）
何鸿宏：青岛理工大学建筑与城乡规划学院在读研究生
朱一荣：青岛理工大学建筑与城乡规划学院教授

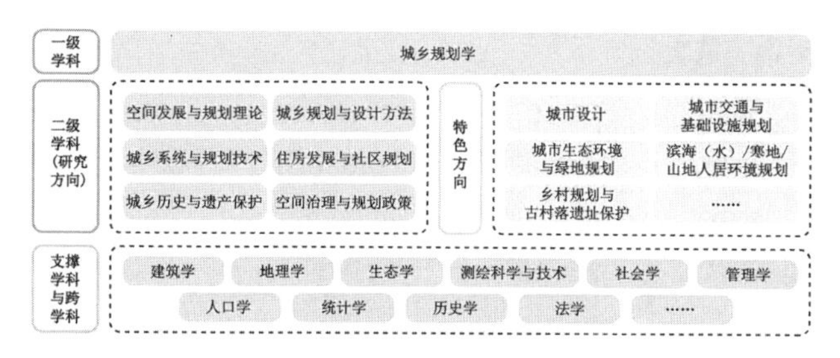

图 1　城乡规划学学科体系

资料来源：作者自绘

培养从 1978 年恢复招生到目前为止建成了多层次、多途径、多方向、学科门类较为齐全的综合培养系统，目前培养模式主要有三种：一是单一导师制培养模式，目前多数高校基本实行的是这种导师制；二是双导师制培养模式，即由一名老师担任主导师，另外一名年轻的老师担任副导师，国内不少高校实行双导师制度；三是虚无导师制，即由于导师忙于教学、科研、行政工作或者社会事务等，对于研究生“放羊”，很多培养信息和学习要求一般通过教学秘书传达，而科研工作和论文写作通过师兄和师姐的传帮带，这种现象存在于部分高校[2]。

2　城乡规划学研究生培养推行导师团队制的现实需求

2.1　社会发展对研究生能力提出新的需求

2023 年末，我国常住人口城镇化率为 66.16%，城乡规划与建设已经从最初的城市规划拓展到城乡规划，进而构建起新的国土空间规划体系。城乡规划学研究生培养需要积极响应国家战略和行业发展的迫切需求，不断完善城乡规划人才培养体系、创新城乡规划人才培养模式和提高城乡规划人才培养质量，满足经济社会发展和生态文明建设对国土空间规划的需求。只有不同学科的知识体系跨学科、跨教育阶段地衔接起来，融学生识和能力的“升级 + 转型 + 扩充”于一体，才可以覆盖规划职业与行业的要求，兼备“宽基础 + 强专业”的一专多能要求和具备开展综合规划实践和科研的基本能力。随着“国土空间规划”建设的推进，跨专业、跨学科、交叉融合的城乡规划学研究生培养已成为发展的必然路径。

2.2　学科交叉对导师知识结构的要求

新国土空间规划体系下，城乡规划学向行政管理学、公政策学、生态学、环境科学、土地科学等学科延展，进一步促进了城乡规划学研究生生源专业基础和背景的多样化。城乡规划学研究生的培养课程不仅仅局限于传统的城市规划学科领域，而是涵盖了大量的相关专业和学科，使传统的以物质空间规划为学科背景的导师负责制在培养研究生时遇到了很多难题。因此，推行导师团队模式成为新时期城乡规划学专业研究生培养的客观需求。尤其是，近年来国家大力推进的“城市更新”“美丽乡村”“乡村振兴”等国家战略以及业界关注的“低碳城市”“特色小镇”“智慧城市”等热点问题，均非某一个学科所能独立解决的问题，只有通过组建导师团队来实现。[3] 导师团队培养可以一定程度上弥补由于单个教师、单个学科导致的知识结构单一、研究领域过窄和思维方式固化等问题。[4]

3　研究生单导师制模式的弊端

3.1　师生比例失调严重

近年来，我国研究生招生规模不断扩大，虽然各高校研究生导师规模也都在增加，但远赶不上研究生规模的增长速度。据统计，2000 年研究生师生比为 1 ∶ 3.8，2008 年该比值为 1 ∶ 15，目前这个比值可能更高。尤其是在一些著名高校的热门专业里，部分知名导师带的研究生更多，甚至高达几十个左右。而这些知名导师一般除了繁重的教学科研任务外，有些还兼有行政或社会职务，疏于对研究生的指导，甚至安排高年级带低年级、博士生带硕士生，导致研究生处于“放羊”状态。对于大部分研究生，尤其是科研、学习能力较弱的硕士生来说，学习压力很大，导致非按期毕业学生率越来越高。据统计，2016 年研究生非按期毕业学生率为 21.14%，2021 年为 24.21%，2022 年更是高达 30.59%。在整个研究生群体中，博士研究生中非按期毕业学生的数量较多，在 2016 年至 2021 年的五年间基本占比在 60% 以上；硕士研究生非按期毕业率由 2016 年的不到 10% 增长至 2021 年的 15.56%，增加较为明显（表 1）。当然，造成研究生延期毕业的原因多样，包括个人原因、就业压力等，但是和导师的疏于指导也有一定的关系。

研究生非按期毕业学生率一览表 表1

年份		2016	2017	2018	2019	2020	2021
实际毕业人数（人）		563938	578045	604368	639666	7286270	772761
预期毕业人数（人）		715144	740753	773025	818394	9464334	1019619
非按期毕业学生率（%）	总计	21.14%	21.97%	21.82%	21.84%	23.01%	24.21%
	其中：博士	64.30%	64.13%	64.07%	63.79%	62.80%	62.04%
	硕士	9.29%	10.18%	9.99%	10.61%	13.81%	15.56%

资料来源：教育部历年教育统计数据

3.2 学生知识需求难以满足

单导师制主要强调导师对研究生某学科领域和培养方向专业知识的灌输。[5] 随着传统的城市规划向国土空间规划的转变，涉及的学科越来越多，学科之间的交叉融合日益明显。城乡规划在国土空间规划教育培养工作中发挥着多学科协同并交互作用的主干型学科专业的作用，建筑学背景下的以空间形态设计为主导的愿景式规划模式已无法满足当前学科应用需求。传统建筑学教育背景出身的城乡规划学导师的学术视野、思维方式及技术方法等受学科限制，在面对跨学科的国土空间规划的复杂问题时，指导能力和积极性方面比较有限，不能满足当代研究生对国土空间规划宽广知识面的需求。[6] 导师的知识结构和学术视野亟待更新与扩展，否则不仅会影响到导师个人科研工作的实效，对研究生的科研视野的拓宽和科研创新能力的培养也极为不利。

3.3 导师队伍发展不平衡

很多高校为了缓解由于研究生扩招而带来的培养压力，在遴选导师时为了达到数量而降低了导师的选择标准，导致导师的综合素质参差不齐，相差很大。导师一般都是具有副教授以上职称的老师、也有部分具有博士学位的讲师，整体能力不错；但是也有一部分导师，没有科研项目和科研经费，自己好几年没有发表学术论文，不求上进，缺少对学科前沿知识的了解。所以，不同的导师在学术水平和科研能力方面具有非常大的差异。研究生一般都会选择能力强、名气大的导师，因此，这一部分导师的研究生就供大于求，甚至会产生恶性竞争的局面；而一些课题少，甚至没有课题的导师，就吸引不到学生，最后只能靠学院强制安排一个学生，这使得研究生培养中的“双向选择”成为虚设，也导致了后期师生矛盾、学生做不了自己感兴趣的研究甚至延毕的现象。随着研究生每年人数的增加，这种矛盾越来越多。

4 研究生导师团队制的构建途径

4.1 完善导师团队的组建模式

研究生导师团队是由知识互补并负有共同责任、共同目标的人员组成的集合，它可以采用以下四种模式进行组建（图2）。[7]

校内组建模式，指的是学校内以某一学科为主，联合相关学科的有关老师而组成的团队。团队可以依托已有的科研项目或实验室进行组建，以推动研究生的团队学习和学术交流。

校校组建模式，指的是本校联合其他国内外高校的相关老师组成的团队。该模式的其他大学不仅局限于国内，也应放眼于国外，旨在充分利用其他高校的优秀师资力量，开阔学生的学术视野，提高其培养质量。

校所组建模式，指的是学校与相关科研院所的专家组成的团队。学校教学资源丰富、学生数量多，科研院所课题众多、仪器设备完备。校所间可以实现科教结合、优势互补，有利于研究生素质的培养。

图2 研究生导师团队组建模式

资料来源：作者自绘

校企组建模式，指的是学校联合规划设计院、设计公司的有关人员等组建的导师团队。该模式特别适用于城乡规划学专业研究生学位的培养，能使学生紧密联系行业需求，锻炼实践能力，研究生毕业后也容易找到工作。

4.2 健全导师团队的遴选机制

导师在整个研究生培养过程中起着非常重要的作用，所以导师的素质直接决定着培养研究生的质量。因此，导师团队在选取导师时一定要依据严格的遴选制度，从学科专业、知识层次、单位属性、不同年龄人员等方面加以筛选（图3）。

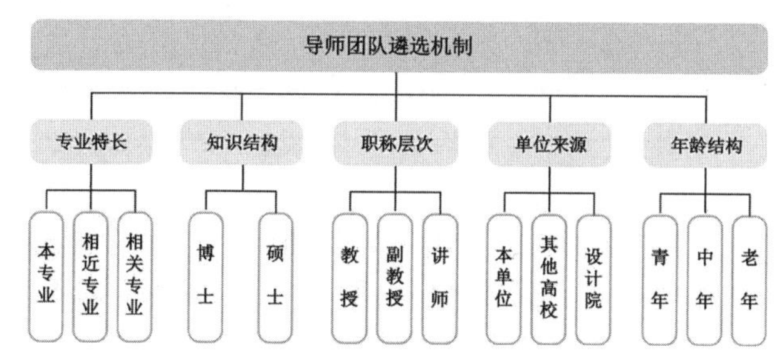

图3 研究生导师团队遴选机制

资料来源：作者自绘

在专业结构上，根据城乡规划学科发展和国土空间规划行业实践的最新需求，导师团队的组建以城乡规划学专业为主，建筑学、风景园林学为辅，同时兼顾地理学、生态学、GIS、社会学、管理学等相关学科，重视学科交叉融合。[8]

在知识结构上，导师的组成人员中要有一定数量具有博士、硕士学位的教师，尤其是具有博士学位的老师要优先考虑。同时，学院要建立不同知识结构层次的导师库，满足研究生的培养时可自由搭配组队指导。

在职称结构上，由教授、副教授、讲师等组成一支相互补充的研究生指导小组。在研究生培养过程中，充分利用年长老师的实践经验和丰富的社会资源优势实践、年轻老师较新的思维和充沛的精力优势，有效拓展研究生的研究视野、提升研究生的科研创新能力。

在导师的单位来源上，根据国土空间规划特点，除了联合本校相关学院外，更要多联合国内外相关名校、省内外相关规划设计院等单位，解决跨学科指导困境、与行业需求脱节等问题，增强学生的实践能力和竞争力。

4.3 创新导师团队的课程体系

合理的课程体系是保证研究生培养质量的基础，能更好地适应国土空间规划背景下的行业需求。设置研究生课程，要考虑到既要夯实基础理论知识，又要兼顾其行业前沿知识的广度和深度。

专题课程。专题课程主要是各个导师结合自己的研究特长和研究课题而开设的专题，以集体授课的形式开展，加强学生的专业基本修养，训练发现问题的意识，讲授分析问题的方法，培养解决问题的能力。也可以让学生自我选择专题单元，查阅文献、课堂汇报、小组讨论，让学生了解做科研的方法和逻辑。

Seminar 前沿课程。19 世纪 70 年代，Seminar 教学方法在美国教育界开始出现，被认为是大学创造力的主要源泉。[9]Seminar 课程一般可以通过学术报告会议的形式进行，内容既可以是校内的研究小组的研究进展汇报，也可以是导师研究方向的前沿热点，可以是请国内外专家来访讲学，还可以是外派师生的学习感悟等。最终目的是尽可能地拓宽研究生学术视野，一定程度上引领和激发其研究兴趣。

4.4 构建导师团队的交流机制

良好的导师与研究生交流可以避免师生间的矛盾和隔阂，加强团队内部的联系性、稳定性，提高团队的培养质量。导师团队交流途径包括导师之间的交流、导师与研究生之间的交流、研究生之间的交流等（图4）。

一是团队内导师之间的交流。为了更好地制定研究生培养方案和培养目标，高质量把控研究生的指导进程，团队内导师之间应该就自己每个阶段的研究兴趣和科研任务及时进行交流。交流形式可以多样，可以是个别导师之间非正式的即时交流，也可以是微信或者 QQ 等平台的成员交流，还包括正式的线上线下会议。

二是导师和研究生之间的交流。师生之间的交流是导师把控研究生培养质量非常重要的一种手段，要做到周期化、专业性、有效性。每个研究小组在各自导师的

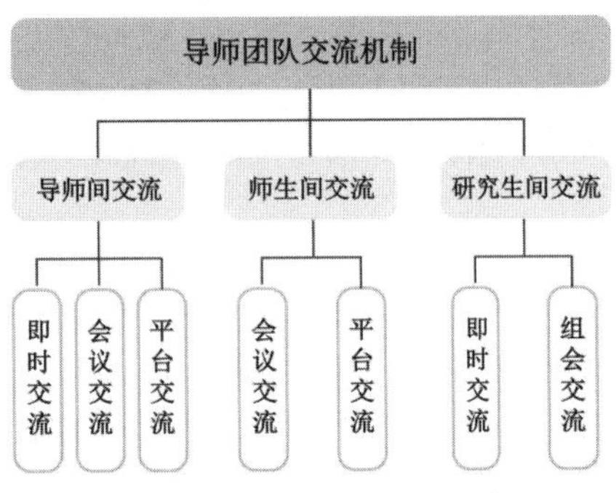

图 4　导师团队交流机制

资料来源：作者自绘

组织下每周至少召开一次会议，听取小组成员汇报阶段性成果和问题，讨论解决遇到的问题。大团队在负责人的组织下每两周召开一次全体会议，听取每个研究小组阶段性成果和困惑，然后讨论解决困惑。

三是研究生同学之间的交流。学院要尽量为每个导师团队的学生提供合适的、固定的工作室，至少保证每个研究小组可以有固定的工作室，可以使团队研究生之间可以随时进行讨论，具有可以相互学习、交流的机会。

4.5　规范导师团队的考核机制

借鉴国内外效果好的导师评价体系，建立科学的导师团队评价机制。首先，要建立导师团队责任机制，界定第一导师和其他团队老师各自培养任务，坚决避免出现名为导师组但是没人管的局面。其次，建立科学的绩效评估机制，基于团队学术发展和培养目标，结合导师的职称结构、专业特长和年龄性别，制订既有人性化又能更大限度发挥团队潜力的考核指标，考核内容具体包括教学工作量、科研项目和奖励、学术论文和著作、会议报告等方面的内容。最后，团队负责人是团队的最高责任人，把握团队大方向；负责主持制定本团队内研究生的培养方案、协调本团队的资源配置与使用、指导并监督研究生培养中的具体工作落实，利用自己的学术威望和人格魅力，协调本团队成员之间的关系，充分调动每位成员的积极性和创造力。

5　结语

城乡规划学研究生培养推行导师团队模式，是为了响应我国由传统的城市物质空间规划向国土空间规划转型发展的现实，是为了一定程度上改善目前城乡规划学导师队伍大多是建筑学背景而不能解决多学科需求的国土空间规划实践的矛盾。本文从城乡规划学研究生培养的现状及国土空间规划的实践需求出发，剖析了单一导师制和传统教学模式的弊端，初步探索了国土空间规划背景下城乡规划学研究生导师团队建设的途径。

参考文献

［1］孙玉山，张国成，庞永杰，等. 基于导师团队的研究生培养模式研究 [J]. 高教学刊，2016（22）：210–211.

［2］陈书文，滕莹雪，亢淑梅，等 . 基于导师团队协同指导的研究生创新培养模式研究 [J]. 农业技术与装备，2020（2）：135–136.

［3］李志明，张德浩 . 基于导师团队制培养规划设计类研究生创新能力的实践探索 [J]. 教育教学论坛，2017（50）：124–125.

［4］夏士雄，王志晓 . 导师团队的研究生培养模式 [J]. 计算机教育，2011（1）：65–67.

［5］刘彩红 . 建设研究生培养的导师团队模式 [J]. 高教探索，2012（5）：104–106.

［6］王睿，张赫，曾鹏 . 城乡规划学科转型背景下专业型硕士研究生培养方式的创新与探索——解析天津大学城乡规划学专业型研究生培养方案 [J]. 高等建筑教育，2019，28（2）：40–47.

［7］苏菁，江丰 . 基于导师团队制的研究生培养模式研究 [J]. 黑龙江教育（高教研究与评估），2013（8）：62–63.

［8］李志明，张德浩 . 基于导师团队制培养规划设计类研究生创新能力的实践探索 [J]. 教育教学论坛，2017（50）：124–125.

［9］贺晓英，高海清 . 学术 Seminar 和课程 Seminar 的区别、联系与应用关键 [J]. 教育教学论坛，2018（49）：111–112.

Research on the Construction of Graduate Tutor Team of Urban and Rural Planning in the Background of Territorial Spatial Planning

Ji Aihua　He Honghong　Zhu Yirong

Abstract: China has now shifted from traditional urban physical space planning to more comprehensive and diversified territorial spatial planning, which also forces the goal of urban and rural planning graduates students training to change in the direction of diversification, and puts forward new requirements for graduate students tutor training system. This paper analyzes the drawbacks of the tutor system of urban and rural planning graduate students in China' s colleges and universities, and then proposes a way to construct the tutor team model of urban and rural planning graduate students in the context of territorial spatial planning in five aspects, such as the formation mode, the selection mechanism, the curriculum system, the exchange mechanism and the assessment mechanism.

Keywords: Territorial Spatial Planning, Postgraduate Training, Mentor Team Model, Construction Way

基于产教协同育人的城乡规划专业课程体系重构

李冰心　崔诚慧　赵宏宇

摘　要： 基于产教协同育人的工科专业课程体系建设相关研究存在内容对产业发展的敏感性低、结构的整体性和关联度差、评价模式过于片面性等问题，严重阻碍了新工科背景下我国高等教育的转型和产教融合试点城市的建设。以城乡规划专业为例，以提升专业能力为原则，明确了遵循特色方向的“五板块 +X 单元 +3X 核心课程”的体系内容；以服务地方发展为原则，明确了依托设计项目的“8 创新 +X 特色 +2 工程项目”的体系结构；以发挥协同作用为原则，明确了基于多元主体的“三层级 + 五方面 + 三阶段”的体系评价模式。通过明确基于产教协同育人的课程体系的重构原则和方案，为新时代背景下工科相关专业的课程体系的发展和建设提供参考。

关键词： 产教协同育人；城乡规划；课程体系；重构原则；重构方案

1　引言

自新工科理念提出以来，工科的要求和内涵得到了不断更新和发展，以产业需求为导向、进行跨界交叉融合、通过产学协同育人的形式，提高应用型人才的创新能力，将是我国新工科建设的重点方向，而课程体系改革将是新工科建设的重点内容。产教协同育人的定义为以产业发展与教学过程的高度整合进行人才培养的方式[1, 2]，其目的在于通过实践经验与理论知识的高度融合培养可解复杂工程问题的高端应用型创新人才[3]。基于产教协同育人的工科专业课程体系建设主要存在如下问题：①课程体系内容对产业发展的敏感性差：工科类高等教育重点培养符合产业发展现实需求的应用型人才[4]，然而与实践课程相比，理论课程普遍存在教学内容更新缓慢、教学系统相对封闭、教学成果难以转化等问题，难以满足产教协同育人理念下的知识、能力和素质培养目标。②课程体系结构的整体性和关联度逐渐降低：信息技术时代背景下，一方面工科知识体系的迭代更新速度逐渐加快，导致课程门数随之增加，课程的整体结构进而越发离散；另一方面与其他学科的知识交互程度越发深入，导致专业知识不断延伸，课程的内部结构进而越发重合。③以高校为主体的评价模式存在片面性：由于产教协同发展的短期投入成本高且产出效益低[5]，导致在政策驱动下企业仅部分参与课程内容，高校成为教学评价的单一主体，对经济效益和社会影响的重视程度严重不足。

因此，以教学改革过程中最为关键的课程体系[6]为研究对象，以城乡规划专业作为典型的工科类专业案例，在明确基于产教协同育人的重构原则的基础上，分别从课程体系内容、结构和评价模式三个方面开展重构方案研究，对新工科背景下我国高等教育的转型发展和产教融合试点城市的规划建设提供具有重大时代价值和现实意义。

2　基于产教协同育人的工科类课程体系建设的研究综述

2.1　课程内容的单元板块研究

课程内容是课程体系的基本构成要素[7]，通常结合知识点形成不同的子课程单元，课程单元的筛选和组合一直是世界一流大学课程体系改革的重点内容。随着产教协同育人的教育理念逐渐深入，美国麻省理工学院（简称 MIT）提出了新工程教育转型（New Engineering

---

李冰心：吉林建筑大学建筑与规划学院副教授（通讯作者）
崔诚慧：吉林建筑大学建筑与规划学院讲师
赵宏宇：吉林建筑大学建筑与规划学院教授

Education Transformation，简称 NEET）的改革措施，强调多学科融合的发展趋势，明确了四个专业特色板块，即自动化机械、气候与可持续系统、数字城市、生物机械，建立多主题科学串（Treads），打破传统单一学科知识顺序的线性设计思路[8, 9]；英国作为全球高等教育的领先者，其课程单元的组织形式具有开放和多样的鲜明特点，在产教融合发展的趋势下，工科类专业开始压缩必修和核心课程（专业基础理论课程为主）的学时时长，增加了行业科研热点方向的相关实践和技术类选修课程[10]；自 2017 年《产教融合意见》出台以来，我国工科类地方院校加大了高素质的创新人才和技术技能人才的培养力度，结合学校科研优势，专攻地方企业技术短板，助推科研成果转化从而促进地方经济和社会发展[11]。

2.2 课程结构的组织方式研究

课程结构是课程内容有机联系的组织方式，体现为各个课程单元的关系架构[12]，自 2019 年发布了《教育部关于一流本科课程建设的实施意见》以来，如何培养学生解决工程问题的综合能力和高级思维，成为我国工科类高校课程结构改革的重点方向之一。结合产学融合的教学思想，南开大学化学学院提出了以国际、国内、地方企业主办的项目类竞赛为中心，与知识点相互融合，激发学生自主学习的积极性，通过以赛促学提升课程体系的高阶性[13]；南京工程学院的邵波等人在新工科教育理念的指导下，结合学院有关项目教学的应用型人才培养经验，提出了“大课程、小项目、全要素”的课程结构重构模式，在人才培养质量和应用办学能力方面获得了良好的实践效果[14]；全球工程教育领域知名的欧林工学院，提出了以项目为中心进行课程结构组织的改革方式，培养学生发现问题、设计方案、解决问题的综合实践能力[15]。

2.3 评价模式的协同机制研究

评价模式即在一定教学理念指导下，检查课程目标、编订和实施是否实现了教育目的，通过量化实现程度判定课程体系的教学质量水平，为课程体系的持续改进提供决策依据[16]，也是国内外课程体系建设领域关注的焦点之一。北京大学的荆琦等人提倡采用开源教学模式，强调从学生、教师、高校、社区和企业五个主体视角，进行产教学用一体化的教学评价，并且通过开源通识课和开源实践课的并行双轨制，有效解决了教师研究方向单一和新兴技术方法多样性的矛盾问题[17]；来自美国杜克大学的 Tennyson C D 教授以能力为本位（Competency Based Education）的教学模式为基础，主张由学校聘请行业和企业专家，和授课教师一同组成专业委员会，通过多方协作进行学生的综合职业能力考核[18]；法国作为世界上首个专业化开展高等工程教育的国家，一直重视理论与实践的协同发展，在产教融合理念方面重点强调政府、高校、企业、公众四方健全的考核机制，通过政府和公众的参与提高课程对于经济发展和社会诉求的关注度[19, 20]。

综上所述，产教协同育人背景下国内外近年来在工科类课程体系建设领域重点关注课程内容、课程结构和评价模式的相关研究，其中课程内容方面强调与专业科研优势的融合，课程结构方面从传统的理论知识难度向工程实施难度转变，评价模式则在企业和高校的基础上，明确地方政府和公众参与的重要性。我国国土空间规划体系改革对相关人才培养提出新要求，与注重人地关系的地理学和空间治理决策的管理学相比[21]，以空间规划设计为主的城乡规划学的课程体系改革研究较少，有必要结合上述变化趋势和工程实践特点，从产教协同育人视角明确城乡规划专业课程体系的重构原则及其具体实施方案。

3 基于产教协同育人的城乡规划专业课程体系重构原则

3.1 以提升专业能力为中心

新工科建设要求高等教育努力探索综合型、创新型、全面周期和开放式的人才培养理念[22]，结合国土空间规划体系改革的多学科知识体系融合特点，对于具有专业领域优势的高校，有必要保持学科特色并发挥学科优势[23]。城乡规划专业应加强规划设计类专业人才培养机制，重点培养以学促知和以知践行，在知行合一的过程中的专业视角思维创新，因此应以提升学生的专业能力为中心进行城乡规划专业课程的体系内容重构。

3.2 以服务地方发展为重点

“复旦共识”“天大行动”和“北京指南”作为新工科建设的三部曲，均明确了地方高校对区域经济发展和产业转型升级的支撑作用，结合国土空间规划的高综合性和强实践性学科特点，有必要根据不同地区对专业人才知识结构的地域性要求进行人才的差异化培养[24]。城乡规划专业应将学生的知识诉求与地方用人单位对学生的能力诉求有机结合，重点培养学生解决实际问题的实践能力，因此应以服务地方发展为重点进行城乡规划专业课程的体系结构重构。

3.3 以发挥协同作用为目的

“六卓越一拔尖”计划 2.0 作为打造高等教育“质量中国”的主要战略，从“试验田”向“大田耕作”转变过程中，强调完善校、政、企之间的协同育人机制[25]，而多元主体参与城乡规划实践工作是我国自然资源治理体系现代化发展的主要趋势[26]。城乡规划专业要求学生具备在政府、市场、公众、行业专家等不同参与主体之间进行利益博弈的综合素质，因此以发挥协同作用为目的进行城乡规划专业的课题的评价模式重构。

4 基于产教协同育人的城乡规划专业课程体系重构方案

吉林建筑大学城乡规划专业创办于 1985 年，是吉林省首个开创该专业的高校，1995 年招收四年制本科生，2005 年招收五年制本科生，2014 和 2018 年通过全国城乡规划专业评估，2011 年被评为吉林省高等学校“十二五”特色专业，2015 年被评为吉林省高等学校卓越工程师教育培养计划试点专业（以下简称卓越计划），2018 年被评为吉林省高等学校“十三五”特色高水平专业，2019 年被评为吉林省一流本科专业，2021 年被评为国家级一流本科专业建设点。研究以吉林建筑大学城乡规划专业的本科课程为例，开展课程体系的重构方案研究。

4.1 遵循特色方向明确单元板块

在提升专业能力为中心的原则下，以 2018 年出版的《普通高等学校本科专业类教学质量国家标准》中建筑类教学质量国家标准、《高等学校城乡规划专业评估文件》（2018 年版）中本科（五年制）教育评估标准、《高等学校城乡规划本科指导性专业规范》（2013 年版）作为主要依据，遵循特色方向明确单元板块，围绕专业知识课程板块展开课程体系的内容重构研究。在传统的通识教育课程、学科知识课程、专业知识课程板块基础上，首先将专业知识课程内容的 6% 转移给企业集中实践板块，通过参与实践类企业的实践项目扩展专业长度；其次将专业知识课程内容的 4% 转移给创新创业训练板块，通过参与技术类企业的项目和竞赛活动扩展专业宽度；最后结合专业特色方向明确专业知识课程的单元特色，并且分别选取该方向最具代表性的理论、方法、设计课程各 1 门，通过分单元明确核心课程内容扩展专业深度，考虑到各个地方高校的专业特色方向数量并不相同，形成遵循特色方向的“五板块 +X 单元 +3X 核心课程”的课程体系内容（图 1），通过促进科研成果的在地应用转化比例，从而提高课程体系内容对产业发展的敏感性。

4.2 依托设计项目串编组织方式

在服务地方发展为重点的原则下，以“五板块 +X 单元 +3X 核心课程”课程体系内容、城乡规划专业大纲（五年制）为主要依据，依托设计项目串编组织方式，结合设计项目的工程复杂难度，从项目类型、实施主体、主要成果三个方面展开课程体系的结构重构研究。在“国家情怀 + 匠人精神 + 生态良知”思政教育

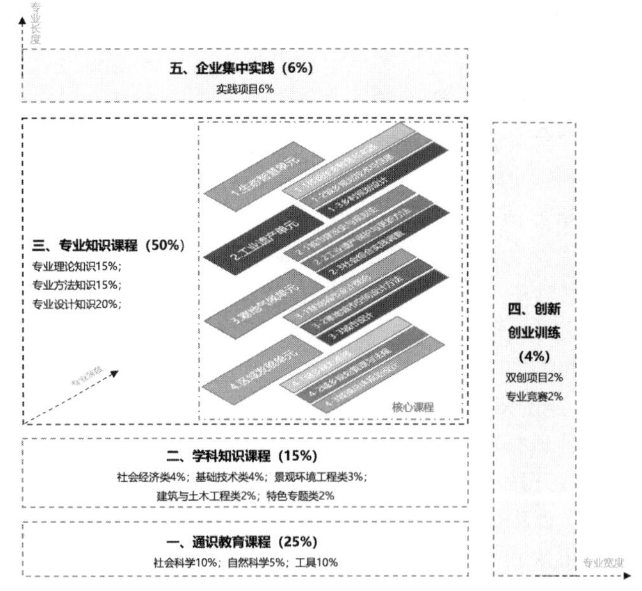

图 1 “五板块 +X 单元 +3X 核心课程”的课程体系内容示意图

资料来源：作者自绘

理念自上而下贯穿全程，学校教务处和创新创业中心自下而上统筹管理的基础上，首先在第一至第八学期，依托设计课程建立小型创新类别的设计项目，以设计课程的授课教师作为实施主体，重点进行双创项目的成果孵化；其次在第五至第八学期，依托1.1中单元课程群建立中型特色类别的设计项目，以特色方向的团队教师作为实施主体，重点进行竞赛项目的成果孵化；最后在第九至第十学期，依托企业集中实践和毕业设计建立大型工程特色类别的设计项目，以毕业设计指导教师作为实施主体，重点进行实践项目的成果孵化，同样考虑到各个地方高校的专业特色方向数量并不相同，形成依托设计项目的“8创新+X特色+2工程项目”的课程体系结构（图2），通过加强理论课程在设计课程中的应用程度，优化课程体系结构的整体性和关联度。

4.3 基于多元主体建立评价模式

在发挥协同作用为目的的原则下，以遵循专业方向的“五板块+X单元+3X核心课程”课程体系内容和依托设计项目的“8创新+X特色+2工程项目”课程体系结构为主要依据，基于多元主体建立评价模式，结合城市规划项目实施过程中相关主体利益博弈的现实诉求，从课程参与、课程考核、课程效果三个方面展开课程体系的评价模式研究。在从校内（学生、教师/导师、学院负责人、学校负责人）和校外（规划师、政府、公众、开发商）两个层面明确多元主体对象的基础上，首先根据小、中、大等级项目相关课程的类型特点，明确多元主体在课程参与中的必要程度，从而提高评价模式的全面性；其次从思政要素、理论知识、实践技能、团队合作、成果转化五个方面，明确多元主体在课程考核中的权重大小，从而提高评价模式的科学性；最后从课前、课中、课后三个阶段，明确多元主体在课程效果中的主要作用，从而提高评价模式的可持续性，形成基于多元主体的“三层级+五方面+三阶段”课程体系评价模式（表1），通过引入政府、公众和开发商等经济和社会发展主体，改善课程体系评价模式片面化问题。

5 结论

在新工科教育改革背景下，紧抓工科专业注重应用型人才的培养需求，从课程体系的内容、结构、评价模式三个方面明确了基于产教协同育人的城乡规划专业课程体系重构路线。首先在课程体系内容方面，提出了“五板块+X单元+3X核心课程”的重构内容，通过促

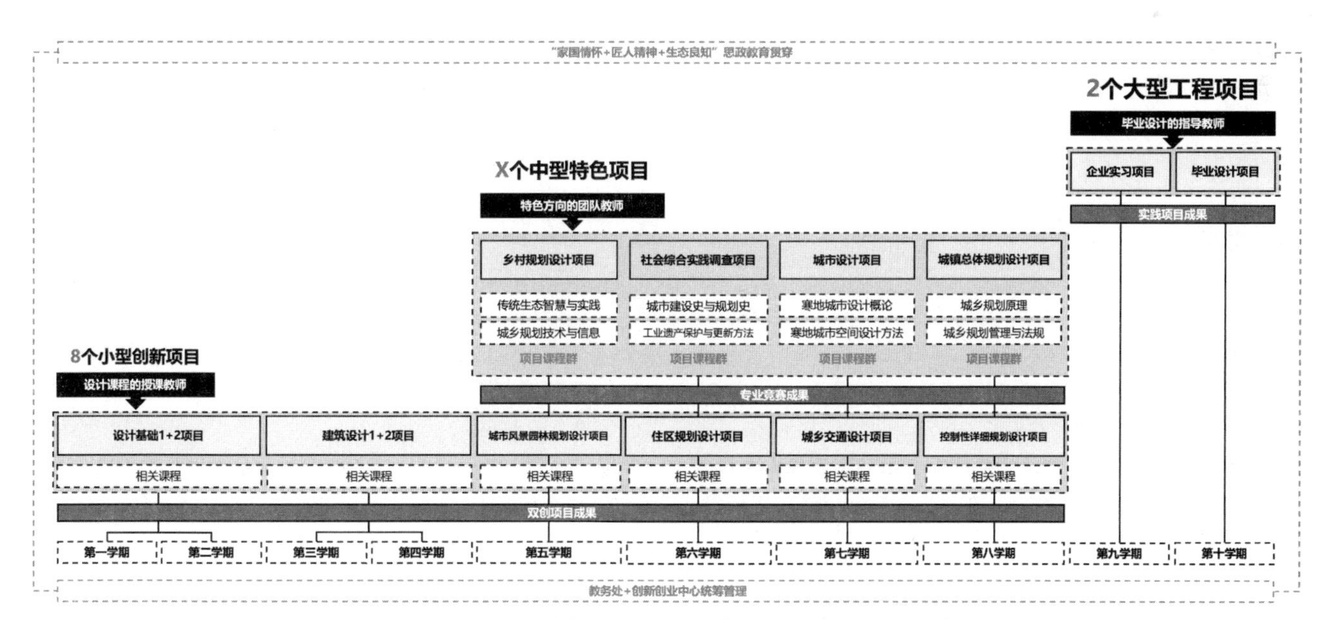

图2 “8创新+X特色+2工程项目”的课程体系结构示意图

资料来源：作者自绘

基于多元主体的“三层级+五方面+三阶段”课程体系评价模式构成表 **表1**

		校内方面				校外方面			
		学生	教师/导师	学院负责人	学校负责人	项目规划师	相关政府	相关公众	开发商
课程参与	小型创新项目相关课程	●●●	●●●	●	●●	●	●	●●●	●
	中型特色项目相关课程	●●●	●●●	●●	●	●●●	●●	●	●
	大型工程项目相关课程	●●●	●●●	●	●	●●	●●●	●	●●
课程考核	思政要素融合	■	■■	■	■■	■	■■■	■	■
	理论知识学习	■■	■■■	■■■	■	■	■	■	■
	实践技能应用	■	■	■	■	■■■	■	■■■	■■
	团队合作情况	■■■	■	■	■	■■	■	■■	■
	成果转化潜力	■	■	■■	■■■	■	■■	■	■■■
课程效果	课前线上平台建设	◆◆	◆◆◆	◆	◆	◆	◆	◆	◆
	课中线下课堂组织	◆◆◆	◆◆	◆	◆	◆	◆	◆	◆
	课后课程质量认定	◆	◆◆	◆	◆◆◆	◆	◆	◆	◆

注：●●●必要参与●●建议参与●考虑参与；■■■高等权重■■中等权重■低等权重；◆◆◆负责作用◆◆组织作用◆配合作用。

进科研成果的在地应用转化比例，提出了“8 创新 + X 特色 +2 工程项目”的重构结构，通过加强理论课程在设计课程中的应用程度，优化课程体系结构的整体性和关联度；最后在课程体系评价模式方面，提出了“三层级 + 五方面 + 三阶段”的评价模式，通过引入政府、公众和开发商等经济和社会发展主体，改善课程体系评价模式片面化问题。研究为新时代背景下工科相关专业的课程体系改革发展提供案例参考，进而助力我国高等教育的转型和产教融合试点城市的建设。

参考文献

[1] 欧阳河，戴春桃．产教融合型企业的内涵、分类与特征初探 [J]. 中国职业技术教育，2019 (24): 5–8.

[2] 岳鹏，韩硕，易湘，等．理工类高校的产教融合协同育人机制研究 [J]. 教育评论，2022，281 (11): 152–155.

[3] 刘冰，徐娜．以产学合作协同育人推动高质量人才培养 [J]. 中国高等教育，2022，695 (Z3): 55–57.

[4] 陈岳堂．产教融合机制的创新与实践 [J]. 中国高等教育，2022 (Z1): 25–27.

[5] 童卫丰，张璐，施俊庆．利益与合力：基于利益相关者理论的产教融合及其实施路径 [J]. 教育发展研究，2022，42 (17): 67–73.

[6] 宣勇．我国本科教育的质量治理：系统集成与协同高效 [J]. 中国高教研究，2021 (10): 43–51.

[7] 苗蕴玉．“课程”相关概念辨析 [J]. 教学与管理，2012，520 (15): 92–93.

[8] About the New Engineering Education Transformation (NEET) Program [EB/OL]. [2023-04-02]. https://neet.mit.edu/.

[9] 刘进，王璐瑶，施亮星，等．麻省理工学院新工程教育改革课程体系研究 [J]. 高等工程教育研究，2021，191 (6): 140–145.

[10] ABRAHAM F. Universities: American，English，German[M]. Oxford: Oxford University Press，2017.

[11] 韩建海，仲志丹，王晓强，等．地方高校机械类专业新工科建设特色发展与实现路径研究 [J]. 高教学刊，2023，9 (10): 52–55.

[12] 吕长生．波斯纳基于预期学习结果的课程结构思想 [J]. 全球教育展望，2017，46 (2): 67–76.

[13] 韩杰，李一峻，邱晓航．一流课程建设——基础化学实验 [J]. 化学教育（中英文），2021，42 (18): 79–84.

[14] 邵波，史金飞，郑锋，等．新工科背景下应用型本科人才培养模式创新——南京工程学院的探索与实践 [J]. 高

等工程教育研究，2023，199（2）：25-31.

［15］夏瑜，周蓓，周立凡．项目中心课程模式研究与探索 [J]. 高等工程教育研究，2022，197（6）：121-125.

［16］郑秀英，李艺楠，刘春梅，等 .TQM 理念多维立体课程质量评价体系构建——以北京化工大学为例 [J]. 高等工程教育研究，2023，199（2）：178-182.

［17］荆琦，冯惠．产教融合下的双轨制开源教学模式探索——以北京大学“开源软件开发基础及实践”课程为例 [J]. 高等工程教育研究，2023，198（1）：14-19，66.

［18］TENNYSON C D，SMALLHEER B A. Competency-based education for nurse practitioner certification alignment[J]. The Journal for Nurse Practitioners，2022，18（4）：462-463.

［19］李海南．法国高等工程教育理念及其现实启示 [J]. 湖南科技大学学报（社会科学版），2022，25（6）：177-184.

［20］崔晓慧．美英法人工智能人才培育体系比较 [J]. 教育评论，2021，267（9）：164-168.

［21］梁育填，李尚谦，王波．面向国土空间规划的城乡规划学研究生培养体系改革思考 [J]. 高教学刊，2023，9（6）：42-46.

［22］陈爱良，田庆华，闵小波，等．“双一流”学科创新型工科国际人才培养模式探究——以冶金工程专业为例 [J]. 创新与创业教育，2021，12（2）：76-80.

［23］严金明，张东昇，迪力沙提·亚库甫．国土空间规划的现代法治：良法与善治 [J]. 中国土地科学，2020，34（4）：1-9.

［24］罗建美，罗建英．新工科模式下的城乡规划专业创新性能力培养体系构建研究 [J]. 大学，2021，535（41）：131-133.

［25］高校参与“六卓越一拔尖”计划 2.0 需具备四项条件 [J]. 教育发展研究，2019，38（9）：62.

［26］周敏，顿明明，陆志刚，等．多主体协同育人模式在城乡规划专业本科联合毕业设计中的实践与思考 [J]. 高等建筑教育，2021，30（5）：146-154.

Curriculum System Reconstruction of Urban and Rural Planning Major Based on the Integration of Industry and Education

Li Bingxin　Cui Chenghui　Zhao Hongyu

Abstract: The existing research related to curriculum system of engineering specialties has major problems such as low sensitivity to industrial development, insufficient structural integrity and relevance, and incomplete perspectives, which seriously hinder the transformation of domestic higher education and the construction of industry-education integration pilot cities under New Emerging Engineering development context. Taking urban and rural planning major as an example, this paper firstly clarifies the content of the curriculum system as “five sections + X units + 3X core courses” under local research interests, following the principle of improving professional ability. Secondly, it constructs an “8 innovative + X featured + 2 engineering projects” structure according to design courses projects, with the principle of serving local industries. Finally, based on the principle of synergy, a “three levels + five aspects + three stages” evaluation model is built based upon multiple agents, guiding by the principle of synergy optimization. By clarifying the principles and schemes of curriculum system reconstruction of urban and rural planning subject based on integration of industry and education, it may provide a reference for the development and construction of the curriculum system of engineering-related subjects in the new era.

Keywords: Integration of Industry and Education, Urban and Rural Planning, Curriculum System, Reconstruction Principles, Reconstruction Scheme

城乡规划专业课程群的生态教育融入路径研究*

姜　雪　白立敏　赵宏宇

摘　要：新时期生态观建立已成为中国式现代化新道路的重要组成，生态教育则是生态观建立的重要抓手，在城乡规划课程群建设中有机植入生态教育，正是将生态文明观潜移默化融入人才培养的有效途径，在发扬先进生态文化、传承先进生态理念、培育学生建立正确生态观等方面发挥重要作用。本研究基于生态教育缘起与新工科导向分析，提出了基于生态观搭建城乡规划课程群的目标结构、教学设计，多维度评价路径，从理论、实践双层面构筑城乡规划专业课群改革路径，并借助OBE理念以多个典型生态类课程为例探索组建课程群融入生态教育的条件与模式，深化既有生态教育思政育人模式，形成“理论”与“实践”组合贯通的生态教育融入体系。

关键词：新工科；专业课程群；生态教育；课程思政

十八大以来党中央高度重视生态文明建设，二十大报告中明确提出“中国式现代化是人与自然和谐共生的现代化”，2023年中央再次强调：“中国式现代化蕴含的独特世界观、价值观、历史观、文明观、民主观、生态观等及其伟大实践。”可见，新时期中国式现代化中生态文明建设与生态观建立已成为重要组成，城乡规划专业课程群建设中，借助生态类课程思政将生态教育有效融入理论课程与设计实践课程教学，培养学生建立正确生态观尤为重要。

1　生态教育缘起与发展趋势

1.1　国际生态教育缘起

国际生态教育源自20世纪60—70年代的环境恶化与能源危机冲击下开展的环境教育，至20世纪80年代，学者们对资源枯竭、生态失衡等环境问题认识不断深入，将“为了环境而进行的教育”模式，逐渐转向“为了人类与环境的可持续发展而进行的教育”模式。2003年，联合国大会进一步强调高等教育在可持续发展教育中的重要地位，尤为关注重体验的、探究式的、问题解决的、跨学科的教学方法来培养学生在生态教育中的批判性思维[1]。21世纪后，西方国家在生态转型[2]、生态文化[3]、生态社会[4]等方面进行了有益尝试。其中，美国学者露丝、海霍提出了中西方文化教育的重要差异[5]，即儒家人文中最重要的价值观是人，与西方现代化过度强调工业理性与技术理性不同，“人文现代化”是中国现代化模式中对世界的重要贡献，也是对西方现代化模式的超越。

1.2　我国生态教育探索

长期以来，我国在生态教育领域进行了持续性探索，也成为国际生态教育的实践与理论、创新与探索校场。2014年，第八届“生态文明国际论坛——生态文明与现行教育理念和教育体制的变革”在美国举行，重点关注了“中国生态文明建设与生态文明教育”“中国传统的生态智慧”等生态教育话题。2018年，清华大学、北京大学和南开大学倡导并成立了150余所高校联合的“中

* 项目资助：①吉林省高等教育教学改革研究课题：建筑与规划专业课程群塑造爱国主义与人文情怀的路径研究（JLJY202299934544）；②吉林省高等教育教学改革研究课题：面向一流专业建设的地方高校城乡规划专业实践教学改革与实践——以吉林建筑大学为例（JLJY202287876340）；③吉林省本科高校精品耕读实践项目：生态智慧乡村“心耕书院”。

姜　雪：吉林建筑大学建筑与规划学院讲师（通讯作者）
白立敏：吉林建筑大学建筑与规划学院副教授
赵宏宇：吉林建筑大学建筑与规划学院教授

国高校生态文明教育联盟”；2019年，中国高等教育学会生态文明教育研究分会成立。在工科院校生态教育实践中，多所院校提出“应当促进生态文明观教育的实践化和专业化”“应当以本校特色专业和特色育人模式为基础[6]”“让学生在专业社会实践中充分了解生态文明的重要性、生态文明和地方经济社会发展的关系[7]”。也有学者指出中国大学的未来在于根植中国文化传统的中国性（Chinese-ness），其中直觉思维（指对一个问题未经逐步分析，仅依据内因的感知迅速地对问题答案作出判断，猜想、设想）在中国生态教育中具有先天优势[7,8]。

1.3 生态教育发展趋势分析

从国内外相关研究与实践来看，中国对生态文明建设的探索是对工业文明下人类的价值观、生产生活方式及其组织运行系统的反思和超越，未来对新时代生态文明教育也提出了新的和更高的要求。首先，促进生态文明教育融入高等教育已成为中国高等教育界的普遍共识[8]；国内高校的专业与课程建设正在积极结合自身特色探索服务国家、地方的生态文明建设路径；中国生态文明教育的先进理念和成功实践正在转向世界高等教育领域传播[9]。

其次，“新工科”背景下的人才培养对学生能力和思维方式提出了更高要求，工科课程群的建设在理论维度、实践维度设计中，更应侧重成果导向[10]，立足特色、走向社会[11-13]。然而目前，工科大部分专业课程群在生态教育中多效仿社科类专业，极少针对工科专业“偏社会实践”“重身体力行”的各学科特质[14,15]，生态观建立的课程思政也多为“单打独斗”式[16]，更没有在专业课程群建设中形成“一体化”生态教育模式研究[12,14,15]，造成生态教育的内源觉醒与外源驱动研究断层，缺乏结合专业特点的生态教育教学路径研究探索。

2 基于生态观搭建城乡规划课程群的重要性

生态教育融入一般以培养具有生态观的新时期工程师为人才培养主目标，通过基于生态文明观的工科专业课程群融入生态教育路径研究，助推中国现代化生态文明建设，以生态文明精神培育为核心，贯通理论维度与实践维度课程建设，基于所在高校优势基础在课程群建设中融入生态教育，将更有利于形成专业特色与优势，并达到更好的生态教育深度融入。

城乡规划学专业课程群建设，一般包括实践基础课、专业基础课、社会实践课、专业模块课等理论维度与实践维度课程，更为重视相关社会人文学科的介入渗透，例如城乡规划中的生态规划、城乡园林与景观规划设计等相关课程，更是在生态教育工作中肩负着使学生树立正确生态价值观的重要责任，借助城乡规划专业课程，在训练学生城乡生态规划技能的同时建立生态环境保护的价值观与责任感[17]。

在大众化高等教育人才培养体制下，从城乡规划专业课程群专业知识和思政教育出发，结合生态文明理念开展新工科与生态文明教育相融合的教学改革，探索相关教学内容的深入改革，制订课程体系建设规划，明确课程体系教学目标，是实现新工科背景下城乡规划专业应用型人才培养目标的有效途径之一，通过科学、合理、有序的专业课程群建设，“润物细无声”地融入生态教育、培养学生生态观。

总体来看，基于生态观培育将搭建城乡规划专业生态类课程，能够更为准确、知行合一地贯彻为推进生态教育，响应国家生态文明建设、“新工科”教育导向、“双碳”战略等国家重要战略指引，构建专业课程群建设中贯通理论课程、实践课程的生态教育融入路径，开展相关教学内容研究，优化相关教育资源建设，以生态教育理念推动课程群改革，借助课程体系目标分解与实施，将生态教育“落地”到具体教学过程中，在掌握更多生态知识基础上，具备生态文化思想、生态伦理思维、生态哲学意识、生态安全思考等高阶素质，在将来从事相关行业中更好地处理人、社会与自然的和谐关系，同时也是专业课程群特色塑造的有利载体[18]。

3 生态教育融入城乡规划课程群路径探索

3.1 生态教育融入路径设计要点

在城乡规划专业课程群建设中，生态教育的融入路径设计应该具备以下几个方面的特点。首先，要注重理论与实践相结合，在逻辑思维培养的同时关注直觉思维培养。生态教育不能仅停留在理论层面，更应该通过实地考察、案例分析等方式，让学生亲身感受生态环境的重要性和脆弱性。其次，要强调跨学科融合。生态教育需要借鉴生物学、地理学、环境科学等多学科知识，通过跨学科的融合，使学生全面理解生态环境的复杂性。再次，生态教育的社会性实践应受到更多关注，社会实践类课程应被纳入课程群建设中，培养学生的实践能力和社会参与意识，让学生在社会实践中更多层面多维度建立生态观。

从生态教育精神内核凝练入手，深入挖掘城乡规划专业课程群知识体系所蕴含的“生态知识、生态文化、生态伦理、生态哲学、生态安全、生态保护”等生态教育理念及育人要素，凝练专业课程的生态教育目标，从“理论维度、技术维度、实践维度”将生态教育系统性融入教学组织（图 1）。

3.2 以可持续思想进行生态教育课程群组成界定与维度划分

生态教育融入属于课程思政的重要组成部分，然而并不适用于所有城乡规划专业课程，因此在课程群建设的起始阶段应首先进行课程群组的界定，从新工科“实践性—创新性—执业素养培育”等人才培养内核出发，明确能够为课程群带来生态育人成果、蕴含时代价值的相关课程，结合优势课程界定和组建相关课程群，厘清“理论”维度与“实践”维度课程体系打通后所能产生的“技术成果—规模成果—政治成果—人文成果”，将其生态价值观融入作为课程群良性建设的内源驱动，以知识、技能辅助生态价值观形成课程群不断生长的外源驱动，以此才能保障课程群建设深度的可持续性与良性发展。

（1）课程群组成界定的基础条件分析

1）课程本身应具有生态育人目标基础：结合城乡规划专业的特点和社会对人才的需求，明确生态育人目标，包括培养学生的环保意识、生态规划能力、可持续发展理念等。

2）课程间应有相互支撑关联性或思政要素结构：

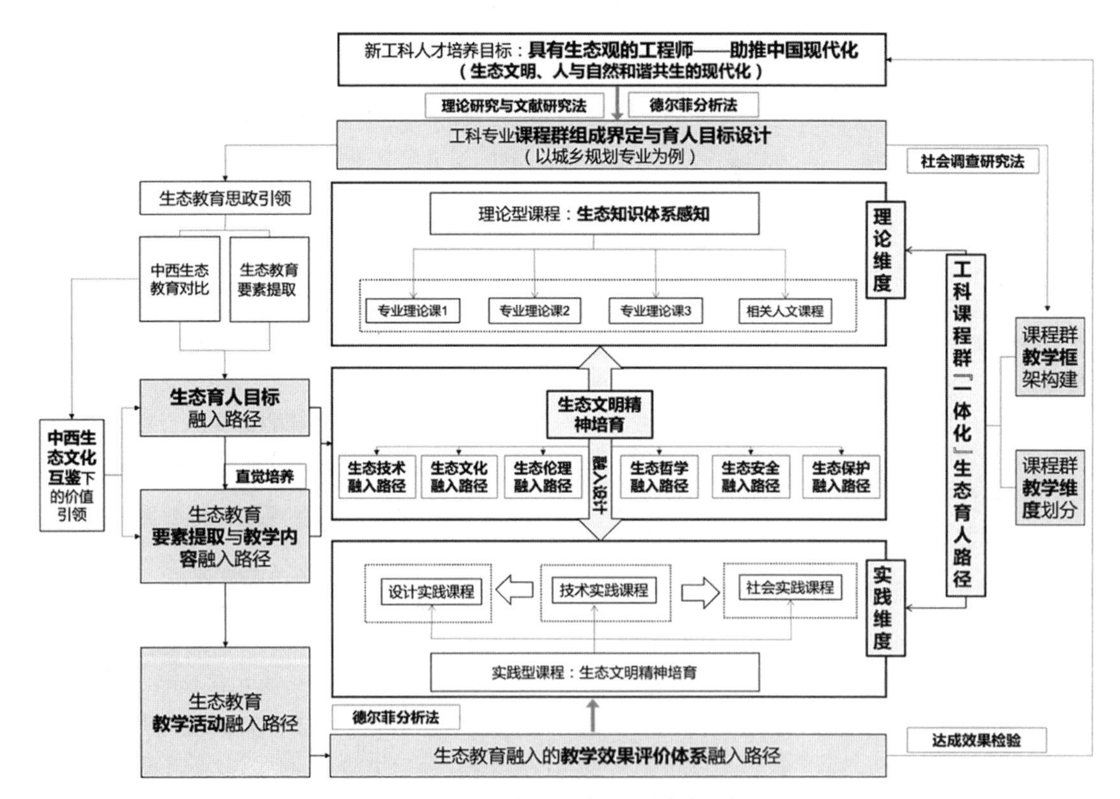

图 1 生态教育融入目标设定的案例框架

资料来源：作者自绘

根据生态育人目标，确保课程群内课程有机衔接，形成一个完整的课程体系。

（2）生态教育可融入的教学维度分析

1）知识维度：注重学生对城乡规划基础知识和生态环保理论的掌握，包括生态学原理、城乡规划原理、可持续发展理论等。

2）技能维度：强调学生的实践能力和操作技能的培养，包括生态规划设计、环境影响评价、空间分析等方面的技能。

3）素质维度：注重培养学生的环保意识、责任心和团队协作精神，使其在未来的城乡规划工作中能够积极关注生态环境问题，为可持续发展作出贡献；引导学生树立正确的价值观和人生观，强调人与自然和谐共生的理念，使其在城乡规划实践中能够坚持生态优先、绿色发展的原则。

4）教学评价维度：将生态教育目标成果纳入课程评价机制中，应特别引入体现生态教育特色的指标，如评估学生在规划设计中对生态原则的遵循程度，及在解决实际问题时生态思维运用情况。

3.3 结合城乡规划专业特点的生态教育要素提取与教学内容直觉思维的融入

城乡规划专业作为一个综合性极强的学科，不仅涉及地理学、建筑学、环境科学等多个学科的知识，还需要紧密关注经济、社会、文化等多方面的因素。因此，在城乡规划专业中融入生态教育要素是复杂而系统的过程，需要不断探索和实践，通过整合课程体系、强化实践教学、引入案例教学以及开展跨学科合作与交流等方式，有效地将生态教育要素融入城乡规划专业教学中。

（1）生态教育要素提取

生态教育要素的提取更适宜从本土的生态知识体系中挖掘，例如从《易经》与《老子》引发的生态平等思考提取生态哲学内核；从《道德经》与《孟子》引发的生态伦理思考；从“道法自然”的生态规范提取生态技术与生态安全要素；从永续发展下的生态消费观思考等，形成生态教育要素与教学内容的融合作为生态文化与生态保护内核。

1）基于生态规划与设计：基于生态空间布局、绿地系统规划、生态环境保护与修复等方面的知识和技能，挖掘相关生态教育要素。

2）基于可持续发展理念：综合考虑资源、环境、经济、社会等专业课程多方面因素，从可持续发展理念的内涵、原则和实践方法出发，挖掘课程生态教育要素。

3）基于环境影响评价：对生态类理论课与设计课中涉及的环境影响评价和预测部分，基于知识背景与技术支撑，挖掘其方法层面的生态教育要素。

（2）生态教育要素在教学内容中直觉思维的融入

1）课程体系的整合：将生态教育要素融入城乡规划专业的课程体系中，形成完整的生态教育链条，例如在城乡规划原理、城市设计、环境科学等课程中加入生态规划、可持续发展等内容，使学生在学习过程中逐步建立起科学生态观。

2）实践教学的强化：通过实践教学使学生更好地理解和掌握生态教育知识和技能，借助国内外竞赛、大学生创新创业项目等，组织学生以“生态知识、生态文化、生态伦理、生态哲学、生态安全、生态保护”为底层逻辑参与相关项目与赛事，提升思考广度与深度。

3）案例教学的引入：引入典型城乡规划案例，特别是那些在生态规划和可持续发展方面取得成功的案例，使学生更加直观地了解生态教育的实际应用效果。同时，引导学生对案例进行深入分析和讨论，提升其对生态教育的理解和应用能力。

4）跨学科的合作与交流：与环境科学、生态学、地理学等相关学科进行合作与交流，共同开展生态教育的研究和实践活动。

4 生态教育融入课程群的目标架构研究示例

4.1 案例课程群架构背景

案例研究基于吉林建筑大学“三实型”人才培养主目标，充分发挥所在单位的吉林省思政研究中心优势基础，生态类国家一流课程建设基础，国家一流专业建设中的生态智慧特色方向的引领作用，针对工科专业注重实践认知的学科特征，转变其课程“单一思政”模式下生态教育与工科专业知识、技艺结合脱轨现况，基于中国传统生态智慧的生态教育元素提取，以城乡规划专业课程群为例探索在开放性问题教学中构建学生多角度由果索因的互动教学路径，融入生态教育活动、提升直觉

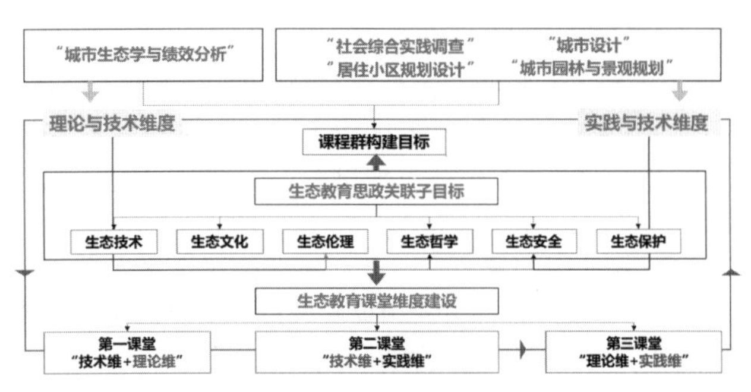

图 2 生态教育理念引领下课程目标体系

资料来源：作者自绘

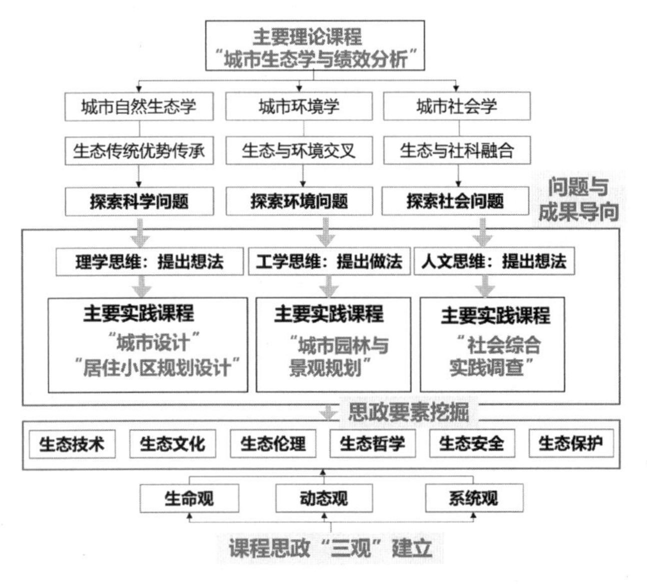

图 3 案例课程群生态观植入模式图

资料来源：作者自绘

思维培养，使偏技术实践应用的专业，在受到生态教育后的技术实践、设计实践中更易在执业工作阶段产生生态"顿悟"，实现"理论→理论＋技术→技术＋实践"的应用路线，逐步引导学生从理论学习走向在实践中应用生态理念，形成"生态知识体系感知→中西生态文化互鉴→生态文明精神培育"工科专业课程群"一体化"生态育人新路径。

4.2 案例课程群选取课程与架构路径

选取理论课程"城市生态学与绩效分析"作为课程群的理论维度核心课程，实践课程"社会综合实践调查""城市园林与景观规划"（设计课程）、"居住小区规划设计"（设计课）作为课程群实践维度核心课程，按照"课程群界定→育人目标设计→教学框架构建→教学维度划分→生态育人目标融入→生态教育要素提取与教学内容融入→生态教学活动融入→生态教育教学效果评价"的融入目标架构（图 2），探索课程群"一体化"生态育人理念的融入路径，塑造学生生态文明感知、传承地方生态精神。

4.3 案例课程群生态观植入与直觉思维培养模式

围绕城市生态规划的"三观—三式—三法"展开（图 3），引导学生建立正确看待生态规划的价值观，领悟开展生态规划基本方法，引发交叉学科的发散思维与系统思考。其中，"三观"是生命观（有机性与延续性）、动态观（阶段性与驱动性）、系统观（整体性与复合性），贯穿课程群的思政体系建设；"三式"凝练包括理学思维对科学问题的思考（例如生态传统优势传统）、工学思维对环境问题的思考、人文思维对社会问题的思考，引导学生提出看法、想法与具体做法，有利于学生生态观建立中的直觉思维养成。

基于生态教育理念教学成果，课程组团队指导学生以融入自然、共享共生"生态安全"维度的生态观进行城市片区设计，获城市设计类国际竞赛提名奖 1 项，城市可持续调研报告国际竞赛三等奖 1 项，吉林省建筑类高校住区规划联合设计竞赛一等奖 1 项、二等奖 1 项；基于"生态保护""生态哲学"思想在首届"创意吉林・和美乡村"创意大赛获省级金奖；案例课程于 2024 年由城乡规划专业必修课，拓展为城乡规划学与建筑学两专业可选课程。

5 结语

广义的生态教育是以调节人与环境间矛盾、建立生态环境伦理观和环境道德观念为主要目标展开的教学活动。高等院校是践行和发展习近平生态文明思想的主阵地，高校师生是生态文明建设的传播者和主力军，承担着发扬先进生态文化、传承先进生态理念、培育学生建立正确生态观的重要责任。本文基于生态教育缘起、结合了新工科背景，提出了在城乡规划理论课、设计实践课间贯穿的生态观搭建目标结构、教学设计，探索以课程群方式在城乡规划专业教育中融入生态教育的路径设计要点，以可持续思想进行生态教育课程群组成界定与维度划分方式，结合城乡规划专业特点的生态教育要素提取与教学内容多维融入路径与方法，关注“理论”与“实践”贯通的“一体化”生态教育模式组织与直觉思维形成，并以案例课程群探索多门课程体系化生态观建立的路径，为城乡规划专业生态类课程群优化建设提供理论基础与应用参考。

参考文献

[1] 黄宇．可持续发展视野中大学面临的挑战与责任 [J]. 教育文化论坛，2010，2（5）：5–12.

[2] FLORIANA C，FRANCESC S. A European public inijestment outlook[M]. Cambridge：Open Book Publishers，2020：164.

[3] LARISA A，APANASYUK，et al. Factors and conditions of student environmental culture forming in the system of ecological education[J]. Ekoloji，2019，28（107）：191–198.

[4] LUBCHENCO J，et al. The sustainable biosphere initiative：An ecological research agenda：A report from the eco logical society of America[J]. Ecology，1991，72（2）：371–412.

[5] HAYHOE R. Portraits of influential Chinese educators[M]. Hong Kong：Comparative Education Research Centre，University of Hong Kong and Springer，2006.

[6] 徐冬先．高校加强生态文明教育探析 [J]. 学校党建与思想教育，2024（5）：62–64.

[7] 张晨宇，于文卿，刘唯贤．生态文明教育融入高等教育的历史、现状与未来 [J]. 清华大学教育研究，2021，42（2）：59–68.

[8] 李诺，刘真言，刘月美，等．高校开展生态文明教育的意义与途径 [J]. 北京师范大学学报（自然科学版），2023，59（4）：674–679.

[9] 朱笑荣．生态文明教育融入高校工程类专业教学的价值探索 [J]. 环境工程，2023，41（5）：249.

[10] 姜雪，满殊含，赵宏宇，等．OBE 理念下城乡规划专业研究性教学设计的思考与探索 [J]. 建筑与文化，2023，（10）：70–72.

[11] 王舒，张宏阁．“双碳”背景下建筑类高校生态文明教育路径探析 [J]. 吉林省教育学院学报，2024，40（3）：98–104.

[12] 陈冰，康健．可持续建筑教育：专业知识和职业道德的培养 [J]. 建筑学报，2011（11）：90–94.

[13] 翟滢莹，王乃嵩，梁晓慧．绿色建筑背景的地方高校建筑学专业人才创新培养研究 [J]. 教育现代化，2020，7（36）：44–48.

[14] 李莉华，董芦笛，武毅，等．西安建筑科技大学风景园林专业课堂内外的生态实践教学与教育研究 [J]. 城市建筑，2018（36）：53–56.

[15] 张辉，黄艳雁．可持续理念在现代建筑教育中的引入与思考 [J]. 中外建筑，2014（7）：77–78.

[16] 刘长安，仝晖，周琮．以生态建筑学为导向的建筑教育模式研究——山东建筑大学生态建筑学教学实践 [J]. 山东建筑大学学报，2012，27（5）：539–542.

[17] 姜雪，赵宏宇，王春青．面向新工科“五维形态”的城乡规划课程结构反向设计 [J]. 高等建筑教育，2024，33（2）：89–96.

Research on Integrating Ecological Education into the Curriculum Group of Urban and Rural Planning Education

Jiang Xue Bai Limin Zhao Hongyu

Abstract: The establishment of ecological concept in the new era has become an important part of the new road of Chinese path to modernization. Among them, ecological education is an important measure for the formation of ecological construction concepts. Higher education institutions bear the important responsibility of spreading ecological culture, ecological concepts, and correct ecological views to students. Incorporating ecological education into the teaching of urban and rural planning courses is an effective way to subtly integrate ecological perspectives into talent cultivation. Based on the background analysis of the origin of ecological education and the new direction of national higher education, this study proposes the goal structure and teaching design of building urban and rural planning curriculum clusters based on ecological perspectives. At the same time, it also includes the curriculum reform path of integrating ecological education into the curriculum system from multiple dimensions. And use the OBE concept to demonstrate through typical cases at the practical level. This study deepens the exploration of educational models in ecological education from the perspective of ideological and political education and forms a model for establishing an ecological education curriculum group that combines theoretical courses with practical courses.

Keywords: New Engineering, Professional Curriculum Group, Ecological Education, Course Ideology and Politics

2024中国高等学校城乡规划教育年会
2024 Annual Conference on Education of Urban and Rural Planning in China

联动专业学科·焕新规划教育

基础教学

2024 Annual Conference on Education of Urban and Rural Planning in China

翻转课堂在国土空间详细规划快题设计教学的创新与应用

林小如　李　洋　任　璐

摘　要：在我国推进高等教育“课堂革命”的背景环境下，翻转课堂受到高教界的广泛关注。国土空间详细规划快题设计课程具备激发学生即兴创造力思维和形象表达能力的特点，需要探索与之相适应的、能够激发学生学习热情和创作能力的授课形式。据此，笔者通过三年的授课实践，对传统规划设计课堂的授课模式进行适应性调整，探索一种“OCTIAS”的翻转课堂模式（O 目标制定—C 案例探索—T 测试试错—I 视频学习—A 课堂活动—S 总结提升）。首先在视频学习前插入“案例旅行式探索”和“试错积累有益失败”两个板块；其次，在课堂活动中，对学生反映的问题进行针对性梳理，学生试错方案的自评、互评并修正课前试错方案；最后，畅想未来城市可能出现的问题及其空间组织应对。实践表明，OCTIAS 模式较传统教学模式，可以提高国土空间详细规划快题设计课程的趣味性，提升学生理论知识学习的扎实度、实践操作的灵活性、对现实问题思考的主动性以及批判性思维和综合表达能力。

关键词：翻转课堂；国土空间详细规划；教学；创新模式

1　国土空间详细规划快题设计课堂的“翻转诉求”

1.1　国土空间详细规划快题设计的课程特点

国土空间详细规划快题设计是城市规划方案设计的原型构思，是方案设计最初的形态化描述，是设计者创造思维最活跃的阶段。以速写为载体对一个设计由抽象见解到具有结构与形态的思想表达，是方案生命力的关键内核。在这个集中创作的时空过程中，快题设计表现出原创性、灵感性、活跃性和设想性。因此，国土空间详细规划快题设计课程需要能够激发这种即兴创造力思维和形象表达能力的授课形式。

那么，为什么要学国土空间详细规划快题设计呢？据抽样调查，国内 20 所典型的城市规划系设系高校的规划本科生课程显示，开设规划快题设计课程的学校有 18 所，各个学校的学时安排在 16~32 个学时不等，多以专业选修课的形式设置，部分学校将该课程穿插在城市设计专业必修课中一同设置。国土空间详细规划是一门应用性、实践性很强的学科，规划理论知识始终要转化为生产力，方案的质量决定了“设计产品”内核的优劣；快题设计能够在短时间展现设计者对系统理论知识的理解程度与应用水平，因此是规划行内约定俗成的重要考核环节；国土空间详细规划快题设计训练能反复锤炼并强化学生对空间的组织能力，提高设计的专注度，锻炼逻辑思维的严谨性与解决问题的敏捷度和创新能力。

1.2　传统课堂的形式与缺陷

调查显示，传统的规划快题设计课程一般采取“原理解释—案例分析—任务书下达—设计方法应用”的授课形式。学生在学习过程中暴露出对理论讲解兴趣不佳，对案例分析体验不深，设计实践过程中对关键问题的针对性不强的问题。甚至有部分高校直接采用“任务书下达—设计实践—打分结课”的授课模式，该模式下的学生只体会了快速设计实践过程，而缺乏对原理、方法、技巧和重点难点的系统学习和创新性空间布局方法探索。相应的设计作业可能存在设计方法和空间构成套路化、设计表达装饰化、方案个性缺失、主题特色不强、应用价值欠佳等共性问题。既然传统的快题设计课堂教学存在诸多问题，那么，有没有可能通过创新课程授课形式，来改善教学效果？

林小如：厦门大学建筑与土木工程学院副教授（通讯作者）
李　洋：厦门大学建筑与土木工程学院硕士研究生
任　璐：厦门大学建筑与土木工程学院助理教授

1.3 翻转课堂的传统范式突破与课堂激活

翻转课堂颠覆了传统课堂的“先课堂讲授，再进行课后问题解决”的基本形式，从时空上进行调整，对教学形式进行翻转：讲授由课内变成课前，由集体空间变为个体空间，由教师讲授变为视频讲授；问题解决从课后的个体作业变成课堂上的集体测试与交流互动。可以说，翻转课堂就是翻转了传统的授课形式、课堂主角和思维模式的一种授课形式。

近年来，翻转课堂在全世界的实践过程中还产生了多种变体，如在课前增加观看视频后的课前练习，课中测试/课中汇报及反馈；如增加课前独立探索和课中协作学习的环节[1]（金磊，2012）；又如插入课前社交媒体交流，课上回复知识点确定研究问题等环节；另有Lo等人提出“课前视频学习后激发旧知＆示证新知，课上应用新知和融会贯通”的翻转模式[2]（LOCK，LIE C W，2018），强调课上回顾，针对性解析和应用探索[3]（郭建鹏，2018），再有翻转课堂的翻转版即视频前植入问题、测试，让学生试错“裸考”，经历千姿百态的错误。根据Kapur提出的“有益失败论”[4]，这些错误会激发学生对知识点的好奇心和兴趣而让学生更为深刻地理解视频讲授的理论知识点（KAPUR M，2014），当这些错误的“总集”拿到课堂上，会让教师更加明确哪些地方是学生的薄弱环节，而错误集的展示也让学生从其他人身上读懂更多的错误可能，错误具有不可遍历性，但当经历和累积的错误集变大了，犯错的空间也相应变小了。最后就是翻转课堂的综合模式，即学前探索—视频讲授—课堂应用（Explore-Flip-Apply）（MUSALLAM R）[5]。然而学前探索阶段也占用课堂时间，可执行性不强。郭建鹏提出了翻转课堂的整合版，包括“目标设定—课堂测试—视频讲授—展示精品作业—讨论提升”[6]（郭建鹏，2019），这一模式提出了通过理论讲授前的课堂测试，积累有益的失败经验，激发学生后续线上线下课堂的求知欲和探索热情。

2 国土空间详细规划快题设计的翻转探索

纵观琳琅满目的翻转课堂的形式变体，哪一种变体最适用于国土空间详细规划快题设计课程的课堂教学呢？笔者进行了三年课程教学创新的实践探索，根据学生的学习反馈，通过设计作业成绩比对、课堂思维活跃度测评、方案特色评估、方案落地性与实用价值评估以及思考问题的聚焦水平评估这几个维度，进行国土空间详细规划快题设计翻转课堂逐年的教学模式修正与优化。

三年的教学实践比较显示，OCTIAS的教学模式在学生学习效果反馈中评价最好，学生对快题设计充满兴趣，由原来的被动吸收知识变成主动学习和探索。学生在明确学习目标的前提下，经过优秀案例和Google工具在世界各地进行已建成环境的精彩案例研究后，在课前进行指定主题限定时间下的规划设计测试，通过这样的试错环节强化学生的深度思考和自主探索能力，从中积累了很多问题，而后再将问题带回课堂。这些从自主学习经历中获得的体悟和留存的疑惑在活跃课堂氛围的同时，锻炼了学生的质疑精神，通过交流与互动加深了对知识点和规划实践的理解。学生设计作业的成绩相较1.0版本和2.0版本有了比较明显的提升，而且这只是学生自己探索案例后设计测试的成绩，因为学生是带着明确的目标、好奇心、热情和创意去完成设计测试的。3.0版本的最大成效还在于方案特色和使用价值两方面的显著进步。那么，国土空间详细规划快题设计翻转课堂的3.0版本具体该如何操作呢？

不同版本的国土空间详细规划快题设计翻转课堂教学实践探索比较 表1

翻转课堂形式变体/教学效果指标	学生学习反馈	课堂平均提问数量（个）	设计作业平均分及分布（分）	方案特色与	现实价值考虑
1.0 视频学习（含案例分析）—课堂测试—课堂讨论	提问不多，学习热情和乐趣也不大。完成课程任务	2~6	80 高低分段少	★★	★
2.0 学前测试—视频学习（含案例分析）—课堂讨论	提问多，与优秀案例差距大，意犹未尽，主动学习	8~20	78 高分段少	★★★	★★
3.0 目标确定—C 案例旅行—T 课前测试—I 教学视频—A 课堂活动，讨论和修正	提问多，深度理解优秀案例，主动学习和质疑精神	12~25	83 高中分段多	★★★★	★★★★

资料来源：作者自绘

3 国土空间详细规划快题设计课程的适应性翻转：OCTIAS 模式

3.1 目标确定

根据布卢姆的教育目标分离学理论[7]，教育目标分为理解记忆的低阶目标和应用、分析、评价、创造等高阶目标，传统课堂更加注重记忆和理解的满堂讲授，而应用和创造等环节多以课后作业的形式完成，期间缺乏集体形式的分析、评价与讨论、辩论等高阶目标环节。3.0 版本的授课模式将对理论、规则及城市空间要素组织原则等理解、记忆阶段的知识点通过“翻转”，以视频的形式移出课堂之外，解放出来的课堂时间用来使学生的学习从理解记忆向分析应用、评价和创造等高阶提升，同时巩固和加强对视频中知识点的记忆和理解。

3.2 案例旅行

优秀案例的学习是掌握国土空间详细规划快题设计方法的重要基础，因此“案例解读”这个课程环节必不可少。在翻转课堂 1.0 或 2.0 版本的教学中，学生可能存在“不想看”或“看不懂”视频的现象，“不想看”往往是因为缺乏自主学习动机，而“看不懂”是由于缺乏扎实的先前知识基础。学生通过对课前优秀案例的探索和类比能够发展出一定基础的先前知识，意识到自己先前知识的局限性，这种不平衡有利于对其自身好奇心和求知欲的驱动，从而为后面接受系统的视频知识讲授打下必要的基础[8]。因此，不同于翻转课堂 1.0 和 2.0 版本中直接进行视频学习，笔者建议学生以个人的形式在课外课前完成这个准备活动。

“案例旅行”是通过“案例名单”让学生课前自行探索学习，这里的“旅行”并未必是真正意义的实地旅行，而是在了解教学目标后，在案例资料中“旅行”，利用 Google 等软件到不同优秀案例实地进行空间组织逻辑、规模、尺度、文化特色、形态风格及与周边环境融合等方面的比对学习。这个环节让学生针对目标和问题，在案例资料和 Google 工具中，抑或是实际空间样本的优秀城市空间中徜徉。好奇心和兴趣牵引着学生大脑迅速建立空间要素组织逻辑认知秩序，这为下一步的“盲演”奠定了认知基础，积累了针对特定主题的丰富的空间组织规律和经验模式，同时也能激发学生的想象力和创造力。除此之外，鼓励学生将学习的案例在课堂交流的环节，以讲故事的形式进行集体交流，培养兴趣并强化表达能力。鼓励学生在进行“案例旅行”的过程中养成做规划笔记的习惯，做个生活和学习的有心人：旅行空间日记整理、会议资料素材分类整理、照片资料整理总结等，可以为后面的课堂讨论环节丰富多彩的“故事会”作深刻而有趣的素材积累。

3.3 有益的错误积累：课前“盲演”

大量研究表明，讲授要发挥作用需要一定的时机，需要在讲授之前先让学生进行相关的探索性活动，帮助学生发展领域的辨别性知识[9]。“盲演”就是在尚未进行系统的理论知识视频学习的前提下，对课程任务进行快速设计，即国土空间详细规划快题设计的实践环节。凭着经验及案例旅行的积累，没有什么比亲自进行一遍系统思考和操作更能清晰把握设计主题对象各环节的难易程度，越是觉得实践困难和疑惑重重，越是激发学生自主学习视频系统知识的主动性和迫切性；同样，也没有什么比亲历式犯错更让学生印象深刻：假设平均一个学生犯错 5 个，全班 30 个学生有一百多个错误在课堂环节相互交流形成一个共享错误集，这将很大程度活跃课堂气氛，同时也让学生后面设计过程中跨过更多的“陷阱”，避开更多的套路。这是本环节盲演的价值，即提供更多有益的错误集[10]。

3.4 课前视频教学

与所有的翻转课堂一样，设计理论、规则、方法等知识点讲解的形式在课前由学生个人独立完成。由于在课前完成了“盲演”的学生难免遇到诸多的困惑，迫切想找到“标准答案”，这个时候进行知识点及原理方法的系统讲解，学生的吸收效率是很高的，学习的姿态也是主动的。不管是视频学习过程中考生的案例共鸣还是尚存的种种疑惑，都是前期“盲演”所贡献的教学效果的正向增量，完成课堂学习，学生可将尚存的疑问及可能的质疑记录下来，通过网络的形式反馈给教师，也是完成课前课程学习的一个标志。这个环节从某种程度上能够改善中国学生上课不提问的窘境。不会提问可能说明不善思考，这两个过程的对比让学生通过主动试错、主动思考、主动提问，强化能动思考能力，提高汇报、评价等表达能力，激发质疑精神和创新能力，同时也是教师线上监控和了解学生学习效果的一种方式。

3.5 课堂活动："试错"作品展示、修正和问题讨论

回顾课前内容。课堂活动是在学生完成课前"盲演"和视频学习之后，进入到线下课堂进一步学习。教师首先要通过回顾课前的视频内容带领学生快速回忆知识要点，并将注意力集中在目标内容上，从心理认知上做好高阶目标学习的准备。该回顾环节作为从线上视频学习到线下课堂学习的过渡，起着承上启下的作用[11, 12]。按照教学目标，前面几个环节主要针对低阶教学目标，而本环节的课堂活动则是针对高阶教学目标而设计。把课堂时间尽可能解放出来进行高阶能力的提升，这正是国土空间详细规划快题设计翻转课堂的核心优势。通过试错作品的集中展示，学生的分组与辩论，自评与互评，以及"盲演"与视频学习后针对留下的关键问题与质疑的讨论，完成高阶的深层学习。教师可以针对学生视频学习后提出的问题，设计相应的教学活动，如汇报、辩论、角色扮演、空间模拟体验等。通过面对面的交流、互动、合作、体验来挖掘学生更深层的潜力、加深学生对知识的理解、拓展学生的思维场域，同时活跃课堂氛围、丰富授课形式，也提高了学生的兴趣，最终达到理想的教学效果。

3.6 课堂总结：拓展延伸与鼓励创新

最后一个环节是进行城市设计知识点总结延伸与针对未来城市联想的创新讨论。教师在对整个教学过程进行内容总结、反思和提升之后，要求学生主动思考最重要和深层的结构体系，帮助学生将散落的知识点完成触类旁通的体系化的建构，增加知识的延展性。例如，设计工业园区和设计校园空间，两类空间组织看起来毫无关联，但事实上，产业园区和校园空间都遵循动静分离的原则。产业园中的生产区、仓储区属于动区，生活区属于内向静区，商业服务及展示区属于外向静区，应分开设置。而校园中的运动场属于动区，科研办公区属于核心静区，生活区属于内向静区。这两类空间中，校园中的图书馆与工业园区中的展示中心常是两个园区中的标志性建筑或文化建筑。这种联系性的比较总结，能够强化学生知识点的体系结构框架的建立，并锻炼学生的联想思维。最后，教师可以更加开放性地鼓励学生对现行的各类标准进行审视、思考与质疑，以及对未来城市的需求进行联想和探索，提高学生的质疑精神和创新思维。

4 结论与讨论

研究表明，在推进高等教育课堂改革的环境下，建筑、城市规划和景观设计等设计课程实际上在形式上早已是"半翻转"模式。然而，如何让这种特色强烈的课程从"不自觉"的"半翻转"状态，通过教学模式的创新，提高课堂灵活性、趣味性，改善学生学习效果，从低阶的理解、记忆的学习目标提升到应用、评价、创造等高阶目标，最终找到一种以学生为本的智慧翻转模式是本文的研究重点。研究发现，"目标确定—案例旅行—盲演试错—视频教学—课堂活动—总结提升"的翻转课堂模式（OCTIAS）是目前最适合国土空间详细规划快题设计课程的课堂组织模式。

翻转课堂的可贵在于"翻转"的多面性、灵活性和多元适应性，从而产生无数模式变体以适应多种学科、多种课程，故笔者认为翻转课堂不应该有一个绝对的普适性模式，它就像"创新课堂"这样的范畴一样，涵盖了一切颠覆传统课堂模式的新授课范式。它更应该是一种理念式的内涵，在一个创新的基本框架体系下，横向上有适应于不同学科，甚至不同课程特点的灵活变体；纵向上应该不断尝试调整，在师生互动下不断修正，进而实现一种成长的动态的翻转，这才是"翻转课堂"的精髓。通过多元性、灵活性、趣味性和深刻性的授课模式在不同特色的专业课堂上呈现，达到学生善于探索、主动学习并乐于创新，教师在教学实验中不断修正和改进教学模式，课堂上有创新激荡与思想共鸣，学生的质疑精神和探索精神得到充分激励的教学效果。只有这样，我国的"课堂革命"理想才可能以百花齐放的精彩形式出现在不同高校、不同学科和不同课程上。

参考文献

[1] 张金磊，王颖，张宝辉．翻转课堂教学模式研究 [J]. 远程教育杂志，2023（4）：46-51.

[2] LO C K，LIE C W，HEW K F. Applying "First Principles of Instruction" as a design theory of the flipped classroom：findings from a collective study of four

secondary school subjects[J]. Computers & Education，2018（118）：150–165.
[3] 郭建鹏 . 翻转课堂与高校教学创新 [M]. 厦门：厦门大学出版社，2022：190.
[4] KAPUR M. Productive failure in learning math[J]. Cognitive Science，2014（38）：1008–1022.
[5] MUSALLAM R. Cycles of Learning. Explore–flip–apply：introduction and example [EB/OL].（2013–05–01）[2013–07–14].https：//www.cyclesoflearning.com/home/apedagogy–first–approach–to–the–flipped–classroom.
[6] 郭建鹏 . 翻转课堂教学模式：变式与统一 [J]. 中国高教研究，2019（6）：8–14.
[7] BLOOM B S. Taxonomy of educational objectives，the classification of educational goals，handbook I：cognitive domain[M]. New York：David McKay Company，1956. 56–61.
[8] SONG Y，KAPUR M. How to flip the classroom– "productive failure or traditional flipped classroom" pedagogical design[J]. Educational Technology & Society，2023（1）：292–305.
[9] SCHWARTZ D，CHASE C，OPPEZZO M，et al. Practicing versus inventing with contrasting cases：The effects of telling first on learning and transfer[J]. Journal of Educational Psychology，2021（103）：759–775.
[10] FYFE E，RITTLE–JOHNSON B，DECARO M. The effects of feedback during exploratory mathematics problem solving：prior knowledge matters[J]. Journal of Educational Psychology，2019（104）：1094–1108.
[11] 陈君贤 . 翻转课堂中运用"五星教学模式"的探索与实践 [J]. 电化教育研究，2016（10）：122–128.
[12] 亓玉慧，高盼望 . 基于首要教学原理的翻转课堂教学设计探索 [J]. 山东师范大学学报（人文社会科学版），2018（2）：93–99.

Innovation and Application of Flipped Classroom in Teaching Land Spatial Detailed Planning and Design

Lin Xiaoru　Li Yang　Ren Lu

Abstract: Against the backdrop of China's advancement in higher education's "classroom revolution," the flipped classroom has garnered widespread attention in academia.The course of land spatial detailed planning and design possesses the characteristics of inspiring students' spontaneous creativity and visual expression abilities，necessitating the exploration of teaching methods that can stimulate students' enthusiasm for learning and creativity. Therefore，based on years of teaching practice，the author has made adaptive adjustments to the traditional teaching mode of planning and design courses，exploring a flipped classroom model called "OCTIAS"（O：Objective setting – C：Case exploration – T：Testing and trial–and–error – I：Video learning – A：Classroom activities – S：Summary and improvement）. Firstly，before video learning，two sections are inserted："case–based explorations" and "beneficial failure accumulation through trial and error." Secondly，during classroom activities，targeted organization of issues raised by students is conducted，followed by self–assessment，peer assessment，and revision of pre–trial error schemes. Finally，imagining future urban problems and their spatial organization responses. Practice has shown that the OCTIAS model，compared to traditional teaching methods，can enhance the interest of the land spatial detailed planning and design course，improve the solid foundation of theoretical knowledge learning，flexibility in practical operations，proactive thinking about real–world issues，as well as critical thinking and comprehensive expression abilities.

Keywords: Flipped Classroom，Land Spatial Detailed Planning，Teaching，Innovative Model

基于城市观察与专业认知的城乡规划专业二年级“建筑设计Ⅰ”课程教学实践探索

徐凌玉　王　鑫

摘　要：为适应城乡一体化变革与城市建设新阶段的需求，解决城乡规划教育面临的多重挑战，2021 年起北京交通大学城乡规划专业本科二年级“建筑设计Ⅰ”课程进行了教学实践改革。课程通过城乡规划专业独立命题和针对性的教学内容，强化专业的核心知识体系。课程选取北京市西城区白塔寺历史文化保护区作为调研和设计场地，通过城市调研、街巷更新设计和单体建筑设计，引导学生从宏观到微观、从城市到单体建筑的多尺度设计思考，通过教学实践，有效提升学生对城市空间结构和建筑群体组合的理解。学生在团队合作、对外交流、工匠精神和社会责任等方面专业素质得到了显著提升。课程成果包括调研报告、场地模型、街巷更新设计和建筑单体设计等，展示了学生在不同设计阶段的深入思考和创新实践。课程教学改革不仅应对了行业发展的新要求，还为学生提供了一个全面而深入的学习平台，帮助他们建立起对城乡规划专业的基础认知，为成为具有高度专业素养和强烈社会责任感的城乡规划师打下了坚实的基础。

关键词：城乡规划教育；基础教学；建筑设计；教学实践改革；城市观察；专业认知

随着城乡一体化步伐的加快和城市建设重点的转变，城乡发展正进入一个全新阶段，呈现出减量增质、功能复合的演变趋势[1]。目前，城乡规划专业正面临多重挑战，经历着发展模式的转型和体制改革的过渡[2]，也同时面临着政府治理和社会管理方面的双重滞后。在这种宏观背景下，如何协调城乡规划教育的独特性与新环境、新社会需求之间的关系，成为高校在城乡规划课程建设方面的重点与难点问题。

1　课程缘起——追求专业差异与针对性的“建筑设计Ⅰ”课程改革

1.1　城乡规划专业“建筑设计Ⅰ”课程建设背景

“建筑设计Ⅰ”是城乡规划本科二年级第一门专业核心必修的设计课程，旨在培养学生在空间设计方面的专业技能和创新能力，对于理解和掌握城市空间结构、建筑群体组合等有重要作用，也是学生在正式进入规划设计学习实践之前的重要过渡桥梁[3]。课程以一年级建筑大类“建筑设计基础”课程[4]为基础，也是专业后续核心设计课程“城市设计”“城市总体规划”“城市修建性详细规划”的先行基础课程。

1.2　城乡规划专业“建筑设计Ⅰ”课程独立命题缘由

北京交通大学城乡规划专业本科二年级“建筑设计Ⅰ”课程，在 2021 年之前一直延续传统的城乡规划本科教育培养模式，二年级阶段设计课保持和建筑学合班上课的教学方式，随着学科发展的需求变化，以及学生能力的培养差异，存在专业间培养目标矛盾、课程任务不符、能力需求不同等多方面问题，教师与学生均意识到其中变化影响[5]。在学校统一修订 2020 版培养计划之际，城乡规划专业正式将“建筑设计”课程独立编排。2021 年，在 2020 级同学二年级建筑大类专业分流之后，“建筑设计Ⅰ”教师首次完全独立自主命题授课，与建筑学专业同学设计课程彻底分开教学。课程至今已经经历三届学生教学实践，教学成效显著。

徐凌玉：北京交通大学建筑与艺术学院讲师（通讯作者）
王　鑫：北京交通大学建筑与艺术学院副教授

1.3 课程专业差异性与针对性培养方向

改革之后的“建筑设计Ⅰ”课程以讲授、辅导、实践相结合的方式进行教学，充分融入城乡规划专业培养目标，与原有建筑学主导的“建筑设计”课程产生区分，注重城市层面的理解与认知的导入。课程需要学生在完成建筑设计课题——城市公共空间中小型建筑物的设计与学习基础上，增加社区开放空间设计，希望通过理论学习和实践教学对学生的城乡规划基础知识、技术能力和专业素养进行有针对性的培养和提升。教学过程中学生在认识到建筑具有“功能、场地、技术、形态”的整体性的同时，侧重城市空间对设计的综合影响及对应性思考；了解建筑设计的知识体系；理解有关建筑设计的基本问题；掌握设计一个小型建筑物的方法和步骤，以及社区开放空间的要素及空间逻辑[6]。面向城乡规划领域未来发展需求，培养学生独立思考、专业表达、创新实践和沟通合作的全方面能力。

经培养计划调整，城乡规划本科专业课程体系以规划设计系列课程为主轴，以理论、技术课程体系为两翼，形成以城乡规划设计核心知识为主体的不同尺度转换、多元信息建构的二年级课程体系建设（图1）。以建筑设计及城乡规划设计类主干课程为核心，夯实专业启蒙类课程，强化城乡规划设计类主干课程、历史理论类与技术方法类课程，体现专业知识和专业能力培养导向要求；拓展多样化专业课程体系，体现多元丰富的问题导向和兴趣导向需求。

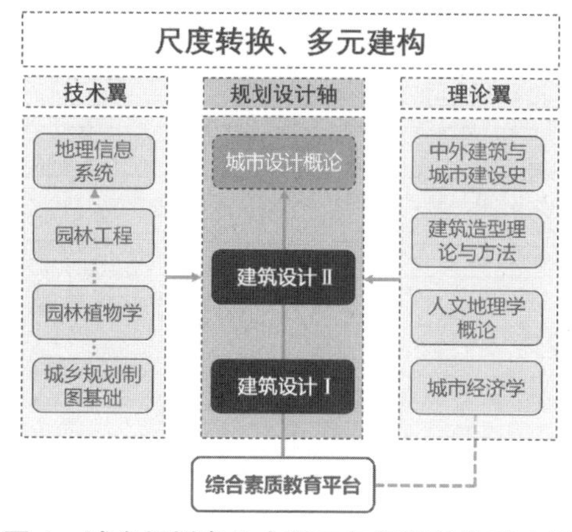

图1 城乡规划专业本科二年级课程体系建设

资料来源：自绘

2 课程组织——面向城市、面向更新、面向专业基础的课程内容设置

2.1 面向城市发展，提升城市认知的设计区域选择

“建筑设计Ⅰ”课程选取北京市西城区白塔寺历史文化保护区（图2）为调研范围，该区域历史悠久，起源于元代，并持续繁荣至明清时期，直至今日，不仅是历史的见证，也是文化传承的重要载体。区域内融合了丰富的古都文化、地道的市井生活以及众多名人故居，历史沉淀深厚。但同时也面临着老旧建筑改善、基础设施提升、历史风貌留存等多方面的挑战。课题需要学生在保持白塔寺历史文化保护区独特的胡同肌理的同时，在相应地块置入新的文创、展示、商业等更新功能，营造传统与现代融合，城市与社区共生的全新街巷空间与建筑格局，以开放的姿态迎接此处的繁华再现。

教学过程中，希望学生通过对于城市空间的调研认知、街区风貌的环境改善、单体建筑的更新设计，从大尺度到小尺度空间，从城市到街道单体，逐步探讨场地设计、空间组织、功能分区、交通流线、结构关系、材料技术[7]等相关设计与技术问题（图3）。教学过程中引入城市文脉与历史文化发展相关内容，一方面引导学生了解当下城市更新面临的真实发展需求，另一方面旨在

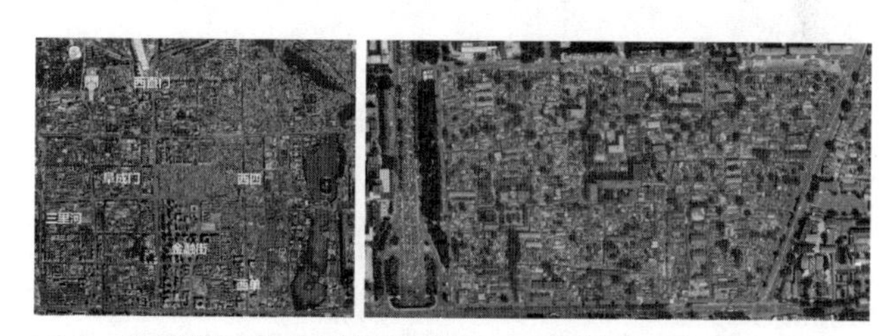

图2 课题调研与设计场地选址——白塔寺历史文化保护区

资料来源：根据卫星地图改绘

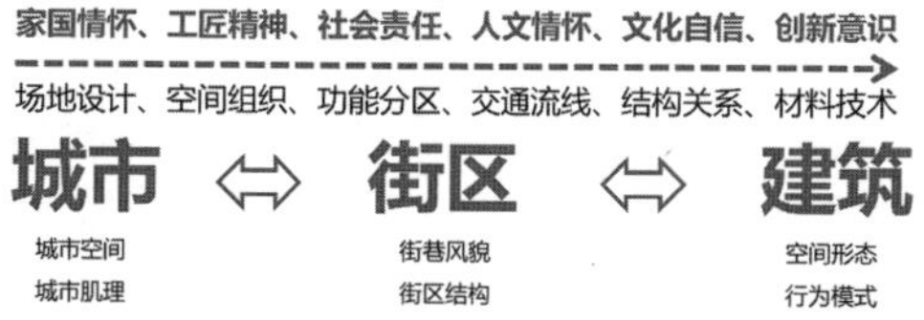

家国情怀、工匠精神、社会责任、人文情怀、文化自信、创新意识

场地设计、空间组织、功能分区、交通流线、结构关系、材料技术

城市 ⇔ 街区 ⇔ 建筑

城市空间 城市肌理 | 街巷风貌 街区结构 | 空间形态 行为模式

图3 “建筑设计Ⅰ”课程内容组织及目标方向

资料来源：自绘

培养学生的文化自信与人文情怀，理解中华优秀传统文化，在设计中体现民族自豪感，懂得文化包容，体现以人为本精神，进行文化创新创造[8]。

2.2 面向城市更新，明确专业职责的设计任务分配

课程设计基地选址位于白塔寺历史街区宫门口胡同西岔与东岔之间地块，北至平安巷，南至阜成门大街，南北长 170 米，东西宽 6~20 米不等的街区，首先进行街巷开放空间更新规划设计，再进行建筑单体设计工作。共选取 7 块连续地块进行设计，中间有一个中心广场相隔，每个地块面积在 230~320 平方米之间不等，根据现状地块形状与建筑布局而定（图 4）。为与附近历史建筑的高度协调，地块建筑的限高设定为 9 米。

为带动片区城市更新，让宫门口胡同小院得以新生，拟在上述 7 个地块上各建胡同里的“城市客厅”——300 平方米商业店铺一处。根据调研结果，确定场地业态需求，可以选取不同的商业服务类型，包括传统手工艺、文化创意产品、生活服务商店、小型甜品店等，具体功能包括：商业售卖、商品展示、商品加工、交流、储藏、卫生间以及其他相关功能等。明确面积分布要求，以必选功能（服务与被服务空间 210 平方米）加自选功能（X 空间 90 平方米）的形式进行建筑设计（表 1）。

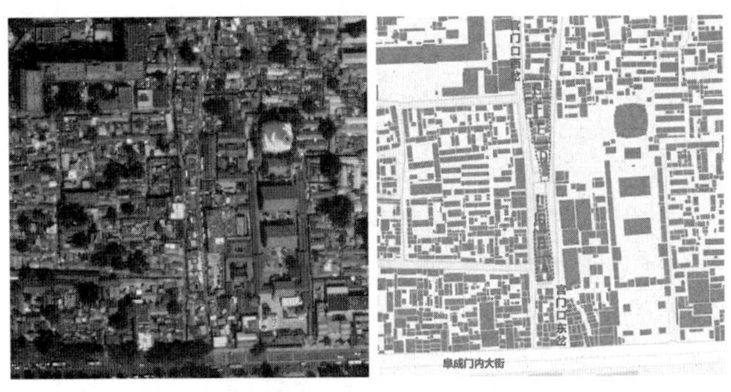

图 4　课程设计区域选取与地块分配

资料来源：根据卫星地图改绘

2.3 面向专业基础，明确工作任务的设计环节设置

“建筑设计Ⅰ”课程共计 12 周，96 学时，与原有常规设计课程 56 学时相比，课时容量加长 4 周，也更便于城市认知与建筑设计相结合的多尺度课程环节设置。课程环节设置由宏观至微观，从城市与街区到单体与细部，以小组合作与个人完成相结合的方式推进设计实践，小组合作阶段为城市调研与更新设计，个人完成阶段为建筑设计与成果表达（图 5）。

学生每 7 人一组（根据每年学生数量差异动态调整 5~7 人不等），学生在完成各自建筑设计任务之前，需要用 2 周时间小组合作完成城市认知与调研报告，2 周时间提出街巷更新策略及进行场地更新设计。在小组总体规划策略的基础上，每位学生独立完成建筑单体设计和成果表达的全部内容，其中功能布局与空间塑造用时 4 周，设计深化与细化表达用时 4 周，还有 2 周时间用于图纸绘制与模型表现。

课程 5 个主要板块逐步推进展开教学实践，同时每个阶段都会插入授课教师理论讲授环节，包括课程解析

《建筑设计Ⅰ》“城市客厅”功能计划与面积规模要求　　表1

分类		功能	说明	面积
必选功能 210 平方米	被服务空间	商品展示	可结合交通空间、公共空间、灰空间、室外庭院、屋顶露台等	160 平方米
		商业售卖	商品售卖、结算空间	
		产品加工	原材料处理与二次加工	
	服务空间	办公室	店铺工作人员办公、讨论使用	20 平方米
		储藏间	一处或多处，供堆放产品、杂物，或存放日常用品、设置设备等	20 平方米
		卫生间	供工作人员和参观、交流、购买者使用（2 个厕位即可）	10 平方米
自选功能 90 平方米	X 空间	其他相关功能	可设置小会议室、吧台、DIY 操作空间或演示空间等共享功能	90 平方米

资料来源：作者自绘

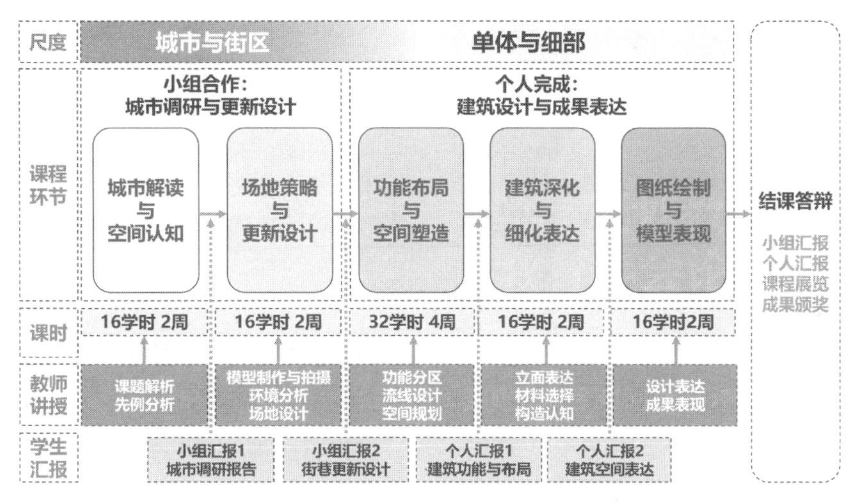

图5 “建筑设计Ⅰ”课程环节及工作任务

资料来源：作者自绘

与先例分析，模型制作与拍摄，环境分析，场地设计，功能、流线、空间，立面、材料、构造，设计与表达等7次讲座，共计10个课时。每个板块之间会进行年级讨论，即小组汇报或个人展示环节，所有指导教师和学生共同参与指导讨论。

课程结课成果进行集体展示，包括图纸展板、实体模型、动态视频等，学生根据方案需求进行表达和制作。结课汇报分为街巷尺度的小组汇报以及建筑单体尺度的个人汇报，学生在指定时间内阐述自己的设计理念、成果，邀请校内外专家进行成果点评及提问。汇报结束评选出“优秀图纸表现奖”“优秀模型制作奖”“优秀方案汇报奖”对学生成果表现进行鼓励并颁发奖状。

3 课程过程——注重合作、注重交流、注重责任的课程引导

课程通过对白塔寺历史文化保护区的城市调研、街巷更新和设计实践，旨在加强学生对城市问题的关注以及深化对中国传统文化的理解和认知，不断激发学生的文化自信与人文关怀。课程强调以人文本的设计理念，鼓励学生进行创新性规划设计实践，以推动传统街区的现代化转型，同时保留其独特的历史风貌。课程教学过程中还需要引导学生注重团队合作意识、对内对外交流能力以及社会服务意识的锻炼。

3.1 团队合作与个人工作共同推进

在城乡规划专业各门课程中小组合作项目是培养学生团队合作精神和沟通技巧的关键环节。本课程在低年级阶段即引入小组合作任务，希望学生尽早通过小组合作，能够在实际的规划设计任务中学习如何协作和交流。学生需要共同完成白塔寺历史文化保护区调研报告，宫门口东西岔街区更新设计，制作完成不同尺度的城市、街区模型，并进行小组合作汇报工作。之后根据街巷更新规划策略，独立完成对应地块单体更新设计工作，并完成一系列建筑设计工作和成果展示任务（图6）。

3.2 外部交流与内部沟通的协同提升

课题在推进过程中，对外需要对城市环境、街巷空间进行充分的调研，需要深入场地与周边居民、商户、管理者等进行充分的交流沟通，通过大量结构化访谈协助发现场地问题，了解他们的需求和期望，建立同理心，为后续的规划设计提供第一手资料，找出规划设计解决方向（图7）。对内在小组合作中，学生分工不同，将通过充分的讨论沟通进行决策制定、团队动员和时间管理，学习如何规划项目进度，分配任务，监控进度，并确保项目按时完成。这种项目管理经验对于他们未来作为城市规划师或设计师的角色至关重要。学生将提高对不同文化和观点的敏感性和包容性，学习如何在设计中融入

图6　课程小组合作成果及个人成果汇报展示
资料来源：自摄

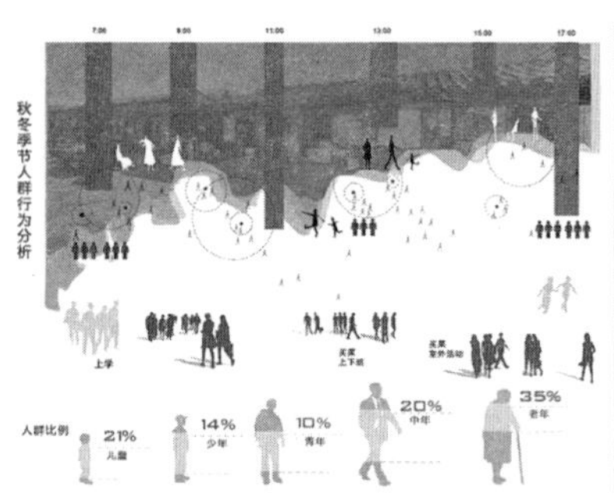

图7　课程推进过程中外部交流与内部沟通
资料来源：学生作业成果，作者自摄

多元文化元素，将共性与个性相结合，推进设计实践。

3.3　工匠精神与严谨态度的工作指引

在教学与设计实践过程中，通过城乡规划与建筑设计相关法律法规讲解，让学生理解并掌握这些法规的具体内容和应用场景，强调严谨认真、精益求精的工作态度，在设计实践中严格遵守国家法规文件进行设计工作。引导学生进行大量有效的手绘和电脑绘图软件等制图方法训练，培养学生准确表达设计意图和精细处理设计细节的能力，强调工匠精神，以及对创新的不懈探索。

3.4　社会责任与服务意识的实践融通

设计课程的实地调研和社区参与是培养学生社会责任感的关键环节。课程鼓励学生深入城市空间和社区环境进行细致的调研，通过观察、记录和分析，了解城市空间结构、功能布局、社区文化和社会需求。通过这些活动，学生将增强对他人、集体、城市的社会责任意识，认识到作为城市规划与设计师，他们的工作将直接影响到城市的发展和居民的生活质量。学生参与到城市更新和社会服务项目中，在实践中体验和履行社会责任。面对复杂的城市问题和社会需求，学生将运用创新思维，提出切实可行的解决方案，锻炼他们的问题解决能力。课程将强调城市规划与设计师的职业伦理，如公平性、可持续性、公共利益等，让学生在实践中内化这些伦理原则和社会责任感。

4　课程成果——大尺度与小尺度成果相结合的专业特色成果呈现

课程成果呈现形式多样，多步骤、多节点的课程环节设置也保证了成果输出质量。课程成果包括小组合作阶段：①调研报告（图8），分析内容包括但不限于历史沿革、周边环境、交通流线、街巷空间、功能布局、业态布局、人群类型、现状主要问题以及未来规划设想等；②1∶400场地手工模型制作，1∶200街区场地模型（图9）；③街巷更新设计等。个人成果包

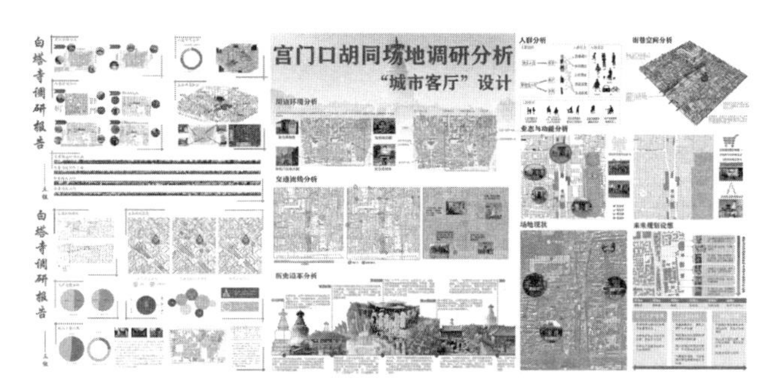

图8　场地调研报告成果展示
资料来源：学生作业成果

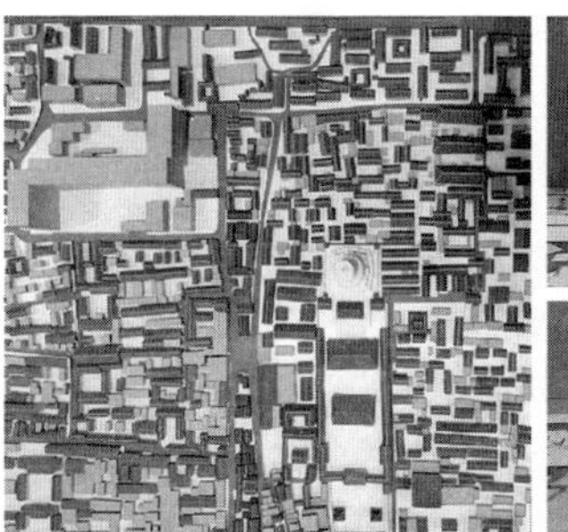

图9　场地手工模型制作
资料来源：学生作业成果

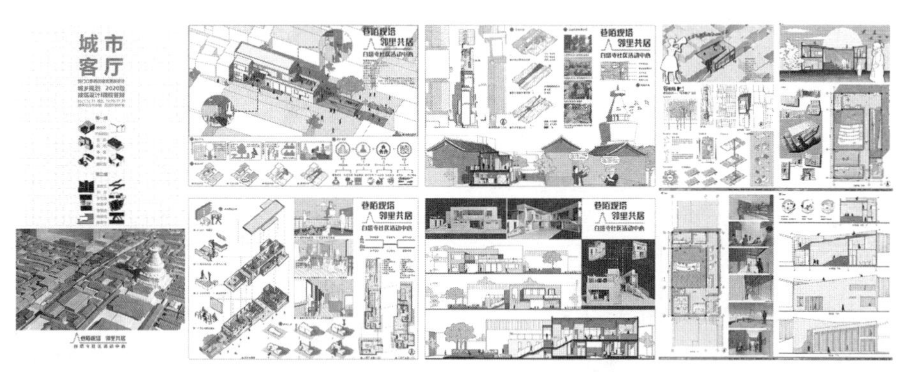

图 10　建筑单体设计成果展示

资料来源：学生作业成果

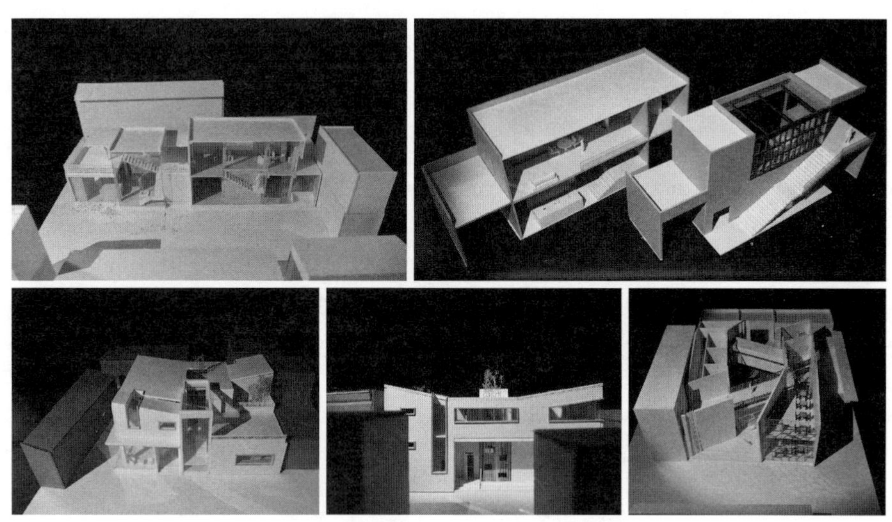

图 11　建筑手工模型制作成果

资料来源：学生作业成果

括建筑单体设计成果（图 10）及不同尺度建筑模型表达（图 11）。

5　结语

“建筑设计Ⅰ”的课程教学实践探索，力图通过一系列的城市观察与专业认知训练，面向城市发展需求问题和行业发展要求，促进处于启蒙阶段的城乡规划专业本科二年级学生在专业技能、工作态度、创新能力和职业素养等多方面得到全面发展，培养学生对社会的责任感和对职业的使命感，为成为具有高度专业素养和社会责任感的城乡规划师打下坚实的基础。

参考文献

［1］ 孙施文．我国城乡规划学科未来发展方向研究 [J]. 城市规划，2021，45（2）：23–35.

［2］ 吴志强．城乡规划学科发展年度十大关键词（2023–2024）[J]. 城市规划学刊，2023（6）：1–4.

［3］ 王卉，梁玮男，任雪冰．注重整体思维培养的城乡规划专业建筑设计教学探索 [J]. 高等建筑教育，2023，32（3）：207–213.

［4］ 丁沃沃，刘铨，冷天．建筑设计基础 [M]. 北京：中国建筑工业出版社，2014.

[5] 王世福，车乐，刘铮．学科属性辨析视角下的城乡规划教学改革思考 [J]. 城市建筑，2017（30）：17–20.
[6] 王凯．记忆的形式：一份本科二年级教案背后的问题及思考 [J]. 建筑学报，2024（3）：33–38.
[7] 顾大庆，柏庭卫．空间、建构与设计 [M]. 北京：中国建筑工业出版社，2011.
[8] 吴瑞，杨乐，何彦刚，等．“场所”与“生活”共同牵引的建筑学二年级设计教学 [J]. 建筑学报，2024（3）：20–24.

Exploration of Teaching Practice for the “Architectural Design I” Course in the Second Year of Urban and Rural Planning Major Based on Urban Observation and Professional Cognition

Xu Lingyu　Wang Xin

Abstract: To adapt to the transformation of urban–rural integration and the new stage of urban construction, and to address the multiple challenges faced by urban and rural planning education, the “Architectural Design I” course for the second–year undergraduate students majoring in urban and rural planning at Beijing Jiaotong University has undergone teaching practice reform since 2021. The course enhances the core knowledge system of the major through specialized independent topics and targeted teaching content. It selects the Baita Temple historical and cultural protection area in Xicheng District, Beijing, as the research and design site, guiding students to think about design at multiple scales, from macro to micro, and from urban to individual buildings, through urban research, street renewal design, and single building design. Through teaching practice, the students' understanding of urban spatial structure and architectural group composition has been effectively improved. The students' professional qualities in team cooperation, external communication, craftsmanship, and social responsibility have been significantly enhanced. The course outcomes include research reports, site models, street renewal designs, and single building designs, demonstrating the students' in–depth thinking and innovative practice at different design stages. The curriculum reform not only meets the new requirements of industry development but also provides a comprehensive and in–depth learning platform for students, helping them to establish a basic understanding of the major in urban and rural planning, laying a solid foundation for becoming urban planners with high professional literacy and a strong sense of social responsibility.

Keywords: Urban and Rural Planning Education, Basic Teaching, Architectural Design, Teaching Practice Reform, Urban Observation, Professional Cognition

重庆大学城乡规划专业二年级设计课程教改十年回顾*

黄　勇　谭文勇　徐　苗

摘　要： 本文简要回顾了 2014 年以来重庆大学城乡规划专业二年级设计课程体系的教学改革探索历程。在分析教改之前设计课程的适应性矛盾基础上，构建新的“城乡规划设计（1-4）”课程体系，简要介绍了其建构逻辑、内容构成、实践过程和反馈效果。以此为基础，提出城乡规划本科教育阶段设计课程体系的“四个一”构想，旨在从我国城乡建设的具体实情和发展阶段出发，为构建具有中国特色城乡规划专业本科阶段设计课程教育体系做出探索。

关键词： 城乡规划；重庆大学；设计课程；教学改革

1　引言

我国城乡规划学科原是建筑学的二级学科之一，有现代意义的专业教育则始于同济大学 1952 年设置的第一个城市规划专业。七十余年来，城乡规划学科服务国家城乡建设事业，获得广阔拓展空间，2011 年被国务院批复为国家一级学科，从一个传统的建筑工程类学科逐步成长为我国城镇化发展的核心支撑学科[1]。不过，随着我国城镇化发展速度由快到慢、国家人口规模演化趋势增速放缓、城乡建设任务由增量发展向存量治理转型，以及国土空间规划体系改革等一系列经济社会发展背景和城乡建设领域国家意志的深刻变革，城乡规划在学科内涵、应用场景、社会需求以及专业教育等诸多方面，再次面临新的挑战与机遇。

2011 年，重庆大学城乡规划学科围绕国内外行业发展趋势、学科方向与专业教育目标、知识板块构建和布局等问题，开展调研论证，推动教学大讨论，针对城乡规划本科阶段的设计教学也产生了一些改革思路，并组成二年级教改课题组，于 2014 年先行试点“城乡规划设计（1-4）”新的课程体系。在持续实践探索过程中，也逐步针对城乡规划本科阶段设计教学，形成设计课程体系的“四个一”构想。

2　城乡规划传统设计课程体系的适应性矛盾

重庆大学的城乡规划学科源自 1935 年成立的重庆大学工学院土木系建筑组，1956 年完成城乡规划专业课程设置，1959 年正式成立“城乡规划与建设”专业，招收 5 年制学生，是我国第二个成立该专业的高校。就此溯源，重庆大学城乡规划专业设计课程体系及教学模式有两个基点。

一是传统的建筑学影响。1937 年，国立中央大学等高校迁入重庆市沙坪坝，借用重庆大学工学院教室先行复课，一定程度上影响了重庆大学建筑学科的教学。1941 年 10 月 3 日，重庆大学建筑系正式成立，德国柏林工业大学毕业的陈伯齐先生出任首任系主任，德国图宾根大学毕业的夏昌世先生、日本东京工业大学毕业的龙庆忠先生等成为建筑系主要教师[2]。他们深受“包豪斯”体系影响。彼时，中央大学建筑学科创始人刘福泰毕业于美国俄亥俄州大学，受到“学院派”影响。无论是中央大学“布扎”体系还是重庆大学“包豪斯”体系，都是传统的建筑学体系。脱胎于该体系的重庆大学

*　基金资助：重庆市高等教育教学改革研究项目：《城乡规划设计 1-4》构建“红岩文化”课程思政教育改革与实践探索（项目编号：223024，项目负责人：黄勇，2022.06-2024.12）

黄　勇：重庆大学建筑城规学院教授（通讯作者）
谭文勇：重庆大学建筑城规学院副教授
徐　苗：重庆大学建筑城规学院副教授

城乡规划专业被深深打上了建筑学教育的烙印。

二是受同济大学城乡规划专业的影响。1957 年，建筑系委派赵长庚、白深宁和唐俊昆 3 名教师前去同济大学进修城市规划方向课程。与此同时，建筑系也积极从同济大学引入师资力量，如同济大学先后分配到我校的陈业伟（1957 年）、王俊（1957 年）、任周宇（1958 年）等老师[3]。这些直接或间接源于同济大学的师资，对重庆大学城乡规划专业的教学发展也产生了深远影响。

1959 年成立专业后，尽管中途也经历过非常多的改革和调整，但这两个基点所带来的路径依赖，以及全国建筑类院校的群体效应，依然决定了重庆大学城乡规划专业设计课程体系的建筑学教育底色。

因此，至少在 2011 年以前，重庆大学城乡规划专业和建筑学、风景园林等另外两个专业在二年级的设计课程，均采用“建筑设计（1–4）”同一个课程体系。这个课程体系要求同学们完成校园书吧、观景台小建筑、六班幼儿园和青年旅舍 4 个建筑单体设计作业。这一课程体系是典型的建筑空间生成逻辑，从建筑类型学角度构建了较为系统的建筑空间和形态设计基础知识板块，给二年级学生提供了建筑单体内部空间形态、建筑结构和建筑构造等方面的概念认知和设计技能训练，对于培养学生的建筑设计能力至关重要，为他们进入高年级的专业学习奠定了建筑尺度的空间形态基础概念和技能。

需要指出的是，这一课程体系的底层逻辑不涉及城市空间，也不关注区域环境的生成机制，不是一个认识和理解城市空间发生、构成和发展规律的合适切口，难以帮助低年级学生建立正确的专业认知和认同。事实表明，相当一部分学生在低年级阶段对城乡规划的专业认知颇为混乱，无法理解自己身处城乡规划专业但核心设计课程却和建筑专业一模一样，自然也就无法建立正确的专业认同感。此外，这一课程体系客观上也使得城乡规划本科阶段的设计课程有一个跨越难度相当大的鸿沟。以三年级居住小区规划设计课程为界，在此之前，设计课程的任务设置、设计题材、空间尺度及技能训练，基本都在建筑学范畴内，而居住小区设计则需要理解建筑单体空间尺度之外城乡物质空间的生产机制，以及与此相关却更为抽象的经济、社会、文化、生态等内在逻辑关系。这给学生设计进阶训练带来了相当程度的困扰。

3　二年级“城乡规划设计”课程体系的实践探索

3.1　“城乡规划设计”课程体系的构建

针对这些问题，教改课题组构建了“城乡规划设计（1–4）”新的课程体系，变化有以下几点。一是课程体系的逻辑。从之前的建筑单体转换到城市空间；不再以建筑单体类型作为设计题材，而是以城市和乡村功能、物质形态的空间基本单元作为设计题材。从物质形态和功能作用两个角度，分别将城市空间的基本单元划分为封闭型和开敞型空间、生活型和商业型空间四类，形成 4 个设计作业（表 1）。二是知识模块。简化建筑力学、构造、风格创作等纯建筑设计内容，保留形体创作、流线组织、功能结构等与城市空间形态和功能关联度较高的内容，强化“建筑 – 街区”功能转换逻辑和场所空间一体化等设计思想。三是空间尺度。4 个设计作业在用地规模和建筑体量方面，形成了从 500 平方米到 1 公顷的连续进阶，在三个方面发挥承上启下作用：一是基础教学与专业教学之间的衔接，二是建筑单体设计与城市街区设计之间的衔接，三是城市增量设计与存量设计之间的衔接（表 2）。

城乡规划专业二年级设计课程体系改革　　表1

二年级专业设计课程体系		教改前	教改后
		建筑设计（1–4）	城乡规划设计（1–4）
第一学期	设计（1）	校园书吧小建筑	城市封闭空间
	设计（2）	观景台小建筑	城市开敞空间
第二学期	设计（3）	幼儿园建筑	城乡生活空间
	设计（4）	旅馆建筑	城乡商业空间

资料来源：作者自绘

课程体系改革的核心目的，是希望让学生从之前的建筑类型学知识学习，转换到对城市空间和功能的空间思维能力、现状调查、案例分析、方案建构、社会调查、沟通表现等基础能力的综合训练，也因此重新调整了教学环节（表 3）。

"城乡规划设计（1–4）"的尺度与功能进阶序列 **表2**

设计课程的物质载体	空间尺度			功能
	形体尺度	建筑面积（平方米）	总用地面积（平方米）	
城市缝隙空间：高密度街区中 *D/H* 小于 1 的建筑院落、街巷等地带	建筑	300	500~600	居民交往与休闲场所
城市开敞空间：高密度街区中 *D/H* 大于 2 的广场、滨水、公园绿地等地带	建筑	400~600	1200~1500	
城乡生活空间：居民日常生活场所，如社区服务中心、社区健身场所等	街区	1200~2000	2000~5000	社会服务与经济活动
城乡商业空间：居民商业活动场所，如花鸟市场、社区商业中心、创客工场等	街区	2500~4000	8000~12000	

资料来源：作者自绘

"城乡规划设计（1–4）"的空间认知与设计能力训练环节 **表3**

教学环节		教学内容	教学目标
解题 2 周	开题讲座	教师讲解设计项目背景与设计主题	使学生初步认识项目涉及的城市文脉与设计要点
	快题	学生在限定时间完成快题设计	初步形成对设计项目要点与难点的认识； 培养快速构思与手绘表达能力
	社会调查报告	学生完成物质空间调查与社会人文调查报告； 分析问题并形成解决思路与概念	培养问题意识； 培养社会调查与分析能力； 培养项目策划与自拟任务书的能力； 培养文字组织能力
中期 4 周	案例收集与分析	根据确定的解决思路与概念进行案例分析报告	培养资料查找与分析能力
	1~2 个专题讲座	根据快题与社会调查报告的反馈，教师讲解主题涉及的相关内容	引导学生深入认识项目涉及的城市空间以及相关的建构原则
	多学科评图	规划、建筑、风景园林等多专业，校内校外导师共同评审中期成果	给予学生多学科视角的反馈
终期 2 周	案例收集与分析	根据中期评审意见以及修改方向再次进行有针对性的案例分析报告	培养学生的解决问题能力， 培养学生批判性思考能力
	1~2 个专题讲座	教师根据中期评图出现的问题组织讲座内容	体现以学生需求为导向的互动式教学
	多学科评图	规划、建筑、风景园林等多专业，校内校外导师共同评审终期成果	给予学生多学科视角的反馈与综合评价
	成果展示与观摩	学生的图纸与模型进行公开展示	促进学生间的交流与自我学习； 促进教学交流与反思

资料来源：作者自绘

3.2 实践探索的十年回顾

"城乡规划设计（1–4）"新的课程体系自 2014 年实施以来，到今年刚好第 10 个年头。通过对老师和同学们尤其是对 2013—2018 级历届毕业生的调研反馈，回顾这十年来的实践探索，大致有如下一些影响。

首先，新的课程体系帮助同学们快速地建立了城乡规划专业的认同感和自豪感，也在一定程度上减少了专业认知困惑和误区。有不少同学反映，"我是因为考建筑学不够分才填的城市规划，但现在看来也挺好的，我们的视野更大"；"以前学长们都说要做完城市总体规划这个作业才能大概明白城市规划是个干啥的专业，我觉得我在二年级就有点明白了”。其次，新的课程体系与高年级的设计课程有了较好衔接。之前从二年级升到三年级的课程体系，需要从“千平方米”直接跳到“10公顷”这个空间尺度，同学们适应起来有比较大的难度。新的课程体系补充了“1公顷”这个尺度，初步形成了从“百平方米”→“千平方米”→“1公顷”→“10公顷”这样一个相对连续的空间尺度。这一点也得到了同学们的认可。另外，也有同学调侃，与设计作业配套并行的“社会调研报告”作业才是真正的“魔鬼训练”，“设计方案让我们天马行空，可调研报告又要大家实事求是、层层推理，实在是太分裂，让我们在小小年纪就真切地感受到了规划的综合性和复杂性……”（图1、图2）。

历届毕业生的反馈表明，新的课程体系基本达到了当初设定的目的。这其中，除了同学们的努力，教学团队的持续成长也是关键原因之一。在规划学科的支持下，前5年的师资构成是完全固定的。老师们克服各种困难，更新教学内容、提升课堂教学和学生辅导质量、改革评图及成绩评定方式等，通过持续的论证和实施反馈，形成了稳定的课程体系、教学和培养模式。后5年的师资构成，则是4个作业的课程负责人维持不变，其他师资进行自由轮换。既保障整个工作的连续性，又让新师资带来新活力，使教改工作能够持续地更新和完善；同时，也让尽可能多的老师了解二年级新体系。当他们到其他年级授课时，可以进一步审视二年级新体系与其他年级之间的衔接关系，提出新的教学改革建议。事实也表明，这种师资流动安排对发现新课程体系的不足至关重要。有老师就提出，新课程体系实施后同学们的建筑单体设计能力有下降趋势。

4 本科阶段设计课程体系的“四个一”构想

“城乡规划设计（1–4）”的实践表明，课程体系首先要刻画城市发展的客观规律，凝练出城市空间高质量发展可能的干预内容，并转化为容易被低年级学生理解和吸收的设计任务。用这一逻辑来审视城乡规划本科阶段现有的设计教学和培养模式，现有的设计课程体系仍有调整优化的可能性。由此，教改课题组提出“四个一”设计课程体系的构想。围绕当前国家城乡建设的发展转型与国家战略，充分考虑城乡空间发展的现实场景、物质构成、生成机制等实际情况；选择了四个典型而连续的空间尺度，提炼不同空间尺度对应的主要矛盾，转化为设计任务；在相对真实和连续的应用场景下，选择不同的训练方式，进行设计课程及其他支撑课程的布局优化（表4）。

“四个一”构想也是从我国城乡建设的具体实情和发展阶段出发，尝试构建具有中国特色城乡规划专业本科阶段设计课程教育体系的探索之一。空间性[4]、干预

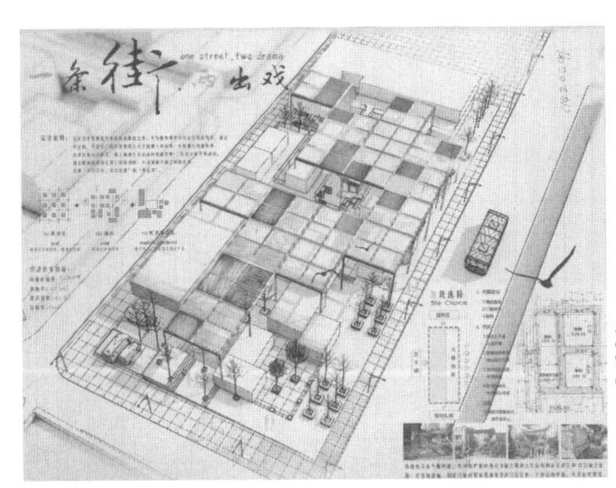

“绕树游”2013级陶文珺，指导老师谭文勇

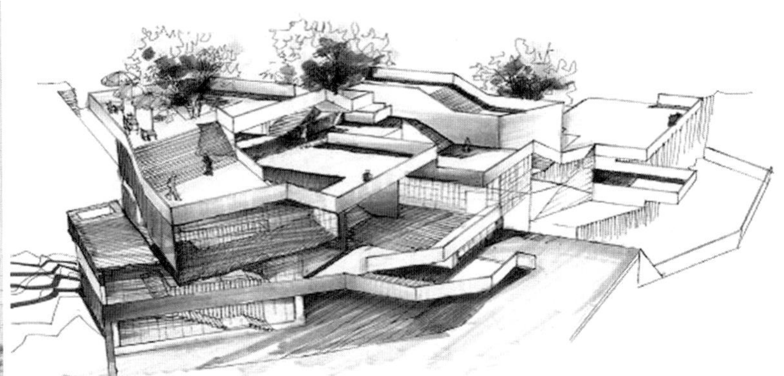

“一条街两出戏”2014级肖天意，指导老师李云燕

图1 城乡规划设计（4）“花鸟市场规划设计”作业节选

资料来源：左：陶文珺绘制；右：肖天意绘制

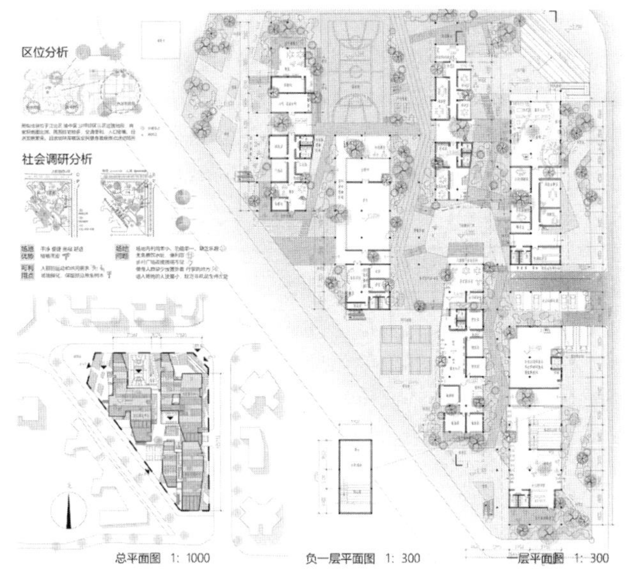

“畅游山林”2020 级倪紫怡，指导老师黄勇

“巷间”2020 级耿榆韵，指导老师郭剑锋

“花叶扶疏”城规 2020 级段俊杉，指导老师赵强

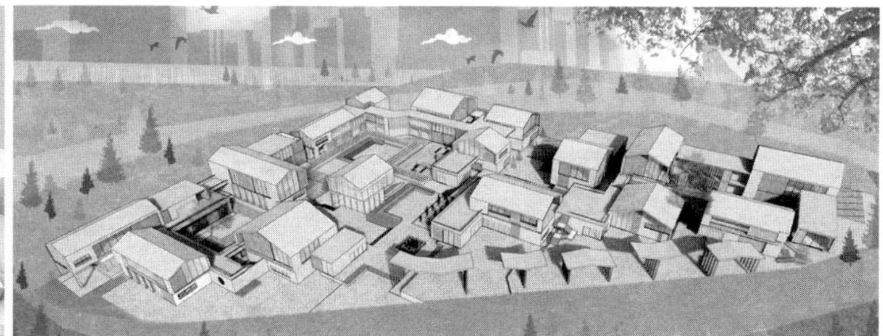

“院里缘林”2020 级刘苏，指导老师钱笑

图 2　城乡规划设计（4）“社区服务中心规划设计”作业节选

资料来源：左上：倪紫怡绘制；右上：耿榆韵绘制；左下：段俊杉绘制；右下：刘苏绘制

城乡规划专业本科阶段“四个一”设计课程体系构想　　**表4**

城市场景	1 个地块	1 个街区	1 个城市	1 个区域
空间尺度	1000 平方米以下	1~10 公顷	1~10 平方公里	100 平方公里
关键问题	人的行为与尺度	人群交往活动	经济社会系统	政策与战略
核心技能	空间认知	空间设计	空间规划	空间研究
训练形式	◆ 场地认知 ◆ 建筑单体设计 ◆ 建筑群体组合	◆ 居住小区 ◆ 社区中心 ◆ 公园商业体 ◆ 花鸟市场 ◆ 生态公园	◆ 总规—详规 ◆ 城市设计 ◆ 城市更新 ◆ 新区规划 ◆ 专项规划	◆ 区域规划 ◆ 乡村规划 ◆ 专题研究

资料来源：作者自绘

能力和进阶性，是这一构想的三个逻辑支点。进阶性易于理解，这是包括城乡规划专业在内所有本科阶段教育的内在要求。

空间性和干预能力建设，则是基于城市发展客观规律的刻画而得到的判断。从城乡规划学科和教育发展的国际经验来看，从空间问题走向社会问题，从工程属性走向政策属性，“脱实向虚”的特征比较明显；就我国的实际情况而言，这种趋势也已有所显现（图3）。不过，也必须注意到，尽管我国城镇化率达到65%以上，城镇化进程已近尾声，但我国城镇化进程相比于西方国家有自身特殊性。

一是，同等规模的城镇化任务，我们只用了西方国家1/4的时间和1/2的土地，是一个时空资源高度压缩的城镇化。这意味着我国城镇化和城乡建设工作还有大量的课需要补，尤其集中在城乡空间结构优化、公共服务设施完善以及防灾减灾能力建设等方面，这是必须解决，并且也必须依赖大量工程建设干预活动才有可能解决的空间性问题。二是，我国的产业化进程，尤其是制造业仍在持续升级中，远没到结束的阶段，更谈不上其他国家出现的“脱实向虚”现象。产业升级、转移和链式发展以及其带来的人口、建设用地、交通或其他设施再分布等需求，也不得不依赖大规模的城乡建设增量或存量优化才能满足。这也是我国城乡规划学科发展和专业教育必然要保留空间属性以及干预能力的根本原因。

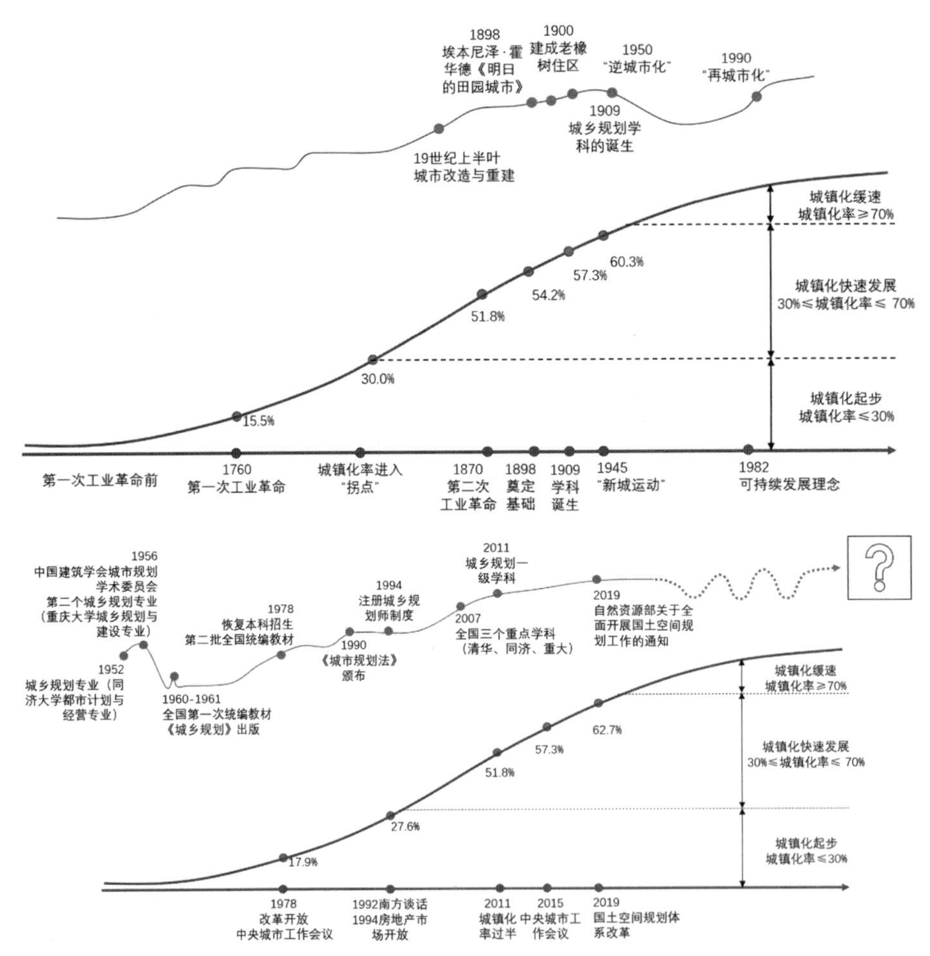

图3　城乡规划学科发展的国际国内比较分析

资料来源：作者自绘

当然，在百年未有之大变局之际，随着我国进一步深化“一带一路”和国内国际双循环格局的推进，城乡规划或有更多机会参与全球“空间整理”过程[5]，推动目前刚刚超过 50% 的全球城镇化进程进一步持续发展。因而，空间性与干预能力的建设，依然是我国城乡规划学科的基本属性和主要任务。

5 结语

回顾 10 年来重庆大学城乡规划专业二年级的教改探索工作，是教改课题组在学院和学科的支持下，与同学们同心协力完成的。在这个过程中，陆续获得省部级和学校的教改项目立项 4 项，发表各类教学改革论文 20 余篇、出版教材 2 本，参与获得省部级教学成果奖 2 项。尽管取得了一些成绩，但这项工作远没有到说结束的时候。

城乡规划学科和专业经过新中国 70 年的建设培育，逐步从传统工科和物质形态领域进入科学技术和社会人文领域，成长为国民经济和社会发展的重要支撑学科。面对新时代发展的历史阶段，推动中国式城乡规划学科和教育的建设发展，仍然任重道远。

致谢：重庆大学城乡规划学科二年级“城乡规划设计（1–4）”教学团队：徐苗教授（设计 1 课程负责人）、谭文勇副教授（设计 2 课程负责人）、李云燕副教授（设计 3 课程负责人）、黄勇教授（设计 4 课程负责人）、钱笑讲师、蒋文副教授、赵强讲师、贡辉讲师、聂晓晴副教授、郭剑锋副教授、顾媛媛副教授、高芙蓉副教授、贾铠针讲师、刘鹏副教授、肖竞副教授、魏皓严教授、王敏副教授。

参考文献

[1] 赵万民，赵民，毛其智 . 关于“城乡规划学”作为一级学科建设的学术思考 [J]. 城市规划，2010，34（6）：46–55.
[2] 阎波，瓮少彬 . 重庆大学早期建筑教育述略（1937—1952）[J]. 新建筑，2014（3）：118–121.
[3] 唐可 . 重庆大学建筑教育阶段性研究（1952—1966）[D]. 重庆：重庆大学，2018.
[4] 石楠 . 城乡规划学学科研究与规划知识体系 [J]. 城市规划，2021，45（2）：9–23.
[5] HARVEY D. The urbanization of capital[M]. Baltimore：the John Hopkins University Press. 1985.

A Ten-Year Review of the Teaching Reform of the Design Course for the Second Year of the Urban and Rural Planning at Chongqing University

Huang Yong　Tan Wenyong　Xu Miao

Abstract: This paper briefly reviews the teaching reform of the design course for the second year of the Urban and Rural Planning at Chongqing since 2014. On the basis of analyzing the adaptability contradiction of the design curriculum before the educational reform, the new curriculum system of “urban and rural planning and design 1–4” is constructed, and its construction logic, content composition, practice process and feedback effect are briefly introduced. Based on this, the “four ones” concept of the curriculum system of undergraduate education in urban and rural planning is put forward, aiming to explore the construction of urban and rural planning with Chinese characteristics based on the specific facts and development stages of urban and rural construction in China

Keywords: Urban and Rural Planning, Chongqing University, Design Course, Teaching Reform

论控制性详细规划设计教学中的重要认知模块
——上海市某地块控规设计教学思考

曹哲静

摘　要：传统的控制性详细规划设计课教学多为成果导向的教学方式，对于控规的工具价值、生成逻辑、编制推导过程的思维训练较弱，因此需要在控规设计课教学中融入相应认知模块的训练。本文以作者承担的同济大学城市规划系本科生控制性详细规划设计八人小组教学为例，提出了控规设计课教学中的重要认知模块，包括促使学生理解控规技术体系诞生的意义和目的，掌握如何利用城市设计推导控规强制性内容和如何通过城市设计导则形成控规引导性要求。由此本文提出了与认知模块对应的详细教学步骤。

关键词：控制性详细规划；设计课；认知模块；教学方法；城乡规划专业本科教育

1　引言

在国土空间规划提出的“五级三类”❶规划体系改革背景下，详细规划是对上承接总体规划和对下衔接专项规划的重要规划内容，其中控制性详细规划（简称“控规”）起到了沟通战略性规划和修建性规划的关键作用，具有核心的法定规划地位。在城乡规划学设计课教学体系中，控制性详细规划设计可以起到综合训练学生战略定位、空间布局与形态组织、用地指标推导、规划管理的重要作用。传统的控制性详细规划设计课教学多为成果导向的教学方式，即以控规图则和对应的城市设计方案绘制为导向，对于控规的工具价值、生成逻辑、编制推导过程的思维训练较弱，因此需要在控规设计课教学中融入相应认知模块的训练。本文以作者承担的同济大学城市规划系本科生控制性详细规划设计八人小组教学为例，尝试提出控规设计教学中的重要认知模块，并介绍了相应的教学步骤。教学以上海市杨浦区某 1 平方公里地块控规设计为例。

2　控规设计教学中的重要认知模块

国内控规设计课主要面向城乡规划学专业的中高年级本科生，学生已经具有建筑设计、场地设计、城市设计等设计基础，处于设计思维相对发散的学习阶段，并对规划生成的理性逻辑具有一定的探知兴趣。基于学生基础，作者认为控规设计教学中的重要认知模块包括以下几方面。

2.1　理解控规技术体系诞生的意义和目的

控制性详细规划在我国的出现伴随着市场经济背景下城镇土地有偿使用制度的诞生，并借鉴了国际上若干城市的控制性规划技术体系[1]。在掌握控规技术体系前，促使学生理解控规诞生的意义、目的、起源，对于学生后期学习控制性规划指标的制定过程具有思维上的解惑作用，使其能更加理性和有目标导向地形成控规设计成果。一是促使学生理解控制性规划在各国规划体系中的位置，使之能从概念上区分战略性规划、控制性规划、修建性规划。二是辅助学生理解控制性规划的国际

❶　五级指五个规划层级，分别为国家级、省级、市级、县级、乡镇级。三类指三种规划类型，分别为总体规划、详细规划、相关的专项规划。

曹哲静：同济大学建筑与城市规划学院助理教授

起源，如美国的区划（Zoning）和我国香港的法定图则（Ordinary Zoning Plan），促使学生形成以控制性规划体系为核心的国际比较视野。三是帮助学生理解控制性规划体系的一般功能，包括：①解决妨害（Nuisance）功能，避免由相邻用地导致的负外部性；②市场经济下的定价功能，通过制定不同地块的性质和开发强度，确定地块的价格；③自由裁量权功能，通过对城市形态的弹性引导，赋予开发者一定的设计自由和规划审批者一定的自由裁量权；④维护公共利益的功能，通过容积率奖励等制度，促使开发者让渡一部分私人利益，实现城市公共空间的营造和公共利益的提升[2]。四是引导学生理解我国控制性详细规划产生的背景和当下的意义，包括理解控规和我国市场经济土地出让制度的关系，以及控规作为土地出让法定依据的行政过程。针对以上内容，学生可以通过对各国控制性规划体系的案例学习以及对上海控制性详细规划技术准则的阅读学习逐渐掌握。

2.2 理解控规设计的流程与方法

除了理解控规技术的意义和目的外，学生还需要从实操层面掌握控规设计的方法与流程。控规设计不同于学生之前接受的蓝图式建筑设计和城市设计，它需要学生从设计者思维转换为设计管理者思维，即从规划管理角度制定设计者需要遵循的框架与规则。相应地，控规设计训练有两个重点：一是针对用地形成用地性质和开发强度的强制性内容，它既需要自上而下地落位上位规划有关人口规模、功能定位、用地比例的要求，也需要自下而上地运用城市设计思维对设计范围内路网结构、功能分区、公共空间布局、建筑布局形态进行推敲；二是针对重点地段形成有关城市形态的引导性要求，即相应的城市设计导则。学生可以在真题演练过程中逐渐掌握控规设计的方法和流程，这也训练了学生对于城市设计和控规成果互相转译与推导的能力。

（1）利用城市设计推导控规强制性内容

城市设计可以作为推导控规方案强制性内容的有效工具[3]。学生在利用城市设计推导控规强制性内容时，需要理解控规中城市设计的目标与关键要素。一是需要理解控规中的城市设计与其他类型城市设计（小尺度城市设计、总体城市设计、单一系统城市设计）的区别。控规中城市设计的主要目标为对与强制性约束条件相关联的城市空间结构进行推敲以优化强制性内容的制定，并对重点地区空间形态进行推敲以形成引导性要求。而小尺度城市设计主要面向街区、场地、建筑设计的实施；总体城市设计主要针对总体规划中的重要廊道与节点进行形态设计，是一种大尺度城市设计；单一系统城市设计主要针对街道空间、滨水空间等某一空间要素进行引导；这些城市设计均与控规中的城市设计目标不同。

二是需要理解城市设计的哪些要素可以推导形成控规中的强制性内容。上海市控制性详细规划普适图则中涉及的强制性内容包括地块边界线、用地性质、道路红线宽度、容积率（规定上限）、建筑高度（规定上限）、住宅套数、配套设施、规划动态（保留、规划、置换等）、混合用地建筑面积比例、沿街建筑贴线率（规定下限）、建筑控制退线距离、绿化带宽度等。在进行城市设计时，首先需要形成合理的路网结构，包括对路网密度、等级、红线宽度的确定。其次需要形成规划范围内的功能分区和空间结构，这既要落位上位规划的要求（如上海市杨浦区单元规划对主要用地功能和比例的要求、对各类公共服务设施配置的要求），又需反映基地的特色（如针对基地内滨水空间、历史文化遗址的考虑），空间结构可以采用节点、廊道、组团的形式进行表达。城市设计对路网结构和功能分区的推敲有助于确定控规中的地块边界、用地性质、道路红线宽度、配套设施、规划动态等强制性内容。再者城市设计需要针对居住、商业、公共服务各类用地，推敲建筑体量和空间布局，从而形成对控规中建筑高度、容积率、住宅套数、规划动态、混合用地建筑面积比例、沿街建筑贴线率、建筑控制退线距离、绿化带宽度等强制性内容的推导。

在设计成果中，控规中形成的城市设计平面更多是对控规强制性内容的空间具象化展示，前者是后者的一个子集，以某一具体方案起到对控规内容示意说明的作用。因此控规中城市设计平面并非追求惊奇的方案和夸张的造型，而是讲求清晰的空间结构，建筑体量和形态能明显区分用地功能布局和空间三维管控要求，应达到画什么建筑布局像什么地块的效果。如居住类用地通常为小体量建筑，可以为联排别墅、行列式住宅、板式住宅、点式住宅、公寓等不同平面类型，也可以为低层、多层、小高层、高层等不同建筑高度；商业类地块通常为中等体量建筑，可以为人性化尺度的商业街、独栋或围合式的商务写字楼，也可以为较大的商业综合体；科研办公类地块通常为中等体量建筑，可以为类似商务写字楼的产业园区，也可以为低密度的花园办公和独栋孵化器。文化行政类地块通常为大体量的公共建筑，大多分布在重要的城市节点中央或廊道两侧，起到地标作用。

（2）通过城市设计导则形成控规引导性要求

各个国家地区的控制性规划多以城市设计导则的方式对重点地区形成引导性要求[4]。上海控制性详细规划将城市设计导则纳入附加图则中，提升了城市设计导则的法定地位[5]。在这样的背景下，学生需要思考什么样的地段需要制定附加图则，以及这些地段需要通过附加图则引导哪些内容。

一般来说，需要制定附加图则的地段主要有以下几种情况：一是控规方案中重要的空间节点，需要更深层次的空间引导，例如《上海市控制性详细规划技术准则》提出了三级五类的重点城市地区，即一至三级的公共活动中心区、历史风貌地区、重要滨水区和风景区、交通枢纽地区、其他重点地区；二是地理环境和城市形态复杂的地段，需要特殊的空间引导；三是产权复杂的地段，需要城市设计导则对不同主体的空间开发进行统一引导；四是存在空间冲突的地段，如同时存在保护建筑和新建建筑的地段，需要城市设计导则对空间冲突进行协调。

上海的附加图则从建筑形态、公共空间、交通空间、各层空间、功能业态、历史风貌六个维度形成了一系列城市设计导则工具箱。其中建筑形态维度包括标志性建筑、塔楼位置、骑楼位置、色相色调是否调和；公共空间维度包括公共通道、连通道、桥梁、通道端口、内部广场、下沉广场、内部绿化的位置；交通空间维度包括禁止机动车开口段、慢行优先道、公共垂直交通、轨道交通站出入口、机动车出入口、地下车库出入口、出租车候车站、公交车站位置；各层空间维度包括地上地下各层空间建设范围；功能业态维度包括地上地下各层商业设施空间范围；历史风貌维度包括不同级别保护建筑和保护范围的边界、保护道路和保护河道的位置、沿街建筑和街坊内建筑限高等[6]。不同地段的附加图则可以按需选取不同的工具箱，例如历史风貌地段主要引导建筑的保护与更新方式，滨水地段主要引导天际线轮廓、公共空间边界，轨道交通站点地段主要引导互联互通的立体空间等。

值得讨论的是，虽然城市设计导则在国际案例中多为控制性规划中的引导性内容，但是《上海市控制性详细规划成果规范》提出附加图则可以划定强制性内容，如不可变的公共通道、端口、地块内部广场范围。这些强制性内容在后续规划管理和实施中是否能被完全实现，以及是否僵硬地限制了之后的场地与建筑设计，仍然存在争议。因此，学生在绘制附加图则时对于强制性内容的划定需要格外谨慎。

对于重点地段引导性要求的制定，学生除了绘制二维的附加图则外，还可以形成三维的城市设计导则示意图，并可以针对重点地段形成某一具体详细设计方案，对引导性要求进行展示说明。

3 控规设计教学步骤

基于控规设计教学中的重要认知模块，图 1 显示了作者在小组教学中的相应步骤。年级大组教学主要分为现状调研、城市设计概念方案、控规成果普适图则、控规成果附加图则四个阶段，共计 16 周。在小组教学中，作者将四个阶段拆分成若干具体的教学步骤，并与上文提出的认知模块对应。

在理解控规诞生的意义和目的方面，小组教学相比大组教学新增了控制性规划体系国别案例分析汇报，以及《上海市控制性详细规划技术准则》与《上海市控制性详细规划成果规范》分章节学习汇报内容。学生通过对美国、中国香港、新加坡、英国、日本等国家和地区控制性规划体系的梳理，可形成控制性规划技术体系的国际比较视野，通过对上海控规技术准则和成果规范的学习，有助于理解我国控规体系的特征，并为之后实操奠定基础。

在利用城市设计推导控规强制性内容方面，小组教学引导学生采取“结构性方案—城市设计平面和三维鸟瞰—控规强制性指标分析图绘制—控规普适图则绘制”的步骤。在通过城市设计导则形成控规引导性内容方面，小组教学引导学生采取“重点地段附加图则绘制—重点地段三维城市设计导则—形成重点地段某一详细设

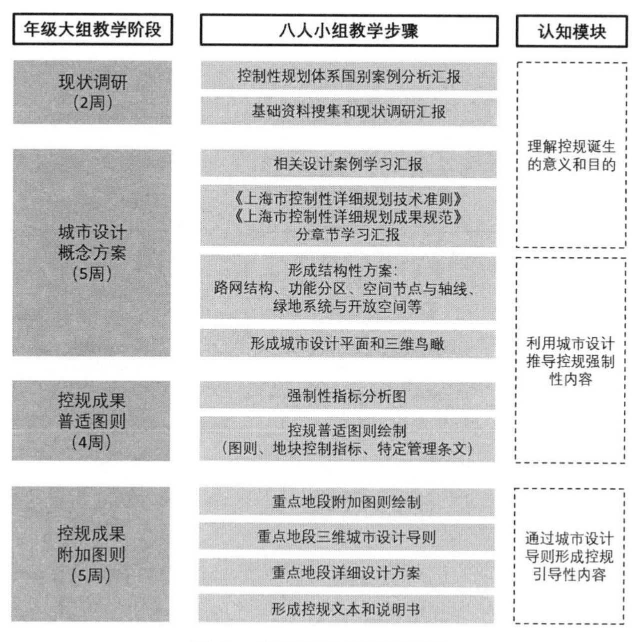

图1 控规设计教学步骤

资料来源：作者自绘

计方案示意”的步骤，其中重点地段的选取和附加图则工具箱的选取是学生需要思考的重点。

4 结语

控规设计需要学生从设计者思维转向设计管理者思维，对学生具有较高的理性思维能力要求。因此控规设计教学需要融入有关控规工具价值、生成逻辑、编制推导过程的思维训练。本文以作者承担的同济大学控制性详细规划设计小组教学为例，提出了控规设计教学中的重要认知模块。一是促使学生理解控规技术体系诞生的意义和目的，包括理解控制性规划在各国规划体系中的位置、控规的国际起源、控制性规划体系的一般功能、我国控制性详细规划产生的背景和当下的意义。二是促使学生掌握如何利用城市设计推导控规强制性内容，包括理解控规中城市设计与其他类型城市设计的区别、理解城市设计的哪些要素可以推导形成控规中的强制性内容。三是促使学生掌握如何通过城市设计导则形成控规引导性要求，包括理解什么样的地段需要额外制定城市设计导则，以及这些地段需要通过城市设计导则引导哪些内容。基于以上认知模块，本文进一步提出了控规设计教学的详细步骤：在方案设计前，控制性规划体系的国别案例分析和上海市控规技术准则学习有助于学生理解控规诞生的意义和目的；利用城市设计推导控规强制性内容可采取“结构方案—城市设计方案—控规强制性指标分析—控规普适图则绘制”的教学步骤；通过城市设计导则形成控规引导性内容可采取“重点地段附加图则绘制—三维城市设计导则—详细设计方案示意”的教学步骤。

致谢：感谢同济大学“控制性详细规划”课程的教学组长匡晓明老师在教学过程中的帮助。

参考文献

［1］ 高捷，赵民．控制性详细规划的缘起、演进及新时代的嬗变——基于历史制度主义的研究 [J]. 城市规划，2021，45（1）：72–79，104.

［2］ 侯丽，于泓．国际视野下的详细规划与地方治理 [J]. 城市规划，2021，45（3）：24–32.

［3］ 段进，兰文龙，邵润青．从“设计导向”到“管控导向”——关于我国城市设计技术规范化的思考 [J]. 城市规划，2017，41（6）：67–72.

［4］ 戴冬晖，金广君．城市设计导则的再认识 [J]. 城市建筑，2009（5）：106–108.

［5］ 戴明，李萌．国土空间规划体系中的城市设计管控：上海控规附加图则的新探索 [J]. 城市规划学刊，2022（6）：95–101.

［6］ 上海市规划和自然资源局．上海市控制性详细规划成果规范 [S]. 上海：上海市规划和自然资源局办公厅，2020.

The Important Cognitive Modules in Regulatory Planning Teaching ——Reflections on a Shanghai Case Studio

Cao Zhejing

Abstract: The traditional teaching of the regulatory planning studio overweighs the final production, while neglecting enlightening students on its purpose, rationale, and procedures. Taking the Tongji University regulatory planning studio as an example, this paper proposes the important cognitive modules in teaching, including helping students to understand what regulatory planning is invented for, how to define range for the mandatory contents through urban design, and how to set urban form guidance through the tool of urban design guidelines. The teaching steps in accordance with the cognitive modules are also introduced.

Keywords: Regulatory Planning, Design Studio, Cognitive Modules, Pedagogy, Undergraduate Education of Urban and Rural Planning

以培养“设计价值观”为导向的城市设计基础教学探索
——以深圳大学“城市设计概论”课程为例*

甘欣悦　朱文健　洪武扬

摘　要：在我国城市从高速发展进入高质量发展阶段，城市设计教育需要适应城市发展转型的新需求。针对城市规划低年级本科生注重物质空间形态设计技能训练而对如何通过空间形态设计营造高品质空间、提升人居环境质量缺乏深入思考的现状问题，深圳大学“城市设计概论”课程结合新时期城市转型发展背景下的城市设计教学理念与目标的变革，提出思政要素融入“城市设计概论”的教学思路，形成以培养学生的“设计价值观”为导向的城市设计基础教学理念。在教学目标方面，提出理解城市设计基础知识、建立“好的城市”与“好的城市设计”的价值认知，形成以“设计价值观”为导向的空间形态设计思维的多层级教学目标。在教学内容方面，在课堂讲授、城市调研、课程汇报三个板块中融入生态文明建设、历史文化保护、城市低碳发展、城市公平与共享等新时期城市高质量发展理念。在教学方法方面，将课堂教学与城市调研相结合，将课堂讲授与包括“我的家乡”课堂讨论、城市意向草图绘制等多种类型的课堂互动相结合，并引入城市设计案例分析和城市设计入门书籍读书汇报作为课程考核方式。经过近两年的教学实践，在课堂互动成果、设计方案反馈、课程作业呈现等方面获得较好的教学成效。

关键词：城市设计；思政要素；设计价值观

1　引言

我国城市经过四十多年的快速发展，已经从“增量时代”进入“存量时代”，营造高品质空间、提升人居环境质量成为首要任务。2022 年 10 月 16 日，中国共产党第二十次全国代表大会的报告指出：坚持人民城市人民建、人民城市为人民，提高城市规划、建设、治理水平，加快转变超大特大城市发展方式，打造宜居、韧性、智慧城市[1]。在城市发展转型新阶段，城市设计是提升规划设计水平、导控空间品质优化发展的重要手段[2]，在提高城市空间质量、贯彻生态文明发展理念、实现城市低碳发展、重塑优秀传统文化等方面均发挥重要作用。由于规划学科始终服务国家建设和社会实践[3]，因此新时期城市设计教学，尤其是在城市规划本科低年级的城市设计基础教学中融入丰富的课程思政元素，将学生物质空间形态塑造能力培养与思政素养相结合，在教学过程中使学生逐步形成适应新时期城市发展转型需求的城市设计价值观尤为重要。

笔者在近年来参与城市规划本科低年级的设计课教学中发现如下问题：首先，在城市规划空间方案设计训练过程中，学生往往沉迷于物质空间形态设计本身，注重空间设计的各种具体手法，而不清楚空间为谁而设计，为什么要设计这样一个空间；第二，作为城市规划专业的学生，缺乏对自己的空间设计方案会给城市空间

* 基金资助：2023 年度广东省“质量工程”建设项目（粤教高函〔2024〕9 号）暨深圳大学教学改革研究项目（重点项目）：国空技术体系变革与行业发展波动背景下城乡规划专业的适应性创新与人才培养体系改革；2023 年度深圳大学教学改革研究项目（一般项目）：基于“设计价值观”培养的低年级城市设计理论教学改革。

甘欣悦：深圳大学建筑与城市规划学院助理教授
朱文健：深圳大学建筑与城市规划学院副教授（通讯作者）
洪武扬：深圳大学建筑与城市规划学院助理教授

和生活在这里的人民带来什么样的影响的深入思考；第三，在建筑设计学习逐渐转向规划设计学习的过程中，对“什么是好的城市”“什么是好的城市设计”缺乏基本认知。笔者将这些问题总结为注重物质空间形态设计，而缺乏城市物质空间形态设计的基本价值观。

深圳大学建筑与城市规划学院城市规划系从2023年开始在本科生培养方案中加入了“城市设计概论”必修课，面向城市规划专业大二下学期学生开课，并与城市规划专业设计主干课程形成紧密衔接。笔者作为该基础理论课程主讲人，基于上述现状问题，结合新时期城市转型发展背景下的城市设计教学理念与目标的变革，提出思政要素融入“城市设计概论”的教学思路，并在2023年申请了深圳大学课程思政教改项目。笔者希望将思政要素融入该门课程的教学实践，从而对城市规划本科低年级城市设计基础教学进行了探索。

本文从教学目标、教学内容与特色创新、教学成效三个方面，对城市设计基础教学过程中如何将思政教育与专业教育相结合，以此培养城市规划本科低年级学生的设计价值观进行阐述。

2 教学目标

课程包含以下三个方面的教学目标（图1）：

（1）城市设计的基础知识：理解城市设计的基本概念以及城市设计的基本构成要素。初步掌握城市设计方案的分析方法。

（2）城市设计的价值认识：在理解城市设计基础知识的基础上，通过将思政教育融入课堂讲授、课堂互动和课程考核方式，使学生对“什么是好的城市”“什么是好的城市设计”形成基本认识。

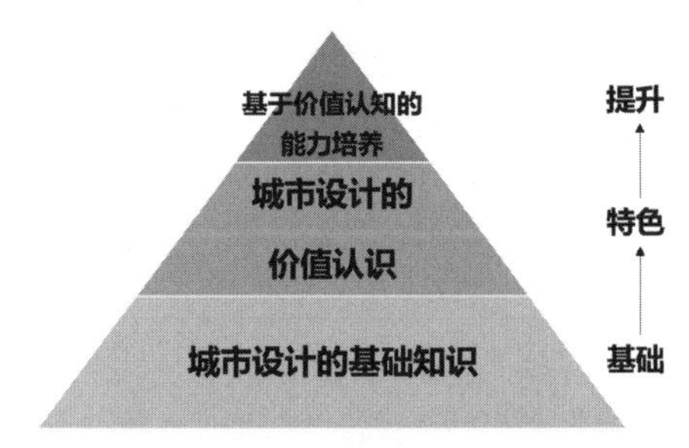

图1 “城市设计概论”教学目标

资料来源：作者自绘

（3）基于价值认知的能力培养：结合设计主干课，引导学生思考自己的设计方案是否对城市和生活在城市中的人民产生有益的影响。引导学生将思政要素融入设计方案，培养学生基于“设计价值观”的城市空间方案设计能力。

3 教学内容与特色创新

3.1 教学安排

本课程共12讲，36课时。其中课堂讲授总共10讲，共30课时，分为两个板块。前6讲讲授城市设计的基础知识（共18课时），使同学们理解城市设计的基本概念以及城市设计的基本构成要素，建立好的城市和好的城市设计的基本认识。后4讲将生态文明建设、历史文化保护、城市低碳发展、城市公平与共享等新时期城市高质量发展理念与国内外经典城市设计案例相结合，进行专题讲授（共12课时）。课程穿插经典文献阅读汇报、城市调研（3课时）、课程作业汇报（3课时）等环节。在每一堂课中，穿插与讲授内容密切相关的课堂互动。在教学方法上，通过引导发言、课堂讨论、快速绘图、设计课方案反馈等多样化的课堂互动方式，让学生充分理解生态文明、历史保护、低碳发展、城市公平等思政要素与城市设计的密切关联。具体课程模块设计如图2所示，每一堂课的课程思政目标见表1。

3.2 教学特色与创新

（1）将思政要素融入城市设计案例教学

在城市设计基础知识的课堂讲授中，将思政要素融入城市自然要素、公共空间、景观要素（景观视廊、建筑组群秩序）、城市肌理、城市街坊、城市功能、城市慢行空间设计的课程内容中。在上述内容的讲授过程中，强调基于环境保护、历史文化保护、城市低碳发展、城市公平与共享的城市空间形态设计方法。在授课形式上，以西方国家和我国过去四十年城市建设、发展、转型过程中城市设计的典型案例讲授为主，将过往城市设计中获得的经验和教训与新时期城市规划与建设基本要求相结合，使学生在专业学习过程中能够更好地理解城市设计在城市转型发展方面所起到的重要作用。

例如，笔者以最新一版广州和深圳总体城市设计为例，阐述了在城市设计过程中，通过沿山、沿江、沿海景

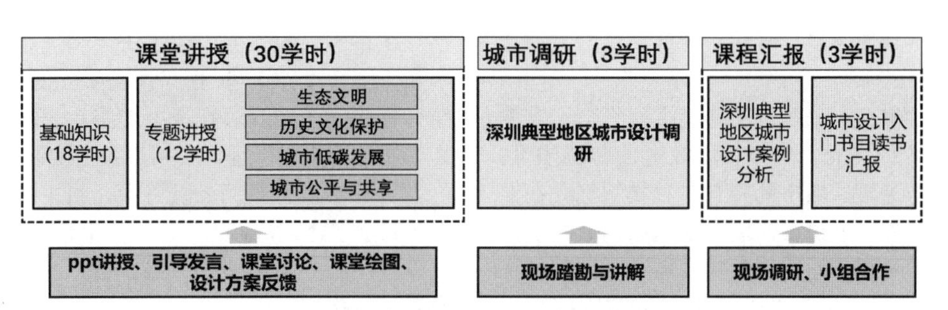

图 2 “城市设计概论”教学内容与教学方法

资料来源：作者自绘

“城市设计概论”课时安排与课程思政目标 **表1**

周次	讲授内容	课堂互动内容	课程思政目标
第一讲	课程概述	引导发言：在你曾经去过的城市中，最喜欢/不喜欢的是哪个城市，为什么？	认识城市设计在城市建设中起到的作用
第二讲	基础：发现城市要素——城市公共空间	举例说明好的公共空间包含哪些基本的设计要素	系统认知城市公共空间对提高城市生活质量的重要性
第三讲	基础：发现城市要素——自然要素与城市景观	绘制家乡的自然要素和城市的关系示意图	初步理解“看得见山，望得见水，记得住乡愁”的内涵
第四讲	基础：理解城市形态——路网、街坊、建筑肌理	通过城市街坊设计提升城市活力的设计方案讨论	初步理解“防止城市大拆大建”的内涵
第五讲	基础：建立城市空间秩序	绘制家乡的城市意向图	理解城市空间秩序对于传承城市历史记忆、彰显城市文化特色的重要性
第六讲	基础：构建城市联系	讨论各种城市交通方式的优劣	理解步行友好、城市低碳出行的意义
第七讲	深圳典型地区城市设计调研（外出教学）	带领学生实地调研	了解不同时期城市设计理念的转变在空间上的体现以及对居民生活的影响
第八讲	专题：生态文明建设与城市设计	引导发言：以家乡为例，通过滨水空间等重点地段设计改善城市生态环境的案例	理解在城市设计中融入生态文明建设理念的意义
第九讲	专题：历史文化保护与城市设计	家乡的历史文化记忆与特色资源的挖掘与保护	理解在城市设计中融入历史文化保护理念的意义
第十讲	专题：城市低碳发展与城市设计	—	理解在城市设计中融入城市低碳发展理念的意义
第十一讲	专题：城市公平与城市设计	儿童、老人、残疾人友好城市空间设计要点讨论	理解在城市设计中融入城市公平共享理念的意义
第十二讲	期末汇报	—	理解在物质空间形态设计中树立正确的“设计价值观”对于生活在一个地区的人民是否感到舒适、安全、便利、幸福、具有认同感和独特记忆的重要性

资料来源：作者自绘

观视廊、城市天际线、建筑高度的控制，践行“看得见山，望得见水，记得住乡愁”的新时期城市规划与建设的要求。在城市功能的讲授过程中，笔者将《美国大城市的死与生》作为起始，通过对东京六本木新城、伦敦国王十字区以及上海创智天地的城市设计案例解析，强调了城市功能混合对于城市多样性、激发城市活力的重要作用。在城市低碳发展与城市设计的讲授过程中，笔者通过对巴塞罗那超级街区规划设计、哥本哈根步行友好城市建设以及国内外街道设计导则的介绍，强调了城市设计在低碳城市建设中发挥的重要作用。

（2）多类型的课堂互动使学生对思政要素融入城市设计的理解更为深刻

首先以“我的家乡”为题，引导学生回忆自己家乡从自己小时候至今的变化，包括旧城改造、新城建设、自然环境的污染与治理、城市的特色与独特记忆，在课堂上进行讲述。此外，通过在课堂上快速绘制家乡自然要素与城市建设的关系示意图以及家乡城市意象图，描述城市自然要素、城市历史文化要素与城市空间的关系。第三，结合课堂所学，让学生以自己熟悉的城市为出发点，逐渐从专业的视角思考好的或者不好的城市生活感受和好的或者不好的城市设计之间的关系。

通过此类课堂互动，使学生逐渐理解“看得见山，望得见水，记得住乡愁”“人民城市为人民”“城市建设防止大拆大建”等新时期城市规划与建设基本要求的深刻内涵。

（3）在多样化的课程考核方式中融入思政要素

课程通过读书汇报和城市设计案例分析进行课程考核。在读书汇报方面，由主讲老师选定城市设计的入门书籍（图3），要求学生以小组为单位进行章节阅读，并结合课堂所学知识进行读书汇报。汇报内容重点围绕以人为本的城市设计理念和相应的空间设计策略展开。

在城市设计案例分析方面，由主讲老师选定深圳典型地区作为城市设计案例分析地段（图4）。以生态文明建设、历史文化保护、城市活力、城市公平与共享为主题，各小组对所选地区进行城市设计案例分析，剖析选定地段的城市设计在哪些方面呼应或是偏离了上述主题，对城市中不同人群生活的影响是什么。要求如下：根据分析主题，通过现场踏勘，结合课堂所学方法对该地区进行城市设计案例分析。要求以图纸配照片的形式呈现。最后一节课以PPT形式进行汇报。通过案例分析，让学生逐渐理解在城市设计过程中，正确的“设计价值观”对于生活在一个地区的人民是否感到舒适、安全、便利、幸福、具有认同感和独特记忆的重要性。

（4）和主干设计课程紧密结合，引导学生在设计方

图3 “城市设计概论”读书汇报书目

资料来源：相关书籍封面

图4 “城市设计概论”期末作业——城市设计案例分析地段

资料来源：根据百度地图绘制

案中融入思政要素

"城市设计概论"课程讲授与城市规划本科大二下学期设计主干课程紧密衔接。在授课过程中，主讲老师注重理论讲授在学生设计方案中的反馈。以第四讲（理解城市形态——路网、街坊、建筑肌理）中对城市街坊的讲授为例，主讲老师首先基于丰富的国内外典型城市案例，介绍城市街坊的基本概念（街坊尺度、街坊界面），让同学们认识到不同尺度街坊以及建筑对街坊的围合限定方式会影响城市生活的体验；并通过对比传统城市和新城城市设计中建筑和街坊的关系，说明在以人为本的城市设计中，城市街坊空间设计的基本原则（图5）。在此基础上，通过纽约巴特利公园城市设计和福田中心区22、23街区城市设计案例分析，说明体现以人为本、创造城市活力的城市街坊的空间设计要点。

在对相关知识进行讲授后，要求学生在自己的设计方案的街坊设计中，将提升城市街区活力作为设计的出发点和价值观，通过空间设计策略，营造城市活力街区，将以人为本的城市设计理念融入设计方案，并在下一节课课堂讨论中要求学生反馈相应的设计方案。

4 教学成效

在近两年城市规划本科低年级的"城市设计概论"教学中，在将思政教育与专业教育相结合的过程中，通过多样化的课堂互动形式和课程考核方式，辅以结课后的教学效果反馈问卷调查发现，大部分同学在理解城市设计基础知识，掌握城市设计基本分析方法的基础上，基本能够理解城市设计与生态文明、历史保护、城市活力、城市公平与共享等核心思政要素之间的关系。由于笔者同时参与城市规划本科大三的设计课教学，因此也持续跟踪和观察到学生能够在大三的课程设计方案中，基于特定的"设计价值观"进行空间形态设计。以课堂互动、课程考核结果与课程反馈问卷如下：

（1）通过在课堂上快速绘制家乡城市意象图，理解自然山水、城市历史对城市空间格局的影响。

（2）引导学生在自己的设计方案中，通过对城市街坊界面的设计提升城市活力（图6）。

（3）以生态文明建设、历史文化保护、城市活力、城市公平与共享为主题，对深圳典型地区进行城市设计案例分析（图7）。

（4）课程反馈问卷调查结果显示大部分同学通过本门课程的学习，基本能够理解城市设计的基础知识；对公共空间、路网、肌理等城市设计关键要素具有较深刻的理解；同时本门课程也激发了同学们对于城市规划专业的兴趣（图8）。

5 结语

在城市规划专业大二下学期逐渐从建筑设计转向城市规划与设计学习的过程中，尽早培养学生树立正确的"设计价值观"，将空间形态设计与新时期城市发展转型中出现的新的城市发展理念和思想相结合，对于学生形成对城市规划专业更为全面的认知，培养适应新时期城市发展需求的专业人才至关重要。基于此，深圳大学"城市设计概论"课程以培养城市规划低年级本科生"设计价值观"为导向，在课程教学中，将思政教育

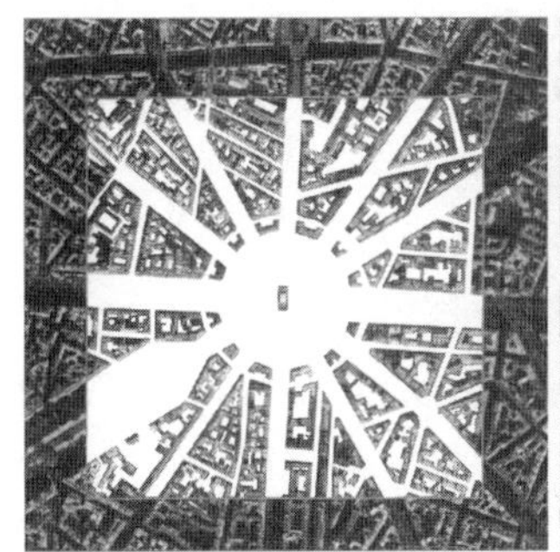

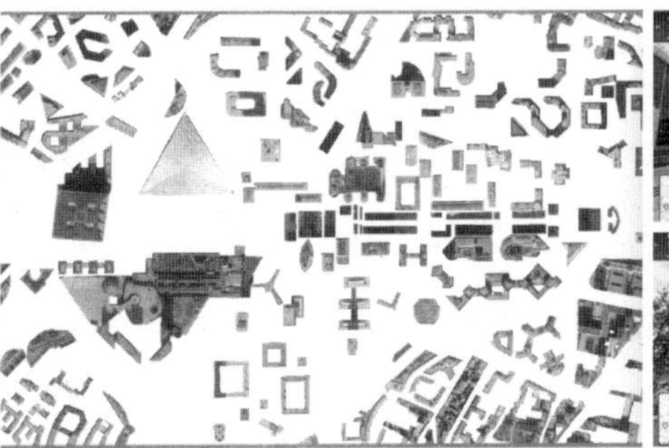

图5 《城市设计概论》课程PPT内容：传统城市和新城城市设计中建筑和街坊的关系

资料来源：根据谷歌地图和谷歌街景图片绘制

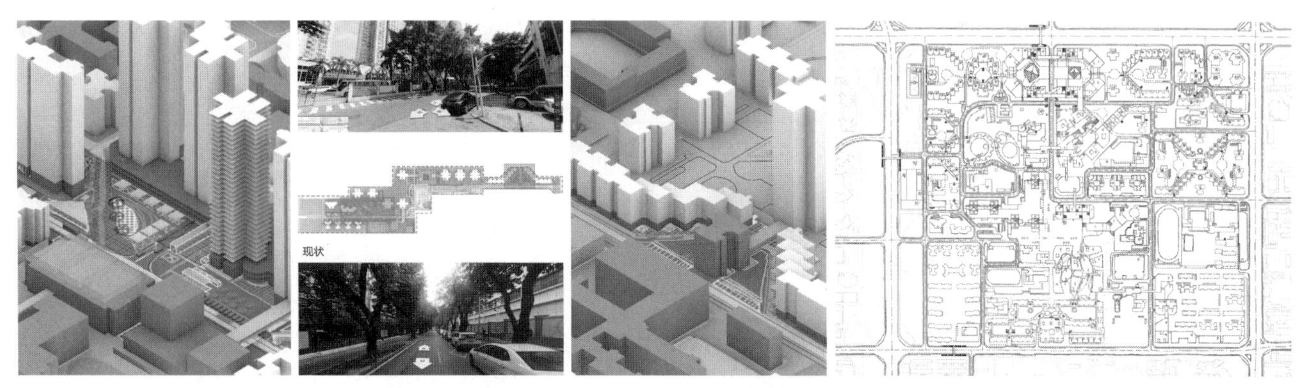

图 6　学生通过设计方案改进对相应教学内容进行反馈

资料来源：节选自学生相关课程作业图纸

图 7　期末作业：深圳典型地区城市设计案例分析

资料来源：节选自学生课程期末汇报 PPT

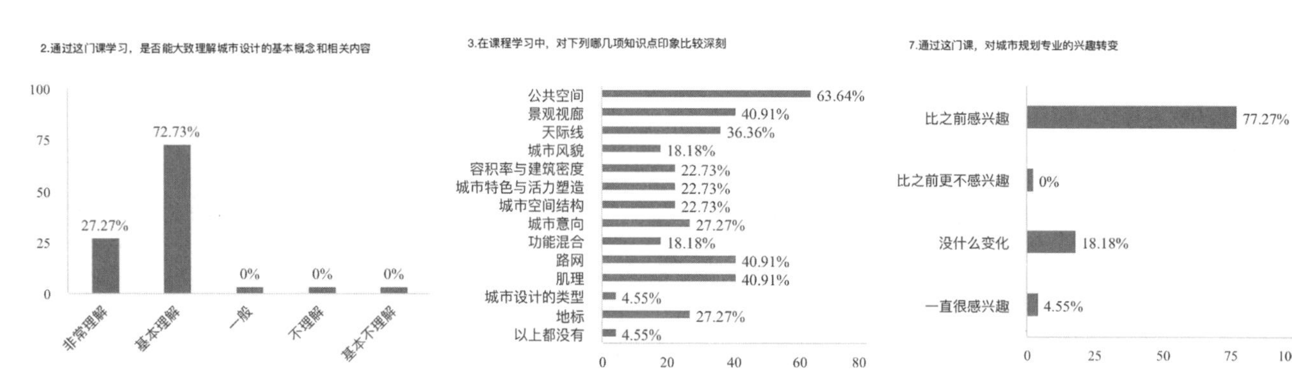

图 8　结课后问卷调查结果展示

资料来源：节选自问卷星问卷调查结果统计

与专业教育紧密结合，在课程安排上，通过基础知识讲授和专题讲授两个板块，将生态文明建设、历史文化保护、城市低碳发展、城市公平与共享等新时期城市高质量发展理念与城市设计基础知识的讲授相结合。在教学方法上，将课堂教学与城市调研相结合，将课堂讲授与多种类型的课堂互动相结合，并引入多样化的课程考核方式，以实现思政要素融入专业教学的目标，从多个维度使城市规划低年级本科生建立“好的城市”与“好的城市设计”的基本认知，并在城市规划空间形态设计的过程中逐步形成“设计价值观”。

参考文献

[1] 习近平. 高举中国特色社会主义伟大旗帜为全面建设社会主义现代化国家而团结奋斗[R]. 北京：人民出版社，2022.

[2] 段进. 新时期的新型城市设计[R]. 上海：第20届中国城市规划学科发展论坛，2023.

[3] 吴志强，张悦，陈天，等. “面向未来：规划学科与规划教育创新”学术笔谈[J]. 城市规划学刊，2022（5）：1-16.

The Exploration of Basic Teaching of Urban Design Oriented by Cultivating “Design Values” —— Taking “Introduction to Urban Design” Course of Shenzhen University as an Example

Gan Xinyue　Zhu Wenjian　Hong Wuyang

Abstract: As China transitions from rapid urban development to high-quality development, urban design education needs to adapt to the new demands of urban transformation. This paper addresses the current issue of undergraduate urban planning students' emphasis on material spatial form design skills while lacking in-depth consideration of how to create high-quality spaces and improve living environment quality through spatial form design. Drawing upon the transformation of urban design teaching concepts and objectives in the context of urban transformation and development in the new era, the “Introduction to Urban Design” course at Shenzhen University proposes integrating ideological elements into its teaching approach, forming a foundational urban design education philosophy guided by cultivating students' “design values.” In terms of teaching objectives, the course aims to foster students' understanding of basic urban design knowledge and establish a value cognition of “good cities” and “good urban design,” forming multi-level teaching objectives guided by “design values” -oriented spatial form design thinking. Regarding teaching content, the course integrates new concepts of high-quality urban development in the new era, such as ecological civilization construction, historical and cultural preservation, urban low-carbon development, urban fairness, and sharing, into three sections: classroom lectures, urban research, and course presentations. In terms of teaching methods, the course combines classroom teaching with urban research, integrates various types of classroom interactions including discussions on “my hometown” and drawing of urban concept sketches, and introduces urban design case analysis and reading reports on introductory urban design books as assessment methods. Over the past two years of teaching practice, the course has achieved good teaching results in terms of classroom interaction outcomes, design feedback, and course assignment presentations.

Keywords: Urban Design, Ideological Politics Elements, Design Values

基于OBE理念的多维融合基础教学改革探索——以“城乡规划制图基础”课程为例

付泉川　朱敬源

摘　要：本研究围绕“城乡规划制图基础”课程，探讨了基于OBE理念的教学改革。在深化教育教学综合改革与内涵建设的大背景下，本文提出了一套多维融合的基础教学改革措施，旨在突破传统教学方法的局限，提升学生的实际应用能力与创新思维。通过整合“美育—技术—思政”的教学体系，并实施“理论—图纸—实践”的贯穿式教学模式，改革后的课程不仅提高了学生的专业技能，还强化了他们对社会责任的认知与家国情怀的培养。这一改革实践不仅提升了教学质量，也为高等教育中的课程改革提供了宝贵的实践经验和理论支持。

关键词：OBE；教学改革；创新思维；多维融合；专业技能

1　引言

为了深入贯彻习近平新时代中国特色社会主义思想，执行党的二十大精神，坚持立德树人的根本教育任务，全面实施“十四五”本科生教育规划，我们致力于深化教育教学的综合改革和内涵建设，以不断提高人才培养的质量。在这样的大背景下，对城乡规划专业教育的教学内容和方法进行革新显得尤为必要。“城乡规划制图基础”作为城乡规划专业学生的核心必修课程，不仅承载了传授专业基础知识的职责，更是后续一系列规划设计Studio“城市设计”“城市总体规划”“城市修建性详细规划”等的教学基石。然而，传统的教学模式已难以满足新时代的教育要求与学生的实际需求，亟须进行深刻的教学改革。

在此背景下，采用基于OBE（Outcome-Based Education）模型对“城乡规划制图基础”课程进行改革，显得尤为重要和迫切。OBE教育模型的基本理念是确保在“教、学、评”各个环节不断改进，核心目标强调学生在完成教育后能够在职场和社会中有效运用所掌握技能、思维方式和价值观，确保教育质量的同时，更注重学生未来的表现和成就[1]。

传统教学方法在“城乡规划制图基础”课程中的局限性主要体现在过分侧重于软件操作技能的教授，而忽略了更为重要的规划思维与实际应用能力的培养。这种偏向技术的教学模式，往往导致学生在技能上无法从“知其然”向“知其所以然”的转变，即从单纯的技巧操作到能力的全面运用，有效实现“技巧”到“能力”的迁移。因此，教学改革的核心应是如何通过OBE教育模型，将课程焦点从简单的软件教学转向培养学生的综合应用能力，从而更好地满足新时代专业发展和社会需求。诚然，面对OBE实施中的挑战，如严格的学生评估和课程设计的灵活性需求[2]，本研究旨在探索如何将OBE理念有效融入“城乡规划制图基础”的教学中。通过改革课程内容、教学方法和评估机制，不仅解决传统教学中存在的问题，还克服了OBE模型本身的不足，实现教学方法的创新和教学效果的全面优化。

2　传统课程教学现状与存在的问题

2.1　教学内容与新时代需求脱节

制图类课程传统教学内容与新时代需求的显著脱节主要表现在两个关键方面，严重影响了课程的现代化和实用性。此类课程传统内容的核心侧重点是软件基础

付泉川：北京交通大学建筑与艺术学院讲师（通讯作者）
朱敬源：清华大学建筑学院博士

的技术工作流，这种教学模式主要围绕教授制图软件如AutoCAD的基本操作展开。虽然这些技能对于城乡规划的初学者来说是必不可少的，但这种偏重技术的教学方法忽略了软件工具的发展趋势与行业需求的变化。城乡规划作为一个不断演进的领域，其所需的技能和工具也在不断更新。仅仅掌握基础操作已经不能满足专业人士在实际工作中对高效、精确和综合性决策支持的需求。

首先，传统课程在融入面向未来的新时代绘图工具和技术方面存在明显不足。随着人工智能和大数据技术的迅速发展，新一代的绘图工具如Midjourney和Stable Diffusion等人工智能（Artificial Intelligence）平台为城乡规划带来了前所未有的创新机会。这些平台能够自动生成高质量的视觉内容，极大地提高了设计效率和准确性。然而，如果教学内容不能及时更新，学生将难以接触和掌握这些新兴技术工具，从而无法在未来的职业生涯中有效应对挑战和把握机遇。

其次，传统教学方案通常过分强调理论知识的传授，而忽略了这些知识在实际工作中的应用，导致理论与实践之间出现脱节。学生们虽然能够在课堂上掌握大量的专业知识，但在缺乏实际操作和解决实际问题的经验时，往往难以将理论知识转化为实际能力。教学模式未能充分模拟真实的实践环境，缺少以项目为基础的学习机会，使得学生在面对真实世界的复杂情况时感到不足和挑战。此外，教育者和课程设计者往往未能与行业趋势保持同步更新，未能及时将行业的最新需求和技术发展融入课程之中，使得教学内容和未来职业需求之间存在差距。

2.2 技能培养与应用场景错位

在传统教学中，存在两个显著问题导致了学生在实际规划设计工作中应用所学知识的困难。这两个问题分别是：①课程只侧重于教授绘图的基础技能，未能拓展到制图的应用场景及其与空间表现的关系搭配；②技能教学在课程体系中呈现独立和割裂的状态，没有给学生们提供将所学技能协同应用在其他设计课程和项目中的可能性。

一方面，传统课程中对绘图技能的教授未能深入到应用层面。虽然学生们可以通过课程学习到如何使用各种绘图软件进行基本操作，但教学过程中往往缺少对如何将这些操作技能应用于实际城乡规划的具体场景的指导。例如，当涉及如何通过制图更好地分析和表现土地利用规划、交通系统布局或公共空间设计时，课程未能提供足够的案例分析或项目练习来帮助学生理解和实践这些技能在实际工作中的具体应用。这种缺失限制了学生对制图技能实用性的理解，导致他们难以在复杂的规划项目中有效利用所学技能。

另一方面，制图技能的教学通常被视为一门独立的技术课程，并未与同期开设的其他设计课程，如城市设计、环境影响评估或公共空间规划等，建立起有效的协同与联系。这种教学模式的孤立性导致制图技能虽然被学生掌握，但在将这些技能应用到具体的设计项目中时却显得力不从心。缺乏与其他课程的协同配合不仅限制了学生从多角度理解和应用制图技能的机会，也削弱了他们在实际设计项目中综合运用所学知识的能力。这种割裂的教学安排使得学生们在制图技能的学习过程中，无法直观地看到其在实际设计中的应用价值和效果，从而影响到他们对技能应用的深入理解和掌握。学生们在没有实际项目的支持下，往往难以将抽象的制图技术转化为解决实际问题的工具，导致了所学知识在实际操作中的应用效率不高，甚至出现“学而不用”的情形。

2.3 课程思政与规划实践失衡

传统的课程内容往往偏重于制图规范的教授，而忽视了将城乡规划教育与思政教育相结合的重要性。城乡规划不仅是一门工程技术学科，也深深植根于对家国情怀的理解和乡土文化的认同中。这种思政建设与规划实践之间的失衡，使得学生在学习制图技术的同时，未能充分理解其在服务国家发展和促进地方文化传承中的重要角色。

传统课程仅仅强调制图规范的教学方法，而忽略了城乡规划的广泛社会影响和文化价值。城乡规划的核心不仅在于创造符合技术规范的设计图纸，更重要的是要通过规划实践来反映和促进社会发展的目标。例如，规划设计应当考虑到如何通过城市布局来增强社区的凝聚力，如何保护和利用历史文化遗产，以及如何在新的发展项目中融入本地的文化特色和环境保护。

同样，传统教学中缺乏对如何将家国情怀和乡土文化纳入城乡规划教学的深入探讨，未能有效激发学生对乡土文化的研究兴趣和设计灵感。在中国，城乡规划与国家的现代化发展紧密相关，学生的教育不仅需要技术培训，更应涵盖对国家发展大局的理解和对地方特色的尊重。通过将这些元素融入制图和设计教学中，学生可以更全面地理解其学术和职业活动在更广泛社会文化背景下的意义。

3 课程教学改革实践

“城乡规划制图基础”是北京交通大学城乡规划专业的核心必修课程模块特色课程之一，面向本科二年级学生开设，是建筑大类学生分流城乡规划专业后最早接触的专业课程之一。结合 OBE 理念的“技能、思维和价值观”目标框架与北京交通大学“品德优秀、基础宽厚、思维创新、能力卓越、专业精深”的人才培养目标，面向新时代城乡规划转型要求[3]，课程提出了知识、能力与价值观 3 个层次的目标：①知识层面，了解城乡规划制图的应用场景，掌握城乡规划相关制图标准的基本内容和图例使用方法。②能力层面，在掌握 Auto CAD、Photoshop 等传统制图软件技能的基础上，了解人工智能技术引领下的新型制图理念与方法；掌握总平面图、鸟瞰图、轴测图、分析图等多种城乡规划图纸类型的制图逻辑与方法。③价值观层面，了解城乡规划制图标准形成的背景、含义及意义，增强理论自信和制度自信；提升学生对于中国的地理特点与文化特色的认知，培养城乡规划专业的家国情怀与社会责任担当。2023 年，课程在北京交通大学教学改革项目的支持下，进一步探索融合“美育—技术—思政”的课程教学模式，旨在满足城乡规划专业学习目标的同时，进一步提高同学们的专业素养、美学素养、创新能力、技能水平和责任意识。

3.1 打破壁垒——建立“美育—技术—思政”多维度教学融合体系

“城乡规划制图基础”是后续规划设计 Studio“城市设计”“城市总体规划”“城市修建性详细规划”等的坚实基础。根据 2024 版培养方案，该课程从选修课调整为必修课，是城乡规划专业学生进阶学习的基石。传统的制图课教学以基础绘图技能的培养为主，制图的美观性、工具性与规范性之间存在壁垒。基于 OBE 理念，综合考虑对学生规划制图底层逻辑与审美培养、规划制图软件应用技能加强以及规划意识与大国工匠精神提升的教学目标，课程提出了“美育—技术—思政”多维度教学融合体系（图 1）。值得注意的是，城乡规划专业的审美不只是艺术的审美，需要结合自然人文背景，以扎根实际需求、清晰美观表达为目标。通过实地调研、分析国内外城乡规划真实项目和竞赛案例，培养学生的审美思维，增强学生的审美水平与判断能力。

图 1 “美育—技术—思政”多维度教学融合体系

资料来源：作者自绘

3.2 模块优化——提出“理论—图纸—实践”贯穿式教学模式

OBE 理念强调知识应用能力的培养与学习成果的转化，因此，课程提出了“理论—图纸—实践”贯穿式教学模式，设置制图规范、制图技术、规划思维三大教学模块以及课堂讲授、课堂训练、现场教学三种教学方法，将总计 32 学时的课程架构为 12 理论学时和 20 实践学时，旨在打通规范认知、理论学习、专业技能与逻辑思维紧密结合的有效路径（图 2）。

城乡规划制图规范是指对城乡规划工作所需遵循的法律、法规、政策、标准和程序进行明确规范的体系。就城乡规划制图而言，我国出台了《中华人民共和国城乡规划法》《建筑制图标准》《总图制图标准》《城乡规划制图标准》等一系列法规，通过对这些文件与实践案例的深度解析，引导学生思考城乡规划制图的内涵与意义，帮助学生建立规划制图的“底线”思维。随着科技的快速发展，AI 绘图等前沿技术提供了城乡规划制图的新可能。在城乡规划专业入门阶段，不仅教授传统软件 Auto CAD 和 Photoshop，也教授城乡规划实践中广泛应用的 Arc GIS 和人工智能制图软件 Midjourney，能够

授课内容	教学模块	教学方法	课时
导论	规划思维	课堂讲授	理论2
校园测绘I	制图技术	现场教学	实践2
CAD制图	制图技术	课堂讲授	理论1
		课堂训练	实践1
建筑制图标准&总图制图标准	制图规范	课堂讲授	理论1
		课堂训练	实践1
场地分析与设计表现	规划思维	课堂讲授	理论1
		课堂训练	实践1
PS制图	制图技术	课堂讲授	理论1
		课堂训练	实践1
城乡规划制图实践	规划思维	课堂讲授	理论1
		课堂训练	实践1
校园测绘II	制图技术	现场教学	实践2
期中汇报	规划思维	课堂训练	实践2
鸟瞰图与轴测图	规划思维	课堂讲授	理论1
		课堂训练	实践1
总平面图	规划思维	课堂讲授	理论1
		课堂训练	实践1
城市规划制图标准	制图规范	课堂讲授	理论1
		课堂训练	实践1
AI制图	制图技术	课堂讲授	理论1
		课堂训练	实践1
GIS制图	制图技术	课堂讲授	理论1
		课堂训练	实践1
答疑	规划思维	课堂训练	实践2
期末汇报	规划思维	课堂训练	实践2

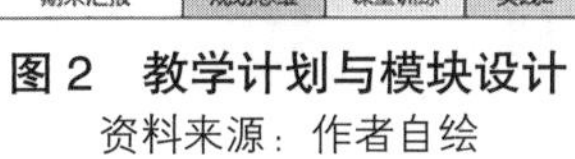

图 2　教学计划与模块设计

资料来源：作者自绘

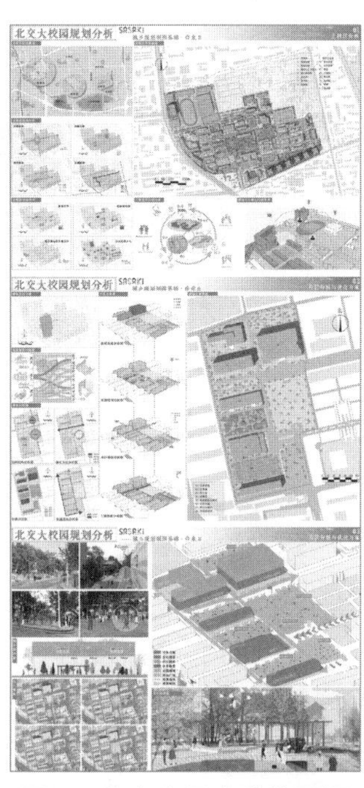

图 3　北京交通大学校园调研与规划分析成果示例

资料来源：学生绘制

让学生们在打好基础的同时对未来专业学习和技术潮流有一个初步的认知，增强学生应对新时代挑战的能力。

为进一步实现“理论—图纸—实践”贯穿式教学，在课程内容安排时将各模块教学穿插进行，并在课程作业设置时充分考虑学习的累积性，课程作业不仅是对教学内容的检验，更是环环相扣，帮助学生递进性掌握知识与能力。以作业 II 校园规划为例，包括国际案例学习和校园规划分析与表达两部分，在规划思维模块学习的基础上，通过对 SASAKI、SOM、SWA、MLA 和 KCAP 等优秀国际事务所校园规划设计的案例学习，总结校园规划分析思路与图纸表达技巧，将其应用于北京交通大学校园调研与规划分析，完成“理论—图纸—实践”的闭环（图 3）。

3.3　立足本土——将课程思政有机融入教学内容

城乡规划专业培养的是未来城乡建设管理者、研究者和实践者，应当有更高的规划意识和社会责任担当。OBE 注重学生个体差异，因此，将课程思政有机融入教学内容，并在课程作业设置时充分考虑北京交通大学学生的学情与成长背景，给予他们充分的个性化表达和创造性思考的空间。具体而言，通过对优秀城乡规划案例的学习，例如北京和上海，传播中国城市建设中蕴含的优秀传统文化内涵，增强学生的民族自豪感、文化认同感和自信意识；通过对北京交通大学校园规划的分析与制图表达，增强学生对学校精神与校园文化的理解，加深学生对学校的情感；通过对家乡城市规划的分析与特色地图制图表达，增强学生的家国情怀，加深学生对城乡规划师社会责任的理解。

以作业 III 家乡特色地图为例，要求学生们选定自己想表达的家乡特色，例如风景、美食、文化、动物等，自行完成资料收集，融汇运用制图软件技术，完成地图绘制；并通过课程作业汇报，实现学生间的互相点评与交流，提升学生们对中国各地地理特点与文化特色的认知。经过课程教学实践，发现学生们的作业确实特色鲜明、个性化十足；来自海边城市的同学突出了海滨风光和海鲜美食，来自历史名城的同学强调了古建筑和传统文化，来自旅游城市的同学着重表达了壮丽山川和自然风光。

3.4　持续改进——学习成效与学生反馈

OBE 的评估着重于学习成果是否达到预期标准，因此，课程设计了多样化的考核内容与评估方式，包括课堂表现、图纸表达与成果汇报，并根据不同作业内容设置了完整度、规范度、逻辑性、精深度、创意性和的多维度成绩评定细则（表 1）。具体而言，课程作业 I 为图纸改绘，可评估学生对于制图规范和基本制图技术的掌握程度；课程作业 II 为校园规划分析，在评估制图技术的熟练程度基础上，可进一步评估学生的审美与规划思维水平；课程作业 III 为家乡特色地图，能够评估学生对课程学习内容的融会贯通应用水平。其中，作业 I 和作业 III 为个人作业，作业 II 为小组作业，小组作业要求学生们合作完成校园环境场地调研、案例分析、图纸表达与成果汇报，能够充分锻炼学生的团队合作与沟通能力。

笔者对 2023 年上这门课的 23 位同学进行了问卷调研，问卷主要围绕教学模块与课程作业设计的教学效果展开，从讲解清晰程度、对相关学习的作用程度和学习收获综合评价教学效果，并根据程度将其分为 5 个等级（图 4）。在制图规范模块，约 80% 的同学认为教学成果效果达到良好和优秀，其中52.17%的同学认为“城乡规划制图标准”的教学效果达到优秀。在制图技术模块，教学效果差异较大，其中，CAD和PS的评价较好，良好和优秀率达73%以上，有40%左右的同学认为Midjourney和Arc GIS的教学效果不佳，这可能跟制图软件的复杂程度有关，在1个课时内完成Midjourney和Arc GIS课堂讲授，学生们接受起来难度较大，未来应该尝试安排更多学时并进一步优化相应教学内容。在规划思维模块，超过80%的同学认为教学成果效果达到良好和优秀，其中，“导论”和“场地分析与设计表现”的优秀率为60.87%。通过融合“美育—技术—思政”多维度的教学内容以及“理论—图纸—实践”贯穿式教学模式，学生除了绘图技能得到训练以外，逻辑思维能力、审美水平、团队合作的能力也得到了提高，这些都是推动城乡规划专业学生终身成长与实践工作的必备技能。经过课程教学实践应用，学生们反馈教学安排系统性、组织性强，教学活动多样，作业参与感与获得感强，很好地衔接了手绘制图和电脑制图之间的空白。

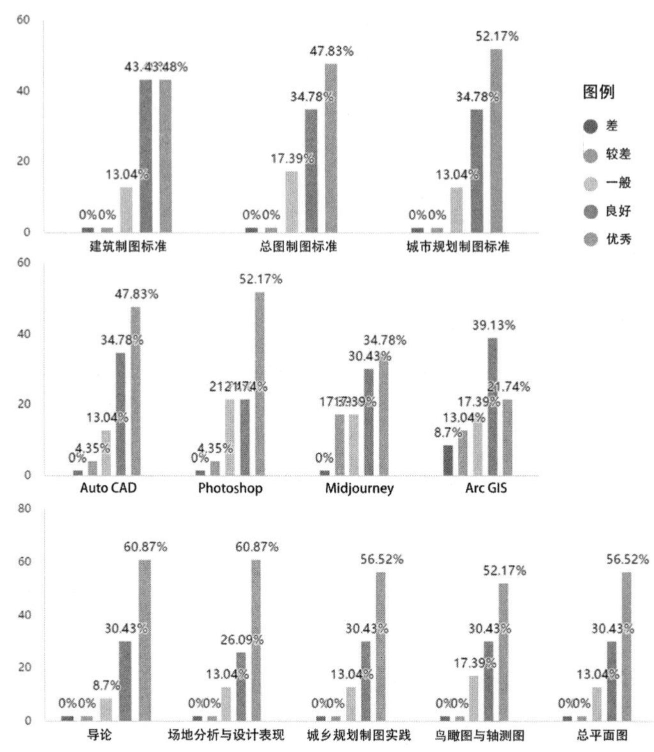

图4 教学效果学生反馈调查结果

资料来源：作者自绘

4 结语

本研究基于OBE教育理念，通过“美育—技术—思政”的多维融合教学模式，对“城乡规划制图基础”

课程考核要求 **表1**

<table>
<tr><th colspan="2">评分内容与占比</th><th colspan="2">考核内容与要求</th><th>成绩评定细则</th></tr>
<tr><td rowspan="5">平时成绩</td><td>出勤（5%）</td><td colspan="2">上课与调研出勤</td><td>上课迟到早退每次扣5分，作业迟交扣5分</td></tr>
<tr><td rowspan="2">作业I–图纸改绘（20%）</td><td>建筑平、立、剖面图</td><td>平面图、立面图、剖面图各一张，1：200~1：300，1张A3图纸</td><td rowspan="2">完整度50分
规范度30分
美观度20分</td></tr>
<tr><td>场地分析图</td><td>分析图若干，1张A3图纸</td></tr>
<tr><td rowspan="2">作业II–校园规划分析（30%）</td><td>国际案例学习</td><td>学习国际优秀事务所分析图，案例分析PPT</td><td>资料收集完整度40分
分析逻辑性20分
分析精深度20分
排版美观度20分</td></tr>
<tr><td>校园规划分析与表达</td><td>北京交通大学（主校区）规划/现状分析,3张A1图纸，成果展示PPT</td><td>完整度60分
美观度50分</td></tr>
<tr><td>期末成绩</td><td>作业III–家乡特色地图（45%）</td><td colspan="2">独立绘制完成家乡特色地图，选定自己想表达的家乡特色，例如风景、美食、文化、动物等，1张A3图纸</td><td>完整度40分
创意性40分
美观度20分</td></tr>
</table>

资料来源：作者自绘

课程进行了系统的改革探索。在此过程中，我们不仅着眼于学生专业技能的提升，更致力于对其社会责任感与创新思维的培养。通过不断持续和积极的课程改革实施，本课程夯实了城乡规划基础课程的教学与研究工作，显著提升了教学质量与学生综合应用能力，有效地连接了理论学习与实践操作，确保了学生能在未来的职业生涯中灵活运用所学知识。此外，该教学模式的成功实践为高等教育中相关课程的改革提供了有益的借鉴与启示，显示出将OBE理念与课程内容深度融合的重大意义和潜在价值。与此同时，作为首次探索还存在些许不足。未来，我们期待这种教育模式能在更广泛的领域得到应用和推广，以培养更多具备高度专业技能和强烈社会责任感的优秀人才。

参考文献

[1] PRIYA VAIJAYANTHI R，RAJA MURUGADOSS J. Effectiveness of curriculum design in the context of outcome based education (OBE) [J]. International Journal of Engineering and Advanced Technology，2019，8 (6): 648-651.

[2] COX JR W F，Arroyo A A，Tindall E R，et al. Outcome-Based Education: A Critique of the Theory，Philosophy，and Practice[J]. Journal of research on Christian Education，1997，6 (1): 79-94.

[3] 孙施文，吴唯佳，彭震伟，等. 新时代规划教育趋势与未来[J]. 城市规划，2022，46 (1): 38-43.

Exploration on the Reform of Multi-Dimensional Integrated Basic Teaching Based on OBE Concept —— A Case Study of “Basic Urban and Rural Planning Mapping” Course

Fu Quanchuan　Zhu Jingyuan

Abstract: This study revolves around the course “Fundamentals of Urban and Rural Planning Cartography,” exploring teaching reforms based on the Outcome-Based Education (OBE) philosophy. Against the backdrop of comprehensive reforms in education and the enhancement of intrinsic quality, this paper proposes a set of multidimensional foundational teaching reform measures. These measures aim to break through the limitations of traditional teaching methods, enhancing students' practical application skills and innovative thinking. By integrating an “Aesthetic Education-Technology-Ideological and Political Education” teaching system and implementing a “Theory-Drawing-Practice” integrated teaching model, the course not only improves students' professional skills but also strengthens their awareness of social responsibility and the cultivation of national sentiment. This reform practice not only elevates teaching quality but also provides valuable practical experience and theoretical support for curriculum reform in higher education.

Keywords: Outcome-Based Education，Teaching Reform，Innovative Thinking，Multidimensional Integration，Professional Skills

“台湾历史与城市”通识课程建设：对专业与通识的思考

孙诗萌

摘　要：在本科高校积极探索通识教育的趋势下，城乡规划类知识凭借突出的学科综合性、空间覆盖性、社会关联性、实践指导性而具有通识化的天然优势和巨大潜力。清华大学城市规划系顺应此趋势开设了多门面向全校开放的通识课程，包括笔者团队依托长期教学积累和最新研究成果、响应两岸交流需求而开设的“台湾历史与城市”。本文从“知识传授的复合化”“能力培养的个性化”“价值塑造的使命化”三个维度阐述该课程建设中的通识化探索，浅论对专业与通识的思考。

关键词：城乡规划；城市史；规划史；规划通识；两岸交流；“三位一体”教育理念

1　高等教育“通识化”趋势中的城乡规划类课程

近年来，我国高等教育的通识化趋势日益显著。陈洪捷（2010）解析了这一趋势的三方面因素：一是高等教育应满足大众学习需求；二是知识的发展使得专业界限日趋模糊，三是高等教育内部分化[1]。朱镜人（2018）指出未来我国通识教育发展的五点表现：通识教育将受到更广泛关注；更加注重“全人”培养；通识教育理念将在专业教育中更多体现；以研读经典为主要方法；通识教育对任课教师提出更高要求[2]。熊光清（2021）指出，由重视专业教育转向重视通识教育是中国高等教育的重大转向和必然选择，通专关系是关键问题[3]。

2019年以来，清华大学的本科教育模式明确朝着“以通识教育为基础，通识教育与专业教育相融合”的方向转型。一方面，不断提高本科专业培养方案中通识类课程的比例❶；另一方面，积极组织并鼓励各院系教师依托专业基础开设通识课程[4]。通识课程建设要求紧密围绕“文理兼备，跨学科的知识结构；审思明辨，批判性的思维能力；立己达人，全人格的价值养成”的通识教育目标，秉持“无专业门槛，有学理深度”的基本原则，特别注重引导学生“用联系的、发展的眼光看待世界、看待问题”❷。目前，清华大学已开设全校通识课535门，其中建筑学院开设23门。

在此趋势中，城乡规划学凭借突出的学科综合性、空间覆盖性、社会关联性、实践指导性而具有开设通识课程的天然优势和巨大潜力。吴良镛（2012）曾指出，“人居环境科学与人人相关，是普通人的科学”，是“普遍存在于大众日常生活之中的‘普通常识’”[5]。张庭伟（2008）也直言城市规划的基本原理是常识[6]。他们都道出了城乡规划学具有很强的通识属性。在此背景下，清华大学城市规划系积极依托专业基础开展通识化探索，已建设了一批面向全校开放的规划类通识课程，如“城市空间认知和设计概论”“新城市科学”“城市更新理论与实践认知”“面向城乡协调的乡村规划”等。笔者所在的城市规划历史教研团队，也依托在中国城市规划史教学领域的长期积累和在台湾城市研究方向的最新进展、应对两岸文化交流的新形势和新需求，开设了“台湾历史与城市”通识课程。

下文首先阐述“台湾历史与城市”课程概况及课程建设中的通识化探索，在此基础上浅论对专业与通识的思考。

❶ 以清华大学2023级城乡规划专业本科培养方案为例，校级通识及建筑类通识教育学分占比47.0%，城乡规划专业教育学分占比32.4%，其他占比20.6%。

❷ 清华大学《关于通识选修课程建设的说明》2022版。

孙诗萌：清华大学建筑学院助理研究员

2 “台湾历史与城市”课程概况

“台湾历史与城市”课程是面向全校本科生开放的、在中国城市体系与规划传统中讲解台湾历史与城市建设的通识课程，共16学时，以课堂讲授、课上讨论、课外研习与展示为主要形式。课程除专任教师讲授外，还邀请台湾高校教师、大陆相关科研院所高级学者等参与授课及交流。

课程所依托的专业基础，主要来自城乡规划、城市史、建筑史、台湾史等专门领域。课程所面向的通识需求，一方面是普通本科学生对认知城市、分析空间、解读规划的能力需求；另一方面则是从城市视角了解中国历史中的台湾地方史的知识需求。

本课程相比于一般讲授特定地区历史与城市的课程有其独特性：一是从受众需求而言，当代学生（尤其大陆学生）对台湾地区及相关问题的关注度较高，他们大多缺乏亲历台湾的机会，对这一热点地区的历史和现状抱有浓厚兴趣。二是从教育意义而言，台湾历史是中国历史不可分割的一部分，台湾城市既是两岸共同历史文化发生发展的舞台，也是其创造结果和物质见证。深入了解台湾城市及其历史，有助于加强两岸青年一代的历史文化认同。

因此，本课程的教学目标具体分解为三：一是从城市视角展现中国历史中的台湾，使学生更具体、形象地认识两岸历史文化的深刻连结；二是讲授台湾城市的发展历程、空间特征及规划特点，使学生了解其在中国城市体系和规划传统中的地位与价值；三是演示认知城市、分析空间、解读规划的程序及方法，培养学生对城市与建筑的兴趣及赏析能力。课程内容紧密围绕“台湾”“城市”“历史”三个核心概念展开；着重阐释“国家与地方”“城市与规划”“历史与未来”三组关系，即在中国视野中透视台湾作为地方的发展历程及物质建设过程；以台湾为例解析中国城市的空间特征和规划传统；基于两岸共同的营建历史而思考共同的未来（图1）。

3 “台湾历史与城市”课程的“通识化”探索

作为一门通识课，如何立足专业基础而满足通识需求，是本课程建设及教学实践中长期思考的问题。具体而言，如何从专业知识发展为通识，如何使来自不同专业及学科的学生都能获得能力提升，又如何在知识传授、能力培养的基础上塑造价值？对此，本课程主要进行了“知识传授的复合化”“能力培养的个性化”“价值塑造的使命化”三个维度的通识化探索，具体提出“三个结合”“两种联动”“两个面向”的通识化建设思路。

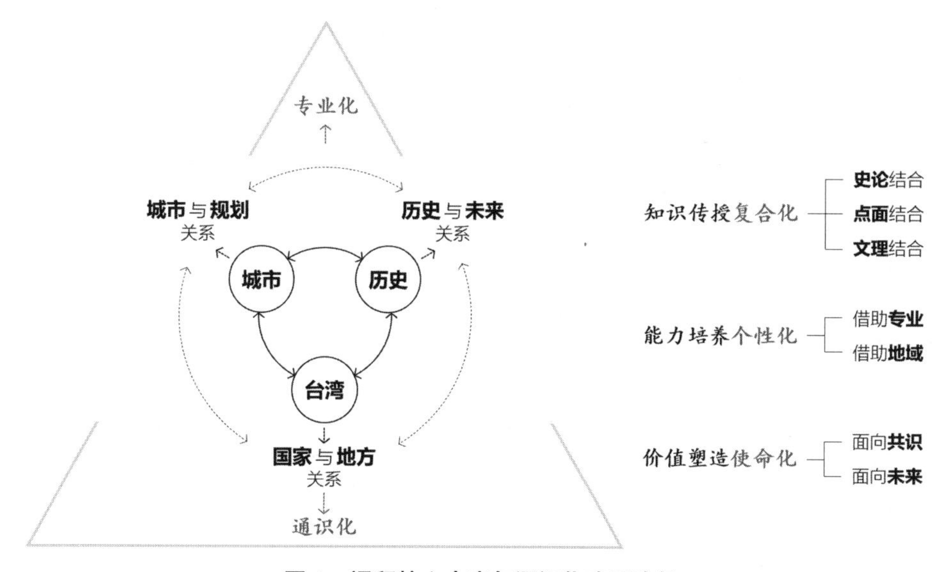

图1　课程核心内容与通识化建设路径

资料来源：作者自绘

3.1 知识传授的复合化

通识课要求文理兼备，为学生提供跨学科的知识结构。本课程定位于从城市及规划视角解读中国历史中的台湾地方，天然具有理工与人文结合、多学科支撑的复合属性。课程内容中包含了城乡规划学、建筑学、风景园林学、历史学、地理学、考古学、政治学、社会学、民族学等多学科知识，尤以有关物质空间变迁、城市规划建设、地方空间治理的知识最为核心。

为兼顾专业基础与通识需求，本课程在知识传授（内容组织）方面力求复合化，具体着重"三个结合"，即史论结合、点面结合、文理结合。

（1）史论结合

史论结合，指既要有对于历史演进脉络、发展大势的总体叙述，也要有对于历史进程中各种空间现象、规划事件、人物思想的具体剖析；使讲授内容立体丰满。

在课程内容组织中，"史"的部分，上迄史前、下至当代，重点梳理中华文明脉络中的台湾历史演进。具体分解为7个分期，简述各期的聚落及城市概貌和规划建设特征。"史"的勾勒既提供一个对中华文明中台湾历史的基本认知，也为后续"论"的展开建构时间框架。"论"的部分，聚焦中国历史中的空间治理体系和城市体系、个体城市的基本属性、空间形态、功能构成，以及城市选址规划建设的技术流程和社会参与；分专题讲解台湾城市的选址模式、山水格局、功能要素、空间布局、营建时序等内容。

（2）点面结合

点面结合，指既要有对全国层面的城市体系、建置制度、营建通法的"面"的铺陈，也要有对城市个体层面的空间特征、规划建设的"点"的剖析；使讲授内容全面均衡。

台湾历史是中国历史的局部，台湾城市是中国城市体系中的个体。历史中的台湾城市及其规划建设，既反映同时期中国城市的共性特征，也呈现应对其地域、社会诸条件的个性特征。因此，每个专题讲授皆从介绍中国城市的整体情况、规划建设的规制通法出发，再具体分析台湾地区的局部状况和城市个案。以第四讲"城市要素与营建时序"为例，先概览中国历史上有关城市功能要素的配置制度及历史演变，并介绍四种代表性要素（衙、学、垣、庙）的空间特征和在城市中选址规划的一般原则，再详细说明台湾城市中各要素的建置情况和营建时序。讲授过程由面及点、层层递进，使学生在"全景"中聚焦"特写"，印象深刻。

（3）文理结合

通识课的学生来自全校多个专业，他们对通识的理解和需求有差异。对于人文学科的学生而言，对台湾的行政建置、社会构成等易于理解，而对城市的选址规划原则和技术方法并不熟悉。对于理工科的学生而言，工程技术的原理技艺一说就通，但对管理制度、社会参与等则需耐心解释。

课堂讲授中兼顾文理，努力回应更多专业背景学生的个性化需要。例如在讲解个案城市的功能配置时，例举医馆/医院、驿站/车站、桥梁/渡口、矿场等的形态特征和选址原则，以激发医学、汽车、土木等专业学生的兴趣。又如在讲解城市选址与山水格局建构时，从科学分析讲到民间信仰、再到传统哲学，以启发人文社科学生的思考。

3.2 能力培养的个性化

通识课要求注重方法论指导，激发和引导学生用联系的、发展的眼光看待世界、看待问题[4]。在本课程中，能力培养的重点是学生对城市空间及人居环境的感知力、观察力，理解力，以至创造力。在现代社会，对空间环境的感知、观察、理解甚至创造已经成为个人能力素养的重要组成。这种能力不仅有助于学生在未来工作中更好地应对城市/空间相关问题，也有助于提升他们在日常生活中的幸福感。从这个角度而言，台湾城市是一把"放大镜"：透过这些具体案例，我们能看到从古到今的人居环境是如何被创造的，以及可以如何对其感知、观察、理解，甚至创造。

为了更好地实现上述目标，本课程在能力培养方面追求个性化；主要通过课后思考和最终作业的形式，引导学生结合自身的基础和需求而思考城市/空间相关问题，提升相关能力。具体借助"两种联动"，即专业联动、地域联动。

（1）专业联动

通识课的学生来自多个专业及学科。以2023年选课学生为例，就包含数学、物理、生物、材料、计算机、信息科学、自动化、电子工程、电气工程、工业工程、车辆工程、美术、建环、建筑、城乡规划等专业。未来，他们在各自的专业领域中都可能面对城市/空间相关的问题，也需要前述“四力”的提升。

对此，课程最终作业鼓励学生结合专业学习中的需求和兴趣，到台湾历史与城市的场域中寻找问题并进行调查分析。以2023年作业为例，题目要求学生运用课上所学知识和方法，选取一处当代或历史上的台湾场所，解析其历史、现状及人文意涵。约有1/3的同学紧密联系各自专业进行选题，介绍了如台北车站、台北松山机场、林口长庚医院等功能场所的特色与价值。课后讨论中也有不少学生基于专业提出问题；这些问题体现了通识与专业的融合，极具价值。

（2）地域联动

通识课的学生也来自不同地域。这些地域和台湾一样，是中华大地上兼具共性与个性的“地方”。借助与这些“地方”的关联和比较，能使学生更易于认识台湾历史与城市的特色，也更深刻理解中国城市及规划的共性。

课程设计中，一方面在授课内容中增加台湾与同类地区的比较。如在第五讲“省城规划”中，将清末台湾省城（台中）与同时期的新疆省城（乌鲁木齐）、奉天省城（沈阳）、吉林省城（吉林）、黑龙江省城（齐齐哈尔）进行比较，使学生了解当时省城建设的总体情况和台湾省城的独特价值。另一方面，在课后讨论中引导学生比较台湾城市与自己家乡城市之异同。很多学生反馈，这样的互动方式不仅帮助他们更具象地理解了课堂内容，也促使他们重新发掘自己家乡的特色，增进了对家乡的认知（图2）。

3.3 价值塑造的使命化

清华大学的教育理念以价值塑造为引领，强调在知识传授和能力培养过程中融入价值塑造，以培养德才兼备的优秀人才。“台湾历史与城市”的课程主题具有特殊意义：一方面，它涉及中华文明脉络中的台湾历史及城市演进，涉及两岸人民在台湾共同的人居建设。这些内容应当被两岸青年所熟悉。唯有理解共同的历史，才能展望共同的未来。另一方面，它涉及人人所居、人人所享的人居环境。人与环境和谐共处、当代人与后代人持续共营的人居整体观和可持续观，也是当代青年需要认同和坚持的基本价值观。

因此，本课程在价值塑造方面强调使命化，即引导学生将个人所学与国家所需、社会所需联系起来，探索学习和工作的更深远意义。具体强调“两个面向”，即面向认同、面向未来。

（1）面向认同

“台湾历史与城市”课程聚焦两岸共同的人居营建历史及成就，其核心是“认同”。本课程的选课学生中不仅有大陆学生，也有来自台湾的学生。两岸学生有着差异化的教育背景和生活经历，但在这门课上，他们一起回溯中华民族共同的人居历史和建设成就，在课上研讨与课下交流中形成更广泛的认同。

课程安排的最后一讲是展示与讨论，要求学生以墙报形式展示最终成果并分享研究过程中的所思所感，其他学生自由点评。此形式旨在促进两岸学生的深度交流，凝聚共识。以2023年的展示与讨论课为例，38名来自海峡两岸的学生济济一堂，共同探讨他们认知中的台湾地方。大陆学生畅谈未来最想去观游的台湾地方，有历史遗迹、有自然风光、有都会景观；台湾学生热情介绍最想推荐大陆同学同游的场所，有海滨小岛、有少数民族聚落、有家乡老街。两岸学生你来我往，你问我答，不亦乐乎！或许未来某天，他们会踏上共同的旅途，去到课上讲述的地方（图3、图4）。

（2）面向未来

“台湾历史与城市”的讲授内容立足于历史，但课上讨论与课后思考皆面向未来。

从授课内容而言，城市规划的基本属性即是面向未来。课程中回顾的历史上的每一次规划，都是当时人们对未来的“展望”。他们基于何种动机、何种条件而进行规划？规划什么？如何促成规划的实施？最终又有哪些真正实现？今天我们带着这些问题回顾古人的规划，实为从中汲取养分，更好地开展当代规划。

从作业设置而言，要求学生通过调查研究介绍一个最想观游的台湾地方，亦旨在激发学生个体对未来的展望。它引导学生围绕一个明确的目标开展学习、制订计划，甚至将之与更长远的学习及工作蓝图相结合。希望学生在这种“未来”导向中，能将个人志趣与国家、民族之大业相结合，激发更宏远的使命感。

学生反馈 1：促进了通识认知

序号：6
填写时间：2023/11/8 19:19:33
来源IP：183.173.245.80（北京-北京）

给我留下印象最深刻的是第一讲，因为在第一讲中老师介绍了城市、台湾与历史三个关键词，让我对这三个熟悉的词有了更加深刻的了解。城市，不仅是我们日常生活的地方，更是人类文明、某些风俗传统传承的载体。不同的城市有着不同的规模、要素、格局等，这一方面反映了不同城市的发展定位不同，也反映了城市规划者、建设者的独特构思，这是我之前没有想过的。此外，老师对台湾的介绍也让我更加全面地了解到了其地理环境、人口族群分布、籍贯等信息，丰富了我对台湾地理以及人文方面的认识。最后，老师对于历史的阐述更让我深刻认识到了了解历史以及研究城市历史的必要性，我们可以从中窥见文明、地域等的发展变迁。

序号：11
填写时间：2023/11/10 18:49:04
来源IP：101.5.165.212（北京-北京）

我印象最深刻的是第三讲“城市选址与格局”，在那一讲中介绍了台湾各种城市从最开始的建造选址到后来不断完善修缮的来龙去脉，其中不仅有对中国传统“风水”文化的体现，也是台湾当地执政者从民生和城市发展出发的建筑学和地理学知识，在老师讲到山前模式的代表城市——彰化的时候，我不仅联想到当今我们经常强调城市的人文建设，显然人文建设在古今有着不同的实现方法，但是其精神诉求是相通的，人类在自然当中建设人类文明，通过人类的经验和智慧使得城市和周围地形相得益彰，随着城市功能和格局的不断完善，人们又开始赋予城市和自然环境以人文精神，同时也被城市和自然影响了观念和生活习俗，这是经典的自然、历史、人文、城市的相互交融的体现。

学生反馈 2：增进了对两岸共同建设历史的了解

序号：14
填写时间：2023/11/11 19:47:58
来源IP：183.172.60.142（北京-北京）

印象最深刻的是第四讲，城市要素与营建时序，里面讲到四种核心要素治署、学宫、城垣、坛庙在我的高中内部以及高中所在地都有明显体现，非常能够引起共鸣；台湾城市对这些要素的重视也能反映出台湾对中华传统文化的传承，反映出两岸城市之间的深刻联系。

序号：5
填写时间：2023/10/11 13:32:08
来源IP：101.5.170.130（北京-北京）

印象最深的是彰化地名的来历，是皇帝为了“以彰雅化”而取的，很有历史人文意蕴；同时也了解了城市选址的几种模式以及选址因素，并由大陆的城市选址在台湾的城市选址中找到共同点。

学生反馈 3：激发了对家乡的新认知

序号：2
填写时间：2023/11/7 21:36:53
来源IP：106.121.224.237（北京-北京）

印象最深的是大陆部分城市和台湾几座城市的模式的一讲。作为建筑学院建环的同学，我其实对建筑学和规划的相关知识所知甚少，孙老师上课时画的草图也让我开始理解了城市坐落的位置、朝向、轴线等的含义，三种典型的模式介绍也让我开始思考家乡属于哪个类型，并在查阅资料后有了自己的答案。

序号：15
填写时间：2023/10/20 16:03:24
来源IP：183.172.68.216（北京-北京）

老师上课前我一直以为泮池和大成殿是高中特有的风景建筑，在课上了解到这其实是作为学宫的可谓标准配置。但是，不同地区的泮池和大成殿虽然可能结构上类似，但有着不一样的历史故事。高中里的大成殿和泮池见证了学校的发展，从一个县城中学一步步发展成为重点高中，也见证了一批批镇中人在这里成长，走向世界各地。这样的一种文化潜移默化，形成了独属于镇中同学的母校记忆。

学生反馈 4：启发了研究方法和拓展思考

序号：13
填写时间：2023/11/11 14:57:01
来源IP：183.173.162.185（北京-北京）

第四讲对台湾四个要素的分析，从治署、学宫、城垣、坛庙四个要素的角度入手去分析台湾城市的发展，调理清晰地展现了不同时期台湾城市的要素配置以及营建时序，对台湾城市的发展历程有了更加深入的理解体会，也收获了分析一个城市历史建筑文化发展历史的方法。还有第三讲中对于城市选址的介绍也令我印象深刻，感受到了在城市营建过程中对于山水格局的重视，了解到了城市选址的三种模式，山前模式，盆底模式，海港模式，感受到了城市建设中对于人与自然和谐统一的理念。

序号：13
填写时间：2023/10/20 10:12:55
来源IP：36.112.177.60（北京-北京）

上课内容中令我印象深刻的是老师对于不同历史时期、不同城市中的四种不同要素的分析方法，从不同的维度看待四种要素建筑在不同城市中的发展时期与发展状况，可以更加清晰直观地表现出不同时间、不同城市对于四类要素建设的相同点和不同点。比如治署的建设率在所有城市中达到百分之百，初期建立的城市基本上四类要素都是齐全的，但随着时间的向后推移，四类要素的完成率也在逐渐下降。这种分析的方式令我印象深刻，希望在今后的研究中也可以为我所用，更好地去分析问题。

学生反馈 5：最终作业有助于自主研究、提升能力

序号：4
填写时间：2023/11/8 11:04:14
来源IP：183.173.101.118（北京-北京）

我觉得最终作业是让我有一次深入了解台湾城市与历史的机会，难度并不是很高，但很有意思。我第一次了解到台北车站是看一部电影《五月之恋》，女主角乘车前往三义拜访祖父的故居地，当时是 2003、2004年左右，就已经是很现代化的了，而我记得我小时候老家的火车站还是挺朴素的，月台之间还要过铁道，所以有了深刻的印象（当然，以上内容也不一定记得很清楚了），所以我在这次更深入了解了一下它的历史过往和特色，还是很有意义的。我觉得还可以让大家讲述一下建筑背后的故事，因为建筑不仅是一个死的东西，也是一个故事和往事的载体。

序号：16
填写时间：2023/11/15 19:46:44
来源IP：114.254.2.198（北京-北京）

我觉得最终作业很有意义，让我从自身专业角度了解了台湾医学事业的发展，同时我也对林口长庚医院这个特定的建筑有了更加充分的了解。难度上我觉得适中。可以尝试一些台湾建筑与大陆建筑进行类比的一些选题。

学生反馈 6：课堂讨论促进了两岸学生交流

序号：9
填写时间：2023/11/9 10:57:14
来源IP：101.5.172.205（北京-北京）

我认为这是一个很有意义的作业，能将老师课堂讲述的内容夯实到实际应用中，我在确定选题的过程中浏览了很多关于台湾城市建筑的资料，让我对台湾的城市发展有了一个全局的认识，最后和同学们的交流也加深了我对其他台湾建筑的了解，并激起了我去台湾旅游的念头，作业完成起来很容易，最后的汇报氛围也很轻松，在其他课程都在卷的环境下能以这样的形式完成课程并学到很多新知识是一件很幸福的事。选题方面我觉得目前的选题已经可以包括大多数台湾古今城市建筑，所以我认为可以继续沿用。

序号：6
填写时间：2023/11/8 19:19:33
来源IP：183.173.245.80（北京-北京）

我认为最终作业难度、工作量等非常适当，并且具有很重要的意义。它不仅使同学们亲自调研了自己感兴趣的台湾的某个地方，通过这种方式让同学们加深了对台湾的了解，契合课程主题；也让同学们自己设计了一份海报，提升了必备的合理选取内容、排版的能力，使同学们今后制作相似海报时能够更加得心应手。此外，作业与讨论课相结合，让同学们互相交流也是非常好的。这使同学们一次课便能了解到30多个台湾地方，极大地拓宽了同学们对台湾的了解；并且同学们之间更多的互相交流相对于老师单方面的讲授是更有利于同学们学习和未来发展的。其他选题建议：例如，最感兴趣的台湾历史事件，台湾城市的今昔发展等。

图 2　学生课程反馈举例

资料来源：据调查问卷改绘

4　关于专业性与通识性的思考

在“台湾历史与城市”的课程建设和教学实践中，笔者重点探索了立足专业基础、面向通识需求的课程通识化路径与方法。在此过程中，笔者对于课程专业性与通识性的关系有了进一步思考，浅论如下。

其一，面向未来，专业知识的通识化趋势创造了新机遇，如何更好地将专业知识服务于通识教育，是专业教师需着力之处。城乡规划类知识凭借突出的学科综合性、空间覆盖性、社会关联性、实践指导性等，尤其具有通识化的优势和潜力。积极开展城乡规划学的通识化探索，不仅能丰富通识教育的内容，也有助于规划学科及专业的立体发展。在此背景下，如何将专业知识以更系统、更优化的方式融入通识教育，是专业教师可有作

图 3　展示与讨论课部分学生汇报成果
资料来源：作者自摄

图 4　展示与讨论课现场
资料来源：区晓彤摄

为之处。

其二，通识课程能吸引更广泛背景的学生对城乡规划的关注，有助于更多有志青年涉足专业领域。教学中的专业化与通识化本质上是一个双向过程：在教师将专业内容通识化的过程中，学生也从通识课程中关注到专业方向、吸收到专业知识。因此，通识课程有助于将专业价值、知识和技能向更广泛学科背景的学生传播，从而吸引有志青年加入本专业的学习，或依托原有专业拓展交叉方向。

其三，通识课程教学能直接收获大众对专业内容的反馈，有助于对专业研究的反思和优化。随着现代社会专业领域的不断细分和纵深发展，研究者有时容易陷入视野狭窄，甚至学术上的“孤立主义”。通识课程教学能帮助研究者更直接地获得大众对专业研究的反馈，进而反思并优化研究方向。有时非专业学生提出的问题和困惑，正是专业领域中颇为要害却易被忽略的真问题。从这个角度来说，通识课程教学也提供了对专业内容进行系统反思、去粗取精的机会。

以上是笔者在“台湾历史与城市”通识课程建设及教学实践中的一些粗浅思考。课程目前仍在探索与调整中。不足之处，还望前辈同仁批评指正！

参考文献

［1］陈洪捷 . 高等教育的通识化：一种新趋势 ?[C]// 北京论坛 .“变革时代的教育改革与教育研究：责任与未来”教育分论坛论文 / 摘要集，2010：2.

［2］朱镜人 . 现代大学通识教育的特征和发展趋势 [J]. 高等教育研究，2018，39（7）：66-71.

［3］熊光清 . 强化通识教育是高等教育必然选择 [N]. 中国科学报，2021-10-19（005）.

［4］清华大学 . 关于申报通识选修课程及通识荣誉课程的通知（清教改〔2019〕55 号）[Z]. 北京：清华大学，2019.

［5］吴良镛 . 学术前沿议人居 [J]. 城市规划，2012，36（5）：9-12.

［6］张庭伟 . 城市规划的基本原理是常识 [J]. 城市规划学刊，2008（5）：1-6.

Design of General Education Course "History and Cities in Taiwan": Reflections on Specialty and General Education in Urban Planning

Sun Shimeng

Abstract: As universities increasingly emphasize general education, urban and rural planning knowledge holds significant advantages and potential to be associated with general education due to its multidisciplinary nature, broad spatial coverage, social relevance, and practical applications. In response to this trend, the Department of Urban Planning at Tsinghua University has offered a series of General Education Courses available to all students in the university. "Taiwan History and Cities" is one of these courses, offered by the author, based on extensive teaching experience, the latest research progress, and the demand for cross-strait cultural exchanges. This article elaborates on the exploration of course design from three dimensions: composite knowledge transfer, diversified capability training, and oriented value shaping. Then, it briefly reflects on specialty and general education in urban planning.

Keywords: Urban and Rural Planning, Urban History, Planning History, Planning General Education, Cross-Strait Exchange, "Three-in-One" Education Concept

面向设计启蒙的 AI 赋能规划设计课程教学探索*

陈璐露　戴　锏　冷　红

摘　要： 随着 AI 技术的飞速发展，以及生成性 AI 技术在城乡规划与设计类行业中的广泛应用，AI 技术为城乡规划设计类课程提供了新的机遇与需求。本文梳理了适用于设计思维启蒙阶段的规划设计教学的 AI 技术：RAG 检索增强生成技术、AI-Agent 语言智能体和文生图大模型，并以设计基础课程为依托，结合课程要求与学情特征，探索 AI 赋能规划设计类课程教学的新途径，包括基于 RAG 建设知识图谱、基于 AI-Agent 具象设计思维、培养 AI 设计能力的 3 个创新途径，旨在探索 AI 赋能规划设计课程教学的新模式。

关键词： 设计思维启蒙；设计基础课程；规划设计；AI 技术方法；教学设计

1　引言

当前，以人工智能（Artificial Intelligence，AI）技术和手段驱动教育转型升级成为世界性议题。2021 年 11 月，联合国教科文组织发布的《共同重新构想我们的未来：一种新的教育社会契约》中明确指出“数字技术蕴含巨大的变革潜能，要找到将技术潜力化为教育变革动力的现实路径”。2020 年前后，欧盟、俄罗斯、澳大利亚等出台了教育领域的数字化转型战略计划[1]。我国教育部 2022 年工作要点提出实施教育数字化战略行动，要求发挥网络化、数字化和人工智能优势，丰富数字教育资源和服务供给，创新教育和学习方式，加快实现教育的均衡化、个性化、终身化。2024 年 3 月 28 日，教育部发布 4 项行动助推人工智能赋能教育，教育部在近期启动了人工智能赋能教育行动，旨在推动人工智能与教育教学的深度融合，该行动包括打造生成式人工智能教育专用大模型等具体举措[2]。综上，AI 技术方法已经成为本科教育高质量发展的重要驱动力。

然而，在不同的本科学习阶段以及不同类型的学科教育过程中，对于 AI 技术方法的使用是有差别的。因此，如何结合不同学科和具体学情特征，有针对性地将以 AI 为代表的新技术赋能到本科课程教学中，是新时代教育改革的重要议题。

2　AI 赋能城乡规划教学

2.1　城乡规划学科中的 AI 赋能教学情况

2022 年以来，机器学习与深度学习极速发展，以 Diffusion、GPT 为代表的颠覆性 AI 应用取得了突破性发展。部分教育学者认为设计教育及设计专业的教师和学生需要对人工智能时代下的设计学科有着更全面的认知，有针对性地提升培养专业性的素养力、设计学的跨学科力、后人类式的社会力等关键能力。

城乡规划学科的交叉学科属性和其核心的设计教育特征，需要探索 AI 赋能学科教育与研究的多重可能性。国内外许多建筑与规划院校结合将生成式人工智

* 基金资助：哈尔滨工业大学 AI 赋能教学改革专项（价值与实践双导向下的 AI 赋能建筑类理论课程教学创新模式研究）；哈尔滨工业大学 AI 赋能教学改革专项（城市道路与交通）；哈尔滨工业大学 AI 赋能教学改革专项（《城市设计》AI 赋能课程教学改革）；哈尔滨工业大学基于知识图谱的“AI+”课程建设项目（《城市综合调研》）；哈尔滨工业大学研究生教育教学改革研究项目（22HX0602）；哈尔滨工业大学研究生教育教学改革研究项目（23MS020）。

陈璐露：哈尔滨工业大学建筑与设计学院副教授
戴　锏：哈尔滨工业大学建筑与设计学院副教授（通讯作者）
冷　红：哈尔滨工业大学建筑与设计学院教授

能（Generative Artificial Intelligence，GAI）引入到课堂教学和实验室建设中，进行AI赋能的科研与教学实践探索。例如，美国麻省理工学院的媒体实验室（MIT Media Lab），承载科学、技术、设计、艺术的布朗运动式交叉探索。英国伦敦大学学院的人—环境—活动研究实验室（UCL PEARL），结合多种VR、AI技术，模拟各项参数可控的足尺环境，研究人与环境如何交互[3]。

国内院校的城乡规划学设计课程多使用VR技术进行教学，对AI的使用较少，但部分院校已经开始了AI赋能设计课程的探索。例如，清华大学以"建院未来畅想2035/AI生成式影像"为题，将生成式人工智能融入设计课程教学中，培养学生对于GAI技术的使用能力和跨学科、跨媒介的思维方式[4]。近年来，由光影交互服务技术文化和旅游部重点实验室发起成立了"中国人工智能艺术教育协同创新平台"，发布了ArtI Designer超级艺术计算平台。华中科技大学将Stable Diffusion生成艺术的数字内容与校园生活的实景相结合，虚实共叙。最后通过建筑Mapping方法，把AI生成艺术与建筑投影相结合，探寻AI生成艺术沉浸式空间路径，以AI技术赋能建筑投影项目，并将其融入设计课程的教学之中[5]。

2.2 AI赋能城乡规划学科设计课程教学的必要性

自20世纪60年代起，随着计算机技术的发展，建筑与规划设计的工具与方法也从计算机辅助设计、参数化设计到AI设计，不断迭代（图1）[4]。随着AI进入到国土空间规划、城乡规划与建筑设计行业，设计方法与工具也不断地进行数字化升级。基于GAI的设计生成类AI技术方法与工具不断地融入规划设计实践中。大量的国内设计机构均基于多种数字化、人工智能平台进行规划设计实践。例如采用Stable Diffusion等文生图模型快速生成逼真的效果图，或者通过体量模型图片进行快速渲染。规划师可以利用AI工具快速生成大量概念草图，并不断筛选与迭代，获得最终的设计意象。

城乡规划学的专业教育中都以设计训练为核心。设计课程一直都是城乡规划学本科生培养的核心课程，直接影响专业人才培养的质量与水平，急需跟上行业内数字化、AI赋能设计实践的步伐。因此，探索数字技术赋能的城乡规划学设计课程教学创新改革是十分必要的。

除了本科教育通用的AI技术方法与教学工具外，城乡规划学科还需增加生成性设计类的AI技术工具教学与使用，使得学生了解行业内AI赋能设计实践的情况。

设计基础是哈工大建筑与设计学院本科生的第一门设计专业课程，也是本科生进入大学后接触到的第一门设计课。设计基础课授课对象为建筑与设计学院一年级本科生，包括建筑学、城市规划、设计学等多学科多专业的学生，开课时间为大一上学期（秋季学期）（图2）。

学生需要在该课程中初步建立设计思维，完成由高中学习模式到设计学习模式的转换。因此，该课程是城乡规划学学科本科教育中最重要的一门启蒙课程。在设计启蒙课程——设计基础中，学生不但要学习相应的理论知识，还应该掌握设计生成的逻辑与思维方式，了解行业内常用的AI设计工具使用情况，以适应未来学习与从业中的AI设计工具使用。

3 规划设计类课程可用的AI技术

生成式人工智能（Generative Artificial Intelligence，GAI）是一种利用机器学习算法生成各种形式内容的技术，在教学中的应用场景极为广泛，也为教育带来了前

图1 建筑设计软件发展

资料来源：作者自绘

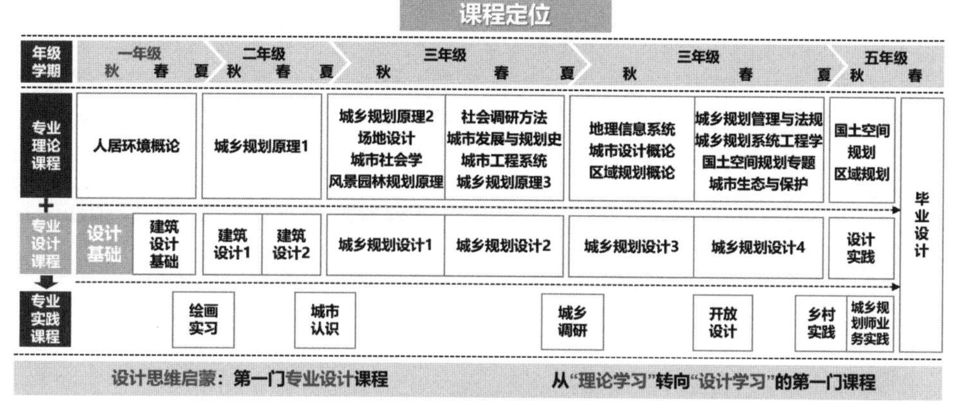

图 2　设计基础课程定位

资料来源：作者自绘

所未有的机会和挑战。

GAI 可以根据学生的需求和能力水平生成个性化的教育内容，有助于提高学生的学习效率和积极性。GAI 可以引入新的教学模式与方法，使教学更具有吸引力和互动性，同时帮助教师管理课程、回答学生问题，例如 AI 助教等。GAI 可以自动生成教学文件、练习题和测验等教学内容，并确保知识的广度、准确性与前沿性。结合规划设计课程教学的特点，本文梳理并总结了下述可以应用于教学中的 AI 技术及其适用的教学场景。

3.1　检索增强生成技术（RAG）

检索增强生成技术（Retrieval-Augmented Generation，RAG）是一种结合检索和生成技术的模型。通过在语言模型生成答案之前，先从一个庞大且广泛的文档集合或数据库中检索相关信息，然后利用这些检索到的信息来指导文本的生成，从而极大地提高预测的质量、相关性和准确性。RAG 通过三个关键部分实现工作：检索、利用和生成。在检索阶段，系统会从文档集合中检索相关信息；在利用阶段，系统会利用这些检索到的信息来填充文本或回答问题；最后在生成阶段，系统会根据检索到的知识来生成最终的文本内容。

RAG 应用于教学中，具有可以有效利用外部知识库、知识即时更新、可解释性强与可溯源、定制能力和针对性强等优势。RAG 有效地缓解了大语言模型（LLM）常见的幻觉问题，提高了知识更新的速度，并增强了内容生成的可追溯性，使得 LLM 在实际应用中变得更加实用和可信，契合教学中的知识需求。

3.2　语言智能体（AI-Agent）

语言智能体（又叫 AI 代理、语言代理，Language Agent，以下简称 AI-Agent）技术，是以大语言模型技术为基础的智能 Agent，是一个规定了 LLM 应当以什么样的步骤，怎么样的方式去解决特定问题的代理系统。可以给定 Agent 一个命题和需求，Agent 通过“需求分析—数据收集与分析—角色分配与模拟—总结生成”的逻辑进行工作与输出。

当前 AI-Agent 包括 Muti-Agent 和 Single-Agent。Single-Agent 是整体上系统设计了一个智能体，该智能体负责处理工作流中的每个环节与步骤。Multi-Agent 是在系统中设计了多个智能体，每个 Agent 处理不同的任务类型或者工作流环节，最后将其综合起来输出答案。工作流中的每个环节步骤和每个 Agent 的任务都可以单独做输出，开“白盒”，也可以进行微调。

由于 AI-Agent 可以支持多个不同角色的 Agent 通过讨论合作，来完成既定任务，所以其具有人机协作、多角色讨论模拟等特点。这些特点应用于教学中，尤其是设计课程教学，可以满足学生的多元化需求，以及学生对设计过程的多流程需求。

3.3 文生图大模型

文生图大模型（Text-to-Image Generation）是生成式人工智能领域的核心技术之一，能够将文本描述转换为对应的图像。它的核心原理是通过深度学习算法对大量的文本和图像数据进行训练，从而建立起文本与图像之间的映射关系，实现由文本到图像的转换，因此也被大众称为 AI 绘画。文生图大模型具有自动化程度高、精度高、可扩展性强、可定制化等优势，可以提供更便捷高效的绘图解决方案。

文生图大模型可以将一些教案等文字化的教学内容生成为相应的可视化图像或视频，应用于课程教学的课件、微课等，帮助教师更加高效、可视地表达教学内容与思想，为课程内容提供更多丰富多样的视觉呈现方式，便于学生更加直观地理解。

由于规划设计课程具有强可视化、强图纸化表达的特征，所以相比于其他课程，文生图大模型在规划设计课程教学中具有更广泛的应用场景。随着 2022 年 Stable Diffusion 的正式开源，文生图大模型的应用与研究迅速应用于建筑与规划行业中。目前建筑与规划行业中应用最多的文生图模型主要有 Stable Diffusion 和 Midhourney（图 3），以及一些公司基于 Stable Diffusion 模型进行适配训练和推理生成制作的适用于建筑与规划设计的文生图模型与工具，许多规划师和效果图设计师也开始训练具有自己设计风格的 lora 模型，这充分地说明了建筑与规划行业对文生图大模型的需求。

因此，应当将 AI 设计原理与工具文生图模型实操等融入规划设计类课程的教学环节和教学内容中，让学生熟悉 AI 设计原理与工具，培养学生 AI 设计的能力，使其更好地对接行业需求。

4 AI 赋能规划设计类课程教学创新途径

规划设计课教师可以结合课程内容与学情特征，将 RAG、AI-Agent 和文生图大模型融入课程的教学内容、教学方法和各个环节的教学设计中，通过知识图谱建立、设计思维具象化和讲授 AI 设计原理与工具的新途径，创新设计课程教学模式。

4.1 整合教学内容，基于 RAG 建设知识图谱

梳理设计基础课程的能力体系、问题体系、知识体系和教学资源，基于 RAG 建设以能力培养为目标，以问题解决为核心，以知识体系为基础，以教学资源为支撑的知识图谱。这一过程可以选取目前 AI 教育市场中常用的平台进行操作。

第一，梳理课程内容，分析课程的能力点与问题点。设计基础课程主要培养学生空间与形式的感知与理解能力、空间思维能力、基本的设计研究能力、设计表达能力，建立初步的设计思维。由于设计基础课程具有与工程实践结合紧密的特点，所以教师可以从典型的空

(a)

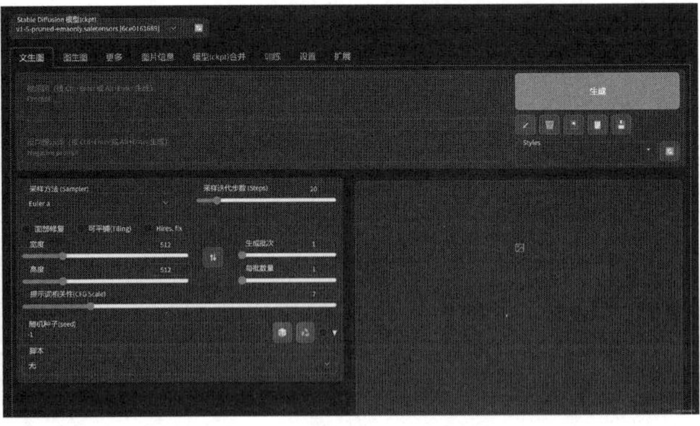

(b)

图 3 常用建筑与规划设计文生图模型

（a）Midhourney；（b）Stable Diffusion

资料来源：网络截图

间规划设计、建筑设计等实践项目（实际案例）中挖掘与课程相关的问题，例如安藤忠雄的设计作品等，从实践需求和实践问题导向制定设计思维启蒙的问题点。

第二，依托RAG梳理课程知识点，初步建立知识图谱。思考课程教学中有哪些方法和理论知识点可以解决上述的问题点，结合教学设计与环节，提取课程地图（图4）。将教材、主要参考书、教案和课件等文件运用RAG模型进行大模型学习与分析，建立课程教学内容数据库，输出课程包含的所有知识点。通过授课教师集体备课研讨，讨论并建立各个知识点的关系，及其在课程地图中的位置，初步形成设计基础课程知识图谱，并对知识图谱中的知识点进行校对修正。

第三，全方位完善教学资源。结合课程本身和网络上的网课资源等建立教学资源库，例如慕课、微课、讲座视频、规划与建筑设计的实践案例，以及相关课件等一系列教学资源，并建立好每个知识点的“能力—问题—知识”衔接，完善知识内容（图5）。

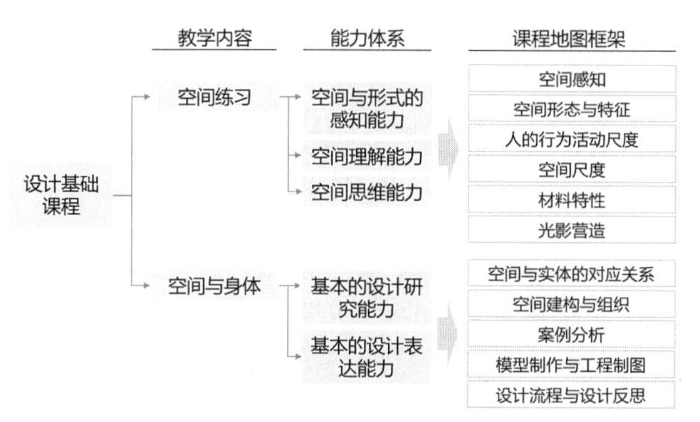

图4 设计基础课课程地图框架

资料来源：作者自绘

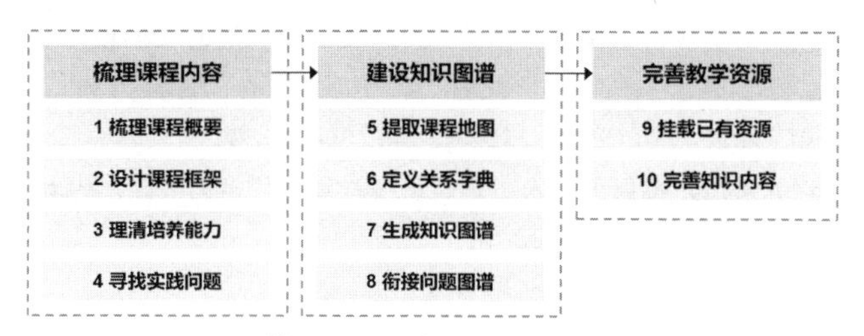

图5 基于RAG建设知识图谱的流程

资料来源：作者自绘

基于RAG建立的知识图谱可以应用于教学中的问答环节、信息检索（Information Retrieval）、场景、知识图谱填充（Knowledge Graph Population）等场景中。①问答环节：RAG可以用于构建强大的问答系统，能够回答用户提出的各种问题。它能够通过检索大规模文档集合来提供准确的答案，无须针对每个问题进行特定训练。②信息检索：RAG可以改进信息检索系统，使其更准确深刻。用户可以提出更具体的查询，不再局限于关键词匹配。③知识图谱填充：可以充分利用知识图谱中的实体关系，检索并溯源与之相关的新知识点，拓展学生知识学习的宽度，增加知识认知和获取模式的创新性。

4.2 建立设计工作流，基于AI-Agent具象设计思维

面向大一年级的本科生，设计思维启蒙是极其重要的，如何将抽象的设计思维具象化，甚至可视化地呈现讲授给学生，便于学生理解与操作，是设计基础课程教学的重难点之一。AI-Agent具有的工作流输出、多角色模拟和个性化定制等特征，可以从空间建构与组织设计和设计流程讲解两个教学环节应用于设计基础课程教学中。

第一，在设计基础课程的“空间与身体”中空间建构与组织设计的教学环节中，学生可以采用AI-Agent辅助自己进行设计灵感的输出。由于设计思维启蒙期的学生很难捕捉并清晰地表达自己的设计灵感，所以依托AI技术，将他们的灵感可视化，可以便于学生更高效地与教师沟通，进行方案设计。同时学生可以对AI-Agent输出的初步设计方案，进行单个环节和单个参数的微调，进而优化自己的设计灵感与理念。

第二，在设计基础课程的“空间与身体”中设计流程讲解的教学环节中，教师可以运用AI-Agent建立一个包含3种角色的Multi-Agent。第一个Agent负责原理类内容，可以调取规划设计规范、标准与原理等知识，对设计进行底线限定。第二个Agent负责创作类内容，可以进行灵感生成、美学塑造、效果图生成等创作生成，对设计进行美学创作。第三个Agent负责课程要求与任务书、课程教学设计、教案等教学内容。通过3个Agent的多轮自动讨论，综合输出设计方案，并通过多环节的讨论输出规划设计的工作流（图6）。将规划设

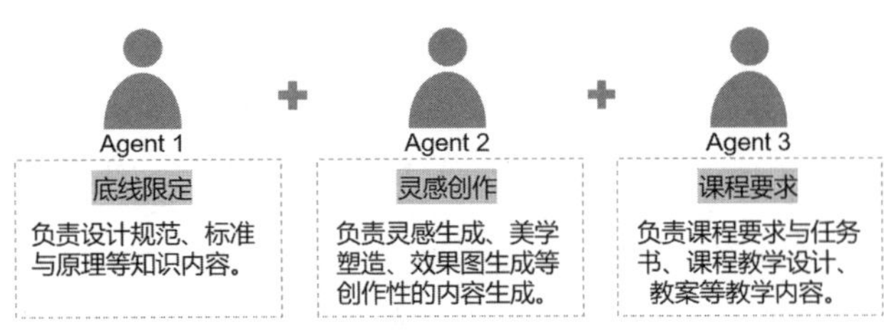

图 6 设计基础课程的 Multi-Agent 角色

资料来源：作者自绘

计的工作流程“白盒”具象地呈现给学生，使得学生更加清晰地了解一个建筑或规划设计，需要综合考虑哪些问题，需要通过哪些步骤完成设计。

4.3 培养 AI 设计能力，熟悉 AI 设计原理与工具

AI 设计是未来城乡规划行业的重要发展趋势，因此，在规划设计类课程中，教师应该增设 AI 设计原理与工具、文生图大模型实操等教学内容与教学环节，接轨行业需求。

第一，在大一的设计基础课程中“空间与身体”的模型制作与工程制图教学环节中，教师可以在讲解 Sketchup、CAD、Photoshop、Rhino、Office 等常用设计软件的同时，增设对于城乡规划行业常用的文生图大模型的讲授，并且讲解其背后的 GAI 原理。这将有助于学生了解 AI，对 AI 产生兴趣，适应已经到来的 AI 时代，同样适应未来的就业需求。

第二，教师可以鼓励学生应用文生图大模型进行部分设计方案的表达，并将其作为设计课程的小作业。由于文生图大模型具有可以按照工作流分环节微调等个性化操作，学生可以采用文生图大模型进行初步设计方案（一草作业）的设计生成与表达。教师可以选择 Stable Diffusion 和 Midhourney 模型进行讲授与实操，学生可以通过输入设计灵感的正向关键词（Prompt）、反向关键词（Negative Prompt）、图片和三维建筑模型（例如 SU 等），快速获得意向方案效果，并且进行方案优化。通过更加个性化的智能空间环境呈现，使学生能够更加高效、便捷地理解空间关系，以及三维空间与二维图纸表达的对应关系，加强了设计方案的个性化。

5 总结与展望

面对飞速更新地 AI 技术，未来我国城乡规划行业需要的是交叉创新型人才。规划设计课教师应积极接受以 AI 为代表的各类新技术、工具，并且在本科入学的设计思维启蒙阶段，引导学生了解 AI，培养 AI 设计能力，适应已经到来的 AI 时代。

作者初步探索了将既有的 RAG、AI-Agent 和文生图大模型等 AI 技术，融入设计基础课程的教学内容、教学设计与环节的创新途径。通过整合教学内容——建设知识图谱，建立设计工作流——具象设计思维，培养 AI 设计能力——熟悉 AI 设计原理与工具等途径，增加知识认知和获取模式的创新性，加强教学内容的前沿性与时效性，设计更加灵活有趣的教学环节，从而提升课程的教学质量。

未来，城乡规划学科还需要更多的教师共同探索 AI 技术，强化自身专业素养，共同探讨 AI 赋能规划设计课程教学。

参考文献

[1] 于妍，蔺跟荣．数字技术赋能研究生教育高质量发展：何以可能与何以可为 [J]. 中国高教研究，2022（11）：53-60.

[2] 中华人民共和国教育部．教育部发布 4 项行动助推人工智能赋能教育 [EB/OL]. [2024-05-06]. http：//www.moe.gov.cn/jyb_xwfb/xw_zt/moe_357/2024/2024_zt05/mtbd/202403/t20240329_1123025.html.

[3] 王洁琼，鲁安东．中国城乡规划学高校前沿技术实验室研究与设计协同机制调研报告 [J]. 时代建筑，2022（4）：60-66.

[4] 闵嘉剑，于博柔，张昕．生成式人工智能时代的设计教学探索——以清华大学“AI 生成式影像”课程为例 [J]. 建筑学报，2023，10：42-49.

[5] 李杰，蔡新元．人工智能使设计重返“意义”[J]. 设计，2024，37（2）：30-35.

Exploration of AI-Enabled Planning and Design Courses Teaching for Design Enlightenment

Chen Lulu　Dai Jian　Leng Hong

Abstract: With the rapid development of AI and the widespread application of GAI in the urban and rural planning and design industry, AI technology provides new opportunities and demands for urban and rural planning and design courses. This article summarizes the AI technologies applicable to planning and design teaching in the enlightenment stage of design thinking: RAG (Retrieval–Augmented Generation) technology, AI–Agent language intelligent body, and large text–to–image models. Based on basic design courses, combined with course requirements and academic characteristics, it explores new ways of AI–enabled planning and design courses, including three innovative approaches: building a knowledge graph based on RAG, embodying design thinking based on AI–Agent, and cultivating AI design capabilities. The aim is to explore a new model of AI–powered planning and design course teaching.

Keywords: Design Thinking Enlightenment, Basic Design Courses, Planning and Design, AI Technological Methods, Instructional Design

2024 Annual Conference on Education of Urban and Rural Planning in China

联动专业学科·焕新规划教育

理论教学

2024 Annual Conference on Education of Urban and Rural Planning in China

空间治理驱动的规划管理素养提升教学探索
——基于深圳大学“城乡规划管理与法规”课程教学实验*

洪武扬　杨晓春　甘欣悦

摘　要：“城乡规划管理与法规”课程是规划学科体系建设的基础内容之一，对于培养学生规划管理法律意识具有重要意义。基于国家治理能力现代化战略背景，本文从巩固基础教育、适应转型需要、扩展空间视角等维度，建立空间治理驱动下的“城乡规划管理与法规”课程基本认知，将其融入课程教学实验，在教学内容上扩充治理图谱，在教学实践上固化治理思维，在教学模式上丰富治理场景。本文对近五年来深圳大学“城乡规划管理与法规”课程教学实验进行总结，旨在探索提升学生空间治理驱动的规划管理与法规素养的潜在路径，以更好地适应经济社会发展的新要求。

关键词：规划管理与法规；空间治理；教学实验；空间规划

1　引言

国家国土空间规划体系改革、治理能力现代化战略的提出，对城乡规划学科建设、专业课程教学和行业管理提出了更高要求[1]。借助改革契机，城乡规划学科需要突破传统注重物质空间形态塑造的框架束缚，创新课程教学模式、丰富学科内涵，以适应国土空间规划的发展，注重合理协调从空间设计到空间管治技能的培养[2, 3]，以适应国土空间规划工作广度和人才培养需求、契合空间治理能力提升需求的城乡规划学科课程教学作用不应低估[4]。在此背景下，如何推进城乡规划学科知识体系和课程教育建设，是城乡规划学科改革探讨的重要课题[5, 6]。

面对国土空间规划的应用需求，在实践中原有的规划管理法规体系已经开始寻求转变。作为管理主体的规划相关政府部门在各个行政等级上得到了重构，各地出台国土空间规划标准指南的统一性大大加强，国家层面也正在筹备完整统一的国土空间规划法。作为城乡规划的核心课程之一，“城乡规划管理与法规”课程的教学模式已有相关研究。例如强调计算机与人工智能辅助规划等新技术与新方法的应用、借助基于新工科建设理念与新型信息技术，通过网络教学平台等方式探索“互联＋互动”的教学实践[7, 8]。但也存在教学内容相对抽象，教学方法单一，缺乏实践教学形式，并最终导致规划管理素养的欠缺。

作为深圳大学城乡规划专业的核心专业课，“城乡规划管理与法规”的授课目的在于使学生全面了解和掌握城乡规划从编制、审批到实施管理的基本架构和法律法规知识。本文以深圳大学规划学科课程教学实践，探索空间治理为导向划分法规层级的教学内容体系、以角色扮演与模拟立法等仿真模拟互动的教学模式，以期弥补现有课程教学体系的不足，提升城乡规划专业学生的法律素养。

2　空间治理驱动的课程认识

所谓“三分规划，七分管理”，“城乡规划管理与法规”课程是城乡规划学科本科教育的核心课程之一，要求在教学中贯穿法律思维，通过专业课程培养学生的法

* 基金资助：深圳大学教学改革研究项目（JG2023109）、广东省“质量工程”建设项目（粤教高函〔2024〕9号）。

洪武扬：深圳大学建筑与城市规划学院特聘研究员
杨晓春：深圳大学建筑与城市规划学院教授（通讯作者）
甘欣悦：深圳大学建筑与城市规划学院助理教授

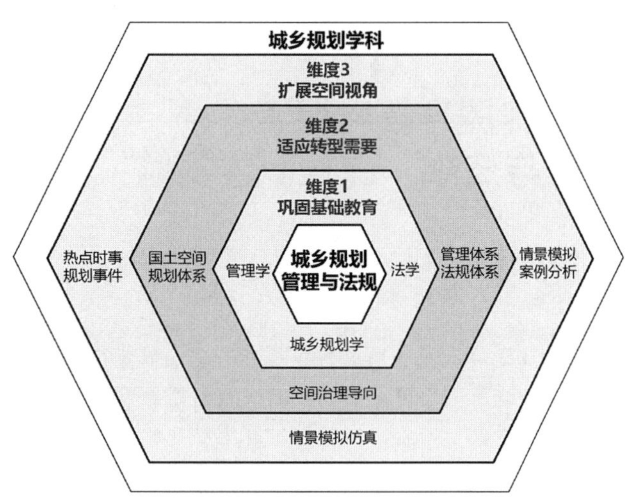

图 1 “城乡规划管理与法规”课程认识的三个层次

资料来源：作者自绘

律素养，学习专业知识的同时有效地弥补法律知识欠缺，达到专业知识与通识知识的融会贯通[9]。面向国家空间治理水平提升需求，本文从“以巩固基础教育为基石”“以适应转型需要为目标”“以扩展空间视角为路径”三个维度，面向空间治理需求驱动，建立对于“城乡规划管理与法规”课程教学的新认识（图 1）。

2.1 巩固城乡规划学科管理与法规基础教育

规划管理贯穿规划编制、实施与监督的全过程，依法行政是城乡规划管理的基本纲领。作为城乡规划学科体系培养的基石之一，城乡规划专业教育需要在本科阶段加强学生对我国城乡规划管理与法规的系统认识，通过强化管理法规课程的基础教育，学习规划原理，熟悉规划编制与审批程序，了解国土空间规划、城市设计、环境保护、文化与历史遗产保护等方面的法律法规，培养学生在合法依规的前提下有序开展规划活动的基本意识。然而，当前非法学专业大学生普遍缺乏基本的法律知识[9]，而专业领域的法律知识需要对基础知识有一定了解，学生的一无所知导致在讲授城乡规划专业法规体系时，往往发现课程难以深入开展。对于规划管理与法规课程而言，课时总量一般是 32~36 课时，难以在课程时间内让学生掌握庞杂的法律专业领域相关知识。

2.2 适应“空间管理”向“空间治理”转型需要

“国家治理体系和治理能力现代化”这一重大命题在城乡规划学科领域引起巨大反响，衍生了“空间治理”概念，空间治理相较以往的空间管理，在主体、对象、内容和方式上都发生了深刻的转变。城乡规划学科前沿正对这一系列转变作出积极探讨研究，传统的城乡规划空间管理教学强调以城市建成空间环境为研究对象，培养学生对规划实施和管理方面自上而下的管控技术、法规工具和法律体系等方面的知识，强调基于物质空间生产的管理思维与制度体系的掌握。新兴空间治理更加注重跨学科、跨领域的协同合作，强调自上而下与自下而上多渠道的多主体参与和多元化治理，注重培养学生在空间规划、空间治理、空间资源利用等方面的综合能力。但由于该理念转型仍处于初期，相关课程教学模式有待更新。规划专业的学生不仅要掌握现阶段的法律法规知识，更要理解法律背后的意义与价值，具备法律的头脑与习惯，为未来从事相关规划的编制和管理工作打下坚实基础。

2.3 扩展城乡规划管理与法规的“空间”视角

城乡规划以空间为客体，对各类空间进行管理和制定实施相关法规。为避免本课程空讲管理（治理）法规和脱离规划的作用实体对象，以及促进学生对课程内容的深度理解、内化吸收和自主思考，课程关注“治理”的同时也强调“空间”。当前课程理论框架与案例研究部分更多的是从建筑尺度进行探讨，对于区域空间治理的分析相对不足，通过融入流域污染防治规划、城市重点生态修复工程等空间治理行动案例的解析，为学生讲解城乡规划全要素体系以及各领域、环节的管理和法规，切实拓展课程教学内容以契合国土空间规划知识体系建设的需要，全面提升学生对国土空间概念的全系统认知能力。

3 空间治理驱动的课程教学实践

由于传统的规划管理法规教学中，可能存在重视对法规条例的抽象描述而轻视其具象解读的不足。本文以实际案例为导入，将空间治理理论化具象化，最大程度降低课程的学习难度并充分激发学生自主学习的积极性，开展以下三方面的探索（图 2）。

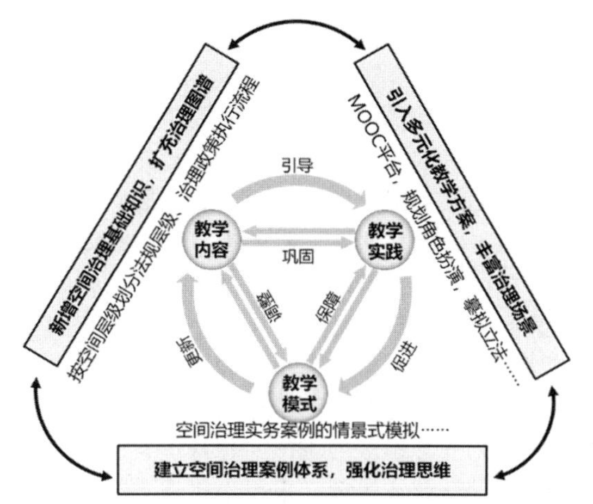

图 2　融入空间治理的课程改革内容

资料来源：作者自绘

3.1　在教学内容方面，新增空间治理基础知识，扩充治理图谱

从 1956 年国家建委颁布的第一个关于城市规划的法规文件《城市规划编制暂行办法》到《城乡规划法》的颁布实施，我国城乡法治建设通过长时间的发展、完善，城乡规划的法律体系框架基本成熟。但是当前我国法律体系中与城乡规划相关的宪法、法律、行政法规、地方性法规或条目分布较为零散，之间的层级也相对抽象、深奥，学生在学习时常常不能完整准确地把握相关知识。

遵循国土空间规划五级三类分体系治理的思想，在课程中以空间治理为导向，按空间的层级划分法规层级，构建城乡规划法规管理的典型模式与案例数据双重知识图谱。有利于帮助学生在面对庞大复杂的教学内容时能把握其脉络，理顺其逻辑，快速而高效地掌握知识。同时在课程前期添加部分空间治理与管理学的基础知识，并详细阐述规划管理与法规制定执行流程，形成对规划管理与法律法规运行全过程的认识。

通过在教学内容中结合空间治理的制度结构、制度层次和正式规则等相关背景，把法规与管理理论体系与国土空间规划治理全过程相结合，加强学生在新时期背景下对课程知识的运用。同时，把空间治理问题与相应的法规引入课程中，在提高学生学习兴趣的同时，鼓励学生为城市实际问题建言献策。依托以往城乡规划的基本理论、优良传统、实践经验、教学经验，将空间治理学术研究成果和理论应用于课程改革当中，推进教学内容改革，实现教学模式创新，确保课程内容的时效性和前沿性，从而培养学生的规划管理能力和空间治理意识，使其能以系统性的规划思维面对实际问题。讲授近年来国家重要法规变革历程，关注变化部分，建立与空间治理思维的关联。例如 2021 年新修订的《土地管理法实施条例》删除了以往关于“土地的所有权和使用权”的规定;《土地管理法》中“耕地保护”和“建设用地”章节;《民法典》中第三分编：用益物权中的土地承包经营权、建设用地使用权、宅基地使用权、居住权、地役权的解析等。

以国土空间冲突治理专题为例，课堂教学中重点讲解支撑冲突空间治理的政策体系。国土空间冲突，表现为建设用地与耕地、生态安全空间的重叠关系[10]，包括：耕地冲突，主要是位于永久基本农田保护红线范围内的建设用地；生态冲突，即不符合生态保护要求，如位于生态保护红线、生态廊道范围内的建设用地；安全冲突如位于城市橙线、地质灾害易发区、大型环卫设施防护范围内的建设用地等。首先在制度结构层面，划分为强制性制度、引导性制度、互补性制度和竞争性制度等。其次，引入制度层次以实现对制度结构的细化，其中强制性制度包括了土地监察、生态空间管制与建设空间用途管制等；引导性制度包括了生态修复、农用地整治、土地复垦等；互补性制度包括了生态补偿、用地供应增减挂钩、城市更新与土地整备等；竞争性制度包括了建设用地指标的规模管理与使用规则，生态文明考核与评比等。课堂讲解重点针对制度结构体系下，不同层次的条文化政策文件的对应关系和实际作用，详见图 3。

3.2　在教学实践方面，建立空间治理案例体系，强化治理思维

以空间治理为视角，构建与理论内容紧密衔接的课程案例包。通过选取有时效性、代表性的空间治理案例，对原有教学内容进行有机更新，反映当前城乡规划领域真实、及时的问题，兼顾城乡规划管理与法规的各个方面，如规划编制、审批、实施、监督等环节，以便于学生进行深入研究和探讨。辅以图文展示或动画效果，提升课堂趣味性。例如就近对深圳市的规划执法案

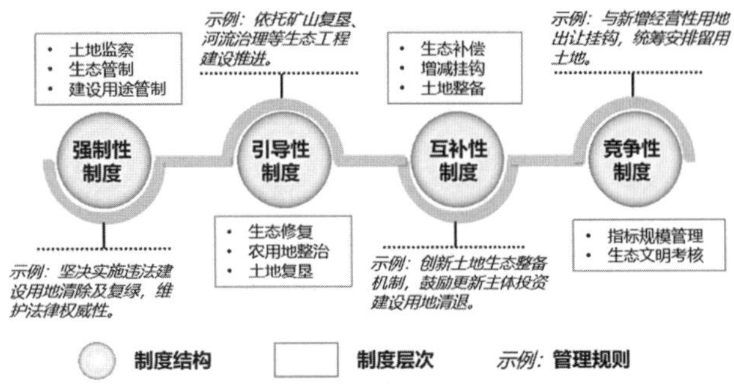

图 3　国土空间冲突治理的支撑政策设计

资料来源：根据 Hong et al.，2022 改绘

例进行实地考察和调研等，可以解决学生在实际工作生活中对于课堂上所学习的内容不想运用、不会运用、不能运用等问题，并培养学生的规划前瞻视野。

推行情景式教学，将空间治理相关的工程实践及科研成果以示例、动画的形式向学生演示，丰富课堂教学的信息量和生动程度。在了解课程知识的基础上，可设置 4~6 个与城乡规划管理与法规相关的空间治理实务案例并进行情景式模拟，将学生分为若干小组，学生以小组为单位对问题进行思考、讨论。注重授课方式的改进，利用第二课堂活动和实践教学平台，鼓励学生积极参与城乡规划相关的社会实践和竞赛活动，建立多元化的赋分体系，把融合式教学、启发式教学等方式融入具体教学中。针对教学模式的改进，通过收集国内外院校相关课程教学资料，并与规划和自然资源管理部门等单位建立合作，共享详细、时效性强的规划案例，在具体教学中制定针对性的授课目的、主要内容与知识等。

3.3　在教学模式方面，引入多元化教学方案，丰富治理场景

遵循理论与实践相结合的导向拓展创新“城乡规划管理与法规”课程的教学模式。应对技术发展与新时代学生生活习惯的变化，利用慕课（MOOC）平台具有的参与开放性、时间碎片化、可重复学习等优势，探索在线下教学的同时开展网络课程的可行路径，实现从传统“课堂教学”到“泛课堂教学”的转变。同时在课程教学中使用“规划角色扮演”“模拟立法”（占 10%~15% 总课时）等新型参与互动式考核代替传统的考试、论文写作考核。通过模拟实际流程进行探讨解决，并且通过小组互评的形式进行学生间的交流。

“规划角色扮演”：指在熟悉规划管理流程的基础上，以新热点案例为扮演主题，提取出其中的相关参与者节点，例如某片区开发案例中的规划局、居委会、居民、开发商、物业、法院、律师等节点，并以学生或学生小组为单位对这些节点进行扮演，以辩论会的形式解析实际案例中各节点行为的合理合法性。

“模拟立法”：指以学生小组为单位，就自主选择的感兴趣的城市问题为对象，通过查询现状管理、相关法律法规，编制一套相应的城市问题管理条例，并制作相应汇报系统进行课堂讲解，采用小组间互评的形式对成果进行打分评价。此外，可通过专家讲座的形式，对法规管理在规划实际应用中的问题进行讲解和解答，让学生充分认识城乡规划管理和法规具体运作的流程。

4　教学收获与未来展望

4.1　教学收获

引入空间治理理念分层级开展教学内容建设是一项重要手段，使枯燥庞杂的课程内容更加贴近实际和易于理解。不再局限于传统的规划理论与法规，而是结合当前城乡发展与保护的实际问题，结合国土空间规划体系改革探讨如何通过空间治理来实现城乡的高质量发展。通过案例研究、情景模拟等实践活动，让学生体验参与空间治理的决策过程，鼓励学生发展批判性思维、提出创新性的解决方案，在建立基本知识框架的同时，拓宽了学生的视野，提高理解和应用能力，进而为未来的职业发展打下坚实的基础。课程教学组通过每年开展正式与非正式的课后调研，持续收集学生对课程教学效果的评价，获得了较为正面的反馈。尤其对已就业学生的回访调查显示，学生们对跟随行业改革的教学内容拓展以及适应新技术变化的教学方法改进，均表示高度认可，同时也为教学组带来在实际工作中遇到的新问题新挑战，帮助教学组进一步优化（图 4）。

4.2　未来展望

回顾初心，在本科教育中开设“城乡规划管理与法规”课程的核心是培养学生的管理与法规思维，提升其规划管理意识和用法能力。管理思维强调城乡规划的公

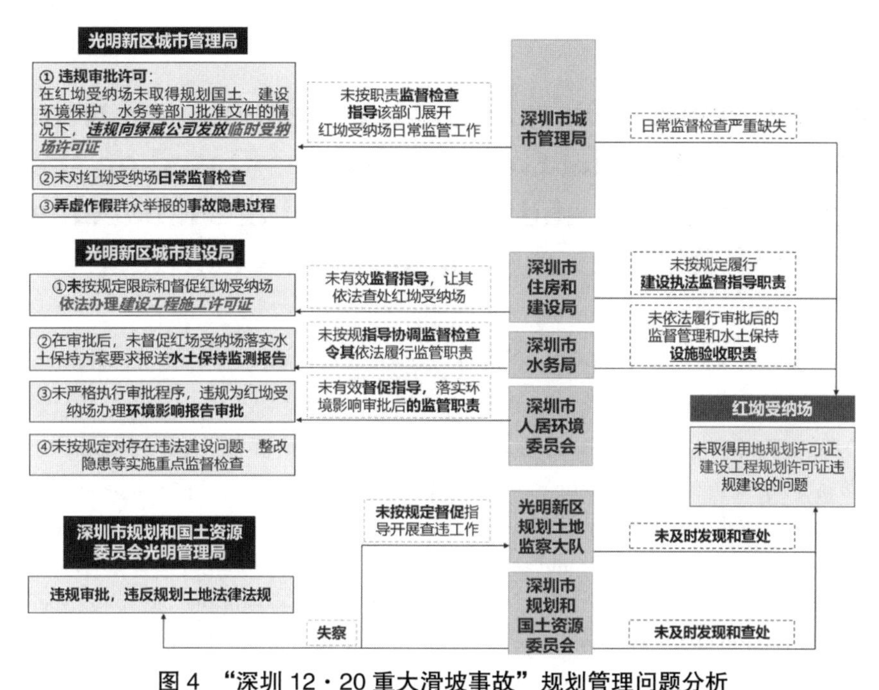

图 4 “深圳 12·20 重大滑坡事故”规划管理问题分析

资料来源：学生作业成果《基于深圳市渣土受纳场滑坡事件探讨城市公共安全与城乡规划管理》

共政策属性，法律思维强调规划的法治和规范性。法律法规提供了规划管控的依据和准则，规划管理贯穿规划实践全过程的始终，二者的结合能够推进国土空间规划工作更加科学、规范。在我国城市化发展到高级阶段、国家治理体系改革进一步深化的大背景下，伴随着国土空间规划体系和知识图谱体系的不断完善，“城乡规划管理与法规”的课程教学需要持续充实内容、改革方法，既要寓规划法规于规划管理中、更要寓规划管理于规划实践中，高等教育需要面向新型城镇化发展和全域空间治理的需求，持续探索人才培养的新路径新方法。

参考文献

[1] 梁育填，李尚谦，王波．面向国土空间规划的城乡规划学研究生培养体系改革思考 [J]. 高教学刊，2023，9（6）：42–46.

[2] 袁媛，何冬华．国土空间规划编制内容的“取”与“舍”——基于国家、部委对市县空间规划编制要求的分析 [J]. 规划师，2019，35（13）：14–20.

[3] 杨辉，王阳．“旧疾”与“新题”：国土空间规划背景下城乡规划教育探讨 [J]. 规划师，2020，36（7）：16–21.

[4] 石楠．城乡规划学学科研究与规划知识体系 [J]. 城市规划，2021，45（2）：9–22.

[5] 毛其智．未来城市研究与空间规划之路 [J]. 城乡规划，2019，11（2）：96–98.

[6] 武廷海．国土空间规划体系中的城市规划初论 [J]. 城市规划，2019，43（8）：9–17.

[7] 张慎娟，曹世臻，邓春凤．基于网络教学平台的多维互动教学体系探索与实践——以城乡规划管理与法规课程为例 [J]. 高等建筑教育，2016，25（5）：176–181.

[8] 熊国平．城市规划管理与法规的案例教学研究与实践 [J]. 华中建筑，2010，28（12）：180–182.

[9] 郑洁．“互联网 +”时代高校非法学背景学生法律素养提升研究 [J]. 法制博览，2023（5）：163–165.

[10] HONG W，GUO R，WANG W. A diagrammatic method for the identification and resolution of urban spatial conflicts[J]. Journal of Environmental Management，2022，316：115297.

The Improvement of Planning Management and Regulation Literacy Driven by Spatial Governance——Based on the Teaching Experiment of Urban and Rural Planning Management and Regulations Course of Shenzhen University

Hong Wuyang Yang Xiaochun Gan Xinyue

Abstract: The course of urban and rural planning Management and laws is one of the basic contents of the construction of the planning discipline system, which is of great significance for cultivating students' legal consciousness of planning management. Based on the strategic background of the modernization of national governance capacity, this paper establishes the basic cognition of urban and rural planning management and regulations curriculum driven by spatial governance from the dimensions of consolidating basic education, adapting to the needs of transformation and expanding the spatial perspective, integrates it into the curriculum teaching experiment, expands the governance graph in teaching content, solidifies the governance thinking in teaching practice, and enriches the governance scenario in teaching mode. This paper summarizes the teaching experiments of urban and rural planning Management and regulations in Shenzhen University in the past five years, aiming to explore potential paths to improve students' spatial governance-driven planning management and regulations literacy, so as to better adapt to the new requirements of economic and social development.

Keywords: Planning Management and Regulations, Spatial Governance, Teaching Experiment, Spatial Planning

从“一堂课”到“一门课”：城市设计理论课教学难点及提升策略

梁思思

摘　要：文章首先论述了在培养方案和学制改革背景下深入打磨每一门课程对提升学习成效的重要性。进而结合新时代学情、学科和国情的变化趋势，分析了城市设计类理论课教学从“讲授”向“传授”转变面临的三类挑战。以获得全国教学比赛一等奖第一名的基础理论课“城市设计理论与实践”的课堂教学打磨过程为例，聚焦案例讲解、设计原则讲述和西方原理引介三类主要的授课内容，以街道空间设计、历史文化街区保护原则和容积率转移落地中国实践等具体课堂为例，详述教学方法、课程内容、组织逻辑等方面的教学迭代和调整。最后指出理论课教学不仅要完成知识点传授的目标，更需要深耕学理深度，进行全方位多维度能力培养和营建美好人居的价值塑造。

关键词：城市设计理论课；教学方法；教学比赛；能力培养；人居环境

1　教学研究背景——着眼关注于“每一门课”的提升

当前我国高等院校城乡规划专业纷纷开展相关培养方案改革，旨在应对我国城乡发展转型趋势，将城乡规划学科发展落到人才培养的实处。而真正组成培养方案的是逐年各门的课程建设，只有课堂授课教学质量得到提升，才能真正提升学生的学习成效，实现学习发展。这就需要结合学情，讲好每一门课。而“一门好课”又由每一次的课堂授课组成。因此，只有每一堂课的授课都把知识讲透，打下扎实的基础，启发学生思考并产生继续深入学习的兴趣，才能够构建起一门“好”课，进而再经由多门“好课”组合，共同落实整个学科专业的培养目标。然而，当前我国城乡规划的相关教学研究较侧重整体改革构建、基础设计课教学、教学技术方法等；对于如何围绕一门课特别是理论课进行授课教学内容和方法的打磨和提升，仍有待探讨。

自 2020 年至今，笔者借助参加清华校赛、北京市赛、最后代表北京市参加全国教学比赛的契机，对主讲的城市设计理论课进行了全方位的调整。全国青教赛由全国总工会和教育部主办，其宗旨正是“上好一门课”，参赛要求围绕 2 学分的课程，建设 16 个课时节段，最终笔者有幸获得第六届全国青教赛第一名。本文对相关城乡规划设计类理论课迭代打磨的经验进行总结。

2　城市设计理论课讲课的难点及挑战

设计理论课同传统设计课不同，讲授是其主要形式。但城乡规划又是一门实践性极强的专业，常见教学方式是用小班制授课带着学生“做中学”，通过不断打磨设计方案，理解设计意图，实现设计理念，掌握设计策略。而常规理论课则并未让学生获得超越自己阅读相关教材或者书籍即能了解知识的范畴。

我所主讲的课程是“城市设计理论与实践”。本课程介绍了城市设计的研究范畴、发展历程、典型空间的设计策略、代表人物与学科前沿，阐述城市设计有关管控实施的方法及演进，分析城镇化转型时期中国城市设计的独特性和应对策略，旨在为学生阐明城市设计是如何在城镇发展建设过程中，对包括人、自然和社会要素在内的城市空间环境进行研究和设计。课程的目标围绕“立德树人—能力培养—知识传授”展开，希望传递给学生营造人民城市的责任和规划师的使命；培养学生掌握以空间设计为核心的城市空间分析方法和相应的场所营造方法，夯实学生关于城乡规划学中城市设计核心

梁思思：清华大学建筑学院副教授

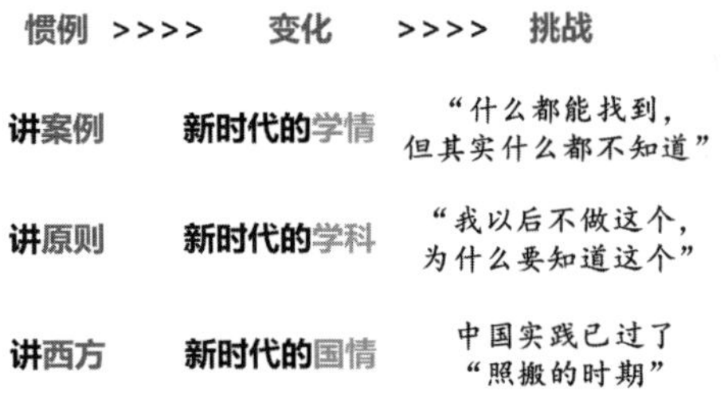

惯例 >>>>	变化 >>>>	挑战
讲案例	新时代的学情	“什么都能找到，但其实什么都不知道”
讲原则	新时代的学科	“我以后不做这个，为什么要知道这个”
讲西方	新时代的国情	中国实践已过了“照搬的时期”

图1 城市设计理论课授课的难点和挑战

资料来源：作者自绘

概念与知识框架的基础认知，搭建起“建立—提升—深化”层层递进的城市认知体系，构建较完善的专业知识结构。

那么，如何能够在真实的讲课中实现这一目标？通过学情和学科发展变化的分析，要讲好这样一门传统城市设计理论课，面临很大的挑战。

2.1 来自学情变化的挑战——以“讲案例”为例

城市设计课讲解案例的常规方法是展示优秀规划设计案例的照片和图纸。这一做法曾经带给学生海量的知识信息。但是，随着网络信息技术广泛普及，学生往往早已掌握了很强的搜索能力，并且也有很多国内外调查实践及旅行的机会。当学生通过自己搜索和到访就能够获取到相应的案例信息时，他们往往会发出这样的质疑——“如果我都能够在网上找到这些优秀案例，为什么我还要在课堂上听老师讲授？”

2.2 来自学科变化的挑战——以“讲原则”为例

通常来说，不论是历史文化街区、街道亦或是广场，这类公共空间设计原则通常是并列式的。授课教师往往会枚举不同类型空间的设计原则。但是当下城乡规划涉及学科专业领域逐渐细分，已不太可能出现要掌握所有类型的设计才能够就业的全才。进一步，面对就业方向的多样性，学生们将来可能并不一定从事城市设计这一门专业，甚至未必会在规划专业中就职。面对这种变化，学生们往往会漠视过于专业性的原则讲解，他们甚至会发出质疑——“如果我以后并不一定会从事这一类型空间的设计工作，我为什么要学习这类空间的设计原则？”

2.3 来自国情变化的挑战——以“讲西方”为例

当前我国学界掌握的相关现代城市设计理论知识基本上是在20世纪八九十年代开始，由知名的学者对大量西方现代城市设计思想作品的引介。这曾经高效快速地提升了我们对于城市空间的认知，很好地指导规划师开展大量城市设计工作，提升城市空间品质。但是当下随着我国城镇化已经进入了后半场，我国的城市设计实践显然已经不能够仅仅或者继续再照搬西方的理论和做法。为此，学生在听到老师讲解西方经典理论的时候，也往往会发出这样的疑问——“西方理论在中国实践到底怎么应用？”

综上所述，随着当下新时代的学情、学科和国情的变化，传统的设计理论课授课的惯例已遇到了不同类型的挑战，不克服这样的挑战，一堂课就很难讲实、讲深、讲透，让学生学懂并且愿意学。一门课也就会失去了其原本设置的意义。为此，城市设计理论课的讲授需要在根本理念上从“讲授”的思路转向“传授”。

3 城市设计理论课程教学的迭代路径

一堂课的课程教学迭代路径有很多方式和维度，可以围绕选题、结构、细节、教具等要素展开；也可以围绕着情景教学、重难点设计、板块构建等方法展开。本文中所分享的关于课程教学的迭代，则主要聚焦前述章节中的三个挑战，选择相应的课堂教学实证，阐述如何应对这些对原有讲课方式做出的挑战，展现教学的迭代和思考。

3.1 讲案例——从“呈现精彩”到“解析路径”

以“街道空间设计”这一讲为例，传统讲课中，不少教师会采用两种方式。一是介绍经典街道设计案例，或者有的教师更用心，选择自己到访过的街道，用自己拍摄的照片或视频，更加原汁原味地讲出现场的感受。二是在此基础上，不少教师考虑到这种“直给”的讲述方式仍显枯燥，因而采用课堂互动的方式，让学生分组讨论，推举出自己印象最深和最喜爱的街道，并进行描述，进而引导学生从体验交通工具、街道的尺度、景观设计、功能安排、街道活动类型等各个方面展开讨论，最终构建起对于街道的认知。但是，显然这两种方式的讲授和互动仍存在一个盲点，即只讲了“街道”，而并没有讲“设计”，换言之，街道设计的要点，并没有在讲课中得以实现。

由此笔者在第一轮课程调整中，增加了大量的设计策略内容。比如介绍街道设计导则中出现的各类街道空间要素，提炼出各类街道空间使用者所需的空间尺度和涉及的相关空间要素，并进一步增加阐述从逾 100 份全球各类街道设计导则中归纳出的设计理念。然而，这种铺满知识的讲法仍然还是存在一个盲区，即这样的课堂仍然没能传递给学生：街道设计难在哪里？难道学生知道了这些要素，就学会如何设计街道了吗？答案显然是否定的。

为此，笔者再次重新调整讲授案例的思路。课程一开始，教师通过北宋时期传统城市街道的还原影像引发学生关注，进而代入对《清明上河图》中展示的街道空间功能的分析，拆解出对街和道的不同理解，引出“城市发展史中‘街’和‘道’如何变迁”的话题。进而，通过时间线上街道的变化和冲突介绍街道职能的转变，引出“街”和“道”从共存转为冲突的情况。进一步介绍勒·柯布西耶“道的主导”和简·雅各布斯“街的回归”的观点，引发学生思考，在“街”“道”功能冲突的情况下，城市空间的复杂性及街道设计面临的挑战。

面对街道设计的挑战，教师引导学生认识到，街道涉及多种使用群体，共同使用才能实现新的共存。而“街”和“道”共存的实现需要在有限空间下协调路权的划分。这也引出街道设计的核心和难点——路权优化。进一步，结合“道”的交通服务和“街”的公共服务属性进行判识，掌握各类街道不同的规划重点，随后在实践应用环节，教师再次回溯整体方法，围绕“街道定位—路权分配—空间优化设计”层层递进的逻辑，逐一在实践中予以阐述和解答。

由此可见，在理论课的案例讲授中，教师不能仅仅将知识简单地“端”给学生，而是通过消化、吸收和梳理，讲出主线脉络。特别是设计类型的课程，应牢牢抓住设计理念背后对空间价值的思辨，通过对知识点、史料、文献的再梳理和再解读，从多个维度对比展开理论与方法的讲述，层层递进地展开设计原则与策略构建。

3.2 讲原则——从“并列枚举”到“层层推演”

以“历史街区保护原则与实践”一讲为例，原来的课程组织是依次介绍 1964 年的《威尼斯宪章》、1987 年的《华盛顿宪章》，再到今天的相关宪章思想演进。每一个宪章都详细援引原文，分析其核心思想理念和原则。但是很显然，这种并列、递进、罗列的讲述对于学生而言，既带不走也记不住——因为对于这些宪章理念内容的陈述无法勾起学生思想的共鸣，由此他们也无法透过宪章内容去了解其为什么重要，为什么产生，背后的逻辑。

因此，在新一轮的调整和迭代中，笔者在讲述历史街区保护理论、原则的演变时，没有再采用传统课堂的列举式讲法，而是结合时间脉络和历史情景，讲出每一个国际共识的权威宪章制定的背景和缘由，使得学生更易于理解历史保护的核心思想。

例如，首个保护文物建筑的国际原则《威尼斯宪章》的出台，是基于“二战”之后对文物损毁和修复的共同呼声，由此规定了保护的基本原则，《威尼斯宪章》也成为历史文化遗产保护的纲领性文件，其核心内容是基于真实性和完整性指导建筑单体的保护。随后的《华盛顿宪章》将保护范围从文物扩展至历史街区和城区，则是由于工业化建设对成片历史地区的破坏，人们开始认识到保护整片历史地区的重要意义。

进而，教师引导学生反思：“是否完整地保护整片街区，就可以实现理想的保护？”并在下一环节展示《华盛顿宪章》出台以来，即 20 世纪 90 年代至今，历史街区保护仍然面临的两难困境——冻结和过度开发都让历史街区难以为继。在困境反思的基础上，教师引入建筑学领域的场所精神理念，并展开对其由来、内涵和意义的解读，引导学生认识到对场所精神和特征的整体保护是历史街区保护的重要原则，这既包括历史文物的真实、整体风貌的完整，更体现了对现有居民生活样态的尊重，以及对非物质文化遗产内涵和精神的发扬。

面对多元、综合的价值理念，教师进而选择我国福州三坊七巷作为历史街区保护的优秀案例进行保护原则的实践解读，最后，教师再次回到国际宪章的演变，点明中国的历史文化街区保护工作也为世界历史文化街区保护的探讨作出了贡献。2011 年，国际古迹遗址理事会批准颁布了《瓦莱塔原则》，取代 24 年前颁布的《华盛顿宪章》成为历史城镇和城区保护领域的新纲领性文件。保护的原则也涵盖了物和人的整体价值。

图 2 “街道空间设计”的前后授课对比（部分课堂课件展示）

资料来源：作者自绘

由此可见，理论课程在讲述看似枯燥的理论和原则时，需要在海量的繁文缛节中去粗取精，抓住关键知识点的主要脉络，把知识讲“深”讲“透”，比讲“全”更重要。更关键的是，原则讲述不仅在于其文字本身的理论意义，而是要讲出其“背后的由来”，在授课过程中帮助学生树立这样的信念：规划工作是与人的切实需求紧密结合，真正解决所在时代的实际问题，由此激发学生了解规划不断迭代、层层递进的责任和使命感。

3.3 讲西方——从“引介借鉴”到“落地转化”

城市设计理论课内容有一部分会涉及西方城市设计管控方法，例如 1916 年的区划法、1961 年的区划条例，以及后续的改进等。这些经历了近百年的规划管控工具的迭代和演进可以讲述得十分生动，然而，当讨论到它们在中国的运用时，学生往往产生疑惑和困惑——如此好用，为什么并没有大规模推广用于我国曾经和当前的城市建设？

调整前

工业化、城市化对历史古迹的毁灭

1964 威尼斯宪章 《保护文物建筑及历史地段的国际宪章》

“将古迹遗址所有丰富的真实性传递下去是我们的责任……修复决不能有丝毫臆测。”

1976 内罗毕建议 《关于历史地区的保护及其当代作用的建议》

“历史和建筑地区可特别划分为以下各类：史前遗址、历史城镇、老城区、老村庄、老村落以及相似的古迹群。”

1987 华盛顿宪章 《保护历史城镇与城区宪章》

“所有城市社区，不论是长期逐渐发展起来的，还是有意创建的，都是历史上各种各样的社会的表现。”

调整后

20世纪两次世界大战 大量历史建筑损毁

数量众多 历史文物修复工作

——文物修复亟待共识指导

1964年 威尼斯宪章 《保护文物建筑及历史地段的国际宪章》

“人们越来越意识到人类价值的统一性，并把古代遗迹看作共同的遗产，认识到为后代保护这些古迹的共同责任。将它们真实地、完整地传下去是我们的职责。”

原则1 干预痕迹可识别

原则2 不重建及改扩建

原则3 资料信息准确真实

历史文物的真实

1964年 威尼斯宪章 《保护文物建筑及历史地段的国际宪章》

20世纪70年代 工业化建设破坏历史地区

1987年 华盛顿宪章 《保护历史城镇与城区宪章》

“值得保存的特性包括历史城镇和城区的特征，以及表明这种特征的一切物质和精神的组成部分……任何危及上述特性的威胁，都将损害历史城镇和城区的真实性。”

- 城市格局
- 建筑物、绿地、空地
- 建筑风貌
- 城镇城区与周围环境的关系
- 城镇和城区的各种功能

整体风貌的完整

冻结物质环境 → 缺少可持续资金维护 → 建筑衰败、社区消亡

某历史街区民居生活质量低下

开发旅游景区 → 旅游服务取代传统生活 → 特征丧失、居民搬离

某历史街区开发为景区

“城市必须成为人类能够充实地生活，享有尊严、健康、安全、幸福和希望的地方。”

——联合国第二次人类住区大会《伊斯坦布尔人类住区宣言》(1996)

“活”的历史街区如何保护？

历史遗产保护领域

场所精神被定义为赋予地方意义、价值、情感和神秘的物质和精神元素。包括**有形的要素**（建筑、遗址、景观……）和**无形的要素**（仪式、节日、传统知识……）。

——国际古迹遗址理事会（ICOMOS）《有关保护场所精神的魁北克宣言》(2008)

历史文物的真实 → 整体风貌的完整 → 场所精神的传承

可持续居民生活

非物质文化遗产

1964年 威尼斯宪章 《保护文物建筑及历史地段的国际宪章》

1987年 华盛顿宪章 《保护历史城镇与城区宪章》

2011年 瓦莱塔原则 《关于历史城镇与城区维护和管理的瓦莱塔原则》

“历史城镇和城区的所有干预必须尊重各种物质和非物质遗产价值，以及居民的生活质量。”

——《瓦莱塔原则》序言

“它们有助于决定地区的特征及其场所精神。”

——《瓦莱塔原则》(2-D)

图3 “历史街区保护理论与实践”的前后授课对比（部分课堂课件展示）

资料来源：作者自绘

面对这样的困惑，教师并未简单敷衍了事。在实际课堂上，笔者给学生展示了中美两国在过去100多年间的城镇化率曲线。通过曲线对比，学生直观地看到，美国城市发展的一系列设计管控方法是用了近百年的漫长时间迭代，是伴随着城镇化缓慢增长的过程中出现的问题逐一提出的解决方法。而我国是在20世纪90年代引入了相关设计管控工具，但在那之后，经历的却是极度快速增长的城镇化过程。在这快速增长的过程中，所有面临的挑战和土地的发展都在时空中被极度压缩，为此，显然无法也不应该直接照搬。甚至中国城市处于快速城镇化阶段时，相比西方提出容积率转移时的情况，面临更多的管控挑战。以广州为例，城市在飞速建设的同时面临着永庆坊等历史地带价值保护的重要议题，同时我国对于借鉴自外国的规划管控工具还在研究和摸索，亟待思考中国对策。

因而，在中国对策再思考阶段，教师重点讲述了广州的创新——对历史街区建筑进行的区域间的容积率转移。以华庭地块为例，若干已批未建的地块有合理的开发权，如果地块由政府回购不再新建高层则成本极高，如果仍按高层批复建设则会破坏风貌，因此部分等价值面积转移至广州市天河区的东莞庄项目，通过转移老城区无法实现的开发量来实现公众利益的最大化。广州还进一步拓展将容积率转移至生态环境保护领域，在旧村改造项目中实现异地平衡。

由此，学生方能真切体会到两者由于规划的初心和出发点存在本质的不同：在纽约以市场和个体价值为优先的城市建设环境中，容积率转移的出现是出于私人利益不得侵犯的宪法要求；而在我国城市政府能够对土地发展权进行安排和处理，其规划政策管理是出于整体社会的公众利益和历史文化价值的保护需要，因而在规划布局中进行相应的统筹平衡和考量。进一步，学生也方能更好地理解党的二十大报告中明确提出的关于中国式现代化的论述——“中国式现代化既有着各国现代化的共同特征，更有着基于自己国情的鲜明特色”。结合这种从引鉴西方到落地转化的创新过程，能够让学生体会和理解到中国式现代化应该如何在城市规划中得到进一步发挥和应用。

4 从“一堂课”到“一门课”的核心逻辑

在进行授课打磨和调整的过程中，笔者深刻地感受到，一堂好课的核心在于要讲清“一条主线”。为此，需要转变传统理论课“有什么，有什么，还有什么”的讲授方法，而是提炼出“是什么，怎么样，怎么用”的逻辑线，只有以内容为王，打磨构建层层递进、环环相扣的知识体系和逻辑，才能让学生从课堂上带走核心的思维能力和知识。

一堂课的主线如此，一门课的结构亦然。在进行课程整体板块和知识的构建中，笔者融入了很多呈现争鸣探讨和复杂现实的内容。例如，老旧小区的改造博弈、历史保护价值的争议、城市拆迁到更新的转变、灾后重建在效率和民心之间的平衡等。这也得益于笔者所在团队长期主持和参与的多个国家城乡建设前沿实践，它们

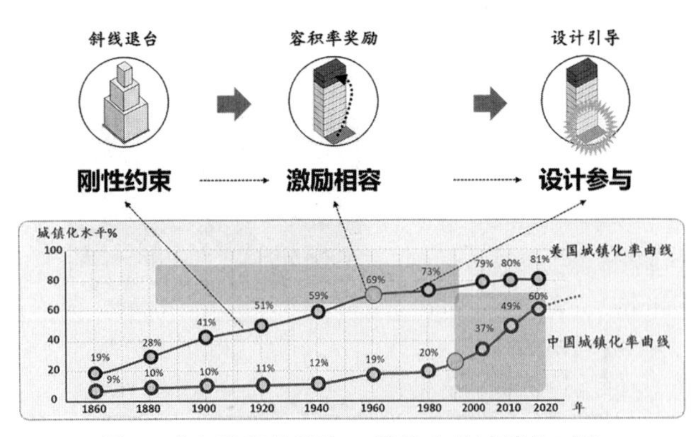

图4 “容积率奖励”一讲的中美城镇化对比（部分课堂课件展示）

资料来源：作者自绘

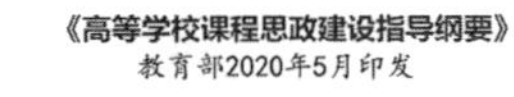

【理学、工学类专业课程】
……工学类专业课程，要注重强化学生工程伦理教育，培养学生精益求精的大国工匠精神。

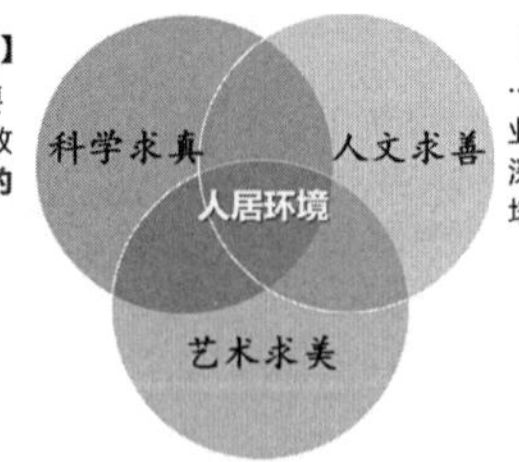

【经济学、管理学类专业课程】
……帮助学生了解相关专业和行业领域的国家战略……引导学生深入社会实践、关注现实问题，培育学生经世济民的职业素养。

【艺术学类专业课程】
要在课程教学中……坚持以美育人、以美化人，积极弘扬中华美育精神，引导学生自觉传承和弘扬中华优秀传统文化，全面提高学生的审美和人文素养，增强文化自信。

图5 人居环境响应课程思政的综合解读

资料来源：作者自绘

启发了学生对中国城市社会价值和人文关怀的思考，激发学生投身祖国城乡建设事业的自豪感和积极性，这也正体现了科学求真、人文求善和艺术求美三位一体的人居环境类学科的课程思政。

1948 年，梁思成先生在清华大学的演讲中曾呼吁，未来不应该是“半个人的时代”。这里的“半个人”指的是要么只懂技术而灵魂苍白的空心人，或者是不懂技术而侈谈人文的边缘人。为此，梁先生倡导高等院校的教育应以通识为基础，实现通专结合。换言之，一门好课，需要传递学理深度。这不仅仅在于传授知识，更是要培养学生在人居环境建设过程中进行思辨分析、归纳演绎、建构逻辑和迁移应用的能力，进而塑造起他们关于城乡建设的责任感、人居营建的情怀和应对国家发展的使命。

5 小结

本文以“城市设计理论与实践”这门课程的调整和迭代过程为例，结合具体的课堂讲授内容，探讨了相应的改进方法。实施证明，尽管这是为备赛而进行的打磨和挑战，但它来源于真实的课堂，最终的收获也反哺和回归了课堂，得到了学生的好评。

当然，课程教学也绝不仅局限在理论课讲述，还要结合设计课动手、社会实践，甚至在线示范课程和翻转课堂等方式。但不论何种方式的教学，都一定是以学生的学习需求、发展和成效为中心，从不同维度同向发力。而在这过程中，教师始终需要对自身教学能力进行全方位、多路径的提升。

参考文献

[1] 中华人民共和国教育部．教育部印发《高等学校课程思政建设指导纲要》（教高〔2020〕3 号）[EB/OL].（2020-06-03）. http：//www.moe.gov.cn/srcsite/A08/s7056/202006/t20200603_462437.html?eqid=bc4ffc2f00025ba40000000364292d2e.

From “ One Class” to “One Class”: The Teaching Difficulties and Promotion Strategies of Urban Design Theory Course

Liang Sisi

Abstract: This article starts with the importance of refining each course to enhance learning outcomes in the context of curriculum and academic system reforms. It then delves into three main challenges faced by the transformation of urban design theory course, taking into account the changing trends in student demographics, subjects, and national conditions in the new era.Using the example of the foundational theory course “Urban Design Theory and Practice,” which won first place in the national teaching competition, the article focuses on three main teaching methods: case studies, design principle explanations, and Western theory introductions. Specific examples such as street space design, historical cultural district preservation principles, and the application of floor area ratio transfers in China are detailed to illustrate the iterative and adaptive teaching methods, course content, and organizational logic.In conclusion, the article emphasizes that theoretical course instruction should not only aim to impart knowledge but also delve into the depth of understanding, foster multi-dimensional skills development, and shape the value of creating a better living environment.

Keywords: Urban Design Theory Course, Teaching Method, Teaching Competition, Development of Abilities, Human Settlements

国外乡村规划类课程教学的比较研究与启示

徐　瑾　王海卉

摘　要：在乡村振兴战略与国际可持续发展目标的背景下，乡村规划成为协调城乡矛盾与整合调配资源的综合平台。培养具备专业理论与实践能力的乡村规划人才，是推动乡村发展的重要途径。为了优化我国乡村规划教学，本文从教学目的、教学内容、人才培养三个角度提出研究问题，通过搜集美国、英国、加拿大等国家乡村规划类课程教学资料进行文本内容分析与特征差异比较。国外乡村规划类课程阐明了乡村规划应对当代全球视角下乡村变革的重要价值，按照关联学科、研究问题、分类专项和规划政策四条主线设置教学内容，侧重多学科交叉以及研究与教学的结合。研究通过建构乡村规划教学的国际语境，为我国教学体系与课程设计优化提供启示，有助于推动乡村领域高水平国际化的人才培养。

关键词：乡村规划；国外；教学体系；课程设计；乡村振兴

1　引言

在可持续发展与城乡发展不平衡的背景下，乡村地区成为全球各国越来越关注的对象。乡村规划因其不仅有助于促进城乡空间的协同发展，更关乎整个国家与地区的可持续发展和生态系统的整体平衡，成为规划研究与实践领域的热议内容。同时，培养具备科学系统的理论素养和与时俱进的实践能力的乡村规划专业人才，是推动乡村规划领域进步的重要途径之一。

我国乡村规划教学与国家社会的发展需求紧密相关。2011 年从“城市规划”专业到城乡规划学正式确立为一级学科。《国家乡村振兴战略规划（2018—2022 年）》的提出，对乡村规划领域的人才培养提出了更高且更迫切的需求（刘彦随，2022）。中国城市规划学会乡村规划与建设学术委员会和小城镇规划学术委员会共同发布《共同推进乡村规划建设人才培养行动倡议》，呼吁对乡村规划建设人才培养的关注与支持（城市规划学刊编辑部，2017）。

虽然我国建筑类、管理类、地理类以及农林类院校都相继通过开设乡村规划相关的理论或实践课程在教学上积累了自己的探索和实践，但由于乡村规划本身的特殊性以及时代背景的变化，本研究认为在乡村规划的教学设计上依然存在以下三个值得探讨的研究问题：

第一，乡村规划相较经典城市规划而言，不具有悠久的发展渊源与深厚的学理基础，再加上乡村传统的社会结构、中国“皇权不下县”等一系列乡村治理的历史特征以及土地制度的城乡差异，导致乡村规划在学科中处于相对弱势的地位（张悦，2009），具有更多科学性与必要性的探讨话题（蔡忠原，黄梅，段德罡，2016）。那么从教学目的上来说，乡村规划作为一门独立课程的核心目标是什么，是否能通过课程讲授让学生理解并认同乡村规划在应对当代乡村挑战中所发挥的引领作用?

第二，基于其本身具有学科交叉的特征，地理学、农林学、生态学、社会学、人类学、经济学、人口学等学科都有涉及（城市规划学刊编辑部，2017），乡村规划不仅关乎乡村空间问题，更重要的是关乎乡村社会的再造和政策制度的优化，关乎乡村振兴对国家内循环发展的支撑。那么，从课程设计上来说，如何循序渐进地设置教学内容，既能在教学中明晰建构乡村规划的核心原理，又能囊括多学科的研究成果，拓展视野的同时并吸纳交叉多元的

徐　瑾：东南大学建筑学院城市规划系副教授（通讯作者）
王海卉：东南大学建筑学院城市规划系副教授

研究方法应用到乡村规划的研究与实践中？

第三，教学体系的设计有必要根据人才培养的时代需求做出针对性的调整，无论是从思政角度对乡村振兴社会责任感的培养（冷红，袁青，于婷婷，2022），抑或是提升乡村发展相关领域的就业前景与行业标准。作为从属于城乡规划学教学体系的一门课程，从人才培养的角度来说，如何通过这样一门相对小的课程，树立学生对乡村研究与从事乡村规划的兴趣，积累学生从事乡村规划类工作的专业技术与能力，乃至为提升乡村规划行业从业素质、培养面向广大乡村地区的专业人才队伍提供支撑？

关于乡村规划教学的需求和问题是具有国际普遍性的。虽然不同国家乡村所面临的挑战和机遇是不同的，例如有的地区根本性的问题是人口与资本的流失，有的地区面临乡村社区社会凝聚力下降的挑战（Hibbard & Römer，1999），但课程教学和人才培养都是促进乡村发展的重要支撑。因而本研究通过国际比较研究的方法，搜集美国、英国、加拿大等国家乡村规划类课程教学的相关资料并进行内容分析，比较各国乡村规划教学在教学目的、内容设置、教学方法、人才培养等方面的特征与差异，为我国乡村规划教学优化提供一定参考和启示，为乡村领域全球化人才培养提供国际对话的语境，同时也有助于为未来乡村发展领域的国际合作交流奠定基础。

2 研究方法与数据来源

本研究数据来源于三个方面：最主要的数据来源于检索英国、美国、加拿大各大高等院校官方网站获取其公布的乡村规划类课程信息，共搜集到22门课程的详细信息（表1），其中包括了学校名称、学院名称、教学目的、课程大纲、教学要求、考核方式等；第二方面的数据为文献检索获取的乡村规划教育论文和研究报告；第三方面为对英国部分高校乡村规划课程负责教师的访谈或问卷。

英国、美国、加拿大乡村规划类课程信息列表 **表1**

课程名称	国家	学校	学院
城市之外：乡村经济、社区与景观 Beyond Cities：Rural Economies，Communities and Landscapes	英国	伦敦大学学院 UCL	巴特莱特规划学院 The Bartlett School of Planning
乡村 The Countryside	英国	卡迪夫大学 Cardiff University	地理规划学院 School of Geography and Planning
乡村社会问题 Rural Social Issues	英国	埃克塞特大学 University of Exeter	地理与环境科学中心 Centre for Geography and Environmental Science
乡村地理 Rural Geographies	英国	基尔大学 Keele University	地理学、地学与环境学院 School of Geography，Geology and the Environment
全球乡村：地理学与社会学视角 The Global Countryside：Geographical and Sociological Perspectives	英国	阿伯里斯特威斯大学 Aberystwyth University	地理与地球科学系 Department of Geography and Earth Sciences
乡村规划 Rural Planning	英国	利物浦大学 University of Liverpool	地理与规划系 Department of Geography and Planning
乡村规划 Rural Planning	英国	曼彻斯特大学 University of Manchester	规划、资产与环境管理 Planning，Property and Environmental Management
乡村政策与规划 Rural Policy and Planning	英国	里丁大学 University of Reading	规划研究 Planning Studies

续表

课程名称	国家	学校	学院
乡村与景观规划 Rural & Landscape Planning	英国	都柏林大学学院 University College Dublin	建筑、规划与环境政策学院 School of Architecture，Planning and Environmental Policy
全球乡村规划 Planning the Global Countryside	英国	纽卡斯尔大学 Newcastle University	乡村经济中心 Centre for Rural Economy
乡村治理 Countryside Management	英国	纽卡斯尔大学 Newcastle University	乡村经济中心 Centre for Rural Economy
乡村与环境政策法规 Rural and Environmental Policy and Law	英国	阿伯丁大学 University of Aberdeen	地理与环境 Geography & Environment
当代英国乡村 Contemporary Rural Britain	英国	斯旺西大学 Swansea University	地理系 Geography
乡村发展规划 Rural Development Planning	美国	威斯康星大学麦迪逊分校 University of Wisconsin – Madison	城市与区域规划系 Department of Urban and Regional Planning
文化地理：乡村发展 Cultural Geography：Rural Development	美国	西伊利诺伊大学 Western Illinois University	乡村研究中心 Illinois Institute for Rural Affairs
乡村土地利用政策 Rural Land Use Policy	美国	俄勒冈大学 University of Oregon	规划、公共政策与管理学院 School of Planning，Public Policy and Management
乡村发展经济与政策 Rural Development Economics and Policy	美国	俄勒冈州立大学 Oregon State University	公共政策学院 School of Public Policy
乡村地理 Rural Geography	美国	明尼苏达州立大学 Minnesota State University	人文社科学院 College of Humanities and Social Sciences
农业与乡村政策研究 Agricultural and Rural Policy Studies	美国	爱荷华州立大学 Iowa State University	农业与乡村政策研究中心 Agricultural and Rural Policy Studies
乡村地理 Rural Geography	美国	佛蒙特大学 University of Vermont	地理与地学系 Department of Geography and Geosciences
乡村规划与发展 Rural Planning and Development	加拿大	圭尔夫大学 University of Guelph	环境设计与乡村发展学院 School of Environmental Design and Rural Development
乡村发展 Rural Development	加拿大	布兰登大学 Brandon University	乡村发展系 Department of Rural Development

资料来源：作者自绘

研究技术路线分为两个部分（图 1）。首先，在搜集到 22 门课程信息后，本研究将数据进行标准化整理后形成统计表格，呈现国外规划设计、地理或公共政策类院校开设乡村规划类课程的基本信息。在此基础上，本研究采取课程教案的文本内容分析方法开展比较研究，使用 Python 工具对所有教案文本进行数据筛选，筛选课程名（Title）、课程描述（Overview and Description）、预期成果（Intended Learning Outcomes）、内容大纲（Outline Content）等信息，共计 8716 个词汇；通过设置自定义词汇表、停用词汇表、归一词汇表等预处理操作，最终输出词频统计结果并绘制词云分布图；根据文本内容分析结果，概括出不同国家和院校开展乡村规划教学的基本特征。

第二部分，依据本文提出的三个研究问题，以课程信息、文献报告和访谈问卷结果为依据，分别从乡村规划课程的教学目标、教学内容和人才培养三方面建立分

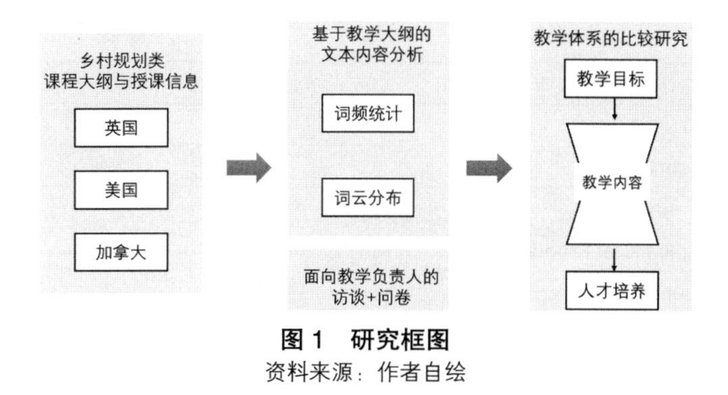

图 1　研究框图

资料来源：作者自绘

析框架，结合各国不同背景与乡村规划行业的情况，比较分析课程设计的差异、侧重点与其中的内在原因。

3　国外课程的基本特征：基于教学大纲的文本内容分析

根据课程信息统计列表，乡村规划类课程在不同国家根据乡村发展国情与学科发展历史不同，具有两类设置方式。英国一般在规划与地理系的本科或研究生项目中都单独设有乡村规划类理论课程的讲授，以 UCL、曼彻斯特大学、卡迪夫大学、利物浦大学等为例，综合普及度较高。而在美国、加拿大，规划类院校中乡村规划一般附属于城市与区域规划（Urban and Regional Planning）或土地利用政策（Land Use Policy）课程的一部分教学内容，仅在中西部、五大湖地区等具有农业相关学科教育基础的一些学校，单独设立乡村规划类课程，例如威斯康星大学麦迪逊分校、西伊利诺伊大学、俄勒冈大学等。在独立设置的乡村规划课程中，通常作为必修课设置于本科学制中，部分国际化办学的研究生项目中设有该课程的选修项目，例如英国 UCL、曼彻斯特大学、基尔大学等都是在本科第一年或第二年以必修课形式教授。

课程名称也依据其讲授内容的重点不同而有所区分。英国学校最常见的名称是“乡村规划（Rural Planning）”或“乡村地理（Rural Geographies）”，或出现“政策”（Policy）或“管理（Management）”等词汇，UCL、埃克塞特大学等强调其中的社会、景观、环境问题，阿伯里斯特威斯大学、纽卡斯尔大学在课程中讨论乡村全球化的特定议题。美国学校的课程则侧重从公共政策的视角探讨乡村发展问题，其中比较特殊的是明尼苏达大学设计学院学者 Dewey Thorbeck 成立了乡村设计中心（Center for Rural Design），并提出将“乡村设计（Rural Design）”作为一门特定学科开展教学与研究（Thorbeck，2013）。

根据教学大纲文本内容的词频统计，获得词频数从高到低排序前四十的高频词列表（表 2），并结合高频词词云分析图（图 2）与高频词分类，呈现出课程设置的三方面基本特征。第一，以词频数作为重要程度的表征依据，可筛选出国外课程授课中关注乡村规划的几个关键性专项，分别为“经济（Economic）”“社会（Social）”“农业（Agriculture）”“地理（Geography）”“资源（Resources）”“景观（Landscape）”“土地利用（Land Use）”“历史（Historical）”与“旅游（Tourism）”。第二，国外授课中尤其关注乡村问题探讨的时代背景，重点关注

课程教学大纲文本词频统计前四十的高频词列表　　**表2**

短语	词频	短语	词频
Rural	422	Globalization	27
Development	149	Development Management	26
Planning	128	Countryside Management	26
Policy	126	Rural and Landscape Planning	23
Rural Areas	117	Rural Environments	23
Rural Change	107	Contemporary	22
Rural Planning	91	Historical Rural	21
Rural Communities	78	Environmental Management	19

续表

短语	词频	短语	词频
Economic	70	Rural Space	19
Countryside	54	Relationship	19
Social	51	America	18
Management	44	Agricultural Production	18
Agricultural	41	Tourism	17
Geography	39	International	16
Rural Resources	38	Rural Geography	16
Rural Landscapes	37	Design	16
Practical	37	Resource	15
the Global Countryside	36	Agricultural Change	15
Land Use	29	Experience	15
Conceptual	29	the Human Geography	15

资料来源：作者自绘

图 2　课程教学大纲文本的词云分布图

资料来源：作者自绘

的议题包括“发展（Development）”“变革（Change）”与“全球化（Global）”。第三，有关规划政策等干预方式的讲授，重点论述四类：“规划（Planning）”“政策（Policy）”“管理（Management）”以及“设计（Design）”。

课程大纲文本内容的高频词汇反映了课程探讨乡村规划问题过程中的不同语境，因而针对不同国家的课程大纲分别进行词频统计和词云分析（图 3）。其中，英国教学中重点讨论当代乡村的变化，包括全球化、社会不包容、休闲娱乐，并探讨其背后的动力机制与影响因素（图 3a）；美国与加拿大课程中围绕“乡村发展（Rural Development）”展开，美国课程相对综合，关注环境、社会、经济、农业、社区发展等多方面（图 3b），加拿大关注生态环境保护与可持续发展问题（图 3c）。

4　国外教学的课程设计：目标理念、教学内容与人才培养

4.1　教学理念与价值导向

规划领域在过去一个世纪的研究与实践中主要以城市为导向，无论在主要发达国家还是学术主流阵地都是如此。乡村社区常常被以城市同样的思维方式看待，并将其视为城市的缩小版本，而不是具有乡村自身需求和特征的独特对象（Frank & Hibbard，2017）。一些学者指出乡村规划指南中不恰当地直接应用城市规划的导则规范，例如综合性规划和新城市主义（Edwards 和 Haines，2007）。

理论实践维度的问题也同样反馈到了教学维度。不断会有质疑提出：是否有必要将乡村规划作为独立课程进行讲授，它的内容是否会与城市规划原理有太多重复，是否应该被纳入城市规划课程的附属内容？讲授乡

(a) 英国　　(b) 美国　　(c) 加拿大

图 3　各国乡村规划课程大纲高频词词云分布图

资料来源：作者自绘

村规划课程的时间也存在争议，是将其作为规划学生的必要性基础课程在本科阶段讲授，还是作为研究生阶段的附加性研讨课程，根据学生就业方向和个人兴趣在奠定城市规划基础之后分方向讲授？

通过比较研读国外各国规划类课程教案与调研访谈，可以清晰地看出其中一个具有共识性的认知，即乡村规划在应对当代乡村自身变化与全球重大变革中具有不可或缺的重要价值。例如英国基尔大学的教案中提出，教学目的之一是让学生理解乡村规划和政策在多大程度上实现了乡村经济社会挑战的应对。利物浦大学的乡村规划教学旨在使学生充分认同空间规划在解决乡村多功能性问题中发挥的作用。

随着社会需求认知与乡村自身的变化，乡村不再仅仅被视为“农业景观”，它已经变得多功能，且服务于生产、消费和保护等多重角色（Holmes，2006）。乡村资源因其能满足粮食生产、淡水供应、气候变化等全球关键领域的需求而受到争夺（Stauber，2001）。同时由于交通设施的便利与信息基础设施的普及，带来了更多缩小城乡差距的潜在可能（Woods，2005）。因而，乡村的价值与投资乡村的意愿变得越来越清晰。在这样的背景下，乡村规划成为参与其中且整合环境、社会、经济与文化目标的最合适的平台。

因而，设立乡村规划类课程的国外院校，在教学中明确地指出其教学目标旨在尽早建立乡村规划对城乡协同与乡村发展的指引与支撑性作用的充分共识，并积极探索如何通过教学使得乡村规划的价值得到充分的挖掘与理解，而不只是将乡村规划作为必要的任务或需要完成的考核要求。

4.2　课程内容与教学设计

乡村规划类课程因该领域具有学科交叉的特性，教学内容丰富多元，组织方式也根据讲授者的理解和具体内容而灵活设置。总体来说，课程概述或引言部分主要对乡村或乡村性（Rurality）进行定义，并建构城乡差异、当代乡村变革等背景语境。其次，教学内容组织方式遵循四条主线，分别按照关联学科、研究问题、分类专项和规划政策引导教学内容的设置（图 4）。有的课程

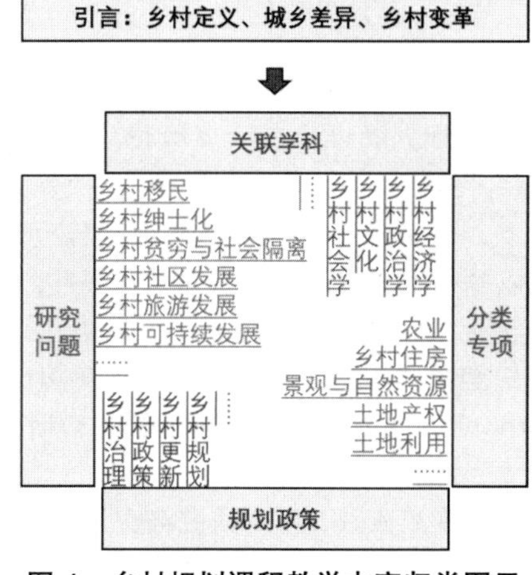

图 4　乡村规划课程教学内容归类图示

资料来源：作者自绘

教学内容侧重关联学科基本原理的讲授，有的课程注重具有时代特征的研究问题的研讨，也有课程关注探讨规划政策如何应对机遇挑战从而发挥作用。例如，美国俄勒冈州立大学的课程中包含了乡村社会学与乡村经济学的专门讲座，最终关注乡村政策的制定与成效。英国基尔大学和纽卡斯尔大学都在教学内容中包含了对乡村贫穷与社会隔离问题的研讨。同时，四条主线之间会产生交叉联系，例如乡村社会学原理与乡村移民、绅士化、社会隔离等问题会结合在一起，乡村可持续发展与农业变化、自然资源保护等问题相结合。

教学内容设置比较特殊的是英国阿伯里斯特威斯大学和纽卡斯尔大学，课程教学均与乡村全球化议题相关，课程负责人都参与了欧盟资助项目“全球化时代的欧洲乡村地区发展研究（Developing Europe’s Rural Regions in the Era of Globalization）”（2009—2011）。这体现了教学与研究的紧密结合，这一特点在英国高校的乡村规划教学中体现得比较明显，很多课程的阅读书目中都包含了教学负责人的代表性研究成果，教学内容也根据教师的研究侧重点做出了个性化调整。

除了基本知识原理的讲授，课程教学中非常强调理论思辨能力、问题解决能力与研究探索能力的培养，这也是与乡村规划师需要具备丰富综合能力的要求相匹配的。因而，在采取的教学方法中，除了经典传统的讲座模式以外，也采取了多元方式有助于综合能力的培养，包括工作坊、实地调研、引导性资助学习、规划模拟游戏（Planning Game Technique）等。

4.3 就业出口与人才培养

国外乡村规划类课程绝大多数都从属于城市与区域规划学院（或系）设立的本科或研究生培养项目的课程体系之中，有部分乡村与农业领域研究较强的高校会独立设立以乡村规划或政策命名的培养项目，例如爱荷华州立大学设立农业与乡村政策研究的本科培养项目、加拿大布兰登大学设立乡村与社区研究（Arts in Rural and Community Studies）本科项目和乡村研究（Rural Studies）硕士项目。本科或研究生项目的毕业生出口大致分为从事规划实践、学术研究与交叉学科领域等方向，因而课程教学在考核作业中也分为两类：一是侧重理论研究的论文，要求学生训练理论分析与数据处理的能力；二是完成制定发展规划的虚拟项目，根据案例调研和现状分析提供应对现状问题与挑战的规划方案。实践方面，课程教学通过组织实地调研，为人才培养与就业的校地合作搭建平台。

官方规划行业协会的发展动向表明，英国、美国等国家未来乡村规划行业有发展的潜力，同时也有较大的专业人才需求。英国皇家规划协会在 2022 年发布的《2020 年代的乡村规划》（*Rural Planning in the 2020s*）中指出，“乡村地区在适应社会和环境等更广泛的挑战中发挥着关键作用”。从 1970 年《美国规划协会期刊》（*Journal of the American Planning Association*）发表了第一篇关于乡村规划的论文《乡村地区规划》（*Planning in Rural Areas*）（Hahn 1970），到美国规划协会下设小城镇和乡村规划分部（Small Town and Rural Planning Division），近年来已经形成一个蓬勃发展且不断壮大的乡村规划从业者和学者的关联网络（Frank & Reiss，2014）。

应对上述人才培养需求，国外乡村规划专业方向培养毕业生的就业方向大致分为三方面：一是政府等规划与政策的制定机构；二是一些国际组织与研究机构，例如联合国下属机构、非政府组织或高校；三是乡村地区的资产管理与咨询投资公司，近年来在可持续发展目标引导下各投资行业热门的 ESG（Environmental，Social and Governance）证书与乡村资源保护利用也高度相关。从人才培养的角度看，相比乡村所占的面积和所拥有的资源，乡村人口却在日益减少，青年人与受教育人群也在越来越多地迁出，这就意味着，未来真正认识和理解乡村的人可能越来越少，因而全球乡村问题亟待培养一批懂乡村的专业人才来解决以应对未来的变革。从这个角度来看，乡村规划课程教学面向未来乡村发展，为培养具有全球视角和可持续发展观的人才队伍承担了重要的角色。

5 结论

本文主要以英国、美国、加拿大乡村规划类课程教学为研究对象，从教学目的、教学内容、人才培养三个角度开展比较研究。研究表明英美等国大多采取本科阶段独立成课的模式，教学中突出了乡村规划价值与作用机制的内容，强调乡村规划应对当代乡村问题的价值。

具体教学内容主要探讨当代全球视角下乡村变化的热点议题，按照关联学科、研究问题、分类专项和规划政策引导教学内容的设置，侧重多学科交叉与规划政策干预，重视研究与教学的结合。未来国外乡村规划行业具有较好的发展潜力和较大的专业人才需求，主要面向政策制定部门、研究机构与投资咨询公司等。

上述研究结论为我国优化乡村规划教学与人才培养提供了一定启示。一方面，在研究国外教学理念与实践的基础上，结合我国当前的发展需求与本土化的乡村问题，为我国乡村规划课程教学的改革和优化提供参考和借鉴，为培养更多高水平的乡村规划人才作出贡献，有助于推动行业的发展与乡村事业的振兴。另一方面，本研究通过拓展国际视野，有助于创新乡村规划领域教学与人才培养的国际路径，建立积极对话的国际语境，加深国际上对中国问题的认识，为解决国际上乡村发展共性问题提供中国经验与智慧。

致谢：感谢研究生周悦、赵婉婷在教案文本内容分析和绘图工作中的协助！

参考文献

[1] 城市规划学刊编辑部."城乡规划教育如何适应乡村规划建设人才培养需求"学术笔谈会 [J]. 城市规划学刊，2017（5）：1-13.

[2] 蔡忠原，黄梅，段德罡.乡村规划教学的传承与实践 [J]. 中国建筑教育，2016（2）：67-72.

[3] 冷红，袁青，于婷婷.国家战略背景下乡村规划课程思政教学改革的思考——以哈尔滨工业大学为例 [J]. 高等建筑教育，2022，31（3）：96-101.

[4] 刘彦随.中国乡村振兴规划的基础理论与方法论 [J]. 地理学报，2020，75（6）：1120-1133.

[5] 张立，赵民.乡村规划及其教学实践初探 [M]// 教育部高等学校城乡规划专业教学指导分委员会，桂林理工大学土木与建筑工程学院.创新·规划·教育——2013 年全国高等学校城乡规划学科专业指导委员会年会论文集.北京：中国建筑工业出版社，2013.

[6] 张悦.乡村调查与规划设计的教学实践与思考 [J]. 南方建筑，2009（4）：29-31.

[7] EDWARDS M M，HAINES A. Evaluating smart growth：Implications for small communities[J]. Journal of Planning Education and Research，2007，27（1）：49-64.

[8] FRANK K I，HIBBARD M. Rural planning in the Twenty-First Century：Context-appropriate practices in a connected world[J]. Journal of Planning Education and Research，2017，37（3）：299-308.

[9] FRANK K I，REISS S A. The rural planning perspective at an opportune time[J]. Journal of Planning Literature，2014，29（4）：386-402.

[10] HIBBARD M，RÖMER C. Planning the global countryside：comparing approaches to teaching rural planning[J]. Journal of Planning Education and Research，1999，19（1）：87-92.

[11] JOHN H. Impulses towards a multifunctional transition in rural Australia：Gaps in the research agenda[J]. Journal of Rural Studies，2006，22：142-160.

[12] KARL S. Why invest in rural America and how?：a critical public policy question for the 21st century[J]. Economic Review，2001，86：57-87.

[13] THORBECK D. Rural design：a new design discipline[M]. London：Routledge，2013.

[14] WOODS M. Rural geography：Processes，responses and experiences in rural restructuring[J]. Rural Geography，2004：1-352.

A Comparative Study of Rural Planning Courses in Overseas Countries

Xu Jin　Wang Haihui

Abstract: In the context of rural revitalization strategy and international sustainable development goals, rural planning has become a comprehensive platform for coordinating urban-rural conflicts and integrating resource allocation. Cultivating rural planning professionals with both theoretical knowledge and practical skills is an important way to promote rural development. In order to optimize the teaching of rural planning in China, this paper proposes research questions from three perspectives: teaching objectives, teaching content, and talent cultivation. It conducts textual content analysis and comparative analysis of the characteristics of rural planning courses in countries such as the United States, the United Kingdom, and Canada. Foreign rural planning courses elucidate the significant value of rural planning in response to rural transformation from a contemporary global perspective. These courses set teaching content according to four main themes: related disciplines, research issues, specialized categories, and planning policies, emphasizing interdisciplinary collaboration and the integration of research and teaching. By constructing an international context for rural planning education, this research provides insights for optimizing the teaching system and curriculum design in China, thereby contributing to the cultivation of highly internationalized talents in the field of rural development.

Keywords: Rural Planning, Overseas, Teaching System, Curriculum Design, Rural Revitalization

基于智慧教学平台的城乡规划定量分析方法教学实践

王　灿　毛媛媛　郭　佳

摘　要： 定量分析方法在城乡规划教育中越来越受到重视。本文深入剖析了城乡规划专业在定量分析方法教学中的主要难点，包括统计理论的晦涩、合适案例的缺乏、理论与操作的平衡难题，以及课后练习和反馈的不足。针对这些问题，提出了一系列教学策略，包括设定差异化学习目标、优化案例教学、合理安排理论与软件操作的时间，以及实施反馈式课后练习。为支持这些策略，开发了智慧教学平台，其资料系统优化了课堂理论教学与课后软件操作的协调。课后练习系统通过一人一卷、自动评分的方式，为学生提供实时反馈，显著提高了学生的学习动力和成效。苏州大学的实践经验支持了这些策略和技术集成的有效性，为定量分析方法的教学提供了新视角和实用工具。

关键词： 城乡规划；定量分析方法；智能教学平台；反馈式课后练习

1　概述

城乡规划行业在近年来处于重要的变革时代。以大数据、智能化[1]为代表的量化分析技术正在对学科产生前所未有的深远影响[2]，循证规划（Evidence-Based Planning）[3,4]和数据增强设计（Data Augmented Design）[5,6]等理念深入人心。在此背景下，城乡规划专业教育需要回应新环境的需要，加强对学生基本量化分析能力的培养[7, 8]，从知识结构和适应能力上为学生未来的职业发展提供更好的支持。

城乡规划分析方法是苏州大学城乡规划系大三学生的一门重要专业课程，主要讲授城市研究中常用的基础定量统计方法。课程内容包括线性回归、Logistic 回归、离散选择模型、叙述性偏好法、聚类分析、因子分析等。在教学实践中，笔者深刻体会到课程特色和学生专业背景带来的一系列挑战。如果这些问题未得到有效解决，仅将本课程作为普通理论课程对待，可能导致效果大打折扣。本文在第 2 节对教学难点进行系统梳理，然后在第 3 节提出相应的总体策略。为了在技术上落实这些策略，笔者研究开发了智慧教学平台，在第 4 节对其应用方式和效果进行论述。

2　定量分析方法教学的难点

2.1　统计学理论晦涩复杂

定量分析方法在思维方式上和设计学、质性分析存在较大不同。城乡规划专业的学生虽然在高中阶段大多为理科生，但是受到传统的专业培养方式的限制，数理分析能力普遍较弱。这导致了学生们对本课程中接踵而至的统计学概念、理论、公式很不适应，难以理解和应用这些高度抽象、复杂晦涩的新知识。造成该问题的重要原因是知识体系的不完整。与其他工科专业相比，城乡规划专业常常被默认对数学的要求较低，因此，许多学校没有把概率论和数理统计作为必修的基础课程。学生们在缺乏先修知识的背景下开始学习本课程，自然存在很大的跳跃性。

2.2　案例缺少城市研究的背景

在理论素养先天不足的情况下，通过细致生动的案例加深理解，无疑是学习定量分析方法的有效途径。然而，市场上以案例讲解为主要内容的相关教科书籍虽然

王　灿：苏州大学金螳螂建筑学院副教授
毛媛媛：苏州大学金螳螂建筑学院副教授（通讯作者）
郭　佳：苏州大学金螳螂建筑学院副教授

为数不少，但是绝大多数以社会学、经济学、医学统计学等学科为背景，鲜有直接面向城市研究的案例。如果以这些其他学科的案例作为授课材料，同学们将难以代入本学科的第一视角，无法将通用方法和城乡规划的专业知识充分结合。另外，虽然国内外学术期刊的论文中有大量本学科的高水平定量分析案例，但是只报告了精炼化的结果。一般读者既没有原始数据，也无法了解数据处理和中间分析过程中的种种细节，这对于面向初学者的教学案例而言自然是远远不够的。

2.3 理论与操作难以兼顾

定量分析方法往往借助专业的统计软件（SPSS 等）来实现，因此，本课程需要学生掌握相应的软件操作。城乡规划专业对软件操作的教学常见于计算机辅助设计（AutoCAD、Sketchup 等）、地理信息系统（ArcGIS）等课程，其对理论授课的要求较低，采用的教学方式一般为教师演示软件操作、学生随堂练习。与它们不同，本课程的自身特点决定了理论讲解与软件操作均十分重要。在总课时有限的条件下，如果把大部分时间投入到软件操作的演示中，忽视了理论讲解，学生们将难以理解各个步骤、选项的意义，在面对软件报告的大量结果时不知其所以然，无法科学合理地做出解释。

2.4 课后练习和反馈不足

本课程具有很强的应用性，需要通过扎实的课后练习培养实践技能，避免眼高手低。然而根据笔者的经验，不少学校的教学对于课后练习的重视不够，效果不理想，具体表现为以下四点。

（1）把本课程等同于一般理论课程，不安排课后练习，或只安排论文阅读、理论问答等形式的练习，没有对综合实践技能进行实质性的训练。

（2）缺乏针对每节课内容的及时训练。尽管一些教师采用课程项目的形式要求学生从零开始进行数据分析，包括选题、数据收集、分析讨论和报告撰写，这种方式对学生的综合能力训练确实必不可少。然而，由于其涉及内容广泛且耗时较长，更适合作为期末等阶段性的大型作业。相对地，课后练习应专注于对每个具体方法的及时和有效训练，这两种方式应当互补而非替代。

（3）练习结果缺少反馈，学生不知道自己的计算结果是否正确。如果不考虑某些方法中的随机性，那么对于给定的数据和方法，应当有一个“标准答案”，这是本课程与其他课程中的理论论述、方案设计类练习的不同之处。如果不给予学生及时的反馈，他们将无法获得必要的确认或纠正，陷入不透明或自以为是的困境，难以自我评估和进步。

（4）所有同学使用相同的课后练习数据。这种方式虽然节省了教师的时间，但是一份数据很可能具有唯一的“标准答案”，这为部分学生之间相互抄袭创造了有利条件，教师将无法评估学生们的真实水平。特别地，如果将课后练习的结果作为学生成绩评定的依据，可能带来潜在的不公平。反之，如果为每一位同学手动设计一份单独的练习数据，则无疑会大大加重教师的备课和作业批改负担。

3 定量分析方法教学的总体策略

基于对于教学中存在的问题的认识，本节针对性地提出了城乡规划定量分析方法教学中的总体策略，具体如下。

3.1 明确不同层次的差异化学习目标

针对统计理论复杂、学生数理基础薄弱的特点，吴晓刚提出社会学研究者应当作为定量分析方法的“消费者”而非“生产者”的论点[9]，这一点同样适用于城乡规划的学生。因此，本课程在一开始就向学生们讲授了如何作为“消费者”学习定量分析方法，其重点在于将学习内容和深度分为四个不同的层次，明确各自的差异化学习目标。

学习一个定量方法，第一层次是基本用途，即它能够解决什么问题，最适合于怎样的应用场景。

第二层次是核心理论，包括为了解决上述问题所采取的最为关键的处理方式，形式简约、意义重大的公式，以及在报告结果时必须解释的内容等。

第三层次是技术细节，包括作为背景的相关数理知识，具体的公式推导和模型求解过程，由基本模型所衍生的精细化模型等。

第四层次是软件操作，即能够在常用统计软件上运行该方法，进行正确的设定，找到所需要的输出结果。

不同的定量方法在这四个层次上的要求是不同的。

本课程主要讲授最为基础、常用的分析方法，学习目标一般为掌握基本用途，理解核心理论，熟悉软件操作，而对技术细节不做要求。这样的安排有取有舍，以实用为导向，即使是基础薄弱的学生也能够学以致用。此外，课程中会适当地介绍某些基础方法的相关方法，例如，在讲授 Logistic 回归时引申介绍泊松回归、负二项回归等计数模型。对于这些方法，仅要求了解其基础用途，而对于核心理论、技术细节、软件操作均不做要求，旨在使学生在保证学习深度的同时拓宽广度，开阔视野。

3.2 以城市研究案例作为课堂主线

为了便于学生们理解，本课程将绝大多数的课堂时间投入到具体案例的讲解上，在这个过程中自然引出核心理论和重要公式。每个案例有明确的研究背景，以及具体的数据和变量，从而增加生动性和情境感。例如，在书写公式、绘制统计图表时，使用有实际意义的变量符号代替抽象的“y、x、x_1”等；在一些关键运算中代入具体的数字，加深学生对计算过程的理解。

针对 2.2 节所述的背景缺失问题，本课程特别注重案例设计，避免简单粗暴地直接引用通用教科书或者其他研究者的论文成果。所有案例均具有明确的城市研究背景，其中大多数案例来自于教师的科研课题。例如，叙述性偏好法的案例是老年人对于养老设施的选择偏好[10]；聚类分析的案例是高铁站点周边圈层的城镇化进程[11]；层次分析法的案例是对不同 BRT 方案的综合评价。对于这些自身参与过的课题，教师拥有包括原始数据在内的各种资料，并且充分了解整个分析过程的诸多细节，因此在教学中更加得心应手。

3.3 将软件操作作为课后自习内容

在课时有限的条件下，本课程在课堂上对软件操作进行演示和练习，而把这部分内容作为课后作业，由学生们自行完成。这种方式并非忽视软件技能的重要性，而是考虑到教师在理论教学中具有不可替代的核心作用。如果不能保证足够的课时，系统、深入地引导学生理解方法的原理，单纯的软件技能将成为无源之水。另外，本课程使用的 SPSS 等软件均具有用户友好的图形界面，学习门槛很低，学生们完全有能力以自习的方式掌握。

课后的软件操作与课堂上的案例讲解相呼应。我们为每一个案例准备了数据和操作手册，以图文并茂的方式详细再现了在软件中对该案例进行分析的全过程。操作手册假设学生已经通过课堂教学环节掌握了方法原理，因此把重点聚焦于软件的界面窗口、选项设定、操作流程、输出结果等方面。学生在按照该手册进行操作后，应当能够还原课堂上案例讲解的全部结果。实践表明，在充分理解课堂内容的基础上，每一份操作手册所需要的学习时间约为 20~40 分钟，学生对这样的强度是可以接受的。

3.4 以反馈式练习检验学习效果

为了检验课堂上理论学习的效果，并且督促学生们切实完成软件操作的课后自习，本课程为各个方法模块准备了反馈式课后练习。练习主要以综合案例的形式出现，学生需要对给定的数据进行分析并完成若干选择或填空题。这些练习具有以下特点。

（1）自动评分，实时反馈。练习中的所有题目均为客观题，具有唯一正确的“标准答案”。因此，可以将学生提交的结果与正确结果进行比较，向学生实时反馈每一题的正误和总体评分。

（2）一人一卷，避免抄袭。每位学生在课后练习时所收到的数据是不同的，这决定了他们的“标准答案”各不相同。因此，学生之间不可能通过简单的照搬式抄袭来正确应答。通过练习的方式只有两种：学生本人确实同时掌握了原理和操作，或是由其他合格者代为回答。尽管很难通过技术手段排除后一种可能，但这样的方式已经在最大程度上避免抄袭。学生们应该明确：要想取得好的成绩，最现实的途径正是课堂上认真听讲、吃透原理，课后认真完成软件操作的自习任务。

（3）无法试错。由于有填空题的存在，且大部分填空题要求输入精确到小数点后三位的数字，因此学生几乎不可能通过不断试错来找到正确答案，进一步确保了练习评分的有效性。

4 智慧教学平台的构建与应用

4.1 平台架构与功能

为了在技术层面支撑上述对策，本课程自主开发了在线智慧教学平台❶，其系统架构和主要模块如图 1 所示。

❶ 系统的入口 URL 为 http://methods.courses.wangc.net/

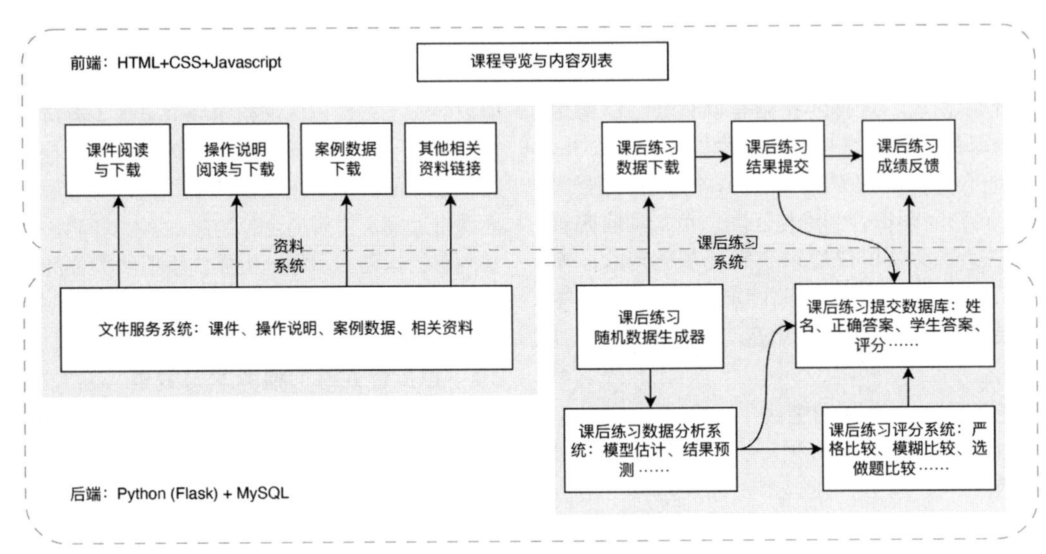

图 1　智慧教学平台的系统架构

资料来源：作者自绘

平台的前端是面向学生使用的网页界面，用以实现各种交互功能；平台的后端则负责接收前端的请求和数据，处理各种分析逻辑和数据库读写，并把结果返回前端。

从功能的角度可以把该平台概括为资料系统和课后练习系统两部分。资料系统是一个文件服务器，存储了与每一个定量分析方法相关的课件、案例数据、软件操作说明，以及其他相关资料，供学生们在线阅读或下载到本地。课后练习系统用于实现上述一人一卷、自动评分的反馈式练习功能，在后端由多个子系统构成：随机数据生成器用于为每个学生生成不同的数据样本；数据分析系统用于对该样本进行分析，得到“标准答案”；评分系统用于比较学生提交的结果和“标准答案”，判断正误并进行反馈；提交数据库用于存储学生每一次提交的各种信息，供教师参考。以下分别对两个系统在教学实践中的应用进行阐述。

4.2　资料系统

图 2 截取了一部分课程列表，可以看到：每个分析方法的下方都包括了课件、操作说明、示例数据这几个按钮。其中，课件即为理论授课所使用的演示文稿，全程向学生开放。笔者曾明确建议学生在上课时应当集中精力、专心听讲，不需要大段地抄录笔记。由于课件内容较为详实，即使在授课中未能充分理解某些知识点，也可以在课后通过复习课件进一步消化。示例数据和操作说明是课后自学的内容，主要培养软件操作技能，要求学生们将课堂上讲解的案例分析过程逐步独立地在统计软件中实现。

图 2　课程内容列表和资料系统界面

资料来源：作者自绘

4.3 课后练习系统

从图 2 中可以看到，每个分析方法的下方都有课后练习的按钮，由此可以进入本平台最具特色的课后练习系统。本课程要求学生们独立完成课后练习，提交回答的次数不限。每位学生的每次提交都会在数据库中留下记录，但是仅取评分最高的一次计入最终的期末总成绩。

图 3 以主成分分析与因子分析为例，截取了课后练习的界面[1]。可以看到，该界面主要由三部分构成：姓名输入和数据下载、案例的基本信息、问题列表。姓名输入是确保一人一卷的关键。对于每一个练习，系统均内置了一个大样本的完整数据集，然后分别为不同的学生随机抽取一个容量较小的子集。在抽样开始之前，学生输入的姓名被设置为随机种子，从而实现这样的效果：不同学生会获得版本各异的数据；同一学生在多次练习时，只要输入的姓名一致，其数据内容将保持不变。

在获得数据后，学生需要根据案例的基本信息和每一个问题的题干要求，在 SPSS 等统计软件中进行相应的操作，根据结果填入合适的答案。与此同时，系统后台也会利用 Python 语言的相关模块（如 statsmodels、factor_analyzer 等），以代码的方式执行相同的分析，获得正确答案。从图 3 可知，练习中的问题覆盖了因子分析的各个方面，包括适宜性检验（题 2）、公因子提取（题 3）、因子载荷和因子旋转（题 6）、因子命名（题 7）等。大部分问题要求填入精确数值，基本杜绝了试错的可能性。

在学生提交结果以后，后台将对照正确答案，判断每道题的正误。对于选择题（如题 7）和整数型填空题（如题 3 的公因子数量），系统将执行严格的比较；而对于小数型填空题（如题 2、题 6），考虑到舍入误差等因素，只要学生结果的相对误差在一定范围内，即判定为正确。学生将实时接收到各题的判断结果和整体评分，如图 4 所示。除了题 5 中有一个错误外，其他题目均正确。这样的及时反馈不仅给学生积极正向的激励，也增加了他们解决错误题目的动力。

图 4 是以“张三”为姓名进行的演示。如果我们使用相同的答案，但是改用“李四”的姓名进行提交，则会获得图 5 所示的反馈结果。可以看到，许多原先正确的答案被判定为错误，整体评分也变为不通过，这正是一人一卷带来的效果。每位学生必须对自己特定版本的数据进行分析，才有可能通过练习测试。

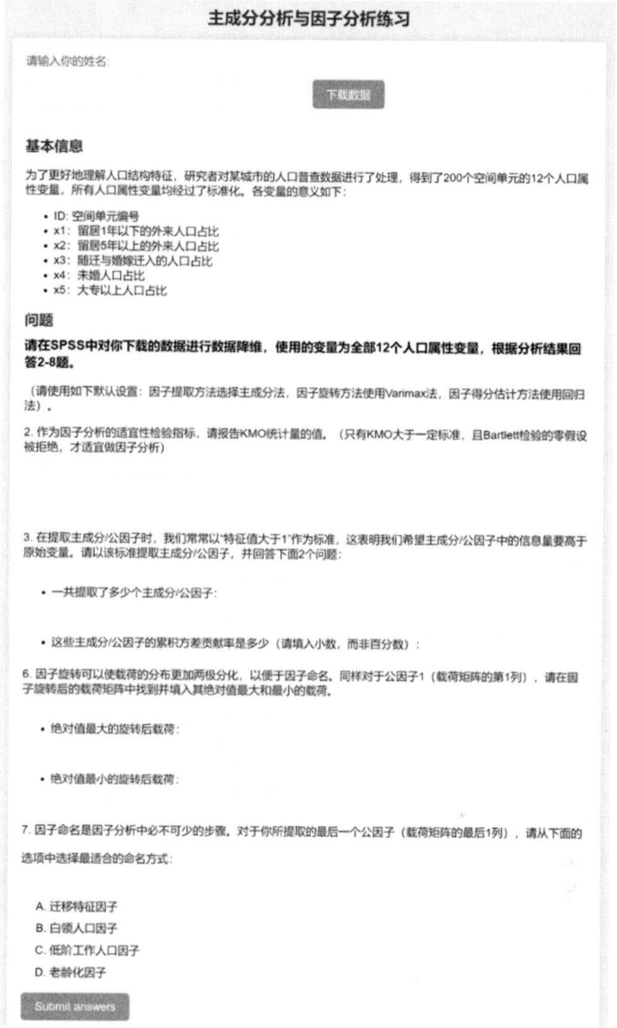

图 3 课后练习系统界面

资料来源：作者自绘

这样的课后练习系统在教学实践中取得了很好的效果。第一，为了顺利通过测试，取得更好的成绩，绝大多数学生在课堂上具有较高的专注度。第二，几乎所

[1] 为了便于展示，对页面进行了适当裁剪，完整页面请参见 http://methods.courses.wangc.net/quizzes/pca_fa，下同。

图 4　课后练习的实时反馈：各题判断和整体评分

资料来源：作者自绘

请输入你的姓名:
李四
下载数据
问题
4. 变量共同度（communalities）反映了每个原始变量中的变异的被解释的比例，请报告x1（留居1年以下的外来人口占比）的变量共同度（请输入小数，而非百分数）：
0.826
Wrong
5. 载荷（loadings）反映了主成分/公因子与原始变量的相关关系。对于公因子1（载荷矩阵的第1列），请在初始载荷矩阵中找到并填入其绝对值最大和最小的载荷。
绝对值最大的初始载荷：
-0.676
Wrong
绝对值最小的初始载荷：
-0.001
Wrong
6. 因子旋转可以使载荷的分布更加两极分化，以便于因子命名。同样对于公因子1（载荷矩阵的第1列），请在因子旋转后的载荷矩阵中找到并填入其绝对值最大和最小的载荷。
绝对值最大的旋转后载荷：
-0.908
Wrong
绝对值最小的旋转后载荷：
-0.035
Wrong
Submit answers
抱歉，你未能通过本次测试，请重试。(正确/总数 = 5/13)

图 5　相同答案对于不同学生的不适用性

资料来源：作者自绘

有同学都进行了多次练习和提交，最多次数高达 32 次，且从提交的内容上看没有试错的迹象，这一方面充分表明了眼高手低问题的存在和课后练习的必要性，另一方面也反映出学生们不断提高自我、追求极致的积极性。第三，在多次练习之后，绝大多数学生都能以 90% 以上的准确率通过测试，不仅获得了更高的成绩，也更好地掌握了所学内容。可信赖的普遍高水平正是教学中应当追求的理想目标。

5　结语

本文剖析了城乡规划专业定量分析方法教学中的主要挑战，提出了一系列针对性的创新教学策略，并开发了智慧教学平台以提供技术支持。研究建议采取以应用为导向、具有差异化目标的学习路径，强化与城市问题相关的案例教学。借助智慧教学平台的资料系统，协调理论授课和软件操作的课时冲突，多方位帮助学生以课后自习的方式掌握软件操作。同时，在平台中引入具有实时反馈功能的课后练习系统，一人一卷，自动评分。根据学生成绩和他们对教学的反馈，可以看出这些策略和智慧教学平台显著地提高了学习效率和应用能力，有效地链接了理论学习与实践操作，值得在规划院校中推广使用。

参考文献

[1] AS I，BASU P，TALWAR P. Artificial intelligence in the urban planning and design：Technologies，implenmentation，and impacts[M]. Amsterdem：Elsevier，2022.

[2] 马向明，史怀昱，张立鹏，等 ."规划师职业发展：挑战与未来"学术笔谈 [J]. 城市规划学刊，2024（1）：1–8.

[3] FALUDI A，WATERHOUT B. Introducing evidence-based planning[J]. The Planning Review，2006，42（165）：4–13.

[4] KRIZEK K，FOYSTH A，SLOTTERBACK C S. Is there a role for evidence-based practice in urban planning and policy?[J]. Planning Theory & Practice，2009，10（4）：459–478.

[5] 龙瀛，沈尧 . 数据增强设计——新数据环境下的规划设

计回应与改变 [J]. 上海城市规划，2015（2）: 81-87.
[6] 龙瀛，郝奇 . 数据增强设计的三种范式——框架、进展与展望 [J]. 世界建筑，2022（11）: 1-2.
[7] STIFTEL B. Planning the paths of planning schools[J]. Australian Planner，2009，46（1）: 38-47.
[8] 刘伦 . 大数据背景下英国城市规划定量方法教育发展 [C]. 2015 中国城市规划年会 . 2015: 89-101.
[9] Michael Ward，Kristian Gleditsch，吴晓刚 . 空间回归模型 [M]. 格致出版社，2016.
[10] 宋姗，王德，朱玮，王灿 . 基于需求偏好的上海市养老机构空间配置研究 [J]. 城市规划，2016，40（8）: 77-82.
[11] 王兰，王灿，陈晨，顾浩 . 高铁站点周边地区的发展与规划——基于京沪高铁的实证分析 [J]. 城市规划学刊，2014，（4）: 31-37.

Teaching Practice of Quantitative Methods in Urban and Rural Planning Based on a Smart Education Platform

Wang Can　Mao Yuanyuan　Guo Jia

Abstract: Quantitative methods are increasingly valued in urban and rural planning education. This paper delves into the primary challenges faced in teaching quantitative methods，including the obscurity of statistical theories，the lack of appropriate cases，the difficulty in balancing theory with practical operation，and insufficient post-class exercises and feedback. In response to these issues，a set of teaching strategies are proposed，including setting differentiated learning objectives，improving case-based teaching，appropriately scheduling time between theory and practical operations，and implementing feedback-oriented post-class exercises. To support these strategies，a smart education platform was developed. Its resource system optimizes the coordination between classroom theoretical teaching and post-class software operation learning. The post-class exercise system，through a personalized and automatic scoring approach，provides students with real-time feedback，significantly enhancing their learning motivation and effectiveness. The teaching practices at Soochow University demonstrate the effectiveness of these strategies and technology integration，offering new perspectives and practical tools for teaching quantitative methods.

Keywords: Urban and Rural Planning，Quantitative Methods，Smart Education Platform，Feedback-Oriented Post-Class Exercises

城乡规划教学中系统生态观的培养及教学案例开发

高晓路　李旻璐

摘　要：综合性和系统性思维方式的培养是城乡规划本科教育的重要环节，对学生深入认识城乡系统形成和演化规律，提高规划设计方案的科学性具有重要作用。本文首先阐述了城乡规划教学中系统生态观培育的重要性；其次，结合“城市生态学”教学实践，分析教学内容中存在的“生态系统概念阐释狭义化”“基础理论模块与应用实践模块衔接不紧密”和“生态学思维方法培养内容较少”等短板，提出理论教学与案例分析相结合的改进策略，并从“规律认知”“问题分析”和“实践运用”三个板块建设系统生态观培养的教学案例库。以上改进旨在启发学生认识和发现自然规律、自觉运用生态学原理分析和解决问题，以及在规划设计实践中应用生态学理论和方法的能力。

关键词：城乡规划；系统生态观；可持续发展；“城市生态学”；教学案例

1　城乡规划中系统生态观的重要性

在中国传统文化中，“天人合一”思想深刻影响着人居科学理论与实践，强调人与自然和谐统一，将天地自然和人类视为一个有机的整体。“道法自然”，宇宙天地间万事万物均效法或遵循着自然而然的规律，系统生态观是对这一法则的现代表述，体现了社会主义生态文明建设的内涵。人类虽然在不断演化的过程中获得了超越以往的改造自然能力，但仍只是广义生态系统的一个组成部分，不能超越生态系统运行的基本规律。因此，需以系统生态观来认识自然生态系统和人类社会的发展变化规律，并因应规律来指导未来发展[1]。在物质世界建设方面，尊重并合理保护自然生态系统，维护其持久健康；在人工生态系统建设方面，按照科学规律建立稳定、健康、安全的近自然生态系统。

十九大报告指出，生态文明建设功在当代、利在千秋[2]。当前，中国城镇化与社会经济发展已进入深度转型的新时期，面临全球资源环境供给短缺、消费增长缓慢、国际竞争压力增大等严峻挑战[3]。城乡规划作为服务国家战略、破解保护与发展矛盾的重要学科，对科学性和前瞻性的需求十分紧迫。然而，传统城乡规划偏重于对人口、产业、用地、基础设施等各类要素的规模、结构、形态和景观的研究，而对能量流动、物质代谢和信息流动过程的研究和对地域空间组成要素之间生态关系的探讨较为薄弱[4]，这种局限性造成对人为活动格局及其过程缺乏透彻全面的理解，在应对变化和不确定性方面显得力不从心。

因而，在城乡规划教育中亟待加强对系统生态观的培养，这不仅关乎城乡规划实践的质量，而且影响着人与环境和谐共生的长远愿景。规划师可藉由此建立对城乡地域系统与人类福祉之间的关系和发展变化规律的基本认识，从更加整体、长期和辩证的视角来看待和分析城乡发展中的问题，面对各种变化和不确定性能够较好地把握前进方向；此外，强化生态学原理和相关知识的运用能力，为规划设计和管理决策提供科学的支撑[5]。

为实现以上目标，本文结合我校本科生理论课程建设实践，就城乡规划专业课程体系中如何培养学生的系统生态观进行探索，重点是通过教学案例的开发，帮助学生建立对广义生态系统的全面认识，加强学生对城乡规划问题的分析能力，提升生态学理论和方法的实际运用能力。

高晓路：北京建筑大学建筑与城市规划学院教授（通讯作者）
李旻璐：北京建筑大学建筑与城市规划学院硕士研究生

2 “城市生态学”课程教学内容与成效分析

2.1 课程教学内容概述

城市生态学是用生态学的思想和方法来研究城市生态系统的结构、功能、动态，及其与周围系统之间的相互作用规律，寻求提高物质转化和能量利用效率的方法路径，以改善环境质量，实现可持续发展的科学[6]。在我校城乡规划专业课程体系中，“城市生态学”（16学时专业选修课）是唯一的生态学方向课程，本科生选修率达到91%，对于培养学生的生态学素养十分关键。该课程的目标是系统介绍城市生态学的基本理论、研究方法和实践应用，使学生能够全面了解城市生态系统的构成要素、基本功能以及城市与环境之间的相互作用。

教学内容见表1，其中基础理论、组成要素、应用实践、专题四个模块的学时比为4 ∶ 5 ∶ 5 ∶ 2。课程体系中关于城市生态学科发展、城市生态系统组成要素、应用实践等教学内容丰富，有助于学生全面掌握相关理论知识，从多个角度了解城市生态环境问题并对防

“城市生态学”教学内容设计 表1

	模块	主要内容	学时	目标
基础理论	城市生态学学科基础	1. 城市生态学产生的背景 2. 城市生态学的概念 3. 城市生态学的发展简史 4. 城市生态学与城市规划等学科关系	2h	对城市生态学基本概念和学科关系有一定了解
	城市生态系统基础理论和规律	1. 城市生态学基本原理 2. 生态系统基础理论 3. 城市及城市生态系统 4. 城市生态系统的组成结构 5. 城市生态系统基本功能与主要特征 6. 城市生态环境问题与研究需要	2h	对城市生态系统的基础，以及生态学基础理论有一定了解
组成要素	城市环境	1. 城市地质 2. 城市地貌 3. 城市大气 4. 城市气候 5. 城市土壤环境 6. 城市水环境 7. 城市噪声环境 8. 城市生物 9. 城市绿地系统生态规划 10. 城市环境质量对健康和经济的影响	3h	全面了解城市生物和非生物因子的基础知识、主要问题和相关策略
	城市人口	1. 城市化与城市人口概念 2. 城市人口基本特征、分类 3. 城市人口动态变化 4. 流动人口与人口迁居 5. 城市人口与城市环境的相互作用	2h	全面了解城市人口的基础知识、主要问题和相关策略
应用实践	灾害防治规划	城市灾害及其防治	1h	了解相关知识和规划策略
	城市交通规划	城市道路交通生态化规划	1h	
	景观生态规划	城市景观生态规划	1h	
	城市与社区可持续发展	城市与社区发展规划	1h	
	城市环境质量评价	城市环境质量评价与可持续发展	1h	了解相关理论方法
专题讨论	—	1. 城市空间结构生态化 2. 生态城市建设	2h	专题讨论，案例学习

灾减灾规划、交通规划、景观生态规划的理论方法有一定了解。

从教学实践的效果来看，学生们对城市生态学的基本知识有了较为全面的掌握，但与“引导学生对城市生态系统进行深入思考和探索、培养运用系统生态观分析和解决问题的能力”的课程目标相比，还存在一定距离。例如，作为“城市生态学”考核的一环，给学生布置了为期30天的自主选题环境行为观察日记任务。学生的选题集中在“环境对行为心理的影响”“环境特征分析”“生态环境要素变化”和“动物或人的行为”四个方向。其中，“环境对行为心理的影响”占52%，涉及环境变化下人的行为差异；“生态环境要素变化”占24%，主要是气候、温度、季节对植物的影响；“动物或人的行为”占17%，侧重于对动物或人行为的观察和特点总结；“环境特征分析”占7%，是对单一环境要素（如落叶、气温）的记录（图1）。事实上，大多数学生仅记录了周遭环境的变化情况，而缺乏对背后规律的深入思考和自主探索。

从中可见，现有的“城市生态学”课程设计仍存在一些局限性，需要对教学内容进行一定优化，培养对城市生态系统的敏感性和对变化规律的认知能力，引导学生更加注重生态学原理的运用。

2.2 对课程设计短板的反思

分析现有课程在系统生态观培养方面的不足，主要有以下几个方面。

首先，对生态系统的概念阐释不够清晰，导致学生对生态系统范畴的理解较为狭义，在一定程度上将之等同于水、土、气、生物、人口等特定子系统，而难以把握生态规律的广义内涵。其次，基础理论模块与应用实践模块的衔接不够紧密。在基础理论部分讲述的大量案例主要来自于动植物、微生物、水循环、大气等生态和环境领域，与城乡规划没有直接的关系；而防灾减灾、交通规划、生态规划等章节虽然介绍了不少规划案例，但讲授的均为规划原则和方案，而对为什么要采取这些策略、它们各自存在什么优缺点等，缺乏生态学视角的深入解读。此外，课程偏重于知识的传授，而对生态学思维方法的培养内容相对较少。这些短板的存在，导致学生虽然掌握了不少理论知识，但在应对城乡规划实际问题时只是套用已有的规划思想，在创新思路方面显得捉襟见肘。

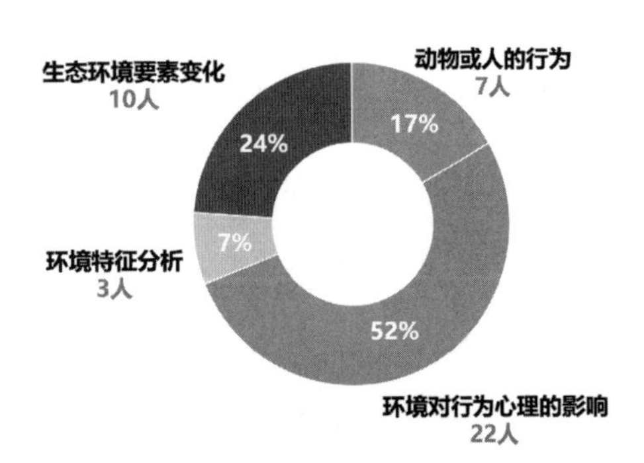

图1 “城市生态学”课程作业环境行为观察日记选题分布

资料来源：作者自绘

针对上述问题，笔者认为城乡规划本科生“城市生态学”课程应该在概念阐释、理论与实践结合、思维方法培养以及教学任务设计等方面进行改革和优化，着力培养学生的系统生态观，让学生学会运用生态学理论方法来分析和解决城乡规划中的实际问题。

3 城乡规划教学中如何培养系统生态观

3.1 理论教学与案例分析相结合的策略

为了培养系统生态观，应构建一套理论教学与案例分析有机结合的教学策略。

在理论教学方面，以思维方法的培育为目标，对生态学相关基础理论进行更为全面深刻的讲解。包括：阐明广义生态学思想，引导学生从哲学高度思考城乡地域系统与人类福祉的关系，认识生态平衡的重要性；融入可持续发展思想，使学生牢固树立城乡规划应遵循可持续发展的基本原则，即在满足当代需求的同时，不损害后代满足自身需求的能力；介绍系统论思想，融入生物学、物理学等跨学科理论和方法。在此过程中，注重引导学生思考，提出疑问，积极互动，深化对理论知识的理解。

在理论教学的基础上，引入系统生态观教学案例，与城乡规划实践结合，分析案例的效果和不足，让学生更加直观地理解城乡复合人工生态系统，学会如何将理论知识应用于实践。通过专题讨论等环节的设计，鼓励学生发表观点和见解，引导他们进行深入分析和思考，提高批判性思维和创新能力。

为了支撑以上教学策略，需进行教学案例的开发。事实上，现有“城市生态学”教学内容中已经涉及许多城乡规划中的生态问题，如城市热岛效应、水资源短缺、生物多样性丧失等。但与介绍既定的解决方式和规划模式相比，更需要的是独立提出问题、分析问题和解决问题的能力。因此，在教学案例的开发中，要特别注重引导学生运用生态学的原则来进行观察思考、数据搜集、分析研究、趋势研判和规划设计。唯有如此，才能完成未来具有创新性的城乡规划。

3.2 教学案例选择的原则

根据以上思路，开展了教学案例库的建设工作。首先，通过国内外研究文献、国内外网站资料、学生作业，以及笔者以往研究等文献和资料，搜集整理备选案例。然后，确立教学案例选择的三个原则，以选择合适的教学案例。

一是具有启发性。不仅要传授知识，更要培养学生的思考能力和实践能力。因此，教学案例应具有启发性，能够启发学生深入认识和思考城乡规划问题。通过案例剖析，讲授解决问题的思路和方法，从而培养自主思考能力和解决实际问题的能力。

二是具有思辨性。城乡规划中的实际问题往往具有复杂性和多元性，没有唯一正解。需鼓励学生跳出固化思维，从不同角度审视问题，提出合理的解决方案。通过教学案例，培养学生的批判性思维，学会在多元价值观中寻求平衡，为参加实践工作奠定科学基础。

三是具有创新性。城乡规划领域的发展日新月异，新理念、新方法和新技术不断涌现。因此，应密切关注城乡规划领域的最新动态，选择具有前瞻性、创新性和引领性的实践项目作为教学案例。通过引导学生分析这些前沿理念和技术方法，激发学习兴趣，培养创新思维。

4 系统生态观培养的教学案例开发

基于以上思路，拟将教学案例分为三个板块进行建设。

A. 规律认知，即通过对自然环境和人类社会的细微观察感知变化、发现规律。注重教学案例的启发性，提高基础理论教学的趣味性，培养学生的观察和思考能力。

B. 问题分析，即运用系统生态的原理来分析问题，对事物的动态变化特征和发展趋势进行研判。注重教学案例的思辨性，抛弃本本和教条，养成从源头审视问题、形成思路的逻辑分析能力。

C. 实践运用，即结合城乡规划的专业实践，自觉运用生态学思想和相关知识，特别是生态学的 5 大基本原理（物质循环再生、物种多样性原理、协调与平衡、整体性，以及系统学和工程学原理），去解决遇到的各种问题。注重教学案例的创新性，培养学生运用交叉学科思想解决问题的能力。

以下试对三个板块的典型教学案例进行介绍。

4.1 规律认知：从日中测影中发现周而复始的生态法则

中国古人通过对正午日影长度的观察绘制了古太极图。

什么是日中测影？很多人知道，日晷仪的原理是根据日影方向来判别一天中的时间，很多其他古老文明也有类似的计时工具。然而，我们的祖先进一步注意到，一年之中每天的最短影长（即正午影长或日中影长）在发生变化且有一定规律：一年之中从冬至开始，影长越来越短，直到半年后（夏至）最短；之后越来越长，直到下一个冬至，又开始新的循环。古人对影长的测量被记录在《周髀算经》等文献中。在此基础上，以圆周代表一个循环，并将其分为 365 天，根据每天的日中测影数据记录下来并一一描点，绘制成古太极图（图 2）。太极图中蕴含着“天人合一”“负阴抱阳”“阴阳互动”“虚实相生”“循环往复”等中国传统文化的深刻内涵，这一概念长期存在于本土城市规划和艺术设计中。

这个案例有几点启示：一是生动诠释了古人对自然细致入微的观察；二是教导了人们如何从观察结果中发现生态法则及其数理规律；三是“负阴抱阳”“对立统一”等朴素的哲学思想存在科学理性的基础，是通过长期不断的总结提炼抽象出来的。在城乡规划教学中，可以继续引导学生思索：从自然现象的观察中如何发现自然生态系统的规律？有哪些值得借鉴的生态智慧？如何将它们与城乡规划结合，创造出更加和谐的人居环境？

1	2	3	…	92	182	183	184	…	274	…	365
100	98	96	…	58	18	17	18	…	58	…	100

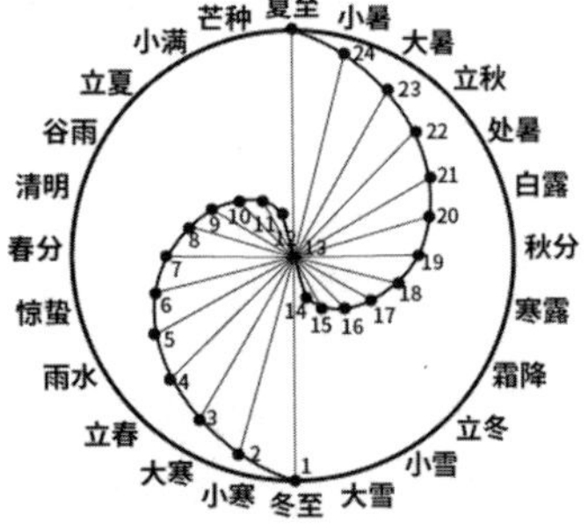

图 2　根据 365 天日中影长观测结果绘制的古太极图

资料来源：作者根据曹书敏《告成观星台天文测量与探究》重绘

4.2　问题分析：水动力系统与水网规划设计

该案例来自题为“塘栖古镇历史保护与活力再生”的毕业设计，所在地塘栖镇隶属于杭州市临平区，位于杭嘉湖平原南端、毗邻京杭大运河，为典型的江南水乡，现状河道水网密集，有主要通航河道、与之平行相连的旧河道及众多与之垂直交汇的支流河道。因地处平原，支流河道多直交，且人工运河水流较缓。根据上位规划，未来大运河将在塘栖古镇北部新开辟一条主航道，因而基地水网如何设计成为规划设计的关键问题。

这是一个典型的生态系统结构优化问题，每一条河道与整个水网之间都要有合理的关系，才能保证水的流动和平衡。如果不能顺应河网的自然规律，就很可能会出现水流淤滞、淹没、河岸冲刷或景观风貌的破坏。因此，在对古镇水网结构的规划设计中，必须充分考虑系统的协调和平衡，平衡好水文条件、地形地貌、人类活动等多个要素间的关系。

按照这样的思路，规划设计中分析人工新增河道给自然水系带来的影响，并结合水动力学的原理来优化古镇的水网结构。首先对水系进行分级，确定干流、汇入干流的 1 级支流、汇入 1 级支流的 2 级支流，并依此类推得到现状水网分级图。新开辟大运河新航道后，原有主航道变为 1 级河道，其他河道的等级也随之发生变化；如果完全保留原有的 2、3 级航道，就会出现 3 条河道并行的情况，水动力学分析表明，将由于水流方向紊乱增加淤积和淹没风险，降低河网形态的自然性，因此截断部分 2 级河道，并根据河道等级越高、入河交叉

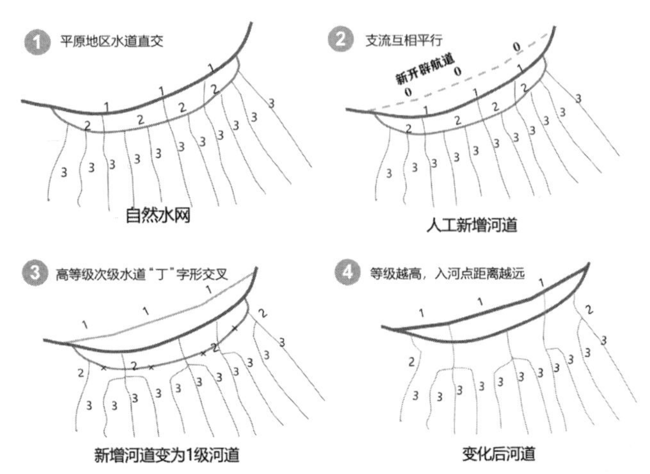

图 3　新开辟运河航道对塘栖古镇自然水网的影响分析

资料来源：何阅，等，航运・杭韵：水城共荣产业引领的张家墩地块更新改造，2023

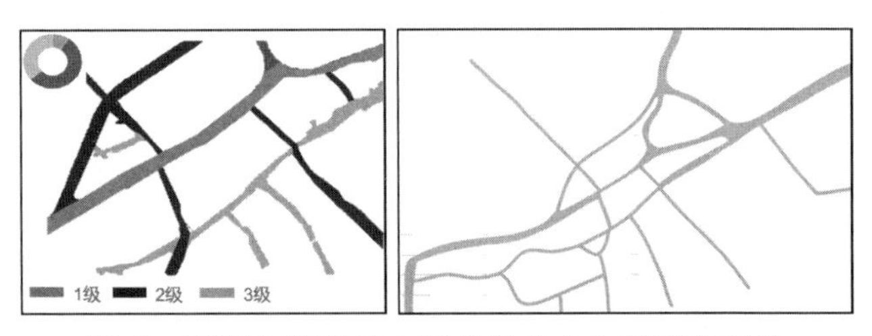

图 4　塘栖古镇现状水网分级（左）及规划后的水网结构（右）

资料来源：何阅，等，航运・杭韵：水城共荣产业引领的张家墩地块更新改造，2023

点间距越大等水动力学的原则，确立变化后的河道结构（图 3）。

基于塘栖古镇水网现状结构及以上分析，确定了规划水网结构，如图 4 所示。

塘栖古镇的城市设计案例体现了生态学的协调与平衡原理在城市规划设计中的应用。通过展示如何利用水动力学原理来分析和优化古镇水网结构、实现城镇空间与水生态空间协调共生的过程，介绍水动力学的理论和方法，启发学生刻画科学问题并通过分析来逐步解决。

4.3　实践运用：完整社区规划理念与实践

完整社区的规划理念体现了生态学的整体性和系统性原则。“完整社区”是吴良镛先生提出的规划理念，

其核心思想是人是城市的核心，社区是人最基本的生活场所，要从居民的切身利益出发，规划建设完整社区[7]。那么，何为“完整”？完整社区应该如何打造，怎样才能通过完整社区的规划设计来提升社区生活圈的质量呢？对此，已有不少值得学习借鉴的相关规划实践。

从系统生态观的角度去理解社区生活圈，每个社区生活圈应该是一个具有相对完整性的生态系统，社区中的人、生物要素、空间环境要素等映射着生态系统中各类要素。

首先，作为一个完整的系统，完整社区的各个部分有着紧密的相互关联，而且它们之间必然存在着较为稳定的结构和功能关系。因而在地域范围上，完整社区功能单元通常与人们的活动范围有密切关系，具体来说取决于出行时间、交通方式、市场范围和设施规模等级等。例如，墨尔本“20分钟生活圈”理念强调步行、骑行或使用当地公共交通，在离家20分钟路程内满足日常需求[8]；首尔提出以住宅为中心，建设30分钟内可到达的“日常步行圈”，满足居住、工作和娱乐需求[9]；法国巴黎提出“15分钟城市”概念；斯德哥尔摩则引入建筑套件，在室外1分钟范围内打造多用途的社区空间[10]（图5）。其次，生态系统内部各种要素通过物质交换、能量转化、信息流动等多重联系和相互作用才能构成一

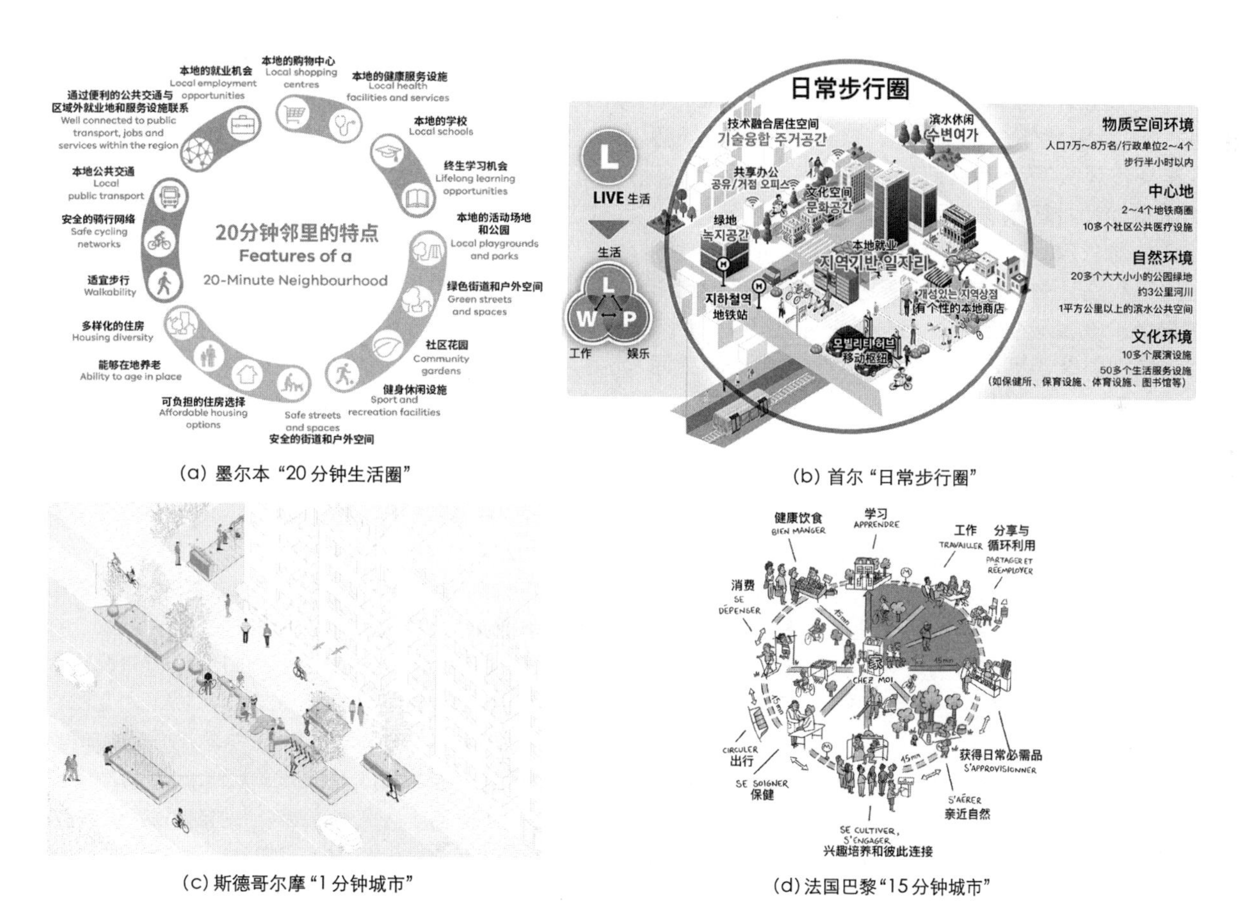

(a) 墨尔本“20分钟生活圈”

(b) 首尔“日常步行圈”

(c) 斯德哥尔摩“1分钟城市”

(d) 法国巴黎“15分钟城市”

图5 国外“完整社区”相关规划理念

资料来源：根据以下网站改绘（a）：https：//www.planning.vic.gov.au；

（b）：https：//mediahub.seoul.go.kr/archives/2003937；

（c）：https：//www.bloomberg.com/news/features/2021-01-05/a-tiny-twist-on-street-design-the-one-minute-city；

（d）：https：//www.treehugger.com/the-15-minute-city-is-having-a-moment-5071739

个有机的整体。社区的“完整”性不仅涵盖对物质空间的创新设计，还包括对社区精神和凝聚力的塑造。如墨尔本“20 分钟生活圈”规划概念中（图 5a）不仅包含了设施、场所等物质空间层面的内容，还提出为居民提供“本地的就业机会”“可负担的住房选择”“能够在地养老”等内容[8]；巴黎的“15 分钟城市”概念中（图 5d）还包含了“兴趣培养和彼此连接”“亲近自然”等理念[11]。

这些来自国外的规划理念提供了不少实践运用方面的启示。首先，在我们所生活的社区中，人、生物、空间环境、社会关系等映射着生态系统中各种要素及其相互依赖、循环与平衡关系，可以小见大，洞察。其次，完整社区的规划并非 5 分钟、10 分钟、15 分钟等固定的教条，生活圈的界定应以人的生活为基础合理确定功能单元，要考虑人们的出行时间、交通方式、市场范围、设施规模等级等因素。此外，社区的“完整”性体现在物质空间和社区精神与凝聚力的塑造等多个层面，因此社区共同意识、友邻关系、共同需求的分析也是确定社区边界和提升生活质量的重要途径。今后可继续引导学生思考：在流动性加剧、老龄化、家庭不断缩小、更新需求增加的背景下，如何构建新型社会结构和空间环境？

5　结论与展望

随着我国社会经济发展步入新阶段，城乡规划行业面临许多新的挑战，系统观、整体观、生态观在城乡规划实践中的重要性将越发凸显。这迫切要求完善专业课程教学体系，强化对相关理论方法的培养。系统生态观的树立不仅有助于深入理解城乡系统的复杂性和规律性，更能为未来的规划决策提供更科学、更可持续的方案。

本文从现有教学内容的短板出发，提出理论教学与案例分析相结合的思路，并基于启发性、思辨性和创新性的原则，开展了由规律认知、问题分析、实践运用三个板块构成的教学案例库建设。前文展示的三个案例中，日中测影的案例一方面说明观察和思考的重要性，另一方面也加强了理论学习的趣味性；城市水系的规划设计案例强调运用系统生态的原理分析问题，形成逻辑分析思维的能力；完整社区规划理念与实践案例体现了生态学相关思想在规划实践与分析中的灵活应用。根据“城市生态学”课程的学时要求，在每个板块中精心打造 6~10 个典型教学案例，并在今后的教学实践中关注城乡规划理念、方法和技术的动态，不断更新案例库。

这些教学案例的应用，将有效解决城市生态学课程教学中存在的理论与实践结合不紧密、创新思路不足等问题。今后，将通过课程作业和专题讨论的分析，对教学效果做进一步的跟踪。

参考文献

[1] 陈艺文 . 恩格斯城市生态学思想及其当代启示——基于对恩格斯《英国工人阶级状况》的分析 [J]. 鄱阳湖学刊，2020（6）：12-19，124.

[2] 习近平 . 决胜全面建成小康社会夺取新时代中国特色社会主义伟大胜利——在中国共产党第十九次全国代表大会上的报告 [R]. 北京：新华社，2017.

[3] 高培勇，隆国强，刘尚希，等 . 扎实推动高质量发展，加快中国式现代化建设——学习贯彻中央经济工作会议精神笔谈 [J]. 经济研究，2024，59（1）：4-35.

[4] 孙施文 . 我国城乡规划学科未来发展方向研究 [J]. 城市规划，2021，45（2）：23-35.

[5] 白洁，张立恒 ."大思政”背景下城乡规划专业更新类课程改革策略——以生态马克思主义为视角 [J]. 华中建筑，2023，41（6）：146-149.

[6] 杨小波，吴书庆，邹伟 . 城市生态学 [M]. 3 版 . 北京：科学出版社，2014.

[7] 吴良镛 . 住房・完整社区・和谐社会：吴良镛致辞 [J]. 住区，2011（2）：18-19.

[8] 李紫玥，唐子来，欧梦琪 . 墨尔本“20 分钟邻里”规划策略及实施保障 [J]. 国际城市规划，2022，37（2）：7-17.

[9] 刘克嘉 . 基于居民生活圈调研的既有住区适老性更新研究 [D]. 天津：天津大学，2022.

[10] 杨慧，李曌，张殊凡，等 . 卷无可卷：瑞典推出“一分钟城市”规划 [J]. 城市开发，2021（2）：82-84.

[11] 本刊编辑部 .15 分钟城市：一刻钟生活圈定义下的理想城市图景 [J]. 北京规划建设，2023（4）：4-5.

Ecological Thinking in Urban And Rural Planning Education and the Development of Teaching Cases

Gao Xiaolu　Li Minlu

Abstract: The cultivation of comprehensive and systematic thinking is a crucial part of urban and rural planning education, which is of great significance for students to understand the laws of urban and rural systems and propose scientific planning solutions. This article first expounds the importance of systematic ecological perspective in urban and rural planning education. Secondly, from the teaching practice in undergraduate course of Urban Ecology, shortcomings w.r.t the content of the course are elaborated, i.e., 'vague explanation of the scope of ecology', 'disconnection between the teaching modules of basic theories and applications', and 'inadequacy on ecological thinking in planning and design'. To bridge the gap, a strategy is proposed by combining theoretical teaching with carefully selected teaching cases, and a library of teaching cases to cultivate systematic ecological perspective is conceived, which is composed by 'cognition', 'analysis', and 'application' parts. The improvement is expected to inspire students to discover natural laws, to consciously apply ecological principles to analyze problems, and creatively apply ecological theories and methods in urban and rural planning practice.

Keywords: Urban and Rural Planning, Systematic Ecological Thinking, Sustainable Development, Urban Ecology Course, Teaching Cases

国土空间规划背景下的规划技术与方法课程体系构建

韩贵锋　何宝杰　叶　林

摘　要：随着国土空间规划体系的构建和逐步实施，当前城乡规划专业人才培养的课程和知识体系也势必转变。越来越多的地理类、土地资源管理类和生态环境类相关学科的专业知识将逐渐深度融入到城乡规划之中，而传统的规划技术与方法也将面临瓶颈。重庆大学基于多年的课程改革探索，构建了本硕一体化的规划技术与方法课程系列和知识体系。根据学业阶段性特点，配置适宜的课程内容，开展有效衔接的渗透式教学，形成一套可扩展的知识模块。本科阶段重基础，扩展知识面广度；研究生阶段重应用，强化技术与方法的实践能力。课题体系能积极响应高质量发展和数字经济建设的时代需要，遵循全域全覆盖、纵向到底、横向到边的规划逻辑思路，通过规划技术与方法的强力支撑，有效辅助城乡规划专业教育更好地适应社会对多元化复合型人才的需求。

关键词：国土空间规划；规划技术；分析方法；本硕一体化；课程体系

中国经历了快速的城市化过程，规划也经历了三个发展阶段。从最开始的城市规划到城乡规划，再到目前的国土空间规划，有各自的特点和标志性特征。在生态文明建设背景下，山水林田湖草生命共同体的提出，以及一张蓝图干到底的理念，为城市或城乡规划提出了更高的要求。另外，随着人们生活水平的提高，以及大数据与人工智能的带动下，城市规划中的“个体”意识逐渐提高，而不再是规划中常用的无差别的“标准人”。2018年国务院机构改革，组建自然资源部，形成了多规合一的国土空间规划体系，标志着我国进入了国土空间规划时代。

在国土空间规划时代，城市规划技术与方法需要适应规划的三个特点。第一，规划走向宏观综合性。城市或城乡规划与国土、环保、林业、气候气象等自然、生态和资源领域的规划融合，从简单的、技术性的多规合一走向全域规划[1]，形成全域、全要素、全覆盖的国土空间规划。第二，规划走向微观精细化。规划将更多地引导或服务于城市微观空间的社会行为与活动，而且还要适应网络虚拟化带来的物质空间形态的改变。第三，专业化趋势。基于城乡问题或者目标，在各个相关专业和领域里，形成相应的专业或专项规划，将专业规划编制过程及其成果融入到一张图中，与其他空间规划统一，并且保持动态协调。

在规划的变革与发展过程之中，传统的城乡规划或城市规划常用的技术与方法逐渐面临瓶颈，难以支撑和适应当代的国土空间规划的现实需求。

1　城乡规划技术面临的挑战和机遇

1.1　全域全覆盖的多规合一

在统一的空间规划体系下，传统的城乡规划从城镇建设空间外扩至全域，而传统的土地利用规划从全域延伸到城镇建设空间内部，纵向到底，横向到边，相互衔接形成一体化。面对规划要素的多元化和复杂性，在规划编制、管理对策和实施路径等多个方面，都需要深度磨合和持续探索。我国幅员辽阔，地理区位多样，资源禀赋差异大，少数民族集聚，基础和优势各异，发展阶段不同，各地在谋划未来国土空间开发保护格局时，必将面临多种多样的实际问题和难点。因此，当前的城乡规划研究方法和技术手段，应该跳出传统的模板或套路，以满足城乡规划在纵向和横向转型中对技术和方法

韩贵锋：重庆大学建筑城规学院教授（通讯作者）
何宝杰：重庆大学建筑城规学院教授
叶　林：重庆大学建筑城规学院副教授

的迫切要求。

1.2 精细化的高质量发展

在经历了多年的粗放式快速扩张之后，存量更新是未来发展的主题。增量规划向存量规划转型，城乡规划将更多地关注城市细部进行“精耕细作”，设施精细化配置、社区自组织、城市（微）更新等需求逐渐增多，不仅要照顾群体需求，还要考虑“个体”的差异性。存量规划必须处理和平衡错综复杂的现状关系，分析经济、技术、资本、信息和居民活动等要素的流动特征和功能空间的相互关系，深刻理解城市空间结构和运行逻辑，遵循城市要素内部的作用机理，不断提高国土空间治理的现代化水平。因此，这些现实的需求亟待城乡规划人才培养模式在分析方法和技术方面做出响应。

1.3 智能化数字经济建设

在信息化过程中，大数据以及互联网与物联网结合积累了海量的时空数据，使人们能够以前所未有的精细度来认知城市。在大数据、大模型和大平台建设推进中，城市物质形态空间与城市信息虚拟空间耦合映射，同步规划、同步建设、同生共长，推动数字孪生落地，助力智慧城市和数字经济建设。通过模拟、监控、诊断、预测和控制，解决城市规建管中的复杂性和不确定性问题，全面提高城市资源配置效率和运转状态，实现全要素统筹、全空间覆盖、全过程传导、全周期监管，逐步实现一张蓝图绘到底、一张蓝图干到底、一张蓝图管到底。显然，城乡规划人才的培养，应该结合时代的发展和智慧城市的建设需求，在传统教学环节中适当增补内容，革新城乡规划的数据获取途径、分析手段、数据可视化，以及规划效果检验等，促进规划研究方法和技术的提档升级。

2 本科与研究生衔接的一体化课程体系

遵循从简到难，从理解到应用的原则，城乡规划技术与方法课程内容应该将本科与研究生串联拉通，构建一个逐级递进的有机体系。一方面，可以根据两个阶段的培养要求和学业重点，匹配需求，因时施教；另一方面，两个阶段安排知识的难度有别，应对不同的培养目标，避免课程和知识的重复。

2.1 本科阶段

大类招生的趋势下，城乡规划专业不仅要适应大类招生和培养模式，也要积极主动适应大类出口。既然按照大类招生培养，扩大知识面，更加注重学生通识性的施教，学生必然对学业的深度和精度有所下降，这样才能有精力学习和扩展更多相关学科的知识。而且，城乡规划学科本身就涉及众多相关学科知识的综合，尤其是在国土空间规划时代，与土地资源管理和地理类相关学科的关系更加紧密。因此，在本科阶段的培养中，规划技术与方法就应该侧重于广度，强化基础知识的学习。

重庆大学经过多年的教学探索和改革，基本形成了一套城乡规划技术与方法系列课程，从低年级到高年级的开课顺序为：概率论与数理统计→线性代数→城市规划数据分析方法→地理信息系统（GIS）[2]。该系列课程从通用的数理方法逐渐过渡到城乡规划领域，重点是夯实基础知识的理解，培养基本的理性逻辑思维。在课程时序上，与主干课程协调前后关系，例如城乡社会调查报告、城市设计和总体规划等课程，引导学生在专业课中适当应用，培养学生善于汲取相关分析方法和技术，实现渗透效果，确保相关技术与方法的应用是正确的，避免“拿来即用”。

2.2 研究生阶段

研究生阶段的培养需要强化深度，趋向于专而精，侧重于具体方法与技术在实际问题或工程实践中的应用。根据研究方向，兼顾个人兴趣，学生可以集中学习某个方面或某种方法和技术，全面理解原理和分析逻辑，在具体项目或选题的指引下，发挥学生的自学能力，使其具备对分析结果的评判能力。在计算分析—结果评判的双向交互过程中，进一步深层次理解技术与方法的运行过程，达到合理、灵活应用的目的。

重庆大学城乡规划专业设置的城市规划技术与方法课程，属于城乡规划学科硕士研究生专业核心课程，是硕士研究生和博士研究生的共享课程，一年级开设，要求学生根据自身情况选择主攻的分析方法和实现技术。以案例解析为主的启发式授课，分解方法应用的全过程，并对关键参数和难点环节详细讨论，最重要的是能客观揭示分析结果（一系列数据或图表）所隐含的规律，并进行合理的解释和逻辑推理，而非简单地输出结果。课程时长是有限的，方法从熟练到精通，需要学生课后花更多的时间钻研，逐渐掌握方法的精髓，确保不仅能正确应用，而且要能恰当地优化应用。

3 城市规划技术与方法课程的模块内容

本科阶段开设的理论基础课程（概率论与数理统计、线性代数、城市规划数据分析方法和地理信息系统）及其相应的渗透课程（设计课程）比较常规，大部分院校都有开设，不再赘述，本文仅介绍研究生阶段的课程模块。结合国土空间规划的时代特点和当代信息技术的发展趋势，城市规划技术与方法课程旨在了解数据挖掘、知识发现、数据组织和技术整合，掌握空间分析方法，以便深入认识规划区域的自然生态环境现状和规律，准确把握城市社会经济发展趋势，提升城乡规划方案的科学性。

课程主要以 GIS 为基础平台，以数据作为驱动，以问题或目标为导向，按照不同的分析目的，构成一个横向上多领域融合、纵向上不断深入的可扩展技术应用体系，包括通用数字技术和规划应用技术两个板块。通用数字技术板块，包括 GIS 和 RS 空间分析技术、统计分析技术、大数据分析技术、人工智能分析技术等。规划应用技术板块，主要针对城乡规划的主要分析内容，安排了 9 个常用的技术与方法模块和 1 个内容可更新的预留扩展模块。课程采用团队式教学，整合教师的研究专长，7 名教师授课，构建相对独立的模块化课程体系，共 32 个学时，课程为必修理论课。

3.1 通用数字技术板块

面对全域、全要素和全覆盖的国土空间规划，包含大中小多个空间尺度，GIS 和 RS 作为必备的数字技术，通常用于数据获取和处理，构建数据库，贯穿于规划编制、管理、实施、评估和动态更新全过程[3]。通用数字技术板块重点介绍基于 GIS 和 RS 的空间分析方法的应用，还包括规划中常用的人工智能分析方法、地理数据分析方法、社交媒体等大数据收集与处理，主题分析、自然语言分析和常用的机器学习算法等。

3.2 规划应用技术板块

（1）“双评价”分析技术

根据“双评价”导则，掌握常用数据的收集、处理、转换、栅格数据叠加、矢量数据统计和专题图符号化等。基于县域“双评价”的实践案例，选择关键分析步骤和难点，进行详细操作和讲解。

（2）空间形态分析技术

依据基础理论，重点介绍代表性的空间形态量化分析方法：基于经典康泽恩形态学理论、基于历史城市地理学理论、基于多要素整合的城市形态量化分析方法，具体包括城市空间形态指标类型及构成体系、空间形态数据获取与计算、形态分析与表征等。

（3）社会行为分析技术

区分传统数据和新兴数据的概念、类型及获取方式，讲解新兴社会行为数据，包括交通轨迹、行为活动和空间活力等常见数据的构成、获取和清洗，在城乡规划领域中的应用方向、分析思路和分析模式。

（4）交通仿真分析技术

出行生成—出行分布—交通方式划分—交通量分配（四步法交通预测模型）的基本计算方法，以及基于 TransCAD 的分析流程；微观交通仿真技术，道路节点的交通问题识别，设计方案评价方法等。

（5）空间经济分析技术

对经济活动的相互作用和空间结构问题进行定量分析，介绍常用模型（离散选择模型、路径模型、结构方程模型等）、空间常系数回归模型（空间滞后模型、空间误差模型）、空间变系数回归模型（地理加权回归模型）及实证案例，初步实现社会行为研究从理论到分析应用的框架搭建。

（6）环境绩效分析技术

介绍城市化过程中常见的大气污染物（雾霾、硫化物等）、地表水污染物（面源污染物）、分布式水文模型和生物多样性的扩散和传播分析方法和可视化技术。耦合土地利用、空间形态以及人口和社会经济，分析规划情景下的规划方案的预期效果和反馈途径。

（7）生态智慧分析技术

城市低影响开发与海绵城市的概念与基本技术，重点介绍低影响开发雨水系统的构建和设计流程；基于自然的解决方案（NBS）的概念，及其相关实践的成效；

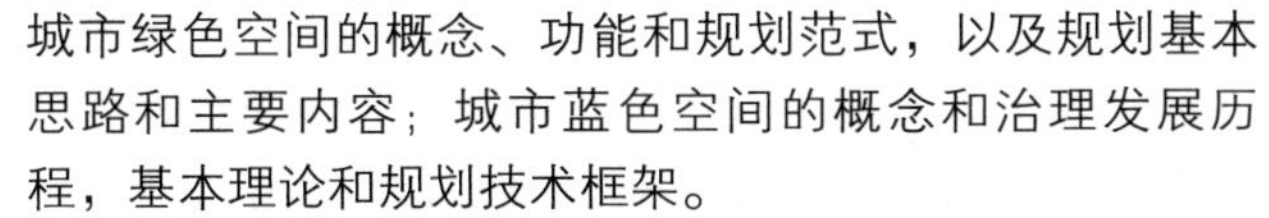

城市绿色空间的概念、功能和规划范式，以及规划基本思路和主要内容；城市蓝色空间的概念和治理发展历程，基本理论和规划技术框架。

（8）气候适应分析技术

主要分析当前城市气候问题及其影响，介绍蓝绿色基础设施、建筑材料与城市形态对城市温度的调节机制和潜力，以及城市规划应对全球变化的适应和减缓技术框架。城市尺度 WRF 模拟与风廊识别方法与构建技术，小尺度上风热环境效应与空间设计的耦合关系，局地气候分区（LCZ）及规划引导技术。

（9）灾害风险分析技术

气候变化背景下，高密度城市的灾害风险及可能的损失越来越大，将降低灾害风险的措施及目标植入城乡规划，构建气候友好型城市发展模式，是可持续绿色低碳城市和韧性城市建设的重要内容[4]。主要内容包括，城市灾害风险识别和评估技术，城市灾害风险治理技术，灾害风险的规划应对方法及绩效评估技术。

（10）其他分析技术

随着学者在规划领域的研究探索，并结合规划的时代发展需要，根据规划分析需求的紧迫程度，后续可动态引入相对成熟的规划应用分析技术和方法，补充到已有模块中并逐步完善，或者单独设置模块。

本课程面向国土空间规划的时代需求，结合城市存量发展的特点，针对传统城乡规划在规划分析和规划编制过程中的数量分析方法与技术的应用不足，构建了一套可扩展的分析技术与方法体系。课程有效地补充了城乡规划中“硬”方法的缺陷，将传统规划中的经验式判断“软”方法和艺术形态美学[5]，与理性的数量分析方法结合，覆盖大中小尺度，以及国土空间规划多个类型和层次，在规划实践中有效、合理应用分析结果，推动城乡规划学科的理性化和科学化。

4 结语

重庆大学紧随时代发展，在多年的教学积累和改革中，逐渐形成了一套可扩展的规划分析技术与方法体系，将本科阶段与研究生阶段贯通考虑，根据学业的特点和重点因材施教，取得了良好的效果，在当前的行业大环境中，能更好地适应精细化空间治理的现实需求。通过教学改革，训练学生的理性思维，强化规划过程的逻辑性和严谨性，培养宽进宽出的复合型人才，满足新形势下城乡规划转型发展的需要。

自然地理、人文地理和土地管理等内容加入到城乡规划体系，将进一步强化学生的理性思维，也会带来更多的理性分析方法，使学生更加客观地分析和认识城乡全域范围内的生态、环境、水文、地质等自然过程及其与社会经济之间的多维度响应关系，从而理解自然地表系统的基本运行规律，保障其在城乡规划分析、编制和管理中的科学性和合理性。

参考文献

［1］ 李琳，韩贵锋，赵一凡，等. 国土空间规划体系下的“多规合一”探讨与展望 [J]. 西部人居环境学刊，2020，35（1）：43-49.

［2］ 韩贵锋，孙忠伟，叶林 . 新形势下城乡规划技术教学创新模式研究 [C]// 高等学校城乡规划学科专业指导委员会，等 . 新时代・新规划・新教育——2018 年中国高等学校城乡规划教育年会论文集 . 北京：中国建筑工业出版社，2018：304-309.

［3］ 韩贵锋，颜文涛，孙忠伟 . 城市规划专业 GIS 课程教学改革的思考 [C]// 高等学校城乡规划学科专业指导委员会，等 . 规划一级学科，教育一流人才——2011 全国高等学校城市规划专业指导委员会年会论文集 . 北京：中国建筑工业出版社，2011：224-227.

［4］ 顾朝林，谭纵波，刘宛，等. 气候变化、碳排放与低碳城市规划研究进展 [J]. 城市规划学刊，2009（3）：38-45.

［5］ 尹稚，马文军，孙施文，等 . 城市规划方法论 . 城市规划 [J]，2005，29（11）：28-34.

A Curriculum System of Planning Technologies and Methods in the Context of Territorial Spatial Planning

Han Guifeng　He Baojie　Ye Lin

Abstract: With the construction and gradual implementation of the territorial spatial planning system, the current curriculums and knowledge used to cultivate students are bound to transform in the major of urban and rural planning. More and more professional knowledges related to geography, land resources management, ecology and environment will gradually be deeply integrated into urban and rural planning, therefore the traditional planning techniques and methods will also face bottlenecks. A series of planning techniques and methods courses and knowledge system from undergraduate to postgraduate has been established based on continuous reform and exploration in the past years. Based on the academic characteristics of the two stages, appropriate course content has been configured and immersive teaching methods integrated effectively in other courses have been developed, which forms a set of extensible knowledge modules. Emphasis is placed on fundamentals and the breadth of knowledge should be expanded in the undergraduate stage. Emphasis is placed on application and the application ability of techniques and methods should be strengthened in the postgraduate stage. Following the planning logic of full coverage, vertical to bottom and horizontal to edge, planning techniques and methods keeping up with the times have strong supports for urban and rural planning, which effectively assists urban and rural planning professional education in better adapting to the needs of diversified and composite talents, and actively responding to the needs of high-quality development and digital economy in the era.

Keywords: Territorial Spatial Planning, Planning Technology, Analysis Method, Undergraduate-Postgraduate, Curriculum System

国土空间规划改革背景下的“自然资源保护与利用”课程建设初探

干　靓　颜文涛

摘　要： 本文通过同济大学城市规划系“自然资源保护与利用”课程四个学期建设探索的回顾，结合学生反馈意见和建议，总结课程教学的成功经验与存在问题，思考在国土空间规划改革背景下，城乡规划学科立足空间本体，探索自然资源领域跨学科知识体系融入的教学改革。

关键词： 自然资源保护与利用；国土空间规划

1　前言

2018 年 3 月中华人民共和国自然资源部成立，整合了国土资源部、国家发展和改革委员会和住房和城乡建设部的规划职能，对传统的城乡规划学科建设和发展提出了更高的要求。作为国土空间规划工作中多学科交互作用平台的主干型学科，城乡规划学科面临着规划对象从建成环境的开发利用扩展到自然和人工环境全要素保护、开发、利用、修复的新发展格局，需要建立满足规划全过程需要的综合性学科群知识体系[1]。新组建的自然资源部受命肩负“统一行使全民所有自然资源资产所有者职责，统一行使所有国土空间用途管制和生态保护修复职责”。在生态文明价值观和“绿水青山就是金山银山”理念的导向下，“自然资源保护”的观念得到广泛认同，“自然资源保护与利用”已成为各级国土空间规划编制的重要篇章，也是本次国土空间规划体系改革的核心专项规划板块之一。如何在空间规划中兼顾自然资源的保护、开发与配置由此成为国土空间规划新知识体系中不可或缺的内容[2]，但这些内容在城乡规划专业原有的教学培养方案中却较少涉猎。为了响应国土空间规划体系改革的学科发展需求，同济大学城市规划系自 2020 年起开设了“自然资源保护与利用”课程，旨在通过该课程的学习，加强学生对自然资源基本概念、自然资源保护与利用基本原理的认识和理解，补充自然资源保护、开发与配置的基本方法，完善国土空间规划知识体系，培养生态文明价值观以及在国土空间规划中应用自然资源学基本理论和方法的能力，为自然资源视角下的国土空间规划体系改革提供人才和知识储备。

本文通过对四个学期课程建设探索的回顾，结合学生反馈意见和建议，总结本课程教学的成功经验与存在问题，思考在国土空间规划改革背景下城乡规划学科立足空间本体探索自然资源领域跨学科知识体系融入的教学改革。

2　课程教学

2.1　课程的性质与目标

本课程是面向城乡规划专业本科生的专业选课修，开设对象主要面向三年级下学期即将在四年级上参加总体规划教学的城市规划系学生，也对其他年级学生开放。课程主要为城乡规划专业本科高年级学生学习国土空间规划提供必要的自然资源保护利用方面的基本理论与方法，也为未来从事与自然资源管理相关的国土空间规划和研究奠定理论基础。

课程教学目标为：①树立学生“山水林田湖草”生命共同体价值观；②帮助学生认知自然资源保护利用的基础知识和基本规律；③培养学生应用自然资源保护与利用知识和方法进行规划的初步能力。

干　靓：同济大学建筑与城市规划学院副教授（通讯作者）
颜文涛：同济大学建筑与城市规划学院教授

2.2 课程的开设历程与内容重点变化

在课程开设之前，同济大学城市规划系有意识地在2019年率先开设了一系列“国土空间规划改革系列讲座”，邀请北京大学、南京大学、浙江大学、中国人民大学、中科院地理资源所、上海财经大学、南京农业大学、南京师范大学、中国农业大学、中国林业科学院、英国利物浦大学、英国卡迪夫大学等相关高校与研究机构在自然资源统一管理、国土空间用途管制以及耕地资源、森林资源、草地资源、海洋资源等领域的权威专家开设专题讲座沙龙，与课程教学团队共同探讨在国土空间规划背景下自然资源保护与利用的基本理论与前沿研究，为课程的开设奠定了很好的基础。

课程开设的前两年，教学团队在深入学习国土空间自然资源保护与利用相关跨学科知识的基础上，认真分析研究了城乡规划专业高年级学生所需要补充的自然资源领域知识盲区，在教学过程中导入自然资源学的基本知识，结合教学团队参与和调查的实践案例进行讲解，主要从四个方面组织教学内容：①基础理论：自然资源的基本概念、类型及其统一管理的意义（2学时）。②原理方法：自然资源保护与利用的基本原理与基本方法，分为耕地、森林、水体、湿地、草地、矿产、海洋7大类资源模块（前6类资源1学时，海洋资源2学时，共8学时）。③规划应用：国土空间规划中的自然资源管理（4学时）。④答疑与作业研讨：3学时（表1）。

在课程开设的第三年即2022年起，两位授课教师结合近年来所开展的国土空间规划研究与实践，反思了前两年教学中的不足，将原有内容中更多对各类自然资源本体基础理论与基础方法知识学习的侧重，向立足空间规划本体融入兼顾自然资源保护与开发知识模块转变，更强调国土空间规划与自然资源监管之间的关系，在原有教学目标与内容基础上进一步补充、强化和优化了相关内容，包括：

（1）在“山水林田湖草”生命共同体价值观的基础上，强化对自然资源保护利用与人类活动协同关系的理解，强调在空间规划中落实“两山理论”，将生态文明建设与高质量发展和高品质生活关联。

（2）在解读国土空间规划自然资源统一管理的背景和意义的基础上，强化自然资源保值增值的元规则[3]，强调本轮国土空间规划改革所探索的新政策工具。

2020/2021春季学期各教学模块的授课内容与学时分配　表1

周数	授课内容	学时
1	自然资源的概念、类型及其统一管理的意义	2
2	耕地资源的保护与利用	1
	森林资源的保护与利用	1
3	水资源的保护与利用	1
	湿地资源的保护与利用	1
4	草地资源的保护与利用	1
	矿产资源的保护与利用	1
5	海洋资源的保护与利用	2
	答疑与作业选题指导	1
6	国土空间总体规划中的自然资源管理	2
7	社区可持续发展与自然资源管理	2
8	分组作业研讨	2

资料来源：作者自绘

（3）由于课时有限，前两年的授课过程中出现过某些模块内容多、时间紧，较难深入讲解的窘境。考虑到与本课程平行开设的另一门专业选修课“土地利用规划概论”中已经涉及了耕地资源保护利用的相关内容，而身处上海和长三角的同济学生对草地资源的感性认识较少，因此在本课程中删减了耕地和草地资源教学模块，而聚焦于森林、水体、湿地、矿产、海洋等主要战略性自然资源。课程中适当缩减了前两年授课过程中关于上述自然资源定义、类型、分布规律与保护利用挑战等基本知识的讲授，而强化了上述自然资源保护利用的基本原理及其专项规划的内容要点，促使学生理解自然资源保护与利用专项规划与国土空间总体规划和详细规划之间的关系。2023年春季学期将课堂进一步延展到了湿地公园，通过现场考察森林与湿地生态系统，更为直观地学习自然资源与生物多样性保护的知识内容。

（4）将原有的“规划应用”教学环节改为“自然资源综合规划与统一管理”，即不仅探讨怎么编，也强调怎么管，补充自然资源利用的权利体系、产权体系、自然资源价值核算与管制以及自然资源资产负债表编制等涉及自然资源监管[4, 5]的重要内容（表2）。

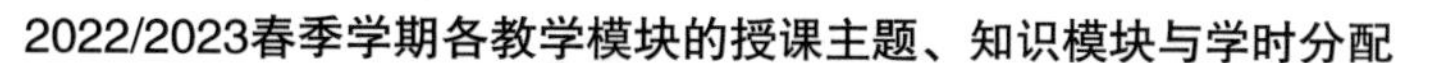

2022/2023春季学期各教学模块的授课主题、知识模块与学时分配　　表2

周数	授课内容	知识模块	学时
1	国土空间自然资源统一管理的背景、意义与任务	生态安全与资源安全挑战；新发展阶段转型方向；自然资源保值增值元规则转变；自然资源定义、特征与类型；国土空间自然资源统一管理的任务	2
2	国土空间水资源的保护与利用	城市发展与水资源管理；水资源承载力，“以水四定”；国土空间规划与水资源管理	2
3	国土空间湿地资源的保护与利用	湿地资源的价值与分类；湿地资源利用现状与问题；湿地资源保护政策与措施；国土空间规划中的湿地资源管理与利用	2
4	国土空间森林资源的保护与利用	森林资源的价值与分类；森林资源的保护；国土空间规划中的森林资源用途管制；森林城市与城市森林建设	2
5	国土空间海洋资源的保护与利用	陆海交错带和近海海域生境恢复与生物多样性保育	2（二选一）
	国土空间矿产资源的保护与利用	矿产资源专项规划与国土空间总体规划的衔接，地上地下空间协同	
6	国土空间生物多样性资源的保护与快速恢复	生物多样性资源恢复，国土空间规划生物多样性资源保护利用、生物多样性资源智能管理	2（二选一）
	现场参观——浦东新区金海湿地公园等（森林与湿地生物多样性资源）	森林生态系统 + 湿地生态系统 + 生物多样性保护	
7	答疑与作业选题指导	—	1
8	自然资源综合规划与统一管理	自然资源利用的权利体系；自然资源产权与空间治理的关系；自然资源价值核算与管制；自然资源资产负债表编制	2
9	分组作业研讨	—	2

资料来源：作者自绘

2.3　课程作业与考核形式

2020 年课程首次开设时恰逢学生因新冠疫情暴发无法返校，整个学期都在各自的家中在线进行课程学习，因此作业要求以“我家乡的自然资源保护与利用”为主题，结合学习内容，对家乡或熟悉的城市的一类或几类自然资源进行研究，撰写一篇不少于 3000 字的论文。学生们分别选择水资源、湿地资源、森林资源、矿产资源、海洋资源作为论文研究主题，分析该类或多类自然资源保护与利用的现状及存在的问题，探讨在当地的空间规划中如何保护与利用自然资源。

2021 年选课人数非常适合进行课堂互动讨论，因此将作业内容改为分组作业与个人作业结合的模式：其中分组作业要求 3 人组成一个小组，结合学习内容，在教师推荐的国土空间自然资源保护与利用议题中任选一项，查询文献 3 篇以上，自拟题目，完成一份 15 分钟的 PPT 报告，在第 8 周的课堂上进行报告或抽检；而个人作业则要求每人针对上述作业中所选择的文献（1 篇或者多篇），写一份 500~1000 字的读后感。四组同学分别以永久基本农田划定、流域国土空间规划、国家级湿地公园的建设与反思、跨界流域生态补偿机制为题完成了小组作业，在作业研讨汇报和指导教师点评的基础上，进一步完善了个人作业。

2022 年和 2023 年的课程作业延续了 2021 年的小组作业与个人作业结合的模式，但根据课程教学目标的新重点，在作业选题中弱化了单项自然资源的保护与利用，而鼓励学生以自然资源保护与人类活动的协同为题展开调研和思辨探讨。2022 年起课程首次出现了四年级以上同学选课，对于这些已经学习过国土空间总体规划的同学，则鼓励其分析某一城市森林 / 湿地 / 草地 / 水资源 / 生物多样性 / 海洋 / 矿产资源，某类自然资源专项规划，探讨与总体规划的传导与衔接。这两年的作业选题展现出了更好的多样性，虽然课程仅有半学期且2022年的学生们还经历了疫情下的严格校园封控，但还是通过文献阅读、案例收集和线上访谈等多种方式交出了令人满意的作业成果。2022年和2023年各有两份课程作业在暑期进行了更为详细的现场调研和研究，后被推选参加中国自然资源学会主办的“国地杯”全国大学生自然资源科技作品大赛，最终获得特等奖2项，1等奖1项(表3)。

3 学生反馈

教学团队对四届的选课学生进行了问卷调查，让学生们对课程内容、学习收获等方面进行评价，共有21位学生参与了调查，反馈意见详见表4~表7。

学生给予了该课程较好的总体评价，大部分同学认为该课程难度适中或比较容易，也有少数同学认为比较难和非常难。在针对教学目标的学习收获方面，前两届选课学生在价值判定、规律认知和规划应用方面的平

2022/2023年春季学期学生小组作业选题　　表3

序号	作业主题	选题类别
1	成都龙泉森林公园地区各级规划衔接分析	某类自然资源专项规划及其与其他规划之间的传导与衔接
2	上海市森林专项规划解读及总规衔接分析	
3	新加坡水资源规划研究	
4	粤港澳大湾区的珠江口海洋资源利用与保护	
5	矿产资源总体规划与国土总体规划的多层次衔接探究——以广西两县为例	
6	长江经济带水环境资源保护与经济发展的关系——以上海为例	
7	西双版纳人象关系演进及共生的规划思考 *	自然资源保护与人类活动的协同
8	上海郊野公园与乡村社区发展的关系研究——以青西郊野公园与莲湖村为例 *	
9	红树林保护与村民生活改善的协调	
10	资源枯竭型地区的绿色转型与发展研究	
11	体育与生物多样性	
12	湿地富民——以崇明东滩湿地公园为例分析湿地生态产业链优化	
13	自然保护区与周边乡村协同发展的关系研究——以崇明东滩鸟类自然保护区与富圩村为例 *	
14	国家公园入口社区规划建设路径探索——基于大熊猫国家公园入口社区规划建设案例的研究	
15	自然保护区的生态旅游发展与保护目标的协同	
16	自然保护地人类活动与社区生计的现状与发展探讨	
17	国家公园地区社区规划与生态保护冲突与协同研究	
18	西部自然保护区与社区生计的冲突趋势与权衡研究——以三江源地区为例	
19	量化分析生态旅游与自然保护区内动物保护和居民收入关系——以大熊猫保护区为例	
20	水利工程对鱼类及其生态环境的影响——以赣江流域为例	
21	自然资源约束下城乡共富路径探索——以杭州会展生态园为例	
22	依托自然资源的少数民族聚居环境生态智慧研究——以西南彝族聚居区为例	自然资源与民族文化
23	黔东南民族传统文化与生物多样性保护的耦合关系 *	

注：* 为推荐参加“国地杯”全国大学生自然资源科技作品大赛的作业。

资料来源：作者自绘

课程内容评价与学习收获调研问卷反馈的整体情况 **表4**

问题类型	问题	2020/2021 年选课学生	2022 年选课学生	2023 年选课学生
总体评价	对本课程的总体评价（满分 10 分）	8.5	8.3	9.63
	对课程难易程度的评价（1 分——非常难，2 分——比较难，3 分——难度适中，4 分——比较容易，5 分——非常容易）	3.3	3.1	3.88
整体学习收获（满分 5 分）	树立“山水林田湖草”生命共同体价值观（价值判定）	4.2	4.1	4.75
	认知自然资源保护利用的基础知识和基本规律（规律认知）	4.2	3.9	4.625
	初步具备应用自然资源保护与利用知识和方法进行规划的能力（规划应用）	4.2	3.3	4.5

资料来源：作者自绘

2020/2021年春季学期学生对各教学模块的学习收获反馈（满分为5分） **表5**

课程模块	树立“山水林田湖草”生命共同体价值观（价值判定）	认知自然资源保护利用的基础知识和基本规律（规律认知）	初步具备应用自然资源保护与利用知识和方法进行规划的能力（规划应用）
自然资源的概念、类型及其统一管理的意义	4.3	4.2	4
耕地资源的保护与利用	4.7	4.2	4
森林资源的保护与利用	4.5	3.8	3
水资源的保护与利用	4.7	4.0	4
湿地资源的保护与利用	4.7	3.8	4
草地资源的保护与利用	4.2	3.7	3
矿产资源的保护与利用	4.2	3.5	3
海洋资源的保护与利用	3.8	3.5	3
国土空间总体规划中的自然资源管理	4.0	3.8	4
社区可持续发展与自然资源管理	3.8	3.8	4

资料来源：作者自绘

2022年春季学期学生对各教学模块的学习收获反馈（满分为5分） **表6**

课程模块	树立“山水林田湖草”生命共同体价值观（价值判定）	认知自然资源保护利用的基础知识和基本规律（规律认知）	初步具备应用自然资源保护与利用知识和方法进行规划的能力（规划应用）
国土空间自然资源统一管理的背景、意义与任务	4.6	3.6	2.9
国土空间水资源的保护与利用	4.6	3.9	3.6
国土空间森林资源的保护与利用	4.4	3.6	4.0
国土空间生物多样性资源的保护与快速恢复	4.3	3.9	3.9
陆海统筹国土空间背景下的海岸带自然资源保护与利用	4.3	3.4	3.1
国土空间矿产资源的保护与利用	4.7	4.0	3.7
自然资源综合规划与统一管理	4.6	4.1	3.6

资料来源：作者自绘

2023年春季学期学生对各教学模块的学习收获打分（满分为5分） 表7

课程模块	树立“山水林田湖草”生命共同体价值观（价值判定）	认知自然资源保护利用的基础知识和基本规律（规律认知）	初步具备应用自然资源保护与利用知识和方法进行规划的能力（规划应用）
国土空间自然资源统一管理的背景、意义与任务	4.88	4.5	4.13
国土空间水资源的保护与利用	5	4.75	4.13
国土空间湿地资源的保护与利用	5	4.38	4.13
国土空间森林资源的保护与利用	4.88	4.63	4.25
海洋资源保护与可持续发展利用	4.5	4.38	3.88
浦东新区金海湿地公园上海城市森林生态国家站现场学习	5	4.88	4.75
自然资源综合规划与统一管理	4.75	4.38	4.13

资料来源：作者自绘

均分均在4.2。2022年的选课学生整体评价略低，这可能与当年上海疫情封控有关，也可能因为对于2022年学生的调查在当季学期结束时进行，这批以三年级为主的选课学生，尚未经历过国土空间总体规划的设计课学习，还较难理解课程内容所讨论的基础理论与规划应用场景对整个专业学习的作用。而针对其他三届学生的调研都在选修后一年左右时间开展，这时的学生已经经历过总体规划设计课教学，虽然可能淡忘了本课程具体的知识点，却能更进一步理解本课程对完整培养体系的作用。

关于课程在各模块的学习收获方面，价值判定方面的收获得分最高，其次是规律认知，规划应用方面的评价分值最低。整体而言，对水资源、森林资源、湿地资源、耕地资源这些学生较有感性认识的自然资源的收获更多，而对较为陌生的海洋资源的得分均较低。矿产资源的得分在2022年学期学生的评价中较高，而在前两届学生中较低，这可能与2022年该单元邀请了具有一线实际经验的规划师授课有关，其实践经验为学生带来了更能理解与接受的知识内容。2023年新加入的现场学习在价值判定、规律认知、规划应用三方面都取得了很好的反馈，体现出灵活的教学方式对学生学习具有很好的支撑作用。

4 教学反思

整体而言，本课程的尝试取得了一些初步的效果，基本达成了教学目标，尤其是通过贯彻“山水林田湖草生命共同体”的理念和“两山理论”，引导学生们在国土空间规划中积极探索人与自然和谐共生的规划新方法和新路径，强化了对生态文明价值观的引导和思辨。但课程建设过程中也反映出了一些不足，为今后的课程改善提供了基础。

首先，由于课程开设处于本科培养计划的两次大修之间，属于小修时加入的课程，因此针对三年级下学期的学生开设。而由教学团队两位教师开设的另一门必修课程“城市环境与城市生态学”则开始于四年级上学期（即总体规划设计课教学同一学期），两门课程之间存在一定的知识模块的错位，如本课程中每类自然资源的知识单元都会涉及其生态系统服务功能与价值，而“生态系统服务功能”这一知识点是“城市环境与城市生态学”教学中的重要模块，但没有学习过这一内容的学生在本课程学习中较难理解所学内容，需要老师重复讲授基础理论知识。

其次，三年级下学期的同学尚未接受总体规划的教学，对土地利用、用途管制的专业知识较为陌生，对于掌握自然资源保护利用相关知识在空间规划中的应用存在一定困难。鉴于此，同济大学规划系在2022级培养计划大修中已经将本课程与“城市环境与城市生态学”的时间互换，并将本课程与总体规划设置在同一学期，同时还考虑在同一学期另设一门新课“土地整理与生态修复”，未来和“城市环境与城市生态学”及本课程形成“城乡生态环境与自然资源课程群”。

再次，由于本课程的授课内容较多，目前的讲课方式以教师讲课为主，互动时间有限，课程的趣味性和生动性还有待加强，未来将进一步凝练课程讲授内容，增加与学生互动研讨的环节，也结合教学团队的实践开展更多现场教学和调研，推动学生对课程内容的理解与应用。

在国家空间规划体系改革全面推进的背景下，规划的学科体系、人才培养的内容和方式等都需要适应国家战略要求。本课程的四年建设仅仅是一个开始，未来还将根据学科发展的要求不断完善和提升，为立足空间本体探索自然资源领域跨学科知识体系融入的教学改革做出积极贡献。

参考文献

[1] 孙施文. 我国城乡规划学科未来发展方向研究 [J]. 城市规划，2021(2): 23-35.

[2] 袁奇峰. 自然资源的保护、开发与配置——空间规划体系改革刍议 [J]. 北京城市建设，2018(3): 158-161.

[3] 赵燕菁. 论国土空间规划的基本架构 [J]. 城市规划，2019(12): 17-27.

[4] 林坚，吴宇翔，吴佳雨，等. 论空间规划体系的构建——兼析空间规划、国土空间用途管制与自然资源监管的关系 [J]. 城市规划，2018(5): 9-17.

[5] 黄贤金. 自然资源产权改革与国土空间治理创新 [J]. 城市规划学刊，2021(2): 53-57.

A Preliminary Exploration of “Natural Resource Conservation and Utilization” Course Development in the Context of Territorial Spatial Planning

Gan Jing　Yan Wentao

Abstract: Based on the review of the development and exploration of the “Natural resource conservation and utilization” course in the Department of urban planning of Tongji University for four semesters, combined with students’ feedback and suggestions, this paper summarizes the successful experience and existing problems of the course, and considers the teaching reform of urban and rural planning discipline based on spatial ontology to explore the integration of interdisciplinary knowledge system in the field of natural resources in the context of territorial spatial planning reform.

Keywords: Natural Resource Conservation and Utilization, Territory Spatial Planning

国外城市规划教育研究热点进展与启示*

陈宏胜　胡雅雯　李　峥

摘　要：城市规划实践影响城市规划教育，不同类型的城市规划体系及专业教育模式培养出不同类型的规划师，也反向影响城市规划实践。与面向实践应用的国外城市规划经验研究相比，国外城市规划教育研究热点问题的系统梳理和分析仍相对欠缺。基于此，本文选取城市规划领域代表性 SCI 和 SSCI 期刊中的 162 篇文献，对国外城市规划教育研究进展展开研究，分析国外城市规划教育领域的关注点。研究表明，自 20 世纪 80 年代以来国外城市规划教育研究持续增多，关注焦点主要涉及生态环境保护、公共参与、社会公平等议题。在城市规划教育课程体系中，参与式与体验式的教学模式最受关注，且随着信息技术的发展，多源数据分析和信息技术应用能力成为专业教育的重要方向。

关键词：国外城市规划教育；教育模式；文献分析；研究进展

1　引言

现代城市规划发端于工业革命时期，针对生产力大爆发后的人口大规模集聚所产生的人居环境问题，它的知识架构形成于解决一系列城市问题的探索之中（孙施文等，2022）。城市规划作为应对城市问题的解决方案对世界城市的发展和城市化进程产生了重要影响，且伴随着经济社会的发展，城市规划教育也不断发展，规划教育的重点也随不同国家的国情和社会目标的变化而变化，形成了多元化的规划理论和规划实践。作为一门综合应用型专业，面向社会发展问题，与社会需求和国家发展模式紧密关联，是城市规划的共同特点。英美等国家工业化和城镇化起步较早，在应对发展过程中的人居环境问题上较早建构了现代城市规划，并较早开始了城市规划专业的人才培养（谭文勇等，2018）。城市规划专业教育的侧重点与社会的发展阶段紧密相关，在快速工业化和城镇化阶段，城市规划教育普遍强调物质空间规划设计能力，服务于生产力大发展，空间作为一种生产性要素通过规划师进行规划设计供给。而后，随着城市问题的爆发，城市规划所面向的对象和问题不断增多，单一面向的专业技能难以应付综合性的发展问题，城市规划专业也随之进行扩容，在专业教育中土地利用、社会和人口、住房、交通、公共设施、利益协调等成为重要的规划教学内容。不同的城市规划教育模式培养不同类型的规划师，并影响规划实践和规划运作模式。在国外城市规划研究中，对面向实践的城市规划经验介绍和总结相对较多，但对城市规划教育研究进展的系统梳理和分析仍相对欠缺。对国外城市规划教育研究的分析有助于更全面地展现国外城市规划的进展，并有助于理解不同国家城市规划教育的特殊性。

2　研究方法

本文主要采用文献分析的方法研究国外城市规划教育研究进展，以城市规划教育（Urban Planning

*　资助项目：广东省高等学校教学管理学会 2021 年度课程思政建设项目“《区域规划》”（XKCSZ2021170）；2023 年度广东省“质量工程”建设项目（粤教高函〔2024〕9 号）暨深圳大学教学改革研究项目（重点项目）：国空技术体系变革与行业发展波动背景下城乡规划专业的适应性创新与人才培养体系改革；国家自然科学基金资助项目（52378062）。

陈宏胜：深圳大学建筑与城市规划学院研究员（通讯作者）
胡雅雯：深圳大学建筑与城市规划学院硕士研究生
李　峥：深圳大学建筑与城市规划学院硕士研究生

Education）为检索主题，收集整理 Web of Science 核心数据库中 1980—2020 年间关于城市规划教育的相关文献作为分析样本。为了保证所选文献与城市规划教育的关联性和权威性，本文选择 SCI、SSCI、A&HCI 三大类检索期刊论文作为分析对象。同时，为了能够对城市规划教育的发展过程和研究主题进行更准确的议题梳理，以城市规划教育类相关期刊为主，进一步缩小期刊的范围（表 1），剔除不相关文献，共检索到 162 篇文献作为分析样本。

本文采用 CiteSapce 软件对国外城市规划教育研究进行文献计量分析，以可视化呈现规划教育领域研究热点变化，并将 162 篇文献中的关键词进行词频统计分析，

期刊介绍 **表1**

期刊名称	简介
Urban studies 城市研究	了解城市状况以及全球城市和地区发生的快速变化，从积极和规范的角度推进城市的实证和理论知识
Planning theory 规划理论	涵盖城市规划和土地开发领域
Planning perspectives 规划视角	收录塑造城市和区域规划历史发展的机构、文件、流程、实践和从业人员的理解的论文
Landscape and urban planning 景观与城市规划	旨在提高对景观的概念、科学和应用理解，以促进景观变化的可持续解决
Land use policy 土地利用政策	关注城市和农村土地利用的社会、经济、政治、法律、物理和规划等方面；不同学科和利益集团必须结合起来制定有效的土地利用政策
Journal of urban planning and development 城市规划与发展杂志	涵盖了土木工程在城市规划方面的应用，主题包括环境评估、审美考虑、土地使用规划、地下公用事业、基础设施管理、更新立法、交通规划以及州立公园的经济价值评估
Journal of urban history 城市历史杂志	关于公共住房、移民、城市增长等议题，世界各地城市和城市社会历史的最新研究、分析和讨论
Journal of the american planning association 美国规划协会季刊	规划的理论和概念基础、推进规划实践和规划研究的方法、解释对规划很重要的经验关系；解释具有空间维度的值得注意的物理、经济和社会现象；分析规划方法、过程和环境的重大后果
Journal of planning education and research 规划教育与研究期刊	规划教育工作者和学者展示教学和研究成果促进专业发展和改进规划实践，涵盖规划理论、规划实践和规划教育学。包括相关学科，如城市地理学、福利经济学、利益集团政治、政策分析
Journal of architectural and planning research 建筑与规划研究杂志	建筑规划研究发现和创新的新实践，为研究人员和实践专业人士提供了理论和实践之间的联系，城市规划研究主题包括但不限于对影响社区、城市和城市区域形成因素的社会、地理、行政和政治研究
Habitat international 国际人居	致力于研究城市和农村人类住区：规划、设计、生产和管理
European planning studies 欧洲规划研究	欧洲空间发展过程中理论、实证和政策相关性质的文章，特别关注将过程知识与实际政策建议、实施和评估相结合
Environment and planning b-urban analytics and city science 环境与规划 B：城市分析与城市科学	城市规划和设计分析方法的前沿研究，专注于智能城市、城市基础设施分析、GIS 和城市模拟模型，涉及可视化、计算和基于形式设计的方法，适用于城市和地区的形态过程和结构
Environment and planning 环境与规划	主要涉及城市和区域结构调整、全球化、不平等和发展不平衡等问题
Cities 城市	关于城市政策各个方面的文章，分析和评估过去和现在的城市发展和管理

生成图谱展现不同研究主题的研究进展与关键节点并依此划分研究阶段。

3　国外城市规划教育文献计量分析

3.1　文献总体分布

甄选后的162篇文献刊载于《规划教育和研究期刊》(*Journal of planning education and research*)、《景观与城市规划》(*Landscape and urban planning*)、《城市》(*Cities*)、《土地利用政策》(*Land use policy*)等(表2)。在文献数量变化上，自1983年以来关于城市规划教育的文献数量呈现波动上升的趋势，并在1994年、2006年、2013年、2021年分别出现峰值(图1)。使用CiteSapce软件对相关文献的机构和所在地进行统计。从发文的国家分布来看，以美国、澳大利亚、英国、加拿大、德国的学者为主。发文人次最高的是美国学者(66)，其次是澳大利亚学者(18)。前五名国家的发文总数占总发文量的68.5%。刊发规划教育主题文章数量最多的高校是澳大利亚的悉尼大学，其次分别是马萨诸塞州大学、加州大学欧文分校、佛罗里达州立大学、伊利诺依大学(表3)。

3.2　文献议题变化

对不同时期文献的分布情况进行分析，1980—2003年期间文献数量较少，主要关注点集中于乡村建设与环境保护议题。随着全球城市化水平提升，城镇对乡村的影响不断增强，出现城乡关系失调和生态破坏问题，协调城乡关系、应对生态环境问题也成为国外城市规划教育的重点。2004—2016年期间文献数量明显增多，此阶段城市规划教育的关注重点主要关于规划价值实现的讨论，涉及公众参与和可持续发展等规划价值观。同时，规划教育研究领域进一步拓展，与生态环境、公共卫生、经济发展和管理政策等议题交叉，并影响规划教育改革。2017年后规划教育的文献数量显著增长，对规划理论的重视程度持续增加，以公共利益探讨为主题的文章较多，规划过程与结果所涉及的公平正义问题是研究热点。同时，信息技术的发展使得规划支持系统领域的讨论也逐

期刊主办国家及发文数量统计　　**表2**

期刊名称	主办国家	发文数量/篇	占比
Journal of planning education and research 规划教育与研究期刊	美国	36	22.22%
Landscape and urban planning 景观与城市规划	荷兰	29	17.90%
Cities 城市	英国	23	14.20%
Land use policy 土地利用政策	荷兰	12	7.41%
Urban studies 城市研究	英国	9	5.56%
Journal of the american planning association 美国规划协会季刊	美国	9	5.56%
Planning perspectives 规划视角	英国	8	4.94%
Habitat international 国际人居	英国	8	4.94%
European planning studies 欧洲规划研究	英国	7	4.32%
Journal of urban history 城市历史杂志	美国	5	3.09%
Journal of architectural and planning research 建筑与规划研究杂志	美国	4	2.47%
Planning theory 规划理论	美国	3	1.85%
Journal of urban planning and development 城市规划与发展杂志	美国	3	1.85%
Environment and planning b-urban analytics and city science 环境与规划B：城市分析与城市科学	英国	3	1.85%
Environment and planning a 环境与规划A	英国	3	1.85%

注：由于数据四舍五入，总和可能不为100%。

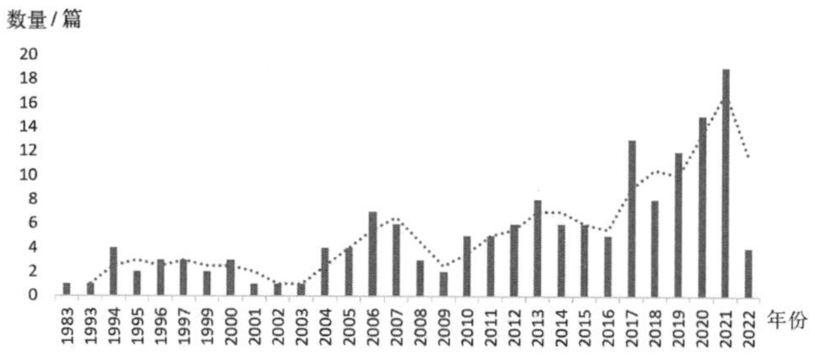

图1　1980—2021年发文数量变化统计

资料来源：作者自绘

发文量前五名的国家和高校分布　　表3

国家分布（文献数量/篇）	高校名称（文献数量/篇）
美国 USA（66）	悉尼大学 Univ Sydney（4）
澳大利亚 AUSTRALIA（18）	马萨诸塞州大学 Univ Massachusetts（3）
英国 ENGLAND（10）	加州大学欧文分校 Univ Calif Irvine（3）
加拿大 CANADA（9）	佛罗里达州立大学 Florida State Univ（3）
德国 GERMANY（8）	伊利诺依大学 Univ Illinois（3）

渐增加，引入信息技术的支持提升对社会问题和地方发展需求的能力成为规划教育改革的主要方向（图2）。

4　国外城市规划教育的主要研究主题与热点领域

基于文献分析可将近40年国外城市规划教育研究的热点领域总结为四大板块，分别是：①生态环境保护主题，包括“生物多样性”（Biodiversity）、“自然保护”（Conservation）、“绿色基础设施”（Green Infrastructure）、“可持续发展”（Sustainability）等研究议题；②公平正义主题，包括“公众参与”（Public Participation）、“弱势群体”（Disadvantaged）、“族裔”（Race）等研究议题；③参与式主题，包括面向社会实践的“区域政策”（Regional Policy）、“土地管理”（Land Management）、“城市治理”（Urban Governance）等研究议题；④智能城市管理技术主题，包括城市规划教育体系、城市规划理论的价值取向、学生专业知识和技能指导及训练等研究议题（图3）。

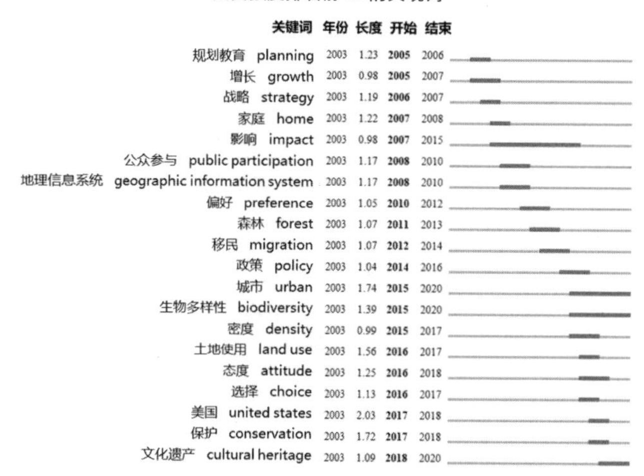

图2　文献关键词凸现图

资料来源：作者自绘

4.1　生态环境保护主题下的城市规划教育

欧美国家在20世纪50—70年代经历了快速城镇化，低密度的城市蔓延对生态环境造成巨大破坏，人居环境恶化使城市生态系统保护成为城市规划的核心目标，在城市规划的各个层面都占据重要地位，也成为城市规划教育研究的重点议题。生态环境保护相关研究对城市规划教育的要求趋向实证及数据分析方向发展，基于多学科融合的可持续发展方式成为改善人类生存环境的重要路径，并在实践过程中强调使来自不同学科和背景的专业人员以及不同利益相关者的代表参与到规划过程中（Sandstrom，et al，2006）。同时，在城市规划中区域维度的重要性也不断提升，针对区域面临的复合环境问题，探索不同的规划策略（Bueno，et al，1995）。

一方面，绿地空间和生物多样性作为城市生态系统和城市景观的重要组成部分成为城市规划的重点研究对象，规划教育注重促进绿色基础设施等生态保护策略在城市规划实践中的应用。同时，地理信息系统（GIS）成为将生物多样性知识整合到规划过程中的重要工具，构建城市地理信息规划框架，将科学分析与专业实践相结合，提高规划战略的可实施性（Ramyar，et al，2021）。另一方面，随着公众环境意识的提高，环保主义运动给生态环境保护带来城市规划的另一个重要的关注点——“环境正义”。学者们通过规划手段调查

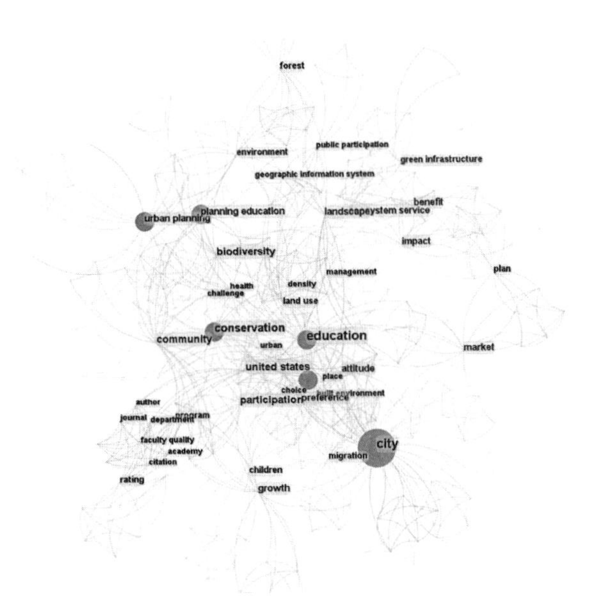

图 3　文献关键词共现图谱

资料来源：作者自绘

城市隔离现象以及研究采取消除环境不平等的应对措施（Csomos，et al，2021，Wustemann，et al，2017）。如《我们共同的未来》和《21 世纪议程》对规划者以及公众产生了重大的影响，可持续发展从一种新的发展理念演进成为人类共同行动纲领，改变了公众关于城市绿地规划是促进城镇娱乐和公共卫生的一种工具的传统思维方式（Steinberg，Miranda，2005）。环境政策的重点正在转向自下而上的综合方法，学者们尝试通过规划教育的方式深入灌输环境保护意识和可持续发展理念，并保障当地利益相关者能够参与地方环境规划（Sevenant，Antrop，2010）。

4.2　公平正义主题下的城市规划教育

社会正义和公平一直是城市规划的核心价值观，为应对不平等和不公正的城市问题，规划学者长期对规划公平的理论进行研究。从 20 世纪 70 年代倡导性规划的提出开始，到对增长机器理论的批判，不断演变的规划理论和实践将价值观引向社会公平和对社会弱势群体的关注以及多元主体参与规划的讨论（Grooms，Boamah，2018）。城市规划往往涉及复杂的社会公正问题，特别是涉及众多利益集团有形和无形价值的复杂决策问题时，如何保证规划的公平和正义始终缺乏普适性的标准，但总体上，降低经济价值的标准权重，增加以社会和自然为导向的标准权重成为学者们的重要价值选择（Chen，et al，2018）。随着公平正义观念深入规划实践，学者们进一步关注遭受社会经济不平等的经济弱势地区发展问题，尤其是城市形态和结构导致的空间不平等是主要的关注点（Afshar，1994）。

在公平正义视角下，一部分学者关注到有色人种社区功能失调的现象，对其在塑造城市空间中的作用和规划解决城市不平等、犯罪、住房、教育和种族隔离等问题的能力的关系上展开了探讨（Goetz，et al，2020）。除了对此类解决种族和空间公平问题的探讨外，规划教育中也开展了种族多样性和保护社会多样性的相关教学，宣传消除种族隔离的价值观（Bundy，2017）。不少学者认为，在城市规划教育中营造更具包容性的学习环境，将帮助学生学会如何与不同的社区建立健康的关系（Garcia，et al，2021）。相关规划教育工作者在文章中引入或宣传公平正义价值观的同时，也明确了学生参与社会公平实践的重要地位。在对社会正义和公众参与的研究中，如何将社会公平和城市政治经济运行逻辑纳入规划理论课程成为相关学者的关注热点和讨论对象。在规划教育中，学者们倡导建立跨学科课程，加深学生对社会公平和倡导性规划的理解。如针对城市政治和权力、公民参与、社会公平和渐进的社会理想等问题，由政治学、公共行政、公共政策、社会学和城市研究等部门向学生提供社会公平教育（Grooms，Boamah，2018）。也有学者建议在规划课程中增设关于城市非正式活动的课程，利用非正式活动及基于实地调查的案例研究，为学生建构一条理解不平等和贫困的重要途径，了解背后机制的复杂性（Mukhija，Loukaitou-Sideris，2015）。

4.3　参与式主题下的城市规划教育

通过参与式学习使学生能够更为真切的体验到城市治理的过程，提高知识与技能的转化。城市规划教育强调社会公正原则的重要性，重要的实现方式是让弱势群体参与社会发展计划并进行多主体的建设性合作，而完成这个过程则需要规划专业人士的参与，这也成为规划专业学生能力培养的重要方向。这种强调过程性的规划实践使学生培养不再拘泥于规划结果，而更强调学生的社会参与能力。因此，体验式或参与式教学成为城市规划重要的教育模式之一。

体验式学习使学生将理论或概念知识转化应用于特定情景，相对于传统的课堂教学，为学生提供了更多的学习机会，并增强学生的沟通协调能力，成为不同利益主体之间的沟通桥梁（Larsen，et al，2014a）。例如，学生参与到农村和社区进行服务学习，促进价值观的转变，提升职业认同（Pinel，Urie，2017）。在此模式下，为学生提供城市规划的职业培训，使其能够准确表达自己的观点（Santo，et al，2010）。这种参与式学习不仅可以为农村和社区生活质量提升做出切实贡献，还帮助学生更深入地理解公平和正义的意义（Harris，2004）。

基于参与式的学习培养批判性反思技能也是这类规划教育模式的重要追求。参与式学习向学生提出了将理论或概念知识转化应用于特定情景的挑战，增强了学生的问题意识，同时注重培养学生对特定知识生产经验的反思，培养学生自主思考和自主行动能力（Larsen，et al，2014b）。通过批判性教学方法来产生协作和反思性实践，将学习与社会变革联系起来，使学生成为有社会责任感和积极社会参与的公民，这种参与式教学法将“求知的意愿与成为的意愿”联系起来，让学生学会反思并提升自我意识（Das，et al，2020）。

4.4 智能城市管理技术主题下的城市规划教育

随着信息和通信技术的迅速发展，为了应对传统设计方法在城市化过程中在解决城市问题时的局限性，学者们引入城市管理技术提高城市运营水平（Chakrabarty，2001）。基于城市系统协调理念，不少规划教育项目引入规划支持系统的教学研究，培养学生将复杂的城市理论和规划内容与日益发展的智能城市管理技术结合起来，使城市项目、总体规划、政策或法规实现智能化耦合，使城市子系统可以与相关子系统和利益相关者建立特定交互关系（Marsal-Llacuna，Segal，2017）。

人工智能、物联网、协作技术、云计算、地理空间技术、大数据和智慧城市等数字技术增加了规划人员对城市运作的理解和操控能力。根据智能城市管理技术在规划领域的应用方向可分为两类，第一类监控和模拟城市等人类系统的机制的城市分析技术方法，如参与数据挖掘、可视化、城市模拟技术、土地利用建模、场景构建等（Stan，John，2020）；第二类为公众支持协作系统，如开拓智能城市和社交媒体平台，通过网络化的全方位沟通渠道使得公民以更紧密的方式参与城市规划和社会问题治理，保障在社区规划和发展中充分听取公民意见（Alizadeh，et al，2019）。另外，随着数字化技术的发展，规划展示方式也发生了巨大转变，智慧城市的应用逐渐显现，城市规划技术体系中更加强调地理空间勘测技术、遥感数据的使用、程序建模产品、媒体可视化等交互式规划等（Srivastava，et al，2022）。

5 国外城市规划专业核心课程体系设置

5.1 核心课程与教学重点

城市规划专业课程设置与政治制度、经济社会发展模式等紧密关联，国外城市规划专业核心课程不断经历评估和更新，如关于政府角色的变化、新的城市形态（如边缘城市）的出现、多元文化社会的形成、相关专业学科的交融等均对城市规划教育培养模式产生影响，使城市规划专业不断通过核心课程调整回应人才培养新要求，也促使城市规划教育研究人员不断思考核心课程的设置和教育方式，以应对未来人居环境的发展趋势。John Friedmann 对 24 所高校的规划教育硕士学位的核心课程设置情况进行统计分析发现，在课程设置中定量统计分析和计算机技术课程所占比例最高，其次为理论课程，如空间规划设计理论、经济社会发展理论等，强调实践应用是课程设置的重要特点，规划实践中的要求与方法类核心课程密切相关（Friedmann，1996）。Alexander 认为城市规划教育的改革方向要以解决多种实质性问题的综合专业知识和技能为目标（Alexander，2005），课程设置包括三个要素：规划基本知识、规划的基本方法和技术、解决问题的经验。

5.2 规划师技能培训

基于规划行业工作需要来调整城市规划专业课程设置是城市规划专业课程设置的影响因素之一。现有文献从规划教育者和从业者的角度探索规划师所需要掌握的核心规划技能，通过比较分析学校课程体系、城市规划岗位技能要求与企业管理者对职员的知识和能力要求，考查三者之间不匹配的地方（Miller，2019）。如通过对政府部门招聘规划从业人员时所要求的资格，明晰规划部门对求职者教育背景、知识领域、专业素质和技能的期望（Guyadeen，Henstra，2021），通过对比学校课程大纲与规划师培训资料，来指导高等院校规划教育的教学方法改革，解决城市规划专业学生培养与社会需求之间可能存在的不匹配问题（Pena，2019）。有学者通过对规划研究人员和规划从业人员开展系统调查发现（Greenlee，et al，2015），初级规划专业人员的技能要求集中在写作能力（能够撰写清晰的报告、备忘录、新闻稿等）、组织能力（能够与其他城市机构合作、谈判技巧、使用和适应权力关系、与当地社会团体建立信任关系等）、研究能力（信息收集、提出问题和设计答案）、数据分析能力（能够使用数据并进行计算分析，科学评价发展状态并进行预测）、视觉交流能力（能够使用图形、地图、表格、图表和其他可视化工具等）、项目或政策效益分析能力（进行成本效益分析、投入产出分析、经济基础研究等）。

5.3 规划教学实践项目

从实践项目的需求获得课程设置的改善意见也是进行城市规划专业课程设置调整的重要方向，以保持规划实践和学校规划专业教育持续互促发展。如Michael等人针对在国家规划文件与规划实践之间存在脱节的现象，建议在规划学科中增加对规划者进行城市恢复力问题的教育（Poku-Boansi，Cobbinah，2018）。又如在土地开发过程中，为使各利益集体达成共识、减少冲突，规划师需要促使他们实现协商开发，而规划设计专业教育对于争议解决的知识体系较为匮乏，因此要谈判专业知识、领导力以及制定解决方案的能力成为规划教育的改革方向（Paterson，1999）。还有研究提出，不同类型的规划实践需要不同的能力和技能组合，随着治理水平的提高，规划更加部门化和专业化，需要更多实质性的知识和专业技能（Alexander，2005）。另外，随着信息和通信技术的发展，规划支持系统成为规划过程中不可或缺的工具，掌握新信息技术也成为规划师的重要能力（Geertman，Stillwell，2020），也影响着规划教育的改革。

5.4 规划教育模式创新

通过学术界和专业界合作，在规划课程中融入体验式学习模式和参与式教学模式，增加实践体验成为规划教学重要探索方向。在体验式教学中，通过情景建构和角色扮演等使学生通过在现实世界环境中的直接经验来构建知识、技能和价值观，同时激发学习兴趣（Baldwin，Rosier，2017）。针对学生对于现实世界的理解不完整的可能性，有学者提出通过变换规划课程学习场所，多重社会身份参与教学过程和多视角比较分析等教育模式，帮助学生对城市问题产生新见解（Steil，Mehta，2020）。城市规划教育注重知识传授和行动能力培养。其中，行动能力培养更多强调利益协调者的能力培养。通过参与式的教学，与利益主体共同解决现实规划问题，这种规划教育模式有效提高学生的学习参与度，同时为城市发展问题的解决提供了青年人的观点，也让学生为未来的职业生涯做好准备（Dalton，2007）。

6 结论与启示

城市规划教育是培养优秀规划师的关键环节，不同的规划教育理念和教育模式培养具有不同价值观和知识技能的规划师。通过对国外城市规划教育相关研究文献分析可知，生态环境保护、规划公平正义、参与式规划学习、智能城市管理技术等是规划教育研究讨论的焦点。国外城市规划教育关注学生批判性的养成，规划教育体系中除了专业知识教学外，强调学生技术性知识和组织性能力的培养，以提升沟通协调能力。价值问题是城镇化中后期发展阶段下规划问题和规划方案的核心，城市规划所面临的社会问题更为多元和复杂，城市规划教育也将在核心知识、技能和实践等方面随着变化，以提高学生综合规划能力。

参考文献

[1] AFSHAR F. Globalization: the persisting rural-urban question and the response of planning education[J]. Journal of planning education and research, 1994, 13 (4): 271-283.

[2] ALEXANDER E R. What do planners need to know? Identifying needed competencies, methods, and

skills[J]. Journal of architectural and planning research, 2005, 22 (2): 91–106.

[3] ALEXANDER E. What do planners need to know? Identifying needed competencies, methods, and skills[J]. Journal of architectural and planning research, 2005, 22 (2): 91–106.

[4] ALI A K, DOAN P L. A survey of undergraduate course syllabi and a hybrid course on global urban topics[J]. Journal of planning education and research, 2006, 26 (2): 222–236.

[5] ALIZADEH T, SARKAR S, BURGOYNE S. Capturing citizen voice online: enabling smart participatory local government[J]. Cities, 2019, 95: 102400.

[6] BALDWIN C, ROSIER J. Growing future planners: a framework for integrating experiential learning into tertiary planning programs[J]. Journal of planning education and research, 2017, 37 (1): 43–55.

[7] BAUM H S. Fantasies and realities in univenity–community partnerships[J]. Journal of planning education and research, 2000, 20 (2): 234–246.

[8] BOYER R. Team–based learning in the urban planning classroom[J]. Journal of planning education and research, 2020, 40 (4): 460–471.

[9] BUENO J A, TSIHRINTZIS V A, ALVAREZ L. South Florida greenways: a conceptual framework for the ecological reconnectivity of the region[J]. Landscape and urban planning, 1995, 33 (1–3): 247–266.

[10] BUNDY T. "Revolutions happen through young people!": the black student movement in the Boston public schools, 1968—1971[J]. Journal of urban history, 2017, 43 (2): 273–293.

[11] CHAKRABARTY B K. Urban management: concepts, principles, techniques and education[J]. Cities, 2001, 18 (5): 331–345.

[12] CHEN C S, CHIU Y H, TSAI L C. Evaluating the adaptive reuse of historic buildings through multicriteria decision–making[J]. Habitat international, 2018, 81: 12–23.

[13] CSOMOS G, FARKAS Z J, KOLCSAR R A, et al. Measuring socio–economic disparities in green space availability in post–socialist cities[J]. Habitat international, 2021, 117: 102434.

[14] DALTON L C. Preparing planners for the breadth of practice: what we need to know depends on whom we ask[J]. Journal of the american planning association, 2007, 73 (1): 35–48.

[15] DAS P, TADJ Y, CLOUDWATCHER S, et al. Future planning practitioners and the "waipahu talk story": learning from and reflecting on participation[J]. Journal of planning education and research, 2020.

[16] FORSYTH A, LU H, MCGIRR P. Service learning in an urban context: implications for planning and design education[J]. Journal of architectural and planning research, 2000, 17 (3): 236–259.

[17] FRIEDMANN J.The core curriculum in planning revisited[J]. Journal of planning education and research, 1996, 15 (2): 89–104.

[18] GARCIA I, JACKSON A, HARWOOD S A, et al. "Like a fish out of water" the experience of african american and latinx planning students[J]. Journal of the american planning association, 2021, 87 (1): 108–122.

[19] GEERTMAN S, STILLWELL J. Planning support science: developments and challenges[J]. Environment and planning b–urban analytics and city science, 2020, 47 (8): 1326–1342.

[20] GOETZ E G, WILLIAMS R A, DAMIANO A. Whiteness and Urban Planning[J]. Journal of the american planning association, 2020, 86 (2): 142–156.

[21] GREENLEE A J, EDWARDS M, ANTHONY J. Planning skills: an examination of supply and local government demand[J]. Journal of planning education and research, 2015, 35 (2): 161–173.

[22] GROOMS W, BOAMAH E F. Toward a political urban planning: learning from growth machine and advocacy planning to "plannitize" urban politics[J]. Planning theory, 2018, 17 (2): 213–233.

[23] GUYADEEN D, HENSTRA D. Competing in the planning marketplace: an analysis of qualifications demanded

by municipal planning recruiters[J]. Journal of planning education and research, 2021.

[24] GUZZETTA J. D, BOLLENS S A. Urban planners' skills and competencies: Are we different from other professions? Does context matter? Do we evolve?[J]. Journal of planning education and research, 2003, 23 (1): 96-106.

[25] HARRIS G. Lessons for service learning in rural areas[J]. Journal of planning education and research, 2004, 24 (1): 41-50.

[26] LARA J J. Problem-based solutions from the classroom to the community: transformative approaches to mitigate the impacts of boom-and-bust in declining urban communities[J]. Land use policy, 2020, 93: 104094.

[27] LARSEN L, SHERMAN L S, COLE L B, et al. Social justice and sustainability in poor neighborhoods: learning and living in southwest detroit[J]. Journal of planning education and research, 2014a, 34 (1): 5-18.

[28] LARSEN L, SHERMAN L S, COLE L B, et al. Social justice and sustainability in poor neighborhoods: learning and living in southwest detroit[J]. Journal of planning education and research, 2014b, 34 (1): 5-18.

[29] MAGUIRE M.Survey methods: how planning practitioners use them, and the implications for planning education[J]. Journal of planning education and research, 2021.

[30] MARSAL-LLACUNA M L, SEGAL M E. The intelligenter method (II) for "smarter" urban policy-making and regulation drafting[J]. Cities, 2017, 61: 83-95.

[31] MCKOY D L, VINCENT J M. Engaging schools in urban revitalization: the Y-PLAN (Youth-Plan, learn, act, now!) [J]. Journal of planning education and research, 2007, 26 (4): 389-403.

[32] MILLER E V. Assessing the preparation of undergraduate planners for the demands of entry-level planning positions[J]. Journal of planning education and research, 2019.

[33] MOOSAVI S, BUSH J. Embedding sustainability in interdisciplinary pedagogy for planning and design studios[J]. Journal of planning education and research, 2021.

[34] MUKHIJA V, LOUKAITOU-SIDERIS A. Reading the informal city: why and how to deepen planners' understanding of informality[J]. Journal of planning education and research, 2015, 35 (4): 444-454.

[35] ODENDAAL N. Reality check: planning education in the African urban century[J]. Cities, 2012, 29 (3): 174-182.

[36] OGBAZI J U. Alternative planning approaches and the sustainable cities programme in Nigeria[J]. Habitat international, 2013, 40: 109-118.

[37] PATERSON R G. Negotiated development: best practice lessons from two model processes[J]. Journal of architectural and planning research, 1999, 16 (2): 133-148.

[38] PENA S. Urban and regional planning education in mexic[J]. Journal of planning education and research, 2019.

[39] PINEL S L, URIE R. Learning reflective planning: the application of participatory action research principles to planning studio design and assessment[J]. Journal of architectural and planning research, 2017, 34 (1): 32-48.

[40] POKU-BOANSI M, COBBINAH P B. Are we planning for resilient cities in Ghana? An analysis of policy and planners' perspectives[J]. Cities, 2018, 72: 252-260.

[41] RAMYAR R, ACKERMAN A, JOHNSTON D M. Adapting cities for climate change through urban green infrastructure planning[J]. Cities, 2021, 117: 103316.

[42] SANDSTROM U G, ANGELSTAM P, KHAKEE A. Urban comprehensive planning – identifying barriers for the maintenance of functional habitat networks[J]. Landscape and urban planning, 2006, 75 (1-2): 43-57.

[43] SANTO C A, FERGUSON N, TRIPPEL A. Engaging urban youth through technology: the youth

neighborhood mapping initiative[J]. Journal of planning education and research，2010，30（1）：52–65.

[44] SEVENANT M，ANTROP M. Transdisciplinary landscape planning：Does the public have aspirations? Experiences from a case study in ghent（flanders，belgium）[J]. Land use policy，2010，27（2）：373–386.

[45] SRIVASTAVA S K，SCOTT G，ROSIER J. Use of geodesign tools for visualisation of scenarios for an ecologically sensitive area at a local scale[J]. Environment and planning b–urban analytics and city science，2022，49（1）：23–40.

[46] STAN G，JOHN S. Planning support science：developments and challenges[J]. Environment and planning b urban analytics and city science，2020，47（8）：1326–1342.

[47] STEIL J，MEHTA A. When prison is the classroom：collaborative learning about urban inequality[J]. Journal of planning education and research，2020，40（2）：186–195.

[48] STEINBERG F，MIRANDA L. Local agenda 21，capacity building and the cities of Peru[J]. Habitat international，2005，29（1）：163–182.

[49] STIFTEL B，FORSYTH A，DALTON L，Assessing planning school performance multiple paths，multiple measures[J]. Journal of planning education and research，2009，28（3）：323–335.

[50] WUSTEMANN H，KALISCH D，KOLBE J. Access to urban green space and environmental inequalities in Germany[J]. Landscape and urban planning，2017，164：124–131.

[51] 孙施文，吴唯佳，彭震伟，等．新时代规划教育趋势与未来 [J]. 城市规划，2022，46（1）：38–43.

[52] 谭文勇，冯雨飞．百年英美城市规划教育演变与启示 [J]. 国际城市规划，2018，33（4）：117–123.

Progress and Enlightenment of Research Hotspots of Urban Planning Education in Foreign Countries：an Analysis Based on Foreign Literature

Chen Hongsheng　Hu Yawen　Li Zheng

Abstract: Urban planning practice affects urban planning education，and different types of urban planning education train different types of planners，which also adversely affects urban planning practice. Compared with the practical application–oriented research on foreign urban planning experience，the systematic sorting and analysis of the research progress of foreign urban planning education is still relatively lacking. Based on this，this paper selects 162 papers in SCI and SSCI journals，which are representative in the field of urban planning，to study the research progress of urban planning education abroad and analyze the focus of attention in the field of urban planning education abroad. Research shows that since the 1980s，the research on urban planning education in foreign countries has continued to increase，and the focus of attention mainly involves ecological environment protection，public participation，social equity，and other topics. In the curriculum system of urban planning education，participatory and experiential teaching models are the most concerned topics. With the development of planning practice and data technology，multi–source data analysis and information technology application ability have also become an important direction of planning education

Keywords: Urban Planning Education Abroad，Education Mode，Literature Review，Research Progress

规划管理虚拟仿真教学实验的建设探索*

耿慧志　张耘逸　谢　恺

摘　要：“规划实施管理”是学生较难理解的课程内容，在行业企业已有技术积累的基础上，校企合作开发了规划管理虚拟仿真教学实验模块，包括 4 个板块和 17 个实验项目，覆盖从“一书两证”到规划批后管理的完整流程。针对实验模块尚存在的互动性差、真实感弱和缺乏深度解析的不足，展望了后续持续升级迭代的可能，以及数字孪生技术应用的前景。

关键词：规划管理；虚拟仿真；教学实验

1　规划管理虚拟仿真教学实验的建设缘起

“城乡规划管理与法规”是城乡规划专业的核心课程，旨在建立学生对规划管理与法规的系统全面认知，包括如下几个板块的知识点：①规划管理机构和职责；②国家和地方规划法规体系；③规划行业管理；④规划编制管理；⑤规划实施管理。比较而言，“规划实施管理”对学生而言最难理解，一方面是由于缺乏对实际规划管理工作的接触，难以获得直观的感受；另一方面也是对土地政策、建设项目开发等缺少前置基本知识的了解，无法产生共鸣和互动。

2023年，同济大学“城乡规划管理与法规”获批第二批国家线上一流课程，该课程在“中国大学 MOOC”和“智慧树”两个平台上线，“中国大学 MOOC”平台主要面向社会学习者，“智慧树”平台主要面向高校。线上课程内容包括：①最基础的知识点，如国家政府体制与规划管理机构等；②较难理解和容易混淆的知识点上线，如规划法规文件的层级和效力等；③国土空间规划转型背景下规划管理最新变化的知识点上线，如“多审合一”规划审批改革制度等；④国家最新政策变化的相关知识点上线，如集体经营性建设用地入市议题等。该课程在同济大学开展了“线上＋线下”混合教学，线下有更多学时深入解析知识点和开展规划管理案例的师生互动研讨。但是，如何能让学生更好地理解“规划实施管理”的教学内容，始终未得到很好的解决。

“虚拟仿真实验教学通过虚拟现实等技术构建虚幻场景、实验条件、逼真操作对象与学习内容，以及灵活多样的交互环节，使得学生可随时随地在线模拟操作与自主学习”[1]，是否能够通过虚拟仿真实验让学生对“规划实施管理”有更加直观的理解？这是一个一直萦绕在笔者头脑中的问题。一次偶然的机会，笔者带队到一家非传统的城乡规划专业企业调研，初衷是为拓宽毕业生的就业路径寻找方向，调研中了解到该企业具备丰富的搭建规划管理线上工作平台的经验，已经为各地规划管理部门提供了个性化定制服务。于是与该企业一起合作建设了“规划管理虚拟仿真教学实验”模块，已经在同济大学虚拟仿真实验教学平台上线，并应用到 2024 年春季学期的课程教学之中。

2　规划管理虚拟仿真教学实验的建设内容

2.1　4 个实验模块设计对应课程教学要点

规划许可管理是规划管理的核心，也是“城乡规划管理与法规”课程教学的重点内容。本次构建的规划管

*　2023 年上海高校本科重点教改项目“建筑类专业企业导师协同育人的深化探索”（编号：98）。

耿慧志：同济大学建筑与城市规划学院教授（通讯作者）
张耘逸：上海数慧系统技术有限公司产品线副总经理
谢　恺：同济大学建筑与城市规划学院硕士研究生

图 1　实验系统主界面

资料来源：软件界面截图

理虚拟仿真教学实验包括：建设项目规划选址与用地预审、建设用地规划许可、建设工程规划许可、土地核验与规划核实 4 个板块、共 17 个实验项目，覆盖从“一书两证”到规划批后管理的完整流程。

其中，建设项目规划选址与用地预审模块包括规划选址与用地预审报建、规划选址与用地预审审批、《建设项目用地预审与选址意见书》签发 3 个实验，重点模拟对建设项目选址是否符合城乡规划布局安排的判断过程；建设用地规划许可模块包括建设用地规划许可报建、建设用地规划许可审批、《建设用地规划许可证》签发 3 个实验，重点模拟核定建设用地位置、面积、范围等是否符合规划条件的过程；建设工程规划许可模块包括建设工程方案报建、建设工程方案审查、建设工程规划许可报建、建设工程规划许可审批、《建设工程规划许可证》签发 5 个实验，重点模拟检查设计方案进行的合规性、核验建设工程指标是否符合规划要求的过程；土地核验与规划核实模块包括批后项目现场核验申请、批后项目现场核验确认、土地核验和规划核实报建、土地核验和规划核实审批、《建设项目土地核验与规划核实合格证》签发、归档办结 6 个实验，重点模拟建设工程开工放样复验与竣工规划验收中的规划与建设信息核实过程。

4 个实验模块的设计与课程中的讲授要点相契合，教学计划中学生在学习相关知识的同时完成实验，可对规划实务产生更加直观的感受与理解。

2.2　学生端操作模拟规划管理实际过程

学生使用学号密码登录后，需应用课程中学习到的理论知识，在实验手册指导下完成 17 项实验内容，主要操作可分为 4 种类型：

（1）申请材料准备。学生需首先从平台下载实验材料包，包含多个表格、图件等文件，其中的申请表存在数个空缺项，学生需根据规划知识和上下文提示，在下拉菜单中选择正确的选项填入，为后续实验内容准备好申请材料。

（2）规划报建与申请。各模块均包含 1~2 个报建或申请环节，学生需从申请材料中选择正确的文件上传至对应窗口。

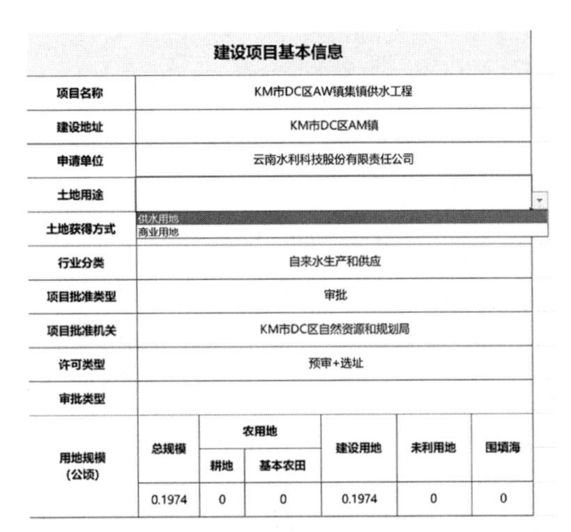

建设项目基本信息						
项目名称	KM市DC区AW镇集镇供水工程					
建设地址	KM市DC区AM镇					
申请单位	云南水利科技股份有限责任公司					
土地用途	供水用地 商业用地					
土地获得方式						
行业分类	自来水生产和供应					
项目批准类型	审批					
项目批准机关	KM市DC区自然资源和规划局					
许可类型	预审+选址					
审批类型						
用地规模（公顷）	总规模	农用地		建设用地	未利用地	围填海
		耕地	基本农田			
	0.1974	0	0	0.1974	0	0

图 2　学生根据提示完成申报材料中空缺项的填写

资料来源：软件界面截图

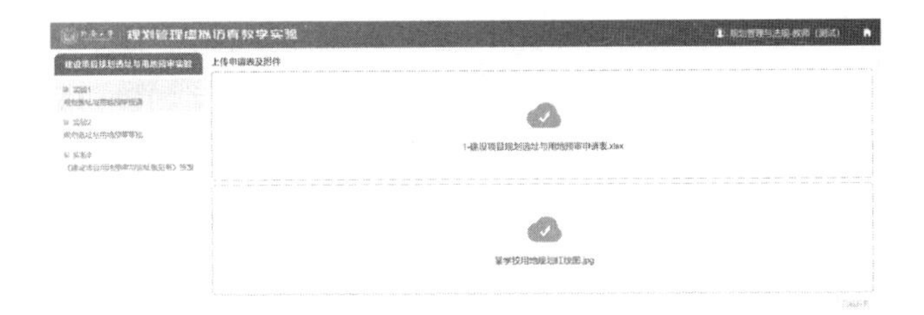

图 3　实验 1 中学生将申请表与图件上传至对应窗口

资料来源：软件界面截图

（3）规划审批。规划审批是各模块的重点实验内容，实验 2“规划选址与用地预审审批”中系统将根据学生上传的图件判定项目红线范围是否满足永久基本农田、生态保护红线和城镇开发边界的底线管控条件，预设场景中红线范围至少与“三线”之一存在冲突，学生需在地图中不断调整用地红线直至合规性审查通过；实验 8“建设工程方案审查”中学生需导入设计方案并由系统辅助判定方案是否满足条件；其他审批实验中，学生需对照检查实验材料与系统预填信息是否一致并签署审批意见。

（4）打印办理。在各模块的最后，学生需完成对相应证书的取号办理与打印。

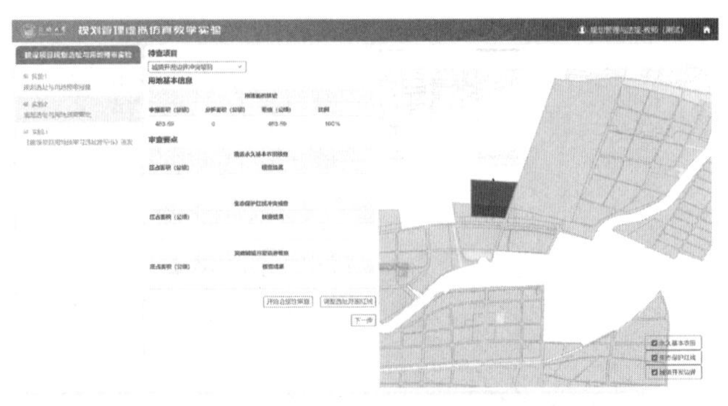

图 4　实验 2 中学生需调整项目红线直至其符合“三线”要求

资料来源：软件界面截图

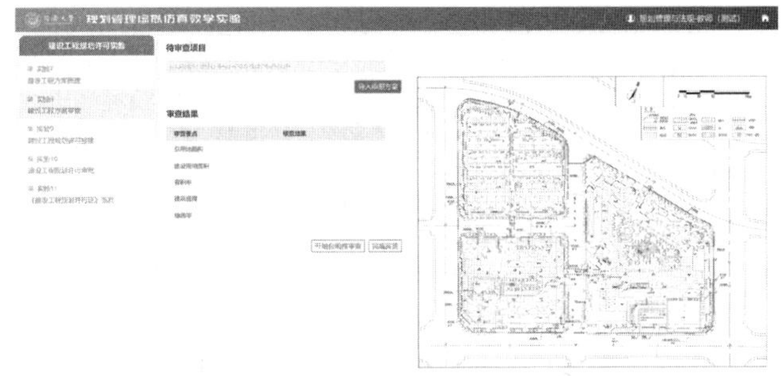

图 5　实验 8 中学生在系统辅助下进行设计方案的合规性审查

资料来源：软件界面截图

图 6　实验 3 中学生办理打印《建设项目用地预审与选址意见书》

资料来源：软件界面截图

实验设计反映了现实中规划管理工作的信息化特征趋势，学生通过交替扮演规划许可申请方与规划主管部门双重角色，在亲身操作中对各类规划许可管理流程和实务工作建立起切实认知，有助于加深其对规划许可管理相关知识要点的掌握。

2.3 平台建设过程中的取舍和选择

实验平台建设过程中教学团队、软件开发公司、学生代表等各方密切合作，共同完成了实验的设计与多轮次改良。最初的设计方案中，实验由“规划方案审核”和“规划许可审批”两个模块构成，学生将通过分组与角色互换的方式完成线上材料提交、规划方案审核、规划许可审批等操作。后来，在实验深入设计和平台搭建工作中发现，原定框架存在案例真实性和简明性难以平衡、学生分组难度大、实验灵活性低、可推广性不高等问题，遂对实验框架作出了修改，决定将实验重心改为侧重围绕“一书两证”的规划许可管理，使每位学生都能在规划许可申请者和发放许可的规划主管部门之间进行身份切换，通过模拟规划许可管理各环节的实际流程把握这一规划管理的核心知识点。

最初的实验构想中将选用真实案例作为核心亮点，但在实际设计中发现这同时也是最大难点。实际项目在帮助学生直观了解当前规划管理实务工作方面具有重要价值，是知识讲授、案例讲解之外的重要学习渠道，但这类真实案例也具有极端复杂性，现实中的案例受到所在地域、案例类型、各类限制条件等多方面影响，针对完全真实案例进行模拟实验需要大量相关信息作为补充，这与实验所强调的简明性之间存在难以调和的矛盾。此外，真实案例的脱敏、保密工作需要经过较为复杂的流程，使得其在实验应用中存在难度。因此，在本次实验系统搭建中，现实案例被进一步抽象化、简明化，仅将关键信息整合后纳入实验，在提高实验可操作性的同时尽可能保证了真实性。

基于相似的理由，在平台建设过程中也对最初设想的学生分组互动形式进行了优化。现实中，规划方案和规划许可的申请、审批等都有着固定流程，申请发起方、规划主管部门在其中扮演着不同角色，但将其移植到虚拟实验平台上也面临实现的难题，分组互动模式在技术上需要更高的软硬件配置和开发成本，其实验设计、实验组织、实验评分等环节也需要更加精密的论证与研究。因此，在本次实验系统搭建中，学生独自完成全部实验内容，但在流程中将进行数次身份转换，尽可能完整地体验规划管理工作中的不同角色。

实验最终采取了基于简化的真实案例、每位同学单独完成的形式，既最大化地保留了原定核心设计目标，又兼顾了现实中的技术可行性，首先完成了规划管理实验领域从无到有的跨越，一些在本次教学改革中被暂时放弃的实验设想只能在后续版本开发中再进行落实了。

3 规划管理虚拟仿真教学实验的建设展望

本课程建设的“规划管理虚拟仿真教学实验”尚属 1.0 版，学生较为机械地操作整个规划实施管理过程，各个环节的报建资料也是预设的，下载之后上传即可，对学生直观理解规划实施管理全流程是大有裨益的。但也存在明显的缺陷和不足：首先，缺乏互动性，所有的管理流程都是单向完成的，审核发证等工作无法体验互动过程和场景；其次，对应角色偏多，学生既要下载报建资料，也要上传报建资料，还要完成核对和审批并颁发规划许可证，一人扮演多个角色，真实感尚不理想；再次，缺乏深入的专业沟通和分析，实际规划管理过程往往面对复杂的专业问题，在深入分析和想尽各种办法解决中才能更好地提升专业技能，这一点在虚拟仿真实验教学模块中也未能实现。

因此，结合学生使用的反馈，“规划管理虚拟仿真教学实验”后续将逐年升级，将会继续开发 1.1 版、2.0 版等，逐步增加互动环节、学生扮演报建方和管理方不同的角色、预先埋设能够触发深度分析的专业问题等。同时，也希望能够运用 AI 技术，进行文本分析和审批文案的 AI 生成等更加智能化的探索，以及开展与详规设计课的联动教学，尝试详规方案总图的报建审批等。更进一步，虚拟仿真教学实验模块还可以作更大范围的推广，开放给更多高校使用，乃至升级为规划管理人员的业务培训平台、规划实施管理的风险点研判和预警平台。

对数字孪生技术的应用是最期望能够实现突破的技术方向，可以开展基于数字孪生空间虚拟仿真技术的规划管理实务训练。以数字孪生技术创建的与国土空间（实体空间）对应的数字孪生空间，与国土空间具有高度相似的空间结构、空间关系与功能联系。在数字孪生空间中，利用物联网、时空大数据、云计算和人工智能等技术可模拟自然资源、社会经济、人类活动等要素在国土空间中的交互行为，使数字孪生空间具有形流相生、虚实交融、自主优化的特点，是实现规划管理虚拟教学空间化、仿真化的重要载体。通过将规划编制、审批、修改和实施监督全过程管理活动纳入数字孪生空间，利用场景实验、参数调整、即时交互以及 VR/AR 等虚拟现实互动的方式，让学生能够从三维虚拟空间更加直观地理解各类空间开发保护活动以及规划管理行为，深化学生对规划管理实务的认知，实现规划管理实务教学从二维用地管理向三维空间营造、从流程式操作教学向生成式交互教学的转变，进一步推动规划管理实务教学的方法创新和智能提升。

此次规划管理虚拟仿真教学实验线上模块的建设得益于高校和行业企业的密切配合，是产教融合的生动体现。同时，对授课教师及团队的信息素养和信息技术应用能力也提出了进一步提升的要求，AI 赋能教育教学已经成为时代主题，这方面具有更加广阔的持续探索空间。

参考文献

[1] 刘亚丰，苏莉，吴元喜，等．虚拟仿真教学资源建设原则与标准 [J]. 实验技术与管理，2017，34（5）: 8-10.

Exploring the Construction of Virtual Simulation Experiment of Urban Planning Management

Geng Huizhi　Zhang Yunyi　Xie Kai

Abstract: “Planning Implementation Management” is the most challenging course content for students. Based on the existing technological accumulation in enterprises, a university-enterprise collaboration has developed a virtual simulation teaching experiment module for planning management. This module includes four sections and 17 experimental projects, covering the entire process from “one certificate and two permits” to post-approval planning management. In view of the current shortcomings of the experiment module, such as poor interactivity, weak sense of reality, and lack of in-depth analysis, the potential for continued iterative upgrades and the application prospects of digital twin technology are discussed.

Keywords: Planning Management, Virtual Simulation, Teaching Experiment

生态文明建设背景下的“城乡生态与环境规划”课程教研路径探索

李睿达

摘　要：在生态文明建设的框架下，城乡生态与环境规划正逐渐成为实现可持续发展的核心策略。面对生态文明建设的大背景，“城乡生态与环境规划”课程面临着转型升级的新任务与责任。为了应对这一挑战，课程教学需从知识内容、教学方法和学科融合三个方面进行全面的改革与创新。在知识内容上，课程应更新和扩充与生态文明理念相关的哲学基础与案例解析，并结合最新的国家战略政策，以确保教学内容的前沿性和时代性。在教学方法上，强化跨学科交叉和科学研究思维的教学模式，促进与生态学、地理学、社会学等学科的交叉融合，构建整体性知识体系，以适应复杂多变的城乡规划问题。此外，鼓励学生参与到城乡生态与环境规划的实践中，通过实地调研、数据分析和规划方案设计等实践活动，强化学生创新思维和实践技能。通过这些教学改革措施，旨在培养学生的生态文明理念、专业知识和实践能力，满足新时代高质量发展对城乡规划复合型人才的需求。

关键词：理论教学；生态文明理念；城乡规划；教研结合；本科生教育

1　引言

党的十九大将“坚持人与自然和谐共生”作为新时代坚持和发展中国特色社会主义的十四条基本方略之一，并将建设美丽中国作为社会主义现代化强国目标之一。与此同时，“绿水青山就是金山银山的意识”正式写入党章，新发展理念、生态文明等内容写入宪法。随着这一系列新理念、新战略的提出，生态文明战略地位得到显著提升，生态文明建设和生态环境保护成为高质量发展的重要组成部分。

伴随城乡规划学科转型发展趋势，城乡规划教育也面临新的要求。从国家战略角度，城乡规划怎样服从自然资源全民所有和国土空间资源管制的国家生态和自然资源保护要求[1]？首先，应当培养学生树立以服务于国家整体战略为己任[2]，即需要将自己所从事的工作看作国家战略或政策的组成部分。同时需要从单纯方案设计向城乡建设管理全方位咨询转变[3]，因此应客观需求，需要在本科教学阶段进一步强化生态学、资源科学、管理学、社会学等其他学科的成分与比重。将生态文明建设作为事关人民群众切身利益的大事来谋划和推进，大力实施城市生态修复和功能完善工程，坚持以资源环境承载能力为刚性约束[4]。

“生态文明”的提出是对工业文明的重大迭代，为解决由于工业化快速发展带来的诸多弊端，生态文明的理念和能力培养需要充分反映在规划学科的实践和教育中[5]。此外，为实现生态保护修复的目标，还需要大量城乡生态与环境规划的研究型人才。因此需要在教学过程中整合生态学、环境科学、社会学等多学科知识，强化科研方法和实践技能的教育，激发学生的创新思维和批判性思考，同时强调伦理道德和国际视野的培育，以形成一种全新的教学模式，从而塑造能够在城乡规划领域内进行深入研究、解决复杂问题并推动生态文明建设的专业人才。

2　教学现状分析

2.1　教学内容有待更新

以往的“城乡生态与环境规划”的教学内容存在以下几点不足。第一，对生态规划在城市规划中的优先性考虑不足，在新型城镇化建设背景下，原有规划思路难

李睿达：昆明理工大学建筑与城市规划学院讲师

以实现美丽中国的愿景。因此，生态规划和生态基础设施对于新型城镇化而言至关重要[6]，应当确定城市或区域的重要生态空间，同时构建生态基础设施，如河流网络、湿地网络、原生的重要植被等，实现区域生态安全格局。第二，课程体系多以西方近代规划理念与方法为主，缺少中国优秀传统文化的相关内容，尤其是中国古典生态哲学思想，如天人合一、物好共荣等理念急需在教学培养中充分渗透。此外，规划师也需要有格物致知和知行合一的精神指导[7]。格物致知首先要通过降低个人物欲以求天下大同，而以往通过刺激人欲望与消费的模式，不但导致发展不可持续，也会造成培养体系重术轻道。但事实上职业责任比专业技能的培养更重要[7]，规划的社会价值和社会责任需要更多被融入教学中，以加强学生价值观和社会责任感的培养。

2.2 教学范式对科学研究和解决实际问题的支撑不足

以往“城乡生态与环境规划”课程的教学方法可能存在以下不足。第一，围绕科学研究的关注不足，需要打破以往的教学中整体重设计，未来需要加强对于学生综合分析和研究能力的培养，以及表达、沟通和协调事务能力的培养[7]。第二，实践教学与理论教学的脱节，即理论课程的实践性通常较弱[7]。多数教学内容缺乏与实际的关联，容易导致学生学习兴趣不足。而加强实践有利于培养学生团队协作、协调能力，增加学生对社会及对人的深入认识，进而挖掘真正有价值的研究问题。第三，生态规划研究成果对其他规划支撑不足。

2.3 学科前沿技术方法有待加强融入

“城乡生态与环境规划”课程需与时俱进，融入其他学科的新技术以适应快速发展的行业需求。随着大数据、人工智能等前沿技术在城乡规划课程体系的逐渐渗入，传统规划手段正面临创新升级的迫切需求。这些技术为规划决策提供了更为精准和高效的工具，能够处理和分析庞大的空间数据集，预测城市发展动态，并优化生态空间配置。同时，课程应当加强对生态学、地理学等支撑学科中 GIS、模型模拟、数理统计等技术方法的教学，这些方法对于理解和解决复杂的生态与环境问题至关重要。通过提升这些技术方法在课程中的比例，可以增强学生的技术适应能力和创新能力，使他们能够在未来的职业生涯中，运用先进的技术手段进行科学的规划分析和设计，以更好地应对城乡发展中的生态与环境挑战。

3 课程教研路径的构建

3.1 紧跟国家需求迭代课程理论

在生态文明建设背景下，“城乡生态与环境规划”的课程理论体系也需要进行更新与迭代。在教学实践和科研探索中，提出以下几个亟待补充的理论要点。第一，融入国内外生态与环境规划的前沿科研热点和难点内容。加强教学与研究结合的一个重要途径即需要在课程中融入国内外生态与环境规划的科学前沿。围绕目前国内外生态与环境规划的前沿方向，如生态系统服务与保护修复决策制定、人地系统动态研究、韧性城乡系统构建、数字技术与生态规划设计、生态政策与治理创新等。融入国内外生态与环境规划的前沿科研热点和难点内容会带来两个方面的促进：一方面，加入最新的学术成果和行业动态，使学生能够接触到前沿知识，提高教学的深度和广度；另一方面促进学生对科学研究的兴趣，在实践中学习，培养解决问题的能力，激发创新思维和独立思考。

第二，环境伦理与可持续发展教育的融合是实现生态环境规划教学深度和广度的关键，它要求我们将中国传统文化中的和谐共生理念与国际上对生态保护的先进思想相结合，以此培养学生对环境问题的道德责任感和长远发展视角。在教学方法上，可以采用案例解剖来深入分析环境问题背后的伦理冲突和可持续性问题；通过场景模拟构建不同的环境规划情境，让学生在模拟决策中体会伦理选择的复杂性；实地考察则让学生直面生态环境现状，增强其对环境问题现实性的认识。此外，还可以通过参与式讨论、角色扮演、社区服务学习等互动式教学手段，提高学生的实践参与度和批判性思维能力，从而培育出既有深厚环境伦理素养又具备实际操作能力的复合型人才。

第三，引入国家整体战略政策中生态文明建设的相关内容。国家为实现中华民族永续发展，提出了“五位一体”的总体布局，其中直接彰显生态文明建设重要性的重要论述，如两山理论、新质生产力、绿色发展、循环经济，是指导城乡生态与环境规划开展的重要依据，也是本课程教授的核心内容。只有在规划中落实生态优先、绿色发展的实现路径，才能体现规划在持续推进生态文明建设方面做出的努力，从而以高水平保护支撑高质量发展，不断激发新质生产力，实现人与自然和谐共生的现代化发展。

3.2 理论学习与科研实践结合

配套课程理论体系，设计对应的实践环节，实践环节可以分为两大版块。第一，类似于以往常见的调研实践配合理论课，但更强调如何引导学生在理论教学时充分解剖每个规划或设计案例中所蕴含的传统生态哲学理念或现代生态学原理，并引导学生在实践项目中充分运用这些理念与原理。第二，将课程中学习的传统生态哲学与现代生态学原理内化为自己的价值观，即达到诚于中而形于外，这是本课程实践环节的重要组成。

3.3 新技术、新方法的融入

伴随规划设计行业在规划、设计和研究三者的进一步分化，各专业将进一步融合，逐渐形成交互协同的学科群，即强调规划设计专业与生态学、经济学、大数据、管理学等不同学科交叉协作，形成综合考虑和平衡各类空间使用关系的知识图谱，并进一步推动形成多专业交互协同、具有中国特色的空间治理学科群，这将是未来的一个专业发展的大趋势[3]。例如，在课程中加入生态系统服务评估、生态网络构建、蓝绿空间交融、基于自然的解决方法等学科前沿方法的讲授。同时，需要加强"城乡生态与环境规划"对其他课程，如国土空间总体规划、城市更新、乡村规划等综合性规划的支撑作用。

4 课程实践案例

4.1 课程理论的更新案例

在生态文明建设背景下，"城乡生态与环境规划"课程理论更新主要包括以下三个方面。首先，课程内容融入国内外科研热点，包含生态系统服务、韧性系统构建、数字技术应用等，以提升教学的前沿性和实践性。其次，强化环境伦理与可持续发展教育的融合，通过案例分析、模拟实践等教学手段，培养学生的生态保护意识和社会责任感。第三，紧密对接国家整体战略，将新质生产力、两山理论等核心理念融入课程，指导学生在规划实践中贯彻生态优先和绿色发展，以实现人与自然和谐共生的现代化目标。表1围绕三个方面提出了对应的教学探索。

理论迭代案例 表1

理论学习内容	课程要点	案例
生态系统服务与保护修复决策制定	● 整合国土空间规划：生态系统服务的理念可以整合到国土空间规划中，如识别关键生态区域、制订保护修复目标、规划生态网络和廊道，以实现生态保护与经济社会发展的协调，促进可持续发展。 ● 政策和法规支持：生态系统服务的评估结果可以为制定相关政策和法规提供科学依据，如生态补偿机制、土地利用规划和环境影响评价	● 全国重要生态系统保护和修复重大工程总体规划（2021—2035年） 全国重要生态系统保护和修复重大工程 国家发展改革委 自然资源部关于印发《全国重要生态系统保护和修复重大工程总体规划（2021-2035年）》的通知 总体布局：全国重要生态系统保护和修复重大工 程规划布局在青藏高原生态屏障区、黄河重点生态区（含黄土 高原生态屏障）、长江重点生态区（含川滇生态屏障）、东北 森林带、北方防沙带、南方丘陵山地带、海岸带等重点区域。 基本原则：坚持保护优先，自然恢复为主；坚持统筹兼顾，突出重点难点；坚持科学治理，推进综合施策；坚持改革创新，完善建管机制。 ● 科研前沿案例 Water yield / Agricultural production / Sediment retention / Carbon sequestration / Water purification FTG scenario / AD scenario / RCTAD scenario / RCGAD scenario 在利用河岸草地缓冲区进行农业扩张的混合情景下，供水、水净化和沉积物保持这三项服务以及农业生产都比2009年的水平有所提高。 河岸草原保护区在中国很少使用，可以有效地解决多种生态系统服务之间的权衡问题，目前正在几个地区考虑和实施。

续表

理论学习内容	课程要点	案例
环境伦理与可持续发展	● 伦理与价值观：讨论环境伦理在规划中的角色，培养学生对环境责任和道德行为的深刻理解。 ● 整体性原则：强调在城乡规划中考虑经济、社会、资源与环境保护的协调发展，以实现长远的整体利益。 ● 代际公平：教育学生理解规划决策应考虑到未来代际的需求和利益，避免资源的过度消耗和环境的不可逆破坏。 ● 环境正义：探讨如何通过规划实现社会各阶层的环境权益，确保所有人都能享有健康和公平的环境条件	● 科研前沿案例 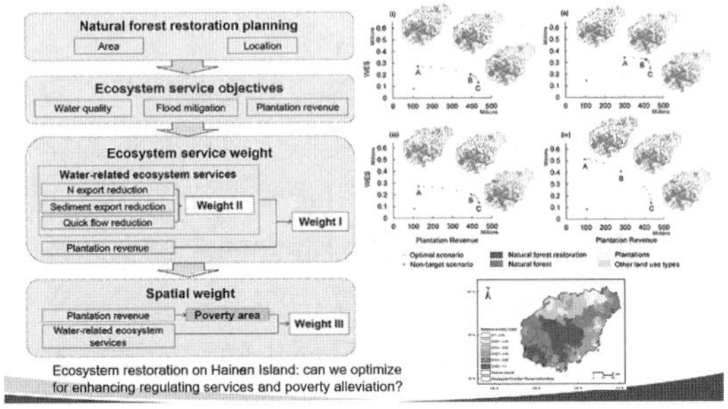
两山理论	●“两山论”引领“十四五”高质量绿色发展规划：“两山”理论的发展之路，为实现城乡两元文明共生、城乡均衡发展的中国特色城镇化模式提供了新的解决方案。 ● 助力乡村振兴战略：乡村振兴要加强乡村生态保护修复，持续改善农村人居环境，在空间规划中将生态治理和发展特色产业有机结合	● 浙江省国土空间规划（2021—2035 年）  ● 科研前沿案例 

资料来源：自制教学课件

4.2 校园生态规划与景观设计的应用案例

以课程中校园生态规划与景观设计为例，要求学生根据理论学习内容，在校园内开展生态问题识别、空间特征调查和规划理论及方法的运用，以提高对课程所学理论和方法的综合运用能力。具体的案例展示见表 2。

4.3 生态系统服务评估的应用案例

课程中传授的可持续发展理念、生态系统服务评价方法以及生态安全格局构建策略等核心概念和技能，不仅为学生提供了坚实的理论基础和实用工具，而且这些理念与方法的通用性和实操性也使其能够被直接应用于城乡规划课程体系的其他课程中。例如，在国土空间总体规划课

校园生态规划设计调研案例[*] 表2

理论学习内容	实践研究报告要求	案例展示
城市热岛的影响因素分析	使用温度测量仪测量测定不同建成环境下的温度湿度	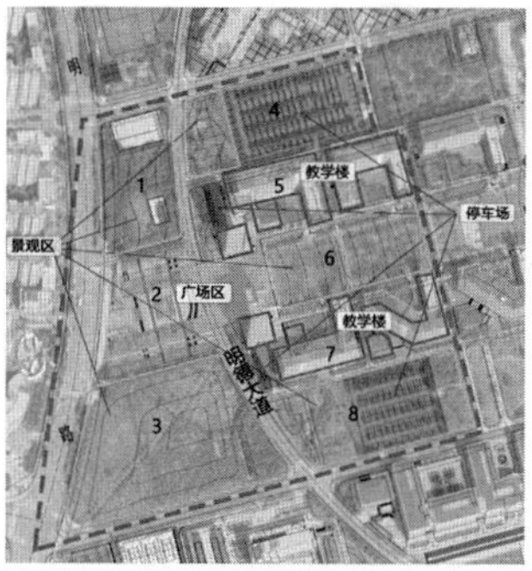 地块分块识别图；使用温度测量仪测量分析不同环境下的温度湿度（见下表）
景观植物配置设计	调研地块中植被群落特征及效益	植被分布现状图
以人为本的规划设计理念	测度校园不同人群（教师、学生、校内工作人员）对场地蓝绿空间的感知和需求	**调查问卷结论：** 01 大多数学生对校园景观环境比较关注 02 大多数学生都认为应该从自身加强环境保护 03 大多数学生都参加过各种生态保护活动 04 大多数学生都指出了学校存在的景观生态问题 05 少部分学生不怎么关注校园的景观生态

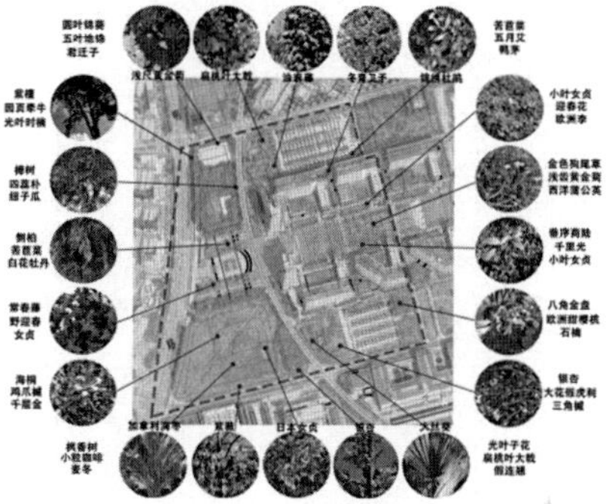

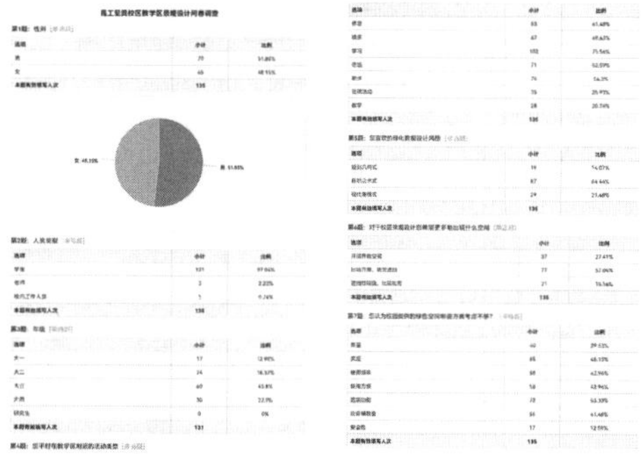

使用温度测量仪测量分析不同环境下的温度湿度

日期	地块	温度/℃	湿度/%RH
11月11（早）	01	21.4	54.0
	02	20.3	63.2
	03	20.5	58.7
	04	19.7	57.8
	05	21.4	59.4
	06	20.1	64.2
11月11（晚）	01	19.6	60.0
	02	18.2	63.2
	03	19.3	67.7
	04	18.5	66.4
	05	18.7	65.3
	06	19.2	66.1
11月12（早）	01	19.6	54.0
	02	21.2	63.2
	03	20.3	58.4
	04	20.5	57.8
	05	20.7	59.4
	06	20.2	61.2
11月12（晚）	01	19.6	60.0
	02	18.2	63.2
	03	19.3	67.7
	04	18.5	66.4
	05	18.7	65.2
	06	19.2	66.4
11月13（早）	01	21.4	54.0

续表

理论学习内容	实践研究报告要求	案例展示
基于自然的解决方法	根据场地存在的生态问题，采用基于自然的解决方法来进行低碳、循环、可持续的规划设计方案	 昆虫旅馆
保留文化脉络的生态设计理念	在场地中设计体现文化与景观相结合的生态景观节点	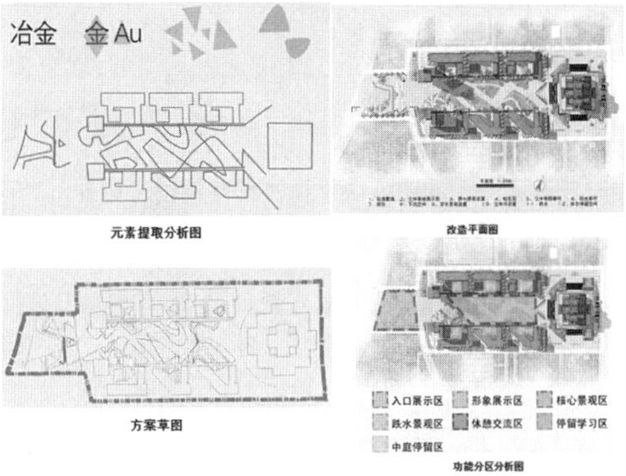  景观设计效果图

* 注：根据张幸娟小组调研报告整理。

资料来源：自制教学课件

程中，学生可以利用这些知识进行资源环境承载能力和国土空间开发适宜性的双评价，划定生态保护红线，以实现区域内的生态平衡和可持续发展。此外，通过学习生态网络构建可以帮助学生完成全域生态保护修复空间格局的识别，以及在中心城区如何将生态原则融入城市设计，创建宜居、低碳、绿色、共享的新型城镇。

5 结语

随着生态文明建设的不断推进，城乡生态与环境规划课程在高等教育体系中的重要性日益凸显。本研究旨在探索生态文明理念与城乡规划专业核心课程的融合机制，力图为培养具备生态文明意识和实践能力的城乡规划专业人才提供理论指导和实践参考，以期为高等教育机构在相关专业的教学实践中提供借鉴。

参考文献

［1］ 吴唯佳，吴良镛，石楠，等．空间规划体系变革与学科发展 [J]. 城市规划，2019，43（1）：17-24，74.

［2］ 石楠．城乡规划学学科研究与规划知识体系 [J]. 城市规划，2021，45（2）：9-22.

［3］ 丁志刚，石楠，周岚，等．空间治理转型及行业变革 [J]. 城市规划，2022，46（2）：12-19，24.

［4］ 欧阳志云．保护城市生态环境为何如此重要？ [EB/OL]. 人民网．（2021-05-10）[2024-05-04]. http：//theory.people.com.cn/n1/2021/0510/c434335-32098856.html.

［5］ 吴志强，张悦，陈天，等．“面向未来：规划学科与规划教育创新”学术笔谈 [J]. 城市规划学刊，2022，（5）：1-16.

［6］ 傅伯杰．莫让生态成为城镇化的点缀 [EB/OL].（2014-12-12）[2024-05-04]. https：//news.sciencenet.cn/htmlnews/2014/12/309088.shtm.

［7］ 孙施文，石楠，吴唯佳，等．提升规划品质的规划教育 [J]. 城市规划，2019，43（3）：41-49.

Exploration of the Teaching and Research Path of “the Urban and Rural Ecological and Environmental Planning” Course in the Context of the Ecological Civilization Construction

Li Ruida

Abstract: Under the framework of ecological civilization construction，urban and rural ecological and environmental planning is gradually becoming a core strategy for achieving sustainable development. Faced with the background of ecological civilization construction，“the curriculum of urban and rural ecological and environmental planning” is facing new tasks and responsibilities for transformation and upgrading. To meet this challenge，curriculum teaching needs to be comprehensively reformed and innovated in terms of knowledge content，teaching methods，and interdisciplinary integration. In terms of knowledge content，the curriculum should update and expand the philosophical foundation and case analysis related to the concept of ecological civilization，and integrate the latest national strategic policies to ensure the frontier and timeliness of the teaching content. In terms of teaching methods，it is necessary to strengthen the teaching mode of interdisciplinary cross and scientific research thinking，promote the cross-integration with disciplines such as ecology，geography，and sociology，and construct a holistic knowledge system to adapt to the complex and changeable urban and rural planning issues. In addition，students should be encouraged to participate in the practice of urban and rural ecological and environmental planning，strengthen students' innovative thinking and practical skills through field research，data analysis，and planning scheme design，etc. Through these teaching reform measures，the aim is to cultivate students' ecological civilization concept，professional knowledge，and practical ability，and meet the demand for compound talents in urban and rural planning for high-quality development in the new era.

Keywords: Theoretical Teaching，Ecological Civilization Concept，Urban and Rural Planning，Integration of Teaching and Research，Undergraduate Education

国土空间视角下的乡村规划理论教学研究*

刘　玮　姚云龙　任天漪

摘　要：在国土空间规划体系建立的背景下，乡村规划作为法定规划、详细规划，其理论教学也面临着新的挑战与变革。通过梳理乡村规划理论教学在国土空间规划和传统城乡规划体系中需要进行改革的方向与内容，立足于培养新型专业人才，总结未来乡村规划理论转向重点，从研究方向、教学思路以及体系改革3个方面探讨乡村规划理论课程在国土空间规划背景下的建设思路，为培养未来乡村规划人才贡献力量。

关键词：乡村规划；国土空间规划；理论教学

1　国土空间视角下乡村规划理论教学改革的意义

1.1　国土空间规划体系的建立与改革

改革开放40多年以来，我国经济发展和城市建设都取得了诸多成就，随着物质发展与社会进步，城乡规划也面临资源配置粗放、规划技术标准不一致，规划期限不一致等问题[1]。

因此，中共中央及国务院提出并建立了国土空间规划体系，在原有空间规划基础上提出了多规合一、生态优先、以人为本等理念。国土空间规划在规划层级上更加强调不同层级之间的政策传导与落实，在规划内容上更加注重对底线的把控，资源的合理利用，增强了规划的法定性与可实施性[2]。

国土空间规划不仅为我国未来城乡发展提供了指南，也为规划的编制与实施过程提供了更有力的法定依据与法律保障[3]。

1.2　乡村规划主体内容的转变

乡村规划长期以来受生产水平以及经济发展限制，被当作单一的、封闭的空间规划，与城市规划之间缺乏资源、经济、空间上的联系与互动[4]。加之长期以来我国城乡二元结构明显，乡村规划建设处于规划体系的下游，因此受重视程度较低，造成了乡村规划科学性不足、体系较为混乱、规划实施难以满足群众需求等诸多问题，难以发挥乡村自身价值。

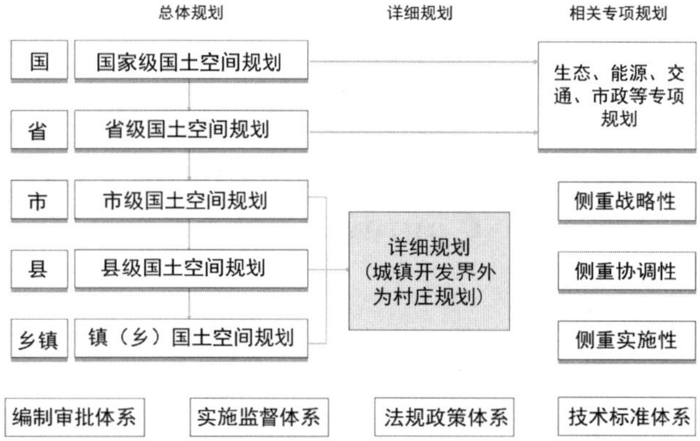

图1　乡村规划在国土空间规划体系建立中的作用

资料来源：《中共中央　国务院关于建立国土空间规划体系并监督实施的若干意见》（中发〔2019〕18号）

在现阶段我国国土空间规划体系中，从国、省、市、县、乡镇五级划分了不同的编制层级，又按照总体

*　研究基金项目：中国建设教育协会重点项目“国土空间背景下高校乡村规划课程体系的理论逻辑与实践经验研究”（2023010）。

刘　玮：北京建筑大学建筑与城市规划学院讲师（通讯作者）
姚云龙：北京建筑大学建筑与城市规划学院硕士研究生
任天漪：北京建筑大学建筑与城市规划学院硕士研究生

规划、详细规划以及专项规划对规划内容进行了分类，村庄规划作为详细规划的类别拥有了明确依据以及相应的技术标准[5]。同时在乡村振兴的大背景下，政府加大了对于乡村地区以及小城镇的投资力度，城乡二元的结构逐渐被打破，资金支持也逐渐向乡村地区倾斜[6]。乡村特有的生态环境与文化内涵催生出乡村文旅产业的发展，乡村的经济得到发展的同时，乡村与城市间的各种联系也变得更为紧密。目前，乡村规划不仅仅是对乡村进行空间上的安排，还要考虑产业发展、资源配置优化以及城乡之间流动发展的重要联系，对于教学体系的更新也有迫切的需求（图 1）。

1.3 研究意义

（1）适应国土空间规划需求

长期以来乡村规划理论教学以乡村规划为主体内容，规划内容与国土空间规划内容衔接不足。随着国土空间规划体系的完善，乡村规划作为重要组成部分其理论教学也逐渐出现了多种问题：知识体系缺乏科学性、乡村认知缺乏深入理解、培养目标缺乏合理性以及对于理论教学时间不足。在涉及政策各层级内容传导上缺乏逻辑上的衔接与理论上的依据。乡村规划涉及多学科内容，包含地理学、经济学、社会学等内容，现行乡村规划理论教学对于学科间融合及应用依然存在不足。研究探讨了乡村规划理论教学如何去适应国土空间规划背景下对于规划人才的培养要求，探索未来教学改革方向及完善理论教学体系，提高教学的针对性与时效性，拓宽乡村规划教育的知识面。

（2）强化学生乡村规划实践能力

目前乡村规划理论教学在与实践教学之间还存在着差距，两者之间缺乏有效的衔接，学生从理论学习到实际应用的环节不能有效过渡。通过研究乡村规划新教学模式以及更新理论教学内容，进一步完善理论与实践之间的衔接，同时强化乡村规划多学科融合的发展思路，促进学生理论知识的实践与应用，强化学生乡村规划的实践能力。

（3）推动城乡规划学科建设

国土空间规划背景下村庄规划有了新定位、新要求，对于城乡规划专业教学来看，乡村规划是未来发展的重要方向，文章通过探讨乡村规划理论教学的革新来推动乡村规划理论教学应对新背景下的改革，目的为完善教学体系，促进城乡规划学科的建设发展。

2 乡村规划教学改革内容

2.1 理论教学中多学科综合方向的改革

国土空间规划背景下的乡村规划教学要更注重学生多学科的综合能力，以适应以下几个方面的变化：从单一规划到可持续规划，从政府主导到鼓励公众参与，从理论研究到注重实践操作。结合乡村振兴背景下的规划人才培养要求，在理论教学的同时注重学科理论的实践与应用，以及对于多学科综合应用的能力培养。

国土空间规划体系下乡村规划对象众多，不仅包含诸多自然要素，还包含人工环境要素，侧重于国土开发、修复、整治及保护利用等[7]。国土空间规划下的乡村规划也更有权威性、战略性。我校现行开展的乡村规划理论教学内容基于乡村规划与设计，多为空间规划层面教学内容，对于政策性理论解读以及结合现实发展实践性理论仍较为缺乏。基于上述情况，研究并探索在国土空间规划视角下乡村规划教育未来需求，对于学科理论教育内容以及方法上提出实施路径（图 2）。

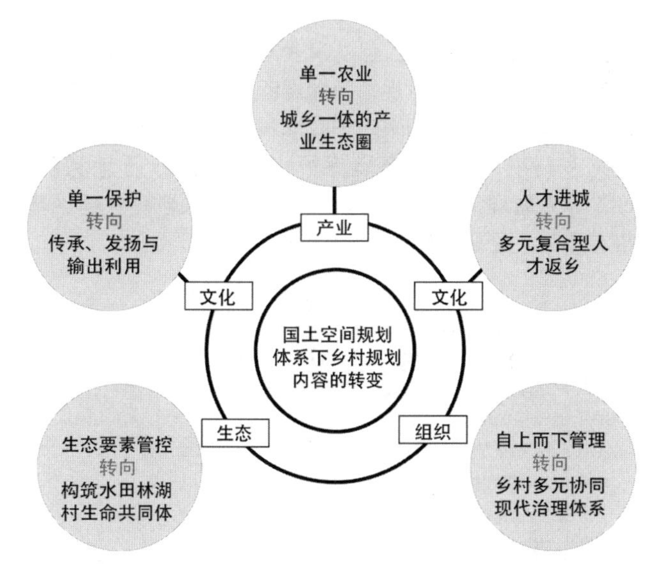

图 2 国土空间规划体系下乡村规划内容的转变

资料来源：张丹 . 国土空间规划体系下城乡规划人才培养策略 [J]. 大陆桥视野，2023，(3)：110-111，114.

2.2 理论教学中内容与方法改革

（1）针对国土空间规划的理论教学内容

对于本校学生乡村规划理论课的调查发现，学生对于规划编制的具体方法缺乏足够的认识。作为国土空间规划体系下的乡村规划应更注重自然资源的保护利用，提出了多规合一、底线思维等规划基本要求[8]，如三区三线划定、用地发展规划等一系列基于国土空间体系的新教学内容，并形成了完善的实践体系。未来应尽早将国土空间规划体系内容融入理论教学课程中（图3）。

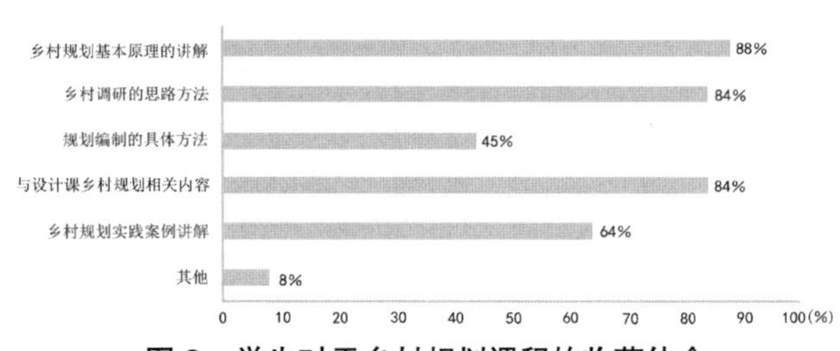

图3　学生对于乡村规划课程的收获体会

资料来源：作者自绘

（2）跨学科融合发展的理论教学模式

国土空间规划体系下的乡村规划涉及地理、经济、交通、社会、文化等多方面因素，对于学生的多学科综合应用能力要求较高。但从学生对于现行乡村规划课程的融合来看，对上述规划因素课程教学内容较少，缺乏配套的理论教学。未来对于教学模式可以从课程设计上加入乡村规划与生态环境保护、人文地理、土地利用、GIS等方面理论教学内容，为多学科的融合提供理论基础（图4、图5）。

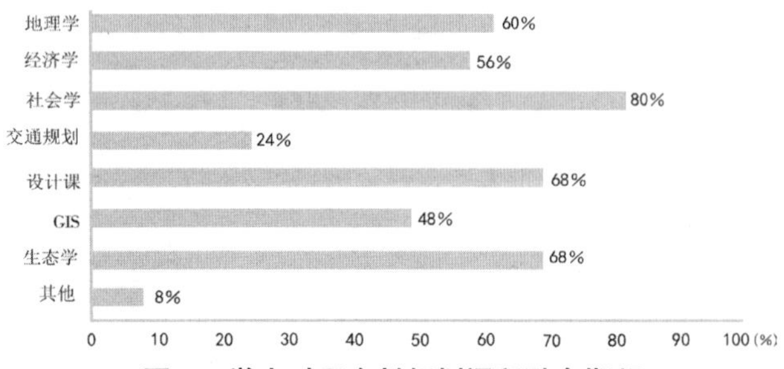

图4　学生对于乡村规划课程融合期望

资料来源：作者自绘

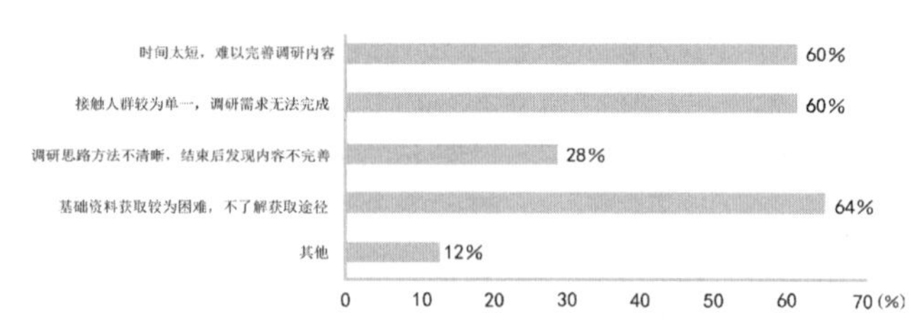

图5　学生乡村规划实践中遇到的难点

资料来源：作者自绘

（3）基于指导实践的理论教学体系

国土空间规划下的乡村规划注重环境保护和资源利用，要求从以建成空间规划为主转为以自然资源利用为基础的管控型规划。对于高校教育体系中的乡村规划理论的教学成果检验依赖于乡村规划课程的作业成果，现行作业评价体系还未完全按照国土空间规划体系下乡村规划内容的要求，重点仍在空间层面规划成果上。未来可以通过在乡村规划成果评价体系中增加对于人居环境改善、经济产业组织、生态环境资源利用保护等方面的占比来提高学生对于国土空间规划的理解与应用。在城乡规划理论教学过程中应加入理论应用等层面的内容帮助学生更好地衔接文本内容上的理论与实践过程中理论的具体应用。

（4）社会多方合作的理论教学架构

乡村规划作为多元主体参与的规划，在国土空间规划背景下应更注重资源的合理配置以及规划的实用性，因而社会多方参与有很强的重要性。一般规划参与主体包含村民、乡村能人、政府组织、企业等主体部门，这些主体的参与不仅使规划的编制具有合理性，也确保了规划的可实施性。而对于高校学生的课程内容，多方参与规划仅局限于调研期间的访谈环节，调研主体类别以及深度都明显不能满足规划编制需求（图6）。

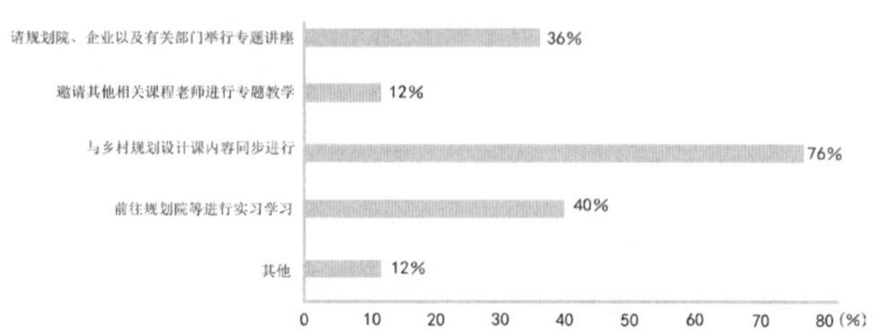

图6　学生对乡村规划多方参与的需求调查

资料来源：作者自绘

乡村规划理论教学课程未来应依托规划多方主体，如规划院、相关企业参与，通过规划实际项目引入理论教学内容并衔接乡村规划实际课程应用，有效为学生提供更丰富有机的样本参考以及用于实践的最新理论成果，贯穿学生从理论学习、应用再到实践的全过程学习链条。

2.3 教学效果评价调整

未来针对乡村规划理论教学效果的评价应基于上述改革与变化做出适当调整，并为教学改革思路提供更多实质性的反馈。对于教学效果的调整，教师团队应更关注学生对当前国土空间规划背景下的乡村规划发展动向是否把握，对教学内容的时效性是否敏感，确保学生应用于实践的理论内容能够紧跟时代步伐，并通过理论课程的学习对国土空间规划中的乡村规划有全面的认识以及实践的思路，以更好的方式推动乡村规划教育的改革。

3 国土空间规划视角下乡村规划理论教学思路

在国土规划新体系下的村庄规划层面，以实用性规划理论教学为基础，教师团队对于乡村规划理论教学进行了一系列调整（图 7）。

3.1 明确课程教学目标

现行背景下乡村规划理论教学目标较传统城乡规划中单一的物质规划应适当进行调整。以往理论教学目标是为了让学生们了解一些有关理论，对于其能否真正掌握并实际应用未引起足够重视。国土空间规划体系注重规划的实用性、落地性，在未来乡村规划理论教学的目标应向这个方向转变，从国土空间规划体系出发去制定教学目标。落实其中对于乡村规划内容中具体操作与实施的理论教学，例如：国土空间双评价体系在乡村规划设计中应有所落实，深入双评价体系的理论学习，有助于学生们在规划设计中的理解和应用相关知识，更好地深入剖析此类概念。

3.2 优化课程教学体系

现有乡村规划理论课程依然依托于传统城乡规划体系，以单一学科内容教学为主，对于国土空间规划内容涉及较少。未来应重新关注乡村规划理论课程设置，结合国土空间规划的要求以及乡村振兴战略的发展需求，调整和优化理论课程内容。可以增设涵盖国土空间规划、乡村振兴政策、农村土地利用规划、乡村生态环境规划等方面的理论教学，提高学生对于乡村规划内涵的理解。

同时，理论教学内容可以结合专业其他课程开展，结合经济学、社会学、地理学等城乡规划理论课程进行体系上的改革，真正落实国土空间规划体系中提到的“多规合一”，让学生切实体会到学科之间的联系与多规合一的必要性。表 1 为我校乡村规划课程教学课时分配，未来将针对国土空间规划体系要求增加相应的实验以及实践课程内容。

针对国土空间规划体系的理论内容的教学可以在单纯的物质规划基础上加上对新政策的解读，例如对于三区三线内容的教学，引入底线性管控思维的规划内容，使学生更好地理解国土空间规划内涵。增加对于法定规划体系的研究，明确国土空间规划体系下乡村规划具体

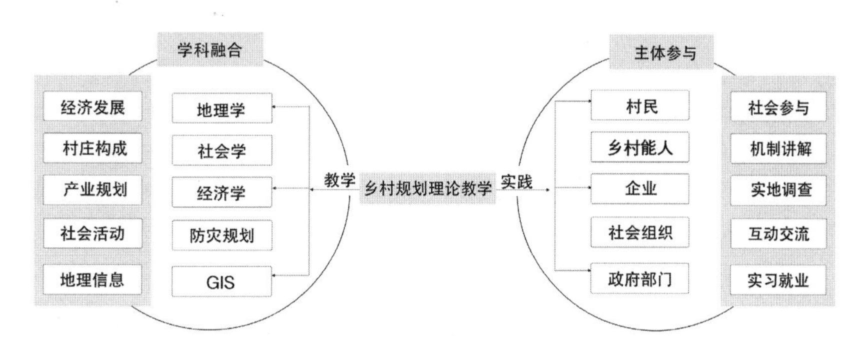

图 7 国土空间规划背景下乡村规划理论教学改革方向

资料来源：作者自绘

北京建筑大学"乡村规划"教学课时分配 表1

序号	教学单元	单元内容	课外内容	讲课（课时）	实践（课时）	合计（课时）
一	乡村调查与分析	调查内容与方法 分析内容与方法 调研分析报告	调查报告	3	2	5
二	乡村发展认知	乡村的概念 国外乡村建设与发展 我国乡村建设与发展	文献阅读、文献综述	2		
三	乡村规划与设计	乡村空间解读 基本原则与任务 主要类型与成果要求 工作程序与方法	乡村规划价值观确立	3		
四	村域规划	主要任务与主要原则 村域空间管制 村域总体布局	村域规划内容评述	2		
五	居民点规划	主要任务与主要原则 建设用地选择 空间形态引导 居民点总体布局	居民点设计要点评述	3		
六	村庄设计	主要任务与主要原则 乡村意象框架构建 山水田设计 局部设计	村庄设计要点评述	3		
合计				16	2	18

资料来源：北京建筑大学"乡村规划"教学（设计）任务与指导书

的成果要求。政策性理论内容的教学有助于学生在规划实践中熟悉当前国家政策，掌握基本的规划法律框架，保障规划的合法性。并且在理论应用时熟悉实际的操作流程和工作内容，对于实践教学起到指导意义。使学生明确规划的层级之间有效传导方式，促进其对于新规划体系下乡村规划的理解。

3.3 完善教学效果评价

长期以来对于乡村规划理论教学成果评价与乡村规划设计课程评价之间缺乏联系，因此少有涉及国土空间规划内容。未来应调整完善对于教学效果的评价标准，例如加入对于全域生态资源要素的保护程度、对于土地利用规划的合理程度以及对于乡村建设管控的指标把握等内容作为评分标准，使学生们切实体会到国土空间规划的内容所在。针对此种教学方法下图纸表达可能不够美观的情况适当对同学们给予讲解，让学生深入了解乡村规划实践中的具体问题和挑战，培养其解决问题的能力和实践操作技能。未来针对教学效果评价应面向学生实践能力、团队合作能力以及思维能力，建立多元评价体系（图8）。

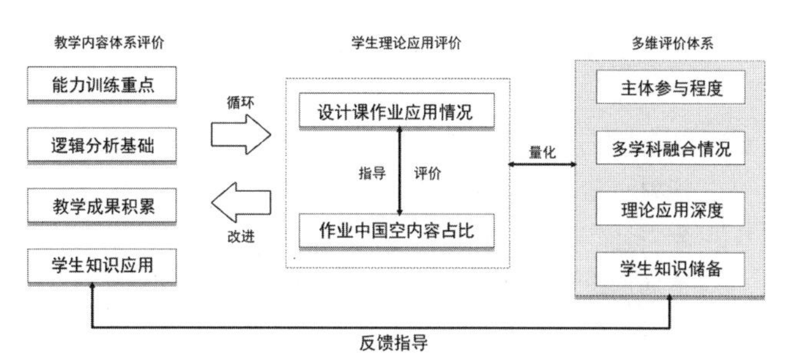

图 8 多维构建乡村规划理论教学评价体系

资料来源：作者自绘

3.4 创新课程教学形式

为深入学习和了解新背景下的乡村规划内容，理论教学课程也应与实践相结合，学生可以通过实践中遇到的问题与课程中所学到的理论知识相结合来完善对于国土空间规划体系下乡村规划的知识体系构建，表 2 为北京建筑大学大四乡村规划课程作业中对于乡村自组织能力的比较，学生通过对于不同地区乡村的规划文本以及实施过程进行研讨可以更好地理解乡村规划的具体流程。

目前，学生进行乡村规划调研阶段虽然能亲身前往，但往往因为时间较短以及资源有限而导致获取资料难以满足他们对于实际规划流程的了解需求。例如对于乡村资产运作或村内资源分配等问题，这些内容通过简短的访谈和调查问卷很难理解透彻，并且学生针对的访谈对象多以当地村民为主，受访者对于村内的运作机制也并非十分了解，因此未来课堂形式可以形成“1+n”规划教育体系。

理论课对于乡村规划实际编制与实施过程中所遇到的实际问题难以全部涉及，而教师团队也不能及时了解到最新规划相关内容变化。因此形成“1+n”规划教育体系，以学生为教学主体，结合多方规划主体部门参与理论知识教学，有益于学生时刻掌握对于规划文本变化的内容，落实国土空间规划中实用性规划这一标准。“n”所指的是规划参与方参与理论课程教学，例如与规划实施相关的企业可以进入课堂为学生讲授规划实施过程中经济利益如何去协调，涉及土地、资源分配等利益问题。

4 结语

新时期国土空间规划体系下，城乡规划专业要把握住改革的方向，调整教学方向与改革课程内容要齐头并进。乡村规划理论教学要为学生构建的“理论基础 + 实践支撑 + 战略提升”的三位一体学习体系，让学生真正走入乡村、读懂乡村、规划乡村。

本科学生作业：乡村自组织能力比较总结 **表2**

名称	公众参与方式	参与方	参与内容	决策	建设	参与	培训	管理	监督
浙江：溪下村	调研阶段对村民意愿和诉求进行专项调查，编制阶段充分采纳村民意见和诉求，召开村民代表大会，征求村民意见后确定方案，实施后接受村民监督	村民 政府 村委	调研阶段表达诉求、参与规划编制、参与决策表态、土地利用监督	√	√	√			√
江苏：杏村村·固村村·谭巷村	进行问卷调查，了解村民诉求，征求村民意见，尊重村民意愿，接受全体村民监督	村民、政府、村两委、村投公司、社会各界	参与规划，配合实施 用地报批，政策支持 落实项目，协调实施 土地流转，祖宅盘活 项目投资，村庄修缮	√	√	√			√
上海：欣和村	深入基层访谈，广泛听取利益相关方意见	村民、政府、村委	村庄改造和美丽乡村建设	√	√	√			√
安徽：高山村·红岭村	建立村民协商决策制度；明确村集体自管程序；定期召开村民大会	村民 政府 村委	参与村庄建设 商讨规划内容 监督项目资金分配		√	√			√

资料来源：北京建筑大学“乡村规划”课程学生作业

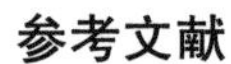

参考文献

[1] 吕晓，薛萍，赵雲泰．空间治理视域下乡村地区国土空间详细规划：逻辑重塑、体系解构与策略构想 [J]. 中国土地科学，2024，38（1）：45–52，72.

[2] 王波波．新时代国土空间规划体系下村庄规划探析 [J]. 城市建筑，2021，18（18）：57–59.

[3] 刘洁，张黎．国土空间规划体系中的乡村规划实施路径研究 [C]// 中国城市规划学会．人民城市，规划赋能——2022 中国城市规划年会论文集（13 规划实施与管理）. 江苏中源城乡规划设计有限公司，2023：11.

[4] 何子张，邬晓锋．村庄规划的困境与突破：重构乡村国土空间详细规划体系 [J]. 北京规划建设，2023（1）：49–53.

[5] 董祚继．从土地利用规划到国土空间规划——科学理性规划的视角 [J]. 中国土地科学，2020，34（5）：1–7.

[6] 朱力，陈铁．双向视角，实践导向：国土空间规划背景下面向乡村振兴的规划学科建设思考 [J]. 小城镇建设，2023，41（12）：38–44.

[7] 孙莹，张尚武．中国乡村规划的治理议题：内涵辨析、研究评述与展望 [J]. 城市规划学刊，2024（1）：46–53.

[8] 符娟林．国土空间规划体系下的“乡村规划”课程的教学实践探讨 [J]. 教育现代化，2019，6（95）：167–168.

Teaching Research on Rural Planning Theory from the Perspective of Territorial Space

Liu Wei　Yao Yunlong　Ren Tianyi

Abstract: Under the background of the establishment of the national space planning system, the theoretical teaching of rural planning, as a statutory planning and detailed planning, is also facing new challenges and changes. By sorting out the direction and content of rural planning theory teaching reform in territorial spatial planning and traditional urban and rural planning system, based on the training of new professional talents, summarizing the focus of rural planning theory in the future, and exploring the construction ideas of rural planning theory course under the background of territorial spatial planning from three aspects: research direction, teaching ideas and system reform. Contribute to the cultivation of future rural planning talents.

Keywords: Rural Planning, Territorial Space Planning, Theoretical Teaching

以流定形，形流相成
——“城乡生态与环境规划”理论教学探索

邓雪湲　冯　歆

摘　要：在生态文明和国土空间规划改革的背景下，“城乡生态与环境规划”作为核心理论课越来越受到重视。现有教学内容和方法存在偏重生态环境评价技术、与城乡规划学科和设计课程联系不紧密、学生积极性不高的问题。本次教学设计包括：课程目标、教学设计重构、教学方法创新、教学资源建设、评价标准开发。首先，设定了价值—方法—工具三大课程目标，构建了“城市生命体—以流定形—形流相成”三个教学阶段，建设“三段三库”的教学资源，设计了“以学生为中心”的“两堂一室”的融合式教学组织方式，最后，提出了针对教师、学生双评价主体的评价标准。研究旨在探索地方理工院校城乡规划专业理论教学模式。

关键词：城乡生态与环境规划；以流定形—形流相成；生态文明；城市生命体；教学设计

1　引言

气候变化成为当今人类可持续发展最为复杂的生态威胁。党的十八大提出“生态文明”，2020 年做出双碳承诺。人类面临的气候变化等重大挑战，以及新一轮科技革命迅猛发展都对高等工程教育提出新挑战。近年来国内外高校就工程教育领域做了大量的探索，如美国斯坦福大学提出了理工大学的 T 型创新人才培养目标和“拓展交叉学科研究”制度，我国2017 年提出“新工科”建设的理念。

国际经验和 985 高校的探索在地方工科院校实施中，遇到了地区的文化和经济差异，遇到了学生生源和教师经历的差异。如何利用地方理工科院校的特点和优势，实现新工科“学科交叉，创新实践”的理念，真正有效培养创新型工程人才始终是地方工科院校教学改革的难点。

苏州科技大学人才培养主要立足和服务于苏南及长三角的城乡建设发展、技术应用等社会资源，与当地的政府、规划设计企业有紧密的联系，利用“政产学研用”，改变了以往“教师讲，学生听”的单一局面，创造了学生积极参与、主动协作、探索创新的教学模式，打破了工科知识结构单一现象，其理念与“新工科”及 T 型人才培养的理念不谋而合。

“城乡生态与环境规划”是城乡规划专业本科核心课程。课程设计以“生态文明”引领，遵循“城市生命体”的价值主张，提出“以流定形，形流相成”的城市生态与环境规划思想与方法，构建适应城乡规划学科的教学内容与教学资源体系。

2　教学现状与问题

2.1　课程要求

评估手册规定“城乡生态与环境规划”课程包含 3 个部分：①了解生态学的基本知识，掌握城乡生态系统的构成要素与基本功能。②了解区域生态适宜性评价、区域生态安全格局建构的基本知识；了解城市与区域生态规划和建设的基本概念与内容。③了解城乡环境问题的成因，了解区域环境影响评价的目的、内容及其在城乡规划中的应用。

邓雪湲：苏州科技大学建筑与城市规划学院副教授
冯　歆：苏州科技大学建筑与城市规划学院讲师（通讯作者）

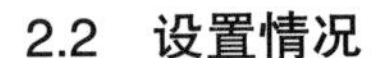

2.2 设置情况

近年，“城乡生态与环境规划”课程有两项较大的调整。一是学科新培养方案将该课程从四年级上学期调整到了三年级上学期。调整出于两个原因：①国土空间规划体制改革以来，空间规划的对象要素和尺度扩大，学院新开设了自然资源管理的课程，并安排在四年级；②城乡生态和环境规划并不是国土空间规划中的生态空间，而是涉及城市开发边界内生态系统、资源能源、环境影响的复杂系统，并不只是生态空间的规划。二是主讲人情况与问题。2022 年之前，该课程由环境学院教师教学团队主讲，我院景观系教师参加其中的一次课程，即生态适宜性评价和生态安全格局构建。这种设置情况，通过后期评估，学生反映可以在毕业设计中运用到生态安全格局构建方法，但是，学生认为课程内容与城市规划关系不大，对城市生态环境问题与城市规划、城市发展的作用关系不清楚，在设计课中运用少，难以了解和掌握环境影响评价在城乡规划中的应用，总体上，对这门课兴趣不大、积极性不高。从 2022 年开始，该课程由建规学院规划系老师主讲，也提出了要将它建设成一门重要的核心课程，使之适应城市规划学科和学生的需求。

3 课程设计

回应新工科要求、国土空间规划体制改革，结合新的培养计划，在“城乡生态与环境规划”课程中，探索一套适合城乡规划学科的、适应国土空间规划体制改革的课程内容，从课程目标、教学设计重构、教学方法创新、教学资源建设、评价标准开发进行课程整体设计。

3.1 课程目标：价值—方法—工具

课程目标设定与专业培养方案提出的课程目标形成上下承接关系。

课程目标 1 是以“生态文明”价值观引领实现课程高阶目标。在生态文明观下，“城市生命体”作为城市认知的理念，将“城市生态系统”“生态城市设计”等专业知识教育与价值观和理念相结合。

课程目标 2 是掌握城乡规划的理论与方法。课程提出“以流定形”的生态理性城市规划设计。城市规划核心是空间物质形态设计，但是不能是美学的、资本的角度决定空间形态，在生态文明价值主张下，生态要素是流动的，有了“流”以后能知道“形”的依据在哪里，掌握了“流”的规律，就可以确定“形”，这就形成了生态理性的规划思想与方法，就是以“流”定“形”的规划。

课程目标 3 是技能与工具。课程提出“形流相成”。随着快速城镇化过程带来越来越多的建成环境，“形”塑造了“流”，“形”“流”互动，相辅相成。城市空间形态塑造了城市生命的流动，包括物质流动、信息流动、财富流动等各式各样的流动，“形”塑造“流”的同时也改变“流”，气候、风、水文等自然过程都被城市的“形”改变和塑造。

3.2 教学设计：以流定形，形流相成

教学内容依据 T 型创新人才培养目标以及课程目标，构建价值—方法—工具三个教学内容板块，基本应对了评估手册的要求，并完成了知识和能力体系构建。课程内容分为三大板块，第一教学板块：城市生命体，第二板块：以流定形，第三板块：形流相成。课程的核心能力是以城乡生态环境问题为导向，提出以流定形和形流相成的规划设计方法：“以流定形”的生态理性规划设计方法，即基于生态要素在城市中的流动过程，作为城市形态设计的依据；“形流相成”是城市建成环境重塑城市环境的作用机制。

教学阶段 1（4 课时）以生态文明为价值观引领，提出城市生命体的认知。包含 2 次课，第一课“气候变化、生态问题、环境问题：成因及与城镇化、城市规划的关系”。作为学期的第一堂课，重点讲述认知城市发展、城市规划与当今环境生态问题、气候变化的相互作用机制，使这门课成为城乡规划学生的“生态课”，而不是生态学或者环境科学的课程。第二课“生态文明”：从城市生态系统到城市生命体。这次课提出生态文明与生态城市是城市发展的新阶段，从通常的“城市生态系统”作为研究和规划的客观对象，提升到对“城市生命体”认知。评估文件规定的内容是讲述城市生态系统的组成及其功能，这仍是以人类为中心的、现代主义的规划观，现代主义的城市规划认为功能决定形式。本课程以“生态文明”替代“工业文明”，在“生态文明”观的背景下，一是将城市作为自组织独立生命体，而不是服务于人类中心的人居环境；二是将“城市生命体”认

知放在城市规划理论发展历史上，从功能分区的城市机器，到城市有机体，到城市生命体，是“生态文明”下的城市认知。

教学阶段 2（22 课时）提出“以流定形”的生态理性规划设计方法，是对城市生命体进行城市生态规划的核心。通过 4 节课介绍 4 种“流”的流动过程与规律：即生物多样性、城市微气候与气候变化、能碳循环、水循环四大生态要素。这部分结束后布置校园生态系统调研，并提交期中调研报告。之后 6 次课程，对应四大生态要素，通过案例讲解“形”的设计。6 次课程为：高能低碳 1：城市形态与能耗的关系，高能低碳 2：低碳城市规划设计 / 气候适应性的规划设计（交替），以水定城 1：城水共生规划设计（MOOC），以水定城 2：雨洪管理与海绵城市设计，城绿共生 1：多尺度绿色空间规划设计案例，城绿共生 2：生态适应性评价与生态安全格局。

教学阶段 3（6 课时）是“形流相成”，对应环境影响评估的内容。这部分包含 2 次课，主要讲解城市环境要素（MOOC）和环境影响评估，教学内容需要线上资源和跨学科专家的支撑。最后一节课分享期中的校园生态要素调研报告，并布置期末生态规划策划报告主题（图 1）。

3.3 教学资源：“三段三库”的教学资源建设

结合 3 个教学阶段的知识内容差异，教学组织采用启发式、项目式、案例式 3 种不同的教学方法，配合相应的教学材料、教学工具和教学资源的准备。教学阶段 1 是问题导向、价值主张的部分，采用启发式，引用网络热点问题，如郑州大雨、太湖蓝藻、德国电价飞涨等，引发学生思考并进入课程状态；同时，横向与“规划原理”“城市建设史”等并行和前置的理论课程联动，让学生建立起城乡规划与生态环境问题的关联，引发学生兴趣。教学阶段 2 的前半部分为生态要素的基本规律，如城市能源、能碳循环、城市水文等理科知识较为枯燥，结合校园生态系统进行项目制学习，让学生将身边的校园实际与抽象的生态要素流动过程结合起来，并提交校园生态要素调研报告作为期中作业。教学阶段 2 的后半部分，即生态城市“形”的规划设计结合大量案例，进行设计方法的讲解，并与“详细规划”设计课程横向联动，为设计实践提供生态规划的思路和方法。

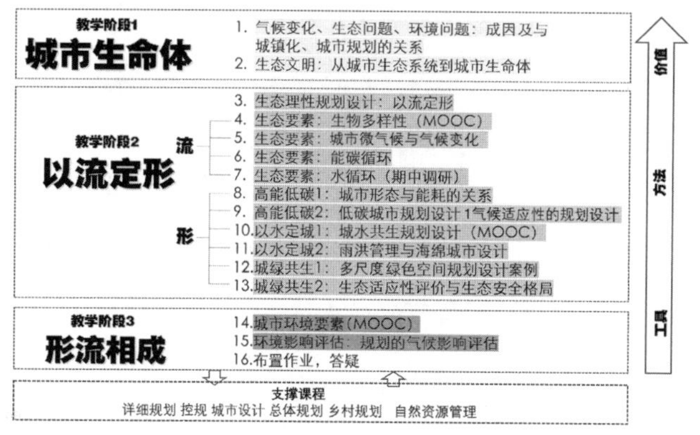

图 1　课程教学设计方案

资料来源：作者自绘

教学资料建立三库：案例库、专家库、点子库。案例库建设：教学阶段 2“以流定形”的授课需要结合大量的设计案例，教师建立案例库：形成与生态要素和规划设计方法结合的多尺度、国内外案例库。专家库：教学阶段 3 设计与环境科学的跨学科内容，与清华苏州环境研究创新院、国网能源研究院有限公司、高新区绿色低碳企业协会产教融合，邀请跨专业专家授课，并讨论。点子库：与设计课横向联动，将之前学生作业中的设计提案不断总结，提炼总结为设计的点子，与教学的知识点充分结合，变学习成果为教学资源，学生既是课程学习者，也是教学资源开发者，唤起学生热情与成就感。

3.4 教学组织：“以学生为中心”的“两堂一室”的融合式教学

在执行教学计划过程中，“以学生为中心”进行教学组织。信息时代学生具备从网络获取大量信息的能力，这些信息既有顶级的优质教学资源，也存在碎片式的、快餐式的信息茧房。因此，线下教学特别需要两种教师，一种是理论前沿、表达能力强、有吸引力有感染力的教师，一种是手把手的、面对面的教师，这两种都要改变“老师讲，学生听”的方式，理论课老师更多是采用多种资源，把知识点提出来、串起来，把逻辑讲清楚，每个知识点学生可以继续自我深入探索，通过网络、城市中的调研、与设计课结合等方式获取信息。

结合线上的 MOOC 和视频等，结合校园环境，构建“线上 MOOC 课堂 + 线下大课堂 + 校园实验室”的

“两堂一室”融合式教学组织模式。

线上 MOOC 课堂（6 学时）：生物多样性采用《野生都市》视频，包含城市中野生动物觅食、繁衍、与人类互动等 8 个城市案例；以水定城采用吴志强院士参加我校水网国际会议讲解北京副中心运河沿岸城市设计的视频；城市环境采用国家一流课程“城市生态学”中城市环境要素的 MOOC 内容。3 次课分布在教学过程的前中后。

线下大课堂（24 课时）：实施大班授课，人数 60~90 人，构建师生共同体，将教师理论讲述和学生提出问题、共同寻找解决方案的步骤结合，实现“理论、问题、设计解决方案、工具技能”能力的不断串联与反复练习。

校园实验室（2 课时）：以学生为中心，将校园的生态环境、建筑作为实验室，让学生一边学习理论，一边观察校园生态环境与设计问题，一边提出设计提案，激发学生的兴趣、批判思维、设计责任感和成就感（图 2）。

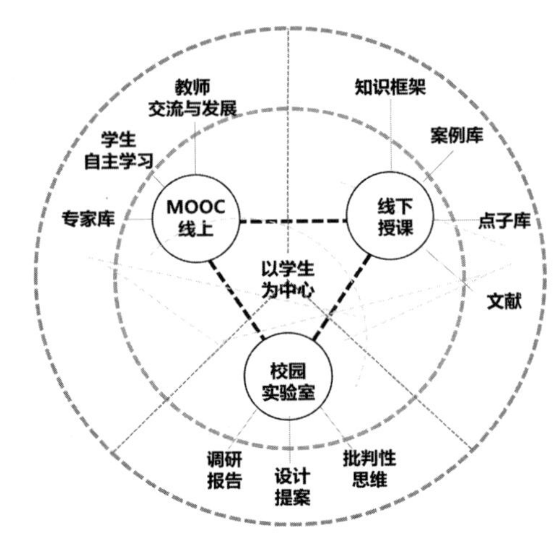

图 2 “两堂一室”课程教学组织
资料来源：作者自绘

4 评价标准：目标导向，科学评分

课程评价包含对教师教学的评价和学生达成度的评价。对教师教学的评价，需要内容对应课程目标的达成度。对学生的评价以期中调研报告和期末策划报告为准，但是开放性课题的评价如果缺少客观性，难免受到各种影响，也容易产生学生对教师提交成绩的投诉。为了更加准确测量开放式课题、学生能力和素质的达成度，建立了对教师“目标导向”、对学生“科学评分”的课程评价标准。评价中，主要包含评价主体、评价客体、评价观测点 3 个方面，具体内容见表 1。通过甘特表，提高评价的效率和准确性，有助于提升教学效果。

教学与学生成果达成度评价 表1

观测点	评分项	分值	评价内容	教师评价内容			学生评价内容					评价主体	
				课程目标 1：以“生态文明”价值观引领	课程目标 2：掌握城乡规划的理论知识	课程目标 3：技能与工具	优秀（9~10）	良好（8~9）	中等（7~8）	及格（6~7）	不及格（<6）	教师评价	学生评价
1	问题分析	10	能够对复杂生态环境问题进行识别与分析，提出需求										
2	设计，提案能力	20	能够针对复杂问题，提出对应的空间要素，提出针对性设计策略										
3	工具与技能运用	20	选择合适的工具进行运用，生态格局构建、环境影响分析、生态要素模拟等										

续表

观测点	评分项	分值	评价内容	教师评价内容			学生评价内容					评价主体	
				课程目标1：以“生态文明”价值观引领	课程目标2：掌握城乡规划的理论知识	课程目标3：技能与工具	优秀（9~10）	良好（8~9）	中等（7~8）	及格（6~7）	不及格（<6）	教师评价	学生评价
4	理论与价值	20	能够运用理论阐述愿景、定位等整体思路										
5	知识获取	20	能对文献、书籍、案例进行查阅、分析，寻求问题的解决方案，进行案例对标										
6	合作与沟通表达	10	团队合作，知识迁移能力，前置和并行课程的相互迁移，课程报告书写流畅、格式规范										

资料来源：作者自绘

5 总结

以生态文明为引导，应对国土空间规划改革和“双碳”目标，将“城乡生态与环境规划”设计成一门城乡规划学科和数字化时代的课程，从课程目标，教学设计重构，教学方法创新，教学资源建设，评价标准开发进行课程整体设计。课程目标设定为价值—方法—工具三大目标，以目标为导向，构建了“城市生命体—以流定形—形流相成”三个教学阶段，建设了“三段三库”的教学资源，“三库”为案例库、专家库、点子库，设计了“以学生为中心”的“两堂一室”的融合式教学组织方式，最后，提出了既对教师也对学生的双评价主体的评价标准。开拓出符合高等教育发展规律、“新工科”建设发展要求的人才培养路径，为地方工科院校新工科教学改革建设和高质量人才培养提供新思路。

致谢：在苏州科技大学接手这门理论课程，学院三个系研究生态城市、绿色建筑的老师都给予了支持和帮助，规划系的洪亘伟、于森、刘宇舒老师，景观系的丁金华、朱颖老师，建筑系的刘长春、高飞、刘科老师都来帮着一起上课和讨论。苏州高新区的清华苏州环境研究创新院、国网能源研究院有限公司、高新区绿色低碳企业协会每年都派出专家为我们上课。还要感谢母校同济大学城市规划系的吴志强院士，沈清基、干靓、匡晓明、颜文涛老师，文章中和课程中对你们的思想和案例如数家珍，一并表示衷心感谢！

参考文献

[1] 吴志强．论新时代城市规划及其生态理性内核[J]. 城市规划学刊，2018，(3)：19-23.

[2] 吴志强．以流定形的理性城市规划方法[EB/OL]. 中国城市规划网，(2015-08-03)[2024-05-08].http://www.planning.org.cn/report/view?id=54.

[3] 邓雪湲，蒋灵德，刘超．国土空间详细规划碳排放测度与管控研究——以苏州太湖科学城核心区详细规划为例[J]. 规划师，2023，39(9)：117-122.

[4] 道格拉斯·凯尔堡．城市环境悖论｜对景观城市主义和新城市主义的批判性比较[EB/OL].(2021-05-21)[2024-05-08]. https://www.sohu.com/a/467855448_121123925.

[5] 诸大建．可持续性科学：基于对象—过程—主体的分析模型[J]. 中国人口·资源与环境，2016，26(7)：1-9.

[6] DE JONG M，JOSS S，SCHRAVEN D，et al. Sustainable-smart-resilient-low carbon-eco-knowledge cities；making sense of a multitude of concepts promoting sustainable urbanization[J].Journal of cleaner production，

2015，109：25-38.
[7] KENNEDY C，PINCETL S，BUNJE P. The study of urban metabolism and its applications to urban planning and design[J]. Environmental pollution，2011，159（8-9）：1965-1973.
[8] 颜文涛 . 生态城市实践指引 [M]. 北京：中国建筑工业出版社，2021.
[9] 陈天 . 生态城市设计 [M]. 北京：中国建筑工业出版社，2021.
[10] 泰伦 . 新城市主义宪章 [M]. 王学生，谭学者，译 . 2 版 . 北京：电子工业出版社，2016.
[11] 查尔斯·瓦尔德海姆 . 景观都市主义 [M]. 刘海龙，刘东云，孙璐，译 . 北京：中国建筑工业出版社，2011.
[12] 杨沛儒 . 生态城市主义：尺度、流动与设计 [M]. 北京：中国建筑工业出版社，2010.
[13] 蒂莫西・比特利 . 绿色城市主义——欧洲城市的经验 [M]. 邹越，李吉涛，译 . 北京：中国建筑工业出版社，2011.
[14] 吴志强 . 上海世博会可持续规划设计 [M]. 北京：中国建筑工业出版社，2009.

Forms Follow Flows，Forms Reshape Flows ——Theoretical Teaching Design of “Urban and Rural Ecological and Environmental Planning”

Deng Xueyuan　Feng Xin

Abstract: In the context of ecological civilization and the reform of territorial spatial planning，“Urban and Rural Ecology and Environmental Planning” has received increasing attention as a core theory course. The existing teaching architecture had the problems of favoring ecological and environmental assessment techniques，not closely connecting with urban planning disciplines and design courses，and low motivation of students. This course architecture includes：course objectives，content design，teaching methods，building of teaching resources，and development of evaluation criteria. First，it sets up three major course objectives of “value-method-tools”，constructs three teaching stages of “city being-forms follow，flows-forms reshape flows”，builds teaching resources of “three sections and three libraries”，and designs teaching methods of the “two-course and one-stage” based on “student-centered”. Finally，it develops the evaluation criteria for both teachers and students. The paper aims to explore the theoretical course teaching mode of urban and rural planning in local polytechnic universities.

Keywords: Urban and Rural Ecological and Environmental Planning Course，Forms Follow Flows - Forms Reshape Flows，Ecological Civilization，City Being，Teaching Design

在线互动答题教学方法在“城乡规划原理”课程中的应用探索

李文越

摘　要：“城乡规划原理”课程的教学内容重要、知识体系庞杂，传统以教师为主导的“一言堂”式教学方式很难收获良好的教学效果。在线互动答题是一种基于在线平台的师生互动的教学技术手段，本文探索了在线互动答题教学方法在“城乡规划原理”课程中的应用。基于教学实践和问卷调查，分析了在线互动答题的教学工具、教学形式和应用效果。结果表明，在线互动答题在激发学生学习兴趣、督促学生课后学习、强化课堂讲授等方面起到了正向作用，是值得进一步探索和推广的创新教学方法。

关键词：城乡规划原理；互动稳定；教学方法

1　引言

“城乡规划原理”是城乡规划专业本科必修课程，课程知识点涉及社会、地理、经济、历史、政治等多个方面，是一门综合性和系统性极强的课程。该课程是学生专业理论知识构建的重要环节，为居住区规划、国土空间总体规划、控制性详细规划等设计课程的讲授奠定理论基础，是城乡规划专业本科培养最重要的专业基础课程之一。“城乡规划原理”的传统教学方法包括理论讲授、案例教学、文献查阅、社会实践等，由于授课内容繁多艰涩，传统课堂通常面临课堂沉闷困乏、学生兴趣不足、知识点记忆低效等问题。针对“城乡规划原理”课程的授课特点，已有研究从混合式教学、翻转课堂等方面探讨了创新教学方法在该课程中的应用，也有研究从课程教学成效评价、课程思政建设等方面探讨该课程的优化方法，但总体来看，针对“城乡规划原理”课程的教学方法探讨仍然十分匮乏[1-4]。

在线互动答题是一种师生互动的教学技术手段，具体来说，教师将课程知识点相关问题投影到教室屏幕，学生通过手机等智能终端提交答案。每道题作答完成后，大屏幕实时显示学生答题情况，教师可以根据答题情况进行分析和点评。针对在线互动答题教学方法应用效果的研究发现，该方法在活跃课堂气氛、丰富教学活动、简化教学评估、加强师生全面深层互动、实现教学与研究的良性循环等方面有重要作用[5,6]。在线互动答题的教学方法起源于欧美，在国外已经有成熟的发展，被广泛应用于中小学和大学课堂，成为深受学生欢迎的课堂辅助工具。国内教师对于在线互动答题的教学方法多应用于语言教学，“城乡规划原理”课堂中没有应用案例。为了更好地了解和适应学生认知规律，提高“城乡规划原理”课程的授课质量，笔者探索了在线互动答题教学方法在“城乡规划原理”课程中的应用，本文是对该教学方法应用的总结和反思。

2　“城乡规划原理”课程的教学内容、教学难点和应对策略

哈尔滨工业大学（深圳）建筑学院将“城乡规划原理”课程分为A、B两个部分，两门课程各占两个学分。其中“城乡规划原理A”讲授内容包括城乡规划经典理论、规划师职业素养、居住区规划原理等，授课对象包括城乡规划和建筑学专业的大二年级本科生；“城乡规划原理B”讲授内容包括国土空间规划的思想和方法基础、区域空间规划、城市地区空间规划、乡村地区空间规划，授课对象仅为城乡规划专业大三年级本科生。笔者担任其中“城乡规划原理B”的主讲教师。

李文越：哈尔滨工业大学（深圳）建筑学院助理教授

相较于其他高校，哈尔滨工业大学（深圳）“城乡规划原理”课程学时短、内容多，要求授课教师在有限的课堂时间内高频率地抛出和高效率地讲解知识点。但显而易见的是，大部分学生难以坚持长时间高度集中注意力接收知识点，因此，通过课堂讲授促成高效知识记忆有相当大的难度。对此，笔者从多个方面设计了应对策略。

首先是精炼知识体系。在国土空间规划体系建立的背景下，城乡规划原理的知识体系近年来持续不断地更新和扩展，要求授课教师精练筛选出专业核心知识点作为授课重点。笔者认为，国土空间规划是一项事业，其所涉及的内容远大于传统城乡规划学科的内涵，“城乡规划原理B”课程在有限学时的条件下，应以夯实城乡规划理论基础、拓展国土空间规划理论视野作为目标。课程在国土空间规划体系框架下授课，将传统城乡规划原理和国土空间规划原理中通用的原则、规律、方法作为授课重点，同时，在授课过程中强调城乡规划体系向国土空间规划体系转变和衔接的过程，所涉及的规划技术变革。

其次是理论讲解与案例分析结合。一方面，教师在课堂授课过程中对重要的知识点结合规划案例展开讲解；另一方面，结合课程进度安排两次业界专家讲座，结合规划基本理论和规划编制要求讲解现阶段最新的城市和乡村地区规划的编制实践案例，通过上述方法激发学生学习兴趣，强化知识点的理解和记忆。课程还安排了规划方案抄绘和规划方案评论的学生作业，以培养学生运用知识主动思考和分析问题的能力。

最后是探索在线互动答题的教学方法。“城乡规划原理B”课程知识点繁多，需要通过反复地讲解以加深学生记忆。由于在线互动答题的教学方法有助于调动学生参与课堂互动和思考，也有助于教师实时了解学情和教学效果，及时补充讲解，因此，笔者将在线互动答题教学方法应用在知识点复习的教学过程中。在每次新课授课之前，组织复习前一次课的讲授内容，运用在线互动答题的教学方法，先抛出问题调动学生思考作答，再亮出答案复习知识点，根据学生作答情况不同程度地展开解释答案选项。下文展开介绍了在线互动答题在“城乡规划原理B”课程中的应用方法和应用效果。

3 在线互动答题的教学工具和教学形式

3.1 教学工具

国外采用的在线互动答题教学工具通常包括“Kahoot！”“iClicker”“Socrative”等，国内常用的工具为“剥豆豆”网站。以上工具均包括免费和付费的使用选项，不同工具在免费使用模式下可支持的学生人数、题目类型、题目数量有所不同。总体来说，“剥豆豆”网站是其中性价比较高的一种，免费模式下支持20名以内学生参与互动，支持选择题和填空题两种基本题型，同时具有良好的网络稳定性，该网站也是笔者在进行教学实践中选用的工具。

在备课阶段，注册登录“剥豆豆”网站（www.bodoudou.com）后，通过“新建豆荚”选项可以新建互动答题文件夹，在文件夹中选择“添加豆豆”选项可以新增课堂互动问题，以文件夹为单元添加每次课程的互动问题，设置问题选项、正确答案和答题时间。通常每次在线互动答题设置10~15道题目，能够覆盖上一次授课所讲授的重要知识点。在课堂上，进入该次课程互动答题文件夹，选择“现场开拨—同步抢答”选项，便可进入互动答题模式。学生通过手机、平板电脑等移动客户端扫描二维码进入互动答题在线平台，在投影仪屏幕阅读问题，通过移动客户端选择问题答案（图1）。答题时间结束后，投影仪屏幕会显示每个答案选项的选择人数，以及答题最快最准的学生姓名，还会根据答题准确性和答题时间核算答题分数，显示答题分数实时排行榜（图2）。文件夹内所有题目答题完成之后，“剥豆豆”平台会显示颁奖画面，答题分数第一、第二、第三名的学生姓名会显示在领奖台上。

3.2 题目设置方式

在线互动答题在备课阶段设置课堂互动题目时，有两类资料可以参考：一是注册城乡规划师职业资格考试（下文简称“注规考试”）“城乡规划原理”科目的考试真题；二是运用AI大语言模型工具输入知识点智能生成的题目，两类参考资料各有利弊。

注规考试中“城乡规划原理”科目真题均为客观选择题，涉及内容广泛，题目基本可以覆盖大部分“城乡规划原理”课程需要讲授的重点，出题水平较高。但

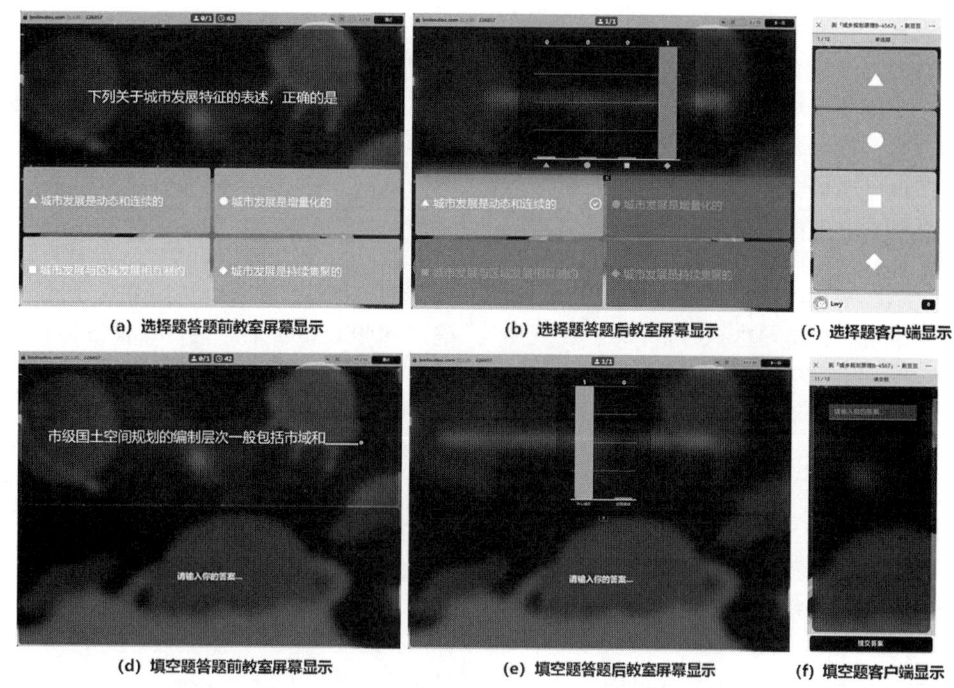

(a) 选择题答题前教室屏幕显示 (b) 选择题答题后教室屏幕显示 (c) 选择题客户端显示

(d) 填空题答题前教室屏幕显示 (e) 填空题答题后教室屏幕显示 (f) 填空题客户端显示

图 1 答题互动过程教室屏幕和学生客户端显示界面示意

资料来源：“剥豆豆”平台界面截图

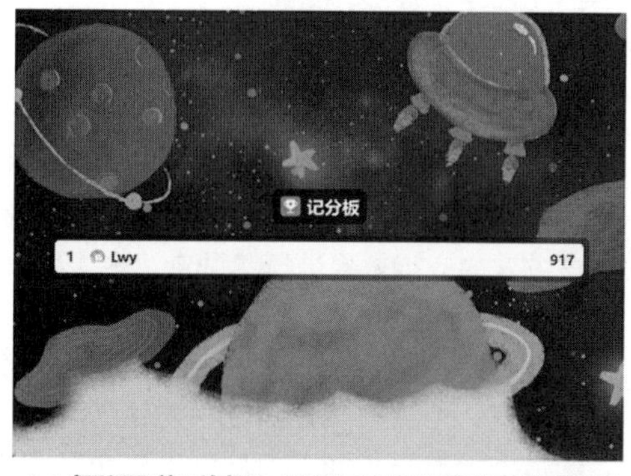

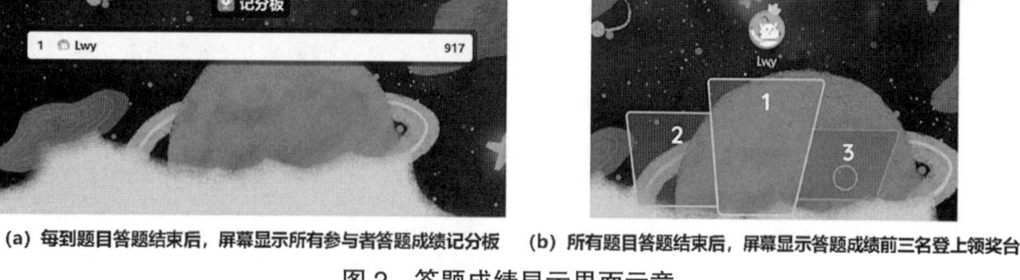

(a) 每到题目答题结束后，屏幕显示所有参与者答题成绩记分板 (b) 所有题目答题结束后，屏幕显示答题成绩前三名登上领奖台

图 2 答题成绩显示界面示意

资料来源：“剥豆豆”平台界面截图

是，注规考试题库中针对每个知识点的题目数量较少，每年出题的题目形式较为固定，本科生教学课堂上讲授内容未必能达到真题题目选项的深度及广度。因此，在借鉴真题准备在线互动答题题目时，通常需要通过减少选项、简化选项、简化题干等方式对真题内容进行一定的改进。

在注规考试真题不足的情况下，笔者在实践中也尝试借助百度 AI 大语言模型智能生成题目。在“文心一言”对话框中输入：“请针对 xxx（某知识点）设计 n 道单选题，包含答案和解析”，即可得到出题结果（图 3）。“文心一言”智能生成的题目一般难度较低，特别是一些判断正误的题型，部分题目选项说法过于绝对，学生无需学习专业知识就能凭感觉直接作答。另外，AI 智能生成的部分题目在选项和解析的准确性方面存在不足。面对这种情况，一是需要针对 AI 生成题目存在的问题，逐步优化细化输入模型的出题要求，生成更多数量的题目，再从中人工优选可用题目；二是授课教师需要对 AI 智能生成的题目进行适度的人工调整，结合授课内容优化题目选项。总体而言，现阶段“文心一言”AI 大语言模型可以应用于“城乡规划原理”课程的智能出题，模型可生成部分可用题目，但出题水平仍然有限。尽管如此，近年来 AI 大语言模型的迭代发展速度极快，通过 AI 赋能更高效地获得“城乡规划原理”在线互动答题题目未来可期。

3.3 课堂互动形式

实名张榜。在线互动答题开始前，学生需要输入用户名进入互动答题网页，此时要求学生输入真实姓名参加互动，高效实现课堂签到。在答题过程中，每道题答题结束后教室投影屏幕实时显示学生答题成绩排名，通过实名张榜督促学生重视课堂听讲和加强课后复习。为减少实名张榜制加重学生心理负担，课程成绩中的平时成绩部分只记录签到情况，不记录答题成绩，鼓励学生将在线互动答题视为一种学习过程而不是考核方式。

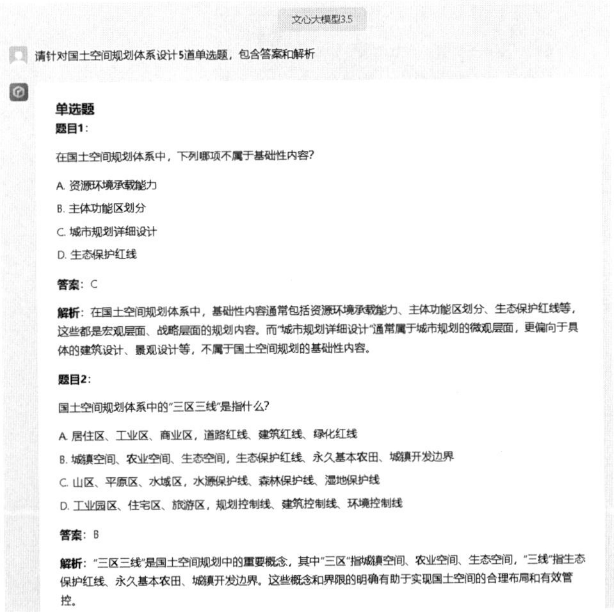

图 3 “文心一言”AI 大语言模型智能生成在线互动答题题目示意

资料来源：“文心一言”平台界面截图

实时讲评。在在线互动答题过程中，每道题目答题时间截止之后，投影屏幕将显示题目的正确答案，如果该题目的题型是选择题，屏幕将显示每个问题选项的选择人数，如果是填空题将显示正确答题的人数（图 1）。接下来根据答题情况组织师生互动讨论，如邀请答题正确的同学介绍答题思路，或请答题错误的同学提出疑问。最后授课教师结合需要讲授的知识点对题目和选项进行展开讲解和总结。

优胜奖励。在线互动答题结束后，笔者对认真学习课程知识和认真参与课堂互动的同学设置了奖励，对每次在线互动答题取得最高成绩的同学赠予纸质教材或参考书作为奖品，并鼓励学生在班级中传阅受赠书籍，以此激发学生的学习热情。

课后复盘。在课程结束后，在线互动答题记录成为学情分析资料，教师可以通过“剥豆豆”平台查询每道题目每位同学的答题情况，据此总结学生认知规律、反思课程讲授问题，在备课过程中及时地调整授课方式，以达到优化授课效果的目标。

4 在线互动答题教学方法的应用效果

笔者按照第二部分的实践方式在“城乡规划原理 B”课堂上运用在线互动答题教学方法后，通过网络问卷对该方法的应用效果进行了调查，在 12 人的班级中共回收 9 份有效问卷，调查结果如图 4 所示。其一，从学生喜好程度来看，有 77.78% 的学生表示喜欢在线互动答题的教学方式，但该教学方法并不能让所有学生满意，对该教学方法一般喜欢和不喜欢的学生也各占 11.11%。其二，从学生课后学习情况来看，只有 44.44% 的学生会因为在线互动答题而增加课后学习时间，增加的学习时长多在半小时以内，大部分学生并不会因此而增加课后学习。其三，从学生的知识点掌握情况来看，88.89% 的学生认为通过在线互动答题复习知识点，使其加强了对知识点的掌握，可见该教学方法是行之有效的。最后，从在线互动答题的题目设置合理性来看，所有同学均表示在线互动答题的题量、题型合理，题目难度合适，因此本文所介绍的在线互动答题题目设置方法具有合理性。

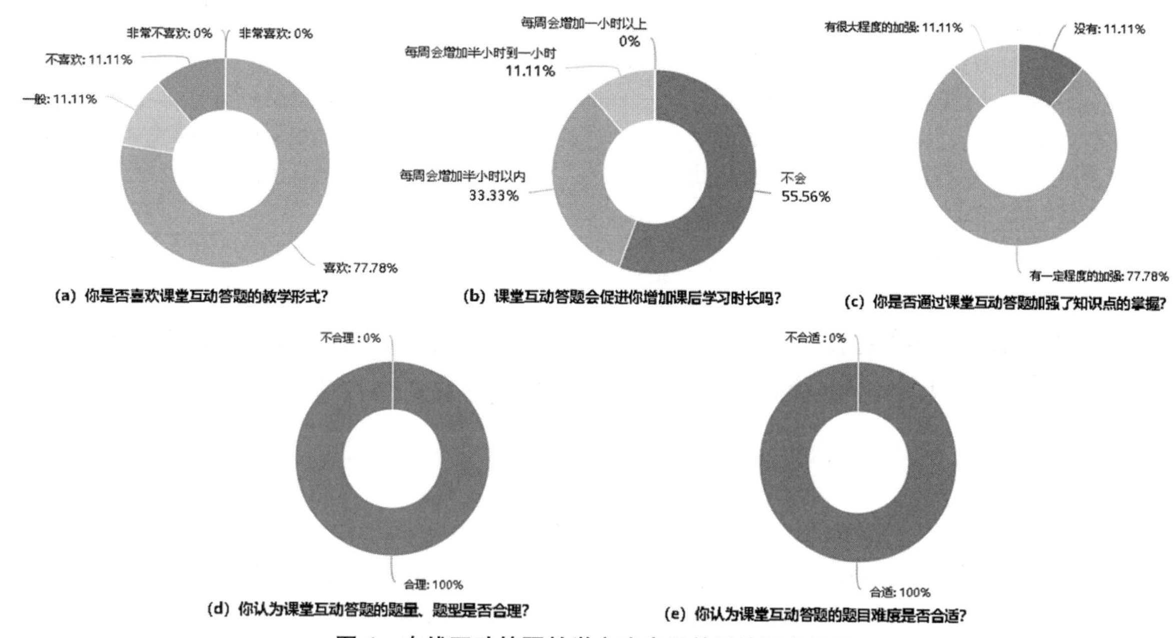

图 4　在线互动答题教学方法应用效果的调查结果

资料来源：作者自绘

上述调查结果表明，在线互动答题教学方法是富有成效和值得推广的教学方法。但是，该方法在提高学生学习兴趣和学习主动性方面，仍然有进一步优化的空间。笔者在课后通过分析在线互动答题记录发现，有个别同学的答题成绩一直处于全班排名末位，这些同学的出勤和听讲情况也相对较差。在组织在线互动答题中实行实名张榜制一方面可能激发了部分学生的竞争意识，促进其加强课程学习，但也可能使一些同学承受压力，反而形成回避课堂的心理。在在线互动答题过程中，实名张榜制对于提高学生学习兴趣是利大于弊还是弊大于利，仍然有待进一步探索。从优化课程教学的角度来看，理论教学的课堂中照顾每一位同学的学习感受、调动每一位同学的学习热情，是教学难点。在线互动答题的教学方法对于发现学情问题具有辅助作用，但不断优化课堂讲授方式仍然是用好在线互动答题教学方法的前提。

5　结语

本文基于教学实践，探讨了在线互动答题这一创新教学方法在“城乡规划原理”课程中的应用方式和应用效果。初步研究结果验证了在线互动答题这种国外课堂中广泛使用的教学方法在“城乡规划原理”课程教学中具有可用性。实践表明，通过“剥豆豆”平台进行在线互动答题帮助学生复习课程知识，是大多数学生喜欢的教学形式，对于激励学生加强课后学习有一定的作用，也有助于加强学生对课程知识的掌握，是一种值得推广的教学方法。以注规考试的“城乡规划原理”真题和 AI 语言大模型智能生成题目为参考，结合课堂知识点讲授情况调整题目设置，可以高效生成在线互动答题所用题目。更重要的是，在线互动答题的教学方法可使授课教师及时掌握学生的学习情况，并根据学情及时调整课堂讲授的方式和内容，对课堂讲授效果的提高具有辅助支持作用。未来进一步探索在线互动答题教学方法的优化形式、倡导在线互动答题的教学方法在城乡规划理论课程中的应用，对于提高教师理论教学水平具有重要价值。

参考文献

［1］ 晁艳 . 城市规划原理课程思政教学设计 [J]. 学园，2024，17（15）：14-16.

［2］ 胡俊辉，刘丹凤 . 城市规划原理课程思政教学设计 [J]. 山

西建筑，2024，50（6）：192-195.
[3] 赵静，杨晓楠，王林申.《城乡规划原理》的课程思政改革探讨 [J]. 教育现代化，2020，7（52）：74-76，80.
[4] 王婷，黎文婷，杨文越.融合 PBL 的翻转课堂在城市规划原理课程中的教学实践 [J]. 高等建筑教育，2021，30（2）：113-119.
[5] 祁芝红，刘玥.Kahoot! 游戏化学习平台及其教学应用 [J]. 中国教育信息化，2018（4）：86-89.
[6] 袁贺慧.游戏化学习对初中英语课堂学生参与度的影响探究 [D]. 上海：上海外国语大学，2022.

Application of Online Interactive Quizzes Teaching Method in Urban And Rural Planning Principle Course

Li Wenyue

Abstract: The content of “the principle of urban and rural planning” course is important, and its knowledge system is complicated. The traditional teacher-led teaching method is difficult to obtain good teaching effect. Online Interactive Quizzes is a kind of teacher-student interactive teaching method based on online platform. This paper explores the application of Online Interactive Quizzes teaching method in “urban and rural planning principles” course. Based on teaching practice and questionnaire survey, this paper analyzes the teaching tools, teaching forms and application effects of Online Interactive Quizzes. The results show that Online Interactive Quizzes plays a positive role in stimulating students’ interest in learning, urging students to study after class, strengthening teachers’ teaching quality and so on. It is an innovative teaching method worthy of further exploration and promotion.

Keywords: Principles of Urban and Rural Planning, Interactive Quizzes, Teaching Method

由设计思维转向研究思维
——研究生“科研方法与论文写作”教学探索

牛韶斐　赵　炜　吴　潇

摘　要：新形势下，国土空间规划体系的重构为城乡规划学科建设提供了创新动力和改革方向，大数据与计算机技术的发展引发了城乡规划学科中研究方法与技术路线的变革，但系统化总结与梳理的教学探索还亟待开展。研究生“科研方法与论文写作”课程是引导一年级研究生由设计思维转向研究思维的桥梁，基于四川大学该课程在教学改革方面的探索与总结，提出构建适应城乡规划学科特点的教学模块体系，建立从科研方法论到研究方法的逻辑脉络，探索大数据技术语境下新科研方法，创新教学模式与“问题—探究”式教学方法等教学改革举措，以期提高学生的科研能力和科学素养，为其开展科学研究奠定良好的基础。

关键词：科研方法；论文写作；方法论；大数据；教学方法

1　引言

“科研方法及专业论文写作”是一门旨在培养和提高学生的科研能力和科学素养的方法学课程，是引导一年级研究生由设计思维转向研究思维的桥梁，亦为其开展相关科研工作奠定基础，在研究生教学体系中具有重要价值。传统的研究生“科研方法及专业论文写作”课程的教学内容具有较强的普适性，但并未针对不同学科特点进行有针对性的教学设计。当下，城乡规划学科呈现体系化、综合化和多学科交叉的特点，尤其在大数据等新技术手段影响下，学科知识体系面临重大变革，相应的科研方法讲授亟待进行更新与优化，从而顺应行业和社会的新需求，帮助一年级硕士研究生从设计思维向科研思维过渡，培养论文选题、论文阅读、论文写作等综合科研技能。

2　由设计思维转向研究思维面临的难点与误区

通过对学生的观察和访谈，发现对于一年级城乡规划学研究生，从本科教育阶段所培养的设计思维转向研究思维面临以下难点与误区：

2.1　设计与研究思维模式之间存在的天然差异

设计构思要求开放与灵活，而科学研究的目的是认识自然、社会及思维的规律，讲求缜密与逻辑。城乡规划学的本科教育更侧重对学生设计思维的培养和基本功的训练，因此学生倾向于直观和视觉化表达，如图纸绘制、空间建模等，但研究生阶段的学习需要从自由发散的设计思维模式转换到更加规范严谨的研究思维模式，学生们在思维模式的切换上面临较大的挑战，需要进行科学引导，从而逐步建立提出研究问题，明确研究方法，开展研究设计，推进研究分析的思维步骤。这些都为本课程的定位与教学设计提出了较高的要求。

2.2　片面追求定量化而忽视了研究问题与方法之间的适配性

近年来，定量化研究因其精确性和可验证性得到广泛推崇。然而，学生们有时会陷入片面追求定量化的误区，如忽略了研究问题与研究方法之间的适配性，或者

牛韶斐：四川大学建筑与环境学院副教授
赵　炜：四川大学建筑与环境学院教授（通讯作者）
吴　潇：四川大学建筑与环境学院副教授

忽略开展某些统计分析的样本条件与前提假设。而城乡规划学的复杂性决定了其兼具自然科学和社会科学的双重属性，对于某些研究问题，定性研究能够深入探讨复杂的社会现象和人类行为，有时更适合于理解问题的本质。学生们在选题和研究中可能会在没有充分考虑研究问题的特性和需求的情况下，盲目选择定量研究方法，不适配的研究设计与研究问题可能导致数据无法有效回答研究问题，甚至可能产生误导。因此，本课程在讲授中也将对研究方法进行较为全面系统的归纳，从实证主义方法论和人文主义方法论两个维度，帮助学生更加理性地认识城乡规划学的学科特点与研究方法。

3 研究生“科研方法与论文写作”教学探索

3.1 课程定位

新形势下，国土空间规划体系的重构为城乡规划学科建设提供了创新动力和改革方向，大数据与计算机技术的发展引发了城乡规划学科中研究方法与技术路线的变革。探索城乡规划学背景的研究生“科研方法与论文写作”教学改革是有效的解决之道。通过向学生系统介绍科学研究与论文撰写的基本知识，使之对城市规划思维与方法、科研选题、论文基本格式、写作方法与步骤、学位论文开题、学术规范与学术诚信等科研基本程序和基本规则有一个初步的认识。在此基础上，融合当前学科交叉和技术进步的新趋势，提高学生的科研能力和科学素养，为其从事城乡规划学研究工作奠定一个良好的基础。

3.2 教学改革思路与探索

（1）构建适应城乡规划学科特点的教学模块体系

当前，城乡规划教育已经从设计、工程领域扩展到社会、经济领域和生态环境领域，从培养工科设计为主的人才逐渐走向管理、政策等多类型人才培养模式，呈现体系化、综合化和多学科交叉的特点。学科知识体系早期源于建筑学，而后纳入应用经济学、地理学、社会学等学科，再后来为满足国土空间规划全域全要素治理需求而融入生态学等学科，学科知识体系不断发展与完善[1]。因此，研究生“科研方法与论文写作”教学建设一方面要从城乡规划学科视角出发，引导学生理解城乡规划学科的思维与发展导向，从而建立从宏观到微观，从理解科学研究内涵到熟悉城乡规划学具体的定性与定量研究方法的教学路径；另一方面也要更好地适应学生在新形势下对科研选题和学术研究开展的新需求，利用丰富的网络资源和灵活的教学研讨形式优化教学内容组织，探索新教学方法导向下的课程建设。

基于以上分析，本课程划分为以下四大教学模块（图1）。模块一：认识科学研究，包括科学研究的内涵和类型，科学与技术的区别，科研思维与方法等，帮助学生建立对科研活动的整体性认知。模块二：城乡规划思维与方法，包括城市规划科研思维方式，城市规划理性思维的辨识，城市研究的方法论，城市规划研究中的定性与定量方法等。结合当前城市发展的新理念、新需求与新导向，如韧性城市、低碳城市、城市更新、智慧城市等，引导学生研究真问题、回应真需求，辩证思考

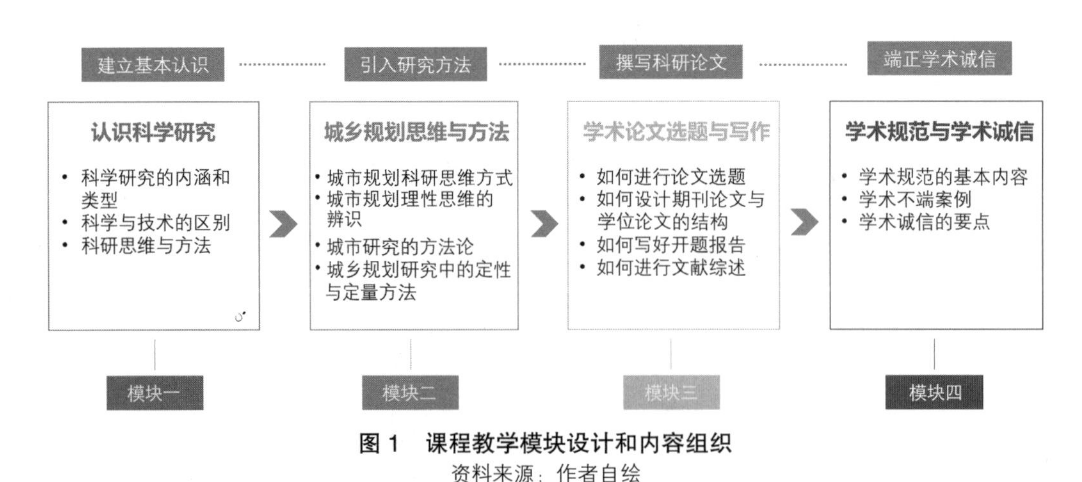

图1 课程教学模块设计和内容组织

资料来源：作者自绘

与深入发掘规划领域的前沿科学问题，回应城市发展转型需求和城市运营过程中的挑战。模块三：学术论文选题与写作，包括如何进行论文选题、如何设计期刊论文与学位论文的结构、如何写好开题报告，如何进行文献综述等，该模块是学生们最为关注的部分，通过系统讲授，使其基本掌握城乡规划学期刊论文、文献综述、硕士研究生开题报告、毕业论文的格式及写作方法，为其开展系统性科学研究奠定基础。模块四：学术规范与学术诚信，包括学术规范的基本内容、学术不端案例等。结合课程思政要求，引导学生认识到学术诚信是开展学术研究的基石，以及教育其识别和避免学术不端行为。四大模块的教学组织，帮助学生从建立对科学研究的基本认识出发，到熟悉城乡规划学科思维和常用的研究方法，到掌握论文选题与写作的流程与技巧，最后进一步规范自身的学术行为。

（2）建立从科研方法论到研究方法的逻辑脉络

科研方法论（Methodology）是一套关于科学研究的理论框架和原则，涉及科学研究的哲学基础与思维活动遵循的基本规律。方法论指导如何进行研究设计，包括根据研究问题选择合适的研究类型（定性、定量或混合方法研究）。而研究方法（Methods）则是在特定研究中实际应用的技术、工具和程序，用于收集和分析数据，包括实验、观察、调查、案例研究等。研究方法通常会涉及特定的技术或工具，如统计软件等。当前学生在开展科学研究中面临的误区是重视定量化研究方法的学习与操作，但忽视了从科研方法论到研究方法之间的逻辑性和适配性，因此存在研究方法选择不当等问题。因此，本课程将从方法论中演绎逻辑和归纳逻辑的区别入手[2]（图 2），结合城乡规划学科蕴含的复杂性、多元性特点，引导学生理解科研方法的选择和应用需要遵循科研方法论的原则，并按照确定研究问题、明确研究方法论、选择具体研究方法的逻辑进行研究设计（表 1）。

（3）大数据技术语境下新科研方法的融合与探索

早在 2013 年，迈克尔·巴蒂（Michael Batty）就在《新城市科学（*The New Science of Cities*）》一书中利用先进的数据分析技术来理解城市的结构、动态和发展[3]。如今，大数据环境的完善和新数字技术的发展带来了城乡规划在教育、研究与项目实践三个层面的重大变革，这些变革已经悄然改变了城乡规划学科研究的科学范式。海量、多元、开放且可视觉化的时空数据，例如

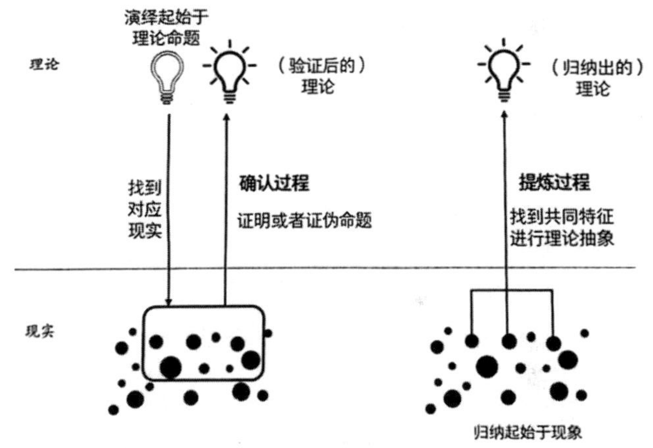

图 2　科研方法论中演绎逻辑与归纳逻辑的区别与对比

资料来源：张波．建筑·规划·园林研究方法论 [M]. 北京：中国建筑工业出版社，2023

城乡规划学中定量与定性研究方法对比　　**表1**

研究方法类别	定量研究	定性研究
哲学基础	实证主义	人文主义
研究范式	科学范式	自然范式
思维逻辑	演绎逻辑，理论检验	归纳逻辑，理论建构
主要目标	确定相关关系或因果关系，验证研究假设	深入理解社会现象，构建新理论
分析方法	统计分析，GIS 分析，机器学习等	扎根研究，案例研究，民族志等
资料收集技术	量表，问卷，结构观察，大数据等	非结构性观察，深度访问，文档数据等
研究特征	客观	主观

资料来源：作者自绘

手机信号数据和传感器信息，为构建和评估城市发展模型、进行动态模拟和智能学习等规划技术提供了坚实的基础。同时，智慧技术的应用正在重新塑造规划决策的方法，遥感技术（RS）、地理信息系统（GIS）、人工神经网络（ANN）、机器学习（ML）等使得规划人员可以从更加精细、动态、智能的角度开展研究[4]。在此背景下，新的科研方法应运而生，但系统化总结与梳理的教学探索还亟待开展。本课程拟探索大数据技术语境下，城乡规划学研究的新议题、新方法以及发展趋势，以研讨式的教学手段启发学生思考，提高学生的科研能力和科学素养。同时，本课程也强调了定性研究的重要价值，引导学生理解每种研究方法的优势与缺点，以及适用范围和边界条件。

（4）创新教学模式与“问题—探究”式教学方法

将“问题—探究”式教学方法应用到课堂教学中，利用当前丰富的网络资源，让课堂中的学习更加灵活、主动，打破传统研究方法与科研论文写作课程讲授枯燥乏味、研究方法陈旧的弊端，提高学生的课堂参与度与主动性。

针对研究方法与论文写作教学中提出研讨的一个或几个主题，在每个主题下再具体设计多个相关的小问题，学生可以从中选择一个问题进行研究性学习与深入思考。相关主题包括如何看待人工智能（AI）在规划研究中的应用，未来主要应用场景是什么，城市研究具有不确定性和复杂性，未来学科交叉和技术进步的趋势等。同时，在讲授了城乡规划学研究中的定性和定量研究方法后，让学生以自由组队的方式，任选一个感兴趣的研究方法或分析技术，通过小组学习与课堂分享的方式，探讨该方法的适用条件、步骤方法，以及在学术论文中的应用。通过这种方式，学生们一方面对城乡规划学研究方法与分析技术有了一个较为全面系统的认识，另一方面也在交流碰撞中，进一步理解了每种研究方法都有其应用场景和条件，辩证地理解各种方法的优势与局限。

4 结语

“科研方法及专业论文写作”的课程建设与教学改革目标主要着眼于以下三个方面：①激发学生的科研兴趣。融合学科前沿发展与技术变革，培养其提出好的研究问题的能力。②培养个人的科研思维能力。契合城乡规划学科特点，融合新教学手段，培养学生构建从研究问题提出，到研究框架生成，到科研论文写作的系统化思维。③塑造完备的学术人格。结合丰富案例帮助学生深入理解学术规范与学术诚信，严守学术底线。基于此，我们提出构建适应城乡规划学科特点的教学模块体系，建立从科研方法论到研究方法的逻辑脉络，大数据技术语境下新科研方法的融合与探索，创新教学模式与“问题—探究”式教学方法等教学改革举措。本文作为四川大学的一次教学改革尝试成果，希望该课程能成为引导研究生实现由设计思维转向研究思维的重要一环，但该课程的建设还有很多问题值得深入思考，也将在与学生的持续沟通反馈中保持反思与探索。

参考文献

[1] 耿虹，徐家明，乔晶，等．城乡规划学科演进逻辑、面临挑战及重构策略[J]. 规划师，2022，38（7）：23-30.

[2] 张波．建筑·规划·园林研究方法论[M]. 北京：中国建筑工业出版社，2023.

[3] BATTY M. The new science of cities[M]. Cambridge，MA：MIT Press，2013.

[4] 彭翀，吴宇彤，罗吉，等．城乡规划的学科领域、研究热点与发展趋势展望[J]. 城市规划，2018，42（7）：18-24，68.

From Design Thinking to Scientific Thinking —— Exploring the Teaching Innovation of "Research Methods and Academic Writing" for Graduate Students

Niu Shaofei　Zhao Wei　Wu Xiao

Abstract: Under the new situation, the restructuring of the territorial spatial planning system has provided an innovative impetus and reform direction for the construction of the discipline of urban and rural planning, and the development of big data and computer technology has triggered a change in the research methodology and technological routes in the discipline of urban and rural planning, but the exploration of the teaching of the systematic summarization and sorting out is still in urgent need of being carried out. Postgraduate research methodology and thesis writing course is a bridge to guide first-year postgraduates to shift from design thinking to research thinking. Based on the exploration and summarization of the teaching reform of this course in Sichuan University, it is proposed to build a teaching module system adapted to the characteristics of the discipline of urban and rural planning, to establish a logical vein from scientific research methodology to research methodology, to integrate and explore the new scientific research methodology in the context of big data technology, and to innovate the teaching mode and the "problem-inquiry" teaching method. The teaching reform initiatives, such as "problem-inquiry" teaching method, are aimed at improving students' scientific research ability and scientific literacy, and laying a good foundation for them to carry out scientific research.

Keywords: Research Methods, Dissertation Writing, Methodology, Big Data, Teaching Method

步行优先的城市中心区更新规划教学案例库建设*

葛天阳　后文君　阳建强

摘　要： 步行系统是城市中心区品质提升的关键环节，对城市中心区品质提升具有实际意义。相关教学中急需高水平示范性案例支撑，进行步行优先的城市中心区更新规划案例库建设。通过案例介绍，潜移默化地阐述相关知识点，具体包括：步行优先的空间建构原则、步行优先的空间结构模式、空间结构的更新演化模式、步行系统与既有优质资源的耦合方式、建筑与街区一体化设计、步行优先的细部空间设计、多元目标价值特征协同的规划流程。精选国内国外四个案例，具体包括：步行优先的英国伯明翰城市中心区更新实践案例、步行优先的英国利兹城市中心区更新实践案例、步行优先的青岛市北区历史记忆示范区更新规划案例、步行优先的蚌埠西部中心区更新规划案例。构建案例与知识点的对照图，方便教师与学生建立案例与知识点之间的联系。案例库在教学、研究、实践方面具有一定借鉴意义。

关键词： 步行优先；城市中心区；城市更新；案例库

案例是理论及实践教学中的常用内容。但由于课堂时间的限制，教学中的案例介绍常以片段介绍为主，很少有对某个案例进行系统全面阐述的机会，视频案例库的建设可以弥补这一不足。视频案例作为课外阅读材料，帮助学生全面理解某一知识点在具体案例中应用的背景、用法、效果、局限等，从而更好地掌握知识点。

为配合《城市设计导论》中关于步行城市的理论介绍，进行步行优先的城市中心区更新规划案例库建设，帮助学生增进对步行城市相关理论的理解。

1　案例背景意义

1.1　步行系统是城市中心区品质提升的关键环节

我国进入城镇化 2.0 新时代[1]，城市更新的重点由“城镇化快速发展”转为“人性化品质提升”[2，3]。城市中心区服务人群广泛，具有人流密集、地位重要、结构复杂、矛盾突出的特点，是城市更新品质提升的主战场[4]。步行系统是城市中心区人的活动与空间组织的重要载体，对城市中心区的品质提升有不可替代的重要作用[5]。步行系统的更新优化能够促进人的活动、改善空间品质、提升城市活力、优化空间结构[6]，国际上许多城市中心区已经形成了以高品质步行系统为骨架的空间结构，有效提升了品质[7，8]。

1.2　对城市中心区品质提升具有实际意义

我国城市中心区步行系统正面临着“空间困境、认识困境、方法困境”，成为制约城市中心区品质提升的瓶颈。第一，空间困境。城市中心区的更新具有空间复杂、权属复杂、任务多元、推进困难的特点，给步行系统的更新优化造成困难。第二，认识困境。对究竟何为人性化的城市中心区步行系统缺乏系统理性的认识与研究。第三，方法困境。宏观上城市中心区整体系统耦合，与微观上多种步行空间的深度整合与精细管理尚缺乏有效方法。

* 项目基金：“十四五”国家重点研发计划课题（编号 2022YFC3800302）；江苏省自然科学基金项目（编号 BK20241349）。

葛天阳：东南大学建筑学院讲师
后文君：东南大学建筑学院助理研究员（通讯作者）
阳建强：东南大学建筑学院教授

1.3 相关教学中急需高水平示范性案例支撑

步行为主导的城市空间建构在城市规划与设计教学中扮演着重要角色，步行网络、二层步行平台、地下步行空间、TOD 模式等步行相关的规划设计方法得到广泛应用。然而，相关教学及规划设计实践浮于表面，不够深入，缺少对于何为真正的步行优先的城市中心区的深刻认识，缺少对于步行优先的城市中心区的空间结构的高水平解读，缺少步行优先城市中心区更新路径的可操作的建构。总体上急需高水平案例对相关教学进行支撑。

2 案例涉及知识点

教学案例建设的目的是辅助知识点的理解。因此，案例库的建设须以明确的知识点梳理为基础。步行优先的城市中心区更新规划案例库紧密围绕步行城市的相关知识点展开建设。具体知识点包括 7 项（图 1）。

2.1 知识点 1：步行优先的空间建构原则

（1）步行系统的连续性原则

连续性是指步行轴线连续无间断，没有车行路穿过，行人可连续行走，不经过任何与车行的交叉口，安全性、舒适性得到了保障。在一般车行交叉口的处理上，采用路口处车行路收窄的设计手法迫使机动车减速，同时缩短行人过街距离，提升步行系统的安全性与舒适性。

（2）步行系统的平整性原则

平整性是指步行路在标高上享有优先权，在步行与车行相交时，步行路平面通过，而车行路下穿或高架，在处理必要的高差时，采用大缓坡的处理方式，而非台阶或陡坡，使步行路优先达到“最平整”的效果。一方面，采用坡道处理高差，尽量减少台阶，建筑内外无高差处理，方便行人步行；另一方面，将城市土地资源中最宝贵的地面资源优先用于发展步行，并通过多种手法，使人便捷地到达二层、三层，提升二层、三层的可达性。

（3）步行系统的顺畅性原则

顺畅性是指使步行路尽量笔直，在遇到障碍时，步行穿过障碍而非绕行，达到在平面上笔直或顺畅的效果，使得实际线路符合人的“期望线”。一方面，步行路多为直线，符合行人步行的愿望。建筑内的步行路与城市步行系统相互对齐；另一方面，建筑边界弱化，整个步行系统连为一体，使得行人可以直线行走，无障碍地穿过室内外空间。

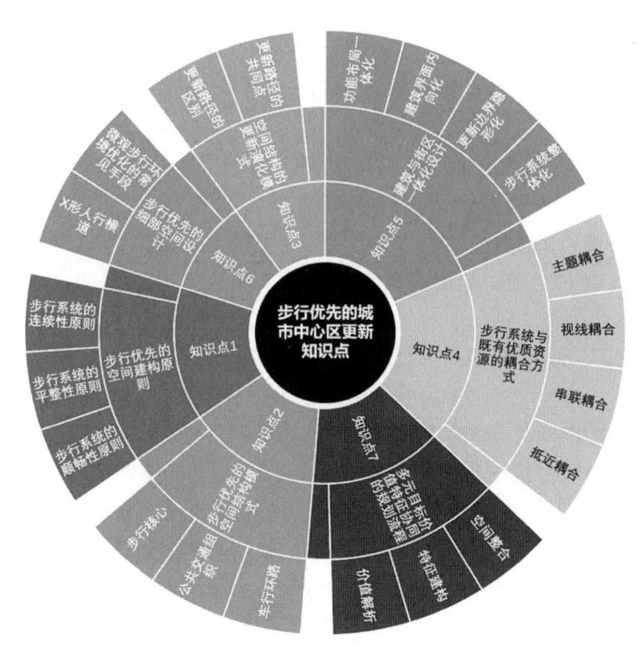

图 1 步行优先的城市中心区更新知识点

资料来源：作者自绘

2.2 知识点 2：步行优先的空间结构模式

步行城市不仅涉及步行环境本身，城市整体空间结构的协同优化也至关重要。以城市中心区为例，步行优先的城市中心区空间结构具有如下特征。

（1）步行核心

地面步行系统在空间结构中处于核心地位，城市中心区核心道路步行化，形成核心步行区。

（2）公共交通组织

公共交通优先布局，围绕核心步行区形成由限行路和支路组成的公交环路。

（3）车行环路

外围形成机动车环路，人车分流，有效组织各类交通；总体形成以“步行、公交、私家车”优先顺序布局的圈层空间结构。

2.3 知识点 3：空间结构的更新演化模式

步行城市的营造与城市更新过程密不可分。为了实现由传统空间结构向步行核心空间结构的转化，城市更新可以采用多种更新路径。主要包括“逐步生长式、一步到位式、远期规划式”3种。

（1）更新路径的共同点

3种更新路径中，步行核心的形成方式较为类似，都是降低核心车行道路等级，逐步转化为步行路，并形成步行核心。

（2）更新路径的区别

其区别主要在于车行环路的形成方式：逐步生长式更新路径的车行环路主要通过对现有道路的等级进行调整和局部改造的方式实现；一步到位式更新路径需要规划修建全新的车行环路，并在短时间内一次性修建完成；远期规划式更新路径也需要规划修建全新的车行环路，但历经多年分阶段修建。

2.4 知识点4：步行系统与既有优质资源的耦合方式

步行系统与既有资源的耦合方式包括抵近耦合、串联耦合、视线耦合、主题耦合等。

（1）抵近耦合

抵近耦合是指步行系统与优质资源紧密结合，以资源提升步行品质、以步行提升资源活力的耦合方式。比如滨水步行系统等。

（2）串联耦合

串联耦合是指以步行系统将多个资源连接，使其联系更加紧密的耦合方式。比如由河流延伸至功能组团的步行绿楔、串联各个功能片区的步行路径等。

（3）视线耦合

视线耦合是指步行系统与视廊相耦合，使行人更好地感知视廊的耦合方式。比如步行系统与城市轴线、视廊的耦合，与重要景观标志物的对景等。

（4）主题耦合

主题耦合是指通过步行系统将多个类似主题的资源点相连接，形成主题游览路线的耦合方式。比如工业遗产主题的步行游览路线等。

2.5 知识点5：建筑与街区一体化设计

步行主导的建筑与街区一体化设计是指，跨越建筑边界，将建筑内的步行系统与建筑外的步行系统作为一个整体，并以步行系统作为主导，进行建筑与街区的整体设计与城市更新。步行主导的建筑与街区一体化设计的主要思路包括：

（1）步行系统整体化

把建筑当作城市的一块拼图，服务于城市整体。突破建筑边界和产权边界，全局考虑，建筑内步行系统与城市整体步行系统融为一体。

（2）更新边界隐形化

弱化建筑边界以及城市更新边界的概念，新建建筑与周边环境紧密融合。采用灰空间等手法，室内外步行系统自然过渡，连为整体。

（3）建筑界面内向化

不强调建筑外立面，而是将建筑内步行系统的界面作为建筑的主要展示界面。

（4）功能布局一体化

将整个片区的建筑内部功能整体考虑，营造更加整体的片区功能布局。

2.6 知识点6：步行优先的细部空间设计

作为行人直接体验宜居步行环境的关键一环，步行环境的细部空间营造是步行城市营造的重要一环。

（1）微观步行环境优化的常见手段

微观步行环境优化的常见手段包括：增加步行面积、优化步行流线、保护行人安全、塑造步行景观、改善公交体系、限制汽车通行等。

（2）X形人行横道

在人流密集地区，可以采用X形人行横道的地面过街形式。相对于传统过街形式，X形人行横道可以有效避免行人拥堵、缩短过街流线、提升空间利用率、提升过街安全性，从而改善步行环境。

2.7 知识点7：多元目标价值特征协同的规划流程

步行优先的空间布局要想落到实处，不仅需要满足步行系统自身的价值特征要求，还需要满足车行系统、功能系统、景观系统等多维系统的共同要求，做到多维度系统协调兼容，同时满足历史保护、功能提升、活力激活等多元目标。只有能够协调多维度空间系统，能够满足多元城市更新目标的空间结构，才具有指导实践的现实价值。可以通过三个主要步骤，实现多维价值特征耦合。

（1）价值解析

根据城市更新具体情况，进行城市更新价值观的总

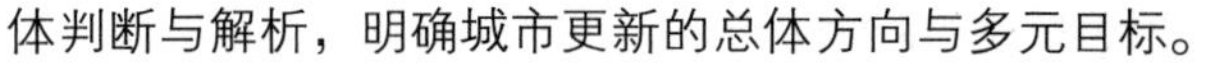

体判断与解析，明确城市更新的总体方向与多元目标。

（2）特征建构

依据设计的多元价值目标，构建设计的价值特征体系，阐释具体价值特征，针对更新目标制定合适的规划策略，提出明确空间要求。

（3）空间整合

将多元价值特征的具体要求进行协调整合，完成满足多元价值特征要求的空间结构建构。

3 案例库建设内容

精选能够说明相关知识点的实践案例，包括 2 个国际案例和 2 个国内案例。分别制作案例的讲解视频，每个案例视频时长 20~25 分钟，总时长约 90 分钟。同时，每个案例配案例课件 1 份、案例说明书 1 份（表 1）。

3.1 案例 1：步行优先的英国伯明翰城市中心区更新实践案例

伯明翰城市中心区空间结构的演化，是车行主导空间结构向步行优先空间结构转化的典型代表。其演化过程可以划分为车行框架、车行外迁、步行中心、协同扩张 4 个阶段。其核心空间步行化的结构变化特征，步行限行稳步增长的总量变化特征，步行占据主导地位的发展机制特征，体现出步行优先理念在演化过程中的重要作用。伯明翰城市中心区的空间布局方式以步行为核心构建空间框架，以环路结构实现人车分流，以路权设计保障公交优先，以步行优先为原则进行空间分配。步行优先理念深刻渗透到了其空间组织与更新的各个方面。时间上，步行优先跨越了历史演化进程、现状空间布局和未来发展趋势。空间上，步行优先主导了宏观空间结构、中观功能组团和微观建筑设计（图 2）。

3.2 案例 2：步行优先的英国利兹城市中心区更新实践案例

英国城市利兹的城市中心区充分体现了步行优先的指导思想。在更新历程方面，利兹城市中心区的更新历程实现了由以车行主导的空间结构向以步行为核心的空间结构的转化。在空间结构方面，利兹城市中心区形成了以地面步行为核心，公交优先的圈层人车分流结构，在以步行为核心的同时实现步行与车行的和谐共生。在空间设计方面，利兹城市中心区展开了步行主导的建筑街区一体化设计，为城市中心区营造出具有整体性的高品质步行网络。在布局原则方面，城市中心区步行系统的建构遵循的整体性、连续性、平整性、顺畅性原则，体现出步行优先的指导思想（图 3）。

案例库建设内容 **表1**

	案例名称	建设内容	视频时长
案例 1	步行优先的英国伯明翰城市中心区更新实践案例	案例视频	25 分钟
		案例课件	
		案例说明书	
案例 2	步行优先的英国利兹城市中心区更新实践案例	案例视频	21 分钟
		案例课件	
		案例说明书	
案例 3	步行优先的青岛市北区历史记忆示范区更新规划案例	案例视频	22.5 分钟
		案例课件	
		案例说明书	
案例 4	步行优先的蚌埠西部中心区更新规划案例	案例视频	25.5 分钟
		案例课件	
		案例说明书	

资料来源：作者自绘

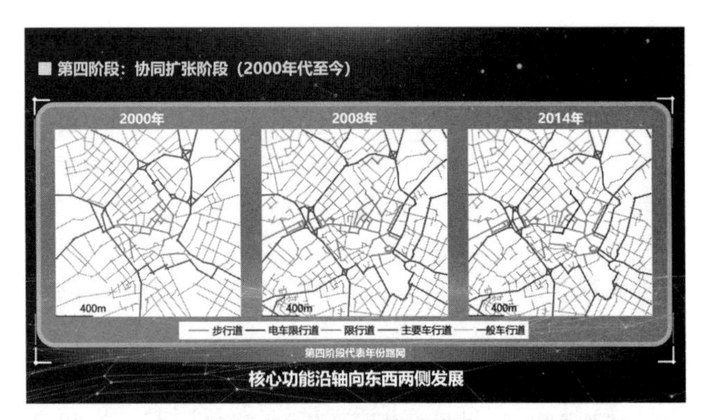

图 2　步行优先的英国伯明翰城市中心区更新实践案例视频截图

资料来源：作者自绘

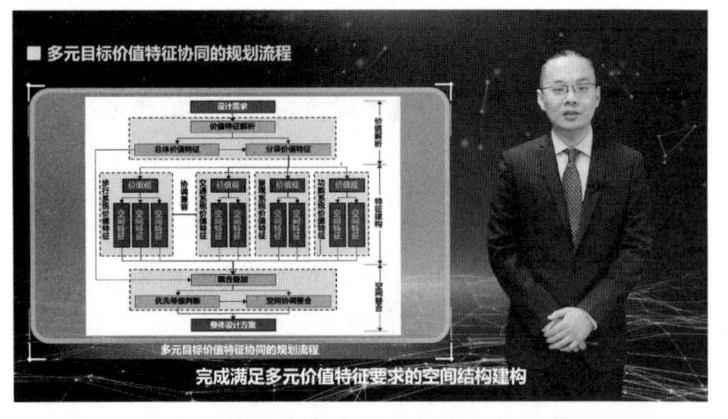

图 4　步行优先的青岛市北区历史记忆示范区更新规划案例视频截图

资料来源：作者自绘

图 3　步行优先的英国利兹城市中心区更新实践案例视频截图

资料来源：作者自绘

图 5　步行优先的蚌埠西部中心区更新规划案例视频截图

资料来源：作者自绘

3.3　案例 3：步行优先的青岛市北区历史记忆示范区更新规划案例

青岛市北区历史记忆示范区更新规划从 3 个方面实现了步行主导的城市空间结构建构。在步行主导的空间系统耦合方面，规划实现了步行系统与活力功能结合、与轨道交通结合、与景观资源结合、与周边资源结合；实现了步行系统与快速车行分离。在系统完善的步行空间结构方面，规划坚持步行系统平面形态的顺畅性原则、剖面形态的平整性原则、线性形态的连续性原则，建立了结构清晰的步行系统，并通过混行路、限行路、步行街等方式将其落实到具体空间载体。在多元目标价值特征的协同方面，规划遵循多元目标价值特征的协同的规划流程，实现同时满足多个目标的空间结构建构（图 4）。

3.4　案例 4：步行优先的蚌埠西部中心区更新规划案例

蚌埠西部中心区的更新规划建构了步行优先的空间结构。在步行系统与既有资源的耦合方面，规划优化步行系统与水体资源、山体资源、工业遗产的结合。在步行空间人性化品质的营造方面，规划坚持步行系统平面形态的顺畅性原则、剖面形态的平整性原则、线性形态的连续性原则，建立了满足城市中心区要求，结构清晰的步行系统，并通过混行路、限行路、步行街等方式将其落实到具体空间载体。在步行优先空间结构的建构方面，规划建立了以步行为核心，公共交通优先、人车分流的整体空间结构（图 5）。

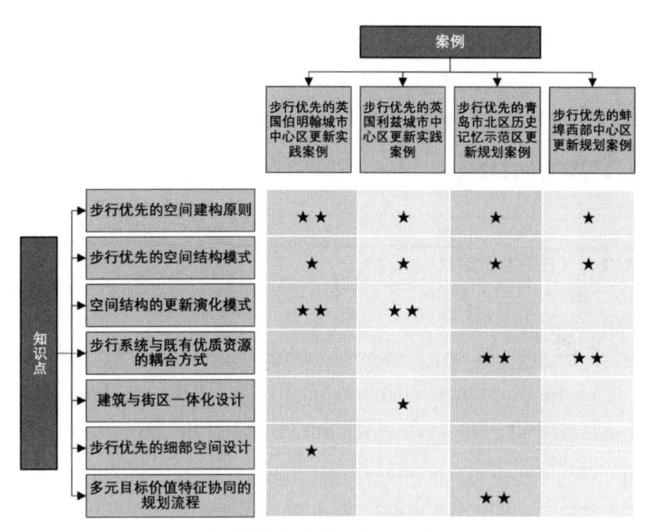

图 6　教学案例与教学知识点的对照

资料来源：作者自绘

3.5　教学案例与教学知识点的对照

构建案例与知识点的对照图，方便教师与学生建立案例与知识点之间的联系（图 6）。

4　案例应用方式

4.1　教学应用

案例可直接应用于“城市设计导论”课程教学，具有较强的针对性，能够有效提升学生核心规划设计能力，能够显著提升教学质量。同时对“建筑设计”“城市规划与设计”“城乡规划概论”等课程也有一定支撑作用。

4.2　研究应用

案例旨在揭示 3 个科学问题，在价值认识层面：什么是高品质的城市中心区步行系统；在评价技术层面：如何科学评价城市中心区步行系统；在更新优化层面：如何实现城市中心区步行系统更新优化。

4.3　实践应用

案例本身具有很强的实践性，均为实践案例，经过实践检验，具有理想的应用效果。案例将理论与实践相结合，不仅能应用于教学和科研，还能指导城市中心区更新相关实践。

参考文献

[1] 赵燕菁 . 城市化 2.0 与规划转型——一个两阶段模型的解释 [J]. 城市规划，2017，41，(3)：84-93，116.

[2] 葛天阳，阳建强，后文君 . 基于存量规划的更新型城市设计——以郑州京广路地段为例 [J]. 城市规划，2017，41，(7)：62-71.

[3] 阳建强 . 城市中心区更新与再开发——基于以人为本和可持续发展理念的整体思考 [J]. 上海城市规划，2017 (5)：1-6.

[4] 葛天阳 . 步行城市：城市中心区更新实践 [M]. 北京 . 中国建筑工业出版社，2021：1-19.

[5] GE T，HOU W，XIAO Y. Study on the regeneration of city centre spatial structure pedestrianisation based on space syntax：case study on 21 City Centres in the UK[J]. Land，2023，12 (6)：1183.

[6] 王蒙徽 . 打造宜居韧性智慧城市 [N/OL]. (2022-12-19) [2024-03-01]. https：//www.gov.cn/xinwen/2022-12/19/content_5732633.htm.

[7] 葛天阳，后文君，阳建强 . 步行优先的城市中心区空间结构及更新路径——英国百年更新实践研究 [J]. 城市规划，2023，47，(7)：51-63.

[8] 后文君，葛天阳，阳建强 . 步行优先的城市中心区空间组织与更新——以英国伯明翰为例 [J]. 城市规划，2019，43 (10)：102-113.

Case Base for Pedestrian Priority Urban Centre Regeneration Planning

Ge Tianyang　Hou Wenjun　Yang Jianqiang

Abstract: Pedestrian system is a key link in the quality improvement of the city centre, and has practical significance for the city is the quality improvement of the city centre. High-level exemplary cases are urgently needed to support the related teaching. The construction of the case base of pedestrian priority urban centre regeneration planning is carried out. Through the introduction of cases, the relevant knowledge points are elaborated in a subtle way, including: the spatial construction principle of pedestrian priority, the spatial structure mode of pedestrian priority, the regeneration and evolution mode of the spatial structure, the coupling of pedestrian system and existing high-quality resources, the integrated design of buildings and neighbourhoods, the detailed spatial design of pedestrian priority, and the synergistic planning process of multi-objective and value features. Selected four cases from China and abroad, including: pedestrian priority regeneration of Birmingham City Centre, UK; pedestrian priority regeneration of Leeds City Centre, UK; pedestrian priority regeneration of Qingdao Shibei District, China; pedestrian priority regeneration of Bengbu West Centre, China. A cross-reference chart between cases and knowledge points is constructed to facilitate teachers and students to establish the connection between cases and knowledge points. The case base is useful for teaching, research and practice.

Keywords: Pedestrian Priority, Urban Centres, Urban Regeneration, Case Base

“空间规划伦理学”教学内容框架的探讨

姚　鑫

摘　要： 空间规划伦理学是一门应用伦理学，也是一门研究空间规划思想道德的科学。本文旨在探索空间规划伦理教学内容框架。本文首先介绍空间规划伦理学的学科性质、知识基础与教学意义，其次介绍其教学内容的建构方法和思维路径，再次介绍了空间规划伦理学教学的内容重点与教学大纲，最后是空间规划伦理学教学期望。

关键词： 伦理；空间规划；理论理性；实践理性；思想道德

1　导论

1.1　空间规划伦理学的学科性质

空间规划伦理学是一门应用伦理学的学科，它是将伦理法则应用于空间规划专业理论的学科。空间规划伦理学是对“空间规划是什么”本体问题的回答，即确定空间规划专业理论中的伦理问题，应用伦理法则对专业理论中的伦理问题提出解决方案，使规划行动遵循伦理法则，从而确保空间规划的道德性，保持空间规划的社会价值观，提高空间规划的有效性。所以，空间规划伦理就是空间规划本体论。

伦理学是研究道德原则和价值观的学科，它探讨了人类行为的伦理准则以及道德规范的基础。伦理学的内容主要包括道德哲学、应用伦理学和元伦理学等。哲学是关于世界观的学问，哲学是伦理学的理论基础，伦理学是哲学的一个分支学科，道德哲学是指对道德概念和原则的理论研究，探讨的是道德的本质和基础，伦理学则是指将道德哲学的研究成果应用到具体的实际问题中。

伦理法则并不是虚无的主观意志的产物，而是客观存在的公共意志，也是一种公共伦理精神和社会最基本的价值取向，伦理法则就是道德命令，就是人的行为准则。伦理法则是社会生活的秩序，而社会生活的秩序就是社会空间秩序，伦理法则是减少社会冲突和矛盾的有效工具，而减少社会冲突和矛盾就是减少社会空间的冲突和社会空间法矛盾。因此，社会巨系统这一伦理实体是空间规划行动的世界观和出发点，对空间规划行动有其伦理要求，制约和约束空间规划行动，同时，空间规划行动对社会伦理系统负有伦理责任。

空间规划伦理不是冷冰的教条，而是空间规划生命力所在，空间规划伦理就是空间规划现实的存在价值，是空间规划存在的法则，空间规划不仅要重视“理论理性”，而且要把自身当作现有的、有生命的道德存在来对待，要把规划伦理放在第一位，空间规划伦理是空间规划的本体论，认识到空间规划本体的活力，就进入到空间规划的伦理境界。

1.2　空间规划伦理学的知识基础

空间规划伦理学是一门应用伦理学，伦理学是空间规划伦理学的重要知识基础。最重要的伦理学著作有亚里士多德的《尼各马可伦理学》、约翰·斯图尔特·密尔《伦理学》、伊曼努尔·康德《道德哲学原理》、托马斯·霍布斯《利维坦》、让·雅克·卢梭《社会契约论》、约翰·罗尔斯《正义论》、格奥尔格·威廉·弗里德里希·黑格尔《小逻辑》、阿拉斯代尔·查莫斯·麦金泰尔《追寻美德》、尤尔根·哈贝马斯《对话伦理学与真理的问题》、马丁·海德格尔《存在与时间》、让－保罗·萨特《存在与虚无》等。

在西方城乡规划界，彼得·马库塞首次提出规划伦

姚　鑫：南京大学建筑与城市规划学院副教授

理问题，即空间规划理论的价值取向常常不能给空间规划道德困境提供答案，空间规划理论无法成为规划道德的理由（Marcuse J，1976）；接着，保罗・达维多夫认为规划直接承担的就是根除贫困、消灭种族和性别歧视而重新分配空间资源的功能（Davidoff P，1978）。伊丽莎白・豪和杰罗姆・考夫曼对美国规划师的价值取向进行了分析（Howe E and Kaufman J，1979）。马丁・瓦克斯认为几乎所有的规划理论、方法和政策中都隐含着道德问题，他将空间规划职业道德扩展到更广泛的规划理论、方法和政策中，为此编辑了《规划伦理》一书（Wachs M，1985），该书介绍了规划伦理学的基本内涵，为规划伦理学研究奠定了基础。

空间规划伦理学是一门关于伦理观念在空间规划应用中的研究领域，随着我国土地利用规划和城乡规划事业的发展，土地规划伦理学和城乡规划伦理学越来越受到关注。近30年以来，在土地规划伦理学领域，我国土地规划学者站在伦理角度对土地伦理进行了研究（张岚，2000；欧名豪，刘芳，等，2000；汪峰，吴次芳，2000；吴次芳，叶艳妹，2001；陈利根，郭立芳，2004；杨国清，祝国瑞，2005；陈美球，刘桃菊，等，2006；李全庆，2008；蔡维森，郭春华，2010；梁洪涛，2017；范辉，2018）。在城乡规划伦理学领域，我国城乡规划学者站在伦理角度对规划专业和职业的道德问题展开研究（张子婴，1995；张兵，1997；张廷伟，2004；孙施文，2006；秦红岭，2010；谢宏坤，谭健妹，等，2018）。先前的这些研究推动了伦理学在空间规划领域的应用，也推动了空间规划在伦理学领域的研究和实践，并为应用伦理学提供了一个新的舞台。通过对土地伦理和城乡规划职业伦理的探讨和研究，提升空间规划的职业素质。

1.3 “空间规划伦理学”的学科意义

首先，空间规划伦理的教学成效表现在能够促进空间规划思想道德的提高，空间规划伦理是空间规划本体价值的表现，是适应伦理社会需要的思想道德。空间规划思想道德的进步是由空间规划伦理法则带来的，激发了空间规划遵守伦理原则的心理结构，这种心理结构不是空间规划专业层面上的，而是伦理共同体意识层面的，空间规划伦理本质上是伦理社会的习惯意志的反映，空间规划思想道德与伦理社会的习惯意志相辅相成，所以，空间规划伦理给予空间规划思想道德的方向与动力，没有空间规划伦理思想的指引，就不可能有空间规划思想道德的进步。

其次，空间规划伦理的教学成效表现在能够促使空间规划师个体的道德水平的提高。空间规划师个体的道德水平提高有赖于空间规划师个体“认同并愿意”遵守空间规划伦理法则，这个“认同并愿意”并不是一种强制，而是源自空间规划师个体本身的道德意志，而这种道德意志是伦理实体的伦理法则培养出来的，而空间规划伦理法则就是伦理实体的伦理法则的延伸，因此，空间规划伦理既不抑制也不强制空间规划师个体本身的道德意志，在这个意义上，空间规划事业本身给空间规划师个体本身的道德意志提供了一个道德实践的平台。但是，我们还必须强调的是，如果空间规划师个体本身的主观意志主动脱离伦理实体的培养而过度自我，就可能消解空间规划伦理的普遍有效性，所以，空间规划伦理的应用边界是所处的伦理实体的边界。

最后，空间规划伦理的教学成效表现在能够促进我国空间规划学科体系的完善。我国的空间规划学科承续的主要是土地规划教育体系传统和城乡规划教育体系传统，它是一种空间—规划结合体的学科，是“理性智慧—实践智慧”的结合体，这种学科结合体使得空间规划不是单纯的自然科学，而是一种有精神自我的“自然科学”，因为，空间规划学科很难将社会从物质空间中隔离开来，它会把空间看作是与社会不可分的空间、看作是社会空间，它必然带有伦理属性。所以，空间规划伦理学在我国的空间规划学科的“空间”体系与“规划”体系之间搭起了一座桥梁，从而促进我国空间规划学科体系的完善。

2 “空间规划伦理学”教学内容建构的哲学方法与思维程序

2.1 “空间规划伦理学”教学内容建构的哲学方法

人的主观能动性是指人的主观意识和实践活动对于客观世界的能动作用，它包括两方面的含义：一是人们能主动地认识客观世界；二是在认识的指导下能主动地改造客观世界。在实践的基础上使二者统一起来，即表现出人区别于物的主观能动性。亚里士多德将主观能动性的第一部分称为由于教导而生成和培养起来的“理论智慧”，第二部分称为由生活“习惯”沿袭而成的“实践智慧”。康德将第一部分称为纯粹理性，将第二部分称为实践理性。

亚里士多德在《尼各马科伦理学》中说：“‘伦理’这个名称是由‘习惯’这个词略加改动而产生的”。“伦理”沿袭而成“实践智慧”，关注的是“应该如何行动”，而“理论智慧”关注的是“如何行动”，所以，“伦理”或“实践智慧”对“理论智慧”具有引导作用，一方面，“伦理”或“实践智慧”引导“理论智慧”应该如何行动，提供了“理论智慧”以正确的道路与方向，少走弯路；另一方面，“伦理”或“实践智慧”能够评估“理论智慧”的动机和结果，从而判断“理论智慧”是否真正符合伦理习惯，“实践智慧”是“理论智慧”道德性的基础，正所谓“实践是检验真理”的唯一标准。

空间规划本质上是人的主观能动性的反映，即认识空间客观规律，主动地改造空间，造福人类。因此，空间规划具有“理论智慧”（纯粹理性）和“实践智慧”（实践理性）两部分“智慧”（理性）。空间规划原理包括“规划中的理论（Theory in Planning，TIP）”“规划理论（Theory of Planning，TOP）”和“规划的理论（Theory for Planning，TFP）”。

空间规划的“实践理性”对应是伦理观，它是普遍的伦理法则的再现，空间规划的“理论理性”主要阐明的是必然性“价值观”。空间规划的“理论理性”与“实践理性”不是一种单向的理性，而是在实际行动中的理性统一体，也就是说，空间规划的“理论理性”与“实践理性”是互为主体的，这种互为主体性消解了两者的互相完全封闭和对立。空间规划的“理论理性”的主体性意味着它是认识、理解客体性的空间客观存在对象，空间规划的“实践理性”的主体性意味着它是具有主体性的空间规划者主观理性和思维能力，因此空间规划的“理论理性”和“实践理性”是一个理性的有秩序统一体或者说是“理性的统一”。

空间规划的“理论理性”与“实践理性”的关系是“对立统一”的关系，这种关系是存在于空间规划行动中的一种普遍的主观能动性，空间规划伦理就是揭示空间规划的“理论理性”与“实践理性”的相互制约和相互转化的关系。空间规划以伦理观为导向，从“实践理性”出发，目的是改造空间，空间规划的“实践理性”无时无刻不在影响“理论理性”。空间规划的“理论理性”的目的是认识空间，它以“实践理性”为导向，服务于“实践理性”，也无法脱离“实践理性”，它与“实践理性”相互制约。空间规划的“理论理性”与“实践理性”的统一关系表明：“实践理性”是“理论理性”的价值取向，我们不能用规划的“理论理性”推导出空间规划的自身价值，我们要采取双向的思维方法，一个思维方向是空间规划的伦理观念向空间规划的“实践理性”的正方向，正方向是关于“空间应该是什么”的伦理判断，表现的是空间规划的“实践智慧”；另一个是空间规划的“理论理性”向空间规划的“实践理性”的反方向。反方向是关于“空间是什么”的理性判断，表现的是空间规划的“理性智慧”，“理性智慧”以一种“理论理性”形式自行表现出“实践智慧”，并将“实践智慧”落实到具体的空间的理论理性中。

2.2 “空间规划伦理学”教学内容的思维路径

“空间规划伦理学”教学首先要说明道德行为的伦理法则，要深入分析伦理思想，这样才能使空间的“实践理性”上升到一个“伦理实体”。其次是说明作为“伦理实体”空间的“理论理性”，使“伦理实体”空间上升为一个本真的“理性事实”。最终，空间的理论理性就蕴含着一个伦理理念。

“空间规划伦理学”教学的思维路径是：首先是认识伦理法则的起源和哲学方法，伦理法则起源于自然法，也称为习惯法，习惯地遵守自然法的一种习惯，习惯上的“必须如此”，具有客观性和普遍性。形成伦理法则的哲学方法就是“本体论”。

其次，将伦理法则应用到空间规划的“实践理性”，也就是空间规划的道德理念。空间规划的“实践理性”对空间规划“理论理性”的道德理念起指导作用，所谓空间规划的道德理念，是指空间规划对自身道德准则的认识和对空间规划如何处理这些关系的道德准则的理解，也就是了解、承认、接受并切实体会普遍伦理法则的价值，同时通过对自己行为的反思，将这些普遍伦理法则内化、转化为自己的“实践理性”，即空间规划“应该做什么”。

最后，空间规划的“理论理性”即空间规划“如何

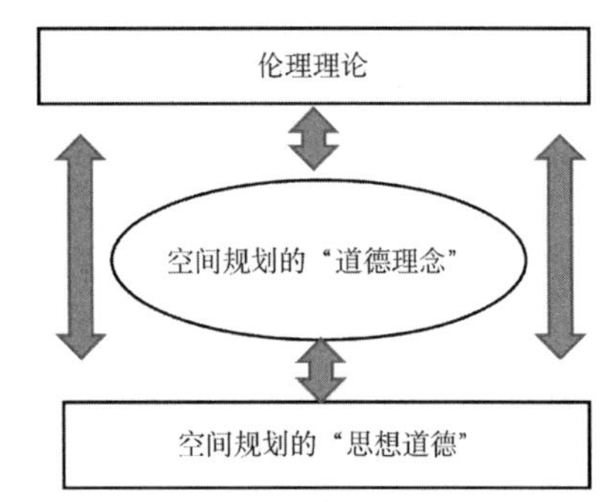

图 1 “空间规划伦理学”教学的思维路径
资料来源：作者自绘

去做”，有了“实践理性”的指导，空间规划的“理论理性”就有了道德性。

3 “空间规划伦理学”教学的内容重点与教学大纲

3.1 “空间规划伦理学”教学的内容重点

空间规划伦理学是在伦理思想激发下的相应的思维活动，这种思维活动是空间规划思想核心，空间规划的本质就是在伦理思维下的理性行动，空间规划伦理学的思维方法就是“空间规划伦理学”教学内容建构的一个图式。

“空间规划伦理学”教学的内容按照伦理理论——空间规划的“实践理性”——空间规划的“理论理性”这一模块可以分为七大板块，即空间规划的德性主义伦理、空间规划的功利主义伦理、空间规划的道义主义伦理、空间规划的契约主义伦理、空间规划的社群主义伦理、空间规划的交往伦理、空间规划的存在主义伦理。

（1）空间规划的德性主义伦理教学内容重点

德性伦理（Virtue Ethics）认为人的道德就是人从道德的角度来考虑自己的行为以及自己的决策，使自己的行为或决策能够促进他人的幸福，并从中获得自身的幸福，而人要成为道德的人必须要有知识，而且还要有知识造福的能力。苏格拉底提出了“德性即知识”，即“知”与“行”合一；柏拉图的“理念论”认为理性能够使知识更好地接近真理，因为真理存在于超越感官世界的理念之中；亚里士多德认为知识是“理性智慧”，而“中道”就是“实践智慧”，所谓“中道”就是“过度”与“不及”之间的“适度”。经验主义哲学的奠基人培根提出“知识就是力量，但更重要的是运用知识的技能”。

德性主义伦理指引的空间规划实践理性是“知行合一”。空间规划“知”与“行”是合二为一的，空间规划的“行”是“知”的一种实践与模仿，反过来，空间规划的“知”是“行”的一种经验总结。空间规划如何才能“知行合一”？空间规划要对自身的规划进行反思，寻找理论依据。

（2）空间规划的功利主义伦理教学内容重点

功利主义伦理（Utilitarianism Ethics）认为人类的行为的动机是追求快乐避免痛苦，所以判断人的一切行为的标准是行为的结果是否达到“最大善”，每个个体份量都被视为相同，其快乐与痛苦是能够换算的，视痛苦为“负的快乐”，要计算行为所涉及的每个个体之苦乐感觉的总和。笛卡尔把人的行为后果和人的自由联系起来考察，正因为人有自由，所以才会犯错误或避免错误，人的理性能够得到善恶好坏的知识，从而让行动听从理性，那么这种行动就是道德行动，所以理性计算在伦理研究中处于主导位置，理性计算是辨别善恶的第一原则。中国战国思想家墨子以功利言善，宋代思想家叶适和陈亮主张功利之学，注重实际功用和效果。

功利主义伦理指引的空间规划实践理性是“最大功效”。空间规划的“最大功效”是对环境效益、经济效益、社会效益三方面的综合效益最大化。空间规划如何才能“最大功效”？由于全球气候的变化、科学技术的发展以及突发事件等原因，空间规划的“最大功效”是不确定的，因此，在不确定中把握空间规划的“最大功效”的确定性就成了空间规划达到“最大功效”的关键。

（3）空间规划的道义主义伦理教学内容重点

道义主义伦理（Deontology Ethics）强调人必须遵照某种道德原则或按照某种正当性去行动，即人们的行为动机必须出自人的普遍理性法则，判断人们行为是否道德，不必考虑行为的结果，只要考虑行为动机是否符合道德规则。康德认为，人有感性的和理性的“意志”，感性的意志是一种任意的“意志”，理性的“意志”才真正地属于人的意志，“人性”就是人的理性，人的行为本身具有的感性特征背后必定具有行为所体现的理性规则，人具有按照原则而行动的能力。人的行为存在着某种道德原则或按照某种正当性去行动，所谓的恶，并不是因为他所做的行为是恶的，而是因为这些行为的理性准则。"人为自然立法"是康德哲学领域哥白尼革命的重要结论，即"先验自我"通过自己的理性或者先验范畴自由统筹和决定"物自体"的杂多，"先验自我"的自我意识不是来自上帝的自然法则，而是人的道德法则。中国宋朝周敦颐、程颐、程颢、朱熹到清代黄宗羲形成一个庞大而完整的义理之学。

道义主义伦理指引的空间规划实践理性是"人是目的"。空间是人生活的空间，空间规划以"人居环境"为目的，本质上还是"物是目的"。那么，空间规划如何达到"人是目的"？康德说的"人"不是欲望的人，而是一个理性的"人"，"人是目的"的含义是以"理性的人"为目的，"理性的人"对"人居环境"有自己的理性认识，所以空间规划要以"理性的人"的理性认识为目的，也就是空间规划要符合人的普遍理性。

（4）空间规划的契约主义伦理教学内容重点

契约主义伦理（Contractualism Ethics）认为道德原则是个体之间通过自愿的契约，道德行为的基础就是契约精神。契约精神是契约关系的内在的道德原则即自由、平等、守信、救济的精神，反过来说，人们为了实现契约内在的道德原则而缔结契约。托马斯·阿奎提出信守允诺是一种德性，霍布斯、洛克、卢梭以及康德等用契约精神的理念说明国家和法律及一切的权利和义务的正当性和合理性，形成了社会契约理论。新社会契约论的代表罗尔斯认为，对于每个人来说，最根本的不是他选择功利，而是他选择功利的能力和权利，"正义"是社会制度的首要价值，也是社会的第一美德，"正义原则"就是康德的"理性法则"。美国契约法学家麦克尼尔将契约问题社会化，突出契约中当事人及协议内容的内在社会关系，使法律关系有了社会关系的实体意义上的支持。

契约主义伦理指引的空间规划实践理性是"契约精神"。空间规划本质上是一种社会契约，那么，空间规划的"契约精神"何以可能？洛克但书（Lockean Proviso）的"天赋人权论"强调"土地平均"，空间规划的"契约精神"就是空间规划的"规则公平正义"。

（5）空间规划的社群主义伦理教学内容重点

社群主义伦理（Communalism Ethics）强调社群对个人的构成性作用，个人及其自我最终是由所在的社群决定的。康德的"伦理共同体"认为自然状态下的每个人既善也恶，自然状态下的人的联合是通过两个原则，一是内在于每个人的道德法则，二是具有强制性的外在律法，也就是说"伦理共同体"有两个秩序：一种是道德秩序，另一种是律法秩序。道德秩序是理性人客观的绝对律令，主观的律法秩序则是"道德秩序"的预演。黑格尔认为，国家是"社群"的绝对精神。查尔斯·泰勒的道德本真性理论认为个人对自己的道德认同和社群的本真性息息相关，二者缺一不可。阿拉斯代尔·麦金太尔认为社群是道德的载体，强调通过社群重建解决人的道德问题。迈克尔·桑德尔认为个人为了共同目的构成社群，社群的目的和价值决定个人属性，个人置身于社群，善优先于权利。迈克尔·沃尔策认为每个人生来就生活在社群之中，个人被社群塑造，高度的流动性的新型社群塑造着"孤立的个体"，使得传统社群变成"自愿型的社群"，传统社会变成了"后社会的状况"，传统"自我"变成"后社会的自我"。

社群主义伦理指引的空间规划实践理性是"共同利益"。空间规划"共同利益"就是空间与空间之间的共同利益。那么，空间规划"共同利益"何以可能？空间与空间之间的利益渗透在所有人的利益中，本质上就是人和人之间的共同利益，所有人的利益就是空间规划的"共同利益"。

（6）空间规划的交往伦理教学内容重点

交往伦理（Communicative Ethics）强调人的道德是在交往过程中自我确认和他者认同的共识。马克思认为，人在本质上是社会存在物，对思想道德问题的分析，必须从现实的人及现实人的社会关系出发，而不能从想象的、抽象的、孤立的个人出发，只有对真正现实的、感性的人来说，思想道德才是现实的，而不是空谈的。现实中的"思想道德"就是对现实的人的自由全面发展程度的价值判断，现实的"思想道德"发生的空间也由地域性空间向世界性空间拓展。新马克思主义代表人物哈贝马斯认为，自我确认的道德理论（个体思想道德）停留在个体层面上，他者认同的道德理论（社会思想道德）停留在整体层面上，两者都对主体间的交往与自我反思造成阻碍，因此，在一种生活世界的场域中去中心化的自我和他者的共识才是行为道德的基础。哈贝马斯将“主体道德—社会道德”二元结构修正为“主体—主体间性（道德）—社会”中心结构，克服了道德哲学的顾此失彼。语言被视为道德（主体间性）的存在基础。交往伦理学将可普世化的交往理性作为一种调节道德冲突的工具理性。哈贝马斯认为“正义原则”不是一种纯粹的观念，而是现实的、具体的“正义原则”，“正义”存在于生活世界之中，并以生活世界为前提，也是由生活世界提供的，是由所有相关者在对话、协商、交流、谈判过程中达成的，真实、真诚、有效、正确的语言交往达成的交往理性就是正义价值的体现。

交往伦理指引的空间规划实践理性是“程序正义”。空间规划“程序正义”就是空间规划的“民主程序”，就是首先要与利益相关者进行沟通，在沟通中树立自己的规划观念，这个规划观念就是“沟通理性”，有了“沟通理性”空间规划就不会独断专行了。那么空间规划“程序正义”何以可能？空间规划的“言语有效性”是达到空间规划的“沟通理性”的关键。

（7）空间规划的存在主义伦理教学内容重点

存在主义伦理（Existentialist Ethics）创始人海德格尔认为，自柏拉图以来的所有哲学研究的都是“存在者”，都将“存在者”的“存在”失落了或遗忘了，在没有真正理解“存在”的情况下就处理了“存在者”，从而使本体论成了无本体的本体论。海德格尔认为，存在者之所以成为存在者，其根基在于“存在者的存在”，“哲学就是对存在者的存在的响应”，海德格尔宣称要让哲学回到“存在者的存在”中。海德格尔在《存在与时间》一书中说，当说“存在者”为什么存在的时候，已经是在说“存在”，而不是说“存在者”。“存在”本质上是一种时间性，“存在者”是“存在”的在场，“存在”是一切“存在者”的不在场，“存在”比“存在者”具有优先性，它是“存在者”作为“存在者”的基础条件和依据。

存在主义的马克思主义者萨特认为，人不能被人的普遍感性或普遍理性所定义，“人”是“自在的存在”和“自为的存在”的统一，是能意识到存在和不能被意识到的存在的统一。人的存在先于本质，“人”的本质悬置在人的自由之中，“人”的自由先于人的本质并且使“人”的本质成为可能。“人”在存在中造就自己，从而成为自己志愿成为的人。“人”的本质取决于人自己的设计、谋划、选择、造就等行动，“人”的行动决定人的本质。

存在主义伦理指引的空间规划实践理性是“实质正义”。空间规划“实质正义”就是满足空间实质性的需要。所谓空间实质性需要就是空间整体意义上的“稀缺”。那么，空间规划“实质正义”何以可能？空间实质性的需要与社会实质性需要具有必然的联系，空间规划抓住社会实质性需要，那么空间规划“实质正义”就成为可能。例如，当前我国迫切需要发展新质生产力，空间规划当前的首要任务就是规划新质生产力空间，这就体现了空间规划“实质正义”。

3.2 “空间规划伦理学”的教学大纲

空间规划伦理学是关于空间规划道德问题的科学，它系统化地介绍了伦理法则以及在空间规划专业理论道德问题上的应用，并提出了可能的解决方案。空间规划伦理学的教学有助于培养城乡规划专业学生思想道德、增强学生的道德修养、提高学生的道德实践能力，同时，有助于提高学生空间规划的业务能力和职业道德。

本课程属于空间规划基础理论选修课。本课程主要目的是通过对城乡规划专业学生的空间规划伦理学的教育，使学生能够理解伦理法则，并运用它来判断和分析空间规划专业理论的道德问题，提高学生运用伦理法则去解决空间规划道德问题的能力。

教学大纲如下。

第一章：导论

　　第一节：空间规划伦理学的学科性质

　　第二节：空间规划伦理学的学科基础

　　第三节：空间规划伦理学的学科意义

第二章：空间规划伦理学的哲学基础

　　第一节：“理论理性”与“实践理性”的含义

　　第二节：空间规划的“实践理性”的含义

　　第三节：空间规划的“理论理性”的含义

第三章：空间规划的德性主义伦理

　　第一节：德性主义伦理思想

　　第二节：空间规划“知行合一”的实践理性

　　第三节：空间规划“知行合一”何以可能？

第四章：空间规划的功利主义伦理

第一节：功利主义伦理思想
第二节：空间规划“最大功效”实践理性
第三节：空间规划“最大功效”何以可能？
第五章：空间规划的道义主义伦理
第一节：道义主义伦理思想
第二节：空间规划“人是目的”实践理性
第三节：空间规划“人是目的”何以可能？
第六章：空间规划的契约主义伦理
第一节：契约主义伦理思想
第二节：空间规划“契约精神”实践理性
第三节：空间规划“契约精神”何以可能？
第七章：空间规划的社群主义伦理
第一节：社群主义伦理思想
第二节：空间规划“共同利益”实践理性
第三节：空间规划“共同利益”何以可能？
第八章：空间规划的交往伦理
第一节：交往伦理思想
第二节：空间规划“程序正义”实践理性
第三节：空间规划“程序正义”何以可能？
第九章：空间规划的存在主义伦理
第一节：存在主义伦理思想
第二节：空间规划“实质正义”实践理性
第三节：空间规划“实质正义”何以可能？

4 规划伦理学教学期望

空间规划伦理是维护空间规划道德的重要保障，帮助空间规划朝着正确的方向去决策和行动，帮助空间规划区分“善”的规划和“恶”的规划，空间规划伦理学就是从伦理或“实践智慧”角度引导空间规划“理论智慧”。例如，我们可以使用功利主义伦理思想来评估空间规划“理论智慧”的后果是否履行了最大功效的原则；我们也可以使用道义主义伦理思想来评估空间规划“理论智慧”的动机是否履行了“人是目的”原则。所以，空间规划伦理学可以帮助我们更全面地理解空间规划的价值观，使得空间规划“理论智慧”在追求空间理性的同时也追求空间价值。

空间规划伦理也是保持空间规划社会价值的重要保障，空间规划伦理对空间规划事业至关重要，它有助于建立空间规划事业的声誉，提高人们对空间规划事业的道德感，使他们更加关注空间规划。空间规划伦理是提高空间规划合理性的重要保障，空间规划的理论理性有了伦理法则的指引，更能够提高专业水平，更好地促进空间的和谐稳定。

空间规划伦理对空间规划思想道德起着核心作用。空间规划思想道德观隐含在伦理法则中，伦理法则能够指引空间规划思想道德，空间规划思想道德来源于伦理法则所确定道德观念，空间规划的伦理建构就是空间规划思想道德，空间规划伦理为空间规划思想道德提供了可能性。

现实生活中，空间规划对社会常常产生一定的负面的影响，其根本原因在于空间规划的价值观缺乏伦理的指引，空间规划的价值观缺乏伦理规范和伦理标准，所以空间规划伦理学教育变得十分迫切。为了进一步推动“空间规划伦理学”教学，基于本人多年的教学积累，本文介绍了本人的“空间规划伦理学”教学内容框架，以期促进“空间规划伦理学”教学内容的交流与讨论。

参考文献

[1] Davidoff, P. 1978. The redistributive function in planning: creating greater equity among citizens of communities. In Burchell, R. and Sternlieb, G., eds. Planning theory in the 1980s. New Brunswick, NJ: Center for Urban Policy Research, Rutgers–The State University of New Jersey. 69–72.
[2] Howe, E. and Kaufman, J. (1979). The ethics of contemporary American Planners. Journal of the American Planning Association 47, 266–278.
[3] Marcuse, P. (1976). Professional ethics and beyond: Values in planning. Journal of the American Institute of Planners 42, 264–275.
[4] Wachs, M. (1985). Ethics in Planning. New Brunswick, NJ: Center for Urban Policy Research, Rutgers–The State University of New Jersey.
[5] 范辉. 新型城镇化进程中农地资源保护研究——基于伦理学的视角 [J]. 国土资源科技管理，2018，35（1）：43–53.
[6] 欧名豪，刘芳，宗臻铃. 试论土地伦理利用的基本原则

[J]. 中国土地科学，2000，14（5）：25-28.
[7] 李全庆 . 试论土地伦理的内涵、原则和建设途径 [J]. 道德与文明，2008（2）：99-102.
[8] 陈美球，刘桃菊，周丙娟，等. 试论土地伦理及其实践途径 [J]. 中州学刊，2006（5）：156-159.
[9] 蔡维森，郭春华. 对土地生态伦理的理论探索 [J]. 理论导刊，2010（12）：74-76.
[10] 陈利根，郭立芳. 可持续土地利用伦理探讨 [J]. 中国生态农业学报，2004（2）：169-171.
[11] 杨国清，祝国瑞. 土地生态伦理观与土地伦理利用 [J]. 科技进步与对策，2005（2）：90-91.
[12] 汪峰，吴次芳. 农村土地整理与土地利用伦理研究 [J]. 中国农村经济，2000（10）：56-59，65.
[13] 梁洪涛. 经济开发中的土地伦理问题及其解决——以高尔夫球场建设为例 [J]. 江西社会科学，2017，37（6）：41-48.
[14] 刘富刚. 基于土地伦理的土地可持续利用 [J]. 中国国土资源经济，2009，22（7）：22-24，46-47.
[15] 陈美球，刘桃菊，周丙娟，等. 试论土地伦理及其实践途径 [J]. 中州学刊，2006（5）：156-159.
[16] 张子婴. 浅析高校城市规划专业人才培养中的职业道德教育 [J]. 出国与就业（就业版），2012（4）：49-51.
[17] 张廷伟 . 转型期间中国规划师的三重身份及职业道德问题 [J]. 规划师，2004（3）：66-72.
[18] 秦红岭 . 城市规划——一种伦理学批判 [M]. 北京：中国建筑工业出版社，2010.
[19] 谢宏坤，谭健妹，崔红萍 . 城乡规划专业教育中伦理意识的培养研究 [J]. 教育教学论坛，2018（29）：34-36.
[20] 张岚. 试论土地伦理道德 [J]. 山西高等学校社会科学学报，2000，12（10）：1-5.
[21] 张兵 . 城市规划职业化的概念与问题 [J]. 城市规划汇刊，1997（4）：1-9，39-65.
[22] 吴次芳，叶艳妹. 土地利用中的伦理学问题探讨 [J]. 浙江大学学报（人文社会科学版），2001，31（2）：7-12.
[23] 孙施文 . 城市规划不能承受之重——城市规划的价值观之辨 [J]. 城市规划学刊，2006（1）：11-17.

A Discussion on the Outline Content of the Course of Spatial Planning Ethics

Yao Xin

Abstract: Spatial planning ethics，a branch of applied ethics，aims at studying the morality of thought of spatial planning. The purpose of this paper is to explore the content framework of spatial planning ethics. This paper first introduces the discipline nature，the knowledge base and the teaching significance of spatial planning ethics，then introduces the construction methods and thinking path of the content framework of spatial planning ethics，and then introduces the key contents and the syllabus of spatial planning ethics，and finally to an expectations for teaching of spatial planning ethics.

Keywords: Ethics，Spatial Planning，Theoretical Reason，Practical Reason，Moral Conceptions

连接多尺度空间规划与生态知识
—— 生态规划理论与实践教学的思考

袁　琳

摘　要：在国土空间规划体系改革和清华大学教育改革的大背景下，清华大学城乡生态规划理论课程面临内容的扩展和课时的减少——如何扩充生态知识体系应对生态文明体制下的规划发展，并在更有限的课时中保证教学质量已经成为该课程面临的重要挑战。经过3年的教学改革实践，如下思考逐渐形成：回归生态规划初衷，改变以往对生态专项规划技术的强调，重视连接多尺度空间规划与生态知识的知识体系构建；在学时减少的背景下，维持5次核心讲座，并配备"实地考察＋前沿讲座＋研究探索"其他模块，增强体验感，增进价值引领，鼓励自主探索；将理论课程和规划设计课程衔接，学生可选择国土空间总体规划生态专题研究作为结课作业，并进一步指导有兴趣的学生在毕业设计中发展支撑城市设计的生态规划技术方法。在过去3年与学生的交流互动中，以上思考和课程建设都获得了非常积极的反馈，未来，该课程也将进一步探索与学生特点的精细匹配，促进学生坚信规划专业在人与自然和谐共生现代化建设中的重要作用。

关键词：生态规划；国土空间规划；人居科学；教学改革

1　引言：规划和教育体系改革带来的新挑战

城乡规划教育向来重视生态方面的相关基础教学，清华大学自2011年开设城乡规划本科教育以来就设置了"城市生态与环境规划"课程，这也是清华大学城乡规划本科培养方案中唯一一门有关生态的理论必修课程。近年来，伴随国家社会发展和教育改革的新要求，这门课程也面临教学体系的重构，这种重构主要需要应对如下两个方面的新形势：第一，是国家规划体系的改革。2018年，党的十九大报告提出"加快生态文明体制改革，建设美丽中国"，并强调"构建国土空间开发保护制度"，2019年，《中共中央 国务院关于建立国土空间规划体系并监督实施的若干意见》（中发〔2019〕18号）发布，推动建立"五级三类"的国土空间规划体系服务生态文明建设，这也为生态文明时代空间规划相关生态基础教育提出更高要求；第二，是清华大学教学改革对专业课程学分的压缩。在清华大学推进"价值塑造—能力培养—知识传授"三位一体教育理念的过程中，本科生教育进一步强调通识，给予学生更多的自主发展空间，这就要求专业必修课课时较大幅度减少，相应的城乡规划本科必修理论课程也要进一步压缩，生态相关的理论必修课需要从以往的2个学分减到1个学分，这也就为该课程的重构提出新要求。当前，如何在更有限的时间中，应对生态文明体制下国土空间规划生态知识的扩展并保证教学质量，已经成为该理论课需要应对的重要挑战。过去3年，本人在承担该课程教学的过程中积极应变，从生态规划教育初衷、核心知识体系架构、多种辅助模块支撑以及与规划设计课程衔接等方面做了相关的思考和教学实践。

2　回归"生态规划"初衷，连接"生态与规划"

自20世纪70年代以来，生态规划这一术语在多个领域普及和发展，除了城乡规划，环境和生态类学科也在发展有关生态规划的知识，但由于不同学科的知识结构和实践目的不同，人们对于生态规划的理解也有差

袁　琳：清华大学建筑学院副教授

异。在城乡规划学科，以往的本科教学体系中往往将生态规划作为一种有关生态和环境的专业化工具来对待，清华大学十年前开设的相关课程也是这种定位，但在生态文明新时代，有关生态规划教育的定位需要重新思考。

20 世纪 70 年代，麦克哈格（Ian McHarg）在宾夕法尼亚大学倡导和推动生态规划，推动规划设计遵循自然的法则，倡导规划师作为催化剂应该考虑自身和自然的全体，使其相互适应健康发展，其根本是通过生态的规划促进社会、自然的共同发展。[1] 他批判单纯地将人排除在外的生态研究，认为不考虑人的因素的生态研究不足以支撑有意义的社会工作，倡导生态规划要和人类系统紧密联系，并基于所有的社会和自然系统都渴望成功的前提假设，提出了“人类生态规划”一词，并在 20 世纪 80 年代推广使用。1981 年，他在《宾夕法尼亚大学的人类生态规划》详细阐述了“人类生态规划”的思想，阐述了“人类生态规划”“生态规划”以及“规划”的区别与联系，通过回顾这篇文章可以启发我们对当代生态规划教育的理解：

“‘人类生态规划’这个概念既累赘又不简明扼要，补救一下即使是可能的，也将是遥远的。当它成为公认的时候，人和生态系统的研究将都不可能在没有涉及人类的情况下进行，那么我们就可以抛弃‘人类’二字，并恢复到‘生态规划’的简单说法。更好的是，如果在规划中，始终考虑到相互作用的生物物理和文化进程，那么我们甚至可以省去‘生态’二字，而只是简单地说‘规划’。然而，这种状态看来还只是遥远的未来，因为今天，大多数的规划排除了物理学、生物科学、生态学、民族学、人类学、流行病学等，只是集中关注经济学和社会学。因此，不仅推动考虑生态因素的规划实践仍然是必要的，更重要的是，要发展人类生态规划。”[1]

从这段文字我们不难看出，“生态规划”提出的背景，并非只是一种单纯面对外部环境的工具性的专项规划，其本身是一种对于只关注社会经济因素的规划工作的批判，其目的是改造规划，促进规划工作综合地考虑人类和自然，因而用“人类生态规划”来强调其目的性。

当代中国生态文明制度体系下的规划改革，是一种适应生态文明需求的新模式探索和新体系再造，促进人与自然的和谐共生，其目的和 20 世纪 70—80 年代兴起的生态规划的初衷有很多相似点，而其渗透在中国国家制度的改革中，显得更加有力和根本。因此，在国土空间规划改革和本科生教育更加通识化的大背景下，在有限的学时中讲授生态规划，更应当重视回归生态规划的初衷——探索从专业技术视角的“生态规划”到更重视“生态与规划”整合，重视生态观在空间规划体系中的全面渗透，通过推动生态知识体系和空间规划体系的衔接适应空间规划体系改革、适应生态文明的需要。

3 完善“多尺度”空间规划的生态知识体系

当前学科和行业的发展正在拓展规划的空间对象，宏观方面国土、流域等包含更广阔的自然生态要素，微观方面乡村聚落尺度同样需要更多的生态知识引导，这样的变化背景要求生态规划的课程要改变以往仅仅以城市对象为主导的教学，重视“多尺度”的空间对象。

以多尺度为线索梳理生态知识体系与规划设计的连接，在国际其他重要规划设计院校的教学中已有积累。例如：宾夕法尼亚设计学院现任院长弗雷德里克·斯坦纳（Frederick Steiner）的著述《人类生态学——遵循自然的引导》就是从全球、生态区域、景观、社区、聚落等多个尺度构建了人类生态实践，这本书也一直被认为是生态规划的重要参考书；[2] 哈佛大学设计学院的理查德·福尔曼（Richard T.T. Forman）教授一直在开展生态规划相关的书籍的撰写，强调“生态要在人类活动的地带展开”，他的著述从《土地镶嵌体：景观与区域生态学》《城市区域：城市外部的生态与规划》再到近年来的《城市生态学》《村镇、生态和土地》，从景观到城市区域再到城市和村镇的空间尺度变化，也展现了其在教学方面一直重视将生态知识和多尺度空间对象相衔接。[3-6]

吴良镛院士倡导的人居科学是清华大学规划系教学体系的一个重要基础。吴良镛院士在《人居环境科学导论》中强调自然要素，在《明日之人居》中将生态作为核心要旨，在《中国人居史》专设一节论述“人居与自然”，多年来也指导了多篇生态相关的博士论文，体现了人居科学对自然保护的重视，对人居和自然的关系的重视。[7-9] 在这样的体系下，以及在近年来规划体系改革应对带来的思考中，清华大学城乡规划专业的生态规划教育进一步强调生态知识服务人居空间的回归，梳理多尺度生态知识和空间规划的衔接，在教学实践中逐步形成了以国土、流域、城市地区、城市片区、乡村聚落五个尺度和对象为核心的理论讲座结构，针对每个尺度和对象分别围绕需要关注的“关键议题”，梳理“核心概念/知识点”，促进学生理解“典型制度/实践”，其详细内容如下：

（1）国土尺度：关注国土空间的自然保护；理解和掌握生态系统服务、生态脆弱性、生态敏感性等基本概念，以及自然保护空间划定的基本原理；理解和体验生态保护红线、自然保护地体系、主体功能区等国土自然保护相关的制度与实践应用。

（2）流域尺度：关注流域山水林田湖与人居环境协同的综合整治和修复；理解和掌握河流生态学相关概念和知识，以及流域适宜性评价技术方法；理解和体验流域生态系统保护修复的相关制度和实践。

（3）城市地区尺度：关注大都市地区蓝绿空间的优化与管控；理解和掌握城市热岛、城市生物多样性等基本概念，以及城市生态网络规划的基本原理；理解和体验当代公园城市、花园城市规划实践。

（4）城市片区尺度：关注城市老旧片区的生态化更新；理解和掌握低影响开发、低碳城市等基本概念，以及老旧社区低碳化改造的基本原则；理解和体验当代低碳化城市更新改造实践。

（5）乡村聚落尺度：关注乡村生态系统保护修复；理解乡村社会生态系统、乡村生物多样性等基本概念，以及乡村人居—农田生态修复的基本原理；理解和体验农村土地综合整治和乡村振兴中的生态系统保护修复实践。

以上5次讲座不求课堂上“求全”的讲解，重在启发学生理解不同尺度规划对象和生态知识的衔接，理解生态知识和具体实践的联系。课程的改革期待在有限的课程讲座中帮助学生建立开放的知识体系，除了课堂上的若干基本概念的掌握，学生可以依据每节课的参考书目进行知识扩展，引导学生举一反三，促进学生能够在未来的研究和应用中从不同尺度思考关键生态问题，自主探索生态原理、生态知识与空间规划“连接”的方法，促进实际问题的解决（图1）。

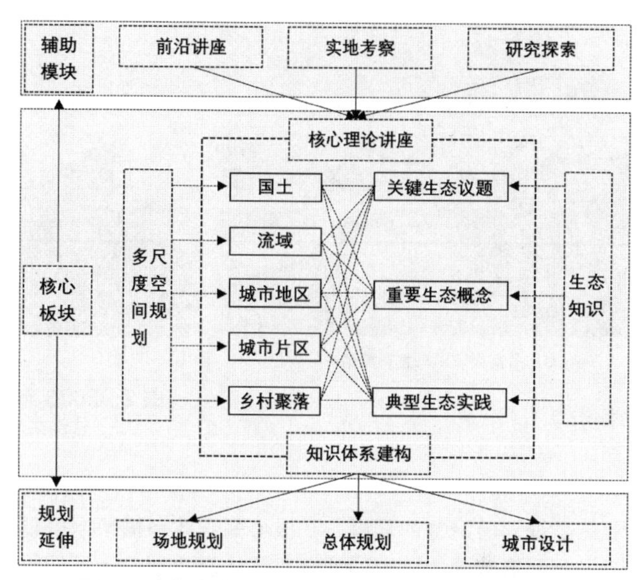

图1　清华大学城乡生态规划理论课程教学框架

资料来源：作者自绘

4 “实地考察+前沿讲座+研究探索”增强教学效果

除了知识体系的再建构，规划体系和教育体系改革背景下的清华大学本科生生态规划课程改革还需要拓宽学生的视野，培养生态问题的研究习惯，并提升学生理论联系实际的能力。为保障教学效果，在5个核心理论讲座以外，课程还设置了实地考察、前沿讲座和研究探索3个其他模块作为教学展开的共同支撑。

（1）实地考察模块。该模块主要用于增强学生对生态规划设计实践的深度体验，提升学生理论联系实际的能力。基于清华大学所在区位，课程结合京津冀生态建设成就，建立了3个长期联系的教学基地，分别为雄安新区白洋淀、北京二绿隔温榆河公园、天津滨海新区—中新生态城。这3个基地生态实践项目分别对应了流域尺度、城市地区尺度和城市片区尺度，引导学生理解和体验白洋淀流域治理、北京二绿隔减量规划实施和生态保护修复，以及天津生态城市建设管控和治理。调研过程中，规划编制单位的项目介绍、当地政府的讲解可以增强学生对不同尺度和对象生态规划实践的理解，并能增强对生态规划实践的价值认同（图2）。

（2）前沿讲座模块。该模块主要目的是促进学生对

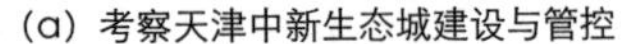

(a) 考察天津中新生态城建设与管控

(b) 考察北京二绿隔（温榆河公园片区）减量发展与生态修复

图 2　2023 年课程实地考察环节

资料来源：作者自摄

于生态规划前沿性的理解，在核心知识体系框架以外能够体会到更广阔的跨学科领域对于生态规划设计不同维度的探索。课程每年会安排 2~3 次前沿讲座，学生可以有选择性地参加，目前已经开设的讲座包括了城市气候地图、生态价值评估、海岸带管理、自然与精神健康、声景与生态保护等议题，旨在拓展学生的视野，培养学生对于生态规划设计的兴趣。

（3）研究探索模块。该模块主要提供一种陪伴式的研究探索过程。课程会在第一节课安排课程作业——研究墙报“规划遵循自然”——引导学生进行自由的选题，开展研究探索，可研究古今中外的生态实践案例，或利用分析工具开展国土空间生态问题的研究，或除此之外的任意选题。学生通过预约教师的开放交流时间形成一对一的陪伴式指导。墙报内容包括选题的缘由、数据和资料的搜集、分析研究和结论，不对写作有太多要求，而是重视学生的图像分析表达。课程最后一节课，学生进行墙报的交流展示。

与核心理论课程讲座相配合，“实地考察 + 前沿讲座 + 研究探索”的模块设置可以增强学生学习的体验性、自主性和可选择性，满足不同学生对于不同类型知识获取的需求，在以往 3 年的教学实验中，这种多模块配合的模式也一直受到学生的欢迎。

5　生态规划理论教学连接规划设计教学

“城乡生态规划”课程作为城乡规划专业唯一一门有关生态方面的必修课，除了保持自身的体系完善，也要考虑和规划设计核心课程的有机衔接和协调，这也是学分压缩后的必然选择。改革后该课程与国土空间总体规划并行于同一学期，存在与总体规划课程衔接的问题，但同时其知识体系构建也需要辐射低年级规划设计课和更高年级的毕业设计。

（1）衔接低年级课程。清华大学规划设计教学有按照尺度安排的考虑，从场地到城市再到国土空间，是一个不断扩大的过程，学生学习生态规划课程已经到高年级，但在教学环节中我们仍然引导学生对之前的规划设计进行适当的反思，反思其是否考虑了自然因素在规划中的限制和可能。与此同时，我们在二年级场地设计的设计教学中融入了部分可持续场地评估（SITES）的内容，将场地生态可持续的一些基本概念和做法教给学生，以专题讲座方式将生态规划理论和低年级的规划设计衔接起来。

（2）衔接总体规划课程。国土空间总体规划与生态规划理论课程被安排在同一学期，因而在学生开展生态规划理论课程作业选题的时候，学生可以结合总体规划地段及相关专题开展研究，加强规划设计和理论课的衔接，同时也可以更好统筹课时压缩后学生的工作量。这类选题尤其重视生态空间布局的分析和模拟，2023 年，有学生结合理论课程完成了《基于土地利用变化的绍兴中心城区生态服务价值分析及生态网络构建的研究》的墙报（学生：王佳丽、王梓璇，指导教师：袁琳），并为总体规划课程提供了有力支撑。

（3）衔接毕业设计课程。该课程也鼓励学生在毕业设计等高年级的设计增强课程中运用生态规划的方法。例如：2022 年，有同学继续探索生态规划方法在城市设计中的应用，完成了《基于清凉城市理念的九龙半岛生态空间规划设计研究》的毕业论文和毕业设计（学生：姚雨昕，指导教师：袁琳），论文中利用生态空间规划促进热安全、雨洪安全和生境安全，通过生态空间布局创造低碳、清凉的城市环境，为城市更新工作的开展探索了新方法，毕业论文获“清华大学优秀本科毕业论文”。2023 年，该成果获得国际城市与区域规划师学会（ISOCARP）学生竞赛特别奖。

6 结论

在规划体系和教学体系改革的双重驱动下，近年来，作为清华大学城乡规划学科本科教育阶段的生态规划课程面临相应的调整。该课程作为城乡规划本科阶段唯一一门生态相关的必修课程，在过去 3 年的改革过程中逐步确立了以下调整思路和内容：①面向生态文明体制下的国土空间规划体系，课程更加强生态知识与多尺度空间对象和实践的衔接，围绕国土、流域、城市地区、城市片区、乡村聚落 5 个尺度形成核心讲座环节；②重视价值引领，强调课程的体验性、前沿性、开放性，在学时有限的情况下仍保留“实地考察 + 前沿讲座 + 研究探索”辅助模块提升教学质量；③重视理论课程对其他规划设计核心课程的辐射和引导，与低年级场地设计衔接，与总体规划对接，并引导毕业设计发展生态规划设计方法。在过去 3 年与学生交流互动的过程中，以上调整都获得了非常积极的反馈，与此同时，我们必须认识到当前社会发展加速，学生构成也有较大变化，理论课程的构建必须在不断适应中进一步发展，我们也必须坚信国土空间体系下的生态规划课程可以为服务人与自然和谐共生现代化建设作出重要贡献。

参考文献

[1] MCHARG I L. The essential Ian McHarg：writings on design and nature. [S.1.]：Island Press，2006.

[2] STEINER F R. Human ecology：Following nature’s lead. [S.1.]：Island Press，2002.

[3] FORMAN R T T. Land Mosaics：The Ecology of Landscapes and Regions. [S.1.]：Cambridge University Press，1995.

[4] FORMAN R T T. Urban regions：ecology and planning beyond the city. [S.1.]：Cambridge University Press，2008.

[5] FORMAN R T. Urban ecology：science of cities. Cambridge University Press，2014.

[6] FORMAN R T. Towns，ecology，and the land. [S.1.]：Cambridge University Press，2019.

[7] 吴良镛 . 人居环境科学导论 [M]. 北京：中国建筑工业出版社，2001.

[8] 吴良镛 . 明日之人居 [M]. 北京：清华大学出版社，2013.

[9] 吴良镛 . 中国人居史 [M]. 北京：中国建筑工业出版社，2014.

Connecting Multiscale Spatial Planning with Ecological Knowledge: Reflections on the Theory Course of Urban and Rural Ecological Planning

Yuan Lin

Abstract: In the context of reform in the territory spatial planning system and education at Tsinghua University, the theory course of urban and rural ecological planning faces the challenges of expanding content and managing reduced coursehours. Expanding the ecological knowledge framework to respond to planning development under the ecological civilization system, and maintaining high teaching quality within constrained time limits, are key challenges for this course. Based on three years of teaching reform practice, the following reflections have gradually formed: returning to the original intention of ecological planning, transitioning the emphasis from specialized ecological planning techniques to a focus on the systematic construction of connecting multiscale spatial planning with ecological knowledge; maintaining five core lectures supplemented with "field trips + frontier lectures + research exploration" modules to enhance experiential learning, bolster value guidance, and encourage independent exploration; additionally, the course integrates with other planning and design studies, allowing students to select ecological topics within general land spatial planning for their final projects and encouraging them to pursue ecological planning techniques applicable to urban design in their theses, integrating the theory course with other planning and design courses, allowing students to select ecological topics within general land spatial planning as their final assignment, and encouraging interested students to pursue ecological planning techniques applicable to urban design in their graduation thesis. Over the past three years, interactions with students have received highly positive feedback on these reflections and course developments. In the future, the course will further refine its alignment with student characteristics, and promote students' firm belief in the important role of planning professions to the harmonious coexistence of humans and nature in modern development.

Keywords: Ecological Planning, Territory Spatial Planning, Science of Human Settlements, Teaching Reform

从与时俱进到需趣双引
——对“全球化城市规划”课程建设历程的梳理和思考*

赵　虎　闫怡然　张洋华

摘　要：“全球化城市规划”是山东建筑大学城乡规划专业开设的一门选修课，当今国内城乡规划学科和行业均进入了发展的转型期，已渐成规模的人才培养体系与逐渐萎缩的规划行业市场之间的矛盾开始凸显。随着“一带一路”国家倡议的推进，中国建设的市场开始向外拓展，前期的规划行业市场也蕴含着较大的潜力，本土化国际规划人才的培养越来越受到重视。本文在对课程信息进行介绍的基础上，系统梳理该课程的建设历程，并对其中的形势变化和优化内容进行总结，同时依托学生课后问卷统计分析每个阶段的教学效果，进一步提出课程未来调整的方向。经过研究，该课程建设历程可以划分为2个阶段，第一个阶段主要是完成了5章8次16节课的内容架构，第二个阶段结合“一带一路”倡议、线上教学和课程思政等形势变化，在教学内容、教学团队、教学形式等方面作出了相应调整，取得了较好的教学效果，并进一步提出主动担当和需求双引的优化导向。

关键词：全球化城市规划；“一带一路”倡议；教学内容；建设阶段；调整方向

1　引言

“全球化城市规划”是山东建筑大学城乡规划专业开设的一门选修课，自从2018年第1次上课，到今年已有6个年头，上过该课程的学生有200余人。通过该课程的学习，扩展了学生的专业国际视野和行业发展认识，帮助学生了解国外城市发展与规划编制的相关规律，取得了不错的教学效果。随着国家“一带一路”倡议10年来不断地实施推进，中国项目在海外建设的力度也在增大，国内城乡规划行业对“一带一路”沿线国家和地区城市规划编制的市场也逐渐表现出了一定的预期。由此对规划专业国际化人才的需求也相对旺盛起来，对全球化城市规划等类似课程的期望也更加迫切。

本文在对课程信息进行介绍的基础上，系统梳理该课程的建设历程，并对其中的形势变化和优化内容进行总结，同时依托学生课后问卷统计分析每个阶段的教学效果。在此基础上，围绕“以生为本”的核心理念，结合国家战略和行业发展态势，提出课程未来调整的方向。本研究不仅对“全球化城市规划”等课程的优化改善有着直接借鉴作用，也能为中国高校培养国际化人才的课程体系建设提供有力参考，更期待能为中国在“一带一路”上宏伟蓝图的空间落实提供长远支撑。

2　课程讲授架构

“全球化城市规划”是一门专业选修课，16个学时，1个学分，以往放在大四下学期上课，2024年被调整到大二下学期上课，共分8周16节授课，每周1次，每次2节。本课程的教学内容主要分为5章。

其中，第一章是课程概述，讲2次4节课，主要回答4个问题，即为什么开设这门课？基本概念是什么？课程讲述框架是什么？主要文献是什么？第二章是文化全球化，讲1次2节课，主要在阐述文化全球化内涵的

*　支撑课题：山东省高校科研计划项目（J18RA161）。

赵　虎：山东建筑大学建筑城规学院教授（通讯作者）
闫怡然：山东建筑大学建筑城规学院讲师
张洋华：山东建筑大学建筑城规学院讲师

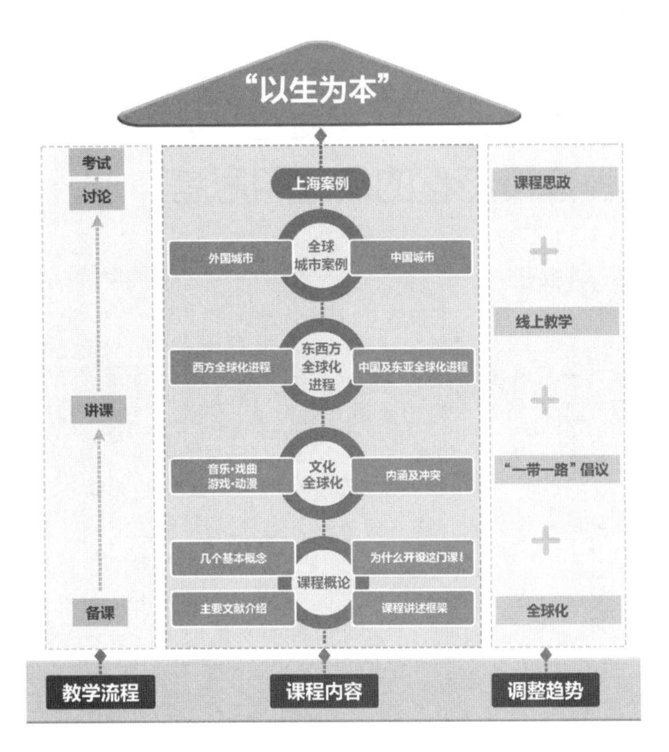

图 1　课程教学框架解析图

资料来源：作者自绘

基础上，结合音频和视频形式，帮助学生建立看待全球文化与地域文化冲突融合的正确价值观念；第三章是东西方全球化进程，讲 2 次 4 节课，第 1 次课是西方的全球化进程，第 2 次课是中国及东亚的全球化进程，两者均依托历史主线，梳理重要而有趣的全球化历史事件，帮助同学们认识东西方全球化的历史进程；第四章是全球城市发展与规划案例介绍，讲 2 次 4 节课，主要介绍芝加哥、伦敦、上海、罗马等国际性城市的发展和规划情况；第五章是讨论课，最后的 1 次 2 节课，通常围绕上海这一全球城市案例进行讨论，引导同学们就其相关规划和策略阐述自己的观点。

本课程的教学形式主要是课程讲述，还有课堂讨论。教学手段为多媒体、板书，多媒体主要是 PPT 课件，此外课堂会辅助播放相应视频和音频素材。结课形式为开卷考试，考试题目通常分为客观简答题和主观论述题。成绩构成中，考试成绩为 70%，平时成绩为 30%。

3　课程建设历程：2 个阶段，从被动上岗到主动对接

本课程的建设分为 2 个阶段，从“被动上岗”到“主动对接”，“全球化城市规划”课程体系不断完善，课程内容逐步得到充实，课程的知识传播和思想政治教育意义显现，课程初步实现了学生“看世界”的平台载体价值。

3.1　阶段 1：被动上岗，积极架构课程内容体系

“全球化城市规划”课程缘起于 2015 年上半年的本科培养方案调整，学校要求增设该课程，主讲教师自此开始“从无到有”地进行教学课件的准备。

至 2018 年暑假，主讲教师开始了课件的系统性制作，主导思路确定为“以自我认识为主线，厘清基本概念，引入历史思维，立足专业需求，聚焦国际案例”。主讲教师在参考部分学校“国际城市规划”课程的基础上，又准备了一些有关全球化和城市发展与规划的书籍作为备课参考，备课资料主要分为 5 类，即理论类、规划类、教育类、案例类和历史类。此外，还有一些以往整理的欧美全球城市的规划案例。经过大量阅读和严格授课逻辑推敲后，初步建构了课程的内容体系。

该阶段由于课程性质是限选课，选课人数在 2018—2020 年的 3 年间稳定在年均 60 人左右。基于主讲教师的自主学习和选课学生对课程的反馈，授课内容体系逐步形成与完善。同期，东南大学建筑学院王兴平教授主持国家重点研发计划战略性国际科技创新合作重点专项“境外产业园区规划技术合作研究与示范应用”，于 2019

图 2　阶段 1 的课程相关图片

资料来源：谭凯悦提供

备课部分参考书　　　　表1

备课资料	书目
理论类	《全球城市：纽约、伦敦、东京》（第二版）（[阿根廷]丝奇雅·沙森，东方出版中心） 《规划世界城市：全球化与城市政治》（[英]彼得·纽曼 安迪·索恩利，上海人民出版社） 《世界是平的：21世纪简史》（[美]托马斯·弗里德曼，湖南科学技术出版社） 《全球化》（[美]阿尔君·阿帕杜莱，江苏人民出版社）
规划类	《全球化世纪的城市密集地区发展与规划》（张京祥，中国建筑工业出版社） 《全球化下城市历史街区的地方性实践研究：以潮州古城区为例》（廖春花，武汉大学出版社） 《全球化与国家城市区域空间重构》（李少星，顾朝林，东南大学出版社） 《全球化背景下宁波城市品牌形象构建与传播策略研究》（庞菊爱，贺雪飞 等，上海交通大学出版社） 《延伸的城市——西方文明中的城市形态学》（[美]詹姆斯·E·万斯，中国建筑工业出版社）
教育类	《城市规划原理》（第四版）（吴志强，李德华．中国建筑工业出版社） 《全国注册城市规划师执业资格考试参考用书1：城市规划原理（2011年版）》（全国城市规划执业制度管理委员会，中国计划出版社） 《全球化下的中国城市发展与规划教育》（许学强，中国建筑工业出版社）
案例类	《全球化与中东城市发展研究》（车效梅，人民出版社） 《全球化时代下的地域主义建筑——扁平世界的山峰与谷底》 （[荷]利亚纳·勒费夫尔，亚历山大·佐尼斯，中国建筑工业出版社）
历史类	《全球通史：从史前史到21世纪》（[美]斯塔夫里阿诺斯，北京大学出版社） 《欧洲经济史：从大分流到三次工业革命》（[意]维拉·扎马尼，北京大学出版社） 《西方之前的东亚：朝贡贸易五百年》（[美]康灿雄，社会科学文献出版社） 《古代中国的港口——经济、文化与空间嬗变》（李燕，广东经济出版社）

资料来源：作者自绘

年12月28—29日在山东建筑大学举办“一带一路”产业园区发展、规划与建设培训研讨班（第二期），启发了教学组对授课内容调整的新思路[1]。

3.2　阶段2：主动对接，努力提升课程活力体验

2021—2024年是课程的第二阶段，4年间开课2次。受到2018年专业培养方案调整的影响，该课程被调整为任选课，并安排在本科四年级的下学期进行。然而，在大四下学期前，学生普遍已经完成选修课的学分任务，缺乏选课的必要性和积极性。所幸主讲教师依靠其他课程“圈粉”，“引流”了部分学生选课。在这种情境下，主讲教师开始主动构思提升课程的吸引力和活力的方式。

与课程几乎同期，我国经济社会和规划行业的发展进入新阶段，形势变化让课程教学组更加意识到教授该课程的迫切性。首先，城乡规划行业的下行态势愈发明显。随着国土空间治理改革的深入以及政府财政支撑力度的下降，使得国内城乡规划市场容量明显萎缩，社会对高校专业人才的需求下降，倒逼国内规划设计机构和教育机构积极思考拓展国际规划市场的必要性，并调整相关课程。为祖国规划行业培养国际化专业人才的使命感，让主讲教师感受到了开设该课程的紧迫性。其次，欧美单边保护主义的盛行，中美贸易摩擦频现，让主讲教师对全球化内涵的阶段性有了新的认识，在传统全球化路径遭受挑战时，“一带一路”倡议的作用更加凸显，教学组也随着王兴平教授“一带一路”规划研究工作的深入开展，补充了许多国际规划案例的感性与理性认识作为课程内容。第三，是新冠疫情对授课的影响。线上授课难以准确掌握学生的反应，增加了课程教

图3　2019年“一带一路”产业园区发展、规划与建设培训研讨班（第二期）在山东建筑大学举办

资料来源：闫怡然提供

学的难度[2]。同时，学校要求课件内容的政治正确性决不能出问题，严格把控教学的底线要求。第四，是课程思政工作的持续推进。高校强调专业课中的思政导向[3]，在课程中讲述中国故事和宣扬中国力量的责任逐渐加强，特别是向同学们宣讲中国规划在世界治理中的使命担当以及国际规划人才教育者的无私奉献，帮助学生树立正确的人生观和专业价值导向。在此背景下，今年教学组在课程内容和教学手段上进行了一些主动调整。

图 4　阶段 2 邀请国际案例报告人现身教学
资料来源：赵虎提供

图 5　课堂上学生与外国报告人对话讨论
资料来源：赵虎提供

（1）强化课程认识的战略化转向。在课程讲述中，对接“一带一路”倡议进展，突出规划领域在“一带一路”上完成的工作和取得的成绩，主要是介绍东南大学王兴平教授团队在“一带一路”上的规划研究和编制情况。同时，邀请原王兴平教授团队的博士加入教学小组，为同学们介绍“一带一路”沿线国家和地区的规划案例，打破以往过于强调欧美案例的局限，通过优秀博士的现场教学，讲述中国规划师在国际规划市场上的作为和遇到的挑战。

（2）强化讨论交流的国际化转向。依托山东建筑大学的国际化教学资源，探索外国人进课堂的教学尝试。在课程的讨论课环节，经学校相关老师推荐，邀请校内的外国师生进入课堂介绍母国城市发展和规划，包括当地的文化、民俗等，鼓励引导学生积极提问、交流。通过该环节的优化，能够提升学生的英语交流能力，感受国外城市风情，增加学生未来拓展国际化城市规划市场的信心，扩充基础知识储备。

（3）强化课程安排的“生本化”转向。所谓“生本化”就是以学生为本。结合人才培养的要求，为学生提供考研和留学的咨询及帮助，如选择学校和专业方向，包括引介学生报考国内相关研究团队的硕士研究生等方面。另外，考虑到学生的生活学习的要求，对上课时间和考核形式进行适当调整，尽量考虑、满足学生的合理诉求，创造友好而愉悦的上课氛围。

4　课程教学效果评价

本课程通过问卷调查的形式对教学效果进行了检验。本次调查问卷问题涉及教学内容、授课深度、教学态度、教学环境和改进方向 5 个方面的内容。问卷是通过问卷星网络问卷的形式在课程结束后线上发放，发放对象包括 2 个群体，第一个群体是第一阶段上课的同学，填写问卷 30 份，第二个群体是第二阶段上课的同学，填写问卷 30 份。共回收有效问卷 58 份，经过统计发现：

4.1　满意度：教学效果满意度较高，教学环境存在提升潜力

经统计，调查对象对课程效果的整体满意度超过 90%，对课程教师的授课态度非常满意的比例为

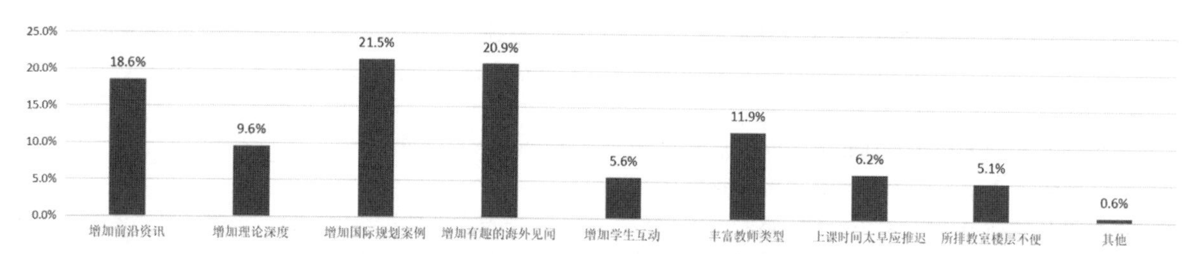

图 6　课程下一步需要改善的方面调查统计图

资料来源：作者自绘

84.5%。同时，调查对象对上课时间和上课地点等教学环境的满意程度却相对较低。对比下来，第一阶段的学生满意度更高。究其原因：第一阶段的学生已经走向了工作岗位，近距离接触行业和社会发展，对这门课程的价值和意义认识更加深刻。另外，因为排课是教务统一进行时间和地点的安排，会出现上课时间过早或者教室位置过于偏僻等问题，给选课学生造成一定麻烦。

4.2　教学内容：海外案例吸引力大，师生互动难度增加

对于课程内容而言，超过 90% 的被调查者认为深度适中；对于未来需要进一步改善的内容，调研对象选择最多的 2 个选项是增加国际规划案例和增加有趣的海外见闻，占比均超过 20%，这也体现出该门课程开设的必要性，即增加学生的国际专业知识储备。同时，增加学生互动是调查对象关注度较低的改进内容，这虽然从侧面反映出学生对当前课程中讨论交流环节的满意度，但也为未来继续提升互动增加了难度。

5　课程的调整方向：“需趣”双引，持续推进国际化专业人才的培养

一门课程的建设历程能映射出一个学科的兴衰变化。在“全球化城市规划”课程建设的第一阶段，规划建筑是受到推崇的热门专业，到第二阶段则下滑明显，因此该门课程建设也不能一成不变，要与时俱进积极调整。

5.1　我们要有所作为，不应该坐以待毙

随着国内城市化率的稳定，传统规划市场趋于饱和，面对高校每年培养的大量规划新生力量，行业和高校也不得不面对现实的考验。是被动地坐以待毙，还是主动寻求新的突破点？我们想答案应该是后者。在社会某些人单纯强调某些专业有用或无用的时候，我们作为专业老师始终要有一种维系这个专业繁荣的使命感，努力寻找新的路径使其再度焕发活力。因此，在未来的发展中，要积极对接国家的战略需求，切实考虑规划类人才，包括建筑类人才跟随国家战略的需求走向“一带一路”国际化市场的可能，为打响“中国规划”的全球品牌作出应有贡献。在后续的教学调整中，增设相关课程，帮助学生了解“一带一路”沿线国家的风土人情，熟悉国际性建筑规划法规，积极对接中建等具有海外建设经验的大型国企，打通良好的国际化人才培养和输出渠道。

5.2　我们应该让学生对专业课保有兴趣

面对近些年来大学生学习状态和目的的变化，相较于一些老教师相对刚性的教学目标，我更愿意把这门课程教学目标弹性设定为：“尽可能地让学生喜欢上这门课，底线是让学生不讨厌这门课”。最不想看到的效果是什么？本来学生对这门课是有期待的，但上完课后彻底摒弃了这个领域。该门课程尽量在教学中增加活力点和趣味性，以保留学生对该课程的兴趣为底线教学目标，让他们在未来有需要时仍能够深入探究。随着国家经济社会水平的提升，新时代的大学生对大学教育的期待也在发生改变，相对于以往专业谋生的现实诉求，今天的大学生更注重专业知识和个体兴趣的结合度，毕业后就业的迫切性也在下降。特别是，后续该课程被调整到二年级下学期进行，低年级的学生自我化的特征会更加突出。因此，在课程教学中，需要及时关注国际形势和社会变化，结合新话题动态更新课程内容。并且，丰富教学手段，牢牢树立“以生为本”的核心思想，始终围绕激发

学生对课程的兴趣为导向展开课程的常态化建设。

6 结语

当今国内城乡规划学科和行业均进入了发展的转型期，已渐成规模的人才培养体系与逐渐萎缩的规划行业市场之间的矛盾开始凸显。随着“一带一路”国家倡议的推进，国际规划市场的拓展和本土国际规划专业人才的培养成为学科行业应对以上矛盾的有效路径之一。对“全球化城市规划”这门课程的梳理及优化，是支撑学科和行业调整及应对的积极探索。同时，也要考虑到全球化与“一带一路”涉及领域的广泛化，加强与专业的对接，通过典型带动的方式，进一步优化不同区域的典型案例为本土国际人才的培养提供科学的支撑。

致谢：感谢东南大学建筑学院王兴平教授在本文写作过程中给予的指导和帮助。

参考文献

[1] 王兴平，赵胜波，张茜．“一带一路”沿线中国境外产业园区规划实践研究 [J]. 城市规划，2021，45（6）：63–73.

[2] 张建平，陈之萌．疫情期规划设计类实验课程线上教学调查研究 [J]. 科技视界，2020（30）：75–78.

[3] 王洋，高晗，速绍华，等．经济地理学课程思政的建设思路与主要切入点探索 [J]. 高教学刊，2023，9（34）：165–168.

From Keeping up with the Times to Dual Orientation of Needs and Interests：Sorting out and Reflecting on the Development History of the “Urban Planning for Globalization” Course

Zhao Hu　Yan Yiran　Zhang Yanghua

Abstract: “Urban Planning for Globalization” is an elective course in urban and rural planning（URP）major in Shandong Jianzhu University. Nowadays，the discipline and industry of URP have entered into a transition period，and the contradiction between the large–scale talent training system and the shrinking market of the industry has come to the fore. With the promotion of the Belt and Road Initiative（BRI），the market of China’s construction has begun to expand overseas. The overseas market of the URP industry contains a large potential in the early stage，and the cultivation of local international URP talents has been paid more and more attention. Based on the introduction of the course information，this paper systematically reviews the construction history of the course. It summarizes the situation changes and optimization contents therein，and at the same time，relies on the students’ post–course questionnaires to statistically analyze the teaching effect at each stage，further proposing the adjustment directions of the course in the future. According to the study，the course construction history can be divided into 2 stages，the first stage is mainly to complete the content structure of 5 chapters，8 times and 16 lessons，and the second stage combines the BRI，online teaching，curriculum of ideological and political and other changes in the contextual situation，to make corresponding adjustments in the teaching content，teaching team，teaching form，etc.，and achieved better teaching results.

Keywords: Urban Planning for Globalization，Belt and Road Initiative，Teaching Contents，Phases of Construction，Directions of Adjustments

基于知识传授、能力培养、价值塑造“三位一体”教学理念的“城市交通规划”课程创新

赵　亮

摘　要： 城乡规划一级学科设置、国土空间规划体系建立、城乡规划学科地位快速提升而又面临行业困境的10余年，是城乡规划教育发生巨大变化的时期。2015年清华大学教学改革项目“提高教学实战性——《城市交通与道路系统规划基础》教学改革”开始实施，践行清华大学知识传授、能力培养、价值塑造“三位一体”教学理念，形成了服务城乡规划教学体系、聚焦核心知识点和基本技能、兼顾学生多元志趣和就业需求的交通规划教学方案。本文以近10年的课程建设为基础，介绍城市交通本科教学改革的背景、教学方案、课程特色以及教学成效。

关键词： 城乡规划；城市交通规划；教学改革

1　课程背景

1.1　我国城市规划专业教育中的“城市交通规划”课程发展历程

我国城市规划专业教育的发展，源自国家需求和地方实践的推动，行业从业者和学者对城市问题的反思和对理想城市的追求（中国城市规划学会，2018；侯丽，赵民，2013）。今天在城市规划院校普遍开展的“城乡道路和交通规划”课程，奠基于20世纪初期的建筑类和土木类院校，成形于50年代以来计划经济体制下城市规划专业知识体系的建立和完善，发展于市场经济体制逐步建立后城市规划教育的日趋多元和包容（文国玮，1995；徐循初，2005）。

目前“城市交通规划”课程的主体内容，是百年来课程基因积累的结果，大致包括交通工程设计、交通调查和预测方法、城市对外交通系统和场站交通组织、绿色交通和绿色出行4个方面的内容。

第一，服务近代化或现代化城市交通建设的工程设计内容。早在1910年，《唐山路矿学堂设学总纲》在当时的“路”科在高年级即讲授“道路工程”。新中国成立后服务于国家建设，1954年教育部批复的《同济大学城市建设与经营专业教学大纲（四年制）》包括如道路设计、城市运输设计等工程设计内容（侯丽，赵民，2013）。直至今天，包括道路网规划、道路断面、交叉口设计等始终是课程的重点内容之一，也是学生进行总规、详规训练的基本功。

第二，服务我国机动化时代起步并蓬勃发展背景下的交通疏堵、畅通工程需求的交通调查和预测方法。从1950年代引进自苏联的“居民出行相互流动法”，1980年代引进于美国的交通预测方法（徐循初，2005），到今天包括交通调查、四阶段法等交通预测技术，以及Trans CAD、PTV等软件工具的使用，不论课时多少，始终是交通规划教学的组成部分。近10年来，随着计算能力的提升，开源的空间网络分析模型的丰富，对于多源大数据的应用也在课程中得以介绍。

第三，为了满足城市对外交通场站和大型公共建筑的规划设计需求，与之相关的公路、铁路、机场、水运等城市对外交通系统的基本知识，特别是大型交通枢纽的交通组织，成为规划类和建筑类院校交通教学的特色内容，文国玮教授连续改版的《城市交通与道路系统规划》教材，专设“建筑交通环境与交通设施规划设计”章节（文国玮，2013）。随着1990年代以来TOD理念

赵　亮：清华大学建筑学院副教授

的传播和2010年代以来大量工程实践的开展，教学内容不断丰富。

第四，进入新世纪以来，绿色交通成为城市交通规划的重点议题，围绕城市布局结构、交通出行结构、路网结构、路权结构这4个结构调整（陆化普，2020），交通与土地利用耦合、公共交通和慢行交通、小街区密路网、完整街道一体化设计等内容，成为课程的重点内容，也是最受规划专业学生欢迎的内容。

总体而言，设立于城乡规划专业的城市交通教学，伴随城乡规划专业教育角色定位、价值导向的变迁，其教学内容在不断演进更新。

1.2 当前“城市交通规划”课程教学面临的挑战

2011年，《学位授予和人才培养学科目录》增加城乡规划学一级学科，被认为是“城乡规划学科发展的里程碑”（耿虹等，2022），培养“一专多能”复合型人才成为规划教育的目标，多学科交叉和规划教育的价值转型也反映在专业教学当中（李疏贝，彭震伟，2020）。2013年，城市道路和交通规划成为《高等学校城乡规划本科指导性专业规范》确定的十门核心课程之一。

2019年1月23日，中央全面深化改革委员会第六次会议审议通过了《中共中央 国务院关于建立国土空间规划体系并监督实施的若干意见》，开启了国土空间规划体系的建设，城乡规划教育迎来“国家治理升级、社会服务转型、知识体系演化”带来的三大挑战（耿虹等，2022）。

同时，也必须看到随着房地产下行、部分地区和城市收缩、基础设施建设放缓，学生对于从事城乡规划工作普遍存在迷茫，近几年部分学校的招生受到很大影响，学生转系、毕业生转行也渐渐成为普遍现象。在城乡规划学科地位快速提升而又面临行业困境的10年来，规划学科中的交通规划教学始终面临以下挑战：

第一，教学内容的挑战：从空间设计到空间治理的思维模式。国土空间规划的体系变革和高质量城市更新的实践需求，要求规划学科教育完成从空间设计为重，向空间治理与空间设计并重的思维方式转变。为此，面向城市空间设计和空间治理中的交通空间（以及与此关联的公共空间），如何根据在地存量空间特征、多元主体利益博弈关系制定更利于实施的设计蓝图，成为交通教学的新课题。

第二，技能培养的挑战：从交通工程设计到交通现象挖掘。面对越发复杂的城市规划和城市设计任务，迫切需要交通规划教学在传授交通工程设计知识之外，培养学生挖掘交通现象，乃至更为广阔的城市现象的技能，在这方面专指委在规划院校开展若干年的交通调查竞赛就是典型的范例。

第三，学生出口的挑战：从城市规划师到更多元行业的从业者。过去10多年来城乡规划招生经历了发展至巅峰后迅速下滑的过程。学生不再安于毕业后从事城市规划设计工作，就业去向也开始走向多元。很多高校通识教育的比重在逐步增加，清华大学规划系的部分学生开始选修计算机、金融、统计等第二学位课程，部分毕业生进入百度自动驾驶部门、美团等互联网公司，以及投资银行、证券公司等金融企业。那么城乡规划中的交通规划教学如何满足学生的多元需求，是始终坚持培养优秀城市规划师的单一目标，还是顺应行业发展和就业潮流，为学生打开另一扇窗，以培养学生志趣作为新的教学目标。

2 教学方案

面对城乡规划教学面临的新挑战，在规划教学体系中居于从属地位，并非“显学”的交通规划教学，也面临很多困惑。对教学的要求越来越高，期待纳入的教学内容也越来越多，学生越来越志不在此，讲什么，怎么讲，成为教学的难题。

文国玮教授在《城市交通与道路系统规划》原版前言中写道：“作为规划师，不一定要很深透地去了解和掌握交通规划、道路设计等工程技术性的理论和方法，而应掌握统筹全局的一些最基本的理论和方法，掌握在全局观念下协调各个方面的基本技能”（文国玮，2001）。同时，也要看到城市规划学科有足够的灵活性和多面性，要求培养的人才具有跨界的基础知识和通才的素质，成为具有理想主义精神的现实主义者（吴唯佳等，2019；武廷海，2019）。

秉承“有限”“全局”“理想”3个基本原则，2015年，课程申请立项了清华大学教学改革项目“提高教学实战性——《城市交通与道路系统规划基础》教学改革”，10年来不断摸索、优化教学内容，形成了服务城乡规划教学体系、聚焦核心知识点和基本技能、兼顾学生多元志趣和就业需求的教学方案。

2.1 课程定位

清华大学城市规划课程体系不断重组创新，形成以人居环境科学理论指导，响应国家规划改革，面向美好人居的规划学科构架。这一构架包括理工与人文、规划与设计 4 个维度，国家发展与国土空间格局、城乡总体规划与详细规划、文化遗产保护与传承、城市设计与城市更新、专项基础设施与支撑体系规划、规划技术方法、规划历史理论、社区发展与住房建设 8 个方向的二级学科群（图 1）。

在学生培养计划中，“城市交通与道路系统规划基础”是“专项基础设施与支撑体系规划”方向的专业基础课之一，希望实现以下目标：

首先，要求学生掌握城市交通规划的基本知识点，支撑“住区规划设计”“城市设计”“国土空间规划”等设计课教学，使学生可以较好地运用道路体系、慢行系统、公共交通、静态交通的原则和方法，规范地设计道路空间、停车空间以及其他交通设施，达成“会画图、能设计”的教学目标。

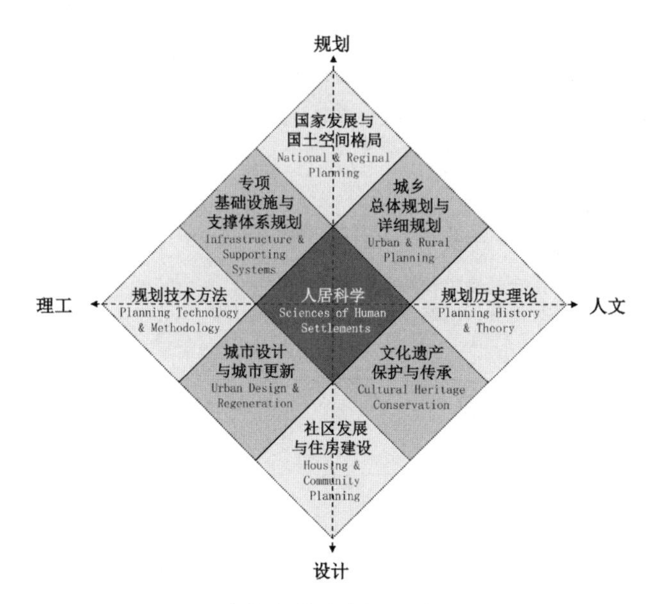

图 1　清华大学城乡规划学科构架

资料来源：清华大学城市规划系“十四五”规划

其次，要求学生掌握城市交通分析的基本技能，服务“城市规划经济”“土地利用开发与管理”“社区发展与住房建设”等理论课程，使学生能运用网络分析、区位分析的方法，理解交通与城市经济社会发展、土地开发利用和用地布局调整的相互作用关系，达成“会分析、能理解”的教学目标。

再次，要求为学生拓展更为广阔的视野，服务于未来的研究生或就业的多元知识需求，使学生能以交通为切入点，初步了解城市运行的新现象、经济社会发展的新需求、新的技术应用场景，乃至基础设施的投融资和运营机制，达成“会拓展、能启蒙”的教学目标。

2.2 课程总体安排

为了实现基本知识、基本技能的培养，并兼顾部分学生的多元职业发展需求，课程制定了课内讲授、课外调研和增强研究 3 个教学环节。面向全体选课学生安排 32 学时的课内教学，满足城市交通基本知识点的教学要求，安排了 12~24 学时的课外调研，学生在教师指导下自主选题，完成调研报告。面向部分有研究志趣的学生，采取清华大学学生科研训练（Students Research Training，SRT）项目的形式，安排 8~10 课外学时的增强研究环节，针对某个具体的交通现象或城市现象开展专题研究（图 2）。

3 课程特色

经过 10 年的摸索，课程践行清华大学知识传授、能力培养、价值塑造“三位一体”的教学理念，为学生打好专业基础、提升实战水平、启蒙发展志趣。

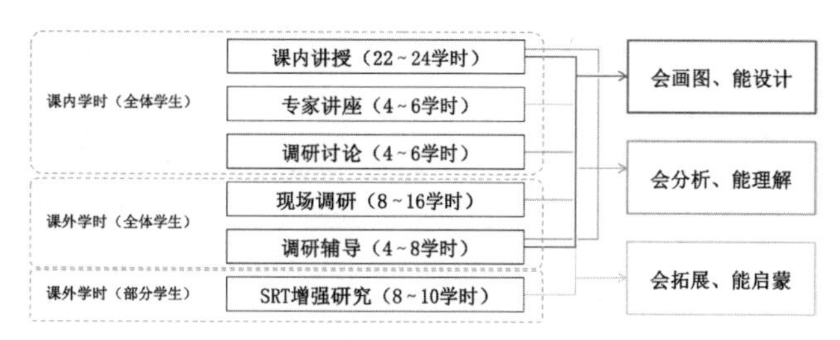

图 2　教学目标与学时安排

资料来源：作者自绘

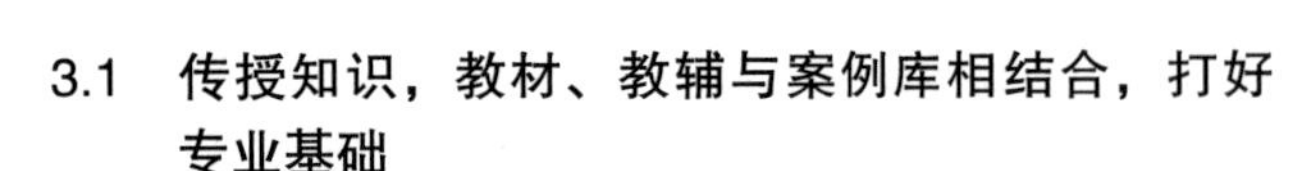

3.1 传授知识，教材、教辅与案例库相结合，打好专业基础

道路系统与交通规划的内容非常庞杂，为了在有限的课时内使学生抓住重点，课程筛选有限的核心知识点形成教案（表 1），进行课堂讲授，并通过编写教材、积累教辅材料、梳理案例库的方式，丰富教学资源。

在教材方面，选用文国玮教授编写的《城市交通与道路系统规划》（文国玮，清华大学出版社，2013）以及本人编写的住房和城乡建设部“十四五”规划教材《城市绿色交通设施规划》初稿。在教辅方面，搜集、筛选国内外交通研究报告、典型城市交通发展战略、各类标准导则、优秀建设项目，形成课外阅读材料，结合课堂讨论，为学生拓展知识面。在案例库方面，10 年来上课学生完成了 73 份交通调查作业，课程筛选其中 1/4 作为教学案例，为学生交通调研实战提供参考，并在课堂上由高年级优秀作业的学生进行讲解，传授调查技能和经验。

3.2 培养能力，课堂理论与课外调研相结合，提升实战水平

在教学改革项目的支持下，学生从选题、制定调研计划书、进行数据采集和分析、开展针对性规划设计的全流程，得到了实战训练。

调研选题以能够强化课堂知识、运用分析工具、面向城市痛点、提出解决方案为原则。2019 年前以学生们自主选题为主、教师引导为辅，选题涉及大型交通枢纽接驳水平、BRT 运行效率、中小学校门区疏堵、共享单车使用状况等，题目往往从交通问题切入，延展至市民出行观察、城市用地优化、公共空间提质、政策机制配套等多个方面。2019 年开始，清华大学担任海淀区

课程教学的基本知识点和课时安排 **表1**

学时	内容	基本知识点
2	导言	典型的交通现象和交通概念：①可达性；②机动性；③外部效用；④共享化；⑤智能化
2	交通与经济社会演进的关系	交通系统进步的推动力：①技术创新；②产业发展；③城镇化 交通系统进步的影响：①经济增长；②生产生活方式变革 交通系统发展的挑战：①交通拥堵；②能源约束；③环境恶化
2	现代城市道路系统与城市布局思想	现代交通规划思想源流：①效率至上、②向郊区去；③新的住区；④回归街道；⑤强化公交
4	城市道路网络规划	面向总体规划的城市干路网布局类型、布局方法与规划步骤（面向总体规划） 面向详细规划的城市支路网布局要素、布局方法与步骤
4	城市道路设计	城市道路横断面、纵断面和平面设计 街道空间的塑造（精细化、一体化设计）
6	城市公共交通规划	城市客运系统的基本组成与相互关系 城市公共交通线网规划的基本原则、布局类型和规划步骤 城市可持续发展面临的挑战及公共交通导向的城市开发建设模式（TOD）
4	城市慢行系统规划	国内外城市慢行交通发展的趋势 慢行交通系统的规划与设计方法
2	城市静态交通系统	城市停车的基本概念与对策 停车设施设计原则与方法
2	城市交通调查和分析方法	交通调查的目标制定 交通网络分析方法（可达性计算、空间网络计算） 调查计划书的制定
2	大型交通枢纽策划与规划	上海虹桥枢纽的规划、建设与运营
2	城市更新中的街道设计	北京城市道路空间规划设计指南编制的背景、内容和应用

13 个街道、乡镇的责任规划师高校合伙人，选题开始汇聚到街道乡镇城市更新的具体需求，比如适老化街区改造、儿童友好型街道空间改造、路侧停车治理、智慧化物流系统等，由于有了街道主管部门的支持，在数据获取、居民访谈、问卷发放等方面更为便利，调查工作的质量有了很大的提升，同时调研报告也或多或少地支撑了街道乡镇的实际工作，一定程度上提高了学生的获得感（表 2）。学生根据调研报告完成的论文《北京市紫竹院地区儿童友好型街道设计》在中国城市交通规划年会上成为唯一的本科生宣讲论文，并发表于《城市交通》杂志。

3.3 塑造价值，专家讲座与增强研究相结合，启蒙发展志趣

为了启蒙学生的发展志趣，在每学年的课堂教学中，轮换邀请清华大学土木系、北京市规划院、亚投行、腾讯、上海机场集团等专家，进行 2 次专题讲座，这些讲座涉及“一带一路”交通基础设施投资的国家政策、未来交通技术等主题，为学生培育学术方向、拓展职业领域发挥了一定的作用。

课程申请立项了 3 个清华大学 SRT（Students Research Training）项目，每个项目吸收 5~8 名有科研志趣的学生加入，帮助学生掌握科研技能，拓宽科研视野。“地铁上的北京”项目，帮助学生观察公共交通出行特征，研究地铁对生活方式带来的变化；“创业综合体研究——以回龙观腾讯双创社区为例”项目，帮助学生观察城市边缘大型住区创新群体居住、就业和出行特征，研究创新空间的诞生；“面向城市更新的未来城市供需匹配与规划技术集成研究”项目，帮助学生梳理未来城市的技术供给，传授学生统计、编程等基本技能，观察分析城市交通出行现象，研判城市更新的居民需求。

学生课外调研成果摘录 **表2**

调研选题	调研地点
清华大学新民路共享街道设计	清华园街道
双清苑、学清苑通勤巴士需求调研与策划	清华园街道
智慧物流——清华大学紫荆外卖无人配送策划	清华园街道
面向多人群多功能平高峰使用的停车场设计——以七王坟村为例	海淀区苏家坨镇
海淀区苏家坨镇草厂村消防安全评价与人员疏散策略研究	海淀区苏家坨镇
城市道路“时序空间利用”的纵深规划探究——以海淀区蓝靛厂路为例	海淀区曙光街道
世纪城北区停车问题和慢行系统调查以及综合性提升方案	海淀区曙光街道
儿童友好视角下的街道空间设计研究——以紫竹院南长河两岸片区为例	海淀区紫竹院街道
紫竹院南长河公园及周边地区老年人慢行系统优化	海淀区紫竹院街道
合建楼社区街道空间适老化研究	海淀街道合建楼社区
中关村西区夜间经济状况与优化提质建议	海淀街道中关村西区
“共享停车”失败原因剖析	满庭芳园小区
非机动车车道宽度合理性研究	平安大街
开放住区开放效果评估	沿海赛洛城
熙熙攘攘校门路——中关村二小校门口接驳优化	中关村二小
昼夜单行、胡同生活	西四北三条胡同
共享单车，乐行校园——ofo 小黄车运营及其发展情况调研	—

4 教学效果

10 年来，课程实践了知识传授、能力培养和价值塑造“三位一体”的教学理念，从学生的反馈来看，总体上掌握了核心知识点，并通过交通调研和报告的撰写培养了发现问题、分析问题、解决问题的能力。更为可贵的是，通过课内教学、专家讲座、SRT 项目，潜移默化地帮助同学将个人志趣同国家需要结合起来，逐步培养起学生的价值观。

学生们可以从交通供需的本质出发，综合运用城市规划的多方面知识。面对行路难、停车难、接驳难等人民生活中的痛点问题，能够从供给、需求、供需匹配 3 个维度展开，结合专业知识，从规划、设计、政策、治理等角度提出解决方案。

学生们可以跳出交通看交通，树立和谐包容的城市观。学生深入老龄社区、城中村等社会弱势群体的聚集地，结合老年友好型街道调查与设计、城中村出行与防灾通道调查与优化、老旧住区停车问题调研与优化等选题，树立起对城市弱势群体的人文情怀。

学生们可以跳出规划谋就业，受到课程启发，一些同学找到了传统城市规划学科和新技术结合的交叉领域，有同学在研究生阶段投入到交通相关的城市仿真建模研究中，有同学毕业后进入百度自动驾驶部门就业。

5 未来展望

随着社会经济和行业需求的发展变化，城乡规划学科人才培养的目标也在持续地变化。要践行知识传授、能力培养、价值塑造“三位一体”教学理念，交通规划的本科教学始终有两个抓手：一是不断聚焦、浓缩基本知识点，培养基本技能；二是持续拓展视野，启发学生的多元志趣。今后仍需不断努力探索，在有限的教学时间内，找到“专”与“通”之间的平衡点。

参考文献

[1] 中国城市规划学会 . 中国城乡规划学学科史 [M]. 北京：中国科学技术出版社，2018.

[2] 高等学校城乡规划学科专业指导委员会 . 高等学校城乡规划本科指导性专业规范 [M]. 北京：中国建筑工业出版社，2013.

[3] 文国玮 . 城市交通与道路系统规划（2013 版）[M]. 北京：清华大学出版社，2013.

[4] 文国玮 . 城市交通与道路系统规划 [M]. 北京：清华大学出版社，2001.

[5] 文国玮 . 新形势下城市发展与规划的新思路 [J]. 城市规划汇刊，1995（5）：15-19，62.

[6] 徐循初 . 对我国城市交通规划发展历程的管见 [J]. 城市规划学刊，2005（6）：11-15.

[7] 侯丽，赵民 . 中国城市规划专业教育的回溯与思考 [J]. 城市规划，2013（10）：60-70.

[8] 陆化普 . 交通强国战略下城市交通发展要求与对策重点 [J]. 城市交通，2020，18（6）：1-9.

[9] 李疏贝，彭震伟 . 发展观影响下的当代中国城市规划教育 [J]. 城市规划学刊，2020（4）：106-111.

[10] 吴唯佳，吴良镛，石楠，等 . 空间规划体系变革与学科发展 [J]. 城市规划，2019，43（1）：17-24，74.

[11] 毛其智 . 未来城市研究与空间规划之路 [J]. 城乡规划，2019（2）：96-98.

[12] 武廷海 . 国土空间规划体系中的城市规划初论 [J]. 城市规划，2019，43（8）：9-17.

[13] 赵万民，赵民，毛其智 . 关于“城乡规划学”作为一级学科建设的学术思考 [J]. 城市规划，2010，34（6）：46-52，54.

[14] 耿虹，徐家明，乔晶，等 . 城乡规划学科演进逻辑、面临挑战及重构策略 [J]. 规划师，2022，38（7）：23-30.

Innovative Teaching of “Urban Transportation Planning” Based on the Trinity Philosophy of Knowledge Impartation, Skill Development, and Value Shaping

Zhao Liang

Abstract: Over the past decade or so, there have been significant changes in urban and rural planning education, marked by the establishment of first–level disciplines in urban and rural planning, the establishment of a national spatial planning system, and the rapid elevation of the status of urban and rural planning disciplines, despite facing industry challenges. In 2015, Tsinghua University initiated the “Enhancement of Teaching Practicality – Reform of Teaching in ‘Fundamentals of Urban Transportation and Road System Planning’” as part of its teaching reform project. Adhering to Tsinghua University’ s integrated teaching philosophy of knowledge dissemination, skill development, and value shaping, it developed a transportation planning teaching program that serves the urban and rural planning education system, focuses on core knowledge points and basic skills, and caters to the diverse interests and employment needs of students. Based on nearly a decade of curriculum development, this paper introduces the background, teaching plan, course features, and teaching effectiveness of undergraduate teaching reform in urban transportation.

Keywords: Urban and Rural Planning, Urban Transportation Planning, Educational Reform

国土空间规划课程体系中治理元素的有机融入

卢有朋　单卓然　袁　满

摘　要： 新时代国土空间规划体系的重构以推进国家体系与治理能力现代化为目标，将国土空间治理的理论与方法充分融入现有国土空间规划课程体系是培养规划实施型人才的关键。空间规划体系改革以来，自然资源资产产权制度、统一行使用途管制以及面向基层治理的公众参与已经成为影响规划实施有效推进的重要治理因素。面向国土空间规划行业的治理需求，国土空间规划课程体系应在现有的基础知识类、专业原理类、规划设计类课程中充分融入市场治理，监督治理，社会治理的技术、理论与方法，引导学生运用治理思维分析空间问题、编制规划方案、掌握规划实施与监督技能。

关键词： 国土空间治理；国土空间规划体系；国家治理；用途管制

1　引言

《生态文明体制改革总体方案》提出，构建以空间规划为基础、以用途管制为主要手段的国土空间开发保护制度。2019 年，《中共中央 国务院关于建立国土空间规划体系并监督实施的若干意见》指出，建立全国统一、责权清晰、科学高效的国土空间规划体系是推进生态文明建设、保障国家战略有效实施、促进国家治理体系和治理能力现代化的必然要求。同年，《中共中央关于坚持和完善中国特色社会主义制度推进国家治理体系和治理能力现代化若干重大问题的决定》将“加快建立健全国土空间规划和用途统筹协调管控制度”作为促进人与自然和谐共生的重要内容。在生态文明建设背景下，重构国土空间规划体系旨在尊重自然、顺应自然、保护自然，是我国在人均能源资源禀赋不足、加快发展面临更多能源资源和环境约束背景下的必然选择。从这个意义而言，新时期国土空间规划担负着建设生态文明与推进“人与自然和谐共生”的治理目标。上述目标的实现需要培养推进规划实施的治理型人才。然而，现有国土空间规划课程体系尚未充分纳入国土空间治理的理论与方法，导致实践先行、教学滞后。本文将着重从治理视角出发，梳理国土空间规划教学的治理转向需求，探讨治理元素有机融入现有国土空间规划课程体系的路径，以期更好地适应新时期国土空间规划人才培养与学科发展需求端的变化。

2　国土空间规划教学的治理转向需求

2.1　尊重自然资源资产产权制度的规划实施需求

迄今全国各省市已基本完成第一轮国土空间总体规划编制，国土空间规划工作的重点已从规划编制逐步走向规划实施。这一业界工作重心的转移对国土空间规划相关专业的人才培养提出了兼顾空间设计与监督实施的复合要求。具体来说，专业教学不仅需要让学生领会基于人本、绿色、公平、效率等规划设计中“应然”的理念，更需要掌握物质空间背后的市场经济规律、产权制度、土地发展权配置规律等“必然”的社会客观运作机制。规划实施本质上是依据国土空间规划方案改变土地利用现状的行为，例如土地用途变更、开发强度变化等，在此过程中必然需要对土地发展权的界定和土地增值收益进行初始分配与再分配。因此，在市场经济与法治社会背景下，规划实施的顺利推进需要以尊重自然资

卢有朋：华中科技大学建筑与城市规划学院讲师（通讯作者）
单卓然：华中科技大学建筑与城市规划学院教授
袁　满：华中科技大学建筑与城市规划学院副教授

源产权制度为前提，以实现不同自然资源权益人之间的产权交易。这意味着需要为规划方案顺利落地设计出一套各方公允的自然资源产权交易规则与土地开发利益捕获和还原机制。因此，规划教学需要兼顾物质空间设计与实施方案设计，让学生掌握自然资源产权理论并在具体规划实施案例中充分予以运用。

2.2 统一行使用途管制职责的规划监督需求

统一行使所有国土空间用途管制职责，是新一轮国家机构改革赋予自然资源管理部门的重要任务之一。国土空间规划是所有国土空间分区分类用途管制的法定依据，需要对其建立动态监测评估预警和实施监管机制，这是确保自然资源管理部门统一行使所有国土空间用途管制职责的前提。“多规合一”改革后，原先分属不同行政主管部门的国土空间用途管制权被统一纳入国土空间规划体系[1]。尽管“多规合一”有效避免不同部门之间的横向冲突，但央地间围绕国土空间开发与保护的矛盾并未消除。本质上，统一行使用途管制职责意味着将既有的土地利用冲突内置于国土空间规划体系内，这对国土空间规划监督实施提出新挑战。与此同时，京津冀、长江经济带、黄河流域、长三角、粤港澳大湾区等重大区域战略的有效落地，也有赖于有效的规划监督手段。因此，国土空间规划实施监督的理论方法、技术手段、工作机制，是下一阶段教学需要回应的重要议题之一。

2.3 面向基层治理的规划公众参与需求

通过公众参与达致公共利益、集体利益与个体利益协调平衡的空间开发与利用格局，是下一阶段国土空间详细规划的主要目标，也是地方基层治理能力提升的重要路径。然而，随着扩张型增长向内涵式提升的城市发展模式转型，蓝图式与指标导向的规划方法并不适用于存量时代复杂的土地权益状况，原有的控规与乡村规划编制的思路与方法面临重要挑战。目前，详细规划中的土地发展权配置主要依靠自上而下的行政强制，但对自下而上的业主土地权利考量不足，导致基层治理面临巨大的管制和协调压力。为此，已有部分地区开始试行社区规划师、驻村规划师制度，旨在让公众深度参与规划编制与实施。然而，相关课程教学仍滞后于实践，面向基层治理的规划公众参与理论与方法仍有待在课程中补充[2]。

3 治理元素融入国土空间规划课程体系的路径

国土空间规划教学在规划实施、规划监督、公众参与方面体现出的治理转向需求，需要在国土空间规划课程体系中予以回应。当前规划院系的课程体系主要由基础知识类、专业原理类、规划设计类三类课程组成。其中，基础知识类课程重点讲授与国土空间规划相关的基础理论与技术，旨在让学生理解城市社会经济运行规律，并掌握规划编制与研究必备的技能。专业原理类课程主要包括各种空间规划理论，有助于学生理解空间规划的主要编制内容与内在运行机制。规划设计类课程旨在让学生在具体方案中运用规划相关理论知识解决具体问题，在实践中掌握规划设计方法。对此，本文依循现有的国土空间规划体系，探讨市场治理、监督治理、社会治理融入相关课程体系的路径（图 1）。

3.1 市场治理的融入路径

自然资源资产市场治理是指为自然资产产权人设计在交易上的自由决策、合作与竞争的基础规则，旨在让市场在自然资源配置中起决定性作用。尽管当前各院校鲜有设立针对性的课程，但市场治理思维对规划实施工作意义重大。因此，有必要在现有课程体系中培养学生的市场治理思维及其在实践中的运用方法。首先，在基础知识类课程中增加制度经济学选修课。该课程旨在让学生理解制度作为一种游戏规则的内涵及其在人类社会演进中扮演的重要角色，为下一阶段的中国土地制度学习打下理论基础。课程主要内容包括制度分析方法、产权理论与制度设计、市场竞争与监管机制。

其次，在专业原理类课程中开设中国土地制度课程。课程应将土地制度放在中国特有资源国情和特定发展阶段背景中，引导学生在理解土地制度的同时认知中国国家治理体系变革和社会经济发展的历史阶段。作为一门原理类课程，可以以专题的形式帮助学生理解中国重要的土地制度，将具体的土地政策与中国国情相联系。一是将中国最严格的耕地保护政策与人口大国的特殊资源国情相联系，坚守耕地保护红线是国家粮食安全的必然要求。二是将以土地财政为核心的征地制度与中国工业化、城镇化相联系，地方政府垄断城市国有土地市场、土地有偿使用制度显化了城市土地的资产价值，

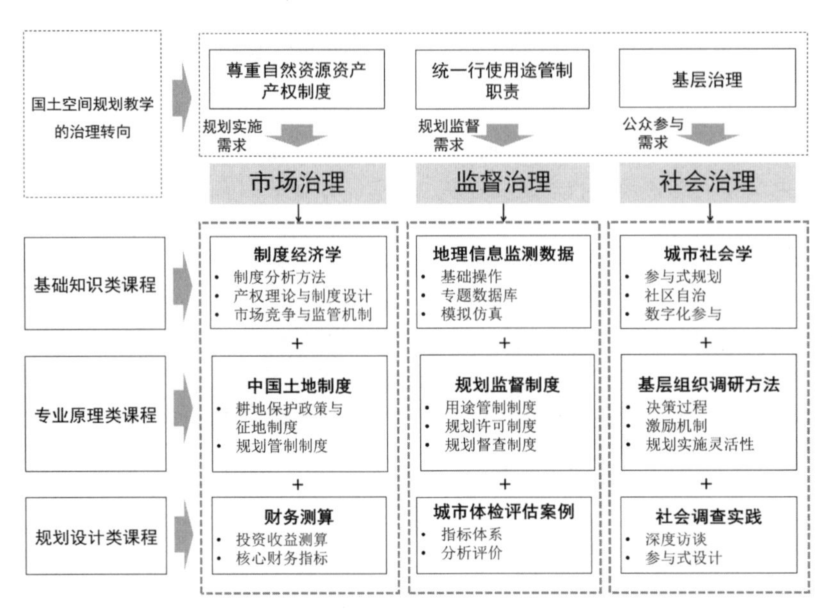

图 1　治理元素融入国土空间规划课程体系的路径

资料来源：作者自绘

为工业化、城镇化注入强大动力。三是将以用途管制为核心的规划管制制度与中国国家治理体系相结合，我国科层制的行政管理模式是建立土地制度体系的基本背景，因此自上而下的管控逻辑自然成为用途管制制度的制度特征[3]。

最后，在规划设计类课程中增加财务测算内容。相关教学内容需要在传统物质空间规划设计课程基础上增加对方案的财务评估，旨在让学生从财务角度理解总体规划、详细规划方案可行性。一是在总体规划设计课程中引导学生进行片区开发的投资收益测算，以某一新区为对象，模拟当前新区开发建设中的 PPP（政府和社会资本合作）、BOT（建设—运营—转让）等常见投融资模式下的新区财务状况，让学生理解用地方案、开发时序、投融资模式等因素对项目财务状况的影响。二是在详细规划设计课程中，以产业地产或住宅地产项目为例，借鉴工程管理相关知识，引导学生综合考虑建安成本、去化周期、贷款利息等因素，制作项目现金流量表、投资收益表，掌握内部收益率、投资回报率等核心财务指标的计算方法，让学生掌握权衡项目投资收益目标与设计方法。

3.2　监督治理的融入路径

监督治理是指上级自然资源主管部门会同有关部门组织对下级国土空间规划中各类管控边界、约束性指标等管控要求的落实情况进行的监督检查，是国土空间规划体系的重要组成部分[4]。因此，相关课程教学应让学生掌握规划监督治理的基础理论，以及面向全域全要素的国土空间规划监督技能。首先，在基础知识类课程中加强地理信息监测数据的运用技能。自本轮空间规划体系改革以来，自然资源部发布了“双评估”“双评价”“一张图”等一系列旨在提高规划科学性的指南，均需依赖于地理信息大数据理论和技术，地理信息课程在城乡规划专业培养体系中的重要性愈发凸显。围绕国土空间规划监督治理需求，可在基础知识类课程中重点加强地理信息监测技术方法和模型算法的应用教学。具体来说，在技术方法上围绕生态保护、耕地保护、流域治理等特定的规划监督目标构建专题数据库，针对各专题收集各项地理信息大数据，采用空间数据挖掘、多智能体构建与仿真等技术方法进行地类变化识别。同时，采用贝叶斯网络、随机森林、卷积神经网络等模型算法进行监督评估。

其次，在专业原理类课程中强化关于国土空间规划监督治理的各项基本制度的教学。一是国土空间用途管制制度，即通过编制国土空间规划，划定国土空间用途区，确定国土空间使用限制条件，规定国土资源所有者和使用者必须严格按照规划用途利用国土空间的制度。二是国土空间规划许可制度，包括用地预审与选址意见书、建设用地规划许可、建设工程规划许可等。三是国土空间规划督察制度，国家自然资源总督察组织国家自然资源督察机构对地方党委政府和有关部门落实国土空间规划编制、审批、实施、修改的主体责任和监管责任情况进行监督检查。四是自然资源动态监测制度，国家制定自然资源调查监测评价的指标体系和统计标准，定期组织实施全国性自然资源基础调查、变更调查、动态监测和分析评价，开展水、森林、草原、湿地资源和地理国情等专项调查监测评价工作。五是国土空间规划评估制度，即运用一定的科学方法并按照规范的程序，对规划目标和实施效果进行系统分析判断的过程。

最后，在规划设计类课程中新增国土空间规划城市体检评估案例教学。相关课程可围绕战略定位、底线管控、规模结构、空间布局、支撑系统、实施保障的六大评估内容，对案例城市进行规划实施监测与评估的实操。具体来说，采取纵向比较与横向比较结合、客观评估与主观评价结合等分析方法，对各项指标现状年与基期年、目标年或未来预期进行比照，分析规划实施率等进展情况。案例教学所需的体检评估指标体系可参见《国土空间规划城市体检评估规程》。

3.3 社会治理的融入路径

社会治理旨在推动规划工作的相关社会主体参与和完善社会监督制度，即在规划过程中纳入民众和专家意见，鼓励民众参与地区公共事务，分阶段、持续开展空间规划编制及规划实施监管事务。目前各院校已广泛开展各类社会实践类课程，并在主要设计课程中设有现场调研，但针对公众参与规划治理的课程仍然缺乏，难以回应当前社区规划师、驻村规划师制度的实践。因此，现有课程体系中关于公众参与规划实践的理论与方法仍有待加强。首先，在现有的城市社会学等专业原理类课程中增加参与式城市规划、社区组织和自治、公共空间的使用与管理、数字化参与、网络社区等公众参与内容，让学生熟悉促进公众在城市事务中发声的途径。

其次，在专业原理类课程中完善现有“社会调查研究方法”的课程内容。基层治理是国家治理体系的“最后一公里”，贯彻执行上级政府的各项政策指令是基层政府的重要工作内容。但现实中街道办事处、社区在落实上位规划时经常出现落实不到位的现象。因此，建议社会调查研究方法课程强化组织学的理论知识，讲授规划实施中基层组织行为的调研与研究方法，可加强以下两方面的社会调查研究：一是调研基层组织成员误读规划实施目标的行为，及其在规划实施中的组织决策过程、激励机制；二是分析行政命令贯彻执行链条的延长对组织成员行为的影响，重点调研将政策解释权和执行权给予基层政府的制度设计，以及基层组织执行上级规划实施要求时表现出的灵活性[5]。

最后，在详细规划设计课程中增强社会调查内容，开展参与式社区规划设计。参与式规划强调不同社群有效地参与到对其生活产生影响的场地设计、设施布局和风貌营造的过程中。可在相关设计课程中对项目地典型社群开展深度访谈，识别不同社群的空间需求，在互动交流中为社群现实需求寻找解决方案，让学生熟悉参与式社区规划设计的方法。同时，鼓励学生将社会调查与方案设计成果参加 WUPENicity 城市可持续调研报告国际竞赛、公共管理案例等大赛，提升学生在社会调查中的获得感。

4 结语

生态文明建设赋予国土空间治理现代化的新使命。新时期国土空间规划课程体系需要跟上空间规划体系改革的步伐、满足业界对规划专业毕业生专业能力的新需求，具体来说包括规划监督需求、规划实施需求、公众参与需求。为回应上述国土空间规划教学的现实需求，本文提出在保持现有国土空间规划课程体系构架不变的前提下，将监督治理、市场治理、社会治理有机融入基础知识类、专业原理类、规划设计类课程中，以期推进国土空间规划课程体系充分回应国家治理体系与治理能力现代化的需要。后续，我教研团队将围绕本文思路产出相关教学资源，并将其有机融入现有课程体系。

参考文献

［1］ 赵民．国土空间规划体系建构的逻辑及运作策略探讨 [J]. 城市规划学刊，2019（4）：8–15.

［2］ 田莉，夏菁．土地发展权与国土空间规划：治理逻辑、政策工具与实践应用 [J]. 城市规划学刊，2021（6）：12–19.

［3］ 谭荣．中国土地制度导论 [M]. 北京：科学出版社，2021：24–25.

［4］ 吴次芳，谭永忠，郑红玉．国土空间用途管制 [M]. 北京：科学出版社，2020：320–325.

［5］ 周雪光．中国国家治理的制度逻辑——一个组织学研究 [M]. 上海：生活·读书·新知三联书店，2017：381–383.

Integrating Governance Elements in the Curriculum System of Territorial Spatial Planning

Lu Youpeng　Shan Zhuoran　Yuan Man

Abstract: The reconstruction of the new era's land and territorial spatial planning system aims to realize the modernization of the national system and governance capacity. Fully integrating the theory and methods of territorial spatial governance into the existing curriculum system of land and spatial planning is key to cultivating talent for planning implementation. Since the reform of the spatial planning system, factors such as the system of property rights for natural resources assets, unified management of land use, and public participation in grassroots governance have become important governance factors affecting the effective implementation of planning. To meet the governance needs of the land and spatial planning industry, the curriculum system of territorial spatial planning should fully integrate the techniques, theories, and methods of market governance, oversight governance, and social governance into existing basic knowledge, professional principles, and planning design courses. This will guide students to analyze spatial issues with governance thinking, develop planning proposals, and master skills for planning implementation and supervision.

Keywords: Territorial Spatial Governance, Territorial Spatial Planning System, National Governance, Land Use Regulation

以规化人的“城乡规划原理Ⅱ”课程混合式教学体系实践*

孙　明　崔　鹏　宋海宏

摘　要：“城乡规划原理Ⅱ”主要讲授控制性详细规划原理（控详原理）。课程聚焦教学实践和学生学习的痛点问题，制定课程的教学目标，分析教学痛点，如思政元素面临素材难、入脑难、入心难的三难困境和教学体系存在评价单一、内容单调、考核简单的三单问题等，重新改革教学体系。激发学生热情，课程数智化。提出一流课程教学改革：①构建规划原理课程大数据可视化教学指导体系；②更新以规感人的线上平台思政案例库政建设；③构建了全过程导向的考核评价体系。课程通过线上线下全覆盖、全周期的考核，改变传统课程评价模式。课程通过内容重构、方法创新、教学设计创设、教学评价改革等取得较好的推广价值。

关键词：混合式教学；城乡规划；教学体系；知识图谱

1　引言

“城乡规划原理Ⅱ”是城乡规划专业核心课之一，是面向三年级开设的核心课。学校于 2001 年创办城市规划专业，2002 年开始招生，2003 年根据当时国家对城市规划专业教育的课程设置要求，制定 5 年制本科专业培养方案。专业培养方案的制定和修改经历了多次修订，“城乡规划原理Ⅱ”建设也依据教学大纲进行调整（图 1）。

课程建设是经历 5 个环节完成的：毕业指标对课程的要求，清晰课程目标，达成目标的教学内容，翻转课堂混合式教学活动，持续学习的考核方式（图 2）。

2　教学痛点问题

2.1　教学痛点

（1）原有教学内容与飞速发展的城市规划行业不适配。目前城市建设如火如荼，日新月异，但控详原理教学内容不利于毕业生达成度完成，需要对教学框架、教学大纲、教学体系进行调整，满足城规行业发展。

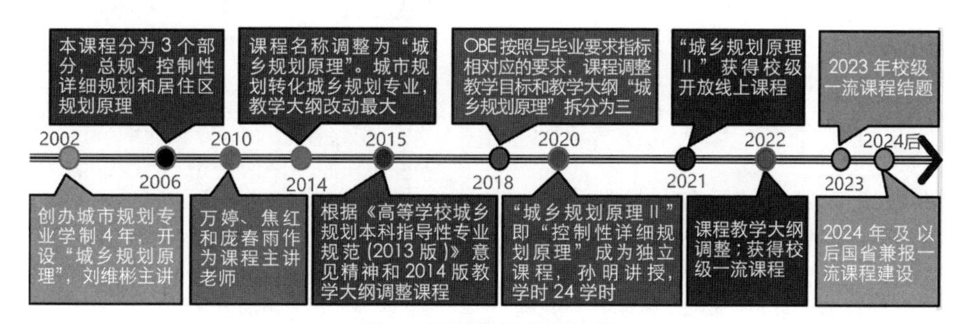

图 1　课程建设发展历程

资料来源：作者自绘

*　基金资助：中国高等教育学会“2023 年度高等教育科学研究规划课题”（23DF0405）；黑龙江省高等教育教学改革项目（SJGY20220150）。

孙　明：东北林业大学园林学院副教授（通讯作者）
崔　鹏：东北林业大学园林学院副教授
宋海宏：东北林业大学园林学院副教授

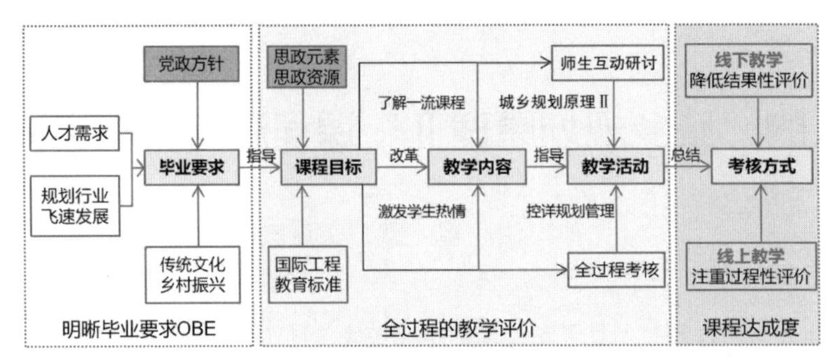

图2 “城乡规划原理”混合式教学建设框架
资料来源：作者自绘

（2）思政元素面临素材难、入脑难、入心难的三难困境。目前城乡规划专业的大国工匠、人文关怀、可持续发展等思政元素等较容易挖掘，课堂容易产生共鸣，但持续效果不佳，如何更加巧妙地将思政元素与课程内容衔接融合，让学生不但入眼入耳共情，还能入脑入心内化，将思政育人从课内延续到课外[1]。

（3）控详原理指标多而抽象，晦涩难懂。学生对于容积率、建筑密度、绿地率、建筑限高等指标具体的赋值也存在较大的疑惑，指标数值差异的缘由经常会给学生造成巨大的困扰，针对具体地块的指标赋值更是束手无策。地块出入口位置、停车泊位、公共交通场站用地等是学生容易理解的部分，但对于城市路网和城市道路交叉口的形式是学生容易出错的地方。

2.2 学生痛点

（1）学习功利性强，缺少内驱动力。本课程开设第六学期，升学就业压力大，对课程学习抱有较强的目的性和功利性，传统模式对学生过程性评价不好量化，导致较难激发内驱力。

（2）学生专业理论与实践脱节，缺少城市情怀认知。控详规划是在西方的区划基础探索出来的，是具有我国特色的详细规划，且各城市都在不断探索，变化更新较快，缺少统一规划标准，学生较少接触社会，对城市关怀、人文情怀缺少认知，因此师生都极易陷入单调枯燥的教学过程和晦涩难懂的学习状态。

（3）教学体系存在评价单一、内容单调、考核简单的三单问题。教学评价是教学过程中的重要环节，单一的评价主体与单调的评价内容无法精准检测学生的学习效果，全面衡量教师的教学成效，也无法有效开展教学反思和持续性改进。

3 教学改革创新

3.1 改革框架创新

（1）课程教学理念创新。坚持数字化、数据化、可视化和智慧创新的原则，遵循立德树人、毕业要求和成果导向、学生中心、持续改进的理念，充分发挥课程思政的感染力、价值力、吸引力。从毕业要求入手，确定课程目标，坚持课程思政润物无声，培养知城爱城的城乡规划师，掌握核心知识、核心概念和关键能力。构建多种教学方法，数值驱动创新，融合现代信息技术和智慧课堂，对教学内容进行重构，提升教学质量。

（2）教学创新思路路径。以教学痛点为逻辑起点，以原因分析为重要基础，以立德树人为价值引领，以数智创新为根本原则，以混合设计为基本思路，以“两性一度”为核心标准，从课程目标、内容、资源、方法、考核评价等方面进行创新性改革，利用现代教育信息技术和平台，使各教学要素协调统一，探索形成了融合整合—立体重构的教学创新路径[3]（图3）。

3.2 课程思政创新

（1）思政创新模式

1）思政育人与知识传授融合，构建全过程一体化的课程目标。坚持城规专业核心价值培养目标不动摇，把拥有优良的道德品质、较强的社会责任感和良好的团队合作精神、生态文明意识和国际视野，作为城规专业人才必备的基本素质。为此，课程在原有基础上进一步

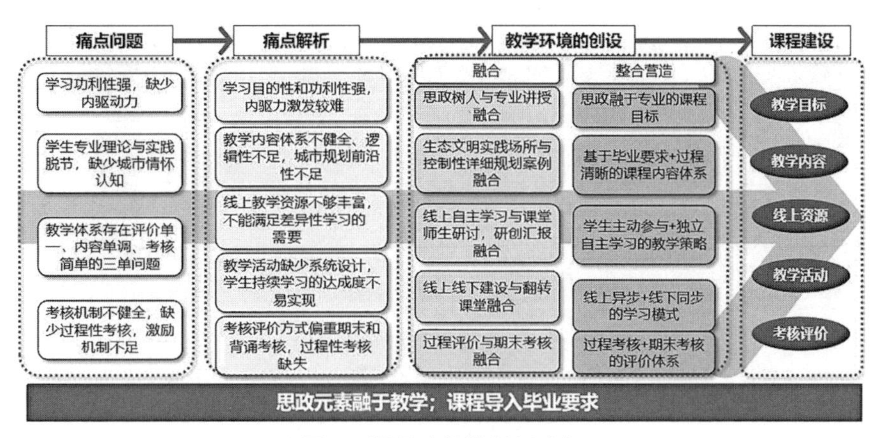

图3　课程改革的创新路径

资料来源：作者自绘

发掘课程蕴含的思政元素，建立思政元素库，立体重构毕业要求导向的全过程一体化的课程目标，实现知识传授、能力培养和情感价值观养成有机融合，充分发挥课程思政的感染力、价值力、吸引力，解决重知识、轻能力、价值引领不足的问题。

2）线上教学平台＋融于规划案例的思政库的教学思政。构建本课程的多个思政元素点，如家国情怀、传统文化、生态文明、人文关怀等，通过思政教学设计把这些点贯穿起来。通过优秀的具体规划案例，引导学生树立传统文化自信和现代科学自觉，培养城乡规划的责任感。融入生态文明意识、可持续发展和创新精神，历史观、文化观与自信等元素；采用视频动画演示等介绍课程相关的规划案例，激发学生专业情怀；同时通过典型案例，使学生明白城市规划原理、模式，需要踏实和创新精神，不断锤炼，才能绘制出结合城市发展的控制性规划。

3）课程思政写入云教材、云讲义，并与规划前沿实践融合。深度挖掘课程思政与专业知识间的逻辑关系，采用网络AI系统，构建了课程核心知识间的复杂网络关系，坚持核心知识、无声传授思政的理念。结合核心知识网络，打破教材原有知识体系，有机融入思政元素、学科前沿、实践案例等，形成三个知识模块——沿革概述篇、控制要素篇、实施管理篇，解决课程难度大，学时有限，教学内容体系性、逻辑性不强，前沿性和创新性不足的问题[2]。

（2）课程思政措施

1）采用课程思政融合教学模式。注重将思政资源渗透到课程的各个环节，以提升学生的社会责任感。引导学生关注城市发展中的环境保护、资源利用和社会公平等公共问题，让学生认识到规划控制体系对于城市可持续发展的重要性。

2）切入生态文明意识。主要包括理论教育和实践教育，理论教育内容如生态文明定义和思想基础、生态恶化与生态危机、中国特色社会主义生态文明建设[4]；实践教育包括普及生态文明教育、守护绿水青山、倡导低碳文明、推进绿色教育。课程教学环节是将生态文明理论教育，特别是实践教育内容系统化、规范化融汇到“城乡规划原理”案例教学中。与生态文明联系紧密形成教学案例，推进生态文明，做到有弹性的城市规划布局才安全。

3）弘扬传统文化和现代控制性详细规划融合。通过多个优秀的国土空间和控制性规划案例，引导学生树立传统文化自觉和文化自信，培养生态规划责任感。融入生态文明意识、可持续发展和创新精神，历史观、文化观与自信等元素，讲好城乡生态规划，着力提升课程思政的育人功能（图4）。

3.3　教学方法创新

（1）立德树人为先的“混合课程教学平台＋思政元素＋思政资源”教学方法。线上线下资源与翻转课堂教

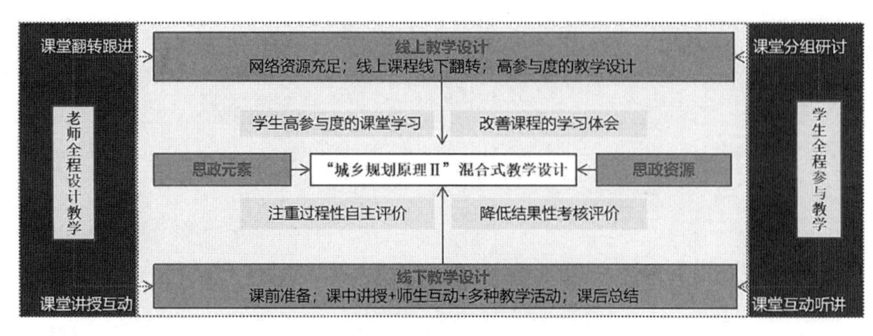

图 4　课程思政教学设计
资料来源：作者自绘

学融合，重构“同步 + 异步”的学习空间，经过三年收集整理，建设了丰富的线上线下资源。在学习通和雨课堂上建立了系统的线上资源。线下建设了丰富的规划设计案例库、思政元素库、辅助教学资料等。校内外实习基地保障学生进行调研性和探究性研究。编写云讲义和云教材。学生可以根据自己的特点选择性学习，立体构建“同步 + 异步”的学习空间，解决持续学习和挑战难点动力不足的问题。

（2）典型案例为主的研讨式教学。通过典型案例表达城乡规划是生态文明在城市建设中的具体体现。控制性详细规划是当前我国城乡规划的关键，也是“城乡规划原理”课程的核心任务，如城市设计中的城市天际线，城市风貌，色彩导则缺失或管理不到位导致的千城一面的典型事故告诉学生控制性详细规划的重要性，培养学生的生态文明意识，百年大计、规划优先理念，提高规划素养。

（3）构建着眼城市规划行业发展、数智驱动的高阶性教学方法。随时更新教学设计，达成高素质人才培养目标。课程在原有基础上引入行业内的新技术新理念，新的设计思路，体现城乡规划前沿发展，多规融合和最新研究成果，提高课程的创新性、高阶性，激励学生的创造性。

（4）城市典型地段的情景教学方法。城规专业是实践类的设计专业，急需走出去，城市人文进课堂，典型地段讲授规划原理，如组织学生现场开展教学，上中央大街、索菲亚教堂、中华巴洛克、秋林公司等典型空间进行情景教学，制作城市地段海报，并对场地进行分析，学生能直观感受城市规划的控制要素之间的差别，城市设计导则等指导性要素对城市规划的影响。

（5）建立全时段、独立自主的考核评价体系。改变课程—考定结果的评价体系，构建基于 OBE 的毕业要求导向的、全时段的、全覆盖的、全过程的多元考核评价模式。

4　教学设计创设

4.1　线上设计

（1）老师不断建设充足丰富的网上资源，并指导学生自学线上低阶知识。老师在学习通和雨课堂等网络平台制作精美的 SPOC 课程，绘制知识图谱、思维导图，完善线上学习内容，包括知识点、动画、视频、PPT、PDF 文档等内容，学生打开网站能自主学习低阶知识（图 5）。

（2）线上课程线下翻转教学设计。首先要提前布置线上课程的课前导学，课前发布本次课程信息；然后为了达到较好的学习效果，老师需要跟进课堂，师生互动的翻转课堂研讨教学设计，最后老师进行总结。

（3）高参与度的网上资源与课堂研讨融合的辅导课教学设计，老师做到课堂不缺位，线上课程线下研讨，如课堂上进行学生分组，每组 5 人，围绕“城乡规划原理”核心知识点进行汇报研讨等多种教学互动，每组 5~8 分钟汇报发言，相互打分，激励学生精心准备，积极参与线上教学。学生参与度提升效果显著，线上课程流量达到 13.4 万次。

4.2　线下设计

（1）线下为主、线上为辅的课堂教学设计。每次课堂增加说课和研讨环节，把本节内容和对应的毕业要求

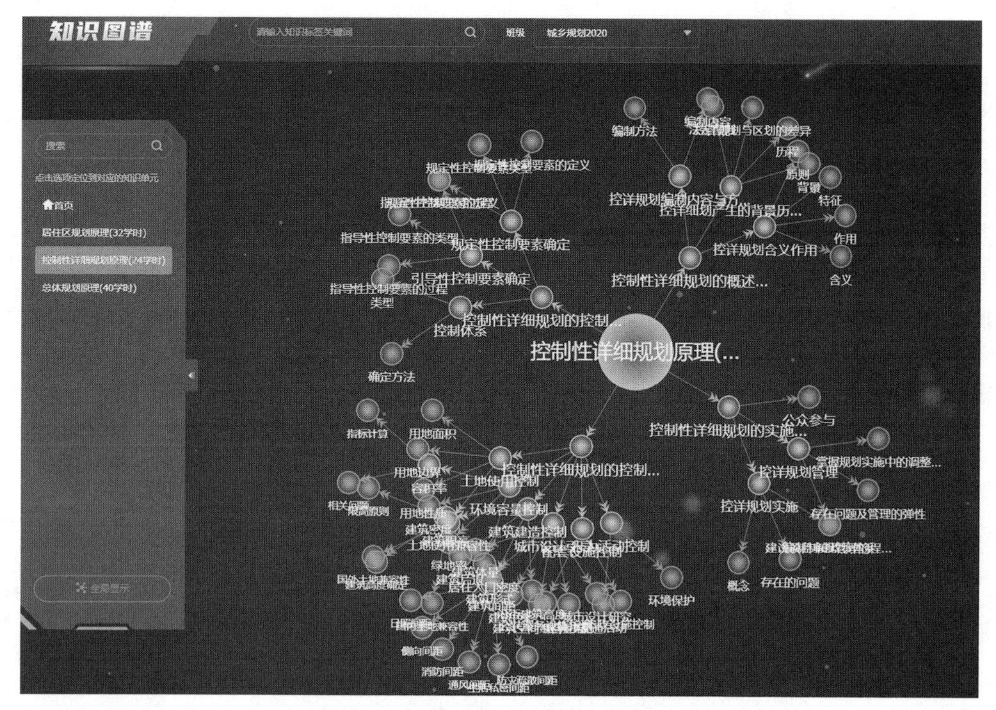

图 5　知识图谱

资料来源：超星学习通

清晰传递给学生。结合毕业指标对本课程的要求，重新梳理课程大纲，提升课堂讲授。把重点、难点、核心的知识点放在课堂讲授；基础性和拓展类教学内容放在线上教学，突出线下的翻转课堂效果。

（2）生讲生评的课堂教学设计。打破传统课堂的沉默模式，生讲生评，把课堂交给学生，师生充分互动，翻转课堂教学，教师课后总结。课堂讲授要做到简洁明了，突出本节的重点难点，通过举例等方法帮助学生意识到课程重要性，并强调各概念之间的联系。讲授内容要条理清晰，语言明了，授课方式吸引人。减少课堂阅读时间，上课引导学生直接提问，老师答疑。课堂讲授要减少视听环节，提前录制视频放在网络上，课前线上预习，课堂多做师生研讨活动。

（3）学生中心的课堂教学活动设计。基于学生的记忆率曲线，进行各类课堂教学活动设计。如增加教师课堂控详规划演示时间，并用热情感染学生。教师使用图文并茂的情景演示或课件展示代替枯燥的填鸭讲授，引导学生被教师吸引，不愿意缺课，课堂讲授转化为教师演示，提高学生的记忆率。增加课程研讨时间，多进行主题讨论，团队汇报，学生阅读转成学生研讨。增加课程实践时间，增加学生的动手能力和参与（图 6）。

（4）激励学生自主学习、合作研讨、主动参与的教学策略。线上自主学习 + 线下翻转课堂的内化提升 + 课后的巩固升华，让学生积极参与师生互动、学生与学习内容互动、学生与同伴互动，解决学习参与度、投入度不高，缺乏学习兴趣的问题[5]。同时教师备课和学生学习难度增大，需要努力才能完成，体现“两性一度”的“金课”要求（图 7）。

课堂通过抢答、问卷、打分等教学活动，情景教学活动，激励调动学生主观能动性。布置课后作业场地调研环节，增加学生实践性；组织学生教别人环节，布置调研作业和 PPT 汇报，提高课堂认可度、高参与度、感受度。3 届教学活动仅通过学习通平台发放次数达 86 次，参与人次近 3000 人次（图 8）。

（5）以规划人、规化于心的两规典型场地教学。“规”就是城乡规划，用规划案例感化学生，借助视频、

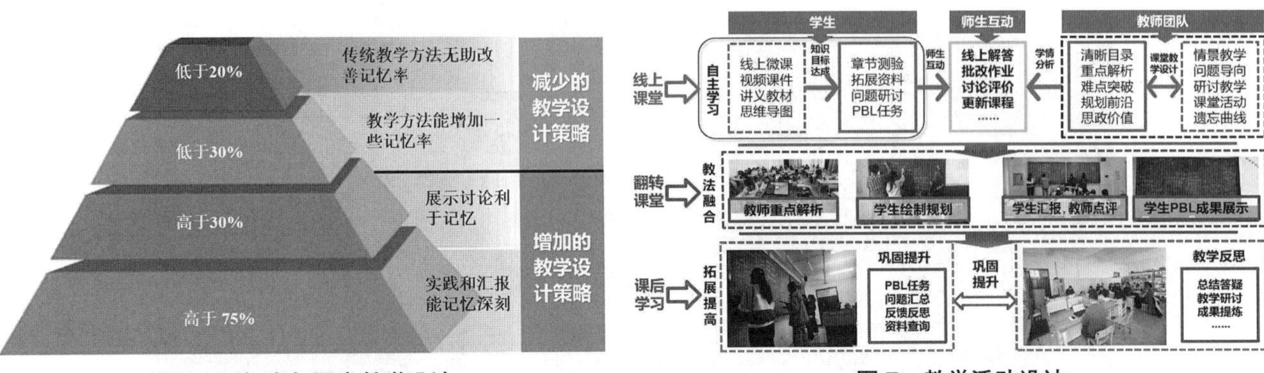

图 6　记忆率与课堂教学设计

资料来源：作者自绘

图 7　教学活动设计

资料来源：作者自绘

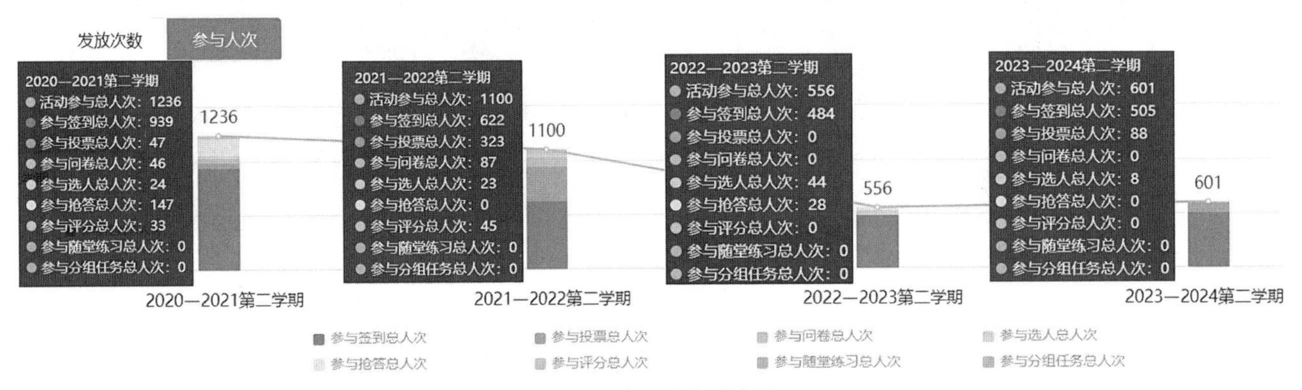

图 8　课堂活动发放人数

资料来源：超星学习通

图片和实物，通过生动的例子、实景的场地、真实的设计，为学生创设思政情境，多角度、多方面、多层次对学生进行价值引领，以文化人，使其感同身受，共情共鸣，内化于心。课后学生围绕所学内容，典型场地详细规划现场教学，制作科普海报，将自己所学的控制性详细规划专业知识运用于城市街坊中。

4.3　课后学习

（1）课件、视频、文献资料等。学生根据课堂研讨的内容和教师布置的任务，课后学习相关课件、视频和文献等巩固、拓展、提升。

（2）课后测验、讨论。课后学生自我学习，对课堂内容的掌握程度进行测验，针对课后内容复习，线上资源主题讨论。

（3）开拓第二课堂。“城乡规划原理”是实践性课程，是课程思政的延伸，在生态文明理念下，多去城市典型节点，感受城市规划，进行课程思考，理解容积率、街坊、建筑密度、绿地率等，开辟教学第二课堂。

4.4　课程内容重构

紧跟当前形势引入思政元素，借助线上平台进行教学大数据可视化，精心制作 SPOC，形成线上线下混合式的课程，提供了丰富的线上线下的教学场景，使用线上平台、资源和工具教学（超星学习通 + 雨课堂 + 钉钉 + 微信等），线上课程安排 8 学时。课程依据毕业要求指标，制定课程的教学目标，并对本课程内容重新梳理，主要包括控制性详细规划的概述、规定性向和引导性向控制要素和控制体系，土地使用、环境容量、建筑建造、城市设计引导、配套设施、行为活动六大控制体系，控制性详细规划的实施与管理等。使学生了解和掌握控制性详细规划基本理论（图 9）。

5 考核评价改革

5.1 平时考核

平时考核增加过程性考核评价，利用网络平台和课堂进行考核，如布置城市控制性详细规划调研海报作业，学生分组进行现场调研，制作规划海报，以课堂汇报研讨的方式进行，学生热情高涨；还布置了计算绘图作业，某北方大城市有一居住 R2 地块 150 米 ×220 米，南侧为城市主干道，不宜设置车行出入口，南北朝向，北侧有一溪水，需要布置多层和高层混合的详细规划，学生通过方案设计的方式加深对城市规划原理的理解，以这些测验达成学生高参与度的教学目标（图 10）。

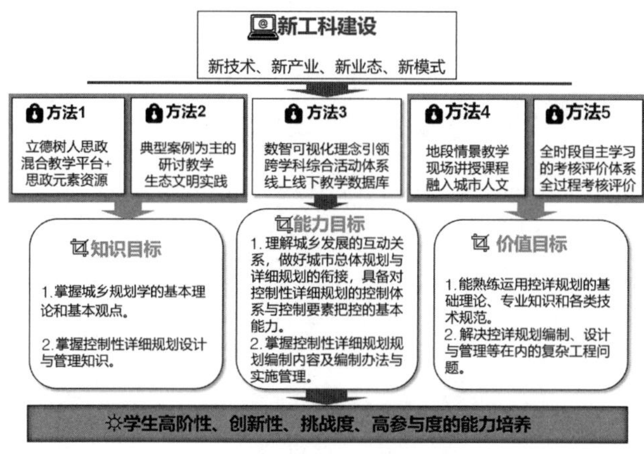

图 9 混合教学内容重构

资料来源：作者自绘

5.2 期末考核

期末考试增大规划方案设计题等应用性内容的考核评价。改变一张卷子定结果的考核方式，期末考核 70% 以上为非标准答案的应用性试题，如结合设计类专业特点，编写了“计算画图题”，需要学生利用所学的基本原理综合规划设计，此题型的提出激励了学生的学习动力、热情和高参与度，并使学生成绩有明显的区分度（图 11）。

6 教学成效与推广价值

6.1 教学效果

（1）校内推广应用效果明显，多专业多课程借鉴参考。2023 年获校级一流课程并结题，获得相关国家、省级教改课题 3 项。

（2）课程调研实践全面优化。导入生态文明和人文情景教学理念，全面优化典型地段教学设计，使教学资源、教学活动、教学评价、教学技术与学习目标一致，

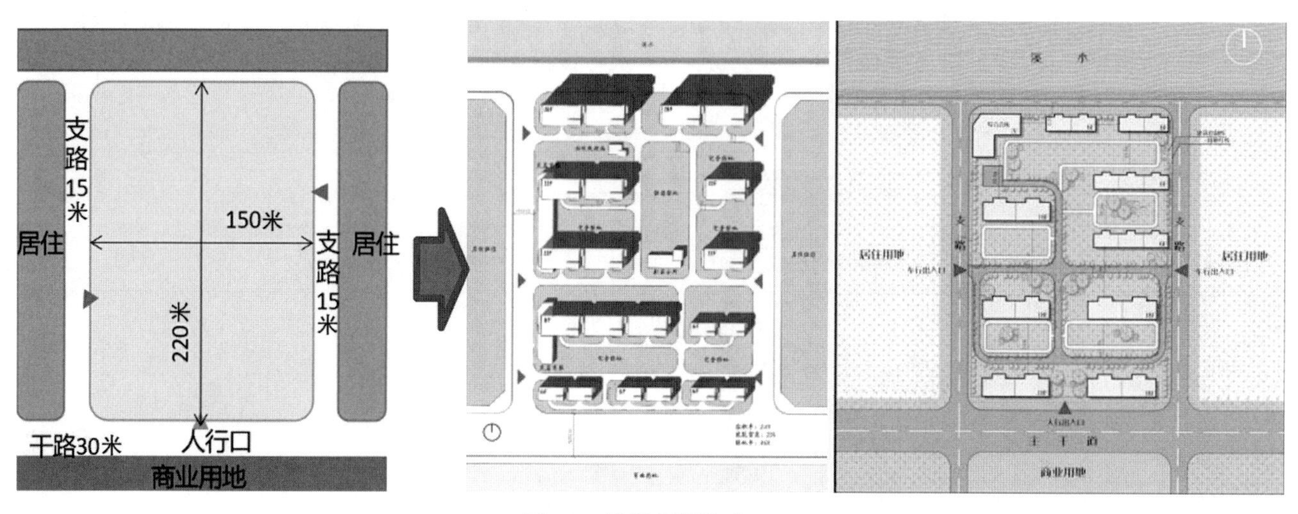

图 10 地段规划作业

资料来源：作者自绘

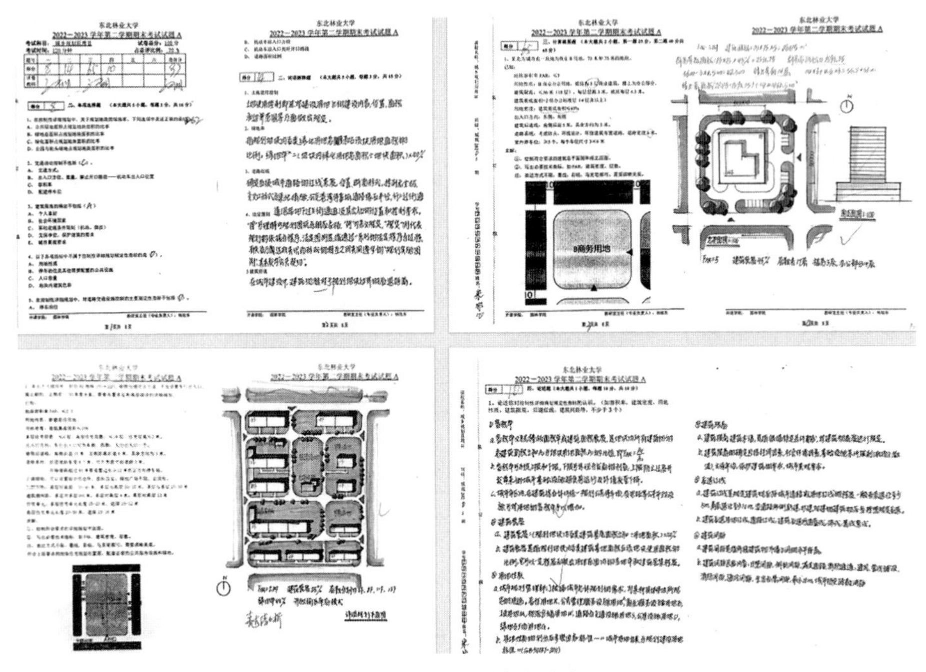

图 11　非标准答案试卷

资料来源：作者自绘

调研并绘制城市地标，例如：典型街坊、帽儿山林场等详细规划调研。

（3）构建了教学大数据可视化教学与评价体系。课程重视资源建设，教学大数据可视化体系构建，课后对学习数据进行解析，得出较真实客观的课程数据，并进行课程教学大数据收集，初步建立课程教学大数据可视化评价体系。

6.2　建设成效

经过 4 年建设，每年服务 2 班，师生互动频繁。授课视频 61 个，时长 1742 分钟，非视频资源 219 个，课程资料 126 个，课堂活动 114 次，讨论区话题 55 个，通知公告 55 次，题库总数 302 个；网页浏览量 13.4 万次；课程互动次数 59 次；应用情况：线上线下混合教学完成 185 名学生（图 12）。

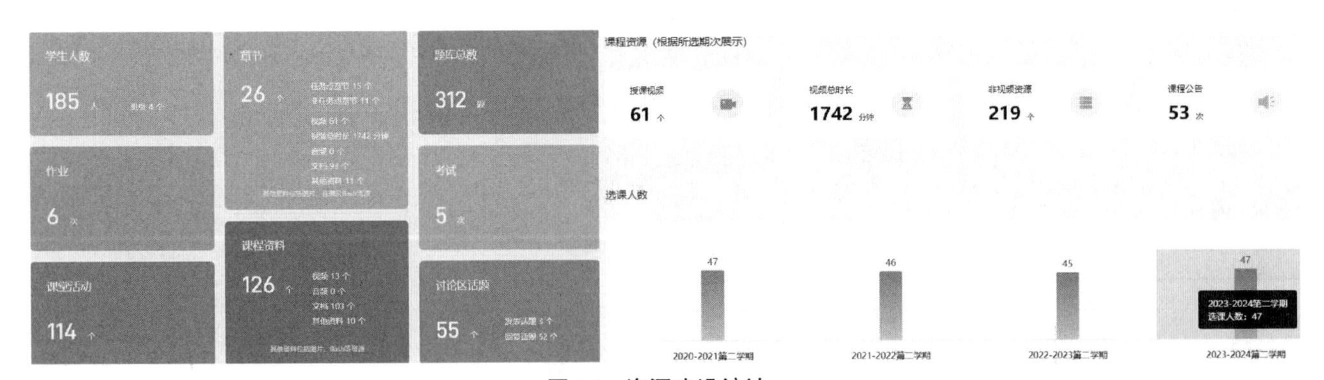

图 12　资源建设统计

资料来源：作者自绘

课程建设内容多元丰富。传统课程集中在课堂教学，而线上开放课程是不断积累的过程，通过本课程平台，全方位展示课程的资源，让兴趣成为最好的催化剂，学生通过SPOC、视频、动画、文字、实录、现场调研等方式自主选择课程内容学习，取得较高的目标达成度。

7 结语

经过4年的创新探索和实践，课程初步实现从传统课堂向智慧课堂、知识课堂向能力课堂、灌输课堂向实践课堂、封闭课堂向开放课堂的转变[6，7]。在今后教学过程中，要充分利用教学现代化信息技术和可视化数据，建立全过程多元考核体系，激励学生独立自主学习，构建OBE+教学大数据可视化+线上线下混合式教学范式，较好解决教学中遇到的热情不高、过程性考核弱和学生迷茫不清晰教学目标等问题。在新工科建设和数智化时代背景下，课程将紧紧围绕城市建设与国土空间规划需求，及时创新教学理念、教学方法等，以提高人才培养质量。

参考文献

[1] 胡霞，钱晓莉，牛阿萍．生态文明建设背景下“环境工程微生物学”混合式教学创新与实践[J].微生物学通报，2024，51（4）：1144-1155.

[2] 吴婷．“基础会计”课程引入思政元素的教学创新[J].新课程研究．2023（12）：7-9.

[3] 查学芳，何守阳，胡霞．基于“五融合五重构”混合式教学的课程改革与实践——以“环境规划与管理”课程为例[J].教育教学论坛，2023，30（7）：149-152.

[4] 李丹丹．生态文明教育融入本硕博思想政治理论课体系探究[J].理论观察，2023，197（1）：74-77.

[5] 刘倩宇，樊晓泽，张林，等．新农科背景下园艺植物病理学课程线上线下混合式教学模式探索[J].智慧农业导刊，2023，3（14）：157-160.

[6] 赵婷婷，田贵平．网络教学到底能给我们带来什么——基于教学模式变革的历史考察[J]．教育科学，2020，36（2）：9-16.

[7] 石楠．城乡规划学学科研究与规划知识体系[J].城市规划，2021，45（2）：9-22.

Practice of a blended teaching system for “Principles of Urban and Rural Planning II” with inspiring rules and regulations

Sun Ming　Cui Peng　Song Haihong

Abstract: “Urban and Rural Planning Principles II” mainly teaches the principles of detailed control planning（detailed control principles）. The course focuses on the pain points of teaching practice and student learning，sets teaching objectives for the course，analyzes teaching pain points，such as the three difficulties of ideological and political elements facing difficulties in material，brain，and heart，and the three problems of single evaluation，monotonous content，and simple assessment in the teaching system. The teaching system needs to be reformed. Stimulate student enthusiasm and digitize the curriculum. Propose a first-class curriculum teaching reform. ① Construct a big data visualization teaching guidance system for planning principles courses；② Update the construction of an online platform's ideological and political case library that is inspiring by regulations；③ We have established a whole process oriented assessment and evaluation system. The course changes the traditional course evaluation mode through a full cycle assessment covering both online and offline. The course has achieved good promotion value through content reconstruction，method innovation，teaching design creation，and teaching evaluation reform.

Keywords: Blended Learning，Urban and Rural Planning，Teaching System，Knowledge Graph

混合深度学习下“城市规划方法论”课程思政教学研究*

林高瑞　鱼晓惠

摘　要：立德树人是教育教学工作的根本任务，课程思政是落实立德树人的重要载体。基于混合深度学习理论，探索在“城市规划方法论”中对课程思政教学的设计，以实现全方位育人目标。从“潜能发展”教学目标的引领、“逐层深化”教学内容的拓展、“沉浸协同”教学策略的设计、“五维一体”教学评价的完善，使学生重建知识观、教学观和行动观，实现教学中专业知识技能与思想政治素养的互补，理论方法体系与中国特色逻辑的互通，建立多元主体协同互动学习的氛围，将专业素质培养与个人潜能发展更紧密地进行结合，引导思政教育有机融入专业教学。

关键词：课程思政；城市规划方法论；混合深度学习；教学改革

培养什么人、怎样培养人、为谁培养人是教育的根本问题，立德树人成效是检验一切教育教学工作的根本标准。落实立德树人根本任务，必须将价值塑造、知识传授和能力培养三者融为一体、不可割裂[1]。课程思政建设，就是要寓价值观引导于知识传授和能力培养之中，帮助学生塑造正确的世界观、人生观、价值观，这是人才培养的应有之义，更是必备内容。课程思政，即将思想政治教育元素，包括思想政治教育的理论知识、价值理念以及精神追求等融入到各门课程中去，潜移默化地对学生的思想意识、行为举止产生影响[2]。课程思政指向一种新的思想政治工作理念，即“课程承载思政”与“思政寓于课程”，注重在价值传播中凝聚知识底蕴，在知识传播中强调价值引领[3]。围绕课程建设这一基础，把握课堂教学的主要环节，专业教育与思政教育同向并行，显性教育和隐性教育整体统一，形成同频共振的协同效应，构建三全育人大格局。

党的二十大报告明确提出，高质量发展是全面建设社会主义现代化国家的首要任务。在中国经济发展转向高质量发展阶段，很多领域进行了历史性变革、系统性重塑、整体性重构。以人为核心的新型城镇化深入推进，美丽中国建设持续推进，双碳建设工作稳妥有序推进，绿色发展转型加快推进。高质量发展的深刻内涵和实践要求，使人居环境建设发生历史性、转折性、全局性变化，传统的城乡规划学科也相应面临发展的新机遇和新挑战。建设高水平的国土空间规划人才培养体系，必须将思政教育与专业教育融贯相通，提升课程教学中思政教育的深远意义与实际效应。研究生教育是培养高层次科学技术人才，满足国家重大战略需求，支撑国民经济和社会健康可持续发展的重要教育环节，也是课程思政从地方教学实践转化为提升高等教育人才培养能力的关键环节。本研究基于混合深度学习理论，探索科教融合模式下，在“城市规划方法论”课程各个教学环节融入价值观、科学观、责任感与职业道德等思政元素，使学生深入理解中国语境下城市规划方法论的发展规律与趋势，通过整体化教学环节和协同式教学手段，构建科教融合、产教融合育人的专业教学模式，实现多方资源协同的全方位育人。

1　混合深度学习的提出

深度学习（Deep Learning）起源于人工智能的研究，是计算机科学领域内机器学习发展的高级阶段，通过以层次化的方式构建简单概念，模拟人脑深层次抽象

---

*　基金资助：长安大学研究生教育教学改革资助项目（300103131002）。

林高瑞：长安大学建筑学院副教授
鱼晓惠：长安大学建筑学院教授（通讯作者）

认知，利用简单表示建立复杂概念的彼此联系，进行复杂表示，实现人工智能对复杂数据的运算和优化能力提升[4]。20世纪70年代，深度学习的雏形出现在控制论研究时，就引发了教育学领域的思考，美国学者马顿（Marton F）和萨尔约（Saljo R）首次明确提出深度学习的概念，认为深度学习的学习者追求对知识的理解，并将已有知识与特定教材内容进行批判性互动，探寻知识的逻辑意义，使现有事实和所得结论建立联系[5]。随着深度学习理论的提出，加拿大学者艾根（K.Egan）在教学实践中进行运用，提出了深度学习的三个标准：知识学习的充分广度（Sufficient Breadth）、充分深度（Sufficient Depth）和充分关联度（Multi-dimensional Richness and Ties），以对应知识的符号表征、逻辑形式和意义系统三个组成部分[6]，进一步阐释了深度学习的学习观和知识观。深度学习也引发了中国的一系列教学研究与改革，集中于能力导向的课堂实验教学改革[7]和课程教学改革[8]。深度学习理论通过重建知识观、教学观和行动观，被逐步应用于各类专业教学的研究与实践中，以"层进式学习"和"沉浸式学习"为模式加强学生的学科核心素质培养和实现知识的内在价值。

近年来，智能信息技术的发展对教育教学产生了深层次的变革，教育部在《教育信息化2.0行动计划》中提出新技术支持下教育的模式变革和生态重构，要求将信息技术、智能技术深度融入教育教学全过程[9]。智能信息技术的支持，综合了线下与在线学习方式优势的混合学习模式，在这种包含智能交互式学习的新型智慧教育体系下，推动深度学习教学方法改革，创新人才培养模式[10]，提升混合教学模式下的深度学习效果[11]，为当下课程思政的教学改革提出了新的思考。

2 "城市规划方法论"课程思政教学的系统性和多元性

2019年，《中共中央 国务院关于建立国土空间规划体系并监督实施的若干意见》提出，将主体功能区规划、土地利用规划、城乡规划等空间规划融合为统一的国土空间规划，实现"多规合一"，是国家空间发展的指南、可持续发展的空间蓝图，是各类开发保护建设活动的基本依据[12]。顺应生态文明建设和空间治理体系现代化的改革要求，国土空间规划体系从规划目标、方法、内容等方面对城乡规划学科建设及跨学科交叉融合提出了新的挑战，同时也是城镇化下半场给予学科发展的时代机遇。面对空间规划转型的新形势，"城市规划方法论"课程也成为高校建筑类院系专业教学改革中的重点内容。

当前"一带一路"倡议与新时代西部大开发国家重大区域发展战略下的国土空间格局，涵盖了跨区域、多尺度、多样化的城乡环境特征与类型，特殊、复杂及多元的城乡建设发展问题迫在眉睫，亟须提高城乡规划学科的理论与技术水平。"丝绸之路经济带""黄河流域生态保护和高质量发展"等重要战略构想的提出，为西部地区城乡规划理论与方法的基础科研攻关、行业技术服务、优秀人才培养拓宽了新的领域。通过"城市规划方法论"课程思政教学改革在理论课程教学与国家重大战略需求之间搭建桥梁，利用"空间+"的学科核心内涵，融合"面向西部、三实一强"的人才培养目标，挖掘课程内容和教学方式中蕴含的思想政治教育资源，通过"价值+""能力+""情感+""态度+"等维度，使课程教学主动服务国家建设和发展，体现高等教育强国建设目标的新需求。

"城市规划方法论"课程着重在于培养学生建立城市规划审视自身的理论与方法，在认识论基础上把握城市和城市发展过程这一复杂的矛盾体。方法论具有的哲学系统性和交叉多元性，体现了专业理论基础上的科学视界、价值视角和技术思路的选择，蕴含了学科内涵与地域内涵的联系、个人发展与国家发展的共通等大量思政元素。立足解读中国的城市发展方针，探寻中国特色的城市规划认识论与方法论，深入理解中国语境下城乡规划理论与实践的发展趋势，从多主体角度审视城乡规划自身的理论与方法。在教学过程中，通过"数字+""绿色+""韧性+""健康+"等维度，借鉴混合深度学习理论，拓展知识学习的广度、深度和关联度，可以更好地使学生坚定理想信念，增强学生的政治认同、家国情怀、科学素养、法治意识和道德修养。

3 "城市规划方法论"课程思政教学设计

3.1 "潜能发展"的教学目标引领

混合深度学习教学理论的首要原则是"潜能发展观"的构建，它所关注的焦点是学生，教学的根本目的是育人而非知识传授。教学目标不仅仅是使学生获取知识，更重要的是学生在这一过程中获得全面的发展。从根本上说，教育学的知识立场的基点是人的生成和发展，它始终围绕着人的发展来处理知识问题[13]。依据这一原则，教学中传递的科学事实和知识符号需要学生通过知识再生产过程生成具有思想要素和道德修养的精神发展意义系统。这一过程是知识与学习者的内在体验建立深层关联的互动，也是知识学习广度、深度和关联度的目标体现。

在“城市规划方法论”课程思政教学改革中，首先是在教学目标制定上注重学生“潜能发展”的培育，系统挖掘知识结构所蕴含的道德和价值意义，系统设计个体道德发展要素与课程知识要素的融合递进，并进行类模块化结构整合，构建理论知识与思政元素相辅相成同根同源的教学目标。

课程制定的个人潜能发展目标包括基础知识、分析问题、解决方案、系统研究、现代工具、社会评价、系统认知、职业规范、团队协作、人际沟通、终身学习；课程教学目标为科学研究方法论、城市规划方法论体系的内涵与基本要素、城市规划研究范式、城乡规划理论与实践方法。课程改革尝试建立潜能发展目标与课程教学目标的对应矩阵，并对课程蕴含的思政价值模块进行结构整合（表1），以此引领课程思政教学内容、方法以及评价。

3.2 “逐层深化”的教学内容拓展

混合深度学习理论提出的充分广度强调知识理解的依存背景拓展，充分深度强调知识理解的科学思维品质，充分关联度则强调知识理解的价值体验浸润，这与城乡规划学科研究具有的系统性、历时性、实践性及动态性[14]内在关联。因此，教学内容的组织是从知识的符号理解、符号解码到意义建构的逐层深化认知过程[15]。

“城市规划方法论”课程知识结构包括科学研究方法论基础知识、城市规划方法论体系的内涵与基本要素、城市规划研究范式和城乡规划理论与实践方法四个部分。其中，科学研究方法论基础知识与城市规划方法论体系的内涵与基本要素强调学习充分广度的建立，是实现知识的符号理解到符号解码的教学过程；城市规划研究范式是学习深度的建立，从知识的符号解码递进至意义建构；城乡规划理论与实践方法包括城市规划研究与实践的经典理论和热点课题，以及相关案例分析，融合了城市规划价值观、制度—社会—文化比较分析、中国城镇化发展战略等内容，体现了知识要点与思政元素同向同行的意义建构，形成思维形式、逻辑关联、价值意义三维整体的知识体系。

混合深度学习的“层进式学习”要求将课程知识要点与思政教育重点进行逻辑关联，将课堂教授的核心知识关键联结点通过层层推进，在教学中拓展知识产生的政治、经济、文化、社会背景等条件，结合思政元素充分解析在

课程教学目标对应矩阵　　表1

城市规划方法论教学目标 \ 个人潜能发展目标	基础知识	分析问题	解决方案	系统研究	现代工具	社会评价	系统认知	职业规范	团队协作	人际沟通	终身学习	个人潜能发展目标 / 课程思政价值模块
科学研究方法论基础知识	H	H	M	H	L	L	H	M	L	L	H	科学素养
城市规划方法论体系的内涵与基本要素	H	H	M	H	M	L	H	M	L	M	H	家国情怀、科学素养、法治意识
城市规划研究范式	M	H	H	H	H	M	H	H	M	M	M	政治认同、家国情怀、科学素养、法治意识
城乡规划理论与实践方法	M	H	H	H	H	H	H	H	H	H	M	政治认同、家国情怀、法治意识、道德修养

（注：以关联度标识，课程目标与某个潜能发展目标的关联度，根据对应的支撑强度来定性估计。H：表示关联度高；M：表示关联度中；L：表示关联度低）

资料来源：作者自绘

新时代背景下知识所承载的逻辑形式、思维范例和实践规范，丰富知识内涵，呈现思政教育从专业素养到社会责任、从基础理论到国家战略的多维解读和逐步升华的层进过程。

在教学内容的具体组织中增强教学与国家战略、政策、发展需求的互动。结合国家及省部级研究课题，进行教学专题化内容设计，完善城乡规划的认识论与价值观教学内容；结合中国新型城镇化发展和趋势，优选具有西北地域特色的实践案例引入教学，培养学生专业立场与思想政治教育知识的融合，建立课程思政元素、城乡规划理论与方法、城乡规划实践案例融合教学资源库（表2）。

课程思政元素、城乡规划理论与方法、城乡规划实践案例融合教学资源库　　表2

城乡规划相关理论与方法	案例名称	主要研究内容	研究地域	课程思政融入点
城乡空间建设发展导控理论与方法	宝鸡市高新区科技新城东片区控制性详细规划	结合区域发展，构建城市用地开发建设控制与引导指标体系	陕西·宝鸡	存量规划与发展规划的比较，中国城市空间结构演进的动力机制，“以人民为本”的城市开发规划导控与管理，树立制度自信，引导学生坚定理想信念
	宝鸡市高新区东区一期、二期、三期控制性详细规划	构建城市用地开发建设控制与引导指标体系	陕西·宝鸡	
	合水县中心城区控制性详细规划	以总规为依据，结合区域发展，构建城市用地开发建设控制与引导指标体系	甘肃·陇东地区·合水县	
城市有机更新理论与方法	环县棚户区改造（财贸台片区）修建性详细规划	改进配套设施规划布局，提升人居环境品质	甘肃·陇东地区·环县	棚户区改造、老旧小区改造等国家政策，“以人民为本”的城市建设发展观，引导学生坚定理想信念，加强品德修养
	合水县城旧城改造修建性详细规划（新民西路—富康西路段）	基于空间尺度完善安置住房选点布局，改进配套设施规划布局，提升人居环境品质	甘肃·陇东地区·合水县	
	环县棚户区改造（红星村北关组片区）修建性详细规划	基于古城墙保护，梳理历史发展及文物遗迹，管控周边地区风貌，营造宜人居住环境	甘肃·陇东地区·环县	中国优秀传统文化遗产的保护与利用，引导学生厚植爱国主义情怀
	环县河对坡保障房住宅小区、民俗街修建性详细规划	整合区域资源，挖掘历史与人文特色，完善配套设施，营造符合地域特征居住环境	甘肃·陇东地区·环县	
	环县环江西岸滨河绿地（状元桥至赵沟门桥段）景观规划	从区域特征出发，营造舒适宜人的自然景观和历史特色的文化景观	甘肃·陇东地区·环县	生态文明理念在城市建设中的应用，引导学生坚定理想信念，增强综合素养
城乡绿色发展理论与方法	秦巴山脉绿色循环发展战略研究	构建秦巴山脉绿色发展循环体系框架，保护生态效益，促进经济健康增长	陕西·陕南地区	绿色发展与“双碳”目标，树立道路自信，引导学生坚定理想信念，培养奋斗精神
	耦合于生态单元的秦巴山区乡村聚落结构形态研究	构建秦巴山区陕南段乡村聚落生态单元，研究人与自然互动共生模式	陕西·陕南地区	乡村振兴战略与实践案例，引导学生增强综合素养，培养奋斗精神
人居环境系统认知方法论	陕西省宝鸡市凤翔县（现凤翔区）柳林镇总体规划	根据乡镇经济和社会发展目标，确定其性质、发展方向，合理利用土地，协调空间和各项建设综合布局	陕西·宝鸡·柳林镇	马克思主义的创新与发展，城乡空间在生产关系中的新认识，树立理论自信，引导学生坚定理想信念
	后乡土时代陕南地区村镇聚落空间整合创新研究	研究陕南村镇聚落后乡土社会特征及空间演变规律，空间整合策略与创新模式	陕西·陕南地区	
文化传承与社会发展下的城乡空间转型理论与方法	《中国传统建筑解析与传承——陕西卷》	研究陕南地区山水格局，探讨陕南地区传统聚落空间布局及演变机制	陕西·陕南地区	中国优秀传统文化遗产的保护与利用，树立文化自信，引导学生厚植爱国主义情怀
	基于居民时空行为的热贡地区社会空间整合研究	研究热贡地区居民行为特征研究、探索社会空间结构，寻求空间整合创新模式	青海·同仁地区	中国优秀传统文化遗产的保护与利用、多民族地区文化共同体建设，引导学生厚植爱国主义情怀

资料来源：作者自绘

3.3 "沉浸协同"的教学策略设计

"沉浸协同式学习"是混合深度学习理论提出的重要模式之一，注重学习过程中个体的深度投入与互动式参与。在教学过程中通过"预设与生成"方法，构建道理阐明、行为规约、情怀培养、问题应对四类不同思政教学主题，通过课程知识点自然切入思想政治教育内容。采用问题创设、事件或案例导入、情境导入、比较导入等具体方式，由课程内容融合专业领域的思政教育主题，引发学生思考，进而导入政治认同、家国情怀、法治意识和道德修养的思政教学目标。结合中国语境，坚持价值性和知识性的统一，政治性和学理性的统一，在教学过程中引导学生从理论规范到自我感悟，在学生既有知识结构、生活经验以及社会现实之间建立关联，激发学生的深度投入。

例如，对于城乡规划价值观的分析与思考，是拓展学习深度和广度、培养学生科学思维品质的基础。教学过程中采用问题创设和比较导入引导学生围绕城乡规划的政治价值、经济价值、社会价值、文化价值、生态价值五大维度展开思考。通过解构分析法、文本分析法、案例分析法和比较分析法，让学生自主解析建设中国特色社会主义"五位一体"总体布局如何在城乡规划中全面协调推进（图1），实现在知识传授的同时，培养学生的政治认同、责任感和使命感，引导学生构建"以人民为中心"的规划价值观体系。

结合教学内容组织的层进性，探索协同式教学方法的引入。在教学过程中，采用协同式教学策略模型，使教学更加适合研究生主体性的学习需求，构建研究—实践一体的学术协同空间，培养思想—方法—实践衔接的思维协同模式[16]。协同式教学立足于社会交往论方法基础，依照分组、组织、协作、咨询、研讨、评析的流程，围绕城市规划科学研究方法开展研讨，通过"教—学"单向、"教＋学"双向和"教＋研＋产＋学"多向式交互模式实现协同教学。此外，联合知名规划设计院、智慧树网站等企业，共同进行课程教学。通过实践案例的

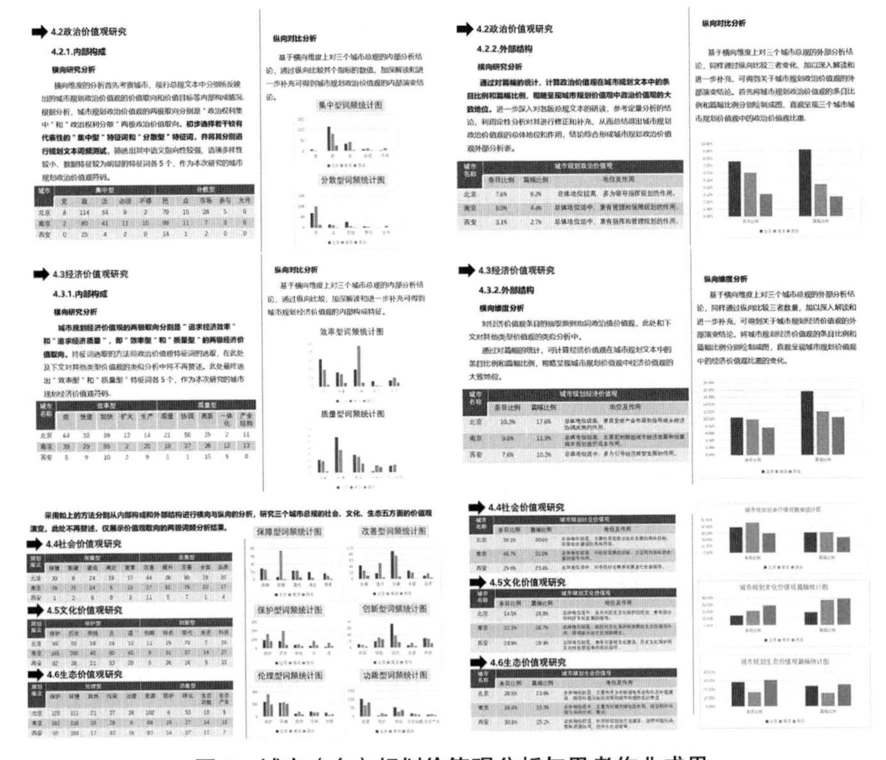

图1 城市（乡）规划价值观分析与思考作业成果

资料来源："城市规划方法论"课程学生作业，小组成员：王蕾、杨力、赵鑫

研讨式教学，线上课程思政微视频录制，补充政治—制度背景、公共—社会管理、乡村自治等主题内容，协同基础理论知识，协同实践应用方法，完善城乡规划的认识论与方法论教学的充分关联度，在教学中发挥“教师+学生+实践研究团队+线上课程平台”多主体的合力作用，形成课程思政教学共同体。

对城市规划方法论的认识，必须基于对城乡关系的特性，以及城市和乡村生态、生产、生活的发展目标、存在问题、关联互动等方面的深入认知和解读。培养学生基于问题、面向发展的系统分析能力，是该课程教学的重要任务之一。在课程教学中，结合教学团队负责的多项脱贫攻坚技术帮扶项目，引导学生对项目案例提出的具体问题进行分析和比较，从规划方法论要素进行剖析，凝练研究框架，构建研究逻辑，探寻解决问题的关键技术与路径。例如，以陕西省商洛市商南县青山镇城镇化发展为案例，结合“生态文明”理念、“两山理论”“脱贫攻坚”“乡村振兴”等国家战略，表述秦岭地区城镇化发展的现实基础与路径。引导学生理解西北生态敏感区城镇化发展过程中的生态环境保护与社会经济发展的现实问题，指导学生通过统计分析法、社会调查法的学习与应用，以问题导向进行城镇化进程中产业空间发展基础分析；通过产业空间规划方法的学习与应用，进行产业空间发展模式与路径选择。同时，由教师和国家注册城乡规划师共同构成教学团队，教学中通过小组集体研讨和课堂答辩（图2），培养学生规划决策的科学素养和法治意识。

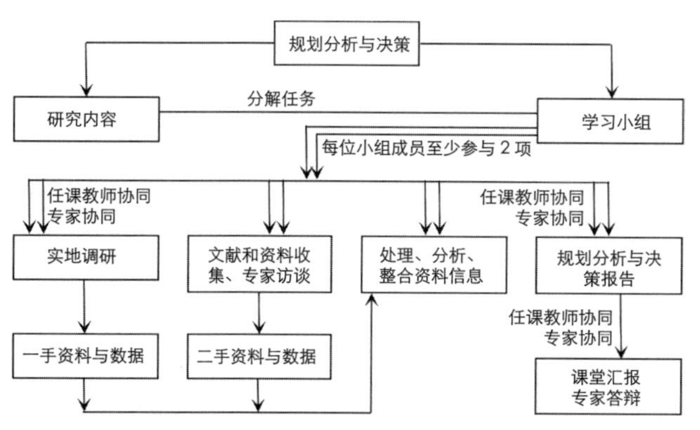

图2 协同式教学策略的组织

资料来源：作者自绘

3.4 “五维一体”的教学评价体系

立足学生的知识、能力、情感、态度、价值观五方面的发展情况，充分及时反映学生成长成才情况，建构层次评价模式。采用交替评估、相互评价、集体评价方式依照“五维一体”评价指标分别进行评价，再根据评价权重进行综合评定。既关注专业立场对思想政治教育知识的理解，也聚焦学生基于专业立场运用思想政治教育知识分析与解决问题的能力，更注重寓价值观引导于知识传授和能力培养之中，帮助学生塑造正确的世界观、人生观、价值观的核心内涵[1]，以激发学生学习的深度、广度与关联度。

4 结论

混合深度学习的提出，是以学习者动力为基础的教学模式，突破了传统单一知识传授的教学惯性，是知识内在价值与学习者个体认知体验相结合的教学创新，也为课程思政教育带来新的理念和方法的转变。

通过在“城市规划方法论”中对课程思政教学的设计，重建知识观、教学观和行动观，据此设置“层进式学习”的教学内容和“沉浸式学习”的教学设计，实现教学中专业知识技能与思想政治素养的同频共振，理论方法体系与中国特色逻辑的相互连通，建立多元主体协同互动学习的路径机制，并对教学评价体系进行层次拓展与整体综合。

新时代振兴高等教育背景下的研究生课程思政教学，需要结合中国语境，体现统一价值性和知识性，政治性和学理性的教学目标，将专业素质培养与个人潜能发展更紧密地进行结合，引导思政教育有机融入专业教学。本研究目前主要关注“城市规划方法论”课程融入思政元素的教学模式，后续将进一步探索研究生城乡规划理论系列课程思政教育体系构建，通过课程专业知识的互补，精细化构建多元同向的课程思政教学组织模式，拓展建设实地实践平台、数字模拟平台、党建教育平台等多样化的立体思政教学基地，有效促进学生深度学习动力的激发、引导和维持，增强学生知识理解的体验、感悟和拓展，引领学生积极探寻实现个人价值与为国奉献的成长舞台。

参考文献

[1] 中华人民共和国教育部．教育部关于印发《高等学校课程思政建设指导纲要》的通知 [EB/OL].（2020-05-28）.

http：//www.moe.gov.cn/srcsite/A08/s7056/202006/t20200603_462437.html.

[2] 王学俭，石岩．新时代课程思政的内涵、特点、难点及应对策略 [J]．新疆师范大学学报（哲学社会科学版），2020，41（2）：50–58.

[3] 邱伟光．课程思政的价值意蕴与生成路径 [J]．思想理论教育，2017（7）：10–14.

[4] 伍红林．论指向深度学习的深度教学变革 [J]．教育科学研究，2019（1）：55–60.

[5] MARTON F，SALJO R. On qualitative difference in learning：outcome and process[j]．british journal of educational psychology，1976，46（1）：4–11.

[6] EGAN K. Learning in depth：a simple innovation that can transform schooling[M]. London Ontario：The Althouse Press，2010.

[7] 郭元祥．论深度教学：源起、基础与理念 [J]．教育研究与实验，2017（3）：1–11.

[8] 教育部基础教育课程教材发展中心．“深度学习”教学改进项目 [EB/OL].（2018–05–10）．http：//sdxx.zgjiaoyan.com/.

[9] 中华人民共和国教育部．教育信息化 2.0 行动计划 [EB/OL].（2018–04–20）．http：//etc.hzu.edu.cn/2018/0420/c877a156035/page.htm.

[10] 黄荣怀．升级教育信息化助力教育系统变革 [N]. 中国教育报，2018–05–19（3）.

[11] 李海峰，王炜．翻转课堂课前与课中双向深度学习探究——基于天平式耦合深度学习模型的三轮迭代实验 [J]. 现代教育技术，2020，30（12）：55–61.

[12] 谢桂秀．探索国土空间规划技术审查与体检评估 [J]. 建设科技，2023（8）：70–72.

[13] 郭元祥．知识的性质、结构与深度教学 [J]. 课程．教材．教法，2009，29（11）：17–23.

[14] 丁国胜，宋彦．智慧城市与“智慧规划”——智慧城市视野下城乡规划展开研究的概念框架与关键领域探讨 [J]. 城市发展研究，2013，20（8）：34–39.

[15] 王伟．课堂深度学习的实践归因与提升策略 [J]. 教学与管理，2019，778（21）：18–21.

[16] 林高瑞，鱼晓惠．“城市规划方法论”课程协同式案例教学策略模型的构建 [J]. 科教导刊，2023（5）：139–142.

Research on the Ideological and Political Teaching of the Course "Urban Planning Methodology" Based on Hybrid Deep Learning

Lin Gaorui　Yu Xiaohui

Abstract: Cultivating morality and cultivating talents is the fundamental task of education and teaching work，and curriculum ideological and political education is an important carrier for implementing morality and cultivating talents. Based on the theory of blended deep learning，explore the design of ideological and political education courses in urban planning methodology to achieve comprehensive educational goals. Guided by the teaching goal of "potential development"，expanding the teaching content of "deepening layer by layer"，designing the teaching strategy of "immersive collaboration"，and improving the teaching evaluation of "five dimensional integration"，students can rebuild their knowledge，teaching，and action perspectives，achieve complementarity between professional knowledge，skills，and ideological and political literacy in teaching，connect the theoretical method system with Chinese characteristic logic，and establish an atmosphere of multi subject collaborative interactive learning，integrate professional quality cultivation with personal potential development more closely，and guide the organic integration of ideological and political education into professional teaching.

Keywords: Curriculum Ideological and Political Education，Methodology of Urban Planning，Hybrid Deep Learning，Teaching Reform

面向论文写作的城乡规划文献研读方法探索
——基于卡片盒笔记法的教学实践思考

刘　泽

摘　要：学术论文写作是城乡规划专业学生在研究生阶段能力培养体系中最为关键的环节，也往往是教学指导中最大的难点之一。尽管多数高校均开设有“文献阅读及论文写作”等相关课程进行方法技巧的讲授，但学生面对实际写作任务时仍面临写作基础能力匮乏，课程中知识要点与学生实践应用间存在断层的问题。基于此背景本文引入“卡片盒笔记”的方法经验，面向城乡规划学科特点，提出并探讨一种完善文献阅读与写作应用间过渡环节的教学方法与思路。通过“知识获取”“知识组织”“知识提炼”“知识表达”CODE4 个环节，为学生提供一种能够系统衔接文献信息“输入—处理—输出”的闭环式路径，以期为研究生学术论文写作指导提供一种科学且系统性的方法策略，帮助学生提升写作效率及知识复用性。

关键词：卡片盒笔记法；学术论文；非线性写作；集群效应

1　绪论

学术论文写作是研究生科研能力培养体系中最为关键的环节之一，也是研究生学术理论素养、逻辑思维、创新及解决实际问题能力的综合展现。城乡规划专业本科阶段多以培养应用型人才为核心，多重视学生工程实践能力而缺乏论文写作的基础性训练，这也导致多数学生在升入研究生阶段后面临着向学术型或复合型人才转型的能力不适。通过对比现有城乡规划硕士学位授权点院校的研究生培养方案、教学大纲可以发现，为了能系统性加强研究生学术写作技能，多数院校作为必修或核心课程环节均设有如“论文写作与学术规范”“论文选题”“文献阅读与研讨”等课程。以北京工业大学为例，研究生课程体系中设有“科技文献检索与利用”（1 学分，16 学时）教授学生国内外主要科技文献检索工具和使用方法；“研究生论文写作指导”（1 学分，16 学时）为研究生系统传授科研论文写作的行文规范、结构特点及相关写作要领，辅助学生更好地将科研产出向论文成果过渡。而在面向论文写作实际操作环节，则由指导教师直接负责，并要求学生在读研期间至少发表学术论文 1 篇。

虽然课程体系看似健全，从文献检索阅读到写作方法传授再到实践指导均能覆盖，但当导师开始实际指导学生论文写作时，却常发现学生掌握的写作基础能力依然匮乏，似乎相关课程的知识要点与学生实践应用存在断层。学生接收到不同课程中的技巧与方法缺乏统一的体系能将之连接贯通，因此，当面对实际写作工作时往往无从下笔。基于这一问题，本文引入“卡片盒笔记”的方法经验，面向城乡规划学科特点，旨在探索一种能够系统衔接“信息输入—信息处理—信息输出”的论文写作教学方法。

2　传统教学模式的瓶颈

虽然“城市研究方法”课程的教学思路已趋向稳定，但其课程内容特点也导致了传统教学模式下教学方式与教学主体间存在错位关系，课程的教学效果往往遭遇瓶颈。

传统阅读与写作的教学问题

从城乡规划领域的论文体例特点来看，一方面往往呈现出多样化的结构和范式，这反映了学科本身的复杂

刘　泽：北京工业大学城市建设学部讲师

性和多元性。如实证研究型论文的结构常包括问题描述、文献综述、方法论、实证分析和结论等部分，而政策分析型论文则可能包括政策背景、问题分析、政策评价和政策建议等内容。此外定量分析与定性描述的文章类型在结构与论述逻辑等方面均大相径庭。另一方面论文内容往往体现了视角的多样性。由于城乡规划涉及多方利益关系和复杂社会问题，因此同一个主题可能存在多种截然不同的观点和结论。这种多样性也使得初步接触论文写作的学生常感到困惑，提笔准备写作时才发现将面临如何抉择论文脉络及把握批判性学术视角的困境。事实上学术写作是一个循环的过程，它开始于决定写作这个时刻之前所做的工作，而这也导致了传统教学模式下教学方法与写作流程间的脱节。由此学生常见的问题包括：①信息输入“囫囵吞枣”。学生在阅读文献时只被动性地接受信息，而缺乏主动性地思考。尽管学生会摘录论点和数据，但由于忽略对方法论的评价和对结论的批判性思考，因此即使读了很多文献，也难以形成系统和深入地理解。②信息输出“生搬硬套”。学生在获取文献信息后常难以有效提炼并有机结合到自己的论文中去。学生即使发现与自己题材相近的论文观点后也缺乏问题和语境比较，常常直接原封照搬。③输出与输入脱节。由于学生没有将阅读过的文献内容有效地整合到自己的思维框架中，因此在写作过程中往往需要反复查阅之前的文献，导致写作效率的低下和思维逻辑的不连贯。

认知科学家史蒂芬·平克（Steven Pinker）在《写作风格的意识》一文中曾对写作的本质做过一个描述：写作之难，在于把网状的思考，用树状结构，体现在线性展开的语句里。这句话也恰恰道明了城乡规划研究生作为科研新手在从文献阅读到论文写作的过程中遭遇瓶颈的问题核心。学生在文献阅读中所吸收提取到的信息往往是大量且彼此交叠的。当信息量达到一定规模时，如果学生仅通过记忆或简单记录来进行结构梳理的话，就会心智负荷超载。这一现象与认知负荷理论（Cognitive Load Theory）的观点相互印证，即在任何给定时间内人的工作记忆能处理的信息量有限。通常认为工作记忆为短时记忆一次只能存储 5~9 条基本信息。当要求处理信息时，工作记忆一次只能处理 2~3 条信息，因为存储在其中的元素之间的交互也需要工作记忆空间，这就减少了能同时处理的信息量。由此学生阅读与写作形成了割裂，文献信息也难以有效转化为写作材料。学生或生搬硬套，不假思索直接在论文中搬用文献信息；或心理上将倾向于罢工，形成“写作拖延”。

综上可见，面向初步接触科研论文写作的城乡规划专业研究生，在教学体系中除了教授“文献阅读及论文写作”等各独立课程的专门知识外，还需要系统性地指导学生处理好文献信息整理与写作应用间连接与转化的过程。

3 卡片盒笔记的方法特点

“卡片盒笔记”（Zettelkasten）是 20 世纪德国重要的社会学家尼可拉斯·卢曼首创的笔记方法论。其操作流程通常包括以下步骤：首先，将阅读过程中的笔记记录在独立于书本的、格式标准统一的卡片上。然后，根据不同的卡片类型，将其存放入相应的卡片盒中。同时需要对卡片进行整理、分组或标签化，以便于组织、回顾和应用知识。每张卡片通常只会包含一个观点、概念、引用、事实或其他关键信息。通过不断地标注及思考，建立笔记之间的联系，使想法逐步形成想法集群，日积月累，经过长期的迭代，衍生出系统性的思想，建构属于自己的知识体系，为写作准备。相较于常规的笔记方法，“卡片盒笔记法”的特点体现在以下三点。

3.1 原子化的信息记录

卡片盒笔记法中单张卡片为最小单位，每张卡片上只记录一个知识要点或想法，即强调笔记原子化。通过对独立的卡片添加标签、链接等信息进行归类，然后集中存放到一个大的卡片盒中（图 1a），进行系统化管理，最终搭建个人知识体系。这个方法的好处是在文献阅读中或突发灵感时可不拘泥于上下文形式，快速记录制成独立卡片。而如果是用笔记本来做同样的事，由于记录的主线多是沿着文献叙述逻辑和框架，因此记录方式也多呈线性化，将难以调整各条笔记间的顺序；同一主题的笔记之间可能相隔较远，需凭借记忆进行关联与整理。相比之下，卡片这种形式将更加自由。从数据结构的角度来看，笔记卡片是一个个节点（图 1b），通过把节点连起来可以重新组合，可服务于任何相关主题。

3.2 笔记间的关联与链接

笔记要建立关联、知识要融会贯通，这种观念并不

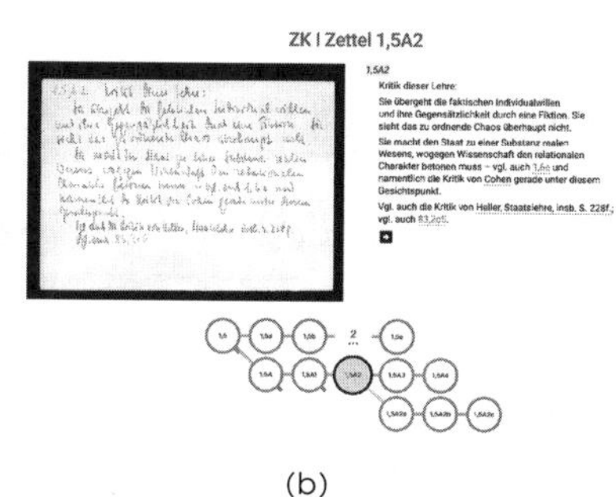

(a) (b)

图 1　卢曼教授卡片盒笔记示例

资料来源：https：//niklas-luhmann-archiv.de/bestand/zettelkasten/suche

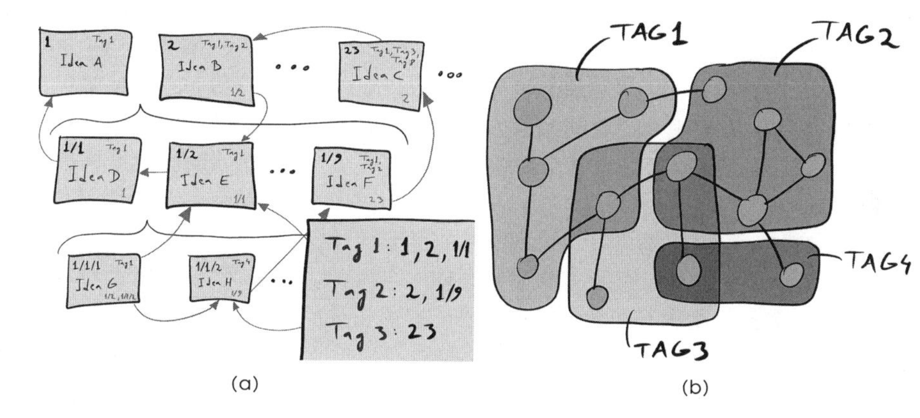

(a) (b)

图 2　卡片链接示意图

资料来源：https：//writingcooperative.com/zettelkasten-how-one-german-scholar-was-so-freakishly-productive-997e4e0ca125

陌生。传统手工制作的笔记卡片需通过标记索引码和卡片放置的物理位置建立笔记间的关联；而在如今信息化时代下，各类电子笔记软件可通过“超链接”的形式实现笔记间的关联与链接。这类似于在一张白板上可以对各笔记卡片进行各种排布与组合（图 2a），并与已有的知识体系进行联系和反应。增加笔记的过程就是将新知识嵌入到现有系统的过程，这和人类的记忆模式类似，发散的结构往往可以发现新鲜的知识链接，这种连接往往是学术发现的起点。经过一段时间积累，卡片盒里将形成若干“知识集群”（图 2b），便于形成结构化的知识体系。特别是不同主题或不同上下文的卡片放在一起形成链接时，两者的重合与交互不仅可加深对研究问题的理解，还可能碰撞形成新的思想火花。

3.3　去中心化的笔记系统

去中心化是一种网络或系统结构，其中不存在单一的中心化控制节点，所有节点都是平等关系，共同参与到知识系统的构建中。因此卡片盒笔记能够不拘泥于某一主题或体例的拘束，可根据记录者视角或使用场景，便捷地检索及组织笔记结构。当需要查找和调用某条笔记（卡片）内容时，只需通过搜索或标签筛选，就可快速找到所有相关的笔记内容，可以极大地提高知识的整理和复用效率。

4　基于卡片盒笔记的文献研读教学探索

为了有效衔接学生文献阅读与写作间的转化，本文基于上述卡片盒笔记法的特征，借用全球知名个人知识管理专家蒂亚戈·福特提出的“信息法则”，结合研究生论文写作指导中的应用经验，将学生文献信息整理到写作应用的过程分为“CODE”4 个环节（图 3）。

4.1　知识获取（Capture）

学生在进行文献信息提取的过程中往往沉溺于对于知识数量的关注，而忽略了对内容必要性的把关。因此在使用卡片盒笔记法指导学生重溯文献笔记体系时，最重要的是审视信息获取的策略，审慎选择记录的内容。

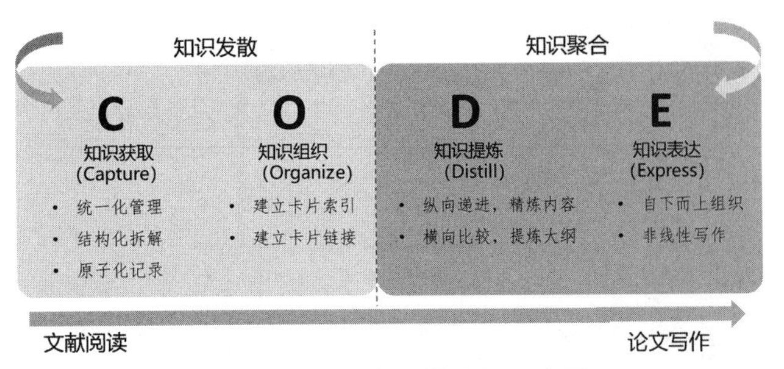

图 3 文献研读教学流程示意图

资料来源：作者自绘

在这个环节中，导师可引入结构化的笔记模板帮助学生用树状的结构，将碎片的信息进行整合，进而形成体系的思维方式。具体此环节包含 3 个要点：

（1）统一化管理

学生将文献资料集中汇总到统一的管理平台。Zotero、Endnote、Mendeley 等文献管理软件均可实现文献归档、分类及引用等功能。集中在统一的管理平台可方便团队成员进行文献分享与笔记交流。

（2）结构化拆解

学生按照笔记模板进行文献信息的提取。通常文献阅读的过程可分为用于区分文献价值、过滤无效信息的泛读阶段和以系统做笔记为主的精读阶段。基于两者差异，笔记模板应有所区分。针对泛读阶段，学生需关注文献对于自己研究主题的贡献程度，如作者想表达的研究目的及论文的创新点等；而针对精读阶段，模板中的问题则可更加聚焦细节，如研究方法、数据、关键结论等。

（3）原子化记录

按照卡片盒笔记法的分类，“文献笔记”是用于记录阅读中关键性信息，或后续可能会在思考、写作中使用的内容。这部分相当于“文献 + 个人思考”的概述。既是对思考的源头进行留痕，又需加入个人的理解阐释，因此并非简单抄写。学生在这一部分需根据模板结构，使用简练的语言对传统划线的关键信息进行阐释，并逐条记录。

4.2 知识组织（Organize）

借助当前电子笔记的技术革新，Roam Research、Notion、Logseq 等多个软件已打破传统以文档为单位的局限，形成以“块”为单位的新型笔记形式。“块”可以是文字的一个段落、一句话等更加精细且灵活的笔记形式，这与卡片盒笔记法中的“卡片”形式相吻合。上一环节对文献信息进行记录形成的各条笔记可以视作多个文本块，软件中可针对某个文本块进行标签（Tag）设置，也可将不同段落、不同位置的文本块进行自由链接，形成电子化的“笔记链”。整个过程可分为 2 个部分。

（1）建立卡片索引

当学生阅读了与某个主题相关的多篇文献后，应建立一个关于该主题研究的综述页面，作为笔记的索引。具体可在每条笔记上添加标签，通过标签将相似的笔记按照主题或领域进行归类，这是构建个人知识体系的关键步骤。后续其他相关的文献笔记可直接将文中的重要观点、分析或材料分条总结，记录在这个综述页面中。这里笔记索引可按“知识树”（Knowledge Tree）的形式通过主题的关联性和层级关系建立，这样可帮助学生一目了然地掌握自己思考进展到哪一步。

（2）建立卡片链接

所谓链接，即将多张“知识卡片”串联在一起。它相当于一个传送门，可以从一条笔记（文本块）传送到相关的笔记条目。通过在卡片上交叉引用和添加链接，能帮助学生构建一个有机的知识网络。这种关联和链接的方法可以促进思维的跳跃和创新，拓展学生的知识广度和深度。这里需要注意，一方面链接绝不是越多越好，学生需对每一条链接的必要性充分理解；另一方面卡片链接的优势是以一定数量为基础的。卡片数量较少时，无非是对卡片顺序的简单排列，这和线性写作区别不大。只有当卡片积累到一定规模，笔记间的链接才会形成群聚效应。Roam Research 等一些软件为此推出了图谱视图（Graph View）。通过知识图谱，可直观地看到笔记真正联结成了知识网络（图 4），由此学生可从中获得知识检索和联想的复利。

4.3 知识提炼（Distill）

尽管学术写作并不一定是线性的组织过程，但这并不意味着可以使用一种放任自流的方法。相反，一个清晰可靠的结构至关重要。特别是当有质量的笔记（卡片）达到一定量级之后，每一个想法都会增加群聚效应

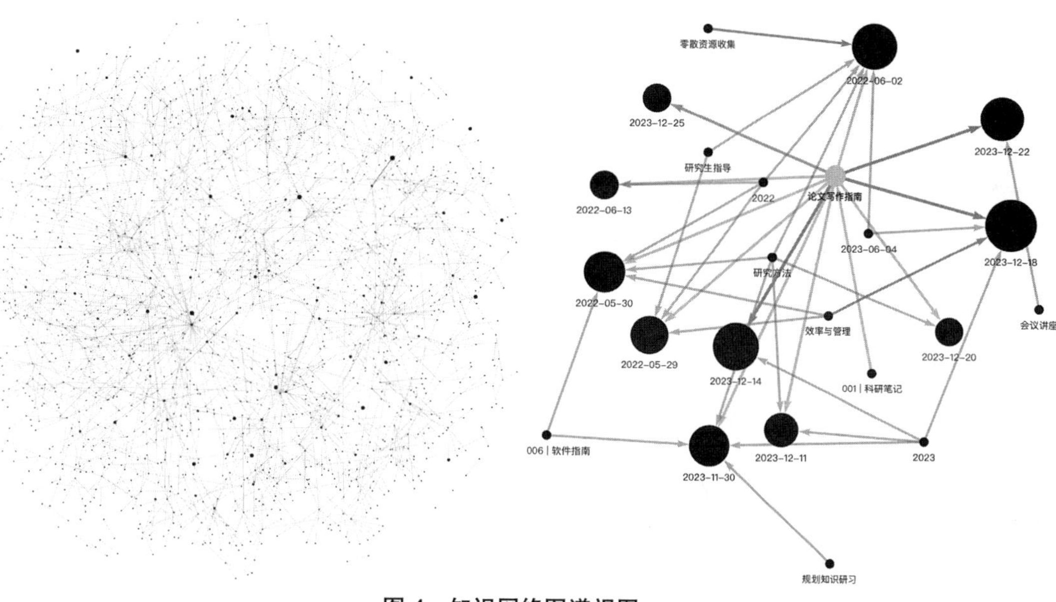

图 4　知识网络图谱视图

资料来源：作者思源笔记软件截图

的临界量，因此只有把若干单纯的想法合理集合，并进行提炼才能构成论文写作的素材和基础。这个过程包含了 2 个层面的梳理。

（1）纵向递进，精炼内容

卡片盒笔记法中有一个“永久笔记”的概念，它是对“文献笔记”的一个加工整理过程。可以说“文献笔记”的最终目的是衍生想法、论点和讨论，形成“永久笔记”。虽然部分“文献笔记”可以直接转化为文本块，作为永久笔记使用。但为了优化信息内容，提升信息复用性，导师应建议学生以精准、清晰、简短的语言对“文献笔记”重新加工，形成新的文本块，即“永久笔记”。

（2）横向比较，提炼大纲

当学生在围绕某一主题进行文献整理时，不仅要对某一篇重点文献进行深入研读，也应能跳出重点文献的桎梏，从全局认识该系列文献共有的特征与结构。不仅见树木，更应见森林。如图 5 所示，依托电子笔记软件数据库化的管理功能，学生可对所有同一类型或标签的文章进行横向比较分析。例如对于论文结构特征的比较，可以识别该类型论文写作的基本框架和逻辑顺序；对研究方法的比较，不仅可让学生全面了解该领域主要的方法类型，更能通过文本链接掌握各类方法的适用条件及其适配问题。在此基础上，学生可将相关“永久笔记”汇聚在“白板”中，思考素材之间的内在联系，查缺补漏，并形成目标论文的写作大纲（图 6）。

4.4　知识表达（Express）

关于学术写作的流程方法及其技巧各校均有相关课程进行讲授，这里不做赘述。从写作流程的衔接特点来看，卡片盒笔记法可为写作教学提供 2 点帮助。

（1）在传统的文献笔记学习中，学生的记忆往往自上而下按照论文主题进行信息的存储，即使当下对笔记有一定思考，但随着积累增多，将难以对文献间的关联或笔记要点间的联系进行记忆，这也是无法激发学生主动写作的原因之一。而卡片盒笔记法是自下而上的笔记构建体系，它会在信息的组织、提炼阶段让思考交融而产生洞见。这一方法对论文写作的优势在于论文想法已嵌入在丰富的上下文中，并且附带了可使用的信息素材，可让学生更专注于新观点的组织和思考，不用“东一榔头，西一棒子”临时拼凑素材。

（2）相较传统线性的写作方式，卡片盒笔记法提供了一种非线性写作的思路。对于学生而言论文中的研究内容往往已经是完成状态，但论文迟迟难以下手的原因

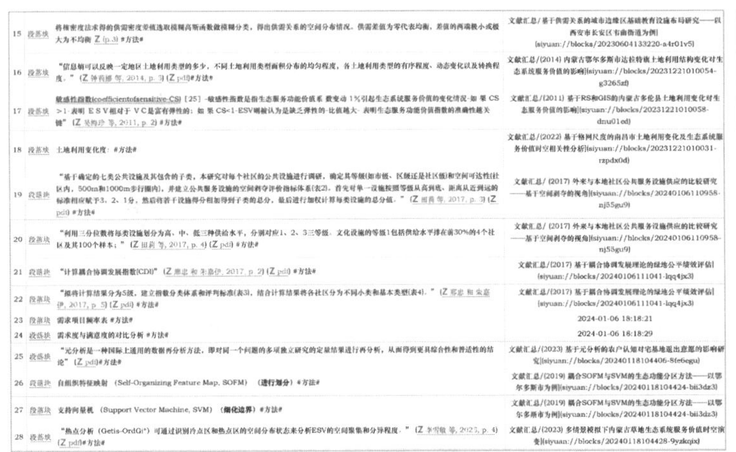

15	段落块	将核密度法求得的供需密度差值选取模糊高斯函数做模糊分类，得出供需关系的空间分布情况。供需差值为零代表均衡，差值的两端极小或极大为不均衡 Z (p.3) #方法#	文献汇总/基于供需关系的城市边缘区基础教育设施布局研究——以西安市长安区韦曲街道为例](siyuan://blocks/20230604133220-a4r01v5)
16	段落块	"信息熵可以反映一定地区土地利用类型的多少，不同土地利用类型面积分布的均匀程度，各土地利用类型的有序程度、动态变化以及转换程度。"(Z 钟莉娜 等, 2014, p. 3) (Z pdf)#方法#	文献汇总/(2014) 内蒙古鄂尔多斯市达拉特旗土地利用结构变化对生态系统服务价值的影响](siyuan://blocks/20231221010054-g3265zf)
17	段落块	敏感性指数(coefficientofsensitive-CS) [25] -敏感性指数是指生态服务功能价值系 数变动 1%引起生态系统服务价值的变化情况-如 果 CS >1-表明 ESV相对于 VC是富有弹性的；如 果 CS<1-ESV则被认为是缺乏弹性的-比值越大- 表明生态服务功能价值指数的准确性越关键"(Z 吴钩珍 等, 2011, p. 2) #方法#	文献汇总/(2011) 基于RS和GIS的内蒙古多伦县土地利用变化对生态服务价值的影响](siyuan://blocks/20231221010058-dnu01ed)
18	段落块	土地利用变化度：#方法#	文献汇总/(2022) 基于格网尺度的南昌市土地利用变化及生态系统服务价值时空相关性分析](siyuan://blocks/20231221010031-rzpdx0d)
19	段落块	"基于确定的七类公共设施及其包含的子类，本研究对每个社区的公共设施进行调研，确定其等级(如市级、区级还是社区级)和空间可达性(社区内，500m和1000m步行圈内)，并建立公共服务设施的空间剥夺评价指标体系(表2)，首先对单一设施按照等级从高到低、距离从近到远的标准相应赋予3、2、1分，然后将若干设施得分相加得到子类的总分，最后进行加权计算每类设施的总分值。"(Z 田莉 等, 2017, p. 3) (Z pdf) #方法#	文献汇总/ (2017) 外来与本地社区公共服务设施供应的比较研究——基于空间剥夺的视角](siyuan://blocks/20240106110958-nj55gu9)
20	段落块	"利用三分位数将每类设施划分为高、中、低三种供给水平，分别对应1、2、3三等级，文化设施的等级1包括供给水平排在前30%的4个社区及其100个样本；"(Z 田莉 等, 2017, p. 4) (Z pdf) #方法#	文献汇总/ (2017) 外来与本地社区公共服务设施供应的比较研究——基于空间剥夺的视角](siyuan://blocks/20240106110958-nj55gu9)
21	段落块	"计算耦合协调发展指数(CDI)"(Z 唐忠 和 朱嘉伊, 2017, p. 2) (Z pdf) #方法#	文献汇总/(2017) 基于耦合协调发展理论的绿地公平绩效评估](siyuan://blocks/20240106111041-lqq4jx3)
22	段落块	"根据计算结果分为5级，建立指数分类体系和评判标准(表3)，结合计算结果将各社区分为不同小类和基本类型(表4)。"(Z 唐忠 和 朱嘉伊, 2017, p. 5) (Z pdf) #方法#	文献汇总/(2017) 基于耦合协调发展理论的绿地公平绩效评估](siyuan://blocks/20240106111041-lqq4jx3)
23	段落块	需求项目频率表 #方法#	2024-01-06 18:18:21
24	段落块	需求度与满意度的对比分析 #方法#	2024-01-06 18:18:29
25	段落块	"元分析是一种国际上通用的数据再分析方法，即对同一个问题的多项独立研究的定量结果进行再分析，从而得到更具综合性和普适性的结论"(Z pdf)#方法#	文献汇总/(2023) 基于元分析的农户认知对宅基地退出意愿的影响研究](siyuan://blocks/20240118104406-8fe6egu)
26	段落块	自组织特征映射 (Self-Organizing Feature Map, SOFM) (进行划分) #方法#	文献汇总/(2019) 耦合SOFM与SVM的生态功能分区方法——以鄂尔多斯市为例](siyuan://blocks/20240118104424-bii3dz3)
27	段落块	支持向量机 (Support Vector Machine, SVM) (细化边界) #方法#	文献汇总/(2019) 耦合SOFM与SVM的生态功能分区方法——以鄂尔多斯市为例](siyuan://blocks/20240118104424-bii3dz3)
28	段落块	"热点分析 (Getis-OrdGi*) 可通过识别冷点区和热点区的空间分布状态来分析ESV的空间聚集和分异程度。"(Z 李雪敏 等, 2023, p. 4) (Z pdf)#方法#	文献汇总/(2023) 多情景模拟下内蒙古草地生态系统服务价值时空演变](siyuan://blocks/20240118104428-9yzkqix)

(a) 研究方法

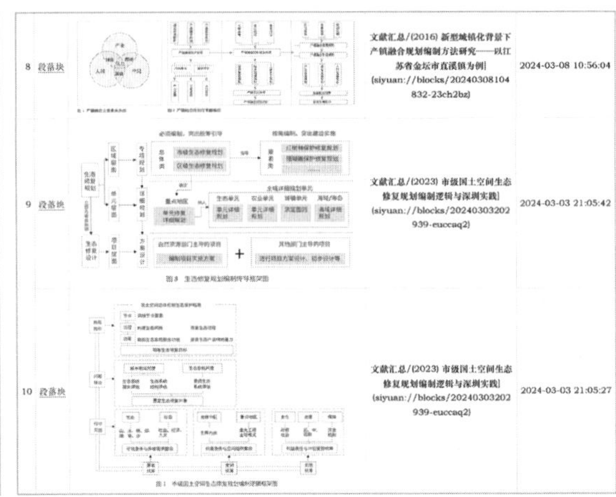

(b) 论文图表

图 5 知识分类数据库视图

资料来源：作者思源笔记软件截图

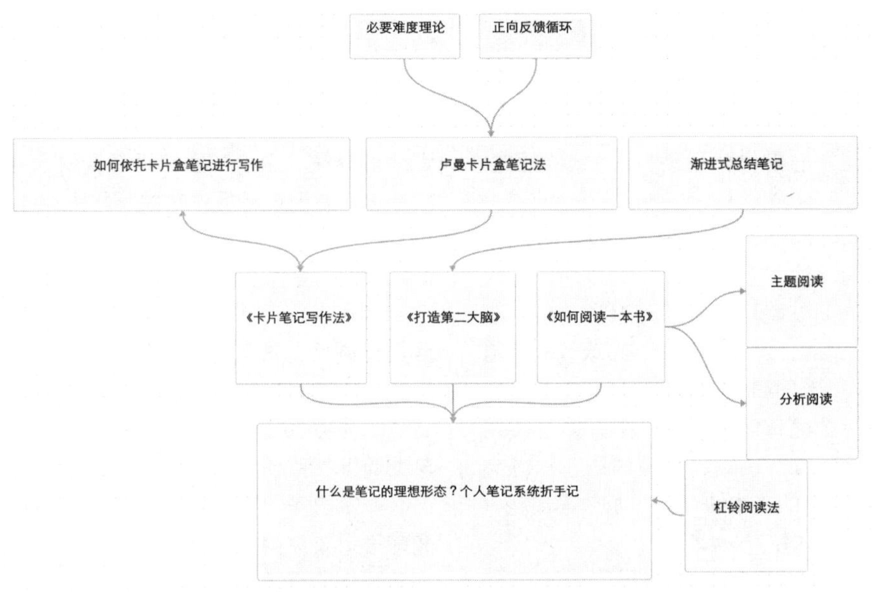

图 6 白板模式视图（卡片整理为写作大纲）

资料来源：https://sspai.com/post/87490

在于不知如何组织与切入。如按照结构化的写作方法从上到下推进的话，顺时尚可，不顺时则"文思枯竭"导致拖延。而非线性的写作方法下可将有难度的章节放到后面，如按照"研究方法概述—研究结果—讨论—结论—文献综述—引言"的顺序来写，一方面从最熟悉的章节切入，可让学生更易起步，逐渐进入写作状态。即便后续写作遭遇瓶颈，也因有一定内容积累不至于过于焦躁；另一方面，先完成分析结果和讨论等章节可帮助学生更加清晰地辨别自己研究的特色，易于对内容结构进行组织与调整。

5 结语

本文通过引入卡片盒笔记法，提出并探讨了完善文献阅读与写作应用间过渡的教学方法与思路。结合学生文献研习及论文写作的反馈来看，该教学环节的优化效果体现在以下几方面。首先，学生在文献学习的过程中能有意识地通过自己的语言对文献知识进行转述，同时在记录过程中也更注意语言的准确性和完整性。这极大改善了原先囫囵吞枣、盲目性学习的问题，学生可更聚焦于论文写作的内容思考和创新；第二，卡片盒笔记法强调建立文献笔记间的链接及高效自由的索引系统，这使学生更加重视文献中知识的系统性与关联性，这极大改善了学生原先学习过程中“只见树木不见森林”的问题；最后学生在文献学习与写作的过程中能够有意识地建立自己的知识体系，便于后续的复习、回顾和应用。与未经深入加工的信息相比，此方法获取的文献知识实用性及复用性更强。此外非线性的写作方式也让学生能更容易面对写作压力，提高效率。

参考文献

[1] 王成优，周晓，王小利，等.科技论文写作与学术道德规范课程建设研究[J].高教学刊，2024，10（12）：83-86.

[2] 李润洲.研究生学术论文写作的专业指导——一种人文社会科学的视角[J].学位与研究生教育，2022（4）：6-11.

[3] 张宴，任洪强.基于OBE理念的科技文献阅读与写作课程改革探索[J].教育教学论坛，2021（38）：87-90.

Exploring Urban and Rural Planning Literature Review Methods for Academic Writing ——Reflections on Teaching Practice Based on the Zettelkasten Method

Liu Ze

Abstract: Academic paper writing is a critical component in the training system for graduate students majoring in urban and rural planning，yet it often poses significant challenges in instructional guidance. Despite the presence of courses on “literature review and paper writing” in most programs，students still struggle with fundamental writing skills and encounter a gap between course content and practical application. Against this backdrop，this paper introduces the methodology of “Zettelkasten Method” and proposes，tailored to the characteristics of urban and rural planning disciplines，a teaching approach and framework for bridging the gap between literature review and writing application. Through four stages：“Knowledge Capture”，“Knowledge Organize”，“Knowledge Distill”，and “Knowledge Express”，this approach aims to provide students with a closed-loop path of systematically connecting literature information input，processing，and output. It seeks to offer a scientific and systematic methodological strategy for guiding graduate students in academic paper writing，enhancing writing efficiency，and promoting knowledge reuse.

Keywords: Zettelkasten Method，Academic Papers，Nonlinear Writing，Cluster Effect

基于中国特色社会主义建设成就的“三阶六步”思政教学模式探索*

李 飞 贡 玥

摘 要：课程思政应结合城乡规划学科建设新工科的特点，通过“三阶六步”思政教学模式，有机地融入中国特色社会主义建设成就的思政元素，达到春风化雨、润物无声的育人效果，引导培养学生的社会主义核心价值观。“城市形态与规划理论”课程思政内容具有综合性和实践性，中国特色社会主义建设成就的案例式融入，使课程思政的融入路径更为多元。本文基于社会主义建设成就，明确思政融入的课程教学目标；依托学科特点，创新思政元素及其融入路径，进而以“三阶六步”思政教学模式以及教学实施设计为例，深入阐述课程的案例式设计组织方式。综合学科内容与思政切入，总结出基于社会主义建设成就的创新思政融入方法，高校课程思政内容宜与专业知识有机结合，以社会主义建设成就的“过去、现在、未来”为框架，实现潜移默化式教育。

关键词：城乡规划学科；思政融入；社会主义建设成就；课程探索；“三阶六步”教学模式

1 前言

2016 年 12 月，全国高校思想政治工作会议提出“要用好课堂教学这个主渠道，思想政治理论课要坚持在改进中加强”，“其他各门课都要守好一段渠、种好责任田，使各类课程与思想政治理论课同向同行，形成协同效应”[1]。教育部于 2020 年 5 月印发《高等学校课程思政建设指导纲要》，要求各高校把思想政治教育贯穿人才培养体系，全面推进高校课程思政建设。北京林业大学校党委书记王洪元提出“广大青年学生胸怀‘国之大者’，把人生追求同祖国的前途命运紧密相连，坚定理想信念，听党话跟党走；牢记时代责任，厚植家国情怀，努力成长为堪当民族复兴大任的时代新人”[2]。校长安黎哲围绕“以习近平生态文明思想指导美丽中国建设”，指出“北京林业大学是全国最高绿色学府，希望学生牢固树立人与自然和谐共生的理念，自觉担负起建设美丽中国的时代责任”[2]。本文在“城市形态与规划理论”课程思政教学中提出“三阶六步”思政教学模式，将社会主义建设成就与实践案例，融入城乡规划专业研究生课程的理论教学中，探索将思政元素融入专业知识点讲授的创新路径。结合中国特色社会主义建设成就的案例式教育、翻转课堂等授课形式，引导学生深刻理解社会主义核心价值观，坚定走社会主义道路的信念。

2 “城市形态与规划理论”课程思政教学目标

“城市形态与规划理论”课程思政教学目标旨在基于讲述社会主义建设的伟大成就，弘扬城乡规划领域的生态城市、信息社会、知识经济的建设特色，将 2013 年党的第十八届三中全会写入党章的“生态文明建设”，以及社会主义核心价值观、三观教育、中国梦、创新思维等内容，融入课堂思政教学，形成“全球视野、家国情怀、创新精神、专业素养”的人才培养目标。使学生自觉弘扬中华民族优秀家国情怀、职业伦理、科学精神、工匠精神、劳模精神等中国特色的社会主义先进文化。

* 基金项目：北京林业大学 2023 年教育教学改革与研究项目重点项目（BJFU2023JYZD020）（2023）；北京林业大学研究生课程思政建设项目课题（KCSZ22027）（2022）。

李 飞：北京林业大学园林学院副教授（通讯作者）
贡 玥：北京林业大学园林学院研究生

2.1 基于社会主义建设成就的思政教学目标

通过课程的学习，在专业知识方面，使学生掌握城乡规划形态类型与基本理论，了解城市规划在社会主义建设下的发展动态（表1）。在思政教育方面，培养学生的社会主义核心价值观、坚定“四个自信”[3]，其中包括培养社会主义道路自信、理论自信、制度自信、文化自信。结合本课程，在课程思政教学中，还增加了培养学生职业自信、道德自信、技术自信等内容，以达到培养社会主义城市建设领域的技术人员的培养目标。

2.2 思政融入采用递进式教学路径

在课程的准备阶段、授课阶段、总结阶段，努力将思政素材和思政元素在知识点教学中进行自然渗透和无缝对接（图1）。首先，按照理论讲解、案例借鉴等知识模块，发掘不同教学环节蕴含的共同主题，梳理、提炼思政教育元素，结合课程理论知识与案例讲解，建立党的教育方针、社会主义核心价值观等思政教育资源与课程教学内容的对应关系，确保教学内容的真实性和思政教育的价值性。其次，通过思政切入达到专业理论跃迁，结合思政案例分析城乡规划的实践模拟，充分实现思政融入课堂讲授、教学实践等过程。最后，通过多种教学方法的应用，进行思政总结，形成中国特色的社会主义文化观、社会主义核心价值观、社会主义道路的思想认同观和系统设计德育递进路径。

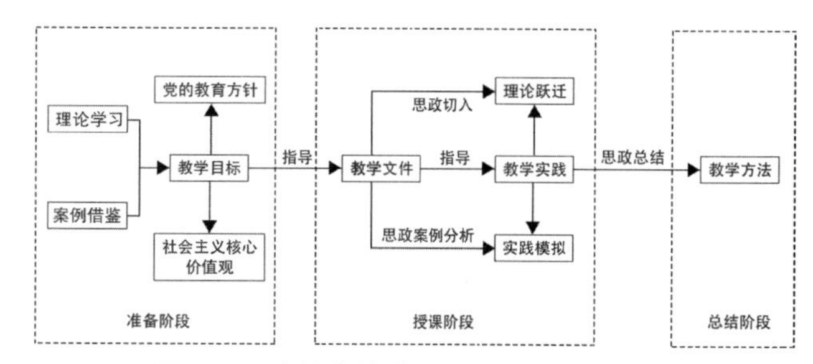

图1 思政教育的递进式教学路径框架图

资料来源：作者自绘

3 专业知识点融入“中国特色社会主义建设成就”的思政元素

3.1 思政元素融入体现理论跃迁

本课程作为城乡规划学研究生教学中一门具有综合性和实践性的课程，涉及地理学、社会学、景观学、建筑学、生态学以及国家相关法律法规。因此，在融入思政元素时，不仅要脚踏实地梳理并探讨各类城市形态及规划理论，总结与反思国内外城市规划的不足和在我国城乡建设发展中的应用前景，及时掌握学情，而且有机地融入思政元素，达到春风化雨、润物无声的育人效果[1]。同一专业的内容和知识点可以挖掘出多个思政元素，同一个思政元素也会蕴含于不同的专业内容和知识点之中[3]。“城市形态与规划理论”课程中的思政元素

“城市形态与规划理论”课程思政的育人目标、支撑资源及实施途径　　表1

思政教育目标	思政的中国特色的社会主义建设成就方面的支撑资源	思政的讲授途径与教学方式
突出我国社会主义制度优越性以及社会基础，增强学生对社会主义制度的制度自信、道路自信	将社会主义核心价值观与教学协同育人目标相结合，为学习后续课程以及从事城市规划设计、风景园林规划设计以及城市规划管理、园林规划管理工作奠定基础	授课
培养理论自信、职业自信	通过课程的学习，结合我国城市规划建设上的新成就，构建具有中国特色的城市规划必要的基本理论、技术规范和基本技能体系，培养理论与实践自信心	授课＋课堂辩论
培养文化自信、道德自信	结合党史、党的力量和中华优秀传统文化、职业道德修养，引导学生爱祖国爱党爱人民、敬业自强，激发学生自觉承担中华民族伟大传人的觉醒力	授课
培养理论自信、技术自信	突出新工科的学科专业特色，通过产教融合的方式，使学生通过热门理论、方法、技术、手段，结合一个城市或者地区，了解城市规划现行的编制方法和程序，并从中寻求研究突破，剖析城市生态建设成就，突出培养学生对城市规划理论在城市生态建设方面的应用的奉献意愿	授课＋论文写作

资料来源：作者自绘

具有多元性和开放性，紧贴国家政策与思政内涵，具体体现为以下方面（表 2）。

3.2 课程思政元素架构兼顾多种类型

由于“城市形态与规划理论”课程具有综合性、系统性的特点，因此可以结合中国特色的社会主义建设成就的相关思政元素非常丰富，从弘扬家国情怀、社会公德、科学精神，到职业伦理和工匠精神、劳模精神都有涉及。通过梳理课程中的思政融入点及理论跃迁，确定各部分内容的核心思政元素和相关思政元素[4]。结合新工科类的课程建设特点，将思政元素分为家国情怀、职业伦理、科学精神、工匠精神、劳模精神五种类型（表 3）。总体来讲，家国情怀和职业伦理的教育贯穿整个教学过程，城市规划专业内容的学习侧重科学精神与工匠精神、劳模精神。

4 “三阶六步”思政教学模式

在“城市形态与规划理论”课程思政教学中，全面推进、贯彻落实习近平总书记关于“大思政课”的重要指示和在中国人民大学考察时的重要讲话精神，贯彻

思政元素融入课程教学设计　表2

教学章节	专业内容	思政元素融入点	理论跃迁
第一章 城市规划理论的发展与生态理论的历程	了解生态理论在城市物质空间形态理论中的萌芽；掌握城市生态空间形态理论的核心理论构架	突出社会主义物质文明建设与精神文明建设的功绩，与改革开放后城乡建设成就相结合	通过结合理论，分析国内外城市的优点与不足，体会习近平总书记提出的一系列新理念、新思想、新战略
第二章 城市形态基本类型	城市物质空间形态理论、生态空间形态理论、发展阶段与类型理论等	开展城市形态案例调研等实践活动，围绕城市规划结合中华优秀传统文化的案例，将国土空间规划案例与城市形态案例相结合，发挥学生主体性作用	讨论有中国特色的城市建设案例，分析城乡规划理论的过去、现在和未来，引发学生对合理应用城乡规划理论的思考
第三章 城市形态与绿地生态空间规划的关系	掌握生态空间的概念；掌握生态空间的类型	将党的生态创新理论与城市形态案例相结合，发挥学生主体性作用	自生态理论的悟透，至生态科学的探觅，扩展视角广度，探悟关于人与自然、城市与生态关系的空间愿景
第四章 影响生态空间形成因素与城市形态的 GIS 耦合关系	掌握生态空间的形成因素；掌握与城市形态的耦合关系；GIS 分析与预测	围绕新时代的伟大实践，充分挖掘地方的生态文化、科学精神，将生态空间的实践成就，引入课堂	结合中国市县级国土空间规划的案例，说明城市形态的文化价值，映射社会主义精神文明
第五章 未来城市形态的影响因素与发展方向的判别方法	掌握未来城市形态的影响因素；了解大数据分析带来的变化以及地理元胞自动机模型（CA）	突出新工科的学科专业特色，引入大数据分析、地理元胞自动机等新的技术方法	解析中国城市未来发展方向，探讨中国社会主义建设成就与国家政策的科学性

资料来源：作者自绘

课程思政五元素分类　表3

教学章节	专业内容	家国情怀	职业伦理	科学精神	工匠精神	劳模精神
第一章 城市规划理论的发展与生态理论的历程	生态理论在城市物质空间形态理论中的萌芽；城市生态空间形态理论的核心理论	●	○	●	○	○
第二章 城市形态基本类型	城市物质空间形态理论、生态空间形态理论、发展阶段与类型理论等	●	○	○	○	○
第三章 城市形态与绿地生态空间规划的关系	生态空间的概念；生态空间的类型	●	●	●	○	○
第四章 影响生态空间形成因素与城市形态的 GIS 耦合关系	生态空间的形成因素；与城市形态的耦合关系；GIS 分析与预测	○	○	●	○	●
第五章 未来城市形态的影响因素与发展方向的判别方法	未来城市形态的影响因素；大数据分析带来的变化以及地理元胞自动机模型	○	○	○	●	●

资料来源：作者自绘

落实中共中央、国务院《关于新时代加强和改进思想政治工作的意见》《关于深化新时代学校思想政治理论课改革创新的若干意见》《关于加强新时代马克思主义学院建设的意见》精神，提出了“三阶六步”思政教学模式。包括课前思政预习、课堂思政切入、课后思政升华三个阶段，其中课堂教学部分包括文化背景、思政切入、思政案例分析、理论跃迁、实践模拟、思政总结六个步骤，体现了递进式思政教学的全过程（表4）。

4.1 “三阶六步”与社会主义建设成就的案例式教学实施设计

课堂上，采用“三阶六步”教学模式，将中国特色的社会主义建设成就，与“城市形态与规划理论”课程教学巧妙地联系起来。突出新工科的学科专业特色，将生态观融入本课程建设中，制定本课程的思政教学的具体实施设计方案。

4.2 “三阶”：将中国特色社会主义建设成就融入“课前、课中、课后”全过程思政教学

（1）课前思政预习阶段：多种预习方法充分调动学生的学习积极性

鼓励学生通过网络平台、视频资料、图书馆查阅等方法，在课前广泛阅读各种有关中国特色社会主义建设方面的资料，了解习近平新时代中国特色社会主义思想蕴含的价值观、“坚持人民至上”“坚持和发展中国特色社会主义，全面建成社会主义现代化强国，以中国式现代化全面推进中华民族伟大复兴”“富强、民主、文明、和谐、自由、平等、公正、法治、爱国、敬业、诚信、友善”“创新、协调、绿色、开放、共享的新发展理念”“构建人类命运共同体与弘扬全人类共同价值”等核心的课程思政内容。使学生对新中国成立75周年以来的城市建设成就，是在上述社会主义核心理论的基础指导下获得的这一事实案例进行了解、分析，从而培养学生坚定“四个自信”。

（2）课堂思政切入阶段：与中国特色的建设成就相结合的案例式教学

在课程设计中，引入上述思政元素的主要途径是改变原有的教学方式。从原有的“外国理论＋中外实践”为主的教学方式，转变为“分析外国理论的利与弊＋展示在中国城市建设中的应用成就＋明确中国特色社会主义理论的物质精神文明方面的延伸”为主的教学方式。采用中国特色的城市建设案例式教学、参与式辩论教学、分享式论文教学等，激发学生学习兴趣，实现知识传授和价值观塑造的统一。采用“文化背景、思政切入、思政案例分析、理论跃迁、实践模拟、思政总结”阶梯引导式思政教学，用创新融合的方式将思政教育融

“三阶六步”思政教学模式　　表4

三阶	六步递进式思政教学	教师任务	学生任务
课前思政预习	结合思政知识点元素布置预习清单	（1）知识点预习 （2）思政元素相关网页知识阅读 （3）自己提出一些思政元素的案例	按照预习清单，自行预习知识点＋思政元素
课堂思政切入	文化背景	根据知识点，讲授案例所在城市或地区的历史背景	分析、理解、记忆知识点
	思政切入	根据该案例呈现的思政元素，明确提出思政元素的重要性	建立学生对掌握知识点在社会主义建设中应用的作用的认识
	思政案例分析	将思政元素与知识点建立联系	使学生提高分析问题的能力
	理论跃迁	将思政元素建立在对知识点理论的升华上	使学生提高解决问题的能力
	实践模拟	对未来的实践进行展望、模拟、讲解，提出知识点的适用性	使学生提高理论联系实际的能力
	思政总结	反馈思政元素，强调对知识点掌握的重要性，塑造学生对社会主义建设道路的道路自信	使学生具备将知识点与时政知识、思政元素结合起来，看透事物本质的能力
课后思政升华	提出思政问题	（1）安排调研实践活动 （2）提供实践机会	完成调研实践报告，网上查询资料，理解老师提出的新的思政问题

资料来源：作者自绘

入课程教学内容，在宣传中国特色的社会主义建设成就的同时，实现城乡规划理论和城市形态影响因素的“利弊”教学，实现培养“肩负中国特色的社会主义建设事业使命的国土空间规划精英”的思政课程教育目标。

（3）课后思政升华阶段：采用翻转课堂，使学生坚定走中国社会主义道路的信念

课后采用翻转课堂，使思政元素“春风化雨”式地融入课后自学过程。通过小组作业的方式，鼓励学生自己查找相关的思政案例。并在思政案例分析上，做到进行小组组内讨论、学习案例的思政切入点，并以此升华学生对中国特色的社会主义建设成就的认知。通过认知报告、调研分析影响城市形态的发展因素等教学素材的设计和导入，以春风化雨、润物无声的方式将正确的价值导向、理想信念、社会正义和家国情怀巧妙地融入教学内容，并有效地传递给学生。选择优秀调研作业，以小组汇报的方式，鼓励学生积极参与翻转课堂，使学生坚定走中国社会主义道路的信念。

4.3 “六步”：将中国特色社会主义建设成就融入“过去、现在、未来”四维思政案例式设计

（1）步骤一：介绍文化背景，让学生了解过去城市发展的艰辛历史

根据知识点，讲授案例所在城市或地区的社会、经济、生态背景，展示历史上从清代到民国遗留下来的一穷二白的城建基础。帮助学生分析、理解新中国成立初期城市发展的艰辛历程。根据上述知识点，讲授城市生态规划理论诞生时期，所在城市或地区的历史背景和文化背景。根据城市生态空间形态的影响因素知识点，讲授仿生城市、城市公园运动、可持续发展等文化背景以及市县级国土空间规划案例所在城市或地区的历史背景、历史上的城市形态以及其不符合发展的原因。帮助学生分析、理解、记忆专业理论。

（2）步骤二：思政切入，让学生了解社会主义新理念

分析中国特色社会主义建设成就的具体案例呈现的思政元素，明确提出社会主义核心价值观等思政元素对城市建设成就的指引作用。帮助学生对掌握知识点在生态建设中应用的作用的认识，侧重于家国情怀、职业伦理、科学精神的思政元素渗透，教学中通过对城市生态空间形态案例的讲解，促使学生进一步理解生态文明、人类命运共同体等社会主义新理念。从诸多社会主义城市建设的思政案例入手，将生态规划的内容与生态城市建设成就结合在一起进行讲解，深化我国的生态、经济、文化在全世界范围内的影响力。

（3）步骤三：思政案例介绍，让学生了解中国社会主义建设成就

通过多个城市规划的案例分析城市形态的影响因素，结合中国市级国土空间规划的案例，说明城市形态内容。党中央指出“文化自信，是一个民族、一个国家以及一个政党对自身文化价值的充分肯定和积极践行”，其目的主要在于促进科技文化驱动力，深化社会主义精神文明的改革。课程重在将社会主义生态观融入教学中，讲述生态空间系统、城市形态等基本概念，使学生掌握城市的生态空间形态基本类型，以及城市形态与绿地生态空间规划的关系。通过对传统、新型城市建设模式和理论的优缺点对比与深刻反思，展开对于城市生态规划、宜居城市战略规划等领域的一系列案例实践与探索的系统学习。

（4）步骤四：理论跃迁，使学生建立知识点的思政认识

将党的生态创新理论与城市形态案例相结合。党的十八大以来，以习近平同志为核心的党中央围绕生态文明建设提出了一系列新理念、新思想、新战略，开展了一系列根本性、开创性、长远性工作，生态文明理念日益深入人心，推动生态环境保护发生历史性、转折性、全局性变化。依托生态城市建设成就等多种案例的讲解，引出可持续发展指标体系、绿色城市的研究，使思政元素在知识点理论介绍的基础上进行升华，提高学生解决问题的能力。明确指出中国哪些城市建设成就，是主要应用了哪些城乡规划理论，从而实现理论跃迁的过程。同时，通过系统针对城市生态空间形态体系构建的相关关键技术，及其引导下的城市空间格局、结构及形态的优化路径的讲解，引导学生实现理论跃迁的技术层面的提升。

（5）步骤五：实践模拟，使学生了解中国社会主义建设理论的应用成果

围绕“基于社会主义建设成就的生态城市形态”思政主题，讲解符合中国发展建设中的生态城市、绿色城

市、健康城市规划案例，紧密结合当今我国生态建设与发展需求开展专题研究。结合山水城市、花园城市等城市形态的发展、变化、实践，进行实践展望、实践模拟、讲解，使学生提高理论联系实际的能力。引导学生关注我国当前生态环境规划建设中的重要战略，学习国际先进规划理念并思考规划专业如何立足国情，探索中国方案与中国道路，在训练专业科学素养与研究方法的同时，培养学生的职业伦理与工匠精神，实现课程的思政目标[5]。

（6）步骤六：思政总结，使学生坚定社会主义建设的优势

结合课堂总结，反馈思政元素，紧跟核心、加强谋划、坚定信心，努力建设环境优美、绿色低碳、宜居宜游的生态城市。通过中国特色的社会主义建设成就的案例总结和思政总结，提出掌握城乡规划理论及其城市影响因素的知识点的重要性，塑造学生对社会主义精神文明建设道路的道路自信。使学生具备将知识点与时政知识、思政元素结合起来，看透事物本质的能力。

5　基于社会主义建设成就的案例式课程思政融入方法

5.1　思政元素与专业知识有机结合，反映专业教学的时政性

基于后疫情时期，课程建设侧重于将社会主义建设道路伟大成就、党史党情、“真善美”、职业道德、生态发展等思政元素，与城乡规划专业的规划理论、城市形态的各个要素等知识点相结合，将社会主义核心价值观等思政要素贯穿于专业课程“求真”的教学中（表5）。课程通过各种案例式教学，将社会主义建设伟大成就，城乡规划专业的各种城市建设实例，与思政元素相结合，体现专业教学的时政性。

思政融入教学方法　　表5

思政元素点	教学方法
社会主义建设道路伟大成就	（1）目标导向型教学：以学生的专业培养与社会主义建设事业就业目标作为教学目标，拓展学生的知识面，有利于教学 （2）递进式思政教学：“文化背景、思政切入、思政案例分析、理论跃迁、实践模拟、思政总结”阶梯引导式思政教学，实现社会主义制度优越性的潜移默化式教育
党史党情、职业道德	（1）采用党的理论、习近平总书记的理论名言 （2）结合优秀城市规划学者的案例，来宣扬职业道德
生态发展	（1）案例式教学：采用生态城市建设的案例式教学 （2）参与式教学：让学生查找生态建设的案例，进行小组讲解、沉浸课堂的教学，培养学生自主决策、创新思维的能力

资料来源：作者自绘

5.2　以社会主义建设成就的“过去、现在、未来”为框架的目标导向型教学

思政元素和知识点的结合，需打破传统的教学方式，建立以城市建设与城市发展的“过去、现在、未来”为教学推进构架。以培养有中国特色的社会主义城乡规划师为目标，采用导向型教学方法，培育学生的制度自信与社会主义道路自信，城市建设背景下的城市形态研究的工匠合作精神。结合新时代背景，开拓创新技术发展精神，注重生态建设与实效的时代担当精神，使学生在改革开放的背景下进行前瞻性、合理性的国土空间规划，展现时代发展的注重生态建设的国土空间规划与大国形象。

5.3　采用翻转课堂与递进式思政教学，增强专业教学效果

课程思政充分挖掘课程知识点内蕴含的政治教育资源，充分进行中西方城市建设对比，以中国改革开放以来的伟大社会主义建设成就为落脚点，探索社会主义制度优越性的潜移默化式教育。采用“文化背景、思政切入、思政案例分析、理论跃迁、实践模拟、思政总结”阶梯引导式思政教学，配合“提问—回答—释疑”型教学方法，实现翻转课堂的专业教学效果。

5.4　采用中国特色的城市建设特色国土空间规划资源库、参与式辩论教学、特色教学平台，营造适合后疫情时期特点的良好的课堂环境

采用中国特色的国土空间规划案例库、案例式教学、参与式辩论教学、分享式论文教学等，激发学生学习兴趣，实现知识传授和价值观塑造的统一。课外实训中完成论文调研、写作、汇报、修改、成稿等内容，实

现课上课下的完美融合，完成技术能力提升与社会主义价值观塑造目标的统一融合。

参考文献

[1] 习近平在全国高校思想政治工作会议上强调：把思想政治工作贯穿教育教学全过程 开创我国高等教育事业发展新局面 [N]. 人民日报，2016-12-09.

[2] 北京林业大学 . 有高度、有深度、有温度！北京林业大学全体校领导深入课堂讲授思想政治理论课程 [OL].(2022-01-13). https://new.qq.com/rain/a/20220111A079F900.

[3] 陈航 . 数学课程思政的探索与实践 [J]. 中国大学教学，2020(11): 44-49.

[4] 张定青，虞志淳，张冬冬 . 建筑学专业课程中思政元素的挖掘与融入——城市与风景园林设计理论课程思政教改实践探索 [J]. 高教学刊，2022，8(17): 157-160.

[5] 陈丽 . 基于课程思政的城市规划原理课程改革探讨 [J]. 盐城师范学院学报(人文社会科学版)，2019，39(6): 113-116.

Exploration of “Three-Steps and Six-Steps” Ideological and Political Teaching Mode Based on the Achievements of Socialist Construction with Chinese Characteristics

Li Fei　Gong Yue

Abstract: Ideological and political education of the course should be combined with the characteristics of urban and rural planning as a new engineering discipline, and through the “three-stages and six-steps” ideology and politics teaching mode, the ideology and politics elements of the achievements of socialism with Chinese characteristics should be organically integrated to achieve the effect of educating the people in the spring breeze and silently and guide the cultivation of socialist core values of the students. The content of the course “Urban Form and Planning Theory” is comprehensive and practical, and the case-based integration of socialist construction achievements with Chinese characteristics makes the path of the course’ s ideology and politics more diversified. Based on the achievements of socialist construction, this paper clarifies the teaching objectives of the course for the integration of ideology and politics; relying on the characteristics of the discipline, it innovates the elements of ideology and politics and its integration path, and then takes the “three-stages and six-steps” ideology and politics teaching mode and the design of teaching and implementation as examples to elaborate the organization of the course’ s case study design in depth. By synthesizing the contents of academic disciplines and the entry of ideology and politics, the innovative civics integration method based on the achievements of socialist construction is summarized, and the ideology and politics content of college courses should be organically combined with professional knowledge, and the “past, present and future” framework of socialist construction achievements should be used to realize the subtle education.

Keywords: Urban and Rural Planning, Integration of Ideology and Politics, Socialist Construction Achievements, Curriculum Exploration, “Three-Stages and Six-Steps” Teaching Model

多重目标导向·多元互动模式：规划理论课教学改革探索*

孙 立 杨 震

摘　要：本文以“城市规划评析”课的教学改革为例，探讨了以实现知识传授、能力培养、价值塑造等多重教学目标为导向的一种多元互动的教学模式。具体介绍了教学改革的背景、策略及各教学环节的做法，展示了这一多元互动模式在规划理论课程教学中的实际应用和效果。

关键词：理论教学；规划评析；多重目标；多元互动

1　引言

高质量发展背景下，对于规划人才培养质量的要求越来越高，规划理论课程除了传授知识，作为培养学生综合素质和能力的重要课程之一，如何通过教学改革实现多重教学目标受到规划教育界的广泛关注。首先，需要认识到规划理论课程教学的多重目标性。在传统的教学模式中，往往过于注重知识的灌输和记忆，忽视了对学生价值塑造和能力培养的关注。然而，在当今社会，仅仅拥有知识是远远不够的，更需要具备高尚品德、创新思维和实践能力等多方面的素质。因此，需要重新审视规划理论课程的教学目标，将价值、知识和能力三个维度作为教学的核心目标，以培养出具有全面素质的学生。其次，为了实现多重目标的教学，需要构建一种多元互动的教学模式。这种教学模式注重教师与学生、学生与学生、校内与校外以及理论与实践之间的多元互动，旨在通过多种形式的教学活动，激发学生的学习兴趣和主动性，促进学生的全面发展。通过互动，学生可以更好地理解和掌握知识，提高问题解决和团队合作等实践能力，同时也可以增强社会责任感和伦理道德等价值观念。

本文以“城市规划评析”课的教学改革为例，从教学改革的背景分析入手，具体介绍教学改革的策略及各个教学环节具体做法，展示这一多元互动模式在规划理论课程教学中的实际应用和效果。

2　“变”而思“变”——教学改革的背景及思考

顾名思义，作为教学改革的背景，“变”而思“变”是指因为课程的内外部条件和环境发生了“变化”，而引发“变革”教学模式的思考。

“城市规划评析”课是本校具有特色的城乡规划专业研究生理论类课程之一。其教学目标在于培养学生树立正确的城市规划的价值观，引导学生关注当代国际与国内城市规划的理论与实践，培养学生掌握城市规划评析的一般性原理与方法。而肇始于2006年的该课程，开课之初尚无成熟的理论体系与教学模式，随着教学活动的深入与展开，课程的内外部条件和环境不断发生着“变化”。

2.1　课程内外部条件和环境的“变化”

（1）教学内容的持续优化与深化

该课程开课之初尚无成熟的理论体系，更未见到专门的研究论著问世，如何界定规划评析，如何科学地进行规划评析都处于摸索阶段。再者，当时更无固定的教

* 基金项目：北京建筑大学研究生教育教学质量提升项目（J2022014，J2023012）；北京建筑大学青年教师科研能力提升基金项目（X22018）。

孙　立：北京建筑大学建筑与城市规划学院教授
杨　震：北京建筑大学建筑与城市规划学院副教授（通讯作者）

学模式可言，教什么、如何教、教到什么程度，让学生如何学、学到什么才最为重要，是从该课程设立之初一直不断思考的问题。

在课程设立的初期阶段，其教学内容主要聚焦于规划批评学的理论体系。然而，随着教学过程的深入和师生之间的互动反馈，结合学生的实际需求，课程内容逐渐得到了拓展和深化。规划评价与评估学的相关内容被逐步引入，旨在为学生构建一个更为全面和系统的规划评析知识体系。除了理论知识不断增加内容外，由于规划案例的评析被视为本课程的核心内容之一，也备受学生们的青睐，都希望能增容这部分内容。

（2）传统教学模式面临的困境

随着教学内容和教学目标的持续调整与优化，传统的教师单向讲解、学生被动理解的教学模式已难以适应当时的教学需求，主要面临的挑战如下：

首先，课时有限而内容繁多。作为一门自成体系的理论课程，必须确保其理论框架的完整性，上述所有理论内容都不可或缺。同时，作为一门紧密追踪规划前沿实践的课程，对热门规划案例的分析也至关重要。然而，在总共仅16学时的限制下，即便仅讲解理论部分中的规划批评学部分，也难以详尽展开。如何在有限的时间内达成所有教学目标，成为教学内容调整后的主要挑战。

其次，案例的前沿性和多样性也是亟待解决的问题。传统的理论课程在分析案例时，往往选用国内外相对成熟的经典案例。然而，这些案例难以满足学生对现时规划热门话题的迫切需求，也难以激发他们的学习兴趣。学生们更渴望深入了解现时规划问题的形成与发展脉络，以及解决这些问题的最新思路和方法。同时，他们期望案例类型丰富多样，以便学习如何从多角度对规划案例进行评析。

（3）课程思政元素融入专业课教学的诉求

思政元素融入专业理论课对于人才培养的意义不言而喻，特别是被誉为专业版思政课程的“城市规划评析”课，由于在开展课程思政建设上具有显著优势，更应加强课程思政的建设，但这也同时带来了以下的教学挑战：

首先，内容整合与平衡问题。专业理论课本身已经有丰富的内容和知识体系，如何在不增加过多负担的前提下，合理融入思政元素，确保两者之间的平衡？

其次，传统的教学方法更侧重于专业知识的讲授，而思政元素的融入需要更加注重学生的参与、体验和感悟。故此需要创新教学方法让学生在参与中学习和理解思政知识，提高学习效果。

再次，思政元素的融入需要授课者具备更高的政治素质和思政水平，这对授课者提出了更高的要求。授课者需要了解最新的思政理论和社会热点，以便更好地将思政元素融入专业理论课中。

2.2 应对“变化”教学模式“变革”方向的思考

应对上述“变化”，应如何“变革”教学模式？一是应思考教学内容如何“变”才能让学生能够架构起关于规划评析完整的知识体系，全面了解其理论与方法，即应思考“教什么”的问题；二是随着教学内容的不断调整与完善，传统教学模式受到挑战，必须认真考虑“怎么教”的问题，即应“思”如何通过“改变”教学模式才能使学生能动学习与主动思考，联动提升思想政治素养。

3 以“便”应“变”——教学改革的策略

充分发挥周边行业资源密集、思政元素富集的“便利”条件，以应对上述“变化”是教学改革的主要策略。这一教学改革思路主要包括两个方面：一是“发挥地缘优势，借力周边行业资源”；二是“激发学生潜能，提升学习自主性”。

3.1 发挥地缘优势，借力周边行业资源

为了保障案例的前沿性与多样性，同时要求授课者了解最新的思政理论和社会热点的问题，教学改革提出“发挥地缘优势，借力周边行业资源”的策略。由于教师的研究领域和规划实践经验存在局限性，难以覆盖所有规划类型。同时，对于前沿性而言，高校教师接触到的规划实践案例未必都是当前的热点话题。因此，突破传统教学思维，教师角色从主讲者转变为组织者显得尤为重要。

本校建筑与城市规划学院地处首都核心区，周边汇聚了住房和城乡建设部、自然资源部、中国城市规划设计研究院、北京城市规划设计研究院等众多规划管理与

研究机构。这些机构与规划领域的热门话题密切相关，为规划教学提供了丰富的行业资源和思政元素。通过实施“发挥地缘优势，借力周边行业资源”的教学改革策略，邀请这些机构中与规划热门话题相关的当事人或参与者来到课堂，与学生进行案例评析和互动交流，从而解决案例的前沿性与多样性问题。同时也解决了思政元素的融入需要授课者具备较高的政治素质和思政水平，了解最新的思政理论和社会热点的问题。

3.2 激发学生潜能，提升学习自主性

针对“学时少、内容多”的问题，充分发挥研究生阶段已经有能力进行研究型学习的便利条件，教学改革提出了“激发学生潜能，提升学习自主性”的策略。在有限的学时内，如何保证理论体系的完整性，成为教学改革的关键。

为此，教师为学生搭建知识框架，引导他们利用课外时间自主研读相关理论内容。教师的讲授转变为导读性质，旨在帮助学生建立知识框架，明确学习重点和方法。同时，为了激励学生主动性与积极性，建立与学生成绩挂钩的奖惩激励制度，对自学效果进行检查和评估。通过这种方式，学生能够在较短的学时内系统地掌握相关理论知识，并激发自身的学习潜能和主动性。

4 多重目标导向：构建面向“价值 + 知识 + 能力”紧密融合的教学体系

在价值塑造的视角下审视“城市规划评析”课程，如前所述，其课程思政建设的优势显著。因为城市规划评析是研究站在谁的立场、以什么样的价值观与标准去评价理论思潮和规划实践的学问，回答“为谁做规划？何为好规划？规划如何实施及效果如何？”的问题。要以人民为中心规划建设“人民城市”，这正是本课程价值塑造的方向和重点。故此，本课程以培养学生主动关心时政、自觉提升思政素养为思政建设目标。为实现建设目标，课程思政的总体设计思路也是利用首都行业资源密集、思政元素富集的优势，积极落实“三规进课堂”，拟通过采用翻转课堂、引智入课等多种手段优化供给。

同时，如前所述，为破解传统教学模式在知识传授与能力提升上面临的困局，同样需要打破常规、采用多元互动的教学模式，以营造利于学生能动学习、主动思考、联动提升综合表达能力与思政觉悟的课堂氛围。

基于前述的教学改革策略，在近年的教学实践探索中，摒弃了教师单向输出的教学模式，在多重目标导向下，构建起面向“价值 + 知识 + 能力”紧密融合的多元互动式教学体系（图 1）。具体做法是将整个课程划

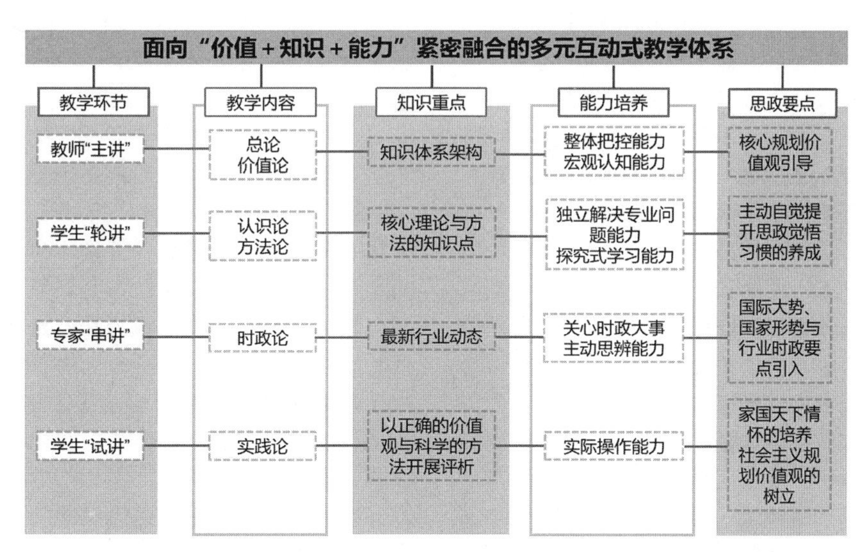

图 1 面向“价值 + 知识 + 能力”紧密融合的多元互动式教学体系框架图

资料来源：作者自绘

分为四个不同主题的教学单元，分别是理论与知识体系架构、难点与重点理论解读、前沿与热点问题评析、经典案例解读与亲身实践案例评析等。根据各个单元的核心任务和教学目标，分别采用任课教师“主讲”、学生“试讲”、行业专家“串讲”、学生“轮讲”等不同的教学方式。各个教学环节都以学术沙龙的形式为主，听众与主讲者可以随时相互提问与展开讨论，形成了能动学习、主动思考、“你言我辩”多元互动的课堂氛围，同时也实现了通过课程锻炼学生的综合表达能力、自觉提升政治素养的教学目标，收到了良好的教学效果。

5 多元互动模式：各单元教学重点、教学方式与效果

5.1 教师“主讲”：搭建规划评析知识体系框架

该单元采用任课教师主讲的教学方式，帮助学生建构起规划评析的知识体系框架。任课教师基于总论和价值论梳理规划评析基本理论体系，在课程思政上引导学生树立“以人民为中心”的价值观，牢记“以人为本”的行业准则，明确规划评析的价值取向。

该单元首先引导学生掌握理论与知识体系的构成。在课程开设之初缺乏专门系统理论著作的情况下，曾借鉴郑时龄院士建筑批评学的理论，帮助学生厘清规划评析中的主体与客体、价值论与方法论，以及评析的模式和其局限性等基础概念。经过多年的教学实践和积累，近年推出了专为这门课程编写的住房和城乡建设部规划教材，可以帮助学生更加系统地了解和掌握规划评析的理论框架。本阶段的教学重点是让学生明确规划评析的研究对象，以及制定规划评析标准时应遵循的价值观，为学生奠定坚实的认识论基础。

此外，本单元还将向学生传授规划评价或评估学的基础知识。这是一门探讨如何进行规划评析的方法论学科，涉及评价学的起源、发展和不同流派。学生将学习规划评价的主要类型和方法，例如了解规划评价方法与理性主义哲学的紧密联系。本单元将详细讲解规划评价的两大类别：包括规划文件分析和备选方案评价在内的规划实施前评价，以及涵盖规划行为研究、规划过程描述、规划方案影响分析、规划政策实施分析和规划实施结果评价的实践评价。通过这一单元的学习，学生将能够选择和使用恰当的规划评价方法。

综上所述，本单元的教学目标是帮助学生构建起完整的理论体系。在这一阶段，教师将指导学生区分需要了解的理论和需要重点掌握的理论，而对重点理论的深入讲解则将在下一单元进行。

5.2 学生“轮讲”：详解规划评析理论与方法

本单元任课教师发布任务，学生系统研读本课专用教材和教师推荐的材料后，向其他同学“轮讲”认识论和方法论的理论知识，任课教师做必要修正。这一创新模式将“教师主讲”变为“学生试讲”，践行了“教即学、学亦教”的新型教育理念，激发了学生自主学习的热忱，拓展了课外阅读的广度和深度。具体做法如下。

明确规定讲解和答辩时间，并制定详细的评分准则，以此评估学生的试讲和答辩表现。设置答辩环节，旨在促进学生广泛而深入地阅读相关理论，并培养他们主动学习的习惯。同时，规定试讲时间可以督促学生在课前进行充分练习，提升他们的综合表达能力。在实际试讲过程中严格控制时间，每个理论专题结束后，都会留有一段时间供大家互动讨论。

5.3 专家“串讲”：评析规划前沿与热点问题

本单元由行业专家“串讲”前沿热点问题（图 2）。课堂以专家讲解、提问、答疑、互动讨论为主要形式，任课教师和行业专家共同把好意识形态关口。通过这样一个“吾思尔议”“你评我辩”的教学安排，学生们不仅掌握了行业最新发展动态，也提升了思想政治觉悟、思考辨别能力和思维表达能力。具体做法和效果如下。

首先，事前搜集学生所关注的前沿和热点问题。基于这些问题，邀请 1~2 位相关行业专家，课堂的组织和“串讲”内容的确定主要以行业专家的意见为主。专家通常会采用讲解、提问、答疑和全程互动讨论的方式进行授课。任课教师则会在答疑环节中积极参与，在“实操”层面答疑后，任课教师和专家一起基于思想政治高度和学科发展视角对答疑内容进行补充回答。

由于多数案例都与学生关心的热点问题紧密相关，因此许多学生在课前都会做充分的准备。在听完专家对案例背景和基本评析观点的讲解后，学生给讲师提出的问题往往都具有一定的深度和难度。这使得课堂讨论甚至争论的氛围非常热烈。通过这种“思考—讨论—辩论”的教学方式，许多学生表示，他们不仅了解了最新

的行业动态，而且自己的思辨能力和综合表达能力也得到了显著的锻炼和提升，更注重了评析时的价值观问题，教学效果十分显著。

5.4 学生“试讲”：评析规划理论与实践案例

本单元要求学生基于社会主义规划价值观，对自选的规划思潮、理论或规划实践案例开展事前、事中或事后评析。“试讲”环节也是结题论文的开题环节，重在培育学生的“实操”能力，学生需要深入学习领会贯彻国家的路线、方针、政策，以正确的价值观和科学的方法开展规划评析，实现思想政治觉悟与专业知识技能的共同提高。具体做法和效果如下。

“试讲”环节的组织形式和对学生的要求，与前述的“轮讲”环节相类似。本单元为学生提供充足的准备时间，并明确规定了讲解时间和答辩时间。评分准则将根据试讲效果和答辩情况进行设定。此外，鉴于学生在前面的学习环节中已打下坚实基础，因此在“试讲”环节，将点评的主导权交给学生，教师则起辅助作用。这种点评方式不仅是对学生的一种训练，更能激发讲解者和听众的积极思考，进一步加深他们的理解和认识（图3）。

图2　引智入课：专家进课堂“串讲”

资料来源：作者自摄

图3　翻转课堂：学生“轮讲”与“试讲”

资料来源：作者自摄

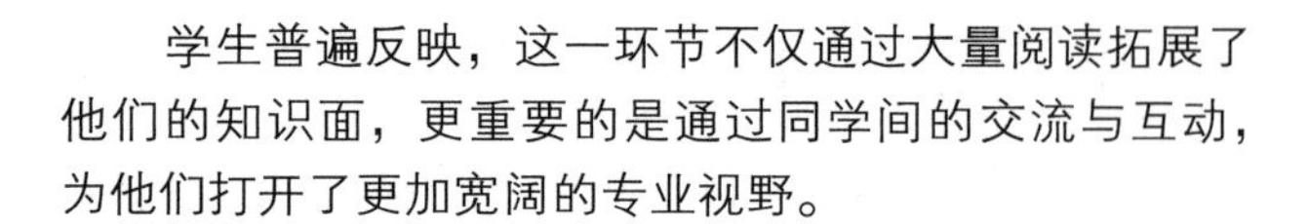

学生普遍反映，这一环节不仅通过大量阅读拓展了他们的知识面，更重要的是通过同学间的交流与互动，为他们打开了更加宽阔的专业视野。

6 结语

面向多重目标导向，为破解传统教学模式所遭遇的困境，本文以“城市规划评析”课为例，介绍了该课程教学改革的成果，即以一种多元互动式的教学模式如何实现“价值 + 知识 + 能力”紧密融合，实现多重教学目标的。本文详细展示了四个教学环节的具体教学技巧及其所取得的教学成效。然而，如前文所述，规划评析的教学并无一成不变的定式，教学内容、教学方法、教学深度以及学生的学习方式等都是需要持续深入探讨的课题。此次的改革仅仅是一个起点，仍需在这条道路上不断前行。

参考文献

[1] 孙立，张忠国．思变、司便、思与辩——规划评析课程多元互动式教学改革初探 [C]//2013 全国高等学校城乡规划学科专业指导委员会年会论文集．北京：中国建筑工业出版社，2013：367-371.

[2] 孙立，张忠国，常谨．基于“研究型教学论”的讲授类课程教学改革探索 [C]// 全国高等学校城乡规划学科专业指导委员会．2014 全国高等学校城乡规划学科专业指导委员会年会论文集．北京：中国建筑工业出版社，2014：227-231.

Multiple Objectives Orientation and Diversified Interactive Model: an Exploration of Teaching Reform in Planning Theory Courses

Sun Li　Yang Zhen

Abstract: Taking the teaching reform of the course “Urban Planning Evaluation and Analysis” as an example, this article explores a diversified interactive teaching model oriented by multiple teaching goals such as knowledge imparting, ability cultivation, and value shaping. It specifically introduces the background, strategies, and practices of each teaching link of the teaching reform, demonstrating the practical application and effectiveness of this diversified interactive model in the teaching of planning theory courses.

Keywords: Theoretical Teaching, Planning Evaluation, Multiple Goals, Multiple Interactions

新工科背景下基于 CDIO-OBE 理念的“城市生态与环境规划”课程教学改革与创新

王　滢　白玉静

摘　要：新工科学科建设强调培养复合型创新应用人才。在新时代国土空间规划的背景下，文章以 CDIO-OBE 模式为基础，从课程构思、教学设计、教学内容和教学方法的多元化等方面探索“城市生态与环境规划”课程教学改革与创新的目标、内容及具体措施，构建基于理论知识、实践技能及综合素质构建的“三位一体”课程体系，为国土空间规划实践提供新工科规划人才支撑。

关键词：新工科；国土空间规划；城市生态与环境规划；CDIO-OBE 理念

“城市生态与环境规划”是全国高等教育城乡规划专业指导委员会列出的 10 门专业核心课程之一；是天津城建大学建筑学院城乡规划专业的学科基础课；是一门指导生态城市建设的专业特色课程，对于人才培养具有基础性铺垫与高阶性引导作用。授课对象面向本科高年级学生，呈现出综合性强、交叉性强、空间性强、实操性强、成长性强的特点。与生物学、环境学、地理学、建筑学、风景园林学、经济学、社会学等有机结合，组建了多学科融合下的理论基础知识共同体。

同时，生态文明是我国“五位一体”总体布局的重要方面，是习近平新时代中国特色社会主义思想的重要组成部分。宣传和贯彻生态文明理念，“城市生态与环境规划”课程具有得天独厚的学术和教学优势。在课程教学中，结合环境保护、绿色发展、生态文明等理念，深入挖掘总结课程体系中的“绿色、共享、生态、环保、敬业”等与社会主义核心价值观相关的思想政治元素，突出课程实践特色和示范效应，担当成为新形势下高校思想政治教育的示范课程和探索课程。

1　基于 CDIO-OBE 理念的课程改革探索

CDIO 即构思（Conceive）、设计（Design）、实现（Implement）和运作（Operate）的缩写组合，是一种工程教育模式。OBE 是以学习成果和能力为导向的教育理念。CDIO-OBE 即 CDIO 和 OBE 的结合，是以学习成果及能力为导向的工程教育理念。新工科人才强调多学科融合的实践运用与创新能力，结合当前我国国土空间规划改革的行业需求背景，借鉴 CDIO-OBE 理念，优化与创新“城市生态与环境规划”课程，旨在将传统“教师主导课堂”的单一模式向“以思想交互为核心，以学生为主体，以教师为导向”的复合型授课结构转变。理解生态城市的内涵、特征及历史演变，熟悉国内外生态城市建设的成功案例；系统掌握城市生态规划的原理和主要方法，了解当前城市生态规划的研究进展与最新研究成果，并指导开展城市生态系统评价和生态规划，对实际问题展开独到、科学的评价与分析。力求使学生在课程结束后能够独立或合作完成具体城市生态建设的规划方案设计。

2　“城市生态与环境规划”课程教学现状

2.1　课程构思阶段：教学时间固定，实践路径单一

现阶段时间固化、频次规律的教学时间安排导致师生之间交流反馈的机会有限且短暂，学生缺乏教师及时的沟通点拨，形成不良学习循环。“理论讲授—案例解析—实践汇报”的教学阶段，导致整个课程周期较长，

王　滢：天津城建大学建筑学院副教授（通讯作者）
白玉静：天津城建大学建筑学院讲师

理论知识与生态实践操作严重脱节。与此同时，教师无法实时了解学生各阶段对于理论知识的掌握程度以及在实践环节的应用能力，难以对其学习全过程进行教学质量评价，并根据学生反馈的疑惑之处及时对教学环节进行优化改进。

2.2 教学设计层面：训练导向偏差，重感性轻理性

城乡规划专业本科低年级基础教学着重培养学生的技法与三大构成能力，侧重于空间美感与形态的感性思维训练。导致城乡规划专业同学由低年级进入高年级学习时缺少必要的理性思维和系统的逻辑训练。另外，不同年级对于学生专业思维训练的课程穿插在理论知识讲授和规划设计课程之间，课程推进过程中很容易出现学生思想转换衔接困难、思维训练缺乏系统性等问题。

2.3 教学内容角度：理论实践脱节，“知—行”衔接困难

现阶段学生只是充当了生态规划原理和技术规范的研究者和生态实践的观察者，缺失了对任务的背景信息、影响因素、研究重点等前期内容的理性深入思考分析过程，缺少前瞻性预测能力，并未实现成为城市或者生态系统中被观察的主体对象和决策者的培养目标。在实地调研体验中，学生们对于调研地点内真实使用者的生活方式、生态环境的影响因素、周边环境的可操作性的调查理想化，与实现专业技能与社会实践相耦合脱节。

2.4 教学方法角度：知识单项传输，缺乏课堂拓展

传统的课程教学方法偏重形象思维、缺乏定量分析的教学内容讲授，已经不足以满足大数据时代的理性规划方法的需求。学生在调研和设计过程中容易出现调查内容缺乏专业性、调查深度趋于浅显等问题，难以将理论知识灵活运用于实践操作中，而生态规划设计更需要的是城市规划和设计的综合思维能力，从社会、文化、经济等综合视角下切实地改善城市生态环境中的现实问题处于“知—行”脱节的尴尬处境。

3 基于CDIO-OBE理念的“城市生态与环境规划”课程教学改革内容

课程以城市、生态和环境为主线，串联起生态城市规划建设的理论、方法、案例、模型和应用等重要教学模块。本次课程改革结合既有互联网教学平台，以微教学模式为主体内容，提出了基于课程构思调整、训练思维转变、教学内容重构和“问题—探究”式教学方法相结合的教学改革模式。注重系统思维方式的训练和专业技能的提升，提高学生正确认识问题、理性分析问题和科学解决问题的能力。教学过程中融入课程思政，符合专业课程“自然科学与人文关怀”双重属性以及“广度、深度和温度”三层境界的特征要求。整体改革思路为由知识传授走向能力培养，由学生被动接受走向主动索取，由单向灌输走向双向交流，实现传授理论知识和培养实践能力相结合的教学目标。

3.1 课程构思调整：微教学模式——从交流受限到多元互动

优化教学资源，进而积极探索教学构思的创新，充分利用信息化平台的媒介作用，追求课时的合理分配，实现教与学双向时空的延续和“互联网+”的扩展，有效地促进了教学质量的提高，总结为以下特征：以碎片化教学为基础的激励式教学目标；以适应时代发展为需求的开放式学习模块；以师生网络沟通为核心的交互式反馈平台；以知行统一能力为主导的务实式教学宗旨。

为了实现上述四个模块的针对性目标，此次课程改革构建“四微”特征的“城市生态与环境规划”微教学模式。“四微”分别是指微目标、微内容、微媒介、微成果。旨在将碎片化学习思维、信息化网络思维以及合作化社交思维贯穿于整个教学过程之中，从细微处入手，鼓励合作交流，提高学生学习效率，在碎片化实践中学有所得。

“四微”中的微目标是指将教学目标分阶段、将学习任务精细化，从细微处入手；微内容是指充分利用互联网空间内高频更新的多样化课程资源、微文章、微案例等进行即刻学习；微媒体是指建立多媒体微课程、课程微信公众号，将腾讯会议、Zoom平台等网络社交工具广泛应用到课程教学中来，促进师生之间、生生之间的互动交流学习以及对于课程质量和内容的线上实时反馈；微成果则是指在课程中不同阶段的教学检验过程中，可通过要求提交微总结、微文章、微思考等考核方式，让学生在较短周期内取得高效满足，学有所思、学有所获。

3.2 教学设计环节：规划思维训练——从技术工具到理性分析

（1）组织以“三位一体”为目标的分析推理思维课程训练模块

将强化学生工具理性思维的培养理念贯彻到教学全过程中，通过“在理论讲授阶段注重专题总结和调研设计阶段强化实践分析技能”两种组织方式，提高学生合理利用数据化分析工具的理性思考能力。

在课程实地调研后的整理设计阶段，提高学生理性论证思维的训练模式。通过强化调研设计阶段的实践分析技能，在“现状调研—方案生成—方案优化”三个课程阶段中，分别加入“前期资料分析工具（如运用ArcGIS进行场地分析比选）—中期辅助设计工具（如运用3Dmax进行建筑形态分析）—后期优化比较工具（如运用Phoenics风模拟分析软件进行优化比较）”，引导学生合理充分利用理性数据分析工具，增加设计方案的功能理性和逻辑实证性。

（2）组织以“成果导向”为追求的功能理性思维组织培养模块

面对当前工科教学中城乡规划专业教学对学生核心思维能力培养的不足，雷诚等提出了城乡规划“五维理性思维框架”，包括空间理性、工具理性、理论理性、实践理性和价值理性。通过对当前“城市生态与环境规划”课程的深度剖析，发现训练中学生整体上存在核心理性分析能力和实践操作能力不足的问题，拟从“课程模块划分阶段—技术工具增添理性—实地调研注重深度—方案生成强调合理”四个方面，构建逻辑理性论证思维的教学组织培养模式。打造“成果导向化、学生中心化、改进常态化”三大理念，指导构建以达到工程教育专业认证为目标的城乡规划创新型人才培养模式。

3.3 教学内容重构：知行耦合——从表象认知到社会洞察

（1）重构以“整合创新”为标准的专业践行能力训练内容

城市生态与环境规划课程的初始教学目标就在于对学生专业实践能力的培养，在课程环节设计中主要通过企业调研、设计院实操、竞赛高阶等创新模块，实行稳步型渐进式专业能力渗透培养。不论是实地调研还是方案设计优化阶段，每个模块的训练内容都将理性思维和逻辑价值渗透到理论、技术、实践3个课程环节内。

根据上述3个模块的培养目标将教学模块内容分为以下3种类型：专业性、开放式课程内容——基于理论的探究式学习；经验性、参考式课程内容——基于案例的探讨式学习；创新性、思考式课程内容——基于方案的探索式学习。

对课程内容进行精细化、针对性的分类后，教学重点是以最具挑战的方案设计环节为主，将其作为学生前期理论经验学习的总结和实践支撑的考验。其核心是引导学生参与规划设计方案的全过程，提升不同阶段、不同知识模块应用到实践操作过程的整合能力，并从合理创新的角度出发，处理好理论与实践、个人与集体、专业思维与现状条件之间的协调推进关系。

（2）重构以“天城大担当”为价值的专业知识和思政德育“双获得”

教师用24个教学学时，给同学们讲述一个有逻辑、用理论指导实践的生态环保故事。从绪论开始为学生讲解故事梗概，介绍生态学、城市生态学和城市生态环境保护及规划环环相扣的故事情节。通过城市生态环境的物质性要素（城市物质/城市能源/城市信息/城市气候/城市地质与地貌/城市土壤/城市水文/城市生物）展开如何规划可持续发展途径。从系统角度对城市生态与城市环境进行分析评价，城市怎样进行生态规划与城市环境规划，我们该如何发挥专业特长用更为先进的技术，从城市空间/城市住区/城市工业/基础设施/道路交通/绿地系统为建设一个和谐美丽的地球作贡献，同时融入对党和国家推进生态文明体制改革、加快美丽中国建设中“天城大担当”的深刻思考。

课程主要分为3个部分，共计12节课，包含65个知识点，第一部分为生态与环境规划概述，第二部分为生态城市理论，第三部分为生态规划设计方法与策略。课程主要从原理、方法、优化（生态化）3个角度，应用生态学、城市生态学的知识和原理，对城市生态环境进行深入剖析，并提出城市生态环境生态化发展及优化规划的路径。通过各个教学环节，使学生树立城市生态学观念，为生态城市设计及城市可持续性的研究奠定理论基础（图1）。

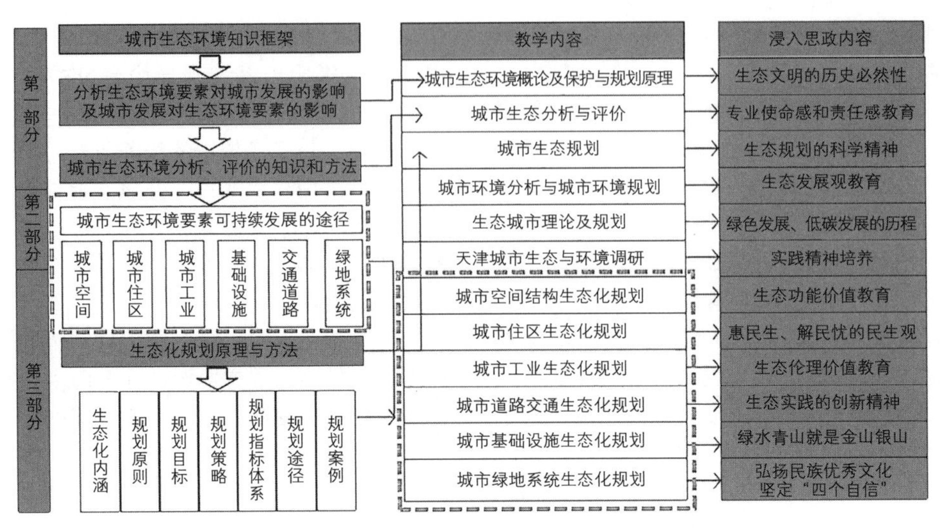

图1 “城市生态与环境规划”教学内容与知识框架

资料来源：作者自绘

（3）重构以“联合衍生”为理念的理论系统构建训练内容

依照城乡规划专业培养目标和社会发展对规划人才能力的需求，对生态与环境规划课程的整体理论知识框架进行重新梳理，构建生态环境理论、生态规划设计方法和生态技术手段相互协调整合的完整课程基础理论体系，并在此基础上设立特色教学模块。

除了基础的专业知识教学外，还要从整体上加强“一心两力”的培养：“一心”指依据生态理论知识底蕴而形成的规划方案能力核心；“两力”指的是设计技术的掌握力和现状人文条件的洞察力。通过增加课程的实践环节的占比，以产业和社会需求为导向代替单一的学科导向，增强城乡规划专业的生态环境教学在众多工程教育学科的核心竞争力。

3.4 教学方法改进：有的放矢——从类型教学到目标体系

（1）进行以“交互探索”为重点的自主学习模式引导

与发电有限公司、垃圾中转站、废弃物处理处置基地、生态农场等优秀的环境保护单位合作，通过高校与社会企业共建共享，实现课程的示范效应。与设计研究院校企合作，通过高校与设计院工程实操，实现理论与实践相结合的示范效应。一是对于工科、自然学科类的一些课程，企业具有实践能力强的优势，而学校具有科研理论研究强的优势，二者结合共建课程具有强强联合的优势；二是高校、设计院、企业多方面共建可以使高校、企业、规划设计院互赢，高校依托硬件设施和强大的教师队伍，建立了丰富的教学资源；企业、设计院与高校合作，有利于创新相关技术，将科技转化为成果，为企业创造产值。将教学方法由单项输出走向交互探索共进，将教学范畴由盲目覆盖走向目标定位协助。

（2）进行以“精准定位”为原则的目标性交互活动反馈

在信息化的网络平台内建立师生交互反馈平台。一方面增加了面对面课堂教学之余师生之间和同学之间的交流机会，通过独立或团队的思考分析，对调研实践或规划设计过程中出现的问题及时解决和消除，提升了学生个体的专业实践能力和团队合作意识；另一方面，授课教师也可以通过学生在线上平台对课程的反馈意见，及时调整自身的授课方式以及更新课程内容，这种有的放矢的针对性交互反馈机制既保证了学生在教学全过程中随时能够受到教师的点拨和指引，又精准把握每一位学生极具个性的想法和不被覆盖式的教学形式所同化。

另外，课程教学改革工作要做好常态化准备，充分利用网络化信息平台加快知识体系和课程资源的更新完善。同时还要注重教学理念的适时更迭、教学内容的实时充盈、教学成果的深入评析，维护整体课程环境的活力和生命力。

4 结语

为了满足国土空间规划的需求，培养适应“多规融合”要求的新工科规划人才，以CDIO-OBE理念为指导，探索工程教育人才培养的新模式。具体来说，课程构思调整：微教学模式——从交流受限到多元互动；教学设计环节：规划思维训练——从技术工具到理性分析；教学内容重构：知行耦合——从表象认知到社会洞察；教学方法改进：有的放矢——从类型教学到目标体系四个方面，实现面向社会行业需求的教学产出，培养全面发展的新工科应用型人才。该课程教学模式的创新探索可为其他相关课程的教学革新提供借鉴，也可以促进城乡规划专业及相关专业的实践教学体系的创新，并将改革经验应用于相近工科类专业教学改革中，为复合应用型人才的培养提供思路。

Teaching Reform and Innovation of Urban Ecology and Environmental Planning Course Based on CDIO-OBE Concept under the Background of New Engineering

Wang Ying Bai Yujing

Abstract: The establishment of new engineering disciplines emphasizes the cultivation of versatile and innovative application-oriented talents. This paper based on the CDIO-OBE model, delves into the objectives contents, and specific measures for teaching reform and innovation in “urban ecology and environmental planning” from the perspectives of curriculum conception, teaching design, teaching content, and teaching methods. A “trinity” curriculum system is constructed based on theoretical knowledge, practical skills and comprehensive quality to provide support for cultivating new engineering planning talents for territorial spatial planning practice.

Keywords: New Engineering, National Space Planning, Urban Ecological and Environmental Planning, CDIO-OBE Mode

基于 OBE 理念的理工科融合发展路径与实践
——以福建理工大学“城市模型与大数据应用”课程为例*

张秋仪　吴思萤　杨培峰

摘　要：随着科技革命和产业变革的推进，理工科融合发展已成为高等教育改革的重要方向。成果导向教育（Outcome-based Education，OBE）强调以学生的学习成果为中心，为理工科教育提供了新的视角和方法论支持。本研究以福建理工大学“城市模型与大数据应用”课程为例，探讨了 OBE 理念在理工科融合教育中的应用及其对教学改革的推动作用。研究采用案例分析法，结合文献研究、课程观察、访谈和问卷调查等方法，重点关注 OBE 理念在课程设计、教学实施、学生学习成果评价等方面的应用情况及其效果。研究发现，OBE 理念指导下的理工科融合发展路径主要包括明确教育目标、优化课程内容、创新教学模式、强化实践教学和建立多元评价体系。通过反向设计，以最终学习成果为导向，重构课程体系，整合理工科知识，设计跨学科课程模块，强化学生的实践操作和创新思维能力。同时，通过实践教学、专题研讨、案例分析等教学方法，提高学生的参与度和主动性，培养学生解决实际问题的能力。此外，建立以学习成果为导向的评价体系，对学生的学习成果进行多阶段、多角度的评价，确保评价的多样性和全面性。

关键词：成果导向教育（OBE）；理工科融合；新工科；城市模型；大数据应用

1　研究背景

为主动应对新一轮科技革命和产业变革，加快培养新兴领域工程科技人才，改造升级传统工科专业，主动布局未来战略必争领域人才培养[1]。在这个背景下，理工科的融合发展不仅是学科自身发展的需要，也是适应社会经济发展、推动产业升级的必然要求。然而，如何实现理工科的有效融合，培养具备创新能力和实践技能的复合型人才，是当前高等教育改革亟待解决的问题。

成果导向教育（Outcome-based Education，OBE）作为一种新兴的教育理念，强调以学生的学习成果为中心，注重教育的输出而非输入，与传统的教育模式形成了鲜明对比[2]。OBE 理念的引入为理工科融合发展提供了新的视角和方法论支持，有助于构建以学生能力培养为核心的教育体系。地理信息科学（GIS）和城乡规划学理科与工科之间具有重要的交叉作用，受到学术界的广泛关注[3]。在国内，对于地理信息科学和城乡规划学的理工融合进行了深入的研究，其研究主要集中于以下几个方面：①学科交叉融合方面。许多学者都提出了一些创新性的研究思路。例如，通过将城乡规划的分区分级方法和地理信息科学的空间分析方法相结合，实现城市空间特征的细粒度表示和分析[4]；运用人工智能技术，并将其与城乡规划学的景观脆弱性评价方法相结合，实现城市生态环境的可持续发展[5]。②技术应用融合方面。学者们也开展了许多有意义的研究。例如，借助地理信息科学的遥感技术，在城乡规划中进行土地利用动态监测和评估；在城市交通规划中，利用 GIS 和

* 基金资助：福建理工大学教育科学研究项目（GJ-YB-23-01）：理工类大学理工科融合发展路径研究。

张秋仪：福建理工大学建筑与城乡规划学院副教授
吴思萤：福建理工大学建筑与城乡规划学院
杨培峰：福建理工大学建筑与城乡规划学院教授（通讯作者）

交通模拟技术构建城市交通模型，实现交通流动态评价。国外对地理信息科学和城乡规划学的理工融合研究也较为深入[6]。其主要集中在以下几个方面：①城乡规划智能化研究方面。国外学者提出了很多新方法。例如，通过构建城市地理信息系统（Urban GIS）来实现城乡规划的智能化；利用遥感技术和三维建模技术来实现城市建设进程的快速监测和评估[7]。②城市交通规划方面。国外学者主要采用GIS和交通模拟技术来实现城市交通规划的科学性和实效性。例如，利用卫星遥感数据和GIS技术来确定城市道路网络结构和交通流；利用交通模拟技术来探索基于需求的出行模式，在城市交通规划中推广大众交通工具[8]。综上所述，地理学与城市规划融合发展是理工融合的重要体现。

因此本研究采用案例分析法，以福建理工大学建筑与城乡规划学院的“城市模型与大数据应用”课程为实证对象，通过文献研究、课程观察、访谈和问卷调查等多种研究方法，收集和分析数据。研究将重点关注OBE理念在课程设计、教学实施、学生学习成果评价等方面的应用情况，以及这些应用对理工科融合发展路径的影响。通过深入分析和总结福建理工大学的实践经验，本研究旨在提出一套可行的理工科融合发展策略，为其他高校提供借鉴和参考。

2　OBE理念指导下的理工科融合发展路径

在理工科教育中，OBE理念的应用意味着课程设计和教学活动需要围绕培养学生解决实际问题的能力展开。这要求理工科教育不仅要传授基础理论和技术知识，还要注重学生的实践操作、创新思维和团队协作能力的培养[8]。教育实践课程能够培养学生理论联系实践、解决实际教学问题的能力，并初步形成教师职业认识，缩短职业适应期[9]。

在OBE理念的指导下，理工科融合发展的路径可以概括为以下几个方面（图1）：

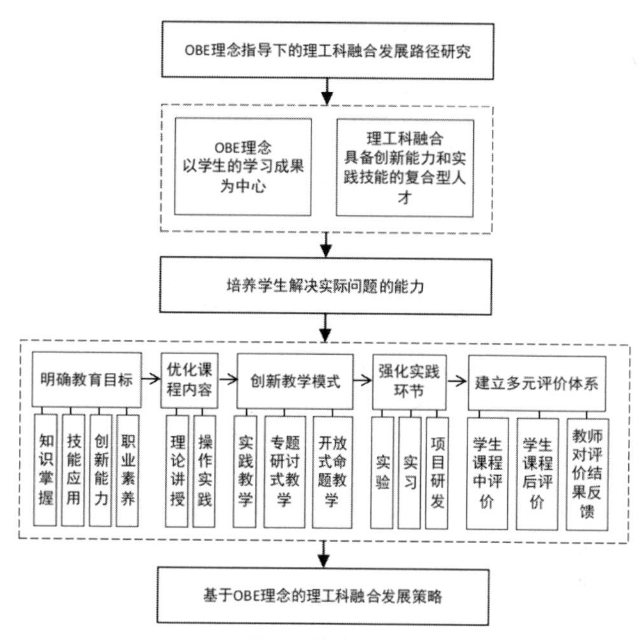

图1　技术路线

资料来源：作者自绘

明确教育目标：根据社会需求和行业发展趋势，明确理工科教育的培养目标，确保教育成果与社会需求相匹配，教育目标应与学生的学习成果相对应。优化课程内容：重构课程体系，整合理工科知识，设计跨学科的课程模块，注重学生的实践操作能力，促进学生全面理解和应用理工科知识，做到教育目标与课程内容之间相互反馈。创新教学模式：通过实践教学、专题研讨和开放式命题教学方式，增强学生的自主性和参与性。在部分课堂教学中结合翻转课堂、讨论和专题调研等方法进行教学。强化实践环节：增加实验、实习、项目研发等实践教学环节，提升学生的实际操作能力和创新实践能力，翻转课堂、讨论、专题调研等环节强化学生自主实践能力。建立多元评价体系：建立以学习成果为导向的评价体系，在学生学习的不同阶段进行评价，确保评价方式的多样性和全面性。评价结果可以反馈课程设计的不足，改进原有的课程设计与课程教学。

OBE理念具体的落实主要围绕着学生学习成果展开，OBE教学模式强调学生预期学习成果、实现方式以及评价达成程度。学习成果为中心的教育是指围绕着学生本身进行教学，因为教育目的不是教本身而是以学生为中心，关注学生对知识的吸收、运用和创新，这也与理工科融合发展紧密结合。通过OBE教学方法的引入，在教学的各个环节都围绕学习成果进行设计：在教育目标阶段明确最终学习成果；在课程设计上以围绕着最终学习成果；在教学方法上让每个学生能展示学习成果；在教学实践中应用学习成果；在评价结果上学习成果能

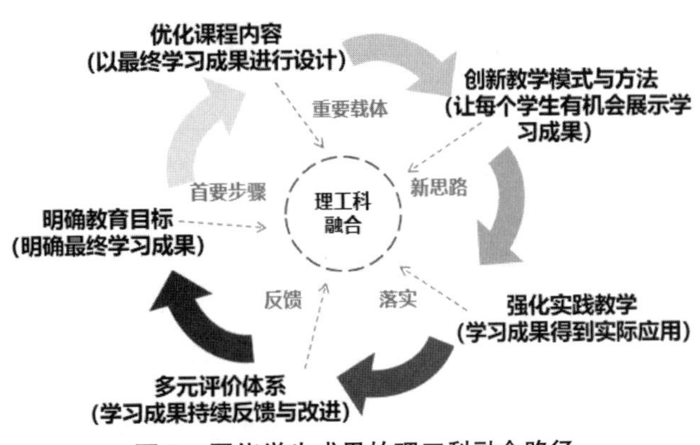

图 2 围绕学生成果的理工科融合路径

资料来源：作者自绘

持续反馈并改进课程目标，这给理工科融合提供了可实施的路径（图 2）。

通过上述路径，实施 OBE（以结果为导向的教育模式）不仅能提高教育质量，还有助于加强理工科学科的整合，促进理工科的融合发展，从而为学生全面成长及其未来职业道路奠定坚实的基础。

3 教学设计与实践

福建理工大学的“城市模型与大数据应用”是新工科背景下为城乡规划类学生而设置的一门实践性和技术性较强的课程。本课程以面向对象学习为核心，以培养学生在城市模式建设、大数据应用等方面的职业技能与创新能力为核心。主要研究内容包括：城市空间大数据的基本概念与应用，城市模型的基础理论与发展动态，城市模型与大数据融合的实验教学等。

3.1 教育目标与毕业要求

理工科融合发展的首要步骤是明确教育目标和学生的毕业要求。这些目标和要求应基于行业需求、技术发展趋势和社会期望来设定，确保学生在毕业后能够满足市场的实际需求。OBE 理念实施原则作用于教育目标上在于清楚聚焦，清楚聚焦是指课程设计与教学要清楚地聚焦在学生在完成学习过程后能达成的最终学习成果，并让学生将他们的学习目标聚焦在这些学习成果上[10]。所以在 OBE 理念下理工科融合的教育中应明确教育目标和毕业要求（图 3）。

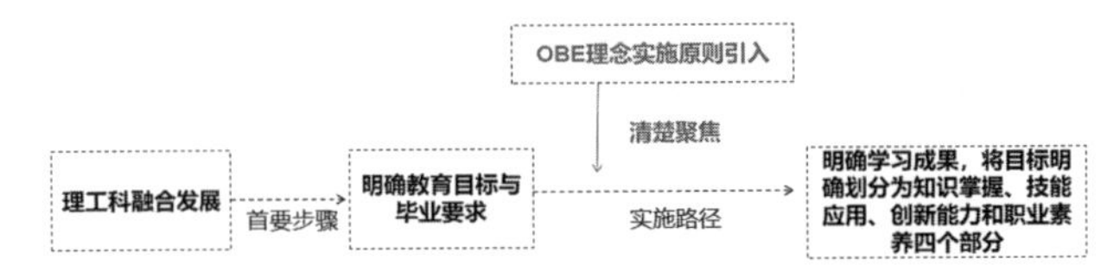

图 3 明确教育目标的实施路径

资料来源：作者自绘

在城市模型与大数据应用课程中，教育目标从社会需求和学生为中心进行设计，涵盖了知识掌握、技能应用、创新能力和职业素养等多个维度，为学生提供全面的教育体验和成长路径，从老师教学逐步过渡到学生应用与创新（表 1）。教学目标明确了学生这门课程的学习成果，而毕业要求体现了这门课的实际运用，为学生们的未来的学习创新和职业选择提供了思路。

3.2 优化课程内容

课程内容是实现教育目标的重要载体。理工科融合发展要求课程设计不仅要覆盖基础理论和技术知识，还要包括跨学科的知识点和实践技能。OBE 理念的实施在课程内容上应该体现反向设计（图 4），反向设计是以最终目标（最终学习成果）为起点，反向进行课程设计，开展教学活动，相关课程目标对应课程内容。

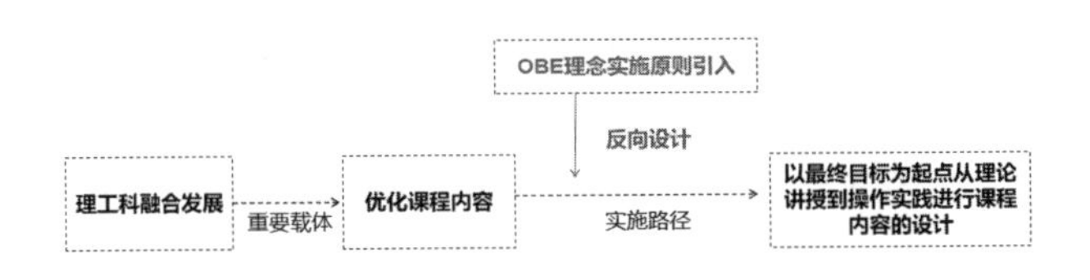

图 4 优化课程内容实施路径

资料来源：作者自绘

本实践中的课程内容以教育目标和学生的毕业要求来安排课程体系的建设，体现出反向设计的原则。课程内容主要分为两大部分，即理论讲授与操作实践，课程教学围绕强化实践应用和专题特色等方向作调整，共 32 个课时。在理论讲授的部分共 8 课时，对城乡规划新技术前沿有所了解，并提高学生的理论联系实际的专业能力。把课程重点放在了操作实践上，共 24 课时，更加注重对城市发展的实践创新和职业发展（表 2）。

课程教育目标与毕业要求 **表1**

课程目标	具体内容	毕业要求
知识掌握	通过先进的科技，如GIS，遥感，大数据分析工具，以及智慧演算法，对都市资料进行综合分析与处理。研究内容主要包括：确定城市问题在空间上的分布规律，预测未来的发展趋势，评价并优选出最优的规划方案	能系统理解数学、自然科学、计算、工程科学理论基础并用于本专业领域工程问题表述
技能应用（基础）	深入理解并掌握城市数据分析的核心原则，并能综合运用多源数据，包括但不限于遥感数据、社交媒体数据、POI数据、交通流量数据等，进行城市规划方案的概念设计和比较选择。培养出能够应对复杂城市挑战的严谨逻辑思维和分析能力	能够根据对象特征，选择研究路线，生成规划设计方案
技能应用（创新）	了解城市建模技术的发展历程，包括从传统的物理模型、数学模型到现代的计算机辅助模型的演变。重点关注最新的技术变革，如三维建模、虚拟现实（VR）、增强现实（AR）、人工智能（AI）在城市建模中的应用，以及这些技术如何改变城市规划和设计的实践	掌握专业常见的现代设备、信息技术工具、工程设备以及模拟软件的操作原理和使用方式，同时了解这些工具的限制
创新能力职业素养	通过实地调研和案例分析，对新技术在城市规划、管理和决策中的应用进行系统研究，并对其在城市规划中的作用进行评价，从社会、经济、环境和文化四个层面对新技术的作用进行评价，辨识新科技所带来的风险与挑战，进而发展出有效的回应策略	能接受和应对新技术、新事物和新问题带来的挑战

资料来源：作者自绘

课程内容设计 **表2**

课程内容		课程思政元素	学时	对应的课程目标
第1章城市空间大数据的概念	知识点： 1. 熟悉国家最新的国土空间规划、大数据战略及数字中国的相关政策； 2. 了解新数据环境下定量城市研究的重要变革。 重点： 1. 掌握大数据基本概念； 2. 掌握城市空间新数据环境。 难点： 掌握新数据与传统数据的区别	国家治理现代化：新数据的应用展示了如何利用现代信息技术提高城市管理水平和公共服务质量，这是国家治理体系和治理能力现代化的体现，激发学生的家国情怀	讲授2学时+上机实验4学时	知识掌握、技能运用
第2章城市空间大数据的应用	知识点： 1. 理解城乡规划多源数据的种类； 2. 掌握典型数据的获取与分析方法； 3. 熟悉大数据在城市研究与规划设计支持中的应用案例。 重点： 掌握典型数据的获取与分析方法。 难点： 掌握大数据兴趣点POI的获取与空间可视化展示	通过分析大数据在城市研究与规划设计中的成功案例，展示如何利用数据驱动的方法解决实际问题，提升城市规划的科学性和前瞻性。强调这些案例如何体现了社会主义核心价值观中的“创新”和“共享”	讲授2学时+上机实验4学时	知识掌握、技能运用
第3章城市模型概述	知识点： 1. 了解城市模型的产生和早期发展； 2. 城市模型的基本分类。 重点： 掌握运用源软件（如RStudio）。 难点： 掌握统计建模与可视化展示	通过RStudio分析城市兴趣点数据，不仅学习技术技能，还理解数据背后的社会责任。确保分析结果的真实性，服务于公众利益，促进城市的可持续发展，体现对人民负责的职业道德	讲授2学时+上机实验8学时	技能运用、创新能力、职业素养
第4章城乡规划城市建模应用	知识点： 1. 了解城市模型的发展趋势； 2. 熟悉城市模型在城市研究与规划设计支持中的应用案例。 重点： 掌握多源数据的分析与利用。 难点： 掌握对城市问题的空间分布和模式的识别	要积极适应技术的发展，勇于探索未知领域。面对新问题，发挥创新精神，结合社会主义核心价值观，提出解决方案，为城市的和谐发展贡献智慧和力量	讲授2学时+上机实验8学时	创新能力、职业素养

资料来源：作者自绘

3.3 创新教学模式与方法

传统的教学模式往往难以满足理工科融合发展的需求。OBE 理念实施原则的引入给理工科融合提出了新思路，在教学方法上扩大机会，课程设计与教学要充分考虑每个学生的个体差异，要在时间和资源上保障每个学生都有达成学习成果的机会[11]。因此需要创新教学模式，在课程中运用实际地理空间大数据进行实践教学、专题研讨式教学、开放式命题教学和建立自评与互评机制等教学方法，在局部课堂还结合翻转课堂、讨论、专题调研等方式开展，以提高学生的参与度和主动性（图 5）。

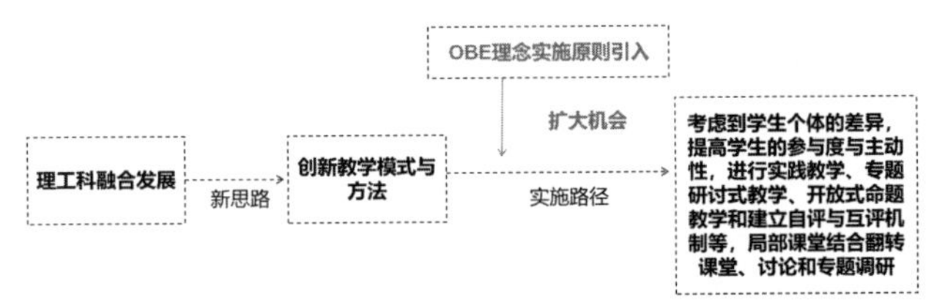

图 5　创新教学模式与方法的实施路径

资料来源：作者自绘

同时，教师应从传授知识的角色转向成为学习的促进者和引导者，更积极地激励学生探索和创新。

为了学生更好地实现学习成果，福建理工大学在“城市模型与大数据应用”课程中创新了教学方法。课程采用了案例教学法，通过分析真实的城市模型和大数据应用案例，帮助学生理解理论知识在实践中的应用（表 3）。课程中引入了基于问题的学习（PBL），进行专题教学，鼓励学生围绕实际问题进行学习，并充分利用已有网络课程资源，采用线上线下混合式的教学方式。部分课程将几种教学方法结合，加强学生学习的参与性和增进学生对学习成果的掌握。其中翻转课堂、讨论、专题调研等环节需学生课外自主学习。

3.4 强化实践教学

实践是理工科教学的关键。通过增强实验、实习和项目研发等实践环节，学生可以把理论知识运用到解决实际问题中，也是学生学习成果的重要表现（图 6）。此外，课程还注重实践，组织学生参与城市规划设计、大

课程实验项目与内容设计　　表3

序号	项目	内容和要求	实验学时	主要仪器设备	备注	教学方法
1	城市新数据类型与典型数据介绍	①大数据爬取的类型与方法； ②典型数据基本操作（加载，查询，可视化）	4 学时	电脑、相关专业软件	对应理论讲授第 1 章	实践教学
2	基于 API 的数据采集	①申请开发者密钥； ②基于 API 进行大数据 POI 的获取与清洗； ③案例操作	4 学时	电脑、相关专业软件	对应理论讲授第 2 章	案例式教学、翻转课堂
3	结构化网页数据采集	①定位查找数据源的网络地址； ②将获取的网络开放数据保存在本地； ③数据的清洗、预处理； ④地理编码及坐标系统转换	4 学时	电脑、相关专业软件	对应理论讲授第 3 章	实践教学
4	主要的模型方法及软件介绍	①统计分析软件介绍（SPSS/Rstudio）； ②空间可视化； ③地理空间数据分析； ④主要建模方法	4 学时	电脑、相关专业软件	对应理论讲授第 3 章	实践教学
5	空间模型建构分析	①空间模型所需的数据处理与分析； ②各类数据的研究与设计应用实例操作	4 学时	电脑、相关专业软件	对应理论讲授第 4 章	专题研讨教学
6	城市模型于大数据应用综合分析	①基于不同理论的城市模型综合应用； ②案例操作	4 学时	电脑、相关专业软件	对应理论讲授第 4 章	案例教学、翻转课堂

资料来源：作者自绘

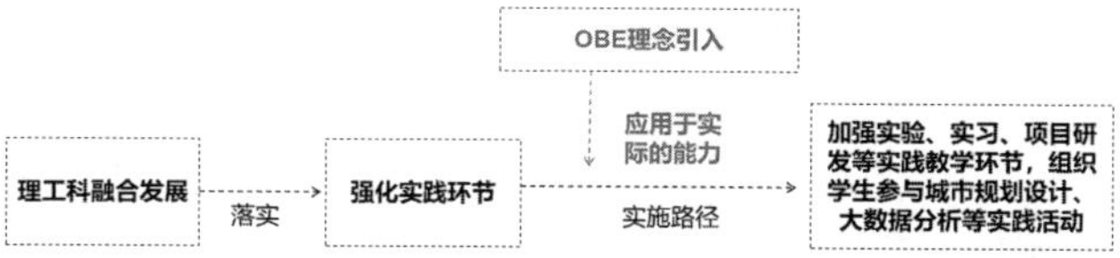

OBE理念引入

理工科融合发展 → 落实 → 强化实践环节 → 应用于实际的能力／实施路径 → 加强实验、实习、项目研发等实践教学环节，组织学生参与城市规划设计、大数据分析等实践活动

图6　强化实践教学实施路径

资料来源：作者自绘

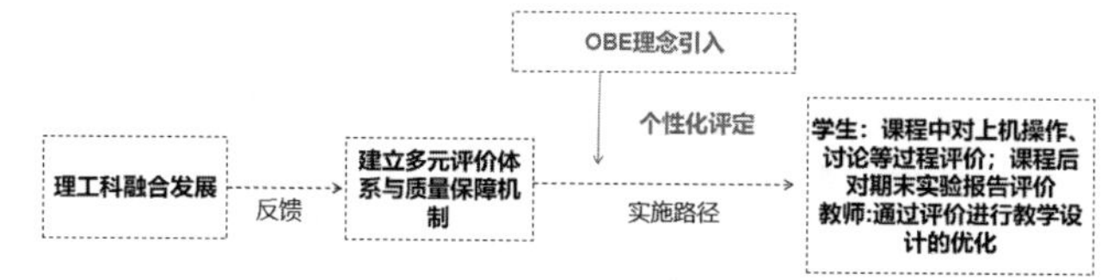

图7　建立多元评价体系实施路径

资料来源：作者自绘

数据分析等实践活动，提升学生的操作技能，使他们通过自学深化对课程内容的掌握和实际运用，同时能将所学知识有效地运用于工作实践中。

3.5　建立多元评价体系与质量保障机制

理工科融合的结果应该通过评价体系进行反馈，评价体系应与教育目标相一致，不仅评价学生的知识掌握程度，还要评价其技能应用、创新能力和职业素养。同时OBE强调个性化评定，对教学进行及时修正，再以成果反馈来改进原有的课程设计与课程教学（图7）。因此，应设立质量保障机制，定期评估和反馈教育的质量，以确保教育目标得到实现并持续进行改善。

在OBE理念的指导下，福建理工大学对学生学习成果的评价也进行了相应的改革。评价体系关注学生对知识的理解深度，还重视学生在实际操作和创新中的表现。引入不同学习阶段的评价，课程中对上机操作、讨论等过程进行评价，课程结束后进行项目报告、设计作品、实践操作等多种方式的全面评价（表4）。教师在授课结束后，通过反思教学活动和评估结果，能够及时识别并解决教学过程中的问题。

通过融入OBE理念的路径规划，理工科教育可以实现更深层次的整合。既能培养出适应社会发展需要的高素质、多技能的复合型人才，又能提高学生的个人能力，促进社会进步和科技创新。

4　改革成效

4.1　理论落实在实践，促进融合发展

在促进理工科融合发展的五个路径中都渗透了学生的自主学习和实践，以学生为本，学生可以直接参与真实世界问题的解决中。福建理工大学“城市模型与大数据应用”课程的教学模式不仅提供了必要的理论知识，更重要的是通过实验、项目设计等实践活动，极大地提升了学生的创新能力和实际操作技能。这样的教育方式确保了学生能够将学到的理论知识有效地应用于实际工

评价细则及得分　　表4

得分	90~100	80~90	70~80	60~70	0~60
上机操作评价细则	展现出高度的主动性和创新能力，在上机操作中能够熟练运用所学技能，独立解决问题	能够较好地完成上机操作，正确应用技术和方法，能够解决大部分问题	在上机操作中基本能够完成任务，但在某些复杂问题上可能需要指导	在上机操作中仅能勉强完成任务，可能经常需要他人的帮助和指导	在上机操作中未能达到基本要求，无法独立完成任务
讨论等过程评价细则	在讨论中积极发言，提出有深度和建设性的意见，能够有效推动讨论进程	在讨论中主动参与，提出有价值的看法，并对其他人的观点提供合理的反馈	在讨论中偶尔发言，能够提出一些意见，但对讨论的贡献有限	在讨论中发言较少，很少对他人观点提供反馈，对讨论的整体贡献有限	在讨论中缺乏参与，对讨论没有贡献
期末实验报告评价细则	展现出对城市模型与大数据应用技术方法理论的深刻理解，能够熟练掌握并应用各种数据处理和分析工具	对城市模型与大数据应用的理论有清晰理解，并能够较好地运用数据处理和分析技能	对城市模型与大数据应用的理论有一定了解，并能够应用基本的数据处理和分析方法	对城市模型与大数据应用的理论有基本的理解，能够进行简单的数据处理和分析	未能展现出对城市模型与大数据应用理论的理解，难以运用数据处理和分析工具

资料来源：作者自绘

作中，进而推动理工科领域的融合与发展。

4.2 评估机制建立，持续反馈融合发展

理工科融合教育的发展是一个持续改进的过程，评估机制的建立能发现理工科融合发展的不足。福建理工大学通过引入不同学习阶段的评价体系，不仅关注学生的知识掌握，更加注重其在实践项目中的应用能力和创新表现。而且，利用教学评估来完善教学设计，可以保证教育目的跟上科技发展和市场需要，进而提升教育的适应力和品质。

5 结束语

地理信息科学（GIS）在理工科融合发展中扮演着至关重要的角色。作为连接理工科各领域知识与实践的桥梁，GIS 不仅为城市模型与大数据应用提供了一个多维度、动态的分析平台，而且通过其强大的空间分析和可视化功能，使得复杂的城市问题得以更直观、更深入理解。在“城市模型与大数据应用”课程中，GIS 的融入强化了学生对城市空间结构、环境变化、人口动态等关键要素的认识，培养了学生运用地理信息技术进行城市规划和管理的能力。此外，GIS 的实践应用还促进了学生批判性思维和创新能力的提高，使他们能够在面对新技术和新问题时，提出科学的解决方案，为城市规划和可持续发展贡献智慧。

本文以福建理工大学的“城市模型与大数据应用”课程为例，探索了基于结果导向的教育思想在理工科院校的融合发展中的具体运用。研究发现，基于 OBE 的教学模式可以有效地引导理工科院校的教学改革，明确培养目标，优化课程内容，创新教学方式，加强实践教学，构建多元化的考核机制，有助于提高学生的整体素质与职业能力。实践表明，以学习成果为中心的教学模式能有效地调动学生的自学能力、创造性思维能力，进而提升教学质量，增强毕业生的就业竞争力。尽管本文给出了理工科融合发展的思路，但是也存在一定的局限性。由于个案研究只局限于某一所院校，有其自身的特点，未来的研究可以拓展至多所院校进行比较。另外，随着科学技术的发展和社会的需要，理工科院校要不断地融合与发展，这就需要我们在实践中不断地探索创新。未来的研究可注重于人工智能与物联网等新兴科技在科学与科技教育上的运用，为理工科教育融合的发展与完善与发展提供新方向。

参考文献

[1] 教育部办公厅关于公布首批“新工科”研究与实践项目的通知 [EB].http://www.moe.gov.cn/srcsite/A08/s7056/201803/t20180329_331767.html，2018-03-21.

[2] 于克强，刘元林，宋胜伟，等.基于工程教育专业认证的机械设计实践 OBE 教学模式改革研究与实践 [J]. 教育现代化，2019，6（A3）：45-47.

[3] 曲霞，宋小舟.高校教学名师的科教融合理念与实践——基于教学名师与普通教师调查问卷的对比分析 [J]. 中国高教研究，2016，274（6）：97-104.

[4] 贺瑜，原华君.新形势下城乡规划学科 GIS 课程教学改革思考与探索 [J]. 安徽农业科学，2013，41（10）：4693-4694.

[5] 郝从娜，吉燕宁.国土空间规划背景下 GIS 应用课程教学改革探索 [J]. 教育信息化论坛，2022，119（6）：69-71.

[6] 李玉平，梁小红，牛宝龙，等.基于“以工为主、理工融合”特色的材料类专业发展探析 [J]. 大学教育，2022，148（10）：51-53.

[7] BERTHA S，JORGE G，M. A M，et al. GIS in Architectural Teaching and Research：Planning and Heritage[J]. Education Sciences，2021，11（6）：307.

[8] 牛超，刘玉振.TPACK 视阈下高校地理师范专业教育类课程体系构建策略研究 [J]. 地理教学，2015（23）：8-11.

[9] 李志义.对我国工程教育专业认证十年的回顾与反思之一：我们应该坚持和强化什么 [J]. 中国大学教学，2016（11）：10-16.

[10] 贾茜，赖重远．“OBE”理念下工科课程逆向教学设计及其效果定性研究——以数字图像处理为例 [J]. 现代信息科技，2022，6（18）：178-184.

The Path and Practice of Integrated Development in Science and Engineering Based on OBE Philosophy——A Case Study of the “Urban Modeling and Big Data Applications” Course at Fujian University of Technology

Zhang Qiuyi　Wu Siying　Yang Peifeng

Abstract: With the advancement of the technological revolution and industrial transformation, the integrated development of science and engineering disciplines has become an important direction for the reform of higher education. Outcome-based Education (OBE), emphasizes student learning outcomes as the center, providing new perspectives and methodological support for the education of science and engineering disciplines. This study takes the “Urban Model and Big Data Application” course at Fujian University of Technology as an example to explore the application of the OBE concept in the integrated education of science and engineering and its role in promoting educational reform. The research adopts a case study method, combined with literature research, course observation, interviews, and questionnaire surveys, focusing on the application of the OBE concept in curriculum design, teaching implementation, and student learning outcome evaluation, as well as its effectiveness. The study found that the integrated development path of science and engineering disciplines under the guidance of the OBE concept mainly includes clarifying educational objectives, optimizing curriculum content, innovating teaching models, strengthening practical teaching, and establishing a diversified evaluation system. Through reverse design, taking the final learning outcomes as the direction, the curriculum system is reconstructed, integrating knowledge of science and engineering, designing interdisciplinary curriculum modules, and strengthening students' practical operations and innovative thinking skills. At the same time, teaching methods such as practical teaching, thematic discussions, and case analyses are used to increase student participation and initiative, cultivating students' ability to solve practical problems. In addition, a learning outcome-oriented evaluation system is established to evaluate students' learning outcomes at multiple stages and from multiple perspectives, ensuring the diversity and comprehensiveness of the evaluation.

Keywords: Outcome-based Education (OBE), Integration of Science and Engineering, New Engineering, Urban Model, Big Data Application

2024 Annual Conference on Education of Urban and Rural Planning in China

2024中国高等学校城乡规划教育年会
2024 Annual Conference on Education of Urban and Rural Planning in China

联动专业学科·焕新规划教育

实践教学

2024 Annual Conference on Education of Urban and Rural Planning in China

“一带一路”背景下研究生规划设计课程教学改革与实践
——以境外产业园区（新城）设计课程为例*

胡　畔　董明娟　王兴平

摘　要：在“一带一路”倡议下，我国研究生教育在培养国际化人才和留学生等方面的作用越发凸显。通过梳理历年来“一带一路”背景下东南大学建筑学院研究生空间规划设计课程的相关内容，从教学内容、课堂组织以及课程目标几个方面总结了课程特点，结合六年来以“一带一路”沿线主要国家境外产业园和新城为研究对象的课程探索和实践，进一步从特色化的教学体系，专业人才培养以及“一带一路”城乡规划高等教育国际合作网络几个方面出发对现有的教学成果和经验进行了总结。

关键词：“一带一路”；新工科；空间规划；境外产业园区

1　引言

2017年以来，教育部印发的《推进共建“一带一路”教育行动》的通知中指出，“一带一路”沿线国家教育加强合作、共同行动，既是共建“一带一路”的重要组成部分，又为共建“一带一路”提供人才支撑。在此行动引领下，教育部积极推进“新工科”建设，并发布了一系列行动指南，提出了新时期工程人才培养的新模式和新理念。行动指南进一步明确了“新工科”的多学科交叉属性以及对复合型、综合性人才培养的需求。规划学科所在的传统工科专业的教育改革，需要更新理念和模式来实现提高教育质量的目标。培养学生的整合能力和全球视野是新时代社会经济发展对规划专业学生的必然要求，同时，规划人才的国际化也持续提升着我国规划行业的国际影响力。

*　基金资助：教育部第二批国家级新工科研究与实践项目：面向“一带一路”的城乡规划新工科教育共同体建设（E-GCCRC20200305）；中国高等教育学会高等教育科学研究课题：中国与“一带一路”沿线国家城乡规划教育合作现状、问题及解决路径研究（21YDYB27）；东南大学校级教学改革研究与实践项目（2023-057）。

2　相关理论研究情况

“一带一路”沿线是新一轮国际开发的热点，也是我国对外投资和建设的战略性新空间。规划设计作为“一带一路”各项工程建设的先导性环节，具有重要的专业价值。“一带一路”这一新地域和新领域是城乡规划学科开展新工科建设和改革的重要方向。城乡规划学科虽然属于工科，但是其自身兼有“‘学科/专业’+‘行业/领域’”双角色和技术、范畴综合化特点[1]。面对实践需求，规划专业从早期的建筑、交通、市政等建筑土木交通类工程学科和人文地理学科的介入再到后来的经济、社会、公管等社会学科和计算机等工程学科的引入，学科和专业的独立性与综合性逐步加强[1，2]。在新工科教育变革和空间规划体系改革双重背景下，要求规划师应具备更广阔的知识体系和多元维度解析城市发展规律的能力，传统城乡规划教育面临着深刻的变革[3]，同时，“新工科”建设的人才培养目标也对规划专业学生能力培养和创新思维提出了更高的要求[4]。

胡　畔：东南大学建筑学院副教授
董明娟：东南大学建筑学院博士研究生
王兴平：东南大学建筑学院教授（通讯作者）

改革开放以来，我国虽已培养了大量具有国际视野、在国际事务和国际舞台上发挥重要影响作用的各类人才，但在推进"一带一路"建设的新形势下，面临前所未有的机遇和挑战时，我国的人才培养仍存在不能完全适应"一带一路"倡议和发展需求的问题[5]。在规划学科建设方面，国内面向"一带一路"的规划设计课程体系建设基本处于空白状态，导致一方面，"一带一路"沿线国家的留学生缺乏系统学习我国城乡规划理论与实践的知识渠道，另一方面，国内学生缺乏系统了解"一带一路"沿线国家的城镇化与城乡规划的知识渠道。

东南大学建筑学院在近年来的教育改革中，分别与MIT等多所国际知名高校开展教育合作，留学生遍布非洲、中东、欧洲、东亚、东南亚等多个国家及地区[6]。在此背景下，我们的教学团队提出并开展了一系列以"一带一路"沿线主要国家境外产业园为研究对象的研究生空间规划设计课程，在课程教学的过程中不断总结经验，完善课程教案，并积极邀请了来自当地相关的专家、学生和企业管理者参与到教学过程当中，形成了系列的教学成果。

3 历年课程开展情况概况

"空间规划设计"是东南大学建筑学院城乡规划学研究生的公共选修课程，教学团队自2018年以来分别以埃塞俄比亚东方工业园（2018年）、南苏丹朱巴经济特区（2019年）、柬埔寨西哈努克市（2020年）、老挝万象市新城区（2021年）、阿联酋阿布扎比哈利法工业区（2022年）、埃塞俄比亚德雷达瓦市（2023年）为研究对象，连续开展了以境外产业园区（新城）战略规划为核心内容的系列课程（表1）。课程的研究案例优先选择"一带一路"沿线国家，并综合考虑中外产能合作项目及联合教学平台的近期工作计划，以期为课程开展提供理论知识与实践经验交流的机会。

4 课程特点

研究生的空间设计课程更强调学生对本科阶段内容的深度理解和应用，课程的开展希望能够使学生了解"一带一路"沿线典型国家的工业化、城镇化最新进展，进一步利用已经学习的空间发展与规划理论知识进行分析和思考。通过对中外产能合作项目实践情况的学习与研讨，提高学生的战略规划思维与综合设计素养，培养学生应对不同地区、不同发展阶段、不同规模、不同特色的产业园区发展的综合分析与解决问题的能力。空间规划课程既有研究性质也是一个规划项目的训练过程，通过课程的学习，使学生具备系统的城市、园区研究意识，掌握境外产业园区总体规划的编制技术，为中外产能合作可持续产业园区规划设计以及"一带一路"沿线国家城市高质量空间发展与规划培养国际化和综合性的人才。

4.1 课程内容的战略性和综合性

课程以"一带一路"沿线国家产业新城所在地及其相关区域为主要研究对象，其核心关注点围绕在挖掘区

2018–2023年空间规划设计课开设情况　　表1

年份	选题国家	研究对象	合作单位	参与人数	成果内容
2018	埃塞俄比亚	东方工业园	埃塞俄比亚亚的斯亚贝巴大学建筑学院	10	战略规划、专题研究、重点地段城市设计
2019	南苏丹	朱巴经济特区	—	10	总体规划、专题研究
2020	柬埔寨	西哈努克市	江苏省建筑设计集团	11	战略规划、专题研究
2021	老挝	万象市新城区	老挝国立大学城市环境系、邦城规划顾问有限公司	10	战略规划、专题研究
2022	阿联酋	阿布扎比哈利法工业园	江苏省海外合作投资有限公司	9	战略规划、专题研究
2023	埃塞俄比亚	德雷达瓦市	埃塞俄比亚亚的斯亚贝巴大学建筑学院	16	战略规划、专题研究

资料来源：作者自绘

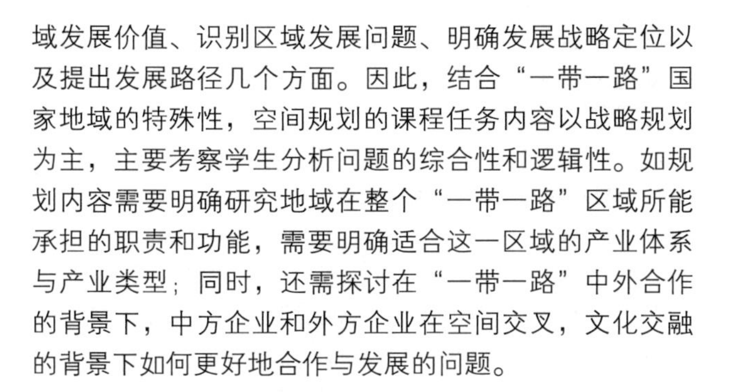

域发展价值、识别区域发展问题、明确发展战略定位以及提出发展路径几个方面。因此，结合“一带一路”国家地域的特殊性，空间规划的课程任务内容以战略规划为主，主要考察学生分析问题的综合性和逻辑性。如规划内容需要明确研究地域在整个“一带一路”区域所能承担的职责和功能，需要明确适合这一区域的产业体系与产业类型；同时，还需探讨在“一带一路”中外合作的背景下，中方企业和外方企业在空间交叉，文化交融的背景下如何更好地合作与发展的问题。

4.2 课堂组织的国际化

近年来，教学团队通过课题合作、开展培训班与各类讲座与“一带一路”沿线多个知名高校建立了良好的交流合作关系，包括埃塞俄比亚的斯亚贝巴大学、南非约翰内斯堡大学、老挝国立大学、泰国朱拉隆功大学、埃及开罗大学、巴勒斯坦安纳扎赫国立大学、阿联酋哈利法大学、叙利亚蒂什林大学等，并且与联合国工业发展组织、联合国非洲经济委员会（UNECA）、联合国人居署（UN-Habitat）、经济合作与发展组织（OECD）等多个国际组织开展研究与业务方面的交流合作。在教学中，结合留学生的个人背景与研究基础安排不同的研究主题，积极促进留学生与国内研究生的交流，提升国际化氛围，在教学过程中邀请当地学者专家结合课程内容进行线上、线下相结合的讲座与交流，使规划设计内容更契合本土需求。

4.3 课程目标的多元化

本课程主要面向硕士研究生一年级的学生以及国外硕博留学生，课程的研究目标主要包括以下两个方面：第一，结合案例拓展学生的知识体系，以本科阶段的区域规划理论与分析方法的课程学习为基础，补充区域国别知识，熟悉“一带一路”相关地区的最新发展趋势，规划体系和相关技术标准；第二，提升学生的实践能力，能够通过本课程的学习，结合规划对象，熟练地进行区域规划研究和对区域规划成果进行分析评价。在针对产业园区或新城空间规划的过程中，通过提供详实的案例数据，模拟真实的发展场景以及开展多视角的规划评价，全方位提升学生解决实际问题的能力。

5 基于案例的教学内容解析

5.1 全过程的教学互动主线

“空间规划”课程围绕三大主线，分别是以教师为主导的课程教学主线，以学生为主导的认知分析主线以及“教—学”双主体互动的设计实践主线（图1）。“一带一路”沿线国家与地区的空间规划建立在区域与国别研究的基础上，强调区域中的“人—地—环境”三维互动关系。学生为主导的认知分析是从理论到实践的关键转换点。研究对象发展过程的复杂性决定了认知需要的深度与广度。认知分析阶段以联合教学的专家学者与学生自主认知分析为主。学生对研究对象的基础信息进行搜集，形成规划前期分析成果，聚焦研究对象的经济、政治、文化展开基本的区域国别情况认知，并统一纳入区域规划与空间规划的系统分析框架，强化对案例所处城市及其区域发展的内外部条件分析。设计实践主线与教学、认知主线并行，一方面是考验学生对教学理论的掌握情况，另一方面是锻炼学生自主思考与拓展的训练机会。

5.2 多主体的交流组织方式

为进一步提升教学内容与课程目标、人才培养目标的契合度，帮助学生在有限的课程中掌握更全面、更实际的专业知识，课程教学分为“授课＋研讨＋汇报”三个环节，将任课教师、学生、企业管理人员和社会公众的多元主体融入整个教学过程，培养学生形成“知识体系＋实践能力＋表达逻辑”的综合能力（图2）。借助便捷的网络会议方式，通过“线上＋线下”结合的方式组织每个环节，一方面在有限的流动许可下拓展学科交

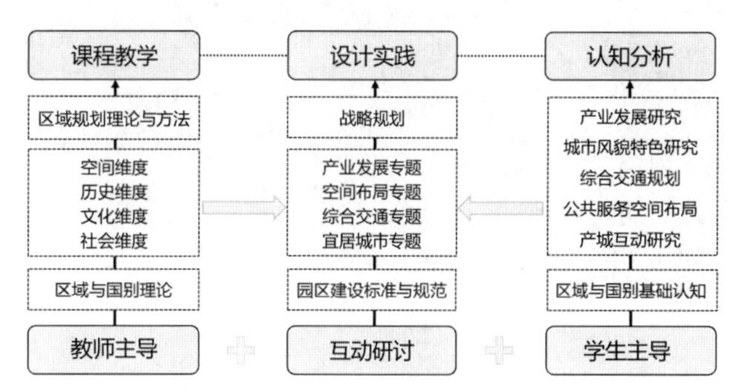

图1 教学内容与课程主线

资料来源：作者自绘

叉的交流，另一方面充分调动学生的兴趣与积极性，通过实时交流的问答环节保持思考与反馈。

以线上会议为例（图 3），教学团队在 2020 年柬埔寨西哈努克市的“规划设计”课程中结合研究对象的特征，邀请招商局集团海外园区专家开展了吉布提“港 – 产 – 城”发展模式的专题讲座，为学生补充了海外园区开发模式与建设运营的实践经验；2021 年老挝万象市新城区的“规划设计”课程中邀请了万象赛色塔园区高层管理人员与曾参与规划编制的邦城规划顾问有限公司相关专家进行专题讲座，以新加坡工业园与苏州工业园的

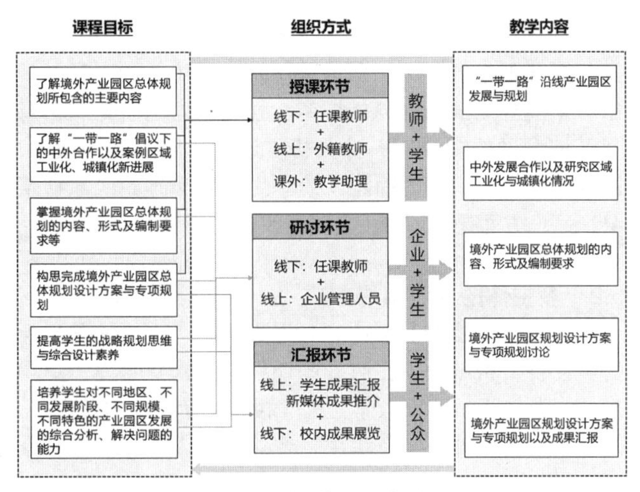

图 2 教学组织方式

资料来源：作者自绘

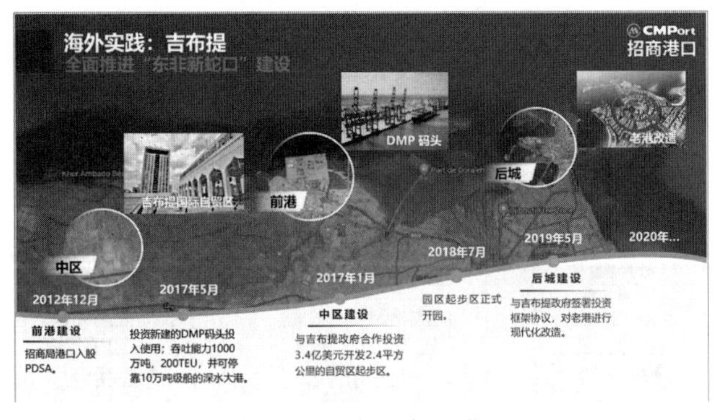

图 3 线上会议专题讲座

资料来源：作者整理

开发建设模式为案例，并结合万象赛色塔开发区实践经验对万象新城区的发展进行研判，为规划设计的深化研究提供了有益借鉴。

5.3 体系化的课程实践成果

课程实践的成果要求为“1+4+1”的规划研究集，即 1 份战略规划、4 份专题研究报告和 1 份片区空间规划的深化研究成果，同时，针对规划对象的需求确定深化研究的主题。如 2018 年埃塞俄比亚东方新城规划设计中开展了重点地段的城市设计，2019 年南苏丹朱巴产业园区规划中深化了启动区建设规划方案，2020 年柬埔寨西哈努克市总体规划增加了产城互动关系的专题研究。课程实践成果遵循了专题研究、战略规划和片区空间规划设计的三层体系，并通过基础认知、专题研究、发展规划三个环节展现出来（图 4~ 图 6）。

5.4 多元化的考核反馈体系

课程的考核检验学生对教学内容的掌握程度。课程最终成绩由课堂研讨表现、规划成果、答辩汇报三个部分构成，通过“个人 + 团队”两个层级、“小组 + 大组”两个分类和“中期 + 终期”两个阶段的评价方式，对教学成果进行分级、分类、分阶段的综合评定。以 2021 年老挝万象新城区战略规划课程为例，通过小组分工的方式对老挝工业化、城镇化新进展，“一带一路”倡议下的中老产能合作项目以及中老铁路运营情况进行组内研讨。各小组针对所选主题进行了充分的资料挖掘和基础分析，并对老挝建设万象新城的基础条件和战略意义进行了充分论证，达到深度参与和自主学习的课程目标。答辩环节中，中期答辩以现状分析与研究思路汇报为主，邀请企业管理人员与联合教学外籍专家参与研讨，终期答辩以最终成果汇报展示与问答为主，参与学院集中组织“空间规划设计”课程的成果展览（图 7）。针对五年来参与课程学生的教学反馈调查显示（图 8），超过 77% 的学生表示课程整体安排较为理想，从综合分析能力和规划实践能力两个方面获得了提升。近 68% 的学生认为课程难度适中，同时，对后续课程也提出了增加相关文献和前沿案例分析的建议。整体上来看，学生在课程中的个人收获与教学培养目标基本匹配，合作教学的模式也获得了学生的一致认可。

6 教学成果总结与经验

目前，“一带一路”中国境外产业园区已经遍布“一带一路”各个地域，以产业新城（园区）作为设计对象，其发展集聚了广泛的产业领域，涉及规划、建设、运营管理、文化交融等多个环节。本课程从2018年起步探索，到目前逐步摸索出了一套比较成型、规范和完整独立的教学体系和模式。在教学知识体系的优化、专业人才培养以及国际合作网络构建等方面均取得了一定的成绩。

6.1 构建了面向“一带一路”沿线的具有特色化的教学体系

“一带一路”园区（新城）作为国际产能合作的重要平台，通过产业链、供应链、创新链等贯通国内外和牵动“双循环”发展，并通过与驻在国和所在地区的产城融合推进当地工业化、城镇化、现代化和惠及民生、提供服务并促进文化融合。课程面向“一带一路”沿线构建了针对性的中外合作、政产学研用协同、理论与设计教学融合、知识学习与设计能力培养互促的教学模式。同时，针对中国城乡规划学在“一带一路”沿线区

南苏丹现有公司	所属产业
Hagar 烟草公司	烟草
南苏丹啤酒和软性饮料酿酒厂	饮料
Edward and Sons 钢铁（铁条和铁皮）和塑料罐厂	钢铁、塑料
Numerous 水厂	供水
Galaxy 液体肥皂	肥皂
大尼罗河石油作业公司、PDOC 公司、苏德石油作业公司、南苏丹国家石油公司	石油

国家	规划产业门类
埃塞俄比亚	纺织服装、食品饮料、皮革加工、烟草加工、玻璃陶瓷、日用化工、石油化工、医药制造、造纸和纸制品、橡胶塑料、钢铁建材、木材加工、电子信息、机械设备、汽车制造业、办公和家用家具制造、金属及非金属矿物制品、能源生产供应
乌干达	石油化工、能矿开采、食品饮料、皮革加工、木材加工、纺织服装、电子信息、医药制造、钢铁建材、机械设备、日用化工、能源生产供应、机械设备、电子信息、造纸和纸制品
刚果民主共和国	木材加工、钢铁建材、食品饮料、电子信息、能矿开采、金属及非金属矿物制品、纺织服装、机械设备
中非	食品饮料、木材加工、能矿开采、纺织服装、机械设备、日用化工

所在国	园区名称	主要产业
埃塞俄比亚	东方工业园	钢铁建材、纺织皮革、机电设备、汽车组装
	华坚（埃塞俄比亚）国际轻工业城	纺织服装、鞋帽、电子
	中非现代畜牧业循环经济工业区	肉类加工、皮革制品加工
	阿瓦萨工业园	纺织服装
	德雷达瓦工业园	纺织服装、机械设备
乌干达	乌干达—中国农业合作产业园	农业技术培训、农作物示范、良种繁育推广、禽类养殖加工
	中国—乌干达辽沈工业园	汽车组装、机电设备、建材、纺织、食品加工
	非洲（乌干达）山东工业园	塑料制品、建材、电力、玻璃五金
刚果民主共和国	刚果（金）中国商贸工业城	矿产能源开发、家具制造、医药、太阳能发电、水泥板材、印刷

图4　产业专题研究分析（2019年学生作业）

资料来源：作者整理

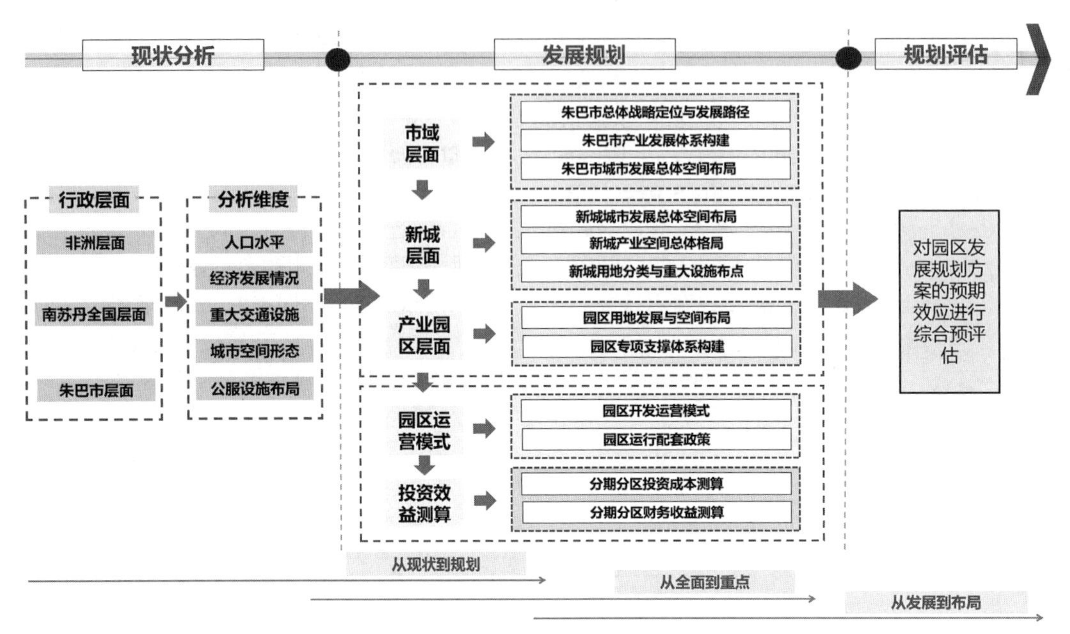

图 5　战略规划框架（2019 年学生作业）

资料来源：作者整理

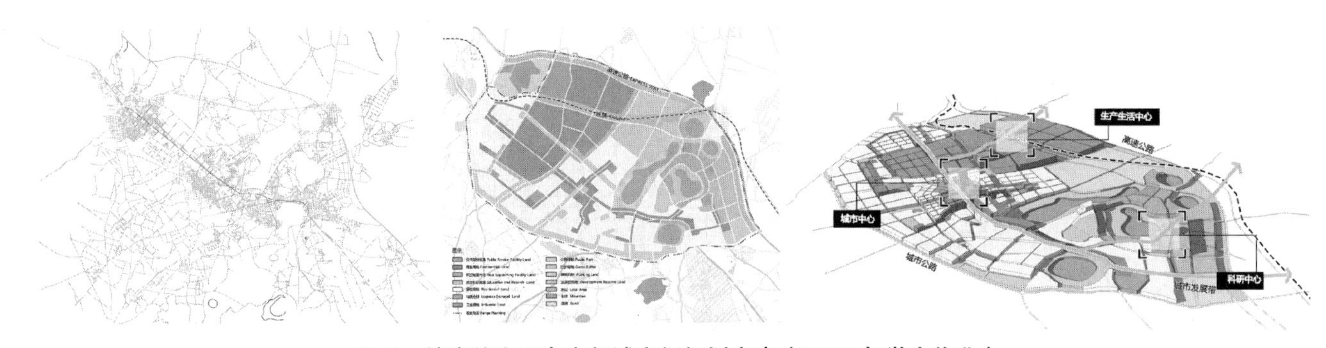

图 6　埃塞俄比亚东方新城空间规划方案（2018 年学生作业）

资料来源：作者整理

域的认知盲区和知识、技术的薄弱环节，系统组织开展对相关国家城乡规划知识的搜集整理和信息库建构，弥补了中国城乡规划在“一带一路”区域和领域的知识，总体上丰富了城乡规划的知识体系。

6.2　扩大了师生的国际视野，提升了课程内容与专业人才培养目标的契合度

2020 年教育部、国家发展改革委、财政部发布的《关于加快新时代研究生教育改革发展的意见》中特别指出要建成国际影响力不断扩大的高水平研究生教育体

系，要全面提升研究生教育服务国家和区域发展的能力。课程的持续性开展一方面加强了与当地高校的联合教学与合作，邀请高校教师及其学生团队参与到教学的实际过程当中，提升了学生的国际化视野；另一方面通过邀请园区（新城）或企业管理层为学生开展讲座，推动学生结合个人研究成果进行深入思考，了解其发展的实际情况和面临的实际问题。同时，在留学生工作任务的设计上，也选择了更契合其背景的在地化案例研究为主导来提升其积极性。课程通过结合中外合作项目的规划设计教学，真题实做，提升了师生在"一带一路"沿线国家开展规划设计的专业能力，培养了具有该领域职业能力和从业意识的城乡规划研究者和规划设计师，形成了一定数量的包括选课的来华留学生在内的储备人才队伍。

6.3 构筑了中国引领的"一带一路"城乡规划高等教育国际合作网络

通过数年合作，逐步构筑起了涵盖老挝的国立老挝大学、泰国的朱拉隆功大学、阿联酋的阿联酋大学和哈里发科技大学、叙利亚的士林大学、埃及的开罗大学、巴勒斯坦的安纳扎赫国立大学、埃塞俄比亚的亚斯亚贝巴大学、南非的约翰内斯堡大学等"一带一路"沿线高校的教育合作核心网络，以及联合国工发组织、人居署非洲区域办事处、开发计划署等国际机构和中国城市规划学会、中国在"一带一路"沿线投资合作的相关企业、园区以及各类机构和人员参与协同的政产学研用和中外合作的协同教育网络。已经完成的课程教学成果提供给了案例所在国家的相关部门或者相关项目管理方，获得其高度认可并在不同场合被应用或者使用，有效服务了相关案例项目的规划建设、招商引资和促进了外方对中国规划的认可认同，推动了中外合作。

7 小结

"一带一路"倡议是中国积极融入全球经济和参与国际经济合作的国家政策，全方位地影响着中国的经济社会发展，在承担大国责任的同时，也为促进自身的发展提供了难得的机遇[9]。伴随"一带一路"倡议在我国经济、社会、文化各方面的全面响应与落实，中国空间规划的新全球化时代已经到来，其战略性、整体性和引领性作用将进一步提升[10]。党的二十大之后，在"一带一路"倡议的持续推进下，我国研究生教育在增强中国竞争力和综合实力、提升我国的国际地位和影响力、培养国际化人才和优秀来华留学生等方面将显示出越来越重要的作用[11]。近六年来教学团队在探索国际化的教育模式和教育改革中进行着不断地探索和实践，希望能通过本课程的学习进一步开拓学生的国际化视野，促进

图7 "空间规划设计"课程成果联合展览（2021年学生作业展览）

资料来源：作者整理

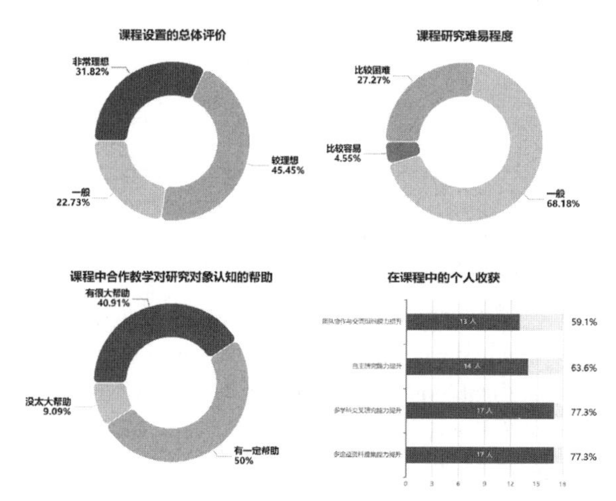

图8 空间规划设计课程教学反馈情况

资料来源：作者自绘

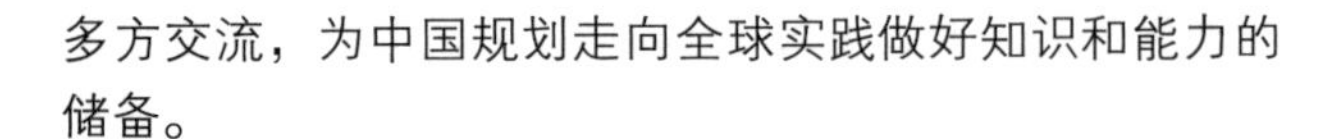

多方交流，为中国规划走向全球实践做好知识和能力的储备。

参考文献

［1］陈昆仑，李丹，王旭．学科调整背景下人文地理与城乡规划专业的机遇与发展 [J]. 高等建筑教育,2013,22（6）: 22–25.

［2］赵万民，赵民，毛其智．关于“城乡规划学”作为一级学科建设的学术思考 [J]. 城市规划，2010，34（6）: 46–52，54.

［3］王睿，张赫，曾鹏．城乡规划学科转型背景下专业型硕士研究生培养方式的创新与探索——解析天津大学城乡规划学专业型研究生培养方案 [J]. 高等建筑教育，2019，28（2）: 40–47.

［4］毕明岩，孙磊，黄鹂，等．新工科教育背景下城乡规划人才培养 CDIO 模式研究 [A]. 黑龙江省高等教育学会．高等教育现代化的实证研究（二）[C]. 黑龙江省高等教育学会：黑龙江省高等教育学会，2019: 7.

［5］李扬，刘平，王丹丹．新工科背景下的城乡规划专业设计课程教学改革研究 [J]. 安徽建筑，2019，26（2）: 148–150.

［6］周谷平，阚阅．“一带一路”战略的人才支撑与教育路径 [J]. 教育研究，2015，36（10）: 4–9，22.

［7］王兴平，陈骁，赵四东．改革开放以来中国城乡规划的国际化发展研究 [J]. 规划师，2018，34（10）: 5–12.

［8］黄荣怀，汪燕，王欢欢，等．未来教育之教学新形态：弹性教学与主动学习 [J]. 现代远程教育研究，2020，32（3）: 3–14.

［9］彭震伟．“一带一路”战略对中国城市发展的影响及城市规划应对 [J]. 规划师，2016，32（2）: 11–16.

［10］陈宏胜，王兴平，李志刚．漫谈中国规划走向“一带一路”[J]. 规划师，2019，35（5）: 99–102.

［11］郭文强，侯勇严，李光明，等．“一带一路”倡议引导下研究生教育国际化的思考 [J]. 教育教学论坛,2020（17）: 327–328.

Teaching Reform Practice of Postgraduate Spatial Planning and Design Course under the Background of “the Belt and Road” ——An Example of the Design Course for Overseas Industrial Parks（New Towns）

Hu Pan　Dong Mingjuan　Wang Xingping

Abstract: Under “the Belt and Road” Initiative，the role of China’s postgraduate education in cultivating international talents and international students has become more and more prominent. This paper compares the contents of the postgraduate spatial planning and design course in the School of Architecture of Southeast University with the background of “the Belt and Road” over the past years. The characteristics of the course are summarised in terms of teaching content，classroom organisation and course objectives. Combining the exploration and practice over the past six years in taking the overseas industrial parks and new towns of the major countries along the “the Belt and Road” as the research object，this study further summarizes the existing teaching achievements and experiences from several aspects：the specialized teaching system，professional talent cultivation，and international cooperation networks for urban and rural planning higher education.

Keywords：the Belt and Road，Emerging Engineering Education，Spatial Planning，Overseas Industrial Parks

"研究 +"规划设计课转型的教学实践与思考
——以东南大学国土空间总体规划教学为例

权亚玲

摘　要：阐述在新的发展背景下，加强规划研究教学内容对新时代规划人才培养的必要性和重要性。回顾了东南大学国土空间总体规划课程不断强化"研究 +"教学实践的历程，提出"研究 +"规划设计课教学的三种模式，进而以国土空间总体规划课程为例，分析讨论在规划设计课程中通过"研究 +"教学组织推进课程转型的六个要点，提出应强化实践类课程的研究性教学、规划设计课应在不同阶段拓展研究性教学内容，以"研究 +"助力城乡规划教育转型的思路。

关键词："研究 +"教学；规划设计课；国土空间总体规划；规划教育转型

1　引言

随着我国国土空间规划体系的建立、"五级三类"国土空间规划实践渐次推进，国土空间规划中涉及的经济社会环境发展、空间治理、资源保护与利用等知识体系对传统城乡规划人才培养提出了新的要求，规划本科教育的课程体系以及课程教学均面临转型挑战，本文提出的"研究 +"规划设计课程教学改革就是对这一挑战的探索型实践与思考。

早在 2020 年，中国城市规划学会"城乡规划学科方向预测及技术路线图"研究已明确指出学科发展和规划教育转型的方向，即"在新的社会经济发展态势和治理结构下，我国的城乡规划将面临从建设规划转向经济社会环境发展规划、从单纯的土地使用管制转向更为综合的空间治理、从以增长和开发为导向转向以资源保护和合理利用为核心内容转型"[1]。以此为导向，规划设计课不仅要解决空间规划设计问题，更要引导学生研究"经济社会环境发展、空间治理、资源利用"等问题，这是笔者认为当前规划设计课转型的关键命题。

规划教育界对于加强"规划研究"教学的讨论逐渐增多。彭翀提出构建贯穿本科教育全过程的规划研究性教学组织框架，涵盖规划理论课、规划设计课和相关理论课程、从低年级到高年级层级推进的教学构想[2]。周庆华提出适应国土空间规划需求的人才应具备"空间规划 + 政策研究"能力，应加强国土空间资源管理与城乡社会治理等相关政策研究，提升学生对规划公共政策属性的认识[3]。刘红霞认为应"结合行业需求完善课程体系，通过科研训练优化实践环节，提高专业人才的综合素养"[4]。在上述关于"规划研究"教学的构想和倡议的基础上，本文将通过实践具体讨论"研究 +"推进规划设计课程转型的教学模式与方法。

2　"研究 +"规划设计课教学的必要性和重要性

城乡规划教育在传统上具有鲜明的职业化导向，规划设计课程所训练的"设计技能"长期以来也是规划人才培养的核心与主干。然而，随着近些年规划学科的定位与认知不断发生变化，以"设计技能"为主线的教育传统正面临越来越多的挑战。"研究 +"规划设计课的教学目标即是兼顾设计技能训练和研究思维创新，其必要性和重要性主要源于以下三方面的背景。

2.1　面对国土空间规划时代新要求

城乡规划学科是支撑国土空间规划职能的核心学科之一，其人才培养的定位要适应国家国土空间规划体系改革对专业人才培养的新要求。

权亚玲：东南大学建筑学院讲师

规划不再是单纯以技术技能为核心的工作。城乡规划学应实现由应用型学科向"认知 – 实践"型学科转变，规划应研究如何"融入经济建设、政治建设、文化建设、社会建设各方面和全过程"，规划是有着强烈公共利益导向的政策过程，有着底线思维和多元开放特征的社会工程[5]。规划实践及规划教育都需要增加必要的认知环节以及贯穿全过程的研究内容。

规划需要预先的研究、权衡与协调。"国土空间规划需要预先研究国土空间使用变化的状况并评估这些变化的可能影响；同时由于国土空间资源使用的总量是固定的，规划还需要研究权衡各类空间使用的需求关系，从而协调和解决各类空间使用竞争的问题"[6]。通过预先的规划研究、权衡与协调，再落实并服务于国土空间规划，"研究 +"应成为空间规划设计的前提和基础。

搭建"知识体系——实践技能"间的桥梁。从城乡规划到国土空间规划人才培养，一方面需要拓展多学科融合的专业知识结构体系，另一方面需要强化适应国土空间规划要求的综合思维。在多学科交叉融合的共识下，"研究 +"教学的目标是搭建"知识体系——实践技能"间的桥梁，将规划设计课程转变为空间规划一体化的教学平台[7]。

2.2 解答城乡发展阶段新问题

规划所面对的经济社会发展背景及现实问题的复杂性，决定了人才培养"研究 +"教学的必要性。"经济环境的差异性、社会环境的复杂性、文化环境的多元性及物质环境的多样性等，都要求规划师在实践的过程中发挥协同创新能力，需要审慎思考并提出具有差异化的、精准的应对措施，以解决实际难题"[8]。规划师建立在规划研究基础上的创新思维及实践能力至关重要。

实践性与创新性的双重要求。面对新时期城镇发展的真实场景和现实问题，需要对地方经济社会和物质环境等各个领域的发展进行全面调查、分析和评价，同时需要对重点问题进行研究、探索创新型的空间解决方案。"研究 +"教学引导学生在研究中更加深入地认知和理解规划实践对象的唯一性，增强学生在规划设计全过程中的应用创新意识。

对城乡变化进行积极有效地管理。对规划来说，"变化"是永远的常态。研究国家政策、把握时代趋势、回应发展要求、顺应人民期待，规划师需要时刻为应对各种变化和不确定性作好准备。"规划需要预先识别并分析那些复杂而相互关联的问题，进而通过行动来应对问题，以及试图对城市变化进行积极有效地管理。"[9] 把握变化中的复杂问题、通过"研究 +"获取创造性解决城乡空间发展问题的答案。

2.3 应对人工智能时代新挑战

人工智能（AI）作为一项改变和重塑城市规划领域的关键技术，正在迅速崛起[10]。未来由"人工智能驱动的城市规划"需要具备哪些能力的规划人才？可预见的是，传统规划中那些基于共性规则的基本设计技能，其效率和精度无疑将会因为 AI 应用得到极大提高甚至被取代，而人的价值、系统的思维和对知识的融合将变得更为重要，同时规划师还需具备利用人工智能作为创新工具并与之合作解决问题的能力。

智慧规划设计成为规划转型与创新发展的重要方向。"面对复杂的城市问题，都可以用人工智能或者机器学习的方法来设计新的模型和新的算法。"[10] 规划教育需要以更加主动和积极的态度，思考未来人工智能驱动下的规划人才培养的目标与要求，这也是讨论"研究 +"教学的迫切性所在。

规划设计思维的全过程能力链培养。规划教育不仅意味着学习和掌握必要的知识，还要具备规划设计思维，提高对特定知识之间相互关系的认识，以系统方法去处理复杂问题。"研究 +"教学将规划设计课的教学重点从设计技能训练转向设计思维培养，着重训练以目标确立、问题解析、策略构建、成效评估、反馈优化为环链的综合性、系统性、创造性思维能力。

3 "研究 +"规划设计课教学的三种模式

始于 2014 年，东南大学已连续 10 年在总体规划教学中加强"研究 +"教学内容，不断探索实践并形成目前"专题研究（6 周）+ 空间规划（10 周）"的两阶段教学方案，从单纯的"规划设计课"逐渐转型为"研究 + 规划设计课"，实现大四（下）学生从空间规划设计转向"研究 +"空间规划设计的思维方式、价值观与专业角色的转变。

回顾东南大学国土空间总体规划课程"研究 +"教

学的实践历程，大致可分为三个阶段，分别对应嵌入、衔接、主导三种"研究 +"教学模式，呈现出"研究 +"教学内容由浅入深、不断被强化的渐进式探索过程。

3.1 嵌入模式

2014—2018 年：服务于战略规划阶段的专题研究"嵌入"模式。

2014—2018 年，这一时期的城乡总体规划已逐渐呈现出"前国土空间规划"的特征，多规合一、生态优先、空间治理等成为这一时期规划改革的关键词。

在原"战略规划 + 空间规划"两阶段基础上，总体规划教学尝试将专题研究嵌入到战略规划阶段，主要服务于 3 人小组的战略规划，研究选题接近于实践项目的常规专题研究，如功能定位、产业发展、特色小镇研究等，专题研究结论常常成为战略规划方向选择、推进的基础和依据。嵌入模式中的专题研究基本上是对项目常规专题训练的模拟，它从属于战略规划，二者是服务和包含的关系（图 1）。

嵌入模式的"研究 +"教学对规划设计课原教案并不需要做结构性的调整，对研究的内容、深度要求相对宽松，研究成果和规划设计之间并未形成明确的关联。这一模式可以被广泛应用于低、中年级规划设计课的前期构思阶段。以二年级院宅建筑设计教学为例，根据场地条件及任务书要求，"研究 +"教学主要围绕南京老城南住宅原型研究和国内外经典院宅案例研究两条线索展开，学生可以自行选择原型或案例进行图解分析研究。嵌入式"研究 +"教学试图让学生在设计思维、设计方法上有所遵循，有利于学生扩展设计思路、汲取创新路径，让学生理解好的设计并有章法可循。

3.2 衔接模式

2019—2023 年：前期调查研究和战略规划之间的专题研究"衔接"模式。

2019 年国家国土空间规划新体系建立，国土空间规划新政策、新标准、新要求陆续出台，东南大学总体规划的教学也适时做了补充和调整。"研究 +"选题明显向国土空间规划和小城镇特色倾斜，学生对诸如双评价、特色小镇、乡村振兴、资源保护与利用、生态修复、国土综合整治等研究表现出较大的兴趣。

相对于嵌入模式，这一时期专题研究的重要性提升、研究内容也相对独立，研究在前期调研、现状资料整理和充分理解规划任务、项目背景的基础上选题，其结论又直接关联并影响到 2 人小组战略规划的方向选择（图 2）。

衔接模式的"研究 +"教学需要对规划设计课原教案进行局部调整，一般建议增加时长为 1~2 周的"研究 +"教学环节，要求形成完整的研究成果。从总规教学实践来看，"研究 +"能够引导学生在前期分析的基础上诊断问题、聚焦规划重点做深入分析，有利于下一步战略路径的清晰选择。但同时存在教学环节多、学生负担加重的问题，这一点在教学实践中要注意规避。

衔接模式推荐的应用场景主要是中、高年级长题目（12 周以上）的规划设计课，以二年级院宅建筑设计教学为例，教师需预先组织典型案例库，学生根据设计主题选择其中一个案例做为期 2 周的"案例研究及转译设计练习"，案例研究和设计练习的成果应与下一阶段的设计建立明确的结构逻辑关联。衔接式"研究 +"教学的目标是"承上启下"，强调设计思维的组织框架及其连贯性。

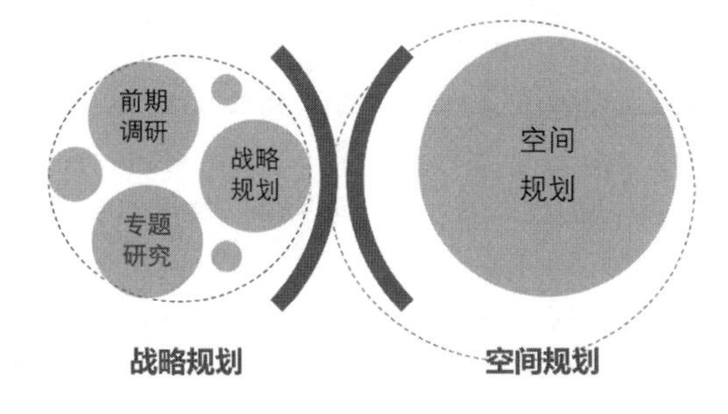

图 1 "研究 +"教学嵌入模式示意图（以总体规划为例）

资料来源：作者自绘

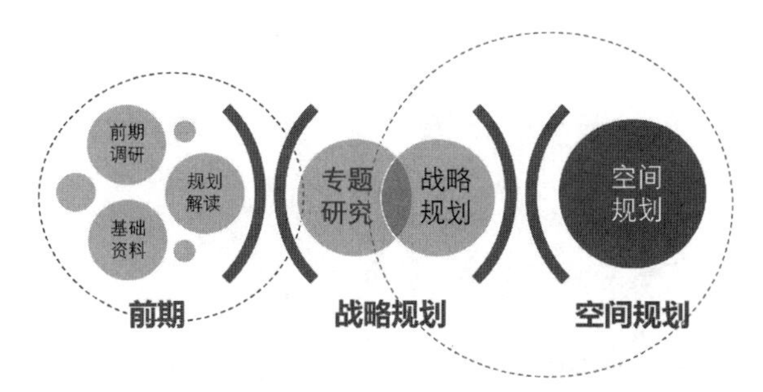

图 2 "研究 +"教学衔接模式示意图（以总体规划为例）

资料来源：作者自绘

3.3 主导模式

2023—2024 年：强化规划设计思维训练的专题研究“主导”模式。

近两年来，随着国土空间规划实践的推进，对规划教育转型的要求愈加紧迫，规划设计课程中的设计思维在国土空间规划中有待重塑，空间解决方案也需要建立在多学科融合的平台上重新构思。鉴于此，“研究 +”教学发展出更加强化且独立设置的主导模式。面向实践项目真实场景和现实问题的“研究 +”选题被置于优先位置，前期调研、现状资料整理和项目背景、现状分析等成为各专题研究的组成部分，从“现状资料整理”入手转变为从“问题探究”开始，有利于在一开始就激发学生的学习积极性（图 3）。

主导模式的“研究 +”教学的最大优点是整合高效，学生在研究中理解规划对象、梳理现状并做以深入分析，在研究中加强对国土空间治理、各类规划编制技术指南的理解与应用，通过研究构建与国土空间规划相匹配的技术体系框架。以“研究 +”为主导，原本相对松散的教学内容在研究中得以整合，教学环节减少但围绕学生设计思维训练的教学目标更加凸显。

主导模式的“研究 +”教学要对规划设计课原教案进行较大调整，对研究的内容、成果深度的要求较高，首次尝试以专题研究进行总体规划课的个人中期答辩，这种考核方式在极具设计传统的工科规划人才培养中具有一定的创新性和探索性。主导模式建议应用在高年级规划设计课教学中，宜构建独立的教学板块，着重训练学生面对复杂规划问题的综合性、系统性、创造性思维能力。

以上三种“研究 +”教学模式虽然在定位、教学方法和组织上存在明显差异，但其初衷都是加强规划设计思维能力的训练，“研究 +”的最终目标仍是指向现实问题及其创新的空间解决方案。因此，针对本科规划设计课的“研究 +”教学要注意其研究深度、研究边界的引导和控制，不同于本科、硕士学位论文研究，“研究 +”教学仍具有强烈的空间色彩，更聚焦、更清晰地指向空间解决方案。

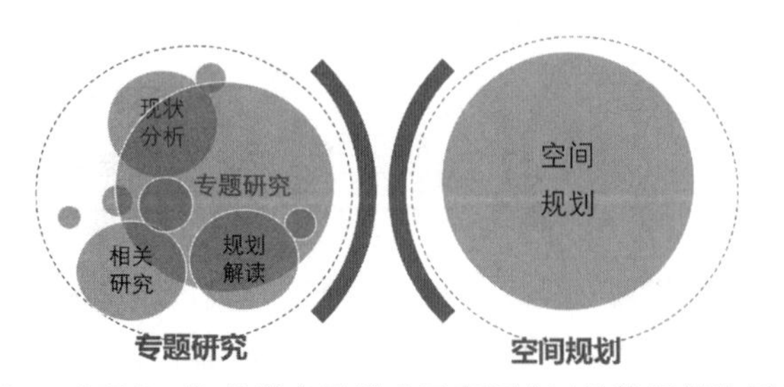

图 3 “研究 +”教学主导模式示意图（以总体规划为例）

资料来源：作者自绘

4 “研究 +”规划设计课教学的六个要点

以东南大学国土空间总体规划课程“研究 +”教学实践为例，教学团队主要围绕“自主选题—联动指导—研究方法—互动思维—空间指向—表达能力”六个要点开展教案设计和转型探索。

4.1 自主选题

自主选题是“研究 +”教学的前提。“发现和界定问题的能力”被认为是规划师所应具备的最重要的技能。在教学中，我们尝试改变传统规划设计课中严格设定任务条件、被动性较强的问题，满足学生更多追问和理解规划设计前提、任务要求的机会，自主探寻研究课题，激发不同兴趣和特长学生的探究热情，鼓励学生提出对地方可持续发展未来有价值、有挑战的问题。

面对学生的个性化选题，教师“因材施教”的反馈与引导也至关重要，或与新时代国家发展战略需求相结合，或与当地空间发展问题紧密结合，或突出实践项目的特色和重点等，提高学生对于城乡发展现实问题的认知水平，回应诸如生态优先、存量更新、乡村振兴、文化保护、以人为中心等时代新问题。

4.2 联动指导

联动指导为“研究 +”教学提供广阔而坚实的平台。以促进多学科融合为目标，东南大学总体规划教学团队的配置涉及规划、土地、地理、生态、经济、交通、数字技术等学科交叉领域。与“研究 +”并行的系列专题讲座由团队教师集体授课，既有夯实跨学科知识基础的规划理论与方法类讲座，也有补足新体系下亟待提升的科学分析和规划实务能力的技术类讲座。同时邀请规划院规划师、规划局管理人员等多主体参与授课、研讨、答辩等，形成开放、多元、跨界的深度讨论交流学习平台。

强化“研究 +”教学承担理论知识集成应用的平台作用，通过“研究 +”平台打开与国土空间规划相关领域“理论与模式”对接、交叉应用的渠道，多学科协同分工的教学、灵活的多学科交叉辅导一定程度上弥合了从理论到规划设计实践之间的缺口，学生的协调统筹意识和能力也在这一过程中得到提升。

4.3 研究方法

科学研究方法是“研究 +”教学的支撑。传统工科以设计技能为主要目标的知识增长是相对平缓的[5]，而由理念创新、技术革新带来的新知识增长态势明显，规划设计实践的创新同样主要源于设计理念和技术方法的变革。训练科学的研究方法，培养学生研究性的思维逻辑，实质是促发创造性的设计思维。面对一个问题，引导学生怎样开展研究，怎样应用科学的方法将研究步步深入下去，以及如何构建解决问题的研究技术框架等。

除了常用的文献研究、案例分析、问卷调查、比较研究、定量分析、定性分析、情景分析等研究方法外，根据具体研究引导学生探索使用：①模型归纳法。鼓励学生找出现实繁杂表象下的机制和动因，梳理把握问题的要点，将现实空间及环境的本质面貌以系统、关联的方式呈现出来。②数字化技术方法。如 GIS 空间分析、大数据分析和模拟技术等，利用 GIS 技术和多源数据融合，实现国土空间的空间分析和模拟，辅助国土空间的生态环境承载和开发利用潜力研究。③人工智能技术。通过机器学习和数据挖掘技术，为国土空间开发和保护做出科学决策，增强“智慧型”国土空间规划技能。

4.4 互动思辨

互动思辨是“研究 +”教学的核心。相对于中、低年级的规划设计课，主导型“研究 +”教学对学生来说是陌生的，其思维的科学性和理性转变极具挑战性，需要引导学生主动地适应和转变。总体规划以 8~10 人的工作室组织教学，虽然是同一个实践项目，但每个学生研究的问题不同、研究视角不同，他们的观点和思路都是独一无二的和有特殊价值的，这种不可替代性大大激发了每个学生的研究热情，师生间、学生间也有了更多的讨论和互动。

工作室内的互动教学形式多样，包括分组讨论、课堂互动、线上分享等，为保证充分的互动与交流，集体讨论课时占总课时不少于 1/2。与传统规划设计课一对一“改图”的教学场景不同，教师的教学不再以信息或知识的传递为主，而是更多转向围绕着学生的探索和思考展开的讨论及引导，这种互馈的教学过程使得教与学都生发出更多的活力和可能性。“研究 +”教学试图唤起学生主动学习及创造性思维的乐趣，不满足于快速地得出研究结论，也不是简单的对与不对，而是不断强化思和辨的过程，并在这个过程中学会与他人沟通、讨论和对话。

4.5 空间指向

空间指向是“研究 +”教学的特色。作为规划设计课的组成部分，以空间规划为核心，围绕国土空间发展问题，研究的空间指向或空间性思维是“研究 +”规划设计课教学的鲜明特点，这也是“研究 +”教学的角色定位所决定的。

“研究 +”试图将研究与空间规划布局相融贯，避免研究与空间规划设计“两层皮”。教学中应着重引导学生将研究结论与下一阶段的空间策略选择和空间格局优化方案相对应，使研究成果和规划设计之间形成明确的逻辑关联。鼓励学生通过“研究 +”提出面向未来的、创新的空间解决方案。

4.6 表达能力

表达能力是“研究 +”教学的根基。传统规划设计课程强调的是空间图示表达能力，以设计技能及设计成果的表现为核心目标，因此学生的语言表达和文字表达在低、中年级的规划设计课中是相对被忽视的，这一点对于规划设计课面向国土空间规划的转型来说是不利的。

总体规划“研究 +”教学为语言表达提供了大量训练场景，包括讨论陈述、汇报演讲、辩论交流等。对于文字表达，教学中尝试按照规范化的学术写作要求提交研究报告成果，以期达到多元表达能力训练的目标。随着“研究 +”教学在各类规划设计课程中的应用，规划人才多元表达能力的培养会贯穿从低年级到高年级的全过程之中。

5 结论与展望

针对规划设计课程“重实践轻研究”“重技能轻思维”

的普遍问题，本文提出应强化实践类课程的研究性教学、规划设计课应在不同阶段拓展研究性教学内容，创新教学方法、改革教学组织，增强学生面对国土空间体系变革的适应能力，助推新时代城乡规划教育改革与创新。

笔者认为，“研究 +”教学将是规划教育面向新时代和未来发展的转型路径之一。由于本文的教学实践与思考仅仅基于“国土空间总体规划”设计课教学，所提出的三种教学模式和六个教学要点主要针对的是建筑规划类院系中的规划设计实践类课程，随着不同院校学科背景、人才培养特色的差异，其“研究 +”的教学设计与组织也必然存在差异。同时，如何将“研究 +”贯穿于规划教育低、中、高年级教学全过程不同阶段、不同课程，如何更好地嵌入“研究 +”教学尚需要更多教学实践的探索。

参考文献

[1] 中国城市规划学会 . 城乡规划学科技术路线图 [M]. 北京：中国科学技术出版社，2020.

[2] 彭翀 . 关于加强规划教育中规划研究教学内容的思考 [J]. 城市规划，2009，33（9）：74–77.

[3] 周庆华，杨晓丹. 面向国土空间规划的城乡规划教育思考 [J]. 规划师，2020（7）：27–32.

[4] 刘红霞 . 国土空间规划体系下城乡规划人才培养策略 [J]. 黑龙江科学，2022，13（13）：79–81.

[5] 石楠 . 城乡规划学学科研究与规划知识体系 [J]. 城市规划，2021，45（2）：9–22.

[6] 孙施文 . 国土空间规划的知识基础及其结构 [J]. 城市规划学刊，2020（6）：11–18.

[7] 周敏，王勇，孙鸿鹄 . 国土空间规划背景下城乡规划实践类课程教学改革探索——以城乡总体规划为例 [J]. 科教导刊，2023（9）：70–72.

[8] 杨贵庆 . 面向国土空间规划的未来规划师卓越实践能力培育 [J]. 规划师，2020，36（7）：10–15.

[9] 武廷海 . 国土空间规划体系中的城市规划初论 [J]. 城市规划，2019，43（8）：9–17.

[10] 甄峰 . AI 驱动的城市研究与规划思考 [C]// 中国城市规划学会 . 人民城市，规划赋能　2023 中国城市规划教育年会论文集 . 北京：中国建筑工业出版社，2023.

Teaching Practice and Thinking of the Transformation of “Research +” Planning and Design Courses ——Taking the Teaching of Territorial Planning of SEU As an Example

Quan YaLing

Abstract: This paper expounds the necessity and importance of strengthening the research-oriented contents in planning education in the new era background. Based on the development of strengthening the “Research +” teaching practice in the course of territorial planning of Southeast University, this paper puts forward three teaching models of “Research +” planning and design courses. Then taking the course of territorial planning as an example, this paper analyzes and discusses six key points of promoting transformation through “Research +” teaching organization in the courses of planning and design. It is suggested that the research-oriented teaching should be strengthened in practical courses, and the content of research-oriented teaching should be expanded in different stages in planning and design courses, and “Research +” teaching should help the transformation of urban and rural planning education.

Keywords: “Research +” Teaching, Planning and Design Courses, Territorial Planning, Planning Education Transformation

"规—建—景"跨专业融合与协同
——UC4+ 联合毕业设计 12 年教学实践

叶　林　邓蜀阳　朱　捷

摘　要：国内五所高校组织建立的 UC4+ 联合毕业设计课程已经持续开展了 12 年，是"城乡规划—建筑—风景园林"三专业联合教学的重要示范。在教学实践中高度重视七个环节深度融合的教学流程、六元主体共建的育人机制和以学生为中心的反馈机制，形成了协同型跨专业联合毕业设计教学模式。这些经验有助于应对联合毕业设计中"联而不跨、联而不广、联而低效"的问题。对标"学生中心、成果导向、持续改进"的教育理念，UC4+ 联合毕业设计仍然需要进一步优化教学方法。

关键词：三专业联合教学；教学模式；融合；协同

当前大建筑行业激烈变革，新理念、新方法、新技术不断涌现，学生面临的城市发展问题已远远超出传统专业范畴，向着社会、经济、生态、数字等多个领域拓展，培养具有综合研究与创新实践能力、独立工作与团队协作能力的复合型人才，已成为"城乡规划—建筑—风景园林"（以下简称"规—建—景"）大建筑学科教育的必然趋势。

重庆大学等 5 所高校开展的 UC4+ 联合毕业设计教学历经 12 年，已经取得了较好成效。紧跟新工科本科教育"面向产业界、面向世界、面向未来，培养一流人才"的目标[1]，对标"学生中心、成果导向、持续改进"的教育理念，按照提高课程的"高阶性、创新性和挑战度"（"两性一度"）要求，UC4+ 联合毕业设计教学团队持续优化教学方法，在教学中实现知识、能力、素质有机融合，锻炼大建筑专业毕业生的多学科思维融合、跨专业能力融合、多类型项目实践融合的能力，培养符合新工科要求的应用型人才。

1　开展"规—建—景"跨专业毕业设计教学的必要性

1.1　发挥学缘优势，打破三专业壁垒

由于渊源相同，学缘相近，"规—建—景"三专业具备融合教学的天然优势。目前，国内教学体制仍以三专业独立教学为主，各专业之间跨界教学环节仅分散于少部分课程中，既没有在主干课程中推广，也没有形成常态化机制，从而造成大建筑学科教学资源在专业之间缺少流动、共享，学生跨学科思维和跨专业能力难以建立的困境。另外，即使开设同一主题的设计课程，三专业也存在"各说各话"的局面。以城市设计课为例，重庆大学"规—建—景"三专业均开设该门主干设计课，但讲授模式、教学方法、课程内容、成果表达均有差异，造成学生对城市问题的认知和对策局限在各自领域。

毕业设计是三专业本科教学的收官环节，也是实现融合教学的重要契机。因此，大建筑专业在毕业设计阶段打破专业壁垒，让师生真正深入理解三专业联合"教与学"的全过程，显得极为迫切和至关重要。

1.2　深化融合措施，解决"联而不合"问题

当前，建筑类院校之间形成了多种联合毕业设计教学方式，但部分存在融合深度广度不足的关键问题[2]。

联而无跨。师生仍局限于内部交流，没有完全跨出学科或专业限制。大建筑是综合性强、专业知识交叉广

叶　林：重庆大学建筑城规学院副教授（通讯作者）
邓蜀阳：重庆大学建筑城规学院教授
朱　捷：重庆大学建筑城规学院教授

泛的专业群，因此，联合毕业设计教学中必须强化多学科和多专业的协同联合，拓展和深化知识结构的交叉融合，多维度、多元化的跨出学科、跨出专业。

联而不广。教学相关主体局限于“院校—教师—学生”，对专家、企业、政府等社会资源参与教学重视不够。大建筑学是服务城乡群众、面向社会需求的实践型专业，社会的重大需求是教学改革的主要动力，因此，联合毕业设计教学中应邀请行业专家参与进来。

联而低效。多数学生对跨专业学习理解不深入，缺乏学习手段，教学进度和效果受影响。大建筑学具有艺术性、社会性、技术性和实践性相结合的特点，因此，联合毕业设计教学中必须改变单纯知识传递的教学方式，增强课程吸引力。

图 1　2013 年 UC4 联合毕业设计校际教学组成立

资料来源：UC4+ 联合毕业设计教学组

2　UC4+ 联合毕业设计教学的渊源和主题

UC4+ 联合毕业设计是国内首个三专业联合教学模式，由重庆大学、西安建筑科技大学、哈尔滨工业大学和华南理工大学 4 校（UC4）创立于 2013 年（图 1），2022 年苏州科技大学加入（UC4+），是跨地域、跨校际、跨学科、跨专业的多元教学联合体（图 2~ 图 5）。教学围绕城市设计，以学生为中心，通过五校教学资源的最优整合与共享，在学生学习过程中强化学科和专业的协同融合、思维理念的拓展提高、知识结构的拓展综合以及团队协作意识的培养，在很大程度上增强学生的“规—建—景”三位一体的整体思维和实践能力。

2013年至今历年教学主题　　**表1**

年份	题目	承办学校	用地规模（平方千米）	场地特征	设计目标
2013	重庆特钢厂片区城市设计	重庆大学	5.4	工业棕地、江岸山地、工业遗迹	产业再造、城市复兴
2014	新生与发展——西安幸福林核心区城市设计	西安建筑科技大学	5	军工城、环境脏乱差、建设缓慢	功能置换、激发活力、融入城市、提升品质
2015	重构与激活——哈尔滨港务局地区城市设计	哈尔滨工业大学	2.25	废弃港务局、环境污染、工业景观	城市更新、功能重构、生态修复、激发活力
2016	广州新中轴线南区城市设计	华南理工大学	3.5	城市轴线、肌理凌乱、要素复杂	城市更新、功能优化、品质提升
2017	重庆沙磁文化片城市设计	重庆大学	1.1	山地城市、城中村、传统风貌街区	城市更新、城市活力、城市文化
2018	守护与发展——韩城古城片区城市设计	西安建筑科技大学	0.62	历史古城、风貌破坏、空间品质不佳	历史保护、更新发展、文化旅游
2019	转型与整合——哈尔滨三马地区城市设计	哈尔滨工业大学	2.24	中东铁路、传统商贸聚集区、空间衰	城市更新、产业转型、空间缝合、历史
2020	气候变化背景下的广州新洲半岛韧性城市设计	华南理工大学	1.8	城市洲岛、岭南水乡、国际会展	韧性城市、精细化设计、岭南文化
2021	3D 多维 · 立体康活——重庆市李子坝片区山地空间场城市设计	重庆大学	2.47	城市中心区、山地城市、传统风貌	城市更新、城市活力、健康城市

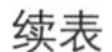

续表

年份	题目	承办学校	用地规模（平方千米）	场地特征	设计目标
2022	再生与传承——苏州市山塘街（西段）周边片区城市更新	苏州科技大学	1.37	历史文化街区、历史文化遗迹众多、传统风貌	历史文脉、产业振兴、城市再生
2023	“时空衍续，文化赋能”——西安中央文化商务区（CCBD）城市设计	西安建筑科技大学	2.2	城市未来发展节点、历史文化轴带、城乡过渡区	城市产业活力、城市地标展示、宜居宜业宜游
2024	人民城市，活力再生——哈尔滨松江文化娱乐岛（船厂地区）城市设计	哈尔滨工业大学	2.0	松花江文化生态带、城市历史文脉、老旧住区	城市高质量发展、工业遗产保护、城市生态安全

资料来源：UC4+ 联合毕业设计教学组

图 2　2023 年 9 月五校教师集体制订教学计划
资料来源：UC4+ 联合毕业设计教学组

图 3　2023 年 9 月五校教师集体考察设计基地
资料来源：UC4+ 联合毕业设计教学组

图 4　2024 年 2 月五校师生集体开题
资料来源：UC4+ 联合毕业设计教学组

图 5　2024 年 4 月五校师生中期答辩
资料来源：UC4+ 联合毕业设计教学组

3 UC4+ 联合毕业设计教学的三个主要措施

UC4+ 联合毕业设计课程已经建立了七个环节深度融合的教学流程、六元主体共建的育人机制和以学生为中心的反馈机制，形成了协同型跨专业联合毕业设计教学模式（图 6）。

3.1 问学科内核变方法，协同好七个环节深度融合的教学流程

树立全周期教育理念，基于全流程把控教学质量的目的，设计好闭环式教学活动（图 7）。

重点抓住“跨校际—跨地域—跨主题—跨学科—跨专业—跨平台—复合展示”七个教学环节，激发师生参与度，让课堂活起来：

第一，组建跨校际教学组织机构。交互学习各校教学特色和优势，以五校为基础，成立跨校际的联合教学团队，制订完善的教学计划，对设计选题、设计基地、阶段环节、时间节点、工作进展、成果要求进行周密地布置和安排，编制完整任务书。定期检查预期目标，加强环节控制，交叉评阅指导，实现互融互通。

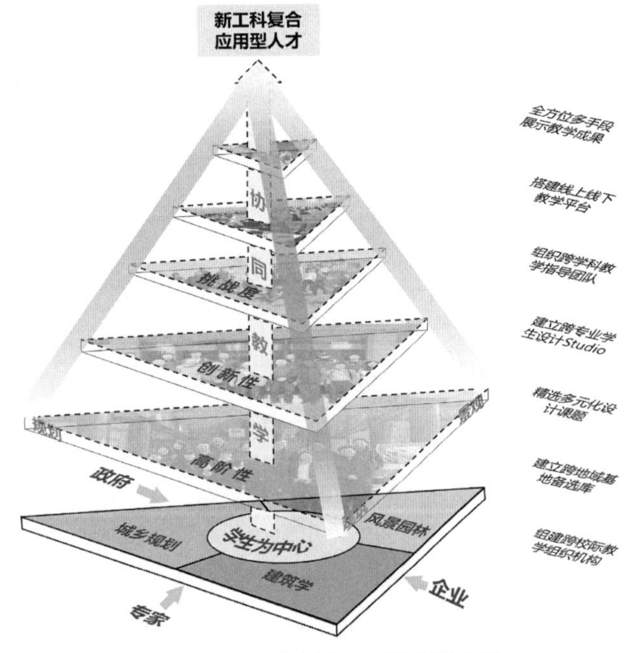

图 6 UC4+ 联合毕业设计教学架构

资料来源：作者自绘

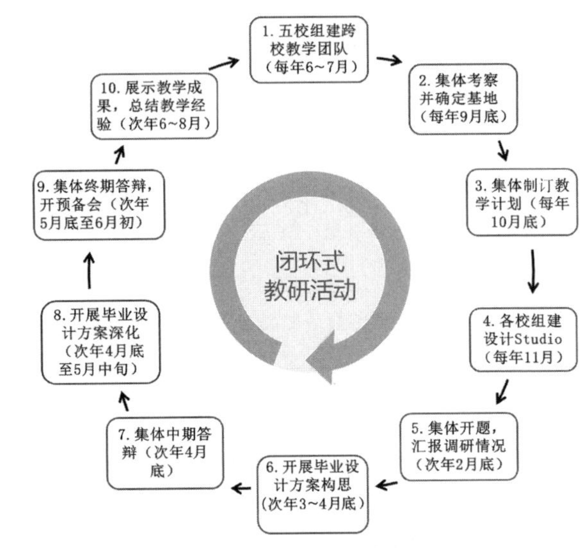

图 7 UC4+ 联合毕业设计闭环式教研活动

资料来源：作者自绘

第二，建立跨地域基地备选库。基于地域建筑文化的丰富性和多样性，体现“规划—建筑—景观”三学科的工程实践特色，联合教学团队在全国东南西北中各地城市，如重庆、西安、哈尔滨、苏州、广州等选取城市核心区、历史文化街区、城市更新区等城市问题典型区域作为设计基地，增加课程的挑战度。调动学生参与热情，锻炼学生实践能力，培养学生分析和解决不同城市复杂环境的综合素质。

第三，精选多元化设计课题。综合考虑各学科各专业参与的适宜性，结合学科特点和毕业设计要求，基于不同教学基地的特色，联合教学团队集体研讨确定联合毕业设计任务选题，关注城市设计、遗产保护、品质提升、旧城改造、绿色建筑等方向，强调设计选题的前沿性和创新性，强化学生的家国情怀、国际视野、法治意识、生态意识和工程伦理意识等，突出课程的创新性。

第四，建立跨专业学生设计 Studio。组织学生设计团队，从基地调研到设计环节均要求不同学科、不同专混合编组，采用基础“通识教育”与“专业知识”相结合，集中讲座与定期讨论相结合，分专业“独立指导”和多阶段“配合指导”相结合的 Studio 方式组织协同教学。

第五，组织跨学科教学指导团队。教师打破校际、专业局限，通过课题讲座、混合交叉组合、分组讨论、集体评图等教学方式，促进教学深度交流，提升课程的高阶性。通过不同地域、不同学校的教师相互碰撞，展现各自的教学理念、方法和特色，增强竞争意识，激发学习热情，有助于发挥能动性，培养积极探索的精神。

第六，搭建线上线下教学平台。打造线上线下混合教学空间，强化现代信息技术与教育教学深度融合，实现校际、企业、政府机构教学资源共享，将资深专家、设计大师、行业领军人物、政府管理者、企业导师等社会力量引入讲座、研讨、评图等教学环节，构建线上与线下相结合、课内与课外相融合的一体化教学平台。

第七，全方位多手段展示教学成果。通过方案汇报、模型展示、成果展览、设计竞赛、网络宣传、出版联合设计作品集等多种方式宣传优秀教学成果，通过专家点评、行业评议和社会检验，总结教学成效，获取信息反馈，既可以展示师生风采，更可以提高学生进入社会、参与竞争的自信心，增强专业自豪感，是跃升的重要环节。

3.2 问内外资源创条件，协同好六元主体共建的育人机制

突破社会参与人才培养的体制机制障碍[3]，形成"院校—教师—学生—专家—企业—政府"六元共建机制（图 8），深入推进科教结合、产学融合、校企合作、校地联合。

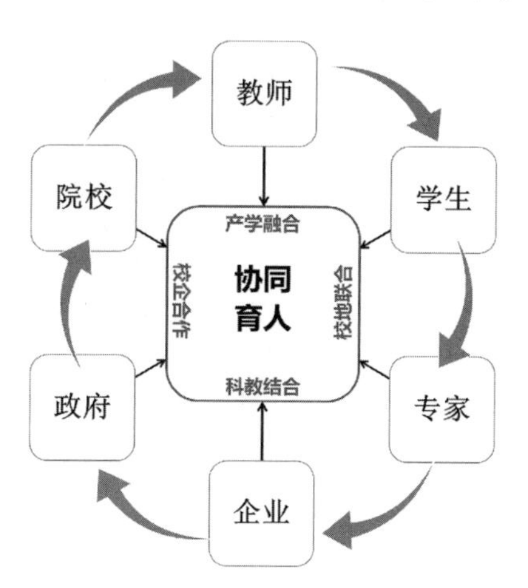

图 8 六元主体共建的育人机制

资料来源：作者自绘

第一，院校是组织教学的责任主体。UC4+ 是以 5 个学校为主，其目的是更好地加强校际之间不同思想价值理念的相互碰撞，不同教学方法的相互渗透融合和不同技能手段的相互交流，有利于吸收先进经验、扩大视野、改革创新、优化教学手段、促进教学质量的提高。

第二，教师是执行教学的源动力。教师团队全程参与教学环节，集体备课、集体研讨课程设计、集体调研备选基地、集体参与课程教学、集体评议学生作业、集体讨论教学成效。发挥教师团队的地域、专业、特长、年龄、背景的多样性优势，在学科知识、技术方法、教学风格等方面给学生以多方面学习机会，增强学生自信心和实践能力。各校加强教学梯队建设，建立"老带新"的传帮带机制，培养青年教师人才加入 UC4+ 联合毕业设计教师团队（如哈工大 2013 届 2 名学生已经成长为 UC4+ 任课教师），持续推动青年教师教学常态化。

第三，学生是参与教学的主中心。优化人才培养全过程、各环节，培养学生全过程学习发展、适应时代要求的关键能力。在课程启动前期，通过联合毕业设计往年成果宣讲，充分调动学生的参与积极性；在教学过程中，通过跨界融合教学模式，充分发掘学生的学习主动性；在成果评议中，通过资深专家、设计大师、企业导师等社会力量的交流，充分鼓舞学生的学习创新力；在成果展示中，通过全方位多手段宣传，充分激发学生的职业自豪感。

第四，专家是评议教学的催化剂。资深专家、设计大师、行业领军人物、政府管理者、企业导师等社会力量，拥有极为丰富的教学、科研、管理、市场经验。邀请他们参与设计选题、设计基地、阶段环节、时间节点、工作进展、成果要求等环节的把控。他们通过参与前期讲座授课、中期学生作品评议、终期学生成果讨论，以及教学成效反馈，与教学团队和学生团队进行深度交流，促使教学团队进一步优化教学模式，带动学生团队不断优化作品。

第五，政府管理部门和市场企业是检验教学的评判者。大建筑专业的公共政策属性决定了政府机构中的城乡规划、自然资源管理、城市建设等管理部门参与教学过程的必要性。设计机构、地产公司等市场企业代表了

国际国内行业发展趋势，他们可以为教学引入新思维、新理念、新技术和新需求。通过建立多层次、多渠道的校企校地联合，深入推进合作育人、合作就业、合作发展，实现合作共赢。

3.3 问行业前沿定质量，协同好以学生为中心的反馈机制

传统的培养模式对学生的多学科知识结构、人文素养、跨专业思维、交流表达等软能力培养不够重视，而跨界、沟通、合作的能力以及领导力、市场思维、人文素养等都是未来卓越工程师的必备能力[4]。

第一，多手段增强学生吸收力。强化师生互动、生生互动，培养学生创新性、批判性思维。教学中要求教师、学生混合编组集体调研、讨论的教学团队织协同融合，教学环节集中与分散相结合，有分有合，既有团队协同，也有独立的发挥，同时融合讲座和展示，体现了多元互助、协同共享的教学融合，目标和要求十分明确。通过多元的教学团队组织和交流，可以极大促进了校际之间“教”与“学”的交流和沟通，促进了知识结构的拓展，对开发学生思维潜力，扩大视野，提高教学质量具有极大的促进。

第二，优化人才培养目标。关注学习成效，紧跟行业需求。联合教学组未来计划面向2012年以来，广布于海内外的1000多位参与过UC4+联合毕业设计教学的三学科5所高校的学生，以及公司企业、研究生就读高校等，开展专项问卷调研和线上线下访谈，总结联合毕业设计模式12年的育人成果。系统分析和评估学生们在联合毕业设计中培养和塑造的多学科思维、跨专业能力、多学科项目实践能力。全面了解全球、国内大建筑行业新业态和新范式转换过程中，对联合毕业设计模式的新要求和新准则，厘清联合毕业设计教学中亟待持续优化之处。

第三，建立人才培养质量准则。加强教学培养质量标准体系建设，吸收专家评议意见，听取政府管理部门和市场企业评判建议，联合五校制定UC4+联合毕业设计教学成果质量准则，作为五校参与联合毕业设计教学质量的基本遵循，将质量价值观落实到教学全流程各环节。将质量标准向我校“城乡规划—建筑—风景园林”三专业人才培养方案溯源反馈，不断改进和提高专业人才培养质量。

4 不忘初心——融合与协同再思考

经过12年的实践，UC4+联合毕业设计在五校中取得了较好的口碑。大建筑行业面临着激烈变革，坚持育人初心，需要进一步从如下三方面优化教学架构：

（1）认知方面，探索学生为中心的“教–学”互动反馈机制。

以学生反馈、社会意见、行业需求为基础解决教师和学生的思想观念的差异性，加强学科和专业之间的联系，换位思考、相互融合，强化系统的连续性和完整性，突出教与学的关联。

（2）实践方面，探索成果导向的跨界融合教学模式。

实现从“越界”到“跨界”——改变各专业固守自我的意识和狭窄思维，重视毕业设计中整体思维、全局观念的培养，通过跨学科、跨专业合作交流、联合指导等多元化的“跨界”教学模式，加强知识积累和融合，拓展专业技能与综合素养。

实现从“配合”到“融合”——改变各专业被动配合、各自评价的状态，强调主动思考、统筹决策。各专业学生组成联合设计小组，紧紧捆绑、融合在一起，从实习调研、基地踏勘、讲课指导、方案设计，到毕业答辩的全过程，各专业学生都共同参与，保证设计目标、工作步骤、评价体系的一致性。

（3）组织方面，探索持续改进的多维育人机制。

实现从“一维”到“多维”——改变传统毕业设计教学只重视校内智力资源，忽视行业趋势和社会人才，关注国际国内领先发展状况，实现校际合作、校企合作、校地合作的多元化参与教学，实现合作共赢。

实现从“被动”到“联动”——改变师生教学先行、专家后期评议的方式，鼓励所有参与者进入教学全流程、全环节，以教学团队为主，对设计选题、设计基地、阶段环节、时间节点、工作进展、成果要求进行协商，建立协作平台、进行“协同教学”。

参考文献

[1] 林健. 面向未来的中国新工科建设 [J]. 清华大学教育研究，2017（2）: 26—35.

[2] 黄海静，邓蜀阳，陈纲. 面向复合应用型人才培养的建筑教学——跨学科联合毕业设计实践 [J]. 西部人居环境学刊，2015，30（6）: 38-42.

[3] 冯竟竟，刘传孝. 多元融合联合毕业设计教学改革研究与实践 [J]. 高教学刊，2023，9（29）: 149-152.

[4] 李祎. 土建类高校跨专业联合毕业设计教学模式初探 [J]. 大学教育，2022（10）: 32-34.

Cross Disciplinary Integration and Collaboration of “Urban Planning-Architecture-Landscape Design” ——12 Years of Teaching Practice in UC4+Joint Graduation Project

Ye Lin　Deng Shuyang　Zhu Jie

Abstract: UC4+ Joint Graduation Project organized by five domestic universities has been launched for 12 years, which is an important demonstration of the joint teaching of the three majors of “Urban and Rural Planning, Architecture and Landscape Architecture”. In teaching practice, we attach great importance to the establishment of appropriate teaching process, education mechanism and feedback mechanism, forming a collaborative teaching mode of cross-major joint graduation project. These experiences are helpful to deal with the lack of depth and breadth in joint graduation project. With the educational concept of “student-center, achievement-oriented and continuous improvement”, UC4+ Joint Graduation Project still needs to further optimize the teaching methods.

Keywords: Urban and Rural Planning-Architecture-Landscape Architecture Joint Teaching, Teaching Mode, Integration, Collaboration

基于 OBE 教育理念的城市设计课程改革与实践

李和平　谭文勇　杨　柳

摘　要：遵循 OBE 教育理念，从新时代城市设计需求与城市设计课程三大培养目标出发，城市设计教学团队从两单元渐进式的课程结构、理论＋设计＋技术的三块板教学内容、“一二三四”的教学组织体系、多样化的课程教学方法、多维度的成绩评定方式 5 方面探索了城市设计课程的教学改革。通过持续的改革实践，充分激发了学生的主观能动性和创造性，学生学习兴趣强，教学质量得到显著提升。

关键词：城市设计；OBE 教育理念；教学改革；渐进式

1　引言

2018 年，教育部遵循“学生中心”“产出导向（Outcome-Based Education，OBE）”和“持续改进”三大原则，制定并颁布了《普通高等学校本科专业类教学质量国家标准》，强调培养可以解决复杂问题的应用型人才。随着城镇化进程的趋缓和存量时代的来临，城市设计逐渐从关注新城建设转向旧城更新、城乡空间治理领域，面临越来越复杂的城市议题。在此背景下，培养具有过硬专业素养的应用型城市设计人才，已经成为社会的迫切需要。

城市设计是城乡规划专业的专业核心课，是培养学生城市空间形态塑造能力和解决城市复杂空间问题能力的重要环节。近年来，面对国家社会经济发展的新形势，学科发展的新动向，重庆大学建筑城规学院城市设计教学团队基于 OBE 教育理念，持续优化城市设计课程内容与教学方法，探索出一条基于“一二三四”组织体系的城市设计课程改革之路。

2　OBE 教育理念的内涵

OBE 教育理念又称为产出导向教育或成果导向教育，于 20 世纪 80 年代由斯派迪（William G. Spady）等提出，被广泛应用于各学科领域的人才培养。该理念以学生的最终学习成果为导向，强调教育的实用性，提出教育的目标是帮助学生获得在未来生活中取得实质性成功的经验[1]。相较于传统以教师为中心、以知识体系为导向的教学模式[2]，OBE 教育理念要求以学生为中心，从国家、社会、行业的长远发展需要和学生学习的预期成果出发，逆向设计课程体系，以最大限度实现教育目标、教育活动和教育成果的有机统一（图 1）。重庆大学城乡规划专业城市设计课程，即是遵循 OBE 教育理念所进行的改革探索。

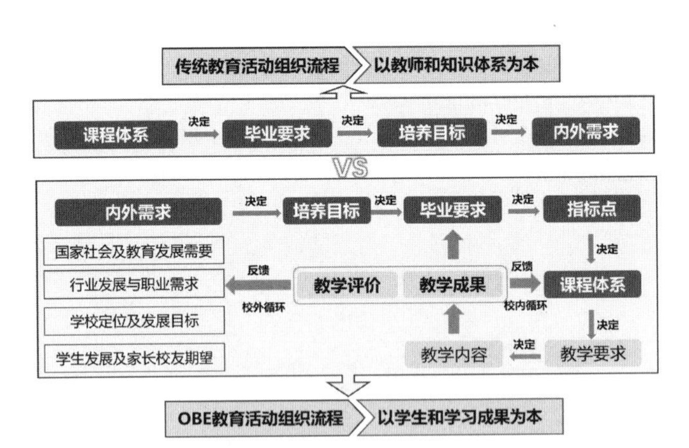

图 1　两种不同理念教学设计流程关系图
资料来源：作者自绘

李和平：重庆大学建筑城规学院教授（通讯作者）
谭文勇：重庆大学建筑城规学院副教授
杨　柳：重庆大学建筑城规学院教授

3　新时代城市设计师能力需求与城市设计课程培养目标

根据 OBE 教育理念的“逆向设计原则”，只有清晰地认知新时代城市设计师的能力需求，才能明确城市设计课程的培养目标和教学改革方向。

3.1　新时代城市设计师能力需求

随着中国特色社会主义进入新时代，经济发展方式实现了根本性变革，城市规划与建设的重心也从单纯追求速度与规模转向更加重视质量与效率，存量规划、城市双修、空间品质逐步成为城市发展的要点[3]。在高质量城镇化进程的新需求和推进国家治理能力现代化的总要求下，中国城市设计已经出现技术性、制度性实践基础上更加重视社会性过程的治理转向[4]，即城市设计目标不仅仅是提供技术性的“空间创意方案”和制度性的“设计管控政策”，还要求关注治理性的“设计实施过程”，强调城市设计过程中的多元主体协商和提供伴随式城市设计服务。

从新时代城市设计师的能力需求来看，城市形态塑造和空间环境设计能力仍然是城市设计师不可缺少的基础专业素养。面对存量规划时代的城市设计对象转变（由新城到已建成环境），城市设计师需要有更加综合的设计知识储备，如城市经济学、城市社会学、城市管理与法规等，来应对不同利益群体的复杂诉求，化解城市更新设计中的多元矛盾。同时，城市建设和发展的根本目的是让人民拥有获得感、幸福感和安全感[5]，基于居民需求和行为特征，用更切实的意境来营造城市场所[3]，实现城市设计的人本需求转向，应当成为新时代城市设计师的关注要点和核心能力之一。

3.2　城市设计课程培养目标

面对新时期城市设计师应当具备的空间设计能力、综合知识储备和人本需求转向，城市设计团队提出夯实学生基础知识和基本功、引导学生的系统性思维和培养学生的人本价值观的城市设计课程培养目标。

（1）夯实学生基础知识和基本功。城市设计致力于通过创造性的空间组织和设计，营造“精致、雅致、宜居、乐居”的城市环境[6]。追求好的城市空间形态，让人直接感知到好的空间，是城市设计的重要目标。因此，回归空间设计的基础训练，强化设计的深度与精度，夯实学生城市空间形态的设计能力，是城市设计课程的基础目标。

（2）引导学生的系统性思维。在存量规划时代，城市设计正在向社会、经济、文化、产权利益与民众诉求之下的物质空间再组织与精细化设计转变[7]，城市设计成果也从单纯的形态布局转变为与政策、决策等控制手段相结合[8]。打破唯形态论的惯性思维，建构渐进式课程内容，加强关联性知识的教授，引导学生正确理解城市空间与城市社会、经济、文化等各要素之间的相互关系，建立学生对空间特征的系统性认知，是城市设计课程培养的核心目标。

（3）培养学生的人本价值观。由于规划师的规划设计成果涉及社会、地方政府、开发商、业主、公众及后代人的多重利益关系网络[9]，如何在城市设计教学中避免对社会的忽视，培养学生的社会责任感与正义感，树立以人为本的价值观，拓展深入社会的教学方法，实现将社会关怀融入空间设计，是城市设计课程培养的关键目标。

4　基于 OBE 教育理念的城市设计课程改革内容

从新时代城市设计师的能力需求和城市设计课程的培养目标出发，城市设计教学团队遵循 OBE 教育理念，从课程结构、课程内容、教学组织、教学方法、教学评价 5 个方面持续进行了改革探索。

4.1　两单元渐进式的课程结构

在课程设置上，OBE 教学理念要求以能力指标决定课程结构，要求每一门课程安排都要围绕毕业能力进行[10]。针对新时代城市设计师需要具备的空间设计能力和综合知识储备，城市设计团队将原来 2 门独立的类型导向的城市设计课程，整合并重构为 16 周（8+8）的目标导向的“城市设计”两单元长课程。两个单元各有所侧重，第一个单元侧重于城市空间形态设计的基础训练，培养学生的空间设计能力。第二个单元侧重于综合性，在进一步训练空间设计的基础上，引导学生关注城市空间生成的背后逻辑，多要素下城市空间的综合设计能力。两个单元按照“现象认知→要素分析→机制挖掘”层层递进的逻辑线路，将城市设计的知识和技能从表象关注扩展到空间运行逻辑和作用机制的深层结构认知上，建立一个从要素到机制、从单一到复合的课程结构。

第一单元：注重空间形态的城市设计。设计基地面积为 5~10 公顷，关注空间的美学、功能和结构，由 1 人独立完成。在熟悉国内外城市设计理念与设计实践成就、熟悉城市设计基本过程的基础上，着重训练学生城市空间的体验感知能力、城市空间形态要素的认知能力、城市空间形态的分析能力、城市空间及建筑群体的组合能力、城市空间与城市交通、环境景观、安全消防等支撑系统的整合能力、城市设计成果表达能力。通过向经典学习，以及对传统的美学、功能、结构、交通、景观与表达 6 个方面的集成训练，厘清有利于空间品质提升的城市设计思路与方法，使学生掌握城市空间的认知方法和设计方法，打下扎实的空间设计基础。

第二单元：融入多元要素的城市设计。扩大设计基地范围至 30~50 公顷，关注空间背后的生成逻辑，培养学生从研究视角展开多元要素下的城市设计，提高综合性设计能力，由 2 个同学共同完成。在第一个单元的基础上，进一步训练学生城市空间形态的分析能力、城市空间形态的塑造能力、城市设计成果表达能力；着重训练学生理解城市空间形态生成的背后逻辑、理解城市空间的各种利益相关者及其诉求、多元要素下的城市空间综合设计能力。

第二单元的课程强化学生对城市设计方法和设计过程的理解与认识，在更大的尺度上训练学生的空间集成与理性研究能力；帮助学生更加深刻和全面地理解城市，切身体会城市中各种诉求，不仅聚焦美学、功能、景观、交通等传统角度，还需要紧跟国家战略需求，关注空间背后的政策导向、经济运行、历史文化、生态环境、社会关系、技术变革等，培养学生掌握城市设计的多元要素，最终以空间为抓手，解决城市问题，为“人”创造更好的空间家园，提高综合性设计能力（图 2）。

4.2 “理论 + 设计 + 技术”三板块教学内容

在教学内容上，OBE 教学理念强调围绕课程学习的预期结果灵活组织教学内容，而不仅仅拘泥于既有教材。针对课程理论思辨与设计实操的双重属性，城市设计团队构建以设计技能为主线，理论探讨、技术支持为两支的三板块教学内容，落实到两个单元的教学中。通过一草、二草与正图三阶段循序渐进训练，培养学生空间设计技能；通过理论讲授和研讨，使学生了解审美、形态学、安全韧性、社会文化、经济政策、环境生态等多领域的相关知识，强化课程的广度与深度；借助运用大数据、人工智能等前沿规划技术工具，加强设计的科学性，全面提升课程内容的广度、深度，体现了高阶性（图 3）。

第一单元的课程内容以设计技能为主线，遵循传统的“分析与策划→一草→二草→正图”的设计推进过程。理论授课部分以专题讲座形式结合设计过程安排，主要讲授选题创意、空间形态基础、空间认知及审美、经典案例学习、城市空间形态与交通、城市空间形态与消防安全、图纸表达等传统空间设计领域相关理论。除图纸表达安排在第六周外，其他 6 个专题讲座安排在前三周，以使学生尽快将这些相关知识落实到方案的设计中。依托学生对新技术的敏感性，将新技术应用贯穿于基础资料分析、空间生成探讨、设计情景展现等课程的全过程中。

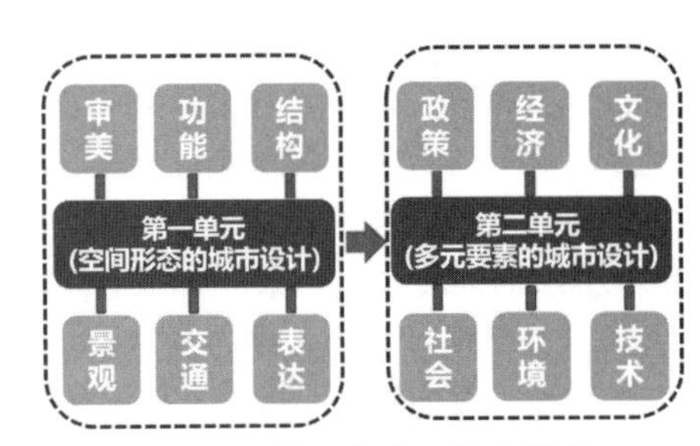

图 2　两单元渐进式课程结构

资料来源：作者自绘

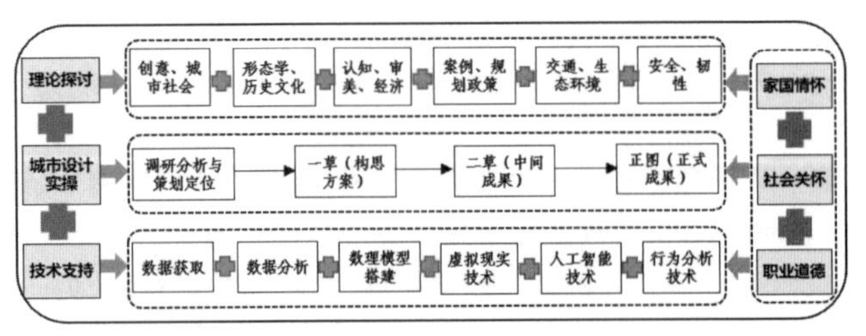

图 3　“理论 + 设计 + 技术”的三板块课程内容和结构

资料来源：作者自绘

第二单元的课程内容是在设计推进过程的基础上，围绕设计主题，讲授城市设计与政策、城市设计与资本、城市设计与文化、城市设计与社会、城市设计与环境、城市设计与新技术等跨界知识。除任课老师主讲外，还聘请行业专家对相关设计主题进行专业讲授，拓宽视野、思路，增强学生对陌生领域的学习兴趣，提高他们独立思考、延展思维的能力。这些相关领域知识的专题讲座安排在前四周，有利于同学们结合相关领域的知识，理解城市空间的生成规律，落实空间设计的逻辑性。同样，新技术应用贯穿于设计的全过程中。

4.3 “一二三四”教学组织体系

在教学组织上，OBE 理念强调“以学生为中心”，重视学生学习的心路历程和最终的学习反馈。为帮助学生树立正确价值观，并增强学生在课程学习中的主动性，教学团队遵循课程的设计属性，尊重教育教学规律，构建了城市设计“一二三四”教学组织体系。

一是以人本价值观为核心。潜移默化引导学生思考“人民城市”的根本逻辑和中国式现代化在城市设计中的具体落位。将课程思政融入设计教学全过程，把抽象的家国情怀、社会关怀具化到空间创意中，将深层的职业素养、职业道德融入日常空间设计中。

二是以学生为中心的双向选课机制。延续我院的优良教学传统，学生在网上按一、二志愿选择老师，老师按照第一、二志愿的先后顺序，上网选定 9~12 名学生，落榜学生重新调配。教学组提供多个设计基地，学生根据兴趣自由选择（图 4）。

三是三层级教学组织。构建年级大组、教学小组、设计小组三层级教学组织，年级大组为全体学生，实施集体教学，以知识讲授和期末展示点评汇聚集体智慧；教学小组为一位老师带 9~12 个学生，以设计过程引导展现主带老师教学特色与专业所长；设计小组为 1~2 名学生自组，以学生自主设计为中心，教师“一对一”辅导，针对学生学习情况，因组施教（图 5）。

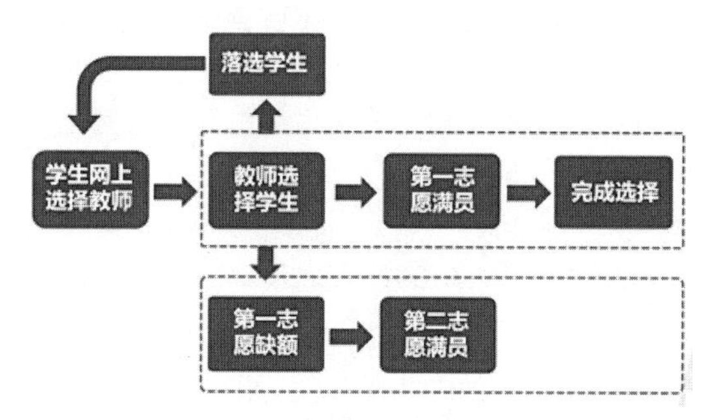

图 4　双向选课机制

资料来源：作者自绘

图 5　三层级教学组织

资料来源：作者自绘

四是四阶段闭环提升。改变以前评完图课程就彻底结束的做法，在一草、二草、正图 3 个设计阶段递进式训练后，增设“课程后”阶段，在教学楼公共空间开展作业展览交流，举办师生交流对话等活动，一方面激发学生在“课程后”的延伸思考，同时有利于教学团队收集反馈意见，持续优化课程内容与教学方法。

4.4 多样化的课程教学方法

在教学方法上，OBE 教学理念倡导从封闭课堂向开放课堂转变[11]，提倡通过研究和实践，帮助学生实现由记忆知识向运用知识和创新知识转变[10]。针对城市设计课程理论与实践相结合的属性，教学组采用多样化的教学手段，围绕空间设计全流程，采用教师讲授、小组讨论、个人汇报、专家点评、展览交流等多样化的教学手段，促进单一的授课方式向多元授课方式转变。采用传统的规划设计工具如 CAD、SU 等提高设计效率与表现力，引入前沿的工具如大数据、CFD 等强调设计的科学性。通过 PPT、多媒体、图纸、实体模型、动画等多种教学手段，活跃教学气氛，提高学生的学习兴趣（图 6）。

针对城市设计课程的实践属性，教学组采用开放式的教学方式，打破以教室为主体的传统教学空间模式，充分发挥实践基地的作用，倡导走入城区、走入社区、走向市民的开放课堂，与社会严密结合（图 7）。

图 6　不同方式的课程教学活动场景
资料来源：作者自摄

图 7　走入城区、社区的开放式教学方式
资料来源：作者自摄

针对第二单元多元要素的综合属性，教学组采取了融研究于设计的教学方法。充分利用教师团队优质的科研项目，结合国际国内重大竞赛，强调选题的研究性；探讨城市空间形态与社会、文化、生态等学科的关联性，鼓励批判性、探索性精神，强调教学过程的研究性。

4.5　多维度的课程成绩评定

在成绩评定中，OBE 教学理念不仅关注学生学习的最终结果，同时关注学生在学习过程中对“真实学习经验”的感悟与整合[11]。为充分发挥课程评价机制对学生的促进作用，课程采用阶段化、多主体、多维度的成绩评定方式，减少学生作业成绩主观性评定的偏差，具体包含以下三个方面。

设计过程评价。一草、二草、正图 3 个阶段的成绩分别占比 20%、30% 和 50%。全过程考查学生的设计能力、社会责任感及综合素养。

多主体评价。在二草、正图阶段，任课教师与非任课教师、校外专家分别评议打分，实现学习过程性绩效与完成效果的综合评价。

对比评价。各设计小组高成绩和低成绩作业在年级大组对比评议，综合确定高分段和低分段学生成绩，实现评价过程的客观性和均衡性。

5 基于 OBE 教育理念的教学改革成效

本课程通过持续改革，充分激发了学生的主观能动性和创造性，学生学习兴趣强，作业成果水平显著提升。教学成果也得到全国同行充分肯定，课程成果在全国城乡规划专业教学指导委员会等机构举办的国际、国内城市设计作业评优、竞赛中屡获佳绩，近 5 年总成绩名列全国前茅，共获奖 67 项，其中一等奖/金奖 15 项，二等奖 9 项，三等奖 10 项，佳作奖等其他奖 33 项（表 1、图 8）。这也是遵循 OBE 教育理念的具体体现 [12]。

此外，在强化专业技术知识的同时，课程注重价值观的塑造，师生们第一时间投入汶川、舟曲、芦山等灾后重建设计工作，还积极参与乡村振兴、疫情下健康家园等设计实践，展现了学生的社会责任感和使命感。

6 结语

教学团队遵循 OBE 教育理念，梳理新时代城市设计师的能力需求，并根据学生的认知规律和城市空间的生成逻辑逆向组织教学体系，从课程结构、教学内容、教学组织体系、教学方法、成绩评定方式 5 方面探索了城市设计课程的教学改革。理清了两个单元的结构关系，拓展和创新了教学内容，丰富和创新了教学方法，突出了以学生为中心的教学组织方式，优化了课程成绩评定方式。经过多年的探索实践，取得了初步的成果。

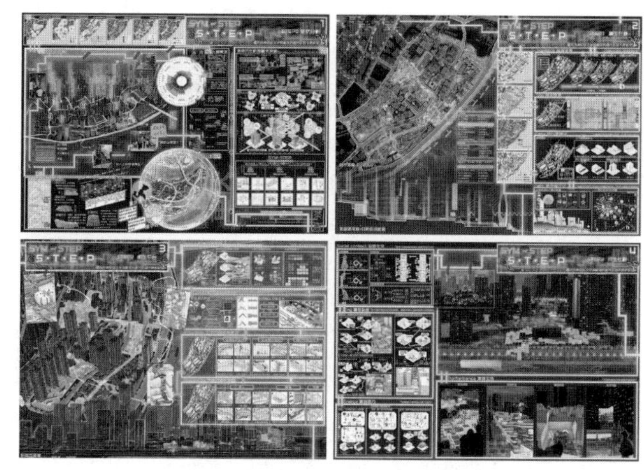

图 8 城市设计课程教学成果

资料来源：城市设计课程作业

值得说明的是，城市设计的理论内涵、设计内容、工作方法和设计成果等会随着时代和社会需求的发展而不断深化。因此，需要在教学实践中，深刻把握学科前沿动态和社会发展需求变化，灵活调整教学模式，以便更精确地满足社会对城市设计人才的需求，进而为学生未来步入职场奠定坚实的基础。

课程作业参加全国竞赛获奖清单（2019—2023年） 表1

序号	时间	举办单位	竞赛名称	获奖情况（数量）			
				一等奖/金奖	二等奖	三等奖	佳作奖/优秀奖/提名奖
1	2019—2023 年	世界规划教育组织、联合国教科文组织 iCity 网站、Guihua 杂志	WUPENiCity 城市设计国际竞赛	11	6	7	23
2	2022—2023 年	自然资源部人力资源开发中心	全国高等院校大学生国土空间规划设计竞赛	1	2	1	1
3	2019—2023 年	中国城市规划学会	西部之光大学生暑期规划设计交流活动	3	1	2	9
合计				15	9	10	33

资料来源：作者自绘

参考文献

[1] SPADY WILLIAM G. Outcome-Based education: critical issues and answers[J]. American Association of School Administrators，1994.

[2] 王金旭，朱正伟，李茂国 . 成果导向：从认证理念到教学模式 [J]. 中国大学教学，2017（6）：77-82.

[3] 张春英，孙昌盛 . 新时期城市设计课程群构建与教学融合性思考 [J]. 高教论坛，2019（5）：26-30.

[4] 王世福，梁潇亓 . 中国城市设计的治理转向 [J]. 城市规划，2024，48（2）：38-44，112.

[5] 何艳玲 . 大国之城，大城之民：再论人民城市 [J]. 城市规划，2024，48（1）：4-11，20.

[6] 王建国 .21 世纪初中国城市设计发展再探 [J]. 城市规划学刊，2012（1）：1-8.

[7] 王凌 .OBE 理念下研讨式教学法在城市设计课程教学中的应用 [J]. 华中建筑，2021，39（5）：125-129.

[8] 王建国 . 现代城市设计理论和方法 [M]. 南京：东南大学出版社，2001.

[9] 康艳红，张京祥 . 人本主义城市规划反思 [J]. 城市规划学刊，2006（1）：56-59.

[10] 申天恩，斯蒂文・洛克 . 论成果导向的教育理念 [J]. 高校教育管理，2016，10（5）：47-51.

[11] 唐庆杰，吴文荣，陆银平，等 . 基于成果导向教育理念（OBE）的课堂教学活动之设计、组织与实施 [J]. 高教学刊，2021，7（23）：93-96.

[12] 杨庆，孔纲强，高凌霞，等 . 基于 OBE 理念的海洋工程地质虚实结合实训教学探索 [J]. 高等建筑教育，2024，33（2）：97-103.

Reform and Practice of Urban Design Curriculum Based on OBE Education Concept

Li Heping　Tan Wenyong　Yang Liu

Abstract: Following the concept of OBE education and starting from the needs of urban design in the new era and the three major cultivation objectives of urban design courses, the urban design teaching team explored the teaching reform of urban design courses in five aspects, namely, two-unit progressive course structure, three-panel teaching content of theory+design+technology, the “1, 2, 3, 4” teaching organization system, diversified teaching methods, and multi-dimensional performance assessment. We have explored the teaching reform of urban design course in five aspects. Through continuous reform practice, students' initiative and creativity have been fully stimulated, students' interest in learning is high, and teaching quality has been significantly improved.

Keywords: Urban Design, OBE Educational Philosophy, Pedagogical Reform, Progressive

产教融合、学做一体
——井冈山乡村振兴大学生联合工作营的实践教学回顾与思考

陈晓东　方　遥

摘　要：在简要阐述新时期城乡规划实践环境的特征和三类实践能力要求的基础上，对东南大学建筑学院、南京工业大学建筑学院、井冈山乡村振兴局、南京东南大学城市规划设计研究院有限公司联合举办的井冈山乡村振兴大学生联合工作营实践教学进行了回顾，介绍了工作营复合多元的实践教学目标，包括立德树人，浸染红色文化、综合认知，了解中国乡村、产学交融，体验行业实操、实践创新，鼓励前沿探索，以及涵盖考察学习、社会实践、驻村设计、研究探索等从思政教育、专业实践到研究探索的一体化教学内容。总结了工作营实践教学过程中的全真实践环境、多元工作团队、课内课外结合、科研项目支撑等特点，归纳了基于产教融合的项目型实践教学活动在仿真性、综合性、灵活性、可拓展性等方面的主要优势，以期为城乡规划教育同行的实践教学提供一些参考。

关键词：产教融合；学做一体；城乡规划实践教学；工作营；乡村振兴

1　新时期城乡规划实践能力培养的要求

自从产生以来，城乡规划就是以实践推动的专业。在城镇化的不同阶段无论国内外的城乡规划专业都因实践要求的不同而形成不同的特点。相应的，不同历史时期的城乡规划实践能力培养也有不同的重点。我国城镇在经历近40年快速发展后，进入新型城镇化阶段，城乡发展由增量扩张转变为品质提升，保护生态资源环境，创造高品质生活，协调多元价值日益成为主旋律。因应新的发展要求，国家推动国土空间规划体系改革，使行业实践日趋多元化，专业外延进一步拓展。同时，当代全球正在经历又一场深刻的科技革命，大数据、大模型、人工智能等新技术条件下的专业实践呈现出新的图景，学科交叉、跨界合作在专业实践中已是常态。在这些交汇的历史变局下，新时期城乡规划实践教学的环境呈现出社会环境更加多元、行业环境更加复杂、职业方向更加广泛的新特点，城乡规划实践能力也必然呈现新的要求。因此，笔者认为，新时期的规划实践能力大致应包含三个要点：①服务于高质量发展的新型城镇化，强调以空间为核心的专业实践能力；②面对日趋复杂的社会和行业，完善应对复杂环境的综合实践能力；③链接飞速发展的当代科学技术，发展持续成长的实践拓展能力。

近年来，应对日益复杂化和综合化实践环境，多所规划院校在系统优化课内实践环节课程体系的同时，积极尝试课外研学、实践工作坊、社会调查、社会实践、创新创业竞赛等多样化的实践教学模式，力图探索新时期城乡规划实践能力培养的新路径。2022年，为服务国家乡村振兴战略，同时贯彻复合型城乡规划专业领军人才为主要培养目标，强化“学做融创，通合一体”的培养模式特色，并探索多种形式的实践教学改革路径，东南大学联合南京工业大学、南京东南大学城市规划设计研究院有限公司以及井冈山乡村振兴局开展了井冈山乡村振兴大学生联合工作营，本文对此次实践教学活动进行回顾，试图总结其中的经验，为城乡规划教育同行提供一些参考。

陈晓东：东南大学建筑学院副教授（通讯作者）
方　遥：南京工业大学建筑学院副教授

2 井冈山乡村振兴大学生联合工作营概况

2.1 东南大学服务井冈山乡村振兴的实践历程

党的十九大报告首次提出“实施乡村振兴战略”以来，东南大学结合自身学科特点积极服务于乡村振兴，自2017年开始，东南大学与井冈山市持续开展多项合作，并于与井冈山市签订战略合作协议，不断探索产学研深度融合服务国家乡村振兴的路径。6年多以来，东南大学建筑学院开展了多项井冈山乡村振兴规划设计项目，其中张彤院长团队设计的大仓村乡村公共空间复兴工程使大仓村成为井冈山红色精品示范点并正式对外开放，获得2020年亚洲建筑师协会“综合建筑类”金奖；学院承担的科技部重点研发计划项目等多项重要科研项目选择井冈山乡村作为技术示范点或研究案例；师生开展多项以井冈山乡村振兴为背景的教学和社会实践活动，在井冈山设立了学生社会实践基地、红色教育基地、思政课程教学点。

2.2 乡村振兴大学生联合工作营概况

根据2022年中央1号文件精神，全国开展“百县千乡万村”乡村振兴示范创建。井冈山市确定先期创建15个乡村振兴示范村，覆盖全市15个乡镇。基于长期的合作，东南大学建筑学院与井冈山市乡村振兴局、南京工业大学建筑学院、南京东南大学城市规划设计研究院有限公司商定在2022年暑假期间联合举办“匠心营村·星火相传——井冈山乡村振兴大学生联合工作营”，同时开展“承中华之因·筑乡间之梦”大学生暑期社会实践，由两校建筑学院院长担任工作营营长，两校师生以及规划设计研究院的规划设计人员组成联合工作小组共同开展示范村驻村规划实践、乡村社会调查和相关学习交流活动，引导师生们在真实乡村的广阔天地中运用所学知识服务国家战略，在革命老区的红色历史中凝聚青年志气，赓续精神血脉（图1）。

图1 工作营出征仪式

资料来源：钟旻摄影

3 多元能力培养的实践教学目标和内容

从工作营策划之初，主办单位就计划将其作为一项新的综合性实践教学尝试，力图在其中贯穿对学生专业实践能力、综合实践能力、实践拓展能力的训练，为此，制定了更加复合多元的实践教学目标和思政研学一体的教学内容。

3.1 复合多元的实践教学目标

结合井冈山乡村振兴示范村规划设计这一核心的训练载体的特点，工作营实践教学的目标贯穿了思政、社会认知、专业实操和前沿创新等多个领域。

（1）立德树人，浸染红色文化

依托工作营工作地——井冈山的红色文化资源，开展生动鲜活的革命传统教育，使师生在服务革命老区乡村振兴的生动实践过程中，了解革命历史，自然浸染红色文化，抒发家国情怀。

（2）综合认知，了解中国乡村

作为革命老区和全国率先脱贫的样板地区，井冈山地区是中国近现代乡村社会经济形态和变迁的样本之一，通过工作营实践活动，使走出课堂的学生走进真实的乡村，了解乡村的社会、经济、文化和历史，体验和理解城乡差异和乡村发展机制，为服务国家乡村振兴实践打下基础。

（3）产学交融，体验行业实操

建构产学交融的平台，提供真实的规划实践对象、真实的业主需求，行业单位和人员加入，营造真实的规划实践场景，让学生体验近似实际工程项目的实践过程，感受和理解真正的行业工作实操模式，更好地吸收课堂所学知识，培养专业实践能力，为投身真实的城乡规划实践作准备。

（4）实践创新，鼓励前沿探索

在贴近真实的实践过程中发现问题，依托教师科研工作，在引导下结合实践中的问题开展乡村相关的学科前沿探索，培养创新思维和研究能力。

3.2 思政研学一体的实践教学内容

为了在为期不长的工作营期间实现上述多元化的教学目标，工作营汇集专业教师、学生工作教师、规划设计师等多方力量共同研讨，制定了涵盖考察学习、社会实践、驻村设计、研究探索等从思政教育、专业实践到研究探索的一体化教学内容。

（1）考察学习

围绕井冈山红色文化体验，安排2次集中考察学习，工作营前往井冈山革命烈士陵园、井冈山革命烈士纪念碑、茨坪毛泽东同志旧居、井冈山革命博物馆、八角楼毛泽东旧居、古城会议旧址、大仓村乡村振兴示范点等地点了解井冈山革命历史和乡村振兴成就。此外，开展两校思政联谊活动，交流井冈山红色建筑实践等内容。

（2）社会实践

结合示范村规划设计以当地村民、乡镇和相关政府部门为对象，开展乡村社会调查。掌握当地社会经济、历史文化、特色风貌、产业人口、风土人情等，了解乡村发展状况和村民的意愿诉求。同时，掌握当地自然环境、土地利用、基础设施和公共服务设施配置、建设需求等情况，摸清规划所需的底数和底图。

（3）驻村设计

工作营进驻15个示范村，在两周时间内开展现场规划设计工作，完成规划背景解读、现状分析、规划定位和目标、整体空间布局、基础设施布局、重要节点设计等初步工作。在当地举行由当地政府部门、教育专家、工作营共同参加的现场工作报告会。驻村工作结束后，返回学校深化设计成果，继续完成示范节点深化设计、环境整治、行动计划等内容。

（4）研究探索

部分研究生和教师结合研究方向和研究课题，进一步开展相关的科研、教学与实践工作。如，东南大学城乡规划专业研究生开展“基于优秀文化传承的井冈山乡村振兴规划设计”Studio教学，对四个文化特色显著的村落进行文化特色研究基础上的规划设计。

4 全真场景的实践教学过程

4.1 教学过程

2022年7月11日至21日，工作营师生50余人在井冈山15个乡镇同时开展了现场调查和驻村规划设计，期间调研覆盖井冈山15个乡镇，当地行程上千公里，走访近20个政府部门，访谈当地居民200余户（图2、图3），完成各类规划设计草图、图纸2000余份（图4），并于7月20日在市政府的组织下进行了现场成果汇报，邀请天津大学、华东交通大学、南昌大学的专家教师和相关部门及15个乡镇领导现场点评（图5、图6），成果获得专家和当地政府部门好评，为进一步深化规划设计奠定基础。回到南京后，两校分别开展规划设计的深化工作，并于2022年10月在南京东南大学城市规划设计研究院有限公司的共同努力下大体完成规划设计工作。

4.2 主要特点

整个工作营的实践教学过程充分体现了以下几个主要特点：

（1）全真实践环境

整个工作营实施的过程中，师生所面对的实践环境是完全真实的。由于在真实环境中解决真实问题，学生必须面对一些在课堂中很难出现的内容。集中体现在

图2 工作营当地合影

资料来源：工作营无人机摄影

图 3　工作营现场调研和驻村工作

资料来源：工作营团队成员摄影

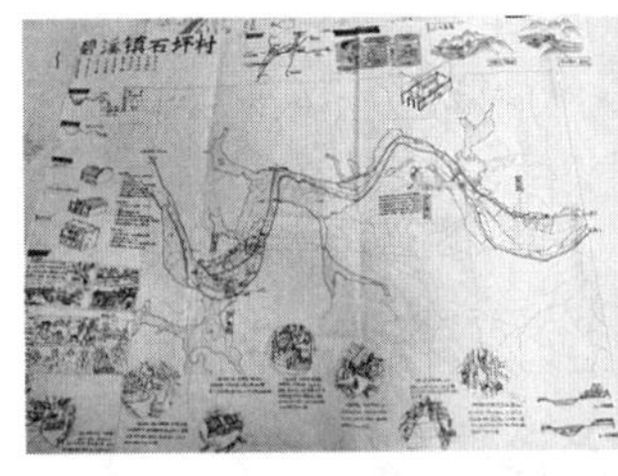

图 4　部分现场手绘全息地图

资料来源：郭赛虎、戴颖怡、钱治业等绘制

几个方面：首先，规划过程中真实的人。通过各阶段直接接触乡镇干部、农户、规划和乡村振兴主管部门、市政府，学生真切地看到规划过程中的不同群体，以及他们不同的期待和诉求；其次，真实的中国乡村图景。大部分学生的生活经验来自城市，深入田间村头的工作营给他们一次从专业角度全方位接触中国乡村空间和社会的机会。第三，规划过程中对实施操作的考量。由于指向真实的规划需求，以及完全真实的实践环境，学生必须与规划设计院的规划师、地方公务员、利益相关者一同工作，对于规划的实施操作要求就成为无法越过的条件。

（2）多元工作团队

工作营依托校企合作的机制，首次尝试组成了包括校企、多校混合的教学团队。工作营人员组成包括东南大学建筑学院和南京工业大学建筑学院的本科生、研究生 30 余人，南京东南大学城市规划设计研究院有限公司的专职规划设计师 12 人（后期工作中又加入了部分东南大学建筑设计研究院的建筑师），两校教师近 20 人。其中学生以规划专业为主，来自建筑、规划、景观三个专业，教师和规划师来自不同的专业背景，包括城乡规划、建筑学、人文地理、土地管理、风景园林、遗产保护、地理信息等。师生和规划师以及不同专业背景的人员混编组成 15 个工作小组，每组人员组成考虑了对象示范村的特点。此外，各乡镇和乡村振兴局也派出了工作人员进行配合，增加了工作团队的多元特征。行业人员的加入为规划设计注入了真实职业环境的元素，他们中大多数都是年轻规划师，与学生产生了良好合作互动；政府部门人员的配合不仅使工作开展更为顺畅，而且也帮助学生对真实的实践机制环境有了更直接的理解。

（3）课内课外结合

整个教学过程中，采用了“当地工作 + 学习交流 + 专家评价 + 学校设计课 + 研究指导”等多种课内课外形式相结合的教学方式。在工作营驻村工作过程中，两校师生结合专业实践和思政学习开展了交流活动，分享了“建筑创作中的党史学习：井冈山实践”“以匠心再塑乡村之美”等学术报告；在现场工作完成后，举办了初步成果汇报会，邀请天津大学、华东交通大学、南昌大学的专家教师和相关部门及 15 个乡镇领导进行现场点评；工作小组团队回到学校后在教师指导下按照设计课模式完成了示范村规划设计，期间结合研究生培养和教师科研活动，开展了庐陵和客家传统村落文化基因、村落形态等课题研究（图 7）。此外，工作营的设计载体素材进

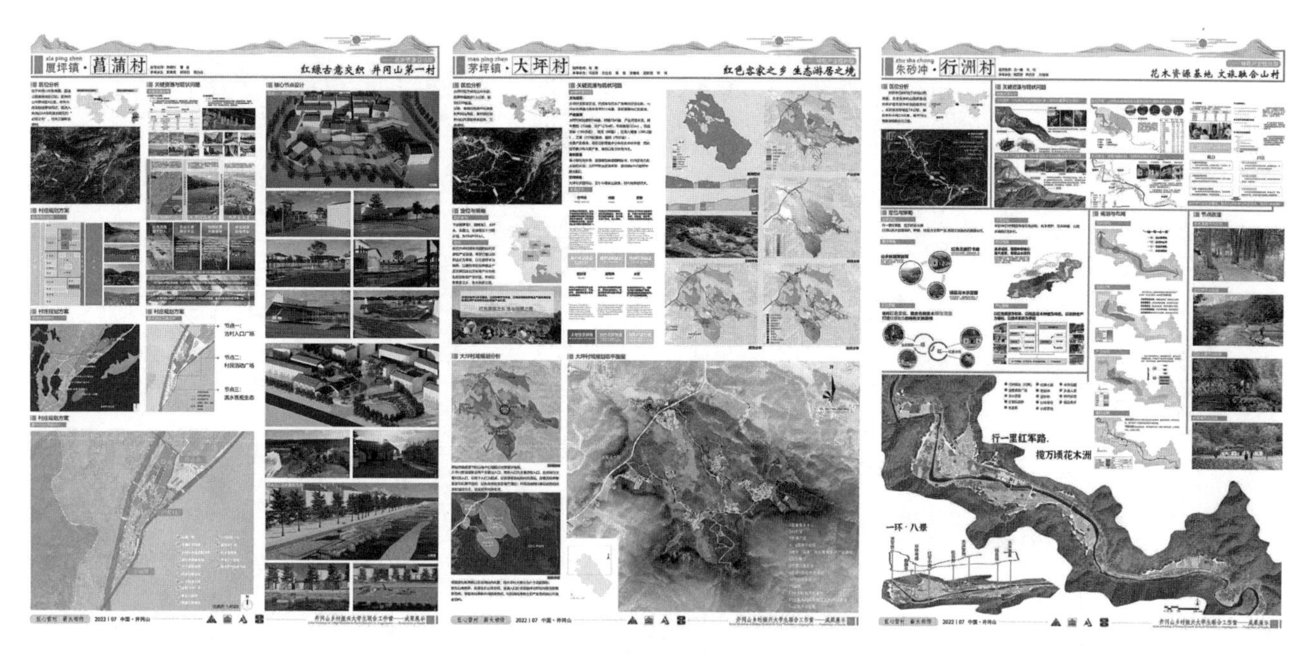

图 5 部分当地成果

资料来源（从左至右）：郭赛虎、戴颖怡、钱治业，指导教师：陈晓东、曹俊；马圣新、刘立北、常钰、张曦元、夏聪慧、郑琳，指导教师：寿焘；陶正源、韩庆杰、孙继杨，指导教师：王一婧、刘鸣

图 6 现场工作初步成果汇报会

资料来源：工作营团队成员摄影

一步支撑了相关的设计课教学，如东南大学规划专业三位教师进一步开展了研究生设计课“基于优秀文化传承的井冈山乡村振兴规划”，在井冈山地区 15 个乡村振兴示范村中挑选四个文化特色显著的村落作为规划设计对象，综合运用历史文化研究、文献解读、虚拟仿真、数字化分析等方法，以点带面，对井冈山地区村落的文化基因进行系统的研究梳理，在此基础上，通过有机更新、活化利用、特色再生等方法，探索基于优秀文化传承的井冈山乡村振兴之路。

（4）科研项目支撑

在工作营活动开展过程中，教师的科研项目对教学起到了重要的支撑和引导作用，工作营结合国家重点研发计划项目——特色村镇保护与改造规划技术研究、自然科学基金项目——基于空间网络分析的传统村落空间布局特征及其地域区系研究等科研项目，综合应用了虚拟仿真、微气候模拟分析、数字化分析、无人机信息采集、空间文化基因分析等前沿技术方法，形成研学互动的模式。

5 多元能力的实践教学效果

活动期间，工作营在当地完成了 15 个村的初步规划设计方案，并完成 2 次集中考察学习，9 份乡村振兴工作推进简报，12 幅全息村落地图，30 个节点手绘（记

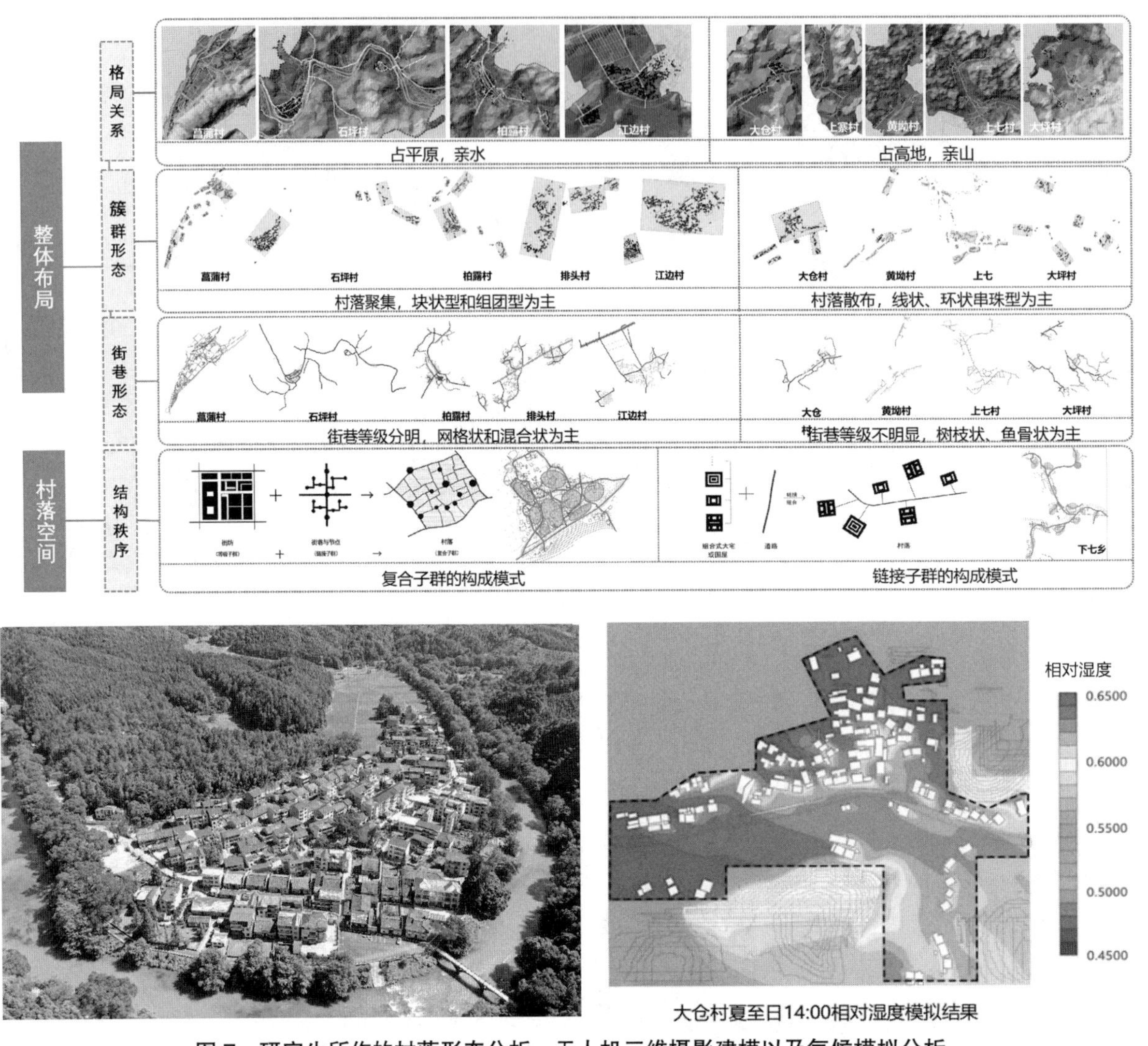

图7　研究生所作的村落形态分析、无人机三维摄影建模以及气候模拟分析

资料来源：上图：肖静宜、潘璐、康怡宁、陈语桐；左下图：孙海烨；右下图：杨文杰

录＋创作），200余户村民的访谈。在此基础上，经过后续3个多月的工作，联合工作团队提出15村振兴路径和整体定位，井冈山乡村振兴9条策略，完成1000余页的15村规划设计文本，内容涉及现状综合分析、目标策略、村域和村庄空间布局、重要节点示范设计以及行动计划等，形成了丰富的成果（图8）。总体而言，“产教融合、学做一体”的实践教学组织，达成了多元的实践教学目标：

第一，通过参观访问活动和规划设计中对井冈山革命历史的梳理，使学生更加生动地了解了革命圣地的红色文化，在革命老区的红色历史中得到精神的陶冶和升华。

第二，工作营作为一场生动的社会实践，使学生走进乡村，对中国乡村社会经济、国家乡村振兴战略和乡村规划有了更加直观感性的理解，综合实践能力得到了锻炼。

第三，通过参与模拟真实的规划实践，特别是行业

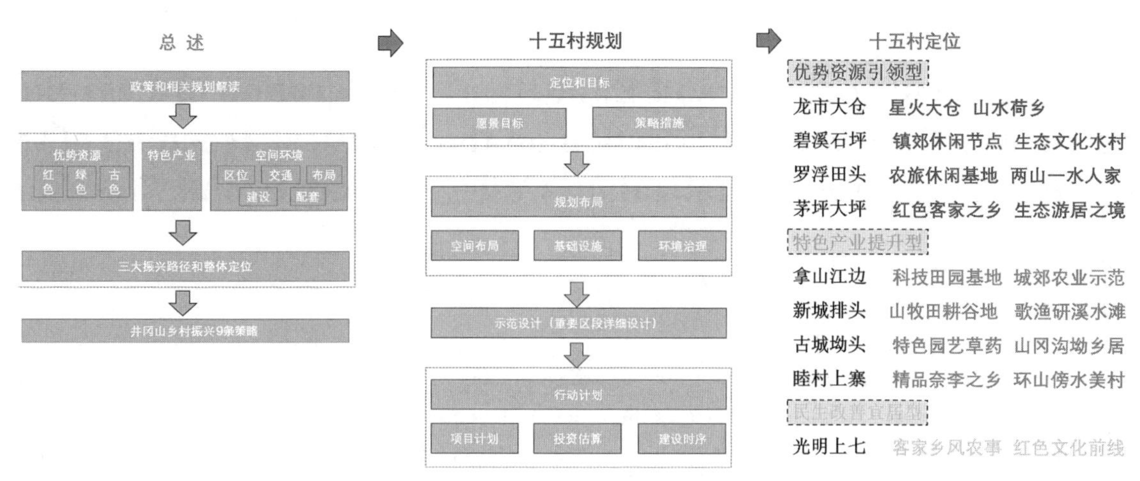

图 8 终期成果的主要内容结构和各村定位

资料来源：作者自绘

力量的加入，使学生对真实的行业实践有了初步认识，融汇课堂所学知识，提升了专业实践能力，为投身真实的城乡规划实践工作作准备。

第四，在解决真实规划问题的过程中，学生对前沿的规划研究领域、技术手段等进行了初步的接触，开启了创新实践的探索。

6 对工作营实践教学的思考

在行业转型发展的当下，城乡规划专业人才实践教学模式的创新对于适应日趋复杂的环境具有重要意义。通过本次井冈山乡村振兴工作营，笔者认为这种基于产教融合的项目型实践教学活动具有几个显著的优势。第一，仿真性。与行业实践的深度结合带来了高度的真实性，走出课堂，走进生活，在实践中解决真问题，形成对课堂知识传授的重要补充。第二，综合性。在一个集中的时间内围绕一个真实的对象，展开多任务的工作，需要学生综合应用多类知识、调动多种能力，在短时间内达成多元的教学目标，强化对综合实践能力的培养。第三，灵活性。项目型的运作模式可以不必拘泥于既定的教学计划，按需拼装训练任务，形成生动的教学环节安排，达到较高的教学效率。第四，可拓展性。产教结合的形式可在工作营后期继续拓展，衍生出其他教学活动、教师实践和科研，形成持续性、累积性的实践教学资源。

当然，这类实践教学模式的产生需要强大的政产学研平台支撑。一方面，学校规划设计院作为支撑学科专业建设的实践平台，具有深度支持参与此类工作营的现实条件，对于城乡规划专业实践教学是最重要的行业力量之一。另一方面，地方政府是重要的支持力量，在项目平台搭建中起到基础性的作用，长期的良好校地合作关系是开启类似实践教学项目的保证。

Cooperation of Industry and Education， Integration of Learning and Doing：Review and Reflection on the Practical Teaching of the Jinggangshan Rural Revitalization College Student Joint Workshop

Chen Xiaodong　Fang Yao

Abstract: On the basis of briefly analysis the characteristics of the practice environment and the three types of urban planning practical abilities in the new era，this paper reviews the practical teaching during the Jinggangshan Rural Revitalization College Students' Joint Workshop organized by the School of Architecture of Southeast University，the School of Architecture of Nanjing University of Technology，Jinggangshan Rural Revitalization Bureau and the Urban Planning and Design Institute Co.Ltd of Southeast University in Nanjing . The complex and diverse practical teaching objects are introduced，such as feeling red culture，understanding Chinese rural society，experiencing industry practice，encouraging cutting–edge exploration. The teaching contents covering investigation and study，social practice，on–site design，research and exploration which range from ideological and political education，professional practice to research and exploration，are also specified. On the basis of that，the paper summarizes the characteristics in the process of the workshop，such as real practice environment，multiple work teams，combination of in–class and out–of–class activities，and scientific research project support. As the conclusion，the main advantages of project–based practical teaching activities based on the integration of industry and education are rendered，viz. simulation，comprehensiveness，flexibility，and scalability，in order to provide some references for the practical teaching in urban and rural planning.

Keywords: Cooperation of Industry and Education，Integration of Learning and Doing，Practical Teaching in Urban and Rural Planning，Workshop，Rural Revitalization

附：工作营组织信息

乡村振兴规划技术制定组：

张　彤　东南大学建筑学院　院长
陈晓东　东南大学建筑学院　城市规划系主任
郭华瑜　南京工业大学建筑学院　院长
方　遥　南京工业大学建筑学院　副院长

工作营营长：

张　彤　东南大学建筑学院　院长
郭华瑜　南京工业大学建筑学院　院长
雷兆文　井冈山市乡村振兴局　局长

工作营执行营长：

陈晓东　东南大学建筑学院　城市规划系主任
方　遥　南京工业大学建筑学院　副院长

工作营评图专家：

王志刚　天津大学建筑学院　副教授
李　晨　华东交通大学土木建筑学院　教授
马　凯　南昌大学建筑与设计学院　副教授

工作营指导教师：

东南大学：张彤、陈晓东、张豪裕、徐春宁、胡畔、徐瑾、曹俊、寿焘、陶岸君

南京工业大学：郭华瑜、方遥、陈饶、刘鸣、张清扬、孙政、哲睿、赵烨、王一婧

工作营规划师：

陈黎娟、莫港龙、李欣、叶小南、谢杨、钟菡、徐镇平、徐子尹、杭姚明、霍海龙、张文惠、万梦婕

城市设计课的新技术应用路径探索

龙　瀛　夏俊豪

摘　要：新技术方法的涌现促使城市规划研究及教学领域发生数据驱动设计的变革。本文首先简要概述了在中小尺度城市设计教学实践中采用的新技术方法及其与多源数据的对应关系，然后重点介绍了笔者在清华大学建筑学英文硕士项目（EPMA）城市设计课中为期七年的实践探索，针对学生不同技术背景，笔者从“GIS空间分析”“数据可视化”及“无人机建模”的技术视角出发，构建了“多源数据库搭建、软件操作教学、前沿研究讲授”的城市设计课程新技术应用路径，最后归纳出“因人而异的数据支持手段、因地而别的数据提供类型、因时而变的技术教学方法”三点教学经验。

关键词：大数据；多源数据；颠覆性技术；城市设计；教学实践

1　多源数据与新技术方法的大规模使用

1.1　多源数据涌现及数据增强设计

近年来伴随着信息通信技术（Information and Communications Technology，ICT）及大数据的快速发展，多源新数据不断向高时空精度涌现迭代，在以人机互动的数据技术方法工具变革为核心特征的第四代城市设计背景下，为建成环境相关专业的研究人员发掘城市内在规律提供了坚实的基础（王建国，2018）。多源数据类型在时间和空间角度分辨率差异较大，既有包括地形地貌数据、自然环境遥感数据等在内的大尺度自然环境数据，也包括描述建成环境的路网数据、建筑物轮廓数据、街景图片数据等，还涵盖时空粒度较细、反映城市社会环境的手机信令数据、社交媒体数据等。

数据环境的快速发展促使城市规划师、城市设计师和建筑师们构建以数据驱动设计的范式，以数据驱动为基础的规划设计方法通过实践检验不断更新、迭代、进化，并进一步孵化人工智能辅助设计等概念（张恩嘉、龙瀛，2022）。数据增强设计（Data Augmented Design，DAD）是自2015年由龙瀛和沈尧提出的一种以新数据环境为基础，以城市定量分析为方法的实证性的空间干预层面的设计方法论（龙瀛和沈尧，2015），并在不同应用场景被多位学者完善发展，出现了“数字化城市设计”（杨俊宴，2018）、“以数明律”的智能规划（吴志强，2021）、基于数字孪生的城市信息模型（City Information Modeling，CIM）（杨韬，2021）等不同设计方法论。在此类设计方法论指导下，结合多源数据的新兴技术在城市规划行业实践及相关学科课程的教学中得到了普及与使用。

1.2　新技术方法在城市设计课程教学中广泛应用

得益于数据的多样性与开放性，融合多源数据的新技术方法在以城市设计课为代表的设计类课程中获得大量关注，一系列相应的教学改革尝试在部分院系课程中开展。笔者（下文未特殊说明均指第一作者）基于在新数据与新技术领域的探索，结合自身城市设计课程的教学经验，总结了城市设计新技术方法在中小尺度城市设计教学中的应用类型及其与多源数据类型的对应关系图（图1）。中小尺度城市设计教学涉及的新技术方法主要可以分为“数据增强”与“设计生成”两大类，前者主要应用于设计的前期场地分析及后期方案评价，包括GIS空间分析、数据可视化、无人机建模、建筑环境模拟等方式，后者渗透在设计方案制作及图纸效果等

龙　瀛：清华大学建筑学院长聘副教授（通讯作者）
夏俊豪：清华大学建筑学院硕士研究生

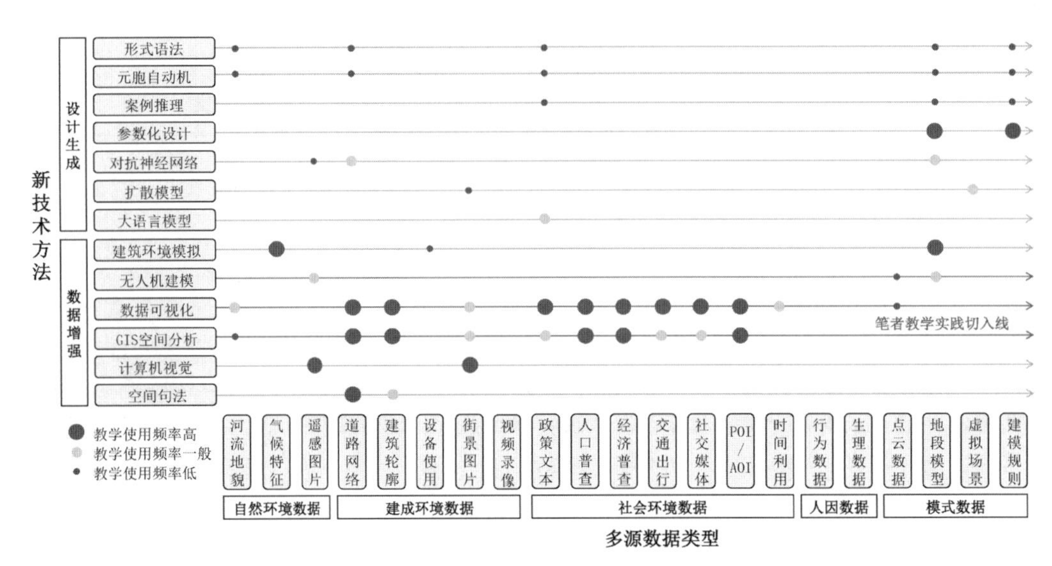

图 1　中小尺度城市设计教学中的新技术方法及其与多源数据类型的对应关系

资料来源：作者自绘

环节，包含形式语法、参数化设计、对抗生成网络，以及近期兴起的扩散模型与大语言模型等技术。新技术方法的广泛应用离不开多源数据类型的支持，现有城市多源数据除城市规划研究中常用的自然环境、建成环境与社会环境等数据外，也包含城市空间使用者行为（如眼动数据、姿态数据）及生理（如心脑电、皮电信号）层面的人因数据，还包含在建模过程中从实体现状中抽象出来的模式数据，例如点云数据、地段模型、建模规则数据等。从城市设计中各类新技术方法使用不同数据辅助教学的频率来看，运用自然、建成及社会环境数据的“数据增强类”技术方法整体应用频率较高，而依赖模式数据的“设计生成类”技术因一定的技术门槛并未在教学中开展大规模使用。

笔者从 2018 年起担任清华大学建筑学英文硕士项目（English Program for Master in Architecture，EPMA）城市设计课的授课教师，针对早期学生 GIS 软件掌握程度有限的情况，提出“Do Big Data and GIS in PS”的概念，向学生提供数据可视化结果图以便他们在 PS 中进行图层叠加分析，在后续共 7 年的课程教学实践探索中持续聚焦城市设计前期阶段，建立了一套“多源数据库搭建、软件操作教学、前沿研究讲授”的数据技术赋能城市设计教学体系，以“GIS 空间分析”“数据可视化”及“无人机建模”等技术方法为切入点，为学生从理性视角全面客观理解场地的空间及非空间特征提供了参考。

2　课程介绍及技术方法教学

2.1　课程简介及授课思路

笔者执教的城市设计课程为清华大学建筑学硕士英文项目 EPMA 培养方案中的一门核心设计课（第三个设计课，Studio 3，共四个），授课时间为每年春季学期，课程时长为八周，选课学生文化背景多样，历年课程共计有来自五大洲五十多个国家的百余位学生。EPMA 城市设计课程聚焦城市化进程中全球所面临的典型城市设计问题，鼓励同学们开展跨国家地区经验的交流研讨，并在中国选取特定地段开展调研与设计。课程地段及主题种类多样，自笔者 2018 年参与本设计课并担任课程教师起，先后指导学生在北京 751 片区、河北赤城县上马山村与万水泉村、北京 CBD 片区、北京上地片区、重庆九龙坡片区、浙江丽水摄影文创园、福建华安县万历三楼片区等地区开展城市设计，主题涵盖工业遗产片区改造、村庄规划、新区设计、创意产业园设计等。

在 DAD 理念的指导下，笔者希望培养学生利用多源数据与新技术方法形成城市设计理性认识的思想，针对学生普遍存在的缺乏 GIS 等空间分析技能的情况，选择为同学们提供可直接用于可视化的多源数据库，并匹配详细的数据使用手册以形成对地段的基本认识。在部分开放数据环境较差、精度较低的设计地段（如乡村地区）组织助教带领学生开展街景数据采集与无人机点云重建，以完善数据生态。与此同时，笔者还穿插软件操作演示教学及与未来城市空间相关的前沿研究内容，激发学生对数据分析乃至城市科学领域的兴趣，形成了涵盖多源数据库、软件操作、前沿研究的授课思路。

2.2 多源数据库搭建

教学团队历年整理的多源数据库基本包含数字高程模型（Digital Elevation Model，DEM）数据、高分遥感影像数据、城市道路数据、建筑轮廓数据、兴趣点（Point of Interest，POI）及兴趣面（Area of Interest，AOI）数据、房价及土地使用数据、大众点评及微博签到评论数据等，还包括从百度地图获取的开放街景数据、开放街景未覆盖地区的自采集街景数据，以及利用无人机建模的场地模型。建设完备的多源数据库及数据说明手册，通过网站开源的方式提供给一线从业者及学界师生们使用。以下将对各类数据的收集整理方式、使用环节做简要评述。

（1）自然环境数据：DEM 及高分遥感影像

DEM 及高分遥感影像数据通常用于学生设计的早期，地段 DEM 数据多从全国或全世界 DEM 数据库中裁剪保存成课程所需的源数据，通过 QGIS 可视化为同学提供直观的地段内高程分布、等高线等信息（图 2a、b），高分遥感影像通过谷歌地球（Google Earth）软件下载历年数据并将带有空间信息的 Geotiff 格式压缩为 JPEG 格式，保留精度的同时方便数据共享，为学生从遥感影像中细致抽取丰富的场地信息、认识场地的演变及绘制相关分析图提供基础（图 2c、d）。

（2）建成环境数据：城市道路、建筑轮廓、兴趣点及兴趣面等

城市道路、建筑轮廓、兴趣点及兴趣面等建成环境数据多数通过笔者创立的“北京城市实验室”平台获取，数据来源可靠、质量完善、清洗规范，对各类数据涵盖的细分类型运用 QGIS 可视化清晰刻画，并根据不

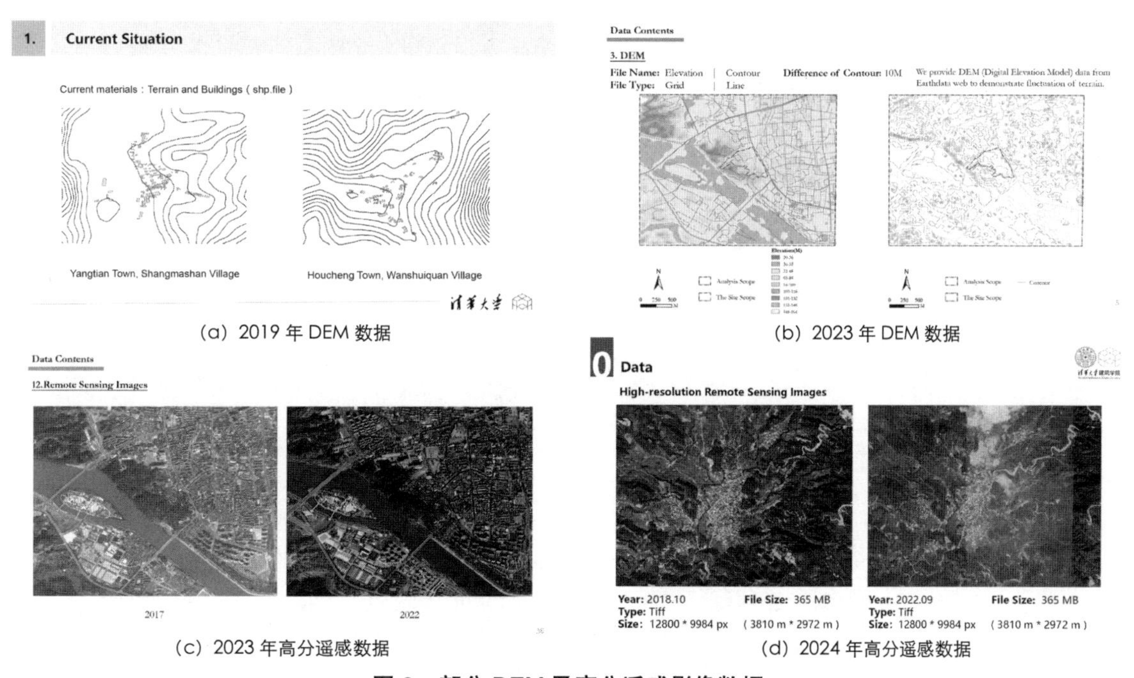

(a) 2019 年 DEM 数据　(b) 2023 年 DEM 数据

(c) 2023 年高分遥感数据　(d) 2024 年高分遥感数据

图 2　部分 DEM 及高分遥感影像数据

资料来源：历年课程数据说明手册整理绘制

同设计主题及地段特征适当调整建成环境数据的组成类型，例如在关注交通问题的北京 751 片区加入交通站点数据，在关注新建片区定位的北京上地加入地块城市形态数据等（图 3）。

（3）建成环境数据：开放街景数据

大规模的开放街景数据对于学生从人本尺度感知地段特征、树立以人为本的城市设计观念有极大帮助，虽然百度地图的街景功能提供了即时按点位查阅、“时光机”回溯的功能，但部分国际学生的网站操作不熟悉，办公网络连接不稳定，因此笔者利用研究团队已有的历年百度街景数据基础，对场地中的路网按特定间距（如 50 米）生成观测点，以正北为基准获取四个方向的图片后形成图片文件夹，并在数据说明手册中给每个观测点及图片标号，方便同学根据序号在文件夹中查阅使用（图 4）。

（4）社会环境数据：大众点评及微博评论数据

与城市道路等建成环境数据类似，社会环境数据通过“北京城市实验室”平台整理获得，为同学提供定量评价场地活力、场地交通可达性的思路，如通过可视化大众点评及微博数据、用户访问数据评估场地活力及部分环境品质，利用共享单车骑行数据反映场地的交通拥堵状况（图 5）。

（5）主动感知数据：自采集街景及无人机点云重建数据

随着设计选地不断变化，部分地段的数据面临低质量或缺失的情况，笔者在 2024 年针对福建华安县万历三楼的设计实践中引入了自采集街景补足及无人机地段扫描的主动感知方法以改善这样的问题。依循开放街景图片的使用逻辑，笔者联合课程助教在采集前制定了预期采集路线及时间表（图 6a），线下培训部分选课学生使用 GoPro 拍摄视频数据，并在完成视频数据收集后在业内按“沿线取点”的方式生成街景点以供所有学生参考（图 6b）。为进一步直观还原场地现状，笔者与课程助教还使用了大疆精灵 4RTK 无人机对场地进行了“大尺度低精度、小尺度高精度”策略的建模，用时两天半对整体地段及代表性土楼进行规划飞行与摄影测量，通过软件推算生成场地的点云模型，进而计算获得正射影像和 OBJ 格式的场地数字模型（图 6c、d），作为准确总平面 CAD 图的绘制参考及后期数字化展示的媒介。

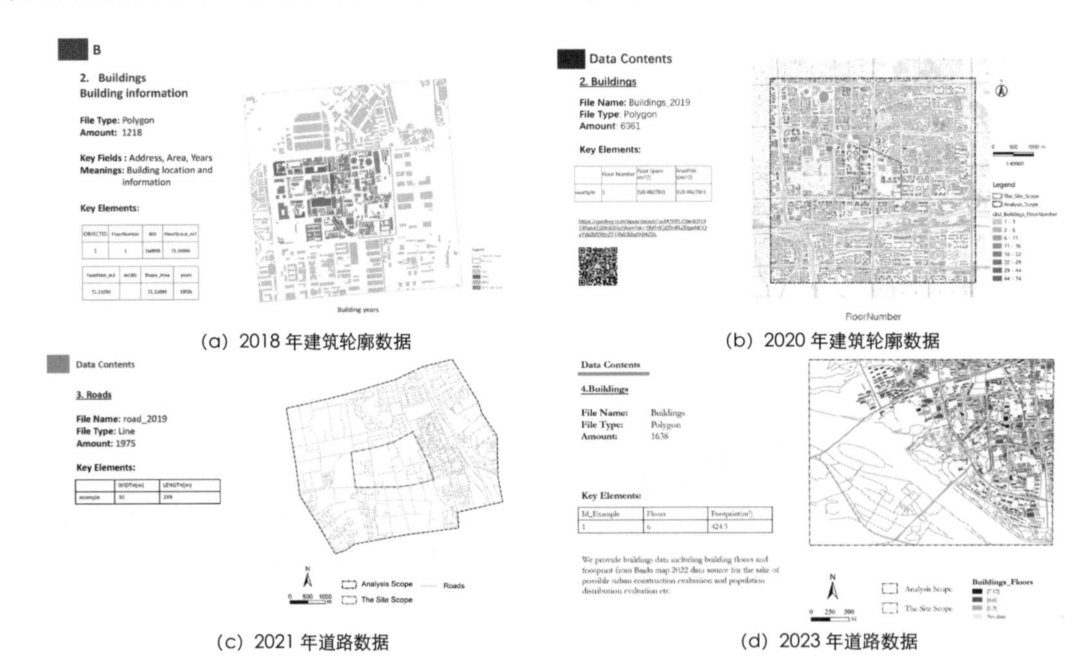

(a) 2018 年建筑轮廓数据　(b) 2020 年建筑轮廓数据

(c) 2021 年道路数据　(d) 2023 年道路数据

图 3　部分城市道路、建筑轮廓等建成环境数据

资料来源：历年课程数据说明手册整理绘制

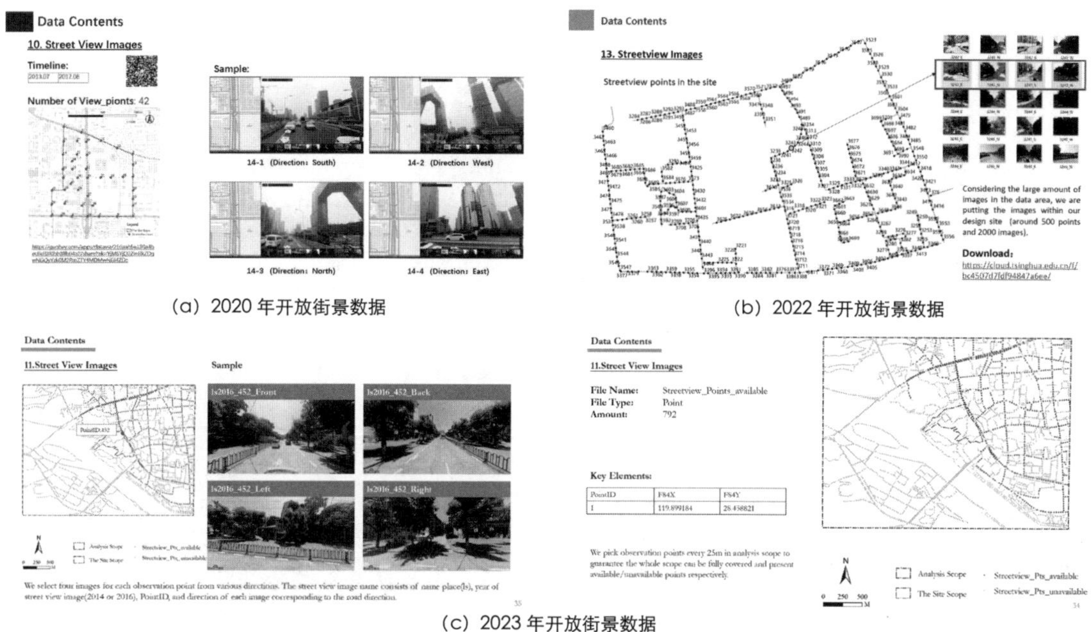

(a) 2020 年开放街景数据　(b) 2022 年开放街景数据

(c) 2023 年开放街景数据

图 4　部分开放街景数据及使用说明

资料来源：历年课程数据说明手册整理绘制

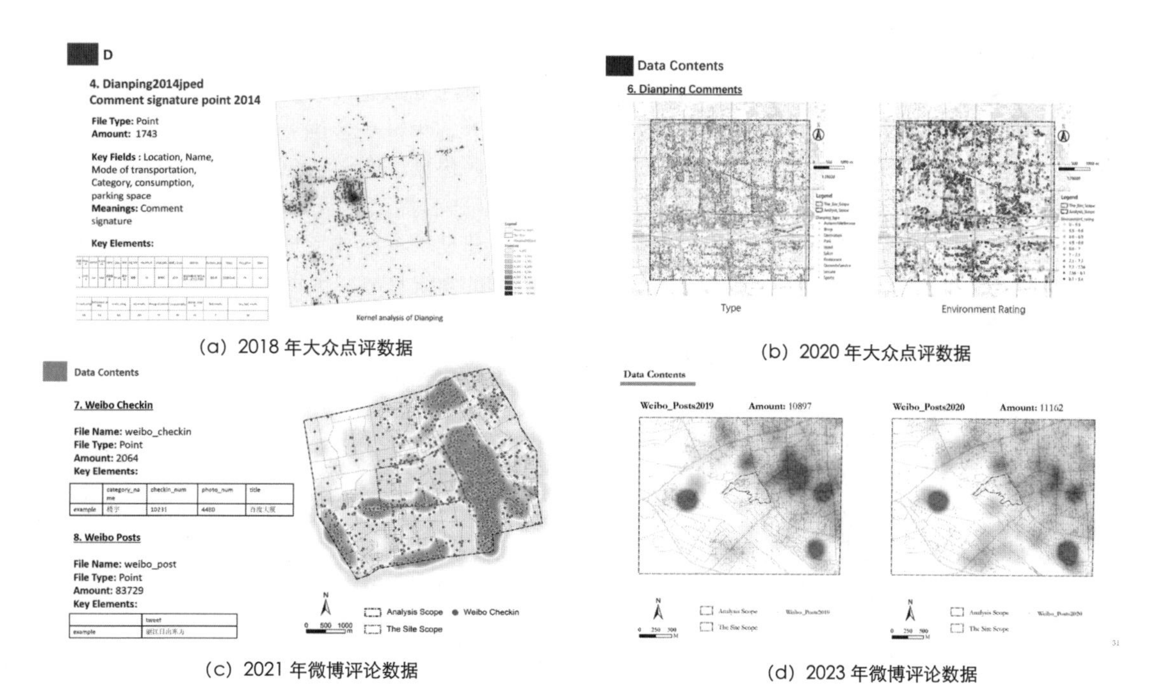

(a) 2018 年大众点评数据　(b) 2020 年大众点评数据

(c) 2021 年微博评论数据　(d) 2023 年微博评论数据

图 5　部分大众点评及微博评论等社会环境数据

资料来源：历年课程数据说明手册整理绘制

（a）街景采集时间表　（b）GoPro 拍摄培训及点位查询街景示意

（c）无人机摄影测量及收集数据　（d）无人机摄影测量获得模型

图 6　部分自采集街景及无人机点云重建数据

资料来源：历年课程数据说明手册整理绘制

2.3　软件操作及其他扩展教学内容

历年课程中各类数据可视化的图表结果会以数据使用手册的方式连带多源数据库一同提供给学生，学生可以选择践行“Do Big Data and GIS in PS”的方法，直接使用各类数据的图表结果，在诸如 Adobe Photoshop 等设计软件中进行图层叠合分析，形成对场地的认知，而对于学有余力并对城市分析充满兴趣的同学，笔者面向所有学生介绍的在线可视化操作方法与开设的数据分析课内工作坊，可以为他们构建数据分析的基本认识。2018 年的课程教学中使用的数据可视化教学平台为极海 Geohey（网址：https://geohey.com/），它是一款用于在线数据可视化的工具，笔者以“现场操作 + 手册截图”的方式为同学们演示多源数据如何在 Geohey 平台上清晰地可视化（图 7a）。随着 QGIS 等轻量工具的不断普及以及城市分析方法的推广，2024 年针对多源数据分析及可视化的课内工作坊以 QGIS 为可视化平台，笔者与课程助教通过课前发送 QGIS 安装包及安装说明、课上演示导入多源数据等步骤进行 QGIS 可视化操作教学，并基于 QGIS 中“ImportPhotos”插件为学生提供携带 GPS 信息的街景照片（图 7b），带领学生搭建个人的“本地街景系统”，最终实现双击点位显示对应街景照片的效果。

另外，为进一步强化 DAD 的理念并激发学生对未来场景的想象，笔者结合自身研究成果，向同学系统介绍了 DAD 的提出背景、理念框架及相关著作，并分享了与腾讯研究院合作完成的 WeSpace 系列中对未来城市空间的系统性案例梳理，为学生在城市设计中对人本视角的场景设想提供参照（图 8）。

3　课程反馈及经验总结

3.1　选课学生反馈

笔者通过多源数据库提供、可视化操作教学及延伸材料教学的方式，让学生在城市设计时初步建立“数据增强设计”的概念，获得了同学们的积极关注和强烈认可，部分同学在课余时间主动学习 QGIS 中空间分析的相关技法并请教课程助教，或是对利用 Python 完成视频数据抽帧并与 GPS 数据对齐的数据处理过程感兴趣（该过程原本由课程助教完成），向课程助教提出自主学习并运行源代码的请求。但通过收集学生的课程总

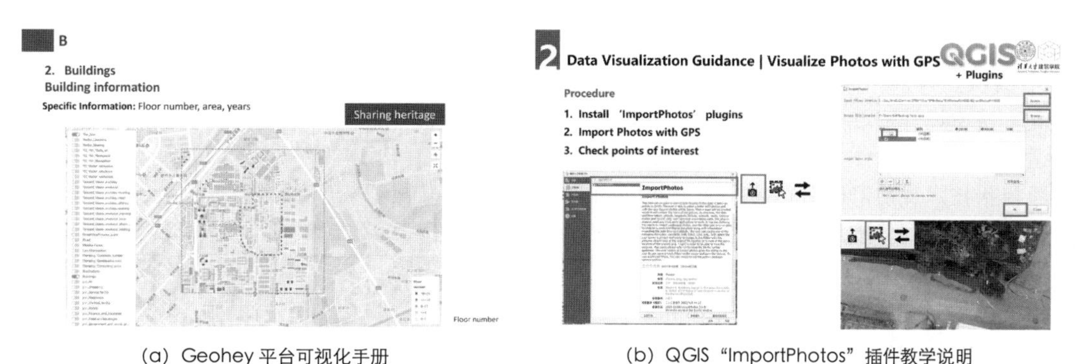

（a）Geohey 平台可视化手册　　（b）QGIS “ImportPhotos” 插件教学说明

图 7　Geohey 平台可视化及课内工作坊“本地街景系统”搭建

资料来源：历年课程数据说明手册整理绘制

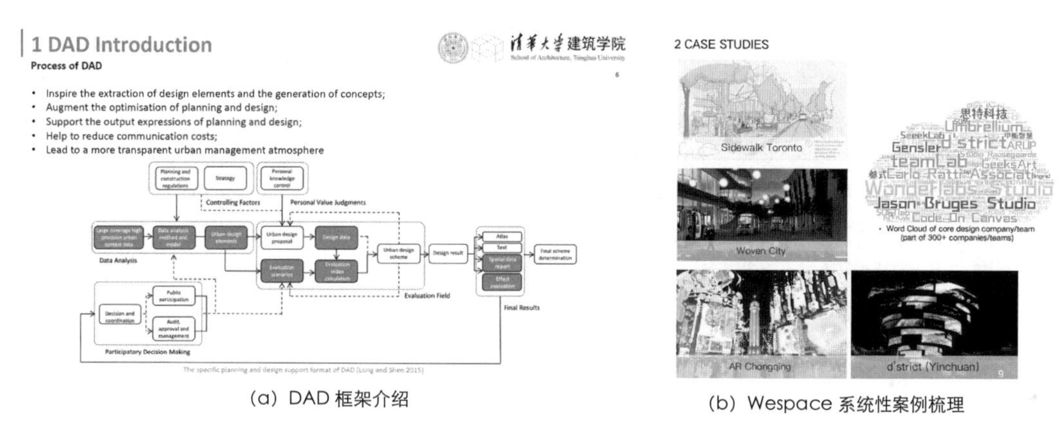

（a）DAD 框架介绍　　（b）Wespace 系统性案例梳理

图 8　DAD 框架及 Wespace 系统性案例梳理介绍

资料来源：龙瀛和沈尧，2015；李伟健等，2023

结及意见反馈，笔者也发现另外一部分同学更倾向于快速从提供的可视化数据图中获得对地段的理性认知，对 Geohey、QGIS 等软件的学习意愿较低。

3.2　教学经验总结

经过对城市设计课程的新技术应用路径探索，笔者归纳形成了相关教学思考与经验总结：

（1）因人而异的数据支持手段

在城市设计教学中面对学生不同技术水平的情况需要采取因人而异的数据支持手段。作为教师应该首先认识到学生的学习需求和能力差异，再提供有针对性的个性化教学指导，例如对于 GIS 技能较弱的学生可以提供在线可视化平台（如 Geohey 网站）的教程和数据使用手册，而对于技术能力较强的学生可以鼓励他们探索更高级的数据分析方法，如 Python 编程、GIS 空间分析和无人机扫描建模等。

（2）因地而别的数据提供类型

笔者任教的 EPMA 城市设计课程选地类型多样，开放可获取的数据环境、质量差异较大，在教学中提供的数据类型会根据设计地点的特点和需求进行调整，例如在数据完备的如北京 CBD、751 等城市核心地区提供额外如交通流量、人群活力和社会经济数据，而在如河北上马山村与万水泉村、福建华安县等乡村或偏远地区更侧重于自然环境、土地利用和基础设施等。授课团队应该在开课前根据设计地点的独特性寻找可能的数据集，根据实际情况制定合理的“数据库清单”提前开展收集工作，在必要时引入主动街景采集或无人机扫描建模等方法作为数据集的有力补充。

（3）因时而变的技术教学方法

随着技术的快速发展，学生对新技术的平均掌握水平不断提高，城市设计领域的技术教学方法因此需要不断更新和适应。笔者认为作为教师应保持对新技术的敏感性，不断将新技术或前沿研究内容融入到教学内容中，可以通过教授学生如何使用无人机进行场地扫描建模，引导学生探索大语言模型、AIGC 等人工智能技术的应用场景等方式，鼓励学生保持好奇心和探索精神，通过案例研究、工作坊和设计实践等多种形式让学生可以亲身体验新技术的原理与应用，理解数据与技术在城市设计中的现存局限和无限潜力。

4 总结与展望

多源数据与新技术方法为城市规划领域的研究和教学提供了新的可能，本文简要概述了中小尺度城市设计教学中采用的新技术方法及其与多源数据的对应关系，重点介绍了笔者在清华大学 EPMA 城市设计课程教学实践中摸索出的“多源数据库搭建、软件操作教学、前沿研究讲授”的体系及相关教学经验，希望能为兄弟院校的城市设计教学工作提供参考，一同推动技术方法在城市设计教育中的充分应用，持续探索与设计实践结合的新技术教学方法。

参考文献

［1］王建国．基于人机互动的数字化城市设计——城市设计第四代范型刍议 [J]. 国际城市规划，2018，33（1）：1–6

［2］张恩嘉，龙瀛．面向未来的数据增强设计：信息通信技术影响下的设计应对 [J]. 上海城市规划，2022（3）：1–7.

［3］龙瀛，沈尧．数据增强设计——新数据环境下的规划设计回应与改变 [J]. 上海城市规划，2015（2）：81–87.

［4］杨俊宴．全数字化城市设计的理论范式探索 [J]. 国际城市规划，2018，33（1）：7–21.

［5］吴志强，张修宁，鲁斐栋，等．技术赋能空间规划：走向规律导向的范式 [J]. 规划师，2021，37（19）：5–10.

［6］杨滔，杨保军，鲍巧玲，等．数字孪生城市与城市信息模型（CIM）思辨——以雄安新区规划建设 BIM 管理平台项目为例 [J]. 城乡建设，2021（2）：34–37.

［7］李伟健，吴其正，黄超逸，等．智慧化公共空间设计的系统性案例研究 [J]. 城市与区域规划研究，2023，15（1）：31–46.

Exploration of New Technology Application Paths in Urban Design Course

Long Ying　Xia Junhao

Abstract: The emergence of new technological methods has catalyzed a shift towards data–driven design within the fields of urban planning research and education. This paper begins with a concise overview of the novel methodologies utilized in the teaching practice of urban design at small and medium scales, and their correspondence with multi–source data. It then focuses on the author’s seven–year practical exploration within the Urban Design course of the English Program Master of Architecture (EPMA) at Tsinghua University. Considering the different technical background of students, the author proposes a new technological approach to urban design education that encompasses “GIS spatial analysis”, “data visualization”, and “drone modeling”, structured around constructing a multi–source database, teaching software operation, and delivering lectures on cutting–edge research. The paper concludes with the synthesis of three pedagogical experiences: “data support tailored to individual students, data provision types differentiated by location, and teaching methods adapting to the times”.

Keywords: Big Data, Multi–Source Data, Disruptive Technology, Urban Design, Teaching Practice

PBL 教学联动模式下居住区规划设计课程的应用探索*

何琪潇　周　蕙　林孝松

摘　要：当前我国居住形态的重大转变与居家养老的必然趋势，促使居住区规划设计实践教学工作迎来了新的挑战和思考。传统基于住宅空间布局原理与方法的教授理念，亟须迎合构建老年宜居社区的现实目标。基于项目式学习（PBL）方法建立教学联动的改革思路，以实践项目为核、以项目环节为序、以项赛结合为果，围绕城乡规划专业三年级学生的两门主干实践课程，即适老化导向下既有居住区环境微更新规划与原居养老模式下居住区规划设计，开展校企联动、教研联动、师生联动的实际应用，突破原有单一居住规划设计课程理论支撑不足、设计重心滞后、成果转化低效的困境，以此培养适应存量发展时代的新型城乡规划人才。

关键词：实践教学；居住区规划设计；老年宜居社区；项目式教学；课程联动

1　引言

为响应新时代居住形态的发展和变化，2018 年颁布了《城市居住区规划设计标准》GB 50180—2018，社区生活圈取代了传统的居住区—小区—组团规划结构。较之传统的居住区规划，社区生活圈规划的进步意义在于从“以物为中心”到“以人为本”的规划思想的转变。这一转变改变了以往计划摊派公共服务与空间资源的做法，具有从根本上提高居住环境与居住需求匹配水平的潜力[1]。上海、北京、长沙等城市积极开展了基于“15 分钟生活圈”的评估和实践，深化了人们对建设高质量居住环境的认识，也对改进规划设计方法和完善相关技术标准体系发挥着重要的促进作用[2]。居住区规划设计方法迎来新的调整，不仅对于位于“前线”从事城乡规划编制和管理部门的工作重心产生了深刻的影响，也对位于“后方”参与城乡规划专业教学的机构带来重大挑战。有理由相信，居住区规划教学同样亟待在知识储备、问题分析、工具使用等方面的素质和技能培养方面融入社区生活圈规划的前沿经验。

与此同时，中国人口深度老龄化进程正在加速发展，80 岁及以上高龄老年人，预计到 2050 年将有 9040 万人——成为全球最大的高龄老年人群体[3]。在我国养老模式“9073”格局❶下，大多数老年人的养老选择集中在居家和社区两项，其中约 90% 的老年人选择居家养老。现存大量既有居住区成为老年人居家养老生活的载体，但由于大多居住区为以多层为主的老旧住宅且适老化设施供给程度仍然不高，给居家养老生活带来诸多不便。在此背景下，2016 年，《关于推进老年宜居环境建设的指导意见》出台，我国开始大力推进“建设老年友好城市、老年宜居社区”建设，依托城乡规划专业优势建设适老居住、出行、就医、养老等的物质环境，加强日常照料型社区居家养老服务设施的大力建设[4]。可见，在老年宜居社区建设目标下，居住区作为老年人生活依托的主要生活空间，如何适应老龄化社会的需求，居住区规划教学应对此作出专业教育与应对[5]。

* 项目资助：重庆市高等教育教学改革研究项目“新工科视域下‘三驱动四融合’城乡规划专业应用型创新人才培养改革与实践”（233234）。

❶ 90% 左右的老年人都在居家养老，7% 左右的老年人依托社区支持养老，3% 的老年人入住机构养老。

何琪潇：重庆交通大学建筑与城市规划学院讲师（通讯作者）
周　蕙：重庆交通大学建筑与城市规划学院讲师
林孝松：重庆交通大学建筑与城市规划学院教授

不难发现，不论是新的《城市居住区规划设计标准》对社区生活圈规划的技术要求，还是老年群体居家养老对居住环境品质亟待改善的现实需求，都指明了在城乡规划专业课程新一轮改革过程中，作为实践课程核心地位的“居住区规划设计”课程亟须面临着重构与改革。既能匹配课程需要传递给刚刚进入城乡规划专业学习的学生知识储备和实操能力，又能精准回应现实社会关注的“老年宜居社区”与“社区生活圈”建设，落实从“住区”到“社区”中国新型居住形态规划的理论与实践需求，创新人才培养机制。

2 实践教学响应老年宜居社区目标的关键瓶颈

“居住区规划设计”一直以来都是城乡规划专业的骨干课程，是本科学生进入专业学习面临最早的实践课程之一。在大部分本科院校城乡规划专业的本科“2+3”教学体系❶下，这门课程的学习是城乡规划专业学生面临着从建筑设计学习到城乡规划设计学习的“转变和过渡”的关键时期，原有课程教学重点是如何建立规划尺度的空间设计法则和技术手段，引导学生迅速转化规划尺度的设计思维。因此，尽管当前老年宜居社区目标下的城乡规划与建设工作正如火如荼地推进，但院校的实践课程响应不足，耙梳既有教学研究其关键瓶颈在于以下三方面：

2.1 理论支撑不足，知识衔接错位

由于该课程本身在教学培养安排中所处的特殊位置，学生需要从较单一的建筑要素转换到综合性极强的城市规划要素，思维模式不能马上适应；同时，学生对城乡规划专业特点认识较浅，无法在短期内体会到规划应当在遵循限制性条件和形式、空间感之间的平衡关系[6]。一旦直接拓展为社区生活圈规划，对学生适应性要求更高，掌握难度更大。并且，支撑社区生活圈规划设计的理论知识较为繁杂，涉及土地利用、交通组织和设施配置等规划原理，零散分布在其他理论课程中，由于教学环节统筹不及，理论传授与实践教学衔接错位，理论支撑实践不足。

2.2 设计重心滞后，评价体系单一

当前的居住区规划教育主要侧重于让学生掌握居住区住宅的规划布局，而关于居住区景观环境与空间环境设计未引起足够重视，基于满足使用者实际需求的设计意识和理念还未形成[5]。社区生活圈规划高度强调“营造安全、卫生、方便、舒适、美丽、和谐以及多样化的居住生活环境”的建设目标，居住区规划应当更加关注居民的年龄特征、出行范围和活动偏好等来改善居住环境的品质，这些内容并未作为设计的教学重心。尽管前期调研开展了一些工作，但以图纸为最终成果的评价体系，无法完整呈现主要结论，更无法反映学生在这部分的深入思考。

2.3 成果转化低效，学生参与消极

大三阶段正是学生广泛参与各类涉及设计竞赛及科研项目申报的集中时段。专业设计课程占据了学生平时学习的大部分时间，如何建立高效的设计课程成果转化路径是该阶段学生热衷的学习模式。然而，传统课程教学过于重视居住规划模式的简单推广和嫁接，对未来居住形态的多种设想和未来规划发展的方向探究不足[7]，进一步导致最终设计成果难以转化为具有竞争力的竞赛作品以及创新意识的科研论文，常常导致学生在居住区规划设计课程中参与积极性不高的学情。

3 PBL 方法联动居住区规划设计课程的教改思路

项目式学习（Project Based Learning，简称“PBL”）是一种动态的学习方法，以项目为中心，使学生通过“做中学”，解决实际存在的问题来获取知识的一种教学方法[8]。自 2010 年以来，PBL 受到各大工科院校重视与推广，积累丰富的教学成果，也显示出显著的教学成效[9]。相较于其他理论课程，“居住规划设计”等实践课程以培养学生实际动手能力和解决问题能力为主要教学目标，决定了运用 PBL 教学方法的天然优势，将完整的项目操作流程融入各个教学环节中，形成完整系统的教学活动。与此同时，以居住区规划设计课程为基础，运用 PBL 教学方法形成贯通整个教学的联动效应（图 1），突破关键瓶颈。

❶ 一、二年级基本按照建筑学专业的教学内容来进行专业基础教学，从三年级起才开始与城乡规划专业的内容相衔接过渡。

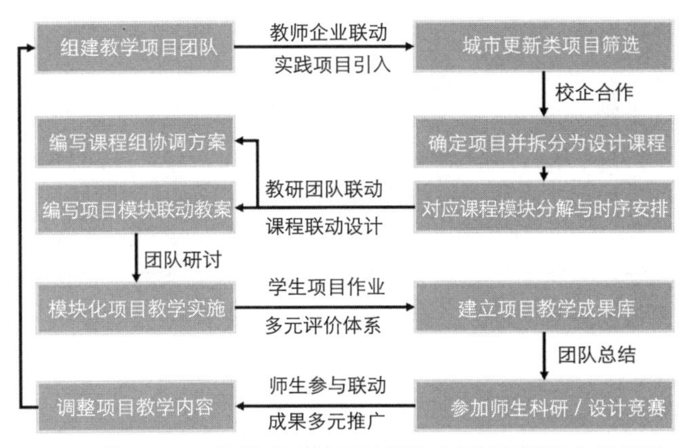

图 1　基于 PBL 教学联动的居住区规划设计课程改革思路

资料来源：作者自绘

3.1　以工程项目为核，串联理论知识

依托专业教师企业实践单位的城市更新项目作为课程设计选题，以居住区规划设计为核心，设置对应的模块化课程。居住区规划设计不仅局限于新的居住小区规划，还应包括既有居住区的环境改造、设施配置、交通整治等设计内容，并且不同部分的设计内容可以围绕同一社区的不同地块设定。同时，模块化课程设置以理论课程为主，需要理顺理论课程与项目设计内容间的关系，合理分配模块化的比例。

3.2　以项目环节为序，优化教学主次

合理安排课程模块在设计项目推进过程中的位置，把握好项目进程时间线就显得尤为重要。各课程涉及项目的授课内容也必须特点鲜明且连贯完整。如，在居住区规划设计的前期调研环节，与社会调查相关的课程进行联动，开展适老化需求的调查；在住宅外部环境的深入设计环节，可与交通规划原理相关的课程进行联动，开展适老出行的设计方法运用。

3.3　以项赛结合为果，拓展教学评价

引入现实社会关注的“老年宜居社区”与“社区生活圈”建设目标，居住区规划设计的最终成果为逐步摆脱空间形态的单一评价标准，形成集设计创意、数据分析、文本表达等的综合评价体系。实际上，减少了将成果转化为创新类、研究型、调查型或创业型的竞赛的难度。同时，也赋予了许多新的竞赛选题思路，提升学生的积极性和投入程度。

4　居住区规划设计课程 PBL 教学联动的实际应用

基于以上思路，重庆交通大学建筑与城市规划学院城乡规划学教研团队，以居住区规划设计课程为试点，围绕城乡规划专业三年级学生的两门主干实践课程开展了为期一个教学周期的改革，根据初步效果来看，有效地提升了教学质量，学生主动性和积极性提高，且由设计课程衍生的成果甚佳。具体实践过程如下：

4.1　校企联动：项目拆分、模块分解

（1）项目筛选与确定。最终选取重庆市沙坪坝区 16 个重点城市更新片区之一的上桥片区，作为“真题假做”的设计项目。响应地方城市更新行动，上桥片区目前正在开展老旧住区和老旧厂区的微更新实践，实践主体由本单位院校和地方规划设计部门共同合作。前期勘探与调查发现，该区域 60 岁以上老年群体约占片区总人口的 58%，更新后建设用地类型以居住用地为主，且同时存在改造和新建两种更新类型。

（2）项目拆分为课程。选取城乡规划与设计（1）（以下简称设计一）和城乡规划与设计（2）（以下简称设计二）两门课程作为教改试点。两门课程是本院城乡规划专业学生三年级的主干实践课程，贯穿于专业教学的整个第五学期，连续性强。将原有的居住区规划设计课程分解为两个部分，即适老化导向下既有居住区环境微更新规划与原居养老模式下居住区规划设计，分别在

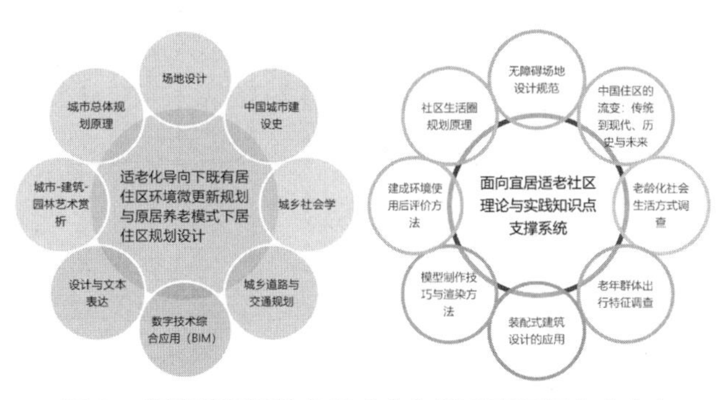

图 2　设计课程模块分解（左）及对应知识点（右）

资料来源：作者自绘

上桥片区选取两块约 20 公顷范围的基地分别作为两门课程的设计范围。

（3）课程分解为模块。梳理城乡规划学专业大三开设的专业核心、领域与前沿等涉及理论的课程，围绕“老年宜居社区”和“社区生活圈”，成立教研小组开展研讨，制定项目式联动方案。确定城市总体规划原理、中国城市建设史、城乡道路与交通规划、城市社会学、场地设计、数字技术综合应用（BIM）、设计与文本表达、城市—建筑—园林艺术赏析共 8 门作为理论与实践支撑课程，分解设计课程对应的理论和实践知识点，并且在设计范围内选定场地开展调查、分析形成报告，作为理论课程平时成绩考查的依据（图 2）。

4.2 教研联动：时序优化、成果共享

（1）理论讲解阶段：概念知识导论。利用设计课前期理论概述环节，协调统一理论课程授课内容，在同一时间段导入概念并深化内涵。如，设计一重点联动“城市总体规划原理”，总结社区生活圈典型的规划原理与方法；设计二联动“中国城市建设史”，回顾历史街区制的市民生活图景，引出居家养老居住的传统与延续。

（2）实地调研阶段：技术方法演示。设计实地勘测与田野调查相结合，老师示范调查方法与技巧引导学生尝试。如，设计一联动“城乡道路与交通规划”，在设计范围内划定 1 处场地观测并分析老年出行时长、频率等特征；设计二联动“城乡社会学”，同样划定范围开展当地老年生活需求的社会调查。

（3）一草评述阶段：初级关联应用。调研结论作为第一次设计草案的依据，同时调研成果也作为相关关联课程的作业与测试。可形成当代老龄生活方式的调查报告与老年群体室外出行特征调查报告。

（4）二草评述阶段：进阶关联应用。进一步关联内容相近的理论与实践课程，将设计课程作为进阶训练的案例。如，设计一关注的既有居住区面临用地紧张与空间贫瘠的现实条件，采用微更新规划理念与装配式建筑设计方法；设计二重点开展新建居住小区场地的无障碍设计方法。

（5）正图评述阶段：高级关联应用。引入科研方法作为设计的高级关联内容。如，关联“城市—建筑—园林艺术赏析”课程，对设计完成的既有居住区改造与新建居住小区建立包括建筑质量、公共空间活力、景观生态效益等方面的使用后综合评价体系，模拟评估并总结方案反馈核心结论。

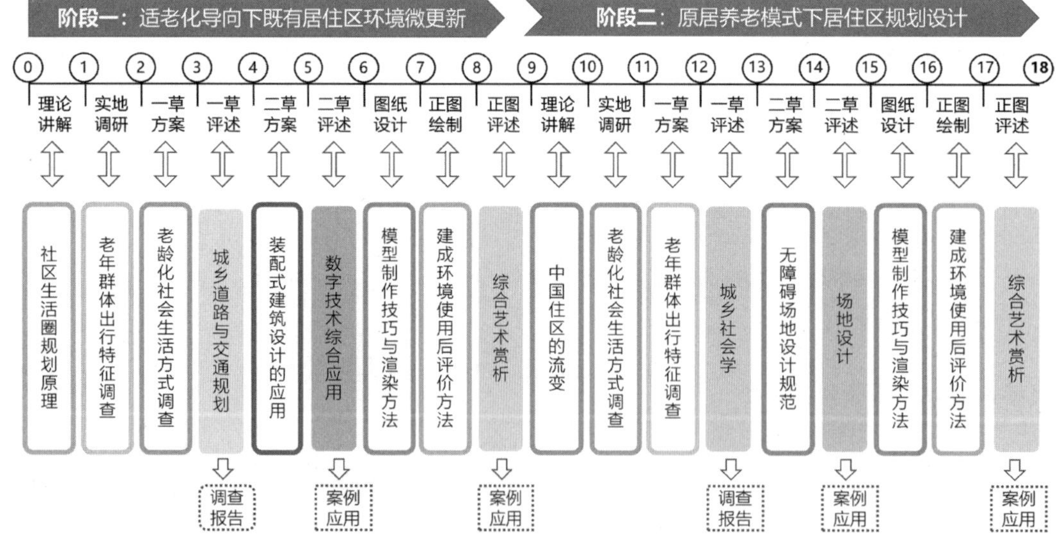

图 3 完整教学周期环节中课程联动时间点安排

资料来源：作者自绘

4.3　师生联动：评价升级，成果拓展

（1）关联应用成果转为科研训练项目。前期调研发现，上桥片区隔代抚育群体占比居多，以此为切入点，组织学生立项国家级大学生创新创业项目。结合城乡规划和风景园林专业优势和特点，通过实地调查上桥片区老旧住区，识别老年群体“携孙”行为需求特征，评价住区户外公共空间支撑老幼互动行为的适宜性，并围绕住区街道空间、活动设施空间、绿化空间及标识空间提出“微更新”的数字化设计方法和策略（图 4）。

（2）设计课程成果转为设计竞赛作品。关注全龄友好社区，以老幼互动居住为切入点，优化图纸成果参与园冶杯大学生国际设计竞赛。设计聚焦全龄融合的现实背景，关注各个年龄段的需求与空间使用特征，探索全龄社区的营造方法（图 5）。

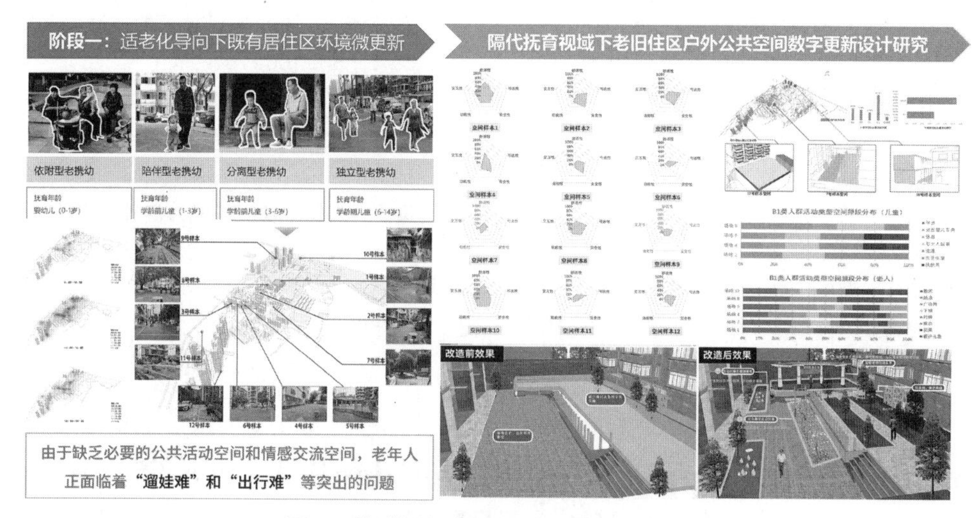

图 4　关联课程成果向科研训练项目转化

资料来源：作者自绘

图 5　设计课程成果向设计竞赛转化

资料来源：作者自绘

5 结语

当前，我国高校城乡规划专业正在经历不同程度的教学改革和试验，以适应城市存量发展迈入精细化治理带来的重大变化。本文以城乡规划教学体系中的核心实践课程“居住区规划设计”为例，梳理出老年宜居社区目标下居住区规划设计课程亟待面临的转变和调整，聚焦 PBL 教学方法，以实践项目为核、项目环节为序、项赛结合为果，完成了一个教学周期实际运用，作为初步探索，希望能为居住区规划的科学发展提供参考与支撑。

参考文献

[1] 柴彦威，于一凡，王慧芳，等．学术对话：从居住区规划到社区生活圈规划 [J]. 城市规划，2019，43（5）：23-32.

[2]《城市规划学刊》编辑部．概念·方法·实践：“15 分钟社区生活圈规划”的核心要义辨析学术笔谈 [J]. 城市规划学刊，2020（1）：1-8.

[3] 世界卫生组织．中国老龄化与健康国家评估报告 [R]. 日内瓦：世界卫生组织，2016.

[4] 王佳文，胡继元，王建龙，等．新时代城市公共社会福利设施规划标准研究——走向全龄友好社会 [J]. 城市规划，2024，48（2）：75-83.

[5] 张春英，孙昌盛．基于社会发展需求的居住区规划原理教学改革研究 [J]. 高等建筑教育，2017，26（3）：82-85.

[6] 谢薇薇．居住区规划教学的实践与思考 [J]. 中外建筑，2015（8）：100-101.

[7] 姜力，王萌，黄靖淇．居住区规划设计课程教学方法创新探讨 [J]. 当代教育理论与实践，2016，8（9）：98-100.

[8] 梁中，潘丽．以创新能力培养为导向的课堂教学模式研究——基于项目教学法的视角 [J]. 黑龙江教育（理论与实践），2022（10）：52-54.

[9] 廖茂琳，范蔚．2010—2022 年我国项目式学习研究述评 [J]. 教育进展，2023，13（4）：2054-2061.

Exploration of the Application of Residential Area Planning and Design Curriculum under PBL Teaching Linkage Mode

He Qixiao　Zhou Hui　Lin Xiaosong

Abstract: The great change of living form and the inevitable trend of home care for the elderly in our country prompt the practice teaching of residential area planning and design to meet in new challenges and thinking. The traditional teaching concept based on the principles and methods of residential space layout needs to meet the realistic goal of building livable communities for the elderly. Based on the project-based learning（PBL）method，the reform idea of teaching linkage is established，with practical projects as the core，teaching links as the order，and the combination of events as the result，centering on the two main practical courses of the third grade students of urban and rural planning，namely，the micro-renewal planning of the existing residential area under the guidance of aging and the residential area planning and design under the mode of old-age care. To carry out the practice and application of school-enterprise linkage，teaching and research linkage，and teacher-student linkage，break through the teaching dilemma of insufficient theoretical support of the original single residential planning and design course，lagging design focus，and weak transformation of results，so as to cultivate new urban and rural planning talents who can adapt to the stock development era.

Keywords: Practical Teaching，Residential Area Planning and Design，Livable Communities for the Elderly，Project-based Teaching，Curriculum Linkage

数字赋能规划
——“城市研究与规划技术方法”新工科项目式课程教学实践

米晓燕　何雨晴　党　晟

摘　要：新工科教育改革是我国高等教育实现工程教育强国的核心路径。本文以“城市研究与规划技术方法”课程为例，阐述了新工科建设背景下天津大学建筑学院城乡规划专业课程的项目式教学实践。从课程教学新理念、课程设置新结构、人才培养新模式、多元发展新思路等方面，对接“科教融合”，实现学科前沿研究与人才培养有机结合。根据城乡规划学科特点，以项目式教学体系设计为依托，以多元教学资源为纽带，以项目需求为牵引，以学科交叉和规划技术前沿为基础，培养具有前沿科研能力的综合型规划人才。

关键词：城市研究与规划技术方法；项目式课程；数字技术；科研传导；实践引领

1　教学改革背景

1.1　推动工程教育改革的国际战略

2016年，中国成为国际本科工程学位互认协议《华盛顿协议》的正式会员，实现高等工程教育与国际接轨，是我国高等工程教育发展的一个里程碑[1]，新工科的概念在此背景下被提出。2017年教育部发布《关于展开“新工科”研究与实践的通知》（高教司函〔2017〕6号），进一步推动高等工程教育的改革[2]，随后在教育部的组织下，相关高校和专家共同讨论相继提出了“复旦共识”“天大行动”和“北京指南”等指导思想，探索高等工程教育的新发展模式[3]。

新工科以立德树人为引领，以应对变化、塑造未来为建设理念，以继承与创新、交叉与融合、协调与共享为主要途径，培养未来多元化、创新型卓越工程人才[3]。新工科的提出能够更好地应对以智能化为主导的第四次工业革命的迅速发展，抓住新技术创新和新产业发展的机遇，实现工程教育人才由传统的单一型、理论型向综合型、实践型转变。

天津大学新工科建设方案倡导以塑造未来为核心理念，以立德树人统领人才培养全过程，融合中国特色新文理教育、多学科交叉工程教育与个性化专业教育，致力于培养从工程科学发现到技术发明全链条的工程科技创新人才，是高度关联、贯通融合、持续创新的新型工程人才培养体系[4]。在新工科建设方案的指导下，近年来天津大学不断深化专业改革，加强课程教学内容和实践教学体系建设，坚持贯通培养、加强通识教育、推进学科交叉、产教融合、建设多元师资队伍，提升教学质量，确保实现多元化、创新型卓越工程人才的培养[5, 6]。

天津大学城乡规划专业也积极响应新工科建设，结合跨专业导师团、相关高水平项目和竞赛实践、校企联合科研合作网络等，不断深化构建产教研一体化教育，打造以实践为核心的课程体系，依托学院重点方向，丰富跨学科工程训练内容，培养学生交叉学科工程能力[7]。

1.2　数字技术赋能城乡规划教育

在当今数字化时代，数字技术的快速发展深刻地改变着社会生活的方方面面，数字技术的蓬勃发展为城乡规划提供了全新的工具和思路，不仅使规划更加智能化和科技化，同时也促使规划理念和方法的深刻变革。

目前城市的建设发展进入“存量”时代，城乡规

米晓燕：天津大学建筑学院副教授（通讯作者）
何雨晴：天津大学建筑学院硕士研究生
党　晟：天津大学建筑学院助理研究员（通讯作者）

划在“存量”环境下面临着更加复杂的建成环境，建成环境是否科学处理分析对城乡规划的合理性有着重要影响，传统的信息处理和分析方式已不足以应对目前复杂的基础资料[8]。而数字时代城乡规划广泛应用的地理信息系统、空间句法、大数据分析等方式，为规划者提供更全面、精确的空间信息，使得城乡规划更加科学合理。同时，随着计算机算法和算力都取得突破，以深度学习为代表的新一代人工智能技术取得重大进展，在城乡规划领域也得到广泛应用，对城乡规划的全过程研究分析起到了重要的辅助作用[9]。

城乡规划作为一门具有多元学科交叉性、综合性较强的传统工科，在当前数字技术迅速发展的大背景下，其人才培养体系亟须改革创新，适应行业市场需求，抓住新技术创新的机遇，培养具备跨学科综合能力的规划人才。

1.3 “城市研究与规划技术方法”课程教学改革解决的重点问题

“城市研究与规划技术方法”（原“设计软件实习”）是建筑学院面向城乡规划专业、风景园林专业本科教育开设的重要集中实践环节，该课程设在本科四年级，是衔接本科三年级城市设计教学与本科四年级国土空间规划教学的重要纽带。本课程的教学改革以城乡规划发展特色为锚点，以行业发展需求为推动力，着眼于城市发展的关键问题，解决规划技术瓶颈为导向（图1），针对以下问题进行课程改革。

（1）人才培养同质化

在教学培养中由于教学方法、评价体系的单一以及实践机会不足，使得学生知识结构和能力水平相似性较高，缺乏个性化和创新性。

（2）产业快速发展，课程设置滞后

城乡规划和研究产业发展日新月异，但课程的设置和内容无法及时跟上行业的需求和新兴技术的发展，缺乏实践导向、行业合作与导师指导，无法顺利地与社会接轨。

（3）学生自主性和创造性不足

在学生自主学习与创新意识培养过程中，缺乏互动参与的传统教学模式、“重理论轻实践”的教学理念、缺少的实践和应用环节、缺少的启发性教学材料以及缺少的支持与鼓励，都为自主创新发展带来了一定的阻碍。

（4）课程内容趋向于知识传输，缺乏高阶性和挑战性

学生的学习机械和被动，批判性思维、分析能力、

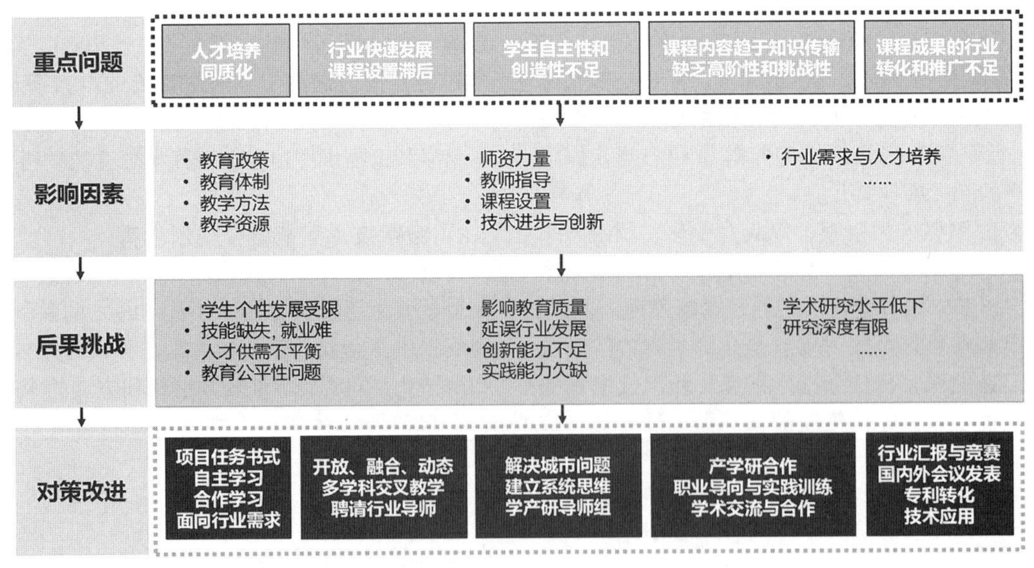

图1 “城市研究与规划技术方法”的教学改革重点问题

资料来源：作者自绘

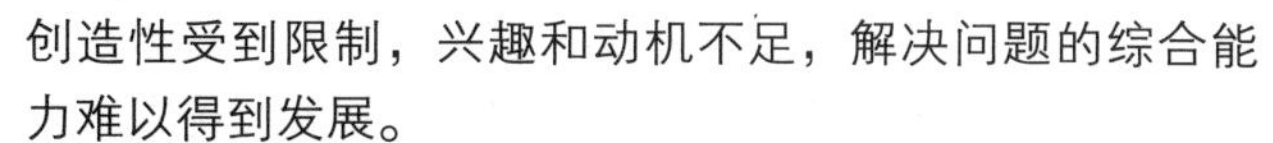

创造性受到限制，兴趣和动机不足，解决问题的综合能力难以得到发展。

（5）课程缺乏系统性

城乡规划与研究领域涉及地理学、计算机科学、社会学、生态学等多学科交叉的教学内容，如果内容间缺乏明确的组织结构和逻辑关系，会显得零散，难以把握整体框架，理解难度大，前后关联度弱化，融合度不足。

2　面向项目式课程设计的“城市研究与规划技术方法”课程体系建设

2.1　教学内容及实现目标

“城市研究与规划技术方法”课程以实践项目转化为导向，注重将理论知识与实践项目相结合，学习和运用大数据挖掘与分析、ArcGIS 制图及分析、空间句法分析及可视化、计量统计分析模型、图像识别的人工智能编程等知识与技能，并应用于实际案例和项目（图 2）。通过集中学习与分组作业，该课程将实现如下目标：

（1）增加学科维度：单一学科内容——多学科交叉，完善知识体系

深度融合交叉学科课程内容，建立完善知识体系和系统性思维，形成合理的知识结构。

（2）延展课程深度：灌输式教学——引导式教学，激发学生潜能

提高课程高阶性，激发学生潜能，培养学生解析问题的能力，全面提高学生的创造力。

（3）关注行业热度：传统教学内容——顺应行业趋势，推进校企协同

顺应产业和行业发展趋势，以行业需求为导向，推动校企协同育人。

（4）提高研究精度：定性研究——应用数字化、信息化技术的定量研究

以项目实践为依托，提升数字化与信息化技术在规划学科中的应用。

2.2　“城市研究与规划技术方法”的项目式课程设计理念及实施方案

（1）课程设计新理念

本课程以规划设计院所的城市设计实践项目为纽带，以项目需求为牵引，以学科交叉和规划技术前沿为基础，以学生为中心，培养学生理论联系实际，全面提升学生综合素质与基本能力（图 3）。

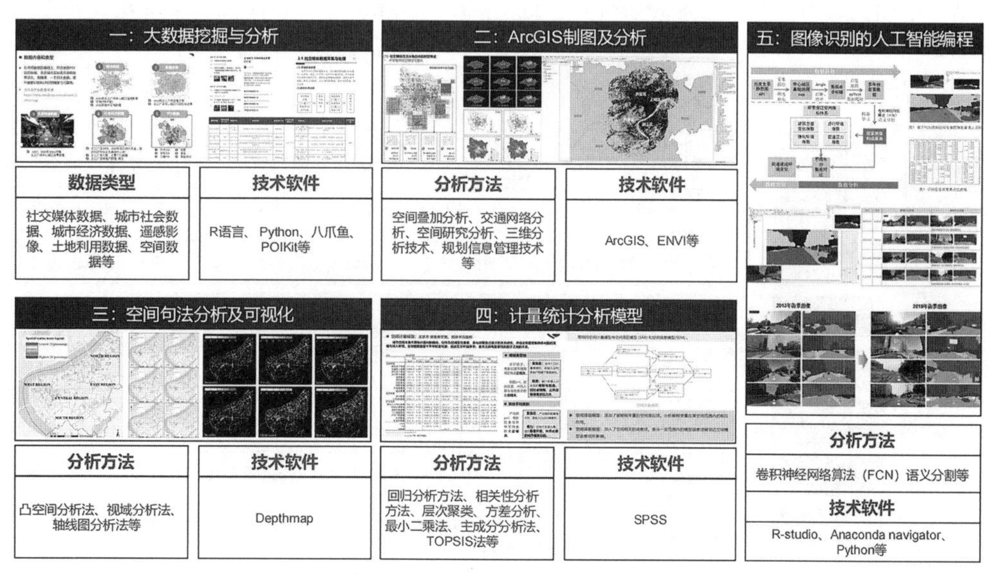

图 2　“城市研究与规划技术方法”的教学内容

资料来源：作者自绘

教学团队坚持产教融合、校企合作理念，促进人才培养供给侧和产业需求侧结构要素全方位融合；坚持开放、融合、动态发展理念，强调交叉科研平台、交叉生源等多维学科交叉；秉持全员育人、全程育人、全方位育人理念，通过“通识＋专业＋双创”深度融合，强化学生价值塑造、能力培养、知识传授的“三位一体”培养目标。

（2）“学产研导师组”的培养模式

该课程教学团队采用“学产研导师组”制培养模式，建立由大学导师、企业导师、创业导师、硕博士研究生等组成的导师组（图4），课程以教师讲授为主，强调企业导师规划项目的需求依托，由学术导师作为教学主体，结合创业导师的实践指导以及硕博士研究生的经验共享，共同推动学生项目课题任务的完成。依托导师组线上线下的授课结合，将理论讲授和实践操作贯穿全过程。以项目需求为目标，强调课程作业的实践应用导向。

进一步，本课程强调与本科教学计划的紧密结合，横向与本科四年级和五年级阶段的城乡规划设计训练、地理信息系统与数字城市、毕业设计实习等课程形成能力转化，不断强化学生对规划技术和方法在实际规划项目中的应用。在这些专业课程中运用本课程所教授的大数据挖掘与分析、ArcGIS制图及分析等数字技术手段进行国土空间规划专题研究、城市分析型课题研究等，进一步巩固加强学生科学定量分析方法的应用和研究型思维逻辑的训练。同时，纵向实现成果深化，进一步通过学术辅导，将课程作业成果转译成学科竞赛和论文成果（图5），并通过校企合作，推进成果在实际项目中的转化应用，培养学生实践能力。

（3）“项目引导、自主学习”的人才培养模式

采用“项目引导、自主学习”的培养模式，以学术导师的方法和技术教学为基础，以项目技术需求为导向，通过网络自主学习、经验互学、企业实践等多途径实现对知识技能的学习；以项目式开展为模式，通过小组学习、组内合作和知识共享的方式实现学习过程的合作化和多元化，推进小组项目课题的完成（图6）。

课程的内容考核注重理论知识的准确应用、实践操作的熟练掌握及项目应用的转化程度。该课程也更加注重过程考核，关注全过程分项考核和组内个人贡献差异。通过不同学科专业老师的多方评价综合确定小组得分，小组内部通过组员间的贡献互评实现组内的差异化打分。

3 “城市研究与规划技术方法”的课程成果

3.1 教学成果概述

（1）优化教学模式，高效达成学习目标

以学生为中心，形成“学产研导师组”制的培养模式，多角度、全方面提供学术建议和指导，帮助学生深入了解应具备的基础知识并掌握相关设计软件和技能。

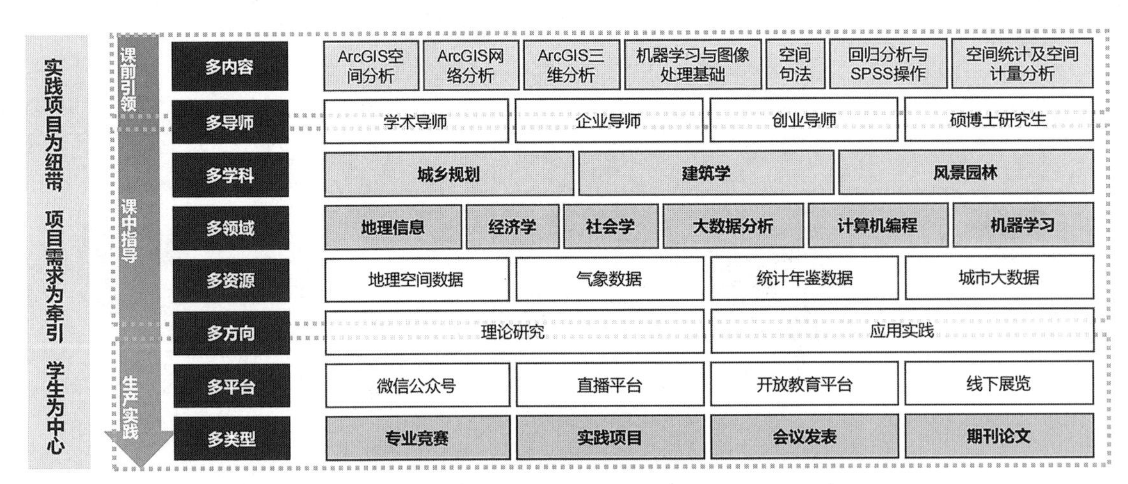

图3 “城市研究与规划技术方法”的课程设计新理念

资料来源：作者自绘

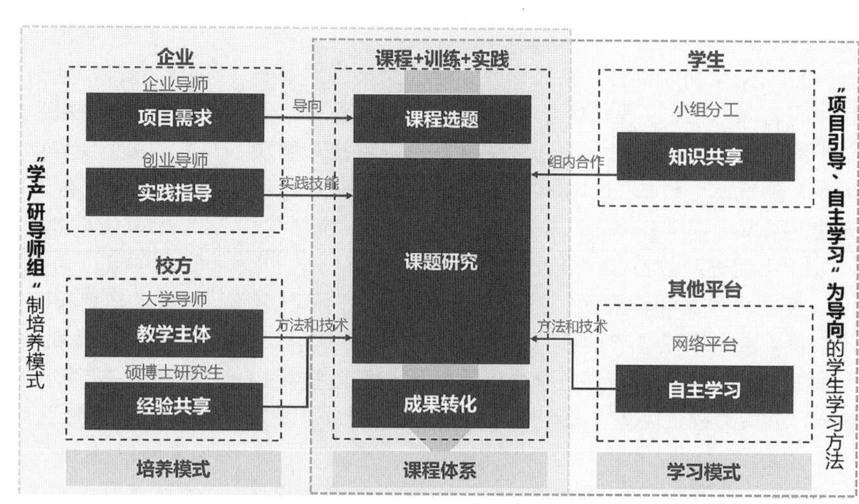

图 4 “学产研导师组”制培养模式
资料来源：作者自绘

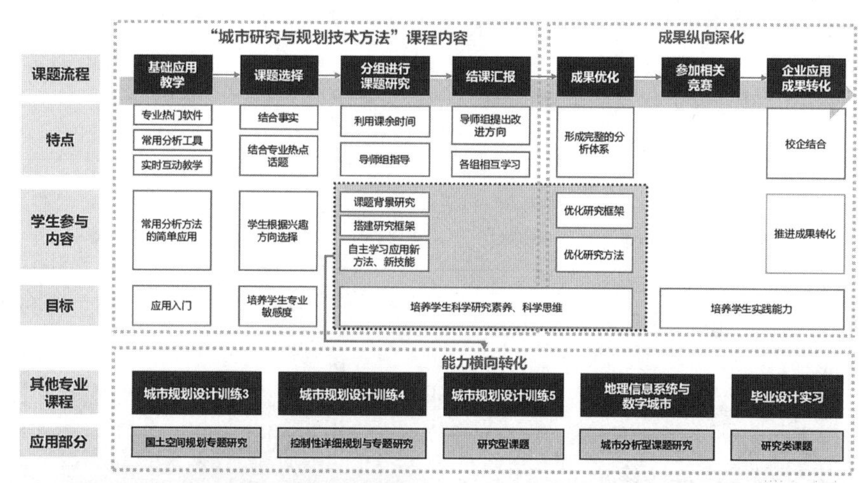

图 5 “城市研究与规划技术方法”的课程结构建立
资料来源：作者自绘

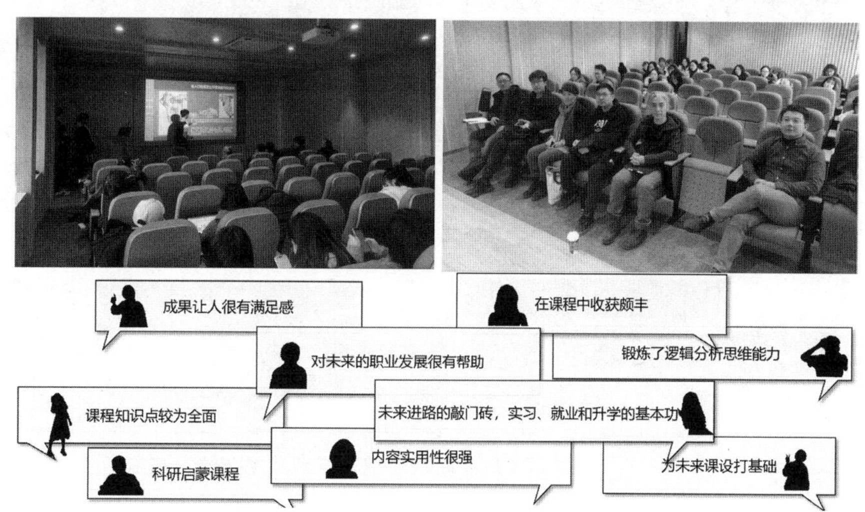

图 6 “城市研究与规划技术方法”的课程考核及效果反馈
资料来源：作者自摄

（2）强化学科交叉，有效提升综合能力

形成交叉科研平台、交叉研究领域、交叉生源等一套“组合拳”，通过现代信息化技术推广学习平台，吸引不同学科背景的学生，帮助学生从多角度审视和解决问题，形成综合性的知识结构，并促进新的科研理念和方法的共享（图7）。

（3）促进产教融合，显著提升学生素养

整合、开发课程资源，搭建“通识＋专业＋双创”的教育平台，采取“产教融合、校企合作”的教学模式，有效结合教育与实践，促进学生理论知识与实践技能的统一，并促进校企优势资源互补，促进实现校企共赢。

3.2 教学成果推广应用

（1）充分利用微信公众号及直播平台进行分享和推广，并设有线上/下展览的形式呈现学生作业成果（图8），充分促进知识的传播和共享。

（2）将课程中的研究成果转化为学术论文，并进行学术会议和期刊投稿。同时，课程训练也辅助学生获得了包括ArcGIS专业竞赛在内的多项各类奖项。

（3）课程中的教学资源转化为在线学习资源，通过开放教育平台进行分享和推广。

（4）通过与企业的合作，将学生的研究成果应用于实际项目，为学生提供与实际工作环境接轨的机会，并为城乡规划和研究机构提供新鲜的思路和解决方案。

本课程取得一定的教学成效：见刊论文3项，在审论文5项，专利转化2项，实践教学项目成果获得各类竞赛奖项18项和多项生产实践成果的转化（图9）。其中，在多届“城垣杯规划决策支持模型设计大赛”中，教学转化成果获一等奖、二等奖、三等奖多项；在多届“全国大学生国土空间规划设计竞赛”中，教学内容辅助学生荣获一等奖、二等奖、三等奖和佳作奖多项。

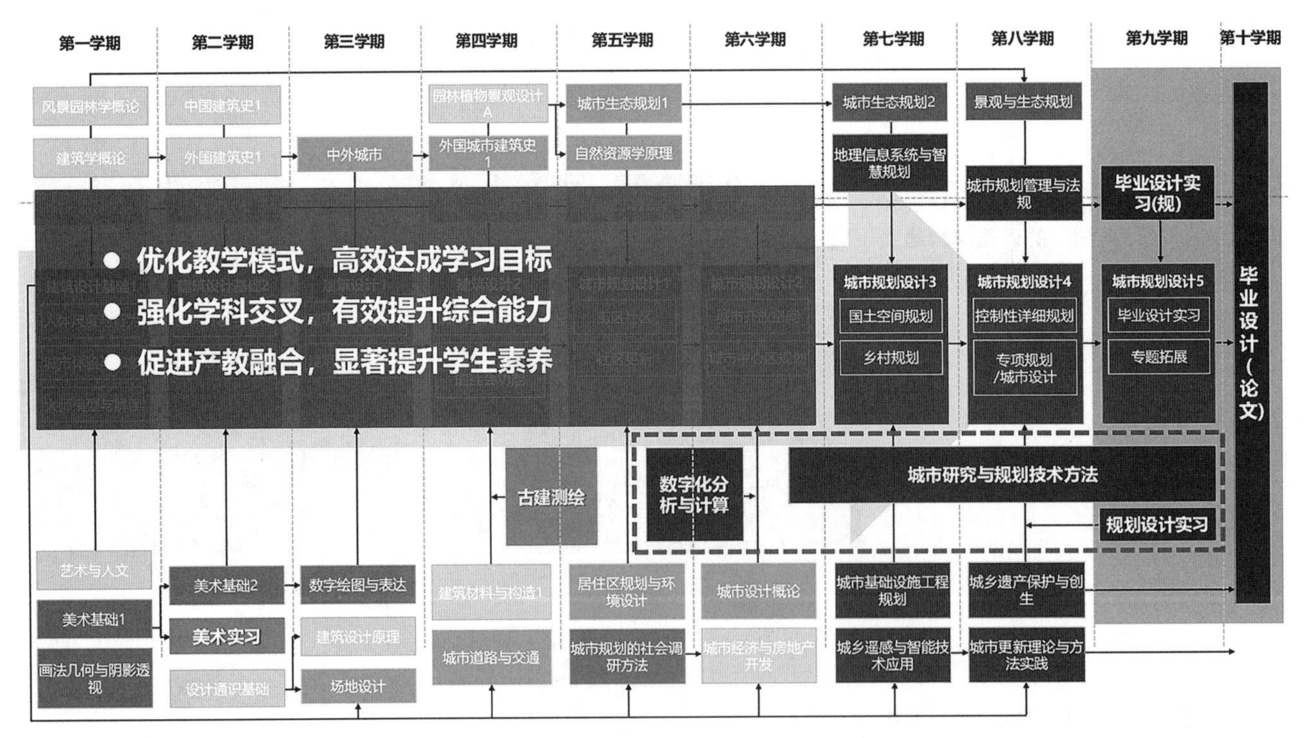

图7 “城市研究与规划技术方法”在贯通教学中的重要作用

资料来源：作者自绘

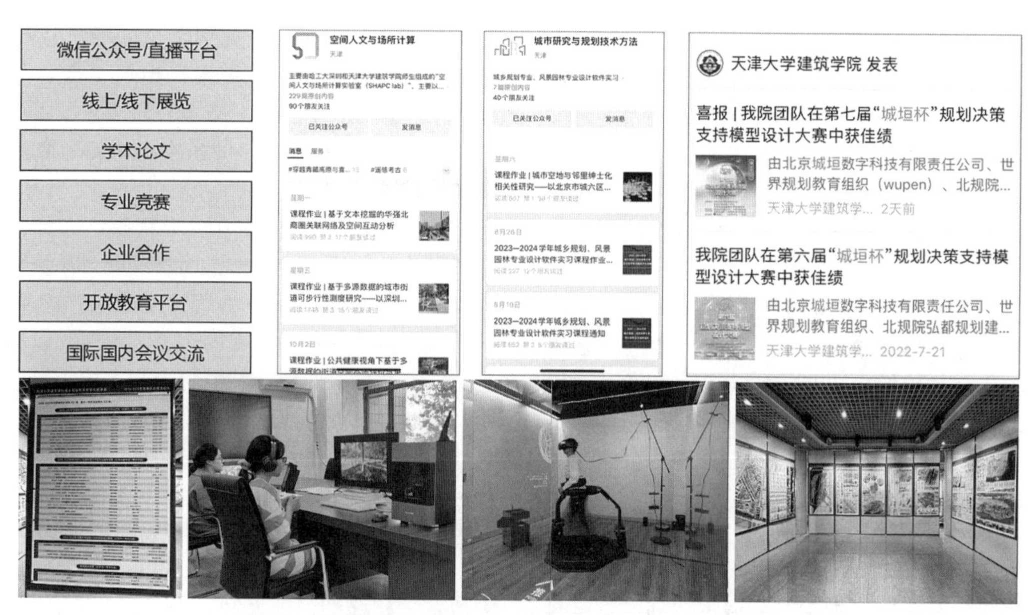

图 8 “城市研究与规划技术方法”的教学成果推广

资料来源：作者自摄

图 9 “城市研究与规划技术方法”的教学成果转化应用

资料来源：学生各竞赛获奖证书

3.3 典型教学实践案例

（1）教学案例一：“社交媒体视角下城市社会弹性测度评价——以郑州洪水为例”

本教学案例为2021年的课程作业（图10）。在2021年7月河南省特大暴雨灾害的背景下，本课题抓住实时热点，关注到社交媒体信息在灾害救援过程中发挥的巨大作用，与专业背景结合，以郑州市为研究对象，结合社交媒体信息与多源开放数据，对其进行城市社会弹性测度评价，以期为城市灾前防范预警、灾害中救援、灾后修复重建等城市决策提供支持。在课程过程中，学生们进行课题的社会背景与学术背景研究，验证课题的现实意义；独立完成数据获取与处理，自主搭建研究框架，进行分析方法的选取、学习与应用；最后根据分析结果提出对郑州城市更新的建议。

在本次课程作业的基础上，团队学生对成果进行改进，最终构建完整的雨洪灾害下的城市空间应灾弹性测度模型——融合社交媒体数据的城市空间应灾弹性测度。该模型在第六届“城垣杯规划决策支持模型设计大赛”中脱颖而出，荣获一等奖。

（2）教学案例二：“城市空地与邻里变迁的关系探究及其治理决策模型构建”

本教学案例为2022年的课程作业（图11）。一方面，在城市收缩背景下，城市空地逐渐成为存量减量规划关注的重要土地资源；另一方面，随着城市发展，邻里变迁成为城市建成区普遍存在的现象。本课题以国内一线城市北上广深为研究对象，意图验证并发掘二者之间的潜在关系，为城市诊断邻里变迁风险提供方法支持，指导城市更新。课程中，学生们选取并学习模型、搭建指标体系，综合利用遥感技术和图像分析方法，应用SPSS、ArcGIS、Python等分析软件，构建相关性模型，指导城市治理。

基于课程作业优化后的成果，在第七届“城垣杯规划决策支持模型设计大赛”中荣获二等奖。

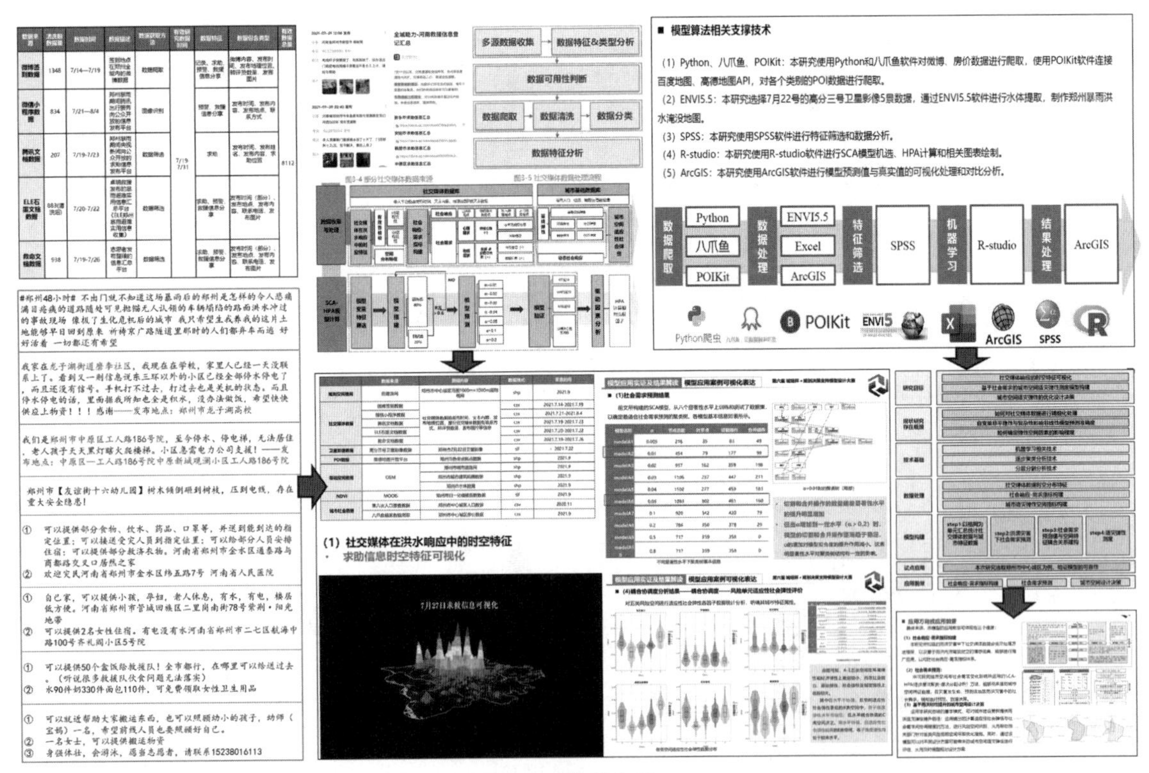

图10 教学案例一

资料来源：https://mp.weixin.qq.com/s/YC9UGYoabLtylqShkbPQHA

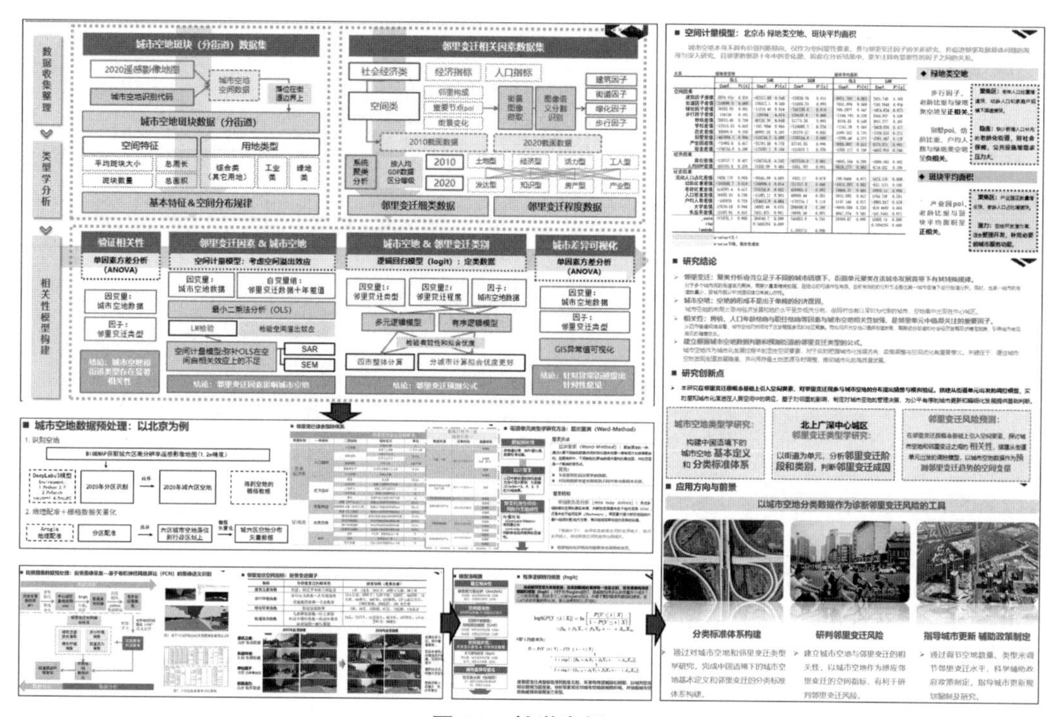

图 11　教学案例二

资料来源：https：//mp.weixin.qq.com/s/kIlmqu8rfcZds7Pi_AIKwA

4 “城市研究与规划技术方法”的课程特色及创新点

本课程从不同维度融合教育资源，并与行业需求接轨，培养学生的综合素质，并为他们在城乡规划和地理信息领域的发展和应用打下坚实的基础（图 12）。

（1）项目导向和实际项目转化

课程注重将理论知识与实际项目相结合，通过与实际案例和项目对接，指导学生运用 GIS 及相关技术进行城市研究与空间规划分析，与从中学习解决实际问题的能力。

（2）立体的课程联系与教学过程

学生将学习 ArcGIS、Depthmap、Python 和 SPSS 等软件的基础知识和技能，通过不同软件平台联动分析和可视化城市数据，并在四年级将所学知识应用到其他课程设计。

（3）产学研多维度融合

课程邀请设计院专业人士和业界专家参与教学，实现“产学—校企”融合；跨越地理学、城乡规划、人工智能等多个学科领域，实现多学科交叉和跨学科融合；关注并介绍国内外城乡规划和地理信息领域最新发展及前沿技术方法，实现“国内—国际”培养融合；教师通过自身的研究成果和实践经验，与学生共同研究和解决实际问题，实现“教—研—学”融合。

（4）开放性教学

课程注重学生的主动参与和探索，鼓励学生提出问题、独立思考，激发学生的创新意识和解决问题的能力。

5 结语

在国家提出新工科建设的重要背景下，“城市研究与规划技术方法”课程组建专业特色鲜明的课程师资团队，打造产学研一体、多学科融合的教学模式（图 13）。课程设置深度融合各交叉学科的知识内容，训练系统的思维逻辑，建立合理的知识体系，培养优秀的数据分析能力。以推动创新驱动发展为目标，专题研究与生产实践相结合，力求空间中的问题在空间中解决。课程的学习对于

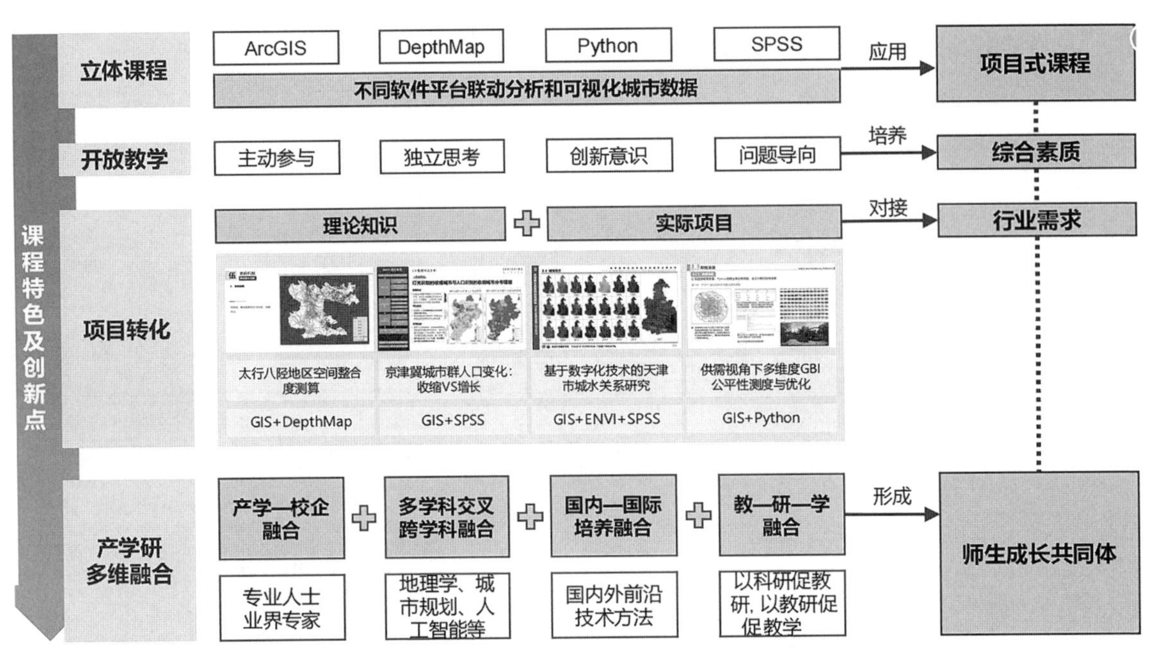

图 12 “城市研究与规划技术方法”的课程特色及创新点

资料来源：作者自绘

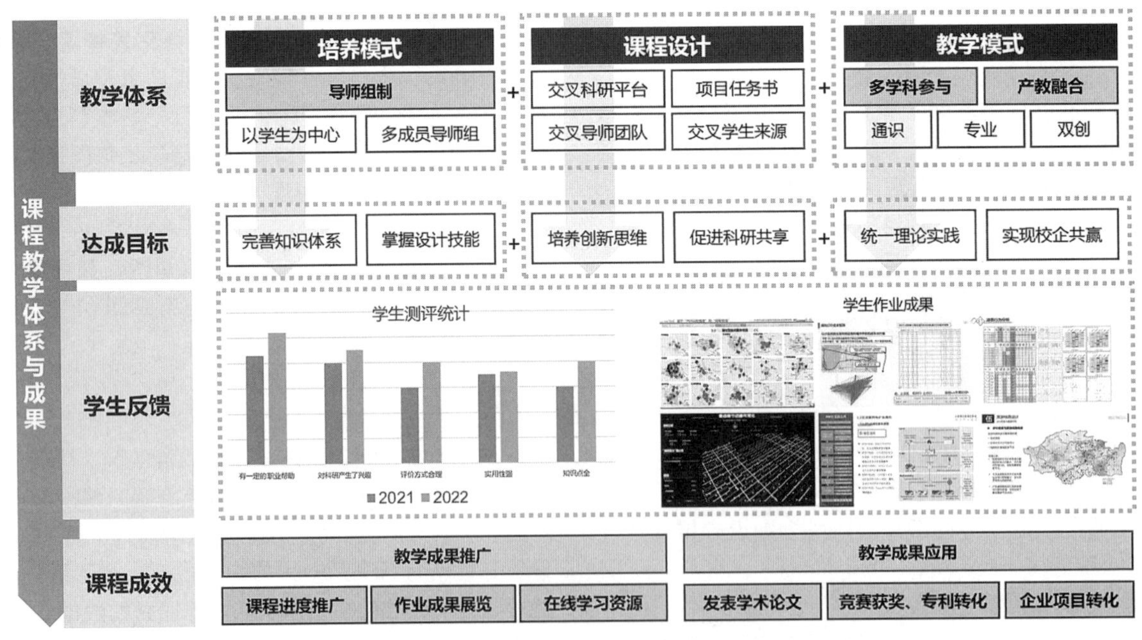

图 13 “城市研究与规划技术方法”的课程教学体系与成果

资料来源：作者自绘

学生从现象到本质的认知有深刻的影响，引导学生通过数据发掘发现专业问题，立足实际地点提出项目转化的可行性。本课程未来将进一步完善优化教学模式，持续推进新工科建设，为规划行业输送更多更专业的综合型规划人才，推动行业发展，为城市建设贡献力量。

参考文献

[1] 万玉凤，柴葳. 中国高等教育将真正走向世界——我国工程教育正式加入《华盛顿协议》的背后 [N/OL]. 中国教育报，2016-06-03[2024-04-20]. http：//www.moe.gov.cn/jyb_xwfb/s5148/201606/t20160603_248175.html.

[2] 中华人民共和国教育部. 教育部高等教育司关于开展新工科研究与实践的通知 [EB/OL].（2017-02-20）[2024-04-20].http：//www.moe.gov.cn/s78/A08/tongzhi/201702/t20170223_297158.html.

[3] 钟登华. 新工科建设的内涵与行动 [J]. 高等工程教育研究，2017（3）：1-6.

[4] 李家俊. 以新工科教育引领高等教育“质量革命”[J]. 高等工程教育研究，2020（2）：6-11，17.

[5] 天津大学四新建设工作网站. “新工科”建设行动路线（“天大行动”）[EB/OL].（2017-05-01）[2024-04-20]. https：//four-e.tju.edu.cn/info/1015/1155.htm.

[6] 天津大学四新建设工作网站. 新工科建设“天大方案”2.0 发布 [EB/OL].（2020-06-16）[2024-04-20].https：//four-e.tju.edu.cn/info/1015/1061.htm.

[7] 苗展堂，张晓龙. 新工科建设视角下的建筑构造教学改革——以天津大学建筑学院构造教学为例 [J]. 中国建筑教育，2020（2）：72-81.

[8] 梁晓翔，郭文博，荣颖. 信息化背景下城市设计编制数字技术应用探索——以广州白云新城地区城市设计为例 [J]. 南方建筑，2017（4）：55-60.

[9] 方舟，郑舒文，赵亮. 基于深度学习的城市形态感知识别、生成建模与仿真模拟 [J]. 世界建筑，2023（7）：78-84.

Digital Enabled Planning: Teaching Practices of Emerging Engineering Project-based Curriculum on “Technical Methods of Urban Research and Planning”

Mi Xiaoyan　He Yuqing　Dang Sheng

Abstract: Emerging engineering education reform is a pivotal approach for China’ s higher education to realize the power of engineering education. Taking the course “Technical Methods of Urban Research and Planning” as an example, this paper describes the practice of project-based teaching for urban and rural planning courses in the School of Architecture of Tianjin University under the background of emerging engineering construction. From the aspects of new concept of curriculum teaching, new structure of curriculum setting, new mode of talent cultivation, new ideas of diversified development and so on, it connects with the “integration of science and education” and realizes the organic combination of cutting-edge research of disciplines and talent cultivation. According to the characteristics of urban and rural planning discipline, based on the design of project-based teaching system, with diversified teaching resources as the bridge, with project demand as the pull, based on the intersection of disciplines and the cutting-edge of planning technology, comprehensive planning talents with cutting-edge scientific research ability will be cultivated.

Keywords: Technical Methods of Urban Research and Planning, Project-Based Curriculum, Digital Technology, Research Conduction, Practice Guidance

产教融合理念下地方院校的“六位一体”嵌入式教学模式探索

冯　歆　陈嘉慧　邓雪湲

摘　要：新一轮产业革命对高等教育人才培养提出了新要求，国务院提出了“健全产教融合的办学体制机制”。江苏省是产教融合做得最好的区域之一，关注学生创新能力，强调以解决实际问题为前提，进行整合和创新能力的培养。以苏州科技大学“社区规划理论与方法”为例，搭建实践平台（基地），联合企业、地方政府、行业协会等校外实体协作参与教学，积极探索“六位一体”教学体系，通过与社会需求相对接的项目制教学组织，在真实具体的情境中培养学生的创新与实践能力。

关键词：六位一体；产学合作；产教融合；项目制教学

1　引言

新一轮产业革命扑面而来，这些技术正给我们的经济、商业、社会和个人带来前所未有的改变，也对高等教育人才培养提出了新要求。国务院颁布了《加快推进教育现代化实施方案（2018—2022年）》，提出了“健全产教融合的办学体制机制”，党的十九大报告中也明确指出要深化产教融合，以促进产业链、创新链与教育链、人才链之间有效衔接，全面提高教育质量、推进经济转型升级、培育经济发展新动能。江苏省教育厅《关于推进一流应用型本科高校建设的实施意见》（2021）中对产教融合一流课程建设思路进行了详细介绍：“依托产教融合、校企合作开发优质教学资源，积极开展教育教学改革，引导行业企业与学校合作共建一流课程，推动江苏产业创新发展的新技术、新知识进课堂、进课程、进教材、进实验室、进创新创业项目”。

产教融合作为课程建设的重要内容，以及高等教育与产业发展的有效对接，逐渐走入地方本科院校与教师的视野[1，2]：第一，从行业与社会的发展需求来看，通过产教融合、校企合作，使行业企业参与课程建设及教学改革，关乎应用型人才培养方向及质量；二是应用型人才的能力需求更加强调与地方产业特别是重点产业链、产业集群的发展导向相衔接；第三，从本科课程教学与育人成效来看，一门优质的本科课程，不仅涵盖教材涉及的重点知识，也需要教师及时根据新技术、新标准、新方法优化教学内容。

深化产教融合是培养卓越工程师的重要突破口，然而现阶段本科高校专业课程建设的产教融合推进中仍普遍存在较多制约[3]：第一，如何打破知识传授主导的传统课程模式？目前大多数课程教学内容仍学术化倾向明显，课程教学不能很好地疏通专业知识与实践技能之间的关系，即理论指导实践的有效性不足。第二，如何建立有效的校企合作机制？目前企业普遍参与课程建设不足，与30%的共识比例相差较远，出现校企合作流于形式的现象，并且部分课程教学内容滞后于行业产业发展，不能将行业产业企业的新信息、新技术、新理念融入教学，制约学生能力提升[4-6]。

江苏省是产教融合做得最好的区域之一。高校普遍利用江苏经济发达、企业资源丰富等优势，不断调整优化专业结构，努力提高专业对地方的融合度、贡献度和认可度。苏州科技大学“社区规划理论与方法”作为产教融合建设课程，以“六位一体”的嵌入式培养模式为核心，积极探索与社会需求相对接的项目制教学，在真实具体的情境中培养学生的创新能力。

冯　歆：苏州科技大学建筑与城市规划学院讲师
陈嘉慧：苏州科技大学建筑与城市规划学院硕士研究生
邓雪湲：苏州科技大学建筑与城市规划学院讲师（通讯作者）

2 “六位一体”的嵌入式教学模式

嵌入式培养是产教融合的一种特殊形式，以实现理论教学与实践教学的高度融合。即在传统的理论教学模式中适当嵌入，改变传统讲授型教学模式的单一性和片面性，更好地发挥社会对学校的支撑作用[7]。“六位一体”的嵌入式培养是由高校联合地方政府、社区、行业协会、高新技术企业、社会组织，采取“校内中心＋校外基地”的形式，以“政、产、学、研、创、用”为目标，为传统课堂带入创新要素，合作共建综合性创新创业实践教育公共平台。其具有如下两个特征：

第一，“六位一体”的教学组织形式。在课程中融入创新、与社会接轨的思想观念，融合高校基础理论研究和行业企业实践应用特长。任课老师将专业理论知识带入课堂，政府嵌入地方建设所需要关注的重点与痛点以及相关政策科普；社区为课堂嵌入问题改造的实际场景，行业协会嵌入行业前沿信息并对接合适的技术企业，高新技术企业嵌入行业前沿的创新技术，社会组织嵌入新工具、新方法、新思维。校企共同研制课程目标、教学计划，共同开展课程建设、开发课程模块、完善教学内容，多方协同实施课堂教学。

第二，与社会需求相对接的项目制学习。基于学科发展需要与社会需要对接，基于技术更新需要与技术平台对接。课程教学过程基于产教协同共同实施，以真实项目为载体，融入地方建设，将理论学习、知识转化、能力培养有机贯穿于课程整体教学中。在小组合作的学习环境下，设计并实施一系列的探究活动，开展项目制教学和任务式教学等实践驱动的新型教学方式方法，充分调动学生积极性、主动性和创造性，打破知识传授主导的传统课程模式，构建以学生为中心、以能力为导向、以实践为基础的课程体系，培养学生批判性思维方法、分析解决复杂问题的能力、创新精神、创业意识与创新创业能力，实现理论与实践相结合，知识与能力相融合，学习与创新相促进，适应经济发展、产业升级和技术进步的需要。

3 “社区规划理论与方法”教学实践

3.1 教学目标

“社区规划理论与方法”作为苏州科技大学产教融合的特色课程，由地方院校与地方产业和在地需求相对接，共同进行教学探索。以期共同关注新产业革命语境下的社区规划问题，并旨在通过课程学习，将社区规划理论与新产业新技术相结合，与地方需求接轨，培养学生的创新与实践能力。

3.2 教学组织

课程组织以认识社区共性问题为出发点，以探索如何解决这些问题作为课程整体设计主线。课程内容紧扣产业技术发展与应用的主流和前沿，在任课老师讲授认识社区与规划社区基础理论知识的基础上，安排前沿技术科普和创新工具学习的讲座，并安排学生以小组协作的形式进行学习。教学过程的参与方包括行业协会（苏州高新区绿色低碳产业协会）、高新技术头部企业（固德威技术股份有限公司、绿普惠）、高校（苏州科技大学）、社会组织（NGO）、基层政府、基层社区（图1），协同进行了方法、思维和技术方面的嵌入式创新（图2）。

（1）方法创新——参与式规划工作坊[Circulab（NGO）]。将引导式卡牌带入课堂，进行参与式课堂趣味教学，创新教学方法（图3）。引导学生认识到社区规划中具有利益相关方，摆脱“见物不见人”的思维方

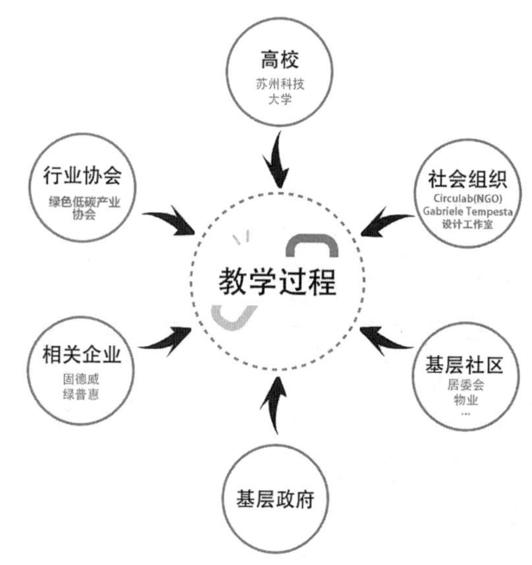

图1 “六位一体”的嵌入式培养模式
资料来源：作者自绘

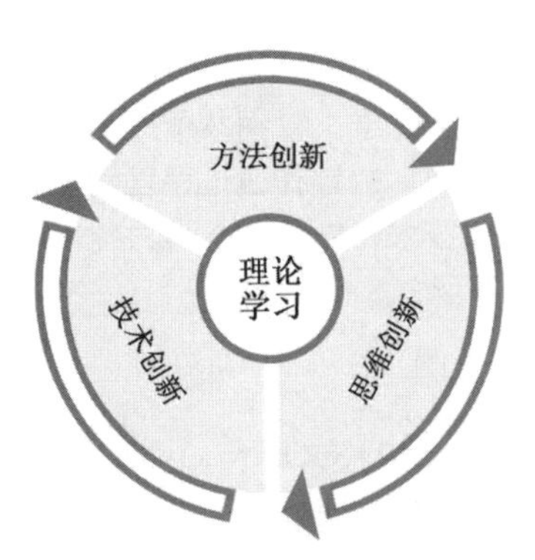

图 2　嵌入式教学创新

资料来源：作者自绘

式，启发对社区规划过程中“人”的维度思考。认识到社区规划的本质是一个以解决问题为基本思路的决策和行动过程，并进一步以行动为导向，利用卡牌所代表的当地资源确定发展目标和发展活动。通过互动卡牌扮演现实问题中各环节存在的不同利益相关方，以参与式工作坊的形式，激发学生兴趣，达到教学目标，进而训练学生收集当地与社区有关问题、主张和机遇，了解来自社区工作委员会和基层的技术挑战和想法等相关的社区参与式规划能力。

（2）思维创新——“Human-Centered Design”形式讲座（GabrieleTempesta，公益设计工作室）。设计师 Gabriele 通过具体案例介绍参与式规划中人本主义设计方法的应用（图 4）。首先从最早期的问题触发因素出发，通过将个人沉浸在情境中，探索发掘正确的问题解决方向。接着通过利益相关方访谈、被动观察、共创工作坊、洞察可视化墙等形式将来自各个利益相关方的多种诉求回归到待解决的核心问题节点上。最后围绕以上内容进行发散性思考寻求问题解决方案。通过以上三大板块的循环往复，可以探寻出最符合需求的规划方案。

（3）技术创新——技术科普讲座（固德威技术股份有限公司、绿普惠）。通过绿色产业协会的沟通对接两家技术提供单位，固德威技术股份有限公司（新能源企业）和绿普惠公司（碳普惠解决方案服务商），以上两家在绿色低碳领域都具有前沿开发技术和完备服务体系。固德威以“双碳”政策目标展开，详细介绍了光伏系统的运作原理，同时以微网系统、聚合技术、虚拟电厂等新型技术为引，梳理了碳交易机理，引出各场景应用及案例（图 5）。绿普惠介绍了国内碳普惠背景、机制与其综合解决方案（公民碳减排标准体系，与第三方数字化绿色生活减碳计量底层平台），即如何运用普惠创新机制，凝聚各界力量，建立个人与企业之间碳减排交易的生态，通过技术手段唤起公众低碳环保意识，进而开展绿色公益、绿色消费的创新（图 6）。两家企业现场解答了学生们有关新能源在社区绿色低碳活动中普及、安装、应用等相关问题。

充分利用产教融合校企合作平台，部分教学环节在行业企业真实场景下完成。在老旧小区绿色低碳提案初稿完成后，指导老师与课程学生代表前往固德威分布式

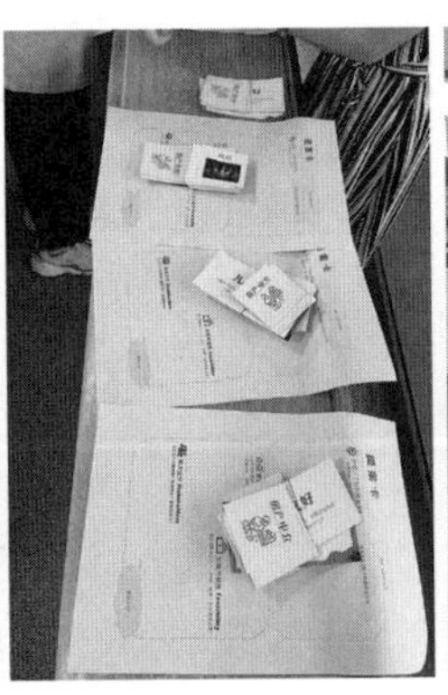

图 3　参与式规划工作坊课堂

资料来源：课堂实拍

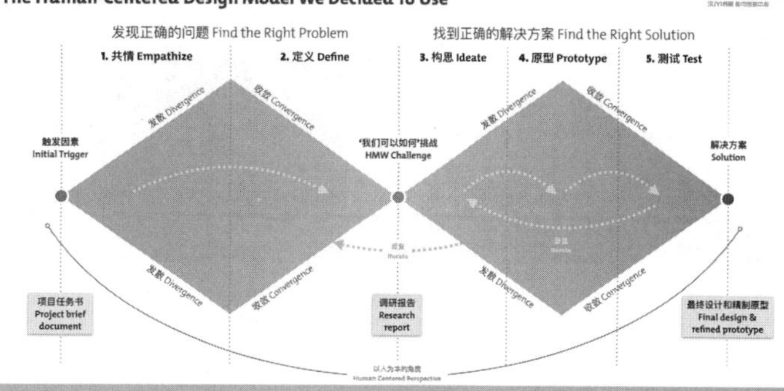

图4 人本主义设计方法讲座

资料来源：课堂讲座实拍

图5 固德威技术科普讲座

资料来源：课堂讲座实拍

图6 绿普惠技术科普讲座

资料来源：课堂讲座实拍

光伏实验基地进行交流参访，通过线下结合远程线上的共享交流模式对提案中涉及的分布式光伏技术性内容进行指导修改（图7）。期间与会师生在光电建材事业部详细参观社区共享光伏、储能设备“集中接入＋协调控制＋区域能源自治”的工作流，对社区绿色低碳改造项目技术手段进一步了解（图8）。

3.3 教学过程：项目制驱动与小组协作

绿色光伏低碳改造场景项目制教学定位在狮山新苑、三元一村两个具有典型代表性的老旧社区，指导老师和学生们进一步深入社区（图9），在实地走访调研的同时，以问题引导学生需要重点关注的核心内容：①社区层面希望通过绿色光伏低碳改造来解决怎样的现实问题？②在选定的社区场景下具体可进一步改造并应用的规划范围有哪些（停车棚、社区广场、建筑外立面、闲置屋顶等）？③明确在本次规划改造过程中涉及的利益相关方有哪些？各利益相关方在其中起到什么作用？④与社区各利益相关方沟通，介绍绿色光伏低碳改造进老旧住区相关的具体项目内容都有哪些？其中各部分又需要各利益相关方扮演什么角色？⑤在本次规划改造中涉及哪些社区资源（比如空间、设备、政策法令、场地、技术、设备、宣传）？⑥预计在本次规划改造中会花费多少人

图 7　固德威校企合作实验基地交流

资料来源：校外课堂交流实拍

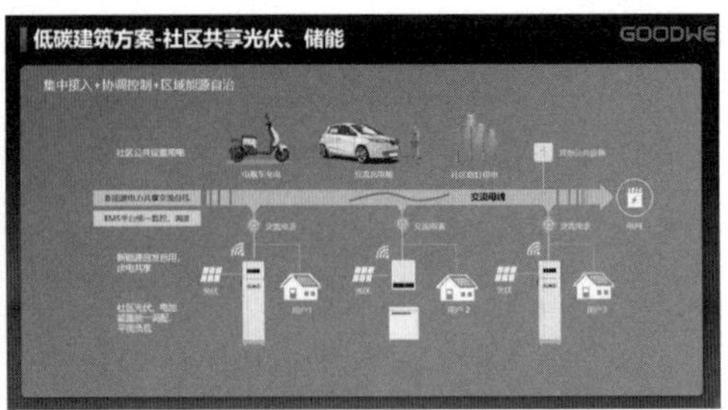

图 8　社区共享光伏、储能设备工作流程

资料来源：固德威技术股份有限公司

图 9　学生实地调研照片

资料来源：学生实地社区调研实拍

力、时间、经费？现阶段改造完成后将如何进行项目的可持续运营？⑦预计在社区改造、绿色低碳等相应领域产生哪些正面和负面的社会性影响及相应的环境影响？

以提案为载体的小组化考核，组内组间协同完成作业，促进理论与实践相结合。学生自由组队，每小组9~10人，小组组队明确后自主选择以下五大类协作组中的一个——1. 愿景组、2. 服务组、3. 场景组、4. 协创组、5. 整合组，每大类协作组限定2个小组。明确社区绿色低碳建设课题后，在提案准备阶段学生协作组进行分工（表1）。

基于以上准备工作，各协作组进行联动（图10）。愿景组一组和场景组八组、愿景组六组和场景组五组分别针对狮山新苑社区和三元一村社区进行实地调查，挖掘可改造利用的社区公共空间，并将固德威和绿普惠公益科普讲座中所介绍的屋顶、建筑外立面等分布式光伏形式与其进行联合设想，将实际环境和绿色低碳规划愿景相融合。与此同时服务组二组收集、整理、归纳在规划改造中涉及的相关政策资料，为愿景组和场景组提供政策支持。服务组七组与协创组三组和九组对以上愿景组和场景组所提出的社区整体规划改造场景进行校核讨论，根据狮山新苑社区和三元一村社区各利益相关方的不同诉求，进一步细化在规划改造过程中各个社区的具体实施内容，并在此基础上进一步讨论后续可持续运营中各社区需要建立的保障体系。整合组四组贯穿协作全程，将各小组间独立性内容及时汇总共享到课程线上协作文档，以便于协作小组之间的资源共享，保证各指导老师和社会组织技术支持代表可以实时跟进规划改造提案内容并及时做出相应的指导（图11）。

小组协作提案内容　　表1

协作类型	学生小组	提案题目	主要内容
愿景组	一组	基于“光伏结合”的社区绿色改造衍生——以苏州市狮山新苑社区为例	搜集线上线下绿色生活圈的服务设施配套新理念新方法构想（包含模式图、案例、可持续运营监管体系等），对照选定的老旧社区空间进行思维反转
	六组	“光伏进社区，绿色满家园”分布式光伏社区生活实验室——以苏州市三元一村社区为例	
服务组	二组	分布式光伏政策简析	梳理国家相关政策文件，结合 GabrieleTempesta 人本设计讲座以及固德威绿色光伏科普讲座探索“human-centere ddesign”方法下分布式光伏等新方法新技术在社区环境中的应用可行性
	七组	“Human-centereddesign”方法下分布式光伏在社区中的应用场景与服务设计	
场景组	五组	老旧小区分布式光伏社区生活实验室	挖掘可改造利用的老旧社区公共空间潜力，并与新方法新技术场景结合进行联合设想
	八组	线上线下绿色生活圈的服务设施配套新理念、新方法的构想	
协创组	三组	三元一村分布式光伏社区生活实验室	思考如何打造老旧社区中的创新型公共空间。明确更新模式：既有限定的条件下，协作人员有哪些？谁出钱出力？怎么创新
	九组	狮山新苑分布式光伏社区生活实验室	
整合组	四组	《老旧社区绿色低碳生活实验室》提案书	汇总整理上述四组独立性内容，并与指导老师反馈，建立各组间联动纽带

资料来源：作者自绘

4　小结与展望

在课程的组织过程中，高校、行业企业内容分配合理，参与方各司其职，实现了“六位一体”的嵌入式培养模式：基层社区作为贯穿课程全程的现实社会环境为学生提供待解决的复杂现实问题；院校教师作为学生知识体系构建的促进者，引导学生对复杂现实问题形成从微观到宏观的认知体系，在此基础上进一步发展学生从局部到整体解决复杂现实问题的能力；基层政府作为社区建设的引导者为学生解决复杂现实问题提供发展方向；相关企业作为学生解决问题的合作者，提供相应的技术工具；社会组织作为学生解决问题的帮助者，提供

图 10　学生小组协作联动模式
资料来源：作者自绘

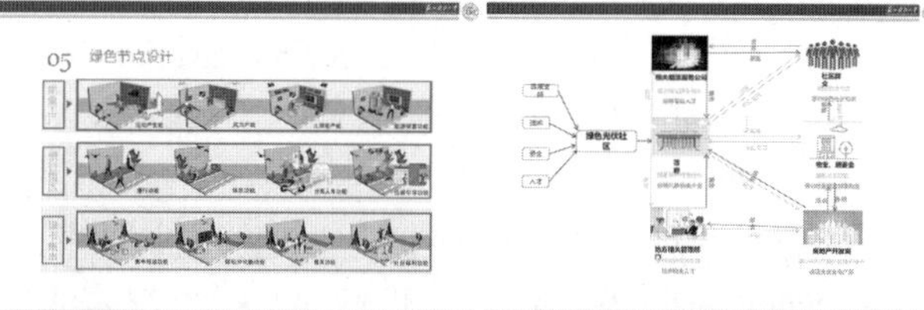

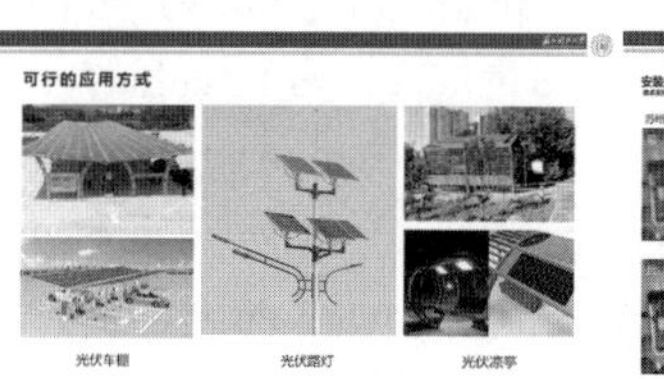

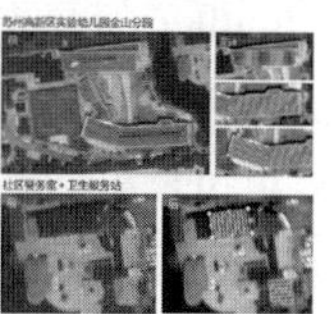

图 11　学生作业内容示例
资料来源：学生作业成果节选

实践指导；行业协会作为联络多方的沟通桥梁，保证在项目驱动过程中各参与方的同步与协调。

进而实现了产教融合的教学目标：第一，建立有效的校企合作机制，课程教学过程基于产教协同共同实施，促进真实场景下的真学真做，重构师生、教学关系，重塑课程教学新形态，将理论学习、知识转化、能力培养有机贯穿于课程整体教学中；第二，“产学结合”重构课程内容体系。打破知识传授主导的传统课程模式。课程内容紧扣产业技术发展与应用的主流和前沿，将科学研究新进展、实践应用新成果、社会需求新变化融入课程教学内容，融合高校基础研究和企业行业产业前沿技术、产品应用经验与成果，最大程度地适应经济社会发展、产业升级和技术进步的需要，体现课程内容的先进性，结合行业产业的真实应用场景，体现课程内容的应用性。

参考文献

[1] 杨仁树，焦树强，罗熊．“产教融合”构建行业特色高校应用型人才培养新生态 [J]. 中国高等教育，2024（2）：33-36.

[2] 王宝君，姜云，庞博，等．产教融合视角下城乡规划“3+1+1”校企协同育人模式研究 [J]. 高等建筑教育，2021，30（4）：62-69.

[3] 程楠楠，金欢．本科高校产学合作效能测度及影响因素研究 [J]. 中国高校科技，2023（7）：10-15.

[4] 刘原兵．产学合作中大学与企业良性关系如何构建——基于扎根理论的研究 [J]. 高教探索，2023（4）：33-39.

[5] 庄腾腾，孙钦涛．企业参与高等工程教育教学与课程内容改革：路径与挑战 [J]. 高等工程教育研究，2024（1）：92-98.

[6] 禹柳飞，刘美，卢均治，等．基于 OBE 理念的嵌入式人才培养模式探索与实践 [J]. 产业科技创新，2023，5（1）：97-99.

Exploration of the “Six in One” Embedded Teaching Model in Local Colleges under the Concept of Industry Education Integration

Feng Xin　Chen Jiahui　Deng Xueyuan

Abstract: The new round of industrial revolution has put forward new requirements for the cultivation of talents in higher education，and the State Council has put forward the idea of “improving the system and mechanism of school running through the integration of industry and education” . Jiangsu is one of the best regions in the integration of industry and education，focusing on the innovation ability of students and emphasizing the cultivation of integration and innovation ability on the premise of solving practical problems. Taking Community Planning Theory and Methods of Suzhou University of Science and Technology as an example，it builds practice platforms（bases），joins hands with enterprises，local governments，industry associations and other off-campus entities to participate in teaching，actively explores the “Six-in-One” teaching system，and cultivates students’ innovative ability in real and concrete situations through the organization of the project-based teaching system that is relative to the needs of the society.

Keywords: Six-in-one，Industry-academia Cooperation，Industry-teaching Integration，Project-based Teaching

智慧・创新・实践：“AI+Design”赋能城乡社会综合调研教学的实践路径*

曾穗平　田　健　王　滢

摘　要： 基于“AI+Design”的教学实践路径旨在赋能城乡社会综合调研教育体系与数字化时代的需要相契合。传统教学体系滞后于技术发展，教学内容与行业需求不协调。新模式注重知识造士、数字集成与智慧引线，强调实践教学与人工智能技术的结合。教学实施路径分为课程定制、教学框架搭建、教学创新与成果总结四大模块，围绕人工智能技术优化“调研选题—数据获取—数据分析—结论策略”阶段，以“AI+Design”推动城乡社会综合调研教育的创新与优化，助力建筑类专业人才培养模式的提升。

关键词： 城乡社会调研；智慧技术；教学改革

1　引言

人工智能是一把“金钥匙”，它不仅影响未来的教育，也影响教育的未来。党的二十大报告提出了“全面提高人才自主培养质量，着力造就拔尖创新人才”。在数字化和创新驱动时代，建筑教学体系应与国家人才培养目标相契合，顺应数字时代、迎接智能时代，满足“智慧式、创新型、实践化”的时代需求。

2　城乡社会综合调研的教学现状

2.1　城乡社会综合调研教学体系无法满足数字时代学习的新需求

数字化学习的发展趋势要求教育系统能够提供更加灵活、个性化和互动性的学习方式。然而，传统的城乡社会调研实践教学，如“社会综合调查实践”课程，侧重于理论与实际操作的结合，强调学生通过实地调查来深入理解社会现象。这种教学模式虽然有助于培养学生的实践能力和批判性思维，但在快速发展的人工智能和大数据环境下，其教学内容和方法可能未能充分适应现代教育技术的需求。目前，课程体系建设滞后于科技的发展变化，难以满足大数据时代高精度、实时化与客观性的新需求。

2.2　社会综合调研教学内容落后于国土空间规划的新变化

国土空间规划在数字化发展的时代背景下，需要学生掌握城乡基础数据获取的多维方法和智能分析技术，提供“高精度＋全方位＋多层次”的方案制定依据，逐步走向定量化分析与决策，进而顺应大数据智能规划发展需求。①高维视角落到实际中——多规合一对应的各专业理论与分析问题思维方式应用在项目与科研实践中去；②现代化信息技术落到规划各个阶段中——大数据应用、机器算法应用在调研—决策—监管各个阶段，提供科学技术支撑；③与各专业衔接落到实际中——具备对各资源专业的实践了解，使用国土空间规划统一专业语汇与法律法规。知识体系未体现国土空间治理的创新理念，造成教学内容与空间治理创新不适配的矛盾，人才培养模式滞后于构建社会发展创新驱动的需求。

* 中国建设教育协会教育教学科研课题（2023240，2023243）联合资助，天津市一流本科建设课程、天津市创新创业教育特色示范课程《城乡社会综合调研》阶段成果。

曾穗平：天津城建大学建筑学院副教授
田　健：天津大学建筑学院副研究员（通讯作者）
王　滢：天津城建大学建筑学院副教授

2.3 社会综合调研课程应用与行业服务需求契合度差的问题

随着国土空间规划体系的重构和城市发展模式的转变，城市规划行业面临新的挑战和要求，如"内涵式增长"和"增强功能性"的需求。传统的城乡社会课程应用强调社会调查方法和统计分析等理论知识。然而，随着国土空间规划体系的重构和城市更新项目的增加，行业对实际操作能力和现场应用能力的需求更为迫切。传统教育模式无法适应新时代国土空间规划、城市更新需求、教学资源和教学方法落后于行业发展现状、实践教学环节无法满足学生行业服务需求都成为亟待解决的课程体系结构问题。缺乏符合实际规划应用场景的实践化环节的支撑，导致学生设计与社会及现实需求相脱节的倾向，迫切需要建立契合国土空间规划、城市更新等适应快速变化的设计实践体系。

3 基于"AI+Design"的城乡社会综合调研教学目标

3.1 知识造士，为国育才——以"智慧式、创新型、实践化"的教学理念，探索以人为本的国土空间治理目标导向下，建筑类专业人才的"知识体系—能力培养—价值塑造"培养目标

体现以创新驱动的建筑类教学的价值导向，践行智慧式的空间设计与空间治理理念，改革优化建筑与规划设计教学原则、策略与方法。体现创新价值主体的设计实践内容，发挥公共参与理念的网络化调查方法，呈现民本底色的智慧城市教学实践活动，创新理论教学和实践教学课程体系，培养学生实践品质。

3.2 数字集成，学教融合——融合现代人工智能与新型数字技术，构建低风险、高韧性的线上与线下智慧耦合的教学模式，形成高质量的数字化课程群

选取城市规划、建筑学设计课为主线，依托"理论课＋实践课"深度融合智慧要素，赋能专业课程链条，形成集"综合调研、数据分析、运行监控、多维评价、开放共享、国际一流"五位一体的研究型设计课程体系。教学方法上，通过VR虚拟现实、全景展示技术提升建筑类理论课空间知识可视化的问题。结合知识图谱打造无壁垒的"跨学科＋多模式、低风险＋高韧性"的课程知识点，构建高质量的"空间＋"核心课程群，激发学生自身潜能。

3.3 智慧引线，实践织网——通过"课堂设计院＋设计院课堂"的实践教学方式，面向真实需求的科研、设计需求，构建"智慧＋实践"的教学网络体系

依托实践教学基地与平台，选取不同高阶性、创新性和挑战度的实践项目，建立实践项目库。同时，根据"数字调研—资源获取—价值分析—情景演绎—结论策略"实践教学五阶段，增加数据采集、汇集、萃取、分析及可视化技术环节，嵌入不同的"设计课程＋实践教学"模块。构建多源数据融合分析和多维度数据处理的智能设计教学模式，整合实践课程、项目实训、作品联展等教学环节，构建数智驱动的全链路一体化智慧学—教协同体系。

4 基于"AI+Design"的城乡社会综合调研教学创新

4.1 践行智慧式教学理念的学科前沿思想

遵循"创新驱动"原则，聚焦民生服务与社会治理，培育学生运用智慧理念与技术方法解决问题的能力。通过数字化教育，使智慧化能力成为建筑类学科的核心素养，并将批判性思维、复杂问题及多媒体交流等协作共通的素养融入教育中，提升学生的综合素质。

4.2 耦合现代数字技术的智慧教学环境

应用以知识图谱、模式识别等为代表的人工智能技术变革原有教学环境，使课堂环境呈现虚实融合、动态交互、按需分配、弹性拓展的特征，为课堂空间赋予沉浸式智能交互等特征，激发学生兴趣点与敏锐力，实现对人才培养的导学精育。

4.3 推动多方协同参与的创新实践模式

依托专业市场人才培养需求，搭建建筑行业从业者与学生之间的线上线下交流平台，构建直播课堂、精品课程、思政课程、专家讲堂等模块，弥补学生与从业者之间的信息交互缺口。结合实际项目工作程序，增加互动深度和效率，实现校内—校外、从业者—学生之间等多边关系的深度融合，将课堂理论学习转化为可参与、

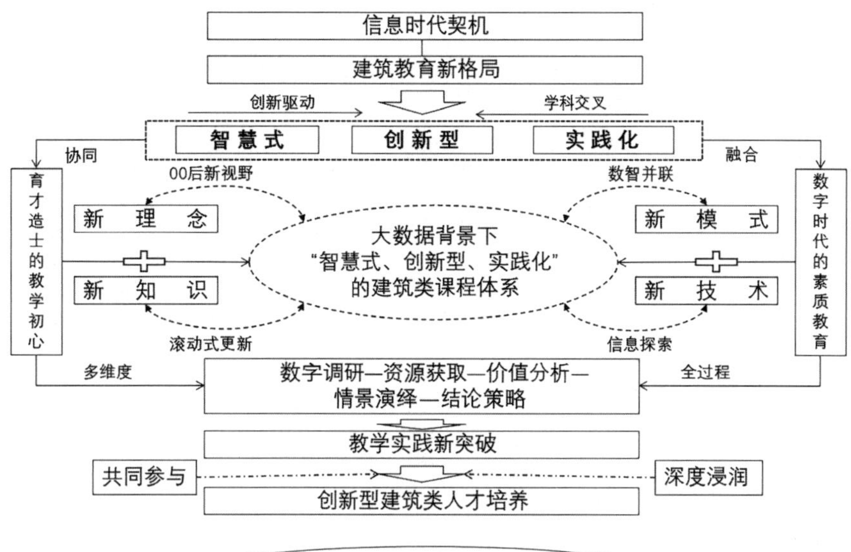

图 1　大数据背景下"智慧式、创新型、实践化"的建筑类课程体系构建

资料来源：作者自绘

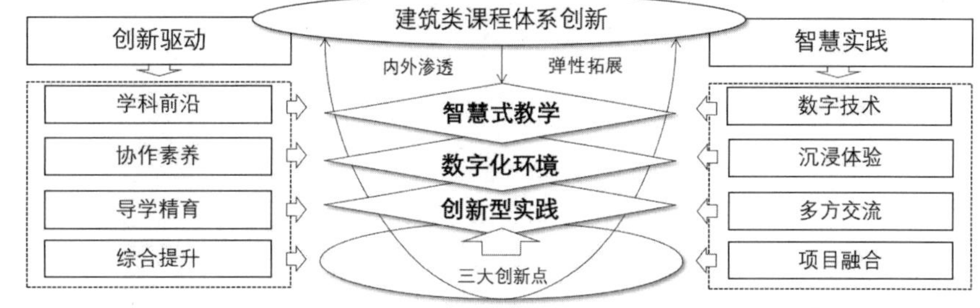

图 2　课程体系创新点

资料来源：作者自绘

可实践的教学成果。

5　基于"AI+Design"的城乡社会综合调研实施路径

基于"AI+Design"的城乡社会综合调研实施路径可以围绕"课程体系定制—教学框架建构—教学实践创新—成果完善总结"为主线，分 4 个模块展开：①结合以人为本的国土空间治理目标、创新驱动的教学理念、智慧人才需求，开展多方调研，制定需求实践导向的实践课程具体培养目标，及深度融合"智慧式、创新型、实践化"理念的建筑类本科课程体系改革方案及教学方法；②按照智慧式、创新型、实践化模块组织梳理建筑类实践课程的知识体系，构建线上与线下智慧耦合的教学模式，并确定教学改革实施方案、课程考评机制；③通过"线上—线下"相结合、"理论—实践"相结合的方式，根据基于"数字调研—资源获取—价值分析—情景演绎—结论策略"五阶段的教学属性，分阶段实施教学方案改革；④总结建筑类智慧型实践课程体系构建的理论集成和应用方法，凝练大数据背景下基于"智慧式、创新型、实践化"理念的建筑类课程改革的教学模式与方法成果，联合多院校开展应用。

结合社会调研中"调研选题—数据获取—数据分析—结论策略"4 个阶段的特点，建构基于大数据的"AI+Design"教学框架，解析城乡规划社会调研方法的技术框架，探索社会调研过程中应具备的各类技术的培养途径。

5.1　调研选题阶段——"大数据分析 + 文本摘要 + 模拟预测"AI 挖掘热点

调研选题是城乡社会综合调研的首要步骤，要求学生基于科学理论与实践需求，明确研究焦点，确保研究具有时代性、创新性和应用价值。传统的城乡社会调研选题要求学生在选题过程中通过案例分析、小组讨论、实地考察、专家讲座等手段，培养问题意识、理论与实

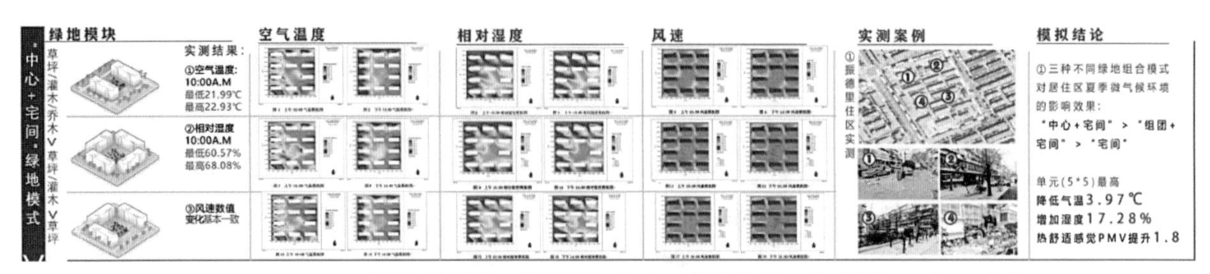

图 3　WUPENiCity 城市可持续调研报告国际竞赛二等奖作品：炎炎夏日，何寻清凉——微气候视角下住区舒适度调查及绿地定制化夏季降温〞模块探索

资料来源：调研报告

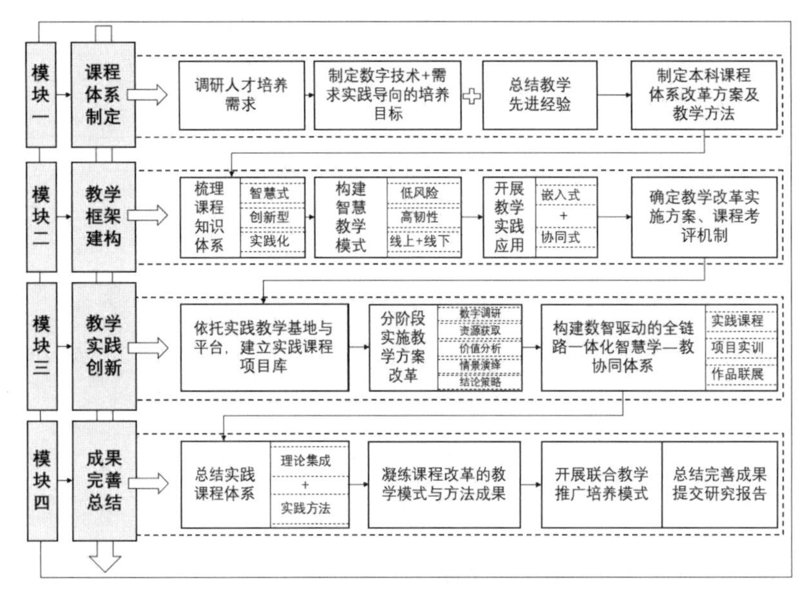

图 4　课题研究框架及技术路线图

资料来源：作者自绘

践结合、创新思维激发三大目标。①培养问题意识：引导学生识别城乡发展中的关键问题，形成敏锐的问题洞察力。②理论与实践结合：使学生掌握将理论知识应用于实际问题分析的方法，增强解决复杂问题的能力。③创新思维激发：鼓励学生在传统研究框架下寻找新视角，提出创新性研究课题。

人工智能在调研选题阶段，学生可以通过国内大模型文心一言、混元大模型、讯飞星火、通义千问、智脑、天工大模型（表 1）等，利用 AI 技术进行"大数据分析—智能推荐系统—文本分析与摘要—模拟预测"选题优化。引导学生选取具有高可行性、强时效性和出色合理性的调研方案，构建调研基本框架。具体而言，围绕城乡有机更新、城市社会营造、社会特殊群体问题、互联网新技术与空间共享、城乡二元融合问题和城市交通问题。首先，对海量城乡数据进行深度挖掘，自动识别热点问题与趋势，为选题提供数据支持。其次，围绕学生的兴趣推荐个性化研究选题，运用多源文献查阅方法筛查，包括各级各类统计年鉴、相关政策颁布、新闻报道。再次，运用自然语言处理技术快速梳理文献资料，帮助学生高效获取前人研究成果，避免重复研究。最后，利用机器学习模型预测不同规划方案的可能影响，辅助学生评估选题的实际价值与可行性。

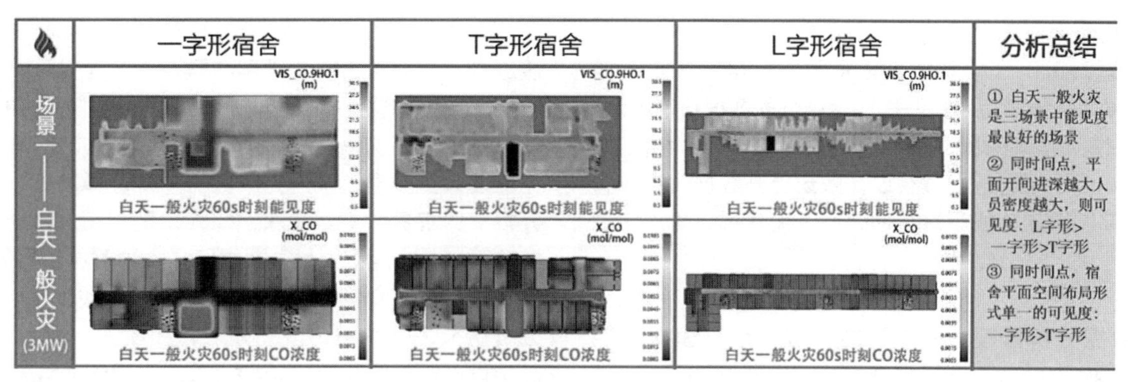

图 5　WUPENiCity 城市可持续调研报告国际竞赛二等奖作品：烈焰熊熊安能“止”，千钧一发何所“疏”——基于不同火灾场景下的高校宿舍人员疏散特性研究与模块化探索

资料来源：调研报告

国产大模型的比较　　表1

名称	优势	劣势	公司	适用场景	网址
文心一言	中文处理能力强；知识图谱广；支持 C 端和 B 端用户	相对于国际大模型，英文处理能力可能略逊一筹	百度	内容创作、知识检索、多语言交流等	yiyan.baidu.com
混元大模型	深度整合腾讯资源；擅长多媒体内容理解；服务于 B 端用户	更侧重企业级应用，C 端用户直接体验机会较少	腾讯	内容创作、广告推荐、游戏AI、社交分析等	hunyuan.tencent cloudapi.com
讯飞星火	语音识别与合成技术领先；支持多领域跨模态交互	在非语音相关的文字处理上可能不如专门的文字处理模型	科大讯飞	语音交互、教育、医疗、车载等场景的语音服务	xinghuo.xfyun.cn
通义千问	千亿参数量，泛化能力强；支持多领域知识问答；覆盖 C 端和 B 端	需要不断迭代优化以减少误差，提高个性化服务能力	阿里巴巴	智能助理、电商咨询、金融风控、企业服务等	tongyialyun.com
智脑	专注于网络安全领域；在安全防护、威胁情报上有独特优势	应用场景相对垂直，非网络安全领域应用可能受限	360	网络安全分析、威胁检测与响应、智能防御策略制定等	www.360.cn
天工大模型	强大的自然语言处理和智能交互能力；广泛知识储备	具体劣势信息不详，可能在于市场认知度或特定功能深化程度	—	智能问答、聊天机器人、内容生成、知识管理等	www.tiangong.cn

资料来源：作者自绘

5.2　数据获取阶段——“效率提升 + 精度增强 + 个性定制化”AI 数据整合

数据获取是调研的基石，包括一手数据与二手数据。其中，一手数据主要包括问卷调查、访谈、观察记录及实验等，直接来源于调研对象，能反映即时、具体的信息。二手数据则涉及已发表文献、政府报告、公开数据库等，有助于构建研究背景和理论框架。传统的城乡社会调研数据获取阶段通过理论讲授与案例分析、模拟调研、实地考察与实习等手段，培养学生“熟悉数据类型与来源、掌握调研技巧、数据分析意识”三大目标。①熟悉数据类型与来源：使学生掌握城乡社会综合调研中常用的一手与二手数据类型，以及各类数据的获取途径。②掌握调研技巧：培训学生设计问卷、进行访谈、运用观察法等技能，提升实地调研的能力。③数据分析意识：培养学生在数据收集阶段即考虑后续分析的需求，注重数据质量控制。

人工智能在数据获取阶段可以显著提升数据收集的效率与质量，学生可以根据不同研究方向和应用领域搜索空间数据，主要包括地图数据、影像数据、文本数据、遥感与 GIS 数据、统计数据等（表 2）。利用 AI 拓宽多元化数据获取渠道、运用多源数据描述城市空间及相关问题，运用大模型技术拓宽数据广度。在这一阶段，可采用"大模型+广数据"相结合的数据获取方法，通过AI辅助数据获取，多元化数据获取来源，力求从时间、空间多维度进行数据获取，做到提升数据收集和预处理效率、提高数据质量与准确性，优化调研需求定制专区个性化定制化数据。

5.3 数据分析阶段——"智能算法+软件模拟+空间可视化"AI交互式分析

数据分析阶段是连接调研数据与规划决策的桥梁，通过对海量、多维度数据的深入剖析，揭示城乡发展的内在规律、评估政策效果、预测未来趋势。准确的数据分析能够确保规划方案的科学性、合理性和前瞻性。传统的城乡社会调研数据分析阶段通过案例教学、实操演练、模拟决策手段，培养学生数据解读能力、技术应用与创新能力和批判性思维。具体而言，包括：①案例教学：选取国内外典型城乡规划案例，分析其数据处理流程与方法，让学生直观理解数据分析在实践中的应用。②实操演练：利用专业软件（如ArcGIS、SPSS、Python等）进行数据处理与分析，通过项目式学习加强理论知识与技能掌握。③设计虚拟城乡规划项目，让学生基于分析结果做出规划决策，通过模拟实践提升综合应用能力。

人工智能在数据分析阶段可以由智能算法（表3）通过自动化处理、模式识别与预测、智能推荐方案深化对空间数据的交互式分析，同时根据不同规划调研选题软件模拟（表4）进行可视化呈现。首先，AI能够自动化处理大量数据，快速完成数据清洗、标准化，为深度分析节约宝贵时间。其次，模式识别与预测，利用机器学习算法，AI能识别复杂数据模式，预测城乡发展走向，为规划提供科学依据。再次，智能情景比选：根据数据分析结果，AI可提出规划建议，如最优土地利用方案、基础设施布局优化等，辅助决策。可视化呈现，AI支持高级数据可视化，将复杂数据转化为直观图表、三维模型，帮助决策者和公众更好地理解规划方案。最后，进行交互式分析，开发基于AI的交互式分析平台，允许用户根据自己的需求动态调整分析参数，提升参与度和决策的灵活性。这些核心技术使学生能够全面理解并应用数据分析工具，以适应复杂的规划需求和数据环境。通过这种综合方法，学生可以更准确地进行数据驱动的决策制定，为城乡规划提供坚实的数据基础。

6 结语

通过"城乡社会综合调研"课程教学创新探索，形成了基于AI+Design的新教学框架，构建了模块化、层次化和阶段化的教学体系，摒弃了城乡规划学科教学过程中学业执业脱环的传统教学方法，解决了理论实践脱

空间数据类型与获取来源 表2

数据类型	具体含义	研究方向	来源示例	应用领域
地图数据	基础地理信息与特定主题信息的地图，如地形图、交通图	土地利用规划、交通规划、公共服务设施布局	国家基础地理信息中心、高德地图API、百度地图开放平台	城乡规划、地理信息系统建设、环境评估
影像数据	卫星遥感影像、航空摄影图像，反映地表特征与变化	土地变化监测、城市扩张分析、自然资源管理	USGS EarthExplorer、Copernicus Open Access Hub	城市更新、灾害评估、农业规划
文本数据	政府报告、统计资料、学术论文等，提供政策与数据分析	政策分析、社会经济研究、人口分布分析	国家统计局网站、中国知网、万方数据、地方政府官网	人口与就业规划、经济发展规划、社区服务规划
遥感与GIS数据	遥感技术获取的地理空间信息与GIS分析	生态环境监测、自然资源管理、灾害风险评估	OpenStreetMap、ESRI ArcGIS Online	基础设施规划、环境影响评价、应急响应规划
统计数据	官方发布的社会经济统计数据，如人口普查、经济指标	人口密度分析、经济活动分布、消费行为研究	国家统计局、世界银行数据、联合国数据	商业网点布局、住房需求预测、公共服务设施规划
开放数据平台	各国政府及组织提供的公开数据资源，跨多个主题	多领域交叉分析、数据驱动的城市治理	Data.gov、中国政府数据开放平台	广泛应用于城乡规划各层面，提升数据共享与透明度

资料来源：作者自绘

调研分析模拟软件的空间尺度、原理、适用范围　　表3

软件名称	应用研究对象	适用空间	原理
Legion	人群疏散模拟	建筑物内部、大型公共场所、城市区域	基于个体的疏散行为模拟，包括心理和生理因素
Simulacrum	城市交通疏散	城市道路网络、交通枢纽	微观交通仿真，模拟车辆和行人在不同条件下的动态流动
UrbanSim	土地利用与城市发展	城市、区域	基于代理的建模（ABM），模拟土地市场和人类活动决策
Space Syntax Toolkit for QGIS	空间句法分析	街区、城市	分析街道网络结构对行人活动和社会互动的影响
ENVI-met	城市微气候模拟	街区、小规模城市区域	物理模型，模拟微气象变量，如风速、温度、湿度等
CityEngine	三维城市设计与规划	地块、街区至整个城市	基于规则的建模，支持参数化设计，快速生成三维城市模型
TransCAD	交通规划与物流分析	城市、区域乃至全国	集成 GIS 与交通模型，支持交通需求预测和网络分析
Sefaira	建筑与城市能源效率	单体建筑至城市街区	实时建筑性能分析，评估能效、日照、通风等，促进可持续设计
PROMETHEUS	多模式交通系统模拟	城市、大都市区	综合交通模型，考虑多种交通模式间的相互作用，优化交通系统
Streetscape Planner	街道与公共空间设计	街道、广场	可视化设计工具，评估设计对行人友好度和环境质量的影响

资料来源：作者自绘

调研分析的智能算法、适用范围、核心原理　　表4

算法名称	适用范围	优势	劣势	核心原理
地理信息系统（GIS）	土地利用规划、交通网络分析、环境影响模拟	空间数据整合能力强，可视化直观	数据处理专业性强	利用坐标系统组织地理信息，通过空间分析工具进行查询、分析
深度学习	城市影像解析（建筑、绿地识别）、人口流动预测	自动特征提取，复杂场景理解	训练数据需求大，计算资源密集	通过多层神经网络，逐层学习并抽象数据特征，实现高度自动化的特征提取和模式识别
支持向量机（SVM）	土地价值评估、居民区分类	有效处理高维数据，边界清晰分类	参数调优复杂，计算量随样本增大而增加	构建一个超平面最大化各类别间隔，使用技巧处理非线性问题
决策树/随机森林	公共服务设施选址、交通流预测	易于理解和解释，能处理特征间的非线性关系	过拟合风险，对噪声敏感	通过递归分割数据，根据特征值选择最佳分支，随机森林则集成多棵树减少过拟合
遗传算法（GA）	城市布局优化、资源分配策略	全局搜索能力强，适用多约束条件	需要精细参数调节，收敛速度可能慢	模拟自然选择过程，通过交叉、变异操作在解空间中搜索最优解
粒子群优化（PSO）	交通路线优化、能耗最小化	简单高效，易于实现并行计算	易早熟，可能陷入局部最优解	模拟鸟群捕食行为，粒子根据自身经验和群体最优更新位置和速度
聚类分析（如 K-means）	社区划分、功能区识别	自动分组，无需预设标签	对初始点敏感，难以确定最优类别数	将数据分组到最近的中心点，反复迭代直到中心点不再改变
最优化模型（LP/MILP）	基础设施建设成本优化、资源分配	精确数学模型，求解高效	对大规模问题求解复杂度高	约束条件下最大化或最小化线性目标函数，MILP 允许变量取整数值
贝叶斯网络	灾害风险评估、政策影响预测	处理不确定性和因果关系，推理能力强	模型构建和学习复杂	基于概率的图形模型，节点表示变量，边表示变量间条件依赖关系
人工神经网络（ANNs）	城市扩张预测、环境监测指标预测	非线性模型，自适应学习能力强	模型解释性差，训练成本高	多层神经元结构，输入层接收数据，隐藏层复杂特征变换，输出层预测结果

资料来源：作者自绘

节及教学内容落伍的问题。近五年，数字赋能城乡社会综合调研教学，成效显著：课程获市级一流本科建设课程，指导学生在国际 WUPENiCity 可持续性调研报告竞赛中获得金奖 3 项、全国城市规划专业社会综合实践调查报告一等奖 2 项、全国建筑专业指导委员会举办的"清润杯 "大学生论文竞赛一等奖 1 项、国家级大创项目获奖 3 项，天津市研究生科研创新项目 4 项，天津市"挑战杯"课外科技作品一等奖 2 项。教学方法的探索取得阶段性成功，为城乡社会综合调研教学的优化与创新探索开辟了新的路径，为学生未来职业发展提供了更为广阔的空间。

参考文献

[1] 汪芳，刘永，贺金生，等．流域人居系统科学的框架探索与研究展望 [J]. 自然资源学报，2024，39（5）：997-1007.

[2] 张尚武，袁昕，王世福，等．产教融合：新时代高校规划院的使命与挑战 [J]. 城乡规划，2024（1）：105-116.

[3] 孙施文，冷红，刘博敏，等．规划专业能力培养的关键 [J]. 城市规划，2024，48（1）：25-30.

[4] 王兰．健康城市科学与规划循证实践 [J]. 城市规划学刊，2023（6）：27-31.

[5] 孙世界．"空间 +"的集成——东南大学本科高年级城市设计课程的教学改革 [J]. 城市设计，2023（2）：42-49.

[6] 杨俊宴，金探花，史宜，等．基于大数据的城市人群数字画像：技术与实证 [J]. 城市规划，2023，47（4）：45-54.

[7] 杨俊宴，邵典，程洋，等．数字国土空间治理的"空间码"理论与技术研究 [J]. 规划师，2023，39（3）：13-19.

[8] 曹阳，刘晨宇．城乡规划专业课程考评体系研究——以城乡生态与环境规划课程为例 [J]. 高等建筑教育，2022，31（6）：17-24.

[9] 吴志强，张悦，陈天，等．"面向未来：规划学科与规划教育创新"学术笔谈 [J]. 城市规划学刊，2022（5）：1-16.

[10] 王世福，麻春晓，赵渺希，等．国土空间规划变革下城乡规划学科内涵再认识 [J]. 规划师，2022，38（7）：16-22.

[11] 史北祥，杨俊宴．以"空间 +"为原点的城乡规划学科发展研究 [J]. 规划师，2022，38（7）：31-36.

[12] 谢幼如，邱艺，刘亚纯．人工智能赋能课堂变革的探究 [J]. 中国电化教育，2021（9）：72-78.

Wisdom, Innovation, and Practice: The Practical Path of AI+Design Empowering Urban and Rural Social Comprehensive Research Teaching

Zeng Suiping　Tian Jian　Wang Ying

Abstract: The teaching practice path based on "AI+Design" aims to empower the integration of urban and rural social research education system with the needs of the digital era. The traditional teaching system lags behind technological development, and the teaching content is not coordinated with industry needs. The new model focuses on knowledge creation, digital integration, and intelligent leadership, emphasizing the combination of practical teaching and artificial intelligence technology. The teaching implementation path is divided into four modules: curriculum customization, teaching framework construction, teaching innovation and achievement summary. Centered around the stage of artificial intelligence technology optimization "research topic selection data acquisition data analysis conclusion strategy", "AI+Design" promotes the innovation and optimization of urban and rural social comprehensive research education, and helps to improve the training mode of architectural professionals.

Keywords: Urban and Rural Social Research, Smart Technology, Reform in Education

“四新”背景下城乡规划专业学生社会调查创新能力培养的探索
——基于福建理工大学“城乡社会综合调查与设计”课程的实践*

陈　旭　杨培峰　方　雷

摘　要：社会调查是开展城乡各类规划的基础，在专业实践创新能力的培养中起着“领头羊”的作用，社会调查课程是城乡规划本科专业人才培养方案中实践教学的核心课程之一。在国家经济社会转型发展的“四新”背景下，城乡规划领域也面临着许多全新而未解的发展问题，对学生的调研创新能力提出新的要求。相应的，社会调查课程也面临多方面的新挑战，需要对标能力培养要求系统梳理课程体系，在教学目标、教学内容、教学方法及组织等方面进行创新改革。福建理工大学“城乡社会综合调查与设计”课程经过多阶段的课程建设，逐渐形成了“目标－内容－资源－实施”对应的课程内容组织与实施结构，在学生创新能力培养方面探索经验。

关键词：新时代转型背景；城乡规划专业：社会调查课程；教学创新

1　“四新”背景下城乡规划专业学生社会调查创新能力培养中面临的挑战

新时代背景下，如何培养学生具备认识城乡发展的新战略新趋势以及发现前沿问题的能力，使调查紧密结合城乡发展新需求？新时代，国家推进城市更新与乡村振兴战略，城市从“增量扩展”转向“存量更新”，乡村从“美丽乡村”建设进入“振兴发展”阶段，城市低效空间再开发、乡村“三块地”改革等改革深化推进；人民对城乡人居环境品质与治理也提出新要求，“空间公平”“健康城市”“韧性城乡”成为焦点议题。学生要在调研中正确认识新国情、社情与乡情，发现真问题、捕捉新问题，解决脱离社会与缺乏实践经验的问题。

新规划体系下，如何培养学生提高运用第一课堂学习的理论知识，开创性解决实际问题的能力，实现城乡规划专业教育与社会实践的有机结合？空间规划是国家重要的空间治理手段，在城乡发展的新阶段，我国规划体系也正发生深刻变革，城市（村庄）规划转变为国土空间规划，长期脱节的“多规”要整合为“一张蓝图绘到底”。新规划体系下，城乡规划专业教育也在探索新的教育理念、教育内容与教育方法。要在新规划教育理念下引导学生学习专业知识，并知行合一，运用第一课堂知识开创性解决实际问题、增强学生的研究创新能力。

新工科建设下，如何促进学生综合运用多学科交叉知识，具备以前沿技术与设计方法开展调查、分析与解决复杂空间问题的能力？城乡“社会—空间”复杂系统的问题研究涉及社会经济、人文地理、新数据技术、最新 AI 技术、规划设计等多学科知识，需引导学生融会贯通，不断更新知识结构。

新人文主义下，如何引导学生从城乡空间要素配置的角度思考空间正义与社会公平，切实关注民生诉求，

* 基金项目：福建省 2023 年本科高校教育教学改革研究项目，“新工科”深化建设背景下建筑类跨学科交叉融合路径研究，项目编号 FBJY20230104；福建省 2020 年新工科研究与改革实践项目，新兴技术范式下的建筑规划类专业教师教学方法创新与实践；福建理工大学校级本科教学改革研究项目，项目编号 JG2021042；福建省社会实践一流课程，“城乡社会综合调查与设计”。

陈　旭：福建理工大学建筑与城乡规划学院副教授（通讯作者）
杨培峰：福建理工大学建筑与城乡规划学院教授
方　雷：福建理工大学建筑与城乡规划学院讲师

树立“为人民规划”的理念。通过调查实践的开展，引导贴近社会、体会民生、了解诉求、发现问题、领会政策、感受责任，树立“以人民为中心”正确价值观、执业素养和理想信念。

2 从“服务设计”到“创新实践”：“城乡社会综合调查与设计”课程建设与能力培养的进阶

2.1 “城乡社会综合调查与设计”课程建设历程

福建理工大学城乡规划专业是福建省创办最早的规划专业，被誉为福建建筑规划类人才的“黄埔军校”。专业教学历来注重深入福建“八闽”各地开展实践教学，师生足迹遍布福建城乡。学校开展城乡社会调查教学的历史伴随专业的创办开始，早期社会调查作为设计课程的一个环节而开展。将“社会调查”课程进行独立开设有14年历程，历经基础建设期、教赛结合期和全景深化期三个建设阶段，对学生能力的培养也经历了从“服务设计”到“创新实践”的进阶。

（1）基础建设期：掌握社会调查的基本知识，培养服务设计的社会调查能力。专业于2009年设立“社会调查与设计”实践课程。课程教学与实践主要服务于规划设计课程教学的需要，通常结合设计教学实践开展，调查主题也针对设计教学基地城乡发展问题而设置，教师团队常年稳定在2人，以规划设计专长的师资为主。

（2）教赛结合期：挖掘与解析多元议题，培养综合分析问题的能力。2011年城市规划调整为城乡规划一级学科之后，课程团队将课程教学与学科竞赛相结合，对标全国高等学校城乡规划学科专业指导委员会举办的“城乡社会综合实践调研报告课程作业评选”竞赛相关要求组织课程实践教学。课赛结合的导向极大地激发了师生的教与学的积极性，师生队伍社会调查的选题视野扩大，议题类型涉及农村土地问题、产业空间发展问题、弱势群体空间需求问题等。同时，课程师资队伍也扩大至5人，以经济学、社会学、信息技术为研究专长的教师加入教学团队。

（3）全景建设期：学科知识交叉，培养发现与解决复杂问题的创新能力。2020年，本课程入选福建省第一批社会实践一流课程，围绕课程建设教学团队开展了“思政引领教学”“建筑类4专业打通”等教改项目，课程逐渐形成了分工明确、学科背景互补的“4+1+4+X”教学队伍结构，即核心教师团队中专业教师4名、思政教师1名、建筑类4专业逐渐加入开展、多个教学实践基地与行业导师共同参与。社会调查选题紧跟社会发展、行业与技术变革的前沿，引导学生发现和分析并尝试解决复杂的“社会—空间”问题。选题涉及“疫情下的休憩空间组织变化”“国土空间规划背景下的乡村资源价值盘点”“自闭症全龄群体的空间需求”等前沿社会综合问题。此外，课程师生团队积极参与城乡规划学科、“三下乡”“挑战杯”等多类型竞赛与实践，部分优秀调研报告转化为设计成果与建言献策。课程形成了“学科交叉”“联动共建”“成果转化”的全景建设格局。

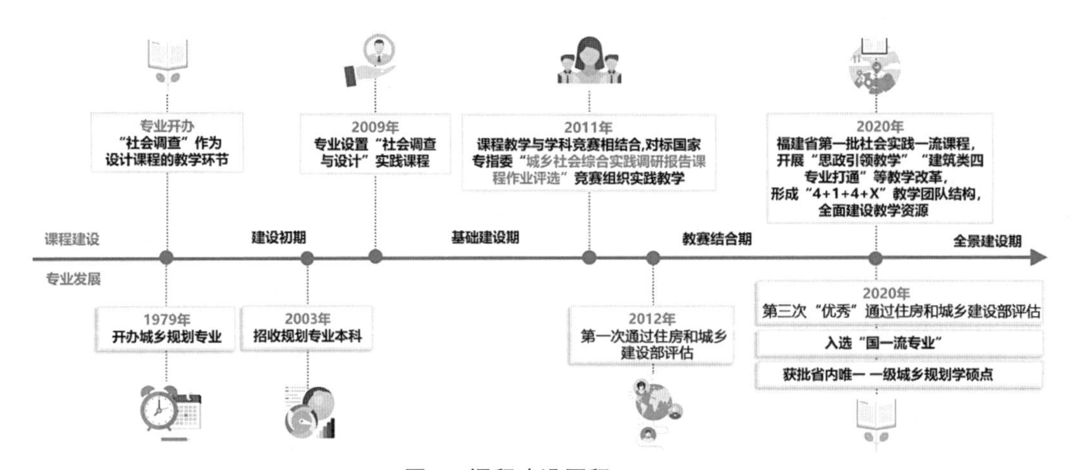

图1 课程建设历程

资料来源：作者自绘

2.2 课程定位与培养目标梳理

以学校与专业的定位为依据，梳理本课程，形成了课程的四大目标。

（1）知识学习：深入认识国家城市更新、乡村振兴等城乡发展的重大战略与现实焦点；了解新城乡发展理念与国土空间规划体系改革前沿；丰富城乡发展主题相关多学科交叉的知识储备；系统掌握城乡社会调查研究的基本原理、方法与步骤、报告撰写与方案设计的方法。

（2）能力进阶：培养学生通过观察与实践，发现城乡“社会—空间”复杂系统发展中存在问题的能力；具备综合运用多学科知识与分析方法，不断拓展应用大数据、机器学习等 AI 新技术分析问题；进而辅助规划设计手段以改善、解决城乡发展复杂问题的能力。

（3）素质提升：提升学生探索创新素质，抗压应变能力；提升表达与管理能力，团队协作与共识建构能力；通过调查发现与解决“真问题”，培育“求真务实”的素质和精神。

（4）价值塑造：引导正确的价值观、世界观，树立“实践出真知”基本观念；激发学生关心社会群体空间需求，关注空间正义与社会公平的“为人民规划”社会责任感；增强学生投身地方城乡发展事业的内在动力与职业情怀。

3 “目标—内容—资源—实施”：服务创新能力培养的课程结构优化

3.1 课程内容组织与实施结构

对应从“基础知识”到“前沿技能”再到“创新实践”的能力培养进阶，经过课程内容优化与资源建设，形成了“一四六三”为特点课程内容组织与实施结构。

课程包括 16 课时理论教学和 48 课时的实践教学。其中，基础知识教学模块，共 8 学时。讲授调查概述、选题分析、调查方法、调查报告撰写与成果设计等。

“四新”前沿讲座模块，共 8 学时。通过开设多学科专长教师与行业导师的专题讲座，帮学生了解“新背景：城乡发展与国土空间规划体系改革前沿”“新问题：关注空间正义与社会公平”“新八闽：八闽大地的城乡发展新趋势”“新方法：大数据与机器学习等 AI 技术融入社会调查研究”，从而开拓学生社会观察视野、接触技术与方法前沿，为找准找好实践选题方向与调研方法打好基础。

六个环节实践模块，共 48 学时。指实践教学以“学习—选题—调查—研究—评价—反馈”六个进阶环节推进。学生调查选题分为“城市”与“乡村”两大类主题，每大类又下设若干主题，如“城市”类主题下有

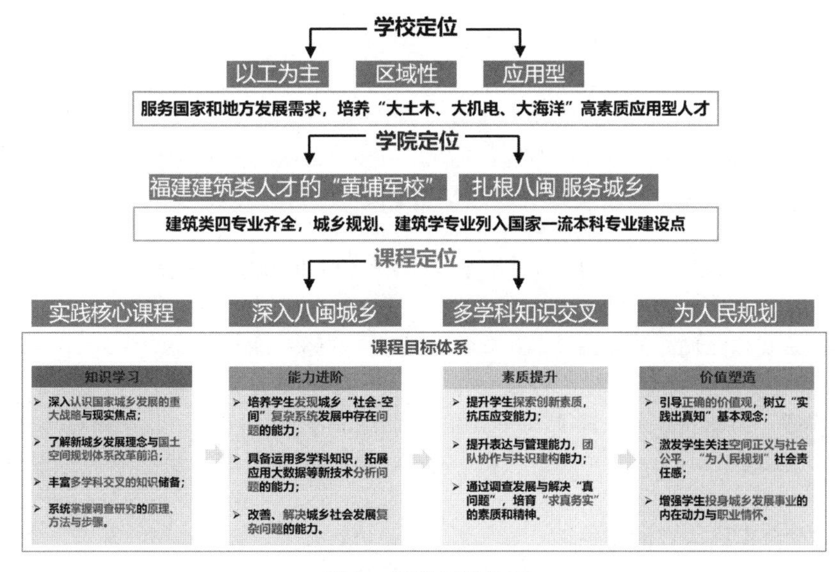

图 2 课程目标体系

资料来源：作者自绘

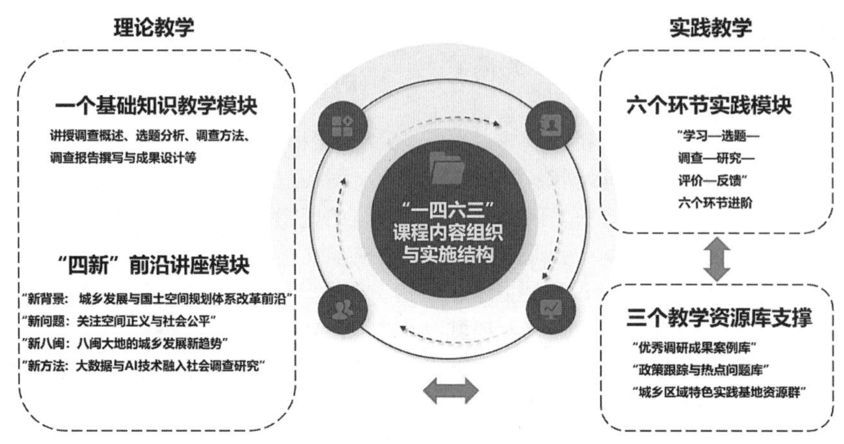

图3 “一四六三”课程内容组织与实施结构

资料来源：作者自绘

“社区治理”“生态城市”“空间公平”“闽台比较与融合”等主题；“乡村”类主题下有“振兴模式”“传统村落与建筑保护”“土地改革”“村民空间行为”等主题。六个环节互相关联，互动往复推进。如：学生根据调查实际情况不断与指导教师讨论，调整选题与研究方向。课程实践教学注重思政元素与专业教学的有机结合，院党委书记担任思政教师参与指导，通过设置“回应社会需求”维度的质性评价等方式，确保课程价值塑造目标贯穿选题、调研的全过程。

三个教学资源库支撑教学。课程建设了“优秀调研成果案例库”（收集200多份优秀获奖城乡调查案例与设计成果）、“政策跟踪与热点问题库”以及具有明显城乡区域特色的“实践基地资源群”。实践基地群包括“城市类”“乡村类”和“设计院类”三种类型十多个稳定基地。设计院类基地是对“城、乡”类基地的有力补充与支持，有助于确保项目选题与调查过程能贴近福建城乡发展的最新情况，聚焦前沿问题。师生团队每年增补契合城乡改革热点与现实焦点问题的实践基地，年均保持20%左右的更新率。此外，学院丰富的校友资源与教师团队的“政产学研”互动资源也支撑了本课程的基地建设，促进成果回馈社会。

3.2 理论进阶学习与社会实践内容的相关性

课程理论教学部分包括“基础知识”和“四新前沿”模块，对应着不同的能力培养目标。“基础知识”模块教会学生“学会做调查”，帮助学生了解城乡社会调查实践选题、调查方案设计和实施的全过程，掌握资料整理、分析及调查成果形成的基本方法。“四新前沿”模块帮助学生“学会做好调查”，引导学生找准热点问题、找到真问题、解决好问题。“新背景”内容助于学生接触城乡政策与规划体系改革前沿，从而帮助学生理解发展趋势、锁定改革热点问题；“新问题”内容有助于学生了解“空间配置与社会公平”议题的焦点问题与研究动态，引导学生关注各社会阶层，特别是弱势群体的空间需求；“新八闽”内容帮助学生了解福建各地城乡发展的差异与重点，促进学生考虑地区差异，使调查贴近地方发展实际情况，切实服务地方城乡；“新方法”内容引导学生跟踪技术前沿，在调查中扩展分析问题、解决问题的技术手段。

3.3 社会实践的实施环节

调查实践教学包括六个环节的训练内容，即“学习—选题—调查—研究—评价—反馈”。①“学习”环节，在基础与前沿知识学习基础上，学生对“优秀调研成果案例库”与“政策跟踪与热点问题（选题）库”两类资源进行进一步学习，师生建立并逐年更新“两库”，“两库”分为城市与乡村两大类主题，学生汇报案例学习心得。②“选题”环节，学生分组、选题并进行选题答辩，教师团队指导点评，小组通过答辩后确立选题，结合选题分类与主要应用学科知识确定指导教师。

③"调查"环节，学生小组按照选题分类在实践基地库中选择基地，深入基地开展调研，指导教师跟踪指导学生调研。④"研究"环节，学生在调查基础上和教师指导下，综合应用多学科知识开展分析研究，形成报告及设计成果。⑤"评价"环节，组织答辩、评定成绩。⑥"反馈"环节，针对优秀调研报告进一步打磨、提升，进阶形成参赛作品、规划设计及建言献策，以期形成社会效益，促进"产教融合"。

项目各个环节互相关联，互动往复推进。学生调研中师生不断互动，指导教师对学生起到引导方向、确定选题、辅导过程、点评成果、促进提升的作用；师生根据热点跟踪不断更新实践基地库，优秀成果不断充实案例库，学生的调研实录和心得体会也为课程的优化提供依据。

4 创新能力培养的课程成果案例

4.1 认识新背景新趋势的能力培养：紧密跟踪国土空间规划改革的综合调研

2019 年课程的"农村"类主题调查结合教师团队的地方实践研究项目开展，与福建典型的工业强县福清（县级）市的城乡接合部宏路街道办事处签订协议，建立

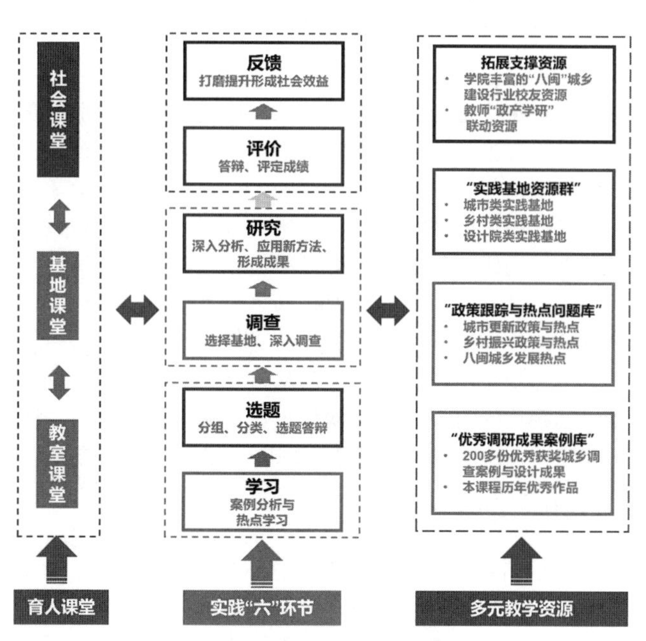

图 4 实践环节的内容与实施结构

资料来源：作者自绘

教学实践基地，前后有三组同学深入该基地开展调查。通过跟踪当时最新的改革前沿，一组学生的选题聚焦于"新背景"——国家"乡村振兴战略"的推进与农村"三块地"土地产权改革。这一议题在 2019 年是改革最前沿内容，师生共同开展了政策梳理与研究文献学习，经过多轮的讨论最终确立了"新空间资源观"的研究视角。师生团队深入基地，确定了三个差异化的村庄作为典型村代表，对村庄进行了空间资源利用情况及村集体经济壮大路径深入调查。学生在调研中综合应用了课程讲授的调研基本方法与定性、定量分析及设计多种手段，学会和村干部、不同年龄段的村民交流。指导教师和学生共同深入基地，教师在调查各个环节对学生进行多次指导。调查报告《推陈出新，何以兴村——"新空间资源观"下的村集体经济振兴调查》获 2019 年全国高校城乡规划城乡社会调查报告评优三等奖，同时师生队伍在调查研究的基础上，编制了《福清市宏路街道乡村振兴发展行动规划》，为福清市促进乡村振兴作出贡献。

4.2 理论联系实际的能力培养：地域特色的乡村振兴模式调查与成果转化

福建省宁德屏南县龙潭村的乡村振兴模式独具特色，课程团队积极与龙潭村委对接，建立教学实践基地，在近三年的教学中，先后有多个小组以"福建乡村振兴特色模式""龙潭村的新老村民融合""龙潭村古厝修缮的创新做法"等为主题开展调查活动，凝练福建的乡村振兴特色，提出进一步促进乡村振兴发展的建议。课程师生团队组织的"三下乡"实践团队获共青团中央授予的社会实践优秀团队。同时，师生在对龙潭村多年不断的跟踪调查研究的基础上形成关于完善"古厝租赁"平台与模式的建言报告得到了地方政府的采纳。

4.3 综合应用交叉学科知识的能力培养：后疫情休憩空间距离可视化调查设计

2020 年突如其来的疫情改变了人们的空间行为模式。这一冲击延续到了后疫情时代，2021 年课程教学中，一组同学观察到在防疫需求和人们自发的安全需求之下，人们的社交模式和空间行为也发生了变化，他们思考在后疫情时代，人们的社交需求和社交距离发生了什么变化？如何将公共社交设施与人们的防疫距离需求有

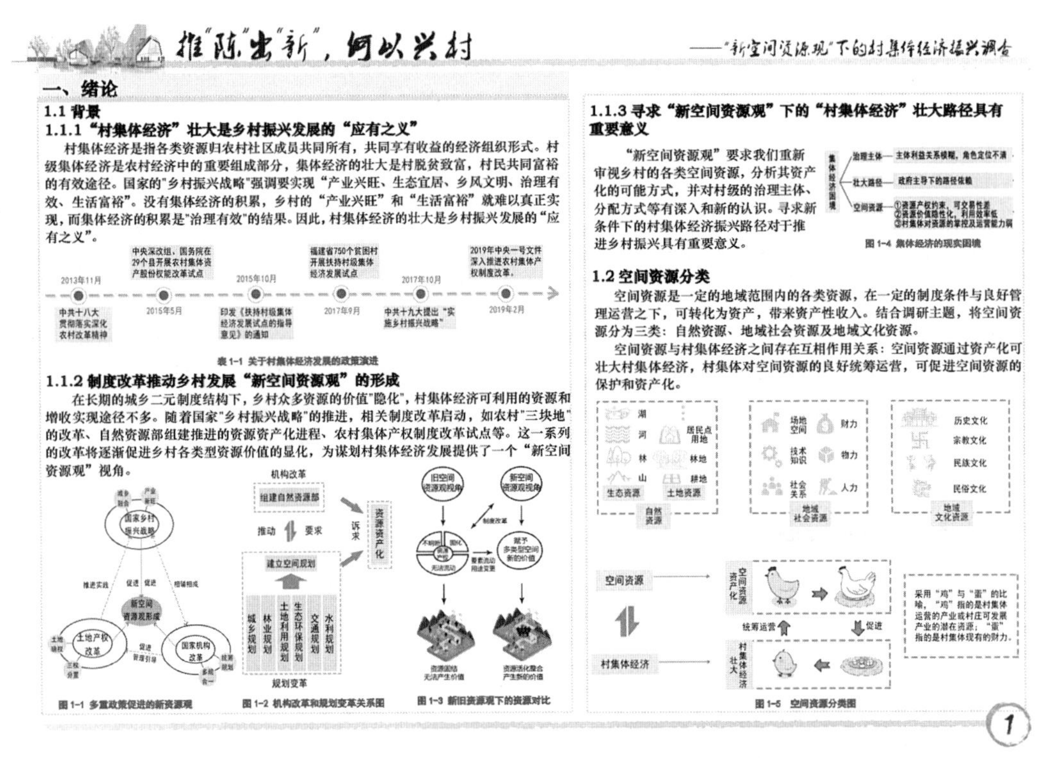

图 5　学生调研作品《推“陈”出“新”，何以兴村——新空间资源观下的村集体经济振兴调查》

资料来源：全国高等学校城乡规划学科 2019 年城乡综合社会调查作业评优三等奖作品节选

机结合？这组调研综合运用心理学、社会学等多学科的理论模型，选择公园、居住区休憩空间与学校休憩空间这几类典型的休憩空间开展实地调研，调查研究后疫情时代人们的空间社交距离需求和空间及设施改进需求。调研报告《疫米之外——大众视角下的城市休憩空间防疫距离可视化探索》获得 2021 年 WUPEN 城市可持续调研报告国际竞赛金奖。

4.4　从空间思考民生诉求的能力培养：倾听“孤独症”障碍者空间诉求的调研

2023 年课程教学中，一组同学关注了“孤独症”患者群体，尝试走近多年龄段的谱系障碍者。学生通过多种方式，几乎跑遍福州的相关机构开展多种形式的调研，形成了较为完整的调研报告。报告发现：我国孤独症患者已超 1300 万人，并有逐年增加的趋势，发病率占精神残疾之首，现状针对孤独症的社会支持主要体现在教育和医疗方面，在城市基础设施建设和公共服务配置上对于孤独症患者的需求考虑不足。随着城市建设高质量发展，包容性城市理念深入人心，聚焦孤独症患者及家庭的城市公共服务设施需求是包容性城市建设的应有之义。调研选取三个典型孤独症家庭样本进行深入分析，了解其不同生命周期面临的困境及其对城市公共服务设施的具体需求，构建孤独症患者及家庭公共服务设施配置需求金字塔模型。提出从宏观政策到微观空间改造的孤独症人群城市公共服务设施配置优化方案。学生在完成报告的同时，培养了人民规划师的社会责任感。

5　结语：改进方向

课程内容组织与实施结构的不断优化促进了学生多方面创新能力的有效培养，形成了学有所用、教有所长的良性互动。2020 年以来，课程组指导 WUPENCITY 城市可持续调研报告国际竞赛、城市设计学生作业国际

图 6　学生调研作品《疫米之外——大众视角下的城市休憩空间防疫距离可视化探索》

资料来源：WUPENICITY2021 城市可持续调研报告国际竞赛金奖作品节选

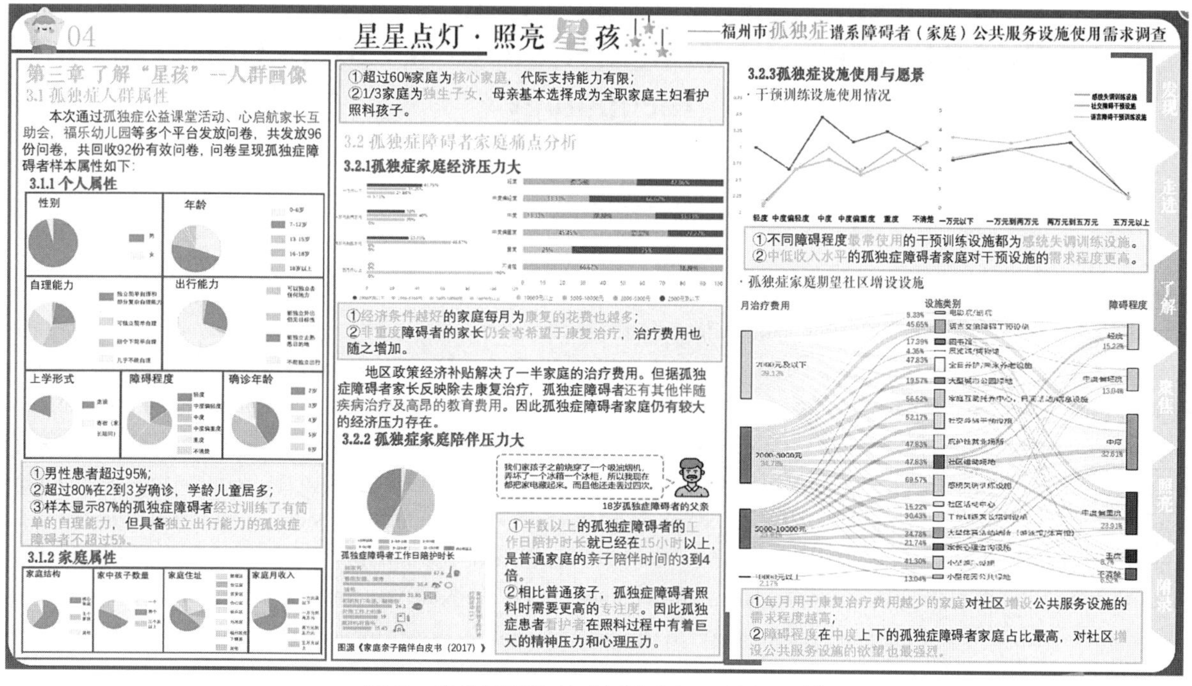

图 7　学生调研作品《星星点灯，照亮星孩》

资料来源：WUPENICITY2023 城市可持续调研报告国际竞赛参赛作品节选

竞赛、第三届全国大学生国土空间规划设计竞赛等学科竞赛，获奖21项。其中金奖2项，二等奖3项，三等奖3项，入围奖11项。未来，课程的改革探索应在以下几方面持续发力。

（1）不断总结成果，集结调查实践精品成果，完善课程资源库。推进建设可共享的课程城乡社会调查实践项目案例库，推动课程理论教材出版，让学生更系统地认知城乡社会实践，鼓励学生根据日常对城乡发展焦点、痛点的观察更自主地策划城乡社会实践项目，鼓励学生实践创新，知行合一。

（2）持续推进教学教改活动，优化课程组织。通过师生多样化组队的方式，协调课程实践进度，持续推进建筑类四专业联合开展实践教学，促进师生的多学科知识交融运用。

（3）推进城、乡、设计院类社会实践基地群建设，有力支持创新实践。着眼于长期性运作的课程实践基地，将短期调查项目化运作与长期定点实践育人相结合，特别是在学校战略合作单位设立课程实践基地，不断拓展课程实践资源，保持契合改革热点的基地的更新率。

（4）加强"引进来＋走出去"，打造贯穿人才培养全过程的城乡社会实践育人价值引导链。引进来——邀请在一线工作中获得突出业绩行业专家，成为"四新"前沿讲座教授，讲解行业与技术前沿发展知识；走出去——加大力度，将学校的校友优势、合作优势转化为学生专业教育优势，提升社会实践能级。

Exploration of Cultivating Innovative Social Survey Abilities for Students Majoring in Urban and Rural Planning under the Background of "Four News"
—— Based on the Practice of the "Comprehensive Urban and Rural Social Survey and Design" Course at Fujian University of Technology

Chen Xu　Yang Peifeng　Fang Lei

Abstract: Social investigation is the foundation for carrying out various types of urban and rural planning, and plays a leading role in cultivating professional practical and innovative abilities. The course of social investigation is one of the core courses of practical teaching in the undergraduate talent training program of urban and rural planning. In the context of the "four new" development of the national economic and social transformation, the field of urban and rural planning is also facing many new and unresolved development problems, which pose new requirements for the research and innovation ability of students. Correspondingly, the course of social investigation also faces new challenges in various aspects, requiring a systematic review of the curriculum system and innovative reforms in teaching objectives, content, methods, and organization to meet the requirements of competency development. The course "Comprehensive Investigation and Design of Urban and Rural Society" at Fujian University of Technology has undergone multiple stages of course construction, gradually forming a corresponding course content organization and implementation structure of "goals content resources implementation", exploring experience in cultivating students' innovative abilities.

Keywords: Background of Transformation in the New Era, Urban and Rural Planning Major, Social Survey Course, Teaching Innovation

城乡规划专业综合社会实践的特征、趋势与教学思考
——基于北京林业大学 2015—2024 年统计数据的分析

董晶晶　李　翅

摘　要：城乡规划社会综合实践是学生在真实工作环境中提升和检验专业技能、培养综合素质的重要教学环节。研究期望以社会综合实践这个学校、社会共育的教学环节为切入点，通过分析近十年实践趋势，发现、理解其中所反映的学生、社会需求变化，自下而上探究诉求和规律，支持适应当前行业变革、学生特征的实践教学改革。研究以北京林业大学 2015—2024 年 10 个教学班，共计 325 位学生的实践报告为研究样本，以 3 类实践单位、13 类实践内容为研究指标，通过纵向趋势分析、横向差异对比得到结论如下：①单位类型上，设计院类传统实践单位仍占主导，但规划管理、研究机构、交叉行业的实践需求日渐增多。②空间分布上，一线城市逐渐从以量取胜的实践集中地转变为以多元、创新为特色的前沿实践地，省会、地方城市将成为空间规划、管理实践新兴目的地。③实践内容上，非空间规划类实践内容增加明显，与院校特色相关的实践内容占比突出。基于以上结论，提出：①关注自学能力培养，以适应技术快速发展、就业日渐多元的行业趋势。②发挥院校特色，深化与前沿、特色实践单位的合作教学。③关注实践教学的多目的性，通过部分前置、产教融合等方式，实现激发兴趣、强化教学等差异性目标。

关键词：实践教学；趋势特征；类型

1　引言

实践教学一直是高等教育的重要环节。从教育部 2005 年发布的《关于进一步加强高等学校本科教学工作的若干意见》到 2019 年发布的《关于深化本科教育教学改革全面提高人才培养质量的意见》，均明确了实践教学、实践能力培养的重要性。

1.1　作为重要的独立实践环节

城乡规划专业的实践教学主要由与理论、设计课程结合的实践环节以及独立的实践实习课程两大部分构成[1]。本次研究讨论的社会综合实践（该环节在不同学校有不同的名称，有的称为“业务实践”“生产实习”）属于后者，主要集中在 4~5 年级阶段，是院系与校外企事业单位相结合，学生在真实工作环境中提升和检验专业技能、培养综合素质的重要教学环节[1, 2]，更是学生作为主体，生动感知职业发展、思考专业知识需求、建立自我路径规划的重要窗口。笔者查询到 43 所通过专业评估的院校对该实践环节的要求情况❶，时长在 2 个月及以上有 37 所（图 1），反映了该实践环节的重要性。

1.2　行业变化—学生自主选择背景下的教学改革方向标

实践教学组织中，往往面临学生自主选择实践单位、实践单位随机安排实践内容等不确定性带来的挑战。同时，这种不确定性也成为及时了解学生与行业变化需求的重要风向标。特别是在当前城乡规划行业变革时期，面对从城乡规划到国土空间规划、从增量规划到

❶　截至 2023 年 5 月，共有 59 所院校通过城乡规划专业评估。通过对院校网站查询，共查询到 43 所院校对城乡规划专业社会实践环节的要求情况。

董晶晶：北京林业大学园林学院讲师
李　翅：北京林业大学园林学院教授（通讯作者）

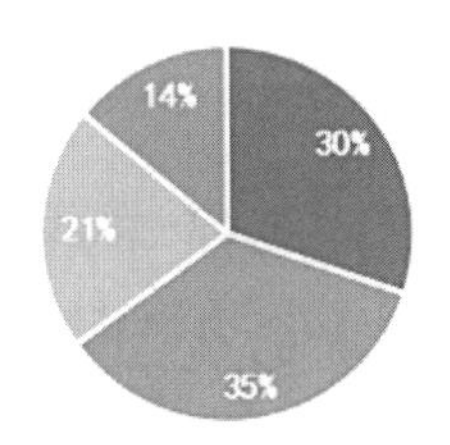

图1　43所院校对专业社会实践时长要求情况
资料来源：作者自绘

存量规划、从空间规划到空间治理、从传统技术到数字技术等剧烈且快速的行业变化[1]，社会单位往往比学校教学反映更灵敏。因此，本次研究期望以社会综合实践这个学校、社会共育的教学环节为切入点，通过分析总结我校近十年城乡规划社会综合实践特征、趋势，及时发现和理解其中所反映的学生、社会需求变化，自下而上发现诉求和规律，支持教学改革，支持适应当前行业变革、学生特征的实践教学。

2　研究设计

2.1　研究样本

北京林业大学城乡规划专业从2010年开始调整为5年制，第5学年主要为实践教学，本次研究的社会综合实践环节安排在上半学期，共16周。实践单位选择采用学生自主选择与教师推荐相结合的方式，鼓励但不规定必须到规划类设计院实习，基本原则是实践内容与专业学习密切相关。

从2015年1月到2024年1月，已完成了10轮《社会综合实践》实践教学。2010、2011级各有1个教学班，2012开始每年2个教学班，涉及18个教学班。本次研究每年任选1个教学班，以共计325位学生的实践报告为研究对象。

2.2　研究指标

以实践单位类型、实践内容类型为主要研究指标。实践单位类型变化同时受到行业和学生自主选择的影响，是探究学生本体需求变化的重要指标；实践内容类型更多受行业发展变化影响，但实践单位往往也会考虑学生学校背景分配项目。

具体来说，实践单位按照单位性质和分布区位进行细分；实践内容上，综合考虑规划体系、学生具体实践情况进行细分。详细分类情况见表1。

实践单位与实践内容细分　　表1

实践单位	单位性质	设计院、管理部门和其他
	分布区位	直辖市、省会城市、地方城市
实践内容	总体规划、控制性详细规划、村庄规划、更新改造、城市设计、专项规划（旅游、产业、景观、市政等）、规划管理、建筑设计、景观设计、其他	

2.3　研究方法

基于10年统计数据，纵向观察变化趋势，横向对比指标差异。同时，结合与其他院校该实践环节教学安排数据的对比，探究统计结果反映的发展趋势、内在影响因素及其对实践教学的诉求。

3　研究结果

3.1　实践单位类型分析

（1）单位性质类型变化趋势

1）设计院类实践有所下降，但仍占主导。这与该类实践单位数量充足、类型丰富以及我校现有的实践单位推荐类型有密不可分的关系。但是，也可以看出近年来设计院类占比有所下降，从原有的接近100%降到近几年的80%左右。

2）规划管理类实践比例增加。从2018年1月的实践报告开始，规划管理类实践单位开始出现并逐步稳定下来，近几年占比稳定在10%左右，即每年30人左右的班里都会有3名左右的同学在管理部门实践学习。

3）其他实践比例增加。该方向的实践单位主要为以研究为基础的服务机构，如北京大学世界遗产研究中心、WUPENicity等；2023年开始该类实践增加迅速，研究机构的特征也更加多样，如强调社区建设的高校责任规划师团队、以产业战略研究为核心的高力国际、以智慧城市研究为特色的北京实验室、城市象限等机构（图2）。

（2）地理分布类型变化趋势

1）选择在直辖市进行实践的学生比例下降明显，10年来减少34%。从2015到2020年，直辖市实践单位的比例减少了20%。2021、2022年实践数据受到

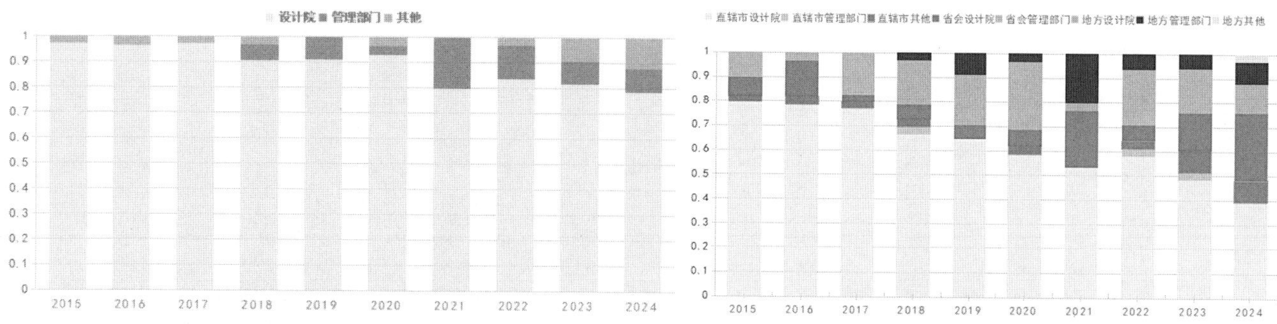

图 2　实践单位性质类型变化趋势

资料来源：作者自绘

图 3　实践单位区位变化趋势

资料来源：作者自绘

实践内容分类及占比均值　　**表2**

分类序号	1	2	3	4	5	6	7	8	9	10	11	12	13
实践内容	总体规划	控制性详细规划	村庄规划	更新改造	城市设计	其他	旅游规划	产业规划	保护规划	市政规划	景观规划	建筑设计	景观设计
类型占比	7%	4%	9%	7%	24%	11%	2%	6%	8%	1%	6%	5%	10%

资料来源：作者自绘

疫情影响，有所波动[1]。2023 年恢复到疫情前相似比例，2024 该比例大幅下降，首次占比低于 50%。其中，设计院类实践在直辖市比例的下降是主要因素，10 年间从 79% 降低到当前 39%。

2）直辖市提供的前沿实践学习优势渐显。以研究型实践为主要特征的其他类实践单位基本全部位于直辖市，且近两年占比略有增长，部分弥补了直辖市实践单位整体比例的下滑情况，从一个侧面反映了当前一线城市在实践单位供给优势上的更替与转变。

3）省会城市成为设计院类实践的新兴目的地。在整体设计院实践比例下降的大背景下，选择省会设计院进行实践的比例有所提升。由疫情前平均不到 10% 提升到近两年平均 20% 以上。

4）管理类实践主要集中在地方城市。管理类实践单位鲜少有主动招聘实习生的情况，往往需要通过主动联系、介绍证明等才能进入实践，同时考虑住宿等条件，因此大多与学生家庭居住地密切关联（图 3）。

3.2　实践内容类型分析

考虑规划管理内容在前述单位类型分析中已经单列，因此实践内容分类中不再单独讨论。具体实践内容分类及其 10 年来的平均占比见表 2，序号 1~6 主要包括法定规划、城市更新设计以及非传统空间规划类内容；序号 7~13 主要为专项规划和相关设计类内容。

（1）行业发展下的变化趋势

1）城市设计类实践作为基石近年来比例有所下降。考虑学生实践时长、既有知识经验等因素，项目周期较短、学生较为熟悉的城市设计类实践往往是学生社会实践参与项目的主体类型，10 年来平均占比 24%，优势突出。但是从趋势图（图 4）中也可以观察到，近年来该类实践占比下降明显，从历年 25% 以上的占比下降到今年不到 10%。更新改造类项目近年来略有攀升，村庄规划、总体规划一直保持着较为稳定的比例，这些与国土空间规划、城市更新、乡村振兴等重大实践前沿密不可分。但总体来说，法定规划参与比例不高，控制性详细规划平均占比仅 4%。

[1] 2020-2021 年居家学习，相较前一年直辖市（主要是学校所在地北京）比例大幅减少、省会城市的比例增加；2021—2022 返校封闭学习，地方城市、省会城市减少。

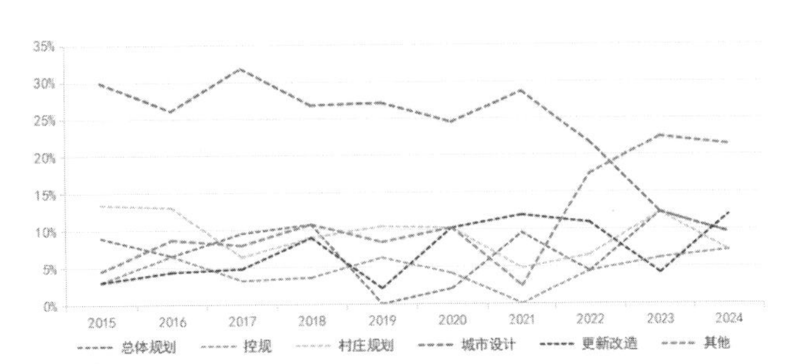

图 4　实践内容类型变化趋势

资料来源：作者自绘

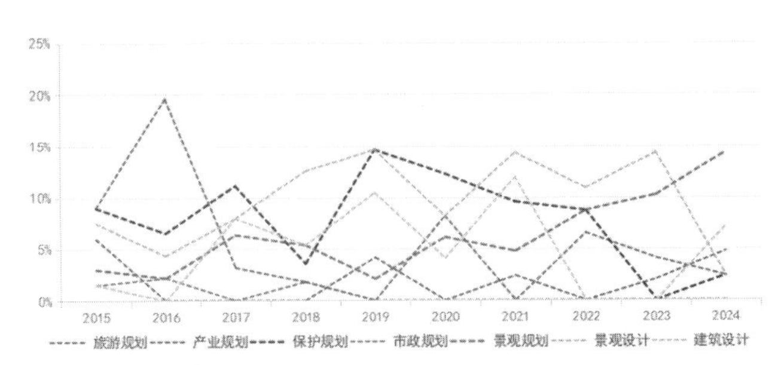

图 5　各类专项规划及建筑、景观设计占比分析

资料来源：作者自绘

2）非空间规划类实践内容比例增加明显。实践内容中大数据分析、城市体检、研究报告以及规划领域新媒体等非空间规划类内容也逐渐成为重要实践方向，近 4 年增长了 1 倍，从 10% 达到了 21%，已成为占比最高的方向。

除了受到当前行业发展的影响，学生的主动选择是关键所在。对学生的调查发现，这些学生往往对大数据、科研等有兴趣且有积累，通过主动学习已经掌握了相关方向的基本技能，了解了相关实践事位的情况，才能有目标地提出实践申请并获得资格。

（2）院校特色下的类型特征

1）农林院校背景下生态景观类实践占比突出。景观设计类实践平均占比 10%，在 13 类内容中排名第 3（表 2）。景观生态类规划平均占比不高，但近几年在生态保护等重大实践前沿背景下，生态景观规划类项目一直处于攀升状态（图 5）。2024 年，景观规划（14%）与更新改造（12%）、总体规划（10%）、城市设计（10%）共同成为空间规划类实践的主体内容。景观设计、专项规划等内容并不是城乡规划专业社会实践的主体内容，但是这反映出学生知识体系以及社会单位对院校的优势识别。

2）地缘优势下保护规划类实践成为重点领域。历史文化名城、文化街区等保护规划实践平均占比 8%（表 2），高峰期时达到 15%，近两年有所下降，但仍是值得本次研究关注思考的方向（图 5）。从学生参与比例来看，10 年来 325 个学生中共有 42 人参与该类项目，其中 34 人是在同一所甲级院的遗产所实习，比例达到 10%。

这种独特的空间、方向集中现象，源于院校师资和地缘优势。校内文化遗产方向研究教学团队建设、邻近甲级院内文化遗产方向的雄厚实力，内育外引，胜似固定实践基地，为校企合力培育院校方向特色提供了基础。

4　讨论

根据学科发展和行业变革调整人才培养的知识体系和技能构成是教学改革的共识[1, 3]。实践单位、实践内容的变化正是学科发展与学生主体互动下的具体反映。据此，结合前述研究结果，从专业培养、实践基地、教学组织三个方面讨论对教学改革的启发。

4.1　专业培养

（1）培养自学能力。空间规划能力仍旧是专业培养核心，但是实践单位类型、内容类型的日趋多样化，也反映出当前传统工科到新工科的新方向、就业出口的多样化[3]，关注学生综合能力培养已经成为当前专业教育的共识。反馈到教学中，仅靠理论教学中补充完善行业新知识、新技术是不够的，更重要的是培养学生的“自我学习能力”，让学生更好地适应行业知识与技术的快速发展变化，支持学生多元发展[3]。

（2）强化院校特色。数据分析反映出实践单位往往会根据学生院校背景分配实践内容。作为农林院校中的城乡规划专业，我校学生更多接触到景观规划类的实践内容。这种认知实际上在一定程度上反映了社会对院校专业特色和优势的认可。识别并在实践教学中强化这一特色对于提升学生就业竞争力[4, 5]，促进专业二级学科的特色发展具有重要的意义。

4.2 实践基地

（1）深化与前沿实践单位的教学合作。基于直辖市等一线城市信息交流、产业发展等优势，深化与大数据、智慧城市等前沿科研机构、交叉领域等的教学合作，深化与已有文化遗产特色规划机构的合作。同时，强化并提升高校产学研优势，结合北京高校责任规划师等实践工作提供学生社区营建、社区治理等综合实践机会。

（2）关注并规范规划管理类实践基地。规划管理类实践目前主要依靠学生自主沟通联系，不稳定性较强。同时，现有实践推荐和指导主要是面向设计院类实践，缺乏对实践过程、内容和成果的明确指导，实践质量存在不确定性。面对增长的管理类实践需求，一方面需要制定针对性的实践指导，另一方面也需要重视规划管理类教学实践基地的联系和建设。

（3）拓展与省会及地方设计院的联系。依靠学校地缘优势，教师对北京相关设计单位较为熟悉，可以为学生提供更为深入和准确的说明介绍。面对省会城市实践比例的增加，积极拓展与省会和地方设计院的沟通联系，可以为学生提供更丰富实践信息和更有针对性的实践指导。

4.3 教学组织

在当前专业教学变革、实践内容多样、学生自我意识增强的背景下，如何尊重趋势、优化教学组织，以下结合实践目的差异分析，从两方面进行探讨。

（1）非空间规划类适当前置。城乡规划综合社会实践是学生开阔眼界，了解城乡规划专业工作领域、实践内容多样性的重要窗口。本科阶段教学核心以空间规划为主，部分学生可能会因为方案呈现在美学、艺术素养方面的要求而影响对专业的整体信心。规划管理、城市治理、智慧城市等社会实践可以让学生真切感知到未来多元发展路径，有助于学生尽早建立学习目标，激发学习动力。

对于这类以扩展学生对专业认知理解为核心的实践内容，可以考虑适当前置。例如，根据清华大学2022—2023学年度城乡规划专业教学计划、南京大学实验与设备管理处2015年发布的规划师业务实践大纲，两者的规划管理类实践均安排在了三年级暑假期间。

（2）进一步提升产教融合度。城乡规划社会实践是理论联系实际，检验理论教学成果的重要途径。校内课程环节和社会生产工作的紧密衔接、融合，对于实现理论教学－实践应用的高效互动，及时反馈和巩固专业知识有积极的作用[3]。

因此，教学组织中可以考虑将原来集中在五年级的实践安排，部分分散到各教学环节，实现综合检验与专题实践相结合。同济大学除了与毕业设计环节结合的实习实践外，其他独立实践环节主要分散到各个专题教学中，包括总体规划实务（3周）和乡村规划实务（1周）。特别是在当前本硕连贯教育、本科阶段学制减少的情况下，在各个教学环节融入社会实践内容也将是实现学生专业实践能力培养的重要保障。

5 结论

行业变革、专业发展以及学生特点变化下，综合社会实践的单位类型和实践内容也在随之发生改变，可以概括为以下方面：①实践单位的类型更加丰富，设计院类传统实践单位虽仍占主导，但规划管理、研究机构、交叉行业的实践需求日渐增多。②随着区域发展逐步均衡、行业发展逐步成熟，一线城市逐渐从以量取胜的实践集中地转变以多元、创新为特色的前沿实践地，省会城市、地方城市将成为更多的空间规划和管理实践目的地。③前沿理论、先进政策引领下空间规划类实践更加多元，非空间规划类实践内容增加明显，与院校特色相关的实践内容占比突出。

在以上认识基础上，研究认为：①专业培养应特别关注学生自学能力的培养，以更好适应技术快速发展、就业日渐多元的行业趋势，支持学生持续成长。②应充分发挥院校特色与地缘优势，深化与前沿实践单位、特色实践单位的教学合作，拓展与省会城市、地方城市的实践联系，规范现有薄弱的管理实践环节。③应考虑实践教学目的差异性进行教学组织，通过部分前置、产教融合等方式，实现激发学习兴趣、明确学习目标、强化教学效果等多样实践目标。

需要指出的是，本次研究仅是对单一学校数据的梳理总结，且考虑农林院校、地处北京等特殊背景，数据趋势可能存在一定的特殊性，期望本次研究能为相关研究提供对比参考，形成对当前实践教育更加深入、准确的总结判断。

参考文献

[1] 袁敏．地方高校城乡规划专业实践教学探索——以长沙理工大学为例 [J]. 科技视界，2016（21）：58，82.

[2] 吕文明，刘海燕．加强实践教学环节，培养城市规划应用型人才 [J]. 中外建筑，2007（5）：78–79.

[3] 孙施文，吴唯佳，彭震伟，等．新时代规划教育趋势与未来 [J]. 城市规划，2022，46（1）：38–43.

[4] 龚克，邓春凤，冯兵．城市规划专业实践教学体系构建与探索——以桂林理工大学城市规划专业为例 [J]. 高等建筑教育，2015，24（6）：19–22.

[5] 韦峰，徐维波，贾志峰．基于实践环节平台的规划师业务实践教学体系新探索——以郑州大学建筑学院城市规划专业为例 [J]. 高等建筑教育，2013，22（6）：127–130.

Characteristics，Trends，and Teaching Reflections on Comprehensive Social Practice in Urban and Rural Planning Majors ——Analysis based on statistical data from Beijing Forestry University from 2015 to 2024

Dong Jingjing　Li Chi

Abstract: Urban and rural planning social comprehensive practice is an important teaching link for students to enhance and test their professional skills and cultivate comprehensive qualities in a real work environment. The research aims to take social comprehensive practice as the starting point for the teaching process of school and social co education. By analyzing the trend of practice in the past decade，we can discover and understand the changes in student and social needs reflected in it，explore demands from bottom to top，and support practical teaching reforms that adapt to current industry changes and student characteristics.The study used practice reports from 325 students in 10 teaching classes from 2015 to 2024 as the research sample，with 3 types of practice bases and 13 types of practice content as the research indicators. Through vertical trend analysis and horizontal difference comparison，the conclusion is as follows：① Traditional practice units such as design institutes still dominate，but the demand for practice in planning and management，research institutions，and cross industry is increasing. ② In terms of spatial distribution，first tier cities are gradually shifting from practice centers focused on quantity to cutting–edge practice areas characterized by diversity and innovation. Provincial capital cities will become emerging destinations for spatial planning and management practices. ③ In terms of practical content，there has been a significant increase in non spatial planning practical content，with a prominent proportion of practical content related to the characteristics of the institution. Based on the above conclusions，it is proposed to ① focus on cultivating self–learning ability to adapt to the industry trend of rapid technological development and increasingly diverse employment. ② Give full play to the characteristics of the institution and deepen cooperation in teaching with cutting–edge and characteristic practice units. ③ Pay attention to the multi–purpose nature of practical teaching，and achieve differentiated goals such as stimulating interest and strengthening teaching through partial preparation and integration of industry and education.

Keywords: Practical Teaching，Trend Characteristics，Type

"专业知识+人工智能"双驱动的城市规划设计教育探索：以住区规划为例

田　莉　杨　鑫　林雨铭

摘　要：人工智能技术的快速发展使城乡规划专业教育面临诸多挑战。规划专业知识体系的转换和重构、前沿技术赋能规划方法的迭代更新，对规划学科教育体系提出了新的要求。传统规划教育中物质性空间规划主导、强调专家经验、注重规范要求的特点已难以适应新时代下规划师职业发展的需要。本文以住区规划设计教学为例，探索"专业知识+人工智能"双驱动的城市规划设计教育模式，开发基于大语言模型的多智能体交互系统、低代码方案自动生成器等智能化工具，赋能规划设计"规划定位与需求分析—方案生成—方案评估"的全教学流程，探索培养学生适应人工智能时代的专业竞争力和跨学科研究学习能力的新模式。

关键词：人工智能；城市规划教育；住区规划；大语言模型

人工智能引发新一轮全球技术革命，2022年OpenAI发布GPT以来，生成式大模型狂风暴雨般横扫了众多行业。大模型在城市规划中的应用侧重于使用机器学习技术进行城市数据分析预测，可用于生成个人移动数据并支持可持续城市和人居环境研究。在规划教育领域，城市大数据、城市信息学等课程先后开设，为人工智能赋能城市规划提供支撑。然而这些课程多集中在数据处理技术上，与规划专业课程的结合有待强化；同时，城市规划专业主干课程，如规划设计等，尚未开展人工智能辅助手段的应用。随着人工智能技术快速发展，传统规划教育需要不断更新课程内容，以跟上行业技术进步。传统规划教育需要适应跨学科教学模式。学生就业的现实需求也呼唤传统规划教育体系的变革，以满足规划职业新的技能要求。

为此，清华大学城市规划系除了开设大数据、城市信息学等课程外，在城市规划主干设计课程"住区规划设计"中，与电子工程系合作开展跨学科教学新模式的尝试。运用生成式人工智能的知识生成与角色扮演（Role Play）功能，在"规划前期阶段—方案生成阶段—方案评估阶段"三阶段开展"专业知识+人工智能"赋能的规划设计教学，探索创新的教学模式。

1 "专业知识+人工智能"赋能规划设计教育的"三阶段"模型

总体而言，传统的规划设计教学模式存在以下问题：①知识体系以物质空间的布局、设计、组织为主[1]，对经济—社会的耦合系统关注不足，对从人本视角对多元主体利益诉求的考量相对缺乏；②设计范式依赖专家经验和自上而下"精英式"规划[2]，规划师（学生）同时作为决策和技术人员，易导致设计方案逻辑条块分割，教学评价侧重于蓝图式方案而忽视了方案的推导过程和科学原理[3]；③传统规划设计方法耗时耗力，从前期调研、方案设计到出图表达，非创造性工作占用较多精力，重复性工作亟须替代。

结合近年来人工智能尤其是生成式大模型的快速发展，我们提出了以人工智能赋能规划设计教育的"三阶段"模型。大语言模型可以创造类人智能体（Agent），进行角色扮演和复杂的互动推理，甚至运行一座小镇

田　莉：清华大学建筑学院教授（通讯作者）
杨　鑫：清华大学建筑学院硕士研究生
林雨铭：清华大学信息科学技术学院博士后

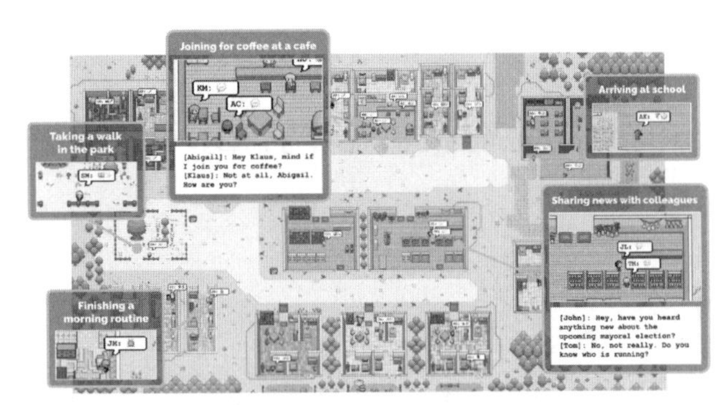

图 1　基于大语言模型的多智能体小镇

资料来源：参考文献 [4]（Park，2023）

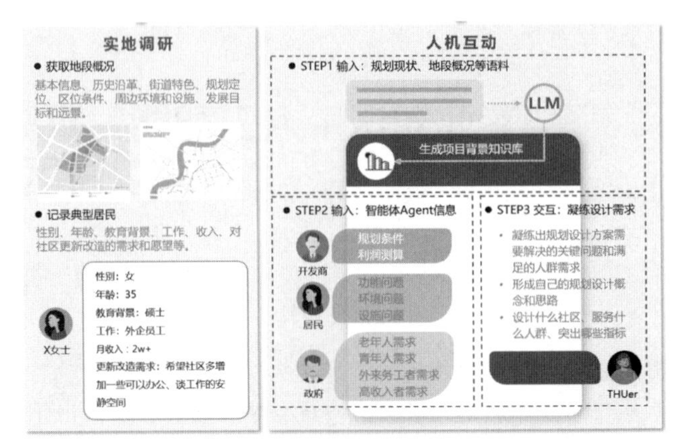

图 2　基于大语言模型的多智能体交互

资料来源：作者自绘

（图 1）[4]。大模型用不同的风格语气表达自己，模仿特定的人物角色，模拟各种社交场景[5]。利用其世界知识、日常常识和逻辑推理能力，使其扮演专业规划师或不同个性的居民，模拟实际规划工作中互动交流场景，辅助学生学习规划知识、获取建议、了解用户需求，帮助其在课堂环境中制定类真实世界模拟的设计方案。此“三阶段”分为“规划定位与需求分析阶段”“方案生成阶段”“方案评估阶段”，各阶段都由大语言模型等智能技术辅助进行。

1.1　规划定位与需求分析阶段

传统教学模式中，学生在分析规划定位时，一般基于城市总规、片区控规等上位规划总结对规划设计场地的要求，提出的概念往往比较空泛，缺乏从周边居民的视角对设计地段的具体分析；在分析用户需求时，往往因调研时间短、成本高，访谈对象不全、内容不深入，多依据自身的观察进行规划定位与需求分析，导致设计方案与真实世界的情况存在较大偏差，难以从自下而上的角度，了解居民对地段的诉求。

因此，我们利用大语言模型扮演利益相关方，引导学生在与基于大语言模型的多智能体交互中（图 2），还原真实项目的公众参与场景。智能体可以扮演特定属性的居民，对土地使用和公共服务提出要求；可以扮演政府官员，划定规划管控的底线；可以扮演开发商，对房屋产品开发提供建议；也可以扮演专业规划师，基于通用底座的泛化能力和规划知识语料库提供关于设计规范标准的指导意见。学生可快速检索并掌握相关专业知识，并在“真实的”虚拟角色帮助下，准确具体地确定规划定位和用户需求。

1.2　方案生成阶段

传统的方案生成通常由学生以手绘或草模的形式准备若干方案进行汇报，在教师指导下同步推进优化，这个过程耗时耗力。一方面，教师基于专家经验对方案提出调整意见，专业知识基础尚浅的学生难以快速接受；另一方面，每次方案修改都需要经历画图、制作模型、计算指标等重复性过程，真正用于创造性设计的时间和精力较为有限。

因此，我们开发了基于 Rhino 建模软件和 Grasshopper 可视化编程语言的低代码方案自动生成器（图 3），学生输入若干指标，基于遗传算法的方案自动生成器就会迅速生成大量强排方案，这些指标包括：①底线型指标，比如用地范围和性质、建筑退线、楼间距系数等；②范围型指标，比如容积率、建筑高度等；③优化型指标，比如公共空间面积、楼层视野、经济效益等；④拓展型指标，鼓励学生提出个性化指标并自主设计相应的 Grasshopper 电池组。输入指标和参数后，便可得到若干基本符合规范且经过算法优化的建筑体块方案，学生在这些方案的基础上进行深化设计，比如景观、建筑外立面、公共建筑等。

在方案优化过程中，学生可将设计方案随时导入智能体交互系统中，由各类虚拟角色进行评价，结合教师

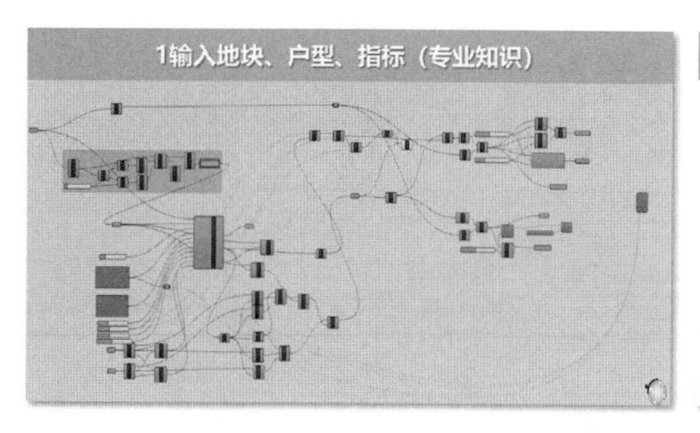

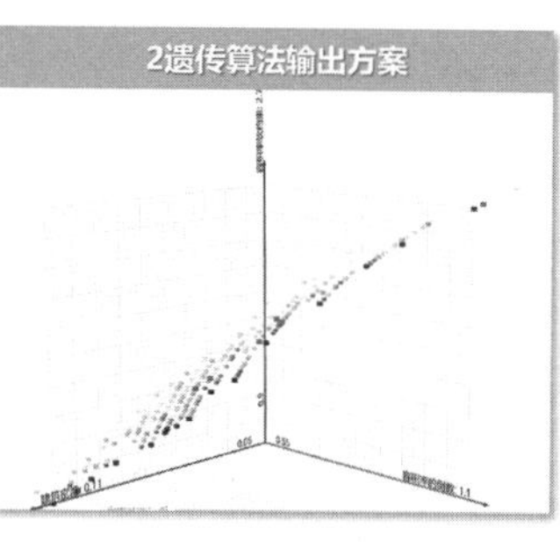

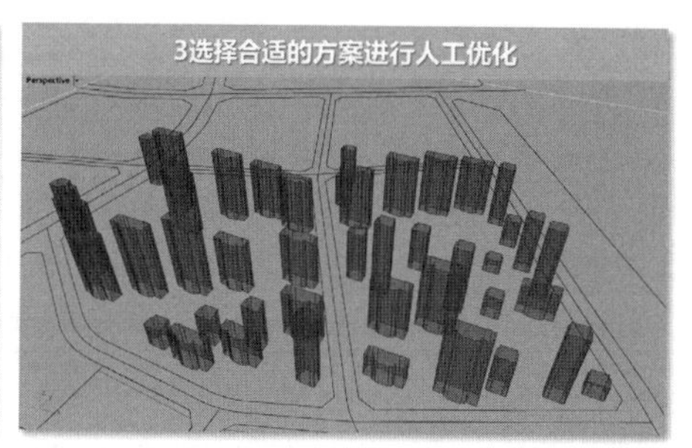

图 3　基于 Rhino 和 Grasshopper 的低代码方案自动生成器

资料来源：作者自绘

意见，学生进一步对方案进行优化。大语言模型和参数化辅助能够提供持续的反馈来源和设计思路，减少“拍脑袋”决策困扰，让学生充分体会不同主体的意见和利益冲突。

1.3　方案评估阶段

传统教学评估以教师集中式评图为主，在以往的教学中部分学生会反应不完全赞同教师的思路，而且不同教师对同一方案的评价还可能存在异议，导致学生比较困惑。利用大语言模型辅助方案评估成为实现公众评估规划的有效路径。学生将设计图纸和规划文本输入多智能体系统，引导政府、开发商和居民从不同维度对方案进行打分，结合教师专业意见，形成对设计方案的最终评价，形成对规划项目公众参与环节的较好模拟。

综上所示，本文设计了一条由大语言模型等智能技术辅助的“规划定位与需求分析阶段—方案生成阶段—方案评估阶段”的规划设计教学路径。通过“专业知识＋人工智能”双驱动的教学模式，引导学生在真实场景和需求下寻找科学逻辑、适应过程思维、解决城市问题，从经验科学、经典理论、规范要求转向系统科学、复杂理论、实证要求，切实提高规划设计的科学性。

2　“三阶段”模型在住区规划设计教学中的应用

基于清华大学城乡规划专业本科设计系列课程，我们将“三阶段”模型应用于住区规划设计教学中，核心教学内容为：①理解城市街区与城市的关系，理解规划技术标准对居住街区和住宅建设的引导约束；②通过区位分析、人群定位、居住需求进行居住产品分析；③优化住宅设计，掌握住宅户型—单元—住栋—建筑的空间组织，了解基本建筑知识与相关技术规范等。

课题组开发了一套基于大语言模型的多智能体交互角色扮演系统，其交互界面如图 4 所示。在前期调研中，指导学生对地段信息进行记录、分析和整理，形成图文结合的地段资料（图 5）；记录典型居民信息，对其进行访谈，整理他们对项目的利益诉求；一方面，基于街道统计数据，随机生成各属性与现实比例匹配的数百至数千个智能体（图 6），另一方面，将典型居民的信息和访谈语料输入角色扮演系统中，形成意见领袖；将地段资料输入系统，让智能体进行学习。由此形成了基于真实地段情况的、模拟真实项目公众参与讨论的群聊交流平台。

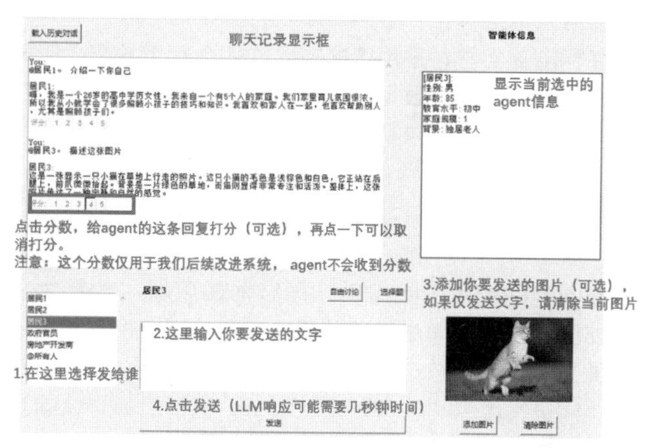

图 4　基于大语言模型的多智能体交互角色扮演系统

资料来源：作者自绘

1. 基本情况

清河地区东以京藏高速为界，毗邻西三旗街道；西以京包铁路为界，毗邻上地街道；南与学院路街道、朝阳区相连，北与昌平交界。辖区面积9.37平方公里，共有29个社区。

2. 街道特色

历史人文资源丰富。清河历史上作为北京西北部地区的军事重镇、区域商贸中心、近代民族纺织工业发祥地之一，为“海淀三镇”之一，拥有丰富而宝贵的历史人文资源，通过系统挖掘、梳理和价值评判，可转化为最具清河特色的优势资源。现有广济桥、清河制呢厂办公楼、清河汉城遗址、清河军校遗址、安宁庄兴隆寺、清河清真寺等历史遗址，是未来发展、提升区域软实力的宝贵资源。

多种社会形态并存。从整体来看，老旧小区、城中村、老旧工业盘踞其中，给地区环境、交通等整体优化带来巨大挑战，在一定程度上制约了地区的发展，同时也给地区提供了更新的空间。

公共服务缺口突出。 (1) 交通拥堵；(2) 人口密集；(3) 环境欠佳；(4) 社区老旧；(5) 公服欠缺。

未来发展潜力巨大。随着老厂区关闭及新型产业兴起、清河火车站的投入使用、小米科技园区的入驻、朱房四街平房区的集中开发、清河故事馆的改造开放，辖区内文化与科技融合发展产生的新动力将带动创新生态体系和新型城市形态的建设。

图 5　输入角色扮演系统的地段资料概况

资料来源：作者自绘

图 6　基于统计数据生成与现实匹配的智能体群体

资料来源：作者自绘

学生在系统中随时与模拟群众进行问答，与多元居民进行交流（图 7），也可与政府、开发商进行协商；为了应对大语言模型回答具有随机性的特点，我们制定了一套标准化问卷，采用选择题形式让数百至数千个智能体进行选择，通过数据统计分析该地段最急切需要满足的要求，问卷题目包括居民对道路、建筑、公共服务设施、绿化景观的各种偏好，通过人机交互、教师指导，学生凝练并形成规划方案的首要目标和设计思路。

在方案生成阶段，课题组开发了一套基于 Rhino 和 Grasshopper 的低代码方案自动生成器，其基本模块如图 8 所示。学生基于前期调研和策划，确定住区产品类型，输入地块范围、建筑退线、容积率、楼间距系数、建筑高度、户型等基础性指标，运行后即可快速生成若干体块模型方案（图 9）。方案自动生成器并不是完全替代了对学生设计能力的训练，而在于通过短时大量

规划师
根据您的个人资料和家庭背景，您认为您的社区需要什么类型的土地使用或服务？请按重要性顺序列出您最需要的3~5种土地用途或服务。也请告诉我原因。
居民
需要：['诊所' '娱乐' '公园']
原因：作为一名独居老人，我的首要任务是获得医疗保健。附近有一家诊所可以确保我在需要时可以轻松寻求医疗帮助。
性别：男
年龄：85
教育程度：初中
家庭人数：1
背景：独居老人
需求：['办公室' '娱乐' '公园']
理由：作为一名敬业的专业人士，附近拥有一个设备齐全的办公空间对于我的职业发展和稳定至关重要。它将提供便利并减少通勤时间。
性别：男
年龄：35
教育程度：学士
家庭人数：2人
背景：上班族

需求：['医院' '诊所' '娱乐']
原因：作为一名生病家庭成员的护理人员，我的首要任务是获得医疗保健设施。附近有一家医院和诊所可以确保为我爱人提供医疗援助。
性别：女
年龄：45
学历：硕士研究生
家庭人数：2人
背景：病人家庭

图 7　与模拟群众进行交互

资料来源：作者自绘

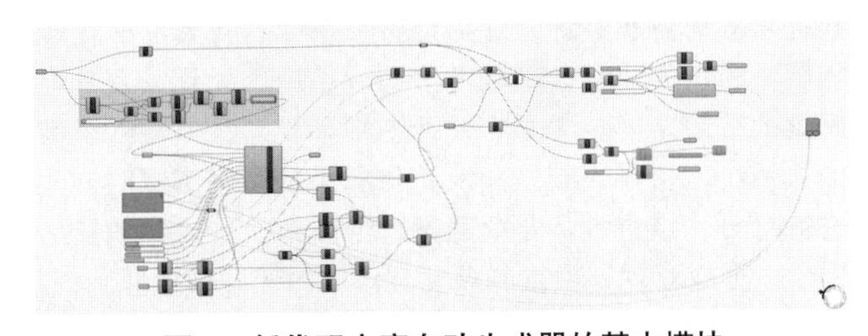

图 8　低代码方案自动生成器的基本模块

资料来源：作者自绘

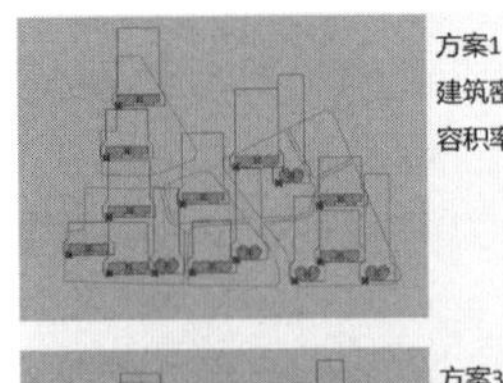

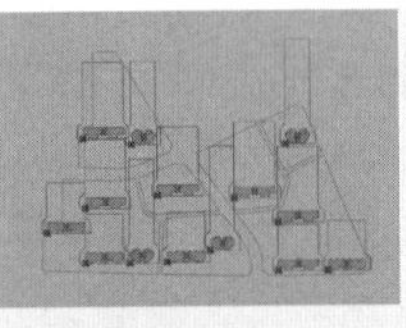

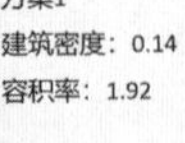

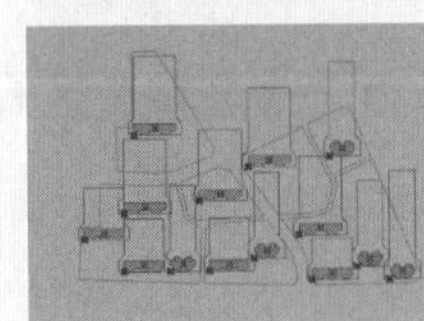

图 9　快速生成方案

资料来源：作者自绘

输出基本符合设计规范的模型，帮助学生快速形成对住区方案的空间感知和认知，从而更好吸收消化各类设计规范标准的内涵。学生的创造力体现在方案细化优化层面。在方案的深化优化过程中，学生也需要在角色扮演系统中进行交互（图 10），随时接受来自居民、政府、开发商的提问和建议，从而指导自己的设计，此时教师更多充当辅助理解的作用，而不是传统教学中“下指令”“改方案”的角色。

在最终方案评估阶段，将完整方案成果展现在智能体面前，让“他们”对方案各个维度进行打分。既可以从客观角度，计算不同方案的指标，比如服务可达性、绿地覆盖率等，也可以从主观角度，统计虚拟群众的满意度，甚至特殊群体的满意度，从而综合评判设计方案的优劣（图 11）。

综上所述，将“三阶段”模型应用在住区规划设计教学当中（图 12），可以弥补传统教学模式的若干弊端：①从关注物质空间转向兼顾物质空间设计和人本需求的满足，模拟“参与式”规划实施场景，增强学生对社会、经济、政策等多方面内容的学习体会；②方案设计更注重过程思维，每一步调整都有相应的“现实”需求支撑，而不仅是“拍脑袋”决策；③通过人工智能技术减轻重复性工作量，让学生将更多精力放在寻找科学逻辑、适应过程思维、解决真实问题等创造性工作上。

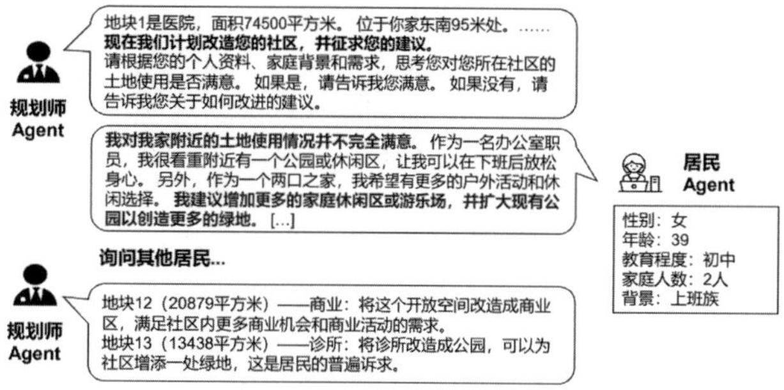

图 10　方案深化过程中的实时交互

资料来源：作者自绘

需求无关　常用于生成方法、服务可达性/绿地覆盖率

Commonly used for generative methods, service accessibility / green space coverage

$$\text{Service} = \frac{1}{n_m}\sum_{m=1}^{n_m}\frac{1}{n_j}\sum_{j=1}^{n_j}\mathbb{1}[d(m,j)<500], \qquad \text{Ecology} = \frac{1}{n_m}\sum_{m=1}^{n_m}\mathbb{1}[\text{L}_i\in \text{ESR}].$$

需求有关　个人层面的满意度和弱势群体的满意度

Individual level satisfaction, and the satisfaction of vulnerable groups

$$S_m = \frac{1}{n_j}\sum_{j=1}^{n_j}\mathbb{1}[d(m,j)<500], \quad j\in J_m, \qquad S_v = \frac{1}{n_j}\sum_{j=1}^{n_j}\mathbb{1}[d(v,j)<500], \quad j\in J_v, \quad v\in V,$$

$$\text{Satisfaction} = \frac{1}{n_m}\sum_{m=1}^{n_m} S_m, \qquad \text{Inclusion} = \frac{1}{n_v}\sum_{v=1}^{n_v} S_v.$$

图 11　方案评估体系

资料来源：作者自绘

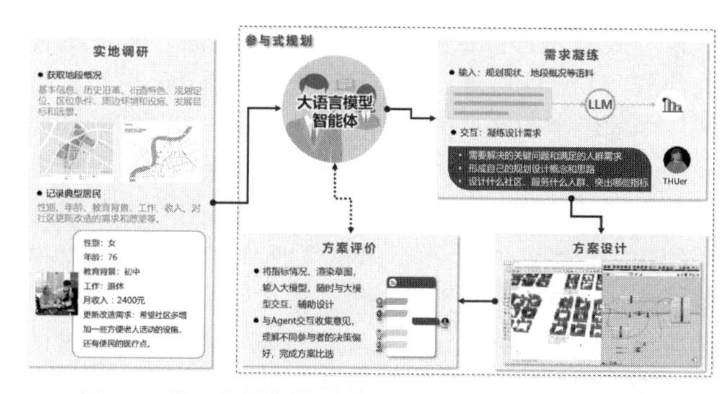

图 12　“三阶段”模型在住区规划设计教学的应用

资料来源：作者自绘

3　“专业知识＋人工智能”双驱动的规划教育模式的思考

3.1　专业知识是人工智能赋能规划教育的前提条件

AI 的自然语言能力不断接近人类水平，为各行业应用带来诸多便利。在规划设计领域也一度出现“AI 替代规划师”的说法。虽然人工智能在规划领域展现出一定能力，但规划师的工作涉及多个维度，包括对空间环境、社会需求的理解，居民情感需求的挖掘、对社会变化的敏锐洞察和创新能力等，这些都是目前人工智能难以完全实现的。即使人工智能擅长量化分析，如果没有专业知识指导，其结论可能也并无意义。

就本次教学创新来看，在“规划定位与需求分析阶段—方案生成阶段—方案评估阶段”全流程中，都需要任课教师整理知识点，讲授清楚后使用生成式大模型辅助理解。例如，在规划定位与调研阶段，教师将住区规划的关键知识点，如开发强度、组团布局、公共服务设施、交通组织、绿化布局等，列出 50 道左右题目，加上学生自设题目，在大模型中向智能体提问，以全面了解自下而上的需求。在方案生成阶段，学生确定道路布局和开放空间系统后借助 Grasshopper 进行方案生成，用于空间指标的评估优化，在此基础上对设计进行优化；之后，根据学生预先设定的规划目标，在大模型的帮助下进行方案评估，与教师专业经验相结合，形成对住区规划要点的全面理解。

3.2 人工智能赋能规划设计教育有助于提升学生的科学素养和设计质量

人工智能可以处理大量数据，支撑规划设计中的数据分析和模拟预测，同时也可帮助规划师穷举设计方案，提高设计效率。在住区规划中，人工智能辅助设计教学的作用主要体现在三个方面：首先，在规划定位与需求分析中，生成式大模型通过智能体角色扮演，可对相关人群进行全样本分析；其次，在规划方案生成中，通过设定不同规划目标，如景观最优、公共服务可达性最优等，生成不同方案供学生进行选择优化；第三，方案完成后，根据第一阶段设定的定位与目标指标体系，由智能体对其进行评估，结合教师专业判断，对方案的优缺点进行全面评价。这有利于完善教师基于个体经验评估方案的不足，同时强化学生的科学素养，形成从不同视角对规划方案的认识。

3.3 “专业素养与人工智能”结合对创新规划教育模式至关重要

专业素养与人工智能技术均不可偏废，两者在各自擅长领域密切合作、互相补充十分必要。在“三阶段”中的每个阶段都体现了“专业素养与人工智能”的结合，包括专业知识的教授、学生吸收后转化为和大模型的对话、形成规划目标后进行生成式设计、人工优化后利用大模型评估等。总体来看，人工智能可以被视为规划设计教育的工具而非替代者。它可以协助学生完成某些任务，但最终的设计决策和创意产出仍依赖于设计师的专业判断和经验。人工智能可能会改变学生的工作方式，而不是直接取代他们。规划专业的学生需要适应新技术，将人工智能作为提高工作效率和创造力的辅助手段。

4 结语

“专业知识＋人工智能”双驱动是一种新兴的规划教育模式，它不仅注重专业知识传授，还强调人工智能技术的融合应用，以及对学生的综合素质和创新能力的培养。这种模式旨在为学生提供一个全面、深入、实用的学习体验，帮助他们在未来职业道路上取得成功。在本次住区规划教育新模式探索中，组成了由清华大学城市规划系＋电子工程系教师、助教和科大讯飞共同组成的教学团队，开发了教学需要的智能教学产品、智能评估工具。从教学开展的效果来看，跨专业的教学团队十分必要，可以快速解决学生在规划中碰到的专业与技术问题，助力他们形成对住区规划的全面认识。

在“专业素养＋人工智能”赋能住区规划教育模式的创新探索中，需要避免两种误区：一是认为人工智能可以大批量快速生成方案，主导规划设计；二是坚守传统的“传帮带”教学模式，拒绝先进技术的应用。吴志强（2022）将智慧城市建设概括为三种典型路径模式：一为技术供给方主导的T模式（Technology Mode），二为解决实际需求的D模式（Demand Mode），三为以展示厅形式推进但并没有具体落实的形式主义E模式（Exhibition Mode）[6]。对人工智能赋能规划教育的探索，既不能流于“炫技”，忘记了住区规划教学“初心”，时刻谨记专业知识素养是城市规划设计教育不可或缺的部分，也不能拒绝拥抱先进技术。通过人工智能赋能，强化学生对住区规划所涉及的多方社会力量及角色的了解，拓展学生的科学素养。

当然，由于时间能力所限，本次住区规划教育探索也面临种种问题挑战，导师指导下的团队项目实践和跨界学习首先是对教师知识背景和跨学科视野的巨大挑战。了解AI在规划设计教育中哪些能做、哪些做不到，本身就需要不断摸索尝试，因此，人工智能团队的技术支撑是十分必要的。其次，学生在没有了解住区规划知识点时，和大模型的问答可能难以获得有用信息，这需要教师辅导及多次尝试。同时，掌握Rhino与Grasshopper等工具需要学生投入额外的时间精力，因此采用小组合作的模式更为有效。未来需要对智能教学工具、问答题库与案例库进一步充实完善，形成可以推广的教学工具。

总体而言，传统规划教育体系面临的挑战在于如何适应快速变化的技术环境和行业需求，其出路在于主动适应变化，更新教育内容方法，培养学生的未来竞争力和终身学习能力。鼓励学生跨越传统学科界限，整合不

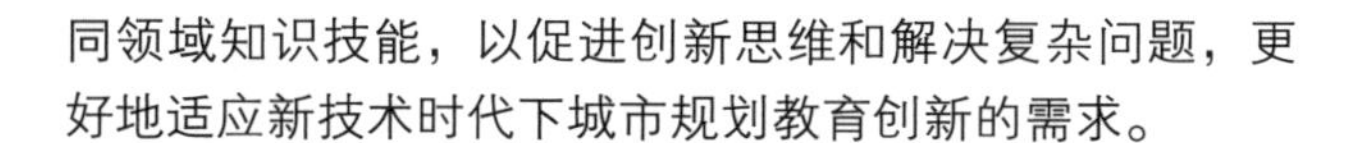

同领域知识技能，以促进创新思维和解决复杂问题，更好地适应新技术时代下城市规划教育创新的需求。

参考文献

[1] 杨辉，王阳．"旧疾"与"新题"：国土空间规划背景下城乡规划教育探讨 [J]. 规划师，2020，36（7）：16-21.

[2] 刘丹，熊鹰．国土空间规划体系下的规划教育探索与实践 [J]. 安徽建筑，2021，28（12）：96-97，105.

[3] 彭黎君，向铭铭，喻明红．以实践为导向的城市设计课程教改探索 [J]. 教育教学论坛，2020（37）：168-169.

[4] Park，Joon Sung，et al. "Generative agents：Interactive simulacra of human behavior." Proceedings of the 36th Annual ACM Symposium on User Interface Software and Technology. 2023.

[5] GAO C，LAN X，LU Z，et al. S3：Social-network Simulation System with Large Language Model-Empowered Agents[A/OL]. [2024-09-26]. http：//arxiv.org/abs/2307. 14984.

[6] 吴志强，王坚，李德仁，等．智慧城市热潮下的"冷"思考学术笔谈 [J]. 城市规划学刊，2022（2）：1-11.

Urban Planning and Design Education Driven by "Professional Knowledge +Artificial Intelligence"：Taking Residential Area Planning as an Example

Tian Li　Yang Xin　Lin Yuming

Abstract: The rapid development of artificial intelligence technology poses many challenges to the education of urban and rural planning majors. The transformation and reconstruction of the professional knowledge system of planning，as well as the iterative updating of cutting-edge technology empowerment planning methods，have put forward new requirements for the planning education. The characteristics of physical spatial planning as the dominant factor，emphasizing expert experience，and emphasizing normative requirements in traditional planning education are no longer suitable for the professional development needs of planners in the new era. This article takes the teaching of residential planning and design as an example to explore a dual driven urban planning and design education model of "professional knowledge + artificial intelligence" . It develops intelligent tools such as a multi-agent interaction system based on a large language model and a low code scheme automatic generator，empowering the entire teaching process of "planning positioning and demand analysis - scheme generation - scheme evaluation" in planning and design，and exploring a new model for cultivating students' professional competitiveness and interdisciplinary research and learning ability to adapt to the era of artificial intelligence.

Keywords: Artificial Intelligence，Urban Planning Education，Residential Area Planning；Large Language Model

国土空间技术导向下的专业课程协同体系
——深圳大学国土空间规划教育体系探索*

李　云　徐佩姿　申霄媛

摘　要： 随着国土空间规划体系的构建，我国城市规划走入了新的发展阶段，与此同时城乡规划专业也面临着新的发展契机与挑战。在此背景之下，深圳大学传统的规划教学存在着专业课程对设计课程支撑不足、课程教学与实践脱节、学生个体能动性匮乏、联动发展不足等问题。为了适应国家层面城乡规划发展战略的转变，解决现存问题，深圳大学建筑与城市规划学院积极响应国土空间规划背景下人才培养的核心诉求，落实规划教育改革的需求，从打造“理论—技术—实践”融合的教学组织、推进产学研一体化教学模式、构建“学生专家”式小组分工、建立本硕教学的纵向贯通四个方面进行了国土空间规划教育体系的调整与改革探索，以期为我国城乡规划教育的良好发展贡献力量。

关键词： 国土空间规划；教育体系改革；城乡规划

1　前言

近年来，快速的城镇化发展使我国的城市问题逐步走向多元化、复杂化，为解决城市发展难题、整体谋划我国新时代空间治理和开发保护格局，国土空间规划应运而生。2019 年 5 月，《中共中央 国务院关于建立国土空间规划体系并监督实施的若干意见》发布，确立了国土空间规划体系总体框架，我国自此正式进入国土空间规划时代。一般而言，传统规划通常以城市建成区为核心空间载体，多关注控制性详细规划层面的空间设计。而新时代的国土空间规划则更注重全局的统筹，强调空间多要素整体发展与城乡资源一体化，实现多规合一。在此变革下，传统的单一规划教学框架已不再适合国土空间规划多学科协作的技术运作需求，规划教育面临着全新的人才培养要求。在国土空间规划时代，如何强化学生对理论知识的理解、提高对技术方法的掌握、促进学习与实践的结合、做到融会贯通和学以致用是规划教育需要思考的难题，对传统总体规划教学框架进行探索改革是关系到未来国土空间规划人才体系建设和行业发展的重要环节。

2　深圳大学传统规划教学的局限

2.1　专业课程对设计课程的支撑不足

国土空间规划作为一项综合性的规划，涵盖了土地利用规划、城乡规划等多方面的内容，需要以空间数据分析作为支撑，通过资源环境承载能力及国土空间开发适应性评价客观真实地反映地区的资源禀赋特征和现存问题，在此基础上科学地对研究区进行统筹设计。而深圳大学传统的规划教育重点关注空间规划设计，在专业课程方面侧重培养学生的空间设计能力与思维，软件类实践课程以传统规划制图软件（如 CAD、PS 等）为核心。在课程推进的过程中，学生往往以定性分析为主，

* 资助课题：2023 年度广东省“质量工程”建设项目（粤教高函〔2024〕9 号）暨深圳大学教学改革研究项目（重点项目）：国空技术体系变革与行业发展波动背景下城乡规划专业的适应性创新与人才培养体系。

李　云：深圳大学建筑与城市规划学院副教授（通讯作者）
徐佩姿：深圳大学建筑与城市规划学院硕士研究生
申霄媛：深圳大学建筑与城市规划学院硕士研究生

课程考核以物质空间设计与图面表达效果为主要评判依据，忽视了地理信息技术、自然资源利用、生态景观保护、土地管理评价等专业理论知识的供给和规划技术的支撑。而在将地理、人文等交叉学科的知识引入城乡规划教学体系的同时，往往又会出现课程时序设置不当、学科之间衔接不当、交叉融合徒有其表等问题，使学生在参与设计课程教学时，难以充分地将所学知识应用到规划中，无法进行系统性地思考与实践。

2.2 课程内容与规划实践脱节

城市规划本身是一门实践性较强的学科，如何结合就业技能培养，将规划相关的理论知识与实践相融合，从而产生良好的教学效果，是对教学体系设计的重大考验[1]。而传统的规划设计课程通常采用假题假做的方式，在题目设计的过程中很难全面考虑到社会发展的实际要求，导致学生在参与课程设计的过程中无法触摸社会发展的现实问题，容易产生社会实际需求与高校象牙塔式教学之间的隔阂。同样，这种教学方式也难以模拟规划设计院、设计单位的实际工作过程，容易造成规划学习成果与真实情况的严重脱节，使规划方案缺乏科学性与可实施性。长此以往可能导致学科认同危机，在学生中产生“学习无用论”的消极思想，降低学生学习的兴趣与积极性。

2.3 学生个体能动性欠缺

城市规划是一门综合性很强的工作，规划设计项目一般都有内容多、耗时长的特点，单靠个人的力量往往难以完成，通常都需要依靠团队的合作[2]。而相较于本科三年级的单人设计作业和四年级的城市设计双人作业，总体规划作业往往体量更大、任务更重，需要6~8人共同合作完成。不可否认团队合作的形式有助于帮助同学们锻炼与人沟通交流的能力，培养团队意识和团队精神，集思广益，但从另一方面来看，由于最终课业成果是以团队整体成果的形式提交，在多人合作的过程中极其容易出现小组成员分工协作不当、互相推诿的情况，导致学生个体的能动性调动不足，可能会产生“浑水摸鱼”等不良现象，也会使学生个体成果缺乏团队技术支撑，弱化个体贡献和价值。因此，如何在促进团队合作的同时，调动学生个体参与积极性，平衡团队与个人之间的贡献，设计合理的团队合作与评分考核机制是值得思考的问题。

2.4 联动发展不足

从本硕联动来看，研究生教育和本科生教育同属于高等教育，彼此之间相互独立又有所联系，通盘考虑本科生和研究生的教育问题，促进二者的衔接，对高等教育的发展改革有着重要的理论和实践意义[3]。但传统的教学通常把研究生和本科生的培养割裂开来，单独构建教学体系，没有产生良好的纵向联动效果。从校企联合来看，传统教学体系和社会企业的合作也较少，校企联动发展不足，容易导致产学分离，增加学生培养的教育需求和社会发展需求脱节的隐患。

3 国土空间规划背景下人才培养核心诉求

首先，国土空间规划不是简单的城市规划、土地利用规划或主体功能区规划的延伸，而是区域的整体谋划，是一种强调综合的新型规划，因此，其对从业人员的理论储备和技术能力要求更为严格[4]。国土空间规划人才培养应该融合空间规划、经济社会、地理生态、资源环境、行政管理五位一体的理论知识体系[5]，加强区位理论、布局理论、发展模式研究、生态补偿理论、人居环境理论等知识的学习能力，同时强化数据与图像处理、空间分析等技术能力。

其次，国土空间规划涉及的要素多、范围广，规划人才应该具备良好的系统分析能力、全局思考能力和统筹判断能力，要能够站在整体的立场看待国土空间的发展利用，善于运用辩证的思维，合理进行逻辑分析，能够从城市复杂巨系统中抽象出系统、要素、环境的相互影响关系和变动规律，以实现规划方案的综合效益最大化。

此外，国土空间规划是一项综合性的工作，要求规划人才需要具备良好的团队协作能力。一方面需要同一团队的成员之间分工明确、配合得当，另一方面也要求不同专业学科交叉工作时，团队之间具有高效的沟通与协调能力。

4 现有国土空间规划教育的探索改革

4.1 打造“理论—技术—实践”融合的协同支撑教学组织

为适应国家层面城乡规划发展战略的转变、响应国土空间规划背景下人才培养的核心诉求，深圳大学建筑与城市规划学院紧随国家规划部门的步伐，落实规划教育改革的要求，针对传统教学模式中存在的问题开展了一系列教学调整工作。一方面，在课程设置上，学院积极推进规划技术课程的开展，强化技术支撑，安排地理信息技术方向的教授全程参与设计课教学，指导学生将活力评估、可达性评价等各类数据分析融入国土空间规划设计的前期分析中，全面探索研究型设计教学的开展路径。另一方面，在教学体系的构建上，为了更好地促进理论、技术类课程与设计课的联动，学院从“强基础”和“重实操”两个层面出发，围绕设计主干课，专门开设了与设计课相对应的理论课程与技术课程，实现同学期协同排课，强化理论教学的在设计课中的实践应用反馈。例如，学院将“城乡规划原理（2）”“地理信息系统”“城市环境与城市生态规划”课程设置在三年级下学期，提前为四年级上学期的“国土空间规划设计”课程打好理论和技术基础，筑牢课程之间的联系与传导，做好理论—技术—实践三者之间的对接工作，同时在四年级上学期同步开展与国土空间规划设计相对应的“城乡规划原理（3）”课程，进一步巩固设计理论知识。另外，为了使学生对设计场地有更深入的理解和研究，我们也将“城乡社会综合调查”等社会调查课程与设计课相结合，由此完整构建“理论—技术—实践”三位一体的教学组织，达到以学促行、以学促干、知行合一的教学目的（图 1）。

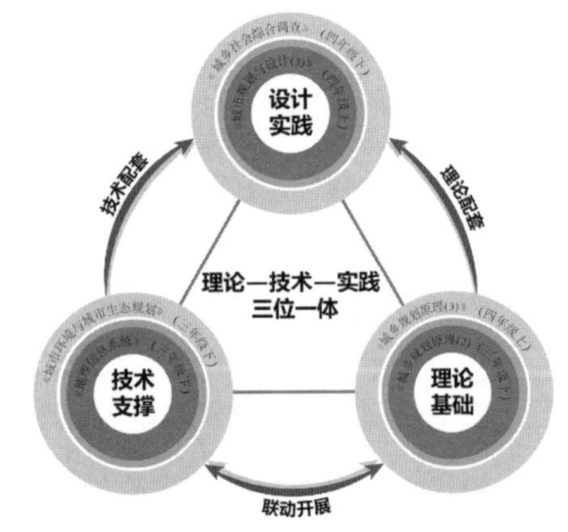

图 1 “理论—技术—实践”融合的教学组织

资料来源：作者自绘

4.2 推进“政产学研”互动教学模式

城乡规划专业具有实践性、动态性和研究性的特质[5]。为了促进城乡规划专业人才培养模式的进一步完善，学院一方面利用深圳大学城市规划设计研究院作为对外联系的窗口，将实际项目引入到教学环节中，另一方面也充分利用深圳作为全国经济特区、全球设计之都的优势，与深圳市规划设计研究院有限公司、中国城市规划研究院深圳分院、深圳市蕾奥规划设计咨询股份有限公司等本土规划院、设计企业以及 AECOM 等国际知名规划公司广泛开展合作，构建形式多样、混合多元的产学研一体化教学平台。通过这些设计院单位，一方面学生能近距离接触到业界的精英、专家，了解到更多行业发展前沿与研究重点，另一方面教师团队也能借此积极参与到全国各地的国土空间规划项目之中，将县级实际项目拆解出适合用于教学的镇一级的设计单元，引导学生参与到真实的规划项目中。在开展教学任务时，以实战演练的形式，带领学生走出“高校象牙塔”的限制，培养学生的综合素质，锻炼学生的设计技能与应变能力，完成从“假题”到“真题”的转变，形成以“项目带动科研，科研反哺教学，教学升华科研，共同推动项目开展”的良性产—学—教—研循环过程。例如，2018 年学院与深圳市规划设计研究院有限公司等联合开展了东莞市横沥镇总体规划与重点村镇规划设计项目，学生们在老师的带领下介入其中，参与到真实的部门调研、资料收集、部门访谈等前期环节中，通过产学研一体化的教学模式，在实际的国土空间规划项目与工作环境中，不断提升沟通、交流、协作及研究能力。

4.3 构建“学生专家”式小组分工

深圳大学建筑与城市规划学院“国土空间规划设计”课程的主要授课方式与内容为：通过八周的教学时间，让学生依据国家对国土空间规划编制的有关技术要求，结合当前国土空间规划的实践，亲身编制国土空间规划方案，以 6~8 人小组的形式完成至少一套完整的镇国土空间规划方案。为了解决以往团队作业中学生个体能动性调动不足的问题，在规划设计课程开展前，教师将针对国土空间规划的主要技术领域（如双评价、土地综合整治、大型交通选线、三线划定等）制定明确的组内专项分工。在课程开展的过程中，学生们既要通过合作来完成基地解读、发展定位、总体分析框架的构建等工作，也要对自己负责的专题独立进行深入地钻研，以“专家思维”形成学生专家角色，分别解决不同的“技术难点”，最后再共同组成团队整体成果。在最终考核时，教师也将综合考察方案总体效果呈现和个人专题的完成情况，给予公平公正的评分。

例如，在 2017 级本科生的“国土空间规划”课程中，学生以海南省乐东县尖峰镇为对象，开展了尖峰镇镇域国土空间规划。学生小组以双评价、现状与规划评估、发展战略研究作为基础，分别针对适宜性评价等级标准建立、产业发展评价体系建立、农地整治和生态修复判断、人口变化预测、交通方案综合效益评价体系建立等技术难点进行了分工与专攻。如负责交通板块的同学针对交通选线问题进行了深入的研究和分析，从现行法规、建设管理、技术发展的角度进行了道路建设可实施性论证，并根据相关研究构建起交通效益综合评价体系，利用层次分析法对两种方案进行科学评价，依据评价结果选择出了较优效方案，攻克了交通发展规划难题（图 2）；负责土地利用结构优化的同学，基于双评价的结果，利用土地利用结构信息熵模型对研究区土地利用结构进行了评价和指标调整工作，以此对国土空间格局进行合理优化。

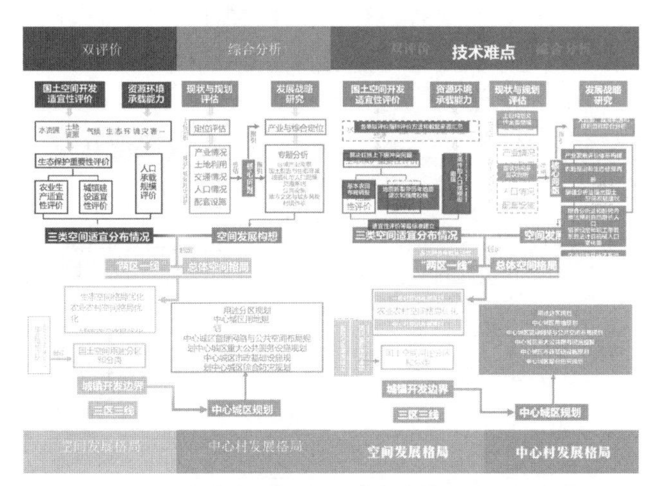

图 2　2017 级本科生课程作业《尖峰镇国土空间总体规划（2020—2035）》节选

资料来源：2017 级本科生课程作业

在这种模式之下，学生们既提升了团队意识，又充分激发了个人能动性，展现出了个体特色，使课程成果更加有深度、有亮点、有特色，有助于达到教学目的。

4.4　建立本硕教学的纵向贯通

国土空间规划体系建立以来，生态文明理念的强化、全域全要素空间的统筹成为规划关注的重点，而乡村规划涉及复杂的乡村资源环境与土地关系，其规划编制与国土空间综合整治思维密切相连。因此，深圳大学建筑与城市规划学院将国土空间规划与村庄规划课程紧密结合，在市（镇）国土空间规划的基础上从中选择一个下属村庄进行村规编制教学，以帮助学生理解，从而达到一体化教学的目的。在此基础上，我们建立起了研究生与本科生国土空间规划和乡村规划项目及教学的纵向贯通（图 3）。本科生利用研究生的国土空间规划项目数据，完成总规、村规课程和设计竞赛，研究生对本科生进行跟踪指导的同时以本科生的成果作为基础，从中进行关键问题提取，展开更深入的思考，从而帮助建立和完善自己的科研课题与项目，使本科生和研究生之间能够形成相互协助、相互促进、互为补充的良性循环。

以海南省乐东黎族自治县的国土空间规划项目为例，本科生利用研究生调研得到的项目数据，从国土空间项目体系中分解得到村规编制的任务，以此为基础完成了乡村规划竞赛。竞赛成果反馈给研究生，为研究生国土空间规划项目的开展起到一定参考作用。同时，研

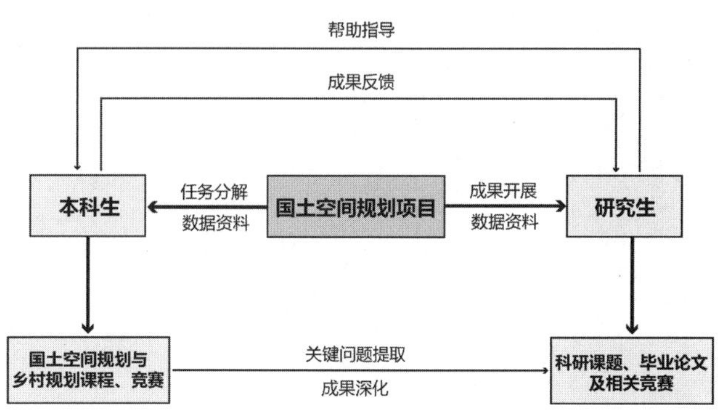

图 3　本硕教学纵向贯通流程

资料来源：作者自绘

究生还基于本科生的规划成果提取出重点研究议题，形成了《矿海驿站 岭上人家——岭头村振兴发展策划》《固泽红湖村·水润三生境 基于水环境整治的村庄三生融合策略》等研究型调研报告，参加相关竞赛。更有同学能对成果进行进一步深化，形成自己的科研课题和毕业论文。在此过程中，教师们也积极引导学生对区域共性问题进行不同角度的思考，让同学们深入体会不同层级、不同尺度规划视角的区别，并从中培养学生因地制宜地进行规划方案制定的能力，从共性中发掘差异。如乐东黎族自治县从镇到村都面临着水资源匮乏的问题，本科生在乡村规划编制过程中，从微观角度针对不同的村落提出了不同的解决方案，例如红湖村规划组提出“涵水—育土—造景”的环境修复策略，黑眉村规划组提出“责任入组，分区修复”的生态维护系统构建策略。面对同样的问题，研究生则需要在宏观层面进行全局统筹考量，从市政、管理等角度构建国土空间层面的应对策略。

5 结语

不断变化的社会经济环境和国土空间规划时代的到来，促使着规划教育进入一个具有标志意义的改良阶段，这要求整个规划教育行业共同探讨适应国土空间规划体系的、具有中国本土特色规划教育模式和路径[6]。在探索过程中，深圳大学建筑与城市规划学院展开了初步行动，针对传统教学存在的问题，面向国土空间规划人才培养的新要求，对教学体系进行了一系列的改革（图4），也取得了初步成效。但课程改革并非是一蹴而就的，需要结合时代背景、立足地域特色、了解自身的特点、针对现存不足和隐患进行全盘考量，以“发现式”的教学思路不断进行优化创新。在未来，我们也将继续针对国土空间核心知识技能体系类型化搭建等进一步优化教学体系，改善教育管理与考评机制，同时也将围绕城镇空间协同互补、国土空间生态协调等系列课题展开更多校际合作，推动湾区高校的优势互补，为我国城乡规划教育体系的良好发展贡献力量。

参考文献

[1] 李天奇，李茂娟．国土空间规划背景下人文地理与城乡规划专业改革——以河南大学环境与规划学院为例[J]. 当代教育实践与教学研究，2019（16）：210–211.

[2] 陈晨．城市规划专业学生应具备的素质[J]. 成才与就业，

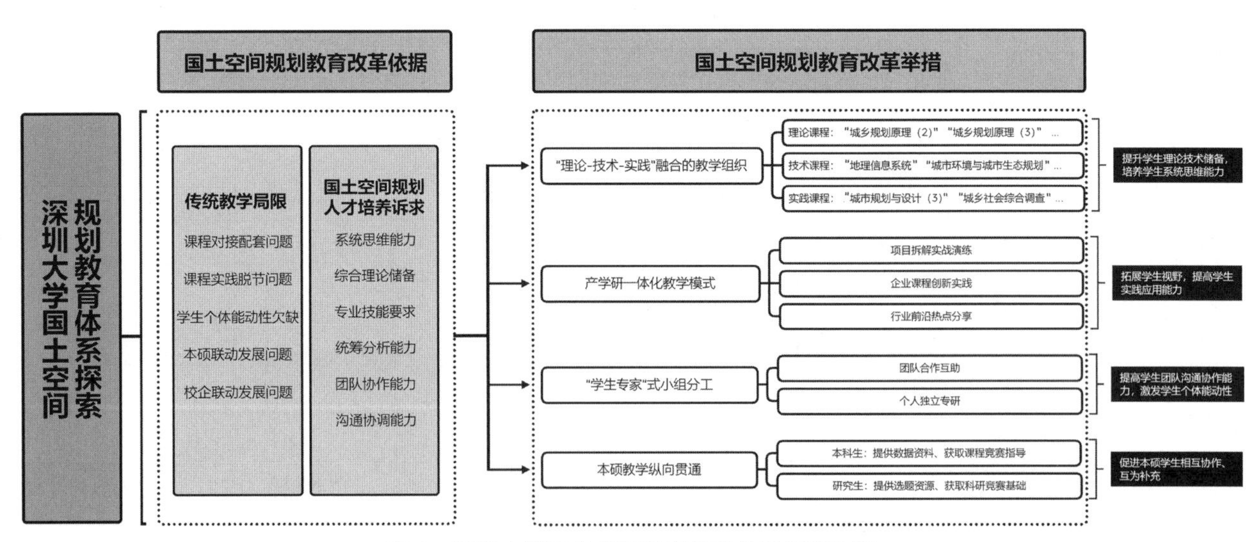

图4 深圳大学国土空间规划教育体系探索框架

资料来源：作者自绘

2017（12）：17–18.

［3］ 王宪平 . 研究生教育与本科生教育之间衔接问题初探 [J]. 学位与研究生教育，2000（6）：24–26.

［4］ 陈逸，周悦，黄贤金，等 . 中国国土空间规划人才培养体系建设 [J]. 自然资源学报，2022，37（11）：2961–2974.

［5］ 谭林，田娇 . 国土空间规划背景下城乡规划专业人才培养模式探索 [J]. 城市建筑，2021，18（30）：38–40.

［6］ 杨辉，王阳 . “旧疾” 与 “新题”：国土空间规划背景下城乡规划教育探讨 [J]. 规划师，2020，36（7）：16–21.

Collaborative System of Professional Courses under the Guidance of Land and Space Technology——Exploration of Shenzhen University's Land and Space Planning Education System

Li Yun　Xu Peizi　Shen Xiaoyuan

Abstract: With the construction of the spatial planning system, Chinese city planning has entered a new stage of development, at the same time, urban and rural planning profession also faces new opportunities and challenges. In this context, there are some problems in the traditional planning teaching of Shenzhen University, such as insufficient support for design courses from professional courses, disconnection between course teaching and practice, lack of individual initiative of students and lack of linkage development. In order to adapt to the transformation of national urban and rural planning development strategies and solve existing problems, the School of Architecture and Urban Planning of Shenzhen University actively responds to the core demands of talent training under the background of spatial planning and implements the needs of planning education reform. This paper explores the adjustment and reform of spatial planning education system from four aspects: creating the integrated teaching organization of "theory, technology and practice", promoting the integrated teaching mode of "production, study and research", establishing the "student–expert" division of labor in groups, and establishing the longitudinal association of the teaching of master and undergraduate students, in order to contribute to the good development of urban and rural planning education.

Keywords: Space Planning, Reform of the Education System, Urban and Rural Planning

健康导向的医学院校区及周边地区城市更新
——三系跨专业联合毕业设计教学研究

尹　杰　王　兰

摘　要：为响应“健康中国”战略和推进“建成环境＋公共健康”的复合型跨学科人才培养，同济大学建筑与城市规划学院在2022年开展了三系跨专业联合毕业设计。该联合毕业设计应对同济大学医学院整体搬迁至沪西校区需要对现有建筑和场所进行更新的需求，以打造健康校园示范为目标，探索建成环境学科群之间（规划、建筑、景观）的交叉合作。本文主要介绍联合毕业设计的教学组织、创新成果和教学经验，探索培养复合型创新人才的毕业设计教学模式。

关键词：城市更新；公共健康；跨专业协同设计；毕业设计；教学方法

1　选题背景

跨专业联合毕业设计是应对健康中国战略下的大健康相关专业多元融合趋势、城市更新背景下建成环境相关专业实践精细化要求以及创新教学方法和探索新型教学模式的需要。建筑类院校积极响应国家战略开展了一系列跨专业跨校的联合毕业设计[1, 2]。同济大学也开展了融合公共卫生的城乡规划跨学科复合型教学与人才培养方面的尝试[3]。2022年，同济大学医学院整体搬迁至沪西校区，现有建筑和场所均有待更新，以满足医学院新的发展需求。为响应学校一级学科交叉的战略，建筑与城市规划学院和医学院召开了两院合作研讨会，签署战略合作协议，推进医工学科交叉，促进院院合作。会议提出了将沪西校区作为健康主题前沿研究和规划设计的实验场所和示范基地。基于此，在2022年度毕业设计中，由城市规划系发起，与建筑系和景观学系联合开展，与上海同济城市规划设计研究院有限公司合作，以“健康导向的同济大学沪西校区及周边地区城市设计”为主题，以打造健康校园示范为目标，探索建成环境学科群之间（规划、建筑、景观）以及建成环境学科与健康学科（医学、公共卫生）的交叉合作（图1）。针对沪西校区的更新优化设计，力求为该校区的优化升级提供指引，打造具有前沿示范效应的医学院校区。参加毕业设计的教师和学生打破专业壁垒，与不同专业的师生进行交流，有利于培养其创造性思维，协调沟通能力和团队协作精神，也是学院探索创新人才培养模式和教育体系改革的契机。

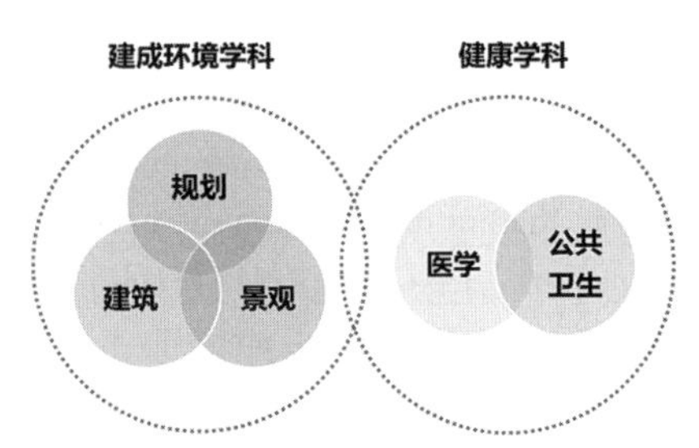

图1　联合毕业设计相关专业关系
资料来源：作者自绘

2　教学组织与成果创新

本次联合毕业设计包括了来自城市规划系、建筑系和景观学系的6位指导教师和23名同学（包括1位来自新疆大学的同学）以及2位研究生助教。整体教学分

尹　杰：同济大学建筑与城市规划学院助理教授
王　兰：同济大学建筑与城市规划学院长聘教授（通讯作者）

为以下 5 个环节：现状调查与案例研究、产学研协同讨论、方案概念形成与快题、中期大组成果汇报、个人专题研究与设计。在中期汇报之前采用跨专业混编的方式分成 4 组，中期汇报合并为 2 组，中期之后在定期交流的基础上重点深化个人专题成果。

2.1 现状调查与案例研究

现状调查以混编小组为单位，采用“分组调查，成果共享”的模式。从校园环境如何影响师生健康（包括生理健康、心理健康和社会健康）出发，结合医学院的教学科研需要和师生工作生活特点，识别影响健康的空间要素，整理基地现状问题，并梳理健康需求和负面清单（图 2）。三系的同学在现状调查阶段根据自身的专业特点提出了很多有价值的问题，如：校园周边的高架桥带来了多大程度的噪声和空气污染，现有建筑布局对隔绝和减缓这些污染起到了何种作用，现有景观布局是否考虑了盛行风向，对于减缓交通污染能起到何种作用，校园的道路系统是否能促进运动，绿地的可达性如何，是否能促进同学之间的交往，教学楼正立面与绿化空间的关系如何，窗景如何影响学生的压力恢复和认知健康，宿舍组团的围合院落空间是否能促进交往等。结合问题清单，提出了增强系统性组织、强化活力节点、构建公共空间体系、完善配套设施、丰富自然营造和增强社区联动等规划设计的潜在发力点。

在完成现场踏勘和调查后，三系同学结合文献阅读，从健康空间、健康环境、健康交通、健康设施、健康建筑 5 个方面提出了健康校园规划评估指标体，包括 12 个二级指标类别和 31 个三级指标，并针对具体指标给出了定性和定量的评价标准（图 3）。利用这个评价体系对基地现状进行初步评估并诊断出空间层面的核心问题：空间布局不合理导致可达性不足、空间环境品质有待提升、校园与周边社区割裂。同时，该评价体系也为之后对设计方案的评估和优化提供了基础。

在完成现状评价后，同学们从校园规划设计原则、健康校园设计策略和医疗校园设计特点等视角对国内外代表性的校园规划设计案例进行了剖析，并总结了沪西校区健康校园规划设计的潜在策略（图 4）。

2.2 产学研协同讨论

在上海同济城市规划设计研究院有限公司的支持下，负责沪西校区更新的规划师跟师生进行了一堂课的交流，介绍了同济大学各个校区的规划情况并着重介绍了沪西校区的相关规划情况和建设进展（图 5a）。指导教师以“建成环境与公共健康”为主题进行讲座（图 5b），介绍了建成环境与公共健康的基本概念与关联，包括健康与疾病负担，影响人群健康的因素，城市影响健康的要素，以及规划设计的干预方式等；从历史的角度梳理了建成环境与公共健康的关系；讨论了健康建成环境的规划设计策略：从能量平衡的角度探讨积极生活和健康食品环境；从环境暴露的角度探讨空气质量，雨洪管理，以及自然环境接触；从社会融合的角度探讨健康的社会决定因素；最后介绍健康规划设计相关案例和工具。结合之

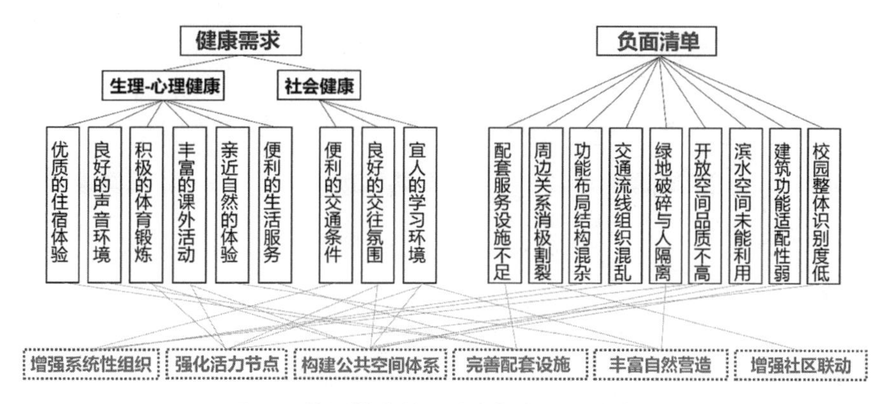

图 2　校园健康促进需求与负面影响清单

资料来源：学生汇报文件

目标层	一级指标	二级指标	三级指标
A健康校园规划评估	B1健康空间	C1校园选址	D1周边环境（污染、便捷）
			D2校园安静程度（噪音）
		C2整体布局	D3功能分区合理性
			D4建筑密度
		C3户外开放空间	D5开放空间可达性/能见度
			D6开放空间层次丰富性
	B2健康环境	C4校园景观环境	D7绿地率
			D8景观类型多样化
			D9植物配置层次性
		C5校园卫生环境	D10空气质量
			D11垃圾的收集与处理
		C6校园人文环境	D12社会联系感（人际关系）
			D13社区氛围
	B3健康交通	C7机动交通系统	D14对外出行便捷度
			D15道路交通安全性
		C8慢行交通系统	D16慢行系统连续性
			D17人行道宽度合理性
			D18人行道遮荫度
		C9静态交通系统	D19机动车停车布局合理性
			D20自行车停放设施友好性
			D21交通标识系统
	B4健康设施	C10公共服务设施	D22公共服务设施配套完整性
			D23公共服务设施可达性
			D24体育设施资源共享程度
		C11配套设施	D25休憩设施
			D26照明设施
			D27卫生设施
	B5健康建筑	C12建筑设计	D28室内物理环境舒适性
			D29无障碍设计
			D30楼梯设置及其使用环境
			D31运动和交流场所

评估指标表

指标因子	评价标准				
	很差(1分)	较差（2分）	一般(3分)	较好（4分）	很好(5分)
D4 建筑密度（单位：%）	(35，100]或[0，15)	[15，20)	[20，25)	[25，30)	[30，35]
D5 开放空间可达性（单位：m）	>1000	(800，1000]	(500，800]	(300，500]	[0，300]
D7 绿地率（单位：%）	[0，20)	[20，25)	[25，30)	[30，35)	[35，100]
D10 空气质量优良天数占比（单位：%）	[0，40)	[40，60)	[60，80)	[80，95)	[95，100]
D15 对外出行便捷性（单位：m）	>1000	(500，1000]	(300，500]	(100，300]	[0，100]
D17 慢行系统连续性（单位：%）	[0，50)	[50，70)	[70，80)	[80，90)	[90，100]
D18 人行道宽度合理性（单位：m）	[0，2.0)	[2.0，2.5)	[2.5，3.0)	[3.0，3.5)	⩾3.5
D24 公共服务设施可达性（单位：m）	>1000	(800，1000]	(500，800]	(300，500]	[0，300]

定量指标评价标准

指标因子	评价标准	
D1 周边环境安全性	4分	校园与城市污染源和危险源处于安全距离
	5分	校园远离城市污染源和危险源
D2 校园安静程度	1分	周边环境产生的噪音很大且不能忍受
	2分	周边环境产生的噪音较大但能忍受
	3分	周边环境产生的噪音不大能忍受
	4分	周边环境产生的噪音较小
	5分	周边无噪音污染
D3 功能分区合理性	1分	分区布局十分混乱，各区联系不便，出行距离远
	2分	分区布局较混乱，各区联系不便，出行距离较远
	3分	分区布局算合理，联系程度一般，土地混合使用率一般
	4分	分区布局较合理，联系较便捷，土地混合使用率较高
	5分	分区布局十分合理，各区联系便捷，且土地混合使用率高
D6 开放空间层次丰富性	1分	校园内开放空间形式、层次性单一，不能满足活动需求
	2分	校园内开放空间形式、层次性较少，能满足部分活动需求
	3分	校园内开放空间形式、层次性一般，能基本满足活动需求
	4分	校园内具有较丰富的形式和层次空间，能满足不同活动需求
	5分	校园内具有多形式和层次空间，能很好满足不同活动需求
D8 景观类型多样化	1分	校园景观数量少、类型单一，吸引力低
	2分	校园景观数量少、类型少，吸引力不高
	3分	校园景观数量较少、类型较少，吸引力一般
	4分	校园景观数量较多、类型较多，且具有较高的吸引力
	5分	校园景观数量多、类型多样化，且具有很高的吸引力

定性指标评价标准（部分）

图 3　健康校园规划评估指标体系与评价标准

资料来源：学生汇报文件

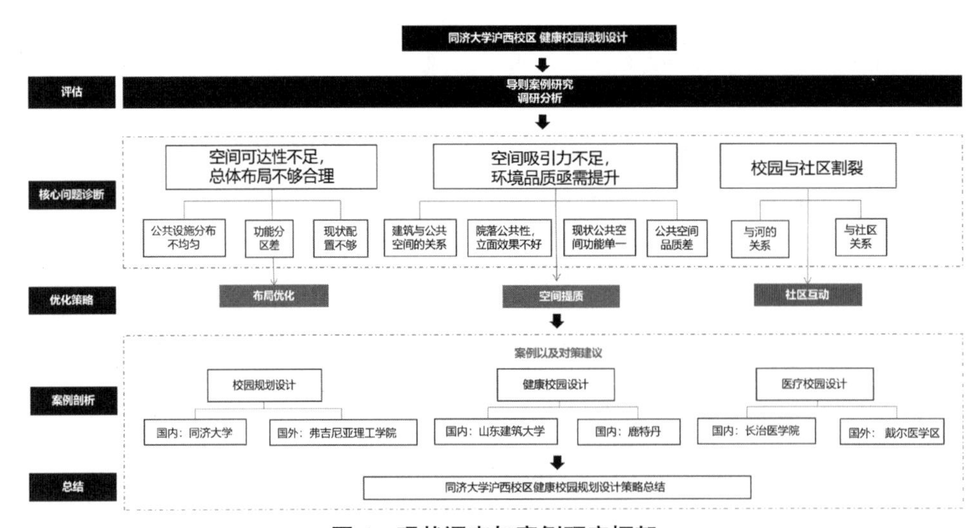

图 4　现状调查与案例研究框架

资料来源：学生汇报文件

前的现状调研、文献阅读和案例研究，师生通过头脑风暴为下一步的方案概念生成打下了坚实的基础。

2.3 方案概念形成与快题

四组同学用一周的时间形成了 4 个各具特色的快题方案并制作了工作模型进行空间推敲，指导老师点评围绕设计方案与前期分析的关系，校园建筑留改拆评估、更新设计手法是否有健康影响的实证基础，以及如何影响医学院教职工和学生的健康水平等展开，重点突出如何将健康的概念融入到校园更新设计的手法中以及如何推断设计场景潜在的健康影响（图 6）。

2.4 中期大组成果汇报

考虑到四组方案的异同点，指导教师团队建议将之前的 4 组合并为 2 组，整合共性的更新策略，放大特色差异，深化细节设计，方便学校和医学院领导参考与决策。由于上海疫情的影响，中期大组成果汇报转入了线上，也邀请了分管副校长、医学院院长和相关领导参加讨论。

1）方案一：沪西复兴计划

方案强调四大医学院校园复兴策略：①城市角色重塑：打造重要城市空间节点，促进健康整体城市空间，包括：未来健康产业的核心、健康社区的开放资源、周边地区设计。②校园组织更新：健康手段优化校园系统运转，包括：健康的功能分区重构、保证校园活力的交通组织、校园肌理有机更新、校园文化风貌分区、激发活力的校园公共空间构架。③文化场景再生：文化特性空间塑造激发校园归属感，包括：环境再生线索、片区校园设计管控、场景再生详细设计。④校园活力唤醒：

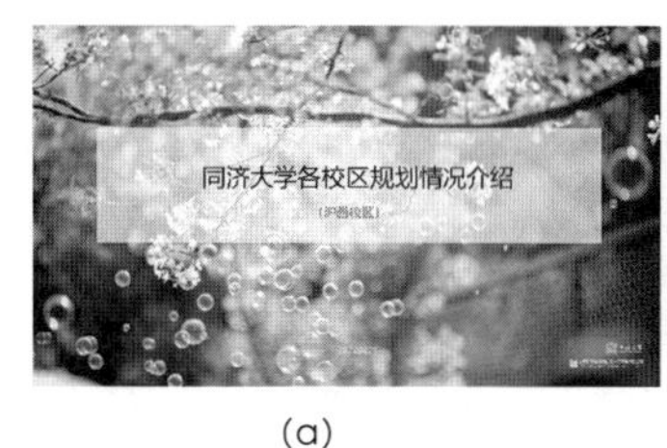

(a)

(b)

图 5 产学协同讨论照片

照片来源：蔡靓、陈强

图 6 快题汇报与讨论

照片来源：王兰

因人群活动而异的空间塑造管控，激活校园活力，包括：基于活力创新的空间分类、健康的活力空间网络、活力空间的声环境优化（图 7）。

2）方案二：健康策源，生命重塑

方案强调面向未来校园的健康场景塑造：亲自然活力型空间用以降低健康风险，立体化复合型空间用以提升社会健康，多层次节点型空间用以促进心理健康，多功能设施型用以促进身体健康。通过更新设计强化校园“生命体”特征，包括：①系统性：极具特色的校园空间序列、功能复合的校园空间组织、满足各类人群需求的校园交通流线；②遗传性：校园历史建筑活化改造、

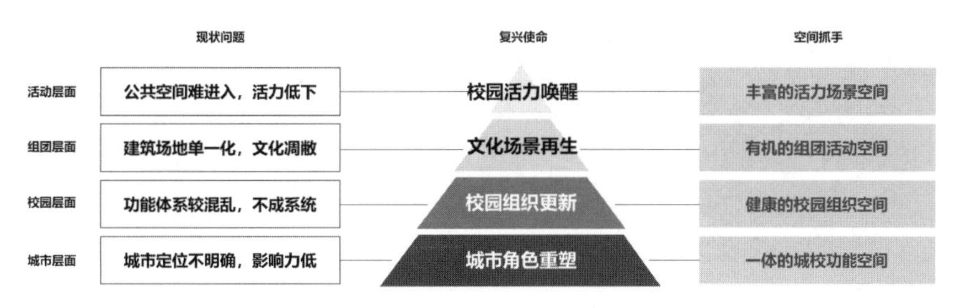

图 7 “沪西复兴计划”方案设计框架

资料来源：学生汇报文件

校园历史院落片区升级改造、校园原有空间功能复合改造；③活力性：充满活力的开放活动空间、焕发生机的亲自然感知空间、多维交互的社会交往空间；④交互性：与周边社区互动、与城市环境互动、与片区产业互动；⑤应激性：应对与城市隔离、组团内隔离和建筑内隔离（图8）。

2.5　个人专题研究与设计（以城市规划系为例）

考虑到学校对毕业设计“一人一题”的要求以及三系对毕业设计成果要求的差异，中期大组汇报后在保持大组线上定期交流的基础上，教学工作重点转向了个人专题研究的深入。以城市规划系为例，结合指导教师的布局学生的兴趣，6位同学从6个不同的视角切入“健康导向的同济大学沪西校区及周边地区城市设计”这一共同主题，并在中期大组成果的基础上进行细化。6个视角分别是：降低环境健康风险的视角；亲自然的视角；促进体力活动的视角；增进社会交往的视角；改善心理健康的视角；平疫结合的视角。

（1）降低环境健康风险的视角

该专题通过梳理建成环境与健康风险之间的具体关系，总结出规划影响环境健康风险的四大主要方面：土地利用、建筑形态、公共空间、交通组织以及相应的具体路径（图10）。通过对空气、噪声、热岛、垃圾、交通、环境色彩的分析与对风环境、光环境、热环境、声

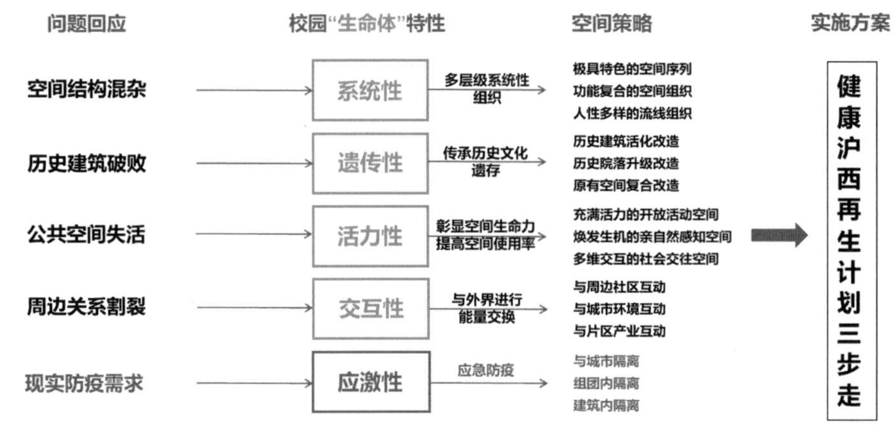

图8　“健康策源，生命重塑”方案设计框架

资料来源：学生汇报文件

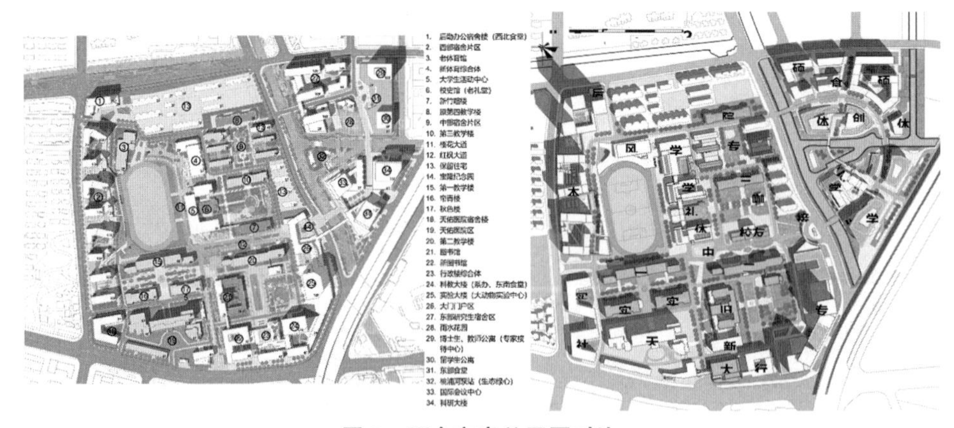

图9　两个方案总平图对比

资料来源：学生汇报文件

环境的模拟对校园环境健康风险进行诊断评估（图 11），并通过循证设计的方法为规划设计提供了具体指导（包括建筑形体、绿化景观层面），最大限度地提升环境安全性与健康性，保障师生活动的安全与健康。该专题提出建成环境要素对健康的影响是网络状而非线性的，如：交通组织既可以通过影响人车冲突点进而影响意外伤害风险，又可以通过影响粉尘污染浓度进而影响人体慢性疾病风险。因此提出设计策略时需在考虑其影响的多样性与复杂性的基础上再做出最合适的选择。

（2）亲自然的视角

该专题结合 14 种亲自然设计（Biophilic Design）模式，提出“自然环生”的设计主题，通过城市亲自然线索再续，校园亲自然结构优化，“亲自然 +”时空重构，校园文化亲自然新生四个核心策略构建“环环相扣的亲自然脉络，时刻环绕的亲自然感知”的校园和周边城市地区环境，以此回应校园及城市更新中的健康促进问题（图 12）。该专题将亲自然空间需求总结为三个层次：第一，亲自然连续体构建：亲自然空间网络触发多样化的体力活动；第二，亲自然空间功能赋予：随处可及的亲自然空间能根据场所功能的不同个性化配置亲自然设计方式以提供不同的健康支持；第三，亲自然空间文化融入：借助亲自然要素塑造具有场所感的空间使亲自然融入地区文化发展，增加社会认同与幸福感。基于此，根据“自然环生”主题对应提出四个亲自然的健康

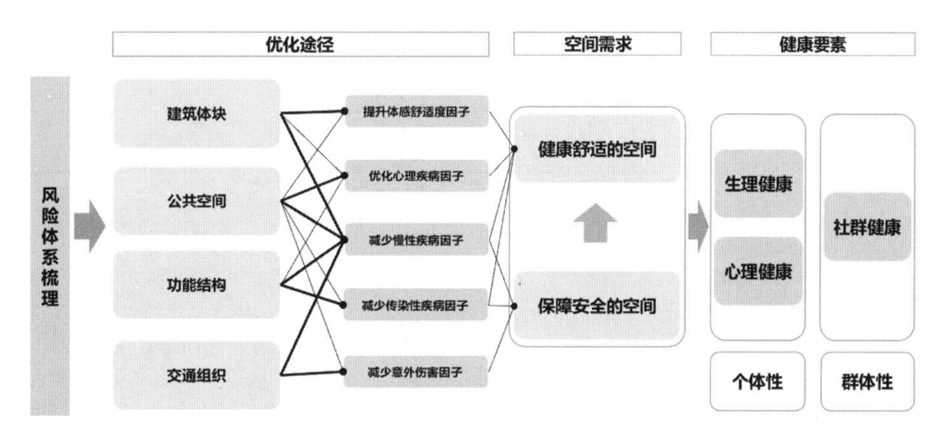

图 10　降低环境健康风险的空间优化路径

资料来源：陈泽胤

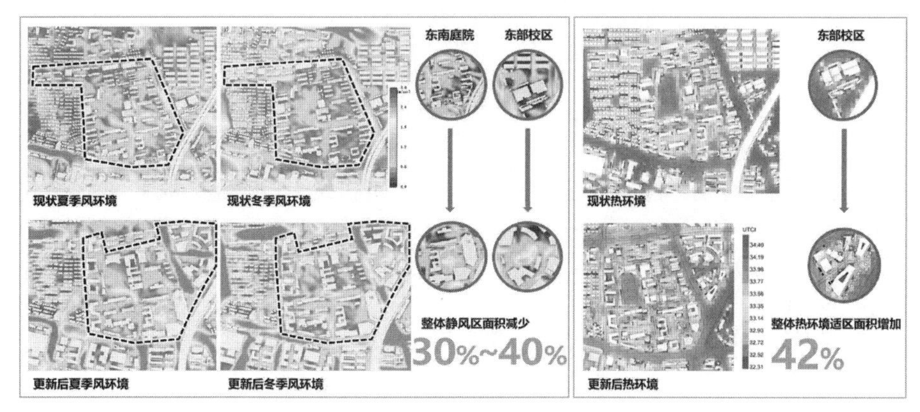

图 11　校园更新前后热环境分析

资料来源：陈泽胤

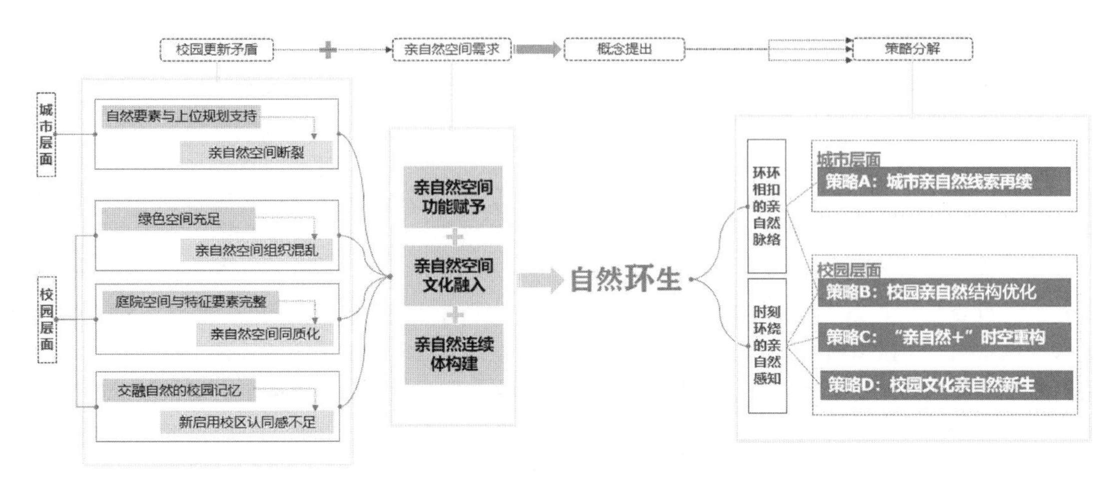

图 12 “自然环生”概念推演

资料来源：乔丹

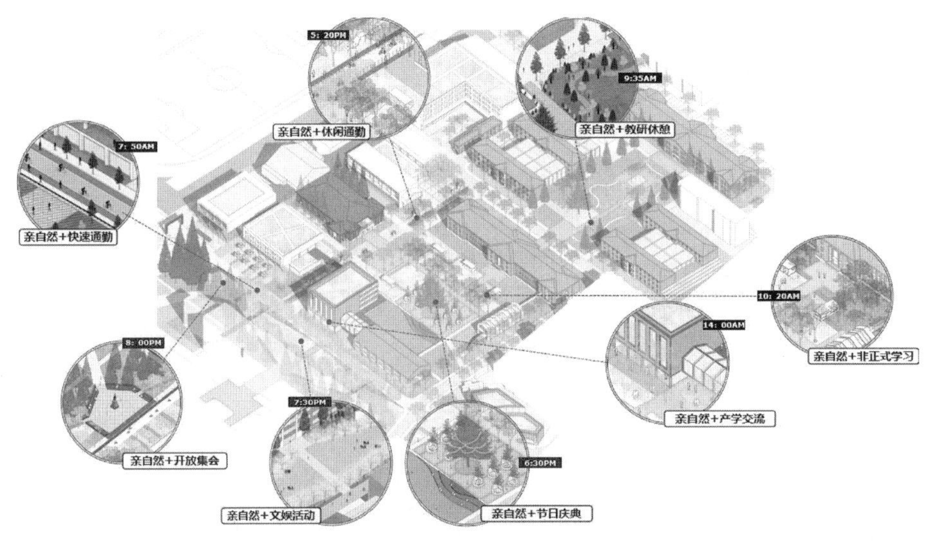

图 13 “亲自然 +”时空重构

资料来源：乔丹

设计核心策略：城市亲自然线索再续；校园亲自然结构优化；“亲自然 +”时空重构（图 13）；校园文化亲自然新生。

（3）促进体力活动的视角

该专题聚焦于促进体力活动的健康校园更新，以慢行交通系统为抓手推进促进体力活动的支持性建成环境的更新（图 14），重新梳理道路交通骨架，并结合景观、建筑等空间要素，综合提升慢行空间体验，植入独居特色的步行道、骑行道、环校跑步道和立体校园交通建设。同时在促进体力活动的健康维度的涉入下持续反哺分片区城市设计，探讨与慢行交通相关的空间模式和设计导则，以多处具有代表性的、高品质的综合空间节点作为设计模式的集成展示以及示范性的建议（图 15）。

（4）增进社会交往的视角

该专题从校园与周边地区和校园内部两个尺度提出增进社会交往的设计框架（图 16）：在片区层面，为增

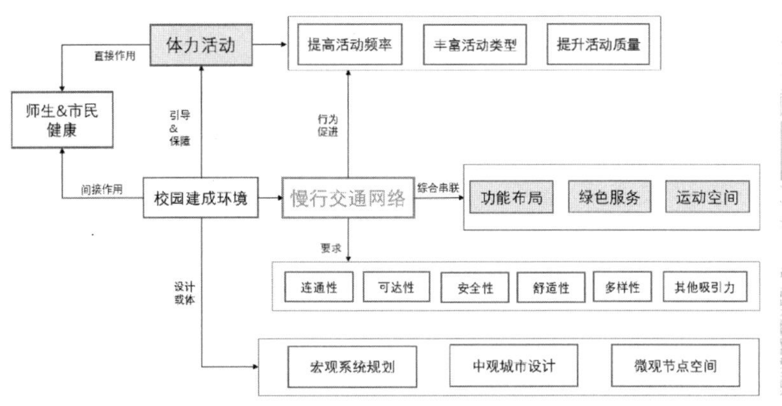

图 14　慢行交通网络为核心的设计框架

资料来源：张诗卉

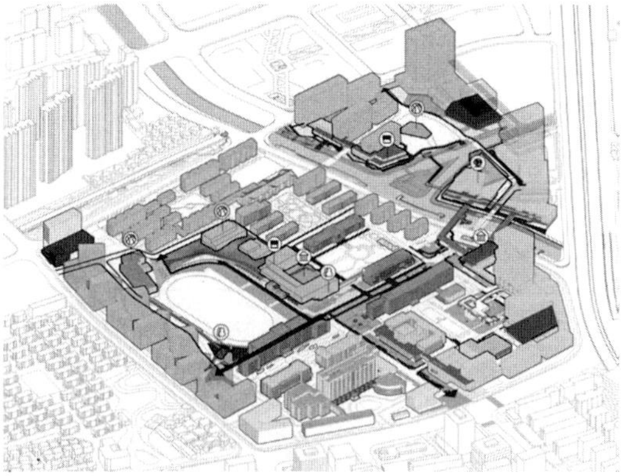

图 15　主要步行道路与活动场所的联系

资料来源：张诗卉

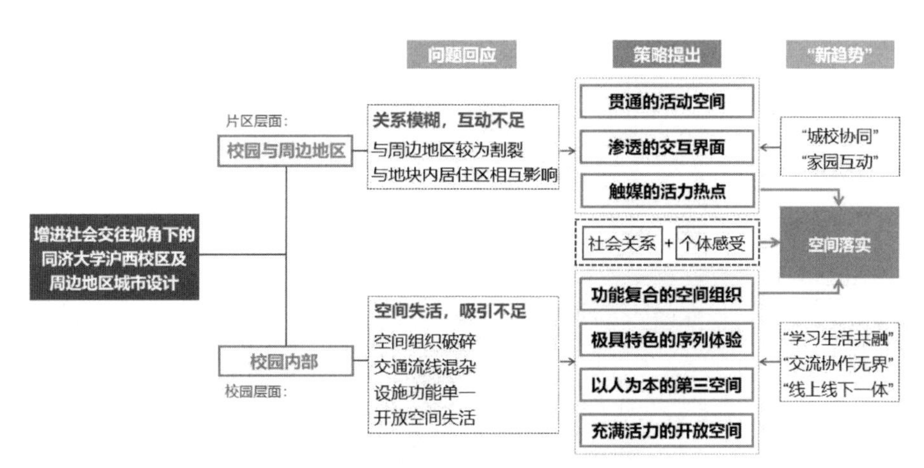

图 16　增进社会交往视角下的设计框架

资料来源：贾蔚怡

进校园与周边地区的互动，提出打造贯通的活动空间、渗透的交互界面和触媒的活力热点三大设计策略；在校园层面，为增进校园内群体的社会交往，提出打造功能复合的空间组织、极具特色的序列体验、以人为本的第三空间和充满活力的开放空间四大设计策略（图 17）。在增强校园与周边地区的互动方面，以微更新的手段介入，重点打造邻近的街道空间和贯通的社区空间；在增进校园内部的社会交往方面，以组团类型分别介入，打造特色的学研组团、活动组团和生活组团，并特别考虑了沪西校区门户空间的打造，以复兴同济医科为光荣使命，以增进社会交往为设计总目标，以校园为核心主体，从校园到家园，打造片区层面的家园共同体。

（5）改善心理健康的视角

该专题以促进心理健康为导向，将步行友好与便捷可达的城市交通，蓝绿交融的城市生态空间体系渗透入校园，塑造高品质和充满活力的城市和校园公共空间、多功能复合的社区，支持不同人群的日常活动、社交互动，并获得支持和促进其心理健康和福祉的服务、设施和功能（图 18）。更新设计遵循"以人为本，多元共享"设计原则，通过营造宜人的自然生态景观、公共空间体系、慢行交通系统、基础服务设施等要素来改善建成环境（图 19），提升居住生活品质，从而让师生形成归属

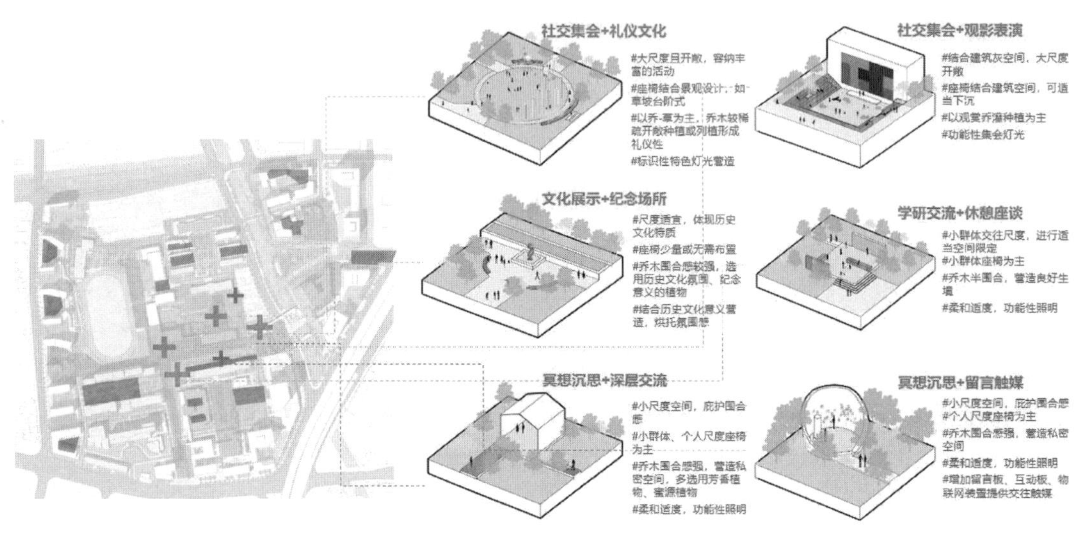

图 17 校园开放空间类型化设计模式图

资料来源：贾蔚怡

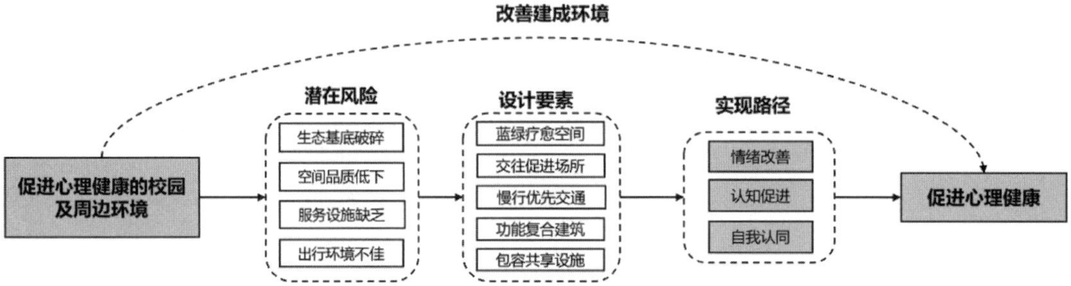

改善建成环境

促进心理健康的校园及周边环境	潜在风险	设计要素	实现路径	促进心理健康
	生态基底破碎	蓝绿疗愈空间	情绪改善	
	空间品质低下	交往促进场所	认知促进	
	服务设施缺乏	慢行优先交通	自我认同	
	出行环境不佳	功能复合建筑		
		包容共享设施		

图 18 促进心理健康的设计框架

资料来源：刁海峰

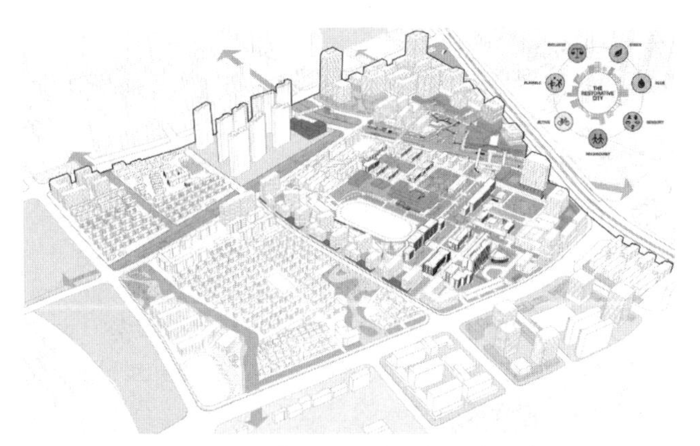

图 19 促进心理健康要素设计要素

资料来源：刁海峰

感并促进自我认同，最终达到促进心理健康的目的。

（6）平疫结合的视角

该专题主要从平时阶段、疫情传播期、疫情暴发期、疫情平稳期四个阶段的不同需求作为切入点，对沪西校区及其周边城市片区进行基于平疫结合的城市设计（图 20）。将以疫情常态化纳入空间规划设计与管理中，系统性地考虑校园建筑与公共空间如何应对疫情和其他紧急公共安全事件，同时针对性地对部分空间进行平疫转换设计。从步行、车行、物流、配套设施、景观、公共空间等系统出发，对校园整体的平疫转换模式做出总结（图 21）。

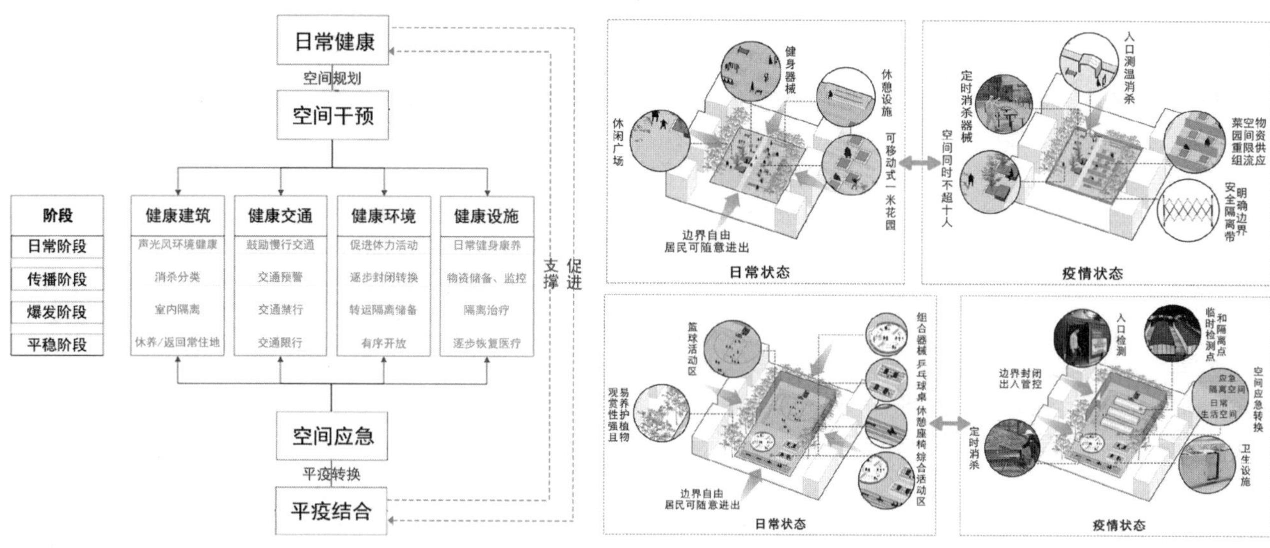

图 20　空间干预层面的平疫结合健康校园设计框架
资料来源：戴歆怡

图 21　平疫结合状态下景观与综合活动空间配置转换图
资料来源：戴歆怡

3　教学经验总结

本次三系跨专业联合毕业设计结合“真题”开展，以健康促进为导向，以城市更新设计为手段，结合同济大学医学院搬迁沪西校区的契机，在建成环境学科群中系统探讨健康校园的循证规划设计策略体系。回顾本次联合毕业设计，总结了以下三个方面的教学经验和改进举措。

首先，本次联合毕业设计选题的基地为同学们的母校，大家表现出极高的积极性，希望毕业前能用所学为母校的发展做出自己的贡献。健康导向也非常契合医学院的发展目标，对于建成环境学科的学生也具有新颖性和挑战性。因此，此次联合毕业设计得到了校方和院方的大力支持，保证了其顺利开展。尽管在中期汇报之前受到了疫情的影响，同学们还是表现出了极高的热情和韧性，在校园封控只能线上教学的条件下顺利完成了联合毕业设计。

其次，本次联合设计创造了一个跨专业平台，培养三系学生融会贯通、解决行业前沿复杂问题和终身学习的能力，扩宽其专业视野，提高其学术交流水平，从而实现复合创新型人才培养。但是在教学过程中，我们还是发现学生专业知识结构不全面，容易进入自己的“舒适圈”，习惯于从本专业视角来思考问题，容易失去整体性考量。不同专业学生之间对彼此的教学模式和特点缺乏了解，从而使得规划、建筑、景观三位一体的协同设计难以持续深入。为此，我们建议：跨专业联合设计可以提前，在低年级的教学中加强跨学科知识点的积累和方法的学习；在毕业设计中增加主题导向的设计通识理论课与研讨课，以问题为导向讲授和讨论设计解决方案；在实践教学中增加研究内容，强调循证设计体系和效果评估体系的建立。

最后，毕业设计作为本科生的最后一课，也需要用人企业加入一起衡量和评价教学水平和质量，并进行有针对性的贴合实际的训练。本次联合毕业设计引入了产学研协同育人模式，邀请负责校园更新项目的规划院专家、医学院的领导和专家以及建成环境学科学者共同开展研讨，对于帮助同学们应对实际的前沿复杂问题提供了支撑。很遗憾由于疫情的影响，我们只开展了一次线下的产学研协同讨论和一次结合中期大组成果汇报的讨论，今后希望能增加研讨的次数并增加现场案例教学，增强学生的体验感，也希望以展览的形式把联合毕业设计的成果在学校和基地展出，主动接受社会各界的检验与反馈。

致谢：

指导教师（6人）：城市规划系：王兰、尹杰；建筑系：陈咏、陈强；景观学系：董楠楠、许晓青

学生（23人）：城市规划系：陈泽胤、戴歆怡、乔丹、贾蔚怡、张诗卉、刁海峰、单飞月（新疆大学）；建筑系：郭丽娜、史清源、汤振豪、王孟瑜、尹泽诚、吴锐、吕嘉欣、陈浩尧、苏鹏鑫、朱其然；景观学系：赵雪蕊、胡斐然、孙泽良、郭宜心、徐炜、陈奕凡

助教：邓正荣、吴轩仪

感谢6位指导教师、23位同学和2位研究生助教在课程中的辛勤付出。感谢同济大学娄永琪副校长和医学院郑加麟院长在教学过程中的指导。

参考文献

[1] 卢峰，黄海静，曾旭东，等．融会贯通——重庆大学建筑学部多专业联合毕业设计十年回顾 [C]// 教育部高等学校建筑学专业教学指导分委员会，中国矿业大学．2022中国高等学校建筑教育学术研讨会论文集．北京：中国建筑工业出版社，2023：4.

[2] 周济．注重培养创新人才增强高水平大学创新能力 [J]. 中国高等教育，2006，(Z3)：4-9.

[3] 尹杰，郭乔妮，王兰．融合公共卫生的城乡规划跨学科复合型研究生培养——美国双学位的启示 [J]. 国际城市规划，2023，38（1）：124-132.

Health-Oriented Urban Regeneration of the Medical School Campus and Surrounding Areas——A Pedagogical Study of Interdisciplinary Joint Capstone Design in Three Departments

Yin Jie　Wang Lan

Abstract: In response to the strategy of "Healthy China" and to promote the cultivation of interdisciplinary talents in the field of "Built Environment + Public Health", the College of Architecture and Urban Planning of Tongji University has launched a joint capstone design of three departments in 2022. The joint capstone design aims to address the needs of regenerating the existing buildings and sites for the relocation of the Tongji University School of Medicine to the Huxi Campus, and explores the cross-collaboration among the disciplines of the built environment (urban planning, architecture, and landscape architecture) with the goal of creating a model of a healthy campus. This paper mainly introduces the teaching organization, innovative achievements and teaching experience of the joint capstone design, and explores the capstone design teaching mode for cultivating composite innovative talents.

Keywords: Urban Regeneration, Public Health, Interdisciplinary Co-design, Capstone Design, Pedagogy

以“责任担当”育人，以“融合创新”教学
——“城乡规划设计实践”课程创新改革研究*

孟　媛　刘　蕊　李云青

摘　要：围绕培养什么人、怎样培养人、为谁培养人的根本问题，顺应城乡规划设计行业的综合化发展趋势。课程基于传统专业能力培养与服务社会意识的价值塑造脱节、传统人才培养范式与学科交叉融合的时代发展脱节、传统课程考核评价与社会产业认可的目标导向脱节等痛点问题，秉承“以责任担当育人，以融合创新教学”的理念，从教学目标、内容、方法、考核、资源等方面采取系统化创新举措。经过多轮教学实践，课程取得塑造提升责任担当意识、创新培养工程协同能力、充分衔接行业产业需求等效果，带领学生成长为城市更新亲历者、历史遗产守望者、和美乡村先行者，并产生一定辐射推广效应。

关键词：产教融合；课程创新改革；工程协同能力；社会服务意识

1　课程建设背景

1.1　产教融合路径

产教融合的雏形最早可以追溯到1906年辛辛那提大学的“合作教育”项目，其基本特征是学习与工作相互结合。2014年以前，与产教融合相关的内容在我国规范性文件中的表述多为“校企合作”，直至《国务院关于加快发展现代职业教育的决定》首次在国家层面提出“产教融合”的概念。2017年，国务院办公厅印发《关于深化产教融合的若干意见》，深化产教融合从职教政策提升为国家战略，产教融合发展迈入新阶段。

近几年，国内高校产教融合模式包括：以科研为导向的“产学研”模式、以服务行业发展为导向的“工学交替”模式、高校和企业共同参与管理的“订单培养”模式等。在广度方面，存在学生覆盖面不够，学科融合度不够，产教融合处于局部、单维度、粗放的合作状态等层面，据统计，学院层面开展产教融合占比61.2%，学校层面开展产教融合占比38.8%，跨院系、跨专业的产教融合项目较少。在深度方面，高校教学过程与生产过程仍存在一定程度脱节，学生实践能力不能得到实质性提升，也就无法实现未来职业能力与企业需求的匹配。

1.2　CDIO 教育理念

CDIO教育模式是近年来国际工程教育创新的最新研究成果，理念被广泛应用于学科专业建设及课程教学创新等多个层面。CDIO代表构思（conceive）、设计（design）、实现（implement）和运作（operate），是一种符合工程科技人才成长规律和特点的教育模式，以工程实践为载体，让学生以自主实践、课程之间有效关联的方式学习工程，培养学生掌握工程技术知识和工程实践能力，旨在培养具备创新、合作、实践能力的工程人。

1.3　Studio 教学模式

以实际设计项目为依托，以学生为核心、教师作为指导、师生共同完成一个完整的设计项目而进行的教学

*　基金资助：北京高校卓越青年科学家项目（JJWZYJH01201910003010）；北京市高等教育学会课题（ZD202247）；北京市数字教育研究课题（BDEC2023619002）。

孟　媛：北京城市学院城市建设学部教授（通讯作者）
刘　蕊：北京城市学院城市建设学部副教授
李云青：北京城市学院城市建设学部讲师

活动。Studio 课程起源于中世纪协会制度，其与现代建筑专业 Studio 课程接轨是 16 世纪法国建筑学会构建的二元教育体系的开始，德国的包豪斯设计学院于 1919 年尝试将 Studio 模式引入设计教学当中并取得了成功。协同是指“协调两个或者两个以上的不同资源或者个体，协同一致地完成某一目标的过程或能力”。跨学科协同实践教学，能够将学生置身于真实环境，通过以问题为导向，依托各学科特点，解决实际问题，促使学生发挥学科之间互补性，用多学科视角思考问题。由来自各专业的学生通过团队形式开展学习活动，共享知识、相互影响、激发协同效应，最大程度实现知识增值，有利于启发式、探究式、参与式、合作式等教学方式的开展。Studio 课程教学强调的是总体性和异质性，在交叉学科的教育中发挥有利的作用，是培养 21 世纪实践性、应用型人才的重要方法之一。

2 课程建设概况

“城乡规划设计实践”是面向我校城乡规划、建筑学、风景园林专业三年级学生开设的社会实践类课程，分设“城市设计 Studio”“历史街区保护规划与更新设计 Studio”“空间数据获取与建模 Studio”三个实践领域，指导学生熟练应用城乡规划、建筑设计、景观设计的知识与理论，形成协同解决复杂系统工程问题的能力，塑造“人民城市人民建、人民城市为人民”价值观。

课程于 2021 年首次开设，面向城乡实际需求、采用企业合作模式开展实践教学。2022 年，课程进一步凝练确立“能力提升 + 价值塑造”“规划 + 建筑 + 园林”“校 + 政 + 企”的三融合特色。2023 年，通过建构“专业课程 + 志愿服务”的双轮驱动模式，课程成果进一步辐射推广。2024 年，课程被北京市推荐为第三批国家一流本科课程推荐课程。

3 课程教学面临的痛点问题

3.1 痛点一：传统专业能力培养与服务社会意识的价值塑造脱节

回答培养什么人、怎样培养人、为谁培养人这一根本问题，必须将价值塑造、知识传授和能力培养三者融为一体、不可割裂。“人民城市人民建、人民城市为人民”，要求城乡规划设计应坚持以人民为中心的发展思想。

然而，在专业课程教学实践中，仍然更多地是强调专业知识、理论与能力培养。表现为：在教学目标上，没有将学生的社会服务意识塑造与规划设计专业能力培养放到同等重要的地位；在教学内容上，侧重规划设计方案的生成与表达，“以人民为中心”的设计理念诠释不够。

3.2 痛点二：传统人才培养范式与学科交叉融合的时代发展脱节

城乡规划设计行业正在向着综合化的趋势发展，提倡大跨度的交叉融合、大跨度的对话。连续 6 年对本行业用人单位的调研显示，70% 以上的单位认为一技之长和协同能力同等重要。

然而，基于“学科 / 专业”分类标准框架下的人才培养范式，较少地考虑了专业间的协同与融合。表现

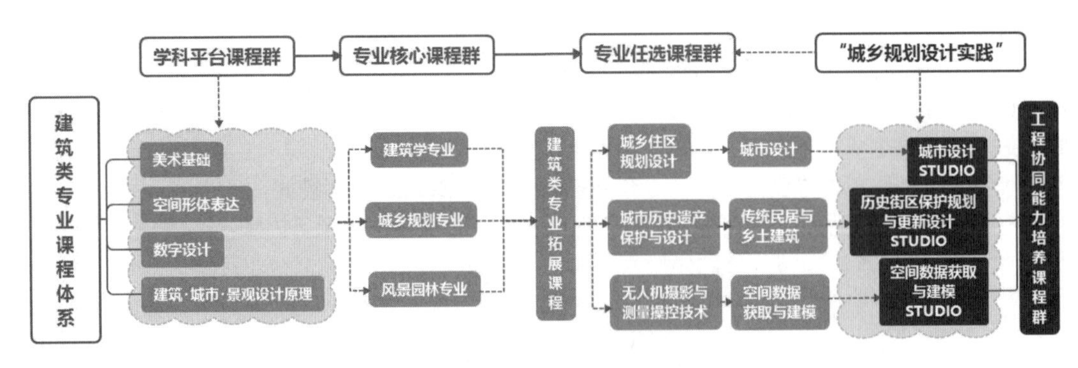

图 1 “城乡规划设计实践”课程在专业培养体系中的位置示意图

资料来源：作者自绘

为：在教学目标上，极少提及学科专业间的协同融合能力，更鲜有针对工程协同能力的深入研究；在教学方法上，匹配学科专业交叉融合产业需求的系统化、模式化的方法体系待健全。

3.3 痛点三：传统课程考核评价与社会产业认可的目标导向脱节

推进教育链、人才链与产业链、创新链的有机衔接，对于课程教学效果评价就应当以社会产业认可度作为重要衡量指标。

然而，由任课教师对规划设计方案进行终结性打分的方式仍然最为普遍。表现为：在教学环境上，学生专业实践场景并不是真实的社会产业现状；在教学评价上，考核内容与评价标准、考评团队与考核方式等，尚未做到与产业充分衔接。

4 课程创新思路与特色

4.1 创新思路

课程本着“以责任担当育人，以融合创新教学”的理念，围绕培养工程协同能力、塑造社会服务意识的核心目标，以“整体思维、集体教学”的模式，带领学生成长为城市更新亲历者、历史遗产守望者和美乡村先行者。

以“责任担当”育人，强调以规划设计服务社会的价值塑造，依托责任规划师平台建立的教学案例库，学生走进社区、乡村，真切了解人民需求、触摸历史遗产，深刻理解社会主义接班人、建设者的使命与责任。

以“融合创新”教学，强调以产教融合贯穿课程教学实践，依托学校、政府、行业、企业协同平台，在师资团队、教学资源、课程考核等方面协同融合，还原真实社会产业场景，推进工程协同能力培养。

4.2 创新举措

（1）“两核心”的教学目标——社会服务意识、工程协同能力

课程遵循 OBE 教育理念，以社会服务意识塑造与工程协同能力培养为教学目标。将社会服务意识拆解为认识社会、研究社会、理解社会、服务社会四个阶段，将工程协同能力细分为工程基础知识、个人专业能力、人际团队能力和工程系统能力四个层次。

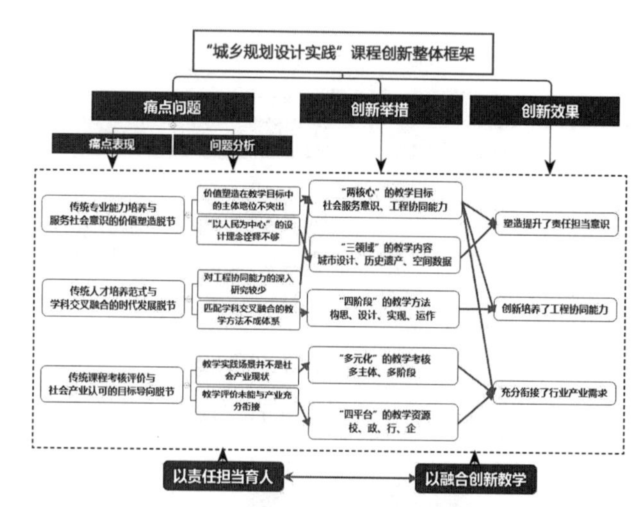

图 2 “城乡规划设计实践”课程创新整体框架

资料来源：作者自绘

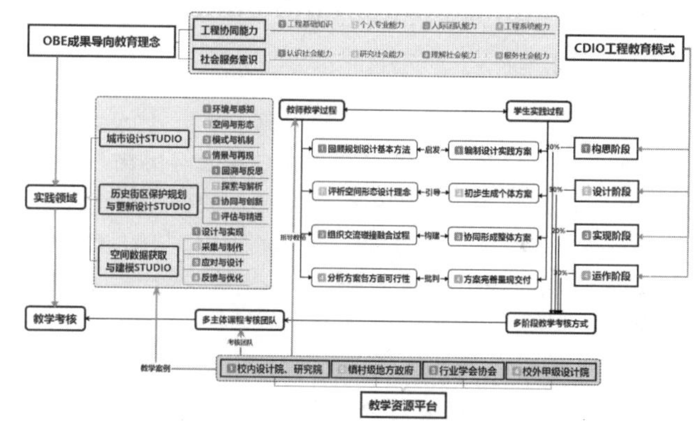

图 3 “城乡规划设计实践”课程创新系列举措

资料来源：作者自绘

（2）“三领域”的教学内容——城市设计、历史遗产、空间数据

运用 OBE 教育理念重构教学内容。在城市设计领域，学生着重体会“场所精神”，通过“环境与感知—空间与形态—模式与机制—情景与再现”的实践，实现内心主观意识空间与客观存在空间的融合再造，成为“城市更新亲历者”；在历史街区保护领域，学生学会平衡保护与发展，以可持续发展和创新思维为历史文化街区注入新的生机和活力，开展“回溯与反思—探索与解析—协同与创新—评估与精进”的实践，成为“历史

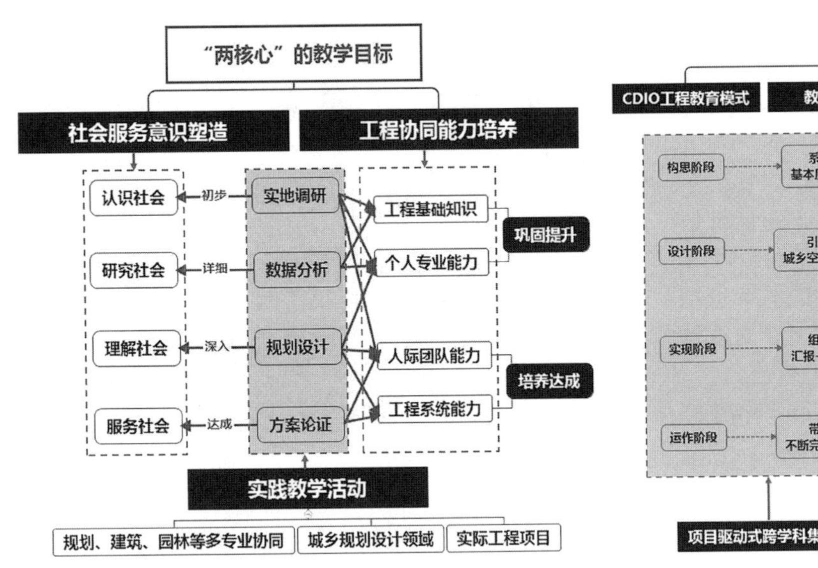

图 4 “城乡规划设计实践”课程教学目标示意图

资料来源：作者自绘

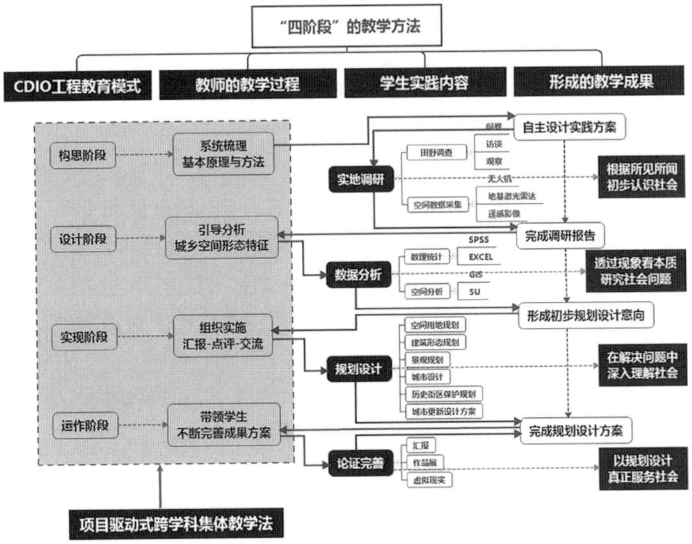

图 5 “城乡规划设计实践”课程方法目标示意图

资料来源：作者自绘

遗产守望者”；在空间数据建模领域，学生通过“空间与数据—采集与制作—应对与设计—反馈与优化”的实践，实现规划及设计方案的有证可循，改善乡村人居环境、促进产业振兴，成为“和美乡村先行者”。

（3）“四阶段”的教学方法——构思、设计、实现、运作

遵循 CDIO 工程教育模式，按照“构思—设计—实现—运作”四阶段开展教学实践。构思阶段，系统梳理实践领域设计原理及基本方法，启发学生基于初步认知自主设计实践方案；设计阶段，引导学生通过数理统计、空间分析研究社会，分析城乡空间形态的特征及问题，形成初步的规划设计意向；实现阶段，实施“汇报—点评—交流—完善”的不断循环，学生在碰撞与交融过程中，深入理解社会、逐步形成整体思维意识；运作阶段，带领学生反复对方案进行评价、反思、批判，锻炼工程系统能力，增强成果方案与社会服务契合度。

（4）“多元化”的教学考核——多主体、多阶段

由指导教师团队，设计院的规划师、建筑师、景观师等工程技术人员，业主方、投资方等甲方代表，社区居民、乡村村民等当地群众，组成的多主体评价团队全过程参与考核。其中，课程共组建约 20 余个“校内教师 + 行业导师”“规划 + 建筑 + 园林”的指导教师团队，每个实践领域约 5~8 个指导教师团队，每个指导教师团队由 2 名专任教师及 1 名行业教师组成，分别来自城乡规划、风景园林、建筑学专业。结合“四阶段”的教学方法，教学考核分为四个阶段，指导教师团队参与各阶段考核，“多主体”评价团队只参与设计环节和运作环节考核。

（5）“四平台”的教学资源——校、政、行、企

课程建有“校政行企”交叉融合的实践基地 30 余个，遴选具有工程协同特征的实际项目建立教学案例库。校内城市学研究院、城苑设计院两大基地，每年依托责任规划师平台提供规划设计项目 10 余个；校外顺义区杨镇、平谷区平谷镇等 20 余个镇村级地方政府提出社会实践需求；北京城市规划学会等行业组织搭建校政企联络机制；北京市建筑设计研究院、北京市清华同衡规划设计院等 10 余个行业龙头企业保障课程实践。

三年来，实践基地共提供 50 余个真实项目案例，其中已有 18 个转化为教学案例，每年更新案例数达 10 个以上。课程先后基于平谷区平谷镇责任规划师的岳各庄村自主更新项目、平谷区王辛庄镇翟各庄村及大辛寨村整村提升工程、顺义区杨镇汉石桥村韧性村庄建设、北京建筑设计研究院的怀柔科学城金隅水泥厂改造项

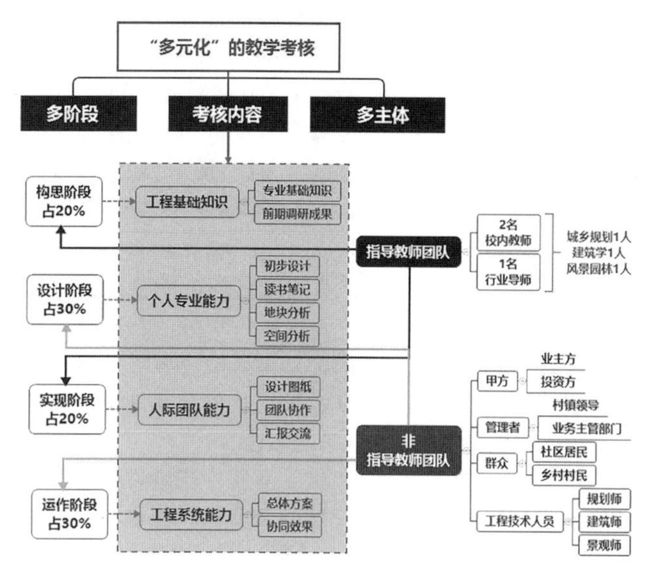

图6 “城乡规划设计实践”课程教学考核示意图

资料来源：作者自绘

目、北京市城市规划设计研究院的杨镇镇域规划之校镇融合研究专题以及怀柔区九渡河传统村落保护与更新设计、密云区古北水镇拓展区规划设计等为教学案例，成果得到业主认可、获评北京优秀城乡规划设计奖。

5 课程创新效果

5.1 塑造提升了责任担当意识

在实地踏勘中发现真问题，运用规划设计解决真问题，通过方案论证真正解决问题。在学生心中厚植了爱民亲民、守心暖心的家国情怀。创建了“城市更新 乡村振兴 守心暖心 逐梦筑城”志愿服务项目，学生全年总志愿服务时长5934小时、280人次。获第七届首都大学生思想政治工作实效奖二等奖、新时代北京高校思政工作创新示范案例、北京高校红色“1+1”展示评选活动三等奖、2023年度最佳科技科普志愿服务项目。

5.2 创新培养了工程协同能力

城乡规划、建筑学、风景园林等专业师生，聚焦首都城乡问题，在交流碰撞融合中激发协同效应。开课前后学生工程协同意识及能力分别提升20%和4%。每年约有30余名学生直接进入实践教学基地进行专业实习，在北京市大学生互联网+大赛等省部级以上学科竞赛、大学生创新创业计划、北京市优秀毕业设计中获奖30余项。

5.3 充分衔接了行业产业需求

以顺义、平谷、密云、通州等地为案例，深入街巷农户，田间地头，足迹遍布北京市东北部100%的区和30%的乡镇，服务村庄百余个，形成规划设计方案200余项，提出建设发展建议500余条。成果受到北京市平谷区平谷镇人民政府、王辛庄镇人民政府以及北京市建筑设计研究院、北京市规划设计研究院的充分认可与高

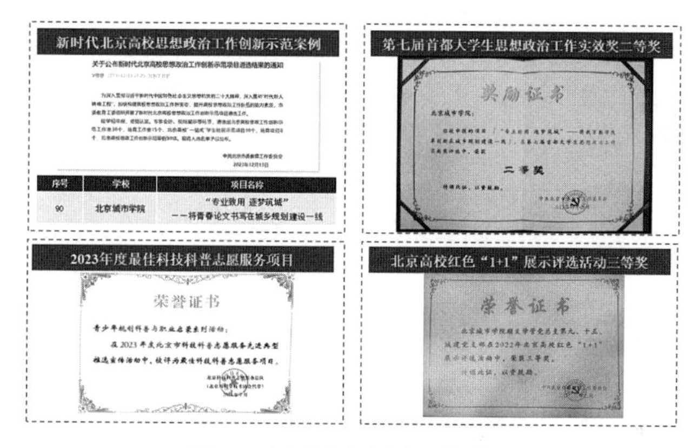

图7 责任担当意识显著增强

资料来源：作者自绘

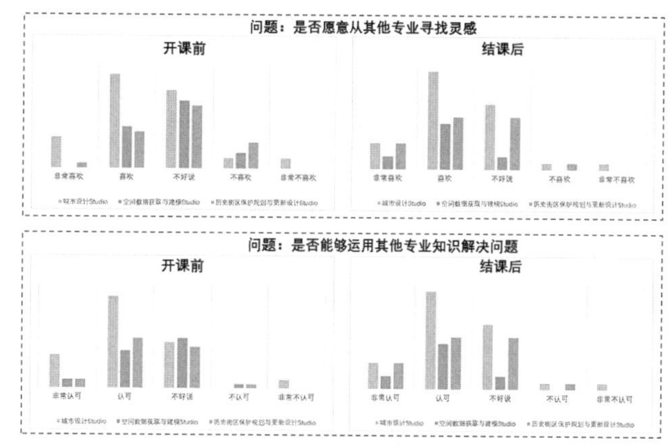

图8 工程协同能力显著增强

资料来源：作者自绘

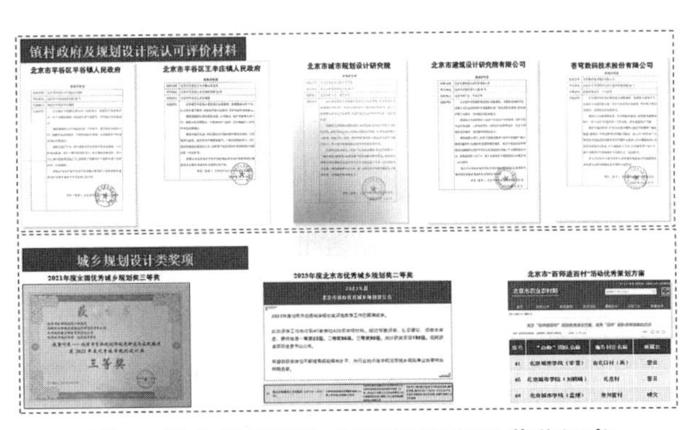

图 9　城乡规划设计成果采纳证明及获奖证书

资料来源：作者自绘

度好评。成果获评 2021 年度全国优秀城乡规划奖三等奖、2023 年度北京市优秀城乡规划奖二等奖、北京市“百师进百村”活动优秀策划方案。

6　课程成果辐射

6.1　构建工程协同能力培养体系

课程实践过程中不断深入剖析凝练工程协同能力的内涵及评价方法。首先，将工程协同能力细分为工程基础知识、个人专业能力、人际团队能力和工程系统能力四个层次；其次，采用 OBE 成果导向教育理念，以工程协同能力重构了教学内容、资源、考核等；最后，实施课程教学效果评价与闭环建设，从能力情况、影响因素、制度保障、师资团队四个方面持续跟进工程协同能力培养效果。

工程协同能力相关成果获评北京高校第十二届青年教师教学基本功比赛论文比赛优秀奖、北京城市学院高等教育教学成果奖。成功举办 2023 城市高质量发展国际论坛暨第十三届园冶高峰论坛分论坛——“课程教学改革创新论坛”，来自国内外的近百位高校及行业专家教师参会。课程负责人入选教育部重点领域（国土空间规划领域）协作组专家，编写出版多媒体一体化教材《小城镇建设》，印数达 10 万册。

6.2　推广产教融合教学创新模式

以课程实践成果为依托，打造了我校城建类专业产教融合育人“四维”模式。维度一：双师型教学育人团队，培育了一支具有多专业背景、兼具丰富行业从业经历的双师型教学育人团队，双师型比例达到 80%。维度二：创新课程实践教学体系，引导教师将校区工程实践、社会服务项目、学科竞赛与课堂教学相结合，以落地实施为目标优化调整设计任务书或考核标准。维度三：开展全方位校企合作，与战略合作企业、实习基地等共建全方位校企协同育人平台，合作的企业有上百家，签署协议的 50 余家，开展教育部产学合作协同育人项目 16 项。维度四：建设校内产学研创新网络，整合教学单位、科研机构、校办产业，成立城市学研究中心、规划设计研究院，明确科研机构的灵魂地位，强调人才培养的中心地位。

产教融合教学模式项目成果获批中国地理信息产业协会数字乡村与村庄规划产学研融合创新基地、北京市高等教育学会 2022 年度重点课题，成功举办 2023 年度北京市责任规划师总结交流大会分论坛，在北京市平谷区责任规划师 2022 年工作部署及经验交流会上从产教融合与专业融合方面进行了经验分享，与京津冀多所高校交流产教融合教学经验。

参考文献

[1] 白逸仙，王华，王珺．我国产教融合改革的现状、问题与对策——基于 103 个典型案例的分析 [J]. 中国高教研究，2022（9）：88-94.

[2] 程荣荣，董琳．高校跨学科协同实践教学模式探讨——以远景学院为例 [J]. 高教学刊，2019（17）：104-106.

[3] 杜婷婷．STEAM 教育背景下我国工科生跨学科能力现状及提升对策研究 [D]. 重庆：西南大学，2020.

[4] 黄美根，王涛明，梦君，等．基于建构主义的工程能力 CDIO 实践培养模式 [J]. 高等工程教育研究，2023（4）：58-64.

[5] 李小婧．基于 CDIO 理念的展示设计课程“三维度四阶段”教学模式研究 [J]. 装饰．2020（4）：128-129.

[6] 林鹏，许振浩，杨为民，等．新工科背景下交叉融合型创新人才培养模式探索 [J]. 高教学刊，2023，9（4）：27-30.

[7] 刘大卫，周辉．中外高校产教融合模式比较研究 [J]. 人民论坛，2022，（3）：110-112.

[8] 王盾，王建兵，李俊英，等．基于 PBCL-CDIO 模式的

园林规划设计类课程教学研究——以惠州学院为例 [J]. 实验室研究与探索，2020，39（6）：223-228.
[9] 王树国. 深度推进产教融合 协同育人创新工程——西安交通大学“百千万卓越工程人才培养项目”的探索与实践 [J]. 学位与研究生教育，2022（7）：1-5.
[10] 周晨，熊辉. “风景园林综合 STUDIO”教学体系设计的创新路径及学生满意度研究 [J]. 湖南师范大学自然科学学报，2017，40（4）：89-94.
[11] 朱科蓉，王彤. 跨学科多专业协同实践教学的探索现代教育管理 [J]. 2014（1）：86-89.

Educate People with Responsibility and Teach With Integration and Innovation ——Study on the Innovation Achievements of Urban and Rural Planning and Design Practice Course

Meng Yuan　Liu Rui　Li Yunqing

Abstract: Focusing on the fundamental problem of who to train, how to train people and train for whom, it conforms to the comprehensive development trend of urban and rural planning and design industry. Based on the pain points such as the disconnection between the traditional professional ability training and the value shaping of serving social consciousness, the disconnection between the traditional talent training paradigm and the era development of interdisciplinary integration, and the disconnection between the traditional curriculum assessment and the goal orientation recognized by social industry, the course adheres to the concept of “educating people with responsibility and teaching with integration and innovation”, and adopts systematic innovative measures from the aspects of teaching objectives, contents, methods, assessment and resources. After several rounds of teaching practice, the course has achieved the effects of shaping and enhancing the sense of responsibility, innovating, and cultivating the ability of engineering synergy, and fully connecting the needs of the industry. It has led students to grow into witnesses of urban renewal, watchmen of historical heritage, and pioneers of the beautiful village, and has a certain radiation promotion effect.

Keywords: Industry-education Integration, Course Innovation, Engineering Synergy Ability, Responsibility Sense

基于行动导向方法的乡村专题实践教学探索

王　鑫　徐高峰　徐凌玉

摘　要：近年来，乡村专题在城乡规划教学中日益受到关注，设定合适的教学场景，支撑教育的高质量发展，成为教学改革的重要方向。课程组采用行动导向方法，依托任务型教学实践，激发学生的主体性，探索空间数字人文技术在乡村专题实践教学中的应用。教学以京西乡村为样本，针对龙泉镇、妙峰山镇、王平镇等地乡村遗产进行实践教学，旨在服务历史文化保护、支撑优秀传统文化传承。该方法注重真实场景、应答能力和团队协作，应对城乡融合发展中的现实问题，促进学生全面能力的提升，为乡村振兴贡献智慧和力量。

关键词：行动导向方法；乡村振兴；实践教学；空间数字人文；城乡融合

1　教学探索背景

2019年，教育部发布《关于深化本科教育教学改革全面提高人才培养质量的意见》，强调实践育人、产教融合，组织学生参加社会调查、生产劳动、志愿服务等实践活动。2020年，中共中央、国务院印发《深化新时代教育评价改革总体方案》，明确对科研创新能力和实践能力考查。2023年，中国城市规划年会在武汉召开，在“规划专业能力培养的关键”研讨会中，多位专家强调了实践平台的教学作用，倡导建构实践引领的培养体系，通过项目课题支撑实践教学。

北京交通大学在推进落实“十四五”规划中，关注产教结合实践，强化实践教学，促进实践课程、专业实践与生产实践的有机融合。近年来，学校持续完善“四个一体化”人才培养工作格局，设置创新创业实践、专业综合实践、实习实训和毕业设计等模块，关注提升服务经济社会发展的能力。

基于此，课程组教师积极探索专业实践教学的着力点，在学校实践模块的基础上引入“行动导向方法（Action-Oriented Approach）”，搭建教学平台、探索理论与实践相结合的教学框架，依托校内外资源支撑实践教学。在教学方案实施过程中，立足学科特点和城乡发展的现实问题，探索空间数字人文技术对于乡村历史文化研究、空间现状信息采集、更新利用策略辅助的支撑方式，为学生提供实践机会，引导学生熟悉乡村遗产保护和社区营造过程的技术要点和方法体系。

2　方法建构与教学探索

行动导向方法最早在语言教学中提出，植根于建构主义范式（Constructivist Paradigm），强调任务型学习与实践充分结合。行动导向方法旨在激发参与学习者的能动性，鼓励通过现实场景进行教学，以任务或项目形式完成。该方法源于20世纪上半叶的行动研究（Action Research），社会心理学家库尔特·勒温（Kurt Lewin）将行动研究引入社会科学研究，强调参与者介入社会实践活动，通过规划（Planning）、行动（Acting）和监测（Observing）全过程的变化，并给予反馈（Reflecting）。

在实践教学中，与行动导向方法协同应用的还有项目式教学（Problem Based Learning，PBL）和成果导向教学（Outcomes Based Education，OBE）方法。其中各类方法的差异在于，行动导向方法强调真实场景、应答能力、团队协作，PBL关注项目设定、复杂问题和主动学习，OBE注重明确的成果、以学生为中心和全

王　鑫：北京交通大学建筑与艺术学院副教授
徐高峰：北京交通大学建筑与艺术学院讲师（通讯作者）
徐凌玉：北京交通大学建筑与艺术学院讲师

面发展。对于乡村规划教学和实践，目前城乡融合和建设过程中存在着大量亟须应对的现实问题，符合真实场景特点；新技术不断涌现，如空间信息和数字人文等方法，要求学生具有持续的应答学习能力；此外，以乡村文化遗产为代表的议题涉及不同的专业能力，团队协作成为必要支撑。于是在教学中，基于行动导向方法开展专题实践，将地区探索、能力提升、服务社会相融合，建构实践教学方法体系。

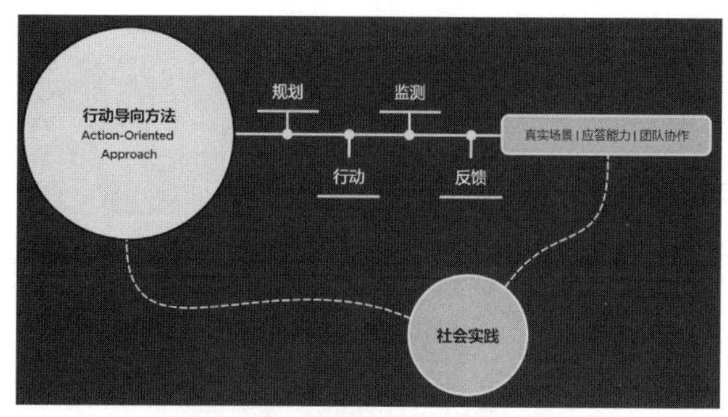

图 1　行动导向方法的教学框架
资料来源：作者自绘

图 2　真实场景的要素构成
资料来源：作者自绘

2.1　真实场景：主动响应服务社会

在教学场景建构方面，在课堂学习、专业竞赛、实践实训中，通过政策解读、田野调查、访谈交流、规划实证等方式，引导学生全面感知乡村问题，在实践学习过程中建立主动响应服务社会的内在驱动。立足“教学与科研一体化”，专业技能对现实诉求的回应。乡村振兴包括产业、人才、文化、生态、组织等方面，其中产业、人才、文化均需要技术“抓手”实现体系的跃迁和链接。如何从课堂理论学习引入到实践全过程，对师生提出了更高要求，需要对乡村现状、各级政策、技术流程有着全面的认知。

在教学中，课程组采用政策解读、技术梳理、现实分析的方法，为学生建构出完整的技术背景与应用框架，鼓励学生关注“源”与“流”的关系，明确学习内容的导向，做到目标明确、路径清晰、事半功倍。

乡村专题实践所包括的内容广泛，在城乡建设领域，乡村人居环境和历史文化脉络是工作的重点之一。党的二十大报告强调了城乡历史文化的保护与传承，《北京市“十四五”时期乡村振兴战略实施规划》和《北京历史文化名城保护条例》都突出了对传统村落、历史文化名村名镇进行保护的重要性，并提出推动遗产资源数字化和数据库建设。

近年来，持续完善的法规、条例以及乡村振兴文件为实践教学提供了方向，对《乡村振兴战略规划（2018—

部分政策、法规、报告解读　　表1

政策 / 法规 / 报告名称	发布时间	内容要点
乡村振兴战略规划（2018—2022 年）	2018 年	实施农耕文化传承保护工程，深入挖掘农耕文化中蕴含的优秀思想观念、人文精神、道德规范
数字乡村发展战略纲要	2019 年	开展重要农业文化遗产网络展览，大力宣传中华优秀农耕文化
关于推动数字文化产业高质量发展的意见	2020 年	支持文物、非物质文化遗产通过新媒体传播推广，创新表现形式，深化文化内涵
关于进一步加强非物质文化遗产保护工作的意见	2021 年	完善档案制度，加强档案数字化建设，妥善保存相关实物、资料
乡村建设行动实施方案	2022 年	加强历史文化名镇名村、传统村落、传统民居保护与利用。保护民族村寨、特色民居、文物古迹、农业遗迹、民俗风貌

图 3　课程组师生团队进行乡村调研

资料来源：作者自摄

2022 年）》《数字乡村发展战略纲要》《关于进一步加强非物质文化遗产保护工作的意见》等文件的学习和解读格外关键。此外，学校和学院持续乡村主题的实践工作，以“创新设计、服务乡村、传承文化、共建家园”为主题，组织师生团队在北京、河北、山西、河南等地 20 余个村落开展乡村主题实践，开展传统村落保护、乡村空间建设、景观环境提升、地方文化传播等工作。与乡镇和村委沟通对接，建立多种形式的教学平台，指导学生进行乡村地理、村情历史、文献资料分析，开展问卷调查、实地踏勘、空间分析，并利用夏季学期驻扎村内，切身体验村内生活，为应答能力提升奠定场景基础。

2.2　应答能力：平台支撑与方法学习

（1）平台支撑

在课程群的建设方面，课程组整合暑期社会实践、首都高校师生服务乡村振兴行动计划、专业课程、创新实践等环节，建构多要素联动的框架体系。在课堂教学和实践教学两端同时发力、双向衔接，实现政、校、企三方共建平台，为空间数字技术的学习和融入提供驱动力。

首先，将科研课题融入实践教学，通过学科协同搭好基础。在课程设计与教学方法方面，融合数字人文的科研案例，包括课程组教师承担的省部级课题和校级教改项目，将空间信息采集和遗产数字化技术融入聚落空间专题课程，让学生了解实际应用和前沿问题。此外，课程组教师具备建筑学、城乡规划学、历史学、空间信息技术等学科知识背景，共同开设跨学科课程，有利于帮助学生建构完整的、高适应性的知识体系。

其次，在教学中明确实践导向，设置适宜环节。通过组织学生参加暑期社会实践、挑战杯、创新实践等活动，激发学生服务社会、技术迁移、创新实践。寓教于研、教研同步，在参与科研项目的过程中提高实践能力，并最终为乡村社区营造提供技术服务。

此外，建立资源共享与交流机制。依托空间信息平台、在线地图、数据网盘、社交平台等，建立科研、教学、实践共享平台，所有参与其中的主体都能够共享科研资源和成果。不仅限于师生群体，企业专家和乡村居民也能够看到实践成果。在此基础上，组织不同形式的交流，教师之间的学术报告、研讨会，师生之间的实践创新分享，师生与企业和乡村之间的成果交流。

（2）方法学习

体系建构之后，教学环节中关键要素包括选择合适的空间数字人文工具，适应乡村建成环境的历史文化特征和现实功能诉求。结合目前在数字人文、乡土遗产、社区营造等方面的研究探索，例如空间数字档案、历史地理信息系统（HGIS）、无人机航拍（UAV）等，均被纳入教学环节。

具体而言，空间数字档案对于乡村历史教育大有裨益。创建数字档案，记录乡村历史、文化和传统，供师生学习和研究。历史地理信息系统（HGIS）可以在遗产保护规划中应用，使用历史卫星影像梳理空间沿革，借助空间技术分析乡村土地利用、资源分布和环境问题，为遗产资源管理和空间规划提供数据支持；无人机航拍（UAV）有助于体验乡村空间，若再和 VR 或 AR 技术相结合，可以在多尺度空间维度中体验乡村环境，深度了解乡土文化和社区。

图 4　课程组与大疆和华创技术人员进行交流

资料来源：作者自摄

此外，课程组教师还与北京华创同行科技有限公司、深圳大疆创新科技有限公司就空间三维影像扫描与建模、无人机操作模拟平台等技术要点进行合作交流，获得了专业技术指导。

2.3 团队协作：任务分工与协同组织

在行动导向的实践教学中，学生团队成员各司其职，根据个人特点对新技术手段进行学习和应用，关注乡村的时空特征和问题源流。不同的实践项目对任务量和时间节点要求各异，团队一般由 3~6 人组成，划分成历史研究、田野调查、数据建档、空间分析等小组，通过时空体系建构，实现从文脉梳理到更新策略的转向。

自 2020 年以来，课程组多次组织京西乡村田野实践，与乡民交流访谈。通过连续的田野调查，鼓励学生探索新技术在乡村语境中的应用场景。如果说经典的技术手段关注共时性问题，新的技术可以提供历时性的空间体系建构，实现从历史研究到更新设计的连续转向。课程组依托北京市级课题进行了样例探索，在教学中采用了 HGIS 的方法，根据个人专长和兴趣进行任务分工，引导学生以历史沿革与时空分布为依据，协同搜集和分析数据。

在此基础上，提取出空间数字人文的关键要素，包括山脉、水系、道路、园林、寺庙、重要产业点，并将其归纳为自然要素和人文要素两类。根据 ArcGIS 平台的点、线、面属性，将收集到的文字信息整理归纳为相应要素，借助地理信息将其组织为区域性的网络要素。

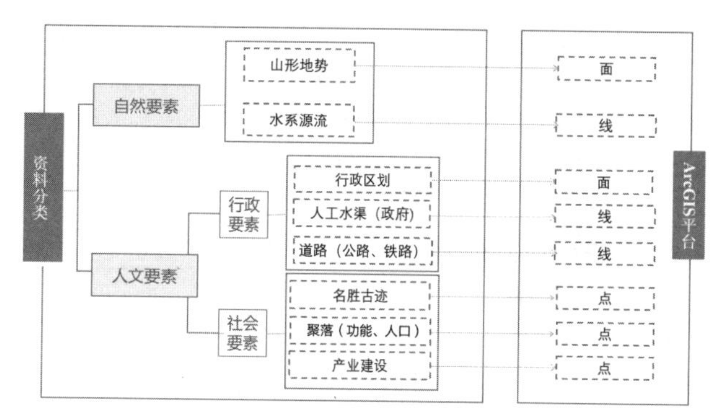

图 5 空间数字人文要素分类

资料来源：马宣利

图 6 各类乡村专题教学获奖证书

资料来源：作者自摄

3 教学案例与成效

近年来，课程组与北京市密云区溪翁庄镇、门头沟区龙泉镇和妙峰山镇以及河南省信阳市新县等地联系对接，通过专业竞赛、社会实践、毕业设计等方式落实乡村专题实践校地合作。依托既有工作基础，指导学生团队参加全国高等院校城乡规划专业大学生乡村规划方案竞赛、首都高校师生服务乡村振兴行动计划、高校师生服务新时代首都发展“双百行动计划”等活动，将科研与教学的共融成果与乡村文化遗产保护与空间更新诉求紧密结合。

3.1 典型案例：京西乡村专题行动

京西古道作为历史悠久的古道之一，承载着丰富的文化历史和重要的地理意义。其历史渊源、地理位置、商贸文化和交通重要性都是需要关注的重点。沿线上的历史建筑、传统村落、古迹遗址等文化遗产，构成了其独特的文化风貌，是乡村文化传承的重要组成部分。然而，京西古道沿线的乡村文化遗产也面临着自然灾害和城市化进程等多方面的挑战，特别是 2023 年的特大暴雨给门头沟区乡村文化遗产造成了不可忽视的损失，这引发了对乡村文化空间的深层次思考，为行动导向的教学建构和任务解析提供了实践场景。

综上，针对京西古道沿线乡村展开行动计划，深入挖掘其历史文化内涵，结合最新的政策文件和重要理念，以及数字化保护技术，为其保护与传承提供更具体的路径和方向。有助于文化遗产的长期保护，为乡村振兴和历史文化传承贡献积极帮助。

3.2 实践行动实录

（1）前期准备

搜集区域乡村环境数据，包括区位条件、道路交通、历史文化情况、自然生态基础、空间格局和建筑情况，归纳京西古道、京门铁路和妙峰山香道的发展，为空间数字人文技术的应用实践奠定基础。

根据预调研，聚焦乡村文化遗产数字化，体现乡村的实际诉求，关注“传统琉璃工艺在现代社会面临的机遇和挑战”“古道/铁路/香道等空间要素对于当代乡村的影响”等问题，思考传统村落的存续和发展，助力乡村振兴建言献策。

（2）调研实践

● 与琉璃渠村宝顺宅院进行访谈交流；

● 实地走访，记录村落空间格局和重要遗产案例；

● 赴涧沟村进行无人机正射影像及倾斜摄影等航拍工作，妙峰山娘娘庙采集文物保护单位建筑影像、古树名木挂牌落位等遗产信息；

● 赴丁家滩村进行铁路沿线商店、车站、扳道房的三维点云扫描工作；

● 对琉璃渠村的宝顺宅院建筑群、关帝庙、万缘同善茶棚、皇家琉璃艺术馆及三官阁过街楼进行三维点云扫描工作；

● 赴东石古岩村进行空间信息采集，记录沿线重要遗产点。

（3）实践总结

专业行动贯穿于校内的头脑风暴、技术研讨和校外的田间勘察、村民交流等全过程，课程组教师努力在技术空间和田间地头之间寻找到平衡点，包括技术成本的管控、技术落地、不同数据平台之间的搭接，最终形成适宜可用的实践成果。

在梳理村内情况及发展思路的前提下，对乡村走访和深入测绘的结果进行数字化转译，并专门收集了乡村物质文化遗产和非物质文化遗产信息，进行微视频记录，后期结合专业知识，将成果整合到遗产信息数据库中。

成果内容包括：

● 建构京西文化空间数据库，对空间数据进行分类归档；

● 整理调研成果，完成调研报告；

● 依托调研撰写学术论文，参加期刊投稿和会议发表。

3.3 实践教学成果

（1）涧沟村正射航拍影像

综合考虑信息采集气象、飞行管理等因素，利用无人机航拍对涧沟村整体空间格局及妙峰山香道进行图像信息采集，大尺度展示村庄发展与香道的关系。

图 7 实践教学现场

资料来源：作者自摄

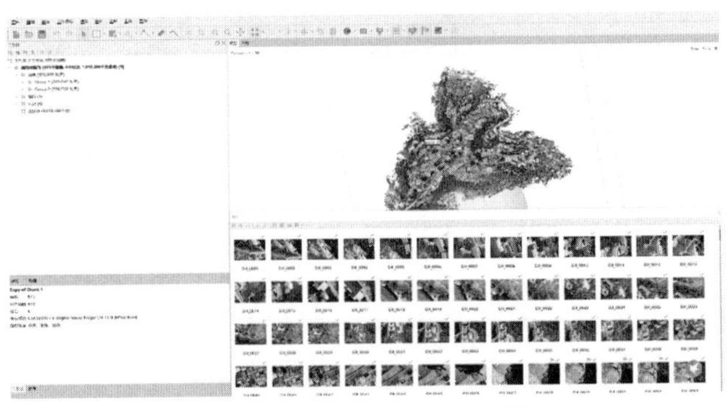

图 8 涧沟村航测影像照片

资料来源：作者自绘

（2）乡村遗产空间要素点云模型

丁家滩村及琉璃渠村为禁飞区，使用激光扫描仪对村落的典型公共空间与建筑进行了测绘、拍摄和记录，获得了高分辨率图像信息与高精度空间数据模型。

（3）京西文化遗产数据库

基于课程组的持续积累，汇总各类地理信息空间数据资料，其中包括面要素（门头沟区范围）、线要素（永定河流域、京西古道、京门铁路、公路线等）以及点要素（门头沟区村落位置点、渡口、寺庙分布点等）。

（4）京西文化遗产开放数据库及数字地图

基于各类基础数据，依托 Maptable 云原生地理信息平台，完成了京西文化遗产数据库的搭建，使得文化遗产信息和地图地理位置信息相结合，基本建设完成京西文化遗产空间数据与图档数据的连接、协同和可视化开放数据平台。在开放数据库中，各类文化遗产具有确定的坐标和属性，访问用户不仅可以线上通过图片、文档等方式了解文化遗产，还可通过数字地图了解京西文化遗产的详细位置信息。

图 9　部分点云可视化模型

资料来源：作者自绘

图 10　数据库部分内容展示

资料来源：作者自绘

4　小结

在教学改革探索和乡村振兴的时代背景下，课程组立足学校实践教学模块，引入行动为导向方法，构建了理论学习与项目应用结合的教学框架。通过整合暑期社会实践、乡村振兴行动计划、专题规划设计等环节，实现了教学内容与实际诉求的紧密对接。该方法依托校内外资源，强化了学生对乡村专题学习要点的掌握。通过真实场景、应答能力、团队协作的融入，课程组与多地建立了校地合作关系，使学生能够将科研与教学成果应用于乡村文化遗产保护与空间更新。行动导向的教学探索不仅增强了学生的实践能力，也为乡村振兴贡献了专业力量，反映了面向时代发展的规划专业教育的积极成效。

参考文献

[1] ADELMAN C. Kurt lewin and the origins of action research[J]. Educational Action Research, 1993, 1（1）: 7–24.

[2] BARBARA L. Utilizing action research for learning process skills and mindsets[M] // Rauch F, SCHUSTER A, STERN T, et al. Promoting change through action research. Rotterdam: Sense Publishers, 2014: 77–85.

[3] KATRIEN V P, ELLEN V, LEIF Ö. Teaching action-oriented knowledge on sustainability issues[J]. Environmental Education Research, 2024, 30（3）: 334–360.

[4] 李冠元，田广阔，陈柏辉，等．行动导向下的乡村振兴规划创新探索——以杭州新叶村为例 [C]// 中国城市规划学会，杭州市人民政府．共享与品质——2018 中国城市规划年会论文集．北京：中国建筑工业出版社，2018：11.

[5] 张凌青，闫静，王旭熙．融合数字人文空间的城乡规划虚拟可视化教学创新研究 [C]//AEIC Academic Exchange Information Centre（China）. Proceedings of 2019 5th International Conference on Humanities and Social Science Research. International Conference on Humanities and Social Science Research.[S.l：s.n.]，2019：8.

[6] 张玉坤，徐凌玉，李严，等．空间人文视角下明长城文化遗产数据库建设及应用 [J]. 古建园林技术，2019（2）：78-83，94.

[7] 王睿，张赫，曾鹏．城乡规划学科转型背景下专业型硕士研究生培养方式的创新与探索 [J]. 高等建筑教育，2019，28（2）：40-47.

[8] 张子迎，周华．文化遗产数字化课程实验教学建设与探索 [J]. 中国信息技术教育，2020（9）：107-109.

[9] 李月，龚子文，郑民源．多媒体视阈下“非物质文化遗产数字化展示”课程建设与教学研究 [J]. 艺术与设计（理论），2023，2（11）：149-152.

A Study of Practical Teaching of Rural Topics Based on the Action-Oriented Approach

Wang Xin　Xu Gaofeng　Xu Lingyu

Abstract: Rural topics have received increasing attention in urban and rural planning teaching in recent years. Setting appropriate teaching scenarios to support the high-quality development of education has become an essential direction of teaching reform. The teaching team adopts the Action-Oriented Approach, relying on task-based teaching practice, stimulating students' subjectivity, and exploring the application of spatial digital humanities methods in the practical teaching of rural topics. With the case study of the countryside in western Beijing, the rural heritage of Longquan, Miaofengshan and Wangping is surveyed and studied for practical teaching, aiming to protect history and culture and support the inheritance of excellent traditional culture. The method focuses on real scenarios, autonomous ability and teamwork, responds to real problems in the integrated development of urban and rural areas, promotes the improvement of students' all-round ability, and contributes wisdom and strength to revitalizing the countryside.

Keywords: Action-Oriented Approach, Rural Revitalization, Practical Teaching, Spatial Digital Humanities, Urban-Rural Integration

绿色人居 无界课堂：基于情境教学法的“思政+产学研融合”实践教学场景与模式探索

齐 羚 赵之枫 熊 文

摘 要： 本文将情景教学方法引入城乡规划研究生培养的实践教学工作中，通过党建工作与实践育人相融合，发挥“三全育人”工作实效，提升人才培养质量。以开放的教学态度、动态化多学科交织的视角，营造基于价值观教育核心的“无界课堂”，研究情境教学作用机制与教学设计。依托教学体系和过程构建实践载体，探索“思政+产学研融合”实践教学场景和人才培养模式，并结合“为人民而设计”的大栅栏历史街区健康人居环境更新典型案例进行实践运用。

关键词： 城乡规划；情境教学法；无界课堂；实践教学场景

1 引言

认知具有具身性（Embodied）和情境化（Situated）的特征。瑞士著名心理学家让·皮亚杰[1]认为“知识不是通过教师传授得到，而是学习者在一定的情境即社会文化背景下，借助其他人的帮助，利用必要的学习资料，通过意义建构的方式而获得的”。知识是个体与环境交互作用过程中建构的交互状态，是人类协调行为适应动态变化发展的环境的能力，知与行需交互融合，知识需情境化即通过实践出真知。中国文化将理论分为“知论”和“行论”两大类，中国传统哲学重视探讨知行关系，讲究知行合一。吴良镛先生[2]用东方融贯综合的哲学观念，论述“人与生存环境”的关系，提出“人居环境科学”的思想。学科本身具有复杂性、综合性与实践性特点，规划设计是从知向行的转化，需要知行两者结合，转识为智。规划实践教学是人才培养体系中的关键环节，也是培养学生解决实际问题能力和深化学习成果的有效途径。

基于当代大学生教育“脱境”和“离身”状态下的学习危机和信息化时代屏幕暴露带来的认知与实践脱节的问题，本文将无界化理念和情景教学方法引入北京工业大学城乡规划系研究生培养的实践教学工作中，着力将党建工作与实践育人相融合，持续发挥“三全育人”工作实效，提升人才培养质量。以开放的教学态度、动态化多学科交织的视角，营造基于价值观教育核心的“无界课堂”，依托教学体系和过程构建实践载体，探索“思政+产学研融合”实践教学场景和模式，培养未来具有生态智慧的绿色人居环境规划实践者。

2 情境教学法概念及作用

教育家苏格拉底的产婆术是西方情境教育的萌芽。情境教育是将学习与情境相融合并通过情境演化而优化课程教学的教育活动范式。1989 年 Brown、Collin、Duguid[3]在《情境认知与学习文化》中提出情境教学的概念，认为“知识只有在它们产生及应用的情境中才能产生意义。知识绝不能从它本身所处的环境中孤立出来，学习知识的最好方法就是在情境中进行。”1978 年中国教育家李吉林从刘勰的“意境说”中受到启发，首创情境教学并构建理论体系[4]。情境教学法是指在教学过程中教师有目的地引入或创设具有一定情绪色彩的、以形象为主体的生动具体的场景，以引起学生一定的态度体

齐 羚：北京工业大学城市建设学部副教授
赵之枫：北京工业大学城市建设学部教授
熊 文：北京工业大学城市建设学部副教授（通讯作者）

验，从而帮助学生更好地理解教材并获取知识或技能，使学生心理机能得到发展的教学方法[5]。情境教学法是让学生身临其境的体验式教学方法，其核心是“创设情境”，采用多种教学手段，围绕教学目标和需解决的问题创设教学情境，使学生或产生兴趣融入这种情境，或与学生原有的认知发生冲突引发质疑，进而调动其学习的积极性，使学生经历从未知到已知的探索过程[6]。这也是建构主义学习理论的“情境”“协作”“会话”和“意义建构”四大要素的基础，从情境认知视角理解教育，则更关注情境在学生认知及身心发展中的作用，通过构建刺激情境，具身的体验性学习促进科学理解，激活学生心生理智能潜能，从而增强主动学习的广度与深度。

3 “绿色人居 · 无界课堂”人才培养模式

3.1 方法与模式

紧密结合学科发展前沿，积极响应国土空间规划、城市更新等新时期学科建设需求，依托大栅栏历史街区健康人居环境更新研究团队的科研和教学基础，以“风景园林学前沿”等人居环境科学类研究生课程为教学模式创新载体，联合清华大学、北京林业大学、同济大学等兄弟院校，中规院、北规院、清华同衡等行业大院和智慧科技公司，形成一支科教产教融合的校内外教师团队，研究具有北京工业大学城乡规划专业自身特点的党、产、学、研融合发展的实践教学新模式，进一步改革和完善现有的实践教学体系，强化实践教学环节，保障实践教学质量；打通校园课堂理论与社会实践的壁垒，形成绿色融合的无界课堂，通过前沿理论、前沿思想、前沿方法和实践的系列教学活动，加强教师党支部与研究生党支部、兄弟院校及设计院党支部的共建，联合开展主题党日活动，将思政教学形式和内容进行有效融合，形成“思政 + 产学研融合”的实践教学场景和人才培养模式；通过延展性教学实践活动，结合学生竞赛、责师行动和城市更新实践项目，将理论与实践结合，打造多种类型实践基地，与街道和企业联合，实现管理—规划设计—施工落地—社会参与的全流程实践教学体系和环节（图 1）。

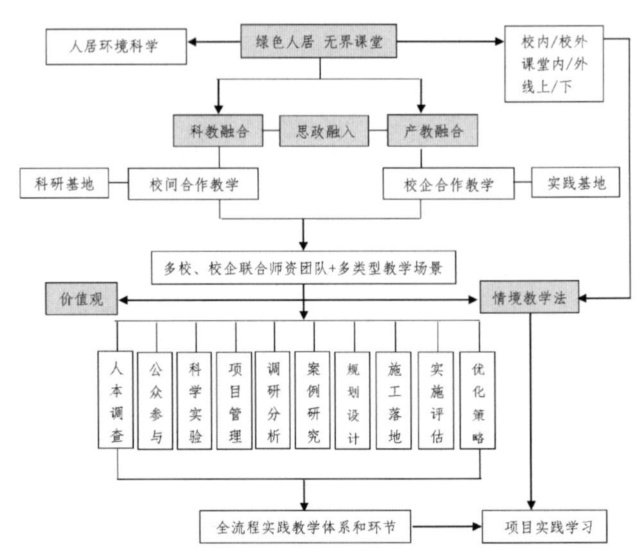

图 1 研究生“思政 + 产学研融合”实践教学场景与模式研究路径图

资料来源：作者自绘

结合教师自身学科特点、教学科研工作和教学对象特点，构建一心一纵三横、三环两翼的灵活教学模式（图 2），实施启发式、开放式和研讨式的教学方法，引导学生从大处着眼，小处着手，逐层推进进行作业设计，并采取开放式成果考核机制，促进师生之间、课堂内外多层次和多环节的互动交流，营造良性互动的创新型教学环境。

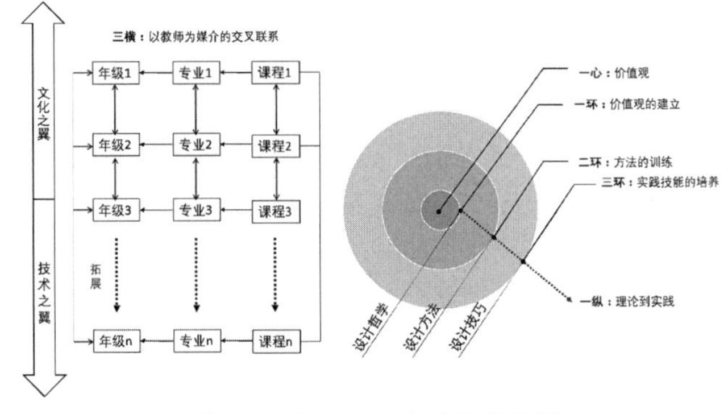

图 2 “绿色人居 · 无界课堂”教学模式图

资料来源：作者自绘

3.2 思政育人目标

（1）以绿色人居的价值观培养为核心，全环节融入思政元素

课程和研究生培养将党建工作与教学和实践育人

相融合，加强与学生党支部共建，联合开展主题党日活动，使学生树立正确的自然观和规划设计价值观，具有良好的道德修养和社会责任感。同时将贯彻党中央对城乡规划和建设的重要精神、决策和部署落实于教学内容的全过程环节，并与时俱进更新教案内容。包括前沿研究文献学习与讨论环节的政策解读与热点研究，前沿理论、思想和技术、行业实践环节的解读，都围绕国家战略方针政策融入思政元素。

（2）以无界课堂的教学体系为载体，全过程融合党建引领

依托党建共建平台、产学研基地和实践基地平台，凝聚产教融合、校企合作、兄弟院校联合教学的课程团队资源，组织线上线下相结合、参与度高且高效化的无界课堂。学生来自城乡规划学、风景园林学和建筑学三个学科背景，课程打破学科壁垒，紧密结合学科发展前沿。通过参观与课堂相结合、案例与实训相结合的学习形式，讲授、讲座、交流、参观等多元化沉浸式的开放课堂形式，邀请师生共同参与课程环节的分享，以及设置交流环节、研讨汇报环节，提高学生的参与度，加强学习效果。

4 情境教学作用机制与教学设计

4.1 作用机制与教学过程

教师以情境为中介，针对问题和目标构建不同教学场景，通过教学设计开展教学活动，引导教学对象进行教学内容的沉浸式体验与学习，包括情感、认知和行为投入和知识能力训练，通过学习结果的反馈和评估来优化教学设计。教学过程包括创设情境、引起动机、确定目的、制定计划、实施计划和评价成果（图3）。

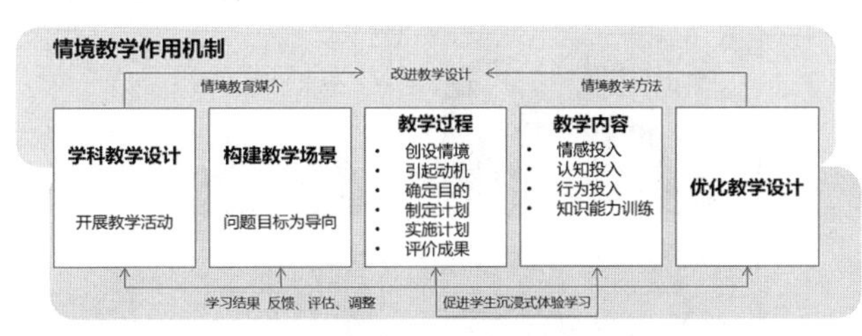

图3 情境教学作用机制图

资料来源：作者自绘

4.2 教学设计

（1）教学目标

价值目标：针对问题设立情境，让学生在情境中自我选择、自我判断、发现价值，形成良好的道德认知和道德情感。强调中国规划设计师的设计价值观和民族性本位的设计思想。使学生树立正确的自然观和设计价值观，具有良好的道德修养和为人民而设计的初心，达到思政育人目标。

知识目标：掌握城乡规划和设计的基础理论、专业知识和解决规划实践问题的技术与方法，了解城乡规划和设计领域工程实践的技术现状、发展趋势以及相关学科的基本理论与实践发展。

能力目标：具备良好人文素养、美学素养、职业素养及较强创新、实践和沟通能力，能从事城乡规划与设计、规划管理等领域工作。

情感目标：具有家国天下情怀、社会责任感和人文关怀温度。具备从事专业学习和实践的兴趣、动机、自信、意志和合作精神，形成文化自信的祖国意识同时具有兼容并蓄的国际视野。塑造品德优良、身心健康、坚强意志的品格精神。

（2）创设情境

根据教学目标分析，考虑有利于学生建构意义的情境的创设问题，结合问题和目标创设情境。情境类型分为线上情境和线下情境、校内情境和校外情境、课堂内情境和课堂外情境、实践理论情境和实践项目情境。结合讲授、讲座、会议交流、案例参观和拓展性科研项目实践等多种形式开展，并结合联合主题党日活动全方位、全过程融入思政元素，加强思政教学效果（图4、表1）。

（3）小组协作

根据课程作业和项目类型，结合研究生的研究方向进行分组，强调小组协作贯穿学习过程的始终。团队或小组成员之间相互帮助、学习和扶持，包括学习资料的搜集与分析、假设的提出与验证、调研与公众参与活动的组织与开展、规划设计的讨论与推进、学习成果的评价。通过会话商讨、任务计划制定、ppt研讨、模型与图纸表达等完成协作学习过程，在此过程中，每个学习者的思维成果为整个学习群体所共享。

图4　部分课程系列海报

资料来源：作者自绘

（4）意义建构

意义构建是整个学习过程的最终目标。在学习过程中帮助学生对当前学习内容所反映的事物的性质、规律以及对该事物与其他事物之间的内在联系达到较深刻的理解，以建构关于当前所学内容的认识结构。通过对情境的认知，学习成员之间达成协作，在协作的过程中通过会话交流完成彼此的心理沟通，最终形成对知识的意义建构，这四个相互联系的环节就构成了情境教学法的理论建构。不仅包括相关课程的作业和考核成果，还有扩展性的研究生全过程培养，包括科研课题、项目实践、调研和设计竞赛。最终的成果指向都是结合研究方向的理论方法总结，包括发表高质量论文和撰写学位论文，形成“课程—项目—论文—答辩”的全环节闭环。

创设情境类型示意　　**表1**

情境类型	线上	线下	课堂内	课堂外
实践理论情境				
	案例参观	人本观察	公众参与	规划设计
实践项目情境				

5 实践育人案例：“为人民而设计”的大栅栏历史街区健康人居环境更新

5.1 教学目标与内容

城乡规划专业面向城乡建设需要，助力城市更新，解决城乡发展中的实际问题。结合“党建引领社区治理责任规划师”工作体系，将“人民至上”的理念贯穿于育人全过程。“大栅栏历史街区健康人居环境更新研究团队”通过理论与实践结合，将大栅栏作为课程实践教学场景，与街道和企业联合，实现管理—规划设计—施工落地—社会参与的全流程实践教学体系和环节。通过学生的切身参与，理解城乡规划的内涵与现存问题，塑造学生“以人民为中心”的底线规划思维，提升学生知百姓、懂民生的共情能力，培育学生成为落地的城市规划师与设计者。开展绿色空间生态规划、低碳出行与城市更新政策应用与管理、人本街道慢行指数评估及治理、儿童友好公共空间设计、健康街区可持续更新设计、建筑遗产保护更新规划设计、历史建筑预防性保护设计等多学科模块交叉融合的无界课堂。

5.2 研究方向及教学成果

（1）历史文化街区儿童友好建设研究

科研育人以大栅栏街区公共空间为研究对象，首先挖掘北京历史文化街区中华优秀传统文化基因，通过人本观察、儿童心理及生理认知实验和语义分割等方法，研究儿童认知特征及文化认知偏好，建立大栅栏历史文化和儿童文化共融的适儿化文化教育基因库；其次梳理大栅栏包括通学空间在内的公共空间类型和模式，构建大栅栏适儿化文教场景体系；最后通过归纳景观场景范式提出优化策略，并结合党建引领、多元共融的社区营造工作体系下开展的“党建四合院”“大栅栏儿童责任规划师”和“大栅栏文化童学路”三个特色项目实践，探索具有文保区特色的儿童友好城市建设的模式和路径（图 5）。①社会公众参与：带领研究生团队发起“大栅栏儿童责任规划师项目”，与大栅栏街道、中国儿童中心、联合国儿童基金会、北规院、清华同衡联合举办“童心规未来・共划大栅栏”大栅栏儿童责任规划师欢度世界儿童日活动。并通过系列活动，让儿童群体参与大栅栏地区的建设发展，为大栅栏的规划、建设、管理建言献策，成为大栅栏儿童友好的使者和宣传员，也达到对儿童进行中华优秀传统文化教育的目的。②理论研究成果：带领研究生团队通过大量调研、文献学习、人本观察和循证设计研究，积累了一定的研究成果。年度撰写学位论文 3 篇，其中《可供性视角下大栅栏历史街区通学空间评价及优化研究》发表并获得教育部研究生学位论文盲审 3A 级评价。发表相关论文 5 篇（CSSCI 核心 2 篇[7, 8]），受邀参加学术会议发言 2 次，参加竞赛获奖 2 项。③设计实践应用：带领研究生团队将理论成果应用于实践，进行大栅栏儿童友好项目谋划，并完成大栅栏文化通学路一期项目设计。结合大栅栏通学路、文化探访路串联重要老字号文化资源进行适儿化改造设计。通过再现、转译、融合、联想等进行文化价值识别与设计转化，构建游憩情境、文教情境、生活情境、通学情境等集文化宣传、户外教育、儿童友好于一体的儿童友好街区，以文教场景主题为依据进行总体功能分区，植入文教情境基因，进行场景的叙事性设计。挖掘大栅栏历史文化街区传统的老字号历史文化，与学科教

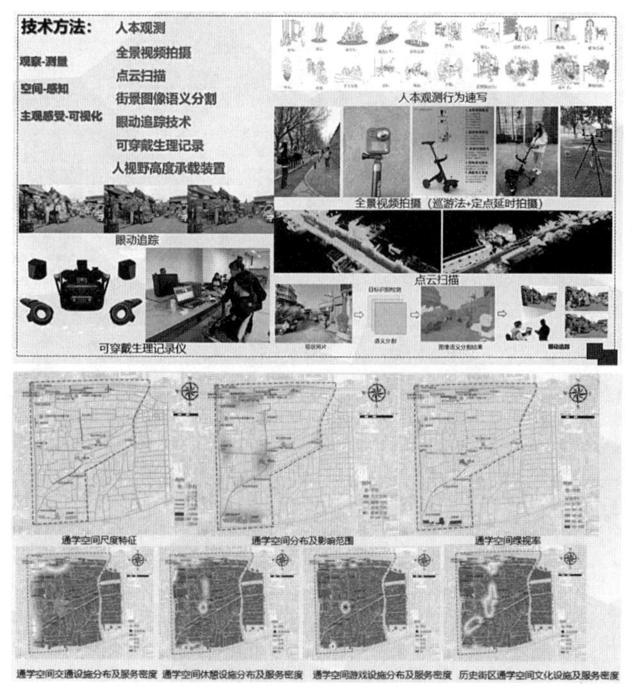

图 5 教学部分技术方法与分析
资料来源：作者自绘

学知识点进行有机结合，开展儿童户外寓教于乐的童学课堂（图6）。

（2）促进老城区公共健康的绿色空间研究

结合西城区背街小巷环境精细化治理要求，打造大栅栏8条精品胡同、27条优美胡同的毛细血管网络。以通脉织网、增量提质的美化思路，打通恢复胡同井字形主脉骨架，填充绿色斑块，形成健康完善的胡同绿色血脉系统，形成文化探访路体系、通学路体系、健康绿道体系三网合一的线性修复格局。以攀绿、悬绿、缀绿、植绿的形式植入胡同绿色支架；结合生活性功能构建院落天棚生态系统；更新胡同胶囊公园；触连绿脉，打造融合文化性、生活性和景观性的胡同空间（图7）。围绕微气候舒适度、人群活力特征、人居健康环境对大栅栏绿色空间进行了大量实测与研究，指导研究生完成学位论文《北京大栅栏街区绿色空间微气候舒适度评价及优化研究》和《北京大栅栏绿色空间人群行为特征及设计机理研究》。

图6 儿童友好公众参与和实践育人成果

资料来源：作者自绘

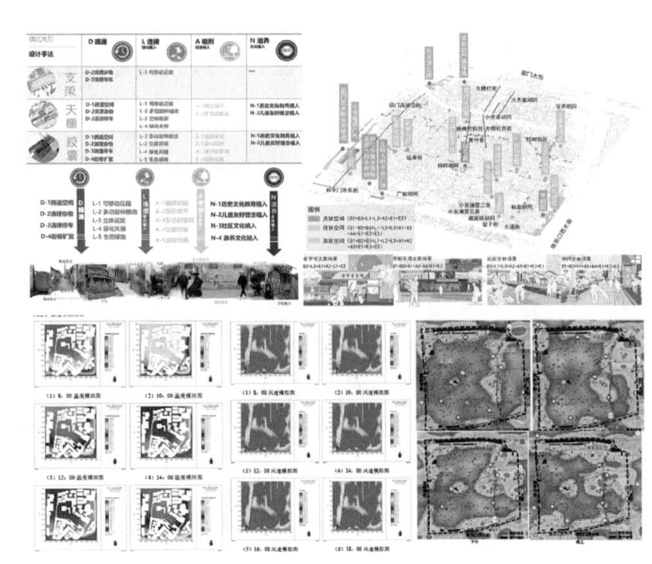

图7 大栅栏绿色空间科研育人成果

资料来源：作者自绘

（3）党建四合院和党群服务中心建设研究

通过大栅栏街道社区党服工程项目设计实践，打造平房区“胡同党建四合院”和楼房区“立体化党建四合院”。经过多次走访调研、多方征求意见建议，以问题和需求为导向，诊断场地问题，满足居民需求，着力破解小区治理难题、提升居民幸福感，打造党建引领、居民参与、共治共享、功能复合、全龄友好的党建四合院，为业委会工作和居民议事提供场地支持，实现“家门下移、家事共议、家园共享”，并营造“开放共享、协同共治、平等共商”的基层治理氛围，将文化设施深度融入环境改造中，塑造城市新型邻里关系、让党组织凝聚群众能力更加凸显（图8）。通过大栅栏北京坊商圈党群服务中心项目设计，综合地区特点、人群特征、服务对象等因素，整合党建、文化和社会服务等各种资源，统筹设计和建设以党建为引领、以人民为中心、注重服务理念的党群服务中心。并结合地区传统文化特色、老字号和现代商圈交会发展需求及首都标志性旅游景区特点，将其打造成为游客的服务中心、商圈企业的发展平台、地区文化的宣传平台、中外友人的交流平台，突出“科技创新”“国际化视野”和“传统文化”。以AI数字人串联党建空间互动及线上互动引流。通过虚拟人串联全场景，讲述中国式生活体验，沉浸式的交互

图 8　大栅栏党建四合院实践育人成果

资料来源：作者自绘

图 9　大栅栏北京坊商圈党群服务中心实践育人成果

资料来源：作者自绘

体验设计展现古今大栅栏文化，打造展演体验模式、平日服务模式和商圈平台模式三大模式，规划党建场景、文化场景、交流场景和服务场景四大场景（图 9）。

6　结语

在新工科和课程思政的背景下，面对新时代新挑战，顺应新时代科技发展的契机，进一步改革和完善现有的城乡规划研究生实践教学体系，形成“基础理论—规划设计—实习实践”和“认知—成长—行为”三位一体的研究生人才培养体系和模式，强化实践教学环节，保障实践教学质量。通过以问题为导向的循证规划设计实践教学形式，探索“思政 + 产学研融合”实践教学多情境场景和人才培养模式，以实践深化教学成果。将研究生团队的实践育人工作与思想政治教育有机融合，突出思想引领，寻找专业培养与思政元素的交集，提升研究生思想政治教育水平、知识创新和实践创新能力。

参考文献

[1] 郎筠 . 皮亚杰认知发展理论简析 [J]. 科技信息，2011(15): 160，159.

[2] 吴良镛 . 人居环境科学导论 [M]. 北京：中国建筑工业出版社，2001.

[3] BROW J S，COLLIN A，DUGUID P. Situated cognition and the culture of learning[J]. Educational Research，1989，18（1）.

[4] 李吉林 . 李吉林与情境教育 [M]. 北京：北京师范大学出版社，2019.

[5] 王庆忠 . 情境教学法在思政课中的理论建构及实践运用 [J]. 学校党建与思想教育，2017（19）: 70–73.

[6] 米俊魁 . 情境教学法理论探讨 [J]. 教育研究与实验，1990（3）: 24–28.

[7] 齐羚，李明慧，龙欣雨，等 . 基于情境教育的大栅栏公共空间适儿化场景研究 [J]. 中国园林，2024，40（5）: 90–96.

[8] 齐羚，龙欣雨，李甜婧，等 . 教育戏剧理念下儿童剧场性户外空间景观设计研究 [J]. 中国园林，2022，38（S2）: 78–83.

Green Living Boundless Classroom: Exploring the Practical Teaching Scenarios and Models of "Ideological and Political Education+Industry University Research Integration" Based on Situational Teaching Method

Qi Ling　Zhao Zhifeng　Xiong Wen

Abstract: In this paper, the situational teaching method is introduced into the practical teaching work of urban and rural planning postgraduate training. Through the integration of party building work and practical education, the effectiveness of "three full education" work is brought into play and the quality of personnel training is improved. From the perspective of open teaching attitude and dynamic multidisciplinary interweaving, the "boundless classroom" based on the core of value education is created to study the mechanism and teaching design of situational teaching. Based on the teaching system and process, the practice carrier is constructed, and the practical teaching scenarios and talent training models of " ideological and political education + industry–university–research integration" are explored. Combined with the typical case of healthy living environment renewal in Dashilar historical block designed for the people, the practical application is carried out.

Keywords: Urban and Rural Planning, Situational Teaching Method, Boundless Classroom, Practice Teaching Scene

引“智”开“源”
——国土空间规划背景下总体规划调研教学的数智创新探索*

田 健 曾穗平

摘 要： 传统的总体规划调研教学内容难以满足国土空间规划对调研提出的“更广域、更多元、更深入”的新要求。研究基于数智技术发展成果，探索适应国土空间规划特点的“多源—智慧—高效”的总体规划调研教学框架：①有机融合线上线下的多源数据获取与调查方法教学，在传统规划调研方法优化的基础上拓展数据调查方式；②应用数智技术的数据处理与研究方法教学，综合运用数字模型、空间模型、智能算法提升学生对空间规划海量数据与复杂问题的分析能力；③时空动态匹配的数据综合应用与规划专题衔接教学，通过紧密衔接规划编制、分工协作开展调研、加强时空动态数据匹配，提高调研效率和成果的应用性。研究结合教学实例对上述规划调研教学框架进行应用探索，为新时期国土空间总体规划调研教学内容优化提供理论借鉴与实践参考。

关键词： 国土空间总体规划；规划调研；数智驱动；多源数据；专题教学

1 引言

为响应我国国土空间规划体系建设的人才需求，2020 年 8 月，教育部高教司在《关于启动国土空间规划相关领域教学资源建设工作的通知》中要求各高校“全面启动国土空间规划相关领域教学资源建设工作”，国内围绕国土空间规划教学的改革探索蓬勃开展 [1]。规划调研是空间规划教学的重要环节，“没有调查，就没有发言权”，扎实的调研工作是确保空间规划方案编制及实施的基础 [2]。传统的城乡总体规划调研教学侧重于城镇建成区空间要素调查 [3]，调研内容及技术方法难以适应国土空间总体规划“全域、全要素、全过程”的新特征。面向国土空间规划编制的新需求，结合数智时代新技术应用，开展总体规划调研教学的创新探索势在必行。

当前针对国土空间总体规划调研教学的研究，主要集中于规划调研教学目标革新 [4]、多元化的规划方法运用 [5]、知识领域的补充与拓展 [6]、社会调研理论与方法优化 [7]、多主体参与和模块化教学等，提出规划调研要与空间规划导向相结合，与规划实施管理相结合，与新技术相结合 [8]，为空间规划背景下的总体规划调研教学改革提供了有益借鉴。但既有成果对数智技术发展应用关注不足，在调研与空间规划衔接的教学方面还有待深入研究 [9]，因此亟待针对国土空间规划人才培养需求，结合新技术发展，在数智时代的多源数据调查方法、智慧技术支持的数据处理方法、匹配空间规划需求的调研模式与数据应用等方面开展创新教学探索。

2 基于国土空间总体规划需求的调研教学任务升级

2.1 国土空间规划体系变革对总体规划调研提出新要求

与以往城乡总体规划相比，国土空间总体规划强调全域、全要素、全过程，对规划调研相应地提出了新的要求。第一，要求规划调研的空间范围更广，从以往侧重城镇建成区，到面向规划范围全域开展调研，采用广

* 基金资助：中国建设教育协会教育教学科研课题（2023243，2023240）；天津市普通高等学校本科教学改革与质量建设研究计划（B231005604）共同资助。

田 健：天津大学建筑学院副研究员
曾穗平：天津城建大学建筑学院副教授（通讯作者）

域的视角看待调查研究对象，注重不同空间尺度下调研重点的差异性和关联性；第二，要求规划调研的要素更加多元，从以往侧重建设用地，到山水林田湖草全要素调查，针对不同要素的特征，选用恰当的技术方法进行针对性研究，采用系统思维，注重不同要素间的协同与关联；第三，要求规划调查的内容更加深入，从以往满足总体规划编制需求，到可以支持规划管制与实施，深入挖掘长时序动态变化数据，为规划编制及后续实施评估提供依据（图1）。

2.2 空间规划背景下总体规划调研教学改革的趋势研判

根据国土空间规划变革背景下总体规划调研"更广域、更多元、更深入"的新需求，总体规划的调研教学环节需要做出针对性的调适与改革。一是调研教学的内容应更加丰富，将更多要素纳入调研对象，指导学生根据不同要素特征开展针对性调查；二是调研技术应不断升级，指导学生将数智技术纳入调研过程，提升调研的精度、范围、效率；三是创新调研教学模式，适应空间规划要素庞杂、数据海量的特征，设置多主题分类教学，结合规划专题指导学生分组调研；四是优化调研方法，指导学生将传统数据与大数据有机结合，发挥传统方法和新方法各自的优势；五是拓展调研工作的视野，启发学生的系统性思维，指导学生从时空耦合的视野看待问题、调查与分析问题（图1）。

新时期数智技术的快速发展，为实现上述教学改革目标提供了契机。一方面，在数智技术支持下，数据的获取方式更加多元，多来源的数据可以弥补传统数据难以满足空间规划需求的缺憾，引导学生应用智慧技术探索更广泛的数据获取渠道，成为实现空间规划调研目标的重要途径。另一方面，人工智能等智慧技术的发展，为复杂调研数据的快速、高效处理提供了契机，指导学生应用智慧技术分析数据，是形成高质量调研成果的保障。此外，精准高效地匹配空间规划需求，是提升总体规划调研教学效果的重要途径，指导学生与总体规划各专题编制工作相衔接，分类分组开展针对性调研，并加强协作共享，实现调研数据的高效获取与综合应用。

3 更多源：线上线下结合的数据获取与调查方法教学探索

在传统的总体规划调研方法的基础上，结合数智技术指导学生拓展数据来源、优化调查方法，以应对国土空间规划对数据的新要求。主要包括对传统的现场调查方法优化、线上线下相结合的调查方式拓展、多源数据精细化获取方式引导等内容。

3.1 基于沉浸式的传统现场调查方法优化

在国土空间规划体系下，总体规划中的现场调查

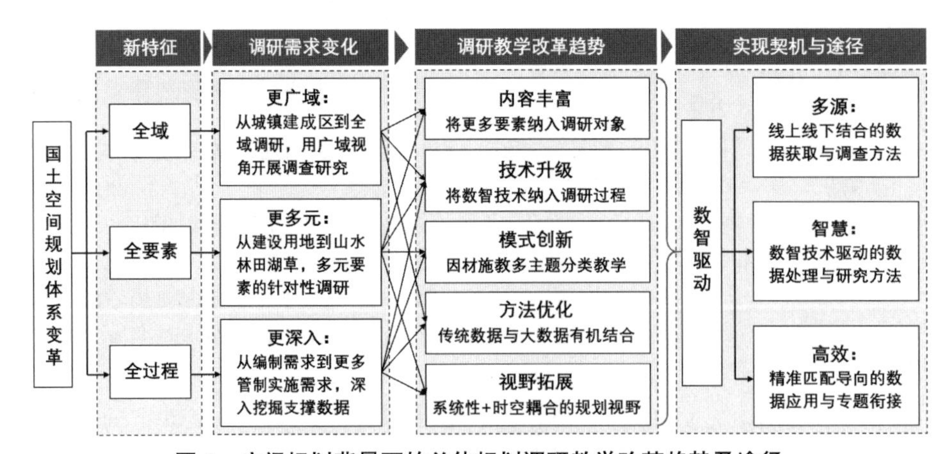

图1 空间规划背景下的总体规划调研教学改革趋势及途径

资料来源：作者自绘

与数据获取仍然重要，它是空间感知与人文感知的重要途径。结合数智时代新技术和沉浸式调查理念，进一步优化现场调查方法，引导学生获取到更全面、更深入的数据资料。在自然空间调查方面，运用无人机拍照技术和卫星定位、多年份影像资料比对相结合的方法，从多尺度、多视角感知空间，萃取特征、发现问题、凝练规律；在历史人文调查方面，通过部门走访、史籍查阅获取历史文化资源数据，运用机器学习技术挖掘史料，绘制历史地图；在社会经济感知方面，深入相关机构、社区走访，采用线上网络问卷和现场问卷访谈相结合的方式，从居民视角感知空间发展需求，为以人为本的空间规划编制提供支持（图 2）。

3.2 统计类数据的线上线下调查方式拓展

统计类数据是总体规划调研中常用的数据类型，是调查研究社会经济发展情况的基础数据。传统规划调研中常采用线下获取数据的方式，如通过走访市县人民政府、统计局及相关部门，获得综合统计年鉴、专项年鉴、统计公报等资料，并从中提取与总体规划分析相关的统计类数据。国土空间规划体系下要求基础数据获取的空间范围更广、时间序列更长、专项类型更多，因此，充分结合数智时代网络数据特征，引导学生学习线上统计类数据的获取方式，将对传统数据形成有力的补充。例如，在宏观尺度，指导学生从 CNKI 数据库下载区域内相关市县（区）统计年鉴数据；在中观尺度，基于互联网获取《中国县域统计年鉴（乡镇卷）》数据；在微观尺度，基于 WorldPop 数据集、资源环境科学数据中心等平台获取以空间网格为单元的人口、GDP 数据。

3.3 总体规划多源数据的精细化获取引导

数智时代的规划调研数据来源更为广泛，需要引导学生根据不同数据类型及其特点确定适合的获取方式，以达到数据的精细化获取目标。指导学生将现场踏勘、测量、拍照、访谈等传统数据调查方式与遥感影像、POI 大数据、开放数据平台等新数据调查方式有机结合，依托规划设计课程实践，探索多源数据的精细化获取方式。例如，产业发展数据主要来源于统计年鉴和政府网站公开的数据，同时可结合相关科技数据平台补充；城市建筑高度、风貌、街道景观等数据主要来源于实地踏勘测量、拍照，同时可结合互联网街景图像进行补充；自然地形、气候、植被及水资源等数据主要来源于互联网相关科技数据平台，以及政府部门提供的资料；土地利用数据主要来源于政府部门提供的全国国土调查数据，辅以遥感影像数据校验；公共设施、商业设施数据主要来源于 POI 数据和土地利用数据，局部重点区域结合现场踏勘调查（图 3）。

图 2 运用沉浸式的现场调查方法及教学示例

资料来源：作者自绘

【学生作业示例】
基于实地踏勘的现状建筑高度数据

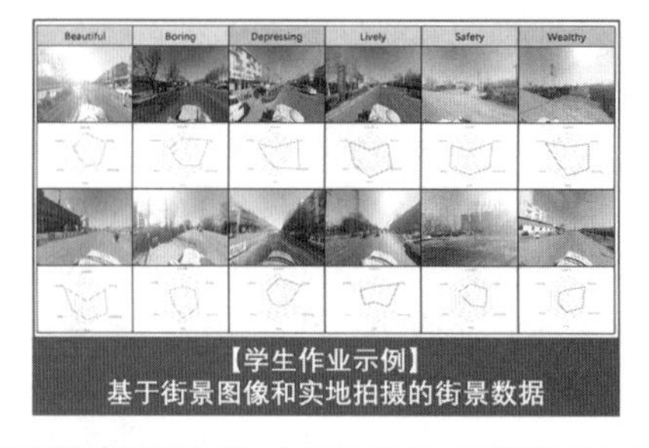

国土空间规划需要的数据类型 → 传统数据调查方式 / 新数据调查方式 → 有机结合 → 指导学生开展多源数据的精细化获取 → 教学示例 《河北省东光县国土空间总体规划》《河北省曲阳县国土空间总体规划》

图3 多源数据的精细化获取方式及教学示例

资料来源：作者自绘

4 更智慧：数智技术驱动的数据处理与研究方法教学探索

国土空间规划背景下，总体规划调研数据量更庞大、数据类型更多元，规划中有待分析的问题更复杂，因而亟待在教学中引入智慧技术，提升学生对调查数据的分析处理效率。总体规划基础数据研究中采用的数智技术主要包括对数字模型、空间模型和人工智能机器学习方法的应用。

4.1 应用数字模型的规划调研数据处理分析方法

在调研数据处理中指导学生应用数字模型进行计算分析，有助于找出复杂数据背后的内在规律与特征。例如，在交通调查数据分析中，基于已获取的客车班次、客流量等数据，指导学生引入修正后的引力模型，可以计算出不同城市节点在区域中的交通优势度，分析出区域交通中心、节点及区域联系较弱的交通洼地；在区域景观调查数据分析中，基于已获取的多年份长时间序列植被覆盖、土地利用等数据，应用景观格局指数分析模型，可以计算出最大斑块指数、斑块密度、连接度、景观分割指数、聚集指数、蔓延度等景观格局指数，以便量化描述区域景观格局的时空变化特征；在旅游服务设施调查数据分析中，基于已获取的旅游景点、餐饮、旅馆等设施数据，指导学生应用游客量预测数字模型，可以计算游客量的分布情况，以便分析旅游服务设施与游客量的匹配关系。

4.2 应用空间模型的复合数据集成处理分析方法

对调研数据开展深入的空间分析，是国土空间规划方案编制的基础和依据，基于地理空间信息系统，指导学生应用一系列的空间模型对数据集成处理，是实现空间分析的主要途径。例如，指导学生应用 InVEST 模型产水模块，综合处理通过多源渠道获得的地表坡度、降雨、土壤属性、植被覆盖、土地利用、水系等地形水文与气候数据，可以分析产水量与洪涝淹没的空间范围，为全域生态安全格局和综合防灾规划布局提供依据；应用 MCR 最小积累阻力模型，基于植被覆盖、土地利用和水文等数据，综合计算生态阻力值的空间分布，智慧生成生态源地与生态节点之间的各级生态廊道，为生态安全格局设计提供依据；指导学生应用交通可达性的空间分析模型，基于各级公路、铁路、站场枢纽及土地利用数据，可以计算区域交通便捷度和到目标城市可达性的空间分布，为交通系统优化布局提供依据。

4.3 应用人工智能的调研数据机器学习计算方法

在国土空间规划背景下，面对海量的总体规划调研数据，如何更高效、更精准地处理数据，分析得出高质量调研成果，成为当前总体规划调研教学中需要解决的关键问题。人工智能技术的发展为解决这一问题提供了契机，引导学生应用机器学习智能算法，可以提取纷杂调研数据的关键特征或解析多因子复杂系统的内在规律。例如，指导学生运用机器学习语义分割技术，可以对海量的街景照片数据进行智慧解译，提取街景关键要素，从而快速地对较大范围的街道绿化、开敞度、安全性、多样性等开展智慧评价，为城市街道及土地利用布局提供依据；指导学生应用随机森林智能算法，处理地形、温度、湿度、降雨、植被、土地利用及灾害调研数据，通过模型训练与验证，可迅速提取雨洪灾害危险性的关键因子及其影响系数，提升了雨洪风险调查评估的效率及准确性，为安全防灾规划布局提供依据（图 4）。

5 更高效：精准匹配导向的数据应用与专题衔接教学探索

国土空间规划"全域、全要素、全过程"特征要求总体规划调研更全面更深入，使得工作量大幅提高，因而应改变原有的调研组织模式，加强专题分工与团队协作，紧密衔接空间规划专题教学，促使调研数据的获取、分析应用与空间规划的编制、管理实施实现精准高效匹配。

5.1 衔接总体规划专题教学的调研数据精准分类

国土空间总体规划是一项系统性工作，包含区域、城镇、乡村、产业、生态、交通、公共服务、总体设计、全域旅游、历史文化等专题要素，在教学中通常采用专题研究与综合方案互馈并举的组织模式。不同规划专题需要的基础数据类型存在显著差异，如生态专题主要依据自然空间数据与土地利用数据，公共服务专题则主要依据社会类数据和设施类数据。为提升调研效率，可以指导学生将规划调研数据进行精细化分类，并与各规划专题紧密衔接对应，由负责专题小组的同学重点调查并获取相关数据。同时，各专题小组同学之间加强协作，实现数据共享，使各专题调研形成的数据群簇真正融合为空间规划的基础数据库。专题分工与团队协作的调研教学组织模式，一方面提升了调研效率，解决国土空间总体规划海量数据获取难题；另一方面提高了规划调研成果的可应用性，可以有力地支撑后续规划专题研究、规划方案编制等教学环节（图 5）。

5.2 基于总体规划专题分工的调研分析因材施教

与基础数据的精细化分类调查获取相对应，国土空间总体规划教学中的数据研究分析环节也应与空间规划专题分工紧密衔接。数据研究分析方法类型繁多，有限的总体规划课程学习时间内不宜让学生面面俱到地广泛学习，而是结合规划专题划分结果，引导学生结合自身的学习基础和兴趣，选择相应的专题方向开展调查研究。根据每位学生选择的专题内容和数据特点，指导学生运用恰当的数据研究分析方法。例如，总体（城市）设计专题的形象思维特征突出，叠加多系统的综合分析

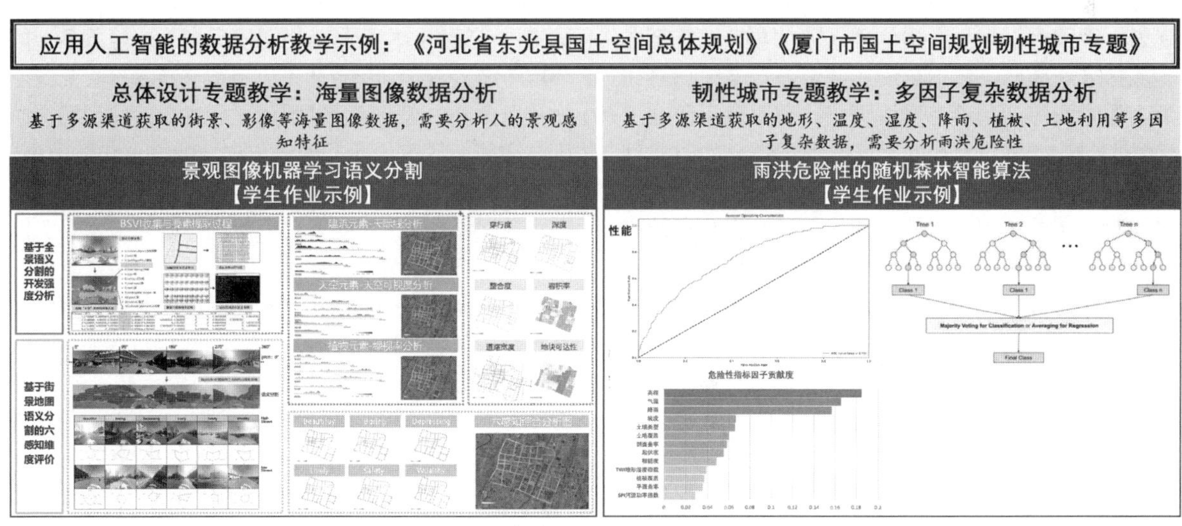

图 4 应用人工智能的调研数据机器学习计算方法及示例

资料来源：作者自绘

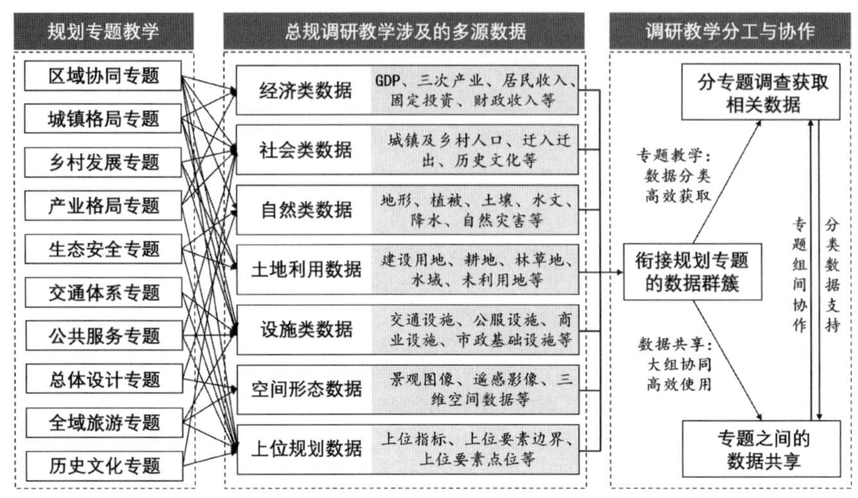

图 5　衔接空间规划专题教学的数据分类调查与协作共享教学机制

资料来源：作者自绘

非常重要，因而可以选取三维空间模型建构、地理空间系统多图层叠加分析等数据分析技术；交通专题则需要对数据进行较强的量化计算，分析交通优势度、交通可达性、交通通畅性等，因而可以选取引力模型、成本路径算法、空间句法等数据分析技术。

5.3　动态数据匹配的总体规划调研教学综合应用

根据国土空间规划新特征，总体规划调研数据应支持规划方案编制、规划实施管理、评估与反馈等全过程的实践需求。因此，应指导学生结合各自专题调查研究，关注长时间序列的动态数据调查，获取多年份遥感影像、公报年鉴、POI 大数据、开放数据平台的时空动态数据等，建立多源动态数据获取渠道，以支持匹配规划需求的数据综合应用，为时空演化规律分析和后续规划评估反馈等提供依据。以生态专题为例，指导学生获取与专题研究相关的气象、土壤、植被、土地利用、地形及水文数据，其中部分为长时序动态数据（土地利用、气象、植被等）；然后基于规划方案编制需求，对调研数据开展综合应用分析，运用规划基期年数据开展生态环境敏感性评价、生态系统服务功能重要性评价等，为生态安全格局建构等空间规划方案设计提供依据；伴随规划实施过程，后续可运用上述数据的年度数据继续开展生态专题相关评价，比较规划实施前后评价结果，反馈规划实施效果，从而为后续的总体规划方案修编、详细规划与专项规划编制等提供依据。

6　结语

国土空间规划“全域、全要素、全过程”的新特征对总体规划调研提出了“更广域、更多元、更深入”的新要求，总体规划调研教学需要做出针对性的调适与改革。新时期数智技术的快速发展，为总体规划调研教学的创新改革提供了契机。主要做法有以下三点：一是更多源的数据获取与调查教学，引导学生应用智慧技术探索更广泛的数据获取方法，基于沉浸式调研理念优化传统现场调研，有机结合线上线下的数据调查方式，精细化获取多源数据；二是更智慧的数据处理与研究教学，指导学生应用数字模型、空间模型、人工智能机器学习等智慧技术分析调查数据，解决空间规划基础数据量大、调研分析对象复杂等问题，形成高质量调研成果；三是更高效的数据综合应用与专题衔接教学，衔接总体规划专题教学，指导学生对调研数据进行精准分类，分组开展针对性调研，并强化对时空动态数据的调查，支持规划编制、实施、后评估全过程需求，实现调研数据的高效获取与综合应用。本研究探索建立一个总体规划调研教学内容的开放式框架，后续伴随着国土空间规划体系和相关技术的不断发展完善，可以将更丰富、更先进的规划调研教学内容补充进来。

参考文献

[1] 罗曦．国土空间规划体系下城乡规划专业总体规划课程群教学改革探讨——以中南大学为例 [J]. 华中建筑，2024，42（1）：144-148.

[2] 曾穗平，彭震伟，田健，等．“时空融合＋知行耦合”的城乡规划社会调研教学理论研究 [J]. 规划师，2019，35（2）：86-90.

[3] 王林申，袁赟，王颖超．大学本科总体规划现状调研类课程的优化组织建议 [J]. 才智，2019（2）：167-168.

[4] 李西，邓云叶．国土空间规划背景下《城市总体规划调研实习》课程教学目标体系改革探讨 [J]. 四川建筑，2022，42（5）：34-35.

[5] 郭娜娜，梁鑫斌，周玉佳，等．国土空间规划背景下控制性详细规划实践教学改革 [J]. 科技视界，2022，12（19）：78-80.

[6] 禹怀亮，罗国娜，魏玉静．国土空间规划体系下的城乡总体规划课程教学探讨——以市级行政区为例 [J]. 科教导刊，2021（23）：136-138.

[7] 李健，米晨凯，陈飞．住区规划原理课程中的认知调研教学实践研究 [J]. 城市建筑，2022，19（3）：105-108.

[8] 朱查松，王嫣然．国土空间规划背景下总体规划教学改革探索 [J]. 城市建筑，2021，18（16）：97-100.

[9] 周敏，王勇，孙鸿鹄．国土空间规划背景下城乡规划实践类课程教学改革探索——以城乡总体规划为例 [J]. 科教导刊，2023（26）：70-72.

Lead “Wisdom” to Open “Source”——The Innovative Exploration of Numerical Intelligence in the Overall Planning Investigation Teaching under the Background of National Space Planning

Tian Jian　Zeng Suiping

Abstract: The traditional teaching content of overall planning research is difficult to meet the new requirements of “wider area, more diversified and deeper” put forward by the national spatial planning. Based on the development results of digital intelligence technology, this paper explores the “multi-source-intelligence-efficient” overall planning investigation teaching framework that ADAPTS to the characteristics of territorial spatial planning: (1) Organically integrate online and offline multi-source data acquisition and investigation method teaching, and expand data investigation methods on the basis of optimizing traditional planning investigation methods; (2) Teaching data processing and research methods by applying digital intelligence technology, comprehensively applying digital models, spatial models and intelligent algorithms to improve the ability to analyze massive data and complex system problems in spatial planning; (3) Comprehensive application of spatio-temporal dynamic matching data and connection teaching of planning topics, through close connection of planning preparation, division of labor and cooperation to carry out research, strengthen spatio-temporal dynamic data matching, improve research efficiency and application of results. Combined with teaching examples, the research explores the application of the above planning investigation teaching framework, providing theoretical reference and practical reference for the optimization of the overall territorial space planning investigation teaching content.

Keywords: Overall Planning of Territorial Space, Investigate, Data Intelligence Drive, Multi-Source Data, Thematic Teaching

从解析到传承：气候适应性城市设计系列课程初探

李　旭　刘鹏程　何宝杰

摘　要：气候变化和日益突出的能源供需矛盾极大地制约着中国城镇的发展。建筑群体能耗不仅取决于单个建筑，也受到城市形态的极大影响。开设气候适应性城市设计系列课程，探索通过规划设计手段提高环境舒适性，从而降低建筑能耗，减少碳排放，延缓气候变化。气候适应性城市设计系列课程拟在不同尺度（区域、城市、街区），针对不同类型空间形态探索研究型设计。初期拟针对典型传统聚落，分析空间形态与风热环境性能的关联，解析其中适应当地气候的营建智慧，探索在城市设计中的应用。教学实践包括理论课、设计课两个环节。首先教师在理论课讲解多尺度城市形态适应气候的空间特征与原理，学生分组进行现状研究评述以了解国际、国内研究进展与趋势。进入设计课环节后，学生选择自己感兴趣的某些要素，在不同尺度深入分析传统聚落适应当地气候的营建智慧，探讨在设计实践中的应用。教学实践旨在引导学生综合运用气象学、建筑环境物理及规划学相关知识分析传统聚落气候适应性特征，并应用于设计实践。通过课程学习，学生可初步掌握气候适应性城市形态的相关特征与原理，能够运用环境性能模拟软件辅助进行气候适应性城市设计。

关键词：教学实践；学科交叉；气候适应性；传统聚落；解析与传承

1　引言

气候变化和日益突出的能源供需矛盾极大地制约着中国城镇的发展。建筑群体能耗与城市形态联系密切，城市形态可影响建筑约 10%~30% 的能耗[1]。因此通过城乡规划与设计手段提高环境舒适性，从而降低建筑能耗，减少碳排放，是我国城乡规划领域研究的重要课题，也是教学实践的重要内容之一。

在当下绿色低碳发展的时代背景下，适应地域气候，进而减少建筑能耗已成为空间规划设计必须考虑的问题。目前城市设计教学多关注空间形体设计[2-5]、多尺度城市空间系统规划[6-8]，也涉及经济、历史文化、政治制度、生态环境、工程技术等多方面内容[9-13]，但针对城市设计如何实现绿色节能的教学较少，也较少考虑城市与气候之间的相互影响，学生对气候适应性城市设计的基本认知与理论方法掌握不足，将难以适应新的行业发展要求。因此，开展气候适应性城市设计课程教学十分有必要。

考虑到城市问题的复杂性，以及教学必然会涉及交叉学科较为广泛的知识与技能。课题组开设了“气候适应性城市设计系列课程”，拟在不同尺度（区域、城市、街区），针对不同类型空间形态探索研究型设计。初期针对典型传统聚落开展研究，将环境性能模拟、智能寻优等板块纳入教学，与传统的形态设计教学紧密结合，以学生易于开展实测与调研，且尺度较小的重庆磁器口历史街区为例开展教学实践，通过分析环境性能特征与空间形态的关联，引导学生积极探索适应地域气候的空间形态并应用于城市设计。

2　课程设计

课程包括理论课与设计课两个环节，理论课选课人数约 60 人，学生可根据自己的兴趣自选研究方向。其中与气候适应性相关的课时为 2 周，8 课时，由教师讲解气候适应性设计研究进展与相关基础知识，布置选择

李　旭：重庆大学建筑城规学院教授（通讯作者）
刘鹏程：重庆大学建筑城规学院博士生
何宝杰：重庆大学建筑城规学院教授

该方向的学生分组撰写相应主题的文献综述，以进一步了解研究现状与发展趋势。

选择气候适应性方向的学生（8~12 人），将进一步参加设计课课程。设计课为 12 周，48 课时，中期评图、正图评图由规划、建筑物理方向教师组成导师组进行联合指导。由教师讲解课程主要内容；布置学生分组进行场地的空间环境性能测评，形成空间环境性能测评研究报告（以组为单位）；分析具有气候适应性的空间形态，可针对重点地段提出优化方案设计，并进行模拟验证（以组为单位），可提出气候适应性空间形态设计导则（表 1）。

课程进度安排 **表1**

进度安排		
序号	设计（论文）工作内容	时间（起止周数）
1	理论课讲解、分组完成文献综述	理论课第 1~2 周
	相关讲课、分组	设计课第 1 周
2	现状调研及汇报（PPT） 提出研究设计初步方案	设计课第 2~3 周
3	研究设计确定	设计课第 4 周
4	实测、模拟及分析	设计课第 5~8 周
	中期评图	设计课第 9 周
5	重点地段提出优化方案设计 / 设计导则制订	设计课第 10~11 周
6	正图评图	设计课第 12 周

3 课程引入与任务解读

3.1 课程引入

通过讲故事、举例说明等方式引发学生兴趣与思考，同时就气候适应性城市设计中关注哪些问题展开讨论，从而引入课程教学。

1）以军事历史案例“赤壁之战”为切入点，点明掌握“湖陆风”的规律是赤壁之战中吴军胜利的关键因素之一（曹军驻扎的乌林背后是当时中国最大的淡水湖“云梦泽”，而吴军利用“湖陆风”这一气象学原理，在入夜时成功等到刮向乌林的东南风，取得胜利）。

2）以住区设计案例为切入点说明形式特征反映出对气候的适应——住区规划设计中建筑面宽大的一面应

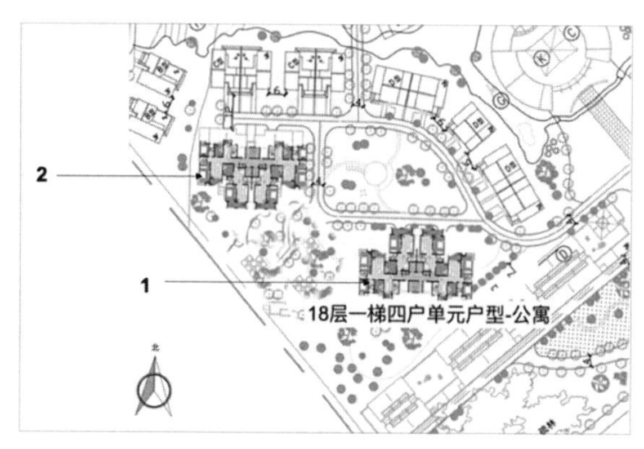

图 1　居住区设计案例

资料来源：作者自绘

朝南还是朝北（图 1）？为什么？

结果有半数学生选择了错误答案，反映出部分学生对于气候适应性的认知不足，在传统的规划设计中缺乏节能意识，方案中忽略了气候适应性与节能设计，由此可见在当前城市设计课程体系中该部分的教学还相对薄弱。同时也引发了学生思考，让学生了解绿色节能、气候适应的重要性。

3.2 任务解读

包括现状研究梳理与评述、空间环境性能测评与模拟、气候适应性空间形态分析、气候适应性空间形态设计导则及重点地段优化方案，形成完整连贯的进阶式教学体系。将研究型教学融入设计，帮助学生了解形式背后的原因，培养学生的逻辑分析能力（图 2）。

4 现状研究评述

4.1 重要性与目的

作为研究阶段的基础板块，要求学生通过对现状文献梳理，掌握现有研究的方法路径、热点趋势等，发现不足，并提出应对之策。通过讲课、作业、讨论等方式，加强对文献综述的训练，为各自的研究选题提供支撑。

4.2 教学内容

从山水格局与聚落选址、街巷结构形式与尺度、建筑布局与构件、绿化景观等层面讲解现状文献研究中不同地域下的气候适应性特征及原理。例如：适应不同地

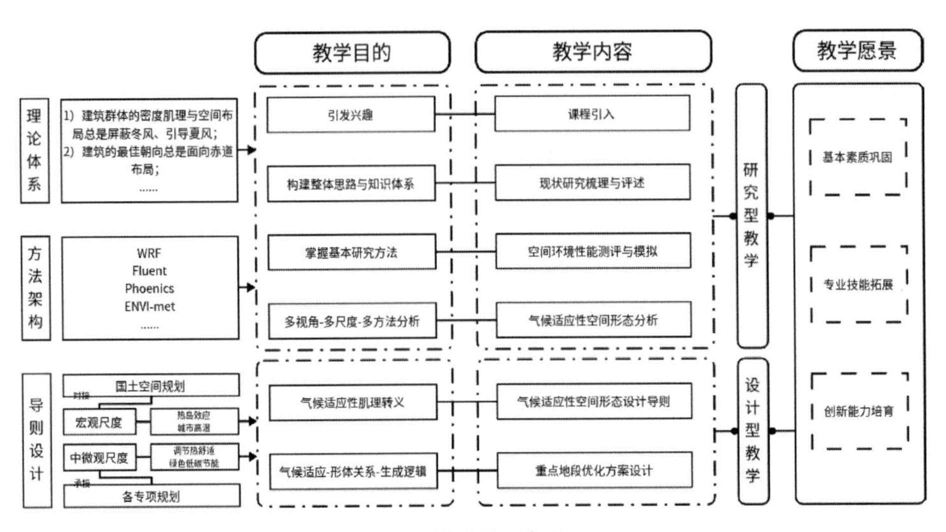

图 2　教学体系框架

资料来源：作者自绘

域气候的建筑肌理与形体布局存在差异；建筑群体的密度肌理与空间布局总是屏蔽冬季风、引导夏季风；建筑的最佳朝向总是面向赤道布局等。在教学过程中通过结合实际案例的方式生动形象地说明这些气候适应性原理在城市与建筑设计中的应用。

4.3　作业情况

（1）选题

学生基于上课讲解内容，以小组为单位进行选题，根据自己的研究兴趣从不同气候区、多尺度、空间形态与微气候关联性等不同视角开展文献收集与评述，综述内容包含研究阶段、趋势与方法、研究结论等。形成的综述论文将作为理论课的课程作业并参与期末成绩评定。

（2）完成情况与不足

各小组从不同视角完成了对现有文献的评述，对该研究方向的成果、方法及热点有一定掌握，但阅读文献数量、深度不足，对相关交叉学科的基础知识、相关原理的学习有待加强。

教学组在第一年课程结束后对学生进行了回访，部分同学认为在文献综述的教学过程中气候适应性原理的讲解完整且系统，特别是通过实际案例解读微气候研究的流程和路径印象深刻。但他们也认为大部分的文献综述工作都集中在前 1、2 周，后续研究较缺乏，建议文献研究可以贯穿整个设计课，学生可针对自身选题，在研究过程中逐渐完善文献综述。

5　环境性能测评、模拟

5.1　重要性与目的

空间环境性能测评与模拟是气候适应性研究中必备的研究方法。学生可根据自己的兴趣与研究方向，采用小组合作的方式完成微气候数值模拟及实地观测等相关任务要求。

5.2　教学内容

（1）介绍当前数值模拟技术的主流模拟软件，包括 Fluent、Phoenics、ENVI-met 等。并讲解这些软件的操作流程，涵盖气象条件获取、三维空间模型构建、计算域、边界条件及物理参数设定、网格划分与计算求解等若干部分。

（2）介绍实地观测时气象监测仪器的相关使用方法及注意事项。后期结合实测组选题方向对空间位置选点、时间安排等方面进行具体指导。

5.3　学生作业情况与教师评价

空间环境性能测评及模拟成果涵盖宏中微观多尺度。

（1）在宏观层面，有学生采用遥感影像反演地表温

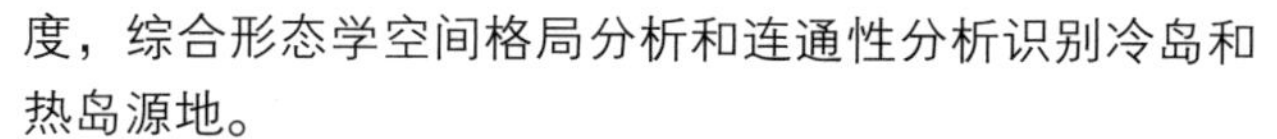

度，综合形态学空间格局分析和连通性分析识别冷岛和热岛源地。

（2）在街巷及其结构层面，有同学采用 Phoenics 数值模拟的方法对聚落进行风环境模拟，进而评价磁器口古镇结构、尺度及各空间点位的微气候适应性特征。

（3）也有同学采用 ENVI-met 模拟不同街巷交叉口形式的微气候特征，并采用实地观测的方法对模拟结果进行验证。

5.4 教学评价与学生反馈

在教学过程中我们发现实测组进度往往受制于天气状况，例如，有时在课程后两周才遇到夏季高温典型日，因此测评工作进展相对缓慢。模拟组多受限于计算机算力，耗时长，且多数学生接触软件时间较短，对于复杂山地下精细化的微气候模拟掌握不足。

在实地观测方面，部分同学实测数据少，难以形成有价值且可信度高的研究，因此在选题及空间位置测点选择方面还应进一步加强对学生的指导。此外，部分同学也反映因天气原因，课程对早期风热环境实测的推进不足，建议开设时间选在靠近冬季或夏季的时间点上，以便更好推进实测内容。

6 气候适应性空间形态分析

6.1 重要性与目的

挖掘适应气候的典型空间模式、营建智慧与经验是本课程设计的主要目的。教学组侧重引导学生从多个尺度，采用定性、定量结合的方法分析磁器口古镇的气候适应性特征。

6.2 教学过程

在教学过程中，要求学生：

（1）结合磁器口古镇，从片区（聚落）、街区、建筑群体组合及建筑等多尺度分析适应地域风热环境要素的（低层高密度）空间模式，并注意综合地形、交通等多种影响因素分析相应空间模式的生成。

（2）结合对磁器口的空间环境性能调查与测评结果，评价其气候适应性，找出其中具有气候适应性的空间形态特征；同时对居民（商户）用能行为、游客活动进行调查，提炼适应气候的行为模式。

6.3 学生作业情况与教师评价

学生采用了多样化的研究方法对气候适应性的空间形态进行分析。

（1）相关性分析

有同学基于形态类型学的方法对磁器口古镇进行研究单元的划分，并根据单元的形态特征将它们划分为几个类别，以识别磁器口古镇的形态—微气候研究单元原型。基于形态类型学的单元划分结果进一步研究单元形态特征和微气候因子之间的关联性，逐步筛选出对磁器口微气候显著影响的因子，总结相关规律（图 3）。总体上看，该同学采用的研究方法与路径合理，但对于微气

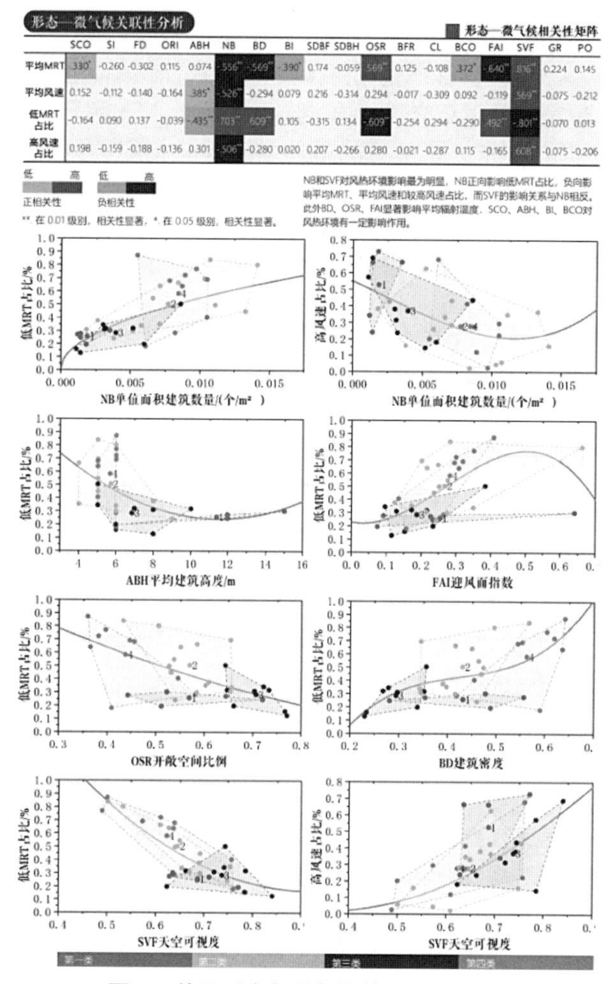

图 3 单元形态与微气候的相关性研究

资料来源：学生作业（张凯）

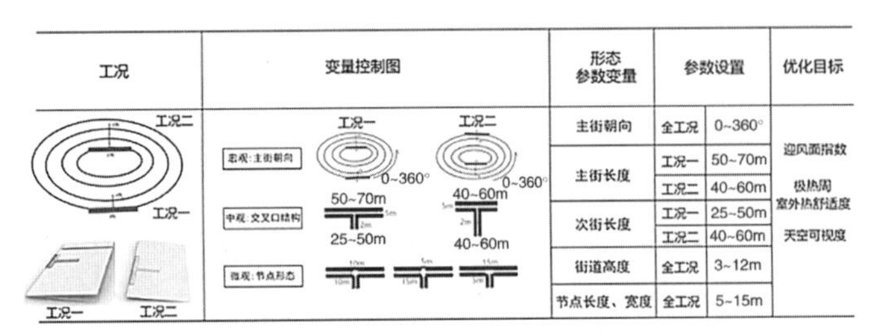
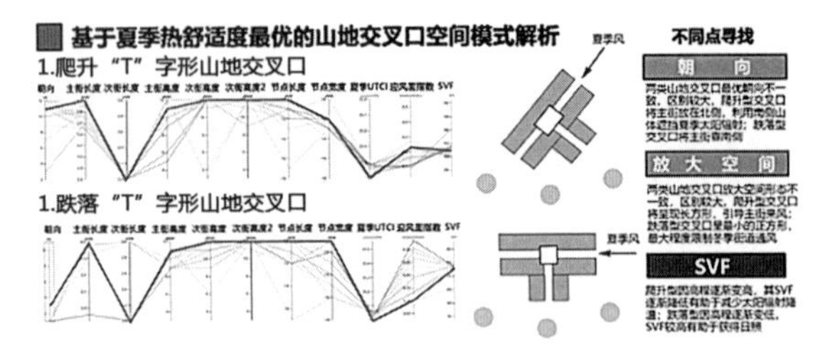

图4　山地交叉口最优空间形态研究

资料来源：学生作业（周炫汀）

候模拟环节而言，单纯运用QGIS计算获取的微气候模拟结果还有待进一步验证。

（2）智能寻优

部分同学基于聚落整体模拟结果，归纳街巷交叉口原型，采用正交实验的方法研究平地"T"字形、爬升"T"字形、跌落"T"字形等交叉口形态的风热环境性能变化规律。进而采用遗传算法探究山地街巷交叉口各空间形态参数的最优值，解析山地交叉口的空间模式（图4）。该同学采用智能优化算法考虑复杂山地环境下交叉口各空间形态参数对微气候的适应性特征，通过计算机自动迭代克服单一变量逐个分析、效率不高的问题，并求得气候适应性交叉口空间形态参数的最佳取值，解析其气候适应性的空间营建模式。

（3）活动行为调研

在聚落适应气候的过程中，除空间营建上的表达外，人群活动也存在一定的气候适应性规律。我们希望在对磁器口古镇的实地调研中总结人主动适应气候的行为模式。部分学生对此进行了初步探索，例如有同学调研了磁器口重要空间节点在一天当中的人群活动时空分布，但尚未挖掘出行为模式的系统性规律。

6.4　学生反馈

在该教学环节中，同学们勇于尝试新方法进行空间形态气候适应性分析。例如有同学使用遗传算法求解气候的多目标优化问题，其目的是尝试得到优良的聚落形态空间模式，但在实际研究中发现，广泛地设置空间形态进行寻优难以找到有价值的模式特征。针对该目标问题，我们指导该学生从磁器口古镇实际案例出发，从模拟得到的风热环境结果，找到好的形态要素进行空间原型建立，再通过多目标寻优找到这样的空间原型中环境性能好的形态指标范围。还有同学反馈，应当多去实地调研，以确保原型设置的合理性。

7　气候适应性空间形态设计导则

7.1　重要性与目的

本教学环节目的是将上述研究与规划设计实践相结合，将研究型教学的相关成果转化为空间模式与设计导则，为规划从业者提供可视化程度高、易于应用的相关技术导引。

7.2　教学过程

气候适应性空间形态设计导则的制定是研究应用于设计实践的重要环节。教学应培养学生将研究成果转化为供设计师参考的技术导则，用以指导设计实践。我们结合建筑学领域的相关技术成果，讲解建筑尺度的相关原理及导则生成过程，为学生制定气候适应型城市设计导则提供参考与借鉴。

7.3　学生作业情况与教师评价

有同学结合对相关工况设计的研究，从主街布置、支巷布置、公共空间布置及坡度建设等四个层面提出了对低层高密度建设区的形态设计导则。还有同学从不同形态要素层面提出了针对单形态要素的气候适应性设计导则。另有部分同学从街道形态、建筑构件等层面提出针对磁器口及周边片区的优化导则（图5）。这些同学的形态设计导则规划语义清晰，对设计实践具有一定的指导意义。不过，由于本课程课时有限，对于这些导则的实际应用价值以及准确性尚需进一步验证。

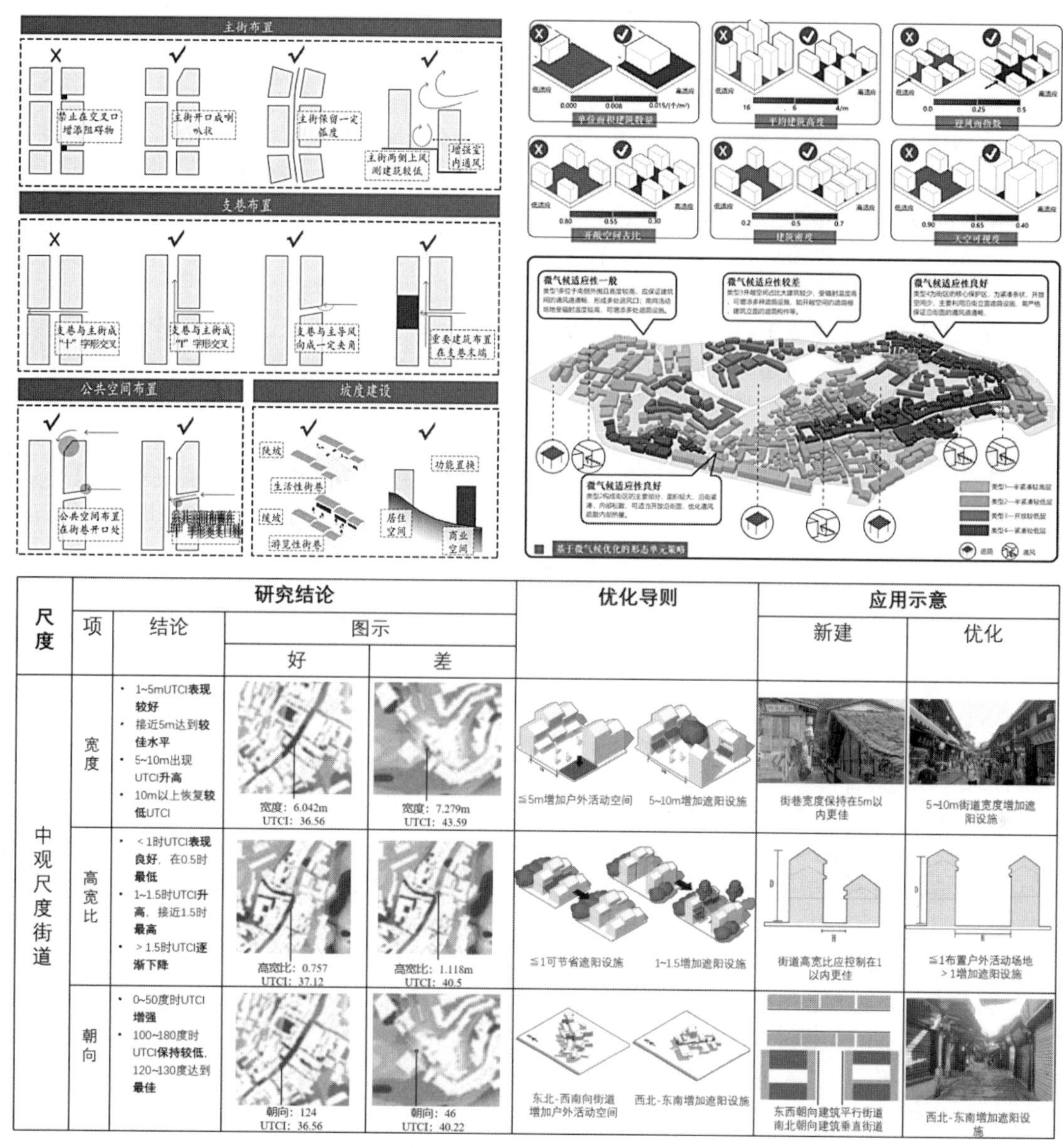

尺度	研究结论				优化导则	应用示意	
	项	结论	图示			新建	优化
			好	差			
中观尺度街道	宽度	• 1~5mUTCI表现较好 • 接近5m达到较佳水平 • 5~10m出现UTCI升高 • 10m以上恢复较低UTCI	宽度：6.042m UTCI：36.56	宽度：7.279m UTCI：43.59	≤5m增加户外活动空间　5~10m增加遮阳设施	街巷宽度保持在5m以内更佳	5~10m街道宽度增加遮阳设施
	高宽比	• <1时UTCI表现良好，在0.5时最低 • 1~1.5时UTCI升高，接近1.5时最高 • >1.5时UTCI逐渐下降	高宽比：0.757 UTCI：37.12	高宽比：1.118m UTCI：40.5	≤1可节省遮阳设施　1~1.5增加遮阳设施	街道高宽比应控制在1以内更佳	≤1布置户外活动场地 >1增加遮阳设施
	朝向	• 0~50度时UTCI增强 • 100~180度时UTCI保持较低，120~130度达到最佳	朝向：124 UTCI：36.56	朝向：46 UTCI：40.22	东北-西南向街道增加户外活动空间　西北-东南增加遮阳设施	东西朝向建筑平行街道 南北朝向建筑垂直街道	西北-东南增加遮阳设施

图5　气候适应性的空间形态设计导则

资料来源：学生作业（施乾雨、吴玟萱、张俊杰）

7.4　教学总结与反思

针对学生在导则制定方面出现的问题，教学组总结了以下有待深化或完善的内容：

（1）深入了解磁器口传统聚落微气候：在规划设计导则之前，需要深入了解磁器口传统聚落所处的微气候环境，包括气候条件、地形、地貌、植被等因素，以及这些因素对聚落空间布局的影响。这有助于制定更加合理的规划设计导则。

（2）尊重和保护原有的街巷肌理：在规划设计导则中，应该尊重和保护原有的街巷肌理，包括街道的形状、方向等，以及与周围建筑的关系。在此基础上对开放空间功能和建筑功能的调整。如因磁器口街道狭窄，若想通过在主街种植树木来改善微气候不可行。

（3）应提出切实可行的缓解夏季高温与保障古镇旅游安全的方案：例如从气候适应的视角，规划古镇清凉旅游路线，并通过设计导则落实清凉路线沿线设施规划，避免高温炎热带来的人体健康问题，可在一定程度上保障夏季高温期旅游出行的安全。

（4）结合碳中和战略与节能需求提出行为引导：从节能视角分析实际商户、住户、游客等用能行为并提出节能导向的行为引导。

8 重点地段提出优化方案设计

8.1 重要性与目的

本环节的教学也鼓励学生将上述研究形成的典型空间模式及气候适应性原理应用到规划设计实践中。同时应兼顾形体关系、方案生成逻辑等，注重培养学生的创新思维，激发学生的创造能力。

8.2 教学过程

在实际的教学中发现，部分学生对理论转化为设计实践的能力不足，对于规划设计与气候适应性的研究衔接薄弱，部分学生对于历史街区保护与更新的基本原则理解尚不深刻，在下一阶段的教学实践中仍需进一步加强。

8.3 学生作业情况与教师评价

由于教学时长限制，且多数学生侧重于前期的规律研究，因此该部分的成果相对薄弱。仅有部分学生结合对模拟与实测结果的分析，从江岸形式、滨江功能区设计、铺装形式及构筑物等方面提出了改善风热环境的优化设计策略。

8.4 学生反馈

（1）加强对重点地段的深入调研，包括其历史文化背景、社会资产等，为优化设计方案提供综合分析视角。

（2）可以结合春季学期课程对于重点地段的相关研究成果在秋季学期进行对比研究，也可以对比夏季与冬季气候适应性研究下，重点地段优化方案设计的不同。

9 结语

本课程尝试将气候适应性空间形态研究融入设计课程教学，将理论课与设计课相结合，设计了现状研究梳理与评述、空间环境性能测评与模拟、气候适应性空间形态分析、气候适应性形态设计导则与重点地段优化设计几个教学环节。在教学过程中，我们通过讲故事、分析设计案例等方式引发学生思考与兴趣；通过互动式讨论加深学生对相关知识点的理解。在课程实践过程中，通过文献综述写作与促使学生掌握气候适应性相关理论知识体系；通过数值模拟、实地观测、田野调查等方法引导学生分析并发现具有气候适应性的空间形态特征，并探索其机理；通过对典型空间模式梳理、导则制定、优化设计引导学生结合空间形态设计，将研究与设计紧密结合。

在绿色低碳发展的时代背景下，本课程群引入气候适应性设计视角，引导学生掌握气候适应性城市设计的知识与原理，并应用于实践，有助于培养具备气候学、环境物理与城乡规划知识的复合型专业人才。

参考文献

[1] 冷红，陈曦，马彦红．城市形态对建筑能耗影响的研究进展与启示 [J]. 建筑学报，2020（2）：120–126.

[2] 曹珂，肖竞．从“依形套式”到“循章得法”——侧重形体关系与生成逻辑的城乡规划构成教学方法探索 [J]. 艺术与设计（理论），2018，2（12）：144–146.

[3] 金广君．美国的城市设计教育 [J]. 世界建筑，1991（5）：71–74.

[4] KAHN A. Urban design：practice，pedagogies，premises[C]//The urban design：practice，pedagogies，premises conference.[S.l.：s.n.]，2002.

[5] KAYDEN J S. What's the mission of Harvard's urban planning program? [J]. Harvard design magazine，2005（22）：5–8.

[6] 孙彤宇，许凯，梅梦月．城市设计本科专业设计课程能力培养体系探索 [J]. 城市设计，2023（2）：18–35.

[7] 孙世界．“空间＋”的集成——东南大学本科高年级城市设计课程的教学改革 [J]. 城市设计，2023（2）：42–49.

[8] LINOVSKI O，LOUKAITOU-SIDERIS A. Evolution of urban design plans in the United States and Canada：what do the plans tell us about urban design practice?[J]. Journal of planning education and research，2013，33（1）：66-82.
[9] 马晓文，兰焕棋，陈瑾羲．美国建筑院校城市设计概论类课程教学分析——以麻省理工、耶鲁、哈佛、伯克利、宾大五所院校为例 [J]. 建筑师，2023（3）：32-38.
[10] 杨俊宴，高源，雒建利．城市设计教学体系中的培养重点与方法研究 [J]. 城市规划，2011，35（8）：55-59.
[11] 杨春侠，耿慧志．城市设计教育体系的分析和建议——以美国高校的城市设计教育体系和核心课程为借鉴 [J]. 城市规划学刊，2017（1）：103-110.
[12] Harvard University[EB/OL].[2019-11-25]. https：//www.harvard.edu/.
[13] MIT – Massachusetts Institute of Technology[EB/OL].[2019-11-30]. http：//www.mit.edu/.

From Analysis to Inheritance：Explorations to Climate Resilient Urban Design Courses

Li Xu　Liu Pengcheng　He Baojie

Abstract: Climate change and the growing tension between energy supply and demand are greatly constraining the development of China’s cities and towns. The energy consumption of building groups not only depends on individual buildings but is also greatly influenced by urban form. The Climate Resilient Urban Design course series is designed to explore ways to improve environmental comfort through planning and design，thereby reducing building energy consumption，minimizing carbon emissions，and slowing down climate change. The Climate Resilient Urban Design course series is intended to explore research-based design at different scales（regional，urban，neighborhood）and for different types of spatial forms. Initially，we plan to analyze the relationship between spatial forms and the performance of wind and thermal environments for typical traditional settlements，and analyze the wisdom of building adaptations to local climate，and explore the application in urban design. The teaching practice includes two parts：theory class and design class. In the theory class，the teacher will explain the spatial characteristics and principles of climate adaptation of multi-scale urban forms，and the students will conduct a review of the current research in groups to understand the progress and trend of international and domestic research. In the design class，students choose certain elements they are interested in，analyze the wisdom of traditional settlements in adapting to the local climate at different scales，and explore the application in design practice. The teaching practice aims to guide students to comprehensively apply the knowledge of meteorology，built environment physics and planning to analyze the climate adaptation characteristics of traditional settlements and apply them to design practice. Through the course，students can initially grasp the characteristics and principles of climate-adapted urban form，and be able to use environmental performance simulation software to assist climate-adapted urban design.

Keywords: Teaching Practice，Disciplinary Intersections，Climate Adaptation，Traditional Settlements，Parsing And Transmission

拥抱 AI
——人工智能时代城乡规划专业教育思考与实践*

段德罡　王玉龙　谢留莎

摘　要：随着科技革新的数字时代到来，作为传统工科的城乡规划行业面临诸多挑战，如多领域交叉、多技术叠加下的多元化实践需求和人才需求，规划教育亦亟待改革。AI（又称人工智能）的飞速迭代驱动规划师学习并运用 AI 技术，不仅是现代科学技术植入现代生产生活中的必备技能，也是基于城乡规划专业特性的一种战略性的主动选择，同时，AI 的迅速普及正飞快改变着城乡生产生活方式，构建着完全不一样的城乡场景，规划作为带着预测属性的专业学科，必须针对这种已然发生的变化作出调整与改变。文章以西安建筑科技大学城乡规划专业本硕博规划教学实践为例，通过对 AI 的工具导向、方法导向、场景导向三个维度的认知，尝试构建多维度的课程体系、设立多维度的教学目标、应用多模式的教学方法，为培养适应人工智能时代的多学历层次规划专业人才进行有益探索。

关键词：人工智能；城乡规划教育；教学实践

1　引言

从第一台计算机诞生到互联网时代，不过 44 年；从门户网站到电子商务的崛起，不过 5 年……不难看到，当今时代正在发生迅速的变革与创新，科学技术的迅速发展，尤其是人工智能（AI）技术的迭代突破，带来了新的发展机遇和各行业领域创新，同时也对现代社会的生产生活方式带来了巨大冲击与变革。未来已来，技术更迭，以未来人居环境建设部署为引领的城乡规划学科亦需要与时俱进，开拓创新。基于此，笔者尝试从规划教育的视角切入，在城乡规划专业的本硕博教学课程中融入 AI 板块的内容，在新生专业导引课程、规划思维课程、研究生规划理论与方法课程中设置了 AI 相关内容等，引导学生直面 AI，认知 AI，应用 AI。

* 基金项目：2023 年校级研究生教育改革研究项目“设计下乡——校地合作支撑高层次乡村建设人才培养模式”（编号：ZHGG202402）；2023 年校级研究生教育改革研究项目“规划与设计（深耕乡土教育 聚焦乡村建设）”（编号：KCSZ202406）。

2　人工智能对城乡发展建设的影响与城乡规划教学应对

2.1　人工智能对城乡发展的影响

人工智能作为用于模拟、延伸和扩展人的智能的一门新的技术科学，呈现出深度学习、跨界融合、人机协同、群智开放、自主操控等特征，正在对经济社会发展、国家治理等产生深远的影响[1]。随着信息环境和数据基础的演变，它在诸如大数据、语音与图像识别以及深度学习等关键领域取得了显著的进展[2]。2024 年 2 月，自然资源部出台《自然资源数字化治理能力提升总体方案》，提出加快人工智能在环境建设、数据治理、规划设计等方面的应用。在实践层面，“一网通办”“一网统管”等城市数字化治理模式不断涌现，为探索中国式城市空间治理与数字化深度融合的发展路径提供了新思路[3]。从 2015 年初次提出“数字中国”的概念开始，十年间，一系列如“数

段德罡：西安建筑科技大学建筑学院教授
王玉龙：西安建筑科技大学建筑学院硕士研究生
谢留莎：西安建筑科技大学建筑学院讲师（通讯作者）

字城市”“智慧城市”“数智社区”等概念已经逐步从战略构想落到试点建设，甚至推广应用，我们可以看到，大数据与人居环境科学及可持续发展等领域的学科交叉趋势日益凸显，为城乡规划解决复杂社会经济问题提供了新的视角和工具[4]。传统城乡规划学科的空间边界被突破，规划教育领域亦被深刻地影响着，亟须改革与创新。

2.2 城乡规划教学应对

城乡规划本质上是以真实世界的空间和环境为研究对象，其目标是立足当下展望未来，通过专业研判社会发展趋势并引领人类走向未来更美好的生产生活。人工智能（AI）技术在处理复杂数据分析时能显著加速决策过程，提供比人工更精确的城市发展趋势分析和资源管理，从而有效适应并引领未来变化[5]。在规划教育领域，AI 技术的出现开始动摇了传统的城乡规划教育模式，教育者和受教育者可以利用网络软件进行沟通交流，传统“传帮带”的教育方法逐渐被淘汰，更先进的技术、更广博的信息、更前沿的学习体验不仅能够帮助学生获取更多知识，还能提高学习效率，这在一定程度上既是优势，也会带来更大挑战，学生们不仅要掌握传统的规划学科理论和技术方法，还需要学习和应用最新的 AI 技术以应对时代发展，如图 1 所示。因此，学习并运用具有可感知、可学习特点的人工智能，不仅是现代科学技术植入现代生产生活中的必备技能，也成为基于城乡规划专业特性的一种战略性的主动选择[6]。

应对时代发展，如何有效地将 AI 融入规划教育，是当前规划教学改革的重要问题。这既要求学生不但要学会 AI 技术本身，还要学会如何将这些技术应用于解决复杂的城乡规划问题，将 AI 结合进课程学习和成果呈现中；又对教师提出了更高的教学要求，课程目标的制定、教学内容方法的选择到教学体系的建构和能力素质的培养都面临重大的考验。在此基础上，笔者提出在规划教育中将 AI 视作一种工具、方法，进而将其视作是未来生产生活场景。通过这三个认知维度，结合案例分析、项目驱动和问题解决的教学方法，展开在本硕博不同层次教学中的思考与探索。

3 将 AI 视作一种工具

在“AI+”规划实践教学探索中，可以将人工智能（AI）认知为一种工具，它提供了强大的信息锁定、数据处理和智能分析功能，使得各层次（本硕博）学生能够更高效地搜集、处理并分析大量的城乡统计数据，包括人口统计、交通流量、土地使用等信息，有效辅佐学生的日常课程学习和实践工作。以下几个实践案例，展示了如何在教育教学中鼓励学生将 AI 作为工具发挥其在专业学习中的作用。

3.1 视野拓宽：AI 认知桥梁的搭建

AI 作为一种具有明显划时代特征的技术工具，首先需要解决的是如何使得学生建立起对未知技术的基本认

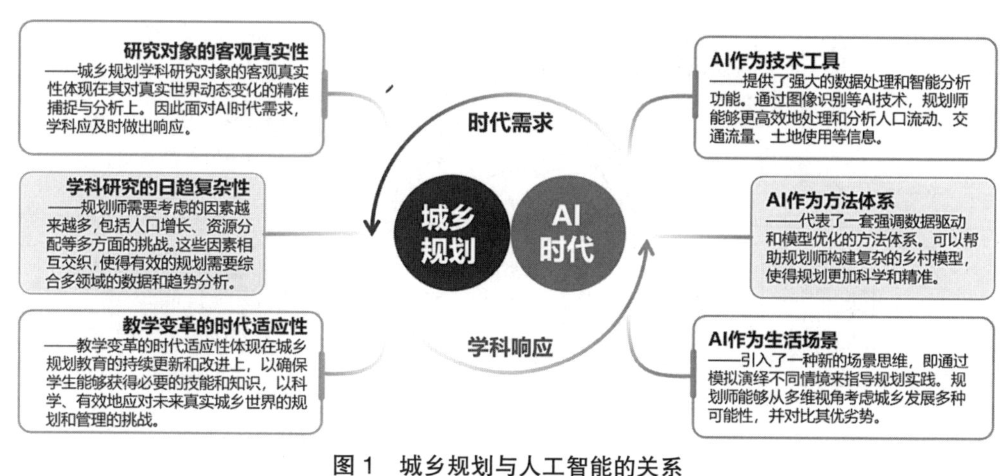

图 1 城乡规划与人工智能的关系

资料来源：作者自绘

知并勇于接受甚至掌握它。基于此，在本科一年级学生“城乡规划专业初步”课程中以“专业第一课”的形式，将 AI 与传统城乡规划专业思维认知融合，进行公开课阐述，致力于构建低年级专业学生对 AI 的初步认知，将其总结为“B-S-T”模式，如图 2 所示。

B（Background）即背景梳理，是该模式的基础理论环节，起专业理论更新、输入的作用；S（Subject）即学科收束，是该模式的思维启发环节，通过提出学科研究的城乡对象和学科本身所可能面临的问题，启发学生对 AI 时代下可能产生的影响进行自我思考；T（Thought）即思维训练，指通过对 AI 时代未来人才标准和传统规划思维变革进行梳理以帮助专业学生建立高标准的自我要求。

通过“B-S-T”模式下的讲述，大部分学生过程中能够快速建立起对 AI 和城乡规划理论的模糊认知，更重要的是，绝大多数学生对 AI 作为一种工具可以介入专业学习乃至能够被初步掌握充满信心。在此基础上，学生对于 AI 工具的尝试也成为教师在后续科研工作中进一步关注和研究的内容。

3.2 效率提升：自动化数据收集和处理

在城乡规划的学习和实践中，数据的收集和处理是一项重要的基础工作。在查阅资料、锁定信息、知识更新的一系列过程中，AI 的引入就像计算器取代算盘，可以大幅提高低年级学生对于基础资料的收集整合速度。在“规划思维基础”设计课程中，经过实地对长安区太乙宫街道及周边村庄进行调研后，面对大量基础数据的整合工作，学生们以小组为单位，借助 ChatGPT 以及 GPTs-DallE 等一系列工具，仅用两节课就完成了从基础资料到汇报 PPT 再到小组公众号的一系列工作，成果节选如图 3 所示。

3.3 成果模拟：AI 模拟下的成果输出

城乡规划的方案生成过程中，最重要的一环就是学生模拟各方利益主体间的博弈，这有助于同学们摆脱主观意识及对某方主体的偏向思维，提高规划决策的客观性和公平性。而基于对 AI 迭代技术下的高仿真、类人化的模拟特征，笔者认为借助 ChatGPT4.0 工具可以使得 AI 模拟各方主体，并提供相对客观的利益反馈。基于此，在课程中的多方主体利益博弈环节，通过“分组模拟 +AI 参与”的形式，策划了一场“别开生面”的博弈课程。课程中，笔者及所主持教学组发现，专业学生参与积极性高，博弈环节整体完成度高，对于最终成果的直接指导性较强，教学场景及部分成果如图 4 所示。

在本硕博不同教学对象的教学实践中，AI 技术被广泛用于辅助学生的设计图纸绘制和课题研究中应用并

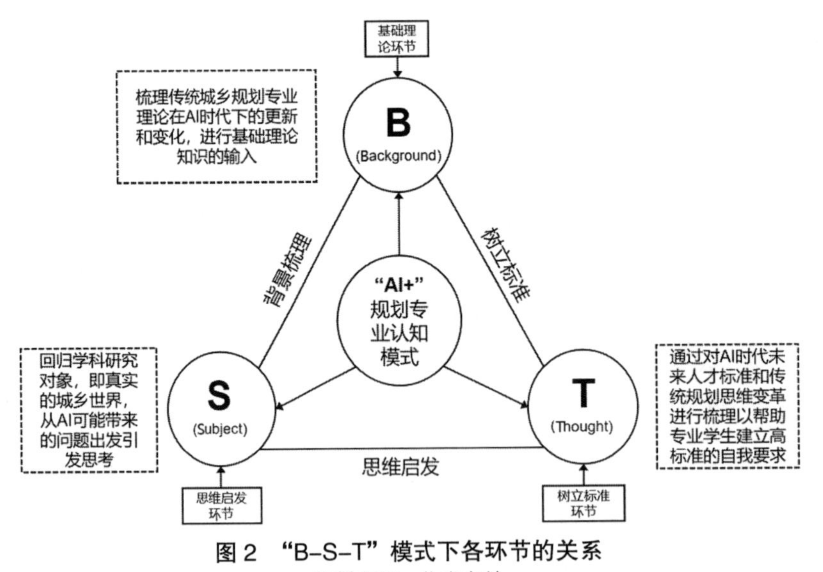

图 2 “B-S-T”模式下各环节的关系

资料来源：作者自绘

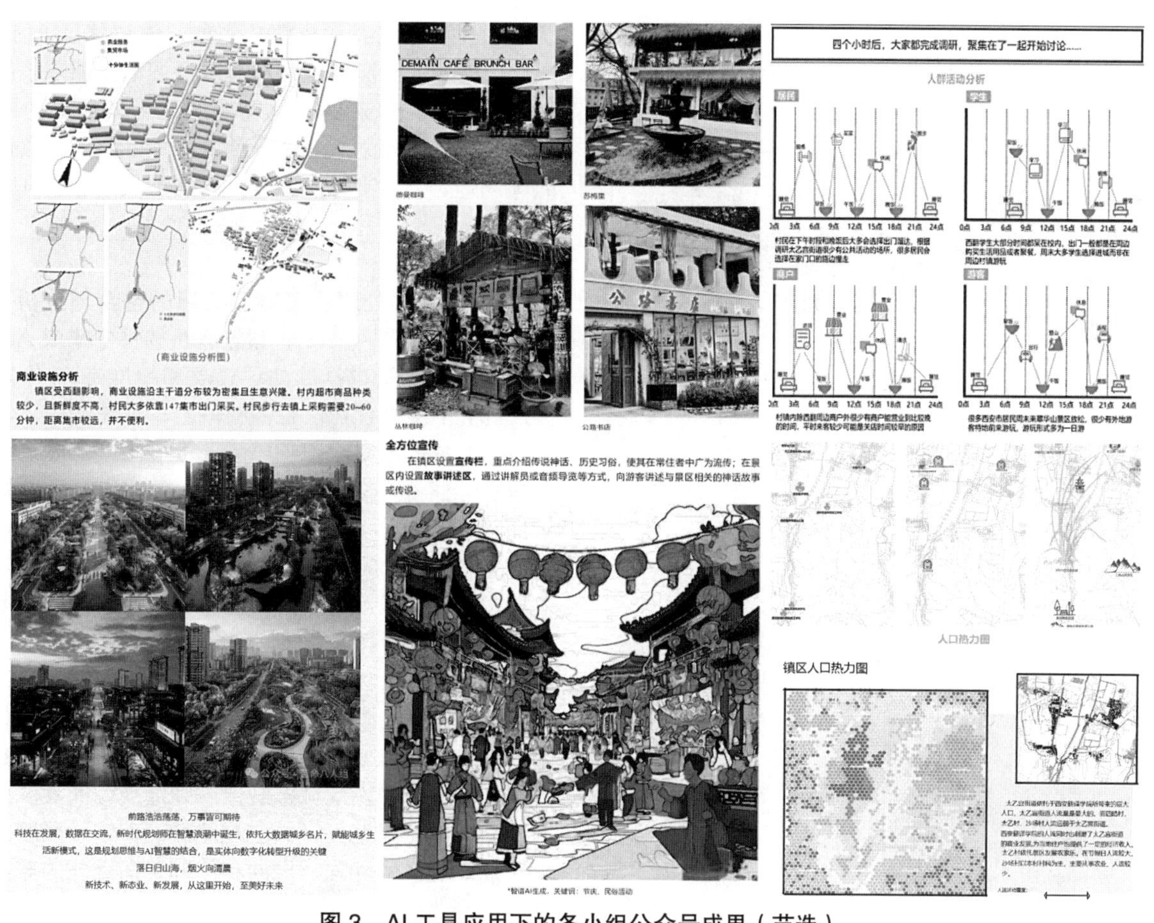

图 3　AI 工具应用下的各小组公众号成果（节选）
资料来源：西建大城规 2022 级作业

最终取得良好效果。在本科“规划思维基础”设计课程中，学生们通过使用 ChatGPT 整合文字、文生图工具自主生成意向图等方法，使得图纸绘制效率被大幅提高，部分成果如图 5 所示；在硕博士生参与的一系列课题实践中，AI 工具也不断发挥重要作用，如使用 AI 辅助的地理信息系统（GIS）快速分析土地使用情况，在较短时间内完成原本需要数小时完成的用途管制分区的划定。具体操作中，通过 Gpts-Code Guru 可以在极短时间内将一系列 GIS 工具箱调用操作转化为执行代码 [7]，通过 ArcGIS 支持的 python 语言进行高频响应和快速重复处理 [8]，大幅提高重复性操作和 GIS 制图的效率，部分成果如图 6 所示。

由此可以看到，AI 作为工具融入城乡规划教学具有广泛价值。这种教学模式不仅促进了学生的全面发展，也为城乡规划未来发展提供了新的视角和工作方法。

4　将 AI 视作一种方法

在硕博士为主的研究与实践探索中，人工智能（AI）不仅作为工具应用，更作为创新研究方法推动着城乡规划教学与研究的进步。以下几个方面展示了 AI 在学科研究中作为方法的独特价值。

4.1　创新研究方法：机器学习与城市发展预测

AI 引入了全新的数据分析方法，为规划研究提供

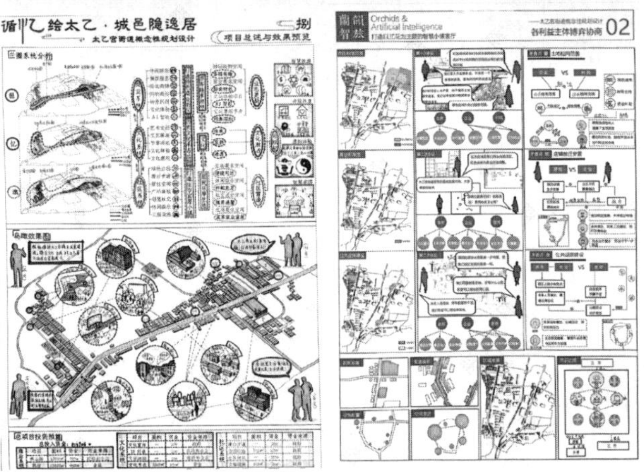

图 4　AI 辅助下的博弈场景及成果呈现（节选）
资料来源：西建大城规 2022 级作业　制图者：胡鑫蕊、雷博兴

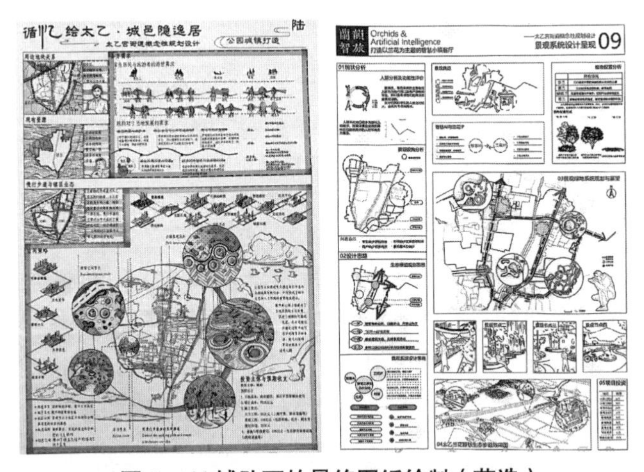

图 5　AI 辅助下的最终图纸绘制（节选）
资料来源：西建大城规 2022 级作业　制图者：王萧扬、吕哲涵

了更加先进的工具和思路。例如，通过使用 AI 进行城市增长模型的预测，规划师可以更好地预测未来的人口增长和城市扩张趋势，从而制定更合理的土地使用和基础设施建设计划[9]。这一应用为学生提供了数据驱动的预测能力，使他们能更好地把握日新月异的城市化趋势。

4.2　海量数据处理：多维度信息的整合与分析

硕博士生利用 GIS 和数据分析软件中集成 AI 算法，极大地提升对于数据的处理速度和精度是 AI 作为研究方法的另一显著优势。在乡村联合毕业设计中，学生通过对湖北省孝昌县小河镇小河溪社区生态基质进行多维度识别与评价，提取交通通达性、居民点与主要景观要素距离、水文、植被、地形五大要素并利用 ArcGIS-Toolbox 进行相应空间分析，并最终利用“加权叠加”工具，对各要素间的权重值作分配，最终形成该地区生态景观价值综合评价结果，部分成果如图 7 所示。

4.3　提高研究效率与准确性：模型优化与策略模拟

城市规划正日益依赖智能技术，利用大规模数据感知、认知城市并发现城市规律。智能模型的发展引入了一种新的规划思路——城市规律导向，这种思路为编制城市规划提供了除理想导向和问题导向之外的第三种方法[10]。例如，吴志强团队在 2018 年开发的 CIM4.0 人工智能城市中枢，采用“迷走神经系统”的架构理念，针对特定地区的分级管理开发计算模型，实现了城市关键问题决策与自组织运行的并行处理[11]。基于这些创新，AI 不仅作为迭代技术在城乡规划中的应用正在拓展，也显著提高了研究的效率和准确性。

5　将 AI 视作未来生产生活场景

就像智能手机改变了传统的时空距离，消除了人与人的信息差，社会的发展更加具有包容性，学科间交叉应用也越来越多，技术的升级、时空的压缩让规划学科亦产生了大量的研究实践机会，AI 时代的到来，使得人工智能会很快影响城乡的生产生活方式。人类社会将会在 AI 的引领下面临诸多挑战，如就业机会的剥夺、一些行业领域的取代，甚至空间资源使用的新规则……因此，规划师应当深刻地意识到 AI 不只是一个技术工具、

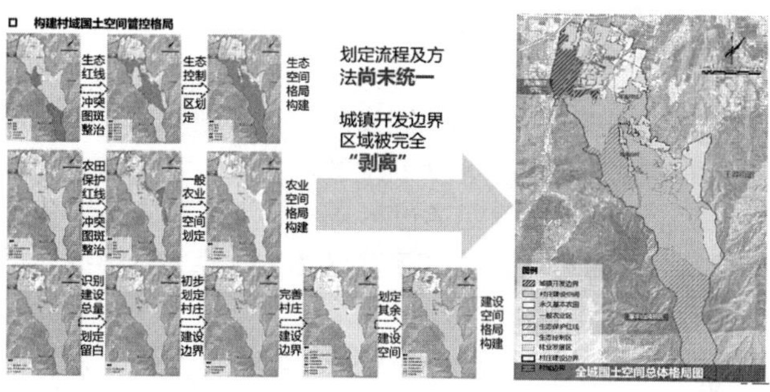

图 6　AI 辅助的地理信息系统（GIS）快速划定分区成果

资料来源：西建大城规研 2023 级课题实践作业　制图者：王玉龙

一种研究方法，更是未来生活的重要支撑，是在构建未来规划场景中不可或缺的一种“介质”。这要求规划师们在拓展视野的同时，考虑多样化和可变化的城市发展可能性，基于规划师的专业价值观来预见和塑造人类的未来，以下阐述了 AI 时代下规划教育变革的几点思考。

5.1　适应变革性：规划教育应迅速回应 AI 带来的生产、生活方式的转变与革新

在城乡规划教育中，AI 的迅速发展预示着生产和生活方式的根本变革，这对规划师的教育提出了新的需求。例如，3D 打印技术的应用可以加速建筑的设计和建造，规划课程应包含如何利用这些新技术进行高效的设计和施工管理。此外，无人驾驶汽车的引入不仅改变了城市交通管理，还对城市布局和公共空间设计提出了新需求。规划教育需要不断适应技术变革，培养学生的技术适应能力和创新思维，确保他们能在未来环境中有效工作和创新。

5.2　提升敏感性：AI 时代培养学生的时代敏感性与预测未来趋势能力是关键

在人工智能的时代背景下，对于学生而言，培养其对时代变迁的敏锐感知和预测未来发展趋势的能力，是

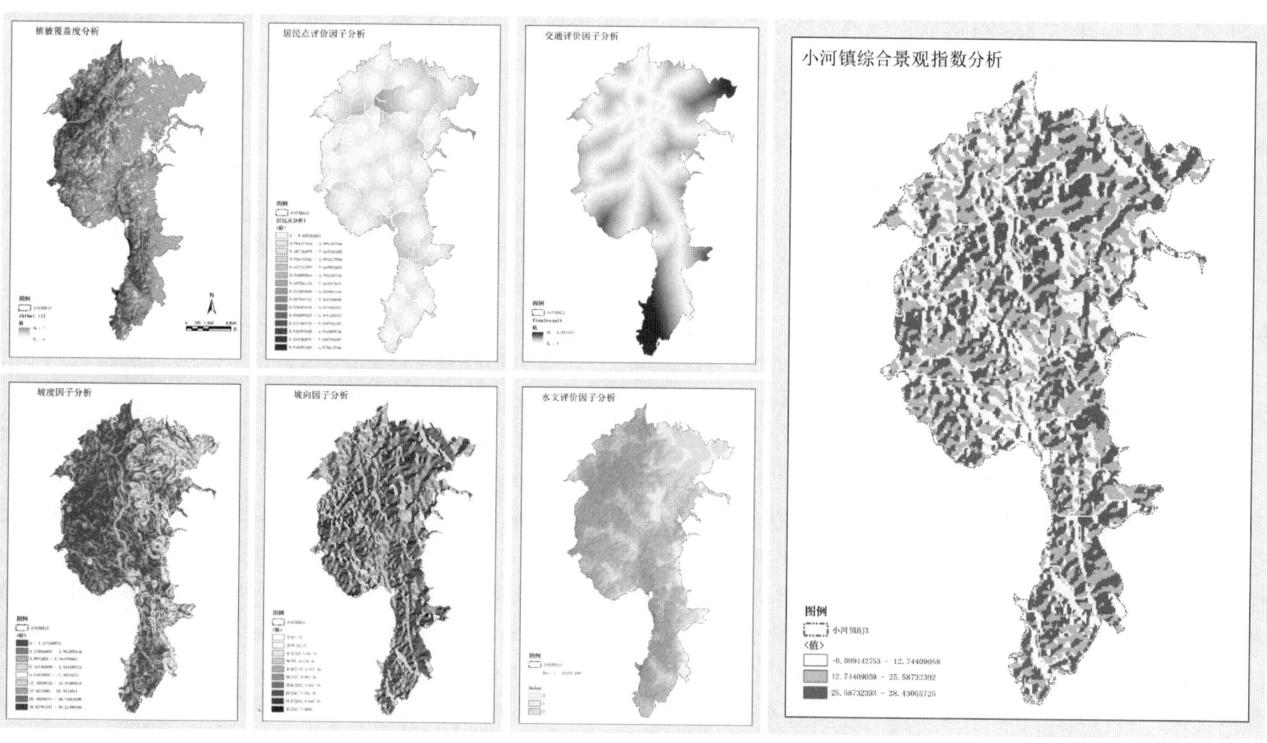

图 7　AI 辅助下利用 GIS 工具进行多因子分析与评价

资料来源：西建大城规 2019 级作业　制图者：李铭华

满足当前社会对人才的需求、保持专业人才核心竞争力的关键所在。在教学实践中，通过利用 AI 工具和方法分析和模拟城乡演变趋势及其对土地利用、空间承载、建造技术、交通方式的变革性影响，学生不仅能够掌握先进的技术工具，更重要的是，通过这样的训练，学生们被赋予了解析复杂城市现象和趋势的综合能力，为他们成为能够在未来环境下作出贡献的城乡规划师打下了坚实的基础。

5.3 培养差异性：针对本硕博多层次学生应锚定差异化培养目标

在城乡规划专业教育领域，我们应当充分认识到 AI 技术的深远影响，以及它在塑造未来生活场景中的关键角色。为此，教学体系改革需为不同学历层次的学生量身定制培养目标，既要贴合 AI 时代的发展趋势，也要与学生的学术成长阶段相匹配。

对于本科生，重点是激发他们对 AI 介入后生活生产空间变化的想象力和基本理解能力；硕士生的培养目标则更侧重于提升他们对 AI 时代空间的整体认知、系统分析及创新设计能力；博士生的培养目标则是深化他们对 AI 带来的社会挑战的理解，并在哲学和伦理层面进行深入思考，为城乡规划学科带来理论上的创新和实践上的指导。

通过这种层次化和目标导向的教育模式，学生可以在各自的学术和职业发展阶段中，更好地适应 AI 深入融合城乡规划领域的趋势，从而在未来的职业生涯中发挥关键作用。

5.4 激发想象力：注意培养学生未来时代视野以推动学科进步

在 AI 时代，规划教育改革应着重激发学生的想象力和前瞻性思维以推动学科进步。我们必须认识到，规划师的培养更应当注重想象力的激发、对未来 AI 生活场景的构想以及规划的应对策略，除了利用 AI 技术提高规划分析的准确性和高效性，还应当将 AI 生活场景与规划行业进行结合，探索更多的行业发展机会。这种教育改革不仅提升了学生的技术能力，更重要的是，激发了他们面对快速变化时代的创造力和解决问题的应对能力。

6 结语

人工智能（AI）的快速发展正在深刻地改变城乡规划的教育和实践，带来了新的教学方法、课程内容和专业目标。笔者及教学组通过将 AI 技术融入本硕博不同教育层次，不仅极大地丰富了教学内容，也提升了教育质量和效率。

教学实践表明，适应 AI 时代的教学变革不仅是顺应规划工具和方法发展的趋势，更是对教育体系进行全面的革新，包括培养目标、课程建设及教学模式。通过将 AI 作为工具、方法和预见未来生产生活场景的框架引入课程，使学生们能够更全面地掌握技术，理解其在实际规划中的应用，从而提高其跨学科的思维和实际操作能力。

此外，我们还需警觉 AI 技术可能带来的伦理和社会问题，确保技术应用不仅促进城乡规划的科学发展，也要加强对社会公正和文化多样性的尊重。通过这种方式，城乡规划教育不仅能够利用 AI 技术的积极潜力，同时也能有效预防其潜在风险，确保技术发展始终服务于提高人类社会的福祉。

参考文献

[1] 甄峰，席广亮，张姗琪，等. 智慧城市人地系统理论框架与科学问题 [J]. 自然资源学报，2023（9）：2187–2200.
[2] 杨俊宴，朱骁 . 人工智能城市设计在街区尺度的逐级交互式设计模式探索 [J]. 国际城市规划，2021，36（2）：7–15.
[3] 吴彤，甄峰，孔宇，等 . 人工智能技术赋能城市空间治理的模式与路径研究 [J]. 规划师，2024，40（3）：14–21.
[4] 甄峰，孔宇 . “人—技术—空间”一体的智慧城市规划框架 [J]. 城市规划学刊，2021（6）：45–52.
[5] CHEN N，QIU T，ZHOU X，et al. An intelligent robust networking mechanism for the internet of things[J]. IEEE Commun. Mag，2019（11）：91–95.
[6] STUART J R，PETER N. Artificial intelligence：a modern approach[M]. Harlow：Pearson Education Limited，2016.

[7] 谭玉涵，孙宇婷 . AI 写代码准确率高达 80% 离自动生成程序还有多远？ [N]. 每日经济新闻,2023-06-06(5).
[8] 李强，白建荣，李振林，等 . 基于 Python 的数据批处理技术探讨及实现 [J]. 地理空间信息，2015，13(2)：54-56，11.
[9] 赵瑞婷 . 基于机器学习的京津冀城市群需水量预测及供水工程策略研究 [D]. 北京：北京交通大学，2023.
[10] 吴志强 . 人工智能辅助城市规划 [J]. 时代建筑，2018(1)：6-11.
[11] 吴志强，甘惟，臧伟，等 . 城市智能模型（CIM）的概念及发展 [J]. 城市规划，2021，45(4)：106-113，118.

Embracing AI —— Thinking and Practice of Urban and Rural Planning Education in the Era of Artificial Intelligence

Duan Degang Wang Yulong Xie Liusha

Abstract: As the digital epoch, catalyzed by technological innovation, emerges, the traditional engineering discipline of urban and rural planning confronts multifarious challenges. These include the diverse practical demands and talent requirements arising from interdisciplinary convergence and the layering of multiple technologies. Consequently, there is an urgent need for a reform in planning education. The swift evolution of AI (Artificial Intelligence) is compelling planners to not only master AI as an indispensable skill integrated into contemporary production and daily life but also to strategically adopt it in response to the unique attributes of the urban and rural planning profession. Moreover, the swift proliferation of AI is rapidly altering the urban and rural production and lifestyle paradigms, crafting distinct urban and rural milieus. Given the predictive nature of the planning discipline, it is imperative to adapt and evolve in response to these ongoing transformations. The article, leveraging the urban and rural planning curriculum at Xi' an University of Architecture and Technology across undergraduate, postgraduate, and doctoral levels, endeavors to construct a multifaceted curriculum framework. It sets forth multidimensional educational goals and employs a variety of pedagogical approaches through a comprehensive understanding of AI across three dimensions: tool-oriented, method-oriented, and scenario-oriented. This endeavor aims to foster a cadre of planners at various academic levels who are well-equipped for the AI era, representing a progressive exploration in professional education.

Keywords: Artificial Intelligence, Education of Urban and Rural Planning, Teaching Practice

设计思维下的 2023 清华—云大总体规划联合教学探索

刘　健　李耀武　罗桑扎西

摘　要： 设计思维注重通过多学科和多方力量的合作，采用创新方法分析和解决复杂问题。面对城市（镇）这个开放的复杂巨系统，总体规划编制和总体规划教学均为设计思维提供了应用场景。在云南省与清华大学省校合作框架下，2023 清华—云大总规联合教学探索运用设计思维合作完成课程计划的草拟、教学内容的安排和教学活动的组织，围绕城乡规划专业本科生的专业必修课程教学，基于线上线下合作和东部西部联动，实现教育资源的互补共享、规划知识的交流传播，以及学生设计思维能力的培养，取得丰富的教学成果，是对总体规划教学创新的有益探索。

关键词： 设计思维，总体规划，规划教学，联合教学

1　引言：设计思维与规划教学

设计思维（Design Thinking）理念源于对设计认知和设计方法的研究，被解释为“像设计师一样的认知、思考和行动”（Cross，2001）。设计思维的核心是通过创新方法来解决复杂问题，强调在多学科、多方力量合作中采用创新性的方法分析和解决问题，不同成员之间通过团队合作和协同努力创造性地解决问题则是运用设计思维的具体体现。设计思维被广泛运用于商业、教育和计算机科学等多个领域（Dorst，2011），斯坦福大学设计学院将设计思维视为推动技术和社会创新的通用方法（Auernhammer，Roth，2021），并从 2005 年起开设了设计思维课程。

城市及其区域被认为是一个开放的复杂巨系统（周干峙，2002），总体规划作为规划体系中的战略性规划，要解决的则是这个开放的复杂巨系统的未来发展问题，从问题的广度到时间的长度，都要求以充满创新和创造的设计思维，基于多个学科和多个方面的通力协作加以应对，由此也对总体规划教学提出挑战，一方面要将设计思维贯穿在课程计划的草拟、教学内容的安排和教学活动的组织全过程中，另一方面要在教学过程的各个环节注重培养学生的设计思维能力。

2023 年秋季学期，清华大学建筑学院和云南大学建筑与规划学院联合开展了为期 16 周的总体规划教学（以下简称联合教学），将设计思维贯穿在联合教学的总体计划、内容安排、教学组织和成果表达等多个方面，探讨了围绕城乡规划专业本科生的专业必修课程教学，基于线上线下合作和东部西部联动，实现教育资源的互补共享、规划知识的交流传播，共同致力于推动西南生态敏感地区城乡融合可持续发展的可行路径。

2　联合教学概况

2.1　联合教学缘起

2023 清华—云大总规联合教学缘于清华大学和云南省的合作。由于西南联大，清华大学与云南省建立起特殊的历史渊源。1998 年，云南省与清华大学开展省校合作，在对口支援、人才培养、干部培训、教育扶贫、医疗扶贫等领域建立了良好的合作关系。2015 年 12 月 17 日，云南省与清华大学签署《云南省——清华大学战略合作协议》，双方表示将充分发挥清华大学在人才培养、学科建设、科学研究、文化传承创新、国际交流合作等领域的综合优势，结合云南省区位、资源、沿边开放优势，积极探索创新合作模式，不断扩大省校合作领域、深化合作内容，加强合作力度。

刘　健：清华大学建筑学院教授
李耀武：清华大学建筑学院博士研究生（通讯作者）
罗桑扎西：云南大学建筑与规划学院讲师

在此背景下，清华大学建筑学院谭纵波教授于2021年应邀兼任云南大学建筑与规划学院院长，成为2023清华—云大总规联合教学的主要倡导者。来自清华大学建筑学院的10名学生、1名助教和1位教师，以及来自云南大学建筑与规划学院的9名学生和1名教师参与了联合教学[1]。联合教学工作得到了清华大学建筑学院和云南大学建筑与规划学院的大力支持，并有云南案例城镇的地方政府和相关规划设计单位的积极参与，为联合教学的顺利完成提供了有力保障[2]。

2.2 总规课程要求

在清华大学，总体规划教学（即“城乡规划设计5和6”）是面向城乡规划专业四年级本科生的专业必修课。课程选择特定城镇作为规划设计对象，要求在面向高质量发展的新型城镇化背景下，针对案例城镇在社会、经济、环境等方面的发展变化展开实地调研，发现国土空间保护利用面临的问题与挑战以及机遇与潜力，研究城乡建设、农业生产和生态保护三大功能的核心议题，并在镇域、镇区和村庄等多个空间层级，分别进行国土空间规划布局和城市设计，模拟完成国土空间总体规划编制的全过程，以达到以下三个教学目的。一是价值塑造，即培养学生建立起以人为本的可持续发展价值理念；二是知识传授，即向学生传授与战略性规划核心内容相关的专业知识；三是能力培养，即培养学生的设计思维能力，包括创造性地发现、分析和解决问题的能力，以及创意性的口头表达和形象表达规划设计方案的能力。

在云南大学，总体规划教学（“城市规划设计 III”）是面向城乡规划专业四年级本科生的专业必修课。课程选择特定乡镇作为研究对象，要求学生对其行政辖区范围内的国土空间保护、开发、利用及修复作出具体的规划安排，具体内容包括分析城镇概况、研判城镇发展的优势、明晰城镇发展定位与规划目标、确定村镇的空间结构、等级规模结构和职能结构，综合布局镇域交通和市政基础设施等支撑体系，综合研究和确定中心镇区规模和空间发展状态，统筹安排城市各项建设用地、合理配置各项基础设施，处理好远期发展与近期建设的关系。

两校总规教学的目标和内容要求在表述上略有差异，在联合教学过程中反而形成了互补的可能。

2.3 联合教学地段

经过两校教师团队的前期磋商，2023清华—云大总规联合教学最终选择位于云南省大理州洱源县的右所镇作为规划对象。右所镇及其所在的洱源县地处丽江和大理两个著名旅游城市中间，自然环境优美，区域交通便利，同时作为少数民族聚居区，地方文化丰富。右所镇的地理环境具有高原坝区的典型特点，在约310平方公里的辖区内，东西两侧的山区占比70%，中部的平坦坝区占比仅为30%；坝区内村庄、农田、湖泊、湿地密布，且有弥苴河、永安江、罗诗江三条河流自北向南汇入洱海，生态环境敏感（图1、图2）[3]。此外，右所镇还拥有丰富的物种资源和地热资源，成为发展旅游休闲产业的重要资源基础。

由于地处洱海上游且辖区大部分位于洱海流域二级保护区内，在云南省大力加强洱海保护的背景下，右所镇的社会经济发展与生态环境保护之间矛盾突出。在洱海保护政策出台之前，大蒜种植曾是洱源县的优势农业产业，右所镇凭借优越的区位交通条件成为大蒜交易中心，带动商业贸易和服务休闲等产业的发展，地区生产总值位列洱源县前三；然而，随着洱海保护政策的实施，大蒜种植因有赖化肥而被禁止，右所镇的大蒜交易活动受到冲击，商贸服务产业严重衰退，产业结构呈现“农业独大”的格局，虽然新兴第三产业增长显著，但总量有限、水平不高，难以形成主导产业，产业转型升级的挑战严峻。在人口结构上，右所镇虽有户籍人口近6万，但常住人口不足5万，常年有约1.1万的人口外流，高峰时期有2.4万人外出务工，定期返乡务农；常住人口密集

[1] 来自清华大学建筑学院的成员包括：任课教师刘健，助教李耀武，学生范炳轩、黄宇杰、蒋羽奇、鲁萦、牛心苗、任知乐、孙广泽、吴俊、许雯钧、张校闻。来自云南大学建筑与规划学院的成员包括：任课教师罗桑扎西，学生梁哲伟、刘武、刘夕然、申锐进、陶瑞、王秋、杨雨萌、余雅琪、郑佳雯；副院长杨子江教授参与了联合教学的前期筹备工作。

[2] 在2023清华—云大总规联合教学过程中，清华大学团队还得到云南省科技厅专家工作站项目“高质量可持续城市更新与城乡融合发展模式研究”（202305AF150126）的支持。

[3] 文中引用的图纸均为参与联合教学的清华大学学生绘制，照片均为清华大学学生拍摄。

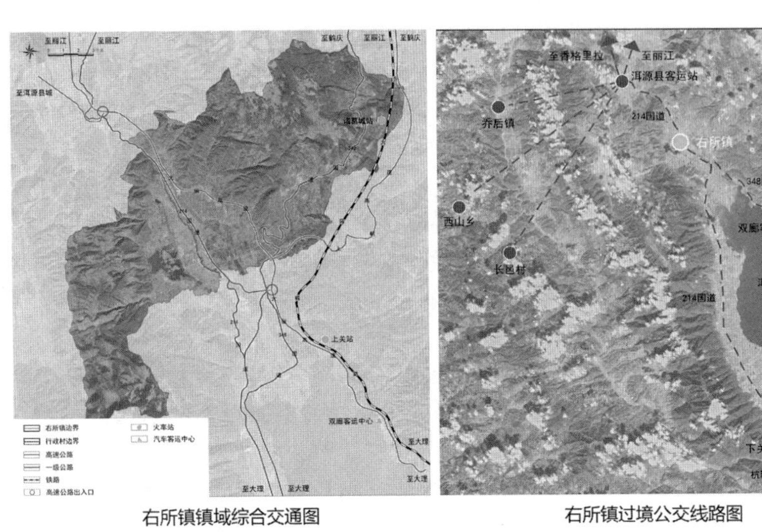

右所镇镇域综合交通图　　右所镇过境公交线路图

图 1　右所镇的交通概况

资料来源：2023 清华大学总体规划教学成果

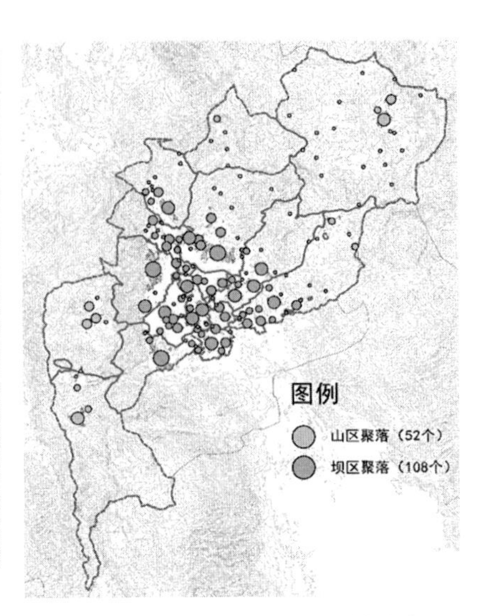

图 2　右所镇的村落类型及其分布：坝区密集，山区疏落

资料来源：2023 清华大学总体规划教学成果

分布在坝区，白、汉、回等 20 多个民族混居，老龄化趋势明显。在城镇建设方面，2020 年右所镇的城镇化率仅为 26%，镇区的工业和服务业发展不足，难以发挥中心作用带动周边村庄发展。因此，面对生态环境保护的制约，如何有效发挥区位、交通和资源优势，充分利用国家和省地的政策支持，凝聚内生动力与外在推力构建发展动力机制，实现生态保护与社会经济的同步发展以及城乡融合的可持续发展，成为其国土空间总体规划的核心议题；在此议题下，如何引导学生分析问题、认识规律、制定战略则成为联合教学的关键任务。

3　教学组织设计

为了克服地理空间遥远和课程时间差异带来的困难，联合教学的教师团队提前三个月开始教学筹备工作，通过定期的线上会议磋商，共同制定了周密的教学计划以确保联合教学的顺利开展。双方通过联合实地调研、共享专题讲座、线上联合评图等方式，促进了双方师生的互动交流，实现了教学资源的互补共享以及规划知识的生产传播。

3.1　联合实地调研

鉴于洱海保护对右所镇未来发展的重大影响，联合教学将大理市北部地区和右所镇作为实地调研的重点；其中针对右所镇，教师团队提前商定了十个调研专题（表 1），两校学生根据各自兴趣自主选择，并形成一对一的混合编组，清华学生的眼界视野与云大学生的地方认知优势补充，为调研期间的专题研究合作奠定了基础。2023 年 8 月 27 日至 9 月 2 日，联合教学团队先后在大理和右所两地开展实地踏勘。白天通过与地方政府座谈、深入企业调研和分片村庄踏勘，了解洱海环境保护和城乡建设发展现状，收集相关一手资料（图 3），其间无人机技术和云大教师团队开发的调研小程序和云共享基础数据库，为各位同学的调研资料收集和汇总提供了有力支撑；夜晚则以混编小组为单位，对相关专题资料开展梳理分析，两校教师则共同提供现场答疑，加强学生对现状问题的了解和认识（图 4）。

3.2　共享专题讲座

总规教学中的专题讲座着重传授总体规划的相关理论和知识以及技术和规范，是对规划设计的重要支撑

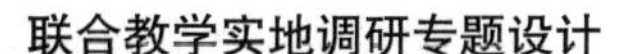

联合教学实地调研专题设计　　　表1

专题名称	具体调研分析内容
历史与区位	区域交通，城市区位，历史发展，历次规划等
自然与资源	地形，气温，日照，水文，矿产，动植物等
人口与社会	人口数量及其空间分布，民族组成及其空间分布，年龄组成及其变化，就业人口数量和职业组成及其变化，社区组织，家庭的数量、规模和人员构成及其变化等
经济与产业	三种产业的规模和结构及其变化，企业的数量、规模、类型和空间分布及其变化，规模企业、龙头企业、特色企业及其空间分布，特色产品及其空间分布等
国土与村镇	土地面积，水系分布，灾害隐患，村镇体系，民族村庄，特色村庄等
土地利用	特色种植及其空间分布，包括农田和生态用地在内的土地利用的分类、数量、空间分布及其变化等
基础设施	道路体系的组成、规模和空间分布，市政基础设施的类型、规模和空间分布，农田水利设施的空间分布，环保、防洪和其他设施的空间分布等
服务设施	公共服务设施（行政、商业、文教、卫生等）的类型、建设年代、面积规模和空间分布，公共交通的线路数量、服务范围和使用强度等
村镇风貌	镇区和村庄的房屋建筑的质量和风貌特点及其空间分布，有价值的历史文化遗存及其空间分布等
景观绿化	自然环境的生态状况和景观特点，村镇的绿化建设和景观特点，环境污染状况和保护措施等

和补充。联合教学团队在前期制定教学计划时，对专题讲座内容进行了特别策划，针对总体规划编制的规定性内容和案例城镇及其所在地区的特殊性问题，充分发挥两校的各自优势，广泛调动来自规划、地理、农业、人文、旅游等多个领域的研究机构和生产机构的专业力量，通过线上线下融合方式，为两校学生提供系统化的知识传授（图 5）。结合教学计划确定的规划设计进度，12 场专题讲座有序进行，内容涉及总体规划引论及国土空间规划中的三区三线划定、空间格局与土地利用、公共服务设施配套、基础设施规划和规划制图规范等核心内容，与城镇发展密切相关的县域城镇化、乡村旅游发展、现代农业发展等规划专题，以及与案例城镇所在地区密切相关的滇西北人居环境、茶马古道历史演变等地方特色（表 2），有效支撑了学生对总体规划和地方城镇的系统认知与了解。

3.3　线上联合评图

根据既定的教学计划，联合教学采用线上方式，在第 8 周和第 16 周先后组织期中和期末两次联合评图，除双方任课教师外，还邀请了清华大学建筑学院和云南大学建筑与规划学院的规划教学负责人、右所镇人民政府的相关领导、洱源县国土空间规划编制单位和昆明市规划设计研究院的相关专家共同参与，从教学研究和生产实践两个视角，对两校学生的规划设计成果进行点评，帮助学生们拓展对总体规划的认知，激发深化研究和详细设计的思路（图 6）。两校学生在各自任课教师指导下，分别提出既有共性又有差异的规划思路和规划方案，通过联合评图相互启发、相互借鉴、共同进步。

4　教学过程设计

在联合教学过程中，除了实地调研环节由两校教学

图 3　两校师生在右所镇开展联合调研（左为山下口水电站，右为新希望蝶泉乳液集团）

资料来源：作者自摄

图 4　调研期间两校学生混合编组进行专题分析（左）及两校任课教师共同答疑（右）

资料来源：作者自摄

图 5　联合教学过程中清华、云大两校共享专题讲座

资料来源：作者自摄

联合教学专题讲座内容及时间安排　　**表2**

讲座时序	讲座内容	主讲人
2023 年 9 月 19 日	从城乡到国土：总体规划引论	刘健，清华大学建筑学院
2023 年 9 月 22 日	滇西北人居环境研究的空间技术方法 县级国土空间规划编制浅谈——以洱源县国土空间规划为例	党安荣，清华大学建筑学院 白锦涛，云南省设计院集团有限公司
2023 年 10 月 8 日	小县城——大格局中的重要载体	尹稚，清华大学建筑学院
2023 年 10 月 10 日	国土空间规划的三线划定及其价值理念	谭纵波，清华大学建筑学院、云南大学建筑与规划学院
2023 年 10 月 13 日	市县国土空间总体规划中的空间格局优化与土地利用	欧阳鹏，北京清华同衡规划设计有限公司
2023 年 10 月 17 日	城乡生活圈与公共服务设施配套	鹿勤，中国城市规划设计研究院
2023 年 10 月 20 日	乡村振兴战略下乡村旅游高质量发展路径	唐承财，北京第二外语学院旅游管理学院
2023 年 10 月 24 日	茶马古道的复杂适应性	杨海潮，西南林业大学文法学院
2023 年 10 月 31 日	现代农业发展趋势：以大理为代表的生态敏感区的农业发展路径	赵跃龙，农业农村部规划设计研究院
2023 年 11 月 21 日	国土空间市政基础设施规划研究与实践	周彦灵，北京清华同衡规划设计有限公司
2023 年 11 月 24 日	国土空间规划基础地图处理与绘图	余婷，北京清华同衡规划设计有限公司

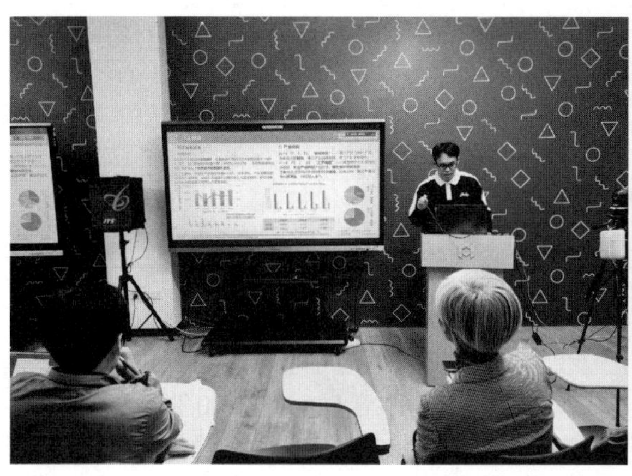

图 6　两校联合评图：期中评图（左）、期末评图（右）
资料来源：作者自摄

团队联合完成之外，两校学生分别在各自任课教师的指导下独立开展规划设计，其间共享专题讲座和线上联合评图，并且基于调研期间的混合编组保持密切联系，相互取长补短。

4.1　教学阶段划分

根据既定的教学计划，联合教学过程被划分为实地调研、现状分析、专题研究、总体策略、专项规划和重点设计等多个环节；每个环节的教学内容各不相同并有不同时长，以加深学生对总体规划工作内容层级递进的理解，并在老师的指导下有序推进相关研究、规划和设计。两校教学团队按照共同的时间进度和各自的教学要求，分别独立开展规划设计，有效避免了进度不一的问题；而任课教师对教学进度的阶段性把控，也有效规避了规划设计教学中经常出现的学生因时间安排不当、进度把控不力而出现的临时突击问题（图 7）。

4.2　教学内容拓展

在教学内容上，联合教学一方面有共同的基本要求，特别是现行国土空间规划编制的规范性要求，例如上位规划传导、双评价分析、三区三线划定以及镇域和镇区的土地利用、服务设施、市政设施、防灾减灾等的规划布局，帮助学生了解相关的国家政策法规和行业技术规范，培养学生全面认识和整体规划国土空间全域全要素的基本能力；另一方面也允许两校教学团队根据各自的要求和特长补充其他内容，特别是基于对案例城镇的认知探讨符合地方需求和彰显地方特色的不同发展路径。例如，清华大学教学团队根据实地调研和文献分析，提出生态保护、产业发展、城乡融合和特色塑造是右所镇城乡发展面临的核心问题，因此分组进行深入的专题研究，提出生态优先、产业协同、城乡融合、特色塑造的发展策略，在此框架下对国土空间全要素进行规划布局，并对生态、产业、土地综合整治、特色风貌塑造等重点专项及其重点片区进行了深入的规划设计研究（图 8）。

4.3　教学方法设计

联合教学在教学方法上的创新主要体现在三个方面。一是任课教师的主动引导；鉴于本科四年级学生的

课程内容：	实地调研	现状分析	专题研究	总体规划策略制定
时间安排：	8.26—9.2	9.19—10.13	10.14—11.9	11.10—11.16

课程内容：	专项内容规划	重点片区详细规划与城市设计
时间安排：	11.17—12.8	12.9—1.5

图 7　联合教学的阶段划分
资料来源：作者自绘

知识储备和专业技能尚不足以在有限的时间内应对国土空间总体规划的复杂性，任课教师在关键环节、对核心议题的把握与引导十分必要和重要，不仅可以及时答疑解惑，更可以启发学生的深入研究和思考。二是鼓励学生基于个人意愿开展自主学习；例如，清华大学教学团队中的生态优先专题小组，在基于生态资源分析和双评价分析构建生态安全格局的基础上，还进一步针对生态空间提出了三个等级和七类分区的管控原则和管控措施，以及针对湿地岸线、矿山修复、河道整治的详细设计（图 9）。三是从总体规划到重点设计的有效衔接；鉴于城镇层级的总体规划兼有战略性规划和规范性规划的属性，针对重点地段的深化设计可以支持论证宏观层面规划战略的可实施；例如，清华大学教学团队中的产业协同专题小组，在提出提升西湖景区、做强第三产的规划战略基础上，针对景区内村民搬迁后的村庄空间适应性再利用提出设计方案，以丰富景区的游览线路、提高景区的接待能力（图 10）。

5　联合教学收获

2023 清华—云大总规联合教学顺利完成为期 16 周的教学工作，取得丰富的教学成果；以清华大学教学团队为例，10 名学生合作完成了 90 张图纸的绘制，规划文本和规划说明的撰写，内容包括由现状认知、发展条件、目标定位三个板块组成的规划研究，以及由生态优

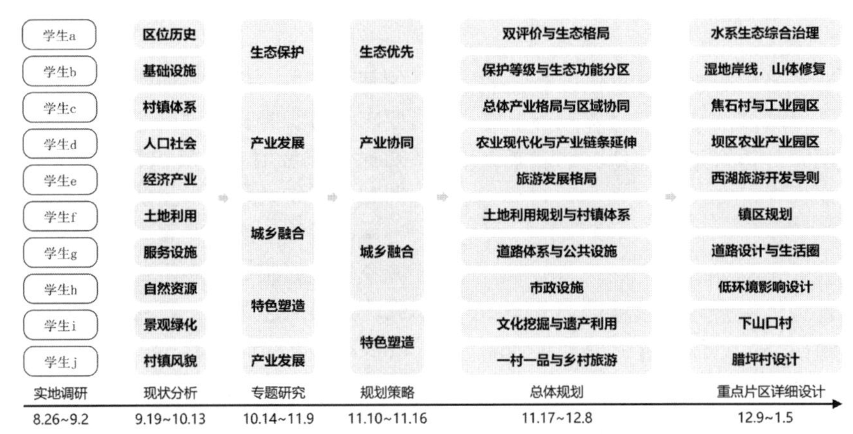

图 8　清华大学教学团队在统一教学进度安排下的任务分工与学生分组

资料来源：2023 清华大学总体规划教学成果

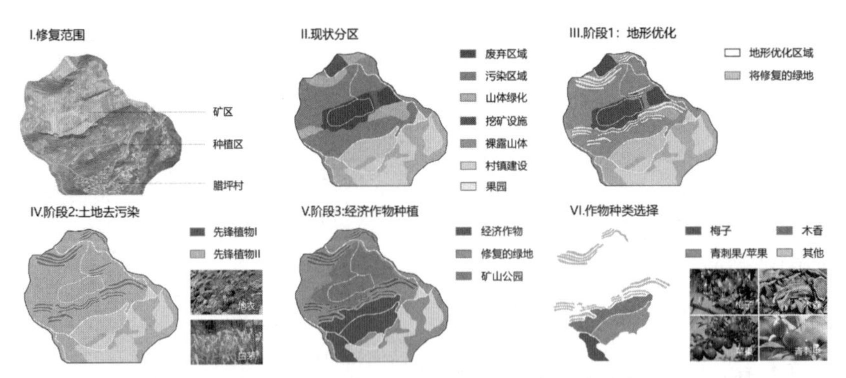

图 9　清华大学学生在生态修复专题中的战略构思与空间设计

资料来源：2023 清华大学总体规划教学成果

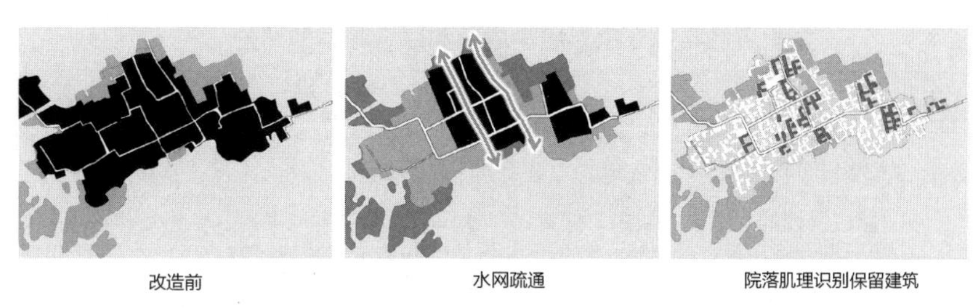

图 10　清华大学学生对西湖景区内保留村庄的空间设计

资料来源：2023 清华大学总体规划教学成果（右所镇小组）

图 11　清华大学学生的规划内容成果汇总

资料来源：2023 清华大学总体规划教学成果

先、产业协同、城乡融合和特色塑造四个板块组成的规划策略（图 11）。参与联合教学的双方学生均表示，通过此次课程学习，不仅掌握了国土空间总体规划编制的内容、流程和方法，了解了与总体规划相关的专业知识和技术规范，更加认识到规划者的使命感和总体规划的价值观，以及总体规划中团队成员交流与合作的重要性，在价值塑造、知识传授和能力培养方面均有巨大收获。参与期末评图的特邀专家也对双方学生的优秀表现给予高度评价，并且认为此次联合教学是对总体规划教学的创新实践，在教学组织、教学安排和教学内容的设计上均有示范意义（表 3）。

总之，2023 清华—云大总规联合教学的成功得益于双方教师团队基于设计思维进行了充分的前期准备、高效的教学组织和有序的教学过程，以及双方师生富有创意和成效的通力合作，可以认为是总体规划教学创新的有益探索，其中的成功经验可以对未来的总体规划教学创新提供参考。

期末评图特邀专家对教学成果和联合教学的评价 表3

评图专家	专家评价
专家 a（高校教师）	“此次两校联合的总规课程教学，形式新颖、教学组织创新，同学们的规划成果内容丰富、分析深入、亮点突出，甚至在某些方面堪与专业规划团队媲美。”
专家 b（高校教师）	“两校同学的规划设计成果汇报令人印象深刻，问题导向突出、分析逻辑清晰、规划目标明确，体现出同学们综合运用系统性思维和多学科知识分析和解决问题的能力。”
专家 c（高校教师）	“两校同学丰富而扎实的规划设计成果，以及由此表现出的对规划专业和规划工作的饱满热情令人欣慰。”
专家 d（规划编制单位人员）	“同学们扎实的调研、细致的分析、饱满的成果、独到的见解让人耳目一新、备受鼓舞，认为规划方案对当前行业的规划实践能够产生积极影响，具有很好的启发和示范作用。”

参考文献

[1] CROSS N. “Designerly ways of knowing” [J]. Design Studies，2001，3（4）：221-227.

[2] DORST K. The core of ‘design thinking’ and its application[J]. Design Studies，2011，32（6），521-532.

[3] AUERNHAMMER J，ROTH B. The origin and evolution of Stanford University’s design thinking：From product design to design thinking in innovation management[J]. Journal of Product Innovation Management，2021，38（6），623-644.

[4] 周干峙 . 城市及其区域——一个典型的开放的复杂巨系统 . 城市发展研究 .2002（1）：1-4.

Experiment of 2023 THU-YNU Joint Master Planning Studio Based on Design Thinking

Liu Jian　Li Yaowu　Luosangzhaxi

Abstract: Design thinking highlights the use of innovative methods to analyze and solve complex problems through the cooperation of multiple disciplines and parties. As a city/town is an open mega-system of complexity，the formulation and education of city/town master planning provide application scenarios for design thinking. Within the cooperation framework between Yunnan Province and Tsinghua University，the 2023 THU-YNU Joint Master Planning Studio experiments the application of design thinking to collaboratively complete the drafting of course syllabus，the arrangement of studio contents，and the organization of teaching activities in the major course of urban and rural planning for undergraduate students. The interactions both online and offline between the two institutes in the east and west of China respectively help achieve the complement and sharing of educational resources，the exchange and dissemination of planning knowledge，and the cultivation of students’ design thinking abilities. In view of its rich outcomes，it can be regarded as a useful exploration of innovation in master planning education.

Keywords: Design Thinking，Master Planning，Planning Pedagogy，Joint Studio

空气质量提升的城市住区设计实践教学探索
——基于“3T+3R”课程体系

苗纯萍　胡　恬

摘　要： 住区设计是城乡规划专业的核心课程，如何提升局地空气质量是住区设计教学中的重点问题之一。鉴于此，本课程旨在探究住区空间形态与大气污染物扩散的关系，提出有利于城市空气质量提升的住区空间规划策略。本课程搭建了“3T”（Theory-Technic-Test）+“3R”（Refine-Result-Renew）课程体系，分六大阶段 24 课时开展教学实践。课程内容包括住区大气污染物扩散机理、数值模拟、实地调研、结果分析和住区规划策略提出等内容。基于此尝试构建“理论—实践—分析—规划设计”四位一体课堂教学实践，培养学生的数理思维与学科交叉意识，提升学生实践与操作能力。

关键词： 住区设计；空气质量；“3T+3R”体系；教学实践

1　课程开设必要性

住区设计课程是城乡规划专业教学的重要板块。如何通过规划住区空间中的建筑分布、绿地配置等要素来提升空气质量是教学活动的一项重要议题。笔者试验的该课程，在规划设计教学实践中以空气质量提升为出发点，研究大气质量与住区空间形态的关系，塑造健康合理的社区结构，营造高品质人居环境。通过对这些方面的探讨和研究，促使学生将可持续发展理念融入居住环境设计中，对于城市高质量发展的规划设计有重要的理论和实践意义。

传统城市住区设计的课程，大多注重培养学生的空间设计及指标控制能力，以及景观设计和风貌塑造能力，但在设计指标把控方面以经验数值为主，缺乏实际数据支撑。城市大气污染物减缓是城市人居环境改善和城市高质量发展的重要课题，而城市住区形态在局地大气污染物扩散和空气质量改善方面发挥着重要作用。鉴于此，本课程通过对大气污染物的监测、不同住区类型中大气污染物分布模拟、数据分析、住区规划设计指标体系的构建，树立学生的数理思维及学科交叉意识，为住区的高质量发展提出规划设计方案。

2　课程目标

本课程将理论与实践相结合，旨在全面提升学生的专业能力和思想觉悟。在理论教学方面，学生深入学习住区大气污染物扩散特征及影响因素、研究方法及前沿热点，了解住区尺度大气污染的分布、扩散特征及其驱动因素，为污染控制提供理论支持。实践教学方面，注重培养学生仪器操作、数据处理和模型应用能力，掌握数据感知技术、采集方法以及实验数据统计、处理、分析技术，熟练运用各类实验仪器设备和模拟软件。设计教学将引导学生探讨住区布局对空气流动和大气污染物扩散的影响，结合空间组织手法，提出有助于住区空气质量提升的空间优化模式，并利用软件进行空间表达。思政教学方面，培养学生实事求是的工作作风和精益求精的学习态度，提高学生的综合素养，同时引导学生从空气质量的角度关注人居环境提升，树立社会主义生态文明观，共同建设人与自然和谐共生的中国式现代化。

苗纯萍：长安大学建筑学院教授（通讯作者）
胡　恬：长安大学建筑学院硕士研究生

3 课程体系——“3T+3R”体系

本课程体系包含理论梳理、技术应用、调研实验、方案深入、成果验收及课程更新六大阶段，构成“3T”（Theory—Technic—Test）+“3R”（Refine—Result—Renew）体系，共24学时（图1）。本课程教学对象为长安大学城乡规划专业大三学生20名，教学时间为6周。

3.1 第一阶段——理论梳理（Theory）

课程第一阶段主要以理论教学为主，共安排6学时，采用PPT讲解、案例引入和题目抽查等多种教学手段，帮助学生在不同层面上消化和吸收原理知识，为接下来的实践操作夯实基础。

具体课程内容覆盖宏观、中观和微观三个层次。宏观层面上，深入探讨了大气环境规划的重要性、如何制定有效的大气污染防治规划，以及气象学的基本概念和住区规划设计的相关知识。中观层面的教学内容涉及城市大气污染防治的措施、大气污染扩散原理及其与住区形态和气象因子之间的关系等方面。微观层面的讲解内容则更加细致，聚焦于大气污染扩散与住区三维建筑形态、绿地配置及其空间结构等因素的关联性等。

这种综合性的教学模式旨在使学生不仅考虑大气环境问题的宏观和中观视角，也能够洞悉其微观层面上的复杂性和相关性，有助于培养学生既顾全局又重细节的规划思维。

3.2 第二阶段——技术应用（Technic）

课程第二阶段主要以技术应用教学为主，安排4学时，采用个体辅导和案例教学等方式，讲解测量仪器使用、软件模拟应用以及数据收集分析等内容。

（1）监测仪器学习：本课程需教授学生掌握检测污染物浓度、气象等要素的仪器使用，为第三阶段实地检测做全应用储备。例如：AEROCET831便携式颗粒物仪用于监测大气颗粒物浓度PM_1、$PM_{2.5}$、PM_4、PM_{10}和TSP的浓度，便携式臭氧检测仪（Aeroqual：S-500）用于监测O_3的浓度，便携式Sniffer 4D灵嗅V2可以记录$PM_{2.5}$、PM_{10}、O_3、CO、SO_2、NO_2浓度。使用手持气象参数仪（TNHY-5-A-G）来记录大气温度、相对湿度、风速、风向和大气压等气象因子。

（2）模拟软件应用：该课程主要教学的大气污染物分布模拟软件是ENVI-met，它是德国波鸿大学地理研究所Michael Bruse开发的一款基于计算流体动力学和热力学计算的城市微气候模拟软件（Bruse and Fleer，1998），是进行该课程教学必备的应用技能和重要依托。

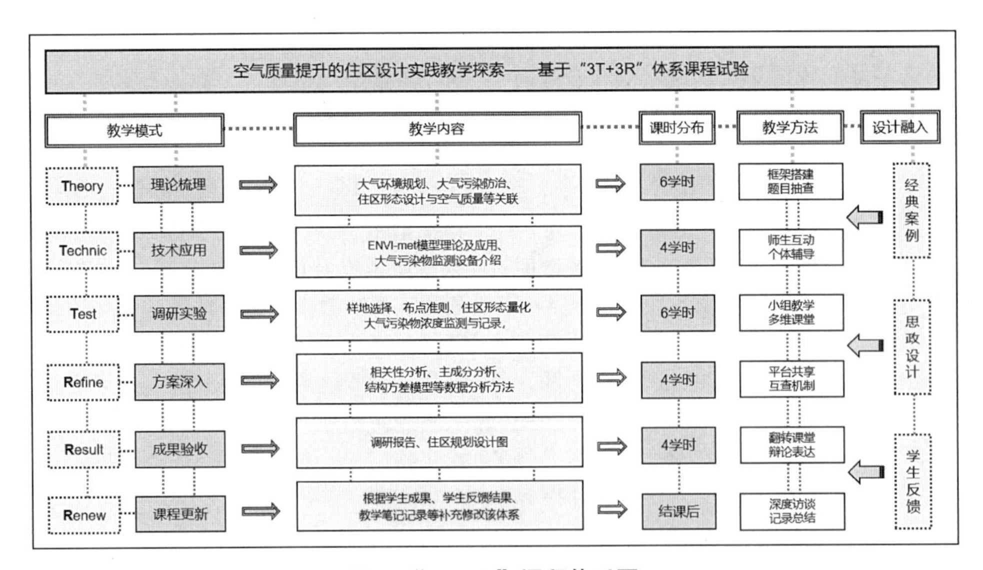

图1 “3T+3R”课程体系图

资料来源：作者自绘

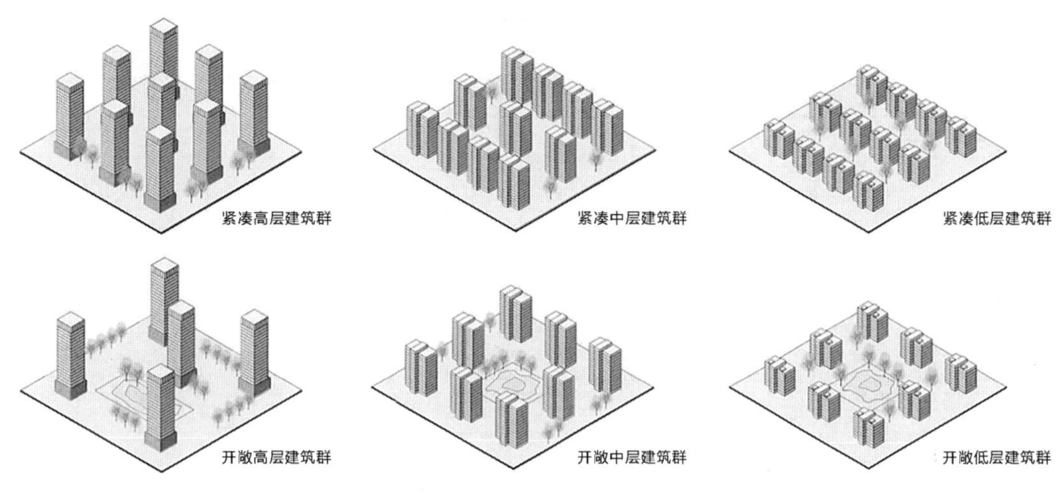

图 2　住区类型示意图

资料来源：作者自绘

该模型采用三维非流体静力学模型，模拟中小尺度城市建筑环境、植被和大气环境之间的相互作用，已经在植物刻画、气象因子和污染物扩散与沉降等领域的研究中，表现出模拟结果与实验观测或物理模拟结果具有较好的一致性。

3.3　第三阶段——调研实验（Test）

第三阶段实践教学内容主要是实地监测，共设置 6 学时，采用小组教学和多维课堂的方式进行教学，指导学生记录大气污染物浓度实际数据。

（1）住区选取：依据局地气候分区（Stewart and Oke，2012），将住区分为紧凑高层建筑群、紧凑中层建筑群、紧凑低层建筑群、开敞高层建筑群、开敞中层建筑群、开敞低层建筑群 6 种类型（图 2），于主城区选取 6 类住区各 3 个进行实地调研。

（2）住区形态数据获取：使用城市建成区 QuickBird 影像来完成住区内建筑三维信息的提取。建筑轮廓提取利用了模式识别和图像分析领域的相关技术（区域标识和特征量测等）进行建筑物二维信息的提取。建筑物高度的提取采用目前比较成熟的阴影长度法，即通过高分辨率遥感影像的垂直于建筑物的阴影长度来反演（陈探等，2015）。通过实地调研记录住区绿地配置，包括草本的种类、个数、盖度等；灌木的种类、株树、高度、冠幅、盖度等；乔木的树种名、胸径、树高、枝下高、冠幅、叶面积、枝面积、树冠缺失比例、林下不透水面积比例、林下灌木面积比例、树冠受光面和健康状况等。

（3）定点监测：在课堂中强调住区功能区划分标准、定点监测布点要求和测量仪器使用规范之后，引导学生以小组为单位展开实地监测。使其对所选住区的大气污染物浓度（$PM_{2.5}$、PM_{10}、O_3、CO、SO_2、NO_2 等）和气象因子（空气温度、相对湿度、风速、风向、大气压等）进行监测记录，同时记录各住区建筑指标和绿地指标等实际数据。选取空气质量接近的 10 个工作日进行监测，实地监测时间为每日的 9：00—17：00（表 1）。

3.4　第四阶段——方案深入（Refine）

课程第四阶段共设置 4 学时，主要教学内容是引导学生深化研究内容，通过统计分析方法对监测数据进行整理分析，归纳演绎并最终转化为研究成果。采用平台共享、互查机制的方式，着重指导学生的论文技术框架和空气质量提升的住区规划设计方案。

（1）ENVI-met 模拟，例如在 ENVI-met 软件中分别对所选取的 6 类住区进行建模，输入监测当日污染物的背景浓度值及气象参数，模拟大气污染物 $PM_{2.5}$、PM_{10}、O_3、CO、SO_2、NO_2 浓度的三维分布特征。于模型中对住区的绿地配置进行更换，模拟不同绿地配置

定点监测相关数据记录表　　表1

类型		开敞高层建筑区（A）			开敞中层建筑区（B）			开敞低层建筑区（C）			紧凑高层建筑区（D）			紧凑中层建筑区（E）			紧凑低层建筑区（F）		
编号		A1	A2	A3	B1	B2	B3	C1	C2	C3	D1	D2	D3	E1	E2	E3	F1	F2	F3
建筑指标	容积率																		
	建筑密度																		
	平均高度																		
	建筑数量																		
绿地指标	乔木种类																		
	乔木冠幅																		
	乔木高度																		
	灌木种类																		
	绿地面积																		
气象因子	空气温度																		
	相对湿度																		
	风速																		
	风向																		
	大气压																		
污染物浓度	$PM_{2.5}$																		
	PM_{10}																		
	O_3																		
	CO																		
	SO_2																		
	NO_2																		

资料来源：作者自绘

对居民区大气污染物浓度的影响，选出适合住区大气污染物缓减的绿地配置模式。

（2）数据分析，通过相关性分析、多元统计分析和结构方程模型等方法分析不同类型住区类型中建筑形态、绿地配置对大气污染物浓度的调控。将实地数据与模拟结果相比较，对模型进行验证。结合模型模拟的结果，解析不同住区类型中建筑形态和绿地配置对大气污染物三维分布的影响。

3.5　第五阶段——成果验收（Result）

课程第五阶段设置4学时，这一阶段教学内容为引领学生完善成果并进行汇报演绎。学生成果主要包括方案设计（包括基地分析、理念生成、结构规划、规划策略、节点设计、总平设计）、调研报告、结果分析以及课程论文。通过翻转课堂及辩论表达的方式来增强学生的批判性思维和表达技巧。

3.6　第六阶段——课程更新（Renew）

第六阶段主要内容是结课后教师进行课程的总结和更新，以适应新的技术和需求。结课后，教师根据学生成果内容、学生反馈结果以及教学笔记记录，对整个阶段的课程进行总结反思，并补充完善存在的不足与漏洞。包括根据学生成果及随堂测试结果，判断学生对知识及操作的掌握程度，及时补充教学模块中的不足之处；根据学生课堂反馈（问卷调查、访谈了解、课堂回应和代表建议等），判断学生更易接受的教学方式、学生认为的难点与易错点以及学生期望增添的内容等；根据每一阶段的教学笔记所记录的要点及灵感等详尽数据，进行教学策略审视并改进。

4 创新与特色

“3T+3R”课程体系共有六个阶段，分别配套相应的教学模块、教学内容、教学方法及学时分配，各环节均融入经典案例、思政设计及学生反馈三大手段，全方位保障学生高效吸收知识和提升研究能力。该教学体系的创新之处有以下几点：

4.1 内容体系

（1）科学性。以大量实际数据和模型推演为支撑、以理论教学和技术教学为基础、以调研实操和方案优化为依托，并以学生成果检验和调查反馈为参考，搭建出一个科学合理、逻辑清晰的教学课程体系。

（2）实用性。该体系有效衔接理论与实践的过渡，在掌握基础理论与技术应用后能及时投入实践操作中，进一步复习巩固形成良性循环。课程中的模拟软件和监测工具等使用技术，学生们可以在之后的学习及工作中持续运用。

（3）动态性。在每一阶段教学过程中，教师根据学生成果内容、学生满意度反馈以及教学记录进行总结反思，对体系的不足之处进行补充完善。同时将学科最新前沿热点与教学要求融入课程内容中，打破固化教学做到与时俱进。

4.2 教学方法

（1）因需施教。“3T+3R”课程体系由六个不同阶段构成，应针对各阶段的特征和需求，安排与之相适配的教学方法。例如理论梳理部分，采用思维导图、框架梳理、案例讲解和题目抽查等方式筑牢原理根基；调研实践部分采用场地变换、演示辅导和小组教学等方式保障实操提升。同时也注重学生特点发挥个人优势，培养其学思结合的主观能动性。

（2）主体颠覆。传统课堂以老师讲解为主体，学生吸收为客体，不利于知识点长久记忆和学生自身能力提升。该体系将学生作为整个课程参与的主体，采用数据信息共享、数据分析互查、多维汇报表达等教学方式，全方面提升学生严谨细致的研究态度、团结互助的合作意识以及逻辑严密的表达能力。

（3）多维汇报。本课程在学生以 PPT 或视频形式展示研究成果的基础上，补充课题辩论、小组讨论、习题抢答等方式进行汇报表达，提高学生参与度以改变“失声课堂”窘境。这些方式在课堂试验过程中，学生响应较为热烈，“师生互动”“生生互动”效果良好。

4.3 技术支撑

该课程体系中教学重点主要在调研实验和方案深入阶段，在此过程中指导提升学生获取数据、分析数据、软件模拟和方案演绎的能力，大量的实际数据支撑也奠定了住区设计中建筑指标控制和绿地标准量化的基础。

该阶段的教学过程主要是引导学生在实地调研中，采用一系列仪器监测记录 $PM_{2.5}$、PM_{10} 等大气污染物浓度数据和温度、湿度等气象因子数据，并记录住区绿地配置（草木种类、面积、冠幅等）和建筑指标（高度、密度、容积率等）等数据，最终在 ENVI-met 软件中模拟住区大气污染物三维分布特征，选出适合住区大气污染物扩散的绿地配置模式和建筑物形态格局，同时通过对记录的实际数据分析和处理验证模拟结果。

基于充分的调研数据支撑和模拟分析下，学生构思出的最终成果会更加合理科学，规划设计出更适宜不同形态住区空气质量提升的绿地景观空间和建筑分布格局。

4.4 评价模式

传统课程评价方式是结课后由学院统一组织学生对所选课程及教师进行点评，这种方式回收效率较低且具有一定滞后性。“3T+3R”课程体系将学生的反馈程序融入每个环节，接收学生课程体验后第一时间的评价意见。相较下更具针对性且时效更新，有利于及时完善课程，更充分地衔接后续教学安排。

该体系具体的评价模式是在理论、实践、分析、设计每一教学阶段，采用问卷调查、访谈了解、课堂回应和代表建议一体化的反馈收集方式，对授课风格适应度、软件教学掌握度、原理知识掌握度及理解难点等评价内容都作了必要的统计。故该模式在评价方法和内容上都进行了创新，尊重学生想法与建议的同时保持课程本真特色。

5 总结与展望

本课程聚焦于以空气质量提升为目的的住区设计，构建“3T+3R”课程体系，分六个阶段逐步提升学生理论基础、技术能力、实操水平和设计思维，从而落实“理论—实践—分析—规划设计”四位一体课堂教学实践要求。课程教学在内容体系、教学方法以及评价模式方面注重学生创新性的培养，采用“教学—反馈—改进—教学”闭环模式开展教学任务并及时总结更新。根据学生评价与成果反馈分析，该课程取得了较好的阶段性成果，后续将会根据教学要求及学科发展趋势持续更新本课程体系。期望能通过本课程教学提升学生的实践与研究能力，引导学生建立起适应新时代发展要求的高质量住区规划观念，为未来城乡规划行业增添技术型新活力。

参考文献

[1] 陈强，黄易萧，刘锐，等．城市住宅建筑布局对热环境影响的模拟分析 [J]. 测绘科学，2023，48（10）：250-258.

[2] 石楠．城乡规划学学科研究与规划知识体系 [J]. 城市规划，2021，45（2）：9-22.

[3] 贾倍思，刘思贝，吴隽洋．空气质量与住区形态特征的相关性研究简介 [J]. 西部人居环境学刊，2020，35（6）：1-9.

[4] 陈探，刘淼，胡远满，等．城市三维景观空间格局分异特征 [J]. 生态学杂志，2015，34（9）：2621-2627.

Exploration of Urban Residential Area Design Practice Teaching for Air Quality Improvement —— Based on the “3T+3R” Curriculum System

Miao Chunping　Hu Tian

Abstract: Residential area planning and design is a core course in urban and rural planning majors, and how to improve local air quality is one of the key issues in residential area design teaching. In view of this, this course aimed to explore the relationship between residential area spatial form and the diffusion of atmospheric pollutants, and proposed residential area spatial planning strategies conducive to improving urban air quality. The course adopted a “3T” (Theory—Technic—Test) + “3R” (Refine—Result—Renew) curriculum system, conducted over six stages with a total of 24 class hours for teaching practice. The course content included the dispersion mechanism of atmospheric pollutants in residential areas, numerical simulation, field research, result analysis, and proposals for residential area planning strategies. Based on this, an attempt was made to construct a four-in-one classroom teaching practice of “Theory—Practice—Analysis—Planning Design” to cultivate students' mathematical thinking and interdisciplinary awareness, and enhance their practical and operational capabilities.

Keywords: Residential Area Design, Air Quality, “3T+3R” System, Teaching Practice

基于实践能力培养的“场地规划与设计”课程教学探索与实践

邓向明

摘　要：“场地规划与设计”作为一门设计类的实践课程在国内高校中尚未普及，已开设该课程的院校大多以理论教学为主。城乡规划专业教育有必要在小尺度场地规划设计方面强化对学生实践能力的培养。为进一步筑牢专业基础，补齐能力短板，发扬院校特色，培育应用人才，使学生具备实施方案落地生根的实践创新能力，西安建筑科技大学城乡规划专业在修订培养计划中单独开设了“场地规划与设计”课程。本文介绍了该课程概况、教学目标、教学内容，探讨了城乡规划语境下场地规划与设计实践能力培养的教学组织模式，并在课程设置和选题等方面提出了有关建议。

关键词：场地规划与设计课程；实践能力培养；教学实践；教学探索

1　引言

目前，国内越来越多的城乡规划专业院校开设了与场地相关的课程，有建筑学语境下的“场地设计”，也有城乡规划语境下的“场地规划”或“场地规划与设计”，但大多是以讲授为主的理论课程，授课内容和重点也不尽相同。虽然“场地规划”（Site Planning）一词在书名标题中出现已经百年有余，但直到 20 世纪 90 年代末才在国内开始逐渐传播，业界对场地规划的定义与任务内容还在持续探讨中，尚未达成共识。

长期以来，国内高校城乡规划专业有关场地规划设计实践训练内容主要通过“居住区规划设计”和“中心区规划设计”等修建性详细规划（Site Plan）课程的教学实践来完成。除技术经济指标外，修建性详细规划大致可划分为周边环境及基地现状分析、总平面布局及系统（专项）分析和竖向布置及管线综合三大块内容，为了在有限的学时内完成教学任务，突出教学重点，诸多院校在修建性详细规划课程教学设计中要么采用“简单规划条件下”的设计选题，简化前期分析内容，重点放在方案布局阶段对空间形体和形态美学的组织和推敲上；要么开启“宏大叙事”模式，强调概念阐释和规划方案演绎推导，方案重点落在对基地愿景的美好畅想上。如此，三段式的修建性详细规划在教学中形成了“头小胸大无脚”的现象，方案落地实施性差，现实中“成功的单体建筑，失败的场地环境”并不鲜见。

由于特殊的专业设置背景[1]，我校在工业建筑场地方面积累了丰富的教学经验，2000 年我校城乡规划专业开设“建设场地设计”课程。为了进一步强化对学生实践能力培养，强调学以致用，突出专业属性，补齐专业短板，2016 年我校城乡规划专业培养计划将“建设场地设计”拆分为城乡规划语境下“场地规划与设计概论”和“场地规划与设计”两门课程。目前，“场地规划与设计”课程已进行了 5 届教学实践。

2　课程概况

“场地规划与设计”是一门 3 个学分 48 课时的专业设计课，安排在第七学期，为期 6 周，每周 8 个课内学时，同时配套安排了 1 个设计周。教学小组由 4~5 名

---

[1] 西安建筑科技大学总图设计与工业运输专业曾是全国唯一研究工业建筑场地的专业，1998 年教育部专业设置调整，一部分教师转入交通工程专业，一部分教师并入城市规划专业。

邓向明：西安建筑科技大学建筑学院副教授

“场地规划与设计”课程教学内容及教学要求 表1

教学模块	具体教学内容	教学基本要求
模块一：场地认知与规划设计条件分析	区位及规划设计条件分析； 利用计算机软件对场地自然地形的高程、坡度、坡向、排水等进行分析； 制作场地模型	正确理解场地自然条件、建设条件和城市规划条件等场地规划设计条件； 掌握场地现状环境及地形分析方法； 完成场地地形实体模型及计算机模型制作
模块二：总体布局及平面定位	分析场地功能，进行场地分区，确定场地布局结构； 布置场地建筑，组织场地交通，配置场地绿化，形成场地总平面方案（住宅、医院、学校等建筑类场地进行日照分析）； 对场地建筑物、道路等要素进行平面定位	理解场地功能构成、分区及结构； 掌握场地总平面布局及道路交通、景观绿化等系统结构的表达方法； 掌握场地建筑物、道路等要素的平面定位方法； 完成场地总平面图及平面定位图
模块三：竖向规划设计	确定建筑物室内外地坪标高，构筑物关键部位标高，广场、活动场地整平标高； 确定道路标高和坡度； 组织地面排雨水； 布置边坡、挡土墙等工程构筑物，确定其标高； 计算土石方工程量，并根据定额指标进行场地竖向调整	掌握场地建筑物、道路、停车场、边坡挡土墙等竖向设计的内容及表达方法； 掌握场地排水组织的表达方法； 了解方格网法计算土石方的基本原理，掌握专业软件计算土石方的步骤； 掌握满足场地土石方平衡要求的竖向调整方法； 完成场地竖向布置图及土石方图
模块四：场地管线布置及综合	明确场地工程管线的种类及附属设施； 确定场地工程管线的位置及布置顺序； 进行场地工程管线综合规划	了解工程管线水平间距及交叉管线垂直间距的基本要求； 掌握场地管线综合规划的步骤和表达方法； 完成场地管线综合规划图

教师组成[1]，每届40~50名学生，分成4~5个设计小组，每组10个学生由1名教师负责组内指导。

2.1 教学目标

本课程是我校面向城乡规划专业开设的专业必修课，旨在通过场地专题讲授与课程规划设计实践训练，使学生掌握场地规划设计的方法和步骤，培养学生从事实际工程规划设计的能力。具体教学目标包括以下三个方面：

（1）掌握场地规划设计条件分析方法，提升方案规划设计能力；

（2）掌握以场地竖向布置为重点的场地工程规划内容和设计方法；

（3）培养工程规划创新意识及务实精神。

2.2 主要内容及要求

作为一门设计类实践性课程，“场地规划与设计”主要训练学生的规划设计条件分析能力，场地方案的布局及表达能力，以及场地工程规划的设计实践能力。与之相对应的具体教学内容安排在场地认知与规划设计条件分析、总体布局及平面定位、竖向规划设计、场地管线布置及综合四个循序渐进的教学模块中（表1）。通过各模块的设计实践练习，使学生掌握场地规划设计相应的方法和技能。

2.3 课程选题

在此之前，学生已完成了“居住区规划设计”和“场地规划与设计概论”等课程学习，具备了初步规划设计能力和一定的场地规划设计理论基础。为突出场地规划设计教学重点，相对之前设计实践课程，场地规划设计选题增加了地形难度。

近年，我校主要在丘陵山地城市新区（或郊区）选取有一定地形高差的居住街坊用地作为本课程选题，用地规模4公顷左右，地形高差在20米上下，地形坡度

[1] 西安建筑科技大学“建设场地设计”课程由赵晓光老师开设并主讲，赵晓光、邓向明老师负责课程设计指导。2019年以来，参与“场地规划与设计”课程教学的老师有邓向明、姜学方、徐玉倩、黄梅、迟志武、杨辉。

在 10% 以内，基地边界及周边道路交通条件清晰，内部建设条件相对简单。

3 教学组织

为了在有限的教学时间内完成“场地规划与设计”的教学任务，课程将教学过程分为前期场地分析与方案形成和后期场地工程规划设计两大阶段。教学遵循“模块（内容）—方法—成果”基本教学逻辑，即由教学指导小组组织教学模块，明确具体教学内容；由于学生已完成“场地规划与设计概论”的学习，具备了一定的场地规划设计知识基础，在师生相互交流讨论后，学生可自主选择相应方法完成各模块的规划设计内容，并按照教学进度提交每个模块的规划设计成果，由指导教师批改并组织课堂讲评讨论。具体教学组织如下：

3.1 阶段一（第 1~3 周）：场地分析与方案形成

本阶段主要分为两个教学模块，即场地认知与规划设计条件分析模块（模块一）和总体布局及平面定位模块（模块二）。

（1）模块一——场地认知与规划设计条件分析

场地环境包括自然环境、建设环境和社会环境，对场地环境有较为全面的认知和分析是几乎所有规划类型规划设计的前提和基础，场地规划设计也不例外。城市新区场地的社会环境和建设环境相对简单，场地认知和分析重点主要是在对地形条件认知分析上。经验丰富的职业规划师对地形条件认知也是建立在现场踏勘和对地形图的辨识基础上的。以往低年级的设计选题多为平坦场地，往往缺乏对坡地场地的认识，对地形图辨识认知能力也不强。同时，由于时间和距离的关系，教学中也不可能安排现场踏勘的环节。为了弥补这一不足，本模块要求学生以小组为单位，既要用专业建模软件构建场地计算机模型，进行地形高程、坡度、坡向等分析，还要搭建场地实体模型，以便学生对场地地形有更直观的认识（图 1）。当然，基地区位及周边环境因素等常规分析内容也是必不可少的。

（2）模块二——总体布局及平面定位

有效组织场地内各项活动和流线，确定场地主次出入口位置，确定建筑的位置、形体、高度，布置绿化景观设施，最终形成的场地总体布局（总平面）方案是场地规划设计中最为核心的规划设计内容。此前，学生已进行过“居住区规划设计”课程训练，掌握了一定的居住街坊空间布局方法。本次课程设置重点是“地形条件约束下”的总体布局，在方案布局中要求学生基于“设计结合自然”的理念，快速形成与地形契合度较高的布局方案。同时，加强场地的消防安全意识培养，合理布置消防车道及高层建筑消防扑救场地，使学生方案设计的综合技能得到进一步提高。

各校在低年级建筑设计训练环节中对建筑尺寸标注有较为一致的标准和要求，建筑学背景下的城乡规划专业学生对一般建筑空间尺度有一定认识，但对场地总

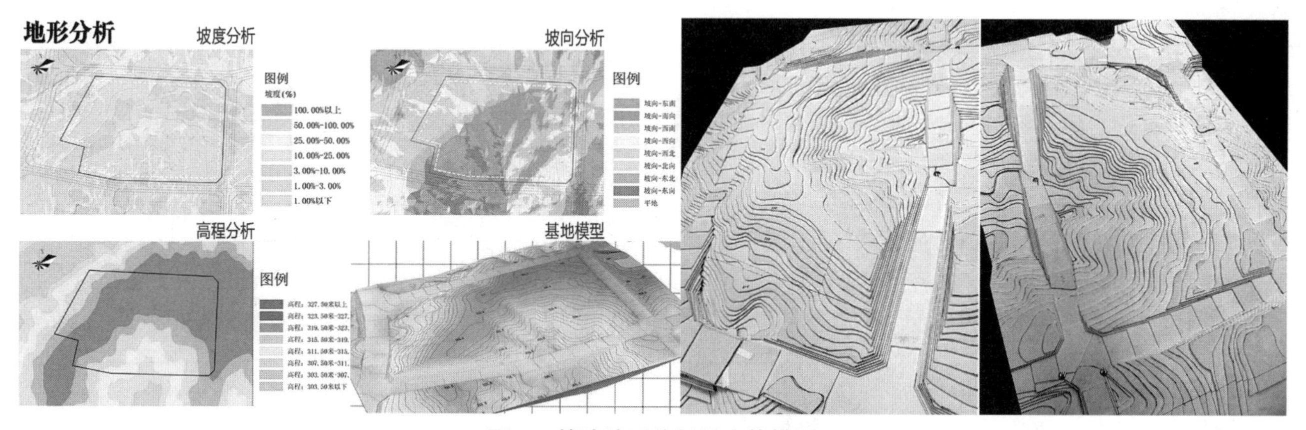

图 1 基地地形分析及实体模型

资料来源：2020 级学生作业

平面规划设计深度重视不够，缺乏建筑室外空间尺度训练环节和相应要求，导致学生对场地道路宽度、转弯半径、停车位尺寸、室外梯道等室外设施和相对距离要求没有正确的尺度尺寸概念。本模块在场地总平面方案基础上，另行完成总平面定位，用坐标定位和相对距离法表示出主要建筑物、构筑物定位，以及与各类控制线（用地红线、道路红线、建筑控制线等）、相邻建筑物之间的距离及建筑物总尺寸，基地出入口与城市道路交叉口之间的距离。表达深度至少达到建筑工程初步设计文件编制要求（图 2、图 3）。

图 2　场地总平面图

资料来源：2020 级学生作业

3.2　阶段二（第 4~6 周）：场地工程规划设计

本阶段主要也包括两个教学模块，即竖向规划设计模块（模块三）和场地管线布置及综合模块（模块四）。

（1）模块三——场地竖向规划设计

场地竖向规划设计类似于建筑的立面和剖面设计。它是为满足场地道路交通、地面排水、建筑布置、环境景观和经济效益等方面的综合要求，对场地自然地形、建（构）筑物及道路等进行的垂直方向的规划设计，又称垂直设计或竖向布置。其主要任务是明确场地竖向布置形式、确定场地标高、组织地面排水系统、场地土石方计算及优化、处理场地防护工程，是课程的教学重点和难点。如果学生前期对地形特征认知不足，总体布局方案简单的平面化处理，竖向方案会在建筑布置、场地标高、道路坡度和土石方平衡之间反复调整。这种反复能提高学生的场地竖向意识和设计能力，但也会影响课程设计进度。

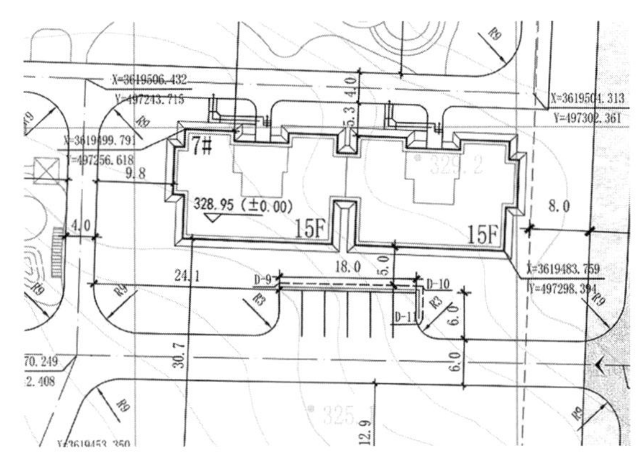

图 3　场地平面定位图（局部）

资料来源：2020 级学生作业

基于我校课程选题的地形特点，场地一般采用台阶式竖向布置形式，本阶段重点是场地标高设计和土石方计算及优化处理。场地标高设计主要确定建筑室内外标高、场地道路设计标高及室外活动场地标高。场地建筑标高与周围道路的标高关系处理，以及不同标高地坪之间高差处理是学生方案不合理甚至错误频现之处，在教学中应足够重视（图 4）。

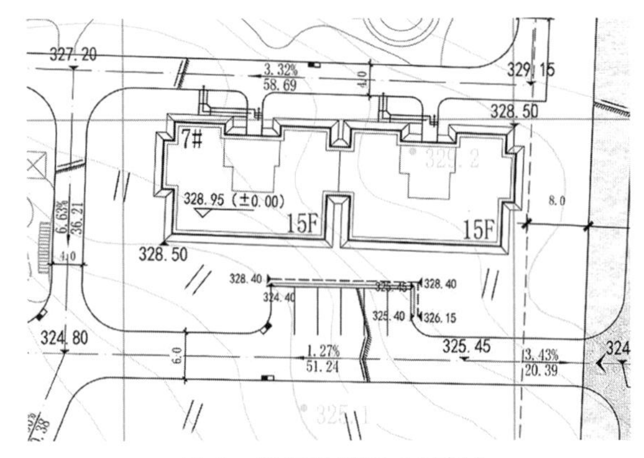

图 4　竖向设计图（局部）

资料来源：2020 级学生作业

方格网法计算土石方的原理并不复杂，专业软件的计算方法也不难，学生要足够细心，仔细检查校核各顶点标高数据，这也是对学生耐心的一次考验。土石方计算主要目的是检验场地竖向设计方案的合理性。如果土石方工程量过大，则需要对场地竖向进行优化调整，使

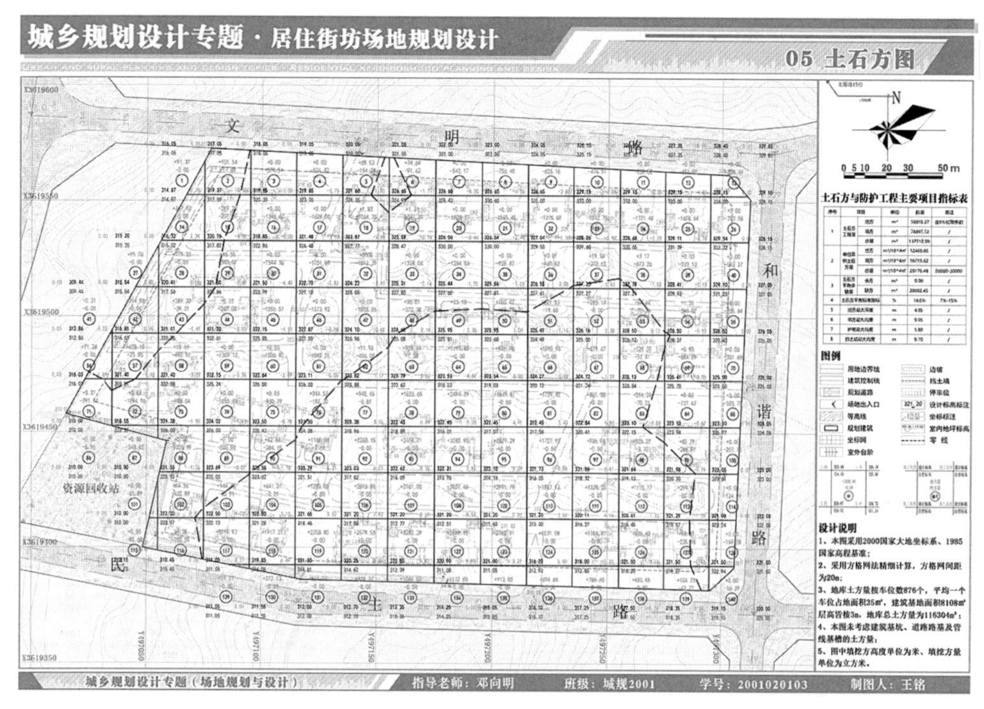

图5　土石方计算图

资料来源：2020级学生作业

其处在合理区间，这往往涉及场地出入口标高衔接、建筑标高及道路坡度调整等诸多问题，如此反复才能形成一个相对合理的竖向设计方案（图5）。

（2）模块四——场地管线布置及综合

工程管线是场地构成要素之一，也是场地规划设计的重要内容。城乡规划专业普遍开设讲授城市工程管线及市政设施（针对总体规划阶段）的相关课程，但由于课时关系，大多数学校没有介绍场地或详细规划阶段的工程管线及其附属设施。在实际项目中场地管线综合布置有时不知该由哪个专业负责协调，经常出现矛盾冲突，不断开挖检修的情况，这也反映出实践中场地管线综合知识的缺失。

大多数场地管线是建筑设备（管线）与城市管线的连接段。在场地管线综合布置之前，学生应了解场地管线的种类、附属设施以及与城市管线的关系，掌握各管线接入口的方位，还应了解场地管线与场地建筑物的关系，掌握建筑室内管线出口位置。在此基础上，确定场地工程管线的位置及布置顺序，协调管线矛盾，进行场地工程管线综合布置（图6）。

本课程还安排有校外专家参与的结课答辩环节。学生汇报方案，专家及教师进行点评，提出意见建议。最后，学生提交各模块设计成果和PPT汇报文件，完成本课程学习。

4　结论与思考

场地规划设计是一项创造性活动，其方案的形成是在多种限制因素作用下的必然结果。课程的开设初衷是为了加强和巩固学生规划设计实践能力培养，筑牢专业基础，补齐能力短板，发扬院校特色，培育应用人才，课程的教学设计也是围绕这一目标理念层层展开的。城乡规划专业学生既要具备宏大叙事能力，也得兼备具体实施方案落地生根的实践创新能力，一名优秀的城市规划师也应该是一名优秀的场地规划设计师。在多年的教学实践中，有以下思考与建议，求教于同行。

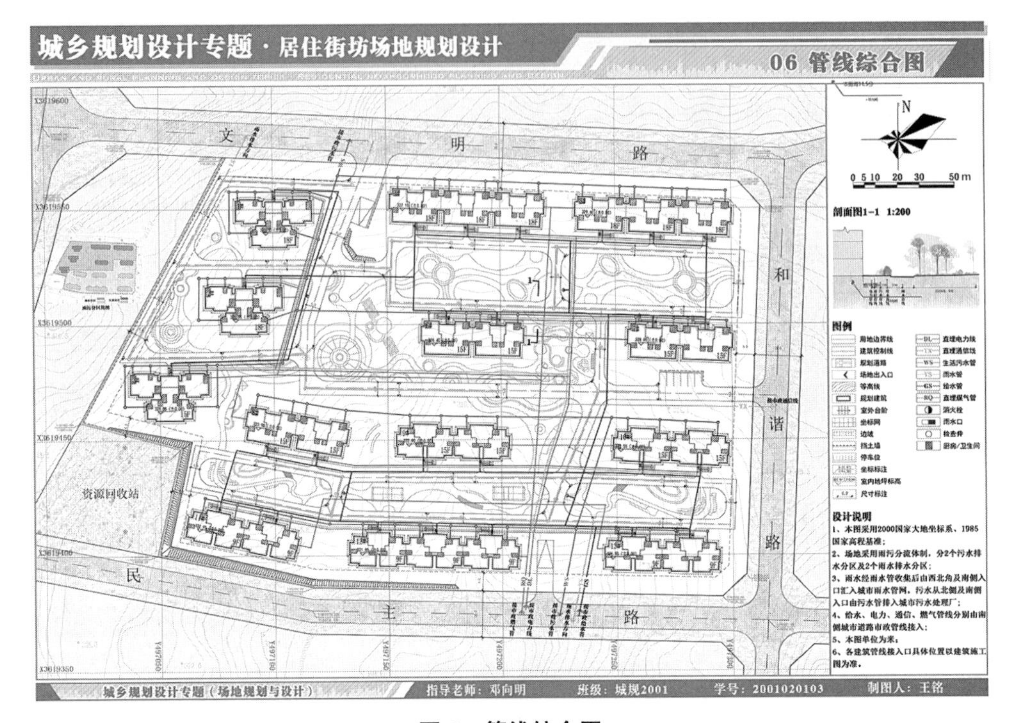

图6　管线综合图

资料来源：2020级学生作业

4.1　课程设置及选题建议

为营造成功的场地环境，专业教育有必要在小尺度场地规划设计教学方面强化对学生实践能力的培养。方式可以是单独开设一门课程，也可以在其他设计课程中增加相关的内容和训练环节。具体采用哪种方式，这与学校的特长和人才培养目标有很大关系，各院校可根据具体实际而定。在学制缩短、学时压缩、业界对场地规划设计地位认识不足的背景下，另行单独开设一门必修新课，难度很大。现阶段可结合“居住区规划设计”“乡村规划”等详细规划类课程，增加场地竖向和管线布置等方面的内容，这应该是最为现实高效的方案。

课程选题与教学目标及理念密切相关。有些院校侧重于场地整体价值观培养，选题倾向于内外人文环境较为复杂的基地，重点分析解读基地内外人文环境，演绎推导出与基地内外环境和谐共生的场地布局方案；有些院校侧重于工程实践能力培养，则可简化基地人文环境和建设条件，重点探讨能使规划落地的工程技术方案的可行性。当然，如果课时充足，也可尝试“全过程”实践能力培养教学模式，在地形或周围环境因素等方面增加基地难度。

另外，选题最好选取功能相对简单且学生熟悉的场地类型，这类场地学生能较为快速形成总平面布局方案，不至于在此阶段耗费过多的时间。在我校的教学实践中，第一年教学小组安排了寄宿制中学、度假旅馆和居住建筑三种场地，发现度假旅馆对学生过于陌生，很难在规定的学时内形成相对成熟的方案，影响总体教学进度。如侧重工程技术实践能力培养，城市新区居住街坊是最理想的选题类型，中小学校也可作为备选类型。

4.2　课程地位思考

自从1999年黄富厢等人将凯文·林奇和盖里·哈克的Site Planning引进大陆，已过去25年。至今“场地规划与设计”地位尴尬，好似一个没有身份还永远长不大的小孩。反观建筑学，借助于注册建筑师制度的东风，场地设计已逐渐发展壮大，社会培训如火如荼。

由于先入为主的惯性，业界普遍把“场地规划与设计”和总平面设计等同起来，习惯称之为总图设计或总平面设计。注册城乡规划师考试大纲仅在有关建筑学知识板块中简单提到“建筑场地条件的分析及设计要求”。学界对其最基本的概念界定、领域范畴都鲜有研究。它与详细规划、城市设计等相关规划是何种关系？在国土空间规划体系中有无地位和作用？处在什么样的位置？这些都需要同行们共同探讨解答，为其正名。

参考文献

[1] 盖里·哈克，梁思思.场地规划与设计[M].梁思思，译.北京：中国建筑工业出版社，2022.

[2] 赵晓光，党春红.民用建筑场地设计[M].3版.北京：中国建筑工业出版社，2022.

[3] 陈跃中.场地规划设计：缺失的环节[J].建筑学报，2007（3）：18-19.

[4] 刘晓慧，罗枫.基于可持续理念的“场地规划”课程教学[C]// 全国高等学校城市规划专业指导委员会，等.更好的规划教育·更美的城市生活——2010全国高等学校城市规划专业指导委员会年会论文集.北京：中国建筑工业出版社，2010：117-121.

[5] 刘艳丽.对麻省理工学院公开课程“场地与基础设施规划”的借鉴[C]// 全国高等学校城市规划专业指导委员会，等.规划一级学科·教育一流人才——2011全国高等学校城市规划专业指导委员会年会论文集.北京：中国建筑工业出版社，2011：373-378.

[6] 中华人民共和国住房和城乡建设部.建筑工程设计文件编制深度规定[Z].2016.

Teaching Exploration and Practice of “Site Planning and Design” Course Based on Practical Ability Training

Deng Xiangming

Abstract: As a practical course of design, site planning and design has not been popularized in domestic universities, and most of the universities and colleges that have offered this course are mainly based on theoretical teaching. In the professional education of urban and rural planning, it is necessary to strengthen the cultivation of students' practical ability in small-scale site planning and design. In order to further build a solid professional foundation, make up for the shortcomings of ability, carry forward the characteristics of the college, cultivate application talents, and enable students to have the practical innovation ability to implement the implementation plan, the urban and rural planning major of Xi'an University of Architecture and Technology has set up a separate site planning and design course in the revised training plan. This paper introduces the overview, teaching objectives and teaching content of the course, discusses the teaching organization mode of practical ability cultivation of site planning and design in the context of urban and rural planning, and puts forward relevant suggestions on curriculum setting and topic selection.

Keywords: Site Planning and Design Course, Practical Ability Training, Teaching Practice, Teaching Exploration

规划设计实战能力培养的五维途径*

葛天阳　李百浩　汪　艳

摘　要：规划设计是城乡规划专业学生的核心专业课程。东南大学二年级“规划设计基础”课程立足规划设计实战的实际问题，建立“一问题、三能力、五维度”的总体教学框架，建立“价值引领能力、理论融通能力、实践落地能力”的能力培养体系，构建五维一体的实施途径。在教学内容方面，提出教学内容能力化。建立以实战设计为核心，“价值、理论、实践”相结合的能力培养体系，并进行相应的课题设计。在教学方法方面，提出教学方法混合化。采用线上线下结合的教学方式，建立针对小组教学的教师轮岗制度，注重课程节奏与记忆曲线的融合，并建设“知识传授、基础夯实、思维发散、能力实践”四大资源库。在教学环境方面，提出教学环境多元化。营造以小组教学专用设计课教室为核心，“现实环境、课堂环境、网络环境”多类型，“小组教学、理论课程、课程答辩”多场景的教学环境体系。在成绩评价方面，提出成绩评定过程化。从“评价阶段、评价载体、评价主体、评价主客观性”方面建立多元的成绩评价途径，并从“立意、分析、设计、表达”四个维度建立规划设计成果评价体系。在课程思政方面，提出课程思政常态化。建立价值引领的规划设计总体思路，进行多元思政内容的深入融合。

关键词：规划设计；实战能力；培养途径；教学内容能力化；教学方法混合化

1　引言

规划设计实战能力一直是城乡规划专业培养的基础核心能力。东南大学二年级“规划设计基础”课程立足于规划设计实战问题，以学生解决规划设计真实问题的综合能力培养为核心，系统建构“一问题、三能力、五维度”的总体教学框架（图 1）。将解决问题的能力分为“价值引领能力、理论融通能力、实践落地能力”三大部分，并通过“课程思政、教学内容、教学方法、教学环境、成绩评价”五个维度将能力培养系统落实。

2　教学内容能力化

2.1　教学内容框架

坚持立德树人，贯彻以人为本和增强民族文化自信核心价值观的教学思想，将价值导向、理论支撑和能力培养的教学理念与目标有机融贯，致力于建构理论联系实践的教学情境，突出技术、人文和实践的结合，强调经典和前沿理论方法的结合并解决城市规划与设计实际问题，体现课程的高阶性、创新性、挑战度。建立“价值引领能力、理论融通能力、实践落地能力”的能力培养体系。价值引领能力强调价值引领的总体设计思路、多元思政内容的深度融合；理论融通能力主要包括系统耦合原理、步行流线布局原理、多尺度融合原理、单元空间组合原理等；实践落地能力包括设计理念贯彻能力、建筑环境分析能力、空间建构能力、成果组织表达能力等。

2.2　教学课题设计

二年级设计课程是城市规划专业学生由建筑设计走向城市规划的关键一环。制定了“从建筑到城市”的整

* 基金项目：“十四五”国家重点研发计划课题（编号 2022YFC3800302）；江苏省自然科学基金项目（编号 BK20241349）。

葛天阳：东南大学建筑学院讲师
李百浩：东南大学建筑学院教授（通讯作者）
汪　艳：东南大学建筑学院副教授

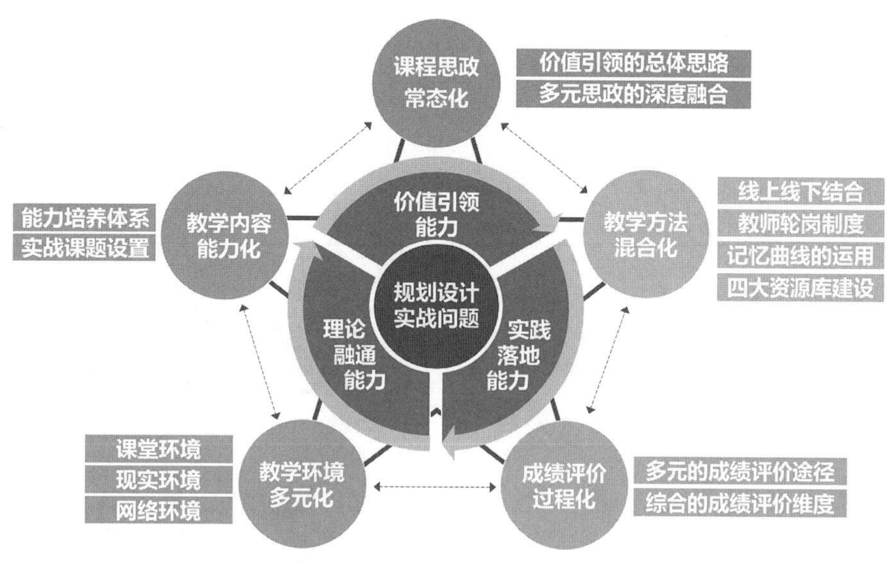

图 1　规划设计实战问题为核心的课程设计框架

资料来源：作者自绘

体教学框架（图 2），让学生在 16 周之内进行“人体尺度、房间尺度、建筑尺度、街区尺度、城市尺度”多个尺度的设计与思考，达到跨尺度冲击训练的目的，帮助学生建立多维度空间尺度概念，掌握多尺度空间思维的

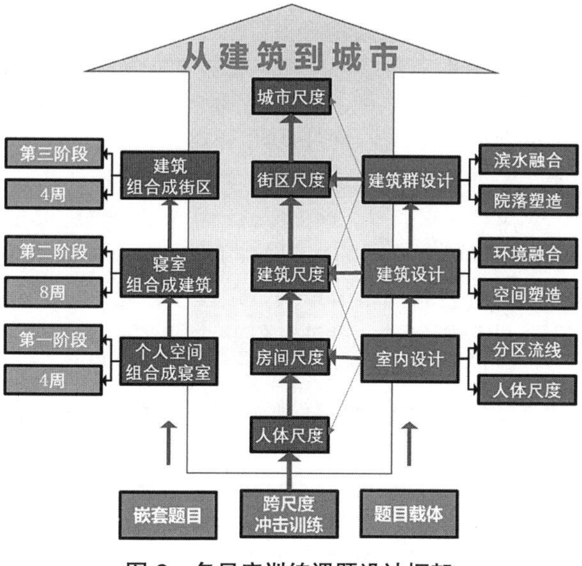

从建筑到城市
城市尺度
第三阶段
4周
建筑
组合成街区
街区尺度
建筑群设计
滨水融合
院落塑造
第二阶段
8周
寝室
组合成建筑
建筑尺度
建筑设计
环境融合
空间塑造
第一阶段
4周
个人空间
组合成寝室
房间尺度
室内设计
分区流线
人体尺度
人体尺度
嵌套题目
跨尺度
冲击训练
题目载体

图 2　多尺度训练课题设计框架

资料来源：作者自绘

能力，完成二年级建筑设计到三年级规划设计的转换。在一个学期中，让学生进行从人体尺度到城市尺度的多维尺度训练，建立起多维尺度的概念，掌握跨尺度思维的能力。针对“单元组合”这一设计方法进行深度训练，在房间、建筑、街区三个层次进行单元组合的手法训练，夯实单元组合这一设计手法。

3　教学方法混合化

3.1　线上线下结合

以规划设计实战能力为核心，建立配套线上课程“城市规划与设计”，将线上线下作为一个整体一体化构思设计，解决城市规划与设计课程理论与实际紧密结合的关键问题。线上教学部分以传授知识和思维发散为主，为规划设计能力的提升提供理论基础，线下教学部分以能力实践为主，精选优秀作业案例，为理论教学提供直观示范。整体上，形成“知识原理、思维发散、能力实践、优秀案例”的良性循环，促进学生综合水平的螺旋上升。线上成绩重视过程考核，少量多次设置考核轮次；线下成绩重视能力考核，设置多轮次、校内校外评委结合的多元成绩评定，并综合线上成绩，确定线下总成绩。

3.2 针对分组教学的教师轮岗制度设计

针对分组教学为组的教学方式，建立教师教学轮岗制度，每个小组在不同阶段更换不同指导教师。轮岗制度设计保证了每组学生能够由不同特长、不同方向、不同思路的教师轮流指导，能够有效拓宽学生视野，符合规划设计综合性强、类型多元的特点。

3.3 基于记忆曲线的教学节奏设计

以学生为中心，尊重教育教学规律，构建基于记忆曲线与设计能力有机结合的教学组织方式[1]，在“课中、课周、季度、学年”四阶段灵活采用多种教学方法，多维度激发学生潜能，实现知识向规划设计能力的转化。

3.4 四大资源库建设

配合课程总体设计，建设“高质、系统、丰富”的课程综合资源库。课程综合资源库由“知识传授、基础夯实、思维发散、能力实践”四大资源库构成。课程资源持续更新并提供专业的在线服务。知识传授资源库包含由精英教学团队各取所长精心制作的“教学视频库”，权威专家在各种场合报告的“专题讲座库”，教学团队出版的国家级、部级“精品教材库”；基础夯实资源库包含“单元测验题库”“单元作业题库”“期末考试题库”；思维发散资源库包含结合时事、热点设置的“热点讨论话题库”，精选的“扩展阅读材料库”；能力实践资源库包含精选历年线下优秀作业、获奖作品的“优秀作业案例库”，线下教学实录精选的“线下教学视频库”，展示工作过程，促进知识向能力转化的“工作过程展示库”。

4 教学环境多元化

“现实环境 + 课堂环境 + 网络环境”结合的教学环境

根据教学需求，科学设置多元教学环境，构成“现实环境 + 课堂环境 + 网络环境”结合的教学环境体系（图3）。针对真实场景的规划设计问题，设置真实场景的现场调研，研判现场环境；教研室迎接“人工智能 +”时代，积极采用数字技术教学方式，设置线上课程及配套数字素材，营造网络教学环境；建立多模式课堂教学环境，针对小组教学的方式着重营造规划设计课专用设计教室，针对理论授课采用智能多媒体教室，针对课程答辩开辟学院设计课专用展厅。整体建构以线下分组教学设计课教室为核心，“现实环境 + 课堂环境 + 网络环境”结合的教学环境体系。

图3 现实、课堂、网络相结合的教学环境

资料来源：作者自绘

5 成绩评价过程化

5.1 多元的成绩评价途径

采用多途径的综合成绩评价方式，全面反映设计能力（图4）[2]。在评价载体维度，采用“线上评价、线下评价”结合的方式，以线下课程规划设计作品评价为主，以线上课程理论学习评价为辅。在评价阶段维度，采用“过程评价、结果评价”结合的方式，以最终解决问题程度的评价为主，以解决问题过程表现评价为辅。在评价主客观性质维度，采用“主观评价、客观评价”结合的方式，针对规划设计评价综合性强的特点，模拟规划设计评价实战，以主观评价为主的方式对设计作品进行评价，对理论知识的掌握情况采用客观评价。在评价主体维度，采用“校外专家、校内专家、指导教师”结合的方式，校外专家是从行业领先的规划设计单位聘请的企业指导教师，校内专家是本专业及相关专业的从业教师，指导教师是负责学生所在小组的指导教师。

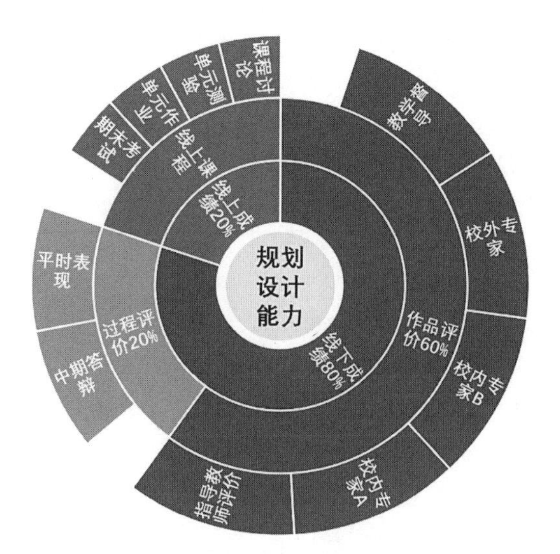

图 4　多元的成绩构成
资料来源：作者自绘

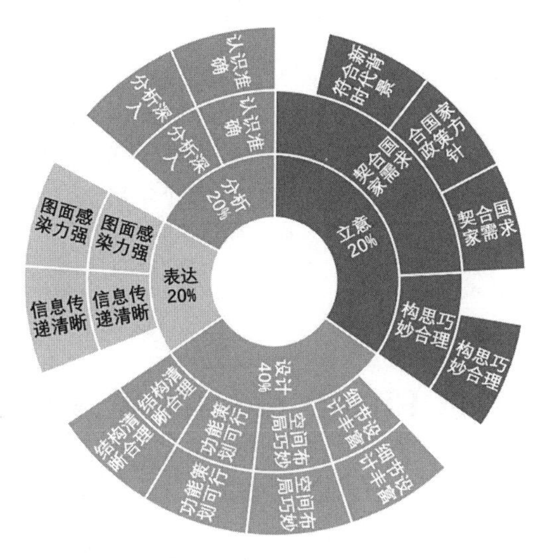

图 5　成果评价维度
资料来源：作者自绘

5.2　综合的成果评价维度

以考察解决规划设计实战问题的综合能力目标，从“立意、分析、设计、表达”四个方面对规划设计成果进行综合评价（图 5）。在立意方面，考察课程思政的融合情况，要求成果符合时代发展需求、定位构思巧妙合理；在分析方面，考察对真实设计环境的认知分析，要求认识准确，分析深入；在设计方面，考察设计实践能力，要求结构清晰合理，功能策划可行，空间布局巧妙，细节设计丰富；在表达方面，考察设计方案的整体组织与呈现，要求信息传递清晰，图面感染力强。

6　课程思政常态化

6.1　建立社会总体价值观引领的规划设计方法

为了将思政内容系统深入地融入规划设计全流程，创新性地提出基于“价值特征”的设计方法。价值特征是指设计的价值观及其引领下的空间特征。基于价值特征的设计方法是指，明确设计的价值观，并建立基于价值观的价值特征体系，进而落实到具体设计的思路和方法。基于价值特征的设计方法是一种将设计从抽象的目标理性落实到具体空间特征的设计方法。一方面，只有知道设计的价值目标是什么，才能逐步落实并将其实现。另一方面，设计离不开空间，价值观要想指导设计实践，必须落实到具体空间特征。

6.2　多元思政内容的系统植入

以“系统设计、盐溶于水、点滴渗透、润物无声”的理念，实现课程思政的系统性全面融入[3-4]，提升课程的思想性、先进性。总体上，明确指出应将社会主义核心价值观为代表的社会总体价值观作为城市规划的最高指导；具体层面，结合规划设计实际内容有机融入多种具体思政内容，如民族文化自信、可持续发展、以人为本等。

7　结语

规划设计实战能力是城乡规划专业培养的基础核心能力。可以从“课程思政、教学内容、教学方法、教学环境、成绩评价”五个维度将能力培养系统落实，培养学生的“价值引领能力、理论融通能力、实践落地能力”，总体构建“一问题、三能力、五维度”的总体教学框架。这对城乡规划及相关专业的设计类课程具有一定借鉴意义。

参考文献

[1] 边玉芳．遗忘的秘密——艾宾浩斯的记忆遗忘曲线实验[J]. 中小学心理健康教育，2013（3）：31-32.

[2] 叶澜，吴亚萍．改革课堂教学与课堂教学评价改革——"新基础教育"课堂教学改革的理论与实践探索之三[J]. 教育研究，2003（8）：42-49.

[3] 高德毅，宗爱东．从思政课程到课程思政：从战略高度构建高校思想政治教育课程体系[J]. 中国高等教育，2017（1）：43-46.

[4] 陆道坤．课程思政推行中若干核心问题及解决思路——基于专业课程思政的探讨[J]. 思想理论教育，2018（3）：64-69.

A Five-Dimensional Approach to the Issue of Planning and Designing Practical Skills Education

Ge Tianyang　Li Baihao　Wang Yan

Abstract: Planning design is the core professional course for students majoring in urban and rural planning. The course is based on the actual problems of 'planning design practice', establishes the overall teaching framework of 'one problem, three abilities, five dimensions', and establishes the competence cultivation system of 'value-led competence, theoretical integration competence, practical landing competence'. It also establishes the ability cultivation system of 'value-led ability, theory integration ability, and practical landing ability', and builds a five-dimensional implementation pathway. In terms of teaching content, it is proposed that the teaching content should be competence-based. A competence cultivation system combining 'value, theory and practice' is established with practical design as the core, and corresponding subject design is carried out. In terms of teaching method, it is proposed that the teaching method be mixed. It adopts the combination of online and offline teaching methods, establishes a teacher rotation system for small group teaching, focuses on the integration of the curriculum rhythm and memory curve, and builds four major resource libraries for 'knowledge transfer, foundation consolidation, thinking diffusion, and ability practice'. In terms of the teaching environment, it is proposed that the teaching environment be diversified. It is proposed to create a teaching environment system with the core of a special design classroom for group teaching, multiple types of 'real environment, classroom environment and network environment', and multiple scenarios of 'group teaching, theoretical course and course defence'. In terms of performance evaluation, it is proposed that the process of performance evaluation is made. From the 'evaluation stage, evaluation carrier, evaluation subject, evaluation subjectivity and objectivity' to establish a diversified performance evaluation pathway, and from the 'intention, analysis, design, expression' four dimensions to establish the planning and design results evaluation system. In the aspect of course ideology and politics, it is proposed that course ideology and politics should be normalised. The overall idea of value-led planning and design is innovatively established, and the contents of multiple ideological and political contents are deeply integrated.

Keywords: Planning and Design, Practical Competence, Cultivation Pathway, Competence-Based Teaching Content, Mixed Teaching Methodology

国土空间规划体系下“详细规划”教学改革与实践*

杨新刚

摘　要：详细规划是国土空间“五级三类”规划体系的重要一类，也是城乡规划专业适应国土空间规划新要求开展教改的重点课程。以安徽建筑大学为例，分析详细规划课程体系、教学内容、教学方式和课程考核等教学状况，针对新体系的新要求和传统教学中存在的老问题，提出适应国土空间详细规划的教学团队建设、知识更新和课程考评等教改措施，总结详细规划课程在践行思政教育、开展联合教学和优化联动反馈机制方面取得的实践经验，讨论课程教学出现的新问题。供各院校在专业教学中参考借鉴，共同促进城乡规划专业核心课程教学改革取得成效。

关键词：国土空间规划；详细规划；教学改革；城乡规划专业

2023年，我国已完成了国土空间规划体系的顶层设计，实现国土空间规划系统性、整体性重构，并确立了国土空间规划在国家空间治理体系中的基础性地位[1]。国土空间规划体系促进生态文明建设，体现了生态优先、绿色发展的导向，并引领高质量发展，体现以人民为中心的发展思想。国土空间规划是以城乡规划学为核心、多学科协同应用的综合性工作。城乡规划学需要改革创新，为国土空间规划工作提供核心知识体系，培养规划行业人才[2]。

国土空间规划体系下城乡规划专业教育要适应国家战略和服务社会要求，从空间治理的角度聚焦资源保护和利用等规划内容，引导学生关注人文、生态、社会，特别是敬畏自然和底线约束等，培养学生的思维能力、掌握规划的方法以及解决问题的能力[3]。详细规划是国土空间“五级三类”规划体系的重要类型，是实施国土空间用途管制和城乡建设项目规划许可以及实施城乡开发建设、整治更新、保护修复活动的法定依据。国土空间详细规划（仅指城镇开发边界内的详细规划，不包括村庄规划）课程知识体系在原控制性详细规划的基础上，不仅要拓展至全域全要素管控，尤其是对生态、农业空间的资源保护和利用等规划，还要关注高质量发展要求下存量资源再开发利用、城市更新的规划管控问题，同时还要注重规划编制与管理实施相结合，既突出规划在地性，又强调规划支撑性。针对存量建设空间和非建设空间，详细规划面临转型[4]，其不同于传统城乡规划体系下的控制性详细规划。

控制性详细规划是城乡规划专业核心课程，相关教学改革和实践经验较为丰富[5-8]，有力促进了该课程建设。国土空间规划体系建立后，控制性详细规划课程可能逐步被国土空间详细规划课程取代，即便延用原课程名称，但其课程目标、选题类型、教学内容、教学方法和成果要求都有所变化。以安徽建筑大学的城乡规划设计Ⅲ（2019年为适应国土空间规划体系调整原控制性详细规划课程名称）为例，课程在延续控制性详细规划教学基础上，开展了基于联合教学的团队建设、适应国土空间规划多场景的知识内容完善和多环节互动反馈机制等改革，总结近5年的教学实践经验，为部分高校专业课程建设提供参考，以期共同推进城乡规划专业适应国土空间规划新要求教学改革。

1　课程教学状况

1.1　课程体系：从理论到实践课程设置

安徽建筑大学城乡规划专业人才培养方案延续了

* 基金项目：安徽省教育厅质量工程项目（2020kfkc167，2022jcjs023）。

杨新刚：安徽建筑大学建筑与规划学院副教授

城乡规划体系下详细规划相关课程体系，包括修建性详细规划和控制性详细规划两个层次的理论教学、设计课程和实践环节，涉及控制性详细规划教学课程分别为城乡规划原理Ⅲ、城乡规划设计Ⅲ和课程设计Ⅲ（规划设计），目前课程内容主要为国土空间详细规划。

该课程是在安徽建筑大学原城市规划专业于20世纪90年代初开设的“分区规划”理论课程基础上逐步发展而来，“2011版城市规划专业本科人才培养方案”形成了“控规”课程组，并于2014年9月针对2011级四年级城市规划专业本科生开设此课程，2019版和2023版城乡规划专业人才培养方案逐步确立并形成了以国土空间详细规划为主题系列课程组（表1）。

1.2 教学内容：分层次编制新增开发建设地区规划

控制性详细规划教学中，课程选题、教学内容和成果表达主要针对新增建设用地的开发建设进行规划管控，在局部地区开展城市设计来支撑规划的合理性。教学设计共分为片区规划、单元控制、地块控制和反馈提升四个阶段（表2）。

课题主要是新开发建设区，现状情况不复杂，对现场调研要求不高。为此，学生对调研内容及现状分析不深入，现状调研和研究分析方法训练缺乏。上位规划分析仅限于城市总体规划的用地结构和布局，其他传导的内容不够明确。原教学不关注旧城区的更新规划，更不会涉足对非建设地区的农业和生态空间进行规划管控，这与当前以

控制性详细规划课程发展演变 **表1**

课程类型	20世纪90年代培养方案	2007版培养方案	2011版培养方案	2015版培养方案	2019版培养方案	2023版培养方案
理论课程	分区规划（48学时）	分区规划与控制性详细规划（48学时）	控制性详细规划原理（2学分，32学时）	控制性详细规划原理（2学分，32学时）	城乡规划原理Ⅲ（1.5学分，24学时）	城乡规划原理Ⅲ（1.5学分，24学时）
设计课程	—	—	控制性详细规划设计（4学分，64学时）	控制性详细规划设计（4学分，64学时）	城乡规划设计Ⅲ（3学分，72学时）	城乡规划设计Ⅲ（2.5学分，60学时）
实践课程	—	—	课程设计（控制性详细规划）（1学分，1周）	课程设计（控制性详细规划）（2学分，2周）	课程设计Ⅲ（规划设计）（2学分，2周）	课程设计Ⅲ（规划设计）（2学分，2周）

注：2019版和2023版城乡规划专业本科人才培养方案将该课程名称调整为“城乡规划设计Ⅲ”，设计课程执行24学时/1学分

控制性详细规划教学安排 **表2**

教学阶段	学时	教学内容	教学组织	成果
片区规划	16	课题调研，城镇或片区整体规划优化： 1. 调研与资料收集整理分析，包括城镇上位规划及专项规划分析、场地地形分析等； 2. 城市分析内容：片区发展目标与总体功能定位；上位规划的解析及整体规划优化方案，规划管理单元的划分	团队协作完成	展板1（现状研究分析）
单元控制	24	单元城市设计、单元层面控规与表达： 1. 确定城市设计目标、框架、空间结构和形态方案构思与表达； 2. 道路与交通组织、天际轮廓线、主要界面、建筑形态及组合、人文活动、景观设施与小品以及主要节点等； 3. 单元土地利用细分优化，片区用地整合； 4. 单元三大设施控制、四线控制、开发强度控制、建筑高度分区控制； 5. 核算和推敲各类控制指标	个人独立完成	单元控制图则，城市设计导则； 展板2（单元城市设计）； 展板3（单元规划控制）
地块控制	16	地块规划管控与表达： 地块控制要素与指标确定	个人独立完成	地块控制图则； 展板4（单元图则＋城市设计导则＋地块图则）
反馈提升	8	集中评图，问题总结	校内外师生共同参与	

存量资源为主的城市更新规划工作要求有较大差距，与国土空间详细规划覆盖全域要素的要求不相适应。

1.3 教学方式：项目制培养学生综合能力

课程教学通常以设计小组为团队的项目运营方式。在教师指导下，以学生为中心，形成4~6人不等学习小组，按照“教师统筹、组长负责、全员参与、小组自治”模式开展教学，并指导小组按照项目运营模式开展教学活动。每小组负责一个项目课题，前期针对片区开展整体规划研究和联合设计，后期则由每位同学选取其中一个单元进行规划，按照相关标准要求完成单元和地块两个层面的控制性详细规划设计成果。

项目制能够很好培养同学们的沟通、协作和领导能力，团队协作精神得到提升，也训练同学们主动探索、研究和解决问题的能力。但项目制忽略了个人能力培养，学生批判性的思考不足，很难提出创新性方案。

1.4 课程考评：多节点结果导向

考评根据节点成果进行评价打分，包括过程考评和成果考评两个部分，成绩各占50%。过程考评主要针对教学设计的阶段性成果（现状分析、城市分析、片区规划、单元规划和地块规划）进行汇报，由授课教师点评后给出下阶段整改意见和评价分数（作为平时成绩的一部分）。成果考评是对最终提交的成果进行全面综合评价，一般采用教评分离形式，最终成果以匿名形式由外请专家进行评分。

过程考评和成果考评均是以不同阶段节点性成果为考评依据，就会出现学生特别重视图纸成果表达，而对规划逻辑分析和创新方案关注不够，出现重结论轻推演、重成果轻过程等状况。另外，最终成果考评始终是单向的，即作业评价意见没有反馈至学生，学生也不知道问题出在哪，更不会针对问题进行修改完善，从而导致项目制教学不够完善。

2 教学改革措施

2.1 “内联外引”建设多学科参与的教学团队

经过多年课程建设，目前形成的“新老结合”结构合理的课程教学团队面对国土空间规划新要求，也亟待优化完善。任课教师队伍在保持稳定基础上逐步“更新”，吸引工作责任感强、团队协作精神好、教学水平高的青年博士教师加入，或者邀请具备相关学科专业背景的教师以讲座方式参与教学。同时，注重加强本课程与其他课程的互联互通，部分授课教师跨越总体规划—详细规划—城市设计等核心课程授课，强化了详细规划与相关规划的传导联系。

课程建立了校企联合教学模式，全过程引入规划院所技术骨干作为校外导师参与教学。校外导师按照教学设计节点参与详细规划的选题、指导到考评等环节，并结合课题项目编制以及技术难题等为学生开展线下讲座。参与教学的校外导师主要为本地甲级规划设计院的中青年技术骨干，以院长和所长为主，多数专家为学校校外硕导，都能积极参与本科教学。

2.2 “推陈出新”完善国土空间规划知识体系

国土空间规划体系下，行业和学科发展出现新变化，课程结合国家一流专业建设要求，融入“新工科”建设理念，优化课程目标，更新课程知识体系。课程教学内容既延续控制性详细规划的基本内容和较为成熟的编制方法，同时围绕不同类型课题介绍城市更新（城中村改造）、农业资源利用、生态保护等规划内容和管控政策，关注土地政策和用途管制制度，注重规划编制与管理结合，引导学生了解规划“一张图”和数据库成果要求，来丰富充实国土空间详细规划知识体系。

课程规划类型从原新建开发地区逐步转向以城市更新区域为主，兼顾部分农业空间和生态空间的规划管控，体现国土空间详细规划增存结合的多种类型并存实际状况。教学注重加强现状调研分析方法训练，教师现场指导学生开展调研，并引导学生利用POI数据和卫星影像图等进行现状问题分析；鼓励学生探究面向存量更新和非建设空间的规划技术方法，激发学生对农业和生态空间土地使用行为进行了解，以正负面清单形式提出规划管控要求，以适应国土空间规划新要求。

2.3 “多向联动”优化全过程考评反馈机制

设计课程多采取互动讨论方式开展项目式教学，教学过程强调师生间、学生间的互动反馈，通过多个环节“多向联动”启发学生探索创新、促进其能力提升，达到教学目的。全过程考评反馈机制不仅注重教学过程节点的考核，还特别强调评价意见反馈和学生响应提升效

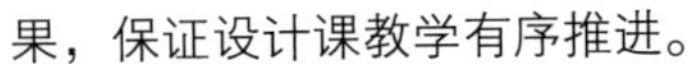

果，保证设计课教学有序推进。

为提升教学效果，完善项目制教学成效，在巩固教学过程互动反馈的基础上，针对课程最终成果反馈互动缺乏情况，增加课程终期成果的“评价—反馈—修改”环节。成果互动环节分任课教师反馈和专家评价反馈两个部分。首先，课程作业成果提交给授课教师进行评价，提出修改意见反馈至学生，经过1~2周时间整改后再次提交成果。其次，课程组教师再将整改后作业采取匿名形式发送给校企合作的规划院，请校外导师对学生成果进行盲评打分，作为课程期末成绩。最后，通过举行课程作业评价反馈会形式，邀请规划院长进课堂就课程作业进行点评，并与学生交流答疑，推进课程“多向联动”，提升教学成效。

3 教学实践经验

3.1 注重人文思政素养提升

“培养什么人、怎样培养人、为谁培养人”是教育的根本问题，也是建设教育强国的核心课题。城乡规划专业人才培养应立足于专业特点加强社会主义核心价值观教育，引导学生树立坚定的理想信念，在未来工作中要坚持“以人民为中心”和新发展理念指导城乡规划、建设和治理。

国土空间详细规划具有实施性公共政策工具的特性，通过对自然生态资源、历史文化资源的保护、修复和利用，开展现状资源资产调查分析，查找城乡区域发展短板，按照“生活圈”理念统筹配置各类设施，以及节约集约、复合利用空间资源等一系列规划举措，培养学生具备底线思维、产权意识、社会认知、政治觉悟和法律观念。教学将人文思政教育贯穿于规划编制始终，思政元素成为本课程内容体系的重要组成部分，提升人文思政素养成为课程目标之一。这一做法不仅值得本专业其他课程教学借鉴，还给其他专业课程教学提供参考。

3.2 持续开展形式多样的联合教学

课程通过多年实践，校企联合教学模式已经形成，规划院所参与课程选题、指导教学、评价总结等各个教学环节，为学生提供了基于项目“实战”训练，为学生描绘未来工作中的不同场景，进而提高课程和专业吸引力。联合教学的优势在于可以增强课程教学实力，拓宽师生视野，学习相关经验，提升学习兴趣。

联合教学的形式多样，校企联合、校校联合、校内不同专业或同专业内不同课程联合等，联合教学模式在毕业设计、生产实习等实践性教学环节已经得到了广泛推广。各地高校可通过与地方规划院建立合作关系，邀请规划骨干走进课堂参与教学开展合作教学。同专业不同课程联合，需要专业内主要课程内容相互融通、统筹安排，如详细规划与总体规划、城市设计等课程可进行适当联合，前期是总体规划编制完成的课题作为详细规划选题，由总体规划编制小组原班成员延续开展详细规划，保持规划传导连续性，让学生在详细规划中反思总体规划的“得失”，让学生更清晰地认识规划的系统性。

3.3 完善“评价—反馈—改进”联动机制

课程教学优化了考核评价机制，在原教学评价基础上建立“评价—反馈—改进”多方联动机制，评价意见及时反馈至学生进行改进，主要在教学过程中和课程结束时。最终成果的“评价—反馈—改进”机制是本课程总结的重要经验，这也是多年设计课程教学经验的总结，从而改善以往教学结束时教师对于作业的批改或评价意见没有途径反馈给学生的问题。避免出现学生作业“一交了之”、难以认识到存在的问题、无法进行整改的情况。

课程通过实践总结了最终成果考评反馈机制，即“两轮评价和反馈、一次整改”。首轮评价反馈是指导教师对学生提交作业进行评价，批改后将存在问题及时反馈给学生，要求一定时间内完成整改。第二轮评价反馈则是在学生提交整改后作业，以匿名形式发送至规划院校外导师，由校外导师进行考评，然后通过课程总结交流会的形式，将评价意见反馈给每位学生，一般不再要求整改了。通过该机制，一方面保障了课程教学过程的有序开展，另一方面增强了学生理解力和专业技能，提升专业素养。

4 结语

无论是控制性详细规划，还是国土空间详细规划，为适应国土空间规划要求，课程教学改革主要集中在基于联合教学的师资队伍建设、国土空间详细规划知识内容完善和多方联动反馈机制优化等方面，并在详细规划课程思政在地性、联合教学多样性和全程评价反馈机制的有效性等方面取得实践经验，促进详细规划课程目标实现，并取得一定的教学成效。

国土空间详细规划在控制性详细规划基础上拓展到全域全要素管控，规划对象既包括建设用地的开发建设、存量更新整治，也涵盖农业和生态资源的保护、修复，详细规划知识体系越来越丰富，详细规划场景也越来越多样。国土空间规划体系下，详细规划教学还存在一些问题，有待克服。一是详细规划知识内容的拓展与有限的学时要求，使详细规划课程教学任务重，教学压力大。二是国土空间详细规划针对存量更新、农业开发利用和生态资源保护修复等规划管控，都是超越了原控制性详细规划的范畴，不仅学生还包括教师面对全新领域，需要加强学习，运用创新思维进行规划管控。三是国土空间详细规划面向存量地区，现状底图底数是开展规划的基础，但国土空间信息数据因涉密要求，课程教学很难获取基础数据，影响规划课题开展。

参考文献

[1] 黄晓芳. 总体构建国土空间规划体系 [EB/OL].（2023-09-01）[2024-05-08]. https：//www.gov.cn/lianbo/bumen/202309/content_6901362.htm.

[2] 石楠. 城乡规划学学科研究与规划知识体系 [J]. 城市规划. 2021，45（2）：9-22.

[3] 孙施文，吴唯佳，彭震伟，等. 新时代规划教育趋势与未来 [J]. 城市规划. 2022，46（1）：38-43.

[4] 黄玫. 存量空间 增量价值：国土空间详细规划转型及实施路径改革 [J]. 规划师，2023，39（9）：9-15.

[5] 胡亚丽，王纪武，董文丽，等. 技术进步背景下控制性详细规划课程教学探索与实践 [J]. 建筑与文化，2023，（9）：75-77.

[6] 郭娜娜，梁鑫斌，周玉佳，等. 国土空间规划背景下控制性详细规划实践教学改革 [J]. 科技视界，2022，12（19）：78-80.

[7] 李肖，王崇革，姜伟. 基于 BOPPPS 教学模式的城市控制性详细规划课程改革探索与实践 [J]. 科教导刊（上旬刊），2019，（22）：82-84.

[8] 戚冬瑾，卢培骏，曾天然. 控制性详细规划教学的探索性改革——以《广州人民南城市更新片区形态条例》为例 [J]. 城市规划，2019，43（7）：98-107.

Teaching Reform and Practice of "Detailed Planning" under the Territorial Spatial Planning System

Yang Xingang

Abstract: Detailed planning is an important category of the "five levels and three categories" planning system of territorial space, and it is also a key course for urban and rural planning to adapt to the new requirements of territorial space planning. Taking Anhui Jianzhu University as an example, this paper analyzes the teaching situation of the detailed planning curriculum system, teaching content, teaching methods and course assessment. Aiming at the new requirements of the new planning system and the old problems existing in traditional teaching, it proposes teaching reform measures such as teaching team building, knowledge updating and course evaluation that adapt to the detailed planning of territorial space. This paper summarizes the practical experience gained in implementing ideological and political education, carrying out joint teaching and optimizing the linkage feedback mechanism of the detailed planning course, discusses the new problems in the course teaching. These can be used for reference in the professional teaching of colleges and universities to jointly promote the success of the core curriculum teaching reform of urban and rural planning.

Keywords: Territorial Spatial Planning, Detailed Planning, Teaching Reform, Urban and Rural Planning Major

融入国土空间规划的总体城市设计教学探索

黄晶涛　卜雪旸　陈明玉

摘　要：在我国国土空间规划体系逐步完善，城乡建设大力推进内涵式发展、创新发展和努力实现中国式现代化的时代背景下，基于实践需求的变化，社会对城乡规划专业人才的要求发生变化，对国土空间规划和城市设计领域人才的专业视野、思维方法、知识素养都提出了新的要求。本文介绍了天津大学建筑学院开展的相关人才培养的教学实验，该实验将总体城市设计与国土空间规划教学深度融合，以探索专门化人才和复合型人才培养相结合的混合式教学模式。教学实验整体上取得了令人满意的成果。本文对教学实验的目的、教学组织和教学方法进行了介绍，并结合教学效果的评估，提出了今后的改进思路。

关键词：总体城市设计；国土空间规划；融合教学

1　背景

在我国国土空间规划体系逐步完善，城乡建设大力推进内涵式发展、创新发展和努力实现中国式现代化的时代背景下，城市设计的任务和内涵也在不断发展。城市设计不仅“是国土空间规划体系的重要组成部分，是国土空间高质量发展的重要支撑”[1]，也是管理和经营城市、探索城市创新发展的模式和路径、制定经济和社会发展行动计划的重要研究工具。总体城市设计作为与原城市总体规划相对应的城市设计层次，自然担负起了重点地段详细城市设计以外的、更宏观的，包括中心城区及更大尺度区域的研究和设计任务，以达成“人居环境多层级空间特征的系统辨识，多尺度要素内容的统筹协调”[2]。新时期总体城市设计应发挥更大作用[3]。从人才培养的视角，新时代的城乡发展既需要具备总体城市设计思维意识和素养的国土空间规划以及相关领域人才，也需要具备国土空间规划知识的总体城市设计专门人才。囿于本科阶段规划设计训练总体学时的限制，尤其是强化了国土空间规划研究技术和方法的训练环节之后，总体城市设计训练难以成为独立的教学板块，甚至较原有的“总体规划设计”中的相应训练内容有所削弱，难以适应当前社会对人才培养的要求。2023年，本专业以城市设计专门化教学改革❶为契机，开展了融入国土空间规划的总体城市设计教学实验，探索通过混合式教学实现专门化人才和复合型人才培养相结合的教学模式。

2　教学目标和要点

教学实验基于本科阶段国土空间规划设计训练课程，面向参与课程的全体学生，对全体同学和选择城市设计专题方向的同学制定了差异化的教学目标和要求。

针对全体同学教学的核心目标是拓展专业视野，在国土空间规划中融入人文精神。使学生理解城乡社会、经济、环境协调可持续发展的总体目标，理解人居环境发展与国土空间管控、发展空间引导等重大战略之间的

❶ 专门化教学是天津大学建筑学院以“微专业”为载体，针对新兴前沿、交叉领域以及传统特色领域的专业方向，对部分有浓厚兴趣和发展潜力的学生进行学习强化训练的教学改革举措。这一措施体现了社会需求导向和学习兴趣导向相结合的人才培养思路。城市设计专门化教学是“微专业”试点的组成部分。

黄晶涛：天津大学建筑学院教授
卜雪旸：天津大学建筑学院副教授（通讯作者）
陈明玉：天津大学建筑学院助理研究员

逻辑联系，更好地把握各自专题研究的目标和要点；启发学生对城乡空间发展合理模式的探讨，培养学生的批判性思维；引导学生建立国土空间规划中数据化研究与空间形态研究的目标逻辑联系（使基础研究和技术方法研究不脱离现实目标），理解国土空间规划实践中相关专题（课题）研究的分工协同关系。

针对城市设计专题同学，教学实验以实践为导向制定了系统的城市设计方向强化教学目标和要点（表1），在知识目标中强化了市县域整体保护和发展格局研究、乡村地区可持续发展、城市空间发展模式选择以及基于城市经营理念的空间和风貌塑造策略等内容。正如陈天教授认为“在国土空间规划生态文明引领及全要素空间设计的要求下，总体城市设计范围应突破原有城市中心区城市设计，拓展至与自然空间联系紧密的城市边缘区、小城镇、乡村地区甚至各类国家自然保护地、生态敏感区、国家公园等区域。[4]”这与自然资源部《国土空间规划城市设计指南》的要求相契合。同时，在训练过程中，对学生的自主学习能力、知识迁移能力、逻辑思维能力、沟通能力、团队协作素养等进行综合培养也是教学目标的重要组成部分。

3 教学组织

在本专业的规划设计训练教学安排中，国土空间规划教学安排在四年级第一学期，学时16周。教学组织采取“题目组—专题小组”的方式。教学组以“真题假做”方式设计若干不同城市的国土空间规划题目，学生8~10人组成题目组选择其中的相同或不同题目，由一名指导教师负责。题目组内分为若干专题组，采取分工协作的工作方式。在课程中安排包括所有题目组的集中汇报讨论环节以实现各题目组之间的相互交流学习。教学实验在原有教学组师资配备的基础上，增加了城市设计专门化方向指导教师全程参与教学。教学实验不打乱原有国土空间规划教学的节奏，采取灵活的教学方式，将每周两次的设计课单元划分为题目组联合指导和城市设计专题组集中指导两个阶段。在联合指导阶段，专门化指导教师与题目组负责教师对题目组全体学生进行共同指导；在城市设计专题组集中指导阶段，专门化指导教师对课程中所有题目组的城市设计专题小组同学进行集中指导。

总体城市设计强化教学目标和要点（部分）　表1

教学目标	教学要点描述	要求
K 知识	1. 市县尺度总体城市设计的任务	掌握
	2. 总体城市设计与国土空间规划的关系	理解
	3. 市县域生态和文化景观格局构建及保护利用战略	了解
	4. 乡村地区可持续发展与环境、风貌建设战略	了解
	5. 城市空间发展与风貌格局建构的协同路径	熟悉
	6. 城市更新发展与风貌特色保护策略	熟悉
	7. 城市景观意象的构成要素及一般导控策略	掌握
	8. 整合城市功能、空间和景观要素的风貌营造技巧	熟悉
A 能力	……	—
L 素养	……	

4 教学内容与成果分析

4.1 题目概况

2023年的国土空间规划专题训练选取河北省肃宁、曲阳、武安三个县级城市作为规划设计研究对象。三座城市的特征和面临的发展课题既有共性也有个性。三者均地处华北平原，自然气候条件类似，经济社会发展水平相当，都面临生态环境脆弱、人口外流、城市风貌特色衰退等现实问题和经济产业转型、人居环境提质、城市魅力提升等发展课题。其中，肃宁是平原型城市、我国重要的农粮生产基地、“中国裘皮之都”。在区域层面上，需要解决规模化、现代化、机械化农粮生产与乡村地区生态韧性减弱、地域风貌特色退化之间的矛盾。在中心城区层面，传统特色产业的转型升级与城市活力和吸引力提升是城市可持续发展的关键课题；曲阳历史文化悠久，地处邯郸—太行文化线路要地，打造山水人文魅力之城是城市发展的重要战略；武安是依托地区矿产资源和交通区位优势发展起来的重工业城市，需要应对我国供给侧改革对传统钢铁产业的影响、全球气候变化诱发浅山地区地质灾害频发等现实发展课题。这样的题目设置有利于同学在学习交流中分享应对共性问题、普遍问题的思路和经验，又有利于学生在比较中理解不同地区发展课题、解决问题战略抓手的差异性。

4.2 教学中的启发与引导

教师根据教学要点和学习难点进行重点的启发和引导，在讲授相关知识的同时，重点训练学生的思维方法和设计理念。举例如下：

（1）运用系统思维方法和历史的、动态发展的视角研究问题。在城市特征认知、发展问题识别过程中建立研究的空间和时间维度概念，将对象和要素放在其所在的、密切关联的整体空间系统中进行研究，突破人为设置的行政边界，理解“视野不同，结论有异”；对城市特征、发展状态的理解，既要看当前的状态，又要从历史发展过程中发现当前特征形成原因的线索，理解其背后的驱动力，还要分析其特征指标在一定时间内的动态变化过程，判断其发展趋势以作应对。同时，把规划导控理解为历时的、渐进的过程。如在曲阳题目组的教学过程中引入山水人文城市理念，引导学生从城市及其周边环境的整体视角构建自然和人文景观系统，思考中心城区、周边城镇和乡村的形态控制和风貌引导策略（图1左上）。引导学生在中心城市的设计中提升营造城市风貌意向建构的境界和格局，鼓励穿越历史时空的大胆构想（图1右上）。

（2）引入经营城市理念。充分理解精明增长、内涵式发展的深刻内涵，协调城市功能空间系统与生态和文化景观系统的关系，探索构建新型城乡空间发展格局的可能路径。如在肃宁北部产业区发展的框架的制定过程中，引导学生思考小城市产业区如何通过构建城乡融合的新型产业发展社区，对产业区战略发展空间内的村庄发展进行必要的导控，使得产业区及周边乡村能够在常态下精明、高质量发展，同时，在面临重大发展机遇时，能够具备发展弹性，不设障、不埋雷（图1左下）。

（3）引入文化景观保护与发展的思想和理论，使学生充分理解文化景观的内涵和价值，了解文化景观保护传承的一般思路，探索将各类文化景观作为重要发展资源、地域文化可持续发展的载体和特色风貌营造手段的

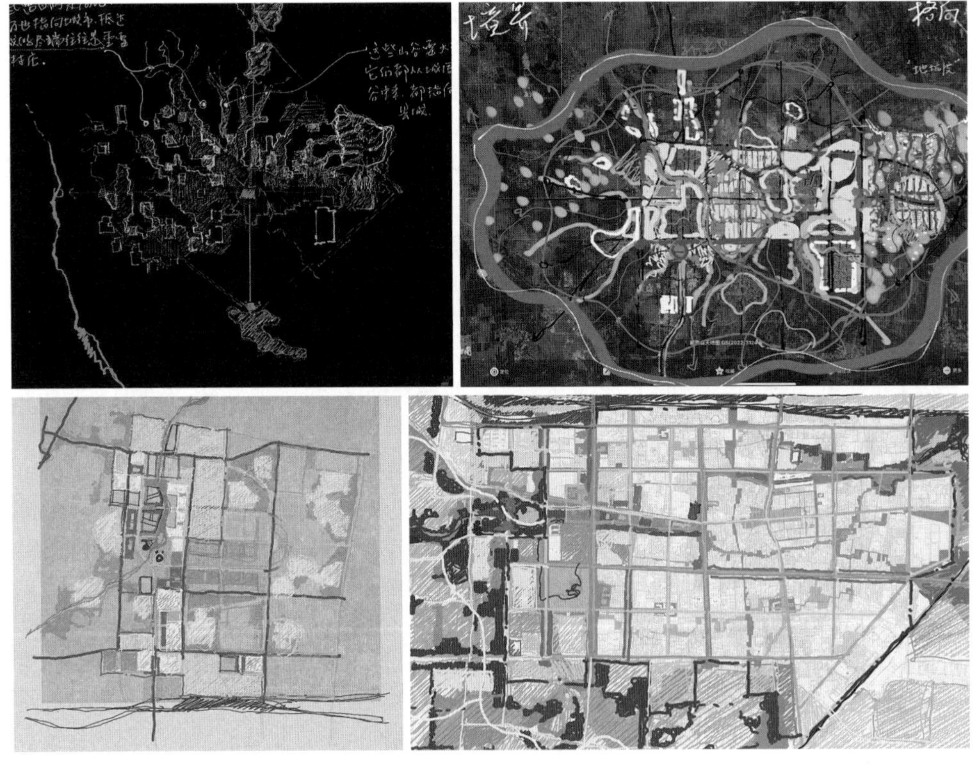

图1 教学中的启发和引导

资料来源：课程指导教师自绘

具体策略。如在肃宁城市生活区结合对城市人口和空间建设需求发展变化的判断，引入田园城市理念，引导学生对保护、利用传统农业文化景观的思考，通过构建融合互补的城市边缘和城郊空间发展模式，形成小城市人居环境的比较优势，提高其吸引力和竞争力（图1右下）。

为了提高教学效率，在教学过程中引入“学习小贴士”和“自评自查表”等辅助工具（图2）。学习小贴士提示学生本阶段的学习要点、学习思路和重要的参考信息；自评自查表引导学生通过独立思考、自我评价的方式随时对自己的学习状态进行评估，培养学生的自主学习和独立思考能力。

4.3 规划设计成果示例及教学效果评价

2023年教学实验的五组方案从总体上实现了教学目标构想。各题目组在市（县）国土空间规划要点的基本框架下，对我国当代城乡发展面对的气候、人口、产业变化的规划应对进行了较为深入的研究；对构建新型城乡空间发展格局、山水人文格局、提升小城市发展竞争力等课题进行了积极的探索。在城市设计专题方面，与以往的设计训练成果相比较，体现出一定的变化。例如在成果示例一（图3）中方案将“水”作为激发公共空间活力、塑造景观风貌特色、提升城市安全水平的“题眼”，提出“以水兴城”的思路，以当代城市理水手段，重构城市公共空间、文化景观空间和安全空间格局；在成果示例二（图4）中方案基于田园城市和“亦城亦乡”的理念，在“域”和“城”之间增加了“城市外围圈”的研究空间域，对新常态背景下小城市空间发展模式和新型城乡关系进行了积极的探讨，以精明收缩、提升内涵、格局重构为出发点，探索小城市发展的创新思路。其中肃宁题目组借鉴了日本“农住组合”的田园城市建设引导政策，打破了城市与乡村规划的传统逻辑（图4上），曲阳组提出“近郊田园综合体”的概念，构建地方特色鲜明的城郊生活新形态（图4下）；在成果示例三（图5）中的肃宁旧城区城市设计以有机更新为基本思路，在空间更新和重构过程中深入挖掘地方文脉，强化了“文化迭代”“景观升维”“经营城市”等思想的渗透，提出在保护旧城空间肌理、城市烟火气的同时恢复传统文化生态景观格局、重构生活空间系统的思路；在成果示例四（图6）中的曲阳中心城区城市设计方案根据城市的自然地理和历史文化特征，对城市空间建设中人文与自然的有机交融、传统人文理念的当代转译进行了积极探索，提出了构建“人与自然的榫卯结构”和当代城市“礼”“乐”文化空间秩序的城市设计策略。

为了检测教学实验的效果，教学团队（包括5名国土空间规划专题指导教师和3名城市设计专门化方向指导教师）对学生作业成果中的城市设计内容进行了评价（表2、图7）。从评价结果看，设计成果整体处于较好水平。在中心城市（城市设计）的“战略研究”和“风貌特色和景观格局”设计环节成果较好，体现了教学中对设计思维逻辑和空间框架研究的强化取得了较好的效果。在域层面的“战略措施”“乡村风貌”环节和中心城区城市设计中的“风貌导控和空间营造”环节存在明显的短板，主要体现在规划策略的科学逻辑以及规划导控措施落地“载体化”方面的欠缺，反映了学生对规划管理、导控方法以及乡村规划等方面相关知识的欠缺。

设计内容自评自查要点

（一）基础研究和规划战略部分（略）
（二）中心城市总体设计部分
1. 整体风貌格局
□整体风貌格局
城市及其景观管影响区域（如视域范围的山体、水体及产生直接互动关系的近郊区）的山、水、城、村的空间关系，山水景观的保护区域（廊道）、缓冲区域以及向城市渗透的“通道”
□特色风貌区
包括自然地理、生态、历史文化景观区及各类城市建设特色风貌区
2. 土地利用与空间布局
□土地利用总平面图
应表示城市建设控制边界，可区分规划期和远景（战略预留），应说明与国空城市规模预测的关系；应表达城市对外交通（道路、场站等）的位置和走向
※为什么城市发展边界不一定是“整齐”的？
①受地形地貌限制及自然资源保护、农田保护要求的影响；②城市内外开放空间、景观廊道渗透的要求；③受城市发展轴带的“拉伸”作用；④“飞地”……
□空间结构示意图
抽象表达成公司发展方向、发展轴线、功能组团等信息
3. 公共设施—活力空间系统（略）

图2 自评自查表（部分）
资料来源：课程教学组自绘

图 3　规划设计成果示例一

资料来源：学生课程作业节选

图 4　规划设计成果示例二

资料来源：学生课程作业节选

图 5　规划设计成果示例三

资料来源：学生课程作业节选

图 6　规划设计成果示例四

资料来源：学生课程作业节选

另外，在中心城区的现状分析、城市布局、重点地段城市设计环节未能达到教学预期。体现在“八股”式的现状分析，逻辑主线不够清晰，重点内容深度不足；城市布局、重点地段城市设计环节的不足主要原因是在有限的课时情况下研究、设计内容的顾此失彼。

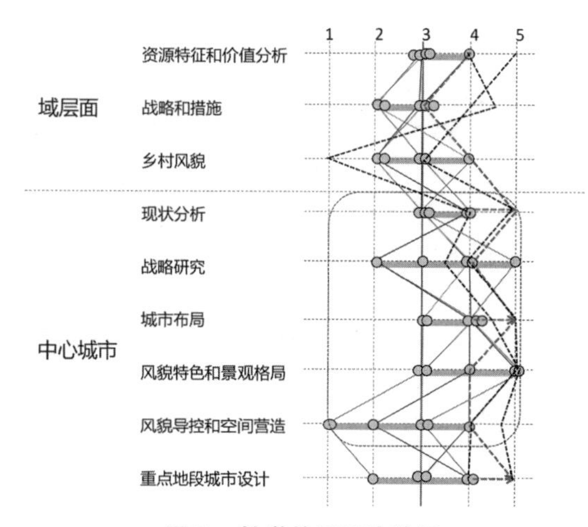

图 7　教学效果评价结果

资料来源：课程教学组自绘

教学效果测评评价表（部分） **表2**

成果内容		测评点	评价标准参考	达成度
县域部分	基础研究	资源特征和价值分析	……	__ 分
	总体战略	战略和措施	……	__ 分
		乡村风貌	……	__ 分
中心城市部分	基础研究	现状分析	……	__ 分
		战略研究	□逻辑性。资源—理论—政策—战略研究形成完整的逻辑链条 □与国土空间规划衔接。以国空相关专题研究为重要依据进行经济、社会、环境综合研究	__ 分
	设计内容	城市布局	□城市形态 □功能空间和土地利用布局	__ 分
		风貌特色和景观格局	□资源保护和特色营造 □景观结构和秩序	__ 分
		风貌导控和空间营造	……	__ 分
		重点地段城市设计	……	__ 分
总体达成度（分值）：5 分制……				

5 总结和改进设想

本教学实验基于将总体城市设计与国土空间规划教学深度融合思路，制定了明确的教学目标和要点，对混合式的教学组织方式和教学法进行了探索，整体取得了较好的效果。设计成果中的不足反映了教学的难点，即由于本科阶段学生相关知识储备、阅历和经验的不足，对于设计思想理论（而非技术方法）的理解和运用存在较大的困难，最终体现在有限的学时与庞杂的学习内容之间的矛盾。客观地讲，要求本科阶段的学生较全面掌握总体城市设计的知识和技巧是不现实的。在今后的教学中，首先是课程“减负”，细化、优化教学和设计成果要求，突出以逻辑思维训练和批判创新精神培养为核心的教学目标，强调方法路径的训练，适当放宽技术性和规范性要求；其次是加强教学引导，帮助学生厘清研究目标、方向和思路；再次是充实“工具包”，丰富课外的理论学习材料和案例库，方便学生有针对性地自学，提高教学效率。

参考文献

[1] 新华社. 中共中央 国务院关于建立国土空间规划体系并监督实施的若干意见 [EB/OL]. （2019-5-23）. https：//www.gov.cn/gongbao/content/2019/content_5397679.htm.

[2] 孙已可，任利剑 . 国土空间规划体系下县域总体城市设计框架与应用 [C]// 中国城市规划学会，人民城市，规划赋能——2022 中国城市规划年会论文集（07 城市设计）. 北京：中国建筑工业出版社，2023：619-629.

[3] 中华人民共和国自然资源部.《国土空间规划城市设计指南：TD/T 1065—2021[S]. 北京：地质出版社，2021.

[4] 陈天，刘君男，王柳瓔 . 国土空间规划视角下的总体城市设计方法思考 [C]// 中国城市规划学会，活力城乡，美好人居——2019 中国城市规划年会论文集（07 城市设计）. 北京：中国建筑工业出版社，2019：122-130.

Exploration of Overall Urban Design Teaching Integrating National Spatial Planning

Huang Jingtao Bu Xueyang Chen Mingyu

Abstract: Under the background of the gradual improvement of national territorial development planning system, the vigorously promoting of connotative development and innovative development in urban and rural construction, and the efforts to realize Chinese-style modernization, the social requirements for urban and rural planning professionals have changed based on the changes in practical needs. It puts forward new requirements for the professional vision, thinking method and knowledge quality of the talents in the field of territorial spatial planning and urban design. This article introduces the relevant teaching experiment conducted by the School of Architecture of Tianjin University, which deeply integrates the teaching of overall urban design with the teaching of territorial planning practice, in order to explore a mixed teaching mode that combines the cultivation of composite talents and specialized talents. The teaching experiment has achieved satisfactory results overall. This article introduces the purpose, teaching organization, and teaching methods of teaching experiments, and proposes teaching improvement ideas based on the evaluation of teaching effectiveness.

Keywords: Structural Urban Design, Territorial Spatial Planning, Integrated Teaching

课程思政视域下“国土空间总体规划”课程教学改革探究
——基于长安大学城乡规划专业的实践*

余侃华　杨俊涛　张睿婕

摘　要：专业课程思政改革建设是高校本科人才培养的重要环节。本文分析城乡规划专业课程思政改革的意义与目标，提出专业课程改革方向与融合路径，并以国土空间总体规划这一核心课程为例，分析现状课程思政问题，探索思政教育改革的实践路径。分别从建立一体化教学模式、构筑“学践研创”总体规划教学体系、发展人才培养模式、优化完善课程评价体系等方面展开，并思考课程思政建设所取得的成效，对指导专业思政与课程建设、提升育人水平有重要作用。

关键词：课程思政；融合路径；实践探索；国土空间总体规划

1　导言

课程思政即“课程蕴含思政，思政寓于课程”，通过将思想政治内容融入专业课程中，以达到思政效果，实现价值塑造、知识传授和能力培养的有机统一（图1）。课程思政建设是全面提高人才培养质量的重要任务，而立德树人成效正是检验高校一切工作的根本标准[1]。新时代以来，随着《高等学校课程思政建设指导纲要》等文件的颁布，众多高校全面推进课程思政改革建设。对于工学类专业课程，更是要在教学过程中把马克思主义唯物辩证法与大国工匠精神结合，提高学生综合能力，激发学生的家国情怀和使命感责任感。

城乡规划专业作为理论与实践紧密结合的应用型学科，教学包括城市总体规划、详细规划、专项规划、乡村规划等不同层级；生态环境保护、人居环境建设、历史街区更新改造等不同尺度的内容，具有社科、人文、理工等多学科交叉的特点。这些内容能与学生的思想政治教育、爱国主义教育、人生观教育紧密相连，但是在以往的教学过程中，这些丰富的实践教学活动和德育课程内容联系不紧密，创新创业教育与产业、科研融合不够，价值引领和知识传授协调不足，出现专业课与思政课、专业教育与思政教育“两张皮”[2]的问题。

如何开展城乡规划专业课程思政教学改革，解决好专业教育和思政教育“两张皮”问题，既提升教学质量、推进学科建设，又培养道德情操，让学生正确思考、提升综合能力，保障课程思政建设落地落实、见功见效，是城乡规划专业教学团队不断思考和精心设计的课程改革方向。

2　城乡规划专业课程思政的教学改革方向

2.1　找准“契合点”，挖掘利用课程思政资源

专业课程是高校课程思政建设的载体[3]，聚焦于城乡规划专业，要根据不同课程的特点和价值理念，深入梳理教学内容，深入挖掘思政元素[4]，加强学生的家国情怀、

* 基金项目：教育部新工科项目（B-TMJZSLHY20202152）“基于产学研用的新工科建筑类人才培养实践创新平台建设探索与实践”；长安大学2021年研究生思想政治教育创新示范项目“思想政治教育视野下的城乡规划学科研究生导师育人机制创新研究”；2021年研究生教育教学改革项目“疫情防控背景下研究生在线协同平台及科研学术共同体构建与培育研究”；长安大学2023年度高等教育教学改革研究项目（ZZ202356）乡村振兴战略下城乡规划专业实践育人“智能+”创新模式研究。

余侃华：长安大学建筑学院教授
杨俊涛：长安大学建筑学院讲师（通讯作者）
张睿婕：长安大学建筑学院讲师

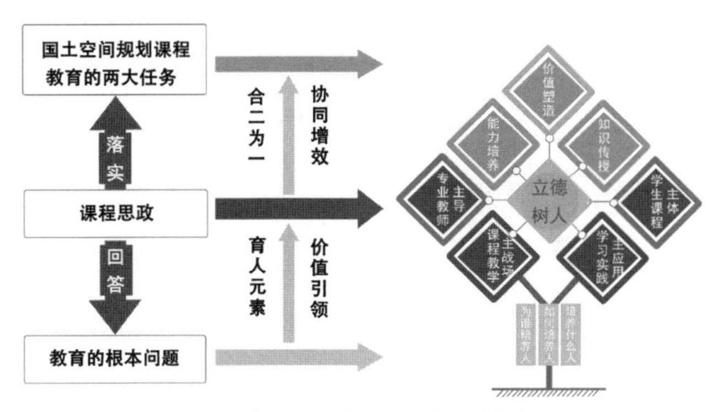

图 1　专业课程与思政教育的关系

资料来源：作者自绘

法治意识、职业素养，增进专业文化自信。如结合城市规划的发展历史和演变规律，从大国崛起的实际案例中强化学生的民族自豪感，坚定学生投身国家建设的理想信念，为勇担重任注入创新思辨精神；结合总体规划课程的典型应用案例，引导学生在思想层面重视生态低碳建设，在专业层面重视团队合作和个人技术素质提升，全面提升人文关怀和严谨认真、精益求精的职业素养（表 1）。

2.2　增加“思政味”，有机融合专业课程与思政教学体系

专业课程教育要根据学科特点和育人目标，从课程教学内容、教学方法、教学资源、教学手段等方面，精进思政课程设计（图 2）。因此在城乡规划专业课程教学中，首先要将思政目标融入教学大纲，重构教学内容，突出城乡规划学科的实用性、复合性和服务性；改进教学方法，重视情景教学，通过实际走访调查，对比发展现状与规划，深化对理论知识的理解，引入对生态保护、健康城市、乡村振兴等多方面的探索，加强学生服务科研实践及国土资源保护的意识；注重兼容并蓄的教学理念，与其他院校开展合作交流，融入地理学、生态学等学科知识，更新教学文件和教案设计；教学手段综合运用线上线下课堂，开展“国土空间总体规划”“城市更新大讲堂”“低碳城市规划”等系列学术讲座；聚合校企政资源，引入国家精品在线课程、数字化课程培训、教学实习，创造优良的课程思政环境；成立专业学术研究小组和新技术应用小组等，丰富学生的课外生活，提高其学习体验，保障课程思政的教学效果。

2.3　突出“针对性”，优化专业人才培养路径

人才培养是实现文化强国的基本路径，传统人才培养模式存在“重知识传授，轻人格养成和双创意识培育”的问题，因此要优化城乡规划专业人才的培养路径。以学生为中心，学习和实践相结合，形成全流程式

更新教学文件	创资源环境	改教学实施	进专业社团
课程大纲 授课计划 教案设计	国家级教学资源库 国家精品在线课程 数字化课程 教学实习基地	线上课程 学校课堂 企业课堂	城乡规划研学团 信息技术交流部 低碳城市研究小组

图 2　城乡规划专业课程思政教学设计融入

资料来源：作者自绘

城乡规划专业课程思政元素挖掘示例　　表1

专业课程	知识点	课程思政元素
城市建设与规划史	中外城市建设与发展、古代城市布局与营建智慧	家国情怀、创新精神、文化自信、思维方式（辩证思维、历史思维、创新思维）的启发与建立
总体规划设计	图纸内容、规划定位与战略目标	职业素养、团队合作、服务意识、城市高质量发展
控制性详细规划设计	社区生活圈营建、生态景观营造	人文关怀、责任担当、团队协作
地理信息系统	运用新技术、新方法分析解决问题	职业素质、创新精神、公共服务意识
城市绿地系统规划	公园城市建设、生态低碳规划	生态文明、低碳城市建设、职业素质
……	……	……

资料来源：作者自绘

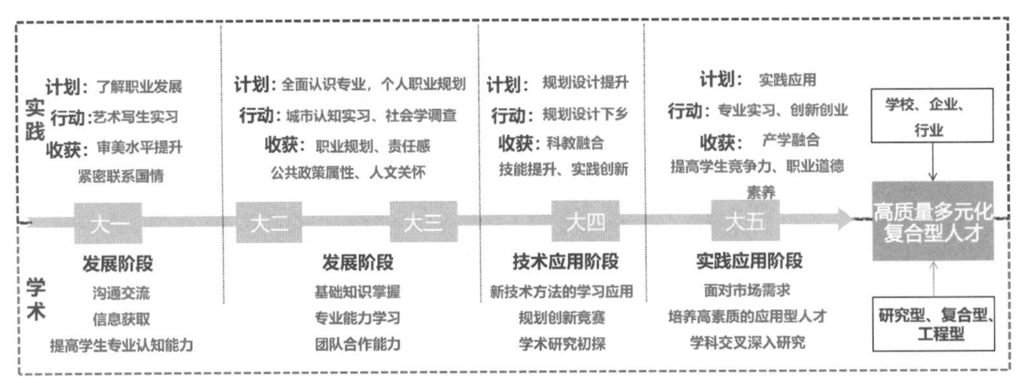

图3 城乡规划专业课程人才培养路径

资料来源：作者自绘

的人才培养模式，以学术和实践为发展导向，从大一开始，针对不同的阶段提出不同的人才培养策略，保证学生在学好城乡规划专业核心课程的同时，厚植家国情怀，根据今后的社会需求和职业发展规划，形成更深入的学术研究成果或培养更实际的专业技能，培养出高质量多元化的复合型人才（图3）。

2.4 巧测"变化度"，建立完善的课程评价体系

课程思政建设具有长期性和系统性，建立健全课程评价机制也需要经历一定的探索过程[5]。一方面，评价方式多元化，提高课程学习过程中的考核比例，利用与教学相关的多项数据统计多样化学习过程，从课前、课中、课后三个阶段，以及学生的城乡规划专业知识基础、师生交流互动、实践操作应用、学习兴趣与能力提升四个层面，实现过程性评价与终结评价的有效结合。另一方面，结合教师与助教参评，参考个人自评与小组互评，以及用人企业单位的满意度评价，构建评价主体多样化的教学评价体系，并将其作为"双一流"学科评估巩固建设的重要参考内容。

3 现状总规课程思政问题

当前国内城乡规划专业思政教学意识较为薄弱，以国土空间总体规划课程为例：①在开展课程思政活动过程中，很多教师未能充分挖掘出课程思政元素，引导学生树立正确的价值观，加强学生思考专业发展的趋势、提升综合能力、家国情怀[7]的意识，忽视了思想引领作用。②城市总体规划正处于向国土空间总体规划转变的过程中，部分教师未能及时转变教学思路，使学生对课程认知难窥全貌、望而却步。③学生缺乏全面把握城市发展问题的能力，再加上实际操作中数据来源、技术应用较为缺失，以及前期课程中，对于基础软件技能缺乏重视和学生的新技术方法应用不到位，在职场工作中综合能力不强，竞争力减弱。④学生的创新积极性不高。总规课程教师选题一般为"真题真做"，以加深学生对总规的认识。但是往往受调研不充分、数据不齐全、现状认知模糊、时间有限等因素制约，理念策略生搬硬套，出现大量不能实施、与现实相左的规划方案。

4 "国土空间总体规划"课程思政实践探索

4.1 探索"价值塑造、知识传授、能力培养"一体化教学新模式

（1）构成"双向联动"的双主体教学关系

高校思政课教学并不是简单地以谁为中心，而是在教与学的过程中相互作用。"课程思政"重在建设，教师是关键，教材是基础，资源挖掘是先决条件，制度建设是根本保障[6]。教师是教学研究者和课程建设的构建者，也是学生学习的指导者和合作者[7]，需要清醒认识自身肩负的德育培养重任，从顶层设计上形成"教师思政—课程思政—专业思政"一体化通道。坚持以教师为主导，学生为主体的教学模式，增加学生参与教学过程的途径与机会，创造多样的教学活动，加强师生间交流，促进师生间开展良好互动，学生和教师共同成长。

（2）融合“三步走”的递进式教学内容

把握课前、课中、课后三个教学阶段（图4），课前教师挖掘课程思政元素，通过任务驱动学生了解热点时事，激活其思政热情；课中教师在理论讲解的基础上，将思政教育有机融入课堂教学，对应用性较强的国土空间总体规划实例进行讲解，以规划背后的故事或者学校师生在国土空间规划领域所取得的研究成果为例，挖掘思想要素与德性涵养[8]，塑造学生的价值观；课后，教师通过作业引导学生完成课程设计、体验企业生产实习、参与竞赛等，实现学生“学践研创”全面发展。同时根据课后的综合评价，与学生互评互鉴，在思考中与学生共同进步。

（3）结合“时代化”的创新性教学环境

1）与时俱进的教学资料：城市总体规划内容是随着国家政策和社会经济形势变化而不断变化的。目前的城市总体规划正处于国土空间规划重大转型期，面临的问题较多，内容变化很快[9]。在课程资料安排时，需紧跟时代，结合国家社会经济发展形势，重新审视国土空间总体规划课程理论和知识内涵的价值观、哲学、思想与逻辑，寻找融合点，不断创新课程教学内容，通过持续的教学改革保证教学内容的先进性和新颖性。

2）智慧多元的教学媒介：在当下的互联网时代，学生对各种媒体信息接触广泛，教师不再是学生获取信息的唯一通道，在信息时代，网络、电视等成为学生获取信息的主要通道[10]。总规课程可以充分利用现代教育信息技术，通过云课堂、社交网络、学习通、学者网等媒介，拓展知识的获取渠道。同时还能通过“互联网+”的方式，让知名教授和专家参与到线上教学活动中来，将小课堂同社会大课堂结合起来，延展课堂有限时空，打造课内外、线上下结合教学新形态。借助智慧教学媒介，学生能够更全面地了解社会发展环境，对表达更直观的学科历史、重大项目、名人实例等内容产生情感共鸣，触动学生的家国情怀、社会责任和工匠精神。

3）灵活多变的教学方式：在课堂教学上尝试应用翻转课堂、启发式教学、案例教学等手段，通过组建合作小组，创建基于问题的探究式学习情境的方式，营造学生协调合作、积极讨论、持续思考的学习氛围，增加学生的参与感与学习积极性，引导学生的思辨能力和批判性思维，同时注重显性专业教育与隐性思政教育协同育人。

（4）聚合“校企政”资源的推动力

完善校企合作机制，推动产教融合发展。在课程设计阶段，在真题真做的基础上，邀请当地主管部门作为顾问及参评嘉宾，多角度进行成果的检验。课后实践阶段搭建校企合作平台，学校针对企业用工需求，梳理出

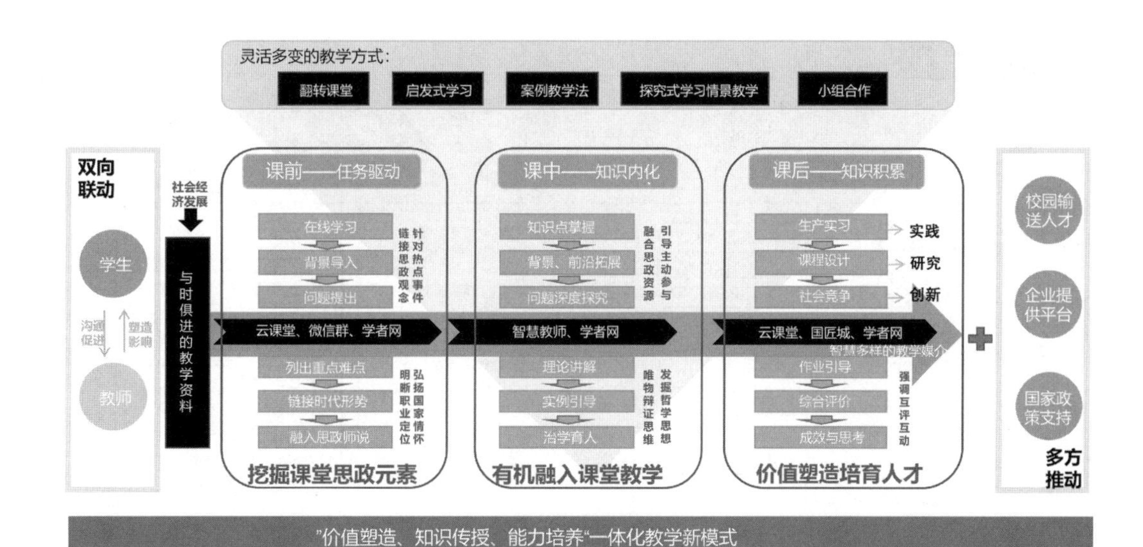

图4 “价值塑造、知识传授、能力培养”一体化教学新模式框架图

资料来源：作者自绘

学生实习、就业意向名单，各企业提供学生实习、实训具体方案，提高学生实习、实训质量，增强学生的实践、研究与创新水平，探索校企合作长效机制，在校企之间建立稳定的供需协作关系，实现校企共建共赢共享。

4.2 从课程设置入手，构筑“学践研创”的总体规划培养实践教学体系

城乡规划是一门实践性和综合性很强的学科门类，“国土空间总体规划”课程作为学科的主干核心课程，是学生对空间认识的一大节点，也是理论联系实践的重要教学环节。通过本课程的教学不仅要使学生全面掌握国土空间总体规划编制的理念、内容和办法，基本具备国土空间总体规划工作阶段所需的调查分析、综合规划、综合表达的知识和能力，还要培养学生掌握全面、整体的城市规划观念、思想和方法，使其具备认识、分析、研究城市问题的基本能力，熟练运用协调和综合处理城市问题的规划原理和方法。针对具体的城乡建设基地，以背景条件为基础，以国家高质量发展理念为导向，在总体规划用地调控上，以物质空间为载体，为生态、经济、文化、社会等方面的发展提升提出具体的规划建设方案。长安大学始终坚持理论与城市规划编制实践密切结合的教学思路，其教学内容以《城乡规划法》和《城市规划编制办法》为基本依据，与国家社会、经济发展对城市建设的客观要求紧密结合，最终构建一套较为完善的课程体系。

将国土空间总体规划课程体系分为五个重点教学内容和五大教学阶段，寻找各个教学内容的思政融合点，并且针对各阶段提取教学要点，结合其教学实践特色，进行思政教育主题归纳总结（图 5）。同时学生在教师的指导下，借助竞赛嵌入式教学、混合编组实践、联合毕设、研究探究式学习等教学方式，将课程设计成果向规划竞赛成果、社会实践项目、创新创业项目等实践成果以及学术论文、课题研究等理论成果进行转换，实现国土空间总体规划理念与方法的集成、凝练与整合。这些科研、生产成果反馈到教学中，同时丰富课程的教学内容，使教学内容中的理论与实践结合得更紧密，最终构建出一套全周期化的思政建设融入路径。

4.3 以反思优化为目的，建立完善的课程评价体系

课程思政建设具有长期性和系统性，建立健全科学评价机制也需要经历一系列探索过程。以往的总体规划专业课程教学，考核方式偏重于结课提交作业成果，形式单一。在教学手段多样化的背景下，从平台、教师、学生三方主体，从课内 + 课外、线上 + 线下多个维度，

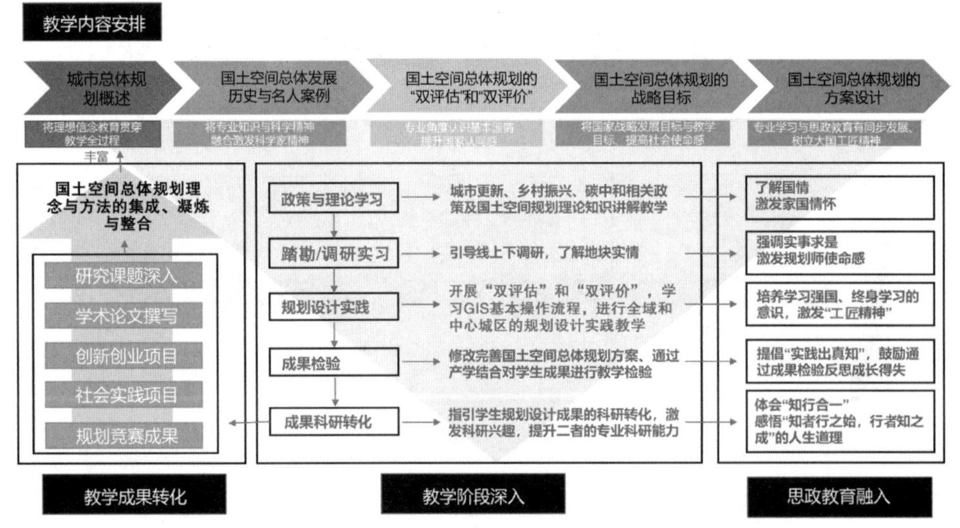

图 5 “学践研创”的总体规划培养实践教学体系框架图

资料来源：作者自绘

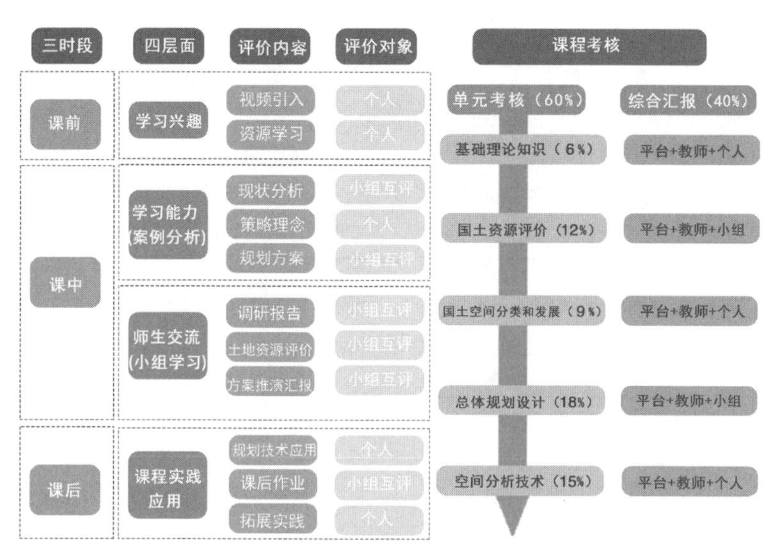

图6 “3+4+2+1”的国土空间总体规划课程思政评价机制

资料来源：作者自绘

从老师教、学生学、日常德等多个视角，创新性地建立起“3+4+2+1”的课程思政评价机制，即“三个时段、四个学习层面、评价内容与评价对象相结合、单元考核与综合汇报相结合”的考核方式（图6）。总规设计作业中，考核学生有无将当前国家方针政策融入作业成果，既能考核学生的总规知识掌握程度，又能摸底学生的思政水平。通过课堂提问、小组讨论、交流汇报、课后汇报等形式，记录学生课程思政水平变化情况。

5 成效与思考

近两年来，长安大学“国土空间总体规划”课程实行了邀请陕西省规划院总规划师等校外专家开展“国土空间总体规划”专题讲座、与铜川市国土空间规划局合作成立国土空间规划教学实习基地等举措，实现校企政联合的人才培养模式，促进了教学质量的提高与思政素材的多样化，实现了规划能力和思政育人的良性互动。

1）提高了学生的自主学习能力。学生从本课程中不仅掌握了基础的国土空间总体规划理念、方法、成果表达等理论知识，在多样的教学方法的引导下激发了学习的热情，在案例学习与师生交流中获得行业认同感，更是在多时间多空间上养成了自主学习的习惯。在今后无论是投身学术科研还是走向实践工作岗位，都能自主地分析问题、寻求方法进而解决问题，更快地实现个人价值和社会价值的提升。

2）形成了师生共学的氛围。改革后的课程教学模式激发了学生的创新积极性，学生们积极参与国土空间总体规划主题竞赛、“互联网+”、挑战杯、创新创业等活动，实践能力得到充分锻炼。课后的互评互检过程更是促进老师站在学生角度思考问题，引发老师的教学反思和改革，实现了师生教学共同体的共学模式。

3）提升了师生的思政认识。老师通过对从事科学研究的辩证思维和研究过程背后的思想故事、感人瞬间的介绍，实现课程的思政融入，达到了价值引领和立德树人的目标。学生对我国的“生态文明建设”“可持续发展”“黄河流域生态保护和高质量发展”等国家重大战略实施有了深刻认识，传递出“实践出真知”的观点，体现踏实、专研的工匠精神和大国情怀。

国土空间总体规划作为一门综合性要求较高的课程，现在虽做了些初步的探索和尝试，在教学方面取得了部分成果，但对老师来说，课程思政是一个长期积累与探索的过程，教师仍需要时刻关注国家发展和时事动态，不断探寻有效的课程思政手段，提升自身课程思政和双创教育能力水平，更新教学内容，将课程思政与教学改革紧密联系。

6 结语

城市是一个复杂的巨系统，国土空间总体规划的编制同样是一项异常复杂的系统工程。国土空间总体规划作为一门理论与实践并重的课程，其思政教学要紧扣时代背景，找准课程思政的契合点，转换教学模式，斟酌教学体系，体现其综合性与实践性。在教学中自然地融入思政教育观点，追求学习内容、评价机制、实践锻炼与思政观点的有机结合，能使学生在掌握了总体规划编制工作程序和方法的基础上，提升其规划实践的宏观思维能力，塑造其人生观与价值观，实现课程教学知识传授、能力培养、价值塑造三位一体的高度统一。

参考文献

[1] 佚名.《高等学校课程思政建设指导纲要》发布[J]. 中国电力教育，2020（6）：6.

[2] 周济. 注重培养创新人才 增强高水平大学创新能力[J]. 中国高等教育，2006（Z3）：4-9.

[3] 卢黎歌，吴凯丽. 课程思政中思想政治教育资源挖掘的三重逻辑[J]. 思想教育研究，2020（5）：74-78.

[4] 胡春湘. 文化自信视域下的大学生爱国主义教育研究[J]. 黑龙江教育（高教研究与评估），2018（5）：71-74.

[5] 胡洪彬. 迈向课程思政教学评价的体系架构与机制[J]. 中国大学教学，2022（4）：66-74.

[6] 邱伟光. 课程思政的价值意蕴与生成路径[J]. 思想理论教育，2017（7）：10-14.

[7] 幸小勤. 高校思政教育内生需求下的“问题式”生态课堂模式探究[J]. 高等建筑教育，2021，30（1）：167-172.

[8] 吕飞，于淼，王雨村. 城乡规划专业设计类课程思政教学初探——以城市详细规划课程为例[J]. 高等建筑教育，2021，30（4）：182-187.

[9] 曾志伟，易纯.《城市总体规划原理与设计》精品课程建设的探索与实践[J]. 中外建筑，2011（3）：66-67.

[10] 顾凤霞. 城市总体规划课程教学方法探讨[J]. 高等建筑教育，2010，19（4）：59-62

Research on the Teaching Reform of the “General Planning of Land and Space”from the Perspective of Curriculum Ideology and Politics ——Based on the Practice of Urban and Rural Planning Major in Chang’an University

Yu Kanhua　Yang Juntao　Zhang Ruijie

Abstract: Since the new era，many colleges and universities have comprehensively promoted the ideological and political reform and construction of professional courses. This paper analyzes the significance and objectives of Ideological and political reform of urban and rural planning courses，and puts forward the direction and integration path of professional curriculum reform. Taking the core curriculum of land and space master planning as an example，this paper analyzes the ideological and political problems of the current curriculum，and explores the practical path of Ideological and political education reform. From the aspects of establishing an integrated teaching mode，constructing the overall planning teaching system of “learning，practice，research and innovation”，developing the talent training mode，optimizing and improving the curriculum evaluation system，and considering the achievements of the curriculum ideological and political construction，it plays an important role in guiding the professional ideological and political and curriculum construction，and improving the level of education.

Keywords: Curriculum Ideology and Politics，Fusion Path，Practical Exploration，Overall Planning of Land and Space

思专融通，产教融合，科创融汇
——“开放式研究型规划设计”课程思政建设的探索与实践

邱志勇　刘羿伯　戴　锏

摘　要：以哈尔滨工业大学建筑与设计学院特色品牌课程“开放式研究型规划设计”为例，从以“思专融通”为主线的教学模式、以“产教融合”为抓手的教学内容、以“科创融汇”为突破的教学设计三方面具体阐述课程思政建设的探索与实践。提出“主旋律、主渠道、主战场”的育人核心，“价值＋知识＋能力”的目标体系，“实习—实训—实践—思政”四重实践教学模式及四大能力体系，利用科学技术驱动课程内容迭代，以创新项目驱动教学方法改革，打破传统的设计类教学模式，以开放式教育理念为核心，以研究型设计为手段，实现全员、全过程、全方位育人。

关键词：开放式研究型规划设计；课程思政；创新实践，哈工大

1　引言

2020年教育部印发《高等学校课程思政建设指导纲要》(简称《纲要》)，提出要把思想政治教育贯穿人才培养体系，全面推进高校课程思政建设，同时，要深入梳理专业课教学内容，结合不同课程特点、思维方法和价值理念，深入挖掘课程思政元素，有机融入课程教学，达到润物无声的育人效果[1]。为落实《纲要》内容，哈尔滨工业大学（简称哈工大）于2021年结合学校实际，制定《哈尔滨工业大学课程思政工作实施方案》，全面推进学校课程思政建设，深入发掘各类课程的思想政治教育资源，科学合理设计思想政治教育内容，形成“思政课程＋课程思政”同向同行育人格局。“课程思政”已成为高水平人才培养体系的内在要求和有效切入点[2]。

“开放式研究型规划设计”课程是哈工大建筑与设计学院重点打造的一门特色课程，课程面向全院4个专业（建筑学、城乡规划、风景园林、设计学）四（三）年级本科生开放。该课程的设置打破传统的设计类教学模式，以开放式教育理念为核心，以研究型设计为手段，注重“四结合”的教学模式，即“海内外结合、校企结合、本科教学与实践项目相结合、相关专业结合”，重点培养综合设计能力，培育创新思维和提高设计研究能力，实现培养符合国家建设实际需要的、了解学科发展前沿的、具有国际竞争力的规划人才的教学理念。课程于2012年春季学期开始实施，运行12年，效果良好，已成为建筑与设计学院的品牌课程。

2　以“思专融通”为主线的教学模式

“开放式研究型规划设计”课程深入挖掘提炼所蕴含的思政要素和德育功能，以思政课的隐性教育方式配合专业课的显性教育方式，思专融通，彼此协同，落实“立德树人”根本任务，营造“有思政、有特色、重育人”的浓厚氛围，在教学模式上形成“主旋律、主渠道、主战场”的育人核心（图1），积极构建全员全程全方位育人大格局。

2.1　聚焦国家需求主旋律

哈工大城乡规划学科秉承“规格严格、功夫到家”的哈工大人才培养理念，以培养德智体美劳全面发展的社会主义建设者和接班人为根本目标，面向国家国土空间及城乡高质量发展需求，着力培养具备广博自然科学知识和深厚人文素养，掌握扎实城乡规划理论知识和解

邱志勇：哈尔滨工业大学建筑与设计学院副教授
刘羿伯：哈尔滨工业大学建筑与设计学院副教授（通讯作者）
戴　锏：哈尔滨工业大学建筑与设计学院副教授

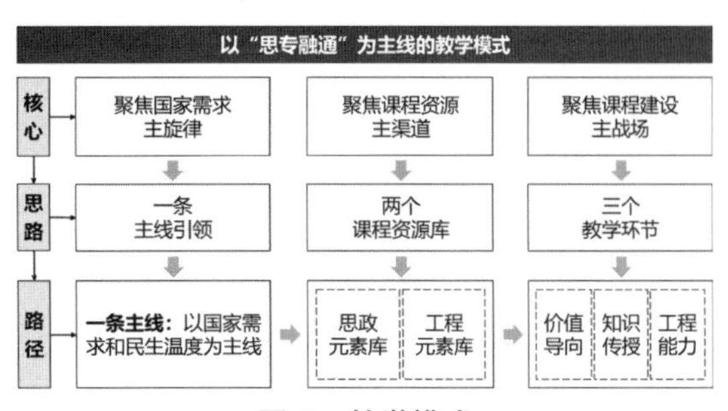

图1　教学模式

资料来源：作者自绘

决实践问题能力，具有严谨求真的科学思辨精神和开放多元的国际视野，品德优良，信念执着，能够引领城乡规划领域未来发展的杰出人才。在“家国情怀”与“社会责任”双层视域下，“开放式研究型规划设计”课程以国家需求和民生温度为主线，以“坚持以人民为中心的发展思想”为初衷，注重思想引领与价值塑造的结合，培养和增强学生在职业道德、职业规范、社会责任等方面的意识，强化学生的团队合作精神和敬业精神。

2.2　聚焦课程资源主渠道

“开放式研究型规划设计”课程搭建两个课程资源库，即“思政元素库”[3]与“工程元素库”，二者紧密结合，围绕行业领域实践和哈工大“贺信精神”“八百壮士”“航天尖兵”案例，挖掘思政要素，结合专业知识以及文化、历史、社会等交叉领域的知识，应用所掌握的知识，完成对课程项目的分析及评价，创造具有独创性的观点（图2）。思政元素库建立的目的是塑造“知行合一、道法一体、工匠能力”价值体系。工程元素库构建能力体系，以城乡规划主干课程群为轴，以人文社科类和规划技术方法类为两翼，构建“一轴两翼三层次”的课程体系，重组知识体系、植入课程思政、优化教学内容[4]。

2.3　聚焦课程建设主战场

“开放式研究型规划设计”课程是对传统设计类课程教学思考与变革的结果，课程提供了不同的设计题目和研究视角以满足人才培养的个性化、层次性需要。课程主要在“开放式”和“研究型”两方面表现出鲜明的特色，并将两方面的特色融入三个教学环节。

（1）在认知环节，关注价值导向。以学生需求为导向，通过教学内容开放，向海外高校、一线知名企业和其他相关专业开放，学生选择开放和考评方式开放等四种方式集中体现（图3），与传统的灌输式、封闭式的知识传授相反，“开放式”的核心是鼓励学生参与、以学生为中心。

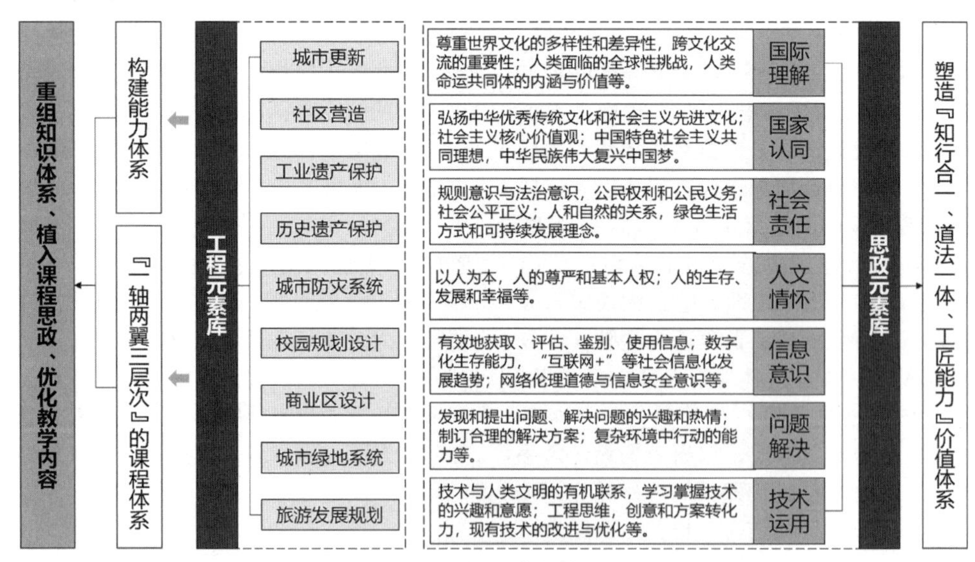

图2　课程资源库

资料来源：作者自绘

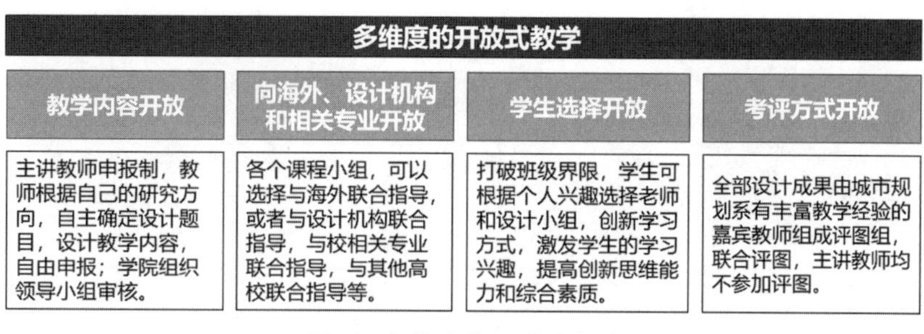

图 3　多维度的开放式教学

资料来源：作者自绘

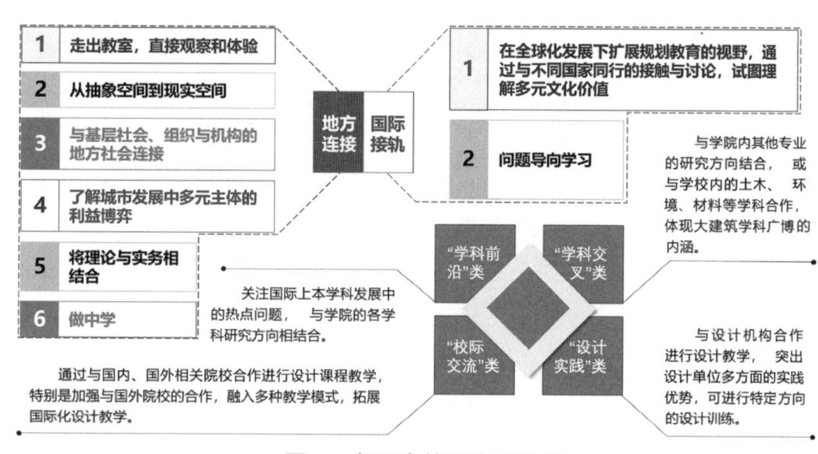

图 4　多层次的研究型讲授

资料来源：作者自绘

（2）在讲授环节，转变蓝图式设计。课程在讲授环节融入多种教学模式，拓展国际化设计教学，关注“学科前沿”“学科交叉”“校际交流”和“设计实践”，覆盖本科教学中的生态城市、城市更新、文化遗产保护、数字设计技术等知识模块（图 4）。选题遵循向深度和广度发展的原则，深度上强调设计的综合性、复杂性、技术性，广度上广泛关注影响设计创作的环境、社会、文化、经济、历史、艺术等问题。

（3）在反馈环节，注重能力培养。课程教学的思考原点有别于传统的教育模式，倡导通过“研究型”学习，激发学生的学习兴趣，提高学生的创新思维能力和综合素质，培养学生解决复杂工程问题的能力。“研究型”教学的更深层次意义是通过“研究”，进行特定方向的设计训练，促进学生对热点问题的深层次思考（图 5）。通过连续性的学习过程形成批判性思维，增强对行业的元认知，增强科学和工程伦理意识，形成科学精神、探索精神及工匠精神，厚植家国情怀。

3　以“产教融合”为抓手的教学内容

3.1　目标体系解构

“开放式研究型规划设计”课程注重理论教学与实践教学的紧密结合，根据国家发展需要，及时更新课程内容，与生产实际紧密结合，提高学生的实践能力[5]，特别是通过沟通、交流、回访等方式引发学生关注社会问题和认清人文需求的能力，其关键在于潜移默化地将思政教育和生产实践融入专业教育的“价值 + 知识 + 能力”目标体系之中。

（1）价值目标。培养学生正确的价值观、高尚的职业道德素养、历史使命感和社会责任心，主动适应国家经济社会发展需求；锻炼学生与团队成员、政府机构、

图 5　多角度的研究型能力

资料来源：该课程学生作业，由学生提供

社会公众有效沟通和交流，理解和掌握社会主义市场经济制度下城乡规划管理和法规体系的内容，积极参与城市治理；要求学生增强安全意识和国家版图意识，维护国家信息安全，规范使用地图；追求人与自然的和谐共生，了解城乡规划中的环境保护问题与对策，具有可持续发展和文化传承理念，践行新发展理念，创建美丽中国。

（2）知识目标。要求学生掌握开展规划所需的基本知识，包括规划体系中的基本概念、原理和方法；熟练应用各类规划的规范、标准、政策法规等；同时，了解城乡规划学科和行业发展的前沿动态；通过使国外的知名教授“走进来”参与设计教学和使学生“走出去”参加海外名校的设计课堂，在全球化语境下探索工程教育改革；通过与设计机构合作，以设计项目为核心与学院教师共同成设计组，做到“基于项目教育和学习”，培养学生根据工程任务，建立系统的工作目标，确定工程项目的系统模型，对项目发展进行较好的理解和管理。

（3）能力目标。课程注重研究过程而不是成果表达，培养学生系统的城市观，灵活将外语、数学、统计学、测量学、工程地质与水文地质等知识运用于专业实践并开展综合调查，分析城乡规划编制和管理中的各种复杂问题；通过研究设计的热点问题，培养学生的创新精神和实践能力，提升学生的专业理论水平，提高学生独立解决专业问题的实践技能；鼓励结合虚拟仿真实验、无人机拍摄等技术获取地理模型信息等，开展设计流程；通过加强与相关专业的联系，提高学生对实际工程项目中各专业协同的认识，提高教学体系的完整性。

3.2　内容体系架构

“开放式研究型规划设计”课程作为四年级高阶课程，根据人才培养特点和专业能力素质要求，设立“实习—实训—实践—思政”四重实践教学模式，以问题为导向，让学生在解决工程问题的过程中，内化并自然表达出社会主义核心价值观[6]。以 2022 年上海社区组教学内容为例（表 1），课程以实际项目为主线，结合校校（同济大学）—政府（哈尔滨市自规局）合作，使学生有机会走进真实的项目中，感受到专业工作的意义和价值，并通过实例走访、居民访谈、案例讨论、参与营建等方式，培养学生的社会责任感、精神力量和人文素养。

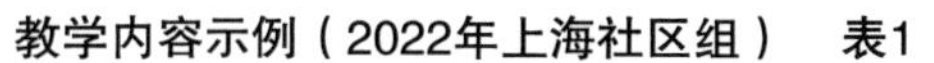
教学内容示例（2022年上海社区组） 表1

阶段		内容	地点
预备阶段	课前准备	■ 社区营造相关理论，了解题目背景与国内近期政策，布置所需资料的整理工作，收集与参与式、伴随式规划相关的设计文献阅读与解析等准备工作 ■ 学生分组，熟悉任务书要求 ■ 制定分组工作计划	哈尔滨
第一阶段	第一周调研学习	2 月 22 日，与同济刘悦来老师汇合，参观创智农园	上海
		2 月 23 日，四叶草堂，NICE2035、四平路等社区更新活动体验	
		2 月 24 日，浦东东明社区党群中心，三林苑社区能人交流	
		2 月 25 日，与四叶草堂成员交流，完成调研报告	
		2 月 26 日，中共一大会址纪念馆，四行仓库抗战纪念馆	哈尔滨
第二阶段	第二周社区调研	2 月 28 日，哈尔滨社区调研，与社区居民交流，制定社区发展目标	
		3 月 1 日—2 日，社区居民沟通，社区参与式沟通与调研	
		3 月 3 日—4 日，社区环境补充调研，访谈	
		3 月 5 日—6 日，社区调研资料整理	
第三阶段	第三周设计方案	针对前两个阶段内容，完成哈尔滨典型低碳社区的场地现状空间与节点环境等分析图，并在此基础上提出相应的策略。与市自资规划局、市规划院对策略进行交流	
第四阶段	第四周成果制作	修改完善方案设计，按专业要求完成全部设计成果	
		最终成果展览，PPT 汇报 多方专家联合评图	

3.3 能力体系建构

“开放式研究型规划设计”课程建构四大能力训练体系，通过广泛的现场调查、问需、多方沟通、交流，对问题有系统认知、科学理解与准确把握，从而提升和优化学生的价值观、方法论与领导力（图 6）。优化校企协调合作方式，以产教融合为抓手，挖掘个体自觉性，通过融情入理、润物无声的方式建构学生空间整体把握的规划能力、多学科多角度的策划能力，重现场重民意的调查能力以及表达沟通指导的表达能力，有利于更好地为国家与社会发展服务。

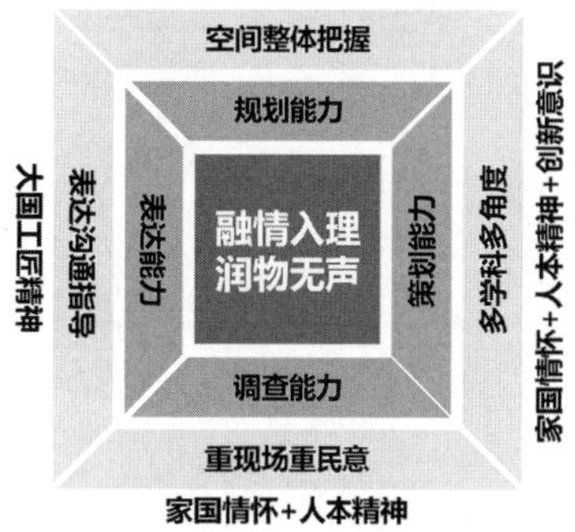

图 6 能力训练体系

资料来源：作者自绘

4 以“科创融汇”为突破的教学设计

4.1 科学技术驱动课程内容迭代

计算机技术和数字媒体技术的快速发展，人类社会生活已全面数字化、算法化、计算机化，城市作为人类社会生活的空间载体和物质态呈现，随之也数字化、算法化、计算机化，时代呼唤城乡规划学科的计算机化转型。城乡规划学科的计算机化转型，是城乡规划学科发展的时代需求和必然趋势，是实施国家“数字中国”“数字城市”战略的重要举措。

现代 ICT 技术，特别是社会媒体技术，在便捷人类交往的同时，实时记录了人类生活的方方面面，产生了大量的文本数据。同时，短视频作为当今社会传媒的重要形式，除了具有精彩的图面信息外，同时生产着大量的文本数据，全面记录着人类社会重要事件、抒发个人的情感等。当然，还有大量正式的文件、新闻等传统形式，也生产着大量的文本数据。城市是社会的容器，文本数据是人类社会的数字化表达，文本数据计算与建模技术，对科学认知城市、挖掘城市规律、指导城市规划建设具有重要的意义。笔者负责的 2023 年“开放式研究型规划设计”课程 A 组以此为背景，设置城市空间文本数据计算与建模专题（图 7），联合莫斯科国立建筑学院（Moscow Institute of Architecture）和中国城市规划设计研究院西部分院共建课程，选取重庆、成都为具

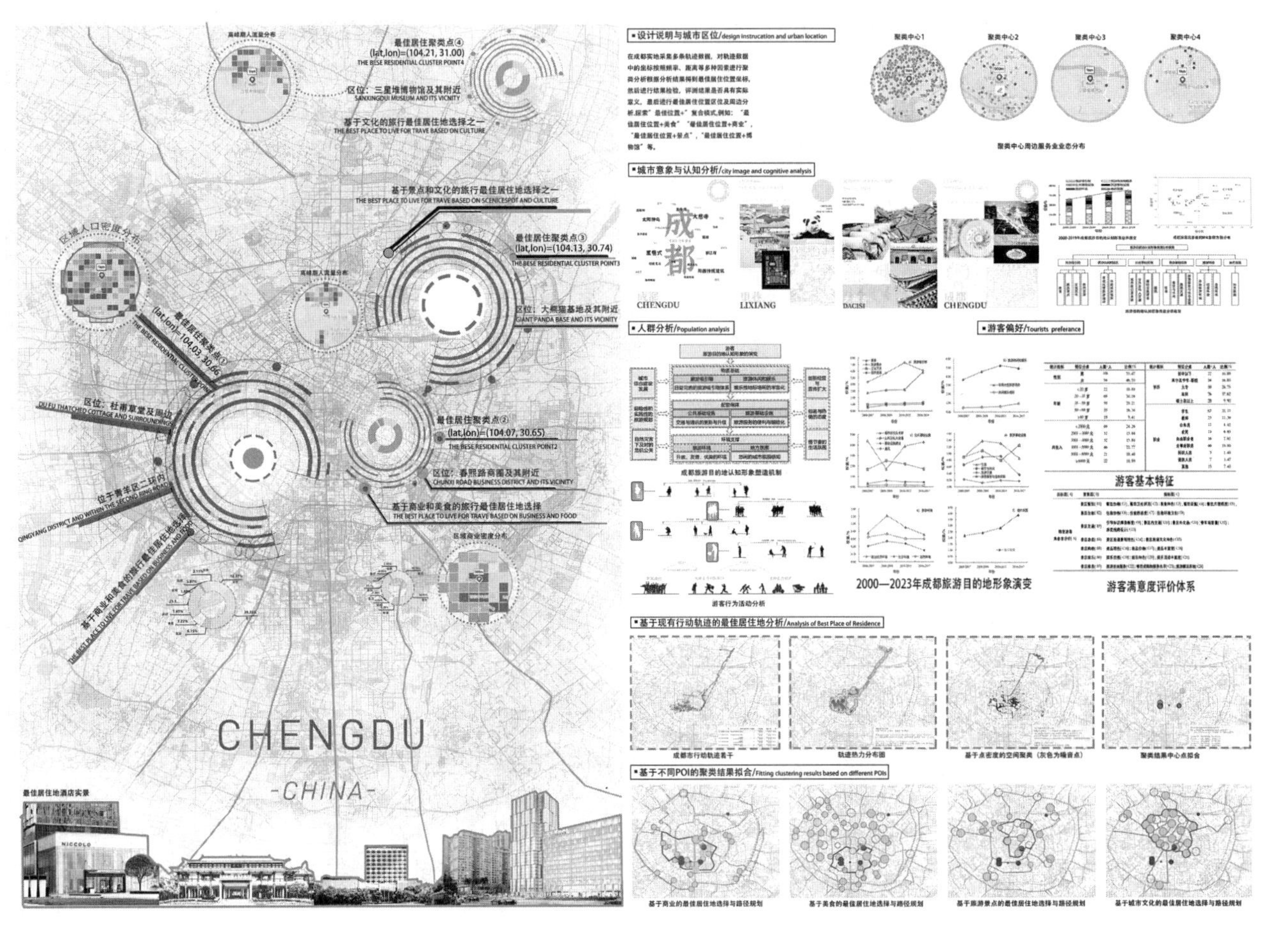

图 7　城市空间文本数据计算与建模专题成果示例

资料来源：该课程学生作业，由学生提供

体研究对象，依托计算城市科学研究的前沿议题，通过 Python 基础学习、文本分析技术学习、实地调研、实地数据采集、开源数据采集、文本数据计算与建模、空间模式分析与挖掘等环节，探讨计算城市科学规划理论和规划方法，开展城市空间文本数据计算与建模，使学生了解城乡规划学科计算机化转型的时代需求，了解计算城市科学学术前沿，树立计算城市科学思想观念，为后续的专业学习和规划实践积淀理论基础。

4.2　创新项目驱动教学方法改革

发展新工科、新文科、新农科、新医科（简称“四新”）是国家高等教育“质量革命”的战略一招、关键一招。如“新工科”计划提出了工程教育的新理念，对工科类学生应掌握的能力、应具备的道德素养及对应的教学组织形式和创新创业体系支持均提出了要求；新农科计划是高等教育主动适应人类社会从工业文明逐步到信息文明社会对人才的需求，城乡规划聚焦乡村振兴主战场，牢记使命担当，以立德树人为根本。因此，课程面向国家重大需求等目标，从教学目标、教学方法、考核方式等方面优化教学大纲。

首先，当前教育改革不断深入，新理念、新做法不断涌现，传统知识体系已跟不上时代需求，要把科技前沿新成果和行业发展新技术及时融入课程、教材和课堂。围绕“四新”建设目标，将课程思政教学目标与专业能力培养目标深度融合，拓展“以学生的成长与发展为中心”的教学理念，将学生成长成才与国家需求紧密结合、教研深度融合，在多学科交叉融合中达成学习目标（图 8）。其次，要体现学校办学定位和专业特色，围绕贺信精神、八百壮士先进事迹等内容，传承哈工大红色基因，专业特色上注重价值塑造、知识传授和能力培养相统一。最后，课程评价体系多元化，显隐结合拓展考核方式。结合所构建的课程思政要素体系，依托建筑学院产教融合与校企合作人才培养模式改革成果，在考核中融入对于学生良好的职业道德操守、责任意识、敬业精神和家国情怀的多维度考核，力求在融情入理、润物无声中实现“三全育人”的过程。

2024 年“开放式研究型规划设计”课程 B 组是 2022 年选题的延续，创新地将社区环境的营建内容拓展至满足老龄群体的需求，并以此为基础，通过需求分析、设施补充、公共空间体系建设等完善银发族社区规划方案，并探索相应的治理模式。课题与哈尔滨南岗区文化社区、浙江大学、日本九州大学、东京大学、北海道大学联合建立工作坊（图 9），学习福冈、东京、京都等城市的银发社区案例，在此基础上以哈工大校外的文化社区为例，从社区内的养老设施、活动与交往空间、行为特征以及心理诉求等方面出发，在借鉴国内外老龄人口行为活动特征研究基础上，提出面向老龄友好的银发族社区设计方案，并进一步探索银发族社区的治理模式。

培养什么人 怎样培养人 为谁培养人

理论前置	实地调研	项目研究	成果评价
工程伦理	海内外结合	学科前沿	多元评价
职业规范	校企结合	学科交叉	显隐结合
工匠精神	实践项目结合	校际交流	家国情怀
哈工大精神	相关专业结合	设计实践	职业素养

国家需求 → ；学校发展 → ；→ 价值塑造、知识传授、能力培养

以学生为中心 以能力为导向

图 8　教学方法改革

资料来源：作者自绘

图 9　北海道大学越泽明教授、浙江大学傅舒兰副教授共同讲解日本东京案例

资料来源：作者拍摄

5　课程思政建设成效

5.1　实现知情意行具体化，课程建设成果丰硕

理论认知是基础，通过对“人类命运共同体”“一带一路”等思政要素的挖掘，引发学生对“新时代中国特色社会主义”“道路自信、理论自信、制度自信、文化自信”的共鸣，坚定理想信念。情感认同是重点，将“生态文明建设”“人民城市理念”“共建共治共享”等教学内容融入学生的生活、学习中，促进学生从党和国家、社会、集体、个人等多方面，理解与认识时代赋予的责任担当。意志坚定是关键，通过课堂教学、理论讲授、实地参观、实践调研，提升学生的自觉性与应对问题与挑战的底气。躬行实践是目的，鼓励学生将个人理想与国家理想紧密结合，将爱国情、强国志、报国行自觉融入实践之中。

“开放式研究型规划设计”课程近五年采取的形式为“前置理论讲授 + 实地调研 + 项目研究 + 评价”四个阶段。每年设置 4~5 小组，四个专业本科生参加，以“海内外结合、校企结合、实践项目结合、相关专业结合”四种形式采取线上线下混合式教学，选题涉及“历史文化传统空间”“存量更新”“低碳韧性社区”“公众健康导向城市空间”等，课程建设成果丰硕（图 10）。

5.2　促进课程建设特色化，教学科研成绩突出

“开放式研究型规划设计”课程紧密围绕国家以人民为中心的城乡高质量发展战略要求，聚焦高品质城乡空间设计、气候适应性规划与设计、城乡生态安全与绿色发展、城乡文化传承与融合发展等方面的研究开设课程专题（图 11），有效地支撑了后续课程的推进，多次获得优秀教案奖、课程思政类教学发展基金项目，教学科研成绩突出。

图 10　学生进入社区调研（以 2022 年上海社区组为例）

资料来源：作者拍摄

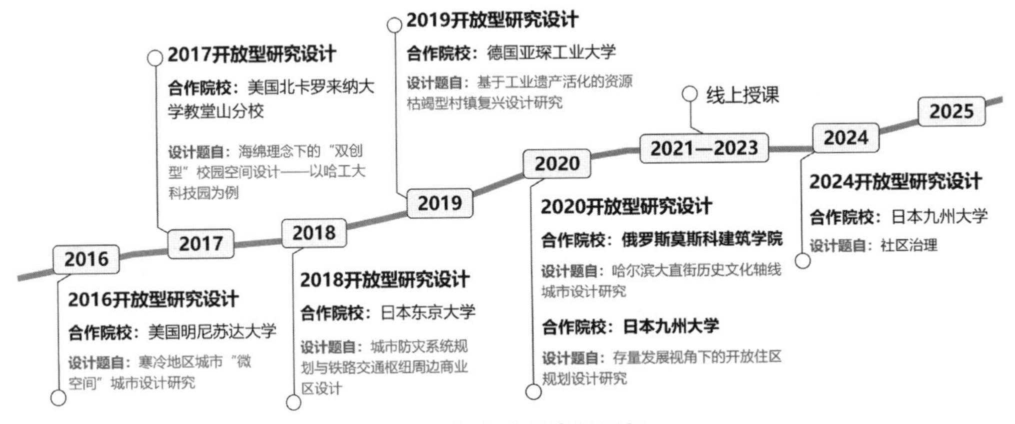

图 11　课程建设发展历程

资料来源：作者自绘

5.3　拓展实践平台多元化，示范推广成效显著

“开放式研究型规划设计”课程扎实落实思政教育和专业教育双管齐下的教育理念，将思政元素融入课程教学各个环节，培养符合新时代要求，具有正确的世界观、人生观与价值观，具有扎实的专业学识、过硬的综合协调能力和高度的社会责任感的城乡规划领军人才，服务国家与地方经济社会发展。

“开放式研究型规划设计”课程建设以来，一直与 20 余所国际高校保持友好互动，与国内 12 家知名城乡规划设计与研究机构建立了企业工程实践教育基地，走访近百个城市、乡村，发扬学科优势，在灾后重建、规划建设、治理探索遗产保护等方面进行了长期深入服务。自觉站位新形势新领域发展大局，积极承担社会服务，推动社区营造，助力城市更新，落实服务民生，全力推进地方经济建设提质增效。多年来扎根乡村，为产业发展和美丽乡村建设提供规划支撑，从专业角度为尚志市村民灾后重建、新农村建设以及乡村振兴发展提供科学的引导，示范推广成效显著。特别值得一提的是，部分学生在读研和就业期间，自发多次回访广西金秀县，关注当地产业发展和村民生活。

参考文献

[1] 教育部.高等学校课程思政建设指导纲要[EB/OL].(2020-05-28)[2024-05-08].https://www.gov.cn/zhengce/zhengceku/2020-06/06/content_5517606.htm.

[2] 张玲娜.全面推进课程思政建设要立足三个着眼点[EB/OL].(2020-10-21)[2024-05-08].https://www.gmw.cn/xueshu/2020-10/21/content_34291597.htm.

[3] 佚名.思政元素体系详解[EB/OL].(2022-02-25)[2024-05-08].https://learning.sohu.com/a/525165920_121219306.

[4] 佚名.专业思政示范建设项目亮点展示——城乡规划专业[EB/OL].(2022-09-05)[2024-05-08].http://www.jwc.zjut.edu.cn/2022/0923/c2615a205717/page.htm.

[5] 肖芳，徐颖."思专创"融合的创业教育课程思政实践探索[J].教师博览，2024(3):20-22.

[6] 韦俊，刘建峰.高校土木工程专业课程思政"产教融合"教学研究[C]//佚名.2023年第三届高校教育发展与信息技术创新国际学术会议论文集(第二卷).香港:香港新世纪文化出版社，2023.

Integration of Ideological - Political and Specialization，Industry and Education，Science and Creativity ——Exploration and Practice of Civic-Political Construction of "Open Research Planning and Design" Course

Qiu Zhiyong　Liu Yibo　Dai Jian

Abstract: Taking the Architecture and Design School featured brand course "open research planning design" of Harbin Institute of Technology as an example，this paper expounds the exploration and practice of the construction of course ideology and politics from three specific aspects: the "thinking and specialization integration" as the main line of the teaching mode，"industry-teaching integration" as the teaching content，and "science and innovation integration" as a breakthrough in the teaching design. It puts forward the core of education of "main theme，main channel and main battlefield"，the target system of "value + knowledge + ability"，the quadruple practical teaching mode and the four ability systems of "internship-training-practice-ideological and political"，and uses science and technology to drive the iteration of curriculum content，drives the reform of teaching methods with innovative projects，breaks the traditional design teaching model，takes the open education concept as the core，and takes research-based design as the means to realize all-member，all-process，and all-round education.

Keywords: Open Research Planning and Design，Curriculum Ideology and Politics，Innovative Practice，Harbin Institute of Technology

如何提升探究式学习效果？——以社会调查实践课为例

张　敏　冯建喜　陈培培

摘　要：探究式教学由于其在培养学生自主探究和解决问题能力上的作用备受关注，然而如何提升探究式学习的效果尚未得到充分的探讨。为了弥补这一不足，本文探讨了基于建构主义理论和认知学习理论的探究式学习的特点，提出学生兴趣与动机、学习特点与能力、教师引导和课程组织等影响学习效果的多方面因素，进而以南京大学城乡规划学本科生社会调查实践课为例，指出如何通过翻转课堂组织，设计启发性问题和任务、提供合适的支持和资源、促进学生合作和交流，以及引导学生反思和评价等多种策略和方法提升探究式学习的效果。本文为提升探究式学习效果提供理论支持和实践指导，促进实践类教学的创新和发展。

关键词：探究式学习；学习效果；社会调查；实践课

1　引言

在当今教育领域，探究式学习作为一种重要的教学方法备受关注。探究式学习强调学生通过自主探究、发现和解决问题来构建知识。与传统的直接传授式教学相比，其具有更强的实践性和参与性（Blumenfeld，et al，1991）。然而，如何提升探究式学习的效果成为教育实践中的一个重要问题，目前这方面探讨不足。

鉴于此，本文以城乡规划专业本科生的社会调查实践课为例，探讨如何通过优化课程设计提升探究式学习效果。社会调查实践课作为一种典型的探究式学习活动，通过让学生参与社会调查、数据收集和分析等实践活动，提升独立思考能力、问题解决能力和团队合作能力（范凌云，杨新海，2019；吕小勇，赵天宇，2020）。通过对社会调查实践课的设计、实施和效果进行分析，可以深入探讨如何在实践中提升探究式学习的效果，为教育实践提供有益的启示和借鉴。

本文将首先介绍探究式学习的理论基础，包括其概念、特点和影响探究式学习效果的因素。进而，结合城乡社会学本科生社会调查实践课的特点与教学目标，探讨探究式学习导向的社会调查课程设计原则，以及促进探究式学习提升的社会调查课程设计策略。最后提出研究总结，并对课程的进一步优化建设提出展望。

2　探究式学习理论基础与影响学习效果的关键因素

探究式学习基于建构主义和认知学习理论，要求在教学组织中能够充分调动学生的主动性，由传统的以教师为中心的“教”转向以学生为中心的“学”，为学生提供深度参与实践的机会。探究式学习的教学设计和组织的重点突出学生主体，通过合理组织，以实现预期的教学效果。

2.1　探究式学习的概念、理论基础与特点

探究式学习作为一种重要的教学方法，强调让学生通过自主探究、发现和解决问题来构建知识（任长松，2005；Wilcox，et al，2015）。与传统以教师为中心的教学模式不同，探究式学习注重学生的主动参与和合作，培养学生的批判性思维、问题解决能力和自主学习能力。在学习方式上，传统教学方法通常以教师为中心，强调知识的传授和学习的表面记忆，而探究式学习更注重学生的自主探究和深层次理解。在学习效果上，探究式学习能够促进学生的批判性思维、问题解决能力和长

张　敏：南京大学建筑与城市规划学院教授（通讯作者）
冯建喜：南京大学建筑与城市规划学院副教授
陈培培：南京大学建筑与城市规划学院副研究员

期记忆提升。

探究式学习的教育理论基础主要源于建构主义理论和认知学习理论。从建构主义理论出发，探究式学习强调学习是一个建构个体知识结构的过程。学生通过自主探究和发现，积极构建自己的知识体系，从而更加深入地理解和应用知识。在具体的学习过程中，注重认知学习理论的应用，强调学生的学习过程是一个主动的、参与性的认知活动（Kolb，2014）。学生通过思考、解决问题和反思，逐步建立起对知识的理解和掌握。

探究式学习的特点和要求可以归纳为四点：①调动学生主动性。让学生在探究式学习中扮演更为主动的角色，通过自主提出问题、寻找解决问题的策略和获得满意答案来推动学习过程。②增强实践性。探究式学习强调学生在实际的情境中进行学习，通过实践活动来理解、应用和获取知识，培养实践能力（Blumenfeld，et al，1991）。③注重合作性。学生通常会在小组或团队中展开探究活动，在合作中分享观点、交流想法，并共同解决问题，培养团队合作和沟通能力。④突出多样性。探究式学习可以采用多种形式，包括个人探究、小组合作、实验研究、案例分析等，以针对不同类型的问题特点，以满足不同学生的学习需求和兴趣。

2.2　影响探究式学习效果的因素

探究式学习的效果受到多种因素的影响，其中学生的主体性和教师的配合引导至关重要。课程设计应充分考虑这些因素，采取有效的措施，促进探究式学习的顺利开展和学习效果的提升。

提高学生的主体性关键在于发掘兴趣和强化动机。学生对课程内容的兴趣和学习动机直接决定了他们参与探究式学习的程度和质量。同时，学生的能力特点和学习风格决定其如何将研究兴趣和动机转化为实际行动。为了提高转化的效率和实现正向反馈，选择合适的探究主题与路径有助于学生将兴趣转化为可行的探究活动，并愿意持续投入（Blumenfeld，et al，1991）。教师应该帮助学生选择符合其能力特点的课题与方法，鼓励设计多样化的探究活动。此外，学生的自主学习能力也是重要的影响因素，具有较强自主学习能力的学生更有可能取得更好的学习效果。学生自主学习能力不可避免地存在差异，教师需要采取多样化的措施来激发和提高学生的自主性。

教师在围绕学生的主体性进行配合过程中，采取怎样的指导方法、激励策略和课堂组织至关重要。教师应该灵活运用启发性问题和指导性建议，引导学生深入思考和探索，同时保持适度的干预和支持。教师应该采取积极的激励措施，肯定学生的努力和成就，给予适当的奖励和鼓励，以促进学生的积极参与和投入。此外，良好的课堂组织也必不可少，只有营造出良好的学习氛围，才能促进探究式学习的顺利进行。

综上所述，影响探究式学习效果的因素涉及学生和教师两方面，学生的兴趣和动机是核心，学生的学习特点与风格、自主学习能力是将兴趣和动机转化为探索实践的中介因素，教师的指导方法、激励策略和课堂组织是辅助因素（图 1）。

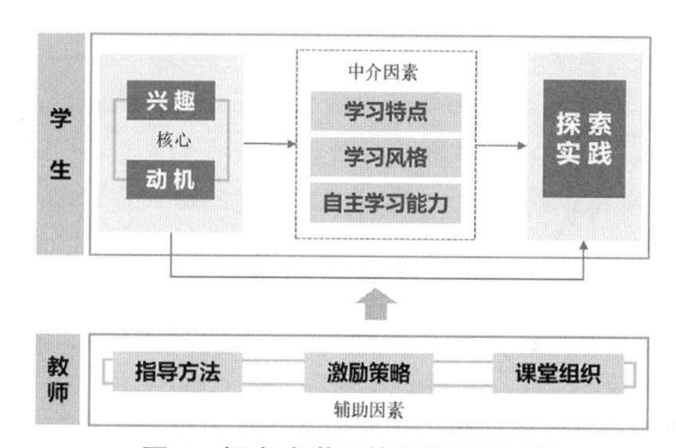

图 1　探究式学习效果的影响因素

资料来源：作者自绘

3　面向探究式学习效果提升的社会调查实践课设计要点

社会调查实践课作为一种典型的探究式学习活动，旨在通过学生参与社会调查、数据收集和分析等实践活动，提升他们的独立思考能力、问题解决能力和团队合作能力。社会调查实践课是探究式学习理论的重要应用场景，教学实践的反馈也有助于完善有关理论建设。

3.1　社会调查实践课的特点与教学目标

面向城乡规划专业本科生的社会调查实践课更加突出实践性、综合性和专业性。该课程通过深入实地的调查，整合理论、方法与实践，致力于培养学生深入了解社会，与多元主体交流的能力，综合运用城乡规划专业与交叉领域的知识去发现问题、解决问题的能力，为未来从事城乡规划相关工作打下坚实基础。

社会调查实践课的主要特点是深入社会的实践与对知识的融合运用。首先，该课程强调实地考察和调查，使学生能够直接接触城乡社会现实，并由此感知规划实践中面临的问题和挑战。通过主题化的深度考察和分析，使得学生能够了解错综复杂的社会现象背后的运作机制和规则，有助于更好地理解城乡规划的社会价值、作用、局限性和完善的方向。其次，该课程注重专业知识的融合和应用。由于特定的社会现象背后会牵涉复杂的主体、利益和关联机制，需要找到合适的视角，合理运用社会、经济、环境、地理、规划等多学科的知识，搭建有效的分析框架。同时，课程涉及不同类型的资料数据搜集与分析方法。通过选题、分析框架制定、实地调查、数据分析和成果输出展示等系统实践，使学生能够灵活运用城市规划及交叉领域的知识和技能，实现知识的探究与构建。

针对城市规划专业的本科生，社会调查实践课的教学目标不仅包括培养学生的社会调查能力、综合运用知识和建构知识的能力，还着重培养面向城乡规划的专业实践素养。首先，该课程旨在培养学生具备调查设计、数据收集与分析能力，使其能够在城乡规划的实际工作中独立完成相关调查和研究任务。其次，社会调查实践课注重培养学生对社会现实和现实中的城乡规划的理解，使他们能够将所学的理论知识灵活运用到不同的现实情境之中，能够更好地完成实际项目，解决实际问题。最后，该课程还旨在培养学生的团队合作精神和沟通能力，使其能够在城乡规划团队中有效协作，与社会多元主体有效沟通，从而能够和多方协作完成复杂的规划项目。

南京大学“城市社会学与社会调查”在课程设计中将教学目标凝练为培养学生“三大核心能力”，塑造一个核心价值观。其中，三大核心能力包括：①提升社会认知能力。通过理论学习、深入实地和充分研讨，提升发现问题的敏感性，增强对城市社会的认知深度，培养社会责任感。②知识集成解决实际问题能力。提升团队协作能力、与社会不同主体沟通能力、克服困难和综合集成运用知识解决实际问题能力。③掌握社会调查方法，获得基本科研能力。贯穿其中的主线是塑造“以人民为中心的城乡规划价值观”。通过调查实践，同学们深入了解社会，关切居民生活需求和空间权益，增强作为未来规划师的社会责任感和以人民为中心的价值观。

3.2 探究式学习导向的社会调查课程设计原则

社会调查实践课是一种以实践活动为主导，以社会调查为手段的课程形式。通过实地调查、数据收集和分析等环节，学生将理论知识应用于实际情境中，深入了解社会现象和问题，通过发现、总结和比较，有助于深化对既有理论理解和创新。社会调查实践课具有实践性强、参与性高和跨学科等特点。如何在有限的教学周期内提高学习效果，需要进一步结合探究式学习的特点、理论内涵和要求进行设计，确定导向探究式学习的社会调查实践课的设计原则。

（1）以问题为导向。引导学生思考和提出相关调查问题，明确社会调查的目的和意义，提高探究式学习的指向性和核心动力。需要采取逐步引导的策略，激发同学们在课程实践的不同阶段进行由浅入深地思考和探索问题的本质，并最终提出可行的解决方案。

（2）明确任务目标。设置小组调查任务和阶段性工作目标，让学习过程可控，能够对探究式学习的进程和效果进行有效监督。

（3）加强启发引导。引导学生将身边看似寻常的社会现象、社会热点事件与影响城市发展的重大问题、全球关键议题、社会学重要学术主题、争论话题和相关理论相联系，激发他们的兴趣和探究欲望。

（4）注重过程支持。在实地调查、数据收集和分析等具体实践环节中，注重过程引导，使学生在实际情境中灵活运用理论知识和方法，辨析理论和概念与实际现象之间的内在联系，加强从理论到实践的科学严谨性，通过实践反馈加深对理论的理解和进行知识体系的有效构建。

3.3 促进探究式学习效果的社会调查课程设计策略

针对城乡社会学本科生社会调查实践课的教学目标，根据探究式学习效果影响因素，从课程的组织形式，内容与任务设计，提供有效的资源，进行必要的反思与评价等方面，进一步提出社会调查课程设计的具体策略（图 2）。

（1）在组织形式上，采取以学生为主体的翻转教学法（Fulton，2012）。南京大学“城市社会学与社会调查”课程采取以实践为主轴的双重翻转教学法（图 3）。首先是实践驱动的教学大翻转，其次是研讨带动的课堂小翻转。突出学生的主体性和能动性，激发学生实践、探索与创新的自主性。发挥教师在方向引导、资源供给上的辅助作用。强化师生互动的针对性和层次性。注重一般知识与具体问题、课内与课外、理论与实践的统一。

（2）在内容设计上，需要将社会调查实践课的教学内容与教学目标相匹配，与探究式学习的特点与组织方式相适应。教学的内容组织需要符合认知的规律，以实践的进展为导向。具体而言，社会调查所涉及的基本理论、方法和案例等内容的教学需要采取系统性与灵活性、阶段性与贯穿性相结合的方式。例如，有关城市社会学的主要理论、学术观点及其演进等基本内容需要在初期阶段系统性地传递给学生。之后，在学生自己的主题探索过程中，则需要引导学生灵活选择相关理论、知识和方法，搭建指导调查和分析全过程的理论框架和技术路线。

（3）任务设计是影响社会调查课程学习效果的关键因素之一。任务设计应具有一定的启发性和挑战性，能够激发学生的思维和探究欲望。同时，任务内容应该与城乡规划专业相关，与学生接触和感知的社会实际和经验紧密联系，能够引起学生的共鸣和思考。任务的工作量和难易程度要适中，鼓励在可控的尺度和任务量上进行深度的探究，确保任务完成的质量。任务提倡以小组合作为主，促进团队合作和沟通能力的培养。

（4）为学生提供充足的信息资源和指导，是提升探究式学习效果的保障。除了图书馆资源、实验设备、软件、调研设备和APP、电子地图、影像资料等信息和工具支持之外，教师应提供及时的指导和辅导，帮助学生解决问题、克服困难，保持适度的干预和支持。外部资源和平台的搭建也十分必要，结合在地资源，通过建立实践基地、工作站、合作单位，为学生提供可进入性和必要的资料。

（5）反思与评价是促进探究式学习效果提升的重要环节。鼓励学生反思方法、过程和成果，总结经验教训，促进自我认知和提高。在课堂上组织讨论和分享环节，让学生交流和展示自己的想法和成果，促进彼此之间的学习和启发。可以让学生通过口头报告、展板、文字报告等多种形式展示成果，分享调查过程和心得体会。此

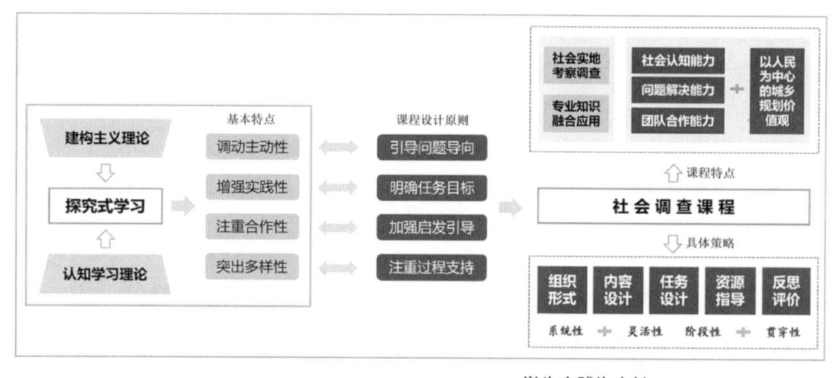

图2 面向探究式学习效果提升的社会调查课程设计策略

资料来源：作者自绘

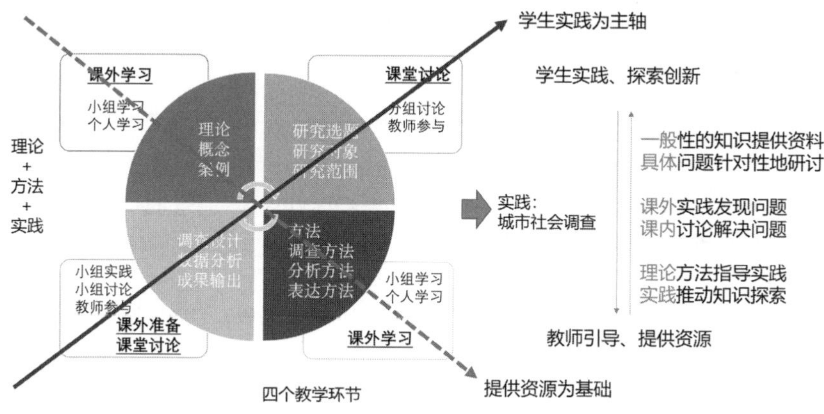

图3 以实践为主轴的翻转课堂组织

资料来源：作者自绘

外，科学合理的评价机制是保障探究式学习效果的重要保障。设计多样化的评价方式，包括自评、互评、教师评价等，全面客观地评价学生的学习过程和成果。

4 结论与展望

探究式学习作为一种新的教育理念，强调学生通过自主探究、发现和解决问题来构建知识，已得到广泛认可。但是，如何保障探究式学习目标的有效实现值得探讨。本文以城乡社会学本科生社会调查实践课为例，探讨如何提高探究式学习的效果。得到以下研究结论：①影响探究式学习效果的因素包括学生因素、教师因素和课程因素等多个方面。学生的兴趣和动机、自主学习能力等因素，教师的指导方法、激励策略和课堂管理等因素，以及课程的任务设计、资源支持和评价机制等因素，共同影响着探究式学习的效果。②为了提升探究式学习的效果，教育者可以采取多种策略和方法，包括创新课堂组织，设计启发性问题和任务，提供合适的支持和资源，促进学生合作和交流，以及引导学生反思和评价。

未来，校际之间可以进一步深入交流面向城乡规划专业本科生的更加有效的社会调查实践课的教学策略和方法。同时，结合信息技术的发展，开发更加创新的探究式学习工具和平台，为学生提供更丰富多样的学习资源和支持。

参考文献

［1］范凌云，杨新海．城乡社会综合调查 [M]. 北京：中国建筑工业出版社，2015.

［2］吕小勇，赵天宇．城市社会调查方法与实践 [M]. 北京：中国建筑工业出版社，2020.

［3］任长松．探究式学习——18 条原则 [M]. 福州；福建教育出版社，2005.

［4］BLUMENFELD P C，SOLOWAY E，MARX R W，et al. Motivating project-based learning：Sustaining the doing，supporting the learning[J]. Educational psychologist，1991，26（3-4），369-398.

［5］FULTON K. Upside down and inside out：Flip your classroom to improve student learning[J]. Learning & Leading with Technology，2012，39（8），12-17.

［6］KOLB D A. Experiential learning：Experience as the source of learning and development[M].[S.l.]：FT press，2014.

［7］WILCOX J，KRUSE J W，CLOUGH M P. Teaching science through inquiry[J]. The Science Teacher，2015，82（6），62.

How to Enhance the Effectiveness of Inquiry-Based Learning? ——A Case Study of Social Survey Practice Course

Zhang Min　Feng Jianxi　Chen Peipei

Abstract: Inquiry-based teaching has become a teaching method that has attracted much attention due to its role in cultivating students' independent inquiry and problem-solving ability. But how to improve its effectiveness has not been sufficiently explored by educators. This paper discusses the characteristics of inquiling appropriate support and resources, promoting student cooperation and communication, and guiding students to reflect and evaluate. This paper will help to provide theoretical support and practical guidance for improving the effectiveness of inquiry-based learning, and promote the innovation and development of practical courses teaching.

Keywords: Inquiry-Based Learning，Learning Effectiveness，Social Survey，Practice Course

适配乡村振兴人才需求的村镇规划设计教学改革思考
——以西安建筑科技大学为例

宋世一　高　雅　张　峰

摘　要：乡村振兴战略的深入实施，对乡村规划领域的专业人才提出了全新的需求，即从侧重于规划建设的专业技能型转向面向国土空间治理的综合素养型。村镇规划设计课程在建筑类院校的乡村规划专业人才培养中扮演着至关重要的角色，它不仅是理论与实践深度融合的教学环节，更是塑造学生全面素养的重要平台。本文首先梳理了乡村振兴战略对乡村规划人才的需求，进而从“共同缔造—服务三农”的教学价值观构建和“规划（共谋）—建设（共建）—治理（共管）”六位一体的教学体系设计两个方面提出乡村规划教学的挑战与应对策略，最后以西安建筑科技大学村镇规划设计课程为例展开教学改革实践探讨。以期探索适配乡村振兴战略需求、顺应学科发展趋势的乡村规划专业人才培养和教学改革之路。

关键词：乡村振兴；乡村规划教育；创新改革；思政教育

1　引言

乡村振兴，关键在人。自党的十九大提出“实施乡村振兴战略”和“产业、人才、文化、生态、组织”五大振兴路径以来，每年的中央一号文件均不同程度地强调加强乡村人才队伍建设。2021 年中共中央办公厅、国务院办公厅印发《关于加快推进乡村人才振兴的意见》，2022 年教育部发文，新增 12 个涉农新专业，发力新农科人才培养，2024 中央一号文件在最后一节聚焦“壮大乡村人才队伍”，并多次强调高等教育的重要性。乡村规划建设作为全面实施乡村振兴战略关键抓手的同时，也对乡村规划人才培养和教育教学提出了新的需求。

2　乡村振兴战略对乡村规划人才的需求

随着当前乡村振兴战略全面进入实施落地阶段，2024 年中央一号文件强调，提升乡村产业发展水平、提升乡村建设水平、提升乡村治理水平作为推进乡村全面振兴的重点。与此相应，对乡村规划人才的需求也从侧重于规划建设的专业技能型逐渐向面向国土空间治理的综合素养型转变。

2.1　多学科综合学识的需求转变

乡村振兴战略是包括产业、生态、人居、组织、文化在内的全方位振兴，乡村规划是战略实施落地的第一步。相较于城市规划，乡村规划具有其独特的复杂性、地域性和战略性。不同于过去社会主义新农村建设时期的偏重于物质空间规划设计，乡村振兴战略背景下的乡村规划所关注的重点不仅包括土地利用和空间布局，还涉及生态系统保护、农业产业发展、人居空间建设、乡土文化传承和基层组织治理等多系统的统筹协调，这就要求规划者需要具备农学、生态学、经济学、社会学等跨学科知识和能力[1]。

2.2　多向度复合能力的需求升级

乡村振兴是一项系统工程，也是一场硬仗，需要集聚乡建人才、产业人才、治理人才、科技人才等各类人才的力量。而规划学科具有顶层设计的战略属性，面向

宋世一：西安建筑科技大学建筑学院讲师（通讯作者）
高　雅：西安建筑科技大学建筑学院副教授
张　峰：西安建筑科技大学建筑学院讲师

当前国土空间规划行业转型新态势，规划行业也逐步由建设型规划逐步转向治理型规划[2, 3]。与此相应乡村规划人才的培养不能再以规划技术人才培养为单一目标，应回归规划学和教育学本质，结合学生自身兴趣和能力特点，由传统技能型教学转向适配产业管理、规划管理、建设运营、基层治理等多向度发展方向的复合能力培养，进而能够将课堂所学灵活应用于乡村发展实际问题中[4]。

2.3 多主体社会责任感的需求叠加

乡村振兴是重要的国家战略。乡村规划教学在提升学生规划设计实践能力的同时，更重要的是要引导学生以国家战略的视角、城乡融合的理念，走进田野、认识乡村、理解“三农”，增强学生对乡村多元价值的认同。在设计教学实践中不断深化对乡村振兴战略的认知，引导学生“服务三农”意识，深刻思考乡村规划中“为谁而设计”的问题，以思政要素全过程融贯，培养学生对乡村弱势群体的社会责任感和家国情怀[5]。

3 乡村规划设计教学的挑战与应对

3.1 “共同缔造—服务三农”的教学价值观

乡村规划教育教学中比知识和能力更为重要的是树立正确的“乡村价值观、规划价值观和职业价值观”。乡村的自然、经济、社会发展模式与城市大相径庭，其生态、生产、生活空间特质与组织模式更为复杂，因此更需要规划者对复杂的地理特征、资源禀赋和文化传统有深刻的理解和尊重。正确认知国家战略背景下乡村多元价值、理解尊重乡村弱势群体，是做好乡村规划的前提[6]。

在乡村振兴和乡村建设中，农民应当是直接获利者。因此，在教学中需要引导学生深度思考“为谁而规划”的问题，充分考虑多元主体间的利益诉求和博弈关系，树立以村民为中心、以公共利益为核心的规划价值观，做有原则、有温度、有情怀的乡村规划师[7]。

当前乡村建设热潮中“共同缔造”理念已经深入人心，这种参与式、民主合作式治理的工作方法同样可以借鉴移植到乡村规划教学中。一方面，通过设计院导师、专业课教师、硕博研究生等产学研多元主体参与教学过程，给学生学习乡村规划提供不同的专业视角；另一方面，在教学环节中依托产学研平台邀请村民、乡镇基层管理人员、规划管理人员进课堂进行交流，了解乡村规划特殊对象人群的真实需求，形成“共同缔造—服务三农”的教学价值观。

3.2 “规划（共谋）—建设（共建）—治理（共管）”六位一体的教学设计

乡村发展动态变化和规划行业转型变革，给乡村规划教学带来巨大挑战。一方面，产学研一体化一直以来多体现在理念层面或选题、答辩等个别教学环节，未能灵活贯穿应用到整个教学过程，导致学生在面对具体乡村规划项目时缺乏实际操作能力。另一方面，围绕物质空间建设规划的设计选题难以面对乡村复杂多元问题，导致技能型教学培养模式难以适配乡村振兴背景下复合能力人才需求。

乡村规划建设是当前乡村振兴实施阶段的核心抓手，当前国土空间规划改革背景下乡镇级国土空间规划趋于落地实施性，实用型村庄规划趋于综合性和公众参与性，这就需要乡村规划教学从选题到调研到前期研究再到规划方案均应全方位做出改革应对。

首先在选题视角上通过“真题真做”，并鼓励引导学生从策划、治理、建设、生态等多维度切入，调研与前期研究阶段则需要更强调田野调查和村民参与。基于乡村振兴国家战略需求和新时代乡村规划转型要求，将乡村规划设计教学划分为镇域空间规划、村庄建设方案和空间治理路径三个模块，其中镇域空间规划侧重于镇域整体发展思路和空间格局的优化，强调多元规划主体和教学对象的共谋研讨；村庄建设规划则基于镇域总体格局提出村庄建设方案，强调以多元设计视角切入和前沿科研成果及其方法的融贯应用；空间治理路径则模拟村民、市民、企业等不同角色，基于共同缔造理念，鼓励学生集成融贯社会学、管理学、历史学内容创新性提出空间治理路径，形成“规划（共谋）—建设（共建）—治理（共管）”六位一体的教学设计改革思路。

4 乡村规划设计教学改革的实践探索——以村镇规划设计课程为例

结合2020版人才培养方案，西安建筑科技大学（简称西建大）针对本科生的乡村规划教学贯穿一年

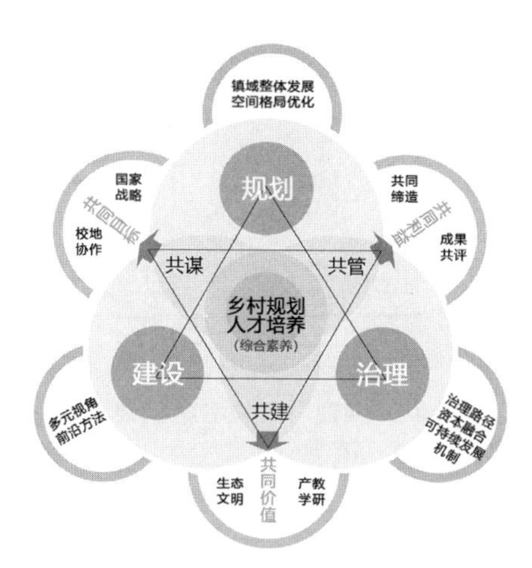

图 1 “六位一体”的教学设计思路

资料来源：作者自绘

级至五年级，涉及理论和实践两个方面。一年级到三年级以基础理论知识体系建构为主，将“城”与“乡”作为一个整体看待，主要涉及课程包括“城乡规划导引”“人类聚居简论”“中国传统空间设计导论”以及“城乡规划原理”。四年级将理论课程与实践课程相结合，依次开设“总体规划”必修设计课、“乡村规划原理”必修理论课，以及“村镇规划”必修专题设计课。其中，“总体规划”涵盖贯穿“县 / 镇—村域—村庄”层面的城镇体系规划和村庄布点规划内容，“乡村规划原理”系统地讲授乡村规划理论及方法，“村镇规划设计”是乡村规划教学体系下第一次针对村庄的专题设计课，也是将前序乡村规划相关知识的集成实践。“村镇规划设计”涉及两个尺度，镇级尺度衔接学生前序总体规划课程中的县级国土空间总体规划知识体系，村级尺度是对乡村规划原理课程中理论知识的实践。经过四年级系统的乡村规划理论与实践训练，学生具备一定的乡村规划设计能力，可在五年级毕业设计中选取乡村主题单元。

4.1 “共谋”模块：镇域空间规划

就课程属性而言，村镇规划设计是一门来源于实践、服务于实践的课程。实践教学在某种程度上是比理论教学更为重要的手段和环节[1]。西建大村镇规划设计教学第一个模块即为“共谋”，包含两个方面：一是教学过程中依托校地协作平台的实践项目，让学生通过角色代入实现规划师和村民共谋；二是教学内容上包含镇、村两级规划策略研判，培养学生针对农业农村现状问题及发展方向的系统性思考，实现镇、村两级发展共谋。

“共谋”模块约为 24 学时，主要教学内容为从研究和规划范围两个空间层级分析镇与县城、周边乡镇的协同发展条件，围绕城乡关系、空间结构、产业发展、设施建设等方面研判镇级国土空间发展的机遇与挑战。落实上位规划在村庄职能、规模、空间结构等方面的传导，基于乡村振兴 2050 愿景目标，研判重点规划村庄的职能定位、目标，乡村振兴路径，以及细化指标体系。此模块学习方法主要包含田野调查、资料收集及镇村访谈。依托实践项目资源以及陕西省乡村振兴研究院，引导学生使用无人机、云调研以及大数据分析等新

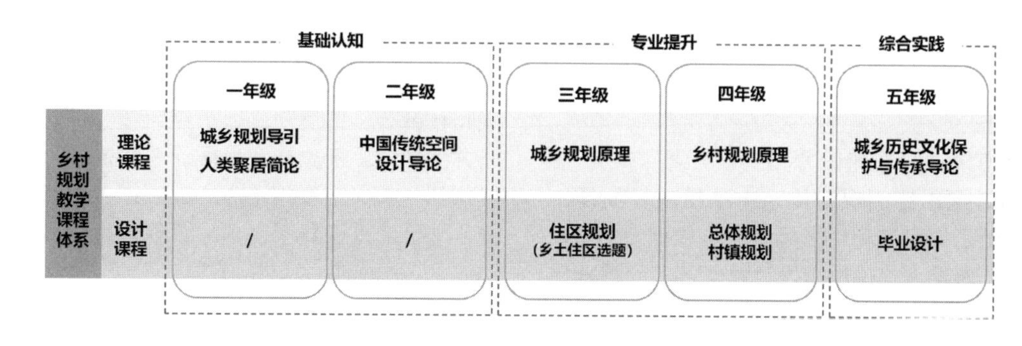

图 2 西建大乡村规划教学课程体系

资料来源：作者自绘

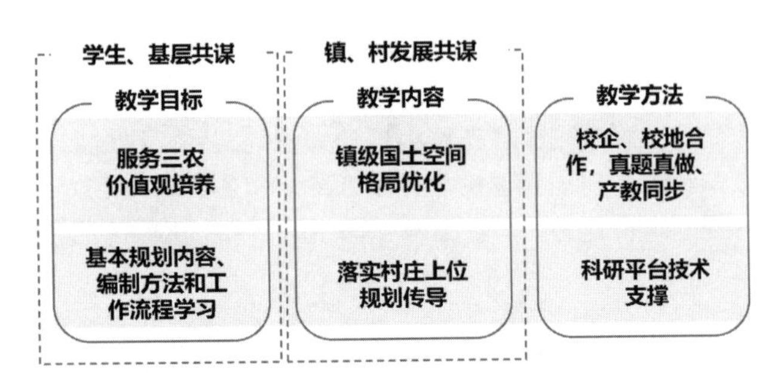

图 3 “共谋”模块教学框架
资料来源：作者自绘

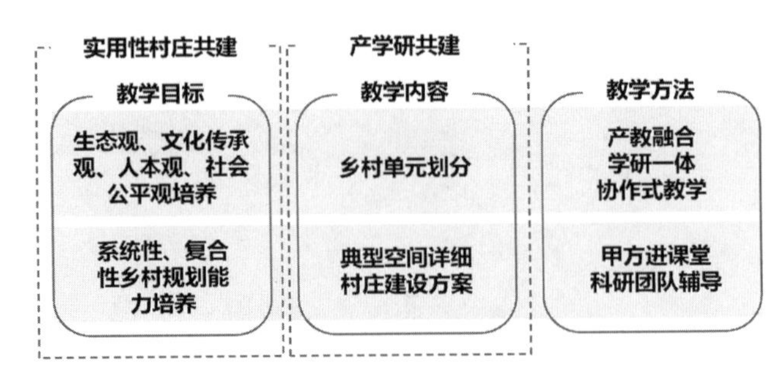

图 4 “共建”模块教学框架
资料来源：作者自绘

方法新技术，从而多维认知村镇现状与发展需求。

教学选题“真题真做，产教同步”，学生跟随教师深入进行中的村庄规划建设实践项目，掌握村镇规划的基本内容、编制方法和工作程序。例如，在 2018 级本科生教学中，课程设置与校地合作的“百百千”行动相结合，学生跟随授课教师以在地服务形式参与陕西省铜川市西固村的乡村振兴规划项目；在 2020 级本科生教学中，依托校企合作的方式，选取西省渭南市三张镇实用性村庄规划项目为教学题目。在教学过程中，教师注重引导学生立足生态文明，关注国土空间规划背景下镇、村体系的特点与转变，以及乡村振兴战略对人才的需求。结合“乡村规划师”制度和“规划师下乡”等形式，通过与镇、村两级地方政府座谈，引导学生从镇、村两个层级全面了解“三农”问题，使他们认识到乡村发展现状的复杂性和艰巨性，形成县—镇—村规划传导和系统性、统筹性解决乡村问题的思路。通过切身感受乡村地区的真实情况，培养学生的思政意识，使他们的价值观与“服务三农”相契合，将社会责任感和使命感内化于心。

4.2 “共建”模块：村庄建设方案

村庄规划是国土空间规划体系中乡村地区的详细规划，是乡村地区进行各项建设等的法定依据[8]。以村庄建设为目标，西建大村镇规划设计教学第二个模块为“共建”，包含两个方面：一是结合国土空间规划背景下实用性村庄规划指导思想和原则，提高学生对村民主体及对耕地和永久基本农田、生态保护红线、历史人文、地质遗迹等管控要求的认识，明确村庄规划和建设的实用性特点；二是依托西建大设计研究总院设计平台及陕西省乡村振兴研究院科研平台，引导学生聚焦村庄发展建设的某一类空间问题，利用科学研究方法深入探寻解决乡村问题的途径。

“共建”模块约为 20 学时，主要教学内容为以一个或几个行政村为单元，基于前期对于单元职能特征及优势特色的挖掘和判定，选择单元内部生产、生态、生活中的典型空间进行规划设计，从功能策划、用地布局、道路系统、景观环境、建设管控、空间形态等方面形成详细村庄建设方案。

这一模块教学过程中，灵活采用产教融合，学研一体的协作式教学方法培养学生多维职业价值观和综合能力。依托实际项目，基于乡村振兴及国土空间规划对耕地保护、生态保护、历史文化传承等要求，重点培养学生的生态文明价值观，以及文化传承价值观。采取“甲方进课堂”的形式，邀请村领导及村民代表走进课堂，就学生提出的村庄建设方案进行交流探讨，让学生直面村民视角下的实践问题，重点培养学生的以人为本价值观和社会公平价值观。以小组为单位针对乡村发展的某一方面问题（例如产业发展、乡村治理、人居建设等），聚焦某一类典型空间（生态、生产、生活）进行深入设计，其目的是引导学生形成系统性发现问题、思考问题和解决问题的能力。依托学校及研究院科研平台资源，组建教授、讲师和博士生（助教）的教学团队，为设计小组提供学术支持与指导，培养学生统筹思辨和专业分析能力，提高乡村规划人才创新意识。

4.3 “共管”模块：空间治理路径

治理有效是乡村振兴的基础，也是“三农”工作的重中之重。西建大村镇规划设计教学第三个模块为“共管”，包含两个方面：一是在学习和实践过程中引导学生认知在村镇规划中多方主体共同缔造的乡村建设和治理模式；二是设置多元化的成果表达形式和成果评议方式，实现课程成果的师、生及村民共评共管。

“共管”模块为4+K学时，主要教学内容为结合小组村庄建设方案，依托共同缔造治理模式深入探讨如何通过“政府—企业—公益”的资本融合模式，形成促进规划设计方案的实施与落地的乡村可持续发展机制。村庄建设方案与空间治理路径共同组成本课程的最终教学成果。

多元教学模式是本课程的重要改革实践策略之一。在成果表达及评议环节，课程不限制表达形式，学生将根据自己方案的特点来自由选择，可以采用传统的图纸形式，也可以采用短视频、PPT等数字媒体形式，还可以采用调研报告或科研论文的形式。此外，依托实践项目平台，教师也为学生提供机会向村民开展意见征询，接受村民的评价与反馈。通过这一环节，让学生更为完整地体验实践工作的整体流程，并进一步加强学生对村镇规划中村民主体性的认识。

此外，竞赛引导也是村镇规划设计课程成果的延伸优化途径。教师鼓励学生在课程作业的基础上对成果创新点进行拓展和深化，根据成果形式参加各类乡村类设计竞赛，以赛促学，以赛促研。

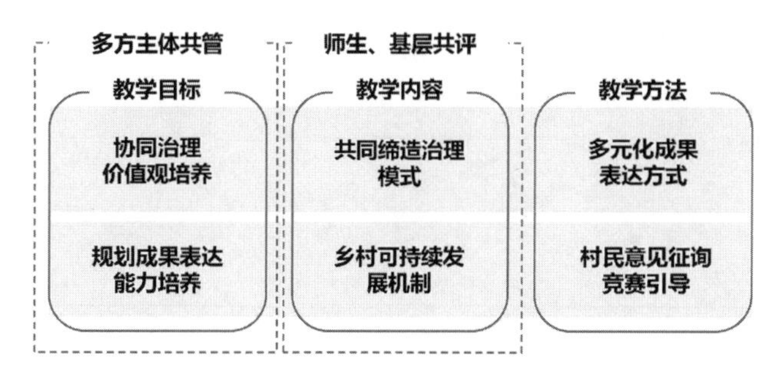

图5 “共管”模块教学框架

资料来源：作者自绘

5 结语

乡村振兴战略背景下，村镇规划设计课程教学目标不仅仅是对学生专业学识的培养，更应注重其复合能力和社会价值观的培养。因此，在教学中应保持持续性的思考，结合课程深度开展职业价值观引导和思政教学，通过创新性的、多元化的以及复合性的教学模式进一步完善乡村人才培养体系，提升人才培养质量。

参考文献

[1] 冷红，蒋存妍，于婷婷，等.新农科建设背景下建筑院校乡村规划教学改革探索——以哈尔滨工业大学为例[J].中国建筑教育，2022，(2)：54-58.

[2] 孙莹，张尚武.中国乡村规划的治理议题：内涵辨析、研究评述与展望[J].城市规划学刊，2024(1)：46-53.

[3] 孙施文.治理与规划[M]//中国城市规划学会学术工作委员会.治理·规划.北京：中国建筑工业出版社，2021.

[4] 严巍，王思静，赵冲，等.基于乡村规划人才需求的城乡规划教学创新改革[J].建筑与文化，2021，(12)：176-177.

[5] 冷红，袁青，于婷婷. 国家战略背景下乡村规划课程思政教学改革的思考——以哈尔滨工业大学为例[J]. 高等建筑教育，2022，31(3)：96-101.

[6] 本刊编辑部."城乡规划教育如何适应乡村规划建设人才培养需求"学术笔谈会[J].城市规划学刊，2017(5)：1-13.

[7] 蔡忠原，黄梅，段德罡.乡村规划教学的传承与实践[J].中国建筑教育，2016，(2)：67-72.

[8] 自然资源部办公厅.自然资源部办公厅关于加强村庄规划促进乡村振兴的通知[EB/OL].(2019-06-08)[2024-05-04].https://www.gov.cn/xinwen/2019-06/08/content_5398408.htm.

Reflections on the Teaching Reform of Village and Town Planning and Design to Adapt to the Talent Demand of Rural Revitalization ——Taking Xi'an Jianzhu University as an Example

Song Shiyi　Gao Ya　Zhang Feng

Abstract: The in-depth implementation of the rural revitalization strategy has put forward new demands for professionals in the field of rural planning, shifting from a focus on professional skills in planning and construction to a comprehensive quality-oriented approach for territorial space governance. The village and town planning and design courses play a crucial role in the cultivation of rural planning professionals in architecture colleges. It is not only a teaching process that deeply integrates theory and practice, but also an important platform for shaping students' comprehensive ability. This article first reviews the demand for rural planning talents in the rural revitalization strategy, and then proposes challenges and coping strategies for rural planning teaching from two aspects: the establishing of teaching values of "public participation – serving agriculture, rural areas and farmers" and the design of a six-in-one teaching system of "planning – construction – governance" . Finally, taking the village and town planning and design courses at Xi' an University of Architecture and Technology as an example, this article explores the practice of teaching reform, aiming to explore the path of talent cultivation and teaching reform in rural planning, which is in line with the needs of rural revitalization strategy and the trend of disciplinary development.

Keywords: Rural Revitalization, Rural Planning Education, Innovative Reform, Ideological and Political Education

“两性一度”要求下城乡规划综合性实践教学改革探索

钱　芳　沈　娜　马彦红

摘　要：实践课程是城乡规划专业的核心课程，优化实践教学也是城乡规划一流课程建设的重要课题。结合“两性一度”课程建设标准，总结规划实践课程特点，反思传统实践教学模式的不足，提出综合性实践教学理念，将知识融通、能力培养和价值引领融为一体，并从教学内容、教学方法和教学评价三个方面提出“项目驱动＋问题导向＋成果导向”的实践教学改革思路，最后以大连理工大学建筑与艺术学院控制性详细规划实践教学为例进行实践检验，旨在为提升学生综合规划能力，助力建设一流的城乡规划专业实践课程提供有益途径。

关键词：“两性一度”；综合性实践教学；城乡规划专业；控制性详细规划课程

1　引言

2018 年 11 月 24 日召开的第十一届“中国大学教学论坛”上，教育部高等教育司司长吴岩提出“两性一度”的金课标准。“两性一度”，即高阶性、创新性、挑战度[1]。所谓“高阶性”，即课程目标坚持知识、能力、素质有机融合，培养学生解决复杂问题的综合能力和高级思维。所谓“创新性”，即教学内容体现前沿性与时代性，及时将学术研究、科技发展前沿成果引入课程。所谓“挑战度”，即课程有一定难度，让学生体验“跳一跳才能够得着”的学习挑战。该标准的提出为课程建设指明了实践路径和评价导向，成为一流课程建设的基本原则[2]。

实践教学是城乡规划专业一流本科课程建设的重要内容。然而，长期以来，实践课程通常采取专题型的教学模式，存在与实践类型无直接关系的理论课联系较弱、轻视问题意识和分析辩证思维培养、教学评价也缺乏明确的标准等问题。这些都为提升实践课程的高阶性、突出实践教学的创新性和体现实践教学的挑战度带来了难度。

依据培养方案调整，结合“两性一度”标准的要求和规划实践教学特点，提出综合性实践教学理念和改革思路，并以大连理工大学建筑与艺术学院“控制性详细规划”课程为例进行实践检验，以期提高学生的综合规划能力，为城乡规划专业一流实践课程建设提供有益途径。

2　教学特点与现状

2.1　实践课程教学特点

综合能力要求高。实践课程是城乡规划专业的核心课程，在教学体系中起着理论学习“落地”和专业培养“入行”的关键作用，是培养知识、思维、技能、立德的综合性课程。课程要求学生将所学专业原理及相关知识、城市调查分析方法都运用到实践学习过程中，掌握规划实践的基本流程、锻炼专业逻辑思维和创新思维、熟悉专业软件应用与规划图示语义表达方法，并在实践过程培养工程伦理。

知识关联面广。横向上，实践课程内容与理论课程联系紧密，并与广泛的知识体系以及日常生活实践也存在关联。注重空间体验中对规划原理的感悟，有助于培养理论联系实际的工程意识。纵向上，实践教学贯穿城乡规划人才培养的始终，是所有先导课程学习的积累和效应的放大。注重各阶段各类型课程之间知识点的逻辑

钱　芳：大连理工大学建筑与艺术学院讲师（通讯作者）
沈　娜：大连理工大学建筑与艺术学院副教授
马彦红：大连理工大学建筑与艺术学院副教授

联系，有助于强化学生相关知识体系的理解和融通，培养举一反三的系统思维。

思政元素丰富。城乡规划是一门应用性、实践性和社会性较强的专业[3]。实践类课程也应是专业坚持学思践悟，推进知行合一的思政建设的主要对象。课程内容的思政元素既涉及创新探索、规范意识等能力目标，也涉及家国情怀、社会服务、精神品格等价值目标。

2.2 实践教学现状反思

教学的高阶性反思。完整的规划实践流程其实是一个基于对基地现状和环境背景充分认知基础上的循环优化过程，而非精英式的终极蓝图。然而，传统实践教学的内容相对单薄，实际只触及了规划实践中的方案生成阶段，对前期调查与项目策划的重视并不足，也很少涉及最终成果的实施探讨。这也导致学生的最终方案即使精美规范，也难以具有广度和深度，也难以培养学生深度分析的精神和能力。

教学的创新性反思。传统实践教学安排采取的是基于专题的模块式教学模式，教学内容基本围绕不同基地展开的空间情境设想，其前沿性和时代性体现不足。国家提出人民城市新理念，行业发展转向存量提质，互联网、人工智能等现代技术正在对人类生活产生深远影响，也突破了传统教学的时空局限，而技术加持下的城乡规划方法也在悄然发生变革。如何将前沿课题、先进技术与教学深度融合，引导学生进行探究式与个性化学习，为实践教学创新提供新契机。

教学的挑战度反思。增加“挑战度”，要求通过严格考核考试评价，增强学生经过刻苦学习的收获能力和素质提高的成就感[1]。然而，与考试类课程相比，实践教学一直缺乏明确的考核评价要点和标准，而且仅凭最终图纸和日常考勤来确定成绩的考核方式也不利于持续激励学习的成就感和自主性，增强课程挑战度的训练目标难以体现。

3 改革思路与方法

3.1 改革思路

根据城乡规划实践教学特点，结合“两性一度”要求及现存问题，提出综合性实践教学模式，即教学内容涉及对本课程与相关课程知识的综合应用，学生需要运用若干门课程的知识和技能完成复合型规划实践，达到知识、能力和价值综合训练目标（图 1）。

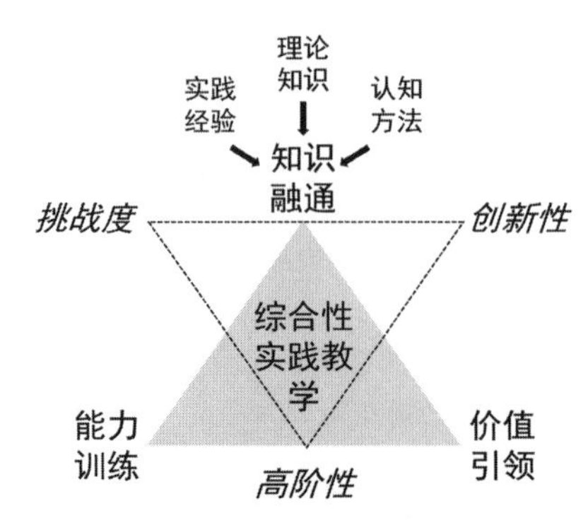

图 1 综合性实践教学目标构成

资料来源：作者自绘

城乡规划综合性实践课程在教学内容、课程选题、教学设计等方面具有以下特征：第一，实践内容涉及理论类、认知类、实践类课程的知识点；第二，课程选题具有鲜明的主题，能反映地域特色、前沿需求和时代特征；第三，教学过程能让学生充分体验从前期策划、规划方案到实施反馈的规划实践全过程；第四，需要学生具有 ArcGIS、Excel 和专业制图软件的应用基础，能综合运用新兴技术来诠释方案。

3.2 改革方法

结合综合性实践教学理念，对照“两性一度”要求，提出“项目驱动＋问题导向＋成果导向”改革方法。

针对突出教学创新性问题，提出项目驱动型教学内容，要求课程选题与当前的社会和学术需求紧密结合，使实践教学模式从“专题”转向“专题＋”，保证教学内容的前沿性和时代性。具体可结合教师正在承担的纵向课题的选题方向、围绕横向课题关注的实践问题，或参加公开举办的主题型规划设计竞赛等。这些来源的选题应保证难度适宜、面积适当且针对性强，而教师通过设置教学任务引导学生完成项目。

针对提升教学高阶性问题，提出问题导向型教学方法，即依据认知规律，注重规划实践各阶段的均衡性，围绕知识、技术、素养设计教学问题，形成“发题设问—策划引问—实践拓问”的过程，在质疑与释疑的师生互动中，逐步培养学生深度分析的精神和能力。具体可通过多情境创设、新知识点或新技术的引入等方式创造提问环境，使课堂主要活动从“规划 + 辅导”转化为“问题探讨 + 方案研讨 + 成果论证”。

针对增强教学挑战度问题，提出成果导向型教学评价，即借助多阶段考核的方式，明确考核内容和标准，加强教学活动的过程性管理。考核方式除督促学生学习进度外，还应将知识点和能力要求分散到评分体系中，让学生了解通过实践学习应掌握哪些技能，并设置和明确学习的难点，激发学生勇于挑战的精神。具体建议评分标准涵盖体现学生思想创新的主观项、实践技能要点的客观项和主动探索的拓展项。

4 改革实践与成效——以控制性详细规划实践教学为例

“控制性详细规划”是大连理工大学建筑与艺术学院面向城乡规划专业本科四年级学生开设的专业实践课，共 60 学时，2.5 学分。

学院培养方案调整中，提出“3+X”课程体系建设思想，要求强化作为主线的实践课程，将理论、技术、专项等教学子线的知识点融合起来，推动实践技能从基础向深化、再到创新的“3”阶段跃升。“控制性详细规划”课程是处于深化阶段的最后两门实践课之一。到此，学生已基本选修完大部分理论课程，也接触了不同专题和空间尺度的实践课程。因此，控制性详细规划课程的教学任务不仅是辅导学生掌握新的规划类型，也是引导学生进入综合训练的开始。在此背景下，结合“两性一度”要求，优化教学目标，并从教学内容、教学方法、成果评价等方面进行教学改革。

4.1 改革实践

结合“两性一度”要求，从知识、能力和价值 3 个方面调整教学目标（表 1）。知识目标在于通过相关课程知识融合促进学生对土地利用与公共政策的关联思考；能力目标在于通过前沿问题、新兴技术的融入强化学生综合思考及综合规划的能力；价值目标在于通过思政元素的渗透培养学生的社会责任感，提升专业素养。

根据调整后的教学目标，依据前文提到的改革方法，从教学内容、教学方法和评价标准方面对课程进行如下改革。

教学内容方面，注重课程选题与社会需求的紧密结合。自 2021 年起，我们尝试从竞赛、课题或结合地域特征等渠道选题和确定基地。2021 年度的选题来自东北三省适老化设计竞赛规划赛道的赛题；2022 年度选题来自于授课教师的横向课题大连市甘井子中心片区更新改造；2023 年度结合地域特色，结合上位规划，依托辽宁滨海实验室，选取大连滨海石化片区作为规划基地。

授课期间也总结了一些选题经验。首先，选题难度适中且具有较强的针对性，便于融合其他课程知识点，也能激发学生主动探索的兴趣。其次，基地最好是在建成区内且范围不宜超过 1 平方公里，能激发学生的问题意识，也便于学生把握空间尺度。例如，2023 年选题具有较强的针对性，学生不仅掌握了滨海地区空间形态控制要点，综合了城市生态学、滨海景观规划课程知识点，还了解了滨海地区生态保护的地方规范，也激发了学生探讨工业遗产文化保护的规划途径。然而，由于基

控制性详细规划课程教学目标 **表1**

	知识目标	能力目标	价值目标
突出创新性	紧扣实践前沿，关联课程知识，理解控制性详细规划的作用和任务	独立思考和综合分析城市复杂问题的能力	马克思主义辩证法在规划实践中的体现、应用
提升高阶性	熟悉技术标准和规范，掌握规划原则、步骤及基本手法	集成应用专业软件、信息技术和互联网技术	科学传承，探索精神培养
增加挑战度	理解控规的法规性及其与公共政策关联的哲理	定性、定量、定位的综合规划能力	知行合一，规范意识培养

资料来源：作者自绘

地现状存在大面积的工业厂房和化工设备，学生普遍出现了空间尺度认知不准的现象。与之相比，2022 年选题由于有建成区作为尺度参考，学生在地块划分时更容易上手。所以，在选题时这两方面都需考虑到。

教学方法方面，注重多角色多环节提问情境的创设。除结合选题所反映的社会需求来“发题设问”外，还将提问情境划分为项目策划、方案推敲和规划实施 3 种。其中项目策划集中探讨战略性问题，即挖掘基地发展现状及其未来面临的机遇和挑战；方案推敲探讨的是关联性问题，即土地利用、空间布局如何体现公共政策和影响社会效益；规划实施作为实践拓问，主要结合城市设计、数据验证、模拟课堂等方式方法让学生论证和说明自己方案具有可行性。

例如，2023 年课堂教学中，引入模拟课堂的教学方法创设提问情境，通过角色扮演的互动方式加深学生对控规实施环境的理解。具体是将学生分为 3 组，组内再细分为使用者、规划师、开发商、政府等角色。然后 3 组交叉组合模拟规划方案评审和实施可能遇到的各种问题。而学生通过角色扮演既了解了规划方案需要考虑利益相关诉求的现实意义，也在相互交流中对自己组的方案有了更深入的理解。

教学评价方面，注重成果的阶段性评价与评定标准反馈，制定了“3 项 3 阶段”的成果评定方式。“3 项”，指成绩评定分体现学生思想创新的主观项、实践技能要点的客观项、主动探索的拓展项。主观项包括概念与创意、空间与形态，占总成绩的 50%；客观项包括内容（定性、定量、定位）、法规与指标、制图规范、模型制作，占总成绩的 40%；拓展项属于灵活项，即几位老师根据选题，结合行业发展动态或自己的研究方向，轮流每学年出一个学习难点，或引入新技术、新工具等，以提高课程的挑战度，这部分成绩占总成绩的 10%。以此作为项目策划、方案推敲（2 次集体评图）、成果答辩“3”阶段成果的评价标准。

例如，2022 年度教学中鼓励学生运用大数据，借助 ArcGIS 技术开展基地现状分析；2023 年度教学中尝试在课堂教学中引入 AI 技术，鼓励学生将做好的规划结构上传到线上开放平台，通过自动生成多种形态组合方式来辅助学生推敲方案。并将学生对新技术的接受和应用能力作为拓展项成绩评定内容之一。

4.2 成效检验

经过三年的改革实践探索，在教学评价和成果产出方面取得了一定成效。教学评价方面，2024 年校教务处组织本科教学自评，控规课程满足《大连理工大学本科课程评估指标体系及自评表》中“课程目标符合新时代人才培养毕业要求”提出的“两性一度”要求。学生评教方面，普遍表示对接触新技术、新工具的浓厚兴趣，特别是那些平时不太擅长绘图的同学，教学内容和成绩评定的多样化增加了他们对课程学习的兴趣。成果产出方面，在 2021 年度的东北三省适老化设计竞赛规划赛道中获奖 4 项；荣获校级教改项目 1 项，并已顺利结题。

5 结语

创新实践教学模式，发挥现代技术优势，由专题型的规划技能掌握进阶为综合性实践训练，使实践教学成为知识融合、能力训练和价值引领的综合培养载体，是新形势下城乡规划实践课程建设的改革路径。而保持选题的前沿性和时代性、新技术的合理引入、教学问题的科学设计、教学难点的准确把握等更是对授课教师提出了更高要求。

参考文献

[1] 中华人民共和国教育部．教育部关于一流本科课程建设的实施意见（教高〔2019〕8 号文件）[EB/OL].（2019-10-24）[2024-04-30]. http://www.moe.gov.cn/srcsite/A08/s7056/201910/t20191031_406269.html.

[2] 罗清海，涂敏，陈国杰，等．“两性一度”要求下传热学实验教学改革探索 [J]. 高等建筑教育，2024，33（2）：136-142.

[3] 张洪波，姜云，王宝君，等．服务城乡规划教育的实践教学体系研究 [J]. 高等建筑教育，2017，26（2）：131-135.

Reform of Comprehensive Practical Teaching of Urban and Rural Planning Course under the Requirement of “Two Characteristics and One Degree”

Qian Fang Shen Na Ma Yanhong

Abstract: Practical courses are the core courses of urban and rural planning majors, and also optimizing practical teaching is an important issue in the construction of first-class courses. Based on the first-class curriculum construction standards of “two characteristics and one degree”, it summarizes the characteristics of planning and practical courses, reflects on the shortcomings of traditional practical teaching models, and proposes a comprehensive practical teaching reform idea of “project driven + problem oriented + result oriented” from three aspects: teaching content, teaching methods, and teaching evaluation. It integrates knowledge integration, ability cultivation, and value guidance, and takes the example of the Control regulatory detailed planning course at Dalian university of technology to provide a beneficial approach for enhancing students’ comprehensive planning abilities and improving the construction of first-class practical courses in urban and rural planning majors.

Keywords: “Two Characteristics and One Degree”, Comprehensive Practical Teaching, Urban and Rural Planning, Regulatory Detailed Planning Course

存量条件下的山水城市住区规划设计
——重庆大学城乡规划专业本科三年级设计教学改革与实践

黄　瓴　牟燕川　刘　鹏

摘　要：面对城市复杂的存量发展条件，如何更加深入学习和理解我国的居住历史、当下的城市生活模式与山水城市的居住形态，借助新技术反思和创新因地制宜的住区规划理念、设计方法与设计成果表达，成为我国城乡规划专业住区规划设计课程改革的基本背景和选题基础。重庆大学教学团队集合社区、生态、历史、技术、城市设计等不同研究背景的老师，以"着力培养科学精神与人文精神兼具的新时代规划师"为目标，从课程结构、教学内容和教学方法三方面整体创新改革与实践，尝试探索一套因地制宜、开放包容的山水城市住区规划设计教学新模式。

关键词：存量条件；山水城市；住区规划设计；教学改革；重庆大学

1　教学改革背景

当下随着国际局势和国内社会矛盾转型以及新技术革命，整个人类世界发生着巨大变革。我国从快速城镇化过渡至新型城镇化阶段，至 2023 年末常住人口城镇化率已达 66.16%，表明我国正式步入城市时代，也意味着从增量时代逐渐进入存量时代。随着城市人口的快速聚集，人类聚居形态所呈现的不仅是土地性质和居民户籍的转变，城市的异质性、复杂性和不确定性对个人、家庭乃至城市社会的制度、政策及文化方式等方方面面都产生了巨大而深刻的影响。2016 年联合国人居三大会提出"可持续的城市与社区"建设目标（SDG11）。党的十九大以来，为践行人民城市发展理念，扎实有序推进城市更新成为我国高质量发展的重要国策，也是实现新型城镇化发展战略、提升城市品质的重要途径。

住区规划和建设是城市可持续发展的一个永恒话题。存量住区已经成为我国城镇居住供应的主体。根据国家统计局发布的数据，从 2000 年到 2023 年，房屋竣工总面积约为 184 亿平方米，其中住宅竣工面积约为 137 亿平方米（图 1）。建成 20 至 30 年以上的住区已经形成了庞大的更新需求（刘卫东，2023）。然而，这些住区普遍存在安全、居住、生活、环境、性能等方面的问题。因此，如何推动城市住区更新实现可持续转型，成为制约城市建设发展和保障民生福祉的关键问题，也是传统建筑与规划学科教育转型和创新所面临的重要领域之一。

在此背景下，一直作为传统规划院校核心设计课程的"居住区规划设计"，迫切需要适应新的社会需求做出改变。可贵的是，已有东南大学（王承慧 等，2014）、清华大学（徐菊芬 等，2022）等规划院校先行改革，将老旧社区更新纳入住区规划设计教学大纲，创造出新的特色。伴随规划专业办学历史，"居住区规划设计"一直是重庆大学规划专业本科三年级的核心设计课程之一，从 20 世纪 90 年代开课至今，在朱家瑾、董世永、胡纹、赵万民、聂晓晴、徐煜辉等数十位老师的持续建设下，特别针对山地复杂地形和气候条件的新建住区规划设计，形成了一套成熟的教学理念和模式，先后出版了三本相关教材和作业集并且陆续再版（图 2）。如今，面对城市复杂的存量发展条件，如何更加深入学习和理解我国的居住历史、当下的城市生活模式与山水城市的居住形态，借助新技术反思和创新因地制宜的住区规划理念、设计方法与设计成果表达，成为住区规划设计课程改革的基本背景和选题基础。教学团队集合社

黄　瓴：重庆大学建筑城规学院教授（通讯作者）
牟燕川：重庆大学建筑城规学院助理研究员
刘　鹏：重庆大学建筑城规学院副教授

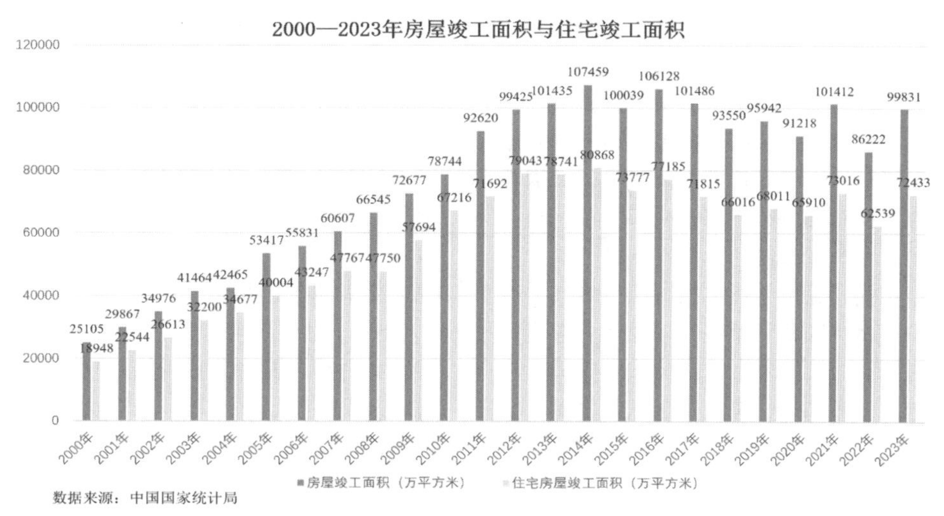

图 1　国内房屋竣工数据统计

资料来源：作者自绘

图 2　重庆大学主编的住区规划教材

资料来源：根据已出版书著封面编辑

区、生态、历史、技术、城市设计等不同研究背景的老师，以“着力培养科学精神与人文精神兼具的新时代规划师”为目标，从课程结构、教学内容和教学方法三方面整体创新改革与实践，尝试探索一套因地制宜、开放包容的山水城市住区规划设计教学新模式。

2　教学改革理念与目标

2.1　教学改革理念

（1）价值引领，思政融入——将人本导向的规划设计理念贯穿全过程

树立正确的价值观是课程改革的基石。住房和社区问题，既是民生问题，也是发展问题，关系千家万户的基本生活保障，关系经济社会发展全局，关系社会和谐稳定。自 2008 年大规模实施保障性安居工程以来，到 2018 年底，全国城镇保障性安居工程合计开工约 7000 万套。通过住房保障工作，约 2 亿困难群众圆了“安居梦”，改善了住房条件，增强了获得感、幸福感、安全感。《中国人口普查年鉴 2020》显示，2020 年我国城镇人均住房建筑面积达到 41.7 平方米，比 1949 年的 8.3 平方米增加了 4.0 倍。课程改革的总体思路密切结合我国从增量建设走向存量发展所提出的系列战略与政策，积极响应从联合国人居三大会提出的“建设可持续的城市和社区”目标，到我国“建设人民城市”、强调精细化治理、中国式现代化等思想，将坚持道路自信、理论自信、制度自信和文化自信贯穿于每一堂课，将思政内化于建设具有中国特色的社区可持续发展的价值观培养、理论研究与行动实践。本课程坚持立德树人为根本，以学生发展为中心，以融通思政与专业教育为目标，树立人本导向的住区生活设计观，创设自主、探究、合作的课堂教学模式，将知识传授与价值塑造、能力培养紧密结合。

（2）与时俱进，因地制宜——以山水城市存量发展为时代背景

在当前经济与社会发展的新时代背景下，城市建设正面临着从增量扩张向存量优化转变的重要趋势。这

一转变不仅要求我们重新审视和思考增量时代的规划理念，而且需要对存量资源进行深度挖掘和有效利用，以实现高质量的发展。课程加强对山水城市聚居特征及生活方式的精细研究，因地制宜地探寻存量条件下的更新设计途径。鉴于众多老旧小区亟待振兴与改造，本课程要求学生采用综合性视角和系统性思维来解决社区公共空间的结构性问题。教学重点包括：梳理社区公共空间的基本形态、策划功能、保护并优化整体风貌场景、修复公共空间系统、打造社区生活路线，以及活化存量闲置或低效使用的建筑和公共空间。这样的教学安排旨在探索通过触媒式的功能置换来促进社区未来的发展，进而全面提升老旧小区的空间价值和居民的生活品质。

（3）治理思维，开拓创新——将生活圈规划理念与教学实践融合

近年来，随着城镇化水平的提高，城市规划相应地从只重视“物”转向关注“人”，从只关注数量规模增加转向重视生活品质提升（黄瓴 等，2020）。以人为本，回归人们日常生活空间——社区，成为近年城市发展的时代共识。在存量发展条件下，在教学过程中强调对现有城市肌理、历史文脉的了解和尊重，培养学生对既有城市环境的认知能力和评价能力。同时，在教学内容上，引入社区生活圈概念（于一凡，2019），强调社区 5/10/15 分钟步行范围内设施的合理布局，组织学生参与社区调研，了解社区居民的需求和生活习惯，鼓励学生从中发现和解决问题，提出合理的规划建议。

通过这些教学改革理念的实施，旨在使住区规划设计课程更加贴合当前山水城市居住发展的实际需要，同时为学生提供更为全面和深入的专业教育。

2.2 教学改革目标

当下，规划教育正面临重要的挑战与机遇。知识创新能力、空间创造能力、社会服务能力三大能力成为规划核心能力的三元载体（吴志强，2022）。本教学改革通过紧密结合社会发展需求及时代脉络，融入社区发展新理念，强化治理思维和创新设计方法的训练，注重现场调研和服务型学习，旨在培养“科学精神与人文精神兼具的新时代规划师”。

3 教学改革内容

3.1 课程结构

按照重庆大学 2021 级大类招生城乡规划专业本科人才培养课程方案（图 3），该课程设置在本科第三学年上学期，旨在连接一、二年级以建筑设计训练为核心的学习成果，同时指导学生顺畅过渡，激发他们对规划设

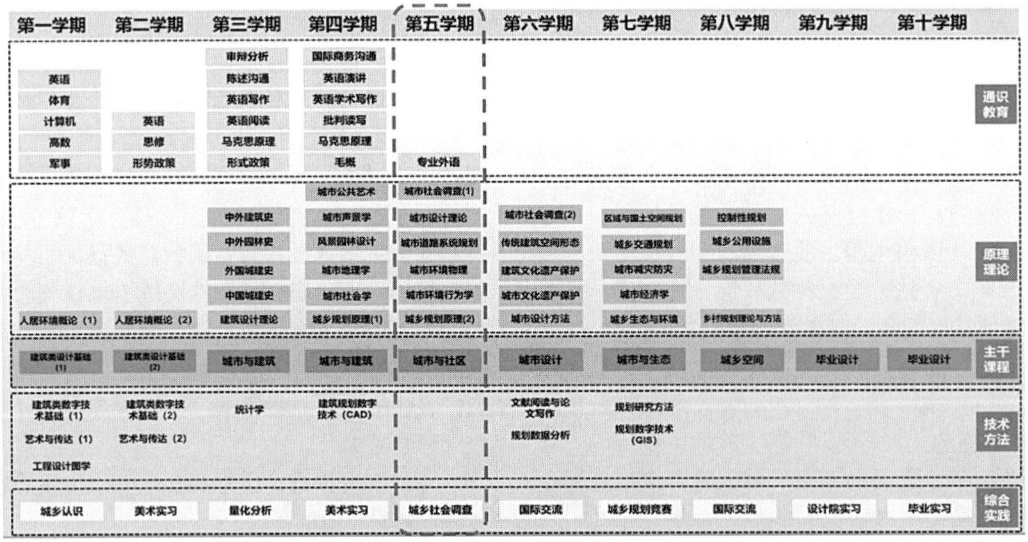

	第一学期	第二学期	第三学期	第四学期	第五学期	第六学期	第七学期	第八学期	第九学期	第十学期
通识教育	英语 体育 计算机 高数 军事	英语 思修 形势政策	审辩分析 陈述沟通 英语写作 英语阅读 马克思原理 形式政策	国际商务沟通 英语演讲 英语学术写作 批判读写 马克思原理 毛概	专业外语					
原理理论	人居环境概论（1）	人居环境概论（2）	中外建筑史 中外园林史 外国城建史 中国城建史 建筑设计理论	城市公共艺术 城市声景学 风景园林设计 城市地理学 城市社会学 城乡规划原理(1)	城市社会调查(1) 城市设计理论 城市道路系统规划 城市环境物理 城市环境行为学 城乡规划原理(2)	城市社会调查(2) 传统建筑空间形态 建筑文化遗产保护 城市文化遗产保护 城市设计方法	区域与国土空间规划 城乡交通规划 城市减灾防灾 城市经济学 城乡生态与环境	控制性规划 城乡公用设施 城乡规划管理法规 乡村规划理论与方法		
主干课程	建筑类设计基础(1)	建筑类设计基础(2)	城市与建筑	城市与建筑	城市与社区	城市设计	城市与生态	城乡空间	毕业设计	毕业设计
技术方法	建筑类数字技术基础（1） 艺术与传达（1） 工程设计图学	建筑类数字技术基础（2） 艺术与传达（2）	统计学	建筑规划数字技术（CAD）		文献阅读与论文写作 规划数据分析	规划研究方法 规划数字技术（GIS）			
综合实践	城乡认识	美术实习	量化分析	美术实习	城乡社会调查	国际交流	城乡规划竞赛	国际交流	设计院实习	毕业实习

图 3　重庆大学 2021 级城乡规划专业本科人才培养课程方案

资料来源：重庆大学建筑城规学院城乡规划系提供

计的兴趣，培养他们的规划设计思维和综合能力，为下学期的三年级城市设计课程奠定坚实的基础。因此，本次教学首先调整课程结构，在之前两个设计作业（居住组团设计及居住区规划设计）的基础上增加住宅户型分析，并将居住区规划设计调整为住区更新规划设计，完成从户型单元平面—组团—生活圈的复合尺度训练。然后理顺 3 个作业之间的承接关系，明确各个阶段的教学目的和教学重点。具体课程结构及时间安排如图 4 所示。

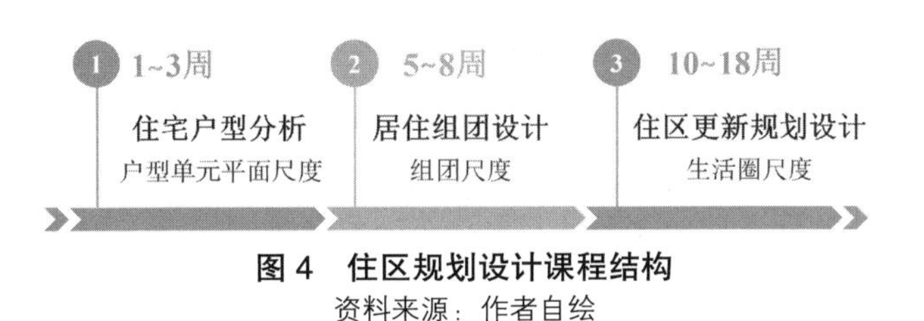

图 4　住区规划设计课程结构

资料来源：作者自绘

3.2　教学内容

阶段一：住宅户型类型学分析

在这一阶段的教学中，需要针对不同人群，理解多元化的居住需求和特色住宅类型。这包括掌握住宅户内外空间组织与基本要求，以及学习和体验人体尺度与住宅空间尺度的关系。为了更深入地理解这一理念，需要系统收集并整理不同类型住宅建筑设计方案，学习掌握住宅设计基本要求，重点关注公共空间、交通组织与消防规范。

阶段二：住宅组团设计

为了全面理解社区规划中的多元化居住需求和形态，这一阶段首先针对不同人群，深入分析了多样化的居住需求和居住形态。接着，系统地学习并掌握了住宅单元、楼栋以及居住组团等不同尺度层级的居住建筑及其外部空间的组织方式。此外，还需要探讨不同类型建筑组群的空间布局，以及结合住区的在地性特征，分析重庆在日照、交通、防灾、绿化等方面的规范要求。最后，参照《城市居住区规划设计标准》GB 50180—2018 和《重庆市城市规划技术管理规定》，对城市街区的基本要求与规划基本要求进行学习，特别是交通组织、外部空间、组团配套及商业服务设施的整体关系进行了深入研究。

阶段三：住区（更新）规划设计（5 分钟生活圈规划）

这一阶段立足于人民城市发展理念，深入学习和掌握了社区生活圈、完整社区等先进的规划理念和方法。针对重庆城乡存量住区可持续发展的问题与需求，要求学生系统梳理存量资产与潜力，谋划与策划更新规划策略与路径，并据此制定相应的更新规划方案。在规划设计的过程中，要求学生严格遵照《城市居住区规划设计标准》GB 50180—2018、《重庆市城市规划技术管理规定》和《社区生活圈规划技术指南》以及其他相关的规划与城市治理政策，确保住区规划设计的科学性和合规性。同时，强化山水城市住区规划的在地需求，涉及生态文明、公共优先、全龄友好、文化传承、低碳宜居等方面，明确对更新过程中的重点难点进行详细梳理，以期实现社区规划的全面更新和提升。

通过三个阶段的学术研究和教学方式，我们旨在培养出具备扎实理论基础和实践能力的社区规划师，以促进社区规划的质量和效果的提升。

3.3　教学方法

住区即人。住区规划具有在地性、综合性和复杂性。这些特征很难通过讲解被学生理解。教学组采取灵活多样的教学方法，积极拓展理论教学与实践教学相结合的教学形式，激发研究生的学习兴趣，使他们能够真正参与到住区规划设计与实施的课堂教学中。丰富的课堂形式可以有效提高学生课程参与广度和深度，强化知识吸收及能力培养。

阶段一：住宅户型类型学分析

住宅作为目前市场上较为成熟的一种产品，目前已经经过多轮迭代形成了成熟的产品。认识、了解和学习住宅户型可以帮助学生更好地推进住宅组团和住区（更新）规划设计。这个阶段采取小组讨论的方式，运用类型学分析方法，每个教学小组可以按面积大小 / 建成年代 / 户型 / 针对人群等方式对住宅分类，每小组（2~3 人）收集 20~30 个户型平面 / 单元，并按照相应类型进行分析，学习掌握住宅设计基本要求，重点关注公共空间、交通组织与消防规范。在此阶段，我们主要采用以小组讨论和汇报、教师点评为主的教学方式，注重根据不同学生的特点进行个性化教学，并强调教学内容的多样性与开放性。此外，我们还创新性地引入了由房地产开发企业专业人员引导的实地考察学习环节，旨在扩展学生的知识视野，并加深他们对居住社区综合理解。

阶段二：住宅组团设计

考虑到学生个体差异和设计课程的特点，我们的教学方式继续以小组讨论和师生一对一交流为主。同时，我们邀请了来自规划院、城市与社区管理部门以及房地产开发公司的相关专业人士举办专题讲座，并参与学生作业的评审。这样的安排不仅加深了学生对规划设计核心概念的理解，还助于扩充他们的知识体系。

阶段三：住区（更新）规划设计（5 分钟生活圈规划）

采用案例教学方式，通过案例的实地调研学习加强学生的研究能力。一方面，案例的复杂性和多样性要求学生进行综合分析和判断，这有助于培养他们的逻辑、推理、归纳、演绎等多种思维方式。另一方面，案例教学还能够提升学生的社会工作实践研究水平，使他们能够更加深入地理解和掌握社会科学的研究方法。教学团队在 2023 年的教学实践中选择民主村社区作为案例教学地点。民主村是重庆市有序推进城市更新行动的一个具有典型性和代表性的城市片区。2023 年 11 月 9 日下午，教学团队特别邀请民主村社区建筑师、民主村更新项目的主要设计人作为此次社区课堂的主讲嘉宾，共同带领 60 余名学生访问学习了民主村的社区治理与更新规划设计，并依此展开了一场丰富而精彩的对话（图 5）。5 位课程教师参与了此次现场教学活动。

图 5　民主村案例教学现场照片

资料来源：教学组提供

教学阶段

教学内容

教学方式

阶段一 住宅户型类型学分析

Week 1：住区规划原理讲解+该阶段任务书解读+住宅小区实地调研

Week 2-3：住宅户型类型学分析、优化与成果汇报

课堂讲授

案例调研

小组讨论

阶段二 住宅组团设计

Week 5：专题讲座+该阶段任务书解读+场地调研

Week 6：组团基地选择、定位及户型选择

Week 7：初步形成规划结构、交通组织及平面草图

Week 8：住宅组团设计方案完善与绘制成图

校内外专家课堂讲授

师生一对一交流

住宅组团设计成果答辩

阶段三 住区（更新）规划设计（5分钟生活圈规划）

Week 10：该阶段任务书解读+小组场地调研与分析

Week 11：案例调研+专题讲座+现状汇报+方案构思

Week 12-13：确立规划结构与内容

Week 14：方案二草讲评

Week 15-16：根据二草讲评意见，完善方案，并深化景观与总平表达

Week 17-18：住区更新规划设计方案与绘制成图

小组讨论

案例调研

校内外专家专题讲座

师生一对一交流

住区规划设计成果答辩

图 6　教学组织框架

资料来源：作者自绘

4　教学实践与反馈

4.1　教学实践

教学团队于 2023 年试行了该教学改革方案。教学团队提供的三个项目基地均位于城市的老旧住区，其课程任务旨在对城市住宅区进行更新规划。具体教学组织框架如图 6 所示，各个阶段的作业示例如图 7~ 图 9 所示。

4.2　学生反馈

课程完毕之际，我们搜集了学生对教学安排的反馈。通过对学生评语进行词频分析，发现“户型”“规划”和“问题”是出现频次最高的词汇（图 10）。学生们普遍认为，学习分析不同的户型对于理解多样化的居住需求和独特的住宅类型至关重要，同时这有助于他们学习和感受人体尺度与住宅空间尺度之间的联系。学生们深刻体会到了该课程中的规划思维，“这一阶段的学习让我更深入地感受到了规划专业的本质，因为我们必须将许多设计手法限制在特定的规则之内”，以及“随着基地范围的扩大，我们需要对整个社区进行设计，这让专业课变得更具挑战性”。此外，一些学生指出三个阶段成果之间的衔接不够流畅，且专题讲座的时间安排与课程内容的关联性不够紧密。教学团队会认真听取学生的反馈，进一步完善教学改革方案。

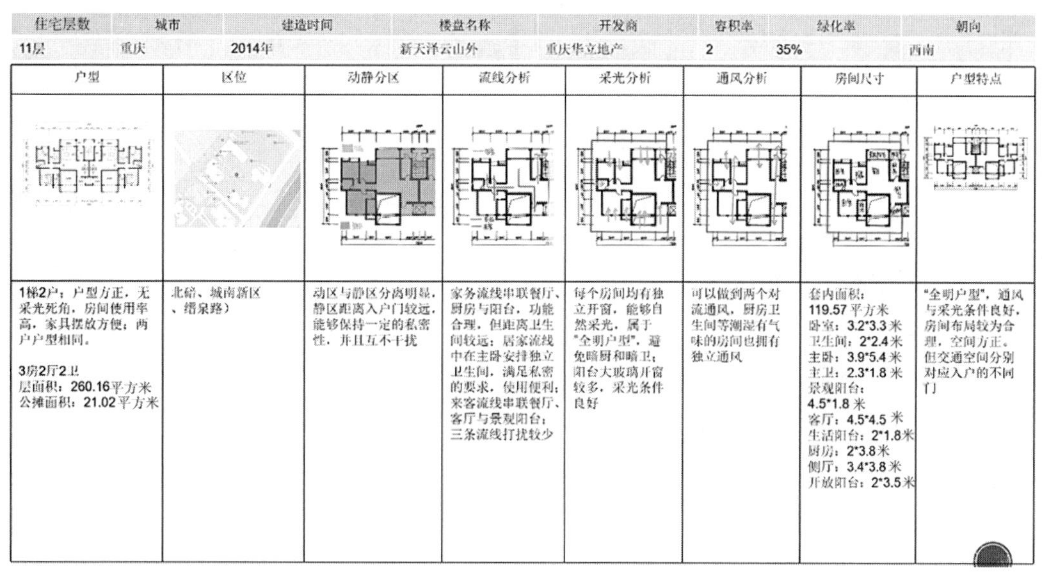

住宅层数	城市	建造时间	楼盘名称	开发商	容积率	绿化率	朝向
11层	重庆	2014年	新天泽云山外	重庆华立地产	2	35%	西南

户型	区位	动静分区	流线分析	采光分析	通风分析	房间尺寸	户型特点
1梯2户：户型方正，无采光死角，房间使用率高，家具摆放方便；两户户型相同。 3房2厅2卫 层面积：260.16平方米 公摊面积：21.02平方米	北碚、城南新区、缙泉路）	动区与静区分离明显，静区距离入户门较远，能够保持一定的私密性，并且互不干扰	家务流线串联餐厅、厨房与阳台，功能合理，但距离卫生间较远；居家流线中在主卧安排独立卫生间，满足私密的要求，使用便利；来客流线串联餐厅、客厅与景观阳台；三条流线打扰较少	每个房间均有独立开窗，能够自然采光，属于"全明户型"，避免暗厨和暗卫；阳台大玻璃开窗较多，采光条件良好	可以做到两个对流通风，厨房卫生间等潮湿有气味的房间也拥有独立通风	套内面积：119.57平方米 卧室：3.2*3.3米 卫生间：2*2.4米 主卧：3.9*5.4米 主卫：2.3*1.8米 景观阳台：4.5*1.8米 客厅：4.5*4.5米 生活阳台：2*1.8米 厨房：2*3.8米 侧厅：3.4*3.8米 开放阳台：2*3.5米	"全明户型"，通风与采光条件良好，房间布局较为合理，空间方正。但交通空间分别对应入户的不同门

图7　住宅户型类型学分析学生作业示例

资料来源：教学组提供

图8　住宅组团设计学生作业示例（部分）

资料来源：教学组提供

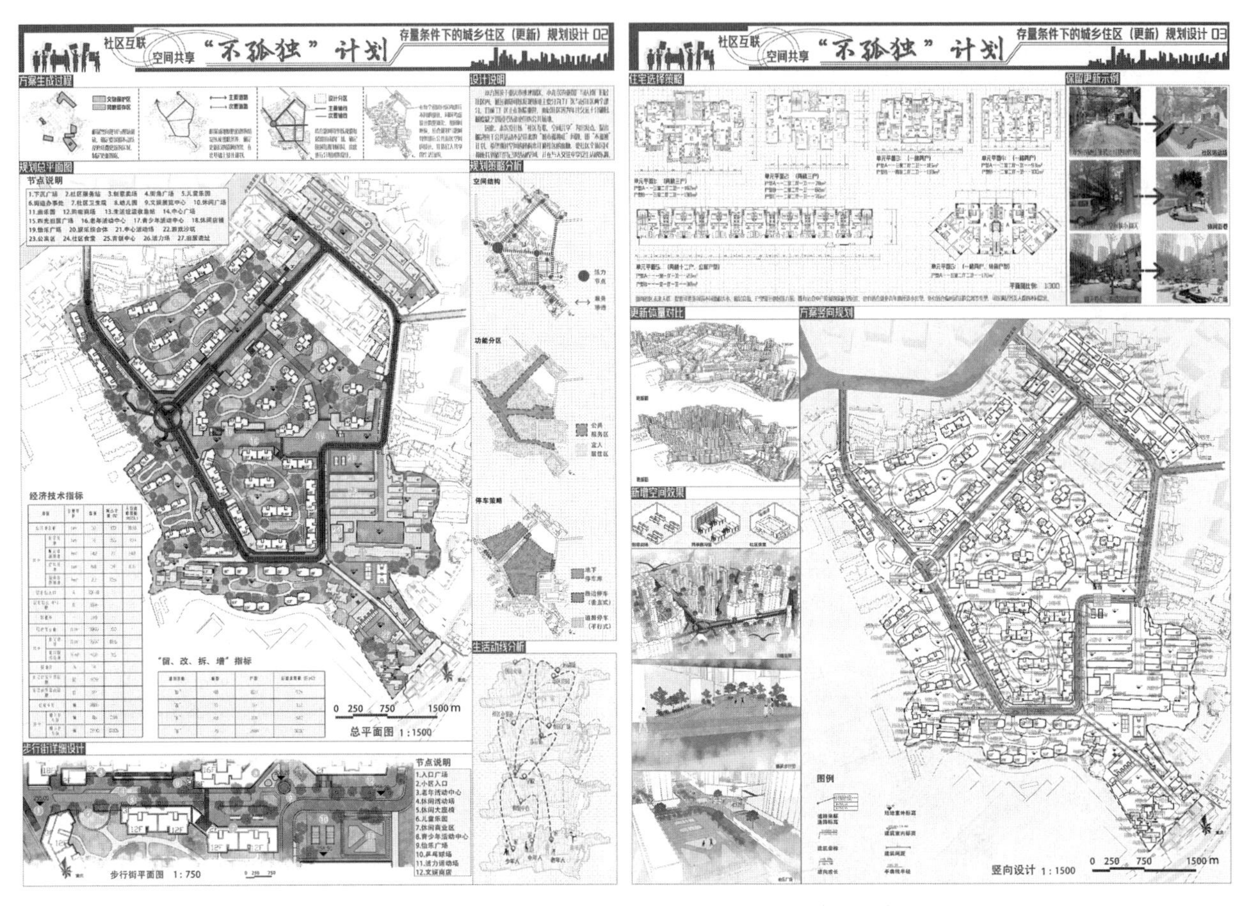

图 9　住区（更新）规划设计学生作业示例（部分）

资料来源：教学组提供

图 10　学生反馈的词频分析结果

资料来源：作者自绘

5　结语

当前城市发展正面临着从增量扩张向存量更新快速转型的重要阶段，同时也是人工智能等新技术日新月异之时。这一转型背景要求我们需不断突破认知边界和技术瓶颈，重新审视和反思增量时代的规划理念与设计方法，对城市存量条件进行深度挖掘和有效利用，以实现高质量发展和高品质生活的共同目标。作为中国城镇住宅供给的主力，建成 20~30 年以上的住区已经积累了大量的更新需求。在此背景下，住区规划设计课程亟需顺应社会的发展需求，将重点放在探求存量背景下的住区更新规划上，引导学生共同探索因地制宜的更新理念、设计方法与设计成果表达。此外，住区规划是链接建筑设计与城市设计课程的关键课程之一，拉通设置住宅户型类型学分析、组团设计与 5 分钟生活圈规划，学生可以得到从户型到组团再到生活圈综合三个尺度的系统训练，从整体和不同阶段引导学生思考不同尺度的社会—空间规划设计内涵与要点，进而更全面地理解和整合当下的住区规划理念和方法。随着价值认知和技术手段进步，今后还可加强参与式协作规划的力度和深度，将运营思维带进教学环节，增强住区规划教学的在地性可行性。

致谢：感谢教学组老师们对课程改革的共同努力（近三年参与住区规划设计教学的老师包括：黄瓴、徐煜辉、聂晓晴、曾卫、王正、闫水玉、王敏、郭剑峰、邢忠、李旭、叶林、刘鹏、牟燕川）

参考文献

[1] 刘东卫，秦姗．城市住区更新的开放建筑方法与 SI 住宅再生设计实践研究 [J]. 世界建筑导报，2023，38（4）: 25-27.

[2] 王承慧，雒建利，巢耀明，等．务实・开放・多元——东南大学城市规划专业住区规划设计课程群教学简介 [J]. 住区，2014（2）: 36-38.

[3] 黄瓴，牟燕川，彭祥宇．新发展阶段社区规划的时代认知、核心要义与实施路径 [J]. 规划师，2020，36（20）: 5-10.

[4] 徐菊芬，李微微，李萧然，等．“校社合作”模式下的老旧住区微更新教学实践探索——以南京市虎踞北路两个住区为例 [J]. 城市建筑，2022，19（08）: 1-5，22.

[5] 于一凡．从传统居住区规划到社区生活圈规划 [J]. 城市规划，2019，43（5）: 17-22.

[6] 吴志强，张悦，陈天，等．“面向未来：规划学科与规划教育创新”学术笔谈 [J]. 城市规划学刊，2022（5）: 1-16.

Planning and Designing of Landscape Urban Settlements under the Existing Conditions——Reform and Practice of Design Teaching in the Third Year of Undergraduate Urban and Rural Planning Program at Chongqing University

Huang Ling　Mou Yanchuan　Liu Peng

Abstract: In the face of complex urban existing conditions, how to learn and understand more deeply China' s settlement history, the current urban life pattern and the settlement form of landscape cities, and how to reflect and innovate the concepts of settlement planning, design methodology and the expression of design results according to local conditions with the help of new technologies have become the basic background and the basis of the topic selection for the reform of the curriculum of settlement planning and design of China' s urban and rural planning majors. The teaching team of Chongqing University gathered teachers with different research backgrounds in community, ecology, history, technology, urban design, etc., and with the goal of "focusing on cultivating new-age planners with both scientific and humanistic spirit", and tried to explore a set of locally adapted urban settlement planning concepts, open and accommodating urban settlement planning with the help of new technology reflection and innovative design methods and design results expression, It tries to explore a new teaching mode of planning and designing of landscape urban settlements which is suitable for local conditions and open and inclusive.

Keywords: Existing Conditions, Landscape City, Settlements Planning And Design, Reform of Teaching, Chongqing University

城乡规划专业课程优化设置研究
——以天津大学城乡规划本科三年级为例

王 峤 臧鑫宇 田 征

摘 要： 近年来城乡规划学科的内涵和外延发生了很大变化，城乡规划教育面临着重大改革来承接行业形势变化。基于与学生、指导教师、用人单位访谈，以及对标国内外城乡规划设计课程与注册规划师执业要求，深入探讨了当前城乡规划专业课程在内容、时序和系统性方面的若干问题。以城乡规划设计实践应用为目标，以知识点的研究作为切入点，对知识点的内容、教学强度和安排时序等提出优化调整思路。在此基础上完善更新具体课程的教学大纲，并对课程群进行整体规划。

关键词： 城乡规划；专业课程；本科三年级；课程设置

城乡规划专业具有很强的实践性，其特点主要在于设计课作为课程体系的主干，由相关理论课对其进行支撑，提供设计课所需知识点，并在设计课上通过实践反馈达到提升能力的效果。近年来城乡规划学科的内涵和外延发生了很大变化，这意味着城乡规划教育面临着重大改革来承接行业形势的变化。因此，有必要对当前城乡规划专业的课程体系进行梳理和更新。事实上，当前城乡规划专业课程在内容、时序和系统性方面已经显露出若干问题。

在内容方面，城乡规划研究范围已从城市扩展至城乡，研究对象涉及国土空间的全域全要素；规划设计过程中需要考虑的内容更广、更深，理论课知识点面临着更新迭代的紧迫需求。在时序方面，部分理论课的授课时段落后于设计课进度，不能达到理论先行、指导实践的效果；部分理论课程设置较为集中，使学生学业压力较大。在系统性方面，部分理论课程中所包含的知识点不够明确，知识点之间的联系不够清晰，这造成了学生不了解城乡规划专业的知识全貌，不能对城市规划知识形成较为系统的认识，难以为未来学业进行清晰地规划。

天津大学“城市规划设计 1–5”是城乡规划专业的设计课程群，面向本科三至五年级学生开设。根据高等学校城乡规划本科指导性专业规范，课程依据《城市规划编制办法》和地方性技术规范，对修建性详细规划、城市设计、控制性详细规划、总体规划等进行编制。围绕该课程群，已建立起一系列讲授相关知识、设计方法、理论前沿等的课程作为支撑，形成了 2018 版城乡规划专业课程体系。为适应学科发展，优化育人体系，2023 年天津大学城乡规划系基于当前课程体系中显现出的若干问题开展了多轮多主体的广泛调研，对本专业设计主干课程与理论课程的关系进行分析和调整，进一步优化以学生成长为中心的课程体系。

1 研究方法与研究内容

立足经济社会发展需求和人才培养目标，为加强城乡规划专业课程体系的整体性，提高课程建设的系统性，避免随意化和碎片化，主要研究内容包括系统梳理“城市规划设计 1–5”及其相关理论课程的知识点，合理优化理论课程的设置，以提升其对设计课程群的支撑效果，并绘制以知识点为单元的课程群知识图谱。

在研究中，以“城市规划设计 1–5”课程群的实践应用为目标，以知识点的研究作为切入点，将其分为需

王 峤：天津大学建筑学院副教授
臧鑫宇：天津大学建筑设计规划研究总院有限公司正高级工程师，天津大学建筑学院硕士生导师（通讯作者）
田 征：天津大学建筑学院助理研究员

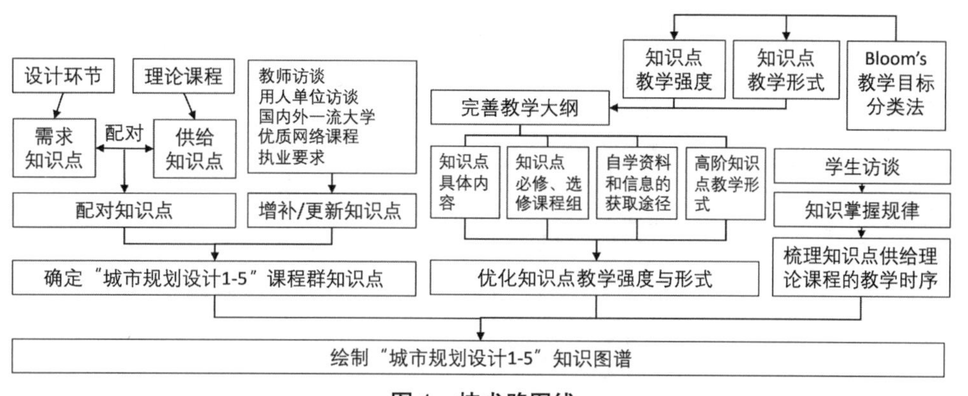

图 1　技术路图线

资料来源：作者自绘

求知识点与供给知识点。通过对知识点的内容、教学强度和安排时序等进行调研分析与优化调整，一方面对具体课程的教学大纲进行完善更新，另一方面对课程群进行整体规划（图 1）。

2　城乡规划本科三年级课程体系现状调研

以城乡规划本科三年级设计课程为例开展具体研究。首先，基于需求知识点与供给知识点的配对关系，发现当前课程体系中的问题。其中，需求知识点主要来自于设计课程，供给知识点主要来自于理论课程。总结设计课程“城市规划设计 1、2”各设计环节中的教学目标和要求，确定需求知识点；根据需求知识点，对当前理论课程中能够提供的供给知识点进行配对，同时记录理论课程中具体知识点的教学内容与教学形式；对需求知识点无对应供给知识点的情况或者重复对应多个理论课程的情况进行记录。

其次，与学生进行访谈，考查知识点供需是否满足，课程时序安排是否合理等情况。与各年级组长、指导教师进行访谈，发现设计课各环节中学生普遍存在的薄弱知识点与欠缺知识点；与近年来接收本专业本科毕业生的用人单位访谈，发现学生知识或能力方面的不足之处；对国内外一流大学城乡规划设计课程、优质网络课程等内容进行分析，以及对应国家注册城市规划师执业要求，对本专业知识点进行补充和更新。

2.1　确定知识点及其重要程度

以城乡规划本科三年级设计课程“城市规划设计 1、2”为例，根据各环节中的教学目标和要求确定了 65 个需求知识点及其重要程度（表 1）。

2.2　基于学生访谈的现状调研

本次研究邀请了本科三年级 16 名同学对“城乡规划设计 1、2”需求知识点与当前理论课程的匹配程度进行问卷填写，并根据问卷结果与学生进行访谈（附录 1）。

三年级设计课中，第五学期的教学内容主要为居住区规划、存量规划设计，第六学期的教学内容主要为城乡开放空间设计和综合城市设计。调研发现目前部分理论课程在时间供给上滞后于知识点需求，如开设于第六学期的“城市规划原理 2”“数字化分析与计算”“城市设计概论”“建筑环境与可持续发展”无法为居住区规划、存量规划设计的相关内容课程项目支撑；开设于第七学期的理论课“城市基础设施工程规划”“地理信息系统与智慧规划”难以为综合城市设计的需求知识点进行支撑。因此，根据学生的认知规律，组织授课教师讨论，调整以上课程至适宜的开设学期，以更好地支撑相应学期的设计课程。

另外，根据课程对知识点支撑的调研分析结果，较多理论课程支撑的知识点包括基地内外交通（11 个）、现状建筑质量（10 个）、智慧城市（10 个）、健康城

“城市规划设计1、2”的需求知识点 表1

	知识点	重要程度		知识点	重要程度
1.1	基地调研与分析		1.5	居住区设计	
1.1.1	基地及周边业态	★★★	1.5.1	居住区规范	★★★
1.1.2	基地内外交通	★★★	1.5.2	配套设施标准	★★★
1.1.3	基地及周边社群活动	★★★	1.5.3	建筑设计规范	★★★
1.1.4	现状建筑质量	★★★	1.5.4	日照分析	★★★
1.1.5	基地及周边文脉	★★★	1.5.5	开发强度	★★★
1.1.6	上位规划	★★★	1.5.6	住宅选型	★★★
1.1.7	区位分析	★★★	1.5.7	幼儿园选型	★★★
1.1.8	调研报告成果	★★★	1.5.8	居住区理论发展	★
1.2	规划设计相关理念		1.5.9	开放式与封闭式社区	★
1.2.1	可持续发展	★	1.5.10	生活圈	★
1.2.2	绿色城市、生态城市	★	1.6	存量规划设计	
1.2.3	智慧城市	★	1.6.1	存量更新理论发展	★
1.2.4	健康城市	★	1.6.2	存量更新原则	★★
1.2.5	韧性城市	★	1.6.3	设施升级	★★
1.2.6	低碳发展	★	1.6.4	建筑改造设计	★★
1.2.7	防灾减灾	★	1.6.5	业态调整	★★
1.2.8	公众参与	★	1.6.6	功能策划	★★
1.2.9	全龄友好	★	1.6.7	社群组织	★★
1.3	规划方案设计		1.6.8	商业区设计及建造选型	★★★
1.3.1	道路交通	★★★	1.6.9	商务区设计及建筑选型	★★★
1.3.2	功能分区	★★★	1.6.10	文化娱乐区设计及建筑选型	★★★
1.3.3	环境衔接	★★★	1.6.11	教育科研区设计及建筑选型	★★★
1.3.4	步行体系	★★★	1.6.12	历史建筑保护更新	★★★
1.3.5	景观设计	★★★	1.6.13	旧工业区更新改造	★★★
1.3.6	视线通廊	★★★	1.7	城乡开放空间设计	
1.3.7	历史保护	★★★	1.7.1	公园设计规范	★★★
1.3.8	建筑选型	★★★	1.7.2	公园配套设施	★★★
1.3.9	建筑组群	★★★	1.7.3	公园设计结构	★★★
1.3.10	停车系统	★★★	1.7.4	地形处理	★★★
1.4	规划设计表达		1.7.5	植物配置	★★★
1.4.1	工程制图规范	★★★	1.7.6	水景设计	★★★
1.4.2	设计方案生成的逻辑性	★★★	1.7.7	绿地景观设计	★★★
1.4.3	方案讨论与汇报	★★★	1.7.8	儿童游憩区设计	★★★
1.4.4	绘图技术	★★★	1.7.9	景观家具布局	★★★
1.4.5	技术经济指标	★★★	1.7.10	体育运动区设计	★★★

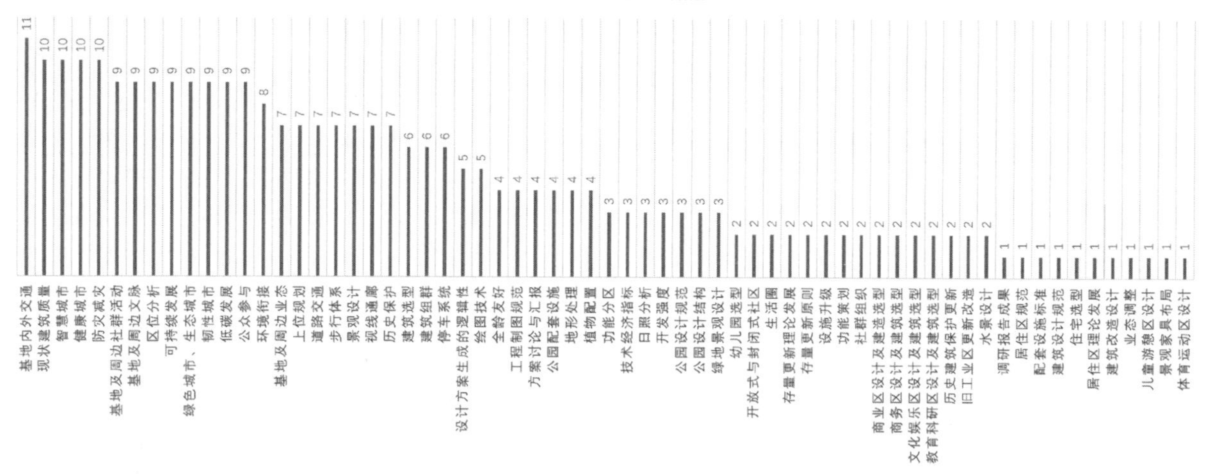

图 2　知识点与其对应的理论课程数量

资料来源：作者自绘

市（10 个）、防灾减灾（10 个）等；具有较少理论课程支撑的知识点包括调研报告成果、居住区规范、配套设施标准、建筑设计规范、建筑改造设计、儿童游憩区设计、景观家具布局、体育运动区设计等（均为 1 个）（图 2）。因此，在优化调整中一方面统筹协调，适当降低热门知识点的出现频率；另一方面，考虑在法规类课程中着重强调相关规范的知识点，并通过设计课内嵌讲座的形式，提高低频知识点的出现频率。

2.3　基于指导教师访谈的现状调研

为发现学生的薄弱知识点和欠缺知识点，本次研究与三年级多位指导教师进行访谈，对学生在设计技巧手法与设计逻辑思维方面的培养提出了建议（附录 2）。

三年级设计课从建筑尺度扩展至城市片区，用地功能也涉及居住、商业办公、工业等多种类型。在尺度和功能的双重复杂要求下，学生显现出对各类型建筑在功能、尺度、形态等方面的认知不足。建筑类背景院校的城乡规划专业通常在一二年级接受小型建筑单体设计的训练；但对于尺度稍大的公共建筑，由于缺少对内部功能组成的深入理解，对建筑尺度的把握仅停留在常用经典尺寸的记忆与应用。针对城乡规划专业学生，增加建筑选型方面的知识储备与能力培养是设计方案可行性的重要基础。

与此同时，从一二年级小型建筑单体设计到三年级居住区、城市片区尺度过渡过程中，城乡规划专业应尝试着从以建筑为审美核心向以城市空间为审美核心的转化。从建筑场地设计到城市公共开放空间，精细化、可落地的设计手法是当前城乡规划建设以城市更新为主体背景下的重要能力。因此，可考虑加强建筑、风景园林等与规划专业在设计课程中的联动，通过设计题目的商讨确定多专业适宜开展的题目和组织形式，使不同专业的学生相互学习。

城乡规划设计对城乡近期和远期建设均起到深远影响，体现城市发展战略和维护公众利益。城乡规划专业具有较强的理性思维要求，要求学生立足现实、因地制宜、长远考虑。为使学生增强对城市的理解，建立起清晰和科学的思路，应进一步完善逻辑学、统计学和社会学相关选修课程，形成的课程链可与本研贯通课程共同设置。在低年级阶段讲授学生容易理解的逻辑学基本原理，对理性的思维方法建立初步概念；在中高年级对统计学和社会学的知识进行补充，逐渐完善知识体系。

2.4　基于用人单位访谈的现状调研

本次研究邀请了近年来接收本专业本科毕业生的用人单位访谈，已邀请多位代表涵盖了多地的规划设计院、规划管理部门、房地产公司、城市数字科技公司等（附录3）。

城乡规划与国家政策、法律法规具有紧密的联系。近年来我国出台一系列政策方针，包括程序性政策和规范性政策等，并且由于国土空间规划对本学科提出新要求，相关法律、法规、规范等均有更新，相关课程应与时俱进。

城市建设活动与城市经济密切相关。投资形式、建设成本等对方案的可行性具有重要影响。近年来城乡规划的公共政策特征已更为凸显，项目策划对城市更新项目的建成效果和可持续发展起到了至关重要的作用。虽然相关理论课程已涉及此类内容，但学生理解仍显欠缺。在设计课相应题目中，应引导学生运用所学原理和知识，结合现状带着问题开展社会调查，在实际问题中进行思考，主动提出具有见解的对策。

沟通和协调能力是城乡规划专业的必备能力。除完善管理学选修课程之外，在设计课的多阶段中应确保学生介绍方案及讨论回答的充分性。在开题、中期、终期等重要节点，邀请多方面利益主体参与设计讨论，有助于学生从多视角分析与思考，实现设计能力的辩证反馈与不断进步。

2.5 对标国内外城乡规划设计课程与注册规划师执业要求

基于国内外著名院校城乡规划设计课程、城乡规划优质网络课程等内容的分析结果，城市规划前沿技术是课程建设的重要发展方向之一。当前本校的综合实践类课程“城市研究与规划技术方法”以城乡规划专业常用软件为基础，结合具体研究方向与课题进行实际操作，是以实践为中心的综合型课程。通过课程，学生能够快速熟悉相关方法并完成作品，获得感强。但由于课时限制，主要对主流技术方法进行应用。可提升虚拟仿真课程辅助设计课程的紧密程度，同时适当增加城乡规划数字化分析、新兴技术总览的选修课程或专题沙龙，为学生理解城乡规划新技术全局情况，选用适宜性方法提供平台。对于衔接国家注册城乡规划师要求方面，应加强规划设计规范标准、城乡规划原理、城乡规划法律法规等方面的知识点频率，同时在设计课程中引导学生思考现实问题，提出可行方法。

3 城乡规划本科三年级课程体系优化设置

根据以上调研，城乡规划本科三年级课程体系优化设置主要从增补与更新知识点、优化知识点教学强度与形式、梳理知识点供给课程的教学时序方面进行。

基于内外部资源对知识点进行增补和更新，将增补的知识点落实于具体的课程中。对于当前课程体系尚不能覆盖的知识点，总结自学资料和信息的获取途径。对知识点进行分类，对重要知识点提高供给理论课程的对应数量，并提出在相应理论课程中增加互动环节、提高考核标准等要求。确定高阶性知识点并提出适宜的教学形式，强调其创新性和挑战度。完善设计课程“城市规划设计1、2”的教学大纲，明确知识点的具体要求和重要程度，明确与知识点相关的必修、选修课程组。根据知识掌握规律，优化知识点供给理论课程的教学时序。在此基础上，基于知识点的内容、形式以及时序相对位置，构建以知识点为单元的可视专业课程知识图谱（图3），为学生提出建议的选修课清单和计划手册。

注：参加本次研究的包括指导教师王峤、臧鑫宇、陈天、侯鑫、卜雪旸、蹇庆鸣、李泽、左为、陈明玉、解永庆、任利剑；用人单位代表谢四维、翟炳哲、李佳洁、何俊乔、毛羽、张楠、施志刚、徐英楠、金鑫、秦维、张娜、李君、钟学丽；本科生蒋孟凌、赵亚美、邬雨晴、卞俊杰、马玉鑫、戴安娜、胡彤、马博然、肖天凯、王绍言、王兆、高芷晴、生馨蕾、李志超、黄艺、李坤耀、赵仕鹏、郭函祎、兰琳智，博士研究生李含嫣等，感谢以上老师和同学们对本研究做出的支持！

附录1

学生访谈提纲

向学生提供整理好的“城市规划设计1、2”知识点，以及目前全部课程的目录。并就以下问题进行提问：

1 对于一个知识点有较多门课程涉及的情况

1.1 某一知识点对应了多门课程，你认为其中讲述这个知识点的最重要课程是？（也就是哪门课程上讲的内容对这个知识点最有用？一门或多门）

1.2 这个知识点是否需要这么多门课程讲述，目前

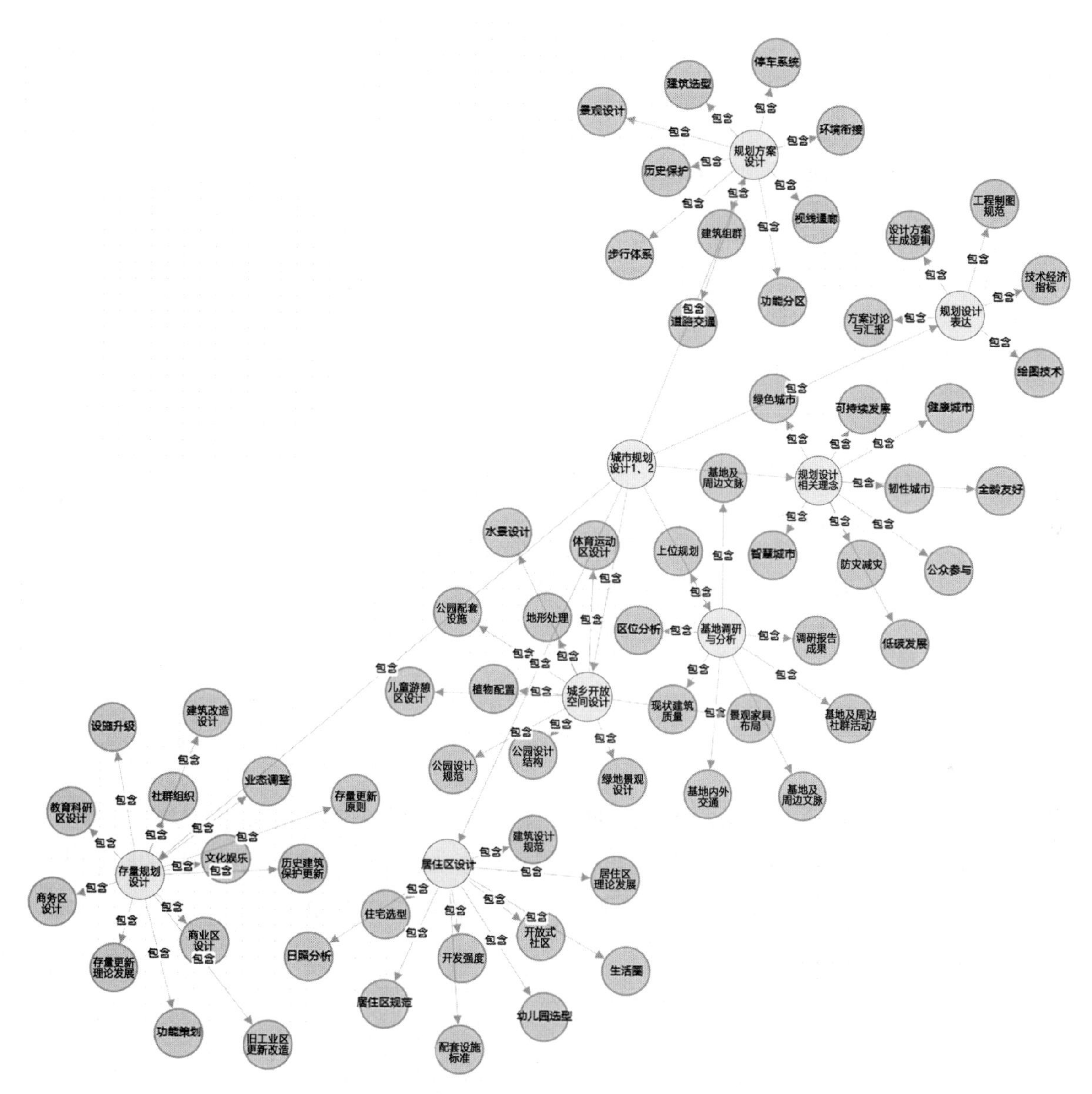

图 3 “城乡规划设计 1、2”知识图谱

资料来源：作者自绘

课程的设置是否过于重复？建议哪门课程可以不讲这个知识点？

2　对于一个知识点有较少门课程涉及的情况

你认为关于这个知识点，当前课程讲述是否合适，还有哪些没有涉及，包括深度和广度？可以具体说说。

3　对于知识点的总体情况

3.1　你觉得目前所列的知识点是否覆盖了三年级设计课所需知识，如果没有，请简要说说还需要补充什么知识点？

3.2　如果需要补充，那么用什么样的形式进行学习比较好？如理论课、讲座，还是自学？

附录 2

指导教师访谈提纲

您好，为了开展本专业培养方案修订前的调研，想邀请您访谈以下问题：

1. 作为三年级设计课任课教师，您觉得三年级同学在设计课上表现出哪些知识或能力欠缺？

2. 您认为当前的理论课是否很好支撑了设计课上对各类能力的需求？

3. 结合当前培养方案与理论课的安排关系，请您谈谈理论课是否存在滞后、超前或重复建设的情况？

附录 3

用人单位访谈提纲

您好，为了开展本专业培养方案修订前的调研，想邀请您访谈以下问题：

1. 目前贵单位招收的本科毕业生中，在哪些知识或能力方面体现出不足？

2. 您认为当前的课程优化应主要面向哪些方向？

Curriculum Optimization Research of Urban and Rural Planning ——Taking the Junior Year of Urban and Rural Planning in Tianjin University as an example

Wang Qiao　Zang Xinyu　Tian Zheng

Abstract: In recent years，great changes have taken place in the connotation and extension of urban and rural planning，and urban and rural planning education is facing major reforms to undertake changes in the industry situation.This paper deeply discusses some problems in the content，timing and systematization of the current urban and rural planning curriculum，based on interviews with students，instructors and employers，comparison with domestic and foreign urban and rural planning courses，and requirements for certified planners. Taking the practical application of urban and rural planning as the goal，this paper takes the research of knowledge points as the starting point，and puts forward the optimization and adjustment ideas on the content of knowledge points，teaching intensity and arrangement time series. On this basis，the teaching syllabus of specific courses is improved and updated，and the overall planning of course groups is carried out.

Keywords: Urban and Rural Planning，Major Course，Third Year Undergraduate，Curriculum

面向国土空间规划的总体规划设计教学改革探索：东南大学的实践*

陶岸君　王海卉　权亚玲

摘　要：随着国土空间规划体系的建立，城乡总体规划被国土空间总体规划所取代，总体规划设计教学改革成为城乡规划专业教育的重要课题。由于国土空间总体规划的自身性质和专业教育之间存在的客观落差，总体规划设计教学改革在教学资源和教学组织等方面存在诸多难点。本文认为国土空间总体规划设计教学应当以“空间”作为能力培养的核心、以规划实务作为设计课堂教学的重心，并从课程体系、教学组织、能力培养和支撑体系四个方面介绍了东南大学总体规划设计教学改革的做法和经验。

关键词：国土空间规划；城乡规划专业；教学改革；课程建设

1　引言

自 2019 年《中共中央 国务院关于建立国土空间规划体系并监督实施的若干意见》发布以来，国土空间规划作为我国空间规划体系核心和基石的地位已经确立，与国土空间规划相关的学术研究、行业改革和制度配套也已经全面展开。城乡规划专业教育肩负着为社会输送城乡规划设计、实践、管理和研究人才的重任，必须响应国家战略需求的变化，培养符合国土空间规划实践需求的专业人才。长期以来，设计教学都是我国城乡规划专业核心的人才培养途径，其中总体规划作为空间规划与设计培养的核心课程一直在专业培养体系中占据重要的地位。随着城市总体规划被纳入“多规合一”的国土空间规划，总体规划设计课程也必须与时俱进，面临着迫切的教学改革需求。近年来，很多高校已经在国土空间规划的背景下就总体规划教学的改革开展了诸多探索，积累了不少有益经验[4-7]，同时也暴露出传统设计教学模式与国土空间规划体系在相互适应上存在诸多关键难点。2019 年，东南大学基于多年来形成的“空间 +”人才培养体系面向国土空间规划开展了系统的总体规划设计教学改革，本文即基于教学改革所取得的经验对国土空间总体规划设计教学的培养目标、组织模式和课程建设展开论述。

2　国土空间总体规划设计教学的改革难点和组织思路

在国土空间规划体系下，“国土空间总体规划”继承并发展了“城乡总体规划”作为统筹和平衡各领域空间需求的综合性、蓝图性规划的地位，因此规划专业教育中的城乡总体规划教学自然转变为国土空间总体规划教学。国土空间总体规划设计教学的组织，一方面来源于过去城乡总体规划设计教学所积累的教学传统和经验，另一方面要适应国土空间总体规划的新要求做出相应的改变和创新。然而，在国土空间总体规划和城乡总体规划之间、国土空间总体规划的实际编制方式和规划设计教学方式之间都存在着明显的差异，这些差异导致了国土空间总体规划设计教学组织面临着诸多难点，成

* 基金项目：东南大学教学改革研究与实践项目：面向国土空间规划的城乡总体规划设计教学改革（2023-059）。

陶岸君：东南大学建筑学院副教授（通讯作者）
王海卉：东南大学建筑学院副教授
权亚玲：东南大学建筑学院讲师

为困扰总体规划设计教学组织的关键因素。

2.1 国土空间规划设计教学改革难点

（1）激增的教学需求与有限教学资源的矛盾

国土空间总体规划较过去的城乡总体规划在理论、方法、规划对象和编制内容方面都大幅扩张，随之带来的是对从业人员的知识结构和实务能力需求的大幅提升。一方面，国土空间规划所需的知识基础在对象上从以建成空间为主拓展到由生态空间、农业空间和城市化空间所共同构成的国土空间，在学科上在以建筑、规划、景观为核心的传统建筑类学科基础上大幅提高了地理学、生态学、环境科学、农学、林学、海洋学等相关学科的知识占比，在结构上也由过去以空间利用为主的知识延伸到空间的开发、保护、管控、协调、治理等层面[1, 2]，扩大的知识基础必然带来理论教学需求的扩张。另一方面，国土空间规划强调战略性和管控性，在工作环节上大幅提高了战略思考、基础研究、分析评价的重要性，增加或扩大了生态保护、农业发展、资源开发利用、防灾减灾、国土整治修复、陆海统筹等方面的规划任务，基于实施和监管的需要在统一底图底数、空间数据标准化等方面提出了更严格的要求，这都要求在人才培养过程中进行相应的能力训练。

与此同时，优化课程设置、减轻学生课业负担又是当前高等院校人才培养改革的重点，中央文件《关于深化高等教育综合改革的意见》以及《国家中长期教育改革和发展规划纲要》中都明确指出“鼓励学校优化课程设置，合理安排课业负担，避免过多的课业压力”，多数城乡规划专业院校近年来的人才培养方案调整也都以压缩学分学时甚至缩短学制为主要方向，在此背景下国土空间规划所带来的激增的教学需求不可能通过增加课程、延长学时的方式来实现，如何在现有的，甚至是精简之后的有限教学时长内满足国土空间规划改革对规划专业人才复合能力的培养需求是国土空间总体规划设计教学组织所面临的重要现实难点。

（2）规划编制与人才培养过程疏离，难以贯彻“产学研”的全面结合

城乡总体规划设计教学过去一直强调生产实践对教学的支撑，依托学院或学校规划设计院承接的真实总体规划项目让学生在真实或仿真的生产实践中积累规划设计的实务经验，提升自主学习能力，实现“干中学”[3]。然而自从国土空间规划改革实施以来，依托真实项目开展总体规划设计教学的难度明显增加。一方面，相较于过去的城乡总体规划，国土空间总体规划的编制任务量更大、工作周期更长、专业性要求更高，导致高校规划设计院承接的总体规划项目减少，适合开展教学的真实项目资源稀缺；另一方面，国土空间总体规划真实项目涉及资料数据量十分庞大，且规划编制使用的核心数据还涉及保密问题，因此在课堂上很难复制出真实项目的生产实践环境和工作条件。在这些因素的制约下，国土空间总体规划设计教学在选题、调研、数据分析等环节都面临不小的难度。

（3）规划编制内容的扩充为课堂教学组织模式带来挑战

国土空间总体规划的编制环节增多、内容和深度增加，在真实项目中往往需要数十人的大型团队共同完成。为了使学生在一个学期的课堂学习中完成国土空间总体规划项目所要求的基本环节，就必须兼顾教学时长和学生精力的限制，扩大设计小组的规模，让更多的学生共同分担一个项目的设计任务。通过不完全调研，各规划院校在总体规划设计课程中的小组规模大多在每组8~15人。大型设计组的教学组织方式固然能够更好地模拟真实的生产环境，锻炼学生的团队合作意识，使学生可以完成更复杂的设计任务，但是也存在一些负面影响。一方面，课堂教学需保证每个学生享有均等的受教育机会，当设计组规模过大时，必然会导致设计任务分配过于分散，每个学生都只能在某一方面得到锻炼，却错过另外一些能力提升机会；并且由于不同学生在设计中所承担的工作难以精确量化，不利于准确考核学习效果，在成绩评定上也做不到绝对公平。另一方面，大型设计组的组织模式客观上降低了设计题目的丰富度和比较性，弱化了不同学生在解题思路上的差异，不利于调动学习和创新的主观能动性。

2.2 国土空间总体规划设计教学的组织思路

国土空间规划改革的实施为总体规划课程教学带来了深刻的挑战，而国土空间规划背景下的总体规划设计教学的组织正应当以破解上述难点为核心，明确能力培养和课堂教学的核心和重心，探索出适合规划类院校的

国土空间总体规划设计教学组织模式。

（1）以“空间”作为能力培养的核心

国土空间规划需要多学科共同的参与，行业中所需要的人才也来自不同学科专业，因此需要明确城乡规划专业人才在国土空间规划中的核心能力是什么，才能抓住人才培养的重点，从庞杂的理论、方法、实践知识中梳理出核心的教学逻辑。与其他相关兄弟学科专业相比，城乡规划专业人才的核心能力是空间设计和布局的能力，要实现国土空间规划“形成协调、可持续的高质量国土空间格局”的目标，就必须要发挥城乡规划专业在空间设计和布局能力上的优势。

不同于本专业其他设计课程中所培养的基于小尺度物质空间和建成空间的设计能力，国土空间总体规划所强调的空间能力是面向大尺度的，对国土空间开发和保护总体结构的把控和对包括山、水、林、田、湖、草在内的各类国土空间要素的布局做出具体安排。这种空间设计和布局的能力，既离不开本专业其他设计课程教学所打下的能力基础，又需要在总体规划设计课程中结合新的知识和新的规划对象进行重点培养。而这种空间能力的养成正是国土空间总体规划设计课程的培养核心，应当把有限的教学资源首先运用到空间能力的培养上，才能够充分发挥教学的效率，建构出城乡规划专业人才在国土空间规划领域中的核心竞争优势。

（2）以规划实务作为设计课堂教学的重心

国土空间总体规划编制的环节众多，理论和方法基础面广量大，相关能力的培养涉及专业教学的方方面面，需要明确不同课程在总体规划能力培养中的分工和角色，将设计教学的重心放在规划编制的实务能力培养上，更高效地利用设计课程的教学时长。国土空间总体规划编制的实务能力包括资料收集、现场调研、数据处理、提出战略、制定方案、图件制作、文本写作、方案汇报等方面，设计课程的课堂教学应该按照这类能力培养的客观规律，以沉浸式、“干中学”的教学方式为学生搭建起规划编制实务能力的基本框架。在教学深度上，设计课程的培养目标是围绕上述能力的“know how”教学，它包含两个层面的考虑：一方面，设计教学要解决的是让学生知道规划编制“怎么做”，至于“为什么这样做”所涉及的理论、方法以及背景知识的教学应该充分发挥课程群的作用，由其他相关理论课程进行补充支撑；另一方面，设计教学重点是让学生熟悉规划编制实务的操作过程，以“做得像”“做得对”为基本目标，而要实现“做得细”“做得好”则必须经过更多实践经验的锤炼，这就需要由实践课程、实习、竞赛等其他教学环节来完成。

3 东南大学国土空间总体规划设计课程的改革实践

3.1 课程概况与教学改革总体思路

东南大学国土空间总体规划设计教学依托“城乡规划设计Ⅳ”课程开展，共安排 5 个学分，128 个学时。该课程原教学任务为城乡总体规划，于四年级下学期开展，是城乡规划专业本科阶段 8 门设计课程中的最后一门，体现设计对象的空间尺度从小到大的拓展过程，自 2001 年至今已开展 24 年。

为适应国土空间规划体系的需要，东南大学于 2019 年启动总体规划教学改革，将“城乡规划设计Ⅳ”课程的教学任务改为国土空间总体规划，并结合本科培养方案的修编从多个方面开展了全面的改革探索。核心思路包括：

1）在课程体系方面，建构“双圈层融贯式”的国土空间规划相关课程群，为设计课程打好知识基础，实现理论课—设计课—实践课面向国土空间总体规划能力培养的全面协同。

2）在教学组织方面，采用个人、小组、工作室相结合的多元学习主体，建构多阶段递进式的灵活的教学组织模式。

3）在能力培养方面，以空间设计能力为核心、以规划编制实务能力为重点，构建模块化、习题化的能力训练矩阵。

4）在支撑体系方面，通过校外联合教学实践基地和教学实验平台的建设，解决国土空间总体规划教学在选题、调研、数据资料获取和运用方面的困难。

3.2 “双圈层融贯式”的国土空间规划课程群

根据国土空间规划对知识结构的更高要求，通过整合、调整和新开设相关理论、技术类课程，构建了“双圈层融贯式”的国土空间规划课程群（图 1），将跨学科知识点通过课程群进行集合转化。课程群由三个部分构成，各自侧重国土空间总体规划能力的不同组成部分，

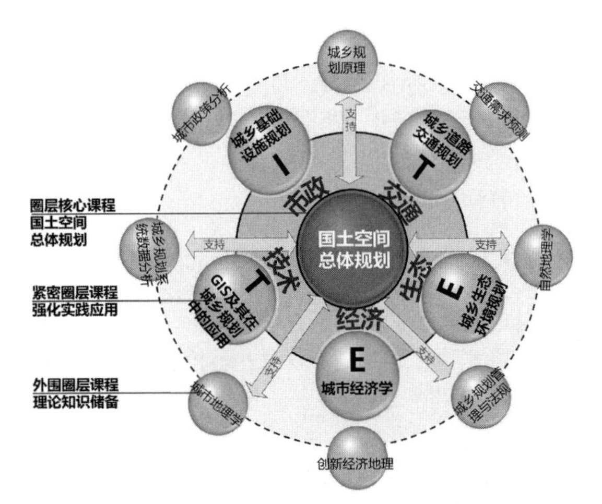

图 1 “双圈层融贯式”的国土空间规划课程群结构示意图

资料来源：作者自绘

形成有层次的知识点结构体系。

1）课程群核心：“城乡规划设计Ⅳ”（国土空间总体规划设计课）

设计课为国土空间规划课程群的核心，以规划实务能力训练作为课程教学的主要目标。课程的 128 个学时中，实地调研、设计研讨、答辩占 112 个学时，理论教学占 16 个学时。理论教学的知识点主要覆盖国土空间总体规划相关技术标准、编制方法、技术手段等知识点，通过系列讲座的方式解答学生在规划编制实践中所直接面对的难点和疑惑。

2）紧密圈层：国土空间规划实践应用课程

紧密圈层的课程讲授可以直接应用于总体规划编制实践的相关理论和方法，如道路交通规划、基础设施规划、生态环境规划、GIS 技术和数据库、开发成本和效益评估等知识点。这些课程大多与设计课在同一学期开设，授课教师基本也是设计课教学组成员，与设计课教学高度协同。

3）外围圈层：国土空间规划理论知识储备课程

外围圈层课程主要讲授国土空间总体规划编制所需的各类基础理论和技术知识，覆盖地理学、经济学、生态学等相关学科以及数据分析、政策分析、交通分析的技术手段，还包括规划相关制度和法规等内容的介绍。外围圈层课程重在夯实学生的知识基础，多数在设计课之前一个学期内开设。通过系和年级教学组两个层面对课程讲授知识点进行整体梳理和统筹，使教学内容能够为国土空间总体规划设计课提供更有针对性的理论和方法支持。

“双圈层融贯式”的课程群从不同层面为国土空间总体规划的设计教学提供了立体式的支撑，既实现对知识结构整体性、全面性的满足，又尽可能地释放设计课内学时、不增加学生的整体学习负担。以国土空间“双评价”教学环节为例，“双圈层融贯式”的课程群在仅占用设计课内 1 个学时的前提下联动了课程群 2 门课程、24 个学时的教学资源，使学生获得了扎实的相关能力培养（表 1）。

3.3 多阶段递进式的课程教学组织模式

结合国土空间总体规划编制的工作步骤，按照个人、2 人小组、8~10 人工作室相结合的方式构成“踏勘调研—专题研究—规划纲要—快速方案—规划成果”五个环节相衔接的多阶段递进式教学组织模式（图 2）。

根据改革的实施成效，可以发现该教学组织模式具有如下优势：首先，课程的五个环节能够较好地模拟规

国土空间“双评价”教学的课程群支持 表1

课程层次	课程 / 讲座名称	知识点	学时
设计课内	国土空间评价与空间管制分区	“双评价”在国土空间规划中的地位，“三区三线”的内涵和划定规范，“双评价”的技术流程，“双评价”的成果要求	1
紧密圈层：实践应用	GIS 及其在城乡规划中的应用 II	GIS 空间分析的原理和方法，国土空间评价的数据准备、指标项构造、评价算法和集成方法，国土空间评价在 GIS 中的操作过程，国土空间数据库的建立和使用	8
外围圈层：知识储备	自然地理学	自然地理环境的构成，气候，水文，地貌，土壤，植被，自然灾害，自然资源，土地利用，生态系统，全球变化	16

资料来源：作者根据课程资料整理

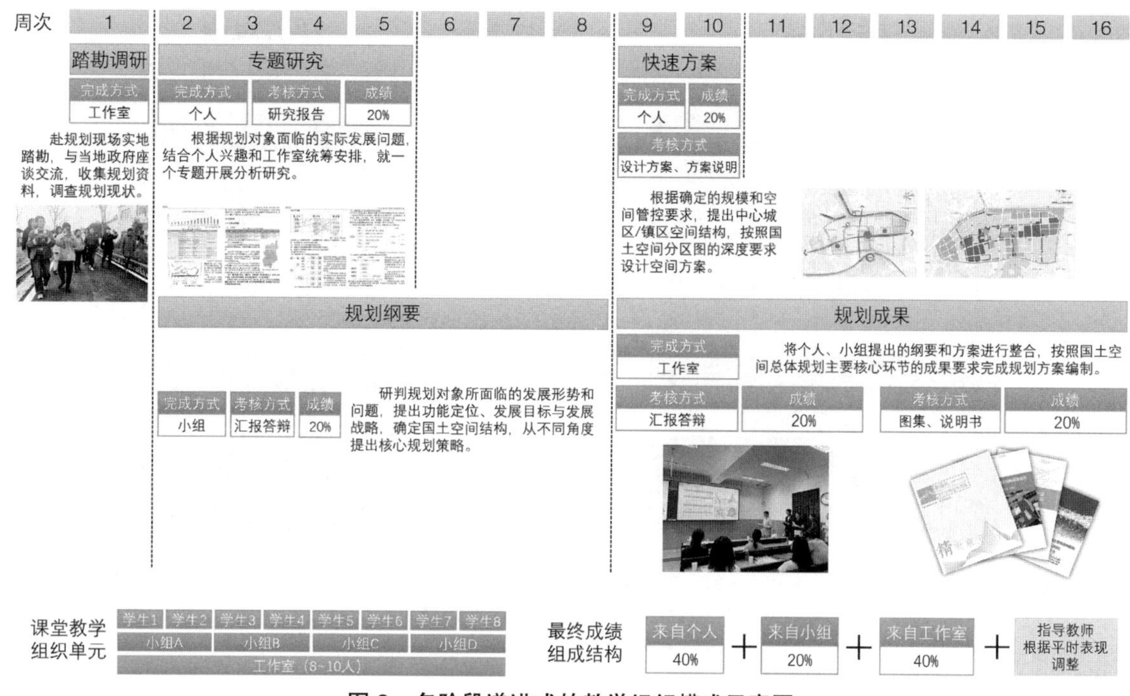

图 2　多阶段递进式的教学组织模式示意图

资料来源：作者自绘

划编制的实际环节，带给学生沉浸式的实践教学体验，达到“干中学”的教学目的；其次，个人、小组、工作室相结合的多元化组织模式可以在个人发挥和团队协作间取得良好平衡，以创新思维、战略思考、空间设计为主的能力培养环节更多由个人完成，需要大量交流、研讨、协作、分工的工作环节则更多由团队完成，能够有效调动学习的积极性；最后，在不同的教学环节都设置考核，学生的最终成绩中同时体现个人和团体的贡献，既能够更全面准确地检验学习成效，又使成绩评定标准更加客观。

3.4　习题化、模块化的能力训练矩阵

将国土空间总体规划编制的工作内容按照一定逻辑分解为若干模块，在设计科中保留总体规划设计的核心能力培养模块，将其他能力训练模块以习题的方式分解到紧密圈层课程群中，构成相互交融的能力训练矩阵，以充分发挥课程群的支撑优势，解决设计课课时不足的问题。

在设计课内，能力训练模块围绕空间、战略和实务三个主题，重点培养学生空间方案布局和设计、发展战略制定、规划图件制作和文本写作等能力；在设计课外，相关课程的作业设置与设计课选题直接相关并与设计课教学环节同步，完成总体规划编制中国土空间评价、综合交通规划、成本收益分析、景观生态规划等训练任务。此外，与认知和实习系列的实践课程相联动，安排规划调研、踏勘等相关能力的培养（图 3）。

3.5　校内校外联动的人才培养支撑体系

针对国土空间总体规划实践项目与课堂教学之间存在的落差，充分运用校内校外资源，通过多种手段解决设计教学所面临的实际难题，建立较为完善的支撑体系。在选题方面，以学院教师和规划院承接的国土空间总体规划和相关规划项目为基础，结合本校与地方政府签约成立的多个教学基地（表 2），综合考虑典型性、地域临近性、教学开展适宜性等因素，形成以县级、乡镇级为核心的设计题库；在数据支持方面，将真题数据与

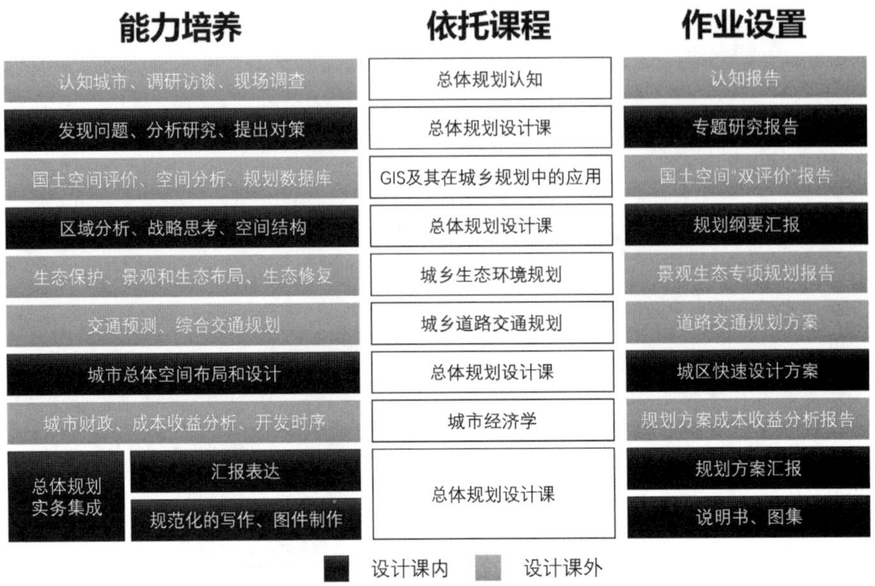

能力培养		依托课程	作业设置
认知城市、调研访谈、现场调查		总体规划认知	认知报告
发现问题、分析研究、提出对策		总体规划设计课	专题研究报告
国土空间评价、空间分析、规划数据库		GIS及其在城乡规划中的应用	国土空间"双评价"报告
区域分析、战略思考、空间结构		总体规划设计课	规划纲要汇报
生态保护、景观和生态布局、生态修复		城乡生态环境规划	景观生态专项规划报告
交通预测、综合交通规划		城乡道路交通规划	道路交通规划方案
城市总体空间布局和设计		总体规划设计课	城区快速设计方案
城市财政、成本收益分析、开发时序		城市经济学	规划方案成本收益分析报告
总体规划实务集成	汇报表达	总体规划设计课	规划方案汇报
	规范化的写作、图件制作		说明书、图集

设计课内　设计课外

图 3　国土空间总体规划能力训练矩阵

资料来源：作者自绘

东南大学国土空间总体规划设计教学基地简况　　**表2**

序号	基地名称	规划层级	基地面积（平方公里）	合作单位	教学侧重
1	南京市六合区龙池街道	乡镇级	90.0	街道办事处	乡村振兴
2	南京市江北新区	县级	33.2	新区规划国土发展中心	用途管制
3	浙江省德清县莫干山高新区	乡镇级	74.7	高新区管委会建设局	产业发展
4	江西省井冈山市龙市镇	乡镇级	30.6	镇人民政府	课程思政

资料来源：作者根据课程资料整理

开源数据相结合，涉密数据与非涉密数据分开，建立国土空间总体规划教学数据库；在硬件支持方面，建成B级保密机房和数据运算机房，满足教学环节运用涉密数据、海量数据处理的需求。

4　结论与讨论

国土空间总体规划设计教学改革是当前规划专业教育的难点，在国土空间总体规划编制的综合性和教学资源的有限性的背景下，设计教学无法覆盖总规编制的全部能力，但必须回应人才培养的核心问题。东南大学总体规划设计教学改革树立以大尺度空间布局和设计能力作为能力培养的核心、以规划实务作为设计课堂教学的重心的理念，在"双圈层融贯式"课程群与习题化、模块化的能力训练矩阵的支撑下有效地优化了课内课外教学资源的分配，通过多阶段递进式的课程教学组织模式将国土空间总体规划编制的工作环节融入课堂，使学生能够较完整地接受规划编制相关能力训练。需要指出的是，随着新型城镇化战略的深入，社会和行业对规划专业人才的需求更加多元，总体规划设计教学改革的目标和路径是开放的，各校应充分发扬传统优势，探索出各具特色的国土空间总体规划设计教学模式。

参考文献

[1] 石楠．城乡规划学学科研究与规划知识体系 [J]. 城市规划，2021，45（2）：9-22.
[2] 孙施文．国土空间规划的知识基础及其结构 [J]. 城市规划学刊，2020（6）：11-18.
[3] 王兴平，权亚玲，王海卉，等．产学研结合型城镇总体规划教学改革探索——东南大学的实践借鉴 [J]. 规划师，2011，27（10）：107-110，114.
[4] 罗曦．国土空间规划体系下城乡规划专业总体规划课程群教学改革探讨——以中南大学为例 [J]. 华中建筑，2024，42（1）：144-148.
[5] 周敏，王勇，孙鸿鹄．国土空间规划背景下城乡规划实践类课程教学改革探索——以城乡总体规划为例 [J]. 科教导刊，2023（26）：70-72.
[6] 禹怀亮，罗国娜，魏玉静．国土空间规划体系下的城乡总体规划课程教学探讨——以市级行政区为例 [J]. 科教导刊，2021（23）：136-138.
[7] 朱查松，王嫣然．国土空间规划背景下总体规划教学改革探索 [J]. 城市建筑，2021，18（16）：97-100.

Exploration of Master Planning Design Course Reform for Territorial Spatial Planning: A Practice in Southeast University

Tao Anjun　Wang Haihui　Quan Yaling

Abstract: With the establishment of the territorial spatial planning system, urban and rural master planning has been replaced by territorial spatial master planning. The reform of master planning design course has become an important issue in urban and rural planning major education. Due to the gap between the nature of territorial spatial master planning and urban planning curriculum, there are many difficulties in the reform of master planning design course in terms of teaching resources and teaching organization. This paper believes that the teaching of territorial spatial master planning should take "space" as the core of competency cultivation, focus on planning practice as the mainstay of design classroom teaching, and introduce the practices and experiences of the reform of master planning design course at Southeast University from four aspects: curriculum system, teaching organization, competency cultivation, and support system.

Keywords: Territorial Spatial Planning, Urban and Rural Planning Major, Education Reform, Course Construction

面向城市更新的居住区规划数字化教学尝试
——以“四段法”教学实践为例

苏 毅 李 勤 高 滢

摘 要：本文主要介绍了在我校居住区规划课程中面向城市更新实施数字化教学的过程。通过对北京建筑大学近年来的本科和研究生教学实践案例的研究，文章分析了数字化教学手段如何提高学生的学习兴趣和实践能力，以及如何促进教学内容的更新和优化。文章详细描述了北京建筑大学在居住区规划课程中采用的四阶段数字化教学方法，即“经验驱动、模型驱动、大数据驱动、智慧驱动”四个阶段，其中穿插模拟、虚拟现实（VR）、人工智能（AI）等技术的教学内容，并讨论了设计思维培育与数字化教学的关联性。

关键词：城市更新；数字化教学；人工智能；四段法

1 背景

居住是城市的核心功能之一，而与居住有关的房产价值，构成了居民财富的重要部分。据统计，2016 年中国家庭的人均财富中有 65.99% 来自房产净值；细分至城镇和农村家庭，这一比例分别高达 68.68% 和 55.08%。显而易见，居住对于个人及家庭的幸福至关重要。

人们的居住方式随时间演变，与城市发展阶段紧密相关：当前中国城市化处于后半程，城市居住区的建设模式正经历着转变。居住区从大规模的拆除重建式开发，逐渐转向小规模的地块开发，从“大盘”开发转向“家园”有机更新。北京建筑大学，是地处北京的高校。根据《2022 年北京市国民经济和社会发展统计公报》数据，截至 2022 年末，北京市城镇化率已达到 87.6%，居于全国前列。在本校，居住区教学考虑城市更新的转变，可能也比其他地区来得还要更早一些。这种居住建设模式的转换，对相关教学提出了新的挑战，需要方法和内容均随之调整。

居住区教学，一直是本校规划专业教学中的重点，教学环节包括：①三年级一个学期的“城乡规划设计 1”教学，这是必修课环节；②四年级的“城乡规划设计”，由于近年参加Wupen城市设计竞赛，竞赛主题多为“家园”，如智慧、共生、创新、健康家园等，居住区也自然地成为不少学生的选题，四年级比三年级的学习内容，有了进一步的深化和拓展；③在随后的五年级毕设环节中，由于居住是城市不可或缺的内容，也含有居住区的成分；④另外在硕士和博士研究生的近年选题中，不少同学选择了居住类的选题，如“好房子”“保障性住房”“儿童友好型社区”“共生院”“百万庄小区更新”等。因此，在 5+3 年的本硕规划教学环节中，同学们可能会“三番五次”地训练居住区的设计。在最初的本科三年级教学，重在讲授基本绘图方法和基本规范，打好基础；在其后四年级通过竞赛，进一步培养设计能力；然后，毕设通过联合毕设和竞赛，进一步交流、思考；最后如果读到硕博，有一个思维逐渐提高、认识不断深化、细化与更成熟完善的学习过程。笔者自 2010 年来到北京建筑大学任教，指导过上述四个不同阶段的同学学习居住区设计，近年则摸索城市更新背景下的居住区教学，积累了一些经验，也有教训，逐渐对数字化居住区更新的教学也有了一些体会和看法。通过本文抛砖引

苏 毅：北京建筑大学建筑与城市规划学院讲师（通讯作者）
李 勤：北京建筑大学建筑与城市规划学院教授
高 滢：北京建筑大学建筑与城市规划学院博士

玉，与全国同行交流切磋。

从较低年级到较高年级，有一个比较长的学习周期，因而可以分阶段地设置数字化教学的重点：从三年级、四年级、五年级毕设到研究生，可分别采取“经验驱动”“模型驱动”“交互和大数据驱动”与“智慧驱动”的教学方式，形成“四段法”教学，具体如下。

2 第一阶段：经验驱动

不同于天津大学等高校，在大二设计初步和假期古建筑测绘课程中，已集中强化了学生的 CAD 技能。我经常吃惊地发现，我们学校同学，在大三时，CAD 基础还比较薄弱。但我校同学更习惯于用 SketchUp 来进行初始方案推导，在方案汇报时，甚至会只交给老师一个 SketchUp 模型，而不是手绘草图。这使得笔者思考这个习惯背后的思考逻辑：利用 AutoCAD 进行图纸绘制，是采用经验驱动型的绘图逻辑，需更综合地思考设计的方方面面，如果大脑没有一定经验，没有梳理好设计逻辑思路，则很难进行绘图。并不能说经验驱动，在各个方面一定会比直感驱动型更佳，但经验有利于通过文字语言来转化、分享、交流、传承，这就使得它的效率会高于直感驱动型画图。直接利用 SketchUp 软件，是由直觉感受（直感）驱动的绘图逻辑，只要有点想法，无需构造知识，甚至无需很好的画法几何基础，也能“画点好看的东西”，能“边画边想”。对于简单的设计题目来说，确实可以保证设计效率的提升，但缺少经验参与。不少大二时还比较优秀的孩子，到了大三就觉得画居住区总图困难，表面上是软件熟悉程度不同，实际内在是思考深度不同。因而在本阶段，可以鼓励同学先思考起来，从简单的 SketchUp 走向较复杂的 CAD 软件。并建议以 Rhinoceros（犀牛）软件来替代 AutoDesk 公司的 AutoCAD 软件。这些参数化型的软件，不仅内嵌了更多样、更优雅、更丰富的造型，而且这些造型，有比较深厚的逻辑基础，可以与更多的建筑学科经验结合起来。

在更早期的设计课教学中，即使没有学 CAD，但也存在一个从直感驱动到经验驱动的跨越。学习 CAD，将二维空间图形拆解为一维线性语言，形成抽象化思考，载体与工具不同，但过程有类似性。我校著名校友马岩松设计的“梦露大厦”，属于居住类建筑参数化的早期

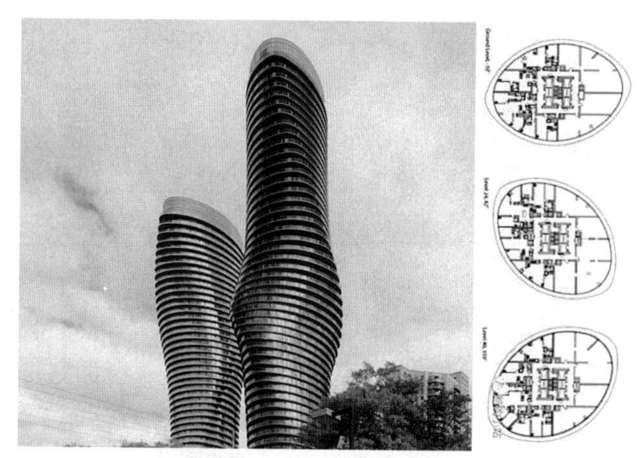

图 1 学生三年级数字化学习的经典范例——马岩松“梦露大厦”外形及各层平面

资料来源：www.i-mad.com

实践，也采用了这个阶段的设计方法。并常作为本校学生本阶段学习的范例（图 1）。

另外在本阶段教学中，也注意教授居住区中的工程设施的设计内容，将工程设施设计的经验与 CAD 教学结合起来。一方面，同学们从管线的几何关系出发，绘制表面复杂，但内在有清晰逻辑的管线，获得了设计管线的设计经验；另一方面，学生的 CAD 能力，也在绘制图形过程中日益熟练起来（图 2）。

总结起来，这阶段数字化设计的教学重点在于几何关系，以及几何与现实空间的联系，旨在帮助学生跳脱纯感性思维的设计方式，双向培养计算机制图和设计思考能力，这个阶段虽然相对简单，但又是后面三个阶段的思想基石。

3 第二阶段：模型驱动

这一阶段的教学，其实从三年级居住区设计中的日照模拟计算就已开始了。随后会有针对地形、风环境以及热环境的模拟。在课堂教学中，教师首先教授了天正日照软件的使用，并在其后引入了 Ecotect、ENVI-met 等软件，使得同学们不仅能从视觉的角度，而且能从更抽象的物理环境思考自己的方案。近年来，居住区教学课题组，通过教学与科研相结合，比如积极参加 125 室外环境舒适度相关的科研课题，进行教学内容的补充完

图 2 “小区管线综合图的计算机绘制”课件及教学范例
资料来源：根据规 21 级规划课堂资料整理

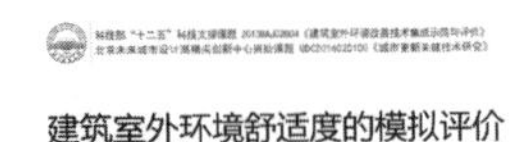

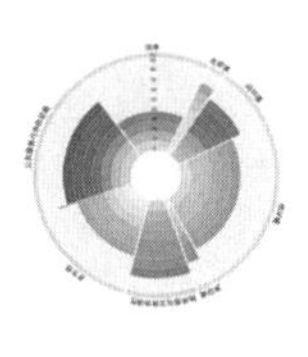

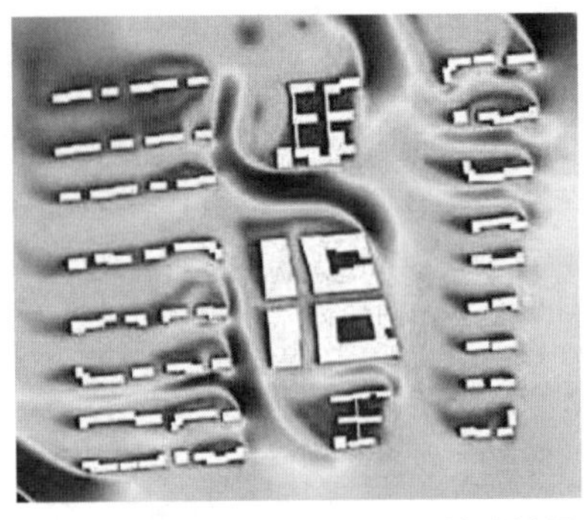

图 3 引入居住区室外环境模拟知识的教参封面及某地块风环境模拟
资料来源：《建筑室外环境舒适度的模拟评价与改善方法》

善，近年编纂《建筑室外环境舒适度的模拟评价与改善方法》，并翻译了一些书，作为课堂教学的参考书来引导学生使用（图 3）。

这一阶段教学比上一阶段的进步在于，不仅局限于经验，也能用实验（计算机模拟实验），对未来进行预测。例如，可以通过设定不同的居住区建筑群排布，获得不同的通风、采光效果。物理环境模拟在居住区更新中，将扮演至关重要的角色。它可以帮助城市规划师、建筑师和工程师更好地理解现有居住区的问题，并预测和评估潜在的改进措施。

在通过物理环境模拟指导居住区的更新中，可采用以下的设计思路：

第一，可以针对居住区问题进行识别。通过模拟，可以更容易地识别交通拥堵、空气质量差、噪声污染等居住区存在的问题。第二，在方案设计过程中可以更好调动本地居民积极性，增强居民参与度。将模拟可以作为一种工具，让居民参与到规划过程中来。通过可视化技术，居民可以更好地理解即将发生的变化，并提供反馈。第三，促进资源优化，通过环境模拟可以帮助规划者确定最有效的资源分配方式，以实现最大的环境和社会效益。在设计方案后可以针对本方案进行评估：在实施任何实际改变之前，可以通过模拟来评估不同的更新方案对居住环境的影响。进行风险评估，对于新的建设或改造项目，模拟可以帮助评估潜在的风险，如局部更新对整体环境的影响。对成本效益分析，通过模拟来分析不同方案的成本效益，选择最具成本效益的解决方案。

物理环境模拟为居住区城市更新提供了有力的工具，有助于确保更新计划能够有效地解决现存问题，提高居住质量，并且可持续发展。我们还进一步改善了参数化设计流程，将光照与建筑结合起来，产生了新颖的建筑，如指导以光照约束下的新型穴居居住建筑（图 4）。

在本阶段，我们还重点讲授了学科前沿理论及研究方向 CIM 和 BIM 相关知识，将物理环境模拟与 VR 结合起来，融合物理环境与视觉感受，充分发挥了这一阶段计算机模拟的综合效益。

4 第三阶段：交互与大数据驱动

交互和大数据驱动在城市居住区更新中，正在发挥越来越重要的作用。这些技术的应用不仅可以提高决策的准确性，还可以增加居民的参与，使更新决策过程更加透明和高效。

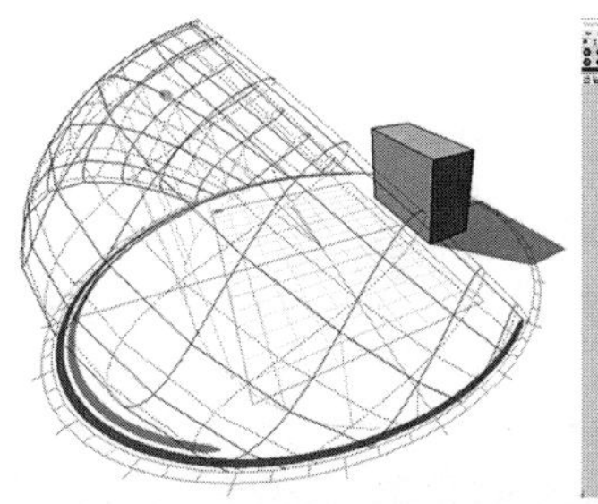

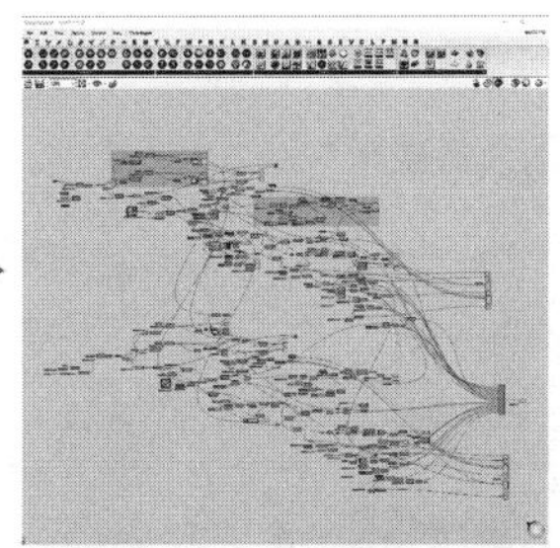

图 4　运用了光照模型驱动的新型穴居居住形态

资料来源：教学范例，作者自绘

图 5　和平里 7 区 27 号楼教学项目的立面效果

资料来源：本科生张雨辰绘制，由曹闵、苏毅、杨振联合指导

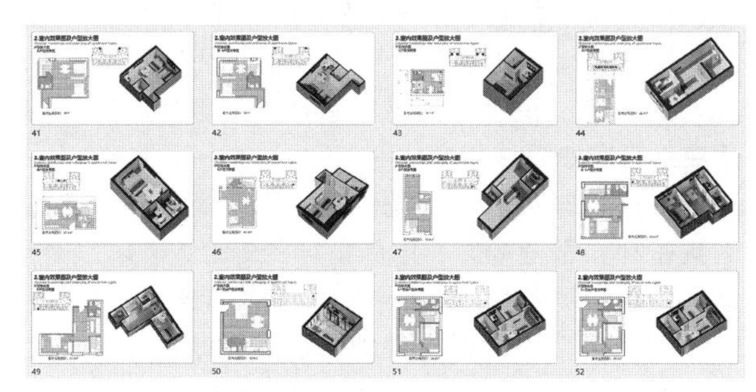

图 6　不同居民的择居选择的数字化图示

资料来源：研究生宋希彧、于子宇、李兆康、贺健强等绘制，由曹闵、苏毅、杨振联合指导

以下是交互和大数据驱动在城市居住区更新中的几个应用：①促进居民参与，通过在线平台和移动应用程序，居民可以与城市规划者和决策者进行交互，提供他们对居住区更新的意见和建议。这种交互有助于创建更加符合居民需求的更新方式。②进行数据分析，大数据分析可以帮助规划者了解居住区的使用模式、交通流量、环境问题等。这些分析结果可以指导决策，确保资源得到最有效的分配和利用。③建立基于大数据的预测模型，利用历史数据和实时信息，可以建立预测模型，对居住区的未来发展进行预测，并据此制定相应的更新计划。

交互和大数据驱动技术的应用可以使城市居住区更新过程更加精准、高效和包容。通过这些技术，可以更好地理解居民的需求，更合理地制定更新计划，以及更有效地执行这些计划。如在教学范例“和平里 7 区 27 号楼”项目中，我们采用了基于表单的交互式居民选择，让居民的意见更充分地融入未来更新的结果中去，一居民一策，用居民的问卷来驱动居住区城市更新方案的实行（图 5、图 6）。

5　第四阶段：智慧驱动

随着人工智能（AI）技术的快速发展，特别是近年来生成式人工智能如 ChatGPT 和 Stable Diffusion 等的兴起，AI 正逐渐渗透到各个领域，其中也影响到居住区教学：我们开始探索将 AI 技术融入教学实践中，以提高居住区设计的效率和质量。

因此，在我们的教学改革中，我们将 DeepUD 和 CityPlain 两个新一代 AI 设计软件引入到教学环境中。DeepUD 是一款基于 AI 的城市设计工具，它可以通过分析大量数据来辅助城市规划和设计，为学生提供更加基于 AI 的设计流程培训。CityPlain 还能进行城市空间的综合评分，使他们能够定量的多方面了解设计方案的实际效果。这两款软件的引入，丰富了我们的教学手段，使学生能够在 AI 辅助的数字环境中进行居住区设计实践操作，提高其理论与实践相结合的能力。

具体来说，在教学过程中，我们引导学生使用 DeepUD 和 CityPlain 软件来生成城市空间（图 7）。通过这些软件，学生不再需要一笔一画地进行设计，而是通过给一些设计条件，让软件生成海量方案，再进行

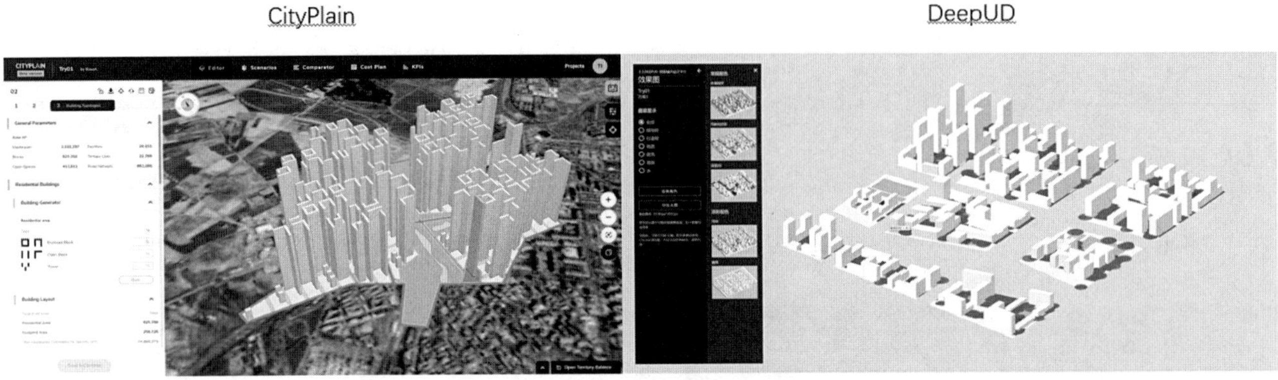

CityPlain　　DeepUD

图 7　基于 CityPlain 和 DeepUD 的自动生成小区

资料来源：教学范例，作者自绘

选择。

这样的教学方式不仅能够提高学生的设计效率，还能够培养他们的团队合作能力，个人画图时间减少了，但讨论时间变长了。在设计过程中，学生需要更紧密的相互协作，才能共同解决问题，这有利于培养他们的团队精神和沟通能力。

然而，我们也意识到，虽然 AI 技术在教学中的应用具有很大的潜力，但还存在一些挑战。例如，教师和学生都需要经过一定的培训才能熟练使用这些 AI 工具；此外，AI 技术可能会对低年级基本功培训反而产生一定的负面影响（类似于小学生用计算器做数学题）。因此，在推广 AI 技术在教学中的应用的同时，我们也要注意平衡技术和人文的关系，鼓励学生在利用 AI 工具的同时，不忘记基本功的培育。

随着 AI 技术的不断发展，我们相信，在未来的教育领域，AI 将会扮演越来越重要的角色，各种方法也会如雨后春笋。

总结上述四个阶段教学，我们已体会到：数字化教学并不仅仅是关于软件操作技能的培训，它涉及更深层次的设计思维方式演进。在不太熟悉软件的人眼里，软件可能只是一种冷冰冰的工具，但在高手眼里，软件也是火热的设计思维的凝结。在数字化教学中，我们更应该追求的是“人机合一”的境界——这意味着，教师引导将软件工具与设计思考方式相结合，以达到更加高效和创新的学习效果。这种结合不仅仅是技术层面的融合，更是思维方式和认知模式的转变。

为了实现这一目标，我们需要做到以下几点：

首先，注重基础理论教学。只有深入理解了城市规划和设计的基本原理，学生才能更好地利用软件工具进行设计和分析。软件只是实现目标的手段，而不是目标本身。

其次，强化批判性思维的培养。在数字化教学中，我们应该鼓励学生对现有的数据和模型提出质疑，培养他们的批判性思维能力。这样，他们才能在复杂的问题面前，灵活运用软件工具，找到最适合的解决方案。

再次，加强跨学科合作。现代城市规划和设计往往涉及多个学科领域的知识，因此，在教学中，我们应该鼓励学生进行跨学科的合作，以培养他们的团队合作能力和综合解决问题的能力。

最后，持续关注新技术的发展。随着科技的不断进步，会有越来越多的新工具和新方法出现。我们应该保持开放的心态，积极探索这些新技术在教学中的应用，以适应未来职业领域的变化。

数字化教学的目标是培养能够熟练运用软件工具，同时具备独立思考能力和创新精神的专业人才。只有更主动拥抱科学理念和人文精神，我们才能充分利用数字化技术的优势，推动城市规划和设计领域的不断发展。将人的智慧和计算机的能力结合起来是我们的教学初心。坚持这个初心，计算机教学对未来居住区城市更新的积极意义，才值得被谨慎乐观看待。

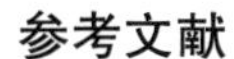

参考文献

[1] 罗小华 . 虚拟现实技术应用于建筑设计类课程教学初探 [J]. 高等建筑教育，2009，18（6）：146-149.

[2] 石永良 . 建筑数字化设计实验教学案例解析 [J]. 城市建筑，2010（6）：25-29.

[3] 周静帆，刘昕岑，李煜 . 风景园林参数化设计教学改革思考 [J]. 现代园艺，2021，44（24）：185-186，189.

[4] 吕飞，许大明，孙平军 . 基于城乡规划专业数字化课程体系建设初探 [J]. 高等建筑教育，2016，25（2）：167-170.

[5] 吴越，许伟舜，孟浩 . 从链条到生态——浙江大学建筑学系的数字化课程体系改革 [J]. 高等建筑教育，2024，33（1）：67-75.

[6] 陈阵，邢龙，姚松，等 . 景观建筑形态的数字化设计方法应用探究 [J]. 安徽师范大学学报（自然科学版），2023，46（6）：608-612.

[7] 苏毅，许永耀，张忠国，等 . 面向研究生综合素质提高的“APPS”城市设计教学流程组织的尝试 [J]. 中国建筑教育，2018（2）：112-117.

Digital Teaching Exploration in Urban Renewal-oriented Residential Area Planning——Taking “Four-Phase Method” Teaching Practice as an Example

Su Yi Li Qin Gao Ying

Abstract: This article mainly introduces the process of implementing digital teaching in the course of residential area planning in our university, focusing on urban renewal. Through the research of undergraduate and graduate teaching practice cases at Beijing University of Civil Engineering and Architecture（BUCEA）in recent years, the article analyzes how digital teaching methods can enhance students’ learning interest and practical skills, as well as how to promote the update and optimization of teaching content. The article describes in detail the four-stage digital teaching method adopted by BUCEA in the course of residential area planning, namely, “experience-driven, model-driven, big data-driven, and wisdom-driven”, in which simulation, virtual reality（VR）, artificial intelligence（AI）, and other technologies are integrated into the teaching content. Additionally, the article discusses the correlation between design thinking cultivation and digital teaching.

Keywords: Urban Renewal, Digital Teaching, Artificial Intelligence, Four-Phase Method

面向一流专业建设的地方高校城乡规划专业实践教学改革与实践——以吉林建筑大学为例*

白立敏　赵宏宇　姜　雪

摘　要：新时期高等教育内涵式建设与数字化发展对城乡规划专业人才培养提出新挑战，吉林建筑大学城乡规划专业以国家一流专业建设为契机，对人才培养的重要环节实践教学进行系统改革。提出“一个目标、两条主线、三个平台、三种模式、四个层次”改革思路，整合“校企政地”资源开放式办学，在实践教学改革中，注意强化实践育人意识，科学安排实践教学体系，利用校内平台与校外平台资源共享，校内校外导师联动的培养模式，按照“课内培养”与“课外创新训练”的双轨制，结合实践课程考核评价机制的建立，形成实践创新能力的全方位、全过程梯级式循序渐进培养。形成规划人才数字素养与创新实践能力并构发展的路径，适应数字时代背景下行业对人才综合能力需求的变革，形成可借鉴的地方高校实践教学改革范式。

关键词：实践教学；城乡规划；一流专业；地方高校

1　引言

2019 年，《教育部办公厅关于实施一流本科专业建设“双万计划”的通知》发布，地方院校在本科专业建设方面迎来前所未有的发展机遇与挑战。如何抓住机遇进行专业建设和改革，使其人才培养质量能够与当前的经济社会需求相匹配？新时期高等教育由规模扩张转变为内涵发展、质量提升的新时期，人才培养质量再一次被明确和强化[1]，培养具备社会责任、创新精神、实践能力的创新型、应用复合型人才成为工程技术人才的规格要求[2]。与此同时，随着“数字城市”“智慧城市”和“整体数字化转型”城市数字化的不断发展，信息技术在城乡规划中的应用已经逐渐成为规划师的技能要求和发展趋势[3]。数字素养和数字化能力培养成为城乡规划人才必然要求。城乡规划是实践性很强的学科，实践教学作为人才实践能力与创新能力培养的重要环节，在人才培养中的作用日益得到重视。吉林建筑大学城乡规划专业以国家级一流专业建设为契机，立足寒地地域特点，以培养适应新时期地方经济社会发展需求的城乡规划人才为目标，进行了实践教学改革与实践。

2　城乡规划专业实践教学改革主要解决的关键问题

2.1　实践教学尚未形成体系，规划技能弱成为学生就业的瓶颈

明晰专业定位、塑造专业特色、突出专业优势的关键所在，构建具有学科特色、专业特色的实践教学体系，提高学生的实践能力和就业竞争力。

*　基金资助：吉林省高等教育教学改革研究重点课题：建筑与规划专业课程群塑造爱国主义与人文情怀的路径研究（JLJY202299934544）；吉林省高等教育教学改革研究课题：面向一流专业建设的地方高校城乡规划专业实践教学改革与实践——以吉林建筑大学为例（JLJY202287876340）；吉林省教育规划课题：数字赋能应用型高校城乡规划专业实践教学改革研究（JS2314）。

白立敏：吉林建筑大学建筑与规划学院副教授
赵宏宇：吉林建筑大学建筑与规划学院教授（通讯作者）
姜　雪：吉林建筑大学建筑与规划学院讲师

2.2 实践教学质量监督机制尚不完善，学生的实践创新积极性不高

学生校内外实践教学环节缺乏联动监督机制，对于实践知识掌握情况和实践能力提升情况缺乏考评；课外创新环节缺乏详细的考核评价标准。完善的多元考核机制提高学生的创新实践积极性。

2.3 实践教学与地方服务关联性不足，人才培养的地方特色不鲜明

建立多层次校外实习基地的建设，加强校、企、政、产的地方服务性实践平台建设；引进多元师资充实实践型师资队伍建设，通过关联互动，增强地方服务，塑造鲜明的地方人才培养特色。

3 城乡规划专业实践教学改革思路与框架

我校城乡规划专业实践教学，遵循“一个目标、两条主线、三个平台、三种模式、四个层次”改革思路（图1）。“校企政研地”结合、数字化结合，形成规划人才数字素养与创新实践能力并构发展的路径，适应数字时代背景下行业对人才综合能力需求的变革。

首先确定“寒地特色实践创新型城乡规划人才培养目标”；在“立德树人”思政育人引领下，从生态智慧观、爱国情怀、责任担当、工匠精神、职业道德、价值观几个层次逐渐完成学生价值塑造的育人目标。围绕“实践创新能力培养”和“数字素养”两条能力培养主线。依托企业与学校协同育人的“校企结合”路径，实践教学建设校内虚拟仿真实验室与实训室平台、校外实践实训基地和校内外创新创业三类平台；实施赛教融合、产教融合、专创融合的三种实践教学模式。

四个层次是指梯级培养。实践创新能力的培养是循序渐进的过程，按照认知实践、专业综合实践、工程实践与创新实践四个层次；数字素养包括数字意识、数字学习与应用、数字技术整合、数字创新四个模块。“数字模块”分年级与“实践教学体系”实践课程内容相互耦合，实现“数字素养与技能”和“实践创新能力”双线四层次梯级培养，依此能够形成不同年级能力培养的纵向连贯性。

4 城乡规划专业实践教学改革内容

4.1 城乡规划专业实践教学体系

实践教学是城乡规划专业人才培养过程中的重要环节，完善的实践教学体系是培养学生专业实践能力的重要保障。实践教学体系包括课内实践与课外实践两部分（图2）。

课内实践以设计主干课程体系为实践教学体系主体，还包括教学计划内主干设计课的理论先导课及结合设计

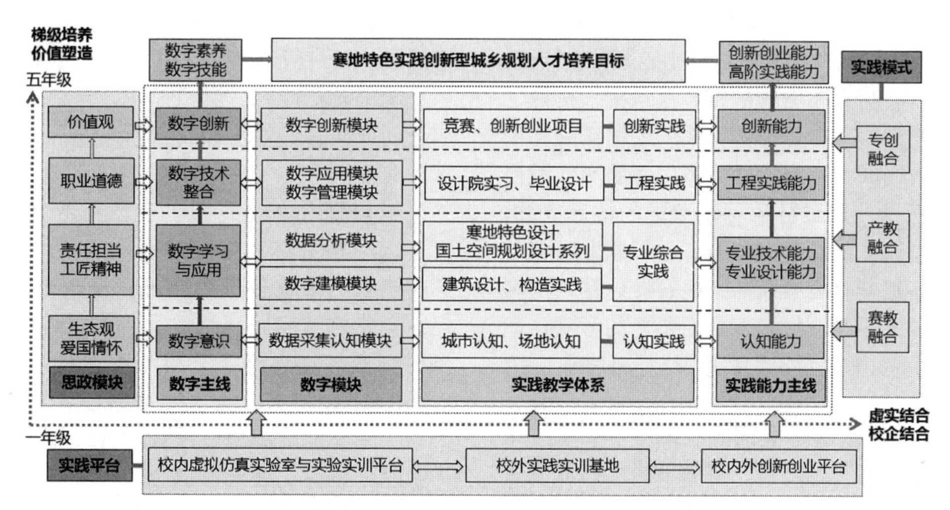

图1 城乡规划专业实践教学改革思路与框架

资料来源：作者自绘

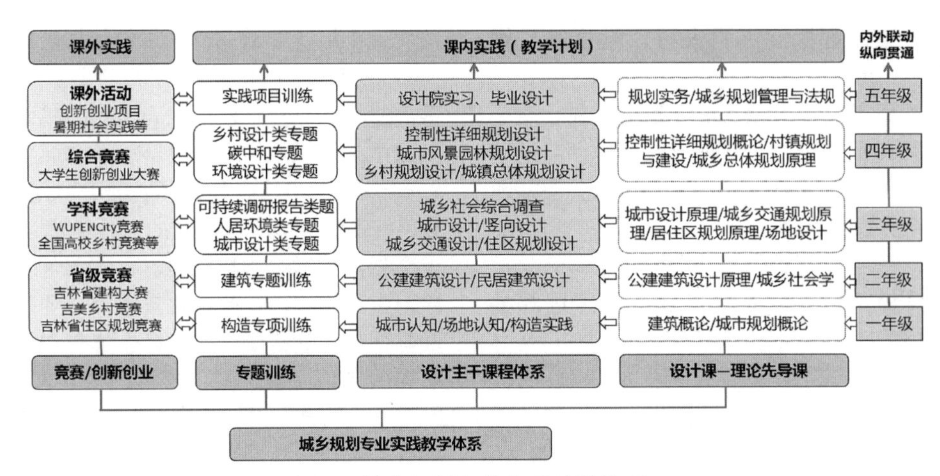

图2　城乡规划专业实践教学体系

资料来源：作者自绘

课的专题训练。理论先导课前置于相应的设计课，针对设计课实践内容系统讲解理解实践的理论知识，内容涉及调研方法、编制方法、编制程序与编制内容、案例等介绍，为学生快速进入设计实践提供前期基础。专题训练强化设计课程延展，学生结合特定专题进行创新与研究，与竞赛结合，形成设计课程的创新实践训练闭环。课外实践包括竞赛与课外活动，竞赛包括课程相关省校级竞赛、学科竞赛及综合竞赛。课外活动包括暑期社会实践、大学生创新创业训练计划等。以学生为主体开展的社会实践活动，培养学生深入实践、自主选题的能力。

根据社会对城乡规划专业人才的职业能力需求特点，以及专业指导委员会对人才培养的指导性意见，构建了一个完善的由认知实践、专业综合实践、工程实践和创新实践四个层次所构成的实践教学体系。多层次实践是指学生在不同学习阶段所进行的不断递进的特定实践，通过多层次纵向贯通实践，学生的城乡规划职业素养和规划实践能力不断提升。拓展纵向主线设计课程的地域特征训练，增强学生对属地化城市空间要素的客观认识和仿真性实践应用，扎根基层提供高质量地方服务。

4.2　城乡规划专业实践教学模式的改革

实践教学模式采用专创融合、赛教融合、产教融合模式。创新实践是培养城乡规划专业学生创新意识与创新能力的重要实践活动，也是特色应用型人才培养的重要环节。进一步深化实践课程的校企合作，增加教学设计阶段的企业融合度在教学目标中，体现课程的行业敏锐性，在教学资源方面，与企业合作共建，可有效增强城乡规划新技术、知识、技能的行业前沿时效性。

专创融合，将创新创业实践与专业实践相结合。学校成立大学生创新创业中心、创新创业孵化基地，近几年学生申报大学生创新创业项目课题数量逐年增加，依托创新创业活动，培养了学生理论联系实际、关注社会问题的学术态度以及发现问题、分析问题、解决问题的能力，提高了学生将专业工程技术知识与经济发展、法律法规、社会管理等多方面结合的创新意识及创新能力以及成果转化能力。实践证明，本科生参与科学研究与创新创业实践，对培养其创新意识，发展创新能力起到积极推动作用。

赛教融合，实践教学与竞赛结合。竞赛包括省校竞赛、学科竞赛、综合竞赛。低年级实践课程与省校竞赛结合，我院多年主办吉林省建构大赛，形成品牌，促进学生构造实践课程质量。与课程结合举办建筑类、乡村竞赛等。高年级学科竞赛涉及规划不同领域，如WUPENCity竞赛、全国高等院校乡村规划竞赛、全国大学生国土空间规划设计竞赛等，竞赛的社会关注热点与主题与设计实践课程结合，引导学生开展有针对性的设计实践与专业调研。综合竞赛是面向各专业的综合性竞赛，如“挑战杯”大学生课外学术科技作品竞赛、中国国际大学生创新创业大赛等，已形成高校、省级、国家三级赛制，已成为学生参与科技创新实践的重要平台。学校鼓励学生积极参加学科竞赛和科研活动，并制定了奖励机制与管理办法。

产教融合，坚持实践教学和工程项目相结合，成果转化为地方经济社会发展服务。城乡规划学科始终与地方城乡规划企业、行业管理部门保持密切联系，充分发挥与设计、服务和城市管理类企业、政府等优势合作基础，建立稳定的“校企”“校地”“校政”“校所”合作，企业资源进课堂，推动“产学研用”一体化发展。实践课程选题来自企业、地方城乡建设发展实际，发挥“产学研用”优势，培养寒地城乡规划领域内具有高阶实践能力的研究型人才。

4.3 实践教学教师队伍建设

建立“双师”制、校企导师联合教学实践教学模式，提高实践教学质量。以“双师型”师资结构强化在地性社会服务，现有专任教师中注册规划师、注册建筑师，以及具有工程实践背景教师占比超80%。同时，聘请设计院规划师为“课程校外导师”，按照校内外导师联合指导教学的模式，以设计系列课为实践教学体系主干，并依据学生课程设计阶段，分层次进行联合教学指导。

将社会资源“引进来”，强化“让企业走进课堂”模式，聘请企业导师联合授课。乡建学概论聘请绿道农业导师与我院教师联合授课；建造课程聘请木企业导师联合授课；与苍穹数码技术股份有限公司、杭州飞时达软件公司、南方测绘等数字企业建立合作，数字经理人进课堂开展联合教学。通过校企导师联合教学，增强实践教学质量。

4.4 实践教学平台与基地建设

实践平台与基地是培养学生实践能力和创新精神的重要平台，也是理论知识运用于实践，培养创新应用型人才的重要桥梁。经过多年建设，我院现拥有中央财政部与教育部联合资助的寒地城市空间绩效可视化评价与决策支持平台、吉林省科技厅生态智慧城镇创新发展战略研究中心、寒地城市设计研究中心、现代木结构建筑及技艺创新实验室等十余个平台中心，并拥有城市设计方案空间验证虚拟仿真实验室。同时开展了基于数字化实验平台的专业教学前沿探索，增强了学生对城市要素空间分布规律的科学认识和正确理解，为学生毕业后更快地融入前沿科学技术引领下的专业工作打下良好基础。

依托地方高校属地化办学优势，长期坚持与地方性政府、地域性企业、寒地科研院所合作，形成“校企”“校地”“校政”“校所”多方资源融合办学的特色，建立稳定的实习实训基地。我院与长光卫星技术有限公司、中国科学院东北农业与生态地理研究所、北京苍穹数码技术股份有限公司、杭州飞时达软件公司、南方测绘等数字企业签订合作协议；与长春新区管理委员会、长春净月高新技术产业开发区管理委员会等政府部门签署战略合作协议，在净月区玉潭镇友好村实地建造“寒地乡村建筑木技艺生态智慧实验室”、锦江木屋村教学与创新示范基地建设；与长春市城乡规划设计研究院等二十余家设计院签署产学研合作协议等。通过建立融教学、生产、科研等多功能为一体的多个校内外实训基地，推进了“校、企、政、研、地”平台的联动，培养了学生的实践能力。

4.5 实践教学制度与考核评价体系

实行校、院、系、团队四级管理体制，设计主线课实行主讲教师负责制和课题组制度，坚持实习环节导师负责制，强化设计课过程管理；全面实施班导师学业指导。强化对实践教学环节的考核与管理，出台一系列本科实习工作管理规定，加强实践育人工作，规范实习基地建设，促进校企合作不断深入。本科实习工作管理颁布《吉林建筑大学关于加强实践教学工作的原则意见》《吉林建筑大学实习教学基本要求》等规定。使用校友邦在线实践教学平台，加强学校与实习单位之间、学院与教师之间以及教师与学生之间等相关信息的对接交流。通过一对一的导师负责机制，每周与学生互动交流，实时了解学生实习动态，加强实践教学管理。

以往的教学质量评价过于强调自我评价，应不断改进、健全实践教学质量评价体系，强调学生对教学效果的满意度以及社会对人才培养质量的满意度，并由过程评价、内部评价、自我评价变为结果评价、社会评价、用人单位评价。实践教学体系的构建过程中更应注重用人单位对毕业生的评价反馈，积极听取各方意见，不断改进实践教学内容、方法，建立学生满意，社会需要的实践教学模式。“过程—结果”双效考核机制是提升人才质量的指挥棒，是教学中层层分解知识，落实和培养实践技能的手段。因此，实践教学评价要注重从实践教学过程化考核、解决实际问题以及学生创新能力等方面进行考核与评价。从专业知识、职业技能、思维创新、实践能力四个方面进行城乡规划人才培养的全面考核与评价。

5 结语

我校城乡规划专业实践教学改革，依托寒地地域、数字时代与地方发展需求，进一步强化城乡规划专业的“地域化、实践化、特色化、数字化”的办学特色，以全面提高学生的职业能力、深化双创教育、提升地方服务能力、增加学生创新实践能力为出发点。在实践教学改革中，注意强化实践育人意识，科学安排实践教学体系，拓展实践教学平台，引进校企导师资源、丰富实践教学模式，优化实践教学评价。整合“校企政地”资源开放式办学，助力地方高校一流专业建设发展与人才培养，希望对地方高校实践教学改革有一定借鉴意义。

参考文献

[1] 侯向群，尹元元，张丹．地方高校国家一流专业建设内容与路径 [J]. 教育教学论坛，2023（5）：26–29.

[2] 孙中伟，李晨静，商哲，等．面向省级一流本科专业的人文地理与城乡规划建设体系构建——以石家庄学院为例 [J]. 高教学刊，2023，9（36）：29–32.

[3] 尹杰，宋斯琦．“数字化转型”背景下城乡规划专业信息技术应用的实践教学研究 [J]. 高教学刊，2019（8）：91–93.

Reform of Practice Teaching of Urban and Rural Planning Specialty in Local Universities for First-class Specialty Construction —— A Case of Jilin Jianzhu University

Bai Limin　Zhao Hongyu　Jiang Xue

Abstract: The conformal construction and digital development of higher education in the new era pose new challenges to the training of urban and rural planning professionals. Jilin Jianzhu University’s urban and rural planning major takes the construction of national first-class majors as an opportunity to carry out a systematic reform of practical teaching, an important link of talent training. It proposes the reform idea of “one goal, two main lines, three platforms, three modes and four levels”, integrates the resources of “school, enterprise, government and local” to run an open school. In the practice teaching reform, attention should be paid to strengthening the awareness of practical education, arranging the practice teaching system scientifically, using the sharing of resources between the campus platform and the off-campus platform, and the training mode of inter-school and off-campus tutors. According to the dual-track system of “in-class training” and “out-of-class innovative training”, combined with the establishment of practical curriculum assessment and evaluation mechanism, the all-round, whole-process stepwise training of practical innovation ability is formed. Form a path for the simultaneous development of digital literacy and innovative practical ability of planning talents, adapt to the changes in the industry’s demand for comprehensive ability of talents under the background of the digital age, and form a practical teaching reform paradigm for reference in local colleges and universities.

Keywords: Practical Teaching, Urban and Rural Planning, First-class Major, Local University

思政融合下住区规划原理和设计课程教学实践

李 健 孙嘉慧 陈 飞

摘 要：在社会主义核心价值观引领下，从城乡住房公共政策、公众宜居生活诉求、保护与利用自然资源和历史文化等方面入手，在城乡规划和建筑学专业必修课住区规划原理和设计课程中挖掘思政元素，探索课程思政与教学实践融合，开展专业教育与思政教育协同的教学实践。教学组织过程中设置思政交融的教学环节及要点、讲授传统与前沿揉和的基础理论及建设案例、安排理论与实践结合的调研及规划设计任务，制定过程与成果并重的教学评价方法，使学生在专业知识与能力养成的过程中潜移默化地树立正确的思想政治方向、职业道德观和人生价值观，实现教师显性教育与隐性教育的并行、传道授业与价值引导的统一，落实立德树人的教学初衷。

关键词：思政融合；住区规划原理；住区规划设计；教学实践

1 引言

高等学校肩负着人才培养、科学研究、服务社会的重要职责，是为国家培育、输送社会主义建设者和接班人的教育主阵地。2020 年 6 月，教育部颁发的《高等学校课程思政建设指导纲要》顺时顺势地提出推进课程思政建设，落实高校“立德树人”的教学初衷 [1]。党的二十大报告再次指出，在教育上育人的根本在于立德，用社会主义核心价值观铸魂育人；在民生上提高人民生活品质，促进公共服务的均衡性和可及性 [2]。这为住区规划课程的思政融合提供了基本遵循和行动指南。

居住是城市的基本功能，在住区规划的内容和方法上如何传承和创新、如何满足人民对美好生活的向往，对提升人民群众的幸福感、归属感至关重要 [3]。不同的社会、文化、政治背景，决定着不同的社会关系、邻里关系、人与自然的关系等，通过影响规划者的观念，进而影响着城乡规划与建设，尤其是与人们生活息息相关的城市居住区域。因此，在住区规划课程中需要融入中国特色，在价值引领中凝练知识底蕴，切实提高人居环境水平。基于此，以大连理工大学建筑与艺术学院城乡规划和建筑学专业课程住区规划原理和设计为例，将思政要素与教学内容相融合，提出课程思政融合的整体思路和教学目标，探索思政教育与专业教育协同发展的教学实践方法，实现立德树人的根本任务。

2 住区规划原理和设计课程思政教学设计

2.1 提出课程思政的融合思路，确定教学目标

城乡规划具有公共政策和公众利益的两种属性，规划过程中不能一味追求物质利益最大化，从社会公平、公正的角度出发维护公共利益，才是城乡规划行业的核心价值 [4]。住区规划原理和住区规划设计课程是建筑学和城乡规划专业三年级的必修课，位于上下学期，是知识理论与设计实践相结合的两门课程，住区规划课程应将人民至上、中华传统文化、人与自然和谐共生、促进社会公平正义、物质文明与精神文明相协调等思政要素充分融入教学内容，落实于教学过程，将社会主义核心价值观贯穿教学过程，培养胸怀国家使命感与民族自豪感、兼具探索能力与创新精神的学生，实现传道授业与价值引导的统一（图 1）。

教学目标以宜居生活为指引，注重“术”与“道”的结合，通过思政教学、理论传授唤起学生内心的家国

李 健：大连理工大学建筑与艺术学院副教授（通讯作者）
孙嘉慧：大连理工大学建筑与艺术学院硕士研究生
陈 飞：大连理工大学建筑与艺术学院副教授

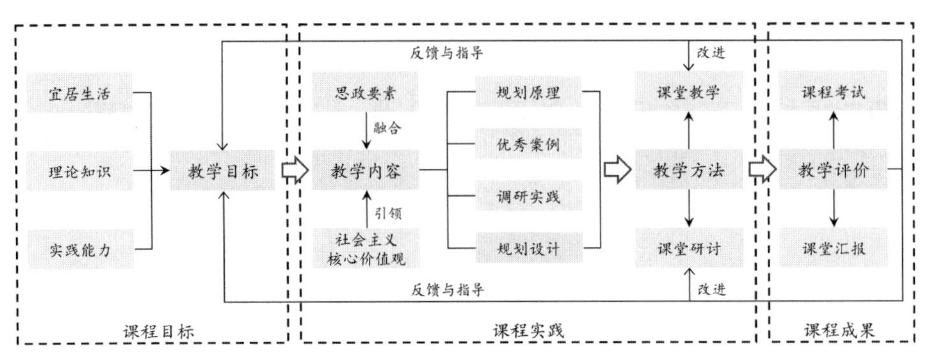

图 1 住区规划课程思政融合的整体思路

资料来源：作者自绘

情怀、团队意识以及建设美丽住区的宏图伟志，强化将理论知识运用于社会实践的能力，注重分析与解决复杂问题的综合能力的培养，使学生习得知识与技能、养成品质与德行。

2.2 设计教学环节及教学要点，发掘思政元素

人民城市作为中国特色城市建设的新论述与新理念，为城市建设发展提供了指引方向，其基本内涵是“人民城市人民建、人民城市为人民”[5]。住区规划课程的教学内容更应以人民需求为出发点，实现由传统住区到社区生活圈的跨越。住区规划授课过程共包括 4 个教学环节：传授基础理论知识、解读当前住区建设实践、组织社区调研、指导规划实践，其中住区规划原理以前 3 个环节为主。

在教学过程和内容中发掘不同教学环节蕴含的思政教育要素，建立思政教育资源与课程教学内容的对应关系，确保教学内容的真实性和思政教育的价值性，努力使思政要素在教学中自然渗透和无缝对接[6]。专业教育和思政教育应是同向同行的，因此明确各个教学环节的专业教学要点和思政教育元素（表 1），从个人素质到职业道德再到家国情怀，实现学生由浅入深、由表及里的升华发展，达到显性教育与隐性教育的统一。

2.3 运用丰富多样的教学方法，完善教学评价

思政融合教学是提升专业课教学质量、推进学科建设的重要途径。践行课程思政教育是思想政治教育规律、大学生道德成长规律以及学科发展规律的内在要求[7]，好的思想政治工作应该像盐，但不能光吃盐，最好的方式是将盐溶解到各种食物中自然而然吸收[8]。传统的教学方法往往是教师的机械灌输，而非学生对知识的主动吸收。思政融合的教学方法注重师生间的交流沟通，除了传统的课堂教学外，增加师生研讨和多方角色扮演，提升理论联系实际的能力，同时安排学生之间的相互点评和交流，促进学生主动思考和共同提高。

在人才培养理念不断深化的背景下，课程的思政建设成果更需要全新的教学评价机制加以稳固。通过调研小组成果及个性化表达、规划设计阶段性成果的汇报提升学生对思政内涵的理解和对专业实践的认识，在教学过程中引导学生自我体验和感悟，以达到润物无声的教学效果[9]。提高学生综合评价的比重，逐渐形成以过程性汇报和结果性考试相结合的考核方式，过程与成果并重，提升课程思政融合成效。

3 基础理论与当前建设实践教学环节思政融合实施

在住区规划基础理论教学中，挖掘专业知识体系本身所蕴含的思政内容，揉和专业传统知识和前沿热点，使学生了解住区的发展、住区的不同类型及住区规划的发展动向，熟悉住区的组成、功能与规划结构，掌握住区规划内容与基本设计方法。同时，紧紧围绕城市规划的公共政策属性以及人们的基本居住需求，在与住区规划联系紧密的城市社会学、城市管理学、城市经济学、生态学等相关学科中挖掘思政要素。结合老龄化、义务教育与学区房、进城务工人员等社会热点问题，自然融入中华传统文化、哲学、民俗和工匠精神的讲解及其对

教学环节中教学要点和思政元素的融合　　表1

教学环节	教学要点	思政元素
传授基础理论知识	我国住区发展的历史演变	中国传统文化、哲学、民俗
	不同类型住区的分类方式及规划特点	专业认同、职业素养
	住区规划结构与空间形态组织	逻辑思维、人文素养
	配套设施、绿地、交通的规划设计理论与方法	法定性与规范性、工匠精神
解读当前住区建设实践	社区生活圈规划实践	新发展理念、美好生活需要
	完整居住社区建设	以人为本、基层自治
	小街区规划实践	开放共享、可持续发展
	各城市老旧住区更新	公众参与、民生福祉
组织社区调研	社区生活圈建成规模与空间形态	地域文化特色
	社区生活圈服务要素供给水平	弱势群体、平等公正
	社区居民访谈与居住满意度调研	同理心、求真务实
指导规划实践	功能结构、交通系统、公共空间、配套设施规划	系统思维、美好生活需求
	户型、住宅建筑设计	创新思维、职业素养
	规划管理人员、开发商、市民、规划师角色扮演	责任担当、价值取向、辩证思维
	规划设计成果图面表达	文化自信、审美素养
	设计任务安排、过程性评价、小组成果汇报	团结友善、取长补短

住区建设的影响与启示，潜移默化地提升学生的专业认同、职业素养和人文素养。

对当前国内住区建设实践的解读能够使学生在掌握住区规划基础理论知识的基础上，了解前沿、权威的住区建设实施方向，鼓励学生在住区规划设计课程中传承与创新，增强文化自信和民族自信。通过讲解功能完善、有温度、有活力、有归属感的社区生活圈规划与实践案例，使学生贯彻创新协调、绿色健康的发展理念，学会围绕城乡居民美好生活需要进行住区规划设计，树立“保基本、提品质、补短板、促均衡”的住区规划目标；通过诠释设施完善、管理有序的完整居住社区，使学生领悟居民生活质量和基层治理能力并行的居住社区建设[10]；通过介绍小尺度、密路网、功能混合、绿色出行的小街区规划，使学生理解心理需求与空间需求、封闭与开放、资源公平、土地权属等方面的深层逻辑[11]；通过学习解决居民急难愁问题，建设安全、整洁、文明、有序居住环境的上海老旧住区更新，使学生重视居民需求，学会以增进民生福祉为目标的居民意愿整合与理性集体决策[12]。

4　社区调研环节思政融合教学实施

4.1　社区调研思政教学目标

规划职业需要共情能力，需要立足不同社群去思考，需要有临场感和情景感，因此要把理论课和设计实践课结合起来做，校内课程环节和校外课程环节必须融合[13]。在住区规划原理课程中后期及设计课程前期增加学生社区调研环节，通过安排学生到地域特征及传统文化突出的住区进行实地调研，教会学生设身处地地体会民生需求，听取公众声音，深刻地理解规划理论知识，亲自认识生活圈的用地规模以及人口规模、生活圈内住宅的排列布局方式、各类服务设施的布局。更重要的是提高学生对城市社区“人—空间—社会”属性的认识，培养规划师应有的社会责任感，突出以人为本、求真务实的马克思主义思想。学生身临其境，立足不同的社区生活圈中，设身处地站在不同居民的立场审视居住环境，认识到不同的地域文化特色能够塑造不同形态模式的生活圈，以同理心体会各类服务设施是否公平公正地满足了各类人群的生活需求、是否关注到了弱势群体的归属感和认同感，实事求是地发现问题，并为以后的住区规划设计提供方向和基础。

4.2 社区调研思政教学成果

民生是规划所依，也是国家所系。住区是人们赖以生存的基本场所，因此提高人民生活品质、对美好生活的向往是住区规划和调研的重中之重。学生社区调研成果以大连市七贤岭街道为例，小组编制社区基础信息包括各街道、社区的户数、人口等基本数据，以及居住街坊的详细信息（表2），并绘制出各街道的15分钟生活圈组成和建筑功能布局（图2）。

在个性化成果方面，以七贤岭街道山园社区为例，学生个人深入社区生活圈内，实地感受社区生活圈内部的各服务设施供给水平以及居民居住满意情况，发现社区问题所在并整理绘制出成果图（图3）。在课程汇报中，要求学生代入到调研项目场景中，通过对规划管理

七贤岭街道社区基础信息表（部分） **表2**

社区名称	社区户数（户）	社区人口（人）	居住街坊			
			名称	管理方式	面积（ha）	建成年代
汇贤社区	4362	8153	谷歌里	开放	6.73	2009
			山海一家	半封闭	7.69	2005
			龙湖天琅	封闭	1.03	2015
			小计	15.14		
山园社区	3061	7663	海创半山花园	封闭	11.00	2011
			中铁诺德滨海花园C区	封闭	5.75	2010
			中铁诺德滨海花园D区	封闭	6.02	2012
			小计	22.77		

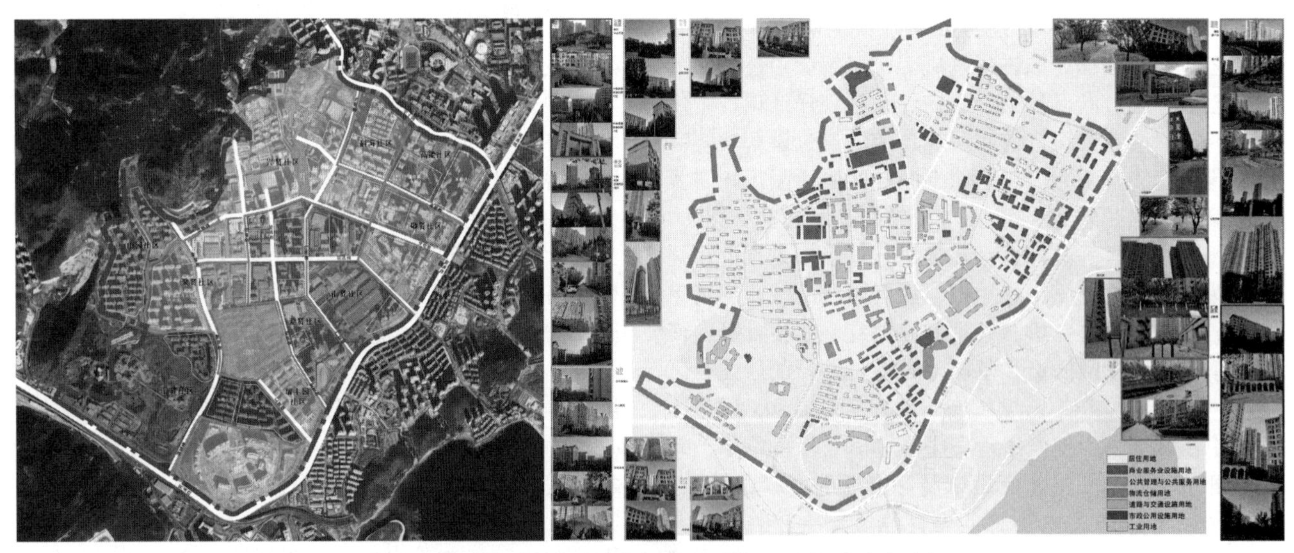

图2 七贤岭街道15分钟生活圈组成图、建筑功能布局图

资料来源：学生作业（2020级城乡规划专业学生霍婧仪、庞桉、袁子涵、王雨晴，住区调研成果图）

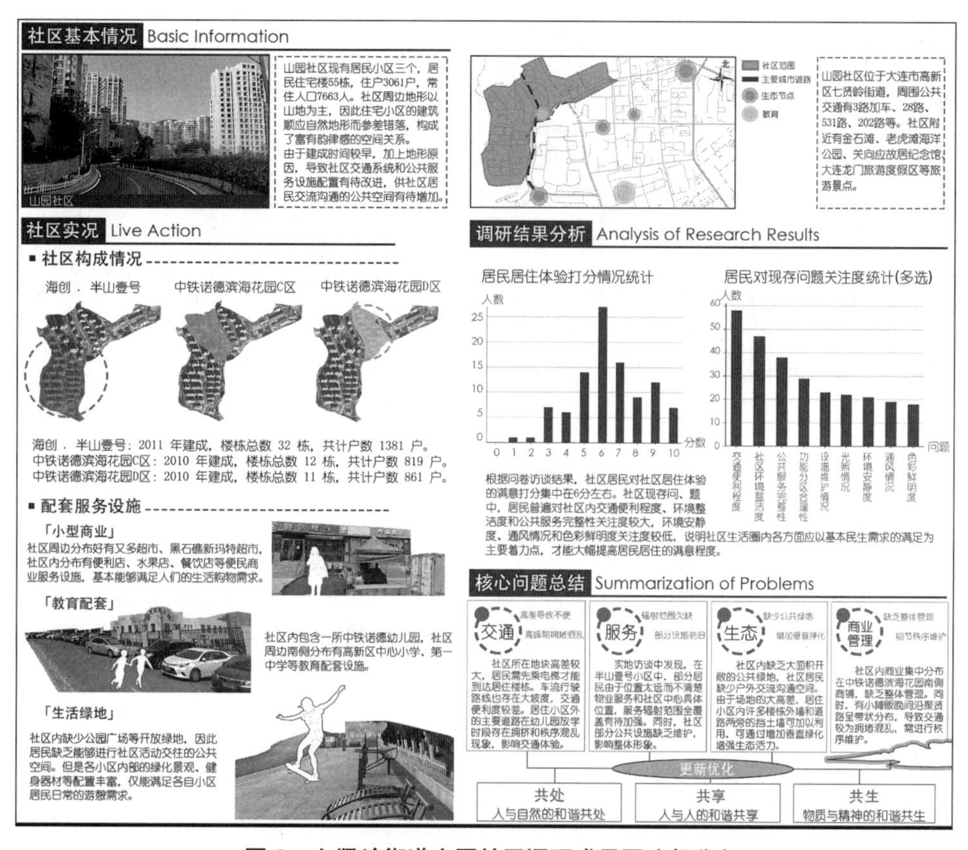

图 3　七贤岭街道山园社区调研成果图（部分）

资料来源：学生作业（2020 级城乡规划专业学生霍婧仪、庞桉、袁子涵、王雨晴，住区规划原理课程调研成果图）

人员、开发商、市民、规划师的角色扮演，在面对不同的价值取向和利益的冲突时，能够善于兼顾、协调、沟通、谈判，推动多方群体达成共识，让学生在面临复杂要素影响时学会守住伦理底线，公平公正地做出体现职业道德和社会责任感的正确判断。

5　住区规划设计实践环节思政融合教学实施

5.1　选定规划设计地段及明确调整内容

纸上得来终觉浅，绝知此事要躬行。学生对知识的吸收最终要落实在住区规划设计中。首先在规划设计地段选取和任务要求布置上做好整体的方向引领和把控。基地为大连市甘井子区北部、泉水河南侧一处富有自然优势及地域特色的 15 分钟生活圈，西侧为现状建成小区，东侧为已有规划方案公示未建小区，周边配套成熟，交通便利，地铁 5 号线在地段东侧穿过。基地分为 A、B、C 三块，各地块用地规模为 5 分钟生活圈居住区（10~15 公顷），由 4~5 个居住街坊构成，为小街区密路网规划设计理念落实提供基础；其中 A 地块为居住用地，B 地块为居住用地、商业服务业设施和中小学，C 地块为居住用地和 15 分钟生活圈社区公园（图 4），地段综合容积率为 2.0。

其次，在规划调整内容方面，强调刚性与弹性并举。基地内部衔接整个片区路网的干路起点和终点不动，但道路形状可以根据规划需要调整形态或拉直；C 地块内社区公园规模应保持不变，但通过对周边交通、用地条件及合理的服务范围分析，可以调整到规划地段其他位置；将设计对象的重点放在包括人和社会关系在内的地域空间环境上，用综合性的环境设计来满足人

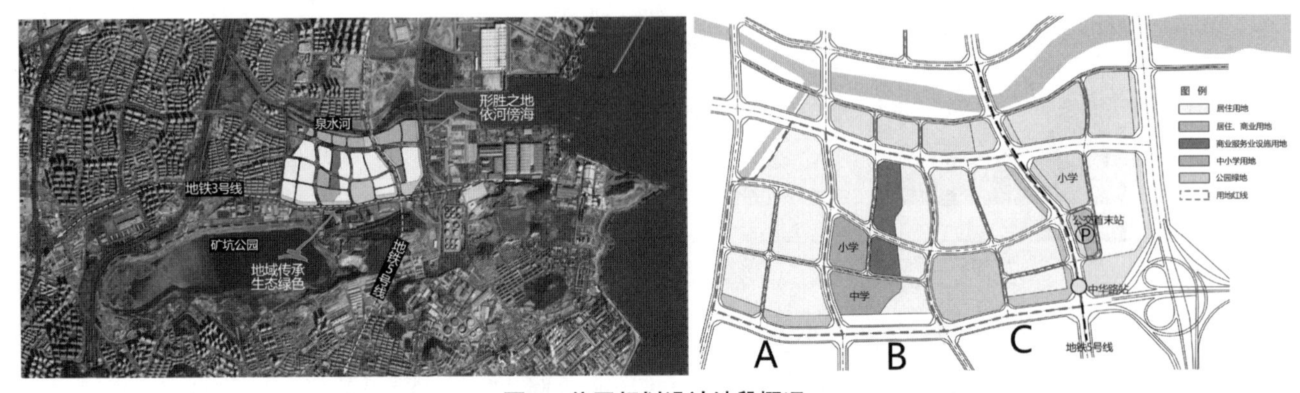

图 4 住区规划设计地段概况

资料来源：作者自绘

的适居性要求[14]，应着重关注街道景观规划设计、就学路线设计、步行交通设计以及社区治理等问题，如相邻住区的联系、不同级别生活圈的开放与封闭、弹性设计等。

5.2 注重设计地段调研及借鉴优秀案例

首先，安排学生完成规划地段现状调研，忌宽泛、宏大，需切中住区规划设计核心与重点，实事求是地发现现状问题：①以地段为中心，半径 800~1000 米为半径，绘制 15 分钟生活圈日常生活范围，分析配套设施和社区公园现状供给，研究需求，提出应对措施，包括用地选址布局和测算规模，规划地段如何与之统筹协调，构建生活圈层级；②地段现状分析要深入细致，对于周边 50 米范围内的建成环境要重点思考。综合考虑周边小区出入口位置，四周道路城市街景现状，沿街住宅高度分布，天际线的处理方式等相关内容，为后续住区规划设计提供方向和基础。在重视 5 分钟生活圈居住区内部空间形态设计的基础上培养学生关于城市社会、经济、生活等方面的调查分析能力。

其次，安排学生收集并借鉴住宅布局灵活多样、具有自然地域文化特色且规模相近的居住街坊优秀案例，包括规划地段周边及与大连同一气候区划的国内外其他城市，应注意其时效性（近五年）且用地规模、容积率指标相似，通过卫星遥感影像查找现状建成情况，考虑可操作性。要求实地调研规划地段周边优秀案例，而对于其他城市优秀案例，可以取传统住区之精华，借前沿案例之精粹，引导学生发散思维，进行传承和创新，重点关注住区功能布局、居住街坊划分以及教育、医疗、体育、商业等各类公共服务设施的规划布局，满足日常使用的基本需求，真正理解规划中所蕴含的包容性与公正性等思政内涵，增强规划师的使命感和责任感。

5.3 提高成果质量要求及加强团队协作

实践加之个体置身于情境中的状态，是决定知识能否被个体获得并转化为技能的关键。实践可以使知识从静态变为一种动态，从平面知识变为一种能被个体掌握的看得见的技能[15]。学生规划设计应根据社区生活圈规划技术指南和任务书要求，结合调研中发现的重要的民生需求取向，充分利用地块周边的交通、地理等区位因素，融合自然、文化特征，强调生活品质，规划设计绿色、开放、共享、健康、友好、包容、传承、未来等理念主导的 15 分钟社区生活圈（图 5）。

设计任务要求 3 名同学一组合作完成规划设计。最后，小组拼合 15 分钟生活圈彩色总平面成果图，检验生活圈用地规划方案的落实情况，并协商图面表现，从而培养学生的沟通协调与图纸表达能力，树立一定的文化自信和审美自信。课程设计中共安排 3 次过程性教学评价，学生听同学讲解方案，发现别人的闪光点和不足之处；听老师点评方案，反思自己是否存在类似问题及未考虑到位之处，真正做到自我体会，取长补短，使学生在专业能力培养过程中沉浸式、潜移默化地接受思想政治教育，提高住区规划实践水平。

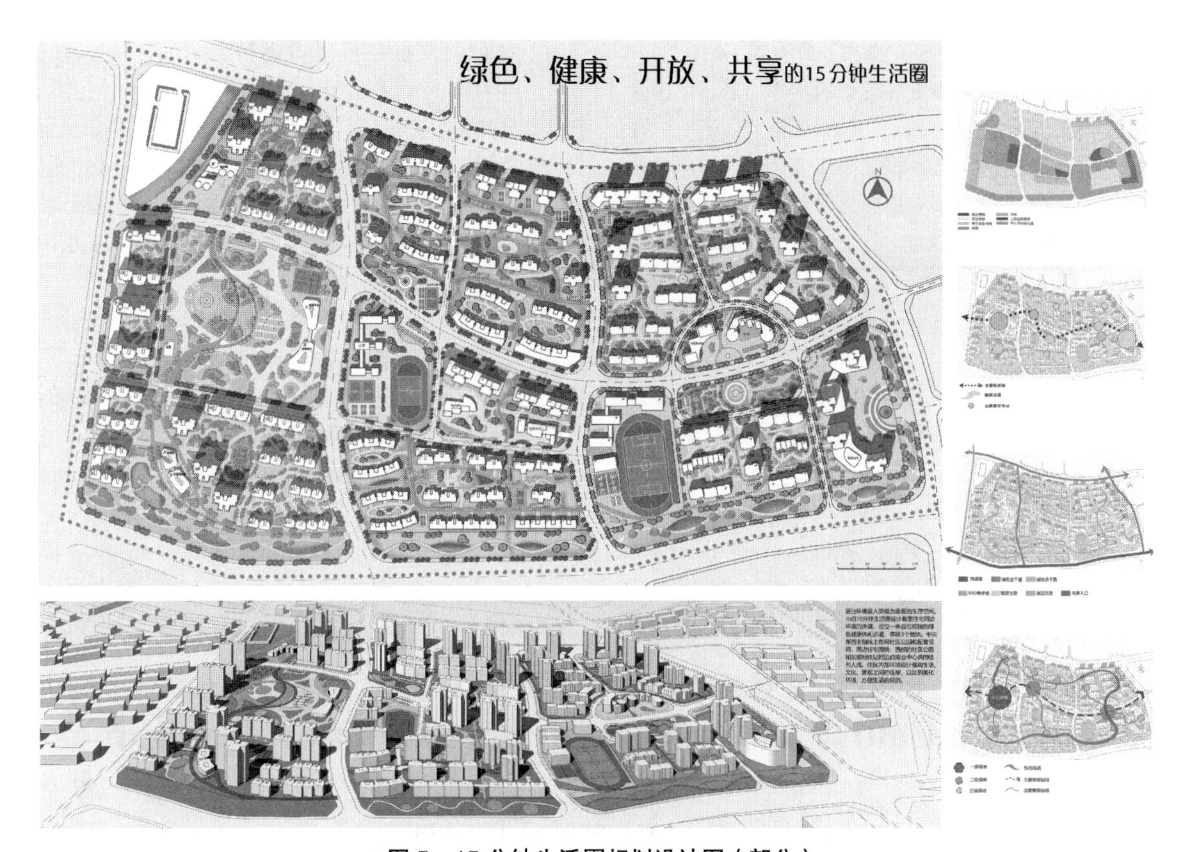

图 5　15 分钟生活圈规划设计图（部分）

资料来源：学生作业（2019 级城乡规划专业学生李雨萱、李知非、张城岩，住区设计课程成果）

6　结语

课程思政融合主要发掘高等学校各门课程所蕴含的思想政治教育元素和所承载的思想政治教育功能，实现思想政治教育与知识体系教育的有机统一。住区规划课程作为城乡规划和建筑学专业的必修课程，在多个教学环节及要点中充分挖掘思政要素，通过传统与前沿揉和的基础理论及案例讲授、理论与实践结合的调研安排及规划设计实践指导进行教学过程组织，实施课程思政与教学实践的融合，做到过程与成果并重，引导学生在掌握专业知识的同时，学会回应顶层政策、关注民生需求、提升实践能力并树立正确的道德观和价值观，同时也为培养富有知识与能力、态度与情感，担负起建设中国特色美丽家园的责任和使命的规划师提供些许借鉴和参考。

参考文献

［1］ 教育部 . 教育部关于印发《高等学校课程思政建设指导纲要》的通知 [EB/OL].（2020-06-01）.http://www.moe.gov.cn/srcsite/A08/s7056/202006/t20200603_462437.html?from=timeline&isappinstalled=0

［2］ 中华人民共和国中央人民政府 . 习近平：高举中国特色社会主义伟大旗帜　为全面建设社会主义现代化国家而团结奋斗——在中国共产党第二十次全国代表大会上的报　告 [EB/OL].（2022-10-25）.http://www.gov.cn/xinwen/2022-10/25/content_5721685.htm

［3］ 孙施文，武廷海，王富海，等 . 活力城乡　美好人居 [J]. 城市规划，2020，44（1）：92-98，116.

［4］ 向铭铭，喻明红，彭黎君 . 城乡规划工程类课程的思政

要素探究 [J]. 教育教学论坛，2020（37）：48-49.
[5] 魏崇辉．习近平人民城市重要理念的基本内涵与中国实践 [J]. 湖湘论坛，2022，35（1）：22-31.
[6] 吕飞，于淼，王雨村．城乡规划专业设计类课程思政教学初探——以城市详细规划课程为例 [J]. 高等建筑教育，2021，30（4）：182-187.
[7] 田鸿芬，付洪．课程思政：高校专业课教学融入思想政治教育的实践路径 [J]. 未来与发展，2018，42（4）：99-103.
[8] 石建勋，付德波，李海英．新时代高校课程思政建设重点是“三观”教育 [J]. 中国高等教育，2020（24）：38-40.
[9] 何韶颖，蒋嘉雯．深度学习理论下的城市设计系列课程思政教学研究 [J]. 高等建筑教育，2020，29（4）：162-168.
[10] 刘禹汐．完整居住社区实践初探 [J]. 城乡建设,2021(20)：58-61.
[11] 杨元传，张玉坤，郑婕，等．中国街区改革的关键——空间尺度和层次体系 [J]. 城市规划,2021,45（6）：9-18.
[12] 刘辰阳，田宝江．从居民更新意愿到理性集体决策——上海老旧住区公共空间更新的实证研究 [J]. 上海城市规划，2019（2）：84-89.
[13] 孙施文，吴唯佳，彭震伟，等．新时代规划教育趋势与未来 [J]. 城市规划，2022，46（1）：38-43.
[14] 王颖，程海帆，郑溪．“模块化”的本科城市设计教学研究 [J]. 中国建筑教育，2020（1）：65-71.
[15] 徐洁，郭文刚．知识视域下高校课程思政建设研究 [J]. 复旦教育论坛，2021，19（4）：37-41，76.

The Teaching Practice Research of Residential Planning Principle and Design Course under Ideological and Political Integration

Li Jian　Sun Jiahui　Chen Fei

Abstract: Guided by socialist core values，it explores ideological elements in mandatory courses on residential planning principles and design in urban and rural planning and architecture，focusing on public policies，livable living demands，and natural resources and historic cultural heritages conservation and utilization，and integrates ideological and political facets，harmonizing with pedagogical approaches. Teaching organization process sets teaching steps and key points of ideological and political integration，covering foundational theories and cases bridging tradition with frontier，and includes research tasks combining theory with practice. Evaluation methods gauge procedural and outcome-based learning. The objective is to set correct ideological and political direction，professional ethics，and values in students subconsciously. This approach synchronizes explicit and implicit pedagogy，converging knowledge transmission with values guidance，fulfilling the essence of moral education.

Keywords: Ideological and Political Integration，Principles of Residential Area Planning，Residential Area Planning and Design，Teaching Practice

面向新工科的“城市交通枢纽规划设计”教学模式改革

陈 琦 张 炜 刘 畅

摘 要： 新工科建设为城乡规划专业带来了新的机遇，也对课程教学的组织模式提出了新的要求。机遇和挑战并存的专业发展环境下，高校城乡规划专业课程的教学模式有必要作出相应的调整。对于地方高校的城乡规划专业，依托传统学科优势、突出地方特色、推动学科融合，将是突破桎梏、谋求新机的关键路径。本文以重庆交通大学的“城市交通枢纽规划设计”课程为例，对新工科背景下的教学改革展开探讨。首先从新技术的加持助力、“交通 +”特色的专业融合、数字赋能的教学方式变革三个角度剖析了该专业课程的发展定位；其次基于“城市交通枢纽规划设计”课程教学实践，总结出重沿袭轻融合、重实践轻理论、重绘图轻分析三个重点问题；然后以课程定位为导向，针对课堂实践中的具体问题，提出了课程联动、专题讲座、数字管理的多维度教学模式方案；最后以上一教学周期的课堂效果作为结果反馈，对教学改革成效进行了定性评价，初步证实了本文所提出教学改革方案的可行性。本文研究成果预期能对城乡规划专业的其他设计类课程的新功课转型提供借鉴。

关键词： 新工科；城乡规划专业；跨专业融合；“交通 +”特色

新工科建设为城乡规划专业带来了新的机遇，也对课程教学的组织模式提出了新的要求。为主动应对新一轮科技革命和产业变革的新趋势，教育部在 2017 年 2 月发布了《教育部高等教育司关于开展新工科研究与实践的通知》，明确了我国高校要加快建设新工科的发展方向，在积极探索新兴工科专业的同时，要对传统工科专业进行适应性改革 [1]。随着新工科建设的不断深化，传统工科城乡规划专业迎来了新技术加持带来的理念和方法革新，同时也面对着新兴专业对传统专业固有优势和特色的冲击 [2]。机遇和挑战并存的专业发展环境下，高校城乡规划专业课程的教学模式亟须顺应时代的重构改革。因此，为谋求新机、突破桎梏，地方高校的城乡规划专业有必要通过依托传统优势、突出地方特色、推动学科融合的改革思路，形成特色化教学模式，培养适合新时期的复合型差异化新工科人才。

以重庆交通大学城乡规划专业为例，“城市交通枢纽规划设计”课程是城乡规划专业的核心设计课程之一，开设于五年制城乡规划专业的第 7 学期。该门课程以铁路交通枢纽为核心对其周边城市空间进行综合性规划与设计。城市交通枢纽作为城市空间的核心交通节点，其规划与设计对于城市的空间组织、功能分区、交通流动等方面有着重要影响。课程理论部分涉及城市交通枢纽的基本概念和规划思路，实践部分以实际项目的形式开展城市规划设计。设计内容包括交通枢纽片区控制性详细规划、交通枢纽中心地块城市设计等。

课程设置在城乡规划专业的高年级，是对城乡规划专业知识的综合场景应用和实践，同时也是打造重庆交通大学“交通 +”特色专业的关键抓手。课程知识要点覆盖城市规划原理、交通规划、交通需求分析，需要学生充分利用地理信息数据、量化分析技术、AI 辅助技术等完成前期分析、问题识别、方案制定、图面表达各个环节，培养学生的问题分析和方案设计能力。鉴于此，本文以“城市交通枢纽规划设计”课程为案例，根据该门课程的特色与定位，针对课程教学中存在的具体问题，从传承与创新、理论与实践、分析与表达多个层

陈 琦：重庆交通大学建筑与城市规划学院讲师
张 炜：重庆交通大学建筑与城市规划学院讲师
刘 畅：重庆交通大学建筑与城市规划学院副教授（通讯作者）

面，对课程的教学模式进行剖析和改进，从而为面向新工科的“交通+”特色城乡规划专业课程改革提供借鉴。

1 新工科背景下课程特色与定位

城市交通问题一直以来都是影响城市可持续发展的关键因素之一。交通拥堵、环境污染和土地使用效率低下等问题需要整体视角下的城市规划手法来统筹应对，同时需要局部视角下的交通设计方法来具体处置。新工科背景下的“城市交通枢纽规划设计”，要求城乡规划专业的学生不仅要关注城市功能和空间设计，更要从以交通枢纽为核心的视角重点关注交通系统的整体规划，及其与城市空间的协调设计。为适应新工科背景下的传统专业转型，从新工科建设的需求、重庆交通大学的学科特色、教育数字化转型的必然趋势，这三个方面对本课程的特色打造和改革定位进行剖析。

1.1 新兴技术的加持助力

新工科强调传统专业融入人工智能、大数据、物联网等现代技术，使教育和研究更加贴近工业和技术的最前沿。新兴技术城市规划领域的应用，为解决复杂的城市和交通问题提供了新的解决方案，也在不断催生新的城市规划研究新领域[3]。通过分析交通、人口和环境数据能够更好地理解城市动态和潜在需求，从而支持规划策略的制定。通过地理信息技术和机器学习方法，可以对公共资源配置进行优化，对未来交通流量进行预测，从而加强规划方案的数据支持和量化依据。大数据AI等新兴技术的融入，有助于从土地利用效率、城市功能混合、要素系统耦合等复合视角全面分析评价城市功能空间布局，为规划方案的形成提供重要数据支撑。因此，“城市交通枢纽规划设计”课程需要引入新兴技术，鼓励学生掌握现代信息知识和技能，以适应新阶段对工程人才的能力需求。

1.2 “交通+”特色下的跨专业融合

重庆交通大学依托交通类传统优势学科，将各类学科与交通学科进行深度整合与创新，打造“交通+”专业特色，以应对技术变革和多样化的社会需求。城市空间规划与交通系统规划虽分属不同学科却又相互依赖，两者的紧密结合是实现高效、可持续和宜居城市的关键[4]。通过跨专业的知识融合，能够增强“城市交通枢纽规划设计”课程的应用性和前瞻性，同时也为学生提供广阔的视野和多样的解决方案思路，是培养应对复杂场景复合型人才的关键。“交通+”模式的引入，有助于培养学生的多视角问题洞察能力、跨学科问题分析能力、多场景问题解决能力，是培养复合型工科人才的关键抓手。因此，“城市交通枢纽规划设计”课程应紧密围绕交通学科特色，重点培养学生跨专业融合思维和技能，形成特色专业优势以适应多元化的社会需求。

1.3 数字赋能的教学方式变革

教育数字化是新工科建设的关键途径，数字技术赋能可以有效推动教学模式创新，从而适应新工科人才的培养[5]。数字赋能的教学方式变革是现代教育发展的必然趋势，通过引入新技术如在线学习平台、数字教学资源、过程数字化记录等，能够大幅提升教学效率和自由度，实现教学全过程追踪和量化评价。数字化教学资源和工具，使得教学内容的更新迭代更为方便快捷，通过对教学内容的及时更新和教学方法的适应调整，以响应当代学生的多样化学习诉求，以及适应快速变化的社会用人需求。因此，“城市交通枢纽规划设计”课程需要引入数字化方法对传统教学方式进行改革，以满足新工科建设对新技术和教学内容快速更迭的需要。

2 城乡规划专业设计课程的现实困境

2.1 重沿袭轻融合，规划设计缺少学科交叉和场景应对

“城市交通枢纽规划设计”课程是以城市规划的理论和方法，以城市交通枢纽为研究对象，在改善城市空间、梳理城市立体交通网络、创造宜居环境等方面进行探索和设计的一门综合性设计课程。目前该设计课程多关注城市空间的规划和设计，侧重于局部空间的设计技巧与绘图表现，教学过程中存在定量分析重视程度不高，交通设计比重过少，城市空间与交通枢纽的融合不足等问题。从教学内容的设计上看，课程仍局限于传统的城乡规划专业课程体系，缺乏与其他学科如信息技术、交通规划、行为科学等的融合。在新工科的背景下，传统专业的应用场景已经发生了巨大变化，亟须引入跨学科融合的教学内容，寻找和适应新兴工程应用场

景，从而提升学生的创新和实践能力。

2.2 重实践轻理论，交通理论缺少深入讲解和实践应用

目前“城市交通枢纽规划设计”课程采用的是“理论授课＋设计指导”的教学模式。第一周为理论教学，由教师对课程设计中涉及的主要理论进行讲解，并通过一些案例向同学们展示设计的表现形式和内容构成。从目前的课程经验来看，尽管同学们在理论讲授环节表现出了较为积极的态度，能够做到专业听讲并记录笔记，但由于理论授课时间较短，同学们难以做到对讲授内容完全消化。另一方面，该设计课程由于涉及部分交通规划原理的内容，有一定的跨专业融合特性，这更加导致同学们对于非本专业内容理解不足，更无法将合理的其应用于课程设计的实践中。从教学模式上看，目前课程存在理论实践结合不足的问题，跨专业融合的教学内容在理论讲授和案例展示上都缺乏针对性和落地性，学生在课程设计实践过程中难以结合多维度的理论知识。

2.3 重绘图轻分析，方案表达缺少数据基础和分析依据

“城市交通枢纽规划设计”课程属于城乡规划与设计系列课程的专题之一，该系列课程共8个专题，各专题的评价角度和内容上并有差异，均为创意构思（20%）、环境关系（30%）、功能关系（20%）、经济技术（10%）、图文表达（20%）。从评价的视角来看，环境关系、功能关系、图文表达，共计70%的分值与主观美感相关，而对于设计方案的量化分析部分仅占10%。此外，所有城乡规划与设计课程的8个专题均采用同一评价标准，也难以体现新工科的融合交叉特征，对于城市交通枢纽规划与设计方面难以准确评价学生设计成果的优劣。传统城乡规划专业对课程设计的评价内容中，空间技巧和绘图表现占比过大，容易将学生引向绘图匠的学习路径，不利于塑造同学们感性与理性相结合、美感与功能相结合的创新能力。

3 新工科背景下的“城市交通枢纽规划设计”教学改革方案

针对该这门设计课程在教学内容、教学模式、教学评价三方面存在的问题，以新工科交叉融合作为“交通＋”的切入点，在教学内容上融入更多的交通元素，在教学方法上加强理论与实践的结合，在教学评价上平衡设计与功能的比重。从跨学科融合的视角，通过理论与实践结合、内容与表达并重的方法对“城市交通枢纽规划设计”这门设计课程进行数字化改革。采用的方法如下，改革思路如图1所示。

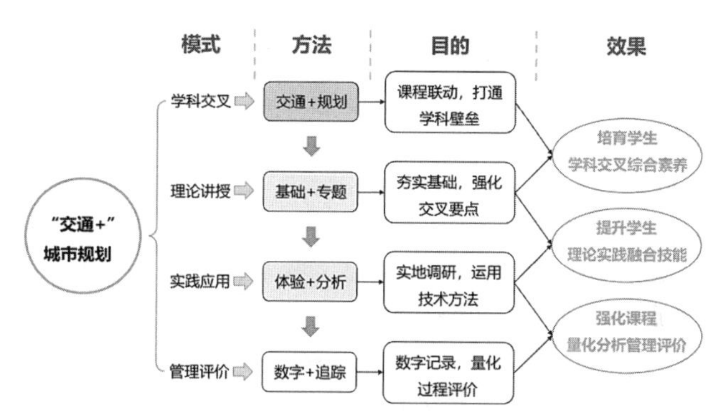

图1 课程改革思路

资料来源：作者自绘

3.1 课程联动，夯实“交通＋”理论基础

从空间规划和交通设计两方面融合设计教学内容，强化交通设计与城市设计的融合与实践，在交通相关理论课程中加强与城市设计的结合，在城市设计课程实践中加强交通理论知识的应用。通过“城市交通枢纽规划设计”的前置理论课程“城市交通设计”和“城乡道路与交通规划”，补充城市交通与城市空间相结合的案例资源，从交通视角对城市设计方案进行重新解读，使同学们能够提前接触城市交通的基本概念和理论，并能够通过目标和场景明确的课程作业建立城市空间与交通工程的联系。在“城市交通枢纽规划设计”课程的理论讲授阶段，重点讲授交通设计与空间设计的结合方法，对交通专项的成果提出清晰的目标要求和作图要求，使同学们能够明确城市空间规划与交通规划的相互关系、规划目标、成果形式。

3.2 专题讲座，强化“交通＋”重点知识

探索“理论＋微课＋设计”的混合教学模式，形成线上线下混合教学模式，引入讲座模式课堂教学，强化

课程实践内容。首先，通过理论课程的集中讲授使同学们了解课程设计的主题、目标、约束、内容，并介绍课程设计涉及的专业范畴和知识点，帮助同学们建立本课程设计的整体框架和思路。其次，结合课程设计的不同阶段，设计道路交通规划、交通设计、枢纽设计、公交规划、慢行设计等多个微课专题讲座，帮助同学们了解城市交通枢纽规划与设计中的关键交通要素。最后，根据同学们的具体设计方案，从城市规划、交通规划、枢纽设计等多个角度为同学们的设计方案提出针对性的修改建议，帮助同学们形成完整的城市交通枢纽规划与设计方案。

3.3 数字管理，贯穿“交通 +”量化评价

建设线上数字化课程资源，探索教学全过程数字化记录与评价方法，优化课程设计评分体系，提升教学评价的客观性与全面性。以授课课件、资料文件、工具软件等为主体建立线上教学资源，对现有教学内容进行数字化改造。教学过程中，不同教学环节要求的阶段成果或课程作业，均采用线上方式提交，通过作业质量和提交时间了解学生个体的学习习惯。优化设计作品评价体系，根据教学目标、教学内容和设计任务中的侧重点，适当提高量化分析与功能合理性的评分占比，平衡主观美感与客观逻辑之间的尺度，全面客观地评价学生的专项设计能力。

4 教学改革成效与评价

（1）教学内容上实现了交通与城市的融合。过去交通规划和城市规划分属不同学科和专业，但两者在许多方面有着密切的联系，融合起来将有助于发展解决方案以改善城市和交通系统的效率。上一年度的课程教学过程中，对交通类前置课程“城乡道路交通规划”锚定设计课程的实践目标，加入了交通基础知识，并通过“智慧交通前沿微课”邀请了校外专家进行科普性讲座。反馈到“城市交通枢纽规划设计”的教学效果中，一草、二草中交通规划常识性错误问题已经大幅度减少，最终方案的合理性得到了显著提升。

（2）教学方法上实现了理论与实践相互引导。过去课堂讲授与设计指导的课程设计授课方式尽管涵盖了理论与实践的内容，但缺少理论与实践之间的动态反馈。上一教学周期的课程中，已经践行了“课堂—微课—指导”的多模式授课方法，在设计指导过程中将学生反馈问题集中汇总后进行专题讲座。从教学效果上看，学生对于针对性强、应用场景明确的专项讲座反馈较好，由于专项讲座每次时间控制在 20~30 分钟，学生能够保持高昂的注意力，授课效果相较集中讲义有大幅提升。

（3）教学评价上实现了过程与管理的数字化。过去“城市交通枢纽规划设计”课程教学过程中的调研报告、一草、二草没有存档，中间过程环节缺少记录，导致教学过程回溯难。上一教学周期通过学习通记录教学全过程，将一草、二草全部以作业形式拍照上传，并对每份作业进行批注和打标，实现了对每位同学方案设计全过程的快速回溯。从效果上看，学生角度相较过去并未产生明显变化，教师角度由于实现了个体标注和作业回溯，在追踪学生学习情况和最终成绩评价上，支撑资料更为完整，显著提升了教学评价的客观性。

5 结语

在当前新工科建设持续深化的背景下，对“城市交通枢纽规划设计”课程的深入改革不仅是对课程本身的提升，也是推动传统工科城乡规划专业新工科转型的关键抓手。本文通过深入剖析当前新工科背景下教学改革对城乡规划专业的新要求，结合“城市交通枢纽规划设计”课程教学过程中存在的具体问题，采取课程联动、专题讲座、数字管理多种方式进行教学模式改革，通过对教学改革成效的定性评价，初步证实了本文所提出教学改革方案的可行性。

城乡规划是一个具有长期历史积淀传统专业，本专业的经典理论仍将在未来发挥中流砥柱作用，然而随着新兴技术和新兴专业的不断涌现，传统专业须不断吸纳新知识才能不被时代洪流所吞噬。面对新一轮的科技爆发，城乡规划专业的高校教育工作者应保持与时俱进的学习能力，不断适应新时代的变化，持续跟进社会需求和学生诉求，才能使传统专业焕发新生。笔者作为一名交通工程与城市规划交叉学科教育背景的城乡规划专业教师，希望能够通过自身的教学实践和探索为学生传递更有价值的专业知识。

参考文献

[1] 耿直. 新工科教育漫谈与展望 [J]. 科教文汇，2022（1）：135.

[2]《城市规划学刊》编辑部. 新一代人工智能赋能城市规划：机遇与挑战 [J]. 城市规划学刊，2023（4）：1-11.

[3] 赵斗斗. 大数据时代的城乡规划与智慧城市应用探究——以洛阳伊滨科技城城市设计为例 [J]. 住宅与房地产，2024（6）：52-55.

[4] 惠英. 交叉融合 突出特色——面向交通运输类专业的《城乡规划与交通》课程转型探索 [J]. 教育教学论坛，2014（41）：133-135.

[5] 李成. 基于 OBE 理念的研究生课程教学改革实践——以数字支持设计理论及应用课程为例 [J]. 高教学刊，2022，8（36）：142-145.

Reform of the Teaching Model of “Urban Transportation Hub Planning and Design” for New Engineering Majors

Chen Qi　Zhang Wei　Liu Chang

Abstract: The implementation of new engineering education has brought new opportunities and challenges to the curriculum organization of urban and rural planning disciplines. In the face of these concurrent opportunities and challenges, it is necessary for higher education urban and rural planning courses to adjust their teaching models appropriately. For local universities specializing in urban and rural planning, relying on traditional disciplinary strengths, highlighting local features, and promoting interdisciplinary integration will be key to breaking through constraints and seeking new opportunities. This paper explores the teaching reforms under the new engineering framework using the “Urban Traffic Hub Planning and Design” course at Chongqing Jiaotong University as a case study. Initially, the paper analyzes the development positioning of this professional course from three perspectives: the empowerment of new technologies, the specialty integration of “Traffic+”, and the transformation of teaching methods enabled by digital technology. Subsequently, based on the practical teaching of the “Urban Traffic Hub Planning and Design” course, it identifies three main issues: the dominance of tradition over integration, the emphasis on practice over theory, and the focus on drawing over analytical reasoning. Guided by the course positioning, the paper proposes a multidimensional teaching model that includes course linkage, specialized lectures, and digital management, aimed at addressing specific problems encountered in classroom practice. Finally, using feedback from the last teaching cycle, the paper qualitatively evaluates the effectiveness of the proposed teaching reforms, preliminarily verifying the feasibility of the proposed teaching reform plan. The findings of this study are expected to provide insights for the transformation of other design-related courses in urban and rural planning disciplines.

Keywords: New Engineering, Urban and Rural Planning Discipline, Interdisciplinary Integration, “Transportation+” Feature

城乡规划专业劳育育人模式创新与探索：东南大学的实践

王兴平　石　钰　卢宇飞

摘　要：如何在城乡规划专业的人才培养体系中有效融入劳动教育的元素与理念，最大化发掘并发挥城乡规划学科在劳育育人方面的独特优势与深层价值，值得深入探究。本文提出和构建了“多方协同、三动并举”的城乡规划专业劳育育人培育模式，通过学校、企业和实践基地的多方参与，开展贯通“体力劳动、体育运动、集体活动”的劳育实践，打造具有城乡规划学科特色的劳育育人培养模式。具体而言，结合东南大学城乡规划专业本科设计类课程、研究生思政课程及导师团队研究生日常培养体系，探究了劳动教育在城乡规划专业人才培养模式中的全方位应用与实践，促进构建科学有效的城乡规划专业劳育育人体系，提高城乡规划专业人才的全面发展和适应新时代对新人才的新需求，并为其他专业的劳育育人工作提供参考。

关键词：城乡规划；劳育育人；人才培养；东南大学

“劳动”是马克思的“实践”的第一要义，因而劳动教育表现出重要的实践性特征，在人的全面发展教育体系中处于特殊地位[1]，是中国特色社会主义教育制度的重要。党的十八大以来，中央对劳动和劳动教育作出重要论述，突出强调了新时代劳动教育的重要价值[2]。2018 年 9 月，在全国教育大会上，党中央决定把劳动教育纳入社会主义建设者和接班人的要求之中，要在学生中弘扬劳动精神，教育引导学生崇尚劳动、尊重劳动[3]。2020 年 3 月，《中共中央 国务院关于全面加强新时代大中小学劳动教育的意见》中也指出，要求把劳动教育纳入人才培养全过程，贯通大中小学各学段，贯穿家庭、学校、社会各方面。2022 年，党的二十大报告指出，要培养德智体美劳全面发展的社会主义建设者和接班人，再次将劳动教育同“德育、智育、体育、美育”放在同等地位，体现了新时代加强劳动教育的必要性和重要性[4]。党中央出台的若干文件，为未来劳动教育的发展奠定了扎实的基础、指引了明确的方向。但从目前大学生劳动教育的推进实施、工作落实情况来看，仍存在着劳动教育内容不明确、劳动教育体系不完善和劳动教育主体缺位、劳动教育资源匮乏等问题[5]，劳育育人与专业育人的脱节问题也比较严重。在新时代劳动育人使命的推动下，优化我国劳动教育体系的科学化与系统化，开展劳动教育教学改革与研究项目，充分发挥劳动的育人功能，应当成为我国教育工作者重点关注的一项内容[6]。

城乡规划作为一门工科类的传统学科，其专业教育和劳动教育具有高度相关的一致性，二者在客观上具备了深度融合的可能性，这为构建城乡规划专业的劳育育人实践模式提供了契机。在育人目标上，城乡规划专业教育和劳动教育都注重培养学生的工匠精神、创新意识和实践能力；在教育的方式方法上，二者都强调“做中学”，都具有突出的技能导向性和实践驱动性；在师资队伍建设上，二者也存在一定的通用性，既需要同时具备丰富理论知识和实践经验的“双师型”专业教师，也需要由各行各业校外工程技术人员组成的“社会型”兼职教师[7]。在此背景下，探索城乡规划专业育人与劳育育人的结合，培养德智体美劳全面发展的未来规划师，并为破解高等教育的专业育人与劳育育人脱节的难题和劳育育人的缺失问题探路，是本研究的重要目的。

王兴平：东南大学建筑学院教授（通讯作者）
石　钰：东南大学建筑学院博士研究生
卢宇飞：东南大学建筑学院博士研究生

1 相关研究综述

城乡规划专业是一种科学严谨的工科类专业，将劳动教育融入城乡规划教育，有利于培养学生脚踏实地、实事求是“做人、做事、做学问”的学风与作风，扎实专业功底、铸牢工匠精神[8]，但目前鲜见高校城乡规划专业甚至是建筑大类专业的系统性劳育育人体系改革的成果。既有关于城乡规划专业教育改革的探索主要关注规划教育跨界融合问题，主要围绕传统规划教育与新的规划技术和规划业务的交叉融合开展研究，比如：受信息化等因素影响，现阶段关于城乡规划学科的融合教育及相关研究关注了规划与大数据、人工智能的融合，如张小东等（2024）从知识教学体系、教学方法和实践训练三个方面探索了大数据辅助下规划设计教学改革的模式与方法[9]。由于当前传统学科之间的界限越来越模糊，交叉学科的发展成为当今教育和科学研究领域的一个显著趋势，因此也有学者关注到城乡规划学科与其他学科的交叉发展和教学[10, 11]。此外，当前国内的城乡规划教育面临国土空间规划的新时代，也有一些规划学者如王世福等（2022）从生态文明建设和空间治理体系现代化的改革要求方面，关注和研究了城乡规划学科建设及跨学科交叉融合面临的新挑战[12]。总体上看，当前学者多从教师和教学视角对规划学科的交叉与融合中专业教育和学科、课程改革等开展了探索与讨论，而忽略或者淡化了城乡规划教育最重要的一点——“动手实践”，或是过多关注“学科建设”而忽视学生们应该“做什么”“怎么做”等实践关切，规划专业教育和劳动教育相结合的改革和相关研究被忽视，因而亟须重视对这一问题的探索。

另一方面，关于劳育育人及相关课程改革，学界已有较为丰富的研究成果，主要包括理论建设和实践经验两大类。在理论建设上，既有研究多关注劳动教育的基本内涵与特征、发展逻辑和体系构建等方面。如檀传宝（2019）尝试对劳动教育的概念内涵、基本特征进行了更明晰的厘定，将劳动教育和一般性的劳动活动、专业技术活动等加以区分，以助力未来劳动教育的理论研讨及实际工作的开展[13]。曲霞等（2019）将新时代高校劳动教育明确为高等教育人才培养体系的专门一部分，以全面提高新时代大学生劳动素养为核心，构建了包括“五大目标体系”“三大任务体系”“1+8 实施体系”和“3+1 保障体系”的新时代高校劳动教育体系[14]。在实践经验上，既有研究一方面关注高等高职院校、高校专业社团等特定组织、群体开展劳动教育的现状与经验，另一方面关注特定学科领域与劳动教育相结合开展课程改革所取得的成效。如王瑾等（2021）针对目前高校劳动教育形式单一、成效不显著等问题，从“教劳融合”“劳技结合”“劳有所为”和“劳有所获”四个方面，构建“四位一体”的专业社团劳动育人模式[15]。孙元等（2020）以湖南第一师范学院通信工程专业为例，探索了新工科专业教育和劳动教育相融合的实践路径[16]。可以发现，劳动教育课程改革实践已经受到了教育工作者的广泛重视，相关理论建设已经相对成熟，也已经有部分高校率先开展了和劳动教育相结合的课程改革实践，但是鲜见在城乡规划专业领域的针对性劳育育人的研究和相关成果。

城乡规划是城乡各项建设的龙头，培养一批实践动手能力强的规划人才，对促进社会发展具有重要作用，然而高校城乡规划专业人才培养与劳动教育的脱节以及专业教育育人中劳动教育的缺乏，很容易让学生养成“会动脑会动嘴而不会动手”的不良习惯。因此，将城乡规划专业育人与劳育育人相结合，对培养城乡规划专业人才的科学家精神和工匠精神具有双重重要意义。

2 城乡规划专业劳动教育的基本模式

城乡规划专业除具有较强的工程设计学科属性之外，还与我国政治社会经济发展和城市建设密切相关，肩负着思政育人和实践育人的教学任务[8]，因此，城乡规划专业劳育育人培养模式应是依托城乡规划专业既有的人才培养体系进行改革，有机融入劳动教育元素，构建体现专业特色和劳育特征的城乡规划专业劳育育人体系（图 1）。依托设计类、思政类课程和各类社会实践活动等，以及本科生集体和研究生的师门团队，构建“学校、企业和实践基地、各类学生集体和团队”多方协同、贯通“体力劳动、体育运动、集体活动”三动并举的新时期城乡规划专业劳育育人新模式，共同推进培养体系改革，形成课堂理论学习与课外体验相结合、校内劳动与校外实践相融合、集理论教育和实践培养于一体的新时代城乡规划专业劳育育人新模式。

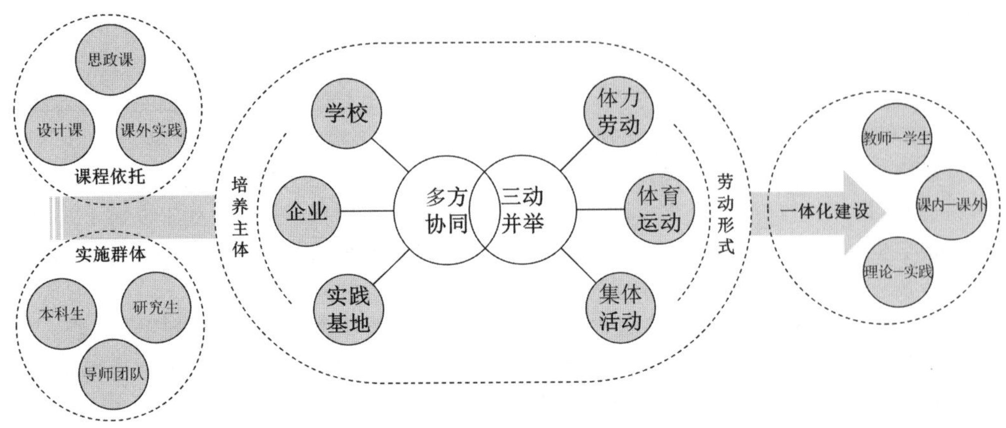

图1 “多方协同、三动并举”的城乡规划专业劳育育人模式

资料来源：作者自绘

具体而言（表1），一是在劳动理论教育环节，以学校劳动教育为基础，开展理论学习，增强学生劳动素养与意识，主要是结合课程体系阐述劳动教育新内涵、彰显劳动教育新价值，引导学生重视劳动并结合课程组织相关的集体活动和劳动。二是在劳动实践教育环节，贯通课堂内外、学生集体和导师团体，“体力劳动、体育运动、集体活动”三动并举积极开展劳育育人，这是本研究倡导的劳育实践育人的核心和精髓，包括：①以企业专业实践为依托，在培养体系设计中考虑课程教学与规划设计院合作的结合点，通过定期开展“专业性劳动”性质的生产实习和定向开展产学研合作、定点开展考察学习等方式进行劳动教育，提升学生专业劳动技能和在劳动中互帮互助与协同协作的集体意识与能力；②以校内外社会实践基地为平台，叠加创建融劳动体验、社会服务、专业实践多元化、多类型的劳动实践基地，提供合适的劳动场所和劳动场景，在社会现实场景中开展多姿多彩的体力劳动、集体活动等社会服务和实践实训工作，将劳动教育做真做实，提高学生实践动手能力；③依托导师团体和学生群体积极推进各类集体活动、体力劳动和体育运动等，强身健体和感受劳动之美。“三动并举”和高校、社会、企业与学生群体、导师团体全方位协同，打造具有城乡规划学科特色的劳动教育培养模式，一方面以劳动实践加深学生对专业知识理解，全面提高城乡规划专业学生的实践能力与工程素养，另一方面在思政教育和实践中提升学生的劳育理论知识和劳育实践精神，促进学生身心全方位发展。

下文结合东南大学城乡规划专业在专业课程教学和典型导师团队有组织开展全方位劳育育人的实践模式加以研究和介绍。

劳育育人类型表 表1

教育环节		大学课程教学	企业实习	校内外实践基地实践	导师团队和研究生群体培养
劳育理论学习		劳育理论学习			
劳育育人实践	体力劳动		专业劳动	专业劳动 + 社会劳动	专业劳动 + 社会劳动
	集体活动	课程劳育实践	形式多样的集体活动	形式多样的集体活动	形式多样的集体活动
	体育运动		工余体育运动	工余体育运动	各类体育运动

资料来源：作者自绘

3 东南大学城乡规划专业课程教学中的劳育育人改革与实践

东南大学较早设置了城乡规划专业并建立起完善的本科生及研究生培养体系，亦在核心主干设计类课程教学改革中进行了多年的探索[17]。其城乡规划教育始终坚持“立德育才”的理念，将课程思政纳入主要课程架构，注重规划设计实践与理论知识的深度融合，旨在培养具备深厚实践能力的城乡规划领军人物，在劳动教育改革方面积累了扎实的基础和独特的优势。与此同时，近年来，东南大学发布了《关于全面加强新时代劳动教育的实施纲要》，构建了一套融“理论教学、实践活动、文化品牌”为一体的三维联动劳动教育教学体系，并启动了多元化融合的劳动教育项目，始终站在时代前列引导学生树立正确的劳动价值观，全面提升学生的劳动素养。鉴于此，东南大学城乡规划专业结合本科生设计课程——城乡规划与设计Ⅳ（国土空间总体规划）和研究生思政课——区域与国土空间规划导论研究生“课程思政”示范课程改革，探究劳动教育在城乡规划专业人才培养模式中的融合和应用。

3.1 本科规划设计课程中的劳育育人教学实践

以专业设计课融合劳育，提升选课本科生专业劳动技能，引导学生掌握城乡规划专业领域的新知识、新技术、新方法，培养学生课堂之外的创新性劳动意识与能力，结合东南大学建筑学院城乡规划专业本科四年级课程——城乡规划与设计Ⅳ（国土空间总体规划）进行课程体系改革。

课程为城乡规划学一级学科本科生四年级城乡规划设计专业课程。要求学生在学习和掌握城乡规划和国土空间规划理论知识的基础上，综合运用城乡规划原理和有关理论知识进行国土空间总体规划实践，使学生熟悉城镇、村镇体系规划编制的内容，掌握国土空间总体规划编制工作的内容、方法和程序。课程以工作室（8~10人）为单位分工完成国土空间总体规划的方案深化，进行终期答辩，提交规划成果。本次改革将劳动教育元素融入规划方案设计全过程，以实地勘察、生产实习、自主劳作等方式多途径进行劳动实践，通过劳动实践提升专业技能，同时加深对案例区的理解并在规划方案中加以运用。

3.2 研究生思政课程教学中的劳育育人教学实践

以区域思政课融合劳育，通过思政教育弘扬劳动精神，为选课研究生树立正确的劳动价值观、培养良好的劳动品质，并在各自导师团队进行推广和应用，结合东南大学建筑学院城乡规划专业硕士研究生一年级课程——区域与国土空间规划导论研究生“课程思政”示范课程（课程编号：MS001531）进行课程体系改革。

本科规划设计课程改革教案　　表2

序号	教学内容概述	规划设计任务	劳育育人安排
1. 调查研究（1~6周）	现场踏勘	分组分工调研，对城乡建设现状进行现场调查，对相关行政部门进行访谈，了解当地社会、经济发展现状及发展设想	实地考察
	生产实习	与合作企业定期开展生产实习、定向开展产学研合作等方式，培养面向实践需求的规划编制能力，掌握规划编制方法	与规划院等合作企业单位建立联系，以两周为一个周期进行生产实习
	专题研究	每名同学针对案例区选择适宜的专题进行深入研究，在文献资料查阅和现场踏勘的基础上，通过详细地分析得出可以支撑规划意图的研究结论，形成专题研究报告	实地考察
2. 规划纲要（3~8周）	区域分析与初步方案	要求对上轮规划的实施进行全面地评价；分析目前区域发展、国土空间开发和保护以及城乡建设所面临的主要问题，明确本轮规划的重点；开展发展条件分析，明确功能定位、发展目标与发展战略	理论教学
3. 方案深化（9~16周）	方案深化与整合	以工作室（8~10人）为单位分工完成国土空间总体规划的方案深化，进行终期答辩，提交规划成果	理论教学
课程总结			劳动教育心得

资料来源：作者根据本科生规划设计课程教学大纲改绘

研究生思政课程改革教案 表3

序号	教学内容概述	课程思政育人目标	劳育育人安排
1. 区域发展总体概述	区域与国土空间概论	新发展理念	理论教学
2. 区域发展的新态势	“一带一路”与全球化、区域一体化	全球治理新体系和“一带一路”倡议、区域协调发展	理论教学、案例研讨
	中国国土资源环境、城镇化与工业化发展	中国国情与区域共同发展，以人民为中心的发展思想与实践	理论教学、集体考察活动
	中国国情的实践调研		集体考察活动
	新发展格局与区域问题		理论教学
3. 区域发展的新理论	新全球化理论	人类命运共同体思想	专题讲座、理论教学
	新区域理论	共同富裕和区域协调发展思想	理论教学
4. 区域规划实践解析	国外区域规划与跨国区域规划	中国特色社会主义道路及国家体制特色	理论教学、案例研讨
	发展规划与城市区域规划、乡村规划	城乡统筹、乡村振兴、精准扶贫等	集体考察活动
	国土规划与国土空间总体规划	美丽江苏的国土利用	专题讲座、集体考察活动
5. 区域规划实证分析	中国典型区域规划专题研究	国情、区域情教育	理论教学、集体考察活动
6. 课程总结			劳动教育心得

资料来源：作者根据研究生思政课程教学大纲改绘

本课程为城乡规划学一级学科区域与国土空间规划导论研究生“课程思政”示范课程（课程编号：MS001531）。本课程主要讲解中国及国外区域发展和规划，融合国土空间规划改革新要求，为低年级研究生建构完整的区域和国土空间规划知识体系；同时，作为思政课程帮助学生了解国情和党情，认识社会和民生，了解党和国家的区域发展战略及全球发展战略，认清新形势下中外区域发展新态势，深度认识和思考中国及全球区域发展新格局。以亲身体验、实地考察、自主劳动等方式，推动劳动教育和思政教育融合，在实践中认知国土空间、在实践中服务社会发展需求。本课程拟采用“基础教学＋案例研讨＋专题讲座＋实地考察＋自主劳动”的方式开展教学工作，全面夯实学生的区域规划和国土空间规划基础，掌握思想政治理论应用于实践的方法，并采取自主劳动和外出考察集体活动等方式，让劳动教育在实践中得到不断提高和升华。

4 东南大学城乡规划专业典型导师团队组织的城乡规划专业劳育育人活动

大学生劳动教育最重要的任务就是劳动技能的提升、集体协作精神的培养和身体素质的提高，不仅有助于大学生在未来职业发展中应对各种挑战，还可以增强大学生解决实际问题的能力，提升自我效能感身心健康度，从而形成积极的人生态度和坚韧的性格品质。在城乡规划专业实施全方位劳育育人实践，除了与课程教育活动结合，这些活动还可以依托导师团队的有组织地开展，既可以和研究生的企业实习、社会实践结合，也可以与校园内的日常研学工作结合或者穿插开展。笔者所在导师团队在日常研学生活中，全面融入“体力劳动、体育运动、集体活动”的劳育育人改革与实践，提出“每周有体育运动、每旬有集体活动、每月有集体体力劳动”的行动目标，确保团队劳育育人的多样性和持续性，促使团队学生在不同形式的活动中体验劳动价值、提升实践技能及团队协作能力等。

4.1 导师团队实施“三动并举”劳育育人模式及具体实践

导师团队实施“三动并举”劳育育人，主要是常态化组织团队教师和博士后、硕博研究生，定期、定向开展体力劳动、体育运动、集体活动等劳育育人活动。其中，体力劳动包括定期整理研究生工位和主动参与维护各类公共空间的卫生，组织参与各类实践基地的劳动实践，如农田劳作、植树造林、食堂帮厨，以及参与社区志愿者服务等，以此培养团队师生的实践能力和对社会的责任感。体育运动包括以团队为单位，按照每周个人运动、每月集体运动的频次，自行组织进行登山、打羽毛球、跑步等运动，以提升体质，培养团队精神和竞争意识；集体活动涵盖学术和文体两类，学术可以是项目交流、论文写作经验、结合专业实践调研的活动等，文体可以是组织棋牌竞技、体育运动比赛、厨艺竞技赛、参观专业展览等等，以丰富学生的校园生活，促进劳逸结合。

自导师团队实施“三动并举”的劳育育人模式以来，开展了一系列涵盖体力劳动、体育运动、专业型集体活动和休闲型集体活动等多类型的劳育活动。在体力活动上，除日常研究生工位的定期打扫整理之外，还在东南大学总务处的支持下，开展了学生食堂后厨体验和时值东大校庆为校园摆置盆栽等体力活动（图2）；在体育运动上，除日常定期组织的环玄武湖跑步和羽毛球比赛之外，还在冬奥会之际，组织了以“冰雪运动”主题的体育运动等等。在专业型集体活动上，面向城乡规划的专业特征，与选课研究生一起参观了锁石村生态园建设，还积极参与了东南大学组织的专业社会实践活动。在休闲型集体活动上，定期组织在宁附近的郊游活动，如南京高淳踏青和常州溧阳野营等等（图2）。丰富多元的劳育活动在加深学生对专业知识理解、促进学生身心全方位发展等方面取得了显著成效。

4.2 导师团队劳育育人建设成效及评价

为切实保障劳育活动始终与学生的需求和发展相匹配，本文通过问卷调查评估了这些活动的建设效果，确保其针对性和有效性，以期根据评价结果在未来的导师劳育活动中适时调整劳育育人的基本内容，更好地服务于他们的成长。

从问卷的结果来看，接近90%的学生对于团队实施劳育活动的全面性和针对性是表示满意的，超过一半的学生表示非常满意。从不同类型劳育活动建设成效来看，大部分学生认为城市考察等专业型的集体活动对自身成长更有成效和收获，提升了专业认知力，其次是休息型的集体活动，修养身心的同时提升了团队的凝聚力。从劳育活动的教育意义而言，超过六成的学生认为团队开展的劳育活动与国家政策导向具有较高的结合度，大部分学生认为劳育活动提升了自己对社会公共事业的关注度和参与度。整体而言，接近九成的学生认为团队劳育活动实施的频率是比较合适的。最后，在问卷调查中，学生们也开放性地表达了对团队后续开展劳育活动的一些建议和期待，主要包括几个方面：在开展频率上，认为“建议每周可组织一次体育运动”“适当增加活动频率”；在活动形式上，提出“多组织户外踏青活动”“增加益智类集体活动”；在活动地域上，建议“除城市之外，还可以多举行一些面向乡村地区的考

(a) 体力劳动：学生食堂后厨体验和为东大校园摆置盆栽

(b) 专业型集体活动：丝路新徐州社会实践和生态园考察

(c) 体育运动：冰雪运动和登山运动

(d) 休闲型集体活动：南京高淳踏青和常州溧阳野营

图2 导师团队开展的劳育育人实践活动

资料来源：作者所在的导师团队自摄

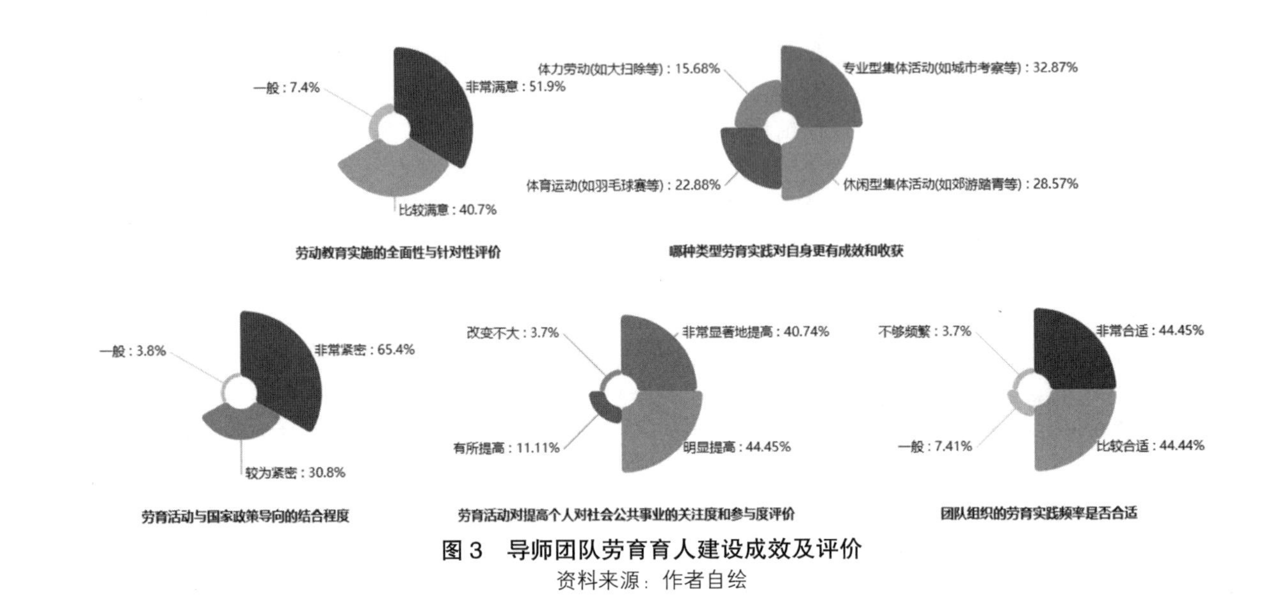

图 3　导师团队劳育育人建设成效及评价

资料来源：作者自绘

察”“深入劳动一线开展劳育活动”等等。可以发现，笔者导师团队自在团队实施劳育活动以来，取得了良好的效果，大部分学生都认为劳动教育是一项值得持续开展和实践的活动。未来应该进一步扩大实施群体，不仅面向导师团队，还可以面向整个城乡规划专业研究生党团支部乃至整个规划专业的研究生，在更大范围组织劳动教育活动，号召更多的城乡规划专业的学生融入劳动教育的教学活动之中。

5　结语

城乡规划学科是面向城乡人居环境建设、实现城乡经济社会生态全面协调发展的综合性、应用型学科，其专业教育和劳动教育具有高度相关性，突出技能导向性和实践驱动性。本研究以专业设计课和课程思政示范课和各类实习实践平台与活动为依托，构建了基于“多方协同、三动并举”的劳育育人培育模式并付诸实施，培养学生工匠精神、实践能力，并以导师团队为基本单元，深入践行“体力劳动、体育运动、集体活动”的育人模式，取得了一定的成效和经验。未来，基于这一城乡规划专业劳育育人的培养模式，亟须在更广大的范围进行推广、实施和应用，不断培育城乡规划专业学生树立正确的劳动价值观、培养良好的劳动品质，为中国特色社会主义规划事业培养建设者和接班人。

参考文献

[1] 项贤明．“五育”何以“融合”[J]. 教育研究，2024，45（1）：41-51.

[2] 王晓燕，杨颖东，孟梦．全面加强新时代大中小学劳动教育——习近平总书记关于教育的重要论述学习研究之十三 [J]. 教育研究，2023，44（1）：4-15.

[3] 习近平．坚持中国特色社会主义教育发展道路，培养德智体美劳全面发展的社会主义建设中和接班人 [N]. 人民日报，2018-09-11（1）.

[4] 周洪宇，齐彦磊．新时代劳动教育的内涵特点、核心要义与路径指向 [J]. 新疆师范大学学报（哲学社会科学版），2023，44（2）：124-133.

[5] 刘磊，冯博，高晓娜．劳动教育研究的中国经验及问题域转向——以我国劳动教育 70 余年研究理路与成果反思为线索 [J]. 中国教育学刊，2024（4）：28-33.

[6] 金哲，陈恩伦．新时代劳动教育的育人逻辑与实践路径探索 [J]. 贵州师范大学学报（社会科学版），2021（6）：53-60.

[7] 孙元，付淑敏．新工科背景下劳动教育与专业教育融合研究——以湖南第一师范学院通信工程专业为例 [J]. 湖南第一师范学院学报，2020，20（2）：64-67.

[8] 王兴平．城乡规划专业“三三三”育人新模式探索：

东南大学的实践[J]. 高等建筑教育，2022，31（6）：35-41.

[9] 张小东，王彦春，常丰镇．大数据融入城乡总体规划设计课程教学的探索[J]. 高教论坛，2024（2）：14-17，62.

[10] 唐佳，曹月娥，张晖．OBE理念下人文地理与城乡规划专业学科交叉型课程教学模式探索——以交通地理与规划课程为例[J]. 高教学刊，2023，9（36）：103-107.

[11] 尹杰，郭乔妮，王兰．融合公共卫生的城乡规划跨学科复合型研究生培养——美国双学位的启示[J]. 国际城市规划，2023，38（1）：124-132.

[12] 王世福，麻春晓，赵渺希，等．国土空间规划变革下城乡规划学科内涵再认识[J]. 规划师，2022，38（7）：16-22.

[13] 檀传宝．劳动教育的概念理解——如何认识劳动教育概念的基本内涵与基本特征[J]. 中国教育学刊，2019（2）：82-84.

[14] 曲霞，刘向兵．新时代高校劳动教育的内涵辨析与体系建构[J]. 中国高教研究，2019（2）：73-77.

[15] 王瑾，乔占泽，陈琦．高校专业社团劳动教育现状调研[J]. 现代商贸工业，2021，42（36）：80-81.

[16] 孙元，付淑敏．新工科背景下劳动教育与专业教育融合研究——以湖南第一师范学院通信工程专业为例[J]. 湖南第一师范学院学报，2020，20（2）：64-67.

[17] 王兴平，权亚玲，王海卉，等．产学研结合型城镇总体规划教学改革探索——东南大学的实践借鉴[J]. 规划师，2011，27（10）：107-110，114.

Innovation and Exploration of Labor Education Model of Urban and Rural Planning Specialty: Practice of Southeast University

Wang Xingping　Shi Yu　Lu Yufei

Abstract: The study explores the effective integration of labor education elements and concepts into the talent cultivation system of urban and rural planning specialty, leveraging the unique advantages and intrinsic values of the field. We propose and establish a “multi-party cooperation and three-action together” labor education model involving universities, enterprises, and practical bases. This model integrates labor education practices, including physical labor, physical sports, and group activities, creating a distinctive approach tailored to urban and rural planning specialty. Specifically, through the inclusion of undergraduate design courses, graduate ideological and political courses, and the daily training system of graduate mentor teams at Southeast University, we examine the comprehensive application and practice of labor education within the talent cultivation model of urban and rural planning specialty. This study aims to develop a scientifically effective labor education system to enhance the holistic development of talents in the field and meet the evolving demands for expertise in the new era. Additionally, it serves as a reference and inspiration for labor education initiatives in other specialties.

Keywords: Urban and Rural Planning, Labor Education, Talent Cultivation, Southeast University

以生为本的乡村规划实践教学改革探索与思考*

张　潇　常　江　牛嘉琪

摘　要： 城乡规划专业的学生肩负着实施国家乡村振兴战略的重要责任。乡村规划实践课程作为该专业人才培养的基石，不仅致力于挖掘乡村的独特魅力，更是避免乡村规划同质化、城市化的关键环节。然而，由于乡村规划实践课时的局限性，实地调研时长难以保障，学生不能深入了解乡村问题的深层意义与复杂性，导致设计的片面性。以此为背景，本文系统地梳理了与乡村规划相关的课内外实训环节，旨在将碎片化的教学内容进行有机整合，以学生需求为核心，将乡村规划实践归纳为文化传承型、价值探索型、问题探究型三种类型，依据每种类型学生关注的内容，构建了乡村类型化实践教学模块。教学反馈表明，实践类型化教学模块，有效地引导学生快速理解乡村规划的内在逻辑和关联性，提升学生综合分析能力。同时，满足了新时代对乡村规划设计人才的培养需求，为实现乡村振兴战略提供了坚实的人才保障。

关键词： 乡村实践；以生为本；乡村振兴；教学模块

1　国家需求的变化

自 2017 年中国共产党十九大报告正式提出乡村振兴战略以来，乡村人才建设问题便成为推动乡村发展的关键所在。战略强调要大力培养本土人才，引导城市人才下乡，吸引各类人才在乡村振兴中建功立业。随后，教育部也积极响应国家战略，于 2018 年出台了“高等学校乡村振兴科技创新行动计划”[1]，组织和引导高等学校深入服务乡村振兴战略，发挥其在科技和人才方面的带头作用。与之相关，乡村规划类的实践课程是培养乡村人才的核心环节，影响学生的专业水平及综合素质。但是在以城市为主导的课程体系当中，乡村规划相关的课时偏少，乡村规划实践更是因为地理区位、课程设置、乡村对接等客观原因难以持续，如何协调学生、课程、乡村三者之间的关系，强化学生对乡村的认知及实践能力，是本学科一直关注的问题。

2　课程存在的问题

为了把握课程存在的问题，本课程以学生为中心，对参与实践活动的学生（144 名）进行了问卷调研（图 1）。

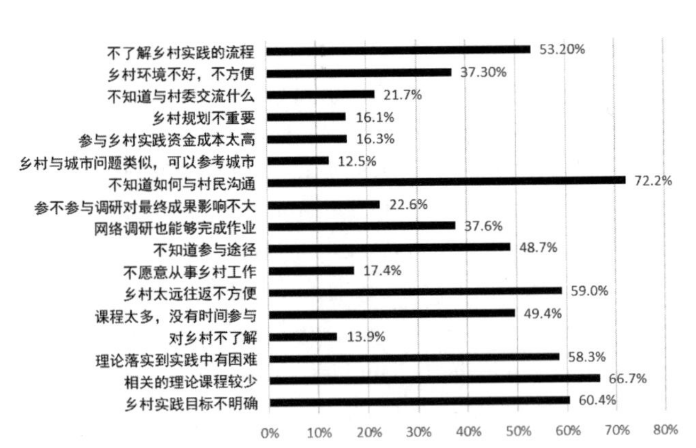

图 1　乡村规划实践课程存在的问题（N=144）

资料来源：作者自绘

*　基金资助：中国矿业大学“动力中国·课程思政”教学研究项目（项目编号 2022KCSZ52）；江苏省大学生创新创业项目（项目编号：202310290218Y）。

张　潇：中国矿业大学建筑与设计学院讲师（通讯作者）
常　江：中国矿业大学建筑与设计学院教授
牛嘉琪：中国矿业大学建筑与设计学院学生

2.1 课程体系的间断性

学生反馈中可以发现相关的理论课较少（66.7%）、理论落实实践有困难（58.3%）、不了解乡村实践的流程（53.2%）。长期以来由于中国特殊的城乡二元社会结构，导致中国的规划教育与科研实践多集中在城市[2]，乡村规划相关的内容关注度较低，以中国矿业大学2020版本科人才培养方案为分析对象，乡村规划相关的理论课程在第6学期“城乡规划原理3”中开始涉及，第7学期开始系统地讲述乡村规划设计的理论知识及应用，由于先修的理论及实践课程中缺乏对于乡村的认知和理解，学生进行规划设计时，容易从城市的视角和思维模式介入，忽视乡村特有的自然、社会、经济和文化背景，从而导致规划方案与乡村实际需求的脱节。

2.2 在地实践的不确定性

在选择实践课的过程中，学生反馈往返不方便（59%）、课程太多，没时间参与（49.4%）。可见乡村规划实践课程面临的制约因素也较为复杂。首先，在村庄的选择上，需要综合考虑村庄的规模适度性以及物质文化空间的丰富性，以确保学生能够有效地进行现状问题的分析和规划设计。然而，先天资源优越的村庄，往往由于地理位置偏远，到城区的可达性较低，产生一系列的食宿安排、通勤时间的不合理性以及与其他课程之间的时间冲突等实际问题。同时，随着网络信息的普及，部分学生尝试采用“云调研”的方式替代了传统的实地调研，在解决区位、时间等问题的同时，由于缺乏对于乡村环境的真实感受，导致在规划设计中表现出片面性、同质化的现象。

2.3 实践基地的低参与性

乡村实践基地不仅为学生提供了一个将理论知识与实践经验相结合的重要平台，更是学生与乡村社区建立联系、实现深度交流的关键机会。问卷结果反馈有72.2%的同学不知道如何与村民沟通，21.7%的同学不知道与村委交流什么。村委及村民是学生调研活动的直接参与者与支持者，有组织有计划的交流活动，不仅能让学生全面了解乡村的发展需求，更能促进乡村与外界的交流与合作，为乡村的发展带来了新的机遇。但事实上，多数乡村在参与和决策层面上的主动性不足，往往仅承担接待任务。加上学生缺乏交流沟通的经验，长此以往，这种被动的参与导致双方产生疲劳感，学生参与活动的积极性逐渐下降。

2.4 考核体系的不完善

课程目标的达成离不开教学考核评价，实践课程考核普遍采取的办法是将学生的调研报告、设计方案的完成度作为考核依据。这种考核方式考核内容过于单一，形式上缺少创新性，无法激发学生的学习积极性和学习热情[3]，导致部分学生流于形式（37.6%学生认为网络调研也能完成作业），达不到解决复杂问题的创新实践能力，进而降低参与乡村实践的积极性。

2.5 学生的参与动机

虽然实践课程阻力较大，但是从学生参与实践的动机来看（图2）：课外竞赛占比最高，共计80名学生（56.9%），其次是团委主办的暑期三下乡活动，有72名学生参与（50.0%）。课程设计作为教学实践活动的一环，共有71名学生（49.3%）。除此之外，有63名学生（43.8%），认为参与乡村实践能有效地缓解学习压力，这也凸显了乡村规划实践对大学生的意义和价值。

在参与机会方面，学校组织的实践活动以及课程设计为大学生提供了主要的参与途径。此外，有31名学生（21.5%）出于对乡村规划实践的个人兴趣和热情，自发选择参与相关活动。这一数据反映出虽然实践课程存在一定的困难，但是仍有部分学生对乡村规划持有积

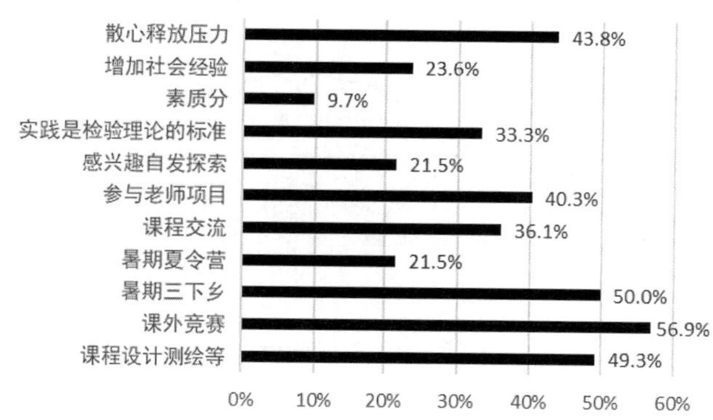

图2 参与乡村实践的动机（*N*=144）

资料来源：作者自绘

极态度，并愿意为此付出实际行动。

3　乡村实践类型化教学模块构建

基于以上的问卷调研，本文梳理了第二课堂的实训活动，发现乡村实践虽然没有纳入低年级的课程体系中，但是在第二课堂的实训环节，乡村实践能够贯穿1~4年级。例如“三下乡社会实践”、课外竞赛、夏令营等活动，每年都有乡村规划方面的专题，虽然实践主题、地点、形式不可控，但是基本理论、实践目的、培养能力是不变的。因此，本文整合了碎片化的实训活动，从实践目的，学生的实践动机入手，将乡村规划实践归纳为文化传承型、价值探索型、问题探究型三种类型，依据每种类型学生关注的内容（图3），构建了乡村类型化实践教学模块（图4）。每种类型都有主体教学模块，同时学生可以根据自己的实践动机、学习兴趣、能力需求的不同选择不同的模块进行学习，每个模块的教学内容为4个学时。理论教学部分为在线课程，讨论课时中至少一个课时为指导教师参与性讨论，目的是培养学生自主建立理论体系、提出方案的能力[4]。

3.1　各类型教学模块的构建

（1）文化传承型

文化传承型实践的教学内容以学校和教师为主导，学生通过实践活动，了解乡村的文化特色、掌握规划调研的基本流程以及相关工具的使用方法。同时，利用自己的专业知识为解决乡村问题提出建议。属于传统的

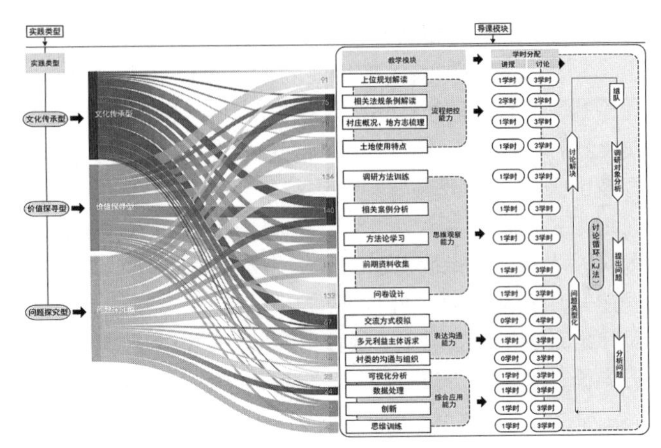

图4　实践教学模块

资料来源：作者自绘

“高校—地区”合作类实践活动，这类实践需要地方的配合，学校和乡村有固定的合作需求和关系。有些活动是一次性的，也有长期信任和研究关系的固定村落。实践的目的是建立一种双向互助的关系，即地区提供相关学习资源，学生向地区提供知识和技能服务。相关的实践活动包括：“三下乡”、联合课程设计、乡村测绘类课程等。

从图3可以看出，文化传承型的学生在史料收集（78.3%）、村民座谈（87.9%）、文化交流（69.4%）、非遗体验（58.8%）、娱乐休闲（74.6%）五个方面关注度较高，建议学生以“模块二、模块三”为主。理论授课讲解相关村落的案例介绍、相关政策的解读。讨论过

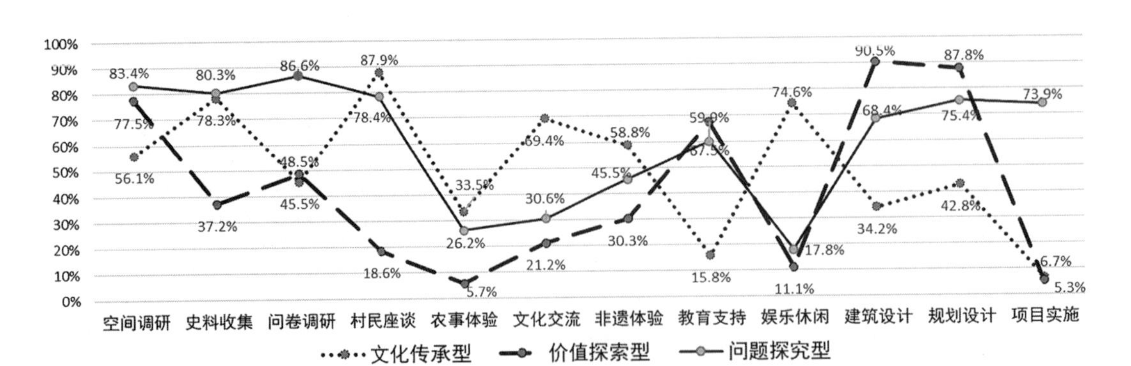

图3　各实践类型的关注点（N=144）

资料来源：作者自绘

程中引导学生发现乡村的丰富内涵，意识到绿水青山的潜在价值，以及乡村文化传承对于地方经济、社会发展的贡献。在培养学生的观察思维能力的同时，提升学生的沟通表达能力。

（2）价值探索型

价值探索型实践，一般具有明确的组织方，组织方会依据实践交流的目的制定详细的任务，学生以小组为单位，依据任务书有计划地开展实践调研。此类实践学生以介入者的身份来挖掘乡村资源，发现乡村存在的问题，同时在与不同队伍的交流中提高自己的观察能力、逻辑思维能力以及沟通表达能力。价值探索型实践虽然每年会有固定的时间，但是地点的随机性大，可以是同一个乡村的多次合作或者同一地区的不同乡村。实践的目的旨在将学生的观点作为催化剂，发现乡村的新价值，进而推动乡村可持续发展。实践类型包括：课外竞赛、暑期夏令营等。

从学生反馈中可以发现（图3），参加价值探索型实践的学生，目标性较强，主要关注点为空间调研（77.5%）、建筑设计（90.5%）、规划设计（87.8%），建议学生以“模块一、二”为主。理论授课讲解政策背景、不同类型乡村的特点及价值，通过具体案例的深入剖析和讨论，让学生充分理解乡村的特色，乡村与城市之间的差异及联系，掌握深入分析、循证论据、创造性思维等能力。

（3）问题探究型

问题探究型实践，多通过具体的实践活动来解决乡村面临的实际问题。涉及与当地乡村建立密切关系的基础上进行规划和开发，如制定规划方案，盘活闲置空间，开发旅游产品等。这些实践活动需要一定的时间和资金支持。实践目的是解决某个或者某类乡村的具体问题，并实施或验证。参与者以高年级为主，相关的实践类型包括：参与教师的纵、横向课题及大学生创新创业计划等。

问题探究型实践中（图3），空间调研、史料收集、问卷调研、村民座谈、建筑设计、规划设计、项目实施七个方面关注度均达到68%以上，因参与的学生大多有实践经验，建议学生选择依据自己的知识储备和实践能力，以“模块一、二、四”为主进行学习。授课内容以案例介绍+讨论为主，重点通过情景模拟培养学生流程把控能力、逻辑思维能力、综合设计能力。引导学生树立正确的价值观、设计观，培养学生的社会责任感。

3.2 授课评价

为了评估实践教学模块的效果，也为了进一步优化教学模块，本文对同等条件下参与授课与未参与授课的学生进行了问卷调研，调研内容为参与乡村实践的困难。各类型评价如下：

（1）文化传承型

在文化传承型的实践中（图5），未参与与参与授课的学生，理论与乡村规划实践需求存在脱节（59.7%，26.3%）、文化差异和观念冲突（20.3%，30.0%）、知识领域过于广泛（87.9%，77.3%）、职业不确定性（53.2%，27.9%）四个方面出现较为明显的差异。未参与授课学生认为随着与村民交流的深入，面临的问题也越来越多。在这一过程中，学生们发现课堂所学的理论知识在实际应用中往往显得变通性不足，因此感到力不从心。参与授课的学生认为，类型化课程模块的学习为实践环节注入了新的活力，所学理论能够应对复杂多变的乡村实际情境，使其对乡村振兴有了更深刻的理解，能够从更长远的视角理解乡村发展的意义和价值。

（2）价值探索型

如图6所示，价值探索型的反差较大。未参与实践的学生普遍反映遭遇沟通不畅的困境。特别是在与村民的交流过程中，由于双方调研目的理解差异，导致无法

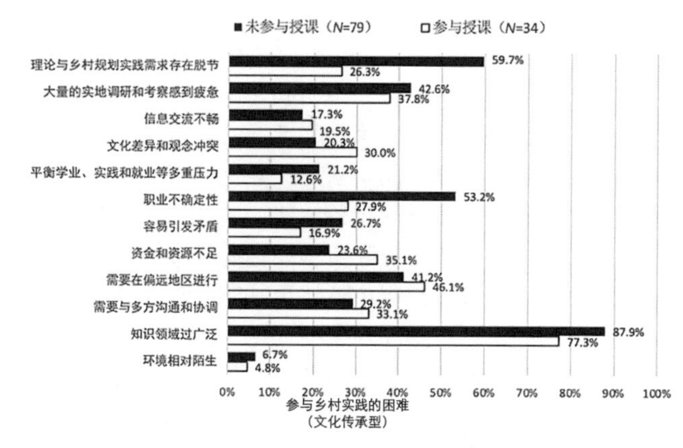

图5 文化传承型授课反馈对比

资料来源：作者自绘

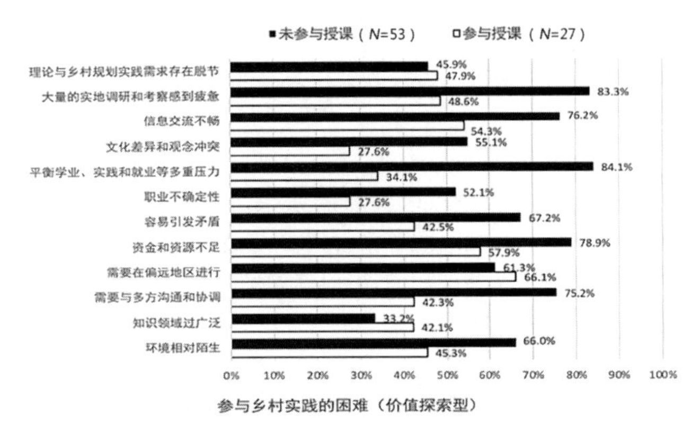

图 6　价值探索型授课反馈对比

资料来源：作者自绘

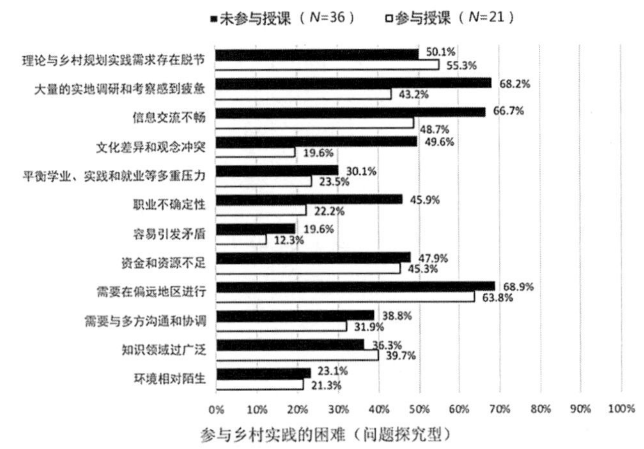

图 7　问题探究型授课反馈对比

资料来源：作者自绘

获取需要的信息。调研目的不明确，做了大量无用功的同时，影响调研数据的准确性和全面性。但接受课程的学生有效缓解了许多难题，从对比数据中可以发现，在乡村认知方面，通过学习相关政策，学生对国家乡村振兴的战略目标、政策措施和实施路径有了更为清晰的认识。学生认为在调研过程中能够更加有针对性地了解村民的需求和期望，尊重和理解村民的生活方式与思维模式。同时，对政策的了解也帮助学生更好地向村民解释调研的目的和意义，从而赢得他们的信任和支持，减少了沟通障碍。在调研方法上，社会学、统计学等相关知识的学习，为学生提供了科学有效的调研工具和方法，学生认为合理的问卷能够快速准确地收集到自己想要的信息，这不仅提高了调研的效率和准确性，也使学生在面对复杂问题时能够更加从容应对。

（3）问题探究型

问题探究型的实践（图 7），尽管大部分学生有过乡村规划实践的经验，但是在大量的实地调研和考察感到疲惫（68.2%，43.2%）、信息交流不畅（66.7%，48.7%）、文化差异和观念冲突（49.6%，19.6%）、职业不确定性（45.9%，22.2%）方面出现了明显的差异。接受类型化模块训练的学生，在思想层面，增强了对乡村文化的理解和尊重，对村民的生活方式和思维方式有了更为包容的态度。这种心境的转变使得学生在与村民交流时更加顺畅，能够建立有效的沟通机制。同时，通过案例分析、情景模拟等方式，学生预判了乡村发展的实际问题和需求，实践过程中能够运用理论知识及时应对发现的问题。此外，情景模拟也培养学生良好的沟通技巧、团队协作能力和解决问题的能力，这些能力在乡村实践中有效地节约了学生的时间及体力，进一步提升了实践的效果。

4　总结

在乡村振兴战略的时代背景下，乡村规划实践教学是学生深入理解乡村的重要途径。通过实地踏访乡村、沉浸式体验乡村环境，并与村民开展深度交流，学生才能发现乡村发展的现实困境与潜在挑战，从而为其毕业后精准对接国家乡村振兴的迫切需求奠定坚实的理论与实践基础。在有限的教学体系内积极探索将专业理论知识与第二课堂实训活动相结合的教学模式。通过根据乡村实践的不同类型，针对性地开展理论与实践教学，不仅能够促进学生知识体系的系统构建，还能够提升学生的实际操作能力和问题解决能力，为未来投身乡村振兴事业奠定了坚实的基础。

参考文献

［1］ 教育部关于印发《高等学校乡村振兴科技创新行动计划（2018—2022 年）》的通知 _ 部门政务 _ 中国政府网（www.gov.cn）

［2］ 张悦 . 乡村调查与规划设计的教学实践与思考 [J]. 南方建

筑，2009（4）：29-31.
[3] 龙志强，谢海斌，史美萍．提高研究生创新能力的控制学科实践体系建设 [J]. 实验室研究与探索，2024，43（3）：194-198.
[4] 李迪华，彭晓．服务国家需求的城乡规划专业教育体系与变革途径 [C]// 教育部高等学校城乡规划专业教学指导分委员会，等．创新・规划・教育——2023 中国高等学校城乡规划教育年会论文集，北京：中国建筑工业出版社，2023.

Exploration and Reflection on the Reform of Practical Teaching of Rural Planning with Regeneration as its Essence

Zhang Xiao　Chang Jiang　Niu Jiaqi

Abstract: Students majoring in urban and rural planning shoulder the important responsibility of implementing the national rural revitalization strategy. The rural planning practice course, as the cornerstone of the professional talent training, is not only committed to exploring the unique charm of the countryside, but also the key link to avoid the homogenization and urbanization of rural planning. However, due to the limitation of class hours in rural planning practice, it is difficult to guarantee the length of field research, and students cannot deeply understand the deep meaning and complexity of rural issues, and the one-sidedness of guide design. Based on this background, this paper systematically sorted out the practical training links related to rural planning both inside and outside class, aiming to organically integrate the fragmented teaching content. With the needs of students as the core, the rural planning practice was summarized into three types: cultural inheritance type, value exploration type and problem exploration type. Based on the contents concerned by students of each type, the rural type practical teaching module was constructed. Showing the teaching content. The teaching feedback shows that the practical type teaching module can effectively guide students to quickly understand the internal logic and relevance of rural planning, and improve students' comprehensive analysis ability. At the same time, it meets the training demand for rural planning and design talents in the new era, and provides a solid talent guarantee for realizing the rural revitalization strategy.

Keywords: Rural Practice, Student-Centered, Rural Revitalization, Teaching Module

城市设计课程教学模式“数智化”创新研究*

张睿婕　余侃华

摘　要：推动毕业生的高质量就业关乎高等教育人才培养的重要工作，更关乎国家人才强国战略目标的实现。本文以某高校城乡规划专业方向近十年应届毕业生的就业数据为样本，通过分析就业行业、升学深造等方面的变化与规律，剖析城乡规划专业应届毕业生职业选择演变的特征和成因，以及对教学改革的启示。初步发现，近十年来城乡规划专业应届毕业生的职业选择呈现就业方向更加多元，个性化需求也日趋凸显。面向为学生提供更广阔的职业发展空间，培养出更符合新兴就业市场需求，综合素养更高水平的人才等多元目标，提出本科教学计划改革、硕士专门化培养和产教融合等方面若干思考。

关键词：城乡规划；应届毕业生；职业选择；结构变化；教学改革

1　引言

数字中国、智慧城市是数字时代推进中国式现代化的重要引擎，利用新一代信息技术为国家治理现代化和高质量发展赋能，成为生态文明背景下促进可持续发展和新型城镇化建设的重要驱动力。2018 年中央全面深化改革委员会会议提出，要综合运用大数据、云计算等现代信息技术，创新规划编制手段。对高校城乡建设工程技术类人才培养提出了创新型、应用型、复合型人才的更高要求 [1]，有效推动社会数智化发展。随着我国增量扩张的城市建设模式发生转变，存量城市设计成为新常态，大数据、新技术不断涌现并逐渐渗透进城市设计领域，助力更加人本化、精细化、智能化的存量城市空间环境提升。

传统城市设计转向以数字化和人机互动为特征的“第四代城市设计”的变革响应了我国“十四五”规划纲要所提出的“加快数字社会建设”战略部署 [2]。然而，尽管数字技术已被广泛应用于许多领域，规划行业在克服技术壁垒、融合数字技术方面的进程还十分缓慢。城市设计必须全面考量规模、结构、功能、品质、安全等多方面需求，并贯彻绿色、智能等发展理念，其复杂性和综合性均要求规划师能够熟练运用数字技术，整合人地关系及各方利益，将其转化为合理的空间组织形态。教育是行业和学科发展的基础，城市设计课程教学模式“数智化”创新探索，是从数字化城市设计理论基础、技术方法、应用示范等方面寻找突破，通过智能化空间环境与行为关系解析、空间环境特征识别和空间形态设计，促进从“数据采集”“样本研判”到“方案生成”的城市设计逻辑的形成。在城乡规划学背景的城市设计课程中引入数字化教学方案，有助于学生系统掌握一类技术，将其灵活应用于城市设计实践，并触类旁通，自主探索其他数字技术，避免陷入琐碎的技能获取而迷失其中。

2　城市设计教育转型

2.1　传统城市设计教育

城市设计教育起源于欧洲，作为独立专业则兴起于

*　基金资助：长安大学 2023 年度高等教育教学改革研究项目（ZZ202356）乡村振兴战略下城乡规划专业实践育人“智能 +”创新模式研究；教育部新工科项目（B-TMJZSLHY20202152）“基于产学研用的新工科建筑类人才培养实践创新平台建设探索与实践”。

张睿婕：长安大学建筑学院讲师
余侃华：长安大学建筑学院教授（通讯作者）

美国。长期以来，我国学者大量学习国际城市设计教育成功经验，并在我国高校进行了本土化应用，常作为建筑学或城乡规划学的专业课程之一，在本科阶段和研究生阶段均有涉及。

自 2011 年"城乡规划学"一级学科地位获得国务院学位委员会确认，专指委对本科阶段的城市设计课程重视程度日益增高[3]。在国土空间规划由从属于住建系统改为自然资源系统的变革之下，建筑学及城乡规划学两个学科下的城市设计课程侧重点应有所分化：一方面，建筑学背景的城市设计课程可延续学科对微观空间环境的感性塑造传统，主要解决物质空间布局和居民日常时空行为的匹配问题，项目实践以空间微更新为主。另一方面，城乡规划学背景的城市设计课程应该响应国土空间规划宏观、理性的空间分析需求，寻求空间格局与资源分配的协同。

2.2 数智化城市设计教育

智能化、数字化不仅仅是技术迭代，更是持续变化的社会迭代过程，推动了城市设计在教育层面、科学研究层面与项目实践层面发生重大变革，其中教育层面的变革是数智化城市设计发展的根本，教育工作者应积极面对。一些国际知名高校在建筑学及城乡规划学两个学科下的城市设计教学中引入数字化理念和新兴技术，利用数字技术进行空间品质测度、问题诊断、空间环境设计，从而引领数字化城市设计的发展。例如，麻省理工学院（MIT）的城市科学与规划学院通过其"城市数据科学与规划"课程，教授学生如何运用大数据和机器学习技术进行城市规划分析，如何收集和分析交通流量、土地使用和社交媒体活动等城市数据，以指导城市设计和规划决策。荷兰代尔夫特理工大学（TU Delft），城市设计与工程课程中对数字技术在城市设计中的应用进行了强调，特别是在三维建模和虚拟现实（VR）技术方面，学生利用这些技术模拟和可视化城市设计方案，从而更好地理解空间布局和环境影响。英国卡迪夫大学（Cardiff University），城市规划与发展专业的课程中通过引入空间句法（Space Syntax）等分析工具，教授学生如何评估和改善城市空间的可达性和社交互动潜力，从而在设计中提升街道网络的效率和活力。

国内高校也对数智化城市设计进行了探索，同济大学建筑与城市规划学院，在城市设计课程中，探索了课程思政视角下的城乡规划专业设计类课程教学方法[4]，同时结合数字化技术，如利用 GIS 和遥感数据对城市空间结构和功能布局进行分析，从而提高学生对城市空间品质的认识和设计能力。香港大学通过其城市设计和规划课程，利用 SDNA（Spatial Design Network Analysis）工具进行空间网络分析，帮助学生理解城市空间形态与步行流量之间的关系，从而在城市设计中实现更精细化的人流模拟和空间品质提升。当前的数智化城市设计教育还处于初步发展阶段，未形成成熟的培养模式，亟须深化探索及实践。

2.3 长安大学城市设计教育

长安大学城乡规划办学历史可追溯到 1953 年成立的西安建筑工程学校，本学科经过四十余年的发展积淀，城市设计课程形成了以理论课程和设计课程为核心，以设计工作坊、学科竞赛、专题讲座为辅助的教学传统，教学过程遵循"直观的信息收集——直觉的设计尝试——计算机辅助设计"的模式。规划系于 2019 年组建城乡空间与交通协同发展、西北智慧生态城乡空间营建技术研究、历史文化保护与国土空间风貌塑造等 6 个团队，城市设计课程依托团队研究方向，开展"研究指导设计"的课程教学模式，将团队科研成果融入城市设计课程中，不仅突出了课程的前沿性、探索性，同时点燃了学生们创新思维的热情，并为设计找到了突破点和创新方向。

长安大学建筑学院规划系的各个团队主要聚焦于资源环境承载力与"三生"空间的供需适配，历史城市保护利用中意义阐释与遗产活化、多源时空数据的城市土地利用与交通承载力协同等科学问题和技术难点，具有在较大尺度空间环境问题研判与空间资源形态组织方面的明显优势，使得大数据和计算智能技术更易融入其教学之中并发挥理性工具作用，从而对数智化城市设计教学模式提出了更高要求。

长安大学建筑学院提出了国土空间规划背景下的数智化城市设计人才培养目标，帮助学生形成公共导向价值观、构建全面的知识体系、提高空间分析思辨能力、掌握系统化数字技术，并将这些内化为城市设计本能，使城市设计在延续人文关怀的基础上提升其科学性。城

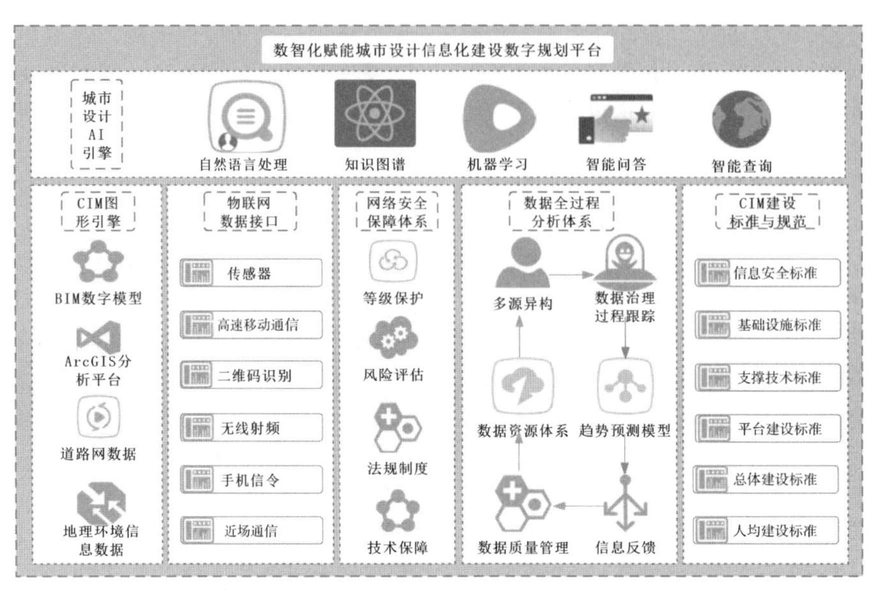

图 1 数智化赋能城市设计信息化建设数字规划平台
资料来源：作者自绘

市设计课程引入数字化理论、方法和技术，更新传统教学理念、课程体系和教学内容已经提上了日程。学院未来五年计划提升实验及计算机运算环境，构建三维图形工作站、网络服务器、虚拟现实实验室，搭建数智化赋能城市设计信息化建设数字规划平台（图 1），补充完善数字化设计及绘图、可视化、空间分析、环境模拟等方面的软件；同时采购数字化模型设备，包括 CNC 数字机床、三维成型机、激光三维扫描仪、三维数字雕刻机器人、激光切割机等设施。

3 城市设计课程“数智化”教学模式探索

3.1 教学方法与培养方案改革

根据城乡规划学专业本科阶段的数智化城市设计人才培养需求，教学安排应当着重培养学生的理性分析和设计能力，以理论方法、智能技术、实践应用为教学框架，以城市设计工作坊为依托，形成渐进式的节点嵌入教学安排。为了将大数据应用融入城乡规划专业的城市设计课程中，需要对城市设计（一）、（二）专题课程进行拆解与详细梳理。这一过程中，城市设计课程的主线与大数据应用的教学内容被重新整合，形成“以大数据为手段，解决城市设计问题”的学习流程，同时构建师生互动的教学模式[5]。通过在教学节点逐步嵌入（或整合、并行）数智化城市设计理论方法、智能技术、实践应用，让学生不断增加相关知识、发展相应技能，从而体现了教学的连续性和整体性。相较于传统的城市设计方法，大数据的引入促使实体空间和行为空间共同被重视，城市人群流向信息、时空活动数据等大数据不仅为设计给予了充足的数据支持，更辅助挖掘出未被识别的设计信息，从而提供更为精准的设计方案。算法本身作为一种规划设计语言逐渐达成共识并被引入教学中，应用于城市设计课程的实际操作中，形成可共享、可扩展、可验证的规划方案，从而实现产学研的同步提升，达到理想的教学效果。

3.2 教学内容组织

城乡规划学专业背景的数智化城市设计课程体系由理论课程、设计课程两部分组成。基于上述教学方法和渐进嵌入式教学安排，提出将数字技术融入从理论、方法与技术学习到设计实践全过程的教学框架。

（1）理论课程

理论课程旨在培养学生知识与技能，引领后续设计课程。内容包括数智化理论方法和数字技术，前者通过课堂讲授、研讨会传授，后者则以实验教学进行，共同促进学生全面掌握数智化分析和设计技能。数智化城市设计理论与方法课程从理论范式、方法逻辑和应用实例三个方面开展，培养学生数智化城市设计的逻辑思维。

数字技术带来了城市设计理论和方法的变革，数智化城市设计不仅关注静态的空间，还关注空间内动态的出行、活动、感知等全要素信息，同时注重与城市研究相结合，形成数据采集、分析、设计与表达的核心工作流程。大数据的采集与处理是数智化城市设计的基石，因此，本课程首先引入 Python 学习模块以增强学生数字技能，教授神经网络算法，使学生能够应用于空间特征识别与设计。同时，鉴于集成树算法的强大解释性，也将其纳入课程体系，辅助学生分析空间环境与行为之间的联系，从而为规则设计提供坚实参考。

（2）设计课程

设计课程采用以学生为中心、以过程为导向的教学理念，以实践项目"真题真做"的形式展开，引导数字技术介入设计的全过程。城市设计课程构建"前期准备、综合调研、综合分析、方案推演、成果产出"的课程主线（图 2），培养学生的数智化城市设计实践能力。

1）前期准备：通过理论课程的学习建立大数据运用的基本概念，引导学生开展自主学习。公布城市设计课程任务书，要求学生开展数据收集工作，包含统计数据、田野调查数据、上位规划等传统数据，和手机信令数据、开源数据、遥感影像、智慧设施数据等数字化信息数据，完善数据样本，增加城市设计分析的科学性。此阶段主要培养学生自主获取大数据和数据清洗的基础能力。

2）综合调研：通过基地深度调研、实地数据校核，发现现状问题和社会矛盾，并进行场地实景数据和地形数据的可视化。引导学生构建城市空间形态评价标准，即是否具备活力和持续的吸引力。培养学生对大数据的甄别筛查能力，和涉及城市空间分析的相关性分析、回归分析等数据分析能力。

3）分析阶段：指导学生建模，并对数据进行分析，建立数据与城市空间形态特征、形态利用绩效的互馈规律，进行数据支持的空间形态品质测度，并辅助判断局部形态绩效不理想的原因。引导学生正确理解、思考、过滤和评估数据背后所反映出的空间问题，利用多源数

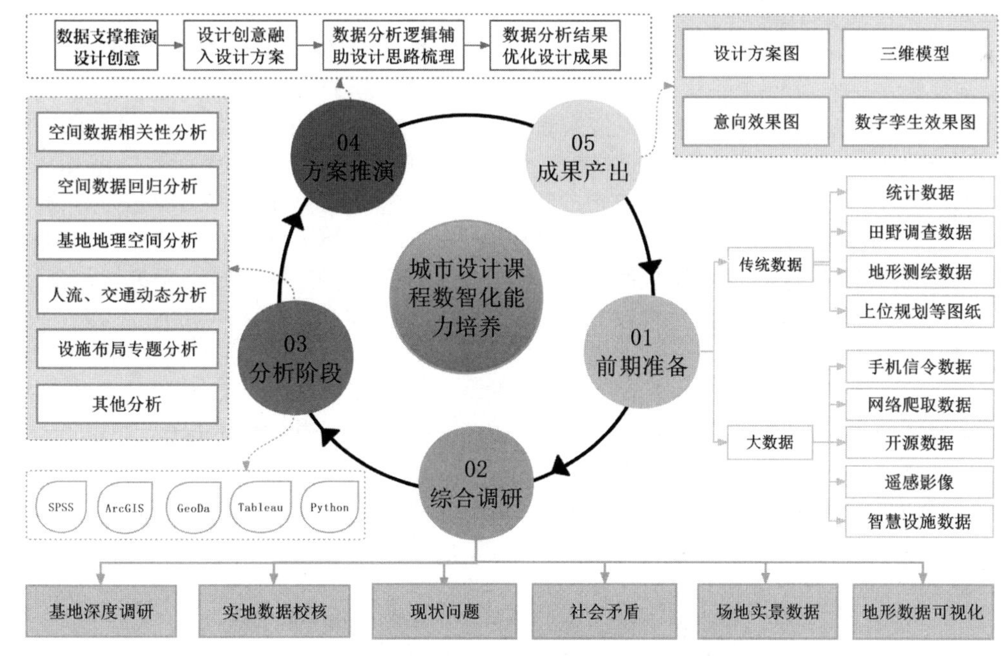

图 2　城市设计课程课程节点与数智化能力培养结构图

资料来源：作者自绘

据分析以支撑后续设计的基本信息与线索，开拓学生利用数据分析城市矛盾、利用空间设计优化城市格局的思路。

4）方案推演：运用多源城市数据进行城市设计方案推演，如位置服务数据、交通数据和兴趣点（POI）数据，为空间形态测量和满意度评估提供了新的视角。GIS 等地理信息技术的引入，不仅满足了人本尺度的城市形态精细化要求，还能高效处理大尺度海量数据。在此阶段，学生在进行城市设计方案推演时，应减少对主观认知的依赖，避免仅凭经验和审美做出设计判断，加强基于数据逻辑来推导设计理念，确保方案的合理性与科学性。引导学生通过大数据辅助分析来激发创作思维，这是大数据应用于城市设计课程的核心目的，旨在培养学生利用数据进行创新设计的能力。

5）成果产出：传统城市设计的成果由图纸与设计说明两部分组成。在大数据融入教学后，应明确要求学生采用可视化的方式将数据分析过程和结果在课程作业中进行展示。同时，在设计说明中说明数据来源与分析方法，以及针对的具体问题和解决策略。这一环节彰显了大数据应用与城市设计方案创新之间的逻辑关系，着重提升学生的设计方案可视化表达能力。

3.3 课程评价与反馈

城乡规划学背景的城市设计课程“数智化”创新教学模式在内容侧重和技术方法上区别于传统教学模式，同时具有教学目标差异化和成果多样化特征。因此，为了在课程结束后全面评估教学效果并收集学生的反馈，应该设置教学评价与反馈环节，这一环节不仅关注学生的空间分析能力和形态组织技巧，更以学生大数据运用的达标率作为主要评价指标，重点关注学生在课程各阶段的大数据运用情况，以及大数据如何影响并改变他们的设计思路。课程旨在评估学生对数智化城市设计理论与方法的认知深度，检验其对数字技术的运用能力，并考查其是否可将数智化理念及技术熟练应用于城市设计实操之中。

从教学质量和教学效果两方面入手建构课程评价体系，制定多个评价维度。重点关注学生对课程的接受度，和数智化对学生设计创作能力的提升效果。此外，数据获取与处理的准确性、形态认知与问题研判的科学性等方面亦在考查之列，旨在全面评估教学成效。借助互联网问卷调查，广泛搜集学生反馈，涵盖学习成果感受、所遇问题及改进建议。通过课程评价和反馈环节，动态调整和优化教学方案，持续提升教学质量，助力学生在城市设计课程中取得更好的成绩。

4 总结

本文探讨了城乡规划学背景下城市设计课程的数智化教学方法，意在促进城乡规划学与计算机科学的跨学科交叉，将数智化城市设计的理论、方法、技术和实践巧妙地嵌入城乡规划学背景下的城市设计教学过程中，引导城市设计方法从经验式判断到定量化分析的转变。本次教育教学改革研究尝试构建渐进式教学框架，课程涵盖理论、方法、技术课程及设计实操等内容，规划了从循证研判到参数化设计的教学路径，建立了灵活的教学评估和动态化反馈系统。创新教学模式将帮助学生深刻理解城市设计的数智化思维，为数智化城市设计教育教学改革提供了有价值的参考。

参考文献

[1] 林健. 面向未来的中国新工科建设 [J]. 清华大学教育研究，2017，38（2）：26-35.

[2] 肖龙珠. 大数据与机器学习技术语境下城乡规划学背景的数字化城市设计教学探索 [C]// 全国高等学校建筑类专业教学指导委员会，建筑学专业教学指导分委员会，建筑数字技术教学工作委员会. 数智赋能：2022 全国建筑院系建筑数字技术教学与研究学术研讨会论文集. 厦门大学建筑与土木工程学院城市规划系；2022：5.

[3] 王劲，刘立欣，产斯友. 全国高等学校城乡规划学科专业竞赛作品集萃. 第三辑：城市设计（中山大学作品集）[M]. 广州：中山大学出版社，2019.

[4] 吕飞，于淼，王雨村. 城乡规划专业设计类课程思政教学初探——以城市详细规划课程为例 [J]. 高等建筑教育，2021，30（4）：182-187.

[5] 刘皆谊，胡莹，王依明，等. 大数据赋能的建筑类研究生城市设计教学实践 [J]. 高等建筑教育，2021，30（2）：49-56.

Innovative Research on the "Digital Intelligence" Pedagogical Approach in Urban Design Education

Zhang Ruijie　Yu Kanhua

Abstract: The integration of big data and intelligent technology into urban and rural planning education is increasingly emphasized. Nevertheless, the divergence in logical reasoning between digital information technology and traditional planning design impedes the progress of integrating digital technology into urban and rural planning education, resulting in a slow pace. This presents challenges for innovating urban design teaching through the integration of big data and intelligent technology. The teaching reform embraces a project-oriented approach, incorporating theories of data-driven urban design, intelligent methodologies, and digital technology into urban design courses contextualized within urban and rural planning. This is supplemented by a progressive curriculum and the implementation of dynamic evaluation and feedback mechanisms. It embodies an innovative teaching approach centered on students and outcome-oriented, covering educational goals, reform strategies, and specific measures. This paper offers ideas for reform and innovation, along with technical support, to foster interdisciplinary integration between urban and rural planning and computer science, and to transition urban design education from experiential, intuitive design to quantitative, rational analysis.

Keywords: Urban Design, Digital Intelligence, Urban and Rural Planning, Big Data, Higher Education

以研究设计培养科学研究能力
——“城乡社会综合调查研究”课程教学探索与思考

贾宜如　李　翅　向岚麟

摘　要： 为应对新时期行业变革和人才培养需求，科学研究能力培养是城乡规划专业教育应对变化与挑战的关键，是发展新质生产力的重要支撑。本文基于“城乡社会综合调查研究”课程教学实践中的问题，提出将研究设计作为重要环节来培养本科生的科学研究思维，通过形成“3+1”课程组织模式、丰富“如何做研究”的教学内容、强化研究设计案例教学改进教学，旨在带领学生亲历科学研究过程，将本课程作为训练学生科研思维模式的起点。

关键词： 城乡社会调查研究；科学研究能力；研究设计；城乡规划

1　引言

2024 年《政府工作报告》将“大力推进现代化产业体系建设，加快发展新质生产力”列为首要任务。发展新质生产力的核心是科技创新，科技创新需要人才推动，人才培养则依靠教育实现。在城镇化转型发展的新时期，城市之间和城市内部的各种关系越发复杂，规划从业者仅依靠经验已经很难探寻城乡发展规律，进而综合判断和解决城乡发展中的问题 [1]。在实践中应用科学逻辑研究城市，用研究反哺业务，是城乡规划行业应对挑战的关键 [1]。因此，科学研究能力在城乡规划专业教育和人才培养中尤为重要。当前城乡规划专业教育在传授基础知识、培养设计能力之外，更需要培养学生科学规范地观察问题、分析问题、解决问题的基本思维方法 [2]。

“城乡社会综合调查研究”是城乡规划专业教学指导委员会列出的必修课程，是在学生本科阶段培养科学研究能力的重要契机。课程旨在使学生掌握城乡社会调查研究中的重要基本概念、理论和研究方法，培养其主动发掘和把握城乡社会空间发展的特点、规律和趋势，使其能从不同角度认识城乡社会空间现象的本质。作为一门将专业理论学习和社会调查实践相结合的课程，“城乡社会综合调查研究”提供了一个难得的契机使学生将各门课程学到的零碎的、片段的各类知识联系贯通，了解知识之间的关系，各类理论方法怎么使用，并鼓励进一步地自主探索 [3]。

“城乡社会综合调查研究”往往设置在城乡规划专业本科的第三年或第四年。学生刚刚进入高年级，经过了偏重建筑学的专业基础课程训练，开始接触专业核心理论课程，是形成专业思维、科研能力的关键时期。这个阶段的培养应不仅仅局限于培养学生的科学研究兴趣，更需要培养科学规范解决问题能力，为本科毕业和进一步的研究生学习打下良好基础。

然而调查研究实践也是这门课教学的难点。课程对学生的综合能力要求较高，可调研范围极广，经常使学生对调研无从下手，导致进度缓慢、成果不理想。课程常以调研小组的形式组织，选题差异大，教学时间受限，对教师教学也是挑战。既往研究已从 PPPC 模式 [4]、过程控制 [5]、系统思维 [6] 等方面探讨了本课程的改革方向和改进策略。

本文基于北京林业大学城乡规划专业“城乡社会综合调查研究”课程的教学现状，探讨调研设计对培养科学研究能力的重要性，探索将调研设计作为关键切入点的课程建设。

贾宜如：北京林业大学园林学院讲师（通讯作者）
李　翅：北京林业大学园林学院教授
向岚麟：北京林业大学园林学院副教授

2 教学现状

北京林业大学城乡规划系开设的“城乡社会综合调查研究”课程设置在本科四年级的秋季学期，为期32学时，主要内容包含四个板块：城乡社会研究相关理论，研究范式和研究方法，调查实践，以及成果汇报反馈提升。已形成“理论课＋汇报点评＋讲座”多元的教学方法。笔者所在教学团队在多轮课程教学过程中，发现学生中普遍存在调研进度难把控、探究难深入，导致成果“虎头蛇尾”的问题，可以从以下三个方面阐述。

2.1 研究问题不明确

本课程的调研选题采用两种方式：学生自主选题、教师协助优化；教师提供方向、学生细化具体选题。从目前的教学实践来看，学生的选题来源丰富，有的发掘于社会焦点和前沿问题，有的基于互联网新媒体热点现象，有的是既往课程作业的延续深化，有的依托大学生创新创业项目、社会实践经历、指导教师科研项目。对于大多数学生，选题具备一定创新性并不难，主要体现在两方面：①经典选题中提出新问题、运用新方法，例如从拟剧论视角研究老城区更新共生院的空间私密性；②描述和解释新兴的社会现象，例如互联网影响下的新消费新体验，包括历史街区网红打卡点、雍和宫符号消费、新演艺空间等。

然而，学生多停留于城乡问题的表象感知，花大量篇幅描述研究背景，无法聚焦到明确的、可行的调研问题，主要体现在以下三个方面（表1）：①研究目的、内容和意义混淆，即分不清调研要解决什么问题、怎么解决和为什么这个问题重要；②提出的“问题”是解决策略而非调研问题；③研究问题的表达过于泛泛，顺序不当，数量过多，互相杂糅。研究问题是调研的起点，以上问题导致选题反复调整，影响调研的进度和深度，甚至影响学生的调研兴趣。

研究问题不明确可行的示例　　表1

示例	问题类型
● 示例1： 研究目的：构建南锣鼓巷片区居民社会网络关系模型，对老城区居民活动与社会交往进行研究。 理论意义：探究胡同居民家园感程度与社会关系网络间的影响机制	研究目的、内容和意义混淆
● 示例2： 如果创建复合型农夫市集空间，如何通过多方合作提升空间使用效率？如何确保市集各类产品的有效售卖和体验活动的正常开展，又支撑与之相关的产业发展以吸引消费者	是解决策略而非调研问题
● 示例3： 1. 深入理解和解析雍和宫上香热潮的内在机制和发展动因，包括其背后的社会、文化和心理因素。 2. 通过对雍和宫及周边地区的消费者群体进行分类和分析，了解不同类型消费者在上香行为和消费选择上的特点和差异。 3. 探究上香活动与城市规划、空间布局以及社会经济发展的相互关系，为理解这一现象提供更广阔的视野	研究问题表达顺序没有由浅入深，多个问题杂糅在一个问题中

资料来源：学生作业

2.2 研究技术路线和方法框架不可行

在明确研究问题的基础上，很多学生无法提出科学可行的研究技术路线和方法框架，导致实地调研迟迟不能开展，或泛泛进行无法深入，主要体现在以下三方面：①没有描述清楚现象特征就直接发掘规律、机制、原理，选择性观察，观察描述不确切；②研究方法没有紧密围绕研究问题，选择依赖主观性缺乏科学论证；③从数据到结论缺乏科学逻辑推理，先入为主提出观点或结论，没有论据支撑，过度推论。

2.3 理论教学和调查实践融合较差

课程的理论教学内容涉及城市社会学理论基础、社会调查范式方法、中外城市社会研究介绍等。理论课课时占总课时一半以上，但是对调查实践的指导帮助却是相对有限的。主要问题包括：①理论抽象晦涩，学习兴趣不足；②理论概念难以具体化、可操作化；③自主选题使理论授课内容难以对应调查实践的需求。

3 课程定位再思考

鉴于以上问题，有必要再思考课程定位，以明确教学目标、改进教学实践。笔者认为，“城乡社会综合调查研究”的本质是调查实践，需要学生将各种渠道所学的知识进行整合，训练学生构建问题、解决问题、佐证观点的科学研究能力。

据笔者对海外城乡规划及其相关专业的调查，发现学生在本科低年级就系统学习研究方法，并在后续课程中循环训练，能有充分的时间和机会练习。我国多数高校城乡规划专业的研究方法教学则在本科高年级开设，学时有限。因此，“城乡社会综合调查研究”课程可以被看作培养科学研究能力的“起点”，让学生认识什么是科学的研究，培养科学逻辑思维习惯，并在后续本科课程甚至研究生学习中循环训练、强化能力。课程调研一般都在城市微观和中观的尺度进行，数据量相对较少，学生容易把握，可以看作“试验性”研究。科学研究能力的训练，远不局限于仅一门课，应在其他高年级课程中不断深化训练（图 1）。

4 研究设计是培养科学研究能力的关键环节

城乡社会调查研究是超越经验主义的系统科学研究，是从感性认知到理性认知城乡“社会—空间”现象的转变，需要用大家认可的、可信的、可行的方法寻求证据。其本质是社会科学研究，即提出问题、搜索和分析证据、得出答案过程。这个过程的各步骤之间存在反复性，很难完全切割。

研究设计是解决问题的关键。研究设计是使用经验数据来科学逻辑地回答研究问题的策略[7]，包含以下系统性的决策：

- 整体的研究问题、目标和方法安排

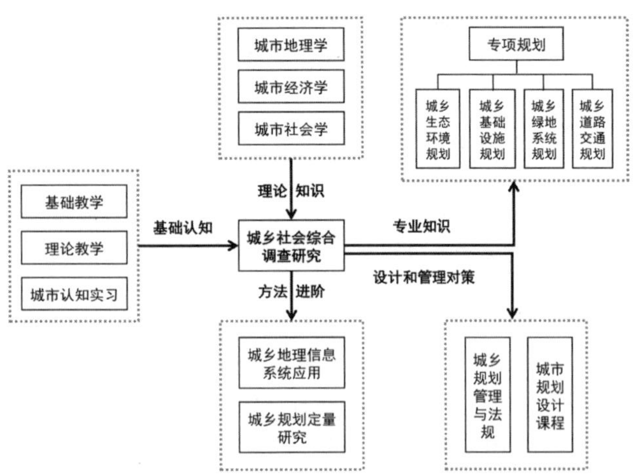

图 1 北京林业大学城乡社会综合调查研究与其他城乡规划专业课程的关联

资料来源：作者自绘

- 研究对象和抽样方法的选择
- 数据收集方法
- 收集数据的实施步骤
- 数据分析方法

好的研究设计有助于确保研究方法与研究目标相匹配，并且使用正确的数据分析方法。研究设计开始于研究初期，是整合零碎知识的训练，在整个研究过程中都往往需要不断调整和修正。在任何情况下，都应该仔细考虑哪种方法最适合和可行，有效回答研究问题。

5 探索与实践

针对以上教学过程中面临的问题，笔者所在的教学团队以培养科学研究能力为目标，以研究设计为关键抓手，结合学生情况，进行如下探索和实践。

5.1 形成“3+1”课程组织模式

将传统的“理论、方法、调查实践、反馈提升”四大板块教学改进，形成课内课外“3+1”混合循环的模式。课内专题教学、汇报反馈、讲座交流混合循环交替进行。课外任务包括文献分析、实地调研、数据整理分析、成果撰写，贯穿整个学期。

专题教学和汇报反馈是课内教学的两条交替进行的主线，不同于以往先教授理论，后学生汇报的课程模式。在之前中期、终期汇报的基础上，新增选题和调研设计汇报，为后续调研打好基础。选题汇报要求学生提出 1~3 个选题，每个选题用不多于 300 字简要陈述。调研设计结合开题报告作业，是把控调研质量和进度的关键环节，也是学生们感觉相对棘手的节点。这个阶段的核心问题是：提出什么问题、计划如何收集和分析数据。在此阶段，鼓励学生尽早进入田野进行预调研，在田野中获得真感受，明确真问题。调研设计事实上贯穿整学期，需要提示学生不断验证、反思。

专题教学精简了社会科学研究基础理论课内容，增加社会调研选题与设计专题。专题课进度与学生调研进度匹配。校外专家讲座则是本专业教学优势特色的延续，邀请校外一线教师分享授课和竞赛心得。

课外任务是学生反思改进的重要途径，强调实地调研和文献分析尽早开始，贯穿整学期，从田野获得最直观的感受，从文献借鉴前人的工作经验。

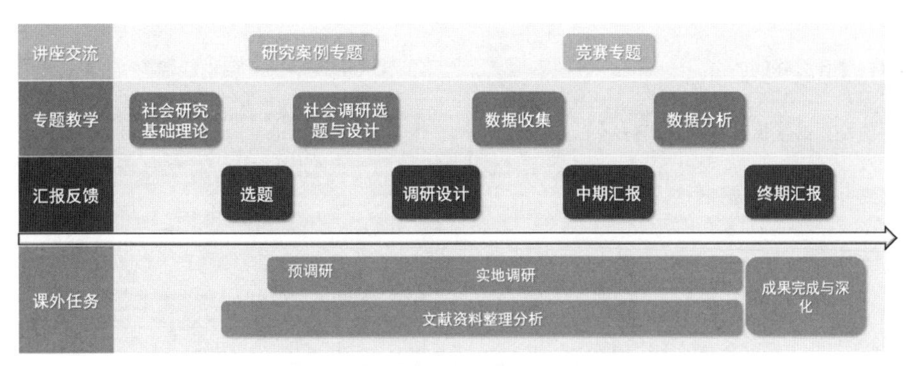

图2 城乡社会综合调查研究“3+1”混合循环课程组织
资料来源：作者自绘

5.2 丰富“如何做研究”的教学内容

专题教学部分不仅旨在教授学生知识是什么，更要教会学生如何做科学研究。例如，在“调查选题与设计”专题加入“如何进行文献检索和文献阅读”教学内容（图3）。好的文献为研究设计提供理由并推进研究，是研究的基础，将调研置于学术背景下，了解“别人已经做了什么”，展示自己研究的贡献。增加“如何根据研究问题选择收集数据的方法”内容，增强学生对于如何筛选研究方法的认知（图4）。

5.3 强化研究设计案例教学

培养学生的科学研究能力，教学方式不能局限于照本宣科地传授抽象的知识，更应通过生动的案例教学，让学生切实明白科学研究应该怎么做。案例教授可以从两方面强化：专题教学增加对往届优秀学生作业和获奖作品的回顾总结，选取若干案例进行深入分析讨论（图5）；汇报反馈也是一个难得的生动的案例教学机会，通过点评讨论“初学者”的调研成果，使各小组之间相互学习经验、避免“踩坑”。

6 小结与反思

面对新时期行业变革和人才培养的需求，科学研究能力培养是城乡规划专业教育应对变化与挑战的关键，是发展新质生产力的重要支撑。本文基于“城乡社会综合调查研究”课程教学实践中的问题，提出将研究设计作为重要环节来培养本科生的科学研究思维，通过形成“3+1”课程组织模式、丰富“如何做研究”的教学内容、强化研究设计案例教学改进教学，旨在带领学生亲历科学研究过程，将本课程作为训练学生科研思维模式的起点。

本门课的教学实践与改革对于笔者也是一个不断反

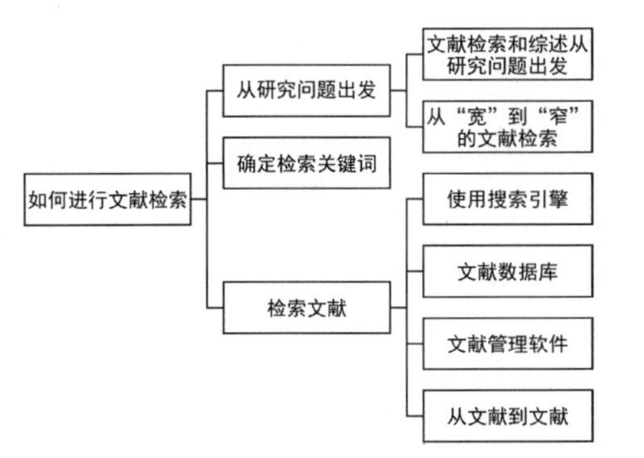

图3 城乡社会综合调查研究教学大纲：如何进行文献综述
资料来源：作者自绘

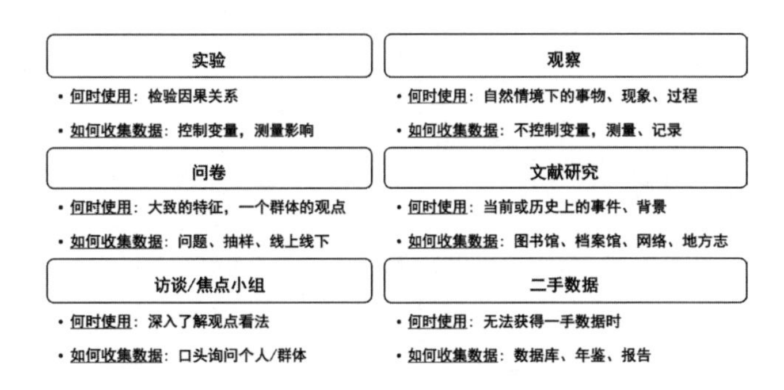

图4 城乡社会综合调查研究教学课件：如何根据研究问题选择收集数据的方法
资料来源：作者自绘

- 调研报告是什么样的
- 怎么评价别人的报告，如何看出好坏
- 通过报告反向思考选题和后续调研

调研报告的结构

- 摘要 （引言）
- 绪论/调研背景与思路 — 总领全局
  - 调研背景
  - 调研目的
  - 调研对象 who，调研范围/区域 where
  - 调研思路/方法/框架 how
- 调研结果展示 — 报告的主体
- 讨论与结论
- 参考文献
- 附录（问卷）

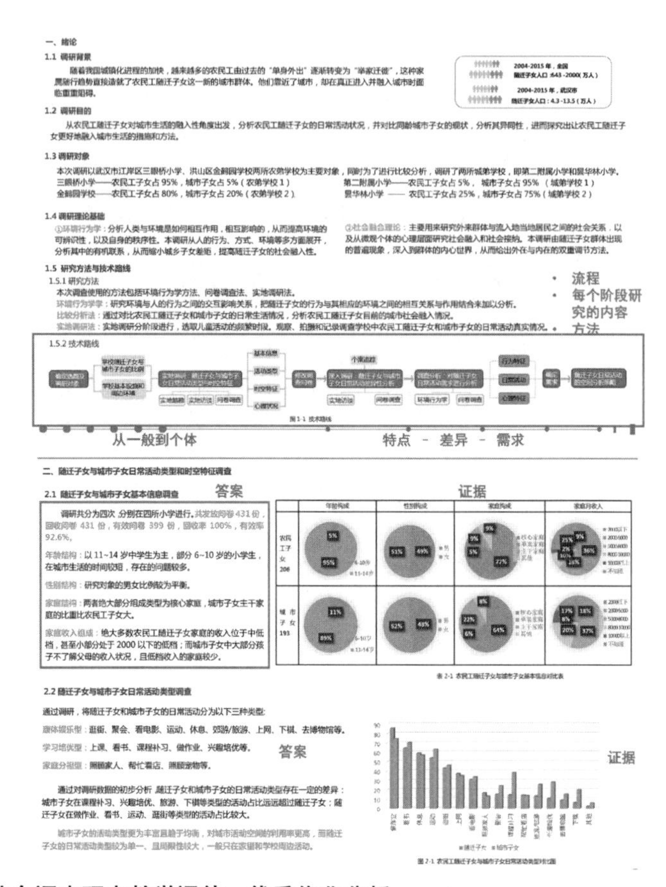

图 5 城乡社会综合调查研究教学课件：优秀作业分析

资料来源：获奖作品，作者自绘

思和学习的过程，只有进行时没有完成时 [6]。例如不同教学板块的进度安排、教学内容的深度仍需要不断细化调整。培养学生科学研究的兴趣和素养，需要持之以恒地探索与思考。

参考文献

[1] 马向明，史怀昱，张立鹏，等．“规划师职业发展：挑战与未来”学术笔谈 [J]. 城市规划学刊，2024（1）：1–8.

[2] 吴志强，张悦，陈天，等．“面向未来：规划学科与规划教育创新”学术笔谈 [J]. 城市规划学刊，2022（5）：1–16.

[3] 孙施文，冷红，刘博敏，等．规划专业能力培养的关键 [J]. 城市规划，2024，48（1）：25–30.

[4] 刘佳燕，陈宇琳，龙瀛．“三位一体”理念下 PPPC 教学方式在城乡社会综合调研 [C]// 教育部高等学校城乡规划专业教学指导分委员会，等．创新・规划・教育——2023 中国高等学校城乡规划教育年会论文集．北京：中国建筑工业出版社，2023.

[5] 栾滨，肖彦，沈娜．过程控制理论下的“城市社会调查研究”课程教学实践 [C]// 教育部高等学校城乡规划专业教学指导分委员会，等．创新・规划・教育——2023 中国高等学校城乡规划教育年会论文集．北京：中国建筑工业出版社，2023.

[6] 高翾，赵宏宇，谭亮．系统思维融合的社会综合调查研究课程改革与实践 [J]. 高教学刊，2019（20）：138–140，143.

Cultivating Scientific Research Ability through Research Design ——Teaching Practices and Reflections of the Couse of Urban and Rural Social Comprehensive Survey Research

Jia Yiru Li Chi Xiang Lanlin

Abstract: Encountering the challenges of industry transformation and the demands of talent cultivation in the new era, the cultivation of scientific research ability is crucial for how urban and rural planning education copes with transformations and challenges, which is also important for supporting the development of new productive forces. Based on the problems arising from the teaching practices of the course "Urban and Rural Social Comprehensive Survey Research", this paper proposes to mobilize research design as a critical phase to cultivate the scientific research thinking among undergraduate students in urban and rural planning. It suggests forming a "3+1" course organizational model, enriching the teaching content on how to conduct research, and enhancing case teaching to improve teaching quality. Through guiding students to experience the scientific research process, this course serves as the starting point for training students' research thinking.

Keywords: Urban and Rural Social Comprehensive Survey Research, Scientific Research Ability, Research Design, Urban and Rural Planning

文旅融合背景下的乡村认识实践课程改革研究*

刘　玮　任天漪

摘　要：立足于当前乡村文化旅游融合发展的背景，大学生乡村认识实践课程应更注重对统筹协调的文旅融合发展型村庄的调查与研究。在课程设计中需提升学生对文旅发展要素的认识和分析的能力，进行实践课程内容和方法的改革和创新。从乡村认识实践课程的空间尺度和认知方式的转变，分析如何优化课程内容，丰富调研方式，探寻合理科学的村庄协同发展策略，使乡村认识实践课程更符合文旅融合型乡村集中连片发展的需求，培育国土空间规划体系下的新型乡村规划人才。

关键词：乡村认识；实践课程；课程改革；文旅融合

1　乡村认识实践课程的目标与内容

1.1　乡村认识实践课程的目标

党的二十大报告明确提出全面推进乡村振兴，坚持农业农村优先发展，坚持城乡融合发展，畅通城乡要素流动，更是对大学生实践与乡村振兴的协同发展提出了新要求[1]。北京也提出坚持和加强党对“三农”工作的全面领导，坚持以新时代首都发展为统领，坚持农业农村优先发展，建设宜居宜业和美乡村，大力度促进农民增收，扎实推进乡村振兴，推动北京率先基本实现农业农村现代化迈出坚实步伐。乡村认识实践课程有助于大学生更好地了解我国目前的乡村建设背景、困境以及重点。

《中共中央 国务院关于做好2023年全面推进乡村振兴重点工作的意见》强调，要扎实推进乡村发展、乡村建设、乡村治理重点工作。但乡村空巢老人、留守儿童数量较多、村民空闲时间活动单调乏味、村庄没有吸引力等问题，大学生乡村认识实践课程走进乡村可以在一定程度上发现乡村的现实问题，并进一步研究问题、解决问题[2]。

乡村发展是社会发展的重要部分，乡村有着丰富的实践教育资源，为大学生认知实践活动提供了广阔的舞台。将乡村的规划实践问题引进高校课堂，既可以实现立德树人教育目标，也可以更好发挥高校产学研一体化发展优势，为乡村振兴提供人才保障。乡村认识实践课程的初衷就是提高学生实践能力和综合素质，运用寓教于学、寓教于用的方式，让大学生在学校中学到的专业知识、能力本领在乡村规划研究中得到充分运用[3]。

1.2　乡村认识实践课程的内容

（1）认知实践讲座

通过设置相关专题乡村调研基础讲座，让大学生熟悉乡村调研的方法手段，了解我国乡村发展的主要问题。同时在讲座中提出疑问和困惑，及时与指导教师进行沟通，以在之后的调研和报告中更好地进行工作。

（2）乡村现场调研

调研过程大概分为乡村整体认识、专题调研和村民访谈。整体认识从总体描述地理环境、性质、规模（人口、用地）、资源、设施、结构、乡村形态、自然环境等方面入手。专题调研从基础设施、文化旅游发展和自

* 基金资助：中国建设教育协会重点项目“国土空间背景下高校乡村规划课程体系的理论逻辑与实践经验研究”（2023010）。

刘　玮：北京建筑大学建筑与城市规划学院讲师（通讯作者）
任天漪：北京建筑大学建筑与城市规划学院硕士研究生

然景观等方面入手。并且与村民和游客进行访谈，主要是着重了解调研重点。

（3）实践课程报告

通过对村庄进行较为深入和系统的调研分析，并在此基础上完整描述乡村的现状，了解村民和游客关心的切身问题，分析乡村目前发展的优势和劣势，为乡村发展提供更好的思路，着重带动乡村经济文化的发展。

2　文旅融合背景下乡村认识实践课程的改革

2.1　目前乡村认识实践课程的现实困境

目前我国乡村产业结构正处在持续优化调整的进程中，在原有农业产值升值空间有限的情况下，更多村庄走上了以第三产业尤其是旅游产业为主的发展道路，因此当前乡村规划应重点考虑乡村旅游规划。鉴于乡村旅游规划对于基础资源统筹的需求，需要规划者从更加宏观的视角思考旅游开发问题。目前我国的规划体系正在经历由分散到整体的转变，国土空间规划体系中对多规合一的强调性也进一步强调了各要素的统筹利用，村庄旅游规划与开发涉及的土地资源、自然旅游资源、人文旅游资源，也需要运用国土空间规划的统筹规划视角进行规划处理。

此外，在过去几十年中城镇化水平持续提高，使得游客的消费水平以及对物质、精神层次的要求不断变化，乡村旅游逐步由原先单纯的观光游、乡村各自发展转变为以观光、休闲、度假、娱乐为一体的多个村庄集中连片的复合型旅游模式，乡村旅游产业的快速发展也随之推动了乡村文化同旅游产业之间的融合[4]。

针对以上乡村面貌的转变，乡村规划的转型仍然存在滞后性，原有服务于传统乡村规划的乡村认识实践课程也存在如下的现实问题：

其一，原有乡村认识实践课程对于新兴的乡村旅游规划缺乏科学认识。以过去的传统农业为主的乡村作为研究范例，导致学生对于乡村规划中的旅游专项规划认识不足，对国土空间知识的运用存在较大问题，无法有效运用国土空间体系制定合理的文旅资源统筹的乡村的旅游发展策略，难以培养具备空间整合能力及文旅融合发展视野的乡村规划人才。

其二，目前的乡村认识实践课程内容模式化程度较高。传统乡村实践课程的目的性、组织性不强，前期调研深度不够，未能契合乡村实际需要且专业化程度不高，未能体现出不同乡村建设发展阶段的认知实践重点，因此也不能准确掌握当代乡村认识实践课程的特点。这会导致大学生的积极性、主动性不够，流于形式，内容空虚，也难以达到学生通过实践成长与服务乡村发展的目的。

2.2　乡村认识实践课程改革的方向

基于当前乡村的发展诉求和国土空间规划背景，乡村规划师需要具备新的职业素养和专业技术。作为直接服务于乡村规划实际工作，为未来乡村工作培养规划人才的高校乡村认识实践课程也迫切需要对于课程体系和人才培养计划进行调整。结合实际发展，该课程主要有如下几个改革调整诉求：

一方面，乡村认识实践课程的改革应符合新时代乡村建设发展要求。在全面推进乡村振兴，旅游业持续发展的时代背景下，为了更好地促进乡村旅游发展，实现乡村收益扩大化，在乡村旅游打造中需要融入乡村文化内涵，以此带给游客更加独特的风土人情体验。在文旅融合的发展要求下，需要高校对乡村认识实践课程进行调整和补充，增加更多有关文旅发展相关的知识，更有效地为之后乡村规划培育具备专业知识的人才。

另一方面，乡村认识实践课程的改革应立足优化学生们的培养路径。通过课程体系的改革，让学生们能更好地吸收课程知识是该改革的一大重点难点，除了通过课程内容的调整以外还需要对课程体系的教学思路的教学主题进行调整，为学生们树立新的乡村规划发展价值观。同时辅之以适配的教学手段，以此开展的乡村认知实践教学才能使大学生能够掌握当前乡村认识实践的重点，为以后的规划工作和研究做好准备。

在文旅融合背景下，乡村文化旅游品牌塑造须高度契合地方资源特色，展开精准的品牌定位，为乡村文化旅游产业发展提供持续推动力[5]，以此有效促进乡村第三产业的综合发展。文旅融合背景下乡村认识实践课程在一定程度上是对目前乡村的发展现状和困境进行认知和研究，并且能够帮助村民解决一些现实问题，对村庄的经济和文化等方面进行着重分析。由此得出，为了更好地推动乡村规划建设，需要强调文旅融合发展的重要地位，因此在教学中，树立以乡村文旅发展为导向的课程改革主题，以此作为乡村认识课程的改革方向引导村庄规划教育的升级更新。

2.3 文旅融合背景下乡村认识实践课程的特点

（1）认识尺度的转变

近年来“旅游＋文化”在乡村振兴的建设中形成产业发展的热潮。乡村文化是自然资源与人文资源的融合表现，具有分布广、底蕴深厚的特点。乡村文化主要包括民俗文化、节日文化、生活习惯、饮食文化等多方面，与当地人们的信仰、礼仪、教育及人们的生产生活息息相关[6]，并且其资源种类繁多，极具地方特色，乡村的历史遗迹、传统建筑、文化节庆、历史资源、宗教信仰、民间传说、村落象征物等都是主要的文化载体。因此，文旅融合背景下乡村认识实践课程的认知尺度上具有以下两个特点。

第一，认识尺度具有延展性。在乡村文化旅游发展的背景下，特色发展村庄在一定程度上会延展带动周边村庄的发展，文化渗透尤为明显，所以在认知过程中，注重村庄文化的延展性，对特色村庄的周边村庄也需进行有目的的调研，在深入挖掘和实践中了解乡村发展的特点。

第二，认识尺度具有连片性。在文化旅游一体化的过程中，不断地形成村庄综合性发展集群，乡村不再单独和各自发展，在此过程中更加注重集中和连片发展，乡村之间也注重合作共赢，在进行乡村认识实践的过程中应因地制宜，进行调研尺度的调整和优化，从而了解村庄的发展模式。

（2）开展实践方式多样化

由于乡村认知尺度的变化，对于实践方式也需要进行一定的调整和补充，使实践大学生更加综合更加全面地进行认知。在进行村庄调研的过程中，集体协作的调研形式是能实现事半功倍的，其中包括各个小组分村进行现场调研、走访、访谈等，不仅让大学生对规划基地现场有了更深刻的了解，还能实现与村民充分沟通交流，进行信息互换和补充。

从文旅融合发展潜力的角度进行比较，将文化旅游对乡村社会经济发展的作用进行评析，发现各个村的发展差异，提出各村差异化发展和协作发展的策略，以合理的分析结论促进整体片区的乡村旅游发展。

乡村的文化旅游发展是促使几个方面综合全面发展的，也是由几个方面相辅相成的，包括社会、经济、文化、环境等。乡村浓郁丰富的自然景观与社会历史、人文景观构成了乡村文化旅游的发展基础，因此在实践过程中，不仅要注重对乡村的文化和经济的认知，还需从社会、经济、文化和环境多角度多方位进行。

3 文旅融合背景下乡村认识实践课程改革的主要举措

3.1 优化课程内容，做好基础

乡村认识实践课程应发挥好主导作用，与时代背景相结合，针对乡村文化旅游做出课程内容调整，如在课程前期让同学们充分了解当前的政策背景、采用融合文化旅游时代背景的授课内容、培养大学生对当前乡村建设发展热度的认知，达到乡村认识实践课程应有的教育教学效果。

文旅融合背景下乡村认识实践课程应设置乡村文化旅游专题讲座，勉励青年学生关注乡村，助力乡村振兴。在调研前做好基础，针对乡村基地和周边环境等进行阐述，同时讲解村庄特色挖掘与利用的相关理论和技术方法，探讨当前村庄规划要点，引导学生关注普通乡村的特色挖掘，结合共同缔造行动案例，分享乡村规划研究前沿与实践经验，并对学生的疑问进行解答。

3.2 丰富调研方式，合理分析

（1）半结构式访谈

实践课程中采用村民半结构式访谈的调研方式，半结构式访谈是按照一个粗线条式的访谈提纲而进行的非正式访谈形式，通过对游客和村民的半结构式访谈，可以得到村民和游客最迫切需要解决的问题和最关心的内容，有助于访谈者进一步帮助了解村庄，提出相对性的解决方案和设计重点。因此在文旅融合背景下乡村认识实践课程中，应引导学生进行访谈前的主题准备，对访谈内容进行重点标注，编码分类，以便清晰表达访谈者和受访者之间的交流，可以帮助发现回答者回答问题时的重点，从而帮助访谈者更有效地采集数据和信息。

在对妙峰山镇妙峰山沟域古村落连片区乡村文旅融合发展的调研中，首先拟定粗线条式的访谈提纲，跟村民及游客以聊天的方式进行非正式的访谈，其次通过录音进行现场记录，在后期转化成文字，并用数据编码的方式整理每一份访谈。在对游客进行访谈的过程中，主要对游客特征、出游需求、互联网宣传等进行着重访谈，将想了解的主题内容进行编码，经过对访谈记录的分析和着重标注，得出核心编码，方便对访谈内容进行分类和梳理（表1）。

（2）层次分析法

层次分析法是将影响决策的目标、影响因素和备选方案做定性分析和定量分析，从而做出最优决策的层次权重研究方法[7]。在此过程中确定所选择项目所受影响因素的重要程度，以便于针对权重较大的因素寻找解决方法（图1）。在乡村实践课程的村庄现状调查研究中运用层次分析法，可以在发现乡村问题的同时得出造成问题的主要因素，并提出对应的解决措施。这对分析乡村目前文化旅游的发展状况和研究如何解决发展问题方面有重要的作用。

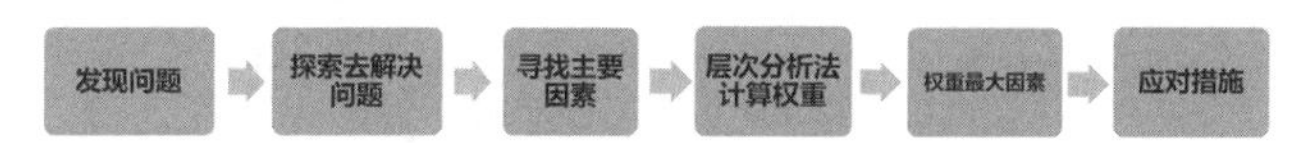

图1　层次分析法进行研究的思路过程示意图

资料来源：作者自绘

在对北京市门头沟区妙峰山镇妙峰山沟域古村落连片区进行乡村文旅融合发展的影响因子定量分析中，采用层次分析法首先确定乡村文旅融合发展的影响因子，构建妙峰山镇古村落连片区乡村文旅融合影响因子评价指标体系。在此基础上发放调查问卷，采用九分标注法作为标度来体现两个评价指标的重要性之比，对二级指标进行两两分析比较。此后剔除不通过一致性检验的矩阵，经过平均处理，得出最终的权重赋值。再借助SPSS软件，对判别矩阵再次进行一致性检验后，将二级指标权重与三级指标权重相乘，最终确定乡村文旅融合发展的影响因子评价指标体系中各级指标的综合权重值，得到完整的乡村文旅融合发展评价体系（表2）。

在新的乡村认识实践课程改革中，应培养学生采用逻辑分析、理性分析、数学分析等方法、在调研过程中合理运用半结构访谈、层次分析法等手段对于调研结果给出完整严密的数据分析，有助于培养学生的问题洞察能力和分析能力，帮助学生进行后续的乡村规划设计。

游客半结构式访谈记录表　　**表1**

游客访谈		
开放式编码	采访记录	核心式编码
家庭出游需求	问：请问您去您家乡或者其他地方的乡村旅过游吗? 答：嗯，去过湖南，湖南有一个村，我老家，旁边也有村联动的，就去那玩过。 问：您一般去那儿是跟谁去啊？ 答：跟家人	游客特征
乡村旅游宣传力度不足 网络宣传渠道	问：那您觉得那个村子如果以后想继续完善发展这个文化旅游，有什么建议意见，比如说会建议他把景点再制作的服务好一点，或者说再增加一些什么节庆活动之类的? 答：它宣传力度不太大，如果想让一些远一点的地方人知道的话，还是得多网络宣传一下，现在网络这么发达，民宿也有，但是都比较低端，可能再发展一些高端一点的民宿，人可能去的就多一点了	互联网宣传
线上购物需求 智能设施使用者限制 智能旅游服务管理设备	问：那您觉得现在这个互联网技术，除了这个宣传，别的方面您觉得还能有什么帮助吗? 答：互联网技术，我觉得可能商家跟联络顾客可能会使用多一点，因为那边大部分节日里面的参与者就是当地的都是一些老人，他们可能对于这个网络设施用起来可能不太方便，然后对于一些什么像公共设施啊，然后政府做的这些什么停车呀，可能智能收个费，或者是线上卖一些文创给这些年轻人用一些	互联网运营 互联网管理

资料来源：作者自绘

妙峰山沟域古村落连片区文旅融合发展评价体系表　　表2

目标层	准则层	权重	指标层	权重	归一化权重
妙峰山镇古村落连片区乡村文旅融合发展的影响因子	生态因子（B_1）	0.3039	自然禀赋	0.7708	0.2343
			景观建设	0.2292	0.0697
	社会因子（B_2）	0.3429	政策扶持	0.4734	0.1623
			乡村环境风貌	0.2985	0.1023
			设施配置	0.1223	0.0419
			人才机制	0.1059	0.0363
	文化因子（B_3）	0.1724	物质文化遗产	0.5000	0.0862
			非物质文化遗产	0.5000	0.0862
	经济因子（B_4）	0.0788	人均年收入	0.2866	0.0226
			产业结构	0.4226	0.0333
			企业数量	0.2908	0.0229
	技术因子（B_5）	0.1020	互联网 + 管理	0.1344	0.0137
			互联网 + 宣传	0.5672	0.0578
			互联网 + 运营	0.2984	0.0304

资料来源：作者自绘

3.3　规范文献撰写，鼓励专题研究

一方面，要求学生撰写文献综述。在乡村认识实践课程成果中增加文献综述的内容，为大学高年级研究乡村文旅融合发展、乡村振兴、乡村产业发展等一系列研究课题作铺垫，培养学生的基本研究素养，提升学生研究问题的全面性和普遍性，以学术科学视角对待乡村问题。

另一方面，设置专题研究。以文旅融合背景下的乡村认识实践课程成果需具有专题研究部分，其中包括基础设施配置现状、基层组织情况、文旅产业发展指数、自然环境子系统、建成环境子系统和景观子系统，其中文旅产业发展指数研究是具有完善和专业性的，内容为相关的村庄非物质文化遗产、村庄物质文化遗产、传统风貌街区与建筑、距离景区的交通区位、空间区位、旅游项目、民宿数量和标间价格情况。对于乡村问题分专题研究，有助于培养学生拆分问题的能力，也能够培养学生系统性分析乡村问题的能力，针对之后学生们走向社会、走进乡村所需具备的工作能力做出前瞻性的培养。

4　结语

在新时代乡村振兴的背景下，大学生乡村认识实践课程需要紧跟发展趋势，不断创新和转变以适应当前国土空间规划治理体系的新需求。在熟悉当前乡村的主要发展导向之后，采取新的乡村发展指导思想，制定新的人才培养计划，探索如何培育新型人才，更好地解决乡村所面临实际问题，助力乡村振兴发展。本文的研究紧紧围绕着文化旅游发展下乡村认识实践课程需关注与优化的内容而进行探索，提出了当前乡村认识实践课程的现实困境，以及课程进行转向之后的特点以及主要举措，具有一定的现实指导意义。该研究打破了之前的乡村认识实践课程模式，重新塑造大学生以多尺度、多形式、多角度的方向认知乡村，应用调研方法和研究方法对乡村进行调查和实践，整合村落传统自然风貌、历史文化和发展现状，延续弘扬乡村传统地域文化内涵。这些举措为乡村建设发展提供人才支撑，也为大学生乡村认知实践课程提供一定的参考和借鉴。

参考文献

［1］中共中央关于认真学习宣传贯彻党的二十大精神的决定[N]. 人民日报，2022-10-31（1）.

［2］中共中央国务院关于做好二〇二三年全面推进乡村振兴重点工作的意见[N]. 人民日报，2023-02-14（1）.

［3］隋哲. 新时代高校大学生乡村社会实践路径探析[A]. 农场经济管理，2023（2）：60-63.

［4］倾永平. 乡村文化的发展特点与振兴路径探索[A]. 民俗文化，2022（24）：137-140.

［5］刘少敏. 乡村旅游导向下乡村文化景观规划设计研究——以山东省尹家峪村规划为例[D]. 南昌：江西农业大学，2019.

［6］张雷. 乡村振兴视域下乡村旅游与文化产业协同发展的分析[A]. 经济管理，2022（12）：95-97.

［7］张丹. 基于层次分析法的"云旅游"体验满意度评价指标体系构建[A]. 南宁职业技术学院学报，2023，31（1）：102-108.

Research on the Reform of Rural Cognitive Practice Curriculum under the Background of Cultural and Tourism Integration

Liu Wei　Ren Tianyi

Abstract: Based on the background of the integrated development of rural culture and tourism, college students should pay more attention to the investigation and research of the integrated development of culture and tourism villages. In the course design, it is necessary to enhance students' ability to understand and analyze the elements of cultural tourism development, and reform and innovate the content and methods of practical courses. From the change of spatial scale and cognitive mode of rural understanding practice course, this paper analyzes how to optimize course content, enrich research methods, explore reasonable and scientific village collaborative development strategy, so as to make rural understanding practice course more in line with the needs of cultural and tourism integrated rural centralized and continuous development, and cultivate new rural planning talents under the territorial spatial planning system.

Keywords: Rural Understanding, Practical Courses, Curriculum Reform, Integration of Culture and Tourism

2024 Annual Conference on Education of Urban and Rural Planning in China

2024中国高等学校城乡规划教育年会
2024 Annual Conference on Education of Urban and Rural Planning in China

联动专业学科·焕新规划教育

城市更新

2024 Annual Conference on Education of Urban and Rural Planning in China

基于“互联网 +”方法的存量规划课程教育模式探索

侯 鑫 王 艳 陈 天

摘　要：随着我国城乡建设由“增量扩张”进入“存量优化”的转型发展阶段，对城市设计教育发展提出了新挑战。天津大学“城市存量保护与更新”规划设计课程，是城市设计教学团队积极应对中国城市发展进入存量规划时代的社会趋势，所进行的教学改革，通过历时九年教学的不断完善，构建了以：“融”（课程融入时代需求）、“汇”（汇聚行业前端及交叉学科资源）、“贯”（互联网教学贯穿设计全周期）、“通”（强化美育通识教育）为特色的融合互联网技术的城市设计教育模式，在教学方法和教学效率等方面取得了系列成果。

关键词：存量更新；城市设计；互联网 +；教学改革

1 引言

自 2015 年中央城市工作会议提出“加强城市设计，提倡城市修补，加强控制性详细规划的公开性和强制性”，到 2023 年《住房和城乡建设部关于扎实有序推进城市更新工作的通知》中强调“将城市设计作为城市更新的重要手段，完善城市设计管理制度”。在此期间，从中央到地方，城市更新政策不断密集发布，超过 200 个城市更新条例、指导意见、管理办法、专项规划和操作细则出台，十九届五中全会和党的二十大报告更是将城市更新上升为国家城市工作战略。这一系列政策导向反映了城镇化建设进入“下半程”的转型阶段，城市设计与城市更新已成为互为支撑的伴随融合关系，城乡规划建设的存量转型需要进一步凸显和发挥城市设计的地位与作用。

2 存量规划——城市设计教学的转向

随着我国城镇化建设进入换挡提质的“下半场”，存量更新背景下的新型城镇化、旧城更新、历史街区活力再生、既有社区更新等城市建设活动，急需具有高度社会责任感、专业素质和专业能力的专门人才。建筑类高等学校培养的城市规划人才是未来规划和建设行业领域从事城市建设工作重要的就业主体，而在本科规划设计人才培养过程中，城市设计课程作为核心且重要的教学环节之一，如何应对行业新形势下人才培养是城市设计教学面临的新挑战[1]。国内学者曾针对存量更新背景下的城市设计教学从理论层面做过有意义的分析研究，如针对城市设计教育体系、知识结构和教学方案等的研究[2-4]；基于对国际城市设计专业教育的分析，提出了完善我国城市设计教育体系的建议[5-7]；或围绕所在院校开展的城市设计教学改革探索提出适合新时期的城市设计教学方法[8-10]。

笔者在前期城市设计人才的社会需求研究中，通过采集前程无忧网、BOSS 直聘网、猎聘网等网站上与城市设计相关的招聘信息，经数据清洗后共收集到 1665 条招聘数据。由表 1 可以看到，城市设计类岗位的人才需求呈现多元与精细化的态势，除了占据主体的规划设计师、建筑设计师、城市设计师等传统设计类岗位，新时期下亦出现了国土空间规划师、城市更新规划师、文旅策划师等方向的职业类别。通过计算招聘数据样本中实践项目名称在总样本数据中出现的频率（图 1），可以看到在实践项目方面，除了法定规划体系下的总体规划、详细规划、专项规划，城市更新、乡村振兴、旧城改造等更新类项目也在城市建设中占据了重要地位。

侯　鑫：天津大学建筑学院副教授（通讯作者）
王　艳：天津大学建筑学院在读博士生
陈　天：天津大学建筑学院教授

城市设计行业人才需求类型　　表1

岗位类别	需求比例	岗位类别	需求比例
规划设计师	57.2%	国土空间规划师	1.7%
建筑设计师	10.2%	城市更新设计师	1.6%
城市设计师	9.2%	文旅策划师	1.4%
景观设计师	4.1%	产业规划师	1.4%
海绵城市设计师	3.8%	研究员	1.4%
策划管理岗	2.1%	咨询顾问	1.0%
市场开发经理	1.7%	其他	3.2%

资料来源：作者自绘

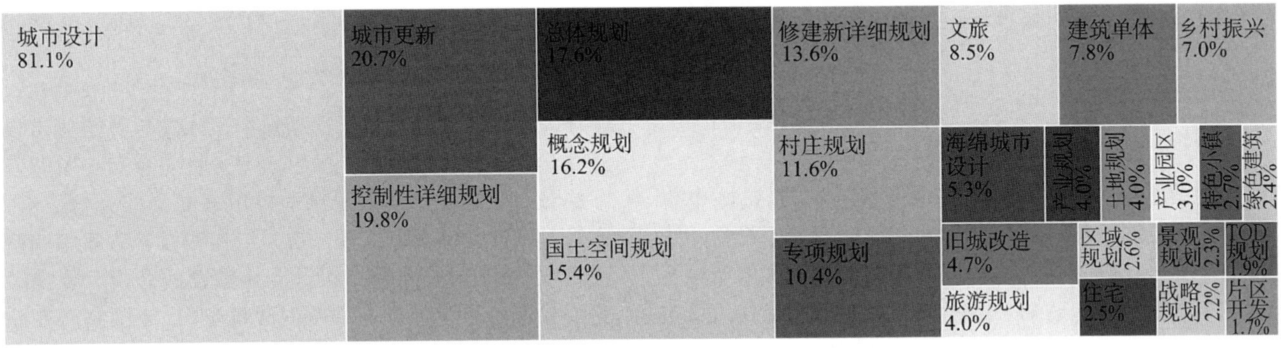

图 1　实践项目类型构成

注：因为一条招聘数据里会有几种项目类型，故存在各占比之和超过 100% 的情况。

资料来源：作者自绘

因此，在国家战略和行业转型的双重导向下，城市设计培养方案应注重对标国家和地方重大发展需求，加强对于存量更新背景下设计选题、内容和教学方法等多维度的深入研究，培养满足国家和地方建设需要的高层次城市设计人才。

3　天津大学存量规划课程版块概况

3.1　教学目标

城市存量保护与更新课程，是天津大学城乡规划专业教学团队为应对中国城市建设进入存量规划时代的社会趋势，所进行的城市设计教学改革，每年的设计成果面向公众举办展览，至今已举办过九届。该设计选取天津存量建筑集中的实际用地，训练学生新旧建筑和谐共存的设计方法，用模型展示设计成果，面向社会公开展览，大众和专家一起打分，规划教育界反响热烈。

2018 年 4 月 9 日，全球首个新工科教育教学研究、培训、交流基地在天津成立，其发布的《一流本科教育 2030 行动计划》中提出：“结合社会发展的新需求、学科交叉融合的新趋势、科学研究的新成果，打造传统学科专业升级版。转变‘学科导向’的单一专业设置模式，拓展传统专业的内涵和建设重点”。该课程紧密关注学科交叉融合以及网络信息技术等的应用，跟进新技术、新思维在社会产业发展中不断涌现，对本科教学提出新的要求，课程教学中强调以下目标：

①强调综合能力和设计过程。鼓励学生结合实际，发现问题、分析问题并解决问题，使学生初步掌握从项目策划、住区规划、公共功能区规划到建筑单体的设计方案的完整过程。②训练存量和增量规划相结合的能

力。要求学生既能从现状存量出发考虑问题，把握合理的功能关系，正确计算经济技术指标；同时能分别从保护、修复、修缮、改造、更新等多重角度深化方案，使整体与局部保持一致。③融合居住社区和各类城市公共建筑设计的基本知识。培养学生综合运用所学相关知识：如城市规划原理、住宅原理、建筑日照、环境承载力、产权制度以及社会学、经济学、管理学、环境行为学等学科知识的能力，在实际操作中做到融会贯通。

3.2 教学内容

城市存量保护与更新全称为："包括社区功能的城市存量保护与更新"，是规划专业三年级第一学期的第二个设计，为期8周（表2），是位于居住区设计与中等尺度城市设计教学中的过渡环节。此环节中要求学生以2人小组为团队，"进一步掌握居住社区和各类城市公共建筑设计的基本知识，了解并熟悉商业、办公、文化、休闲等公共建筑规划设计原理与方法。培养学生综合运用所学相关知识（如城市规划原理、住宅原理、建筑日照，以及社会学、环境行为学等学科知识）的能力，在实际操作中做到融会贯通。"同时，该设计课程"强调训练存量和增量规划相结合的能力。要求学生既能从现状存量出发考虑问题，把握合理的功能关系；同时能分别从保护、修复、修缮、改造、更新等多重角度深化方案，使整体与局部保持一致"。规划选址要求学生从较大的给定研究范围中自行选择15~20公顷进行设计，成果包括一张零号图和一个展示模型（比例1：750~1：1000）。

3.3 教学方法

（1）强调规划从增量规划向存量规划的转型

本教学单元设立的目的之一，就是对从增量规划向存量规划趋势的积极响应。设计基地选址都为天津市实

存量规划设计课程教学安排　　表2

周次	教学内容	教学要求	备注
1-1	分组与集中讲题讲座：城市设计编制方法与成果要求	明确教学要求；熟悉规划任务设计竞赛题目解析，历年优秀作业点评，设计竞赛方法解析	
1-2	讲座：城市设计概述调研	熟悉城市设计各控制要素调研	
2-1	调研与分组讨论	专项研究及资料整理；案例研究，方案构思	针对调研情况
2-2	调研与分组讨论	基本掌握用地、建筑、环境、交通等现状存量要素	针对调研情况
3-1	调研汇报	熟悉城市设计调研内容，掌握分析的基本方法，明确重点解决问题	集中汇报，分2组进行
3-2	方案探讨	基本确定城市设计总体框架，包括空间结构、道路交通系统、绿地系统等	班级讨论
4-1	方案讨论	分析确定城市设计控制要素	组内讨论
4-2	方案快题设计	针对基地进行城市设计方案快速设计	3天
5-1	方案探讨	深化设计方案制作概念模型	组内讨论
5-2	方案探讨	其他专项规划	
6-1	方案汇报	制作方案中期汇报成果PPT	集中汇报，分2组进行
6-2	深入修改与优化完善	完整设计概念推进，机器图制作深化；模型制作同步；课堂讨论	组内讨论
7-1	深入修改与优化完善	完整设计概念推进，机器图制作深化；模型制作同步；课堂讨论	组内讨论
7-2	深入修改与优化完善	完整设计概念推进，机器图制作深化；模型制作同步；课堂讨论	组内讨论
8-1	成果制作	制作最终图纸与相关文字	
8-2	成果制作与汇报	制作最终图纸与相关文字；制作PPT	集中汇报，分2组进行

资料来源：作者自绘

际建设中的难点、焦点，具有相当面积的存量建筑。教学中引导学生从各个角度探索规划发展与存量建筑的关系，权衡建设后的利弊得失。而且，因为这些地方争议颇大，往往在规划作业完成后的很长一段时间，还占据地方发展的视觉焦点，或持续引发社会争议，这些都会引导学生在今后的学习中继续深入地思考存量规划问题。

（2）强调从外部空间形态角度入手的城市设计思维

本教学单元位于居住区规划和城市设计之间的过渡环节，为引导学生将外部空间形态思维方式引入城市设计教学，在成果内容中，特意强化了模型在设计分析和成果表达中的作用。在草图设计阶段，就要求学生进行多轮工作模型的汇报，最终的作业成果适当减少了图纸成果的要求，将模型成果的深度和分量提高，占据作业的主要内容。通过上述要求，引导同学从外部空间角度研究城市问题，形成城市设计思维。

（3）强调多学科视野的研究分析角度

必须承认，当前的社会发展阶段下，空间设计手段对城市问题的解决有一定局限，有些问题采用经济、制度、管理等手段更为有效，这就要求规划师触类旁通、灵活考虑多重手段。教学环节中邀请社会各个领域的专家学者和普通市民作为评委，从其各自的专业视角对学生们进行评价。展出过程中，对学生们的触动相当大，很多学生反映以往没有关注的角度却成为评委评价的主要出发点。震动之余，学生们开始转换视角和角色，从多角度认识城市问题。这种直接的触动，效果远远好于教师在课堂上的宣讲。

（4）强调学生综合能力的培养

当前规划师的社会角色，从早期单纯的图纸绘制者逐步转向问题的发现者、社会矛盾的协调者、社区的常驻服务者、多学科知识和综合解决方案的提供者等。规划师角色的转换，要求学生兼具多种能力，以往那种较纯粹的工程师角色很难满足今后的社区规划师要求。相应的，学生也要提高社会调研能力、组织协调能力、主持汇报能力、引导宣传能力等等。在此教学单元中就充分考虑到上述培养内容：前期放手让学生深入社区调研，完成内容详实的调研报告；后期让学生自己完成海报设计、会场布置、广告推送、方案展示、公众评价收集等等方面的工作，通过这一教学环节的设置，提高了学生综合能力，且使学生的主观能动性极大地发挥起来，形成双赢的教学成果（图2）。

4 "融会贯通"——基于"互联网 +"方法的存量规划课程教育模式探索

天津大学规划教学团队在教学过程中，从应对疫情的影响出发，从开始的被动应用到逐渐主动探索互联网技术对设计类教学的推动作用，摸索构建了以"融、汇、贯、通"为特色的存量规划课程教育模式，教学成果显著，特将此教学经验总结如下（图3）。

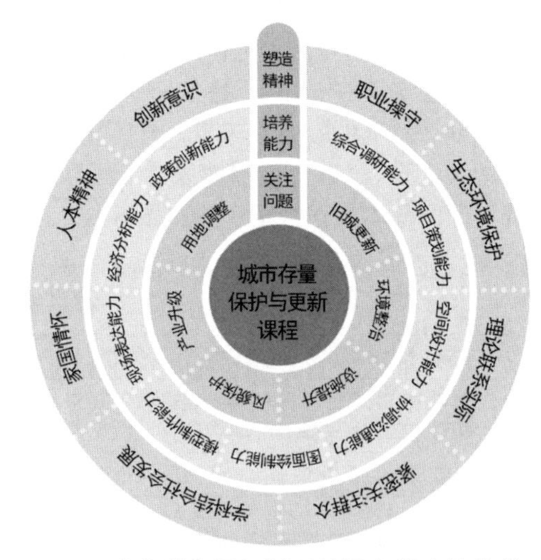

图2 天津大学存量规划设计课程能力培养体系

资料来源：作者自绘

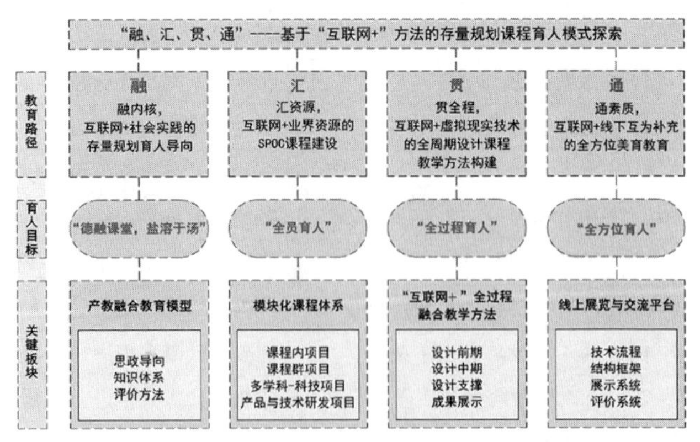

图3 基于"互联网 +"方法的存量规划课程教育模式框架图

资料来源：作者自绘

4.1 融内核——“互联网＋社会实践”的存量规划育人导向

融盐于汤，设计选题结合社会实践，利用互联网技术及平台，面向公众展览、公开点评，设计导向社会发展和人民需求。天津大学“城市存量保护与更新”规划设计课程，选取当年天津存量建筑集中的重点地块，训练存量和增量规划相结合的能力，至今已持续九年（表3）。要求学生既能从现状存量出发考虑问题，把握合理的功能关系；同时能分别从保护、修复、改造、更新等多重角度深化方案，使整体与局部保持一致。用模型展示设计成果，面向社会公开展览，创新性采用大众和专家一起打分进行成绩评定，引导学生关注社会发展、相关政策以及民生需求，在规划教育界反响热烈：先后6次被行业权威平台“中国城市规划”公众号推介。2021年4月，天津大学建筑学院、天津市城市规划学会及天津市城市规划设计研究总院有限公司联合河北工业大学建筑与艺术设计学院、天津城建大学建筑学院举办“面向存量规划时代”——城市设计教育论坛暨第六届存量规划作业展，全国三百余专家参会，影响深远。2023年5月，第八届存量规划展览在天津市重点项目“第一机床总厂”启动会现场举办，天津市副市长范少军、天津大学党委书记杨贤金等领导亲临参观，反响热烈（图4）。

图4　天津市副市长范少军、天津大学党委书记杨贤金等领导亲临参观第八届存量规划展

资料来源：天津泰达集团提供

“天津大学存量规划展”历年展览情况　　表3

届次	展览时间	展览地点	选址区域	选址面积	选址特点
第一届	2016.1.9–2016.1.17	天津规划展览馆	天津“食品街”街区	规划面积：3.2 公顷	临近传统商业街区的居住区改造
第二届	2017.1.5–2017.1.10	天津大学建筑学院	天津“音乐街”周边地块	研究面积：90 公顷 规划面积：20~30 公顷	融合工业遗存与特色商业街区周边的居住区改造
第三届	2018.1.6–2018.2.10	天津大学郑东图书馆	天津体育学院旧址	研究面积：56 公顷 规划面积：20~30 公顷	城市中心区高校旧址的改造利用
第四届	2019.1.12–2019.1.16	天津规划院	天津原日租界片区	研究面积：92 公顷 规划面积：20~30 公顷	历史街区的文化遗存保留与利用
第五届	2019.12.28–2020.1.4	天津规划展览馆	天津工业大学旧址	研究面积：100 公顷 规划面积：10~15 公顷	城市非中心区高校旧址的改造利用
第六届	2021.3–2021.4.24	天津大学图书馆、天津规划院	天津中山公园片区	研究面积：150 公顷 规划面积：10~15 公顷	城市公园及历史街区的保留与利用
第七届	2022.1.2–	天津大学图书馆、劝业场	天津滨江道周边	研究面积：230 公顷 规划面积：10~20 公顷	传统核心商业街及其后街改造升级
第八届	2023.4.1–2023.4.30	天津规划展览馆	天津第一机床厂	研究面积：105 公顷 规划面积：10~20 公顷	城市工业遗存的保留改造与更新设计
第九届	2024.1.6–	天津津投广场	天津高教科创园	研究面积：714 公顷 规划面积：10~20 公顷	城市存量保护与更新

资料来源：作者自绘

4.2 汇资源——“互联网+业界资源”的SPOC课程建设

汇川入海，依托天津大学建筑学院“基于产教融合的建筑行业国际化设计人才实践平台”，整合建筑学、城乡规划学、风景园林学、环境设计学四个专业的知识体系，以及天津大学新工科跨学科交叉融合的优势资源，形成对存量规划知识体系的全向支撑。利用互联网的沟通便捷优势，结合SPOC（小规模限制性在线课程）短小精悍的交流方式，广泛联络海内外专家学者，针对课程知识点，灵活采用40分钟至1小时的“微论坛”随堂讲座，举办“存量规划与城市设计系列论坛”（表4、图5）。自2021年以来，已有27位海内外专家进行网络指导，收到了良好的教学效果。联合国内规划顶尖高校举办“六校联合毕业设计”的综合评图，多次举行百名学生以上规模的集体评图，通过互联网的高效沟通，实现“全员育人”的课程建设目标。

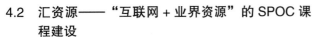

存量规划与城市设计系列论坛 **表4**

存量规划与城市设计系列论坛				
	专家	工作单位	讲座主题	时间
1	刘莹	天津华汇城市规划设计有限公司	《天津北营门片区城市设计》	2021.9.18
2	朱阳	天津大学建筑设计规划研究总院有限公司	《大运河天津段保护规划》	2021.9.23
3	冯天甲	天津市城市规划设计研究总院有限公司	《天津新型居住区规划导则》	2021.10.21
4	董雅楠	天津大学建筑设计规划研究总院有限公司	《居住区日照分析原理及应用》	2021.10.25
5	张威	新加坡国立大学设计与环境学院	《新加坡社区规划》	2021.11.1
6	沈琪	天津市城市规划设计研究总院有限公司	《天津滨江道后街规划》	2021.11.29
7	傅磊	天津记忆文化遗传播有限公司（中国古迹遗址保护协会会员单位）	《滨江道的历史》	2021.12.16
8	胡一可	天津大学建筑学院风景园林系副系主任	《城市公园设计》	2022.3.7
9	季良甫	天津云层科技有限公司副总经理	《元宇宙应用探索》	2022.4.21
10	褚剑飞	扎哈哈迪德计算机研究实验室（ZHACODE）核心研究员	《扎哈事务所与元宇宙》	2022.4.29
11	张树玉	上海风语筑文化科技股份有限公司副总经理	《场景应用的探索和实践——元宇宙时代》	2022.5.9
12	曾穗平	天津城建大学建筑学院副教授	《知行耦合——面向大数据技术的城乡社会综合调研探索与实践》	2022.6.5
13	朱雪梅	天津市城市规划设计研究总院有限公司总规划师	《更好的城市　更好的社区》	2022.9.8
14	冯天甲	天津市城市规划设计研究总院公司规划八院（城市设计所）总规划师	《天津新型社区的改革创新》	2022.9.15
15	吴娟	天津市城市规划设计研究总院公司大师工作室高级规划师	《天津住宅类型研究》	2022.9.22
16	徐曼	南开大学副教授	《用数字感知城市脉动——城市数字画像》	2022.10.24
17	李哲	天津大学建筑设计规划研究总院有限公司保护规划所副所长	《城市更新单元历史资源调查研究——以一机床项目为例》	2022.10.31
18	沈琪	天津市城市规划设计研究总院有限公司规划师	《城市更新规划实施的参与与思考——劝业场地区城市更新设计》	2022.11.3
19	祝捷	天津大学建筑设计规划研究总院有限公司执行总建筑师	《当我们进入城市更新时代》	2022.11.7
20	路阳	天津泰达城市更新公司招商运营总监	《用城市更新唤醒工业记忆——运营篇》	2022.11.10

续表

存量规划与城市设计系列论坛				
	专家	工作单位	讲座主题	时间
21	陈天	天津大学建筑学院英才教授	《设计为“主”，“形”而上学——如何做设计草图》	2023.9.18
22	盛健	天津仁爱集团执行副总裁	《开发商到底在想什么》	2023.9.21
23	蹇庆鸣	天津大学建筑学院副教授	《守本固核 融拓创新——居住区规划设计课程教学思考与探索》	2023.9.28
24	李津莉	天津城市规划设计研究院副院长	《科创空间生成与生态建构》	2023.11.6
25	高文利	《城市更新网 URN》主理人	《认知城市更新的三重视角》	2023.11.13
26	冯天甲	天津市城市规划设计研究总院有限公司规划八院副院长	《科创与城市互相赋能——天开园核心区与水西公园地区联动发展》	2023.11.16
27	陈旭	天津规划总院建筑一院副院长	《交通旅馆的华为故事》	2023.11.20

资料来源：作者自绘

图 5　存量规划与城市设计系列论坛部分海报

资料来源：作者自绘

4.3　贯全程——“互联网＋虚拟现实技术”的全周期设计课程网络教学方法构建

贯穿始终，教学团队依托基于虚拟现实技术的 720 云平台，综合利用全景摄影、云计算等计算机技术，融合文本、图像、视频、全景影像、网络大数据等多媒体材料，探索“互联网＋教育”教学方法与模式，研究新兴技术促进工程教育实验教学和实践教学的方法与路径（图 6）。搭建前期调研数据汇聚、中期方案比选、终期成果展示及线上展厅的全流程技术和结构框架，并整合线上评价与调查，使其具备教学成果的展示和交流评价平台的作用，实现教学“全过程育人”目标。

在设计前期，将基地踏勘和网络数据获取“云调研”

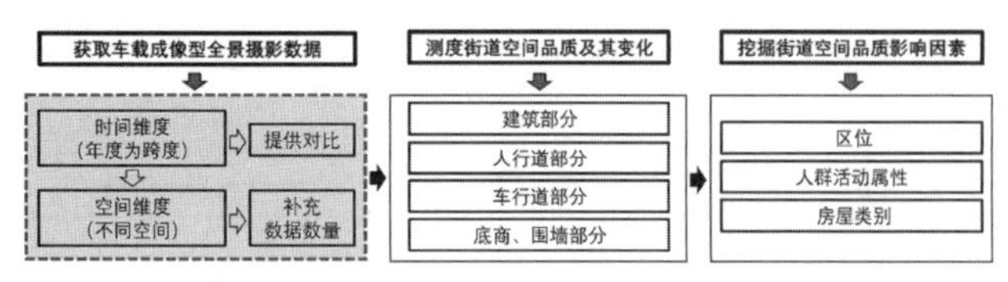

图 6　街道全景摄影数据应用于街道空间品质研究的技术框架 [11]

资料来源：作者自绘

融合，获得全方位多角度的调查数据；在设计过程中，强调多专业视角的认识问题、量化评价分析的数据支撑，强调城市设计的科学性；设计成果的展示，采用虚拟现实的直观互动、线上展厅的多维展示，以及观众调研问卷等综合方式，强调设计的针对性以及成果评价的广泛性（图 7）。虚拟现实平台的累计使用量达到 2 万余人次，成为高效的教学媒介；教学方法总结为“天大城乡规划专业设计课线上教学的机遇与挑战”——获得 2020 年教育部“停课不停学”在线教学实践推进研究成果奖。

4.4　通素质——“互联网 + 线上线下展览”的美育通识教育

通元识微，把思想道德教育融入美育素养的培育，融合线上教学与线下指导，形成以手绘为特色、摄影为手段、美展为载体的素质培养体系。天津大学规划专业一直保留了手绘的教学特色，将此作为提升学生专业素养和促进设计交流的必要手段，至今已出版多部专著，在国内外规划教育中独树一帜。团队负责人侯鑫老师担任天津市城市规划学会城市影像专业委员会主任委员，将摄影作为提升学生美育水平和思想品德的重要手段，推广摄影美育教学，组织系列摄影讲座，获得 2021 年天津市科协先进学会工作者称号、2022—2023 年中国城市规划学会“杰出学会工作者奖”。将师生摄影作品筹划为线上线下公开展览，展示天津城市建设成就，普及规划理念，举办 12 场次的系列影像展览。2022 年举办“天津城市影像艺术展”，分别在天津万象城、天津市政府对外办公室、滨海美术馆举行巡展，天津电视

图 7　“互联网 + 虚拟现实技术”的全周期设计教学成果示例

资料来源：作者自绘

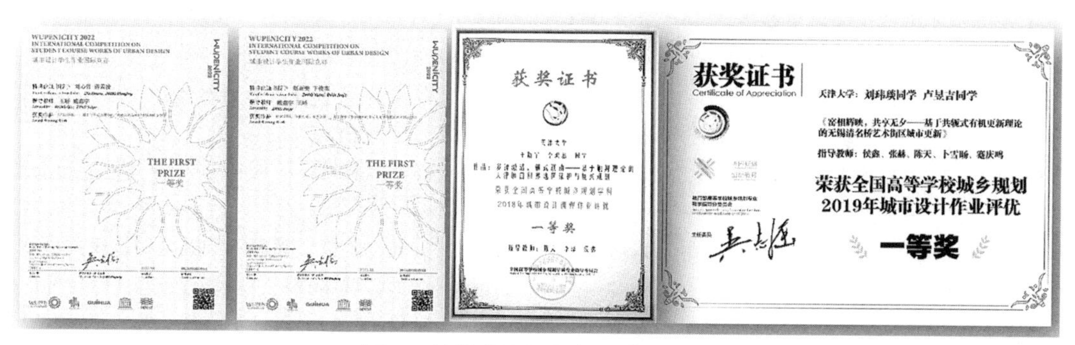

图 8　教学成果历年部分获奖证书

资料来源：团队所获奖项

台、天津广播电台、津云等多家媒体进行专访，天津市规划与自然资源局、天津市政府对外办公室领导参观，并在现场组织党员活动日活动，社会反响强烈。不仅对学生的美育教育有提升，也成为连接高校和社会、学界和大众的重要桥梁，成为普及规划理念的平台，实现“全方位育人”目标。

通过上述四方面的建设，紧紧围绕立德树人根本任务，利用最前沿的互联网教育技术、联络全社会育人资源、提升学生基本素养、构建“德融课堂，盐溶于汤”的思想教学体系。该方法施行以来，教学成效显著，2016 年至今获得四十余项国内国际设计竞赛大奖，在国内同类高校居于前列（图 8）。

5　总结与展望

5.1　存量规划课程教学经验启示

（1）选题紧密联系社会，成绩评定的综合实践导向。通过选题与社会问题的紧密衔接，将课内课外、校内校外、理论实践等所有可能育人的主体都联合起来，成绩评定以设计能否满足社会和人民需求为标准，不同行业专家打分、群众打分，突破将思政局限在校园、课堂等有限时空的固有传统，打造时代担当、协同思维的“三全育人”新格局。

（2）保持交互教学特色，突出互联网教学创新。紧密跟进新锐互联网教学方法，构建“互联网 + 教育”教学方法与模式，研究新兴技术促进工程教育实验教学和实践教学的方法与路径。让师生在有形无形、理论实践、思想行动等多个方面进行整合，建立全方位、多方立体育人格局。

（3）美育培养春风化雨，素质建设贯穿始终。教学活动向来不是仅仅属于教师的任务，还应该是互动模式下的良好成果。在教学目标中纳入立德树人的教育德行目标，以美育教育引导学生各方面均衡发展。创新高校教学方式方法，不仅局限于学生成绩的考核，更加重视学生在平时表现，注重基本素质的逐渐积累，从量变到质变，培养卓越城市设计人才。

5.2　城市设计教学改革发展方向

线上教学资源与线下教学方式优势互补的全程融合方式虽初见成效却仍较为稚嫩，今后还需要根据城市设计教学的不同阶段特点选择适用的互联网技术，构建普适性的设计类“互联网 +”全过程教学模式框架。课程建设的另一方向为项目式主导的学习模式，包括课程内项目、课程群项目、多学科—科技项目、产品与技术研发项目等，希望能构建实践为核心的模块化课程体系，逐步推广到其他设计类教学领域。

参考文献

［1］ 冷红，栾佳艺，袁青．国家战略背景与行业需求引领下的研究生城市设计教学思考 [J]. 城市设计，2023（46）：35-41.

［2］ 赵亮，吴越，刘晨阳，等．学科交叉融合下的城市设计培养体系架构研究 [J]. 城市规划，2019，43（5）：113-120.

[3] 曾毓隽，涂康玮，尚伟．存量更新语境下“城市设计课程群”的构建与思考[J]. 华中建筑，2023，41（6）：128-131.

[4] 刘皆谊，胡莹，王依明，等．大数据赋能的建筑类研究生城市设计教学实践[J]. 高等建筑教育，2021，30（2）：49-56.

[5] 金广君．城市设计教育：北美经验解析及中国的路径选择[J]. 建筑师，2018（1）：24-30.

[6] 张颖，宋彦．美国城市设计专门教育的进展和现状——以六所大学为例[J]. 国际城市规划，2020，35（6）：106-119.

[7] 叶宇，庄宇．国际城市设计专业教育模式浅析——高校城市设计专业教育的比较[J]. 国际城市规划，2017，32（1）：110-115.

[8] 钟舸，边兰春，黄鹤．守正与创新——保护更新时代背景下的清华城市设计教学探索与思考[J]. 城市设计，2023（2）：6-17.

[9] 卢峰．存量时代的城市设计研究性课程[J]. 城市设计，2023（2）：50-59.

[10] 董贺轩，张莹，郭思雨．城中村健康更新设计——华中科技大学城市设计课程教学与学习评述[J]. 西部人居环境学刊，2017，32（4）：26-34

[11] 侯鑫，王绚，崔广彦，等．基于全景摄影的城市数据采集方法及其在设计教学中的应用[J]. 当代建筑教育，2022（3）：61-70.

The Exploration of the Education Model of Existing Resources Planning Based on the “Internet +” Approach

Hou Xin　Wang Yan　Chen Tian

Abstract: As China’s urban and rural construction moves from “incremental expansion” to “stock optimisation”, it poses new challenges to the development of urban design education. The “Urban Stock Protection and Renewal” planning and design course of Tianjin University is a teaching reform carried out by the urban design teaching team to actively respond to the social trend of China’ s urban development entering the era of stock planning.（the curriculum is integrated into the needs of the times），“convergence”（convergence of the industry’ s front-end and cross-disciplinary resources），“coherence”（Internet teaching through the whole design cycle），“through”（Strengthening aesthetic education and general education）as the characteristics of the integration of Internet technology urban design education model, to achieve the three-whole education and cultivation goals of all-member, all-process, and all-round training of human beings.

Keywords: Stock Renewal, Urban Design, Internet +, Teaching Reforms

现场教学与过程评价推动下的城市更新通识课建设：理论与实践认知

唐　燕

摘　要：新时代背景下高校推行通识教育，旨在培养学生广博的知识储备、跨学科的综合素质及多维度的独立思考能力。论文依托清华大学开设的“城市更新理论与实践认知”通识课程，分析了以“现场教学”推进理论结合实际的课堂教学方法落地，以及通过“过程评价”实现课程动态调整与学生需求适应的课堂优化路径。课程的教学改革探索表明，针对城市更新的通识课程建设，“一节理论、一节实践”相互穿插和支撑的教学计划安排，可以有效丰富教学的内容和形式，帮助学生更容易地理解和掌握相关知识；在教学课程中及时征求学生的意见、收集学生的课程感受和真实评价，并据此调节后续教学内容安排，则是保障通识课程的对象适应性和教学有效性的重要举措。

关键词：城市更新；通识课程；现场教学；过程评价

在当前时代，随着知识的迅速更新迭代和多领域信息的加速融合，单一的专业知识学习往往已经无法满足社会对人才的综合需求，推行强调“文理兼备、古今贯通”的通识教育（Liberal /General Education）成为各高校开展本科教育教学的共识。通识教育是19世纪西欧自由教育与美国本土实践结合产生的一种高等教育思想和实践[1]，以广泛的、非专业性的、非功利性的基本知识、技能和态度为内容[2]，在“培养完整的人”的前提下赋予学生广博的知识储备、跨学科的综合素质及多维度的独立思考能力，将学生塑造成为拥有创新精神、具备社会责任感和实现全面发展的新型人才[3，4]，并发展成为高校教学改革中的重要议题[5]。

城市规划以城市这一复杂巨系统为重要研究对象，具有综合性、实践性、应用性特征，立足培育兼具知识创新能力、空间创造能力、社会服务能力的知识集成型人才，通识教育成为其中关键一环[6]。因此，立足我国城市建设步入存量发展阶段的时代转型需求，积极响应国家“实施城市更新行动”战略指引，2022年清华大学面向全校本科生开设“城市更新理论与实践认知”通识课程。

为有效拓宽学生的知识视野，“城市更新理论与实践认知”课重在带领学生探索和了解城市更新的理论发展、制度建设和实践运作知识，让学生在既有挑战性又有趣味性的一系列话题探讨和实践案例走访中，实现对城市更新学术前沿和实践进展的具体学习。课程在建设过程中开展了系列改革探索，尝试了以“现场教学”推进理论结合实际的课堂教学方法落地，以及通过“过程评价”实现课程动态调整与学生需求适应的课堂优化路径，为丰富城市更新维度的通识课程建设提供了做法参照。

1　课程概况与教学组织

“城市更新理论与实践认识”目前是1学分、跨越8周的通识课程，在春季学期采用小班教学的方式推行，学生容量上限为30人（便于组织外出考察），配主讲教师和助教各1名。在八讲课程设置中，教学内容安排采用“一节理论、一节实践”的方式进行穿插编排（表1），每一个实践案例考察都能充分展示前一讲理

唐燕：清华大学建筑学院教授

"城市更新理论与实践认识"的课程内容安排　　表1

课程学分	1	课程学时	16	时间安排	8周
理论部分			实践部分		
第一讲	课程概论与城市更新"4S"分析框架		第二讲	亮马河更新改造（公共空间）	
第三讲	城市更新的"绅士化"：何去何从		第四讲	西单场更新改造（老旧商业）	
第五讲	城市更新的基层治理变革		第六讲	国子监地区保护更新（历史街区）	
第七讲	从"推土机"到"有机更新"		第八讲	首钢更新改造（老旧工业）	

资料来源：作者整理

论课程所聚焦的议题。总体上，"理论维度"的学习内容和议题关注城市更新的理论思潮和热点问题，主要包括：①城市更新的维度：主体—资金—空间—运维；②城市更新的"绅士化"现象：何去何从；③城市更新的多元参与：基层治理变革；④从"推土机"到"有机更新"：城市更新思潮和实践变迁等。"实践维度"上的更新项目考察和分析聚焦北京城市更新实践案例的经验得失，主要包括：亮马河更新改造（公共空间）、西单场更新改造（老旧商业）、国子监地区保护更新（历史街区）、首钢更新改造（老旧工业）等。

2023年春季学期，清华大学来自建筑、美术、社科、土木、未央书院、计算机6个院系的17名学生选课，实际听课人数27人（含旁听学生）。与此同时，由于课堂教学是学校立德树人的主渠道，课堂教学评价是促进课堂建设的重要方面，清华大学成立专班来推动课堂教学评价改革专项工作，将"权威—理性—实用—经验—审美"五种认识论标准迁移到课堂评价中，从课堂的前提、设计、任务、经历和情绪五个维度，提出相应改革举措以不断完善课堂治理❶。借此契机，"城市更新理论与实践认识"参与了学校通识课程的"过程评教"改革试点工作，通过在教学中期发放学生问卷的方式来"加强教学过程的即时反馈，增强教师教学'自我健康观测'的意识，提升师生在课堂学习中的洞察力和获得感"，探索注重过程提升的发展性课堂教学评价体系❶。

❶ 相关信息来自2023年春清华大学推进过程评教改革的相关通知。

2 "理论＋实践"相互配合下的现场教学

围绕"课内理论＋课外实践"的双轮驱动模式，课程采用讲授、考察、调研、讨论等多元授课方式，突出"互动式、引导式、体验式、参与式"，探索价值塑造、能力培养、知识传授"三位一体"的人才培养模式。课程以现场教学作为模式载体，融合案例教学、小组活动、提问对谈、模拟训练等典型互动教学方法，让学生由参与者变为主角，教师由主演变为导演[7]。匹配课堂教学对城市更新维度、拆建模式、多元治理、目标趋势等的理论探讨，2023年课程通过"北京城市更新实践探访：身边的更新改造"的现场教学，实现了对亮马河更新改造（公共空间）、西单更新改造（老旧商业）、国子监地区保护更新（历史街区）等的在地考察（图1）。现场教学选址涉及不同的城市更新空间类型和多元化的更新要点，以"主体（Multiple Stakeholders）—资金（Capital Source）—空间（Physical Space）—运维（Operation Service）"的"4S"理论框架为支撑[8]，引导学生就不同案例进行经验得失分析，从而促进同学们树立正确的城市更新思想观和价值观、掌握城市更新基础理论知识、了解城市更新实践技术要点。

以亮马河的实践探访和现场教学为例（表2），教学组先形成了详实的调研计划，引导学生通过自由报名分成六组（每组1~2人），聚焦"主体、资金、空间、运维"分别剖析案例的一个模块。调研选择在夜间，以便学生体会亮马河改造的灯光夜景设计成就、丰富的日夜间活动结合策划等匠心。每组同学跨专业合作，在课前提前研究学习案例做法，然后在边走边看中，向全体同

4月27日 朝阳区亮马河

5月18日 西城西单更新场

6月1日 东城国子监

图1 2023年春季学期的城市更新案例现场教学情况

资料来源：作者自摄

亮马河更新改造现场教学计划 **表2**

集合地点	朝阳区启皓大厦南侧河边	集合时间	2023 年 4 月 27 日 19：00
调研路线	A（启皓大厦）—B（燕莎码头）—C（凯宾斯基饭店）—D（甲板餐厅）—E（蓝色港湾）		
学生分享	六组（每组 1~2 人）： 1 改造历程（王子骏）；2 主体（袁艺桐、兰超英）；3 资金（朱佳跃、杜钰）；4 空间（设计——李健实、王雅婷；产权和用途——夏奕非、邓殷妍）；5 运维（湛柳青、黄逸柏）；6 对比案例 / 上海“一江一河”战略（陶源、杜雨桐）		
更新方案	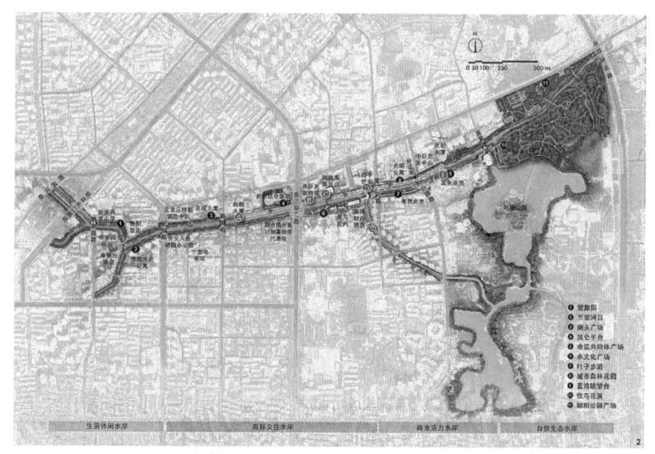		
做法要点	■ 主体：朝阳区水务局负责亮马河系统性风貌改造，按照“专业、节俭、为民”原则，实现以“政企共建”为核心的“六共”模式（共商、共治、共建、共享、共管、共赢） ■ 资金：政府出资为主体，局部地段企业参与出资 ■ 空间：打破产权边界，实现空间贯通；高品质、精细化设计与施工，提高河道环境品质 ■ 运维：发挥河长制作用，动员沿线企业和群众共治共管		

资料来源：作者整理

学介绍相关项目信息并给出自己的见解点评，进而引导集体讨论。除报名的同学要进行课上分享之外（8 周内每位同学参与至少 2 次分享），每次案例参观结束，所有同学都需要提交两张自己拍摄的现场案例照片并说明提交的理由（图 2）。通过照片解读，同学们对案例最深刻的体会和思考得到了具体的呈现，无论是对城市公共空间包容性的感触、对“绅士化”改造趋势的担忧还是对空间设计构思的赞叹——城市更新实践方方面面的价

朝阳区亮马河："包容感"提供"可能性"？

"城市是需要一条河流的。在写字楼工作的人们，在商场打工的人们会在休息的时候来到河边放松。住在老街区的大爷大妈要一个小地方遛弯唠嗑，甚至下到河里去游泳。那些富人区的居民，上流阶层需要一些小小的公园闲谈遛狗。

亮马河最特别的地方，应当就是它的包容感。亮马河的河水和步道更像一种容器，将沿岸的各种风物尽揽其中。在亮马河边上，能同时看到跑步的青年，闲谈的大爷，遛狗的外国友人，乘船观光的游客，大家能够共同且闲适地出现在这个容器中。

城市的快节奏也随之远去，人们在这里回归了生活本身。"

——兰超英

"城市中并不只有高楼大厦，并不只是忙碌的工作，还有自然绿意，还有河畔休闲，路人或遛狗、或慢跑、或依偎在木制长椅，我真切的感受到亮马河为繁忙的北京都市生活提供了'慢下来'。

让北京有了更加与刻板印象不同的一面——是充满生机与市井生活气息的，是属于城市中所有人的，是拥有无限可能的。"

——王雅婷

"我也不仅仅看到了良好的空间设计对居民行为的塑造，也看到了设计给人们留下的想象力和创造空间，人们可以尽情在此探索生活娱乐的可能性。"

——袁艺桐

图 2　同学们提交的更新案例照片及选择理由陈述：亮马河现场教学

资料来源：作者整理

值都进入到同学们的考量视野之中。

3　促进课程动态优化的过程评价

传统课程评价模式为单次线性模式，学生对教师的课程评价都是发生在教学任务完成之后，对及时调节和完善当期课程的教学内容与过程安排并没有起到直接的引导作用。课程评价模式改革应向非线性、循环多次模式转变，在课程实施中动态交换评价信息，及时反哺课程设计，形成开放灵活的共同建构过程[9]。因此，"城市更新理论与实践认识"课程响应学校评教改革号召，通过在课程中向学生发放不记名的问卷等形式，来收集学生的教学感受和教学建议，以此为依据不断动态地改善教学安排。本课程为后 8 周课程，根据学校课堂教学评估改革试点工作的要求，在课程约一半阶段（5 月 11 日，第 11 周）发放课程反馈问卷，并结合课程实际情况对学校提供的评教模板进行调整，针对性地收集学生们对本课程中城市更新"理论知识"与"实践案例"的综合评价，准确获取学生们关于课程的问题、困难及意见建议。

课程在"2022—2023 学年春季学期过程反馈学生问卷（模板）"中设定了 9 道题（在学校建议模板基础上围绕课程设计、课程实施、课程效果构建简明有效的评价体系[9]），涵盖学生信息、选课动机、课程安排、教师与助教信息、教师授课情况、学生投入、课程评价、问题与困难、意见与建议等多个方面。问卷于本学期第 12 周（5 月 11 日）发放，所有 17 名选课学生均于当天完成问卷填写（17 份，回收率 100%）。课程整体上得到学生们的一致好评，如关于"选择这门课的最主要动机"中，94.1% 的同学选择"对课程内容感兴趣"、76.5% 的学生选择"认为课程形式有趣"。

从问卷填写结果来看（图 3），"对课程内容感兴趣"和"认为课程形式有趣"是同学们选课的主要动机。针对"城市更新理论知识"部分和"城市更新案例考察"部分，学生们的"感兴趣程度""授课内容满意程度""知识 / 能力掌握程度"中评价为"非常好"的比例均超过 70%，"非常好"与"比较好"的比例均达到 100%。整体而言，同学们对于"城市更新理论知识"部分的"授课内容满意程度"略高于"城市更新案例考察"部分；在"知识 / 能力掌握程度"方面，对"城市更新理论知识"部分的满意程度也高于"城市更新案例考察"部分。其主要原因在于案例考察中，通勤安排、交通时间付出等对于少数同学来说存在不足：一方面，

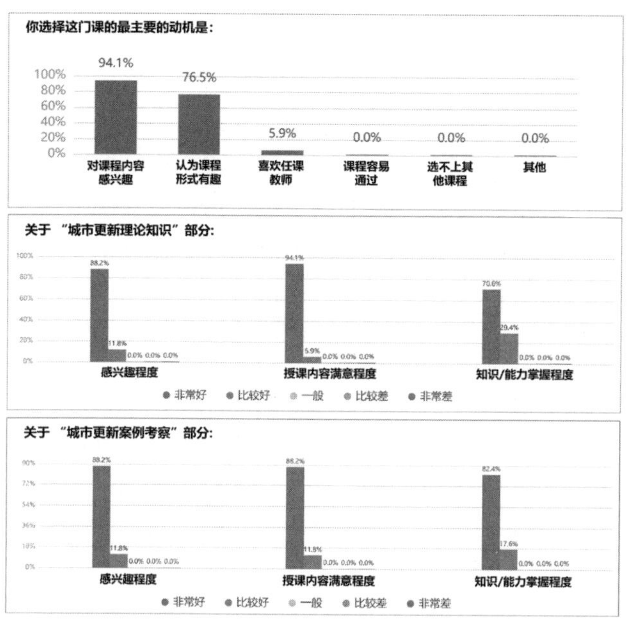

图 3　同学过程评价的结果统计

资料来源：作者整理

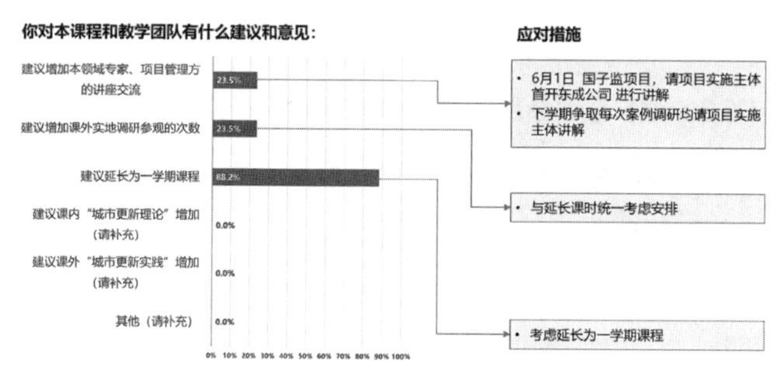

图 4　同学过程评价的建议和要求

资料来源：作者整理

部分同学感觉“去回”的时间浪费太多；另一方面，不同专业同学的“时间表”有所差异，对参观时间的共识达成造成困难——而这也是课程开展现场教学所面临的关键挑战，或许通过更多的课程经费投入，以集体包车方式实现交通往返等，能一定程度上规避部分不足（但地铁出行更加绿色）。

依据学生们的需求和建议（图 4），课程在后半程安排上进行了针对性的改进：①更生动地讲授理论知识——在“城市更新理论知识”部分的“知识/能力掌握程度”问题中，同学们选择“比较好”的占比为 29.4%，教学团队为此调整了后续 2 节的“城市更新理论知识”部分的课件，减少过于专业的理论内容，注重通过实践案例的分析更直观地传达知识要点，并在课件中增加视频、图片等内容，提高课程的趣味性和信息的直观性；②更深入地了解实践项目——问卷中有 23.5% 的同学建议“增加本领域专家、项目管理方的讲座交流”，因此在后续第 3 次国子监项目的调研中，教学组联系项目实施主体（市属国企首开集团）进行现场讲解，从而更加直观、生动地展示更新项目实操过程中的困境与经验；③更紧密地考虑同学诉求——23.5% 的同学“建议增加课外实地调研的次数”和“建议延长为一学期课程”，教学团队讨论之后，筹备将原本半学期的课程延长为一学期（共计 16 周）的通识课，以便同学们更系统、深刻地学习城市更新相关内容。

4　结语

综上所述，“城市更新理论与实践认识”通识课程的开设，对全面拓展本科生知识面起到了积极作用：①价值塑造方面，从同学们的作业反馈与课堂交流可以发现，学生对城市更新“包容感”与“可能性”“高大上”与“吸引力”“为人民”还是“为形象”等方面的矛盾认识深刻；②知识传授方面，学生在教学反馈中，对“城市更新理论知识”和“城市更新案例考察”部分的教学内容与教学方法肯定度高；③能力培养方面，同学们积极参与城市更新实际案例思考并分享感受，在 3 次调研中参与分享的同学共计 24 人次。

面向未来，课程建设的主要挑战仍然在于如何将教学团队在城市更新领域近十年的研究积累[10]，在有限的课堂时长和容量中有效地传递给来自不同学科背景的同学。经过几个学期的不断探索与调整，课程创新“课堂讲授 + 现场教学”的形式，通过“互动式、引导式、体验式、参与式”多措并举不断优化课堂内容与授课形式，具体包括：①为 8 周课程准备了 10 个具有话题性、趣味性的城市更新相关主题课件，根据学生兴趣进行灵活选择与调整使用；②立足“无专业门槛，有学理深度”，提供认识城市更新的“4S”理论视角，引导学生在案例分析中应用；③综合教学安排与学生兴趣，选择北京市城市更新典型项目进行现场；④鼓励学生参与课堂分享，以用促学、学用相长。

课程的教学改革探索表明，针对城市更新的通识课程建设，“一节理论、一节实践”相互穿插和支撑的教学计划安排，可以有效丰富教学的内容和形式，帮助学生更容易地理解和掌握相关知识；在教学课程中及时征求学生的意见、收集学生的课程感受和真实评价，并据此调节后续教学内容安排，则是保障通识课程的对象适应性和教学有效性的重要举措。

参考文献

［1］ 杨叔子，余东升 . 文化素质教育与通识教育之比较 [J]. 高等教育研究，2007（6）：1–7.

［2］ 李曼丽，汪永铨 . 关于“通识教育”概念内涵的讨论 [J]. 清华大学教育研究，1999（1）：99–104.

［3］ 陈向明 . 对通识教育有关概念的辨析 [J]. 高等教育研究，2006（3）：64–68.

［4］ 刘铁芳 . 大学通识教育的意蕴及其可能性 [J]. 高等教育研究，2012，33（7）：1–5.

［5］ 李曼丽，杨莉，孙海涛 . 我国高校通识教育现状调查分析——以北大、清华、人大、北师大四所院校为例 [J]. 清华大学教育研究，2001（2）：125–133.

［6］ 吴志强，张悦，陈天，等 .“面向未来：规划学科与规划教育创新”学术笔谈 [J]. 城市规划学刊，2022（5）：1–16.

［7］ 周毕文，李金林，田作堂 . 互动式教学法研究分析 [J]. 北京理工大学学报（社会科学版），2007（S1）：104–107.

［8］ 唐燕，城市更新制度建设与北京探索：主体—资金—空间—运维 [M]. 北京：中国城市出版社，2023.

［9］ 刘志军 . 发展性课程评价体系初探 [J]. 课程 . 教材 . 教法，2004（8）：19–23.

［10］唐燕 . 城乡制度与规划管理 [M]. 北京：中国建筑工业出版社，2022.

The Construction of General Courses in Urban Renewal Driven by On-site Teaching and Process Evaluation: Theoretical and Practical Cognition

Tang Yan

Abstract: Under the background of the new era, colleges and universities carry out general education, aiming at cultivating students' broad knowledge reserve, interdisciplinary comprehensive quality and multi–dimensional independent thinking ability. Based on the general course "Introduction to Urban Regeneration Theory and Practice" offered by Tsinghua University, this paper analyzes the teaching methods combining theory and practice through "on–site teaching", and the classroom optimization by realizing dynamic adjustment of the curriculum according to students' needs through "process evaluation" . The reform of teaching methods shows that the teaching arrangement of "one section of theory and one section of practice" aternating and supporting each other can effectively enrich the content and form of teaching, and can help students understand and master specific knowledge more easily. It is an important measure to ensure the object adaptability and teaching effectiveness of general education courses to solicit students' opinions in time, collect students' course feedback and evaluation, and adjust the subsequent teaching content arrangement accordingly.

Keywords: Urban Regeneration, General Courses, On–site Teaching, Process Evaluation

特色村镇保护与更新的教学案例与教学设计*

葛天阳　后文君　阳建强

摘要：我国特色村镇内涵丰富、类型多样，是传承中华文明、实现乡村振兴的重要空间载体。在快速城镇化进程中，存在特色村镇保护与发展矛盾突出、特色内涵认识不足、规划技术方法失效等现实问题。结合“历史城市保护与更新”课程中，特色村镇保护更新的理论教学，建设“徽州特色村镇的价值认识与空间基因识别”视频案例。教学案例以徽州地区为对象，选取具有代表性的特色村镇，运用政策解析和文献解读等方法，借助田野调查和数据分析等手段，从自然地理、历史人文、社会活动和生产方式的协同关系，凝练徽州村镇的特色价值，从地景层级、聚落层级和建筑层级进行空间基因识别。通过对徽州地区特色村镇案例的学习和研究，使学生多角度认识特色村镇的基本内涵和价值特征，学习掌握特色村镇空间基因分类与解析的方法，探索讨论特色村镇空间格局、建筑风貌以及地域文化等方面的保护传承路径，提高学生对特色村镇文化遗产和景观风貌的保护意识。

关键词：特色村镇；保护更新；教学案例；教学设计

1　引言

特色村镇保护与更新是“历史城市保护与更新”课程的重要组成部分。我国特色村镇内涵丰富、类型多样，是传承中华文明、实现乡村振兴的重要空间载体。在快速城镇化进程中，存在特色村镇保护与发展矛盾突出、特色内涵认识不足、规划技术方法失效等现实问题。

结合课程教学需要，建设“徽州特色村镇的价值认知与空间基因识别”视频案例。案例以徽州地区为对象，选取具有代表性的特色村镇，运用政策解析和文献解读等方法，借助田野调查和数据分析等手段，从自然地理、历史人文、社会活动和生产方式的协同关系，凝练徽州村镇的特色价值，从地景层级、聚落层级和建筑层级进行空间基因识别。

通过对徽州地区特色村镇案例的学习和研究，使学生多角度认识特色村镇的基本内涵和价值特征，学习掌握特色村镇空间基因分类与解析的方法，探索讨论特色村镇空间格局、建筑风貌以及地域文化等方面的保护传承路径，提高学生对特色村镇文化遗产和景观风貌的保护意识。

2　案例建设目标

结合特色村镇保护更新的理论教学，建设“徽州特色村镇的价值认识与空间基因识别”视频案例，通过案例的学习，帮助学生了解：第一，特色村镇及其特色价值的基本概念是什么。第二，如何识别与评估特色村镇的特色价值。第三，如何进行特色村镇空间基因分类与解析（图 1）。

本案例主要用于城乡规划专业学生教学设计开发，适合有一定乡村规划认知基础和规划从业经验的学生和规划师学习，也可以用于城乡规划、建筑学、风景园林等专业的相关课程。

*　基金资助：“十四五”国家重点研发计划课题（编号 2022YFC3800302）；江苏省自然科学基金项目（编号 BK20241349）。

葛天阳：东南大学建筑学院讲师
后文君：东南大学建筑学院助理研究员（通讯作者）
阳建强：东南大学建筑学院教授

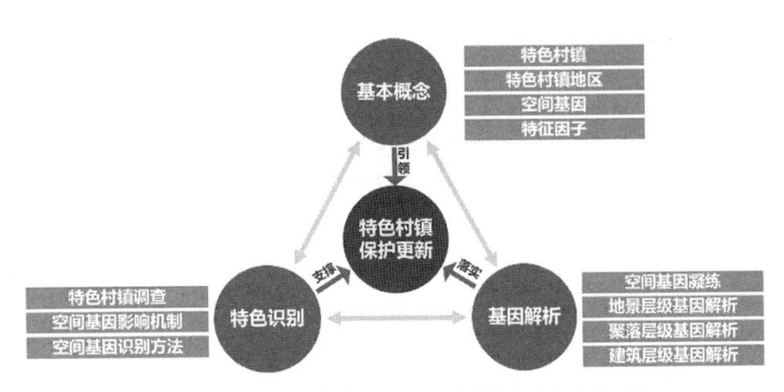

图 1　特色村镇保护与更新教学目标框架

资料来源：作者自绘

2.1　掌握特色村镇及价值特色的基本概念

特色村镇是城—乡等级空间体系的重要组成部分和乡村发展的重要载体。目前中国学术界关于“特色村镇”的概念、理论和范式主要基于“特色小镇”“传统村镇”“历史村镇”等具体某一类特色村镇的经验借鉴。随着特色村镇的战略地位不断加强，这些视野较为单一、缺乏内在机制解读的理论和范式的借鉴局限性也日益凸显，需要一套更为科学的特色村镇基础理论推进特色村镇发展。

针对这一现状，明确提出特色村镇的基本概念，并以空间基因的视角阐述特色村镇的价值特色，采用宏观、中观、微观空间基因来阐述特色村镇价值特色的丰富内涵（图 2）。

2.2　掌握特色村镇价值与特色的识别方法

乡村空间特色的识别是在乡村振兴中保护乡村特色的基本前提。目前我国乡村空间特色的识别仍面临“特色内涵不清、特色提取主观、特色解析浅显、特色体系零散”的现实问题，成为在乡村振兴更新发展中乡村空间特色识别和保护的制约瓶颈。

特色村镇空间基因识别的主要方法包括：第一，空间基因筛查。采用多轮调查的方式，全面筛查地区的乡村空间特色。第二，空间基因分析。针对不同类型的空间特色，针对性地选用不同方法进行分析，从而科学、理性地认知特色的具体特征。第三，空间基因凝练。基于空间特色的筛查和分析，准确凝练地区的乡村空间特色。

2.3　掌握特色村镇空间基因分类与解析方法

尽管在更新中进行保护已经形成共识，保护更新的模式策略也日益多元，但是，一方面，乡村空间特色的解析不够深入，缺少对乡村空间特色的细致描述与深层解读；另一方面，乡村空间特色的梳理不够系统，缺少针对特定地区乡村空间特色的清晰系统的特色梳理方法。总体上，对于特色村镇空间基因的解读深度不够，梳理系统性不足。

从“系统耦合解析、作用机制解析、模式类别解析”三个方面入手，建立多维度的乡村空间特色解析体系，实现乡村空间特色的全面解析。教授学生特色村镇空间基因图谱的分类方式，如拓扑结构空间基因图谱、序结构空间基因图谱、群结构空间基因图谱；也可以按照空间尺度，分为宏观空间基因图谱、中观空间基因图谱、微观空间基因图谱等。

3　教学案例内容

建设“徽州特色村镇的价值认识与空间基因识别”

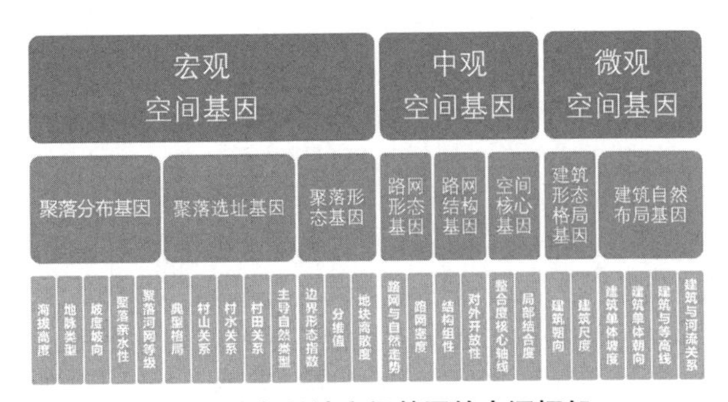

图 2　特色村镇空间基因的内涵框架

资料来源：作者自绘

图 3　案例视频截图

资料来源：作者自绘

视频案例（图3），以徽州地区为对象，选取具有代表性的特色村镇，借助田野调查和数据分析等手段，从自然地理、历史人文、社会活动和生产方式的协同关系等方面，凝练徽州村镇特色价值，多角度认识特色村镇的内涵，探索特色村镇空间格局、建筑风貌以及地域文化。视频时长15分钟。

3.1 特色村镇及价值特色的基本概念教学

（1）特色村镇的相关概念

特色村镇是指能够体现鲜明地域特征的村庄和乡镇。特色村镇既包括纳入遗产保护体系的名镇名村、传统村落、少数民族特色村寨等，也涵盖大量尚未纳入名录、但能够反映地域特征的村镇。

（2）徽州特色村镇概况

徽州地区包括安徽省黄山市的歙县、黟县、休宁县和祁门县、宣城市的绩溪县以及江西省上饶市的婺源县六县。徽州村镇代表了江南丘陵地区鼎盛时期的村镇发展水平。徽州地区历史悠久，地域资源种类较为丰富，在长期的发展过程中始终保持着人口稠密和经济结构较为稳定的发展状态。村镇传统格局保存完整、村镇地域特色突出、村镇群体特征显著。

3.2 徽州地区特色村镇价值与特色的识别教学

（1）徽州特色村镇调研

分多次调研118个村落，调查村落覆盖41个乡镇，占徽州全域乡镇总数的36.6%；包括国家级特色村镇69个，占徽州全域特色村镇总数的21.2%；包括全国

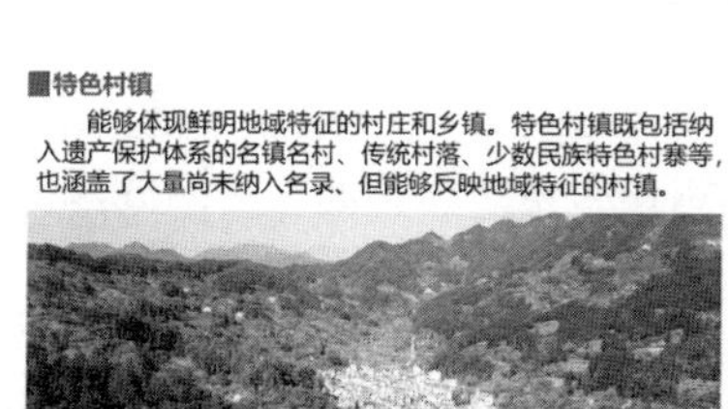

图4 特色村镇及价值特色的基本概念教学部分视频截图
资料来源：作者自绘

历史文化名镇名村12个，占徽州全域历史文化名镇名村总量的37.5%。调研方法包括普查工作、地理遥感、田野调查、定量分析、定性分析等。对调研资料进行归档，建立特色村镇基础信息数据库。

（2）空间基因及影响机制

空间基因是历史发展进程中，村镇空间与当地自然环境、社会文化、经济发展、政治制度等深层结构的互动中，形成的一些独特的、相对稳定的空间组合模式，能够传递特定的信息并控制空间形态的演化。空间基因既是聚落与自然环境、历史文化长期互动契合与演化的产物，承载着不同地域特有的信息，形成地方特色的标识，又起着维护三者和谐关系的作用。空间基因具有相对稳定性和空间层级性。影响特色村镇空间基因的机制包括：自然要素，如地形地貌、水文条件、气候条件等；人文要素，如山水文化、地域文化、宗教信仰等；生产生活要素，如产业格局、生产关系、族群战争等。

（3）特色村镇空间基因识别

基于机制分析，结合基因识别和特色解析，综合自然视角和人文视角，从宏观聚落区域分布、中观聚落空间格局和微观聚落单体布局的不同分辨率等级，引入了相关学科的量化指标，采用定性与定量相互结合的方式搭建空间基因体系框架。对宏观地景层面的空间基因进行研究，包括聚落分布基因、聚落选址基因、聚落形态基因等；对中观聚落层面的空间基因进行研究，包括路网形态基因、路网结构基因、空间核心基因等；对微观建筑层面的空间基因进行研究，包括建筑单体形态格局基因、建筑单体自然布局基因等。特色村镇空间基因图谱可以分为拓扑结构空间基因图谱、序结构空间基因图谱、群结构空间基因图谱；也可以按照空间尺度分为宏观空间基因图谱、中观空间基因图谱、微观空间基因图谱等。

3.3 徽州地区特色村镇空间基因分类与解析教学

（1）徽州地区特色村镇空间基因

经过调查研究和分析提炼，徽州地区特色村镇的空间基因分3大类，凝练为7条（图6）。在地景层面，村山关系方面的空间基因为：因山就势、傍村成田。村水关系方面的空间基因为：依水建村、理水营村。在聚落层面，聚落形态方面的空间基因为：聚族而居、紧凑聚居。街巷形态方面的空间基因为：顺坡就水、曲街窄

图 5　徽州地区特色村镇价值与特色的识别教学部分视频截图

资料来源：作者自绘

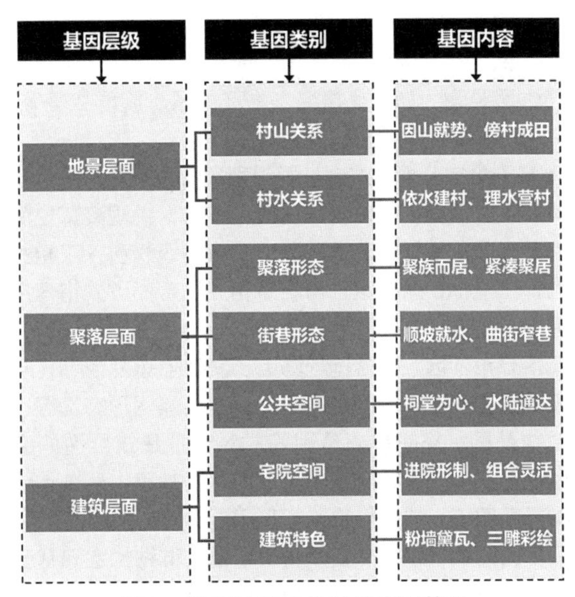

图 6　徽州地区特色村镇空间基因

资料来源：作者自绘

巷。公共空间方面的空间基因为：祠堂为心、水陆通达。在建筑层面，宅院空间方面的空间基因为：进院形制、组合灵活。建筑特色方面的空间基因为：粉墙黛瓦、三雕彩绘。

（2）徽州地区空间基因的特征因子解析

特征因子是空间基因的基本结构和功能单位。特征因子包括具体空间要素及其组合规则。每个空间基因都包括一组或多组特征因子。徽州地区 7 条空间基因可以拆分出 16 条特征因子。其中，地景层面的特征因子 4 条，聚落层面的特征因子 6 条，建筑层面的特征因子 6 条。

在地景层级，特色场景为八山半水半分田、一分道路和庄园的“山—水—地”空间格局。特征因子 1 为：因山就势，傍村成田；特征因子 2 为：圈层布局。这两条特征因子主要指聚落、农田与自然山体之间的和谐关系及其具体组合方式。特征因子 3 为：依水建村；特征因子 4 为：理水营村。这两条特征因子主要指聚落对于水的依存关系，和聚落建设过程中对水的多种利用与改造方式。地景层级特征因子的主要形成机制包括地形地貌因素和生产生活因素。

在聚落层级，特色场景为聚落集中布局，聚落空间形态大多呈现团块状，沿河地区聚落形态多呈带状，少数呈指状等形态。特征因子 1 为：聚族而居、紧凑聚居，主要指徽州丘陵地区紧凑的聚落形态，以及宗族、祠堂等在聚落空间组织中的重要作用。特征因子 2 为：水巷并行，主要指巷与水的紧密结合，及其多样的组合方式。特征因子 3 为：格网密布、有机布局，主要指网状为主，枝状网状结合，同时街与水圳结合的街巷肌理形态。特征因子 4 为：通而不畅、蜿蜒曲折，主要指蜿蜒的具体街巷形态。特征因子 5 为：高墙窄巷，主街高宽比 0.5 到 1 为主，支巷高宽比多为 1 到 2。特征因子 6 为：祠堂为心、水陆通达，主要指以祠堂作为核心的空间布局，以及祠堂与水、与主街、与广场的紧密结合。聚落层级特征因子的主要形成机制包括风俗文化因素、地形地貌因素、人口因素、土地供给因素、宗族文化因素等。

在建筑层级，特色场景为建筑具有粉墙黛瓦马头墙的特色，整体色彩淡雅、精巧有致。特征因子 1 为：进院形制、布局规整。特征因子 2 为：组合灵活。徽州建筑以典型的合院形制作为传统村落的主要组成单元，典型布局模式有“凹”字形、“回”字形、“日”字形、“工”字形四种。同时组合方式灵活多样。特征因子 3 为：粉墙黛瓦。特征因子 4 为：马头墙。这两条特征因子主要指徽州典型的建筑特色和风貌。特征因子 5 为：彩绘。特征因子 6 为：三雕。其主要指徽州丰富的建筑元素。建筑层级特征因子的主要形成机制包括：文化融合因素、宗族观念因素、土地供给因素、建筑材料因素、建筑防火因素等。

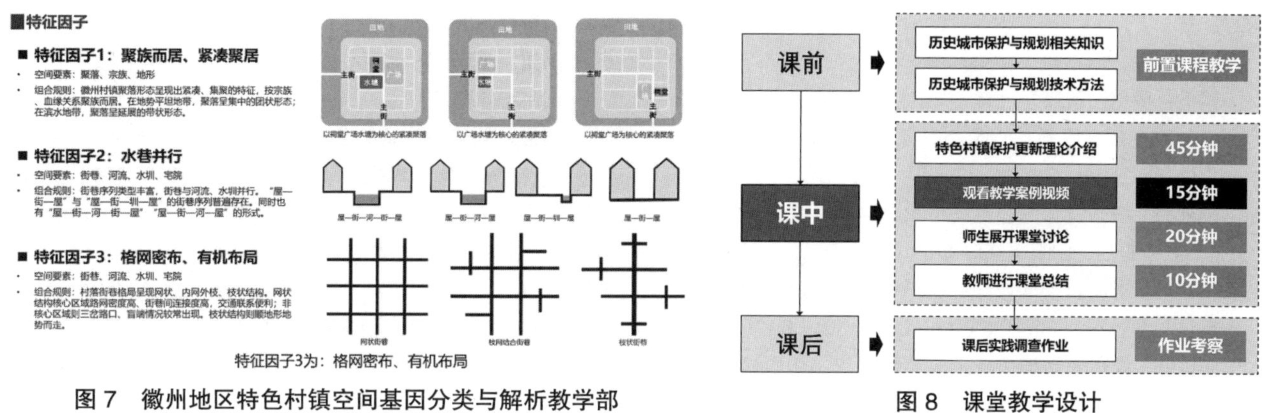

图 7　徽州地区特色村镇空间基因分类与解析教学部分视频截图

资料来源：作者自绘

图 8　课堂教学设计

资料来源：作者自绘

4　课堂教学设计

4.1　课前准备

课前熟悉特色村镇、空间基因的相关概念；熟悉徽州地区村镇的基本情况与特色；了解历史文化名镇名村、传统村落、特色村镇的共同点与区别；了解历史文化名城、名镇等各类历史性城市、地区的传承与保护；掌握 GIS、AHP 等数字技术分析方法。

4.2　课堂教学

课堂教学时间安排为：第一，理论讲授 45 分钟，介绍特色村镇及特色价值的基本内涵、特色价值的识别与评估、空间基因的解析与分类；第二，课间休息；第三，观看“徽州特色村镇的价值认知与空间基因识别”案例视频 15 分钟；第四，根据思考题开展课堂讨论 20 分钟；第五，教师进行课堂总结 10 分钟。

首先，了解特色村镇特色价值和空间基因的基本概念。辨析特色村镇和传统村落的相同与区别，村镇特色价值的概念及基本类型，了解空间基因的相关概念。其次，以徽州为例，展开特定地区特色村镇的特色价值与空间基因识别，了解实地调查、空间分析、特色凝练、基因解析的总体研究流程。最后，深入分析空间基因的类型、图谱、特征因子，了解空间基因的不同分类方式，了解空间基因的图谱的不同类型，了解特征因子及其形成因素。

运用政策解析、文献解读、空间模拟展示、数字化分析等方法，深入浅出地分析徽州特色村镇的价值认识与空间基因识别，从而基于徽州地区特色村镇，加强学生对特色村镇价值评估与保护的认知。

4.3　课后思考

布置学生结合本课所学知识，对一个特色村镇案例展开调查研究。课后两周安排学生根据自己调查研究的案例进行课堂汇报与讨论。

5　结语

特色村镇保护与更新是“历史城市保护与更新”课程的重要组成部分。我国特色村镇内涵丰富、类型多样，是传承中华文明、实现乡村振兴的重要空间载体。结合课程教学需要，建设“徽州特色村镇的价值认知与空间基因识别”视频案例。通过徽州地区特色村镇案例的学习和研究，使学生多角度认识特色村镇的基本内涵和价值特征，学习掌握特色村镇空间基因分类与解析的方法，探索讨论特色村镇空间格局、建筑风貌以及地域文化等方面的保护传承路径，提高学生对特色村镇文化遗产和景观风貌的保护意识。案例能应用于“历史城市保护与更新”及相关课程的教学，具有一定教学意义。

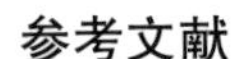

参考文献

[1] 段进，殷铭，陶岸君，等．"在地性"保护：特色村镇保护与改造的认知转向、实施路径和制度建议 [J]. 城市规划学刊，2021（2）：25–32.

[2] 阳建强．基于文化生态及复杂系统的城乡文化遗产保护 [J]. 城市规划，2016，40（4）：103–109.

[3] 阳建强．走向持续的城市更新——基于价值取向与复杂系统的理性思考 [J]. 城市规划，2018，42（6）：68–78.

[4] 阳建强．城市更新理论与方法 [M]. 北京：中国建筑工业出版社，2020.

[5] 段进，邵润青，兰文龙，等．空间基因 [J]. 城市规划，2019，43（2）：14–21.

[6] 胡最，刘沛林，曹帅强．湖南省传统聚落景观基因的空间特征 [J]. 地理学报，2013，68（2）：219–231.

[7] 段进，姜莹，李伊格，等．空间基因的内涵与作用机制 [J]. 城市规划，2022，46（3）：7–14，80.

[8] 阮仪三，邵甬．江南水乡古镇的特色与保护 [J]. 同济大学学报（人文・社会科学版），1996（1）：21–28.

Teaching Cases and Instructional Designs for the Conservation and Regeneration of Characteristic Villages and Towns

Ge Tianyang　Hou Wenjun　Yang Jianqiang

Abstract: Characteristic villages and towns in China are rich in connotation and diverse in type, and are important spatial carriers for the inheritance of Chinese civilisation and the revitalisation of the countryside. In the process of rapid urbanisation, there are practical problems such as prominent conflicts between the protection and development of characteristic villages and towns, insufficient understanding of the connotation of characteristics, and ineffective planning techniques. The teaching case takes Huizhou as the object, selects representative characteristic villages and towns, applies the methods of policy analysis and literature interpretation, and uses the means of field investigation and data analysis to condense the characteristic values of Huizhou villages and towns from the synergistic relationship of natural geography, history and humanities, social activities and production modes, and carry out the spatial gene identification from the landscape level, colony level and architectural level. Through the study and research on the cases of characteristic villages and towns in Huizhou, students can understand the basic connotation and value characteristics of characteristic villages and towns from multiple perspectives, learn and master the methods of spatial gene classification and analysis of characteristic villages and towns, explore and discuss the protection and inheritance paths of spatial patterns, architectural styles and regional cultures of characteristic villages and towns, and raise the awareness of the students of the protection of the cultural heritage and landscape styles of characteristic villages and towns.

Keywords: Characteristic Villages and Towns, Conservation and Regeneration, Teaching Cases, Teaching Design

“顺逆融通·正反嵌合·内外循环”
——“城市更新与历史文化保护”课程群的贯穿式教学探索

王 颖 杨 毅 郑 溪

摘 要： 当前，城市历史文化保护与更新已成为我国城市更新提质改造工作中不可或缺的重要一环，与其相关的理论及实践教学也为城乡规划本科高年级教学提出了新的教学命题与要求。本文课题组对固有的课程建设及教学问题进行反思，组建了“城市更新与历史文化保护”课程群，并通过多元复合“一核·多维·一环”的教学模块开展贯穿式的教学实验，以此整合“理实互动、顺逆融通”的“融贯型”教学内容，树立“研赛互补、正反嵌合”的“靶向型”教学目标，并由此构筑“产学互构、内外循环”的“齿轮型”教学机制，从而达到厚植学生专业知识素养，激发学生创新实践潜力，提高学生综合运用能力的教学目标，为培育新工科的城乡规划应用型人才提供一定的路径探索。

关键词： 城市更新与历史文化保护；课程群；贯穿式；新工科应用型人才；路径探索

1 引言

在我国新型城镇化的“存量”时代背景下，有序推进城市历史文化遗产的保护和有机更新，不仅是延续城市历史文脉的必要途径，也是在城市更新提质改造工作中平衡发展与保护的应有之义。党的二十大报告也指出，要加大文物和文化遗产保护力度，加强城乡建设中历史文化的保护传承。籍此，城乡规划的历史文化保护与更新的相关课程，作为城乡规划专业中较为系统的涉及城市更新与历史遗产保护的专业课程系列，该类课程教学不仅包含高校建筑类历史与理论学科的基本工作[1]，同时还承担了新时代城市更新中城市历史文化保护传承、城乡高品质空间塑造的教学使命。因此，这一系列课程如何加强对学生专业知识体系和复合型能力的贯穿式统筹培养；如何打破课程壁垒，实现交叉融合、互补联动、迭代共进；如何基于教学规律及产业人才需求，提升学生相应的专业技能与职业素养，促进构建能够解决复杂工程问题的学科专业群组，优化新工科交叉育人内容体系，已成为当前教学课题组研究与探索的重点所在。

2 课程建设及教学中存在的痛点及问题

“城市更新与历史文化保护”专业系列课程是昆明理工大学建筑城规学院城乡规划系整合了“规划设计（6）”“历史城镇保护与更新”“建成环境保护与更新”“地理信息系统应用”“历史城镇实地调研与测绘”五门课程，以夯实理论和提升设计能力为主旨而建设的“城市更新与历史文化保护”的课程专题系列。然而在组建初期，由于课程设置、课程对象等历史原因，出现了以下的教学痛点和问题。

2.1 课程链接松散，学生的知识吸纳碎片化、断裂化

在针对各门专业课程的考察中课题组发现，五门课程之间的链接较为松散，课程之间的关联性与结构性不足；再加之教学各自为营，缺乏协调，连贯性、系统性明显不足，甚至部分课程之间还存在数月乃至一学期的“断片式”内容脱节，从而使得这一系列的课程教学

王 颖：昆明理工大学建筑与城市规划学院副教授（通讯作者）
杨 毅：昆明理工大学建筑与城市规划学院教授
郑 溪：昆明理工大学建筑与城市规划学院讲师

成为简单累加的“课程碎片”以及随意拼凑的“课程拼盘”，学生的知识吸纳呈现出碎片化、断裂化特征，对于一些深层次理论知识存在着不理解、吃不透的现象，导致难以达到使学生掌握城市更新与历史文化保护核心知识与规划设计方法的教学目的。

2.2 课程内容交叠，学生的学习成果重复化、同质化

此外，在教学实践过程中，课题组察觉到部分课程的授课知识点也存在相互交叠现象，再加之课程时段相互交错抑或间隔过长，各门课程在教授过程中不自觉地出现某些知识点反复教授及考核，使得学生的学习成果呈现出不同程度的简单重复化和同质化现象。这些问题不但造成了教学资源与教学精力的低效浪费，还使得各门课程知识点和教学内容之间的承接关系混乱，以至于学生很难清晰把握相关知识内容之间的逻辑关联。这不仅不利于学生构建完善的知识体系，也阻碍了其专业素养的深度拓展与有效提升。

2.3 课程理实分离，学生的专业观点模糊化、表层化

从课题组对各门课程教学环节的跟踪调查时发现，“城市更新与历史文化保护”专业系列课程中虽然涵盖了理论课（“历史城镇保护与更新”“建成环境保护与更新”“地理信息系统运用”）和设计课“规划设计（6）”以及实践课“历史城镇实地调研与测绘”。课程设置虽然已较为全面，但是在具体的教学中，普遍存在理论课和设计实践课不论是课时上还是内容上，均呈现出较为松散的非相关状态，这使得专业化的系统教学被细碎剖割，从而导致学生的学术观点往往趋于模糊和游离，对专业知识解读流于浅显表层；这无疑在一定程度阻碍了学生相应规划实践与综合应用能力的深度培育。

3 “城市更新与历史文化保护”课程群的贯穿式教学探索

3.1 “一核 · 多维 · 多环”的教学课程群组建

基于以上教学痛点问题，课题组将“规划设计（6）”“历史城镇保护与更新”“建成环境保护与更新”“地理信息系统应用”“历史城镇实地调研与测绘”五门课程加以整合，进行了贯穿式的教学探索：即充分发挥各门课程的自身优势，调动、连接和整合教学环节的各个要素，组建“城市更新与历史文化保护课程群”，以夯实理论和提升设计能力为主旨，以多维度的教学模块为单元，以城市规划设计为核心，以城市更新与历史文化保护的逻辑为主线，呈现出“1+1> 2”的教学价值，建构多元复合“一核 · 多维 · 一环”（四维教学单元，一个教学核心，一条环形教学主线）的多维复合、联动循环的单元模块化教学体系（图 1）。

“四维教学单元模块”分别为：基础教学维度单元：“夯基础，渐入式”的教学模块——“历史城镇实地调研与测绘”；技术教学维度单元：“优数据，强逻辑”的教学模块——“地理信息系统运用”；理论教学维度单元：“跨学科，多主体”的教学模块——“建成环境保护与更新”；实践教学维度单元：“跨地域，多视角”的教学模块——“历史城镇保护与更新”。“一个教学核心”为：“复合联动、多向映射”的设计教学核心——“规划设计（6）”。其中，“规划设计（6）”不仅将“历史城镇实地调研与测绘”“地理信息系统运用”作为设计课的必备基础课程，而且依照设计进度安排“历史城镇保护与更新”“建成环境保护与更新”等相关支撑课程的同步教学，从而建构了“复合联动、多向映射”的“城市更

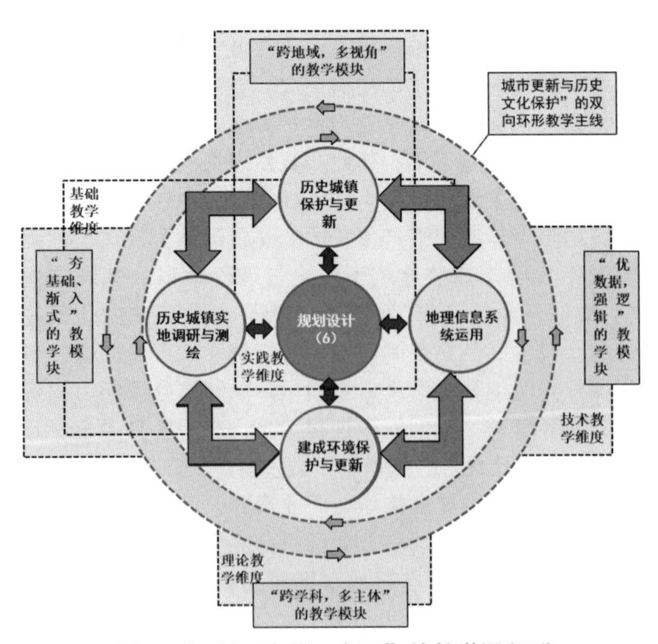

图 1 “一核 · 多维 · 多环”的教学课程群

新与历史文化保护"设计教学核心。这不但一方面便于学生对关联的规划学科及内容进一步消化与理解，及时夯实专业基础知识；另一方面自动培养和提升了学生的调查分析、综合思考与实践设计的能力。

此外，"一条环形教学主线"为"城市更新与历史文化保护"的双向环形教学主线。作为贯穿整个课程群的教学主线，它首先将原有课程体系条块分割的状况打破重组，课程流程由"单向、片段化"设置转变为"双向环形"的复合流程；其次进一步拓展充实了城市更新与历史文化保护的支撑课程群体系，使其涵盖包括社会、历史文化、经济、生态环境、地理信息、城市管理等多方面知识；再次，多层次拓展支撑课程群的教学步骤，使其不但可以在时间上灵活排布，无缝对接；最后，还能实现有序混搭，"交叉式"相互融入各门设计课程教学程序中。这不仅使课程群教学模块体系更加紧凑，设计教学与理论教学统一连贯；而且构成实现各门课程知识之间相互渗透交叉，优势互补；学生也更容易在汲取知识的过程中扩大视野，融会贯通。

基于此，课题组以城市更新与历史文化保护的逻辑为主线，以多面维度的教学模块为构成单元，以城市规划设计为核心，建构"一核·多维·一环"的多维复合、联动循环的"城市更新与历史文化保护"专业核心课程群（组），以之培养具备扎实的城乡规划学科知识与运用实践能力，能够从事城乡规划设计、管理、研究的高素质人才。

3.2 "顺逆融通·正反嵌合·内外循环"的教学特点

"规划设计（6）"（四年级）、"历史城镇保护与更新"（四年级）、"建成环境保护与更新"（四年级）、"地理信息系统应用"（三年级）、"历史城镇实地调研与测绘"（四年级）这五门本科课程虽然从属于不同覆盖面的规划层级，但是这五者之间其实存在着天然的内在结构联系，并且其各自对应的规划内容和主题在"城市更新与历史文化保护"的方向和重点上是交叉互补的。因此，课题组设立的"城市更新与历史文化保护"课程群将原有课程系列按条块分割、依托教学时序单向顺列的状况转变主线贯穿、核心为源，整合联动、双向复合、多元协同的教学体系后，具有"顺逆融通·正反嵌合·内外循环"的教学特征（图2）。

（1）"理实互动、顺逆融通"的"融贯型"教学内容

课程群强调理论课与设计课、实践课的深度融合[2]。首先，实现在同一个教学周期内选址的耦合同构（即

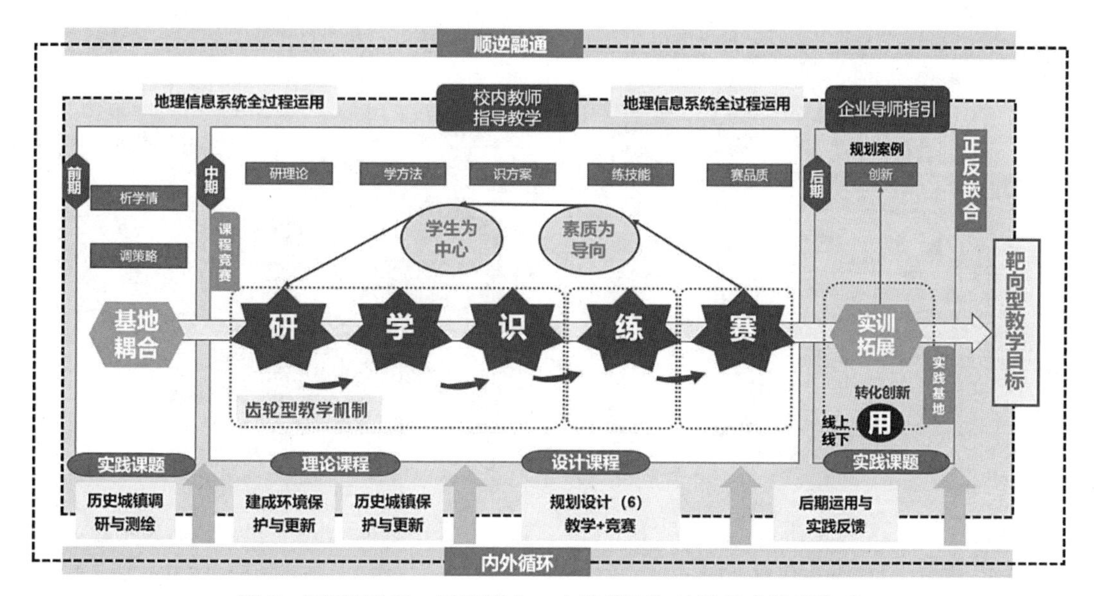

图2 "顺逆融通·正反嵌合·内外循环"的贯穿式教学体系

资料来源：作者自绘

图 3　自摄教学过程

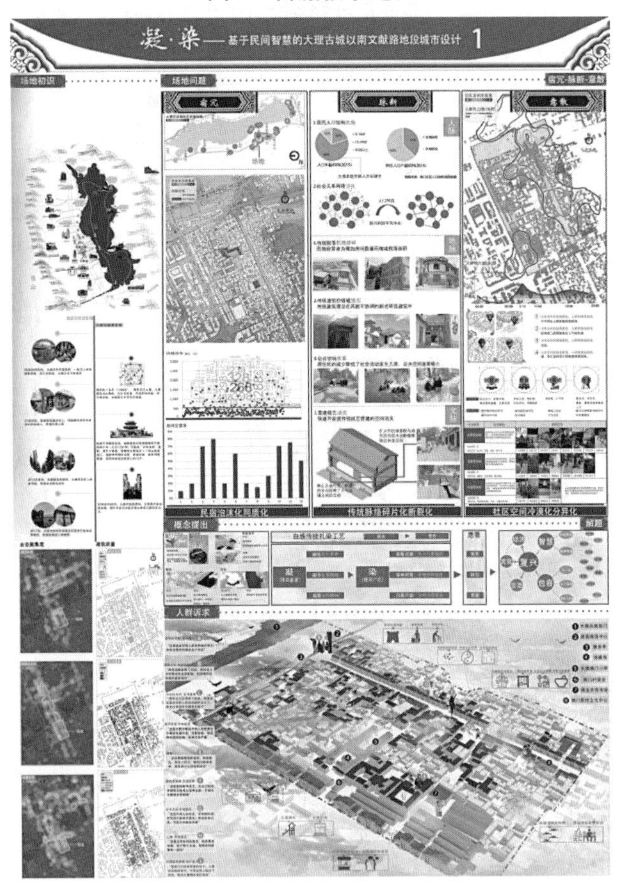

图 4　作者指导的学生作业（1）

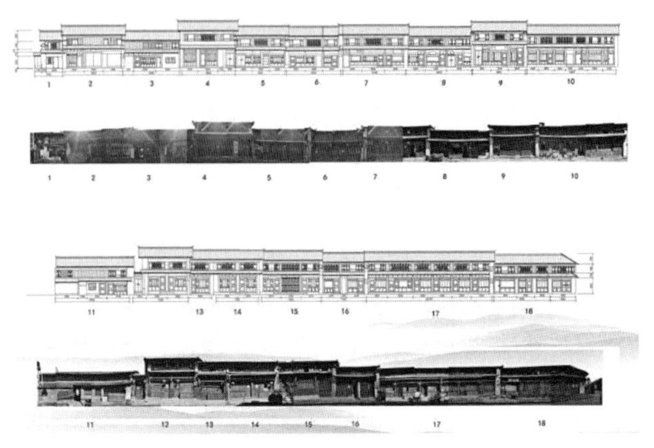

图 5　作者指导的学生作业（2）

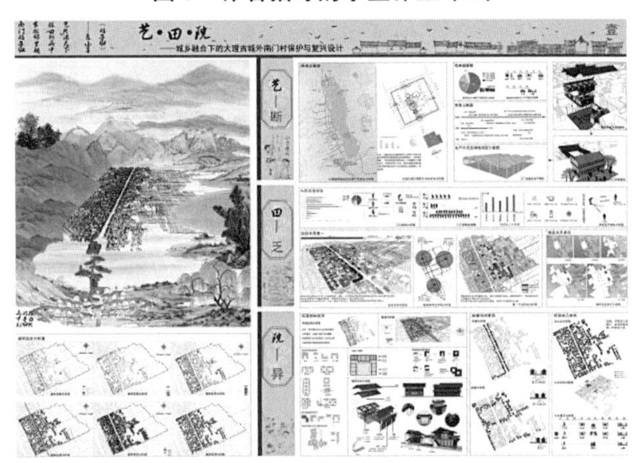

图 6　作者指导的学生作业（3）

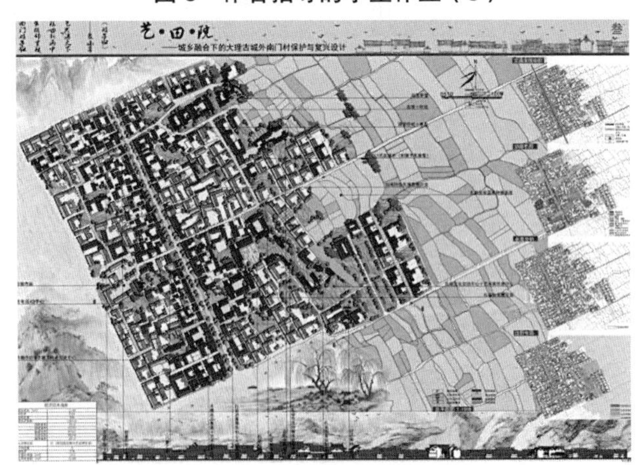

图 7　作者指导的学生作业（4）

注：图 3~ 图 7　课程群的融贯型教学及成果［图 4、图 7 为作者指导的学生作业（分别获 2018 专职委竞赛一等奖、三等奖）］

资料来源：作者自绘

两门课程的案例教学点与设计课、测绘课的研究及选址范围实现交叠同构）；由此，在研究范围的同构效应下，学生能够在不同理论学习与设计阶段开展多次对同一场域进行不同主题、不同深度的多重认知；教学组也允许学生对"规划设计（6）"的设计课程作业、"历史城镇保护与更新"的实践调研作业、"地理信息系统应用"的技术支持作业、"历史城镇实地调研与测绘"的测绘作业进行多向整合对接，各门课程作业成果及考核内容可以相互实时"反馈"，实现多次修正和完善，这样将不同层次教学目标对应的知识配置到不同的教学形式中。其次，强调在课程群内部的"理实融通"，即理论课与设计课、实践课在全链条教学过程中，从教学内容、教学角度、学习评价等维度均进行深度融合，构建和谐共生的教育新生态。由此，"融"的是理实壁垒，"通"的是课程界限。无论是从理论到实践的"顺向"推进还是从实践到理论的"逆向"思辨，均能实现知识体系的融贯，从而实现在教学过程中理中有实，实中有理，理论和实践交替进行，直观和抽象交错出现，充分调动和激发学生学习兴趣，并促进其知识迁移能力、综合专业素养的有效提升（图3~图7）。

（2）"研赛互补、正反嵌合"的"靶向型"教学目标

众所周知，高质量的城乡规划教学不仅要体现应用型人才特征，还应主动锚定社会发展需求，全方位提升培养质量，使培育的新工科人才实现从初层次的被动适应转向高阶性的主动引领。籍此，课程群不再囿于课程原来单向度的理论/实践的知识灌输型培养目标，而是主动将课程群体系（包括理论课和实践课）与学科前沿的高水平竞赛实现全过程对接，设立"以研促赛、研赛互补，正向互动、反向嵌构"的"靶向型"教学目标。将理论课的深度研究、实践课的问题研究以及设计课与高水平竞赛紧密衔接，不仅开展了正向（从竞赛目标推演教学目标）互动搭接，还实现了反向赛教嵌合（从竞赛参与效果反哺教学内容）。这不仅强化了相关专业知识传授在前沿实践应用情境中的实用价值，将教学场域从大学内部向外延展到政府、产业和社会等广阔层面；同时在教学过程中，反复的专业知识锤炼还可改变学生学习方式，提升其学习内驱力、合作能力，蕴养其批判性、创造性等高级思维能力，继而有效提升其专业素养及综合素质，为其成为高阶的全能型城市规划设计建设型人才夯实了基础。近年来，同学们高水平在竞赛中屡获佳绩，无疑是课程群"靶向型"教学目标下学科思维的浸润与体验的成果体现（图8~图10）。

（3）"产学互构、内外循环"的"齿轮型"教学机制

课题教研组以定点教学实训基地为基础，与当地规划管理部门密切合作，设置产学融合为主题教学内容的"城市更新与历史文化保护"课程群"产学互构、内外循环"的"齿轮型"教学机制。与多地政府合作，实现"产学互构"，建立多个教学实训基地（图11~图12），并以三年为一周期拟订教学计划，在同一周期教学计划中以共同基地为"城市更新与历史文化保护"课程群的主体研究对象，将课程教学与生产实践单位进行多层次对接，增设中期、后期研究与设计成果现场答辩日程，穿插安排成果实施的专题讲座，邀请外来设计生产单位专家、资深城市规划管理人员参加授课和评图答辩，并以此为依据调整教学进度与教学周期（图13、图14）；课程群教学周期结束后，将优秀学生的现状研究或设计成果通过评估后在当地进行小规模、实验性、精细化实施与管控可行性研究，施行持续跟踪和实时反馈。基于此，受政、产、学三螺旋驱动，在环环相扣、前后呼应的"内（教学体系）外（实训体系）循环"中构建了"齿轮型"的教学机制，形成了闭环的教学反馈控制系统。

这不仅使教学资源得到了最大程度的广泛运用，同时也使得学生不但能通过基础课程夯实空间认知基本能力，还能通过实训教学多维度汲取相关实践技能，从而将课程教学内化为围绕社会需求与实际问题来构建知识集群和高阶素养的交互行动。如此开放互动、全链参与、多螺旋协同共生的教学过程也进一步凸显了课程群教学适应社会发展、解决实践问题与服务应用需求的目的指向，并精准对接了规划设计的真实案例资源，激发学习者内在学习动机，完成理论知识与实践实务相结合、认知与行动相结合的教学初衷，实现规划人才质量培养的高阶性优化提升。

4 教学探索启示

知识创新能力、空间创造能力、社会服务能力三大能力是规划核心能力的三元载体[3]已成为规划界的共识。课题组对"城市更新与历史文化保护"课程群的贯穿式

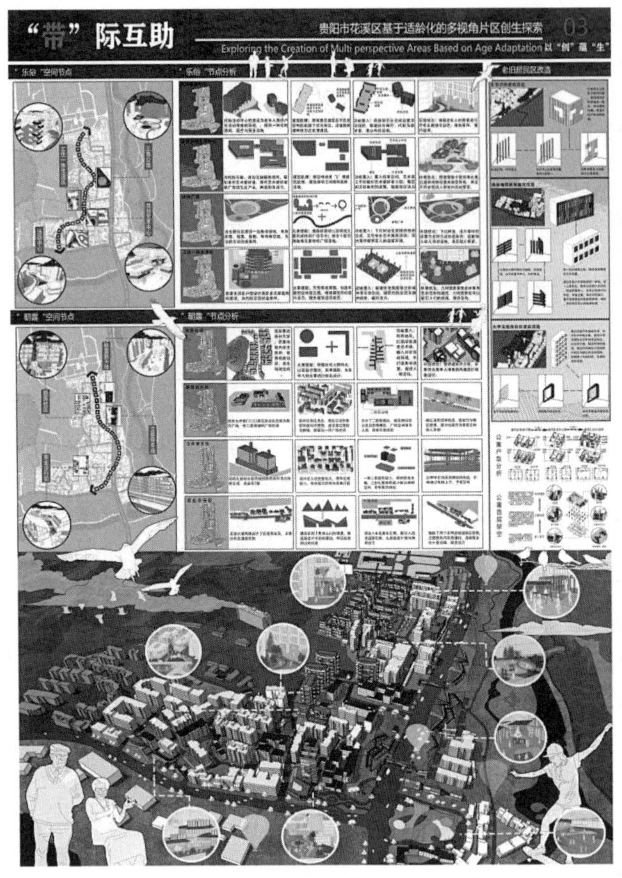

图 8　作者指导的学生作业（5）

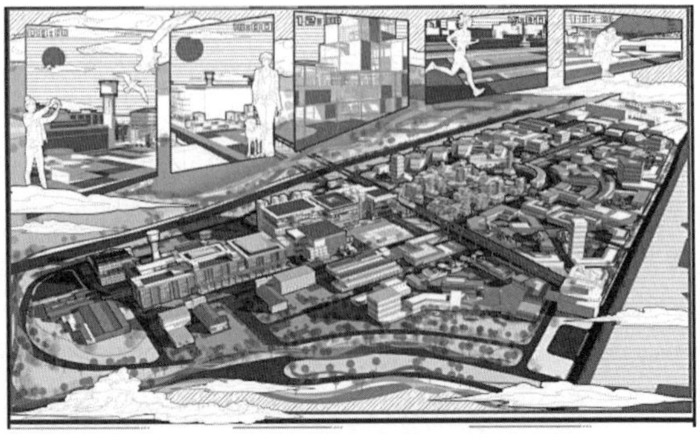

图 9　作者指导的学生作业（6）

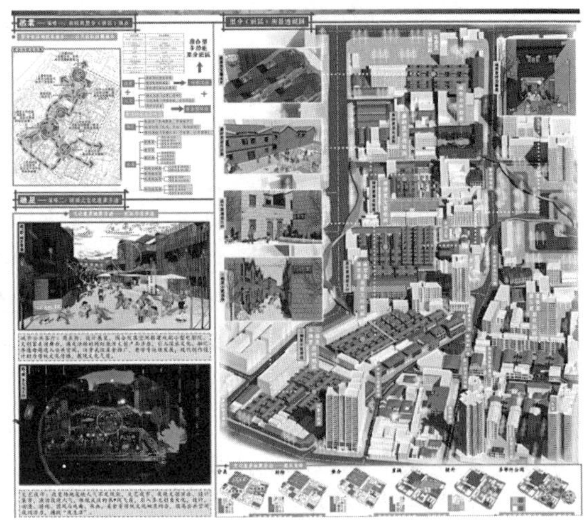

图 10　作者指导的学生作业（7）

注：图 8~ 图 10　课程群的靶向型教学成果 [图 8–10 为作者指导的学生作业（分别获 2023 全国大学生国土空间规划设计竞赛一等奖、三等奖、2023 西部之光竞赛优秀奖）]

资料来源：作者自绘

图 11　课程组在各实训基地的教学（1）

资料来源：作者自摄

图 12　课程组在各实训基地的教学（2）

资料来源：作者自摄

图 13　课程组教学邀请校外企业导师参与的实时答辩场景（1）
资料来源：作者自摄

图 14　课程组教学邀请校外企业导师参与的实时答辩场景（2）
资料来源：作者自摄

教学探索，主要目的是顺应当前城市存量更新的新时代需求，实现对三大能力的全面培育，塑造不仅具备扎实的城乡规划学科知识与运用实践能力，还富有创新思维能力和适应社会需求，能够从事城乡规划设计、管理、研究的新工科高素质人才。长路道远，吾辈继续求索。

参考文献

[1] 朱光亚．在全球化的两极张力中的建筑史教学目标讨论．挑战与机遇：探索网络时代的建筑历史教学之路 [C]//[出版者不详]：2015 中外建筑史教学研讨会论文集，上海：同济大学建筑与城市规划学院，2015：41-46.

[2] 李艳红，杨文正，柳立言．教育生态学视野下基于 MOOC 的融合式教学模型构建 [J]. 中国电化教育，2015（12）：105-112.

[3] 吴志强，张悦，陈天，等．"面向未来：规划学科与规划教育创新"学术笔谈 [J]. 城市规划学刊，2022（5）：1-16.

"Integration of Adverse and Inverse, Positive and Negative Combination, Internal and External Circulation" ——Exploration of the Through-Teaching of the "Urban Renewal and Historical and Cultural Protection" Course Group

Wang Ying Yang Yi Zheng Xi

Abstract: At present, urban historical and cultural protection and renewal have become an indispensable and important part of my country's urban renewal and quality improvement work. The related theoretical and practical teaching has also put forward new teaching propositions and requirements for the senior undergraduate teaching of urban and rural planning. The research team of this paper reflected on the inherent curriculum construction and teaching problems, established the "Urban Renewal and Historical and Cultural Protection" course group, and carried out a through-type teaching experiment through the multi-complex "one core, multiple dimensions, one ring" teaching module, so as to integrate the "integrated" teaching content of "theoretical and practical interaction, adverse and inverse integration", establish the "targeted" teaching goal of "research and competition complementarity, positive and negative integration", and thus build a "gear-type" teaching mechanism of "industry-university mutual construction, internal and external circulation", so as to achieve the teaching goals of cultivating students' professional knowledge literacy, stimulating students' innovative practical potential, and improving students' comprehensive application ability, and provide a certain path exploration for cultivating new engineering urban and rural planning application talents.

Keywords: Urban Renewal and Historical and Cultural Protection, Course Group, Through-Type, New Engineering Application Talent, Path Exploration

课程思政背景下城市更新浸入式教学改革探索*

李　勤　余传婷　张　帆

摘　要：城市更新课程作为城乡规划专业教育的重要理论及设计实践基础，从国家政策及城市建设发展理念出发，以民众诉求为规划立足点，突出文化传承的内容，实现建设人民城市的最终目的。因此，在课程专业教学中有效地渗透和融合思政内容，对于提升高校学生规划专业素养和思想政治素养，对于促进全面成才具有重要的现实意义[1]。本文以北京建筑大学的城市更新规划设计课程为例，通过深入剖析课程中的思政元素，提出多样化的融合方式，并结合实际教学案例进行说明，为城乡规划专业课程的思政教学主题提供改革建议及措施。

关键词：城市更新；课程思政；浸入式教学

随着中国城镇化阶段的转折和国土空间规划体系的建立，为解决城市发展难题，实现城市可持续发展的目标，做好保护与利用、减量与增质已成为城市发展不可逆转的历史潮流。北京建筑大学作为北京市属唯一建设类高校，为北京城市建设、更新、保护等提供重要的教育保障。其中，城市更新规划设计课程是城乡规划专业教育的重要理论及设计实践基础。

北京建筑大学的城市更新课程主题及内容契合国家首都功能核心区更新规划，支撑国家提倡的文化自信、文化传承、人民城市等政策方针，对人、社会、自然、城市有着非常深刻的探索。为了提升高校学生规划专业素养和思想政治素养，课程紧抓城乡规划专业教学与思政教育之间最核心的“融点”，提倡以人为本，从民众诉求出发，突出老城街区文化传承的内容，达到为人民建设更美好城市的最终目的，实现全方位教育的有效渗透和融合。

1　思政融入专业课程教学的重要性

1.1　思政课程走向课程思政，有利于推动思政课程的拓展与创新

社会多元化复杂语境中，单纯凭借思政课来引导大学生价值逐渐凸显许多问题，此种形势下发挥全课程与多方位育人成为当前一项重要教学目标。北京建筑大学借助教育改革的机遇，以精确改革课程为背景，探索建设更综合的教学体系以适应德才兼备、全面发展这一根本要求。城市更新工作涉及的内容广泛，既包括服务设施的完善、文化资源的传承、城市肌理与形态保护等，也涉及经济发展，居民生活、人口结构等内容。课程在教学过程中需要引导学生“以人为本”的社会价值观，培育学生从民生出发的规划设计思维。

在城市更新的课程教学中，以社会主义核心价值观为指导，既彰显知识底蕴对价值传播的意义，还要突出价值引领对知识传播的重要性，从而确保全方位育人。通过浸入式的课程思政教学，树立正确的价值观，增强学生的社会责任感，极大地开阔了课程思政育人视野，并丰富了课程教学组织方式，为课程思政实施提供了多样化和立体性空间。

---

*　基金资助：北京市高等教育学会课题 MS2022276；中国建设教育协会课题（2019061）；北京建筑大学研究生教育教学质量提升项目 J2024004。

李　勤：北京建筑大学建筑与城市规划学院教授
余传婷：北京建筑大学建筑与城市规划学院在读研究生（通讯作者）
张　帆：北京建筑大学建筑与城市规划学院教授

1.2 课程思政走入实践育人，有利于全方位培育新时代学生价值观

课程思政走向课程实践，可以突破原有第一课堂的空间局限，将学生学习城市更新规划各个过程与思政相融合[2]，并通过浸入式的课程思政教学，树立正确的价值观，增强学生的社会责任感。“浸入式课程思政教学设计”的核心思想是基于课程的思政主线和主题，对课程内容体系进行重新构建。此设计方法将教学内容细分为多个教学项目，每个项目都与其特定的德育目标（思政主题）、知识目标和能力目标相对应[3]。对于每一个教学项目，教师都会选择合适的实例和资料，从而构建一个互相匹配的教学策略，也就是“项目任务—思政主题—思政契合点”，并通过这种方式进行教学设计。学生能够在实践中深度融入思政教育，将主题思政理念贯穿于整个教学过程中。

教师通过设置具体的项目任务，来引导学生在实践中进行思考和探索，发展他们的批判思维，提升解决问题的能力。而思政主题作为教学目标的核心，能够帮助学生理解和认识社会现实，形成正确的价值判断和人生观。这种教学方式极大地开阔了课程思政育人视野，丰富课程教学组织方式，为课程思政实施提供了多样化和立体性空间，切实提高课程思政思想深度、思维广度以及实施效度，从而真正促进课程思政不断完善和创新。

2 思政背景下浸入式课程改革关键问题

2.1 因材施教——选取合适的教学方法

因材施教是教学的原则，只有符合学生的实际情况的教学方法才是最佳选择。因此，在选择教学方法的过程中，课程组的老师根据教学内容的具体需求及学生的接受能力，将课程内容以问题为中心展开设计。在教师的引导之下，学生分组独立进行信息的收集、计划的制定、方案的设计、项目的执行以及评估的反馈，这种教学方式有助于激发学生的学习热情并提升教学效果，真正体现了以学生为中心的教育理念。

2.2 客观评价——建立综合教学评价体系

传统的评估方式往往局限于学生最终的学习成果，不能对学生学习情况有一个完整的认识。为促进项目教学与课程思政落实，课程组优化评价方式，从以结果为中心的评估方式转变为全程的评估方式，构建多元化、综合性、全流程评价体系，对学生学习情况做出客观综合判断。在此基础上，对学生的学业表现给予肯定，并为他们提供指导。

教师在注重对专业技能的评估的基础上，还要更加重视对非专业技能的评价。非专业技能可以说是一个人综合素质的体现，既包括学生阅读、书写、语言表达、沟通、创新、展示、合作和问题解决等显性能力，也包括他们的隐性能力，如自信、心理承受能力和意志力等方面的表现。综合能力的提高有助于提高学生对社会价值取向的判断能力，并增强他们适应工作和社会生活的多种能力。

2.3 及时反思——教学反思及时全面

在整个教学流程中，教学反思被视为一个关键且不可或缺的环节。“浸入式课程思政教学设计”主张在教学过程中进行及时和全方位的反思。所指的“及时”是指在特定的某个教学阶段结束后立刻对课堂教学活动及其效果进行持续观察与思考，分析教学内容的适应性，教学策略的适当性，并做出正确评价。它既能促进提高教师教学能力，又有利于提升学生学习兴趣、提高课堂效率。“全方位”标准不仅涵盖了教师在教学过程中的反思，更为关键的是学生在学习过程中的反思，在此基础上，教师与学生可以更深入地理解并优化教学流程，从而进一步提高教学的品质。

3 课程思政背景下城市更新浸入式教学实践路径探索

3.1 专业内容与思政案例的精心打造——优化调研要点

在城市更新规划设计的课程教学中，课程组有机融合了教育性、知识性和技能性的教学目标，将学生的专业技能与社会责任感、科学素养与人文素养结合在一起，培养学生的物质形态设计操作能力与城市问题系统分析研究能力。产生城市问题的原因错综复杂，因而教学重点由以“形体空间的运作”为主转向以“对城市问题的探索”为主，引导学生从城市更新的多维视角出发，以问题为行动导向，在课程设计中反映出城市保护与振兴的方向及居住者、使用者的诉求，并深入挖掘和

表达城市的特色形象，通过创新方式从实践中求解城市更新领域所面临的问题和挑战，确切针对目前城市问题提出科学理性的规划方法。

在调研环节，除了物质空间的现状研究，要求学生从以人文本思想出发，从使用者群体的角度出发，详细了解历史街区居民的感受，并掌握不同人群对历史街区发展的构想，通过一对一访谈、调研会、发放调研问卷、微信小程序等多种方式，探索居民的真实需求以及历史街区所面临的实际困境（图 1）。

此外，引导学生在调研中探寻城市的文化内涵，考量城区的历史变迁和自然地形，关注街区的人文特征和民俗风情。一方水土养一方人，这个人文“水土”孕育出了当地人的气质，进而形成了独一无二的人文特征。要了解当地人的意识形态，可以从各种古代县志、族中家谱、名人传记、文献典籍，甚至是石刻碑文等物质遗产中进行挖掘。也可以从民俗出发，参考《旅游资源分类、调查与评价》，从民族特色、风俗习惯、地方信仰、民间工艺、地方曲艺、特色服饰、饮食文化等方面进行系统收集（图 2）。

最后在调研的基础上理清街区存在的社会特征、过去的生存基础、如今面临的矛盾和未来发展的机遇，从而为后面有针对性地提出相关的保护和更新策略打好基础，使城市的文化持续合理存在，甚至重新焕发新生，成为现代民众认可、追求、珍惜的宝贵财富。学生对西

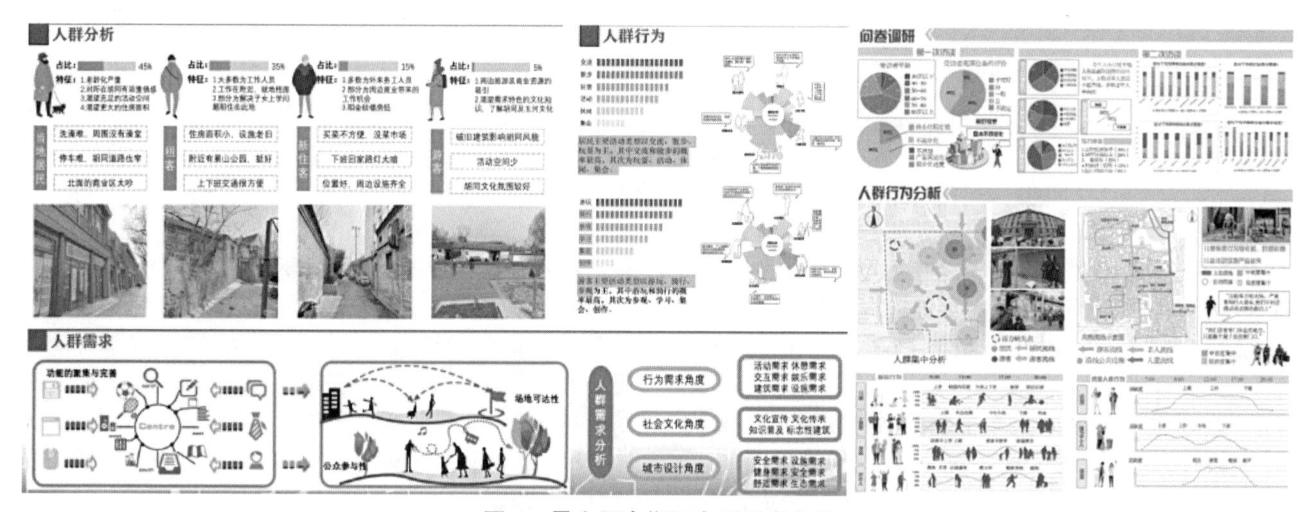

图 1　景山历史街区人群调查分析

资料来源：北京建筑大学城乡规划学生作业

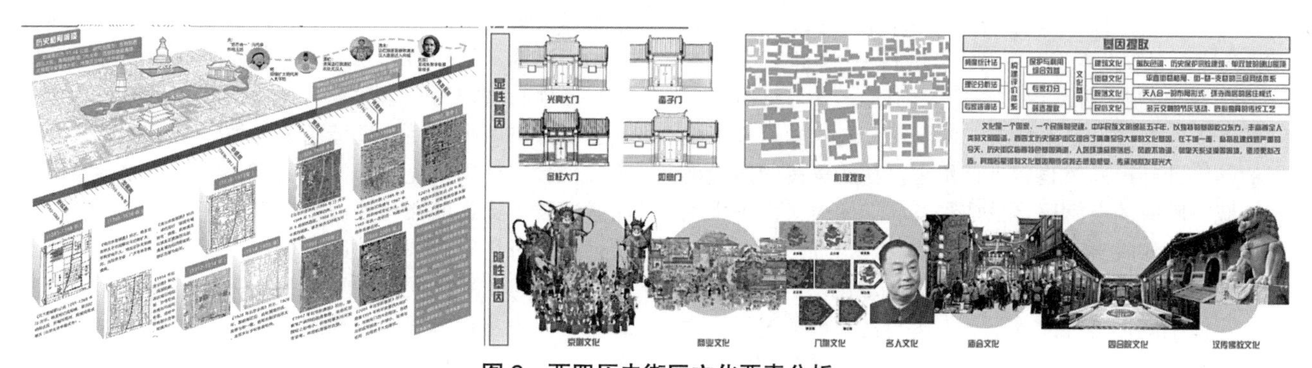

图 2　西四历史街区文化要素分析

资料来源：北京建筑大学城乡规划学生作业

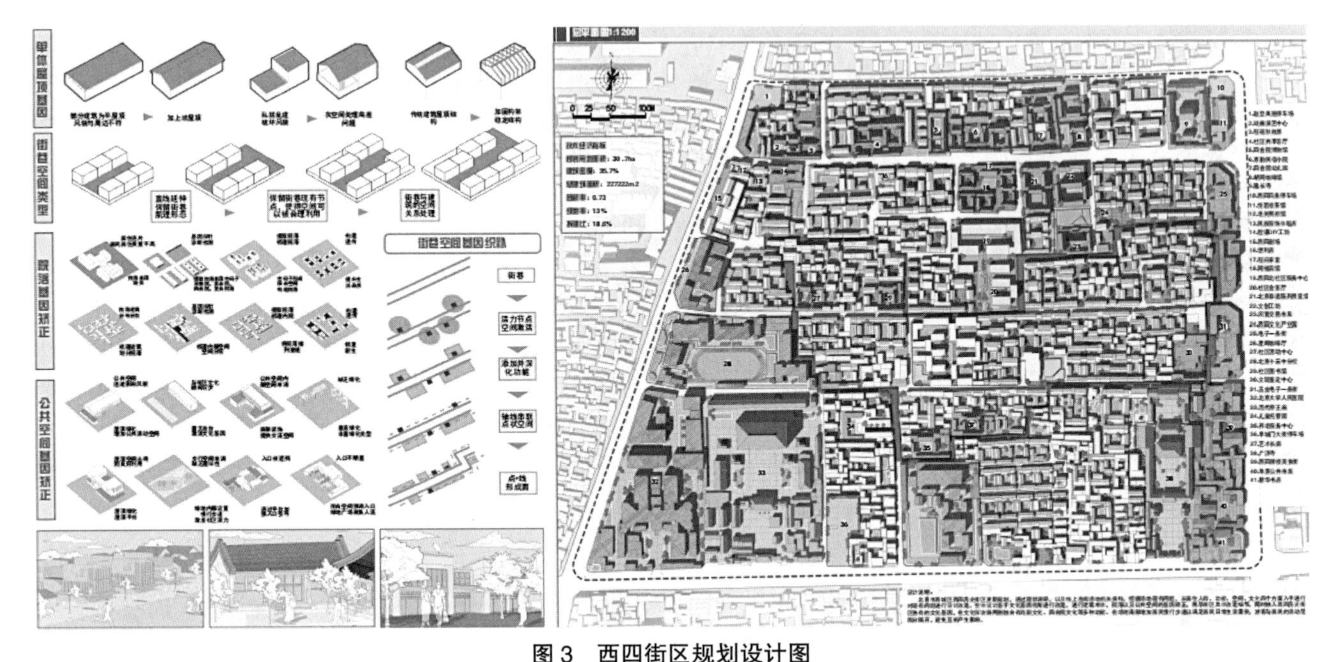

图 3 西四街区规划设计图

资料来源：北京建筑大学城乡规划学生作业

四街区进行保护更新时，基于显性文化基因和隐性文化基因两个方面对街区进行分析和提炼，并将其融入后期的规划设计中，对文化的传承进行了深入的思考（图 3）。

3.2 规划教学与思政人本主题的融会贯通——重构设计方向

城市更新课程侧重于实践性，在实践过程中塑造学生正确的社会价值观，带领学生从社会民生视角出发，在规划设计过程中更加注重民众诉求，强调规划设计即为人民建设美好城市的本质，培养学生人文情怀的设计思维，将教学内容与思政人本主题在设计思想上融会贯通。

在具体的规划设计过程中，创建一个完整的历史区域系统，其核心是人的参与和贡献。在这里，人不仅指的是设计师，同时也包括使用者。随着居民的建设活动，城市原有的空间逐步形成和发展；同时又由于生活方式及居住环境的改变而不断被新的物质形式所填充。居民的空间观念在城市内空间中逐渐渗透，是一种有意义的实体空间形态在无意识状态下自然形成的过程，也反映了居民对空间概念和当地建筑文化的深刻理解。因此，在进行空间设计时，引导学生在深入理解和尊重原有空间的前提下，结合当前的新需求进行设计，从使用者的实际体验出发，构建一个与时代和人文紧密相连的社会生活背景。西四街区保护规划课程项目中学生从使用者的“五感”出发进行研究，探讨人与环境之间的联系，并将传统文化要素渗透其中，在保证原有城市肌理的情况下，从空间重组、生活赋能、文化载入、感知提升、文化传递五个方面入手，提升居民幸福感与舒适感（图 4）。

城市更新不仅包括物质空间结构的更新，还涉及各类建筑与空间的实际利用问题，这就需要物质空间结构和经济活动的同步更新。崇外大街三号地课程项目学生从场地和城市两个角度进行切入，而城市角度又分为社会和经济两个层面。场地角度努力恢复旧日街区的风貌；社会层面则是让这里的人文风俗得到延续，经济层面通过挖掘街区的文化价值，推动其产业价值。学生在规划中完善街区内部的道路设施，对街道、院落、边角空间等进行重新梳理与利用，并从传统居住模式中汲取经验，在改善现有居住条件的基础上，在地块的西北部建立了青年人使用的工作室，同时在西部设置了青年公寓，通过人居环境的提升以及文化、经济和社会的多元

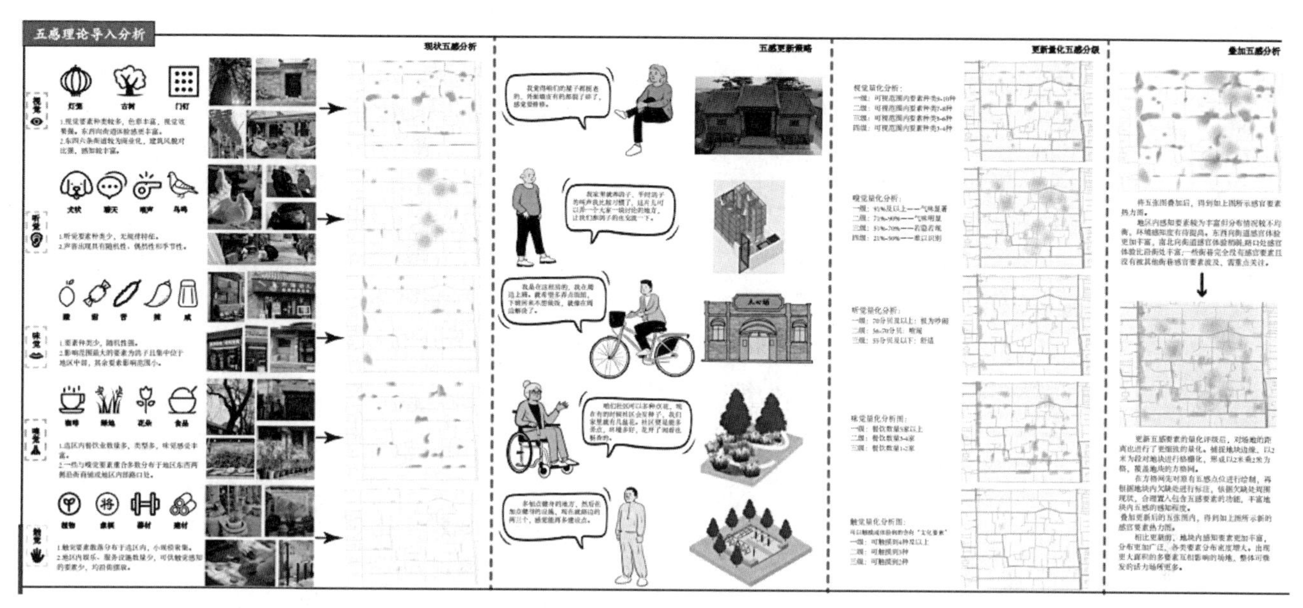

图 4　西四街区“五感”研究

资料来源：北京建筑大学城乡规划学生作业

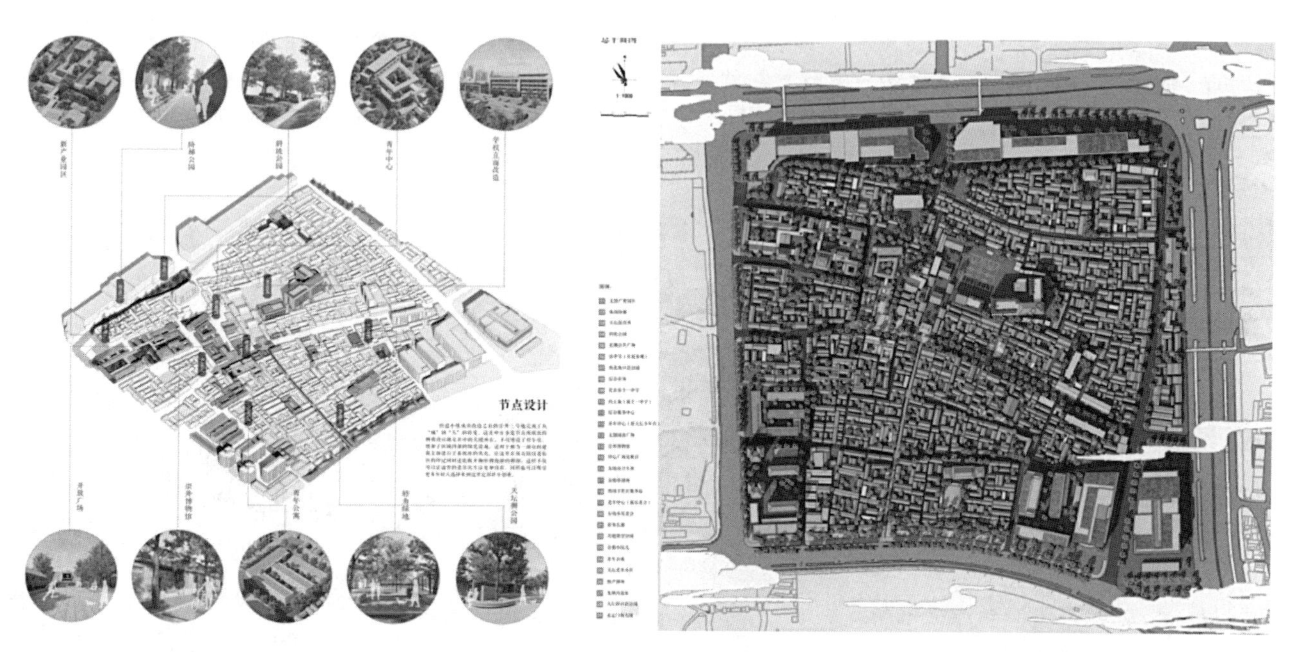

图 5　街区规划设计图

资料来源：北京建筑大学城乡规划学生作业

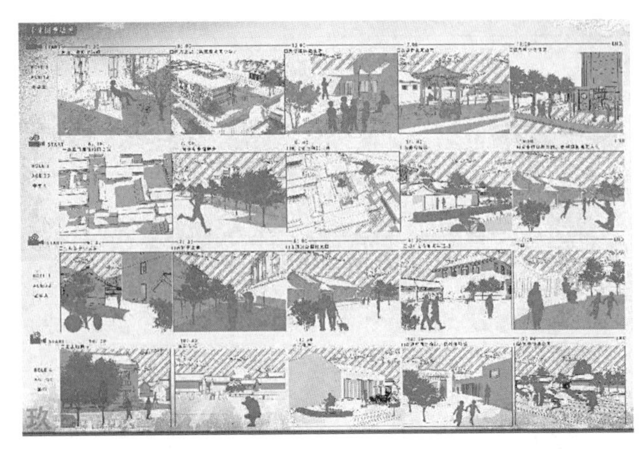

图 6　景山街区生活空间展示

资料来源：北京建筑大学城乡规划学生作业

化可持续发展，实现崇外大街三号地街区整体的可持续发展（图 5）。

在景山街区保护更新的课程设计中，学生从空间尺度及空间次序的视角来解读，保留了传统庭院空间的职能与元素，并按照现代的城市网格修改为更为宜人的庭院空间尺度，同时建立了庭院、街巷、微空间、公园等一系列的层状空间体系，满足居民的日常活动需求（图 6）。

3.3　课程设计与时代思政的共生统——提升成果质量

城市更新既要保存城市历史变迁的痕迹，相对完整地展示某个历史时期的传统面貌和地方特色，又要对包含居住条件、生态环境、基础设施和公共服务设施等内容在内的人居环境进行优化。这对城市建设发展是至关重要的，新时代城市由高速发展转变为高质发展，要从人民需求出发，从城市底蕴出发，规划出更加适应于人民生活的美好空间。

（1）城市文化主要囊括城市地理、历史、城市形态布局要素以及历史事件等方面。为传承这些文化，需要从宏观、中观、微观三个角度结合城市和规划区域现状进行综合剖析。在宏观层面，重点考虑城市的历史和资源，进行全局规划。中观层面侧重于分析和提取街区内的城市形态要素，并提出相应的文化传承策略。微观层面则主要关注建筑内外空间的设计，融入适当的文化元素。学生从功能、空间、文化和社群四个方面对西草红庙街区进行研究，引入共生理论，提取共生四要素，建立共生单元，通过抽丝剥茧、去芜存菁、织“草”街城、穿花纳锦四个篇章展开规划设计，实现街区的“和而不同，美美与共”（图 7）。

（2）文脉留存是城市更新的前提，以此形成特点

图 7　西草红庙街区保护规划

资料来源：北京建筑大学城乡规划学生作业

鲜明的区域文化特质，避免更新中“同质化”问题。应充分利用城区现有环境，合理介入当代设计思维，保护和修缮有价值的历史建筑，保留和维持街巷格局，适当植入公共空间和新生功能，激活并展现老城区的文化价值、功能价值和美学价值（图 8）。构建动态化文化传承模式，为传统文化注入活力。考虑文化传承，但也需要引入新兴文化，与城市发展相协调，构建多元城市文化，鼓励不同文化交融互动，实现文化共生（图 9）。

（3）激发市民参与作为形式表达的补充，将文脉与新旧建筑建立起解释性的关联。建筑作为形与用的复合体，文脉传承除了通过其形态进行延续之外，与“用”所关联的场景或事件亦是关键因素之一。场景的延续、

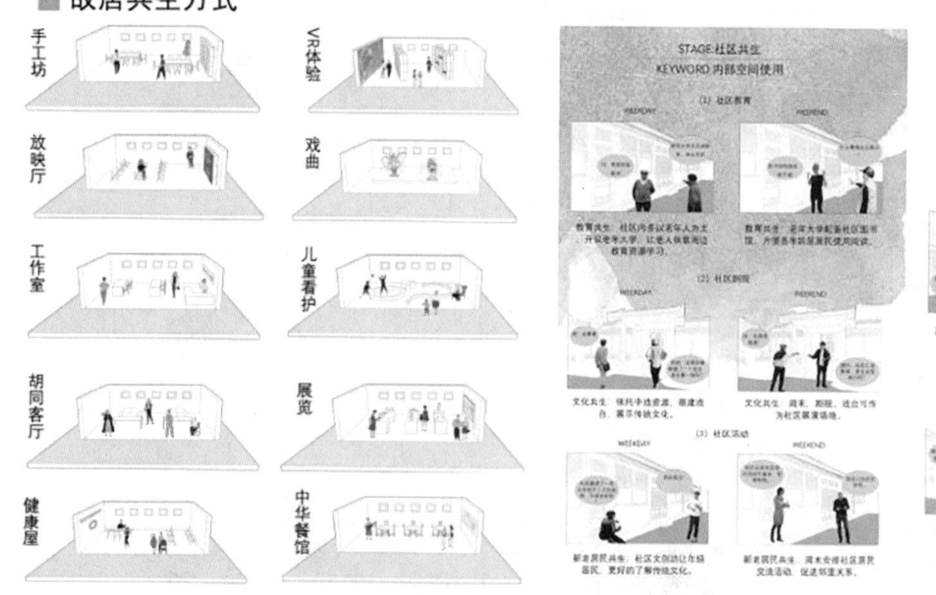

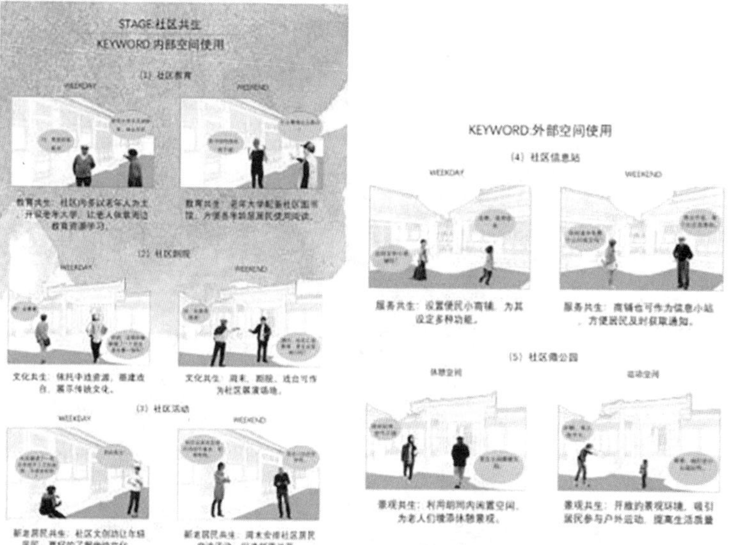

图 8　新功能促进共生

资料来源：北京建筑大学城乡规划学生作业

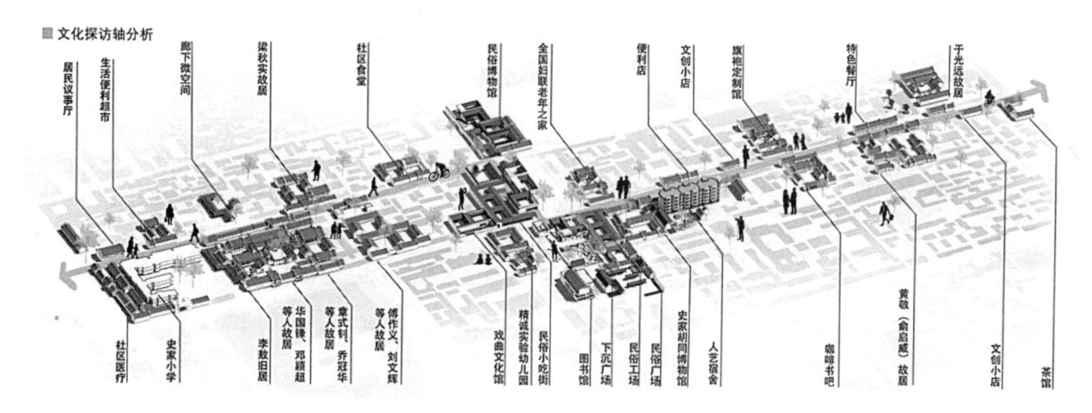

图 9　东四南历史街区文化探访路设计

资料来源：北京建筑大学城乡规划学生作业

再现将使历史建筑转向更深层次的文化意义的延续和创造。在东四南历史街区保护更新课程设计中，学生对院落围合关系和空间尺度进行了深入解读，在此基础上设计出共同养老、青银共居和年轻人居住的几种新的居住院落（图 10）。同时，结合北京的植物文化去塑造活动类型和场景（图 11）。

4 结语

课程思政在培养人才方面，主要融合了德与道的元素以及才与术的培养，通过培养学生内心深处的理想和信念，可以有效地激发他们的学习热情和精神状态，切实提高专业教育的全面性与完整性。北京建筑大学的城

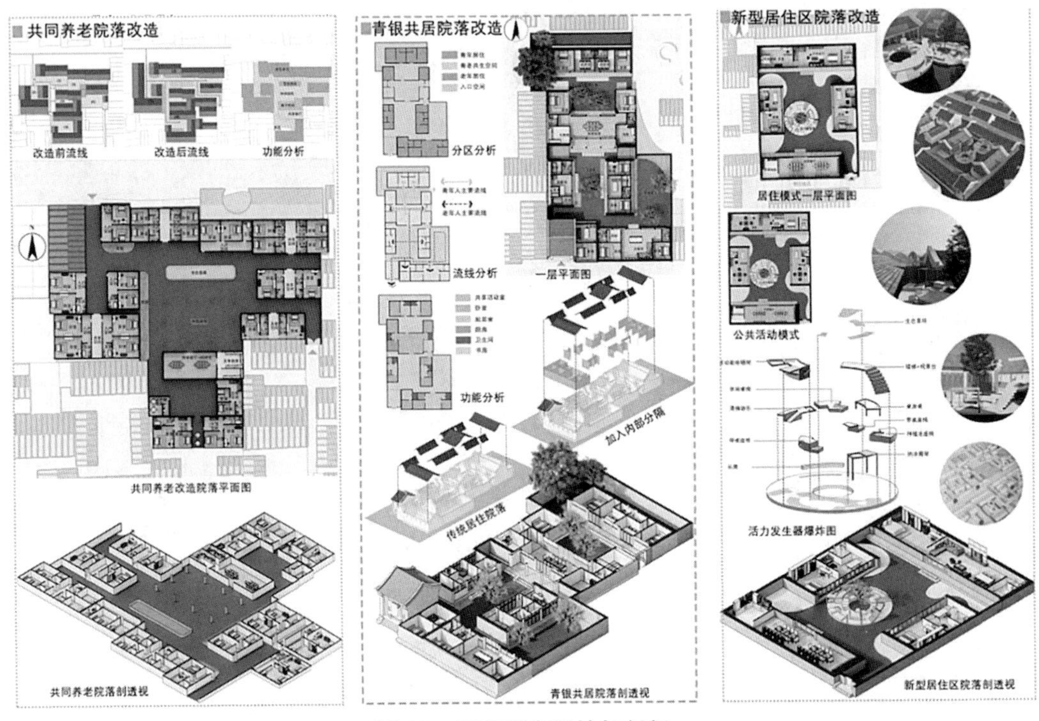

图 10　院落形态保护与创新

资料来源：北京建筑大学城乡规划学生作业

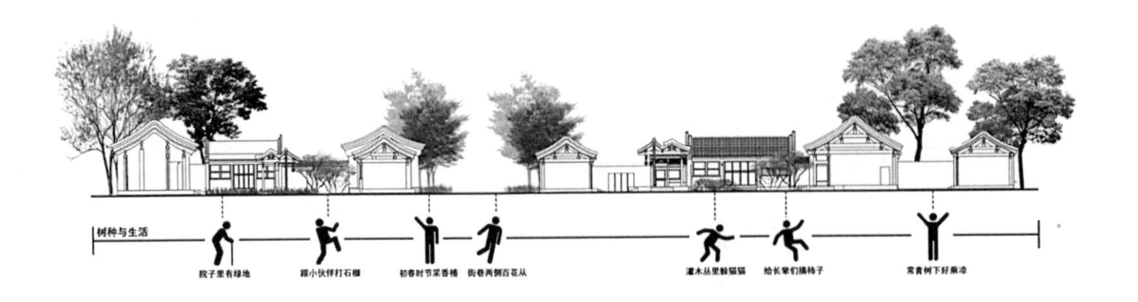

图 11　植物与居民

资料来源：北京建筑大学城乡规划学生作业

市更新“浸入式”思政教学方法，根据其独特性深入分析思政的各个元素，并将其有效地整合到课程教学中。通过将更新规划的内在逻辑和为人民城市服务的思想与知识点、案例和技能教学全面融合，培养学生的价值观教育和学术素养，使其更加清晰地认识到城市更新规划的重要性，对更新规划发展的方向也有了更加准确的把握。在整个教学过程中，学生展现出了浓厚的爱国之情、探索的欲望和高度的自尊，学会以人民的视角去社会中探寻、剖析和解决问题，专业热情和自信心也在实践中得到了显著的提升，并锻炼他们将理论知识应用到实践中的能力，从而实现预期的教学成果。

未来课程组考虑邀请学生辅导员参与专业的教研活动，或者共同创建课程思政工作室，这样可以实现学工线与教学线的有效合作，不仅可以帮助辅导员更深入地掌握专业知识，还能使专业教师更深刻地认识到思政教育的核心价值。

城乡规划专业的学生普遍对于在课堂外和社会上进行实践活动充满热情，在教学中将更加充分考虑学生的特点和需求，采取适合他们的教育方式，积极倾听他们的反馈意见，并逐步在师生互动中找到最优的途径，实现知识和技能的传授与思想和价值观的引领相结合的理想状态。

此外，课程还将结合相关课程进行整体规划，制订一套综合完备的课程思政教学体系和架构，不同的课程可以互相补充和融合，发挥协同作用。这样有助于确保教学改革的协同性和系统性，为培养出优秀的城乡规划领域人才提供有力支持，从侧重于知识与技能连接的研究推动转向以知识、能力和素质为基础的多目标对接。

参考文献

[1] 冷红，袁青，于婷婷．国家战略背景下乡村规划课程思政教学改革的思考——以哈尔滨工业大学为例[J]. 高等建筑教育，2022，31（3）：96-101.

[2] 王郦玉，高向东，李卓航．课程思政延伸至学生社区第二课堂的实践路径探析[J]. 黑龙江教育（理论与实践），2022（6）：1-5.

[3] 张喆．高校园林规划类课程思政建设探索与实践[J]. 现代园艺，2022，45（12）：195-197.

[4] 刘悦，黄娅，张李楠．乡村振兴背景下体验式课程思政模式探究——以景观规划设计课程为例[J]. 河南农业，2022（18）：9-10.

[5] 赵衡宇，陈雨萌，李贵华．《历史街区》课程的教学思考——图示再现、形式创造与认知更新[J]. 创意与设计，2018（2）：81-89.

[6] 林峰，史恒，黄国华，等．“大思政”视域下“无线网络规划与优化”课程教学思考[J]. 科教导刊，2022（18）：96-98.

[7] 金万富，杨高．区域分析与区域规划课程思政元素教学融入与思政目标[J]. 高教学刊，2022，8（19）：170-173.

[8] 王立科．《园林规划设计》课程思政教育改革探究[J]. 现代农村科技，2022（8）：79-80.

[9] 刘剑锋．城市认识系列实践课程的教学探索——从系统分解到众筹组合[J]. 建筑创作，2019（3）：175-180.

[10] 郭丽娟，李书亭．课程思政视域下城乡规划专业课程教学改革探索[J]. 黑龙江教育（理论与实践），2022（7）：76-78.

[11] 周红，郑善文，郭俊明．《历史文化遗产保护》课程“体验式教学”初探[J]. 内蒙古师范大学学报（教育科学版），2016，29（9）：142-144.

[12] 付影，郭丽娟．基于“OBE”理念下的旧城改造课程教学模式探析[J]. 黑龙江教育（理论与实践），2019（Z1）：81-82.

[13] 龚迪嘉．“道”“术”并重的“城乡规划交通学”课程思政教学改革[J]. 安徽建筑，2023，30（1）：105-107.

Exploring the Reform of Urban Renewal Immersion Teaching in the Context of Curriculum Thinking and Politics

Li Qin Yu Chuanting Zhang Fan

Abstract: As an important theoretical and design practice basis for urban and rural planning professional education, the urban renewal course starts from the national policy and the concept of urban construction and development, takes the people's demands as the planning foothold, highlights the content of cultural heritage, and realises the ultimate purpose of building a people's city. Therefore, the effective penetration and integration of the content of ideology and politics in the professional teaching of the course is of great practical significance for enhancing the planning professionalism and ideological and political literacy of students in colleges and universities, as well as for promoting comprehensive success[1]. This paper takes the urban renewal planning and design course of Beijing Architecture University as an example, through in-depth analysis of the Civic and political elements in the course, proposes diversified integration methods, and combines with actual teaching cases to illustrate, to provide reform suggestions and measures for the Civic and political teaching theme of urban and rural planning professional courses.

Keywords: Urban Renewal; Curriculum Civics; Immersion

基于混合式教学的社会学理论课程融合城市更新实践的探索

王安琪　武前波　陈梦微

摘　要：通过城市更新提升城市功能品质已成为存量时代规划实践的重要内容。由于更新过程涉及多元参与主体，并且需要协调差异化的居民需求，因此，社会学相关的基础理论和知识对开展城市更新具有支撑作用。本研究将基于混合式教学模式综合开展社会学理论课程融合城市更新案例的教学，以提升学生应对城市更新实践项目的能力。研究首先挖掘线上教学资源，运用其核心优势功能促进学生对知识点的系统学习；其次，探索“线上学习＋线下授课研讨＋教学实践”的混合式教学模式，结合社会学理论与城市更新案例，开展混合式教学实践；最后，评价并总结混合式教学模式的优势及效果，进一步提升学习效率与教学质量。

关键词：混合式教学，线上线下融合，社会学理论，城市更新，规划实践

1　引言

城市更新时代，将存量规划和微更新理念融入城乡规划专业课程教学并推进更新人才培养的探索备受关注。城市更新过程涉及多方参与主体，而政府、市场、居民之间以及不同居民群体之间存在差异化的更新需求，开展社会调查有助于深入了解多方主体需求并探讨多主体利益权衡的方法路径。因此，将社会学理论及调查课程融入城市更新案例的教学改革，对于提升学生城市更新实践的能力发挥了积极作用。与此同时，混合式教学模式把传统教学方式和网络化教学优势相结合，既发挥教师引导、启发、监控教学过程的主导作用，又充分体现学生作为学习过程主体的主动性、积极性与创造性，已经成为信息化教学模式的主流，为城市更新课程优化设计提供了新的发展方向。

本研究将基于混合式教学模式综合开展“城市社会学”“社会发展与城乡社区规划”课程的教学改革及实践。首先，开展相关研究综述，充分挖掘线上线下教学资源，构建教学资源系统及教学模式框架；其次，探索“线上学习＋线下授课研讨＋教学实践”的混合式教学模式，开展混合式教学实践；最后，基于学生反馈，评价并总结混合式教学模式的优势及效果，进一步促进学习效率与教学质量的提升，培养学生开展城市更新实践的能力。

2　混合式教学模式设计

2.1　教学模式设计研究综述

（1）混合式教学研究综述

混合式学习最早就是将传统学习方式和网络学习的优势结合起来，做到优势互补（何克抗，2004），之后其内涵不断拓展，现多指在适当的时间，采用正确的信息技术，将学生学习环境和学习资源与活动融合，从而使学生形成或提高相应的能力，达到最优的教学效果（李逢庆，2016）。通过混合式教学有利于培养学生的创新能力、沟通能力、合作能力和提高学生对知识的接纳能力（冯川钧，2017），为高校培养创新型人才提供了可靠理论支撑（陈婧，2022）。

混合式教学的理论支撑主要包括建构主义理论和联通主义理论。基于建构主义的“教师主导—学生主体”教学核心理念以及“深度交互”和“翻转课堂”等教学活动，极大地调动了学生学习的积极性，培养锻炼了其独立思考和创新能力（陈朝晖等，2018；赵文杰等，2019）。基于联通主义理论指导的混合式教学则借助互联

王安琪：浙江工业大学设计与建筑学院讲师（通讯作者）
武前波：浙江工业大学设计与建筑学院教授
陈梦微：浙江工业大学设计与建筑学院助理研究员

网技术，使学生自身内部和外部网络连接，从而构建新的知识网络，提升交互沟通协作的能力（马婧，2019）。

经过近二十年的研究与实践，混合式教学工具功能逐渐与课堂教学相融合，并且在实践实证方面取得了较大成就。专家学者将SPOC、MOOC、微课、翻转课堂、雨课堂和微助教等多种教育教学新模式进行整合与创新，通过智慧教学工具促进教学智能化、精准化、个性化，学生获得知识和能力提升的美好学习体验，已初步形成高等教育发展的新格局（李祁等，2019；何宗樾等，2024）。综上可知，混合式教学强调教学理念、教学环境、教学资源、教学内容、课堂组织形式、教学方法和学习方式等方面的相互融合，在城乡规划教学研究领域有广阔的应用前景。

（2）城市更新教学研究综述

随着城市更新教学改革的不断深入，城市更新教学正逐渐形成一个多维度、跨学科、与实践紧密结合的体系。系统架构方面，清华大学教学团队讨论了如何在保持城市设计教学传统的同时，注入新的教学理念和方法，将历史文脉保护与现代设计理念相结合，培养能够适应新时代城市发展需求的设计人才（钟舸等，2023）；内蒙古工业大学教学团队从生态马克思主义的视角出发，深入探讨了“大思政”背景下城乡规划专业更新类课程的改革策略（白洁，张立恒，2023）；湖北工业大学教学团队（曾毓隽等，2023）聚焦存量更新语境下“城市设计课程群”的构建与思考，以培养更具前瞻性和实用性的设计人才。课程教学模式方面，陈月、周炫汀和吴彤（2022）以苏州陆慕老街片区实践课程为例，详细讨论课程内容的更新、教学方法的创新以及与地方实际需求的结合方式；许昊皓、邱士博、彭科等（2023）以长沙火车站片区为例，探索了文化传承背景下的存量更新式城市设计教学，并提出了结合地方特色的教学方法，以培养学生对城市历史文脉的理解和尊重。

已有研究成果不仅提供了丰富的教学改革思路，还强调了更新实践在促进城市可持续发展、文化传承以及提升学生专业能力方面的关键作用。从趋势上看，更新案例被更多地融入城市规划实践教学课程（王辉等，2018），将城市更新设计理论与实践案例结合的重要性也日益凸显（吴一凡，向雨鸣，2023）。本研究将在融合混合式教学与城市更新实践的基础上，聚焦社会学相关理论的应用，进一步探索城市更新教学方法及模式，以加强理论教学与更新实践的联系。

2.2 混合式教学资源及其特点

（1）城市社会学线上资源

“城市社会学”“社会发展与城乡社区规划”等课程将引进以下两类线上教学资源：①国家高等教育智慧教育平台的MOOC课程，包括西安交通大学的国家一流课程“社会学概论”以及北京大学课程“社会调查与研究方法”。②WUPENiCity调研竞赛的历年调查报告竞赛获奖作品。线上资源以专业知识点为教学单元，依据课程内容的相互关系，形成专业核心知识教学体系；将社会调查基本方法、城乡社区发展理念的内涵特征、现实意义以及社会学研究思路进行外延拓展。

（2）城市更新实践案例

城市更新实践环节，团队将选取杭州市老旧小区改造案例以及公园改造项目，依托教师主持或参与的横向课题，引导学生参与到实践过程中真题真做，完成课程作业。对于低年级的同学，要求走进城市旧区和项目现场实地开展调查，熟练运用存量空间的调研方法，理解与掌握如何对收集的资料进行处理与分析，并以小组形式完成城市更新社会调查报告，提交成果并汇报答辩。对于高年级的同学，要求在现状调研的基础上，进一步探讨实践案例更新策略、重要节点改造等的主要原则与主要内容，并以小组形式完成社会调查及空间更新方案设计成果。

（3）课程教材及相关文献

课程选取《城市社会学》《城乡空间社会调查—原理、方法与实践》等高等学校城市规划专业系列教材，以及相关主题的研究论文。要求学生掌握城市社会学基础概念、城市社会结构、城市社会分层与流动、城市社会空间结构、城市空间隔离与融合等知识，学习并应用城市社会学调查方法、城市社会学定性及定量分析方法等。

混合式教学的线上及线下教学资源的总结见表1。

2.3 “社会学理论—城市更新实践”融合设计

（1）教学模式及内容

混合式教学包括线上学习、线下研讨、教学实践

混合式教学资源总结 **表1**

资源类型		资源内容	资源利用方式	评估方式
线上资源	网络 MOOC 课程	"社会学概论"	社会学理论学习	课堂习题
		"社会调查与研究方法"	调查分析方法学习	课堂习题
	WUPENiCity 调研竞赛	历年调查报告竞赛获奖作品	课堂讲授及讨论	自评估及作业展示
线下资源	课程教材	"城市社会学""城乡空间社会调查—原理、方法与实践"	课堂讲授及讨论	课堂习题及作业展示
	更新实践案例课题	杭州市老旧小区改造案例	实地考察、政府访谈、问卷调查、	更新建议及作业展示
		杭州市公园改造调查课题		

资料来源：作者自绘

三个环节。课前学生自主学习线上相关课程（占总教学内容的 20%），课中教师讲授、学生课堂研讨延伸学习（占总教学内容的 40%），实践环节学生进行更新案例调研、数据收集及分析等，并由老师进行全过程指导（占总教学内容的 40%）。混合式教学模式设计及教学内容安排（图 1）。

（2）教学设计过程回顾

教学模式设计随着教学次数的增加不断调整，教学模式演变分为以下四个阶段。第一阶段为传统接受式的线下教学，开展城市社会学的课程讲授，过程中发现学生对于社会学统计方法以及软件的掌握情况存在差异。第二阶段，引入线上的统计教学资源和自学辅导教学模式，学生可以根据自己的情况和需求进行线上学习。第三阶段，教师参与更新实践项目，将学生作业从假题假做的社会调查转为真题真做的更新项目调查作业，以提升探究式教学环节的质量。但学生在完成城市更新社会调查作业时，反映较难将理论与实践结合起来。因此，第四阶段加了范例式教学内容，引入 WUPENiCity 调研竞赛获奖报告，开展课堂讨论，开阔学生的思路，培养学生将社会学理论与更新实践课程相互结合的综合能力。

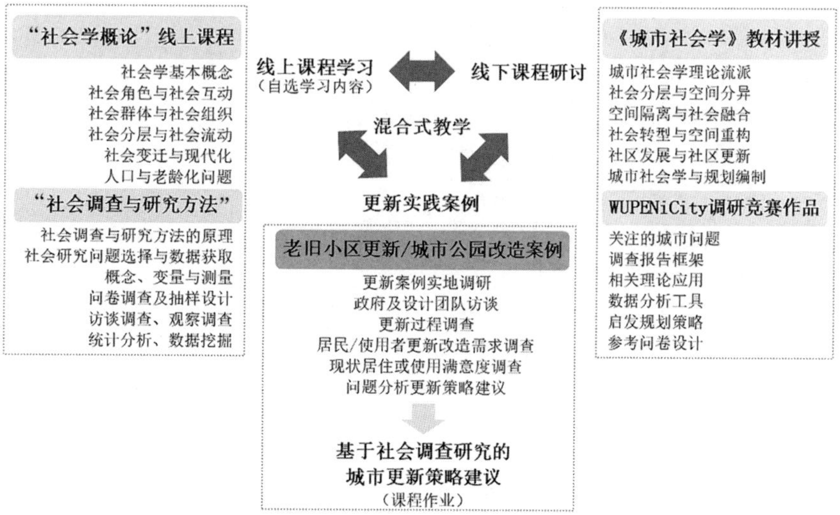

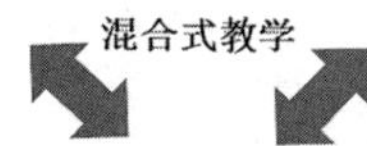

图 1 混合式教学模式设计及教学内容安排

资料来源：作者自绘

3 教学反馈及讨论

3.1 学生反馈及应对策略

在课程结束后开展问卷调查，收集学生对课程学习的反馈。调查结果显示，学生学习过程的主要问题和难点集中在理论学习、调研实践、数据分析、理论与实践相结合等四个方面。教学团队针对学生反馈的问题进行了相应的教学调整，并应用在下一个班级的教学中。学生的问题反馈及教师的应对措施（表2）。

3.2 不同教学资源的优化利用

对于混合教学资源，教学团队发现不同的教学资源对于学生知识的学习和能力培养的支撑作用存在差异。基于不同教学资源和模式的差异化特征，总结出混合式教学三大模块对教学目标的支撑关系（表3）。

以线上 WUPENiCity 调查报告为例（图2），学生们认为针对报告的学习讨论对“了解调查报告的框架”“设计问卷”“认识社会问题”“学习和应用相关理论”方面有较大帮助，但是在“学习数据分析工具”和

学生对教学过程的问题反馈及应对措施　　表2

教学环节		具体问题	应对措施
理论学习	课堂讲授	（1）可以再生动一点，多安排点视频观看； （2）希望听到更多辩证的观点与案例，激发大家对社会现象的讨论，对于名人的案例讲解可以更加细致	理论教学结合案例讨论，增加生动性
	互动讨论	互动式教学本身是好的，但是部分内容和实际教学内容关系不大，稍微有点冗杂	
	课堂测试	（1）课前复习题可以多点； （2）做题时间太短了； （3）有复习测试的前一次课可以告知下周需要测试； （4）题目太难，无法真正记在脑子里，正确率不高	测试聚焦重点知识点，增加次数和时间
调研实践	调研基地	（1）课题调研基地太远了	自行选择参与课题；增加方法讨论
	实践指导	（1）实际操作性环节可以多一些； （2）希望在研究方法的应用方面获得更多指导	
数据分析	软件学习	（1）增加上机实践，使用数据分析软件分析数据； （2）减少 SPSS 软件操作部分，统计学基本概念和模型稍微深入一些，结合实际应用案例会更清楚	加入线下资源，由学生根据自身需求学习软件及方法
	分析方法	（1）社会调研后期的数据分析中可能会有一点难； （2）希望多接触一些统计方法，便于社会学研究	
理论与实践相结合	结合方式	（1）作业刚开始不太明确方向，不知道怎么推进； （2）如何让理论更有趣具体？但平时也会结合案例； （3）调查报告没有办法和课程同步推进，或许可以减少些理论学习，多进行调研报告的讨论和研究； （4）一下子去调研有些一蹴而就	先理论讲授，理论讲解时结合案例；后调研实践，分析讨论时结合理论；增强理论与实践的前后呼应和互动
	结合程度	作为一种视角的提供还是不错的，但想给予学生多大的社会学知识能性很低。大家只是为了去完成这个作业，看不太到社会学的东西	

资料来源：作者自绘

混合式教学三大模块对教学目标的支撑关系　　表3

教学模块	知识目标	能力目标	素质目标
线上资源学习	掌握知识点及方法	应用知识分析解决问题	激发自主学习的积极性
线下授课及范例研讨	理解及应用知识点	培养参与讨论及理论结合实践的能力	培养批判性思维
更新案例实践	掌握城市更新调查研究内容	应用知识和方法解决实践性问题	增强团队合作、实践性、创新性

资料来源：作者自绘

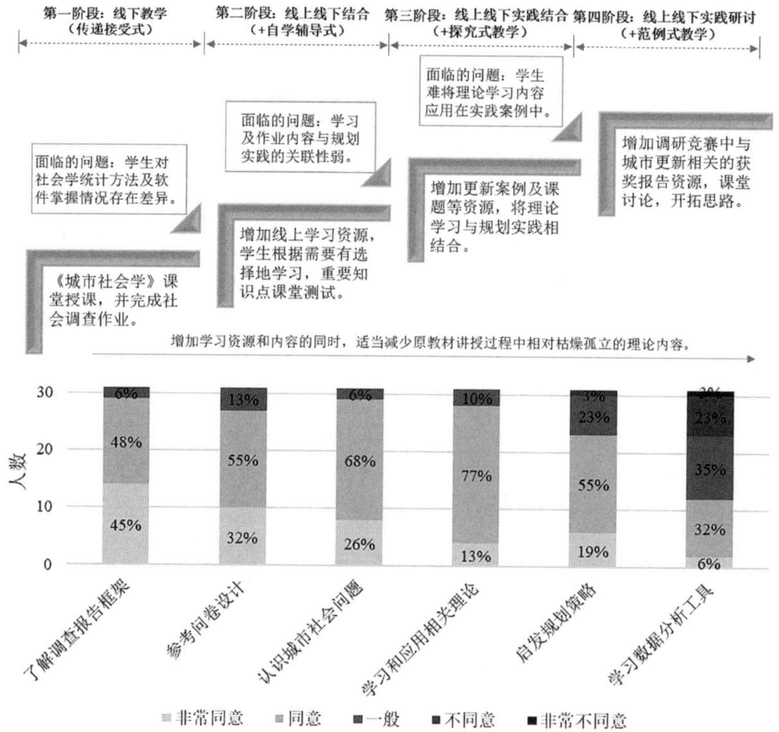

图 2 “社会学理论—城市更新实践”融合教学设计过程

资料来源：作者自绘

图 3 学生对线上调查报告资源利用效果的反馈

注：问题为“是否认同调查报告讨论在以下方面有帮助？”

资料来源：作者自绘

“启发规划策略”方面的帮助并不大，需要结合其他教学资源进一步完善数据分析、规划策略等内容的学习。

3.3 面向城市更新的混合式教学探索

混合式教学需要科学有效的教学系统来支撑教师的教学和学生的学习，对老师的教学能力和学生的自主学习能力都提出了更高的要求。如何能够更好地利用不同教学资源的优势，系统构建高效的教学模式，是面向城市更新的混合式教学需要重点探索的内容。在城市更新前期，深入的社会调查有利于规划者了解城市现状、识别城市问题、评估城市更新需求、优化城市更新方案以及增强公众参与和认同感，为城市更新决策提供有力的支持。因此，“社会学理论—城市更新实践”融合的课程设计，有利于培养学生应用知识和方法解决更新实践性问题的能力，值得在未来的教学中持续探索。

4 总结

社会学相关的基础理论和知识对开展城市更新具有支撑作用。本研究基于混合式教学模式综合开展社会学理论课程融合城市更新案例的教学改革，探索“线上学习 + 线下授课研讨 + 教学实践”的混合式教学模式，以提升学生开展城市更新实践的能力。教学模式设计随着教学次数的增加不断调整，经过四个阶段的发展，逐渐融合了传统接受式教学、自学辅导式教学、探究式教学、范例式教学等多种教学方式，以充分发挥不同教学资源的特色优势及不同模式的积极作用，培养学生将社会学理论与更新实践相互结合的综合能力。在存量规划的发展趋势下，更多的更新案例将被引进城市规划实践教学中，将城市更新设计理论与实践案例结合的重要性日益凸显，混合式的城市更新教学方法有待持续探索。

参考文献

［1］ 白洁，张立恒．“大思政”背景下城乡规划专业更新类课程改革策略——以生态马克思主义为视角 [J]. 华中建筑，2023，41（6）：146-149.

[2] 陈婧．论基于混合式教学的高校创新人才培养模式 [J]. 中国人民大学教育学刊，2022，12（1）：87–98.

[3] 陈月，周炫汀，吴彤．更新导向下的城市设计课程教学改革探索——以苏州陆慕老街片区为例 [J]. 城市建筑空间，2022，29（10）：84–87，106.

[4] 陈朝晖，王达诠，陈名弟，等．基于知识建构与交互学习的混合式教学模式研究与实践 [J]. 中国大学教学，2018，40（8）：33–37.

[5] 冯川钧．高校混合式教学存在的问题及对策分析 [J]. 中国成人教育，2017，26（21）：82–85.

[6] 何克抗．从 Blending Learning 看教育技术理论的新发展：上 [J]. 电化教育研究，2004，25（3）：1–6.

[7] 何宗樾，王希茜，唐孝文．基于“SPOC+ 翻转课堂”的混合式教学设计研究——以金融经济学课程设计为例 [J]. 高教学刊，2024，10（12）：108–111.

[8] 李逢庆．混合式教学的理论基础与教学设计 [J]. 现代教育技术，2016，26（9）：18–24.

[9] 李祁，杨玫，韩秋枫．基于雨课堂的智慧教学设计与应用：以《大学计算机基础》为例 [J]. 计算机工程与科学，2019，41（S1）：139–143.

[10] 马婧．联通主义视域下高校混合式教学研究 [J]. 河南大学学报（社会科学版），2019，59（6）：123–127.

[11] 王辉，程晓青，尹思谨．城市微更新的理论探索与思辨——“大栅栏微更新”的教学探索（二）[J]. 世界建筑，2018，（6）：110–114，12.

[12] 吴一凡，向雨鸣．城市更新背景下地方高校建筑学专业课程教学实践探讨——以城市设计课程为例 [J]. 四川建筑，2023，43（2）：347–349，352.

[13] 许昊皓，邱士博，彭科，等．文化传承背景下存量更新式城市设计教学探索——以长沙火车站片区为例 [J]. 华中建筑，2023，41（11）：167–174.

[14] 曾毓隽，涂康玮，尚伟．存量更新语境下“城市设计课程群”的构建与思考 [J]. 华中建筑，2023，41（6）：128–131.

[15] 赵文杰，冯侨华，张玉萍．基于构建性学习的“互联网 +”混合式教学理论研究 [J]. 黑龙江教育（高教研究与评估），2019，74（4）：24–26.

[16] 钟舸，边兰春，黄鹤．守正与创新——保护更新时代背景下的清华城市设计教学探索与思考 [J]. 城市设计，2023（2）：6–17.

Exploration on the Integration of Theoretical Sociology Curriculum with Urban Renewal Practice Based on Blending Teaching

Wang Anqi　Wu Qianbo　Chen Mengwei

Abstract: Improving the quality of urban functions through urban renewal is an important part of planning practice under the background of non–expansion development. Since the renewal process involves a variety of participants and needs to coordinate differentiated residents' needs, the basic sociological theories and knowledge play a supporting role in carrying out urban renewal. This study explores teaching reform by comprehensively integrating sociology theory courses with urban renewal cases based on the mixed teaching modes, so as to improve students' ability in urban renewal practice. Firstly, online teaching resources with their core advantages were adopted to promote students' systematic learning of related knowledge. Secondly, the mixed teaching mode of "online learning + offline teaching and discussion + teaching practice" was applied, and mixed teaching practice was carried out in combination with sociological theories and urban renewal cases. Thirdly, the advantages and effects of blending teaching mode were evaluated and summarized to further improve learning efficiency and teaching quality.

Keywords: Blending Teaching, Online and Offline Integration, Sociological Theory, Urban Renewal, Planning Practice

面向城市更新的城乡规划“政产学研用”融合教学研究与实践探索*

郑善文　张　健　汪坚强

摘　要：培养面向城市更新的城乡规划新型、复合化人才是新时代城乡规划学科和专业建设的重要任务与目标。本文旨在新工科背景下构建以学科引领、产教融合、研学共享的人才培养新理念，打破教学体系壁垒，秉承“以学生为主体”的人才培养核心理念，探索“课学”为核心、“政研、产用”为两翼，“政产学研用”融合的新型育人模式，打造产教融合、协同育人的教育示范样板，制定“知识、能力、技能”三位一体目标系统，以培养面向城市更新的城乡规划“综合化、复合型、应用性”专业人才，并形成可推广的教研成果，推动城乡规划专业教育创新和学科高质量可持续发展。

关键词：城市更新；政产学研用；融合教学；改革与实践

1　引言

城乡规划专业教育，是支撑自然资源与城乡建设事业人才及技术的重要保障，自 1952 年院系调整、同济大学首先开设城市规划专业以来，七十余年的城乡规划专业教育培养了大量专业技术人才，为我国城镇化与现代化进程，特别是改革开放后的快速城镇化与社会经济发展作出了巨大贡献。

然而，当前我国大部分城市地区已由传统的“增量”和“新城、新区”时代的规划，转入“存量”主导的“城市更新”时代，面向巨大的城市更新发展需求与人才缺口，亟须城乡规划及建筑学等相关专业在教学方法中提出应对措施。对城乡规划专业而言，传统教学模式过于侧重空间设计表达与思维训练，学生创新能力与产学研综合素质培养相对不足，对标城市更新，亟须探索新的教学设计路径。因此，在我国城乡高质量发展关键阶段，结合城市更新需求，完善城乡规划课程教学体系，以优化城乡规划学科建设为目标探索课程体系的优化路径，有助于更加科学、高效地培养符合时代特征与发展需求的城乡规划专业人才。

2　城市更新有关背景

快速城镇化进程促进城市人口、经济、产业高度集聚，却也引发了生态环境恶化、交通拥堵等负外部效应，同时城市人居环境也面临空气污染、热岛、内涝等严峻现实问题，在老城区、中心城区更为明显，这些成为中国可持续发展进程中的问题 [1]。为此，我国也进行了一系列顶层设计与总体部署，为城乡规划未来发展与转型提供指引：党的十八大提出的“新型城镇化”明确提高城镇化质量的要求，如何把城镇化的最大内需动力和改革的最大红利释放结合起来是未来发展必须高度关注的重大问题 [2]；十九届三中全会新组建的自然资源部与后续建立的国土空间规划体系则反映了生态文明建设和国土空间管控的要求 [3]。整体而言，城乡规划面临着

*　基金资助：北京工业大学教育教学研究课题“高水平研究型大学建筑类创新人才产教融合、校企合作协同育人机制探索与实践”（编号：ER2024SJA04）。

郑善文：北京工业大学城市建设学部建筑与城市规划学院副教授
张　健：北京工业大学城市建设学部建筑与城市规划学院教授（通讯作者）
汪坚强：北京工业大学城市建设学部建筑与城市规划学院教授

重要转型：由追求高速发展逐渐转向追求精准管控与适当"减速"，侧重点由增量扩展转向存量发掘，城市发展方向由注重规模总量转向内涵质量的提升，这对城乡规划学科和专业教学均提出新的挑战。

在此背景下，"城市更新"于2019年12月的中央经济工作会议首次在国家层面提出，并于2021年3月首次写入《政府工作报告》和"十四五"规划，由此城市更新上升为国家战略，并在全国范围内全面展开。党的二十大报告指出"加快转变超大特大城市发展方式，实施城市更新行动，加强城市基础设施建设，打造宜居、韧性、智慧城市"。其中实施城市更新行动，是适应城市发展新形势、推动城市高质量发展的必然要求，是坚定实施扩大内需战略、构建新发展格局的重要路径，是推动城市开发建设方式转型、促进经济发展方式转变的有效途径，也是推动解决城市发展中的突出问题和短板、提升人民群众获得感、幸福感、安全感的重大举措。

在新的历史时期，城市更新的原则、目标与内在机制均发生深刻转变，包括城市功能优化、人居环境改善、民生福祉提高和社会经济活力提升等多个方面已成为我国新发展阶段城市规划和建设的主要工作。此外，"城市更新"作为与存量发展和存量规划密切相关的一个概念，强调城市建成环境的整体质量提升[4]，这种质量提升不仅仅针对传统规划所关注的土地利用方式的转变，还包含城市品质提升和功能优化、活力创造；不仅具有经济意义，还有丰富的社会和文化内涵[5]。因此，作为当前及未来城市规划的重要任务，将城市更新与教学、研究、实践相结合，是培养新时代规划师的关键内容，面向城市更新的城乡规划教学研究亟须跟进。

3 面向城市更新的城乡规划教学瓶颈分析

3.1 城市更新侧重存量规划，给城乡规划教学提出新要求与挑战

（1）更关注"人"的使用需求和学科交叉

与增量规划不同，存量规划需要面对更复杂的既有建成环境、权属关系、社会网络，尤其是关注"人"的使用和需求，不再是"白纸上做规划"，所需的不仅仅是传统空间规划的专业知识，更需要跨学科的综合能力，因而要求在教学中培养涉及公共政策、管理学、经济学、社会学、计算机等跨学科的相关知识及学习能力，在教学过程中需要从注重"形体空间操作"向重视"城市问题探究"转变。

（2）面临更复杂的综合性问题

存量更新将涉及更多居民个体的利益、面对更复杂的社会关系与诉求，这些复杂情景无法通过简单的"任务书"进行描述，而需要深入调查、切身感受居民诉求，因而需要将教学与更新实践更紧密地结合，培养学生应对复杂问题的解决思路，需要探索更加多元化的教学方式，例如将课堂教学与现场调研启发、实施现场实践等结合，拓展课程教学的深度[7]。

（3）面临更加动态和更多的不确定性，由重设计转向重运营治理

原先强调规划的权威性特征、使其在编制完成后往往不得随意改动，需"一张蓝图干到底"，而城市更新却更具有动态的特征，且随实际情况而不断变化，由注重设计转向注重运营治理，这要求教学中更多体现规划的可持续性与运营治理研究，对特定研究范围进行长期关注。

3.2 面向城市更新的有关城乡规划教研探索与尝试

面对存量时代的城市更新要求，各高校在教学研究团队配置、课程设置、实践教学等方面进行了一系列积极尝试与探索（笔者梳理部分结构关系如图1所示）。

（1）教研团队方面

部分高校设置了以城市更新为研究对象的教学研究团队，例如同济大学设立了"城市设计与城市更新"学科团队，承担城市开发控制、城市设计和城市更新领域的课程建设、教学、科研和社会实践等工作；天津大学设立了"城市更新与社区营造科研团队"，聚焦于以人为本的发展观念，重点关注以老旧城区、老旧住区为抓手的"城市更新"模式，致力于社区建成环境的品质提升和场所营造；西安建筑科技大学的"城市设计研究中心"关注"自下而上"渐进式更新对城市的作用与价值，强调学生"在地"了解社会现实与大众需求，市民"在场"通过公众号等平台提出意见，立足西安开展城市更新研究与空间设计实践。

部分高校在相关学院中有相应设置，如清华大学公共管理学院设有"城市更新与治理研究中心"，致力于城市更新发展中的全局性、综合性、战略性课题开展

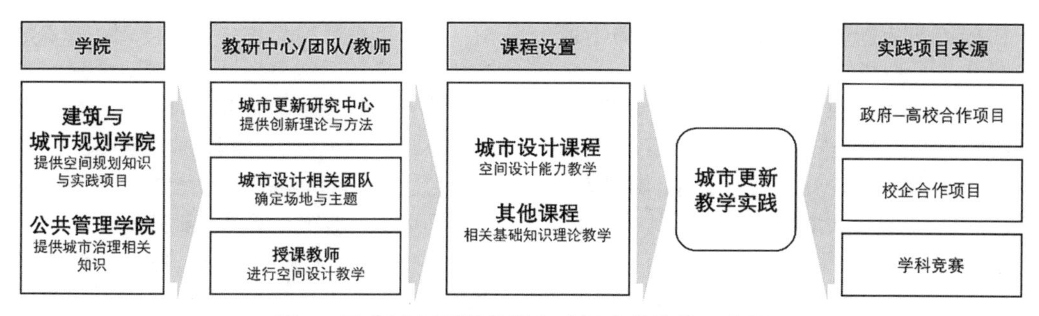

图 1　已有城市更新教学实践探索的结构示意图

资料来源：作者自绘

理论和应用研究、政策咨询、学术交流、人才培养、技术服务等活动，旨在提高中国城市更新研究与实践的水平；重庆大学管理与房地产学院的"城市与房地产"研究方向也包括有城市更新的研究内容。此外部分高校的城市更新教学虽然没有单独设置独立的教学部门，但已经包含在相关教研室中，例如南京大学"规划理论教研室""规划设计教研室"均包含了城市更新相关研究与设计内容。还有部分学校在设计场地选择、设计主题等教学内容上往往也包括"城市更新"，可见城市更新已进入大多数高校的教学研究视野中。

（2）课程设置方面

多数高校在城市更新教学未单独开设课程，而是在城市设计课程内进行城市更新的教学。如清华大学的城市设计课程在 2014 年后聚焦城市更新，形成体系化的课程题目，聚焦存量空间的五大题目类型，分别为聚焦北京老城"场所精神"的融合和修复，聚焦轨道站点"流动城市"的聚集与辐射，聚焦滨水地区"边缘再生"的修复与转型，聚焦产业空间"共享城市"的创业与创新，聚焦街区营造"特色构建"的活力与有序[8]。重庆大学针对存量时代下的更新要求，对城市设计教学在课程结构与授课方式等方面进行改革，将居住建筑设计、场地设计、高层建筑设计等相关课程与城市设计深度整合，形成涵盖中微观层面的设计研究性课程群[9]。

东南大学的城市设计课程教学改革基于"空间 +"的概念，建构能够应对多元需求的课程体系，城市设计基地选择侧重内城更新、老工业区更新，并从传统的物质空间设计转向以人为本的社会空间关注和设计介入，以营造可持续的健康城市社区[10]。华南理工大学在控制性详细规划教学中，反思城市更新阶段对控规的要求，并借鉴国际经验，强调面向实施的土地开发指引[11]。哈尔滨工业大学的城市设计课则依托寒地这一特殊气候条件，重点关注以气候适应性规划提升人居环境，同时东北老工业基地也为城市更新教学与实践提供了丰富的选题[12]。

（3）实践教学方面

近年来各高校愈发注重课程与城市更新实践相结合。清华大学于 2014 年开始了"大栅栏微更新"的建筑学研究生一年级课程实践，课程旨在摈弃从主观意向出发的"自娱自乐"，从居民真实需求出发进行更新改造，以拓展建筑设计的人文社会外延、关注真实城市问题与生活需求、培养批判性思辨和设计应对能力[13]。同济大学师生响应"走出校园小课堂，走入城市大课堂"的要求，以杨浦滨江第二轮城市更新中的重大项目"哔哩哔哩新世代产业园"为主题开展毕业设计教学，探讨高能级和高活力的综合性城市更新节点的规划设计方法[14]。

东南大学自 2016 年起响应南京市规划局发起的高校研究生志愿者行动，探索小西湖街区保护与再生策略，以"小尺度、渐进式、管得住、用得活"为理念，探索形成了整体覆盖的保护体系、张弛有度的规划方法、因地制宜的设计策略、动态有序的协同机制[15]。具体在东南大学—都灵理工联合设计课程中，针对小西湖东北地块进行了更新设计研究，旨在教授中国学生运用意大利形态类型学方法阅读当今城市，从而为其设计更新方案[16]。华南理工大学等都有有益尝试。此外，如连续四届的全国大学生国土空间规划设计竞赛基地也均是城市更新的主题。

3.3 瓶颈：面向城市更新教学上的应对总体仍不足、不适应

尽管部分高校针对城市更新与存量规划教学进行了诸多创新与实践，但仍存在产学研用融合不足的问题，具体表现为有关城市更新理论知识相对不足、缺少城市更新治理的实践教学、缺少长期稳定教学基地以及应用性不足等。

（1）在课程内容上，当前城市更新教学内容多在城市设计课程中进行，这也可能导致学生过度关注城市更新的空间设计层面，而对其社会经济作用，以及长效运营治理等内容有所忽视。同时，由于课程少有城市更新相关理论教学，在城市规划理论相关课程中侧重于宏观扩张的城市规划理论往往无法与微观的城市更新相适应，如何在教学体系中引入更加针对性的城市更新理论课程及科研导入是教研重点方向。

（2）在教学过程中，存在过度注重设计与图纸表现，相对缺乏社会属性研究与运营治理问题的探讨[17]，城市更新阶段由于涉及复杂群体的权益博弈，城市更新将不仅限于空间设计，需要更多的社会层面的实践治理知识。

（3）在学科交叉上，值得注意的是当前部分高校在公共管理、社会学等专业已对城市更新治理已有所关注，也正是随着对治理要求的不断提高，更新将不仅仅是完成一次设计就能够一劳永逸，实践中需要对一个基地长期关注以实现更加可持续的更新，因而对教学而言，一个长期稳定的教学研究基地也至关重要。

4 面向城市更新的城乡规划“政产学研用”融合教学研究探讨与实践

4.1 教学理念

秉承“以学生为主体”的人才培养核心理念，制定“知识、能力、技能”三位一体目标系统，以培养城乡规划“综合化、复合型、应用性”人才，强调“理论＋方法＋实践”、学以致用的教学体系创新。

4.2 教学目标

围绕“知识、能力、技能”三位一体目标系统，设立相互协同的整体教学目标：

在知识子系统目标中，侧重“综合化”的知识体系，以城市更新理论作为基础知识，在课程初期阶段引领学生以更新思维思考城市问题，以基础科研与社会作为主体目标，注重学生基础理论与认知深度的提升；其他重点难点内容以跨学科复合型知识为主，紧密联系经济社会、人文活动等内容，使授课对象实时了解整个城市空间环境、城市更新的基础知识。

在能力子系统目标中，强调“复合型”的能力培养，复合型能力是城乡规划学生在设计院、研究院、政府等部门协同工作中胜任实际工作的重要能力，构建以城市更新与运营治理为重点的知识系统是课程能力子系统培养的重要方面。在课程设置中，对能力的考核要体现学生综合处理城市更新问题的技术能力。

在技能子系统目标中，关注“应用性”的技术训练，注重学生空间、人文、社会、治理、创新创业等技能培养，激发学生在城市更新规划与管理中形成创新思维、主动思考以及相关的技术能力，并懂得相关领域现代信息技术与方法的实际应用，采用适宜的技术手段解决实际问题。

4.3 课程体系

构建以“课学”为核心，以“政研、产用”为两翼，“政产学研用”融合的创新课程体系，其中“课学”为核心打造知识“课程＋”子体系，“政研、产用”为两翼、打造能力“科研＋”和技能“实践＋”子体系（图2）。

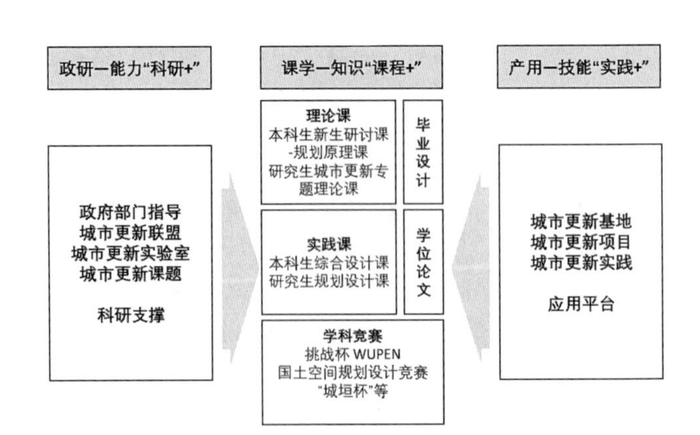

图2 北京工业大学面向城市更新的“政产学研用”融合教学研究设计结构示意图

资料来源：作者自绘

（1）课学—知识“课程 +”体系

依托本科和研究生的培养计划构建“城市更新 +”的课程体系，将城市更新贯穿其中。本科阶段，一年级的新生研讨课，二三年级的规划原理课，以及三四年级的城市综合设计课、综合社会调查课等，均有较多的城市更新渗入，如在规划原理课中开设城市更新专题，在社会调查课中均是城市更新的议题，包括老旧小区改造、公共设施改善等，在城市综合设计课中近五年来均是城市更新的基地选择，包括在毕业设计（论文）阶段，城市更新的选题也占多数。

研究生阶段，开设“古城保护与城市更新”（16 学时）、“住房与城市更新（双语）”（32 学时）两门直接的城市更新专题理论课程，以及“建筑遗产保护理论与实践”（16 学时）、城乡历史文化遗产保护与利用（32 学时）等城市更新相关的理论课程；同时开设以城市更新为主题的研究性设计课程，持续关注北京的城市更新痛点、难点地区，如通惠河滨水地区、建国外街道城市更新，尤其是围绕方庄街道整体城市更新的研究与实践，开设“方庄城市更新工作营”，面向实际城市更新需求，组织了大量的跨规划与建筑的融合课程，把课堂搬到社会上、社区中去。

此外，在挑战杯和国土空间规划设计竞赛、WUPEN 竞赛等学科竞赛中，大量地围绕城市更新进行空间设计和运营治理探索，连续四届的全国大学生国土空间规划设计竞赛均是城市更新的选题，通过竞赛培养学生处理城市更新复杂问题的综合能力也是教学设计的重要环节。

（2）政研—能力“科研 +”体系

为应对重空间设计、轻研究能力的瓶颈问题，构建政研为导向的能力培养“科研 +”体系，邀请住建、规自、发改等部门指导课程建设，建立包括方庄城市更新联盟、更新实验室、更新智库等政研基地，并结合自科基金、社科基金等科研课题，强化城市更新的科研支撑，如承担北京市住建委课题“北京市城市更新项目生成、实施运营和监督管理研究”，负责北京市发改委、规自委、城管委联合指导的北京城市公共空间研究促进中心的日常运行，支撑全市公共空间更新与改造提升等。

（3）产用—技能“实践 +”体系

为应对城市更新不确定性和运营实施治理难的瓶颈问题，构建生产应用为导向的技能培养“实践 +”体系，通过城市更新专项规划、建立城市更新实验室教学基地，包括城市更新工作营 Studio 等形式，如方庄城市更新专项规划的实践项目，促进城市更新的“真题真做”，培养同学们寻找城市更新真问题、解决真需求、给出真答案，通过实践课堂建设，提升学生将知识能力用到实际中去的专业技术能力。

5　实施效果与思考

（1）实施效果

经过近四年来的摸索实践，结合方庄城市更新基地的长期教学实验，目前已产出一定成果，促进了教学质量、学生参与度、教学稳定性的提升，社会反响与关注度也较好。教学成果方面包括教材、教学实验室、教研课题、科研课题、学科竞赛、课程以及教学活动等（表 1），尤其是教育部产教协同创新中心和方庄城市更新教学基地的建立提供了稳定的教学“土壤”。有关教学活动与成果也受到人民日报、新华社客户端等主流媒体报道，如其中新华社客户端的阅读量突破 100 万人次（图 3），同时较大程度地推动了方庄城市更新项目的实施、落地与建成（图 4）。

图 3　城市更新有关教学活动照片展示

资料来源：网络截图及作者自摄

主要相关教学成果列表 **表1**

类别	成果名称
教材	主编住房和城乡建设部建筑规划专业“十四五”规划教材《城乡生态与可持续规划理论、方法与实践》（在编）
教学实验室	“北京数字孪生城市创新实验室”入选教育部产学合作协同育人项目（2022）
教研课题	“高水平研究型大学建筑类创新人才产教融合、校企合作协同育人机制探索与实践”入选北京工业大学校级重点教研课题（2024）
科研课题	“北京市城市更新项目生成、实施运营和监督管理研究”——北京市住房和城乡建设委员会
学科竞赛	2023 年世界规划教育组织（WUPEN）第七届“城垣杯—规划决策支持模型设计大赛”二等奖
	2023 年第三届全国大学生国土空间规划设计竞赛暨第一届城乡规划毕业设计（论文）竞赛优秀指导老师
	2023 年第一届全国大学生城乡规划毕业设计（论文）竞赛二等奖
	2022 年“天津城建杯”第二届全国大学生国土空间规划设计竞赛佳作奖（研究生组）
	2021 年“南京国图杯”首届全国大学生国土空间规划设计竞赛佳作奖（本科生组）
课程	2019 年北京市优秀本科毕业设计（论文）
	2021 年北京市优秀本科毕业设计（论文）
	2023 年北京工业大学优秀硕士学位论文
教学活动	2023—2024 年方庄城市更新工作营，城市更新实验室方庄教学基地
	2022—2023 年建外街道城市更新工作营

资料来源：作者自绘

图 4　方庄城市更新典型建成项目“方庄文化艺术中心”更新前后对比

资料来源：作者自绘

（2）总结与思考

本文面向城市更新的城乡规划“政产学研用”融合教学研究与实践，可应用于城市更新背景下城乡规划领域相关教学研究的持续优化，在北京的城市更新实践中发挥了一定的积极作用，为跨学科、前沿性、研究性课程的深度建设、精品建设提供基础与应用参考。但如何总结经验、取长补短，在更大范围、更高目标上形成最优改革方案，还有待进一步探索。只有如此，我们才能做到立德树人、潜心治学、开拓创新，进而实现培养面向城市更新的城乡规划新型复合型人才。

参考文献

[1] 林坚，叶子君，杨红．存量规划时代城镇低效用地再开发的思考 [J]. 中国土地科学，2019，33（9）：1-8.

[2] 张占斌．新型城镇化的战略意义和改革难题 [J]. 国家行政学院学报，2013，(1)：48-54.

[3] 杨保军，陈鹏，董珂，等．生态文明背景下的国土空间规划体系构建 [J]. 城市规划学刊，2019，(4)：16-23.

[4] 邹兵．存量发展模式的实践、成效与挑战——深圳城市更新实施的评估及延伸思考 [J]. 城市规划,2017,41（1）：89-94.

[5] 邹兵．增量规划向存量规划转型：理论解析与实践应对 [J]. 城市规划学刊，2015（5）：12-19.

[6] 顿明明，王雨村，郑皓，等．存量时代背景下城市设计课程教学模式探索 [J]. 高等建筑教育，2017，26（1）：132-138.

[7] 冒亚龙，陆慧芳．“教、学、评、传”理念下改造类设计课程教学模式探索 [J]. 高等建筑教育，2022，31（3）：119-127.

[8] 钟舸，边兰春，黄鹤．守正与创新——保护更新时代背景下的清华城市设计教学探索与思考 [J]. 城市设计，2023，(2)：6-17.

[9] 卢峰．存量时代的城市设计研究性课程 [J]. 城市设计，2023，(2)：50-59.

[10] 孙世界．“空间 +”的集成——东南大学本科高年级城市设计课程的教学改革 [J]. 城市设计，2023（2）：42-49.

[11] 戚冬瑾，卢培骏，曾天然．控制性详细规划教学的探索性改革——以《广州人民南城市更新片区形态条例》为例 [J]. 城市规划，2019，43（7）：98-107.

[12] 冷红，栾佳艺，袁青．国家战略背景与行业需求引领下的研究生城市设计教学思考 [J]. 城市设计，2023（2）：36-41.

[13] 程晓青，尹思谨，王辉．大城市小生活・小设计大概念——“大栅栏微更新”的教学探索（一）[J]. 世界建筑，2018（4）：98-103，116.

[14] 吴金娇．“纸上学”到“事上见”，毕业设计融入城市更新 [N]. 2023-06-11（1）.

[15] 韩冬青，沈旸．特集一个样本：南京小西湖街区的保护与再生 [J]. 建筑学报，2022（1）：1.

[16] 中大院，东南大学建筑系党支部．形态衍进：当代住居模式研究 4 ｜ 从个体性到集体性——南京小西湖传统街区更新设计研究 [EB/OL].https：//arch.seu.edu.cn/2021/0205/c9122a361003/page.htm.

[17] 顾大治，蔚丹．基于多维技术训练的城市设计整合创新能力提升研究 [J]. 高教学刊，2017（20）：10-13.

Research and Practical Exploration on the Integration of “Government，Industry，University and Research” in Urban and Rural Planning for Urban Renewal

Zheng Shanwen Zhang Jian Wang Jiangqiang

Abstract: It is an important task and goal of the discipline and specialty construction of urban and rural planning in the new era to train new compound talents of urban and rural planning for urban renewal. Under the background of new engineering，this paper aims to build a new concept of talent training based on discipline guidance，integration of industry and education，and sharing of research and learning，break the barriers of teaching system，uphold the core concept of talent training with “students as the main body”，and explore a new model of education with “curriculum” as the core，“government research，production and application” as the two wings，and integration of “government，industry，university and research and application”. To build an education model of integration of production and education and collaborative education，formulate a trinity target system of “knowledge，ability and skill”，in order to train “integrated，composite and applied” professionals in urban and rural planning for urban renewal，and form teaching and research results that can be promoted，so as to promote innovation in urban and rural planning professional education and high-quality and sustainable development of disciplines.

Keywords: Urban Renewal，Government-industry-university-research，Integrated Teaching，Reform and Practice

走向社区的城市更新规划设计教学探索
——东南大学“基于社区的城市更新规划设计”研究生实践教学

王承慧　陈晓东　吴　晓

摘　要：以人为本的新型城镇化阶段，规划人才培养应呼应人民对美好生活的期望。新形势需要具有社区规划意识、思维和能力的人才。2016 年以来，东南大学城乡规划专业调整相关课程体系，在研究生教育阶段积极探索走向社区的城市更新规划设计教学。该课程设置研究性和实践性相结合的任务要求，搭建适宜的校社合作模式，为匹配教学任务而精心设计教学过程，课堂向合作方全过程开放，研教充分结合以培养研究生的工作方法。教学成果充分体现出城乡规划专业特点：更新规划方案契合社区在地特征，兼具统筹性、整体性和长期性，行动计划则体现空间设计与更新动能、机制优化的结合。该教学切实提升了学生能力，教学成果成为回馈社区的礼物，教学和科研形成良性互动。最后，基于对未来进一步优化教学环境的期许，从天时、地利两方面对支持性的社会环境提出了思考。

关键词：社区；城市更新；规划设计教学；研究生教育

1　城乡规划专业人才的社区规划思维和能力培养的重要性

中国已进入以人为本的新型城镇化阶段，人民对美好生活的期望决定了规划学科人才培养的期望[1]。存量发展时期，面对复杂利益和各方主体，如何协商共计、创新合作地可持续发展，社区是一个不可替代的适宜平台。无论是广义上的多层次多元共同体，还是狭义上的基层社区单元，“社区”这一热词已悄然进入国土空间规划领域，其意义超越被规划的地理范围客体，更在于一种规划的社会环境培育、社区规划思维和能力建构。

1.1　呼应国家需求

2017 年《中共中央 国务院关于加强和完善城乡社区治理的意见》中指出：组织开展城乡社区规划编制试点，落实城市总体规划要求，加强与控制性详细规划、村庄规划衔接；发挥社区规划专业人才作用，广泛吸纳居民群众参与，科学确定社区发展项目、建设任务和资源需求。然而，具有统筹性和长期性的社区规划，还远未普及，与国家发展需求存在差距，相关岗位人才匮乏。城乡规划专业毕业生已不仅仅进入规划设计单位，越来越多的毕业生进入公务员体系，在相关行业部门或基层政府和社区就业，高等教育需要为这些岗位输送具有社区规划思维和能力的人才。

1.2　促进学科发展

当前形势着眼长远发展目标的长期动态引导和控制，社区作为不断动态发展的社会空间统一体[2]，需要学科提供更多的支持。住房和社区规划是城乡规划一级学科的重要子领域，围绕日常生活涉猎政治、经济、社会、环境、空间多维度，将宏观发展战略和微观生活世界密切结合，是探索多主体共建共享共治和谐社会、推动城市空间提质转型、走向全生命周期长效可持续发展的重要研究领域。在本科和硕士研究生阶段，循序渐进培养社区规划意识和思维，尤其在研究生阶段构建相应的课程体系和教学环境，才能孵化出该领域的研究型人才。

王承慧：东南大学建筑学院教授（通讯作者）
陈晓东：东南大学建筑学院副教授
吴　晓：东南大学建筑学院教授

1.3 承担专业责任

城乡规划专业的规划师，更擅长的是系统性统筹谋划和空间规划，使一个个微项目形成更大的合力，更有效地提升社区宜居性和凝聚力，进而增强城市吸引力，促进城市社会经济内涵提升、稳步发展。城乡规划专业高等教育，将社区规划纳入教育内容是责任所在。无论毕业生从事何种职业，社区规划的知识、方法和思维都会提升他们观察社会、适应社会和推动进步的能力，其中不断强调的“以人民为中心”理念也将成为他们不时回望的初心。

东南大学城乡规划专业研究生教学于 2016 年首次开设“住房和社区发展规划”理论课，并每隔两年设置一次研究生规划设计 Studio——基于社区的城市更新规划设计，引导学生建立将相关制度政策、社区物质空间载体与社区的社会构成和决策相关联的思维，是新型城镇化背景下规划教育转型的新尝试、新承担。教学中，注重将职业规划师素养与社区规划师意识结合，强调同时拥有城市宏观视野和扎根社区的立足点，训练适应社区颗粒度的数据采集分析方法和组织真实主体的社区参与式方法，将空间品质提升和更新动能创新、软性机制优化结合。强调让学生在社会实践的过程中，发现真问题、开展真研究、谋划真方案[3]；时刻提醒学生警惕陷入自以为是的精英主义、狭隘的社群主义以及习惯性的预设甲方，倡导脚踏实地的工作和立足在地的创新。

2 东南大学城乡规划专业本硕“住区与社区”相关课程

城乡规划作为具有很强反身性的应用型学科，其专业教育必须体现理论与实践的结合，在学生不同阶段夯实知识和能力基础，同时引导其深入现实城市世界，进行思考和反思。

东南大学本科阶段，“居住空间和住区规划”限选课是关于城市居住空间和住区规划的入门教育，该课近年也向建筑和风景园林专业开放选修，修课上限人数从 60 人逐年上涨至 80 人，可见其他专业学生对该基础知识也有很大的需求。“系统与片区：城市居住区规划设计课”选取了“增存并举”的约 1 平方公里的城市片区，有部分存量环境，但还有大量未建地区。这样的难度设置遵循了学生由易到难的学习规律，可以扎实地训练系统性的规划设计基础能力，而纯存量环境对三年级本科生来说太难。

研究生阶段，“住房和社区发展规划”任选课相对于本科课程体现了进阶，引导学生深入思考政策机制、社区诸要素和空间要素、系统之间的关系，选择此课的多为该方向的学生；除了本院学生外，外院学生选课人数逐年增多。“基于社区的城市更新规划设计”则在教师的主动发起和努力下，与政府、社区合作建立真实的教学情境，兼顾研究生教学和服务社区的双重目标；也就是说这不是一个假题目，合作方对成果具有一定的期待，教学成果需要具有能够反馈社会的价值；该课题难度无疑是本科设计课无法比拟的，对教学组织也有着很高的要求。“基于社区的城市更新规划设计”与“住房和社区发展规划”选课学生部分交叉，选择理论课的同学通常在设计课小组中发挥着更重要的作用。

3 “基于社区的城市更新规划设计”课程探索

3.1 课程教学设计要点

（1）研究性和实践性相结合的课程任务要求

由于社区合作方的期待，教学成果应具有一定的应用价值，必须建立在对社区的深入理解、调查和评估基础上。虽然每年具体题目有所变化，但是课程任务始终包含两部分：第一部分是社区调研报告，包括社区历史发展、物质空间系统分析和评估，根据具体情况进行社区诸要素信息调查分析（如人口结构、社区组织、住房类型和权属、社区管理、部门职能等），针对某一议题的居民调研、社区参与，得出该社区的特征、优势、问题和面临的挑战。这一部分充分运用各种调查方法，如大数据分析方法、社区参与方法、传统调研方法、社会学统计方法。

第二部分是规划方案和更新行动计划，综合运用政策分析、空间策划和设计提案能力，提出既扎根社区又具有创意的社区发展愿景和策略、更新空间设计和项目行动计划。空间方案延续社区价值和特色，体现问题导向和目标导向相结合；项目行动重在机制优化、更新动能和具体空间更新设计的结合，重在拓展参与主体、有效组织架构、提供操作建议的具体行动。

（2）灵活机动的校社合作模式

该教学虽然由教师发起，但必须结合每年联系的

东南大学本硕阶段住区与社区规划相关课程　　表1

	本科			硕士研究生		
	课名	学分 / 课时	教学目标	课名	学分 / 课时	教学目标
理论课	居住空间和住区规划（三年级上）	1/16（8 周，每周 1 次 2 课时）	建立多层次多维度认知居住空间的思维方式和知识框架，掌握住区规划基本原理，了解社区生活圈规划理念	住房和社区发展规划（研一）	1/18（6 周，每周 1 次 3 课时课）	熟悉住房政策和社区发展的基础理论，了解社区规划的组织、类型和方法体系，建立社区规划思维和知识框架，理解社区在国土空间规划体系中的作用
	课名	学分 / 课时	教学目标	课名	学分 / 课时	教学目标
规划设计课	系统与片区：城市居住区规划设计（三年级下）	5/80（10 周，每周 2 次，一次 4 课时）	理论与规划设计相结合，完成约 1 平方公里的以居住功能为主的城市片区城市设计，优化相应地区的详细规划	基于社区的城市更新规划设计（研一）	3/48（12 周，每周 1 次 4 课时）	进入真实的社区，理解“人、社区、制度、文化、经济、空间”之间的深层关系，进行科学评估、多方调查和居民参与，问题导向和发展导向相结合，提出规划方案和行动计划

资料来源：作者自绘

社区实际情况，灵活地确定适宜的合作模式。教师在此过程中，既要照顾到社会合作方的具体诉求，又必须考虑达到自身的教学目标。目前大致有以下几种校社合作模式。

1）高校与业委会合作，该选题是高校单位社区社会化转型社区，高校住房业委会在其中起到重要作用，同时与居委会有不少业务交叉[4]；

2）高校与居委会合作，此类选题基本是开放的老旧社区，物业管理由政府托底，居委会对于社区事务具有决定性的影响[4]；

3）高校与规划管理部门、街道、社区合作，此类选题主要由市区规划管理部门牵线，与街道、社区建立合作关系，将规划管理部门重视、由街道社区推动的议题作为教学课题，比如最近这次就是社区生活圈议题。

（3）匹配教学任务的教学过程设计

由于每次联系的社区及相关议题存在差异，尽管一以贯之两阶段的任务要求（社区调研，空间方案和行动计划），具体过程仍然需要根据情况进行精心设计。比如，与居委会合作老旧社区公共空间更新的教学，过程中安排了与管理人员和居民一起的社区漫步；而与规划管理部门、街道社区合作社区生活圈提升的教学，过程中就需要安排好专业评估、组织居民参与的环节（表2）。

（4）秉持开门规划理念的开放课堂

现实中，开门规划已成为规划编制和管理的基本理念。作为进社区真题真做的研究生教学，我们的课堂对合作方始终保持开放，合作方可以进入每一次的课堂教学；教师也和学生们一起与街道、社区工作人员座谈，组织居民参与；合作方也会根据情况邀请师生前去讨论交流。图 1 显示了社区生活圈议题的教学时间线，开放讨论和交流贯穿了全过程。

（5）研教充分结合的工作方法训练

将教师最新科研和实践成果引入课堂，让研究生接触到最新的相关前沿工作。比如在南京第一个工人新村老旧社区更新教学中，结合教师的国家自然科学基金课题，指导学生如何通过历史文献整理和多维度价值研判，准确认识该社区的空间价值和特色。在最近这次的社区生活圈议题的更新教学中，结合教师承担的当地社区生活圈规划导则的成果，帮助学生掌握专业的社区生活圈要素评估方法；结合教师近年在城市社区更新方面的研究，指导学生运用合适而高效的方法组织居民参与（图 2、图 3）。

3.2　教学成果特点

（1）体现城乡规划专业特点，围绕空间规划进行综合统筹和长效提升

更新的空间规划方案，要求能够充分体现规划专业的统筹思维、系统思维和整体思维，并非简单地根据需求来碎片化地罗列空间项目。指导学生结合研究范围的

“宁好·玄武门社区生活圈”研究生教学过程设计 **表2**

阶段				工作内容
教师前期联络准备，搭建合作框架				
社区调研阶段	1）基础的空间认知阶段	玄武门街道的整体空间认知		上位规划、相关规划解读；梳理玄武门街道空间演进、自然资源、历史人文资源、现代产业等空间结构
	2）非常重要的数据采集、达标性评估、进社区调研阶段	根据研究生数量分为三组，选择三个相邻社区，开展社区生活圈要素调研、评估和居民参与组织	基本信息采集	研究范围内居住小区的边界、入口和人口等基本信息；各级社区生活圈要素的现状空间落位和规模等基本信息；综合运用大数据和实地调研数据
			专业性的达标评估	对照《南京市公共设施配套规划标准》，在社区生活圈全要素信息基础上，进行要素达标评估，包括：各级各类设施、公共空间是否配置，面积等指标是否达标，环境是否符合规范要求，是否提供了良好服务或功能，基于服务半径进行可达性评估
			组织居民参与以征集意见	每组同学在和社区居委会的合作下，组织社区居民参与，通过一张海报、一张表格、一幅图示的方式，快速帮助居民了解社区生活圈要点，通过参与式标注以及辅助记录等方式收集居民意见
			调研总结	在上述工作基础上，形成对社区生活圈特征的认知，了解居民在基础保障设施方面的急愁难盼，以及在品质提升设施方面的强烈需求
中期汇报交流，参与人员：师生团队，市区规划管理部门领导和处室成员，街道领导和社区工作人员，由合作方安排的其他利益相关方				
空间方案及行动计划阶段	3）空间规划方案形成阶段	社区生活圈空间优化规划方案，三个社区分片考虑与整体统筹相结合，以规划思维提升社区生活圈的空间系统		基于前面的社区研究、专业评估和居民参与，结合玄武区总体规划、范围内的详细规划和产权情况，找出适合该社区情况的未来5~15 分钟生活圈优化的方向，运用各种合适的存量挖潜和优化的方式，进行因应问题和需求的空间优化和项目落位
	4）结合更新动能的行动策划阶段	结合需求紧迫性、实施难易度、主体积极性和更新机制等因素，形成分阶段建设目标和计划		细化近中远期行动项目，研判共识难度、资金量级、资金来源，明晰牵头主体、协调主体、实施主体、运营主体；对于重要却难以实施的项目，鼓励提出创新的更新机制
终期汇报交流，参与人员：师生团队，院系领导，市区规划管理部门领导和处室成员，街道领导和社区工作人员，区属建设集团，住建和房管系统相关部门人员				

资料来源：作者自绘

空间特质、用地结构、道路交通结构、自然空间资源和历史人文资源空间分布特征，在既有价值和特色空间基础上，问题导向与目标导向结合，积极挖掘空间潜力、探寻更新最优解，最大化综合效益和整体效益，更有效地提升社区宜居性、吸引力和凝聚力。我们的成果与单个项目的社区参与式设计成果有明显区别，而更体现聚沙成塔、久久为功的长期性（图 4）。

（2）激发学生探索更新新动能，围绕空间设计形成项目行动计划

基于综合统筹，一个个微项目将形成更大合力，而这些项目要通过机制设计来实现。由于关联不同权属组合的用地或建筑，每一个项目都需要利益协商才能达成，相关主体积极性也存在差异，可以利用的更新机制存在差异，因此具有不同的难易程度。引导学生面对挑战，积极思考可促进多方共赢的空间设计，同时，提出激发各级政府及部门、多元化的市场和社会力量更新动能的机制设计。学生在这一过程中的创造力往往让教师欣喜不已。图 5 显示同学们为应对居民强烈的通往绿地的安全捷径的需求，为联通路径进行多方案比较，选择了整治电动车乱停、新建规范电动车充电和车棚进而留出通路的行动计划，其中运用了市场力而不必收受居民费用。

图 1 “宁好 · 玄武门社区生活圈”规划教学时间线

资料来源：教学团队拍摄整理

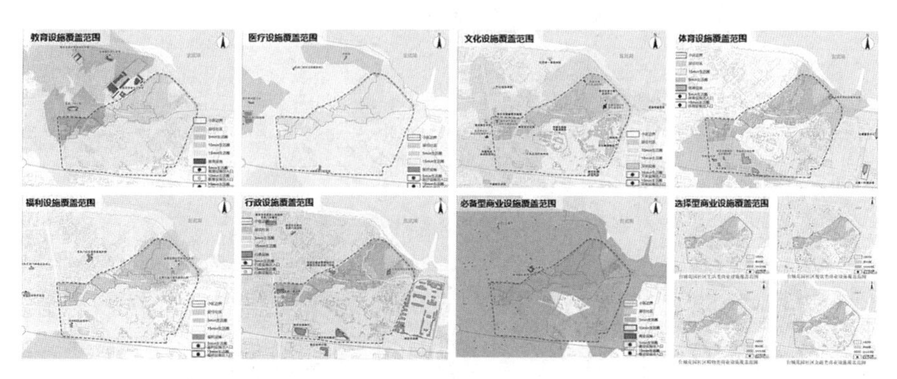

图 2 同学们对生活圈要素进行的达标性评估局部示例

资料来源：2023 年秋季教学的学生作业

图 3 组织居民参与使用的一张海报、一个要素表、一张要素地图

资料来源：教师指导研究生制作

系列	序号	项目名称
系列一：宜养宜居，银龄共享 天山路沿线更新改造设计	1-1	天山路社区居委会扩建及公共空间优化
	1-2	高楼门饭店危房改造
	1-3	天山汇景园出口公共空间改造及闲置建筑利用
	1-4	天山路沿线公共空间优化与文化路径打造

系列	序号	项目名称
系列二：民国记忆，文化微径 北极山村沿线更新改造设计	2-1	民国建筑周边空间优化
	2-2	北极山村街角公共空间优化提升
	2-3	北极山村7号北侧公共空间
	2-4	幼儿园北侧公共空间改造
	2-5	幼儿园西侧出口空间优化

图 4　契合某社区在地特征、问题导向与目标导向结合的更新规划方案

资料来源：2023 年秋季教学的学生作业

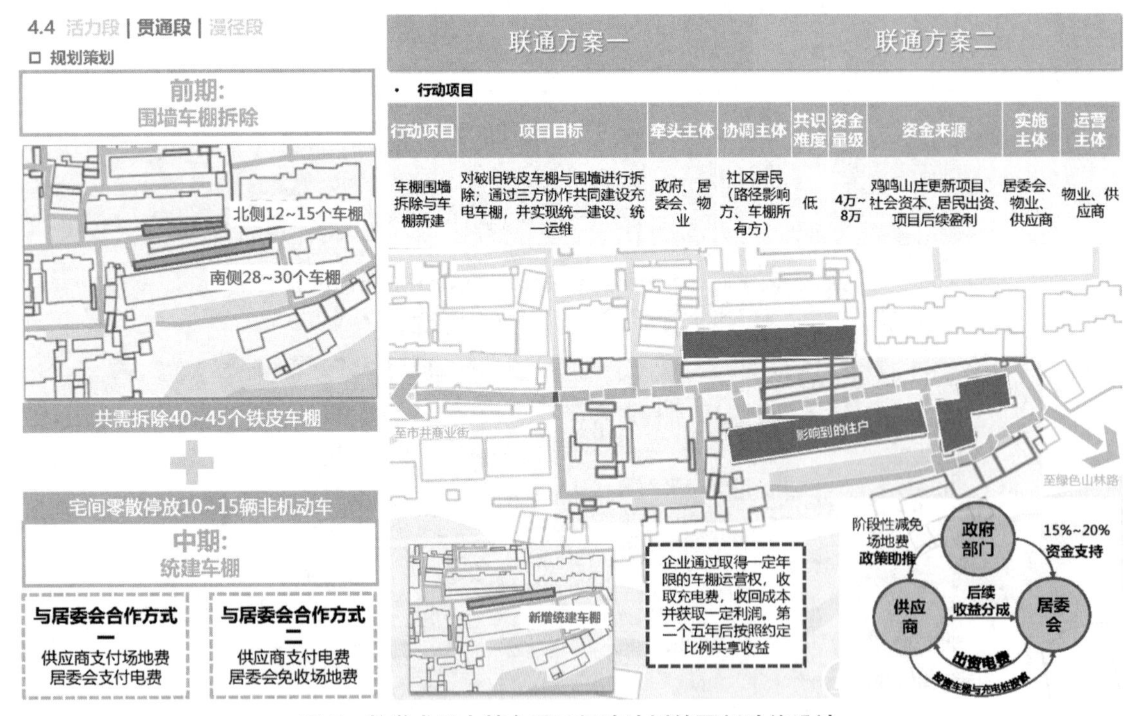

行动项目	项目目标	牵头主体	协调主体	共识难度	资金量级	资金来源	实施主体	运营主体
车棚围墙拆除与车棚新建	对破旧铁皮车棚与围墙进行拆除；通过三方协作共同建设充电车棚，并实现统一建设、统一运维	政府、居委会、物业	社区居民（路径影响方、车棚所有方）	低	4万~8万	鸡鸣山庄更新项目、社会资本、居民出资、项目后续盈利	居委会、物业、供应商	物业、供应商

图 5　教学成果中某个项目行动计划的更新动能设计

资料来源：2023 年秋季教学的学生作业

3.3 教学实效

（1）切实提升了学生的社区规划思维和能力

学生是最大受益者，多位学生在中国城市规划学会年会和核心期刊上发表基于该教学成果的论文。最近这次社区生活圈更新教学，所有学生均拿到了由区规划管理部门和街道办事处出具的"大学生社区规划师"公益证书；作为教师，更开心的是听到学生们反馈"终于知道社区生活圈规划怎么做了""组织社区居民参与很辛苦但也很有收获"。

（2）针对性支持了合作方的工作行动

每一次教学成果都作为礼物送给合作方，为在地组织、地方政府和有关部门提供方案和行动计划，让他们看到丰富的可能性，并起到赋能社区的作用。

（3）螺旋式推动了教学和科研的双向反馈

在真实的高校与社区协同的社区规划实践中，社区的多样性、社区议题的丰富性，有利于教师积累科研素材。教师在科研方面的成长，又反馈回教学过程，达成双向积极互动。

4 天时地利——对优化教学环境的思考

我们希望培养出一批具有科学人文精神和治理思想的职业规划师，以具有社区规划师意识、思维和能力的新型领导者身份，参与到未来更为精细化、更强调协同能力的城乡国土空间规划事业中。教育与社会的协同，比以往任何时候都更需要支持性的社会环境。

从天时的角度，社区规划与法定规划、基层治理的关系模糊不清，阻碍了它的发展，某种角度上抑制了更多学生的兴趣。亟须通过制度创新推动社区规划[5]。在何种条件下社区规划的工作具有正当性和合法性，发挥更有效的作用，相关机制仍待完善。

从地利的角度，高校走向社区的主动性大于合作方与高校合作的主动性，背后原因复杂，合作偶然性较大。只有顶层设计和微观决策相结合[6]，基于社区的合作协同机制走向成熟，高校走向社区的教学环境才会趋于稳定。

说明：图 2~图 5 选自 2023 年秋季教学成果。教案设计和教学组织：王承慧；选课同学：贺鹏林，罗嘉，王佳妮，袁潇洁，邵雅欣，张馨月，王慧颖，张浩天，杨博澜，林昊，王凡，陈盟。感谢 2016 年以来给予支持的领导和参与指导的同仁：阳建强，陈晓东，周文竹，Laura Luke，王兴平，吴晓，高舒琦等。

参考文献

[1] 吴志强，张悦，陈天，等．"面向未来：规划学科与规划教育创新"学术笔谈 [J]. 城市规划学刊，2022，271（5）：1-16.

[2] 刘佳燕．社区规划的趋势、挑战与实践探索 [J]. 世界建筑，2022（11）：34-35.

[3] 孙施文，冷红，刘博敏，等．规划专业能力培养的关键 [J]. 城市规划，2024，48（1）：25-30.

[4] 王承慧，王兴平，陶韬，等．南京城市社区更新理论与实践 [M]. 北京：中国建筑工业出版社，2021：160-209.

[5] 黄瓴，牟燕川，彭祥宇．新发展阶段社区规划的时代认知、核心要义与实施路径 [J]．规划师，2020（20）：5-10.

[6] 王英．顶层设计 + 微观决策——存量发展视角下的社区更新路径探索 [J]. 人类居住，2017（4）：55-59.

Exploration of Urban Regeneration Planning and Design Teaching Towards Community —— Teaching Practice of “Community-based Urban Regeneration Planning and Design” for Postgraduate in Southeast University

Wang Chenghui Chen Xiaodong Wu Xiao

Abstract: In the stage of people-oriented new urbanization, the planning talents cultivating should echo people's expectations for a better life. Talents with community planning awareness, thinking and ability are needed under the new situation. Since 2016, the major of urban and rural planning of Southeast University has adjusted the relevant curriculum system, and actively explored the teaching of urban regeneration planning and design toward communities in the postgraduate education stage. This course set the task requirements of combining research and practice, set up an appropriate school-society cooperation mode according to the situation, carefully design the teaching process to match the teaching task, open the whole process of the classroom to the partner, and fully combine research and teaching to cultivate graduate students. The teaching results fully reflect the characteristics of urban and rural planning major: the regeneration planning scheme conforms to the local characteristics of the community, and shows coordination, integrity and long-term, while the action plan reflects the combination of spatial design, regeneration momentum and mechanism optimization. The teaching effectively improves the ability of students, with the teaching results becoming a gift to give back to the community. Also, teaching and scientific research form a benign interaction. Finally, based on the expectation of further optimizing the teaching environment in the future, the paper puts forward some thoughts on the supportive social environment from the two aspects of the right time and place.

Keywords: Community, Urban Regeneration, Planning and Design Teaching, Graduate Education

后 记

天高云淡，秋风送爽，值此北京建筑大学建筑与城市规划学院城乡规划专业新增博士授权点之际，我们有幸承办了“2024 中国高等学校城乡规划教育年会”，与各位同仁携手共迎城乡规划专业教育的崭新篇章。近年来，城乡规划学科紧跟国家战略需求，从传统的城乡规划向多尺度、多领域的国土空间规划转型升级，这一过程中，学科教育体系和研究内容均得到了深度拓展和优化。面对全球变化、数字化、生态化的新时代挑战和机遇，本次年会为高校城乡规划教育提供了汇聚智慧、交流经验的平台，对推动城乡规划专业的创新发展、培养适应未来需求的高素质人才具有重要意义。

本届年会的主题是“联动专业学科·焕新规划教育”。为促进城乡规划学科的交叉融合与创新发展，提升教育教学的水平和质量，本届年会首次由教育部高等学校城乡规划专业教学指导分委员会与国务院学科评议组联合主办，也首次将研讨主题由本科教育扩大到本硕博人才培养，同时首次增加了学科发展高端战略论坛及青年学者论坛。北京建筑大学建筑与城市规划学院作为承办方，承担了会议论文的征集、整理工作。论文集汇编了来自全国各地规划院校的 109 篇高水平教研论文，内容涉及专业和学科建设、基础教学、理论教学、实践教学、城市更新五个版块。各高校展示了在新时代背景下，联动多学科资源，创新教学方法与模式，为推动城乡规划教育的现代化发展注入了新的动力和活力。

论文集在征集、评审、汇编和出版的过程中，凝聚了众多专家学者的智慧，承载了城乡规划学界对“联动专业学科·焕新规划教育”主题的深入思考与未来展望，不仅展示了学术界的前沿探索，也为未来的规划教育改革注入了新的动力和创新理念。期待能够为城乡规划领域的教学与科研工作提供新的启发，并为城乡规划专业和学科建设的进一步发展提供新的思路和方向。

在此，首先要感谢所有积极参与投稿的老师们，正是你们的勤奋钻研、潜心研究和长期积累，才促成了如此丰硕的教学科研成果；感谢中国建筑工业出版社的编辑老师们在本次论文集的校对、编辑和出版过程中所付出的辛勤努力；同时，感谢教育部高等学校城乡规划专业教学指导分委员会的全体委员对所有论文的认真评审；此外，还要特别感谢教育部高等学校城乡规划专业教学指导分委员会秘书长——同济大学孙施文教授，以及王兰教授，在整个过程中给予的全程指导和大力支持。

最后，感谢北京建筑大学建筑与城市规划学院的高晓路老师、李勤老师、王婷老师、祝贺老师、顾月明老师和王佳煜老师，以及鑫笛、扈航、魏美宇、杨红叶、冀瑞英、陈旖媛、齐紫涵、田惟怡等同学，为论文征集、整理等所做的大量细致工作。

北京建筑大学建筑与城市规划学院

2024 年 9 月